AURELIO HERNANDEZ MUÑOZ

**CATEDRA DE INGENIERIA SANITARIA
Y AMBIENTAL**

**Escuela Técnica Superior de Ingenieros de
Caminos, Canales y Puertos (U.P.M.)**

VERTIDOS DE AGUAS RESIDUALES
Saneamiento y alcantarillado

QUINTA EDICION REVISADA Y AMPLIADA

COLECCIÓN **SEINOR**
Nº 7

COLEGIO DE INGENIEROS DE
CAMINOS, CANALES Y PUERTOS

1.ª edición. 1986
2.ª edición. 1990
3.ª edición. 1992
4.ª edición. 1995
5.ª edición. 1997. Corregida y aumentada

IMPRESO EN ESPAÑA
PRINTED IN SPAIN

I.S.B.N.: 84-380-0124-6
Depósito legal: M-1345-1997
Imprime: Gráficas Marte, S.A.

COLEGIO DE INGENIEROS DE CAMINOS, CANALES Y PUERTOS
C/ Almagro, 42 - 28010 MADRID

VERTIDOS DE AGUAS RESIDUALES
Saneamiento y Alcantarillado

Prólogo a la quinta edición

En el presente texto se analizan las redes de saneamiento y los vertidos directos, teniendo en cuenta la problemática del proyecto, de la ejecución de las obras, así como del mantenimiento y explotación de las redes. Igualmente se presta atención al control y gestión, así como a la normativa existente.

Se incorporan como elementos nuevos, en relación con ediciones anteriores, el bombeo de aguas residuales, y los depósitos de retención.

El libro va dirigido tanto a los alumnos que siguen los estudios de Ingeniería Sanitaria como a los proyectistas, constructores y técnicos en servicios de mantenimiento y explotación. Es decir, a todos los interesados o que dedican su actividad al tema del saneamiento.

La importancia del saneamiento queda señalada en aquella sentencia de Vitruvio en su libro VIII "De Architectura", Capítulo IV.

Nulla enim ex omnibus rebus tantas habere uidetur ad usum necessitates quantas, ideo quod omnium animalium natura, si frumenti fructu priuata fuerit arbustiue aut carne aut piscatu [aut], etiam qualibet ex his reliquis rebus escarum utendo poterit tueri uitam, sine aqua uero nec corpus animalium nec ulla cibi uirtus potest nasci nec tueri nec parari. Quare magna diligentia industriaque quaerendi sunt et eligendi fontes ad humanae uitae salubritatem.

'Ninguna cosa en el mundo, en efecto, no parece tener un uso tan indispensable como el agua"...
... "También deben elegirse los recursos en agua con mucha atención y cuidado para la perfecta salud de la vida humana"

Aurelio Hernández Muñoz

Indice general

Prólogo a la quinta edición 5

Capítulo 1

AGUA Y CONTAMINACION

1. Introducción 25

2. Normativa que obliga el saneamiento 30

3. Las aguas residuales 35
3.1. Definición 35
3.2. Clases 35
3.3. Fuentes contaminantes 36
3.3.1. Origen doméstico 36
3.3.2. Origen industrial 36
3.3.3. Origen agrícola 37
3.4. Agua residual urbana de origen doméstico 37
3.4.1. Composición 37
3.4.2. Concentración en materias oxidables biológicamente 41
3.4.2.1. Demanda bioquímica de oxígeno (DBO) 47
3.4.2.2. Demanda química en oxígeno (DQO) 48
3.4.3. Sólidos en suspensión y contenido de la materia orgánica .. 49
3.4.4. Concentración del nitrógeno 50

3.4.4.1. Concentración del ion-amonio 50
3.4.4.2. Concentración de nitritos y nitratos....................... 51
3.4.5. Indices de contaminación bacteriana.................................. 52
3.4.6. Indices de los vertidos industriales..................................... 51
3.5. Agua residual de origen industrial.. 51
3.5.1. Definición.. 51
3.5.2. Clases 51
3.5.3. Composición 52
3.5.4. Indices de contaminación.. 52

4. Cargas contaminantes de las aguas residuales.................................. 53
4.1. Aguas blancas... 55
4.2. Aguas negras 58
4.2.1. Aguas negras domésticas 58
4.2.2. Vertidos procedentes de actividades industriales................. 61
4.2.3. Contaminación agrícola 67

5. Consideraciones sobre vertidos industriales.. 68
5.1. Consideraciones generales 68
5.2. Ordenanzas Municipales 70
5.3. Legislación en Comunidades Autonómicas 73

6. El problema de la contaminación del agua.. 73

7. Necesidad de planificar.. 75
7.1. Etapas de la planificación 76
7.1.1. Metas básicas 77
7.1.1.1. Objetivos técnicos... 77
7.1.1.2. Objetivos sociales y sanitarios 77
7.1.1.3. Objetivos económicos... 78
7.1.2. Criterios de valoración.. 79
7.1.3. Bases teóricas.. 79
7.1.4. Análisis del problema y su evolución futura......................... 80
7.1.5. Planteamiento de políticas alternativas.................................. 80
7.1.6. Evaluación y selección de solución.. 81
7.1.7. Programación de las acciones y desarrollo de la política adoptada 82
7.1.8. Plan director.. 83

8. Contenido de un proyecto de saneamiento 83

Capítulo 2

REDES DE ALCANTARILLADO

1. Introducción 85

2. Tipos de saneamiento 86
2.1. Saneamiento individual de aguas residuales 89
2.2. Saneamiento individual o autónomo de aguas de lluvia 91
2.3. Consideraciones a la infiltración de aguas de lluvia con contaminación escasa 94

3. Sistemas de evacuación 98
3.1. Sistema unitario y separativo 100
3.1.1. Evacuación por simple gravedad 102
3.1.1.1. Canalización transversal (solución A) 102
3.1.1.2. Canalización transversal con emisario (solución B) .. 103
3.1.1.3. Canalización longitudinal o por zonas (solución C) .. 103
3.1.1.4. Canalización en abanico (solución D) 103
3.1.1.5. Canalización radial (solución E) 103
3.1.2. Evacuación por gravedad y con elevaciones 103
3.1.2.1. Creación de puntos bajos artificiales 103
3.1.2.2. Sistemas de evacuación por vacío 106
3.1.2.2.1. Sistema LIERNUR 108
3.1.2.2.2. Sistema CHAPPEE o de descargas de aire .. 109
3.1.2.2.3. Otros sistemas de elevación de aguas residuales 110
3.1.2.2.4. Condiciones para la elección y diseño de un sistema de evacuación por vacío... 110

4. Estructura de la red de alcantarillado 112
4.1. Trazado 113
4.2. Período de diseño 113
4.3. Datos base de diseño 113
4.4. Profundidad 113
4.5. Pendiente 114
4.6. Alineación 115
4.7. Variación de sección 115
4.8. Protección especial 115

5. Características exigibles a la red 115
5.1. Características intrínsecas fundamentales 115
5.2. Características de los conductos 116

5.3. Estanqueidad de las juntas 118
5.4. Resistencia al ataque interior 118
5.5. Relación con los conductos de distribución de aguas 119

6. Instalaciones complementarias de la red de saneamiento 120
6.1. Sistema de saneamiento en el interior de los edificios 120
6.2. Bajantes 123
6.2.1. Red vertical de saneamiento 123
6.2.2. Ramales principales de las acometidas 124
6.3. Sumideros 127
6.4. Confluencia de colectores visitables 130
6.5. Pozos de registro y sus clases 135
6.5.1. Elementos complementarios de los registros 138
6.6. Cámaras de limpia o de descarga 146
6.7. Rápidos en colectores 150
6.8. Sifones 151
6.9. Emisarios 153
6.10. Aliviaderos 153
6.10.1. Tipos de aliviaderos no convencionales 158
6.10.2. Control de la contaminación debido a los aliviaderos 164
6.11. Depósitos de retención 164
6.12. Bombeos 168
6.13. Elementos de cierre en saneamiento 170
6.14. Verificación en alcantarillas y colectores 172

7. Normativa sobre alcantarillado 174

Capítulo 3

CAUDALES DE APORTACION A UNA RED

1. Caudales de aguas negras urbanas a considerar 177
1.1. Evolución de la población 177
1.1.1. Modelo aritmético 178
1.1.2. Modelo geométrico 178
1.1.3. Modelo de la tasa decreciente de crecimiento 179
1.1.4. Modelo de la curva logística 180
1.1.5. Modelo de semejanza de poblaciones 181
1.1.6. Modelo de recomendaciones para proyectos de abastecimiento y saneamiento 182
1.2. Caudal de aguas negras urbanas 182

1.3. Dotaciones específicas de agua 186
1.4. Caudal de aguas residuales industriales 191
1.4.1. Dotación de agua en industrias 191
1.4.2. Consumos de agua para necesidades de granjas 192
1.4.3. Consumos diversos 193

2. Intensidad de lluvia 197
2.1. Período de retorno 200
2.2. Fórmulas experimentales del cálculo de la intensidad 202
2.3. Relación de precipitaciones máximas diarias 204

3. Areas vertientes 213

4. Coeficiente de escorrentia 215

5. Caudal de aguas de lluvia 220

6. Coeficientes de retraso 222
6.0.1. Fórmula de BURKLI 223
6.0.2. Fórmula alemana 223
6.1. Cálculo del coeficiente de retraso 225
6.1.1. Método gráfico 226
6.1.2. Método de isocronas 229
6.1.3. Método simplificado 230
6.1.4. Método de CAQUOT 231
6.2. Coeficiente en función de la forma del terreno 232

7. Caudal de aguas de drenaje 232

Capítulo 4

DISEÑO DE ALCANTARILLAS Y COLECTORES

1. Secciones normales 235

2. Profundidad de las alcantarillas 252

3. Perfil longitudinal de las alcantarillas 253

4. Comprobación hidráulica de secciones. Fórmulas aplicables 257
4.1. Fórmula universal de PRANDTL-COLEBROK 257
4.2. Fórmula de TADINI 264
4.3. Fórmula de CHEZY 264
4.4. Fórmula de BAZIN 264
4.5. Fórmula de MANNING-STRICKLER 265

4.6. Fórmula de SONIER 267
4.7. Fórmula de KUTTER 268
4.8. Fórmula de GANGUILLET Y KUTTER 269
4.9. Elección discriminatoria de las fórmulas empíricas 270
4.10. Abacos nomogramas y tablas gráficas 271
4.11. Curvas características. Metodología 286
4.12. Cuadros para establecer las secciones y definición de la red 287

5. Aliviaderos 288
5.1. Cálculo de los aliviaderos 288
5.1.1. Vertedero rectangular de pared delgada, en un canal, sin contracción lateral, con vertido en lámina libre 288
5.1.2. Vertedero de pared delgada en contracción lateral y vertido en lámina libre 290
5.1.3. Vertedero en pared delgada con velocidad de aproximación reducida 291
5.2. Cálculo del aliviadero con sifón 291
5.2.1. Sifón NEYRPIC 295

6. Sumideros y cálculos hidráulicos 298
6.1. Tipos de sumideros 298
6.2. Cálculos hidráulicos de los sumideros. Sumideros de ventana 298
6.3. Cálculo de la capacidad de los sumideros de reja 302

7. Cálculo de pérdidas en elementos de la red 304

Capítulo 5

MATERIALES Y CONSTRUCCION DE ALCANTARILLAS Y COLECTORES

1. Aspectos a contemplar en los vertidos 309
1.1. Características de los vertidos 309

2. Tuberías y materiales constructivos 310
2.1. Condiciones requeridas para los conductos 310
2.2. Propiedades mecánicas de algunos materiales 312

3. Clasificación de los conductos de saneamiento 314
3.1. Criterios de clasificación 314
3.1.1. Atendiendo a la sección 314
3.1.2. Atendiendo al comportamiento mecánico 314
3.1.3. Atendiendo al comportamiento hidráulico 315

3.2. Tipos de tuberías 316
3.2.1. Tuberías de gres para saneamiento 316
3.2.1.1. Juntas de tuberías de gres 318
3.2.1.2. Otras características 319
3.2.2. Tuberías de hormigón para saneamiento 320
3.2.2.1. Fabricación por vibrocompresión 322
3.2.2.2. Fabricación por compresión radial 322
3.2.2.3. Fabricación por centrifugación 323
3.2.2.4. Juntas en las tuberías de hormigón en masa 323
3.2.2.5. Características de las tuberías de hormigón en masa 324
3.2.2.6. Métodos usuales de fabricación de tubos de hormigón armado 327
3.2.2.6.1. Fabricación del núcleo primario 327
3.2.2.6.2. Fabricación de camisas de chapa y armaduras 327
3.2.2.7. Normativa 330
3.2.2.8. Juntas en las tuberías de hormigón armado 331
3.2.2.9. Características de las tuberías de hormigón armado .. 331
3.2.2.10. Otros tipos de tuberías de hormigón 334
3.2.2.11. Influencia de la naturaleza de las aguas residuales en las tuberías de hormigón 337
3.2.3. Tuberías de fibrocemento para saneamiento 338
3.2.3.1. Fabricación 338
3.2.3.2. Propiedades generales 339
3.2.3.3. Características de las tuberías de fibrocemento para saneamiento 340
3.2.3.4. Juntas en las tuberías de fibrocemento para saneamiento 343
3.2.4. Tuberías de plástico reforzado con fibra de vidrio (PRV) 346
3.2.4.1. Fabricación 346
3.2.4.2. Características 349
3.2.5. Tuberías de policloruro de vinilo (PVC) 352
3.2.5.1. Fabricación 352
3.2.5.2. Características 352
3.2.5.3. Juntas en las tuberías de PVC para saneamiento ... 358
3.2.6. Tuberías de polietileno (PE) y polipropileno (PP) 358
3.2.6.1. Fabricación 358
3.2.6.2. Características 359

3.2.6.3. Juntas en tuberías de PE y PP 361
3.2.7. Otros tipos de tuberías plásticas para saneamiento 364
3.2.7.1. Fabricación 366
3.2.7.2. Características.. 370
3.2.8. Tuberías de fundición para saneamiento 370
3.2.8.1. Proceso de fabricación de los tubos 371
3.2.8.2. Juntas en las tuberías de fundición para saneamiento 372
3.2.8.3. Características.. 374
3.3. Colectores... 376
3.3.1. Colectores prefabricados.. 376
3.3.1.1. Fabricación 376
3.3.1.2. Juntas 379
3.3.2. Construcción de colectores in situ 379
3.3.2.1. Molde flexible.. 379
3.3.2.2. Colectores de hormigón in situ............................. 380
3.3.2.2.1. Colectores a cielo abierto 384
3.3.2.2.2. Colectores en mina 388

4. Problemas que se plantean en la construcción de las redes de saneamiento.. 393

5. Construcción de los alcantarillados.. 395
5.1. Replanteo y excavación... 395
5.2. Agotamiento, drenajes y entibaciones 404

6. Colocación y cálculos resistentes de los conductos............................ 406
6.1. Tuberías de hormigón... 406
6.2. Colectores prefabricados de hormigón armado 407
6.3. Comprobación de la resistencia de los conductos 408
6.3.1. Tuberías.. 412
6.3.2. Ovoides 415
6.4. Tuberías de fibrocemento.. 415
6.4.1. Características de la zanja.. 415
6.4.2. Fórmulas y condiciones de enterramiento 416
6.4.2.1. Carga de tierras.. 417
6.4.2.2. Carga de tráfico 420
6.4.2.3. Carga total de aplastamiento 422
6.4.2.4. Coeficiente de seguridad 422
6.5. Tuberías de plástico reforzado con fibra de vidrio (PRFV) 423
6.5.1. Determinación de las cargas extremas................................. 423
6.5.1.1. Cálculo de la carga de tierras 423

6.5.1.1.1. Tubería instalada en zanja 424
6.5.1.1.2. Tubería enterrada en terraplén 426
6.5.1.1.3. Instalación de tuberías en una misma zanja 427
6.5.1.2. Tipo de apoyo 428
6.5.2. Determinación de las sobrecargas 430
6.5.2.1. Cálculo de las sobrecargas verticales 430
6.5.2.1.1. Cálculo de las sobrecargas móviles concentradas 430
6.5.3. Acción de la capa freática 433
6.5.4. Dimensionamiento 433
6.5.4.1. Cálculo de la deformación vertical 433
6.5.4.2. Cálculo de la carga máxima de pandeo 435
6.5.4.3. Tensión y deformación máximas 435
6.5.5. Coeficientes de seguridad 436
6.5.5.1. Deformaciones máximas admisibles a largo plazo ... 436
6.5.5.2. Coeficiente de seguridad al pandeo 436
6.5.5.3. Tensión y deformación en la pared del tubo 436
6.6. Tuberías de P.V.C., P.E. y P.P. 436
6.6.1. Excavación y preparación de la zanja 436
6.6.2. Características 437

Anejo 1. Resistencia a los productos químicos de las tuberías de PVC. 443

Anejo 2. Resistencia a los productos químicos de las tuberías de PE-alta densidad 447

Anejo 3. Cálculos mecánicos de tuberías enterradas 451

Capítulo 6

IMPULSION DE AGUAS RESIDUALES

1. Necesidad de elevación o bombeo de aguas residuales 507

2. Normas generales en impulsiones de agua 508
2.1. Condiciones de aspiración 508
2.2. Recomendaciones para las estaciones elevadoras 509
2.3. Características de las bombas. Condiciones generales 510
2.3.1. Tipos de bombas y velocidades características 510
2.3.2. Caudal a elevar y tiempo de funcionamiento de las bombas . 511
2.3.3. Diámetro del conducto de impulsión 512

3. Clases de impulsiones y sus características 515

4. Datos de partida necesarios 517
4.1. Caudales 517
4.2. Alturas 517
4.3. Características de las aguas 517
4.4. Duración de vida de una bomba 519

5. Diseño de la central de bombeo 520
5.1. Emplazamiento de la central 520
5.2. Depósito de bombeo 522
5.3. Instalación de bombas sumergidas 523
5.3.1. Tubo de entrada 523
5.3.2. Cámara tranquilizadora de entrada 524
5.3.3. La cámara de bombeo 525
5.3.4. Nivel mínimo de agua 526
5.3.5. Diseño y dimensionado del pozo de bombas 526
5.3.6. Cálculo de los volúmenes necesarios para el depósito de bombeo 527
5.3.7. Submergencia de la aspiración 529
5.4. Diseño de las bombas 531
5.4.1. Velocidad específica 532
5.4.2. Curvas características de las bombas 532
5.4.3. Punto de funcionamiento 533
5.4.4. Acoplamiento de bombas en paralelo 535
5.4.5. Acoplamiento de bombas en serie 535
5.4.6. Perfil piezométrico de bombeo 536
5.5. Pérdida de carga en los conductos por transporte de lodo 538
5.6. Accesorios de la instalación 539
5.7. Toma de las bombas 539
5.8. Automatismos posibles 539

6. Bombas y sus clases 540
6.1. Bombas de émbolo 540
6.2. Bombas centrífugas 540
6.2.1. Centrífugas horizontales 541
6.2.2. Centrífugas verticales 541
6.2.3. Centrífugas sumergibles 542
6.3. Bombas axiales o de hélice 542
6.4. Bombas volumétricas 543
6.5. Bombas de tornillo 543
6.6. Bombas trituradoras 544

6.7. Bombas dilaceradoras ... 544
6.8. Otros tipos de bombas ... 544
6.9. Bombas para aguas residuales ... 545
6.9.1. Bombas centrífugas ... 545
6.9.1.1. Impulsor cerrado de un canal o monocanal ... 545
6.9.1.2. Impulsor cerrado de dos canales ... 548
6.9.1.3. Impulsor para bombas de paso libre ... 549
6.9.1.4. Impulsor dilacerador ... 550
6.9.1.5. Impulsor de tornillo centrífugo ... 551
6.9.1.6. Impulsor con sistema de pre-rotación ... 551
6.9.1.7. Impulsor axial ... 552

7. Otros tipos de bombas ... 567
7.1. Bombas de tornillos de Arquímedes ... 567
7.1.1. Origen, aplicación y ventajas ... 567
7.1.2. Tornillos de Arquímedes actuales normalizados ... 568
7.1.3. Selección de una bomba de tornillo de Arquímedes ... 568
7.1.4. Cálculo de la longitud de las hojas ... 571
7.1.5. Capacidad del tornillo de Arquímedes ... 571
7.2. Bombas de tornillo excéntricas ... 575
7.3. Bombas dilaceradoras ... 577
7.4. Bombas dosificadoras ... 577
7.5. Dispositivos elevadores por aire comprimido ... 577
7.5.1. Eyectores ... 578
7.5.2. Bombas de aire "Air Lit" y "Mammut" ... 581
7.5.2.1. Bombas "Air Lit" ... 581

8. Protecciones en las bombas ... 585

9. Potencias y rendimientos ... 585

10. Instalación eléctrica ... 586
10.1. Potencia ... 586
10.2. Cuadro eléctrico ... 587
10.3. Reguladores de nivel ... 587
10.4. Sentido de la rotación de la bomba ... 587
10.5. Relé ... 587

11. Pruebas y mantenimiento ... 588
11.1. Pruebas y controles ... 588
11.1.1. Pruebas hidrostáticas ... 588
11.1.2. Ensayos hidráulicos ... 588
11.1.3. Ensayos mecánicos ... 588

11.1.4. Gasto 589
11.1.5. Altura manométrica 589
11.1.6. Potencia absorbida 589
11.1.7. Velocidad de rotación 589
11.1.8. Montaje 589
11.2. Mantenimiento 589

Capítulo 7

NUEVOS SISTEMAS DE SANEAMIENTO

1. Calidad de las aguas superficiales 591

2. Sistemas de reducción de caudales de escorrentia superficial 598

3. Reducción de contaminación en aguas de escorrentia 598

4. Nuevos diseños de los sistemas de saneamiento 599

5. Sistemas de infiltración de aguas 601
5.1. Cálculo de este tipo de instalaciones ....
5.1.1. Principios de diseño 602
5.1.2. Diseño de las superficies de infiltración 602
5.1.3. Diseño de las fosas de infiltración 604
5.1.4. Infiltración por drenes y zanjas 605
5.1.5. Infiltración mediante pozos de drenaje 607

6. Depósitos de retención 609
6.1. Función de los depósitos de retención 610
6.2. Cálculo de los depósitos de retención 612
6.3. Tipos de depósitos 613
6.4. Gestión ....

Capítulo 8

GESTION Y EXPLOTACION DE LOS SERVICIOS DE ALCANTARILLADO

1. Generalidades 615
1.1. Normas y recomendaciones 616

2. Gestión de los servicios 617
2.1. Modalidades de gestión 617

2.1.1. Modos centralizados ... 617
2.1.1.1. Gestión directa simple (arts. 68 y 69 del Reglamento) ... 617
2.1.1.2. Gestión directa compleja (arts. 70 a 84 del Reglamento) ... 617
2.1.2. Modos descentralizados ... 617
2.1.2.1. Dotación pública exclusiva con autonomía patrimonial y orgánica ... 617
2.1.2.2. En colaboración ... 618

3. Acometidas de la red ... 636
3.1. Caudales a desaguar ... 637
3.1.1. Método empírico ... 637
3.1.2. Método de la raíz cuadrada ... 637
3.1.3. Método de la suma de caudales ... 638
3.1.4. Método probabilístico ... 638
3.2. Ventilación ... 639
3.3. Vigilancia de las acometidas privadas ... 639

4. Operaciones de mantenimiento y explotación ... 639
4.1. Relaciones, planificación, proyecto, obra, explotación y mantenimiento ... 640
4.2. Limpieza del alcantarillado ... 642
4.2.1. Personal y equipos ... 642
4.2.2. Sistemas de la limpieza ... 642
4.2.3. Utiles de limpieza ... 644
4.2.4. Limpieza de alcantarillas visitables y colectores ... 649
4.2.5. Limpieza de sumideros y fosas sépticas ... 650
4.3. Sistemas dc control ... 652
4.4. Conservación y reparación de los alcantarillados ... 653
4.5. Sistemas de ventilación ... 653

5. Problemas más importantes en las operaciones de mantenimiento y explotación ... 654
5.1. Problemas imputables a la red ... 655
5.2. Causas externas ... 655
5.3. Acciones preventivas ... 656
5.4. Renovación de redes ... 657
5.4.1. Revestimiento interior ... 657
5.4.1.1. Cloruro de polivinilo ... 657
5.4.1.2. Resinas especiales ... 657
5.4.1.3. Gres ... 657

5.4.1.4. Fibra de vidrio 657
5.4.1.5. Tubulares de polietileno 657
5.4.1.6. Morteros diversos 658
5.4.2. Razones para un revestimiento interior 658
5.5. Eliminación de problemas de septicidad y SH_2 660

6. Control de una red de alcantarillado 661

7. Costes de explotación 663

8. Financiación del mantenimiento y explotación de las redes de saneamiento 664
8.1. Tasas de saneamiento 664
8.2. Estudios analíticos de los elementos constitutivos de las tarifas 665

Capítulo 9

LOS VERTIDOS EN RIOS Y LAGOS

1. Introducción 667

2. Vertidos al cauce 668
2.1. Vertido directo 668
2.2. Vertido indirecto 668

3. Tendencias o principios a contemplar en una legislación encaminada a la lucha contra la contaminación de las aguas 669

4. Legislación actual española 671

Capítulo 10

LOS VERTIDOS AL MAR

Introducción 717

1. Los emisarios submarinos y su finalidad 718

2. El medio oceánico 718
2.1. Características físicas 719
2.1.1. Propiedades básicas 719
2.1.1.1. Densidad y volumen específico 719
2.1.1.2. Velocidad del sonido 719
2.1.1.3. Calor específico 720

2.1.1.4. Conductividad eléctrica 720
2.1.2. Propiedades asociadas 721
2.2. Características químicas 721
2.2.1. Composición del agua de mar 721
2.2.2. Regulación inorgánica de la composición 721
2.2.2.1. Solubilidad 721
2.2.2.2. Cambio de cationes y aniones 721
2.2.2.3. Sorción 723
2.2.2.4. Procesos físicos 723
2.2.2.5. Cambios con el tiempo 723
2.2.3. Regulación biológica de la composición 723
2.2.3.1. El ciclo bioquímico 724
2.2.3.2. La circulación bioquímica 725

3. Fenomenología de la dilución 725
3.1. Mecanismos y criterios paramétricos 725
3.2. Componentes de la dilución total 726
3.2.1. Dilución primaria 726
3.2.1.1. Profundidad de inyección 727
3.2.1.2. Morfología de la boca de salida 727
3.2.1.3. Orientación del chorro incidente 728
3.2.1.4. Turbulencia creada en la envolvente del penacho.. 728
3.2.1.5. Corrientes submarinas imperantes 730
3.2.1.6. Formación de una termoclina 731
3.3. Dilución secundaria 732
3.3.1. Dirección e intensidad del viento 733
3.3.1.1. Relaciones viento-corriente 733
3.3.2. Régimen de los vientos 734
3.3.3. Morfología y topografía de la costa 734
3.3.4. Naturaleza y morfología del fondo del mar 735
3.3.5. Morfogénesis de la costa en función de las corrientes 735
3.3.6. Amplitud de las mares y del oleaje 736
3.3.7. Las fuerzas de CORIOLIS 737
3.4. Dilución terciaria 738
3.4.1. Dilución equivalente 738
3.4.2. Dilución equivalente bacteriana 738
3.4.2.1. Mortandad por hostilidad del medio 739
3.4.2.2. Otros factores 739
3.4.2.3. T_{90}. Definición y magnitud 739
3.4.2.4. T_{os}. Efectos de la oscuridad sobre T_{90} 740

4. El binomio: Depuración-emisarios submarinos 741

5. Cálculo de los emisarios 743
5.1. Fórmulas de cálculo 743
5.1.1. Fórmulas de la dilución primaria 744
5.1.1.1. Fórmula de RAWN y PALMER (dilución primaria) ... 744
5.1.1.2. Fórmula de CONWAY 744
5.1.1.3. Fórmula de BROOKS 744
5.1.1.4. Fórmula de POMEROY 745
5.1.1.5. Fórmula de RAWAN, BOWERMAN y BROOKS 745
5.1.2. Fórmulas de la dilución secundaria 745
5.1.2.1. Fórmula de RAWN y PALMER 745
5.1.2.2. Fórmula de CONWAY 746
5.1.2.3. Fórmula de BROOKS 746
5.1.2.4. Fórmula de POMEROY 747
5.1.3. Fórmula de la dilución equivalente bacteriana 747
5.1.3.1. Límite de RAWN y PALMER 747
5.1.3.2. Fórmula de CONWAY 747
5.1.3.3. Fórmula de BROOKS 747
5.1.3.4. Fórmula de POMEROY 748
5.1.4. Fórmulas combinadas (D_2, D_3) 748
5.1.4.1. Ecuaciones de RAWN y PALMER 748
5.1.4.2. Ecuación de CONWAY 749
5.1.4.3. Ecuación de BROOKS 749
5.1.4.4. Ecuación de POMEROY 749
5.1.5. Comentarios 749
5.2. Otros modelos utilizados en España 751
5.2.1. Dilución primaria 751
5.2.2. Dilución secundaria 752
5.2.2.1. Vertidos lineales 752
5.2.2.2. Vertidos puntuales 752
5.2.3. Dilución equivalente bacteriana 753

6. Sistemas constructivos 753
6.1. Tipos de tubería y acoplamiento 754
6.1.1. Tubos de fundición 754
6.1.2. Tubos de fibro-cemento 755
6.1.3. Tubos de cloruro de polivinilo (P.V.C.) 756
6.1.4. Tubos de polietileno 757
6.2. Zanjas y anclajes 757
6.2.1. Zanjas y enterramiento 757

6.2.2. Anclaje por pilotes ... 758
6.2.3. Anclaje por muertos ... 758
6.2.4. Caparazón-oruga continuo «CRUCIBLOC» ... 760
6.3. Técnicas de transporte, colocación y montaje ... 764
6.3.1. Montaje tubo a tubo ... 764
6.3.2. Montaje por tramos flotantes ... 764
6.3.3. Montaje en continuo desde barcaza-taller ... 765
6.4. Nuevas tecnologías y creatividad ... 765
6.4.1. Bocas de difusión anular ... 765
6.5. Regímenes hidráulicos de los vertidos ... 767
6.5.1. Vertidos por gravedad ... 767
6.5.2. Vertidos con bombeo ... 767

7. El control ... 768
7.1. Control de la construcción ... 768
7.2. Control de los resultados ... 768

8. Cálculos resistentes de los emisarios ... 769
8.1. Fuerzas sobre tuberías en el fondo marino ... 769
8.2. Consideraciones teóricas ... 769
8.3. Fuerzas hidrodinámicas ... 771
8.4. Coeficientes hidrodinámicos ... 772
8.5. Fuerzas ejercidas por el oleaje ... 775

9. Normas españolas y extranjeras ... 781
9.1. Normas españolas ... 781
9.2. Normas extranjeras ... 784
9.2.1. Concentración en E. Coli ... 784
9.2.2. Valores de T_{90} utilizados ... 785
9.2.3. Dilución total ... 786

Anejo n.º 1. Ley 26 Octubre 1993, n.º 10/1993 de la Asamblea de Madrid (Saneamiento-Industrial en general) "Vertidos industriales al sistema integral de saneamiento" ... 789

Anejo n.º 2. Norma Tecnológica de la Edificación NTE-ISA/1973 "Instalaciones de Salubridad. Alcantarillado (O.M. 1973/03/06)" B.O.E. n.º 66 del 17-3-1973 ... 805

Anejo n.º 3. Pliego de prescripciones técnicas generales para Tuberías de Saneamiento de Poblaciones (O.M. 1986/9/15. B.O.E. n.º 228 del 23-9-1986) ... 827

Anejo n.º 4. ORDEN de 13 de julio de 1993 por la que se aprueba la Instrucción para el proyecto de conducciones de vertidos desde tierra al mar 845

Bibliografía 869

1

Agua y contaminación

1. INTRODUCCION

El agua, como elemento condicionante de vida, ha sido, por un lado, factor fundamental en el asentamiento de pueblos, por otro, son numerosas, en la historia, las civilizaciones e imperios desaparecidos al perder el dominio del agua.

Los cursos de agua desde el principio garantizaban el consumo de la población en calidad y cantidad y a la vez servían de vehículo para transportar los residuos de toda índole vertidos por sus habitantes. No es, por tanto, un hecho nuevo la contaminación de las aguas, si bien existe una notable diferencia en cuanto a las cantidades vertidas y a la calidad de los residuos vertidos, llegando a constituir en la actualidad un serio problema en todos los países del mundo.

Al principio el asentamiento de los pueblos en torno a los ríos se caracterizaba por su idoneidad para la vida, al contar, independientemente de condiciones de estrategia y defensa, con caudales de agua, en primer lugar, para sus necesidades de abastecimiento y vehículo de sus residuos, y en segundo término, para riego, transporte, etc. Pero es precisamente su idoneidad, en un momento dado, la que da origen a la evolución de esta agrupación de gente favoreciendo el crecimiento normal de la población, la aparición de los mercados en primer término y posteriormente la industria.

Esta evolución ha generado la formación de las ciudades actuales, llegándose en muchos casos a que los caudales, que servían en otros tiempos para su abastecimiento, son ya insuficientes, y a que el vehículo que transportaba los desperdicios se ha ido declarando poco a poco incapaz para soportar la pesada carga de «aguas negras», cargas sin cesar en incremento.

La apariencias de la contaminación y sus peligros se han hecho evidentes y patentes en todos los lugares de nuestro planeta, dependiendo principalmente de su desarrollo.

En España es en el siglo XIX cuando comenzó a darse importancia al desarrollo regional, basado en los aprovechamientos por cuencas hidrográficas, dictándose a mediados de dicho siglo normas y decretos sobre aprovechamiento, vigilancia y control de los cursos de aguas superficiales. Pero es en el momento actual cuando el hombre considera el problema en su verdadera proporción, al alcanzar por un lado, un mayor nivel de vida, que le permite detenerse a contemplar la existencia y buscar la comodidad, mayores consumos de agua y una mejor calidad, bienestar y belleza en el medio que le rodea; y por otro lado, el problema es más visible por los efectos producidos, como consecuencia de los vertidos de las grandes aglomeraciones urbanas y las fuertes concentraciones industriales.

En España, como en casi todos los países de Europa, el problema de la calidad del agua queda íntimamente unido al problema cuantitativo. Las grandes cantidades de elementos contaminantes vertidos en las aguas residuales domésticas e industriales, crean grandes problemas en los cauces superficiales receptores y en las aguas subterráneas, no sólo generando problemas sanitarios sociales y económicos, sino contribuyendo directamente a la inutilización de muchos de los recursos hidráulicos.

A este efecto de reducción de recursos hidráulicos por contaminación se une, de forma cada vez más fuerte, la contaminación agrícola debida al uso de pesticidas, plaguicidas y abonos. Por último, dentro de los mismos efectos producidos por contaminantes no debe dejarse de señalar el problema de los hidrocarburos.

Lo cierto es que nos encontramos en el momento actual con un problema candente al que se ha llegado por una serie de factores que afectan a la infraestructura del abastecimiento y saneamiento, tales como: escasa preocupación por el tema, dificultades de financiación para estas obras, excesiva economía en este tipo de instalaciones, construyendo por debajo del nivel de calidad para el funcionamiento adecuado y deficiente explotación por falta de atención prestada y falta de personal especializado.

Podemos preguntarnos aquí, ¿es que la humanidad no ha atendido a este problema?

Ya en la Edad Antigua (3.000 a 2.000 a. de C.) los indúes contaban con casas dotadas de todo confort, cuarto de baño, retrete, agua corriente y desagües.

En Egipto, en relación con las instalaciones de elevación de agua de la noria de Sakieh, se utilizaba un sistema de tornillo, cuyo descubrimiento se le atribuye a Arquímedes (28 a 212 a. de C.). Este es hoy uno de los sistemas empleados en el bombeo de aguas residuales brutas en la entrada de las actuales depuradoras.

Según nos indica la Biblia, en la época del Rey David, año 655 a. de C., para vencer a los jebusitas, David utilizó el ardid de introducirse en la ciudad por la desembocadura de los canales de desagüe de las aguas negras y de lluvia. Así, Joab entró en Jerusalén y David ocupó la ciudad sin derramamiento de sangre.

Creo que todo lo anterior es suficiente para señalar los antecedentes del problema y la preocupación del ser humano para eliminar los residuos y abastecerse de agua.

Pero hay más aún, cuando David entró en Jerusalén y convirtió la ciudad en el centro de su reino, ordenó la ampliación del abastecimiento de la antigua red y la dotó de un sistema de alcantarillado separativo.

Los sedimentos que se hallaban en los canales de desagüe se aprovechaban. El canal principal desembocaba en grandes lagos, donde sedimentaban las materias en suspensión, que posteriormente se utilizaban como abono; el agua de los lagos servía después para riego de huertas.

Véase en estos descubrimientos del científico Schick los antecedentes del tratamiento físico de la depuración de las aguas residuales, según los sistemas actuales, y los antecedentes de su reutilización.

En el estudio del Reino de los Hititas, de la Grecia antigua y del Imperio Romano, o ya en fechas posteriores, son numerosas las citas posibles sobre los grandes abastecimientos, canales de desagüe de aguas negras y de lluvia y balsas de sedimentación.

De dichas realizaciones y de las siguientes hasta el siglo XX se desprenden las siguientes conclusiones:

a) Las infraestructuras de abastecimiento y saneamiento iban emparejadas y a continuación de los asentamientos de los pueblos.

b) No existía planificación alguna a largo plazo.

Las acciones para dotar de estos servicios se limitaban a cubrir déficits en las necesidades originadas por el desarrollo de los asentamientos urbanos, su industrialización y la corriente turística.

Los objetivos del saneamiento en este período eran los de higiene y protección en las zonas urbanizadas. La solución del saneamiento consistió en establecer conducciones bajo tierra, de gran dimensión, en conducciones rodadas, que alejasen las aguas residuales de las zonas urbanizadas.

Los objetivos añadidos, en la primera mitad del siglo XX, eran los de calidad de los conductos y análisis de costos. Las soluciones introducidas fueron las de fondos a la red separativa, y a las normalización.

En la segunda mitad del siglo XX se han introducido nuevos objetivos: Protección del medio ambiente, mejora de la calidad de las aguas, intento de reutilización. Las soluciones introducidas van dirigidas hacia la calidad de los conductos, buscando la protección del material utilizado, la impermeabilidad de los conductos, la limitación de los vertidos directos, la depuración de las aguas, la introducción de la informática para la obtención de datos, así como el control y gestión de los sistemas de saneamiento.

En resumen puede decirse que los objetivos actuales del saneamiento pueden concretarse en:

– Garantizar la protección sanitaria
– Proteger el medio ambiente
– Reutilizar las aguas
– Asegurar el mejor servicio a los usuarios

La situación mundial en relación con el abastecimiento y saneamiento puede desprenderse de los gráficos incorporados en la fig. 1, según informa la O.M.S. en 1995.

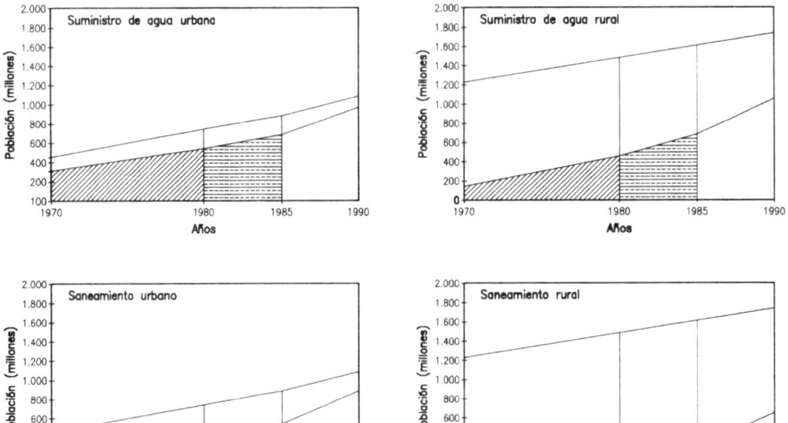

Fig. 1.

La situación en España ha quedado plasmada en la Resolución de 28 de Abril de 1995 por el que se aprueba el Plan Nacional de Saneamiento y Depuración de Aguas Residuales. En el apartado 1. Diagnóstico de la situación actual, se dice:

"En España existen más de tres mil depuradoras de aguas residuales en servicio, y alrededor de doscientas más en construcción, que suponen una dotación teórica para el 60 por 100 de la población de derecho. Pero ni los sistemas de tratamiento ni los de gestión de las plantas son, en muchos casos, los adecuados, ni todas las plantas están –salvo excepciones–, correctamente dimensionadas para atender la población de hecho ni la carga contaminante de origen industrial que le corresponde".

"De acuerdo con los criterios de la Unión Europea, la población equivalente (que incluye la población de hecho y la carga contaminante de origen industrial) servida actualmente en España es apenas el 40,7 por 100 del total. Con las depuradoras actualmente en construcción se alcanzaría un porcentaje del 53,7 por 100 a medio plazo".

"Con excepciones importantes, los principales problemas relativos a las aguas residuales que se detectan con mayor frecuencia, junto con la irregularidad geográfica de las dotaciones existentes ya señalada, son los siguientes:

– Redes de saneamiento urbanas con insuficiente capacidad o en estado deficiente, lo que provoca fugas o la dilución con las aguas freáticas, que aunque independientes del Plan de Saneamiento, afecta a la explotación.

– Obsolescencia de las instalaciones de depuración y de vertido, en particular las construidas antes del inicio de la década de los ochenta.

– Insuficiente medios humanos y materiales para la correcta explotación y mantenimiento de las plantas. Las tarifas o cánones aplicados –ni siquiera cuando se consigue cobrarlos– no siempre cubren los costes correspondientes.

– Escaso control y seguimiento del funcionamiento de las depuradoras por parte de las autoridades competentes.

– Inexistencia o insuficiente cumplimiento de las Ordenanzas municipales que regulan el vertido al alcantarillado.

– Escasa preocupación por el tratamiento y eliminación de los fangos derivados de la depuración, lo que puede provocar incluso problemas de la calidad del efluente.

– Insuficiente consideración y gestión de las aguas de tormenta, que impide en ocasiones el cumplimiento de los objetivos de calidad.

– Los vertidos de las empresas industriales no cumplen, en su mayoría, con las normas de emisión, y los correspondientes procedimientos de autorización, control y sanción deben ser revisados.

2. NORMATIVA QUE OBLIGA EL SANEAMIENTO

Conviene plantear aquí algunos puntos importantes.

• Según la Ley de Régimen Local, se señala que en todo municipio será obligatoria la prestación de los servicios siguientes:

a) Guardia rural.

b) Surtidor de agua potable.

g) Destrucción o tratamiento de basuras y vertidos.

Y en el artículo 103 para municipios de más de 5.000 habitantes:

a) Abastecimiento domiciliario.

b) Alcantarillado.

Quizá esta división del agua servida y agua recogida hayan representado el freno más grave para evitar el crecimiento de la contaminación, al haberse dado prioridad al primero.

Se consideraba como más necesario el abastecimiento y siempre secundario el saneamiento, por lo tanto se dirigían las escasas consignaciones presupuestarias hacia aquellos, raras veces hacia el saneamiento y nunca hacia la depuración de las aguas residuales.

Los municipios, según el Reglamento de Servicios de las Corporaciones Locales, contaban con las tarifas que, desgraciadamente de tipo político, no tenían en cuenta la amortización, mantenimiento y explotación ni del abastecimiento y ni se pensaba en el saneamiento, percibiendo para éste por las construcción un cierto canon totalmente insuficiente.

• La Ley de Aguas, Ley 29/1985 de 2 de agosto, parece ser una esperanza fundada para la resolución de los problemas enunciados a los que dará solución adecuada.

• La Directiva del Consejo de 21 de Mayo de 1991, sobre el tratamiento de las aguas residuales urbanas (91/271/CEE), marca las directrices sobre saneamiento, según puede verse en el resumen que se acompaña:

"EL CONSEJO DE LAS COMUNIDADES EUROPEAS,

Considerando que es necesario un tratamiento secundario de las aguas residuales urbanas para evitar que la evaluación de dichas aguas tratadas de manera insuficiente tenga repercusiones negativas en el medio ambiente;

Considerando que los sistemas colectores de entrada de aguas residuales industriales así como la evacuación de aguas residuales y lodo procedentes de las instalaciones de tratamiento de aguas residuales urbanas deberían ser objeto de normas generales, reglamentaciones y/o autorizaciones específicas;

Considerando que deben someterse a requisitos adecuados los vertidos de aguas residuales industriales biodegradables, procedentes de determinados sectores industriales, que no entran en las plantas de tratamiento de las aguas residuales urbanas antes del vertido a las aguas receptoras;

Considerando que debe fomentarse el reciclado de los lodos producidos por el tratamiento de las aguas residuales, que debe suprimirse progresivamente la evacuación de lodos a las de aguas superficiales;

Considerando que es necesario controlar las instalaciones de tratamiento, las aguas receptoras y la evacuación de lodos para garantizar la protección del medio ambiente de las repercusiones negativas de los vertidos de aguas residuales;

Considerando que es importante garantizar la información al público, mediante la publicación de informes periódicos, sobre la evacuación de aguas residuales urbanas y lodos;

HA ADOPTADO LA PRESENTE DIRECTIVA:

Artículo 1

La presente Directiva tiene por objeto la recogida, el tratamiento y el vertido de las aguas residuales urbanas y el tratamiento y vertido de las aguas residuales procedentes de determinados sectores industriales.

El objetivo de la Directiva es proteger el medio ambiente de los efectos negativos de los vertidos de las mencionadas aguas residuales.

Artículo 3

1. Los Estados miembros velarán porque todas las aglomeraciones urbanas dispongan de sistemas colectores para las aguas residuales urbanas:

- a más tardar, el 31 de diciembre del año 2000 en el caso de las aglomeraciones con más de 15.000 equivalentes habitante («e-h»), y
- a más tardar, el 31 de diciembre del año 2005 en el caso de las aglomeraciones que tengan entre 2.000 y 15.000 e-h.

Cuando se trate de aguas residuales urbanas vertidas en aguas receptores que se consideren «zonas sensibles» con arreglo a la definición del artículo 5, los Estados miembros velarán porque se instalen sistemas colectores, a más tardar, el 31 de diciembre de 1998 en las aglomeraciones con más de 10.000 e-h.

Cuando no se justifique la instalación de un sistema colector, bien por no suponer ventaja alguna para el medio ambiente o bien porque su instalación implique un coste excesivo, se utilizarán siempre individuales u otros sistemas adecuados que consigan un nivel igual de protección medioambiental.

2. Los sistemas colectores mencionados en el apartado 1 cumplirán los requisitos establecidos en la letra A del Anexo I. Dichos requisitos podrán modificarse según el procedimiento establecido en el artículo 18.

ANEXO I

REQUISITOS DE LAS AGUAS RESIDUALES URBANAS

A. Sistemas colectores

Los sistemas colectores deberán tener en cuenta los requisitos para el tratamiento de aguas residuales.

El diseño, construcción y mantenimiento de los sistemas colectores deberán realizarse de acuerdo con los mejores conocimientos técnicos que no redunden en costes excesivos, en especial por lo que respecta:

- al volumen y características de las aguas residuales urbanas,
- a la prevención de escapes,
- a la restricción de la contaminación de las aguas receptoras por el establecimiento de las aguas de tormenta.

C. Aguas residuales industriales

Las aguas residuales industriales que entren en los sistemas colectores y en las instalaciones de tratamiento de aguas residuales urbanas serán objeto del tratamiento previo que sea necesario para:

- proteger la salud del personal que trabaje en los sistemas colectores y en las instalaciones de tratamiento;
- garantizar que los sistemas colectores, las instalaciones de tratamiento de aguas residuales y los equipos correspondientes no se deterioren;
- garantizar que no se obstaculice el funcionamiento de las instalaciones de tratamiento de aguas residuales y de lodos;
- garantizar que los vertidos de las instalaciones de tratamiento no tengan efectos nocivos sobre el medio ambiente y no impidan que las aguas receptoras cumplan otras Directivas comunitarias;
- garantizar que los lodos puedan evacuarse con completa seguridad de forma aceptable desde la perspectiva medioambiental.

Fechas límites de interés

Transposición de Directiva: 30-Junio-1993

Programa Nacional de Aplicación: 31-Diciembre-1993

Determinación Zonas Sensibles y menos Sensibles: 31-Diciembre-1993

Construcción Colectores:

Zonas Sensibles: Más de 10.000 h-eq. 31-Diciembre-1998

Zonas Normales y menos Sensibles:

Más de 15.000 h-eq. 31-Diciembre-2000.

Entre 2.000 y 15.000 h-eq. 31-Diciembre-2005.

NIVELES DE TRATAMIENTO

Zonas Normales

PARAMETRO	TRATAMIENTO SECUNDARIO*	
	CONCENTRACION	% REDUCCION
DBO5 mg/l de O_2	25	70-90
DQO mg/l de O_2	125	75
Solid. Suspensión mg/l (optativo)	35	90

Zonas sensibles (tratamiento secundario + el siguiente cuadro)

PARAMETRO	ELIMINACION DE N. Y P.	
	CONCENTRACION	% REDUCCION
Fósforo total mg/ ld de P	2 entre 10.000 y 100.000 h-eq. 1 para más	
Nitrógeno total mg/l de N.	de 100.000 h-eq. 15 entre 10.000 y 10 para más 10.000 h-eq.	70-80

Zonas menos Sensibles

PARAMETRO	TRATAMIENTO PRIMARIO	
		% REDUCCION
DBO5 mg/l de O2 Solid. Suspensión mg/l		20 50

* Se incluyen consideraciones especiales para núcleos de alta montaña, así como para vertidos procedentes de un sistema de lagunaje.

Disposiciones y Normativas en relación con la Calidad del Agua

Directivas CEE:

DIRECTIVA 75/440/CEE, relativa a la calidad requerida para las aguas superficiales destinadas a la producción de agua potable en los Estados miembros.

DIRECTIVA 76/160/CEE, relativa a la calidad de las aguas de baño.

DIRECTIVA 78/659/CEE, relativa a la calidad de las aguas continentales que requieren protección o mejora para ser aptas para la vida de los peces.

DIRECTIVA 80/778/CEE, relativa a la calidad de las aguas destinadas al consumo humano.

DIRECTIVA 91/271/CEE, relativa al tratamiento de las aguas residuales urbanas (30.5.91).

DIRECTIVA [MARCO] 76/464/CEE de 4-5-1976, relativa a la contaminación causa por determinadas sustancias peligrosas vertidas en el medio acuático de la Comunidad.

DIRECTIVA 80/068/CEE, relativa a la protección de aguas subterráneas contra sustancias peligrosas.

Legislación Española:

LEY 29/85 de 2.8.1985 de Aguas [Dir. 76/464/CEE] (BOE 8.8.1985) REAL DECRETO 849/86 de 11.4.1986, por el que se aprueba el Reglamento del Dominio Público Hidráulico, que desarrolla los títulos Preliminar. I.IV.V.VI.VII de la Ley 29/85 de 2.8.1985, de Aguas [Dir. 76/464/CEE] (BOE 30.4.1986).

ORDEN de 11.5.1988, sobre características básicas que deben ser mantenidas en las corrientes de aguas superficiales cuando sean destinadas a la producción de agua potable [Dir. 75/440/CEE] (BOE 24.5.1988).

REAL DECRETO 927/88 de 29.7.1988, por el que se aprueba el Reglamento de la Administración Pública del Agua y de la Planificación Hidrológica, en desarrollo de los títulos II y III de la Ley de Aguas [Dir. 7775/440/CEE, Dr. 76/160/CEE, Dir. 78/659/CEE, Dir. 79/923/CEE] (BOE 31.8.1988).

ORDEN de 15.10.1990, por la que se modifica la ORDEN de 11.5.1988, sobre características básicas que deben ser mantenidas en las corrientes de aguas superficiales cuando sean destinadas a la producción de agua potable [Dir. 75/440/CEE] (BOE 23.10.1990).

REAL DECRETO 1310/90 de 29.10.1990, por el que se regula la utilización de los lodos de depuración en el sector agrario [Dir. 86/278/CEE] (BOE 1.11.1990).

• Por último la resolución de 28 de Abril de 1995 por el que se aprueba el Plan Nacional de Saneamiento y Depuración de Aguas Residuales, en el que se define el programa de infraestructuras y su financiación.

3. LAS AGUAS RESIDUALES

El hombre ha utilizado las aguas, no sólo para su consumo sino con el paso del tiempo, para su actividad y para su confort, convirtiendo las aguas usadas en vehículo de desechos. De aquí surge la denominación de aguas residuales.

3.1. DEFINICION

Contaminación, a los efectos de la Ley de Aguas, es la acción y el efecto de introducir materias o formas de energía, o inducir condiciones en el agua que, de modo directo o indirecto, impliquen una alteración perjudicial de su calidad en relación con los usos posteriores o con su función ecológica.

3.2. CLASES

AGUAS BLANCAS O DE LLUVIA. Son aguas procedentes de drenajes o de escorrentía superficial, caracterizándose por grandes aportaciones intermitentes y escasa contaminación. Las cargas contaminantes se incorporan al agua al atravesar la lluvia la atmósfera, o por el lavado de superficies y terrenos.

AGUAS NEGRAS O URBANAS. Son aguas procedentes de los vertidos de la actividad humana, doméstica, agrícola, industrial, etc. Sus volúmenes son menores, sus caudales más continuos y su contaminación mucho mayor.

Estas aguas pueden conducirse por un solo conducto (sistema unitario), o por conductos separados (sistema separativo).

3.3. FUENTES CONTAMINANTES

Las principales fuentes contaminantes pueden ser de:

3.3.1. Origen doméstico

Sustancias incorporadas, procedentes de los residuos de la actividad humana (alimentos, deyecciones, limpieza casera y viaria, etc.). Se caracterizan por ser inodoras, si son recientes, y por su color gris amarillento o blanco. Al sufrir procesos de fermentación huelen a sulfhídrico, pasando su color a gris negruzco.

Se caracterizan estos vertidos por la incorporación de productos orgánicos, inorgánicos y microorganismos. Entre los productos orgánicos pueden señalarse residuos de origen vegetal, origen animal, deyecciones humanas, grasas, etc. Las deyecciones humanas pueden considerarse con un contenido del 30% de N, 3% de ácido fosfórico (PO_4H_3) y 6% de K_2). El vertido por habitante de orina puede estimarse de 1,2 a 2,4 litros por día, constituyendo la urea el 50% de dicha cantidad. Los productos inorgánicos consisten en productos disueltos (sales) y elementos inertes como residuos de materiales, tierras, arena, papel, etc.

Características	Aguas Blancas	Aguas Negras
$D.B.O._5$	25	100 a 450
D.Q.O.	65	150 a 1.100
S.S.	230	100 a 600
S.S.V.	40	60 a 450
N en (NH_3)	0,2	7 a 50
N en (NO_2)	0,05	0 a 0,20
N en (NO_3)	0,05	0,10 a 0,60
N (orgánico)	1,4	8 a 40
PO_4 (total)	1,15	
PO (soluble)	0,46	

Tabla 1-1. Cuadro indicativo comparativo de elementos contaminantes en aguas blancas y aguas negras (expresado en mg/l)

3.3.2. Origen industrial

Sustancias procedentes de las actividades industriales (materias primas utilizadas, productos de transformación y acabados, así como la transmisión de calor y frío).

Con independencia del posible contenido de sustancias similares a los vertidos de origen doméstico, pueden aparecer elementos propios de cada actividad industrial, entre los que pueden citarse: Tóxicos, iones metálicos, productos químicos, hidrocarburos, detergentes, pesticidas, productos radioactivos, etc.

3.3.3. Origen agrícola

Sustancias procedentes de las actividades agrícolas y ganaderas (pesticidas y herbicidas, residuos varios, estiércol, etc.). Sus residuos perjudican sensiblemente las características de las aguas del curso receptor. Otras sustancias son los fertilizantes, que antes eran de origen orgánico, y hoy han sido casi sustituidos por abonos de origen inorgánicos, tales como sulfatos, nitratos, fosfatos, etc.

3.4. AGUA RESIDUAL URBANA DE ORIGEN DOMESTICO

3.4.1. Composición

Los compuestos químicos que se hallan presentes son muchos. A título ilustrativo, se pueden citar: microorganismos; urea, albúminas, proteínas, ácidos acético y láctico; bases jabonosas y almidones; aceites: Animales, vegetales y minerales; hidrocarburos; gases: Sulfhídrico, metano, etc.; sales: Bicarbonatos, sulfatos, fosfatos, nitritos, nitratos, etc. La incorporación de sales por el uso del agua en una ciudad puede estimarse en un incremento de 35-80 p.p.m.

A efectos prácticos de la Ingeniería Sanitaria interesa destacar la composición del agua residual considerando el tipo de sustancia incorporada:

a) Materia líquida con elementos disueltos.

b) Materia sólida.

c) Materia viva.

El contenido total de materia sólida contenida en el agua se define como sólidos totales (ST), comprendiendo los sólidos tanto orgánicos como inorgánicos. Estos pueden encontrarse como:

b_1- Sólidos disueltos (SD) que no sedimentan encontrándose en el agua en estado iónico o molecular.

b_2- Sólidos en suspensión (SS), que pueden ser:

- Sedimentables (Ss), que por su peso pueden sedimentar fácilmente en un período de tiempo (2 horas en cono Imhoff).

• No sedimentables (Sc), que no sedimentan tan fácilmente por su peso específico próximo al del líquido o por encontrarse en estado coloidal.

Los sólidos orgánicos proceden de la actividad humana, siendo de origen animal y/o vegetal. Contienen principalmente C, H, O, así como N, S, P y K.

Es el caso de las proteínas, de los hidratos de carbono, de las grasas, etc. Su característica es la posibilidad de degradación y descomposición por reacciones químicas o acciones enzimáticas de los microorganismos. Los sólidos inorgánicos son sustancias inertes y no degradables, tales como minerales, arenas, tierras, etc.

Entre la materia viva incorporada a las aguas, contemplada bajo la denominación de microorganismos, pueden citarse: virus, algas, protozoos, bacterias, hongos, insectos, rotíferos, etc.

c_1- Los microorganismos pueden clasificarse en:

• Parásitos, si viven a expensas de otro organismo vivo, pudiendo ser BENIGNOS o PATOGENOS. Estos últimos pueden ser causa de enfermedades que afectan directamente al hombre, como hepatitis, fiebre tíficas, cóleras, salmonelosis, disenterías, etc., que marcan el peligro potencial de las aguas residuales.

Bacterias	**Enfermedades**
Vibrio Cholerae Vibrio cholerae NAG Vibrio parahaemolyticus Otros tipos de vibrio	Cólera Enfermedades coleriformes Enteritis Enteritis
Salmonella typhi Salmonella paratyphi Otras Salmonellas	Fiebre tifoidea Fiebre paratifoidea Enteritis
Escherichia coli	Enteritis
Shigella dysenteriae Shigella flexneri y otros	Disenteria Disenteria
Clostridium botulinum Clostridium perfringens	Botulismo Enteritis
Leptospira	Leptospirosis
Mycobacterium tuberculosis	Tuberculosis
Yersinia enterocolítica	Enteritis, artritis

Tabla 1-2.(a) Bacterias en las aguas residuales y posibles enfermedades transmitidas

La importancia de la bacteriología de las aguas de alcantarillado se justifica al señalar que, de los 20 g/h.d en las heces, el 25% son bacterias, cuyo número se estima en 2,5 x 10^{10} bacterias por gramo. Las bacterias coliformes son las más abundantes, de ellas los coliformes fecales constituyen del 30 al 40%.

Con independencia de los coliformes y del escherichia coli se encuentran los estreptococos, lactobacillus, estafilococos, proteus y pseudomonas y especies bacterianas esporógenas.

Las bacterias patógenas se excretan generalmente de forma intermitente, y en cantidades variables, según el estado de salud de la población. Entre los principales organismos que se encuentran en las aguas residuales, se pueden citar los gérmenes salmonella, sigella, brucella, micobacterium, leptospira y vibrio coma.

Lugar	Coliformes fecales/100 ml	Streptococos fecales/100 ml
Preston (Idaho)	340.000	64.000
Fargo (North Dakota)	1.300.000	290.000
Cincinnati (Ohio)	10.900.000	2.470.000
Monroe (Michigan)	19.200.000	700.000
Denver (Colorado)	49.000.000	2.900.000

Tabla 1-2.(b) Composición bacteriana de las aguas residuales urbanas, atendiendo a sus indicadores fundamentales

Journal of the Water Pollution Control Federation

Hay una relación coliformes fecales-estreptococos fecales cuyo cociente es superior a 1 cuando proceden del hombre e inferior a 1 en los animales.

Otros organismos y efectos, quedan reflejados en la Tabla 1.2.(c).

Un aspecto importante, que nunca debe olvidarse, es la supervivencia de los microorganismos, que pueden concentrar contaminación en verduras, cultivos, praderas y en las aguas. Tabla 1.2.(d).

Una idea de la acción de estos microorganismos puede desprenderse del examen de la siguiente tabla 1-3, donde figuran, a título de ejemplo, casos de fallecimientos por tifus y fiebres paratíficas.

- Saprofitos, que viven de la materia orgánica muerta descomponiéndola para alimentarse. De su actividad metabólica se origina nueva materia viva, productos de desechos y formación de flóculos.

Otra clasificación importante es la basada en la posibilidad que tienen los microorganismos para la captación de oxígeno, como elemento básico energético de su vida. Atendiendo a esta característica se clasifican en:

Grupo biológico	Organismo	Enfermedad
VIRUS	Poliovirus Hepatitis A Echovirus Cocksacckie Rotavirus	Poliomilitis Hepatitis Fiebres, diarrea Vómitos Gastroenteritis
BACTERIAS	Vibrio cholerae Salmonella typhi Salmonella paratyphi Otras Salmonellas Shygella spp Leptospira spp	Cólera Tifus Paratíficas Gastroenteritis Disentería bacilar Fiebre
PROTOZOOS	Entamoeba hystolytica Giardia lamblia Baltidium coli	Abcesos hepáticos Disentería ameb. Diarreas Diarreas
HELMINTOS	Taenia sagitaria Taenia solium Ascaris lumbricoides	

Tabla 1-2.(c) Organismos varios en las aguas

Microorganismo	En el lodo	En el suelo	Sobre cultivos
Virus estéricos	5	6	2
Bacterias indicadoras	5	1.2	6
Salmonellas	5	—	—
Vibrios	5	—	—
Baculo Tuberculoso	2.4	—	—
Quistes de Protozoos	1	0,30	0,15
Huevos de Helmintos	Varios	80	5

Tabla 1-2.(d) Supervivencia en los microorganismos (en meses)

Año	1946	1958	1959	1960	1961	1962	1963	1964	1965
Casos	80	40	48	25	17	13	18	11	5
Fallecimientos	2,60	0,56	0,84	0,22	0,17	0,17	0,08	0,11	0,07

Tabla 1-3. Casos de tifus y fiebres paratíficas por 100.000 habitantes

- Aerobios, que constituyen el 60-66% de microorganismos existentes en un agua residual, caracterizándose por captar de forma directa el oxígeno disuelto en el agua.

- Anaerobios, que constituyen el 10-25% de los microorganismos existentes en las aguas residuales. Obtienen el oxígeno por descomposición de la materia orgánica constituida por tres o más elementos (C, H, O, N, S, P, K).

- Facultativos, que constituyen el 9-30%. Estos pueden adaptarse a las condiciones aerobias o anaerobias, dependiendo de la existencia o no de oxígeno disuelto en las aguas.

c_2- Organismos macroscópicos, que son visibles, como gusanos, insectos y otras formas que ayudan a la descomposición biológica de la materia orgánica.

Conviene dejar claro aquí que, si bien existen microorganismos patógenos, que pueden originar serios problemas sanitarios al hombre, por otro lado existen inmensas legiones de microorganismos, que colaboran con la naturaleza ayudando a un continuo reciclado, reutilización de la materia, cerrando ciclos tan importantes como los del carbono, nitrógeno, fósforo y azufre.

Siendo la fuente energética de los seres vivos el oxígeno, éste se convierte en índice fundamental para la definición y control de las aguas residuales. Se entiende por oxígeno disuelto (OD).

La cantidad de oxígeno en el agua puede ser incrementada por:

- Captación del oxígeno a través de la superficie de interfase agua-aire.

- Acción fotosintética, debida principalmente a las algas verdes.

La cantidad de oxígeno puede disminuir por la respiración de los microorganismos, elevación de la temperatura, reacciones químicas y por la acción metabólica de los microorganismos regidos por la acción enzimática.

3.4.2. Concentración de materias oxidables biológicamente

Estas materias de tipo orgánico absorben de forma natural hasta su mineralización una cierta cantidad de oxígeno, debido a los procesos químicos o biológicos de oxidación que se producen en el seno del agua. El índice para medir este fenómeno puede efectuarse mediante el análisis de parámetros tales como: oxidación al permanganato, demanda bioquímica de oxígeno (DBO), demanda química de oxígeno (DQO), demanda total de oxígeno. Analicemos aquí la DBO y la DQO.

Los compuestos orgánicos naturales contienen carbono combinado con uno o más elementos. Una gran cantidad de ellos contienen carbono, hidrógeno y oxígeno, constituyendo los elementos principales, así como nitrógeno, fósforo y azufre. Los compuestos naturales del carbono son de origen vegetal o animal.

Los compuestos orgánicos naturales pueden estar constituidos por:

40-60% de proteínas
25-50% de carbohidratos
10% de lípidos

Otros compuestos orgánicos son los sintéticos, que pueden derivar de compuestos inorgánicos, y que pueden contener halógenos, ciertos metales y otros.

Los *hidrocarburos* (compuestos de carbono e hidrógeno), *saturados* y *no saturados;* aquéllos en los cuales los átomos de carbono adyacentes están unidos, respectivamente, por un enlace de valencia única y las otras valencias satisfechas por hidrógenos, y aquéllos que tienen por lo menos dos átomos de carbono que están unidos por enlaces múltiples y las otras valencias satisfechas por hidrógenos.

```
     H    H    H
     |    |    |
H—  C—  C—  C—H (saturado);
     |    |    |
     H    H    H

     H    H    H
     |    |    |
H—  C—  C =  C—H; ó  HC = CH (no saturado)
     |
     H
```

Los primeros, también conocidos como serie parafínica, serie metánica o alcanos, forman una serie de compuestos comenzando con un átomo de carbono y creciendo en átomos de carbono, tienen su fuente principal en el petróleo.

El metano (CH_4) es el compuesto más simple de la serie y es el producto final de mayor significación en los procesos anaerobios.

Como compuestos de esta serie se pueden citar: etano (CH_3-CH_3), el propano (CH_3-CH_2-CH_3), el butano (C_3H_{10}), etc.

Los hidrocarburos saturados son incoloros, prácticamente inodoros y prácticamente insolubles en agua. A temperatura ambiente todos los compuestos hasta C_5 son gases, entre C_6 y C_{17} son líquidos, y por encima de C_{18} son sólidos.

Agentes oxidantes fuertes (ácido sulfúrico concentrado, por ejemplo) a altas temperaturas, en cambio, oxidan esos compuestos convirtiéndolos en dióxido de carbono (CO_2) y agua (H_2O).

Los hidrocarburos no saturados contienen un enlace múltiple entre sus átomos de carbono; como la *serie etilénica* (lefinas o alquenos) –de doble enlace– etano:

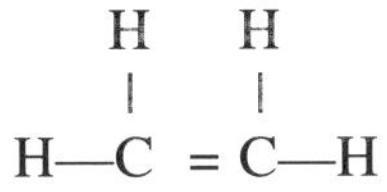

y 2 buteno:

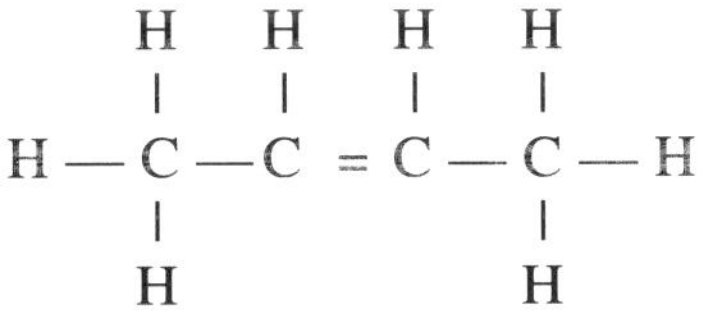

La denominada *serie acetilénica* de compuestos no saturados tiene un triple enlace entre sus átomos de carbono (H—C = C—H) y están asociados también con vertidos industriales.

Los hidrocarburos no saturados se transforman relativamente fácil a través de ciertas reacciones: Oxidación, reducción, adiciones, polimerización y oxidación bacteriana.

Entre los productos primarios de oxidación de los hidrocarburos están los *alcoholes* (hidróxi-alquilos, con fórmula general R—OH):

$$\underset{\text{(metano)}}{CH_4} + \frac{1}{2}\, O_2 \rightarrow \underset{\text{(alcohol metílico)}}{CH_3\,.\,OH}$$

como caso de degradación bajo condiciones aerobias. Según la posición del grupo OH, característico de estos compuestos, los *alcoholes* se denominan: *primarios, secundarios* o *terciarios,* según que el grupo esté ligado a un átomo de carbono terminal, a uno ligado a otros dos átomos de carbono o a uno ligado a otros tres átomos de carbono.

Alcoholes tales como el etanol y el hexadecanol son de interés. El primero aparece asociado en los procesos de fermentación.

Los alcoholes pueden ser oxidados (por microorganismos en medio aerobio o agentes oxidantes fuertes) o *aldehidos* o *cetonas,* según sean alcoholes primarios o secundarios.

$$CH_3CH_2OH + \frac{1}{2} O_2 \rightarrow H_2O + CH_3 \overset{\overset{\displaystyle H}{|}}{C} = O$$

(alcohol-primario-etílico) (aldehído: etanal)

Los microorganismos oxidan, bajo condiciones aerobias, los alcoholes primarios y secundarios desdoblándolos en dióxido de carbono y agua. Otro paso en la oxidación de esos compuestos produce los denominados *ácidos orgánicos*:

$$CH_4 \rightarrow CH_3 \,.\, OH \rightarrow H_2C = O \rightarrow HCOOH \rightarrow H_2O + CO_2$$

(metano) (metanol o alcohol metílico) (metanal formaldehido) (ácido metano--ico o fórmico) (producto final de la oxidación)

Los ácidos fórmico, acético, propiónico, butírico y valérico son de interés al tratar sobre la fermentación anaerobia.

Los *éteres,* formados por el tratamiento de los alcoholes con agentes fuertemente deshidratantes. Se caracterizan por:

$$ROH + HOR \xrightarrow[\text{deshidratante}]{\text{agente}} R{-}O{-}R + H_2O$$

(éter)

resultado de sustraer una molécula de agua a dos moléculas de alcohol. Estos compuestos son extremadamente resistentes a la oxidación biológica.

De interés son también los *compuestos alifáticos conteniendo nitrógeno: aminas, amidas* y *nitrilos.*

Los compuestos orgánicos halogenados son compuestos orgánicos donde el átomo principal es un halógeno, como el tetracloruro de carbono ($C\ Cl_4$), y el cloroformo ($CH\ Cl_3$).

Los *mercaptanos* o *tioalcoholes,* contienen azufre en sus moléculas en vez de oxígeno: ROH (alcohol), RSH (mercaptano), poseen olores muy desagradables y aparecen asociados con líquidos residuales industriales (pulpa de madera, por ejemplo). Son de interés por su propiedad tóxica para con la fauna acuática.

Compuestos orgánicos aromáticos: Están compuestos por moléculas constituidas por anillos o grupos cíclicos de naturaleza aromática en su estructura y los átomos de carbono de esos anillos tienen tan sólo una valencia libre en su enlace.

Dentro de los compuestos aromáticos, los *fenoles* son de particular interés como es el caso del fenol, por ejemplo:

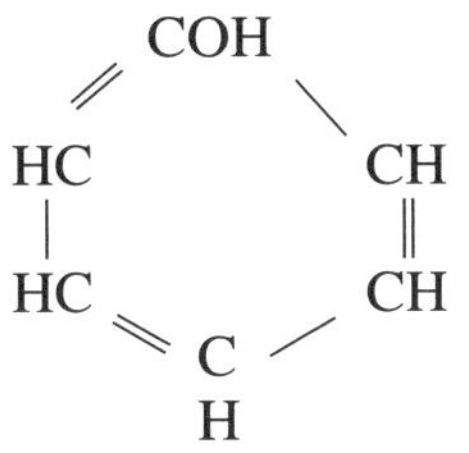

$= C_6H_5OH$

Este compuesto es altamente tóxico para los tratamientos biológicos.

Dentro de los compuestos aromáticos, aparecen los alcoholes aldehidos, cetonas y ácidos.

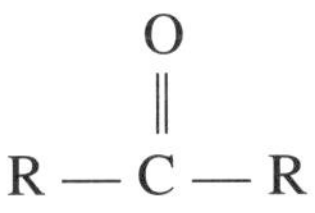

Formaldehido (CH_2O)
Acetona (CH_3COCH_3)

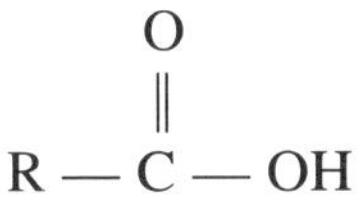

Acido fórmico ($HCOOH$)
Acido acético (CH_3COOH)

Aminas y amidas. Compuestos orgánicos que contienen nitrógeno.

$R—NH_2$ Metilamina (CH_3NH_3)

Anilina ($C_6H_{11}N\ H_2$)

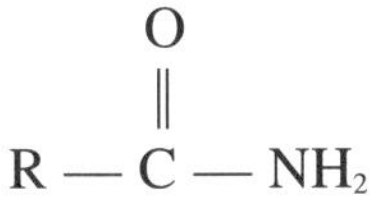

Formamida ($HCONH_2$)

Por acción del ácido nítrico sobre el benceno y otros compuestos aromáticos se forman los compuestos nítricos:

Caso del nitrobenceno:

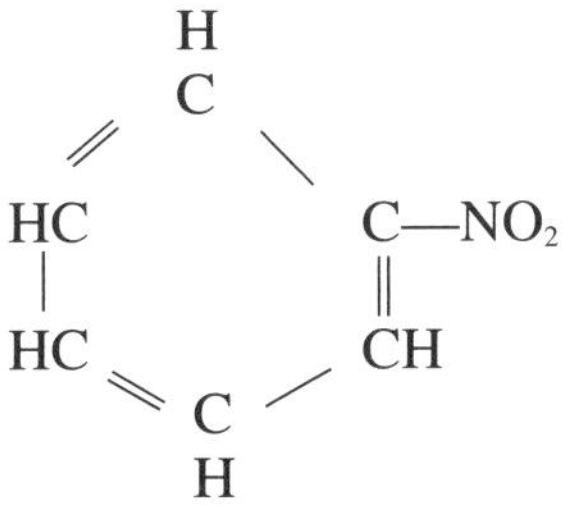

Muchos de los compuestos heterocíclidos (que poseen otro elemento en el anillo, diferente del carbono) son también de interés. El caso del *indol* y el *escatol,* (poseyendo un núcleo bencénico condensado con un núcleo pirrol), que producen olores muy desagradables al formarse como compuestos de la descomposición (putrefacción) de la materia proteínica, en especial, presente en los digetores anaeróbicos.

Los hidratos de carbono (compuestos de carbono, hidrógeno y oxígeno, en los cuales los dos últimos elementos están en la misma relación que existen en el agua: 2 a 1), normalmente encontrados en la naturaleza, que son los azúcares, almidones y celulosa, obedecen a la fórmula general:

$$[C_m(H_2)_n]_x, \text{ para } x > 2$$

Entre los primeros mencionados, los *monosacáridos* (azúcares simples) con las pentosas ($C_5H_{10}O_5$) –xilosa y arabinosa– y las hexosas ($C_6H_{12}O_6$): glucosa, galactosa (aldosas) y la fructosa (cetosa), son base en la estructura de los *disacáridos,* lactosa y sacarosa, $C_{12}H_{22}O_{11}$ (lactosa = glucosa + galactosa —H_2O y sacarosa = glucosa + fructosa — H_2O). Bacterias presentes en las aguas residuales, son capaces de convertir azúcares simples (pentosas) en dióxido de carbono y agua.

La *glucosa,* particularmente, es siempre uno de los productos de la hidrólisis de los disacáridos y polisacáridos, y la *galactosa,* junto a la glucosa, producto de la hidrólisis de la lactosa (azúcar de la leche). Por ello son frecuentemente encontrados en muchos vertidos industriales. Estas últimas son oxidadas fácilmente en medio aerobio para formar ácidos.

Las *proteínas,* por otra parte, son compuestos orgánicos formados de carbono, hidrógeno, oxígeno y nitrógeno (en algunos casos conteniendo, además, fósforo y azufre) y con una amplia distribución entre plantas y animales. Están formadas por la unión de los denominados α –aminoácidos (grupo amino ligado al átomo de carbono α), para constituir primero la cadena péptida (polipéptidos), de cuyo enlace se forman.

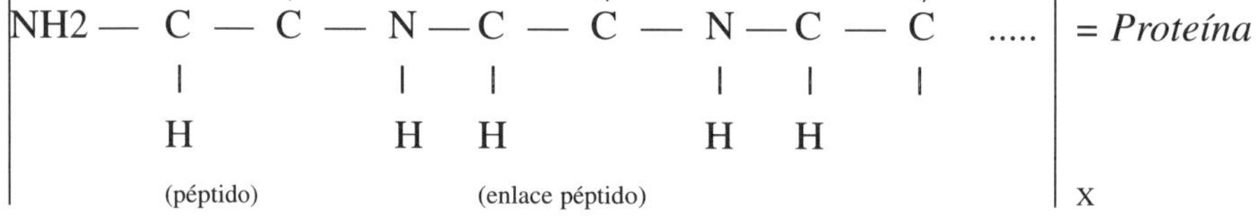

Las *grasas* (sólidas), *aceites* (líquidos-esteres de glicerol) y *ceras,* por otra parte, como los complejos antes citados, sirven de alimento a las bacterias y son hidrolizados con la producción de los correspondientes ácidos grasos y alcoholes.

Deben citarse otros compuestos orgánicos, los *detergentes* (sustancia tenso-activa), que poseen moléculas cuyos terminales son particularmente solubles, uno en agua y el otro fácilmente soluble en aceites; los *jabones,* derivados por la saponificación de aceites y grasas con álcali cáustico, son solubles en agua. Ambos aparecen asociados con los vertidos domésticos y poseen un particular interés, en especial porque los primeros, generalmente (dependiendo de su estructura química), no son biodegradables –caso del sulfonato de alquilbenceno– y provocan problemas asociados con espumas en los cauces receptores y en plantas de depuración; y los segundos, porque los ácidos grasos producidos sirven como fuente de alimentación a las bacterias presentes en las aguas residuales.

Acido oleico ($C_{17}H_{35}COOH$)
Jabón ($CH_{17}H_{35}COO^{-}Na^{+}$)

3.4.2.1. Demanda bioquímica de oxígeno (DBO)

DEFINICION. Es la cantidad de oxígeno expresada en mg/l y consumida en condiciones de ensayo (20 °C, P. atm y oscuridad) en un tiempo dado, como consecuencia de la oxidación «por vía biológica», de las materias biodegradables presentes en el agua residual.

Refleja la materia orgánica que existe en el agua, indicando el oxígeno necesario para alimentar a los microorganismos y las reacciones químicas.

El ensayo se realiza llenando un frasco de agua y tapándolo a continuación, observándose el consumo de oxígeno en varios días. Se pretende simular con este ensayo lo que le sucedería a un volumen de agua que discurre dentro de una corriente de agua, en régimen laminar, con una temperatura de 20 °C, donde el oxígeno es consumido por las reacciones de oxidación y acción microbiana. A título ilustrativo, esta curva podría representarse según la figura 1-2.

Se observa en dicha curva la incidencia de la temperatura en relación con la evolución del consumo diario de oxígeno.

Se destaca igualmente que a partir de un cierto tiempo la curva, que parecía tender en una primera etapa hacia un valor asintótico, varía de repente elevando su valor en esta segunda etapa. La primera se debe a la demanda del ciclo del carbono, en tanto que la segunda corresponde al ciclo del nitrógeno.

En la determinación de la DBO influye la presión, pero su variación no es muy importante.

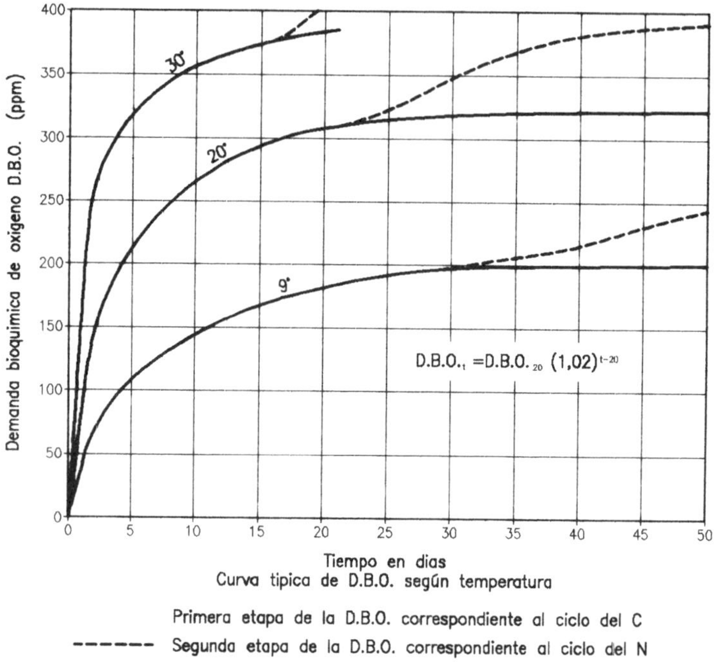

Fig. 1-2. *Evolución de la DBO_5 en función del tiempo y temperatura.*

Para el control de la autodepuración natural o para el control de los procesos de depuración suele adoptarse la demanda bioquímica de oxígeno a los cinco días (DBO_5), cuyo valor se aproxima suficientemente al valor asintótico de la DBO correspondiente al ciclo del carbono.

Se ha señalado la correspondencia de este ensayo con la realidad, lo que marca su importancia, y se ha señalado los problemas de su determinación por su variación con la temperatura y el tiempo.

Por ello, ante la necesidad de varios días de espera para conocer su resultado, se hace necesario adoptar otros métodos, que si bien no reflejan exactamente la realidad del hecho en la naturaleza, permiten usarse, por su rapidez de determinación, para el control de vertidos y de los procesos de depuración.

3.4.2.2. Demanda química de oxígeno (DQO)

Su determinación es más rápida que la correspondiente a la DBO, precisando su ensayo 1 ó 2 horas, si la oxidación se efectúa en frío, o bien 20 ó 30 minutos si la oxidación se efectúa con dicromato en caliente.

La oxidación es activa sobre sales minerales oxidables, así como sobre la materia orgánica biodegradable, que existe en el agua analizada. El agua con la sustancia oxidante como puede ser el dicromato potásico y a pH determinado, se calienta para facilitar la oxidación, y luego se determina la cantidad de oxígeno desaparecido.

Esta determinación depende del reactivo oxidante y, por supuesto, de las materias que puede oxidar, tanto orgánicas e inorgánicas que existen en el agua.

Si bien de lo dicho anteriormente se desprende que no existe relación alguna entre la DBO_5 y la DQO, es posible en puntos concretos obtener unas curvas de correlación válidas para control.

La relación encontrada entre la DBO_5 y la DQO indicará la importancia de los vertidos industriales dentro del agua residual analizada.

3.4.3. Sólidos en suspensión y contenido de materia orgánica

Es totalmente necesario un índice que represente los elementos en suspensión orgánicos e inorgánicos presentes en el agua. Para este fin deben determinarse y definirse los siguientes parámetros que figuran en la tabla 1-4.

- Sólidos totales S.T. (Fijos-S.T.F.) (Volátiles-S.T.V.)
  - Sólidos en suspensión S.s. (Fijos-S.S.F.) (Volátiles S.S.V.)
    - Sedimentables S.s. Fijos-S.s.F. Volátiles S.s.F.
    - No sedimentables S.c. Fijos-S.c.F. Volátiles-S.c.V.
  - Sólidos disueltos S.D. (Fijos-S.D.F.) (Volátiles-S.D.V.)

Tabla 1-4. Distribución de los sólidos

Cada uno de estos sólidos son de constitución diferente por el contenido orgánico e inorgánico. A los sólidos inorgánicos se les denomina sólidos fijos (F) y a los orgánicos volátiles (V). Para la determinación de los sólidos se desecará la muestra a 103 °C. A 700° la materia orgánica se volatiliza, quedando los sólidos fijos, y por diferencia con los que permanecen a 103 °C se obtienen los volátiles.

Para determinar los sólidos sedimentables se realiza un ensayo introduciendo un litro de muestra en un cono de IMHOFF. Los sólidos separados al cabo de un tiempo (1-2 horas) se denominan sólidos sedimentables (Fig. 1-3).

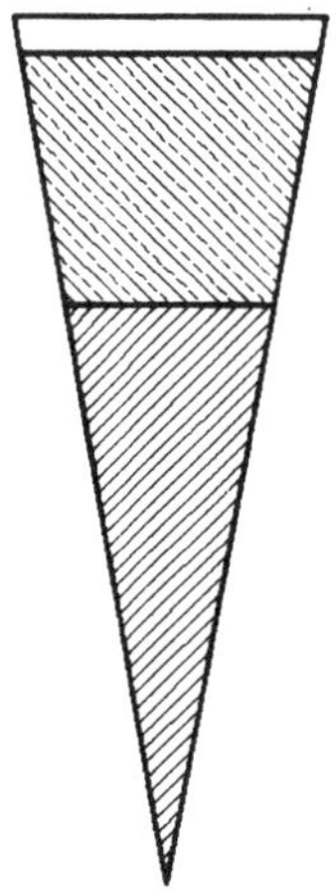

Fig. 1-3. *Cono de Imhoff.*

3.4.4. Concentración del nitrógeno

En su variedad amoniacal, nitritos y nitratos señalan la proximidad o distancia al punto de vertido de agua residual.

3.4.4.1. Concentración del ión-amonio

Es una primera etapa del ciclo del nitrógeno por transformación de la urea.

El ión-amonio procede también de la disolución de amoníaco de alguna de sus sales o compuestos nitrogenados en fase de descomposición de los vertidos.

Las aguas con un contenido reducido de amoníaco no es perjudicial para usos agrícolas, pues se transforman en nitratos (abonos), pero sí es perjudicial para la vida piscícola.

3.4.4.2. Concentración de nitritos y nitratos

Los nitritos y nitratos constituyen una segunda y tercera etapa del ciclo del nitrógeno, al que se llega por la acción de bacterias aerobias, los nitrosomas y los nitrobacter.

3.4.5. Indices de contaminación bacteriana

La materia orgánica es un medio óptimo para el desarrollo de las bacterias y, por otro lado, el número de microorganismos en los vertidos es elevado. Así en vertidos de una ciudad sobre un cauce pueden detectarse por cada 100 ml 300×10^6 aerobios, 25×10^6 coliformes y 5×10^6 estreptococos.

Se observa en consecuencia la necesidad de contemplar estos índices. Para su determinación se han escogido microorganismos de origen humano y de fácil detección. Así normalmente se determinan:

- Colimetría por enriquecimiento en caldo lactoso standard.
- Estreptometría, estreptococos en caldo glucosado.
- Colonias en agar (a 37 °C y 48 horas).
- Colonias de anaerobios tipo clostridium welchii en agar wilson.

3.4.6. Indices de los vertidos industriales

Con independencia de la existencia de índices similares a los encontrados en vertidos urbanos, aparecen otros como tóxicos o inhibidores, que en ciertas proporciones impiden los procesos enzimáticos de los microorganismos, o incluso producen su muerte.

3.5. AGUA RESIDUAL DE ORIGEN INDUSTRIAL

3.5.1. Definición

Es el conjunto de las aguas residuales propias de la actividad industrial, a las que se incorporan las aguas negras de población laboral.

3.5.2. Clases

La gran variedad y cantidad de productos que se vierten obliga a una investigación propia para cada tipo de industria. No existe similitud alguna entre los vertidos de actividades industriales, como son: alimentación, químicas, petroquímica, agrícola, forestal, minerales y metalúrgicas, etc.

De todas formas, si el contenido es muy alto en materia orgánica o sólidos en suspensión, pueden estimarse la elección de índices con el mismo criterio que el analizado para la definición de las aguas residuales de origen doméstico. Pero será necesario analizar las sustancias específicas vertidas, que pudieran dificultar el tratamiento biológico o a los materiales constitutivos de la red de alcantarillado u obras de fábrica en contacto con las aguas. La industria considerada, antes de verter debería efectuar la corrección de los parámetros perturbadores.

3.5.3. Composición

Es muy variable, puede venir definida por:

- Compuestos orgánicos (mataderos, industrias del petróleo, químicas, alimentarias, celulosa, papel, textil, etc.).
- Compuestos inorgánicos (cementos, siderurgia, etc.).
- Compuestos radioactivos, etc.

3.5.4. Indices de contaminación

De lo dicho anteriormente se comprende que no pueda hablarse de índices concretos y normalizados. Para aguas industriales de tipo orgánico pueden ser los mismos que se han adoptado para las de origen doméstico.

Son numerosísimos los índices orgánicos e inorgánicos procedentes de la actividad industrial, decenas de miles, pero de forma resumida, deberán contemplarse índices que definan el contenido en:

- Acidos que pueden atacar al material o inhibir los procesos.
- Básicos que pueden inhibir los procesos biológicos.
- Productos petrolíferos y grasas poco desagradables.
- Detergentes que retardan la sedimentación, forman espumas e impiden la reaireación.
- Metales pesados: Cu, Cr, As, Cd, Pb, Hg, B, etc., tóxicos para los microorganismos que intervienen en los procesos biológicos.
- Fenoles o cianuros inhibidores y tóxicos.
- Productos radioactivos.

Es conveniente resaltar aquí la importancia de la toma de muestras. El análisis reflejará el resultado de la muestra enviada al laboratorio, debiendo ser ésta representativa del agua que se pretende definir. La toma de muestra deberá tener en cuenta la variación en el tiempo del caudal y carga contaminante en el valor absoluto.

Por último, debe garantizarse la no alteración de la muestra desde el momento de toma hasta la entrada de la muestra en el laboratorio. En muchos casos es conveniente el empleo de productos de conservación de la muestra, como pueden ser el cloroformo, sulfúrico, formaldehído, etc.

4. CARGAS CONTAMINANTES DE LAS AGUAS RESIDUALES

Las aguas residuales que se vierten al alcantarillado o colectores de una ciudad o núcleo urbano, están constituidas por agua a la que se han incorporado desechos de las viviendas, locales comerciales, establecimientos industriales, así como las aguas de escorrentía superficial y de drenaje. Atendiendo a los aspectos cuantitativos y cualitativos, conviene hacer la siguiente clasificación:

a) AGUAS BLANCAS

Comprenden las procedentes de precipitaciones de nieve o lluvia así como las de drenaje. Las aportaciones son de carácter intermitente, siendo los caudales, en una superficie urbanizada, de 50 a 200 veces superiores a los correspondientes a las medias de los vertidos domésticos, comerciales e industriales.

b) AGUAS NEGRAS

Son, en consecuencia, las procedentes de los usos domésticos, comerciales, industriales y agrícolas. Teniendo en cuenta la incidencia cualitativa y el origen de las aguas negras pueden clasificarse en:

b-1) Domésticas

Constituidas por deyecciones, residuos alimenticios y residuos de la limpieza e higiene.

b-2) Industriales

Procedentes de la actividad industrial, arrastrando restos de materias primas utilizadas, productos de transformación y acabados, así como la variación térmica.

b-3) Agrícolas

Procedentes de la actividad agrícola, incorporando fertilizantes, insecticidas, herbicidas y fungicidas.

b-4) Urbanas

Constituidas por la totalidad de aguas negras de todos los usos de la ciudad, incluyendo aguas blancas y negras.

b-5) Otras actividades

Aguas procedentes de usos no especificados en los apartados anteriores.

Muchas poblaciones llevan ya decenios de evolución y no suele ser frecuente que se precise una instalación total de alcantarillado, sino ampliaciones o reformas. Estas ampliaciones requerirán operaciones complementarias, muchas veces de cirugía dentro de la red existente de la ciudad, para adaptarla a las necesidades del momento.

Finalmente, es indispensable incluir, en el concepto de alcantarillado, la fase final de depuración de aguas residuales, pues aunque los afluentes domésticos o industriales estén muy diluidos, son muy putrescibles y pueden causar serios perjuicios.

Por otra parte, las corrientes (tanto superficiales como subterráneas) de agua en nuestro país, especialmente las primeras, proporcionan a otras poblaciones la base de sus abastecimientos, cómodos y baratos. Un sistema inadecuado de evacuación o depuración de las aguas residuales, puede producir la contaminación, no sólo de las de los cauces, sino de las aguas subterráneas, y obligar a los usuarios, aguas abajo, a instalar nuevas captaciones y tratamientos, con un coste mucho mayor que el de una instalación adecuada de alcantarillado, con su depuración de aguas residuales en la población aguas arriba.

Asimismo, la contaminación de un lago o de un río puede llegar al extremo de que sus aguas se hagan inadecuadas para el consumo público; aparte de otros perjuicios para la agricultura, ganadería, pesca e industria.

Por último, la contaminación de agua del mar puede resultar nociva para: la navegación, la pesca, los baños y los criaderos de moluscos.

Todas estas pérdidas materiales, difícilmente valorables, son, en general, muy superiores al coste de las instalaciones para la depuración de las aguas residuales.

Por tanto, sin que haya de despreciarse por completo la capacidad autodepuradora de los ríos o lagos a los que vierte el afluente, y que conviene aprovecharla al máximo desde el punto de vista económico, es imprescindible no sobrepasarla en ningún caso.

4.1. AGUAS BLANCAS

Las aguas de lluvia incorporan en su caída elementos en suspensión en la atmósfera debidos a la contaminación atmosférica, arrastran elementos depositados en tejados, jardines, aceras y calzadas. Las gotas de lluvia, al atravesar la atmósfera, incorporan a las aguas gases, principalmente, CO_2 y polvo, siempre que las partículas sean de diámetro superior a 2μ. Los arrastres de tejados y viales pueden ser muy variables, pudiéndose tomar como representativos los incorporados en la siguiente tabla 1-5.

Parámetros	**Materia en suspensión**		**Materia en suspensión**	**D.Q.O.**	**D.B.O_5**
	(a 500 °C)	**(a 105 °C)**	**(volátil)**		
Carga contaminante durante 349 días de tiempo seco	20 t	140 t	120 t	420 t	140 t
Carga contaminante durante 16 días de tiempo de lluevia	81 t	134 t	53 t	147 t	24 t
% carga tiempo de lluvia a carga en tiempo seco	400%	100%	40%	35%	17%
La carga producida en una hora de tiempo de lluvia es *n* veces superior a la caga pasando en una hora en tiempo seco	n = 90	n = 20	n =- 10	n = 8	n = 4
Punta de aguas residuales diluidas, en contaminación en tiempo de lluvia	1%	5%	10%	14%	29%
D.D.E. de la Seine-Saint Denis et Coyne et Bellier Pollution des eaux de ruisselement. Etude d'un bassin versant unitaire (mayo-1977)					

Tabla 1-5. Contaminación de aguas de escorrentía

La primera oleada pluvial asegura el lavado de las calzadas y arrastra los depósitos acumulados en las canalizaciones, tanto, que la mezcla así constituida está, frecuentemente, más cargada que las aguas usadas en tiempo seco. Los resultados obtenidos indican que las cargas contaminantes de las aguas de escorrentía urbana no son despreciables.

		Parámetros químicos mg/l						
		pH	D.Q.O.	Na	Pb	Cu	Zn	Hidroc.
CENTRO CIUDAD	Medio Mínimo Máximo	7,28 5,26 10,63	370 15 1.970	95 2 780	0,38 0,03 1,10	0,14 0,02 0,47	2,00 0,07 13,00	5,20 1,30 11,90
BARRIOS RESIDEN-CIALES	Medio Mínimo Máximo	6,58 5,15 8,40	222 5 969	5,9 1,0 49,0	0,16 0,01 0,76	0,14 0,01 0,40	0,34 0,05 2,20	1,80 0,15 5,60
Relación de valores medios. *Barrios residenciales/ Centro ciudad*			0,60	0,62	0,43	1,04	0,17	0,34
Características medias de aguas residuales			336	40	0,40	0,19	0,35	1,72
Relación de valores medios. *Aguas escorrentía c. ciudad / Aguas residuales*			1,10	2,38	0,95	0,74	5,71	3,02
Aguas de escorrentía barrios residenciales / Aguas residuales			0,66	0,14	0,40	0,74	0,97	1,04
Concentración de aguas de primera aportación (media de lluvia)			436	32	0,22	0,11	2,0	4,90
Concentración media en el conjunto de aportación de una lluvia importante			37	1,61	0,08	0,02	0,52	1,80

* Los datos de agua residual tomados en un colector del centro de la ciudad en tiempo seco.

** Las tomas de agua de escorrentía en las entradas de los sumideros.

Tabla 1-6. Estudios realizados en la ciudad de Pau, publicados por A. Astruc, S. Beguin y otros (T.S.M.-L'eau de febrero de 1979), dan datos significativos, comparando la contaminación de escorrentía en relación con las aguas residuales, y la comparación entre el centro de la ciudad y barrios residenciales

La tabla 1-7 facilita datos medios de una lluvia importante en una zona residencial con comercio en Cincinnati.

Parámetro	Concentración en agua de escorrentía (mg/l)
D.B.O.$_5$	25
D.Q.O.	62
S.S.	231
S.S.V.	38
N en (NH_3)	0,2
N en (NO_2)	0,05
N en (NO_3)	0,5
NTJ (Nitrógeno orgánico)	1,4
PO_4 disueltos	0,46
PO_4 total	1,15
N.° colis fecales (primera escorrentía)	10^6/100 ml
N.° coliformes (primera escorrentía)	9,3 x 10^6/100 ml
N.° estreptococos fecales (primera escorrentía)	32 x 10^3/100 ml

Tabla 1-7. Contaminación de aguas de lluvia

Por último, investigaciones de PRAVOSHINSKI y GATILLO (Wat. Poll. Abstr. n.° 1.433 de julio de 1979) dan, para barrios de población densa en las ciudades de Minsk y Soligorsk, como valores de la escorrentía superficial los indicados en la tabla 1-8.

Parámetro	Aguas de lluvia	Aguas de lavado de calles	Aguas de fundido de nieve
D.B.O. (mg/l)	12,5 - 145	6,1 - 223	5 - 105
S.S. (mg/l)	450 - 5.000	30 - 8.300	570 - 4.950
Cloruros	6,4 - 32	11 - 6,7	6,4 - 58

Tabla 1-8. Contaminación de escorrentía superficial

La incorporación de aceites y grasas la estimaban en 200 mg/l.

Como conclusión señalaban que, dependiendo de la intensidad de la precipitación, después de 24 horas de tiempo seco, la tormenta puede aportar 0,03-0,35 kg de DBO_5 por hectárea. En iguales condiciones el lavado de las calles puede aportar 0,30 kg de DBO_5 por hectárea.

Valores de 100 kg/ha de S.S y 100 g/ha de Pb han sido alcanzados en algunas muestras (Hémain, 1980. Deutsch y otros, 1982).

La contaminación de las aguas de escorrentía puede considerarse, a igualdad de superficie, en un 13% de la contaminación de las aguas residuales negras sobre la base de 100 habitantes por Ha y una carga contaminante de 40 g de DBO_5 por habitante y día.

Por todo lo anterior, se puede deducir la importancia de la contaminación por escorrentía superficial. Son numerosas las ciudades que han adoptado la construcción de depósitos de retención, que evitan, por un lado, el dimensionado excesivo de los conductos y, por otro lado, el vertido de las aguas de escorrentía. Los depósitos actúan como un sistema de regulación, desaguando en períodos secos. Su costo es elevado.

4.2. AGUAS NEGRAS

4.2.1. Aguas negras domésticas

Profundizando en el estudio de la contaminación generada por un ser humano, podemos resumirla de la forma siguiente:

Orina en 24 horas

Volumen medio		1.200 ml		
Materias secas		50 g		
Materia orgánica:	Urea	25 g	equivalente a	10 g de N
	Creatinina	1,4 g	equivalente a	0,5 g de N
	Amoniaco	0,7 g	equivalente a	0,4 g de N
	Acido úrico	0,7 g	equivalente a	0,2 g de N
	Aminoácidos			0,5 g de N
	Total			11,6 g de N

Elementos minerales:	Cloruros	6,9 g
	Sodio	4,0 g
	Potasio	2,0 g
	Magnesio	0,15 g
	Calcio	0,20 g
	Fósforo	1,0 g de P

Material fecal en 24 horas

Peso	100-150 g
Materias secas	24-40 g
N total	1,0 g de N
Lípidos	2-7 g
Colesterol	1,0 g
Calcio	0,3-0,5 g
Magnesio	0,05-0,18 g
Fósforo	0,5-0,7 g de P

Los gases del intestino bajo humano se deben a la descomposición anaeróbica bacterial de las heces dentro del intestino. Los análisis de los gases intestinales humanos, han mostrado la siguiente composición por volumen:

	CO_2	H_2	CH_4	N_2
Dieta vegetal	21 a 34%	1,5 a 4%	44 a 55%	10 a 19%
Dieta de carne	8 a 13%	0,7 a 3%	26 a 37%	45 a 64%
Dieta de leche	9 a 16%	43 a 54%	0,9%	36 a 38%

Estudios realizados en residencias unifamiliares francesas por la C.E.R.S.O.A.F., han dado origen al establecimiento de los caudales estrictos consumidos en viviendas de nivel bajo, medio y alto, así como a la cuantificación de la carga contaminante introducida a las alcantarillas. Véanse las tablas 1-9 y 1-10.

Nivel de vida	Bajo	Medio-alto
Volumen vertido (l/hab. d.)	47	75,5
Coeficiente medio de punta horaria	7	7
Consumos diferenciados (l/hab. d.):		
Lavabos, bidets y fregaderos	14	24
Baños y duchas	3	12
Lavadora	10	16
Lavavajillas	0	6,5
Aguas fecales	19	17
Concentración DBO_5 (mg/l)	702	505
g DBO_5/hab. d.	33	38
D.Q.O. (mg/l)	1.048	1.043
DBO_5/D.Q.O.	0,47	0,47
S.S. (mg/l)	405	313
N (NH_4) (mg/l)	61	88
N.T.J. (mg/l)	120	130
Grasas (mg/l)	175	155
Detergentes (mg/l)	85	66

Tabla 1-9. Vertidos vivienda unifamiliar

Las características de los distintos vertidos quedan definidos así:

Tipo de vertido	Caudal l/hab. d.	D.B.O.$_5$ mg/l	D.B.O.$_5$ g/hab.d.	D.Q.O. mg/l	S.S. mg/l	N (NH_4) mg/l
Aguas fecales	19,5	590	11,5	1.140	400	174
Lavadora	13,5	590	8	1.467	342	20,5
Lavavajillas	2	750	1,5	1.237	246	35
Baños y duchas	6	360	2,2	935	434	22,5
Lavabos, bidets y fregaderos	17,5	600	10,6	1.333	375	40
Total	58,5		33,8			

Tabla 1-10. Contaminación doméstica

Elemento analizado	Entrada estaciones depuradoras de Madrid			Cifras de EE.UU.			Incremento de las aguas residuales sobre las de abastecimiento
Elemento analizado	La China	Viveros	El Pardo	Fuertes	Medias	Ligeras	
Sólidos totales:							
Disueltos total	608	465	390	1.200	700	350	100-300
Disueltos permanentes				525	300	145	
Disueltos volátiles				325	200	105	
Sólidos en suspensión	410	380	360	350	200	100	
Sólidos permanentes				75	50	30	
Sólidos volátiles				275	150	70	
Sólidos sedimentables				20	10	5	
D.B.O. a 20 °C	390	340	280	300	200	100	
D.Q.O.	750		470	1.000	500	250	
Nitrógeno (N.T.J.)		38,7		85	50	25	20-40
a) orgánico		10,4		35	20	10	
b) amoniaco libre		21,4		50	30	15	
c) nitritos (NO_2)		0,33		0,05	0,05	0	
d) nitratos (NO_3)		0,74		0,40	0,20	0,10	
Fósforo total P				20	10	6	20-40
Orgánico				5	3	2	
Inorgánico				15	7	4	
Cloruros	77,02	75	28	100	50	30	20-50
Alcalinidad				200	100	50	
Grasas	130			150	100	50	
Sulfatos	83,10	80	70				15-40
Sodio							40-70
Potasio							7-15
Calcio	45	45	54				15-40
Magnesio	10	7,5	2,9				15-40

Tabla 1-11. Análisis químico típico de las aguas residuales
***Elaboración propia (en p.p.m.)**

Si por el contrario, intentamos definir la contaminación urbana integrando los vertidos domésticos, comerciales e industriales ubicados en el núcleo urbano, así como las aguas de escorrentía y servicios municipales, pueden resumirse, para establecer un orden de magnitud, en la tabla 1-11.

Como resumen de todo lo anterior, y con base en los numerosos estudios realizados sobre núcleos urbanos repartidos en la geografía española, sería aceptable, salvo estudios más profundos, adoptar para los vertidos de núcleos urbanos, en función del número de habitantes, las cifras de contaminación establecidas en la tabla 1-12.

Población (hab.)	Núcleos (n.º)	Dotación (l/hab. d.)	D.B.O.$_5$ (p.p.m.)	D.B.O.$_5$ (g/hab. d.)
Menor de 1.000	20.136	100	450	45
1.000 a 6.000	2.762	150	306	46
6.000 a 12.000	276	175	175	48
12.000 a 50.000	141	200	270	54
50.000 a 250.000	37	300	286	86
Superior a 250.000	7	400	458	183

Tabla 1-12. Contaminación en función del tamaño de población

4.2.2. Vertidos procedentes de actividades industriales

Los tipos de vertidos son innumerables, las características de los vertidos son conocidos en unos casos, pero se desconocen en otros muchos los parámetros definitorios de la contaminación y sus efectos.

Por otro lado, dentro de cada actividad los vertidos son variables en el tiempo, y variables dependiendo de los procesos.

No obstante, a las tablas 1-13, 1-14 y 1-15 se incluyen, en valores medios, las cargas contaminantes de diversas actividades industriales, definidas por la materia en suspensión total y por el contenido de materia oxidable en g de DBO_5.

Descripción de la actividad contaminante	Unidad característica	Materias en suspensión totales en g	Materias oxidables en g DBO_5
Industrias de transformación de productos animales y vegetales			
– Fabricación de aceite	kg aceite refinado	7,3	9,7
– Fabricación de jabón	kg de jabón	20	80
– Margarina	kg de margarina	5	50
– Lavado y transportes de remolachas	l de alcohol producido	810	29
– Vinazas	l de alcohol producido	6,6	31
– Destilación de uva	l de alcohol producido	12	80
– Producción de vinos	l producido	15	10
– Cerveza sin recuperación de levadura	kg de levadura no recuperado 12,5% M.S.	125	150
– Maltería	kg de malta producido	1,9	4,6
– Jugos de frutas a partir de frutos	l jugo producido	3,6	6,6
– Jugos a partir de concentrados	l jugo producido	0,6	1,1
Industrias azucareras			
– Lavado y transporte de remolachas	kg remolacha tratado	81	2,9
– Refinado	kg azúcar producido	1,5	3,2
Industria de levaduras			
– Melaza de azúcares	kg de melaza	19	150
– De otros productos	kg de producto	8	80
Industria de la leche			
– Leche, queso, mantequilla	l leche	1,2	3,4
– Sin recuperación de suero y manteca		+ 28	+46
Mataderos			
– Operaciones zona matadero: Transporte hidráulico de materiales residuales	kg en canal	20	17
– Caballo	kg en canal	5	14,3
– Ternera	kg en canal	5	5
– Oveja	kg en canal	10	27
– Cerdo	kg en canal	10	9,9
– Aves	kg en canal	5	5,3
– Tratamiento de subproductos	kg	5,5	4,6
– Curado	kg producto	14	11

Tabla 1-13. Industrias derivadas de la agricultura y ganadería

Descripción de la actividad contaminante	Unidad característica	Materias en suspensión totales en g	Materias oxidables en g DBO_5
Industria de conservas			
– Legumbres	kg producto entrado	5	10
– Frutos	kg producto entrado	7	4
– Carnes	kg de carne entrada	2	13
– Salazones	kg de producto entrado	2	5
– Pescados	kg de pescado entrado	13	16
Industrias alimenticias			
– Confitería	kg producto terminado	5	9
– Chocolatería	kg producto terminado	13	14
– Condimentos	Empleado	1.500 g/día	1.500 g/día
– Café soluble	Empleado	3.000 g/día	5.000 g/día
– Helados	Empleado	400 g/día	250 g/día
Industria textil			
– Lavado de lana	kg lana	80	100
– Fabricación de fibras artificiales	kg materia producida	28	35
– Blanqueado	kg materia producida	6,5	29
– Tintura	kg materia producida	32	48
– Lavanderías	Empleado	100 g/día	50 g/día
Industria de la piel y el calzado			
– Tenería al cromo	kg piel bruta	50	50
– Tenería vegetal	kg piel bruta	100	150
– Curtido	kg piel bruta	200	300
– Gamucería	kg piel bruta	300	1.000
– Otras actividades	Empleado	100 g/día	50 g/día
Otras actividades no consideradas fuertemente contaminantes	Empleado	100 g/día	50 g/día

Tabla 1-13. Industrias derivadas de la agricultura y ganadería (cont.)

Descripción de la actividad contaminante	Unidad característica	Materias en suspensión totales en g	Materias oxidables en g DBO_5
Víveres de pescado	kg peces, máxima act.	15 g/día	7 g/día
Cría de porcino	Cerdo con 50 kg	500 g/día	200 g/día
Centrales térmicas	t carbón consumido	200.000	—
Producción de gas	1.000 m^3 de gas depu.	45	150
Industrias del petróleo			
– Refinado y fabricación de combustibles y lubricantes	Empleado	3.000	3.000
– Depuración del gas natural	1.00 m^3 de gas depu.	75	280
– Fabricación de productos secundarios	Empleado	3.000 g/día	3.000 g/día
– Comercio al por mayor de petróleos y lubricantes	Empleado	100 g/día	50 g/día
Altos hornos y fundición			
– Altos hornos	t de acero producido	6.300	550
– Tratamiento de hierro	t de aglomerado	2.500	100
– Acería sin lavado de gas	t de acero producido	320	32
– Acería con lavado de gas	t de acero producido	1.700	90
– Laminado en caliente	t de acero en proceso	3.200	320
– Estirado y laminado en frío	t de acero en proceso	200	100
– Decapado	t de acero en proceso	8.500	450
– Tratamiento de superficie	Empleado	500 g/día	500 g/día
Actividades varias, como relojería, óptica, radio, etc.	Empleado	100 g/día	50 g/día
Industria cerámica			
– Procedimiento en seco	kg producto terminado	0,2	0,2
– Procedimiento por vía húmeda	kg producto terminado	51	0,2
Industria cal y cemento fabricación	Empleado	400 g/día	100 g/día
Industria química			
– Química mineral	Empleado	1.500 g/día	1.000 g/día
– Química orgánica	Empleado	1.500 g/día	9.000 g/día
– Actividades transformación	Empleado	1.500 g/día	1.000 g/día

Tabla 1-14. Contaminación de industrias diversas

Tipo de producción	Unidad (ud)	Consumo de agua	Sólidos en suspensión (kg/ud)	DBO_5	
		(m^3/ud)		kg/ud	Habitantes equivalentes/ ud
Extracción de carbón	1 t carbón	1-10	0,03-0,30		
Industria minera metálica	1 m^3 de mineral lavado	16			560
Extracción de sal	1 t	1		6,0	
Refinería	1 t petróleo bruto	0,1-0,2	6,0		
Producción de gas	1 t carbón	1,2-1,5	16,0	16,0	300
Centrales eléctricas	1 empleado	0,5-106			3
Colores y barnices	1 empleado	110 l/d			20
Farmacéutica y antibióticos	1 m^3 solución nutritiva	1,7	5,0	10,0	
Jabones	1 t jabón	15		50,0	1.000
Goma sintética	1 t goma	500		250,0	
Material plástico	1 t producto termin.	100		2,0-3,0	
Curtidos	1 t de cuero	40-60	6,0	50,0-2.000,0	1.000-4.000
Fábrica de cola	1 t cola	300-1.000		50,0	1.000
Cocción de seda	1 t seda	30-70	37,0	70,0	1.000-3.000
Tintes y estampados	1 t mercancía	20-160		10,0-200,0	200-3.500
Lavandería a mano	1 t ropa	30-60			
Lavandería a máquina	1 t ropa	5		20,0	350-500
Contrachapado fibra dur.	1 t madera	8	100,0	70,0	1.300
Papelería	1 t papel	125-2.000	20,0	14,0	100-300
Construcción maquinaria	1 empleado	40 l/d			1-10
Trabajo metal	1 empleado	60 l/d			1-10
Trabajo carne animal					
desechos	1 t carne bruta	0,9-1,1	1,0	1,8-4,6	33-85
refrigeración	1 t carne bruta	30-40			
Productos alimentarios	1 t cereales	1,5-8,0	10,0	27,0	500
Frutas y conservas	1 t conserva	4-14	0,5-35,0	27,0	500

Tabla 1-15. Consumo de agua y contaminación de algunos tipos de industria

Tipo de producción	Unidad (ud)	Consumo de agua	Sólidos en suspensión (kg/ud)	DBO_5	
		(m^3/ud)		kg/ud	Habitantes equivalentes/ ud
Azúcar:					
Lavado	1 t de remolacha	10-20		6,0-22,0	120-400
Difusión		5-10	100,0-750,0	1,2-2,7	22-50
Prensado		1,5-2,0		2,2	40
Residuos		4,0-5,0		0,4-0,5	8-10
Otros vertidos		1,5		3,3-3,8	60-70
Mataderos	1 ud. bovino = 2,5 cerdos = 500 kg	03,-40	06,-26,0	4,0-11,0	70-200
Centrales lecheras:	1 m3 de leche				
Refrigeración		2-4			
Desechos		05,-5			
Mantequilla				1,5-2,0	28-37
Mantequilla y leche				2,0-3,0	37-55
Queso				3,0-4,0	55-75
Cafeína sin valorar suero	1 m^3 de leche	4-9		40,0	200
Leche condensada	1 t leche condensada	2		10,0	
Cerveceras:					
Refrigeración	1 m^3 de cerveza	18,5			
Limpieza botellas		5,0	0,6	0,4	
Lavado telas filtrantes		1,4	2,0	0,6	
Limpieza fábrica					

Tabla 1-15. Consumo de agua y contaminación de algunos tipos de industria (cont.)

4.2.3. Contaminación agrícola

La contaminación agrícola tiene la característica de la dispersión. Sobre este tipo de contaminación sólo cabe establecer limitaciones de uso, ya que es prácticamente imposible su recogida en colectores. Algunas limitaciones en países europeos son:

Insecticidas

Compuestos organoclorados	720 g/Ha
Triacinas	500 g/Ha
Compuestos organofosforados	
Parathion	158 g/Ha
Otros	440 g/Ha

Herbicidas

Acidos fenoxiacéticos, sus ésteres y sus sales	
2,4,5, - T	4.000-8.000 g/Ha
2,4 - D	4.000 g/Ha
Compuestos nitrados:	
Sulfato de amonio	25.000 g/Ha

Fungicidas

Compuestos a base de mercurio	10 g/Ha
Compuestos nitrados	5.200 g/Ha
Compuestos nitratos de sodio	1.000-5.000 g/Ha
Cambamatos	740 g/Ha

De todos los productos utilizados debe prestarse atención a los compuestos organoclorados por su peligro a la salud humana, al ganado y a la fauna acuática. La toxicidad de los productos peligrosos se reseña en el siguiente cuadro:

	Tóxico para peces g/l	Tóxico para el hombre g/70 kg	Tóxico para los animales mg/kg	Tóxico en agua abastecimiento g/l
Aldrina	13-15	5	—	17
D.D.T.	12-100	30	5	42
Dieldrina	12-100	5	—	17
Lindano	50-100	15-28	5-25	42

Una clasificación de los productos utilizados actualmente por la agricultura puede concretarse en la siguiente tabla:

CLASIFICACION DE ALGUNOS PRODUCTOS NORMALMENTE UTILIZADOS POR LA AGRICULTURA (Pesticidas, fungicidas y herbicidas)

Pesticidas		
Hidrocarburos elaborados	Aldrin	$C_{12}H_8Cl_6$
	Clordano	$C_{10}H_6Cl_8$
	DDT	$C_{14}H_9Cl_5$
	Dieldrin	$C_{12}H_8Cl_6O$
	Lindano	$C_6H_6Cl_6$
	Endrin	$C_{12}H_8Cl_6O$
	Heptacloro	$C_{10}H_5Cl_7$
	Methoxycloro	$C_{16}H_{15}Cl_3O_2$
	Toxapheno	$C_{10}H_{10}Cl_8$
Organofosforados	Diazinon	$C_{12}H_{21}N_2O_3PS$
	Malathion	$C_{10}H_{19}O_6PS_2$
	Parathion	$C_{10}H_{14}NO_5PS$
Herbicidas		
Carbamato	Carbyl (sevin)	$C_{12}H_{11}NO_2$
Hidrocarburos clorados	2, 4-D	$C_8H_8Cl_2O_2$
	2, 4, 5-T	$C_8H_5Cl_3O_3$
	Silvex	$C_9H_7Cl_3O_3$
Ureas	Fenuron	$C_9H_{12}N_2O$
Fungicidas	Sulfato de cobre	$CuSO_4$
	Ferbam	$C_9H_{18}N_3S_6Fe$
	Ziram	$C_6H_{12}N_2S_2Zn$

5. CONSIDERACIONES SOBRE VERTIDOS INDUSTRIALES

5.1. CONSIDERACIONES GENERALES

Los vertidos directos pueden efectuarse a cauces superficiales, al mar, infiltración en terreno. Un problema especial lo plantean las industrias, que en muchos casos utilizan las redes de saneamiento urbano para sus vertidos.

La industrialización creciente en España va incrementando el problema de la incorporación de agua residual industrial concentrada, siendo necesario reglamentar el límite de los vertidos, tanto en vertidos directos como en su incorporación a la red de aguas residuales urbanas, obligando en su caso a pretratamientos en las industrias.

Deberán considerarse, en relación con los vertidos industriales:

- A nivel local la influencia del vertido y su posible acción sobre el medio.

- Que los gastos de la lucha contra la contaminación recaigan sobre el causante del vertido.
- Que se racionalice el uso del agua.
- Que se recicle y reutilice el agua, siempre que sea posible.
- Que se impidan los vertidos industriales que puedan perjudicar a la depuración biológica normal para las aguas residuales urbanas.
- Que se eviten puntas, mediante la instalación de aliviaderos.
- Que se tenga en cuenta que un proceso biológico precisa ciertas relaciones en cuanto a sus componentes orgánicos.

$$1)\quad \frac{DBO_5}{DQO} = \begin{cases} < 0{,}2 & \text{Poco biodegradable} \\ 0{,}2 \text{ a } 0{,}4 & \text{Biodegradable} \\ 0{,}5 \text{ a } 0{,}65 & \text{Muy biodegradable} \end{cases}$$

$$2)\quad \frac{DBO_5}{N} \simeq 20$$

$$3)\quad \frac{DBO_5}{P} \simeq 100$$

Siendo N, P el contenido de nitrógeno y fósforo en p.p.m.

- Que la temperatura conveniente para la depuración debe estar entre + 10 y + 25 °C, pues influye en el desarrollo de los microorganismos que intervienen en los procesos de depuración.

Otras condiciones a exigir en los vertidos son:

- pH por su importancia en las reacciones enzimáticas, debiendo estar entre 6,5 y 8,5.
- En colectores o conductos cerrados de agua residual no deben incorporarse, debido a la peligrosidad, substancias tales como gasolina y gas metano (explosivas).
- Sulfatos ≤ 200 p.p.m. (problema de ataque al material o formación de depósitos).
- Los sólidos en suspensión, en cantidad inferior a 3.000 p.p.m., de los cuales, los sólidos volátiles están en cantidad inferior a 1.800 p.p.m.
- Las grasas deben estar por debajo de 55 p.p.m.

- Deben limitarse el contenido de iones metálicos. A títulos ilustrativo para alguno de ellos, es recomendable:

$$Hg \leq 0{,}005 \text{ p.p.m.}$$
$$Zn \leq 15{,}0 \text{ p.p.m.}$$
$$Cu \leq 3{,}0 \text{ p.p.m.}$$
$$Cr \leq 0{,}1 \text{ p.p.m.}$$
$$As \leq 0{,}1 \text{ p.p.m.}$$
$$Cd \leq 0{,}2 \text{ p.p.m.}$$
$$Ni \leq 1{,}0 \text{ p.p.m.}$$

- La limitación para otros elementos tóxicos debe fijarse en valores como:

$$SH_2 \leq 0{,}1 \text{ p.p.m.}$$
$$\text{Fenoles} \leq 30 \text{ p.p.m.}$$
$$\text{Cianuros} \leq 0{,}2 \text{ p.p.m.}$$

5.2. ORDENANZAS MUNICIPALES

Ante la problemática de vertidos industriales sobre las redes de saneamiento urbano, los Ayuntamientos dictan las correspondientes ordenanzas, apareciendo a continuación, como ejemplo, lo relativo a vertidos no domésticos en el Ayuntamiento de Madrid.

Así en la "ordenanza general de protección del medio ambiente urbano", y más concretamente en su libro V "Protección de los recursos hidráulicos frente a la contaminación por vertidos no domésticos", puede leerse:

TITULO 1. DISPOSICIONES GENERALES

Art. 222. Es objeto de esta Ordenanza, en lo que constituye el contenido de su libro V, la regulación de los vertidos no domésticos de agua residuales procedentes de las instalaciones ubicadas en el Término Municipal de Madrid, dirigida a la protección de los recursos hidráulicos, la preservación de la red de alcantarillado y de las Estaciones Depuradoras de Aguas Residuales.

Art. 223. Esta regulación establece las condiciones y limitaciones de los vertidos señalados en el artículo anterior teniendo en cuenta su afección a la red de colectores y Estaciones Depuradoras, al cauce receptor final y a la utilización de subproductos, así como a la generación de riesgos para el personal encargado del mantenimiento de las instalaciones.

Art. 224. Sin perjuicio de lo establecido en esta Ordenanza, los dispositivos de evacuación de vertidos, las acometidas a la red de saneamiento y, en general, las instalaciones para esta finalidad, se ajustarán a las normas del Plan General de Ordenación Urbana y ordenanzas que lo desarrollen, así como a las específicas que regulen las condiciones sanitarias de los mismos.

Art. 225. Quedan totalmente prohibidos los vertidos directos o indirectos a la red de alcantarillado de todos los compuestos y materias que de forma no exhaustiva y agrupados por afinidad o similitud de efectos se señalan a continuación:

a) *Mezclas explosivas:* Líquidos, sólidos o gases que por razón de su naturaleza y cantidad sean o puedan ser suficientes, por sí mismos o en presencia de otras sustancias, de provocar fuegos o explosiones. En ningún momento, dos medidas sucesivas efectuadas mediante un explosímetro, en el punto de descarga a la red, deben dar valores superiores al 5 por 100 del límite inferior de explosividad, ni tampoco una medida aislada debe superar en un 10 por 100 el citado límite.

b) *Desechos sólidos o viscosos:* Desechos sólidos o viscosos que provoquen o puedan provocar obstrucciones en el flujo del alcantarillado e interferir el adecuado funcionamiento del sistema de aguas residuales.

Los materiales prohibidos incluyen, en relación no exhaustiva: grasas, tripas o tejidos animales, estiércol, huesos, pelos, pieles o carnaza, entrañas, sangre, plumas, cenizas, escorias, arenas, cal gastada, trozos de piedras o de mármol, trozos de metal, vidrio, paja, virutas, recortes de césped, trapos, granos, lúpulo, desechos de papel, maderas, plástico, alquitrán, residuos asfálticos, residuos del procesado de combustibles o aceites lubricantes y similares y, en general, sólidos de tamaño superior a 1,5 cm. en cualquier de sus dimensiones.

c) *Materiales coloreados:* Líquidos, sólidos o gases que, incorporados a las aguas residuales, den coloraciones que no se eliminen en el proceso de tratamiento empleado en las estaciones depuradoras municipales, tales como lacas, pinturas, barnices, tintas, etcétera.

d) *Residuos corrosivos:* Líquidos, sólidos o gases que provoquen corrosión en la red de saneamiento o en las instalaciones de depuración y todas las sustancias que puedan reaccionar con el agua para formar productos corrosivos.

e) *Desechos radiactivos:* Desechos radiactivos o isótopos de vida media o concentración tales que puedan provocar daños en las instalaciones y/o peligro para el personal del mantenimiento de las mismas.

f) *Materias nocivas y sustancias tóxicas:* Sólidos, líquidos o gases en cantidades tales que por sí solos o por interacción con otros desechos puedan causar molestias pública o peligro para el personal encargado del mantenimiento y conservación de la red de colectores o Estaciones Depuradoras.

Art. 226. Las concentraciones máximas instantáneas de contaminantes permisibles en las descargas de vertidos no domésticos serán las siguientes:

Parámetro	Concentración (mg/l)
DBO5	1.000
pH	6-10
Temperatura (°C)	50
Sólidos en suspensión (partículas en suspensión o decantables 0,2 micras)	1.000
Aceite y grasas	100
Arsénico	1-2
Plomo	1-2
Cromo total	5
Cromo hexavalente	5
Cobre	5
Cinc	5
Níquel	5
Mercurio	1
Cadmio	1
Hierro	50
Boro	4
Cianuros	5
Sulfuros	5
Fenoles totales	10

Art. 227. Dentro de la regulación contenida en esta Ordenanza, el Ayuntamiento podrá establecer acuerdos especiales con los usuarios de la Red de Saneamiento, individual o colectivamente, cuando las circunstancias que concurran lo aconsejen.

Art. 228. 1. En los casos en que sea exigible una determinada instalación de pretratamiento de los vertidos, el usuario deberá presentar el proyecto de la misma al Ayuntamiento e información complementaria al respecto, para su revisión y aprobación previa, sin que puedan alterarse posteriormente los términos y especificaciones del proyecto presentado.

2. Podrá exigirse, por parte del Ayuntamiento, la instalación de medidores de caudal de vertidos en los casos en que no exista fiabilidad respecto a los datos o estimaciones dados por el usuario.

3. El usuario será el responsable de la construcción, explotación y mantenimiento de las instalaciones a que hubiere lugar con objeto de satisfacer las exigencias de esta Ordenanza. La inspección y comprobación del funcionamiento de las instalaciones es facultad y competencia del Ayuntamiento.

5.3. LEGISLACION EN COMUNIDADES AUTONOMICAS

La importancia de la contaminación industrial a nivel regional ha obligado a la preparación de normativas a nivel de Comunidades Autonómicas. A nivel de ejemplo, en el Anejo 1 se incorpora la Ley 26 de Octubre de 1993 (10/1993), correspondiente a la Comunidad de Madrid.

6. EL PROBLEMA DE LA CONTAMINACION DEL AGUA

La vida comunitaria unida al desarrollo industrial, intentando alcanzar un nivel de renta superior y, por lo tanto, de bienestar, es sin duda fuente de problemas que perturban el goce del grado máximo de salud física, mental y social, que representa un derecho primordial de todo ser humano.

Así, como consecuencia de ese vivir comunitario y de ese contínuo crecer de la industria, apoyado en el desarrollo técnico, se origina el problema de la contaminación del agua, y el hombre, en su contínuo camino de superación, acude a nuevas técnicas para luchar contra los efectos perturbadores de esta polución que está alcanzando valores alarmantes.

La contaminación, como modificación de la composición o estado de las aguas originada por la actividad del hombre, consiste en la incorporación de gérmenes patógenos, materia orgánica, materia en suspensión, grasas y petróleos, ácidos y bases, sales, elementos tóxicos y elevación de la temperatura como características más representativas.

Los efectos originados por la contaminación incide, como de todos es sabido, sobre la salud física y social, a la vez que sobre la economía de un país. No obstante, conviene analizar los perjuicios originados por la contaminación:

- Los recursos de agua de un país no son ilimitados, y como las necesidades van creciendo de acuerdo con su desarrollo, se plantea el problema de su escasez, acrecentado por la inutilización de muchos de estos recursos por la contaminación creciente de vertidos a los ríos y al mar.

- El empleo de un agua contaminada para usos domésticos o riegos puede producir daños que afectan a la salud pública, dando origen a enfermedades, muchas de ellas con carácter de epidemia, motivadas por la presencia de gérmenes patógenos o elementos tóxicos.

- Por otro lado, el empleo de un agua con un cierto grado de contaminación exige un control riguroso y un tratamiento adecuado, función del estado del agua, representando un coste importante que puede repercutir sensiblemente sobre la economía del usuario.

- Es necesario igualmente tener en cuenta la repercusión social de la contaminación de las aguas, no siempre fácil de valorar. Un río o una zona costera contaminados no pueden cumplir su misión de zona de recreo y esparcimiento ni para deportes náuticos o pesca.

- Importantes son los perjuicios originados en las especies piscícolas, crustáceos y moluscos. Muchas desaparecen al disminuir la cantidad de oxígeno de su medio por la temperatura de los vertidos, que modifica igualmente su medio; algunas son destruidas por tóxicos; otras especies se desarrollan alimentándose en zonas de aguas contaminadas, convirtiéndose en vehículos de transmisión de bacterias y virus. (Tabla 1.16).

Principales categorías de contaminación		Categorías generales de efectos causados: Daños a los recursos vivientes	Peligros para la salud humana	Impedimentos para riesgo e industria	Reducción de los lugares de distracción
Desagües de aguas residuales domésticas (incluyendo los desperdicios de la elaboración de alimentos).	Microbiana directa	—	*	—	x
	Microbiana indirecta	—	*	x	—
	Eutroficación y procesos afines	*	x	x	*
Productos de desechos industriales.	Metales pesados	x		x	—
	Petroquímicos	—	x	x	—
	Aceites, etc.	—	—	x	*
	Desperdicios de la fabricación de pasta y papel	*	—	—	x
	Plaguicidas	x	—	—	—
	Detergentes	x	—	—	x
	Sustancias radioactivas	—	*	x	—
	Calor	x	—	x	x
	Objetos sólidos	—	—	x	x
	Materias extraídas en el dragado	x	—	x	—

Tabla 1-16. Efectos causados por las aguas transportadas por colectores y alcantarillados

Es preciso prestar la debida atención al problema e intentar ejecutar un balance completo de los gastos creados a la sociedad por el problema de la contaminación, valorando por orden de importancia:

- Gastos por enfermedades hídricas.
- Disminución de la productividad por enfermedades y muertes de origen hídrico.
- Pérdida de recursos piscícolas en ríos, lagos, mares y costas por la destrucción de la fauna y flora originada por la contaminación.
- Recursos hídricos perdidos por la inutilización para usos futuros.
- Gastos de tratamiento necesario para usos posteriores a los vertidos.
- Pérdidas de lugares para deportes y esparcimiento y su repercusión sobre el valor de los terrenos.
- Estimación de posibilidades de pérdidas de ingresos de divisas por la probable disminución de visitantes ante el miedo de los efectos que puede tener la contaminación.
- Pérdidas de cosechas y disminución de la fertilidad del suelo agrícola.

Si todo lo anterior fuese factible de contabilizar, habría que compararlo con la inversión necesaria y el coste de mantenimiento de las instalaciones necesarias para poder conservar los ríos, lagos, costas y mares dentro de su equilibrio natural, buscando así, si no por otras justificaciones, una base económica que respaldaría la necesidad de la lucha contra la contaminación.

7. NECESIDAD DE PLANIFICAR

Por un lado la complejidad de los factores que intervienen en el estudio y realización de un saneamiento, y por otro lado considerando que uno de los problemas conduncentes a la situación actual ha sido la falta de planificación, justifica la ineludible necesidad de planificar, debiendo señalar la existencia de algunos modelos de planteamiento, entre los que pueden citarse:

a) El modelo inglés, que por los «Water Authorities» gestionan el sistema del agua porcuencas hidrográficas completas con una gran autonomía.

b) El modelo francés, que por las «Agences de Basin» gestionan el sistema del agua por cuencas hidrográficas.

c) El modelo brasileño, que basa la planificación por estados.

d) El modelo español creador e inventor de las Confederaciones Hidrográficas, posteriormente descubierto por franceses e ingleses, que en la Ley de Aguas 29/1985 quedan como organismos de cuenca con la misión básica de la redacción de los Planes Hidrológicos.

En su libro *Una revolución en conceptos organizacionales* dice el profesor Russel Ackoff: «... El éxito de administrar cualquier esfuerzo individual o colectivo depende de dar soluciones correctas para problemas ciertos. Erramos más veces porque trabajamos en la solución para el problema errado que por soluciones erradas para problemas ciertos».

Tratándose de problemas urbanos, tanto municipales como turísticos, encontramos muchas veces que esos problemas dependen de la ubicación de la ciudad y de las características del medio que la rodea. Vemos, pues, que a pesar de que los llamemos urbanos, el problema puede estar fuera de la ciudad, y mal haríamos en tratar de resolverlos solamente como problema urbaano.

En cualquier caso los problemas deben ser tratados como si fuesen parte de un problema mayor para el cual se busca una solución para cada parte original. Debe considerarse cada problema no como el punto de partida de una investigación, sino como el resultado de una abstracción. El problema es parte de una situación no satisfactoria de la cual se ha extraído a través de un proceso analítico.

Los problemas y las soluciones se conciben como fotografías de un proceso en movimiento. Esto quiere decir que las soluciones se tornan obsoletas con el tiempo porque han cambiado los problemas que ellas debían resolver.

Se considera válido el concepto de planteamiento de Abastecimiento-Saneamiento Básico, como conjunto formado por estructuras hidráulicas, técnicas y admninistrativas, capaces de suministrar adecuadamente, agua potable a una comunidad y recoger las aguas servidas conduciéndolas a los cauces receptores sin modificar, o modificando en forma aceptable la calidad ambiental de dichos cauces.

Consecuentemente con lo anterior la planificación de abastecimiento y saneamiento debe hacerse de forma integrada, comenzando por una planificación regional seguida de planes más concretos, es decir, un estudio a nivel de cuenca seguido de los estudios de ciudades o de zonas concretas.

Un modelo correcto debe contener al menos las siguientes etapas:

7.1. ETAPAS DE LA PLANIFICACION

- Metas básicas.
- Criterios de valoración.
- Bases teóricas.
- Análisis del problema y su evolución futura.
- Políticas alternativas.

- Evaluación y selección de solución.
- Programación de las acciones y desarrollo de la política adoptada.
- Plan director.
- Análisis de resultados.
- Feed-Back.

A título ilustrativo pero no exhaustivo se concretan en algunos puntos cada una de las etapas indicadas para un plan de saneamiento.

7.1.1. Metas básicas

1) Evitar la destrucción de recursos de agua, necesarios para la demanda futura.
2) Incrementar los recursos hidráulicos disponibles mediante la reutilización de los recursos existentes.
3) Proteger la fauna y flora de los cauces superficiales para evitar los efectos producidos por la contaminación.
4) Impedir que la salud humana quede afectada por los vertidos de las aguas residuales.
5) Incrementar o al menos evitar la disminución de posibles usos de los recursos en agua disponible.
6) Establecer condiciones técnicas, económicas y legales que faciliten la labor de uso, control y gestión apropiada del agua.
7) Indicar los límites de las técnicas actuales de la lucha contra la contaminación, remarcando la importancia de investigación complementaria sobre el tema.
8) Plantear el problema del agua y como consecuencia de la lucha contra la contaminación a nivel de bien económico de interés común.
9) Ajustar la planificación territorial a las posibilidades naturales.
10) Buscar dentro de las soluciones técnicas adecuadas aquellas que representen la máxima rentabilidad de las inversiones dentro de la lucha contra la contaminación.

7.1.1.1. Objetivos técnicos

1) Subsanar el agotamiento de la capacidad portante de muchos de los colectores actuales debido al incremento en zonas de la densidad de población y sobre todo al incremento de las dotaciones «per cápita».

2) Sustituir muchos de los conductos por su precario estado para el uso normal, y muchos de ellos por la falta de mantenimiento o explotación adecuada.

3) Encauzar las aguas residuales con la construcción de colectores, saneando con ello las zonas por donde discurren.

4) Impedir el vertido directo de aguas residuales a los cauces naturales, construyendo los colectores y emisarios hasta las estaciones depuradoras y la construcción de éstas.

5) Depurar las aguas residuales, hasta conseguir la reducción precisa, acorde con las condiciones del cauce receptor, y de los parámetros definitorios de la contaminación.

6) Definir una política adecuada asentada en un planeamiento técnico, legal y económico; aspectos inseparables si se quiere desarrollar una lucha contra la contaminación racional y eficaz.

7) Establecer un reglamento de vertidos industriales en colectores urbanos.

8) Evitar pérdidas en alcantarillas y colectores.

9) Controlar y gestionar los vertidos.

10) Eliminar los impactos ambientales.

7.1.1.2. Objetivos sociales y sanitarios

1) Mediante la construcción de los colectores suprimir los focos de contaminación y sus efectos en zonas carentes de saneamiento.

2) Mediante la construcción de estaciones depuradoras evitar la contaminación de los cauces receptores, contando de esta forma con zonas adecuadas para el esparcimiento de sus habitantes, como son: zonas recreativas, turismo, deportes, pesca.

3) Mediante la depuración de las aguas residuales evitar focos de contaminación por el riego de huertas con aguas residuales.

4) Crear zonas verdes de utilización para esparcimiento de los habitantes de los lugares citados.

5) Reducir al máximo los vertidos directos por aliviaderos, tanto en colectores unitarios como separativos.

7.1.1.3. Objetivos económicos

1) Mediante el incremento de la capacidad portante de los colectores actuales que son insuficientes, impedir el desbordamiento de las aguas, evitando inundaciones.

2) Con la construcción de nuevos colectores y saneamiento de las zonas por donde discurran, lograr un adecuamiento de estas zonas para el asentamiento de población, instalaciones deportivas, etc.

3) Mediante la depuración de las aguas residuales obtener un rendimiento máximo de las zonas de vertido, siendo admisible la construcción de viviendas, industrias, instalaciones deportivas, etc., en emplazamientos que con los vertidos es imposible considerar.

4) Con la depuración de las aguas residuales permitir la reutilización de éstas, en comarcas con escasez de recursos hidráulicos.

5) Optimizar los costes de mantenimiento y explotación.

6) La depuración de las aguas residuales permite evitar entre otras cosas:

- Gastos por enfermedades hídricas.
- Disminución de la productividad por enfermedades y muertes de origen hídrico.
- Pérdida de recursos piscícolas por la destrucción de la fauna y flora originada por la contaminación.
- Gastos del tratamiento necesario para usos posteriores a los vertidos.
- Pérdida de lugares para deportes y esparcimiento, y su repercusión sobre el valor de los terrenos.
- Estimación de posibilidades de pérdida de ingresos y divisas por la probable disminución de visitantes ante el miedo de los efectos que puede tener la contaminación.
- Pérdidas de cosechas y disminución de la fertilidad del suelo agrícola.

7.1.2. Criterios de valoración

Se utilizarán criterios de valoración, representativos de la solución del problema, considerando las normativas tanto cuantitativas como cualitativas referentes al abastecimiento y saneamiento y usos del agua.

Por ejemplo, en relación con la calidad de las aguas las Instrucciones de la CE (95/440/CEE) y (80/778/CEE).

En relación con los vertidos de aguas residuales la Ley de Aguas, Ley 29/1985, de 2 de agosto, y las Instrucciones de la CE (76/464/CEE), (80/68/CEE) y (91/271/CEE).

7.1.3. Bases teóricas

En las bases teóricas se incluirán los datos base, la metodología de elaboración de los datos y justificación de modelos adoptados.

- Análisis de la cuenca. Datos físicos, hidrológicos, etc.
- Usos y evolución. Sistemas de proyección.
- Necesidades de agua.
- Vertidos. Estimaciones cuantitativas y cualitativas.
- Calidad de las aguas.
- Normas de calidad según usos.
- Características y control de los vertidos.
- Efectos de los embalses y lagos (fenómenos de decantación y de eutrofización).
- La autodepuración en cauces. Modelos.
- Los procesos de tratamiento.
- Los procesos de depuración.

7.1.4. Análisis del problema y su evolución futura

Se analizarán los problemas ajustándose a una clasificación similar a la reflejada en el siguiente cuadro resumen:

1) Legislación y normas en relación con las características actuales y futuras.

2) Regulación de cauces superficiales y de recursos subterráneos.

3) Planificación por áreas naturales y a largo plazo.

4) Vertidos que inutilizan recursos hidráulicos.

5) Vertidos que inutilizan zonas para fines recreativos y expansión urbanística.

6) Control de la calidad del agua.

7) Control de las instalaciones de abastecimiento y saneamiento.

8) Información al público sobre utilización racional del agua y vertidos.

9) Recursos económicos de los municipios para financiar instalaciones, mantenimiento y explotación.

10) Ayuda estatal o de las Comunidades Autónomas.

11) Ajuste de las soluciones a las necesidades.

12) Mantenimiento y explotación de los servicios, y su incidencia sobre el estado de las obras e instalaciones.

13) Tarifas.

7.1.5. Planteamiento de políticas alternativas

En cuanto a los recursos

- Superficiales.
- Subterráneos.
- Desalinización.
- Reutilización.

En cuanto a su distribución

- Abastecimiento.
- Riego.
- Industria.
- Mínimo ecológico en cauce.

En cuanto a zonas de actuación

- Según actividades.
- Según tamaños.
- Según ubicación.

En cuanto al sistema de tratamiento

- Tratamiento de agua con vertidos libres.
- Depuración total.
- Tratamiento y depuraciones combinadas.
- Sistemas y etapas de tratamiento.
- Sistemas y etapas de depuración.

En cuanto a los usos del suelo

- Alternativas de uso.
- Alternativas de desarrollo.
- Posibles soluciones regionales.
- Limitaciones en el desarrollo.

En cuanto a la calidad del agua

- Alternativas de calidad según usos.

7.1.6. Evaluación y selección de solución

- Problemas de impactos ambientales.
- Limitaciones técnicas.
- Ajuste a la legislación y normas vigentes.
- Las alternativas se evaluarán con el fin de minimizar los costes globales contemplando los valores ambientales, sociales y económicos, y considerando las posibilidades de gestión, capacidad financiera y posibilidad institucional.

7.1.7. Programación de las acciones y desarrollo de la política adoptada

- Descripción de la solución adoptada.
- Etapas de realización.

- Análisis de viabilidad económico-financiera.
- Tarifa.
- Institucionalización.
- Definición de la organización de gestión.

7.1.8. Plan director

De forma continuada se realizará un *análisis de resultados* que se compararán con los criterios de valoración y se traducirán mediante un *feed-back* en nuevos datos base integrados en el modelo.

8. CONTENIDO DE UN PROYECTO DE SANEAMIENTO

Un proyecto de saneamiento estará integrado por los siguientes documentos: Memoria y sus anejos, Planos, Pliego de Prescripciones y Presupuesto.

En relación con el contenido técnico los puntos, que deben considerarse son los siguientes:

En la Memoria

- Antecedentes
- Resumen de estudios técnicos precedentes
- Población y caudales
- Caudales de aguas residuales
- Características de las aguas residuales
- Cauce receptor y condiciones de vertido
- Soluciones alternativas y elección de solución
- Descripción de las obras
- Justificación del conjunto de las obras
- Justificación del dimensionamiento
- Plan de obra
- Prescripciones técnicas
- Precios
- Resumen de presupuestos
- Explotación
- Tarifas
- Consideraciones finales
- Indice de documentación del proyecto

En los Anejos a la Memoria

Información:	– Topografía y cartografía – Características geográficas – Geología y geotecnica – Hidrogeología – Situación de las obras existentes – Resumen de estudios anteriores
Justificación de soluciones:	– Estimación de la población – Estimación de las actividades industriales, agrícola-ganaderas y comerciales – Estimación de la dotación – Estimación de los caudales vertidos – Disposición de conjunto de la red – Justificación de los materiales utilizables
Dimensionamiento:	– Cálculo de caudales – Cálculos resistentes – Condiciones de trazado – Obra de fábrica – Estudio funcional – Bombeos – Instalación eléctrica
Complementarios:	– Plan de obra – Justificación de precios – Justificación de expropiaciones, reposición de servicios y servidumbres – Propietarios afectados y parcelario – Revisión de precios – Explotación y mantenimiento – Reglamento de servicios – Estudio de tarifas

2

Redes de alcantarillado

1. INTRODUCCION

La calle fue durante siglos el único exutorio de los residuos líquidos de los pueblos y ciudades; y el clásico «agua va» de nuestros antepasados, cuando arrojaban por la puerta o ventana dichos residuos, imperó en el mundo entero.

Con el progreso de la civilización surgieron los primeros pozos negros en el terreno contiguo a las casas, como indicio evidente de un principio de respeto a la vía pública. Pero estos pozos requerían medios de limpieza, siendo la extracción poco higiénica.

Después comenzaron a establecerse canales centrales en los empedrados con los primeros rudimentos de alcantarillas limitados a simples conductos de sección cualquiera, colocados enterrados apenas, cuyo fin era recoger los residuos líquidos que se arrojaban a la calle, conservando ésta un poco transitable.

Así se iniciaron las alcantarillas, como medio de desembarazarse de las aguas superficiales, pero sin enlace ninguno con las casas.

No obstante algunas civilizaciones, como la de Roma, han dejado algunas obras maestras de colectores, que aún perduran, y más aún, siguen siendo utilizadas en los momentos actuales.

La aparición de los alcantarillados unitarios, seguidos de los restantes procedimientos de evacuación, inicia la era de los grandes trabajos colectivos de saneamiento que sirven de medio de protección de la salud pública.

Los vertidos de agua residual serán conducidos a la red de saneamiento a través de las acometidas particulares, y las aportaciones de agua de escorrentía superficial mediante los sumideros.

La recogida de las aguas de las viviendas se realiza por unos conductos de descenso de los distintos pisos, denominados bajantes.

2. TIPOS DE SANEAMIENTO

Existen varias formas de realizar un saneamiento de un núcleo urbano, dependiendo de algunos aspectos, como son: Características del núcleo urbano, forma de recogida de las aguas blancas o negras, forma de almacenar y transportar las aguas negras y las de lluvia, formas de mejorar la calidad de las aguas captadas. De cualquier forma, hacia el futuro, un saneamiento correcto deberán tender hacia los siguientes objetivos:

a) Integración del saneamiento. Debiéndose considerar conjuntamente las redes de saneamiento y la depuración de las aguas transportadas. La integración debe ampliarse a las fuentes de captación y su incorporación al saneamiento, así como al medio receptor.

b) Fiabilidad de las redes de saneamiento y la correspondiente depuradora, considerando la totalidad de factores que pueden influir.

c) El saneamiento no debe olvidar su incorporación al medio ambiente, debiéndose eliminar cualquier tipo de impacto que pudiera producirse.

Con las consideraciones anteriores, pueden clasificarse los tipos de saneamiento en:

– Saneamientos individuales o autónomos

– Saneamientos colectivos

No obstante en un núcleo urbano podrían darse los dos de forma simultánea.

Los sistemas individuales son de aplicación a pequeñas concentraciones de población, o a instalaciones con vertidos equivalentes.

En estos casos el saneamiento consiste en una fosa séptica o una pequeña depuradora, recibiendo de forma directa los vertidos, seguido de un elemento de nitrificación, como pueden ser: Aplicación al suelo, lecho filtrante, etc. En este caso el alcantarillado y colectores se reducen a la mínima expresión, siendo unos sistemas útiles en zonas de baja densidad de población, donde el coste de una red de saneamiento puede ser muy elevado.

Estos sistemas pueden clasificarse en tres tipos de recogida de los vertidos:

- Conducto a presión, utilizando bombas dilaceradoras.
- Conductos de conducción por gravedad, vertiendo sobre fosas sépticas, utilizando pequeños diámetros.
- Sistemas de vacío.

Conductos a presión. Utiliza diámetros más pequeños que en los conductos por gravedad, siendo independiente de la topografía de la zona. Estos sistemas de captación pueden conducir los vertidos hacia un sistema de depuración individual o colectivo.

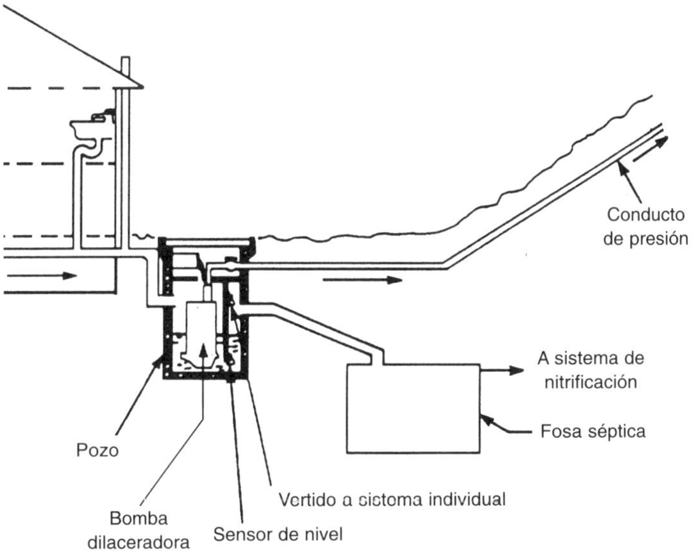

Fig. 2-1. *Recogida, dilaceración de los vertidos, e impulsión a una red de saneamiento colectivo, o paso a un sistema individual.*

Conductos de gravedad. Pueden utilizarse conductos de pequeño diámetro, en conducciones rodadas, después de pasar por fosas sépticas o depósitos de retención. Se puede ir a diámetros de ø 100 mm, o superiores.

Sistemas de vacío. En este sistema las aguas fluyen por gravedad hasta el depósito de almacenamiento, o bien hasta los conductos de aspiración. Con intervalos, en períodos de 3 a 30 segundos, se abre la válvula y se supcionan los vertidos hacia el depósito de almacenamiento, que se encuentra en depresión.

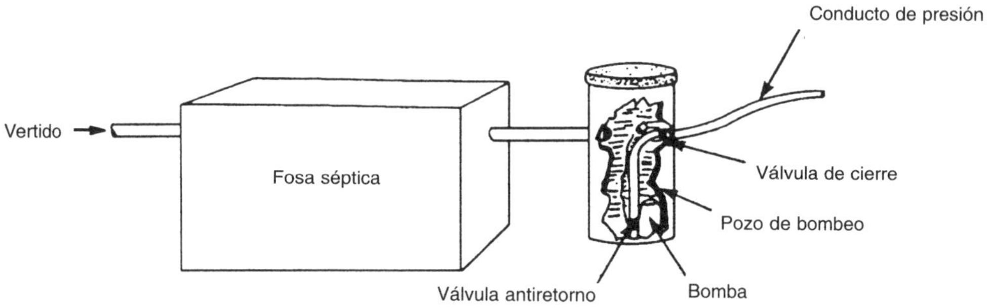

Fig. 2-2. *Bombeo posterior a fosa séptica.*

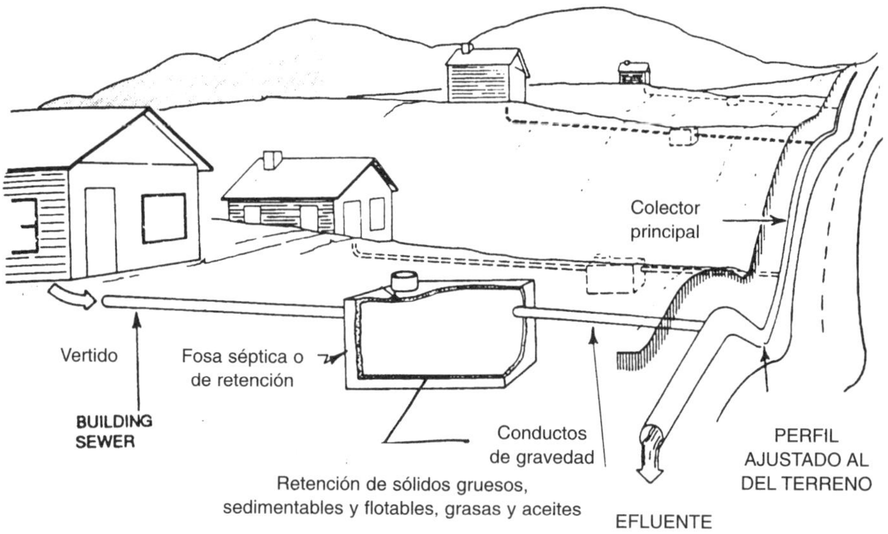

Fig. 2-3. *Conductos de gravedad para conexión a colectores principales.*

Cuando se ha alcanzado un volumen de agua predeterminado en el depósito de almacenamiento, una bomba impulsa su contenido hacia el punto de depuración de las aguas.

Los conductos de vacío tienen diámetros normales de 100 a 250 mm de diámetro, siendo la depresión utilizada entre 5,5 y 7,0 m.

Estos sistemas tienen su aplicación preferente en zonas muy planas, en edificios de oficinas, hospitales, fábricas y marinas.

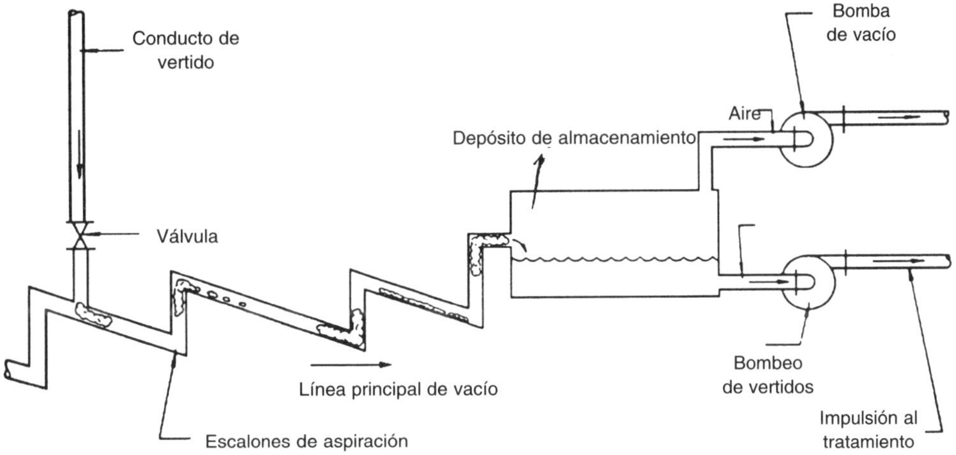

Fig. 2-4. *Elementos en sistema de vacío.*

2.1. SANEAMIENTO INDIVIDUAL DE AGUAS RESIDUALES

La solución normal consiste en el empleo de la depuración de las aguas residuales, en un punto próximo al vertido, normalmente una fosa séptica seguida de un sistema de nitrificación, o bien una pequeña depuradora.

Una cámara de fosa séptica retiene las grasas, aceites, sólidos flotables y sedimentables, pudiéndose alcanzar unos rendimientos importantes en sólidos y en materia orgánica.

Parámetro	Reducción%
S.S.	65-80
DBO_5	50-60
D.Q.O.	45-60
N	10
P	20-30

El resto de la depuración se consigue mediante el paso posterior a una aplicación al suelo o una filtración, siendo fundamental para el uso de estos sistemas las condiciones del terreno en relación con su constitución, su permeabilidad, y espesor hasta la capa freática, debiéndose garantizar las condiciones aerobias para alcanzar la nitrificación deseada.

La superficie precisa en aplicación al suelo, a la salida de una cámara de fosa séptica para un vertido de 0,5 m^3/día, sería la dada en la siguiente tabla.

Característica del suelo	PERMEABILIDAD mm/h Poco permeable 6-10	Mediocre 10-20	Suficientemente permeable 20-50	Permeable 50-500
Bien drenado sin nivel fréatico próximo	60 m^2 de zanjas poco profundas, 50 cm.	40 m^2 de zanjas. Profundidad 60 cm.	25 m^2 de zanjas. Profundidad 60-75 cm.	15 m^2 de zanjas
Suelo medianamente drenado. Nivel freático entre 1,0-1,5 m bajo la superficie	Necesidad de observar superficies complementarias	50 m^2 de zanjas. Profundidad 60 cm.	30 m^2 de zanjas. Profundidad 60 cm.	20 m^2 de zanjas. Profundidad 60 cm.
Suelo mal drenado. Nivel freático entre 0,5-1,0 mm bajo la superficie	120 m^2 de terreno especial sobre drenaje artificial	50 m^2 de zanjas. Profundidad 50 cm. Drenaje artificial	30 m^2 de zanjas. Profundidad 50 cm. Drenaje artificial	30 m^2 de terreno especial

Tabla 2-1. Superficies precisas en la etapa de nitrificación

Por otro lado las cargas hidráulicas admisibles para mantener las condiciones aerobias, quedan reflejadas en el gráfico de la figura 2.5.

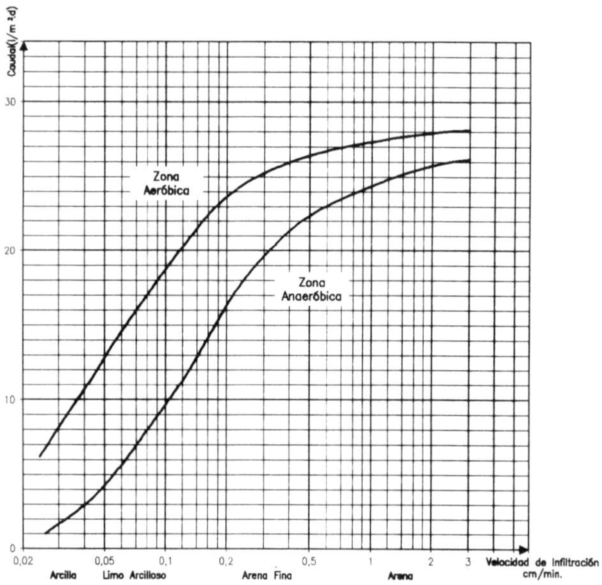

Fig. 2-5. *Carga hidráulica admisible sobre el suelo para mantener condiciones aerobias.*

Con independencia de las condiciones técnicas precisas para un sistema individual, anteriormente mencionadas, los criterios para decidirse por un sistema individual, frente a un sistema colectivo, son de tipo económico, como son las inversiones provistas en cada caso, y los gastos de mantenimiento y explotación.

Así por ejemplo en Japón es normal la existencia de saneamientos individuales o tratamientos in situ, jokasoes, con sistemas colectivos. Atendiendo a criterios económicos, la elección del sistema colectivo queda definido en el siguiente gráfico, delimitado para casos de más de 20 viviendas y por la curva B, dada por la ecuación

$$\frac{L}{N} \leq 104{,}6 - 179{,}5\ N^{-0{,}503} - 56{,}7\ N^{-0{,}318}$$

Siendo N, el número de viviendas considerado en la zona a sanear.

L, Longitud total en m para concentrar todos los vertidos de la zona a sanear.

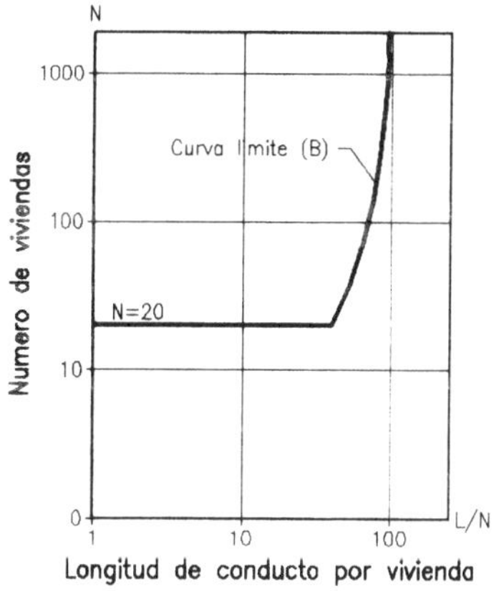

2.2. SANEAMIENTO INDIVIDUAL O AUTONOMO DE AGUAS DE LLUVIA

Una forma de evitar los grandes conductos necesarios para transportar las aguas de lluvia, caídas sobre una zona urbanizada, es el empleo de técnicas de saneamiento individual de aguas de lluvia.

Entre los sistemas a utilizar pueden citarse:

– Infiltración (zanjas y pozos filtrantes, revestimientos porosos).

– Modificación del recorrido de escorrentía.

– Infiltración después del recorrido y concentración (Depósitos de infiltración).

– Almacenamiento después de concentración de los caudales de escorrentía. (Depósitos de retención).

En muchos casos estas técnicas se realizan de forma combinada.

Los objetivos de estas técnicas, en relación con el saneamiento de zonas urbanizadas, son:

– Reducción del volumen de agua a transportar.

– Reducción de puntas de caudales.

– Eliminación de contaminación.

– Realimentación de acuíferos subterráneos.

– Reducción de costes de saneamiento.

Algunas obras de infiltración quedan representadas en las figuras siguientes:

a) La zanja filtrante de la figura 2.6 puede ser de 40-60 m de longitud, 2,5 m de anchura, 1,5 m de profundidad. Las aguas de escorrentía, después de pasar por rejillas de pie, se introducen por un conducto poroso 2 con sección ø 400 mm. El relleno de zanja, 3, puede ser grava o balasto. La zanja puede tener una capa 1 permeable o de sellado, según el uso de la superficie. Puede incorporarse en su caso un dren 4.

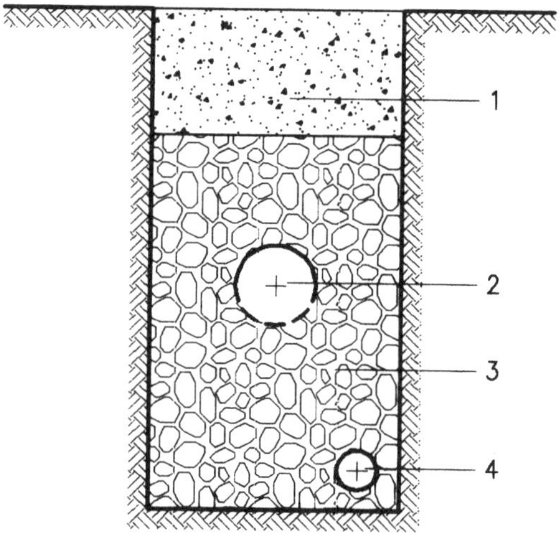

Fig. 2-6. *Sección de zanja filtrante.*

En la figura 2.7 puede verse una conducción 1, una arqueta 2, de donde se distribuyen las aguas de escorrentía a una sección 3 de recogida y distribución de las aguas. Desde la sección 3 las aguas pasan a las zanjas filtrantes de 40 a 60 m. La sección 3 queda cubierta con accesos cada 50 ó 60 m.

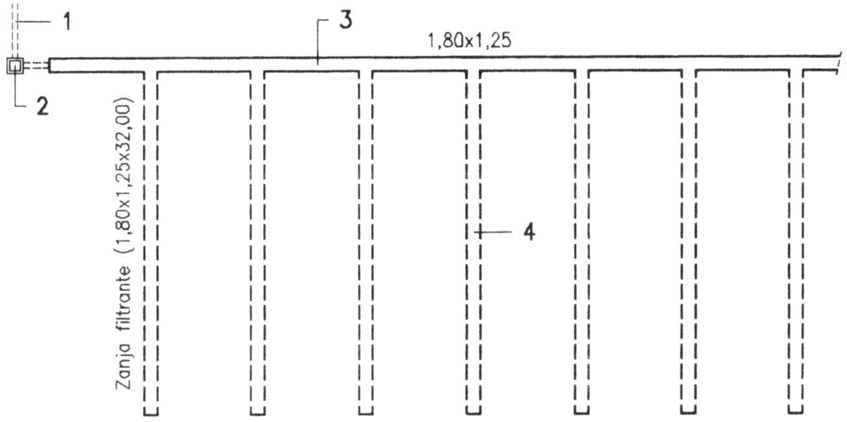

Fig. 2-7. *Zanjas filtrantes a galería.*

Un pozo filtrante queda reflejado en la figura 2.8, con captación directa superficial.

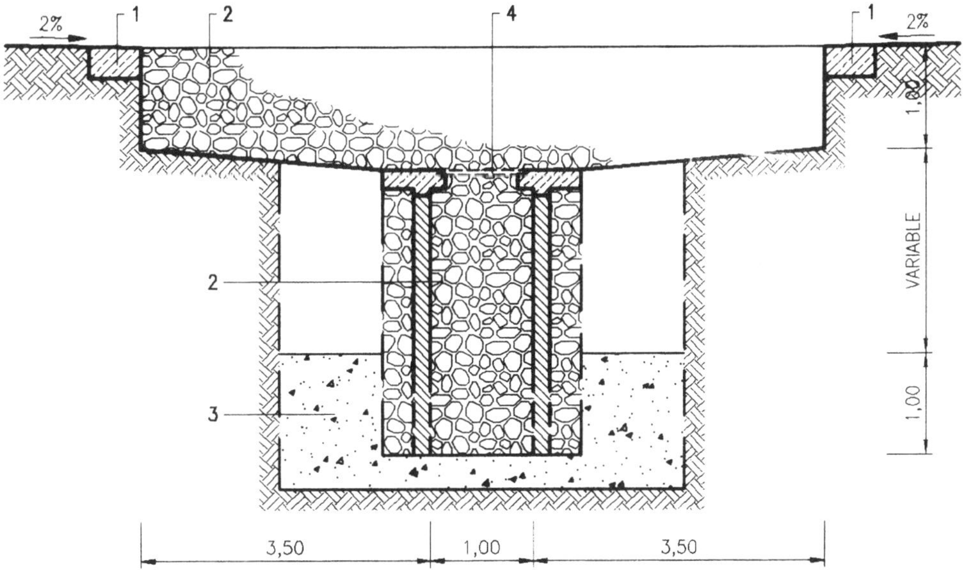

Fig. 2-8. *Sección de un pozo de infiltración.*

Bordeado exteriormente por una protección de hormigón 1, se establece una superficie de grava entre 80 y 120 mm, que sirve a la vez como elemento de relleno del pozo, que se asienta sobre terreno permeable 3. En solución alternativa, siendo el terreno permeable, puede construirse el pozo con pared permeable, quedando libre el hueco interior, y cubierto el pozo con tapa 4 permeable cubierta con un geotextil anticontaminante.

Los depósitos de infiltración pueden quedar formados por tres estanques.

– Estanque de retención, que regula el caudal.

– Estanque de decantación y eliminación de flotantes.

– Estanque de infiltración.

2.3. CONSIDERACIONES A LA INFILTRACION DE AGUAS DE LLUVIA CON CONTAMINACION ESCASA

Antes de proceder a la infiltración de aguas deberá garantizarse la inexistencia de impactos por esta acción.

Es fundamental por otra parte conocer la permeabilidad del suelo y la capacidad de caudal admisible.

En principio se consideran aptos para infiltración los suelos con una permeabilidad superior a los 0,5 mm por minuto, pudiendo adoptarse como criterios de acaptación los indicados en la tabla 2.2.

Percolación mm/minuto	Profundidad Nivel freático m	Profundidad del substrato m	Pendiente %	Observaciones
> 0,6	> 1,80	> 1,50	< 5	Favorable
0,4 ≤ < 0,6	1,20-1,80	1-1,50	5 < ≤ 10	Medio favorable
< 0,4	< 1,20	< 1,00	> 10	Desfavorable

Tabla 2-2. Criterios de valoración de un suelo para infiltracion

La reglamentación alemana ATV-A 138 marca los siguientes principios de dimensionado de este tipo de instalaciones.

– Período de recurrencia a utilizar 5 años.

– Duración de la lluvia para determinar la intensidad:

Percolación directa T = 10 min.

Percolación directa en grandes superficies y con superficies escalonadas T = 15 min.

– Caudal de lluvia

$Q = 10^{-7} . I . Sp$

Q = caudal en m^3/s

I = intensidad de lluvia en l/s . ha

Sp = superficie en m^2

– Principios básicos hidráulicos

Material	Coeficiente de permeabilidad Kp (m/s)
Grava gruesa	$5 . 10^{-3} - 6 . 10^{-1}$
Grava media y fina	$5 . 10^{-4} - 5 . 10^{-2}$
Grava y arena	$10^{-4} . 10^{-2}$
Arena gruesa	$10^{-4} . 5 . 10^{-3}$
Arena fina	$5 . 10^{-6} - 6 . 10^{-4}$
Limos y arena	$5 . 10^{-8} - 8 . 10^{-5}$
Limos	$10^{-9} - 5 . 10^{-5}$
Arcillas con limos	$10^{-10} - 4 . 10^{-6}$
Arcilla	$10^{-11} - 10^{-8}$

Tabla 2-3. Coeficiente de permeabilidad en zonas saturadas

Velocidad de circulación

$$V_i = K^1_p . G \text{ en m/s}$$

$$\text{Siendo } K^1p = \frac{Kp}{2}$$

$$G = \frac{(ls + Z)}{(ls + Z/2)} \text{ mm}$$

Siendo ls la profundidad del nivel freático bajo superficie infiltración. Z, altura de lámina de agua en el elemento de infiltración.

Caudal infiltrado

$Q_{in} = V_i . Se$

Siendo Q_{in} caudal en m^3/s. Se, superficie efectiva de infiltración m^2.

– Superficie de percolación

Toda la superficie que recibe precipitación percola

$S = Sp / [(10^7 . Kp) / (2 . I\text{-}1)]\ m^2$

S, superficie necesaria de infiltración m^2

Sp, superficie que recibe lluvia m^2

Kp, coeficiente de permeabilidad m/s

I, intensidad correspondiente a recurrencia de 5 años y T lluvia de 15 min, l/s . ha.

– Superficie de percolación con volumen acumulado de agua.

Como la superficie de infiltración es insuficiente, se precisará un volumen de retención dado por el volumen de precipitación menos el volumen infiltrado.

$$V_a = (\Sigma Q - \Sigma Q_{in}) . T . 60 \text{ en } m^3$$

$$V_a = (Sp + S)\ 10^7 . I_T . T . 60 - S . T . 60 . \frac{Kp}{2}, \text{ en } m^3$$

Siendo T, tiempo de diseño de la duración de la lluvia, min.

El caudal infiltrado $\Sigma\ (Q_{in} . T)$, se obtiene para z = 0

Siendo $I_T = C . I_{15}$

$$V_a = 2{,}57 . 10^{-4} . (S + Sp) . I_{15} . \frac{T}{T + 9} - S . T . 60 . \frac{Kp}{2}$$

El tiempo T de dimensionado se obtiene para $\frac{dV_a}{dT} = 0$

$$T = \sqrt{\frac{3{,}85 . 10^5 (Sp + S) . I}{S . Kp/^2}} - 9, \text{ min}$$

Conocido el T, se determina V_a.

– Superficie de percolación en zanja y por tubería.

La superficie útil de infiltración es

$$S = \left(b + \frac{h}{2}\right) L$$

Siendo b, ancho de la base de la zanja, m

h, altura útil de la zanja, m

L, longitud útil de la zanja, m

El caudal de infiltración

$$Q_{in} = \left(b + \frac{h}{2}\right) L \, . \, \frac{Kp}{2} \; m^3/s$$

El volumen necesario será

$$V_a = Sp \times 10^7 \, . \, Im \, . \, T \, . \, 60 - \left(b + \frac{h}{2}\right) . \, L \, . \, T \, . \, \frac{Kp}{2} \; m^3$$

Pero $V_a = b \, . \, h \, . \, L \, . \, S$

Siendo S el coeficiente de almacenamiento.

En zanjas S es el % de huecos en la masa de grava.

En la infiltración en zanja con tubería, S es el % de hueco de la grava y la sección de la tubería.

Considerando una sección de zanja dada, la variable a determinar es la longitud x L de zanja.

$$L = S \, . \, 10^7 \, . \, In \, . \, T \, . \, 60 \, / \left[b \, . \, h \, . \, s + (b + \frac{h}{2}) \, . \, T \, . \, 60 \, . \, \frac{Kp}{2} \right] \; m$$

En las condiciones de cinco años de recurrencia

$$L = \frac{2{,}57 \, . \, 10^{-4} \, . \, S \, . \, I_{15} \, . \, T \, / \, (T + 9)}{b \, . \, h \, . \, S \, . \left(b + \frac{h}{2}\right) . \, T \, . \, 60 \, . \, \frac{Kp}{2}}, \qquad \text{en m}$$

El tiempo T de lluvia se determina con la condición

$$\frac{dL}{dT} = 0$$

$$T = \sqrt{\frac{9 \,.\, b \,.\, h \,.\, s}{(b + h/2) \,.\, 60 \,.\, Kp/2}}$$

Conocido T, se determina la longitud L.

– Pozo de infiltración

La velocidad de infiltración viene dada por

$$V_i = Kp \,.\, (ls + z) \,/\, (2 \,.\, ls + z) \text{ en m/s}$$

$$Q_{in} = Vi \,.\, S$$

Siendo $S = \Pi \,.\, \left[(R + \frac{z}{2})^2 - R^2 \right]$

donde R es el radio del pozo, en m. z es la altura de lámina de agua, en m.

$$S = \Pi \,.\, (R + z + \frac{z^2}{4})$$

$$Q_{in} = \Pi \,.\, (R + z + \frac{z^2}{4}) \,.\, [Kp \,.\, (ls + z) \,/\, (2\, ls + z)]$$

La dimensión del pozo viene dada por la condición de continuidad

Influente - Percolado = Variación de caudal acumulado

Se considera ls = 10 m

Se adopta un pozo por cada S_p entre 100 y 400 m^2.

3. SISTEMAS DE EVACUACION

Con independencia del trazado adoptado y teniendo en cuenta la procedencia de las aguas, domésticas, de lluvia, servicios públicos y aguas industriales, puede establecerse una clasificación en sistema separativo y sistema unitario.

En el sistema unitario se vierten todas las aguas en una única canalización.

En el sistema separativo se recogen las aguas residuales en dos canalizaciones independientes. La red de aguas negras transportará los vertidos domésticos, los vertidos de los establecimientos comerciales y los vertidos industriales. La red de aguas blancas conducirá las aguas de escorrentía superficial generadas por precipitaciones, por riego o baldeo de calles, las aguas de drenaje y los desagües de la red de distribución y depósitos.

El sistema unitario y separativo quedan reflejados en las figuras 2.9 y 2.10.

Fig. 2-9. *Sistema unitario.*

Fig. 2-10. *Sistema separativo*
1. Colector aguas negras.
2. Colector aguas blancas, aguas recogidas en cubiertas de edificios 3, y sumideros 4.

Independientemente de esta clasificación puede establecerse esta otra:

1) Evacuación por simple gravedad.

2) Evacuación por gravedad, pero con elevaciones.

3) Evacuación por circulación forzada.

4) Evacuación por vacío.

3.1. SISTEMA UNITARIO Y SEPARATIVO

La red única de alcantarillado es más sencilla de instalación y de servicio. Un solo ramal de alcantarillado en cada calle y una sola acometida a las fincas.

La red doble o separativa del alcantarillado exige doble red de alcantarilla en casi todas las calles (salvo las que por ser muy cortas no requieren sumideros), y doble acometida en cada casa. Desde el punto de vista de economía de construcción y gastos de primer establecimiento, existe indudable ventaja para el sistema unitario, pues el coste de las dos tuberías, equivalentes hidráulicamente en su conjunto a la única, es 1,5 a 2 veces mayor, como término medio, habida cuenta de la imposibilidad práctica de utilizar diámetros de tubos inferiores a 20 cm, que en muchos pueblos y calles cortas de ciudades, con pendientes más bien fuertes (como son las de gran parte de las españolas), son suficientes para el caudal total. A esto ha de añadirse el doble coste de las acometidas, pues, aunque éstas no sean abonadas por las administraciones que ejecutan y explotan una red de alcantarillas, no por ello dejan de gravar al vecindario y, por tanto, a la economía local y nacional.

Solamente los colectores son menores en el sistema separativo por poderse desaguar las aguas de lluvia por los caminos más cortos. Pero esta ventaja llega casi a desaparecer con el uso de aliviaderos de lluvias que conduzcan, a adecuados lugares, el exceso de determinado caudal de los cauces públicos.

Los gastos de levantamiento y reposición de pavimentos, que tienen importancia no despreciable en el presupuesto general de la red, son de 2 a 1,50 veces mayores en el sistema separativo, según los diámetros o anchura de las tuberías o alcantarillas, por exigir también, en realidad, unas anchuras mínimas de zanjas para poder trabajar, aunque los diámetros sean muy pequeños.

Claro está que puede haber casos particulares de pequeños pueblos, que por la configuración topográfica de su núcleo edificado, permitan el desvío de las aguas superficiales de lluvia mediante cunetas o canales abiertos, en los que no será precisa (en la mayor parte de sus calles) la doble canalización; y en ellos no cabe duda alguna que, desde el punto de vista económico constructivo, es preferible el sistema separativo.

La conservación y explotación de una red doble exige gastos bastantes mayores que en el caso de red única, siendo superiores en un 30% ó 50%.

Sin embargo, los gastos de limpieza son menores en el alcantarillado separativo, por ser menores las variaciones del caudal que circula por las alcantarillas de aguas negras, y menor, por tanto, la variación de la velocidad, lo que reduce las sedimentaciones. En las alcantarillas de aguas superficiales o blancas no se requiere más que limpiezas de tarde en tarde.

Si el agua residual ha de elevarse con estaciones elevadoras, o si se emplea un sistema distinto del de gravedad, el caudal debe reducirse al mínimo; y, en este caso, es muy probable que el coste de la elevación influya poderosamente a favor del sistema separativo.

Un factor importante a considerar será el caso de la depuración al final de la red. En el caso de sistema separativo, la depuradora se ajustará a las necesidades reales de agua a depurar. En el sistema unitario, pese al establecimiento de aliviadero de entrada, será preciso un sobredimensionado. En el caso de análisis conjunto de red de saneamiento y depuración final, se considera más económico el sistema separativo.

Por consiguiente, en cada caso particular, habrá que pesar estas ventajas e inconvenientes, a la vista de las condiciones topográficas de suelo y subsuelo y características sociales y económicas de las localidades, para decidirse por uno u otro sistema.

En muchos núcleos urbanos habrá ocasión de emplear ambos a la vez: bien porque algunas zonas puedan tener un rápido y fácil desagüe directo, bien porque muchas calles, por su corta longitud y fuerte pendiente, no precisan sumideros y permitan el desagüe pluvial de las fincas a la calzada. Esto, en realidad, constituye el sistema mixto. Es interesante mantener el agua pluvial el mayor tiempo en superficie.

Si se trata de un pueblo pequeño, en ladera, en que sea fácil la ejecución de zanjas o canales pluviales, o de escasa pendiente, y en el que se exija depuración intensa por carecer de cauce importante de vertido, no cabe duda alguna sobre la conveniencia del sistema separativo. En la inmensa mayoría de los otros casos de pueblos y ciudades de mediana importancia, el sistema único será el aconsejable, siempre con la reserva de que circunstancias locales de todo tipo aconsejen otra cosa.

En caso de sistema separativo, deberá prestarse atención especial a los ramales de acometida, pues a veces se conectan indiferentemente sobre una u otra red.

Por último, conviene señalar que no es recomendable establecer un conducto para recogida de aguas de escorrentía hasta que el caudal no sobrepase los 80 l/s (40 l/s por cada cuneta).

3.1.1. Evacuación por simple gravedad

En este sistema, la circulación del agua residual a la velocidad necesaria para evitar sedimentaciones, se produce por la simple pendiente de las tuberías que, desaguando una en otra, conducen el agua hasta el emisario final, para su vertido en cauce público o en estación depuradora.

Los trazados de la red han de estudiarse de modo que permitan el más rápido alejamiento de los afluentes por los menores recorridos posibles.

En estos trazados, y como norma general, es la topografía la que manda. Sin embargo, una juiciosa distribución de colectores, y una adecuada reunión de éstos hacia el punto de vertido, puede representar una solución mucho más económica y de mejor conservación, por mejorar pendientes y disminuir secciones de obras complementarias.

En teoría pueden seguirse los siguientes trazados. (Fig. 2-11).

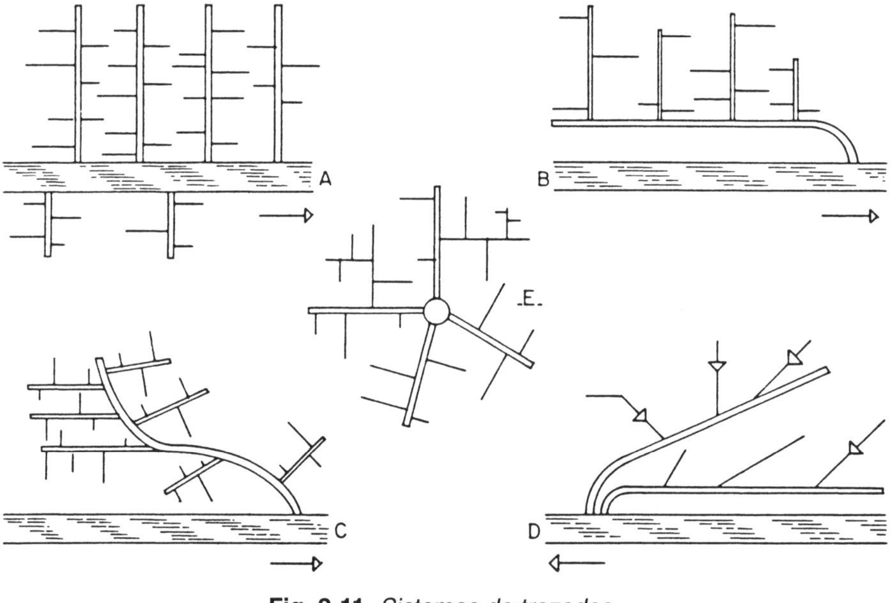

Fig. 2-11. *Sistemas de trazados.*

3.1.1.1. Canalización transversal (solución A)

Con zonas perpendiculares al río, desaguando directamente en el mismo. Es económico, pero no puede emplearse más que en caso de ríos de gran caudal que admitan el vertido directo, con gran dilución.

3.1.1.2. Canalización transversal con emisario (solución B)

Suprime aquel inconveniente, pero presenta otro, difícilmente evitable, que consiste en tener que construir este emisario con pequeña pendiente (la del río) y, por tanto, gran sección; y generalmente en terrenos sometidos a las filtraciones del río.

3.1.1.3. Canalización longitudinal o por zonas (solución C)

Se obtiene mediante colectores paralelos al cauce, con pendientes pequeñas pero escasas zonas de vertido. El emisario puede tener ya pendiente normal y construirse en terreno mejor.

3.1.1.4. Canalización en abanico (solución D)

Se realiza a base de colectores ramificados hacia diferentes zonas, reunidos en el punto que mejor convenga para su desagüe. Es el sistema, quizá, más indicado para poblaciones o sectores de población sumamente llanas.

3.1.1.5. Canalización radial (solución E)

Se obtiene dividiendo el sector urbano o sanear en varias zonas con canalizaciones independientes, cuyas aguas se reúnen después aisladamente en uno o más puntos.

Este último sistema es apto para poblaciones en que hayan de preverse ensanches de importancia, pues permite construir las alcantarillas con la capacidad necesaria de momento. En cambio, los otros cuatro, exigen que dichas alcantarillas principales tengan, desde el principio, la sección precisa para los caudales actuales y los que en el futuro puedan recibir de los ensanches.

En muchas poblaciones habrá que adoptar sistemas mixtos de acuerdo con las condiciones locales.

3.1.2. Evacuación por gravedad y con elevaciones

3.1.2.1. Creación de puntos bajos artificiales

Existen poblaciones extremadamente llanas, sin desagües naturales francos o contiguas a lagos, mar, dunas, etc., en las que el desagüe normal o por gravedad, no puede efectuarse y ha de recurrirse a sistemas especiales, basados en principios diferentes al de gravedad o complementarios de la misma.

Uno de ellos consiste en la creación de puntos bajos artificiales dividiendo la población, convenientemente, en zonas y elevando por medios mecánicos o neumáticos las aguas de los diferentes puntos bajos, para su vertido posterior, en otros ramales más altos. La primera cuestión que se presenta en las poblaciones en que ha de emplearse este sistema es el estudio de la solución más económica a la vista del trazado urbano.

Supongamos, esquemáticamente (fig. 2.12) una población llana, en la que el colector no puede dársele más que una pendiente insuficiente para su desagüe. La solución A de darle una pendiente normal y emplazar al final la estación elevadora, puede representar una carestía de ejecución de las obras y un gran gasto de elevación total a realizar. La solución B (fig. 2.13) puede disminuir unos y otros y ser más conveniente.

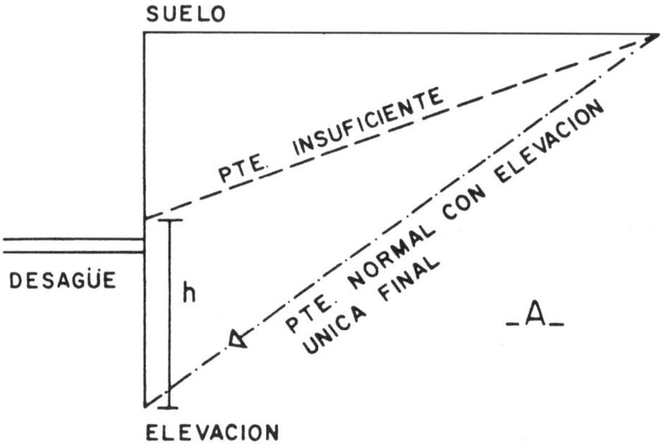

Fig. 2-12. *Emplazamiento final de una estación elevadora.*

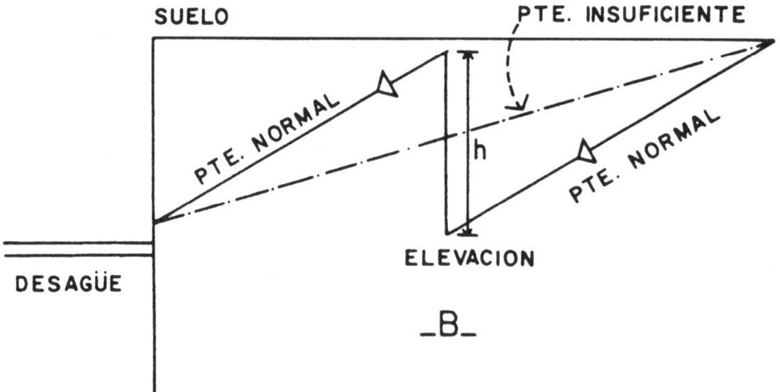

Fig. 2-13. *Elevación intermedia.*

Si el recorrido es grande, la aplicación simple de la elevación fraccionada, tal como se indica en la figura 2.14, solución C, exige una serie de elevaciones E, E' y E" de caudales crecientes. Otra solución posible es la D, de la figura 2.15 de convergencia parcial de aguas hacia sectores de colectores generales, en cuyos puntos bajos E_1 y E_2 se instalan elevaciones que impulsen las aguas a una conducción rodada, mediante conductos de impulsión h_1 y h_2.

Además del coste inicial de las bombas, hay que tener en cuenta el del consumo energético y del mantenimiento necesario, y sobre todo, no debe olvidarse de calcular el tiempo que las aguas residuales permanecerán en el conducto a presión, sin aireación, donde pueden ganarse serios problemas de anaerobiosis.

Será necesario siempre realizar un estudio de soluciones, basado en los gastos de primer establecimiento (coste de elevadoras, conductos de impulsión, etc.) y en los de explotación.

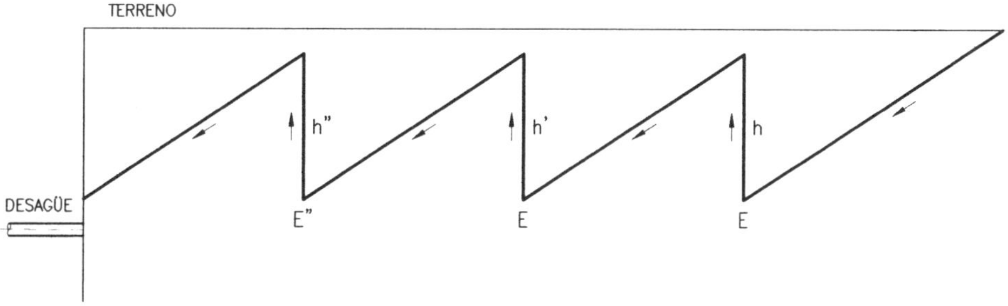

Fig. 2-14. *Elevación fraccionada en serie.*

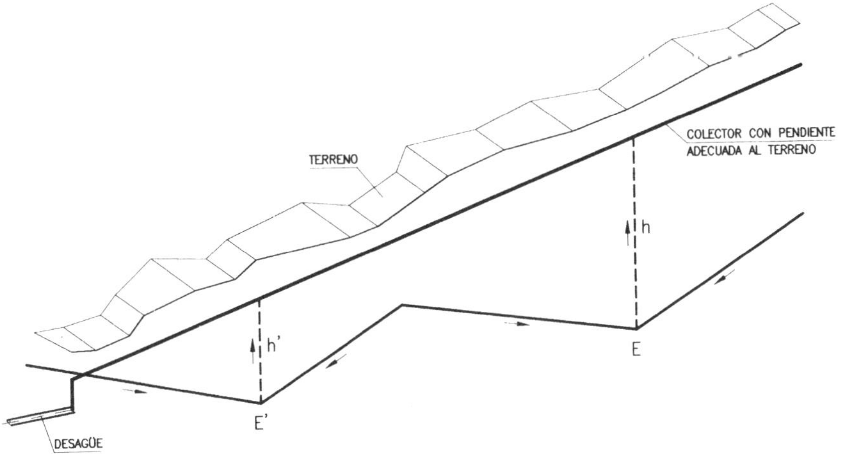

Fig. 2-15. *Elevación por convergencia.*

Otro problema a resolver, de acuerdo con las circunstancias locales, es el de la división en grandes zonas con estaciones depuradoras separadas, o la unión de pequeñas zonas con redes de saneamiento convergentes en una única estación depuradora central.

3.1.2.2. Sistemas de evacuación por vacío

En estos sistemas el agua residual generada en cada punto llega por gravedad hasta un eyector de vacío. La válvula cierra la conducción que conecta a la tubería principal, manteniéndose el vacío en la misma. Cuando se acumula un determinado volumen de agua en el depósito, otra válvula está programada para abrirse, y cerrase una vez que el agua ha pasado a través de la misma. El vacío del sistema se mantiene merced a bombas de vacío. Ver Figura 2.16.

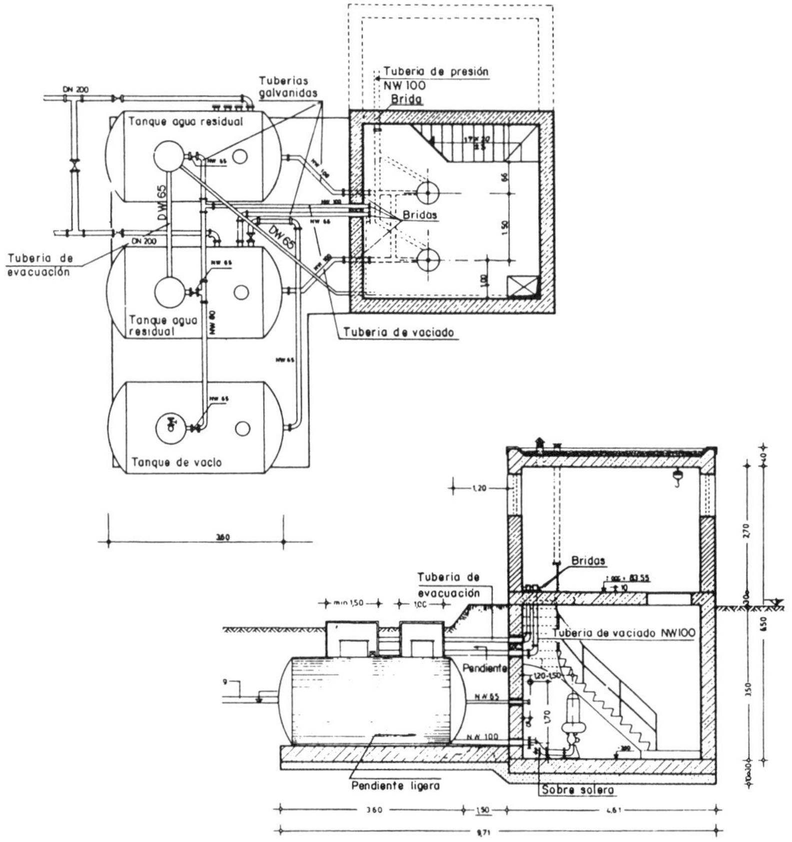

Fig. 2-16. *Pequeña estación funcionando por vacío.*

La circulación de los residuos en la canalización neumática parece que debiera producirse en virtud de la simple pendiente de las tuberías, ya que la depresión alcanzada es, en teoría, igual en todos los puntos. Depresión de 0,6 a 0,7 bar.

Sin embargo, la realidad no es esa, pues la estanqueidad matemática no se alcanza, ya que las entradas de aire por juntas, aparatos de unión con los inmuebles, y liberación de aire disuelto en el agua y gases contenidos en los residuos, son numerosas. El volumen de estos gases es 15 veces superior al del agua bajo depresión y, como las tuberías se calculan para circular el líquido por la semisección y los gases por la otra semisección, al producirse la aspiración, la velocidad de los gases deberá ser teóricamente hasta 15 veces mayor que la de los líquidos. Esta suele ser de 0,50 metros por segundo, por lo que la de los gases debería ser de 7,50 m por segundo. Ello determina una corriente intensa de aire que forma una ola o pistón hidráulico que lo arrastra todo delante de sí.

Al circular este pistón, aumenta el vacío aguas arriba, se equilibran las depresiones, disminuye su velocidad y se estaciona el agua para dejar pasar los gases por la parte superior. Este paso de agua reproduce las emboladas hidráulicas que, al ser muchas y sucesivas, provocan el arrastre de todas las materias.

La producción de estos fenómenos viene influenciada más o menos por las pendientes, diámetros y volúmenes a extraer.

Los elementos de que ha de constar una evacuación por este sistema son: aparatos de casa, uniones, red de tuberías (provista o no de depósitos de equilibrio) y central de recepción.

Los primeros, colocados en el punto bajo de las tuberías de caída, son herméticos; tienen en su interior una rejilla destinada a retener los cuerpos voluminosos y un flotador que, accionando una bola de caucho, abre y cierra la comunicación con la tubería de aspiración. Cuando la cantidad de materias introducidas es suficiente, entra en acción el flotador y la masa es aspirada violentamente en la canalización, cerrándose el orificio de comunicación con ésta, inmediatamente de producida la evacuación y de modo automático.

Las uniones se hacen por piezas especiales, con una parte recta y otra curva, tangente a la primera.

La red de tuberías puede ser de fundición, o no, calculándose como si circularan por gravedad los caudales, pero sólo a media sección.

Para evitar las variaciones de velocidad en la circulación del flujo se disponen, a veces, depósitos de equilibrio, que se unen entre sí por una canalización especial de vacío.

En la central de recepción, emplazada dentro o fuera de la ciudad, ha de haber unas cubas, en las que se hace el vacío. Llena la primera, se maniobran las válvulas de interceptación de la red y se la pone en comunicación con otra emplazada superiormente, en la cual se ha hecho previamente el vacío.

Puede sustituirse estas dos cubas por bombas de funcionamiento automático.

Desde la central, las aguas son impulsadas a su punto de vertido o tratamiento.

3.1.2.2.1. Sistema Liernur

Del sistema LIERNUR, se han hecho varias aplicaciones.

Su funcionamiento es el siguiente: Una red de tuberías estancas une los depósitos de caída en los inmuebles con distribuidores de vacío emplazados en el subsuelo de las calles. Estos, a su vez, están unidos por un conducto especial con una estación central productora del vacío.

La evacuación de materias residuales se hace en dos fases:

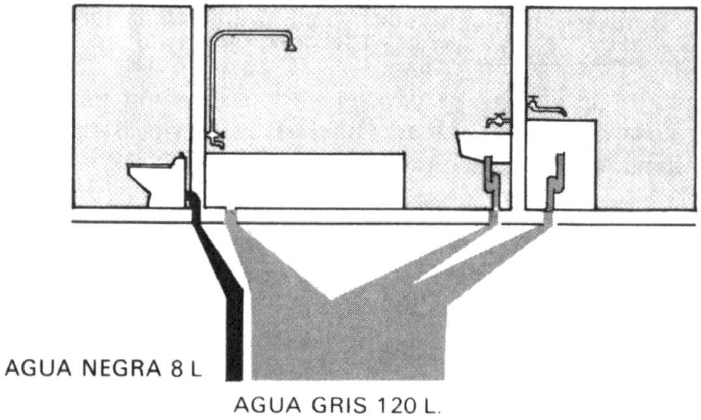

Fig. 2-17. *Esquema separación aguas negras y grises.*

En la primera, y una vez hecho el vacío en los distribuidores de vacío o depósitos de calle, las substancias almacenadas en los depósitos de los inmuebles son atraídas hasta llenar los distribuidores.

En la segunda, se crea una depresión en el colector, aislando los depósitos de calle, se ponen los depósitos en relación con la atmósfera. El vacío en los colectores arrastra las substancias a las cubas de recepción de la estación central, de donde son evacuadas.

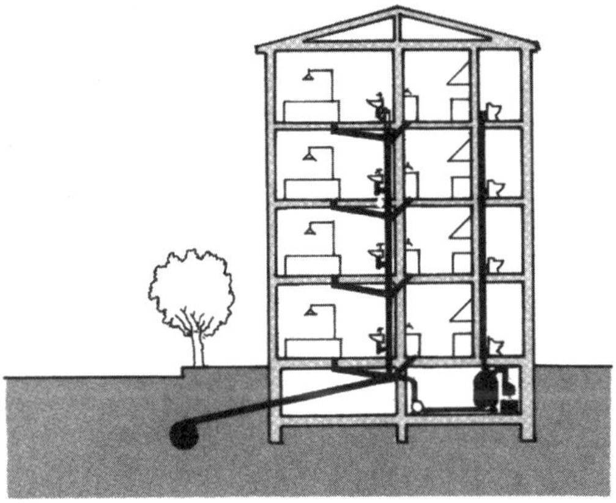

Fig. 2-18. *Sistema LIEJENDAHL aplicado a un inmueble.*

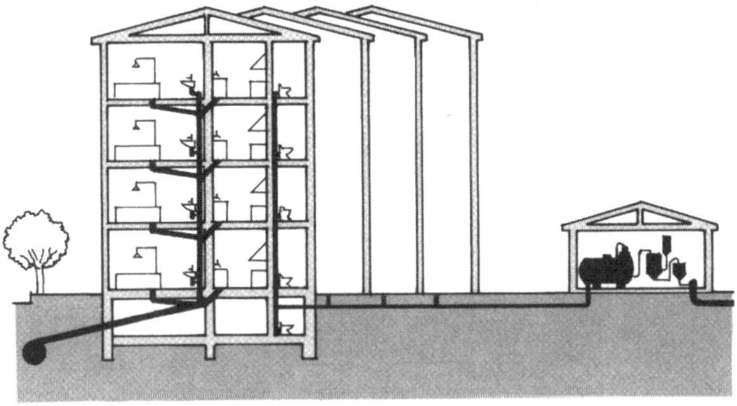

Fig. 2-19. *Sistema aplicado a múltiples inmuebles.*

Las figuras 2.17, 2.18 y 2.19 ilustran sobre este tipo de sistemas, refiriéndose concretamente al sistema LILJENDAHL, donde se aplica realmente, en el que se separan las aguas verdaderamente negras de las grises, consiguiendo así la separación de las fuertemente contaminadas.

3.1.2.2.2. Sistema CHAPPÉE o de descargas de aire

El sistema CHAPPÉE o de descargas de aire es una combinación de los dos anteriores. Descansa en el principio de utilizar la pendiente del terreno en régimen normal para circulación de las aguas negras (estos tres sistemas se aplican sólo con sistema separativo), pero haciendo uso en momentos determinados de la aspiración producida en una estación central para producir descargas rápidas y voluminosas en las conducciones. Tiene la ventaja de evitar la penetración exterior de gases y líquidos.

3.1.2.2.3. Otros sistemas de elevación de aguas residuales

Otros posibles sistemas son la elevación por tornillo de Arquímedes, la utilización de bombas de rodete abierto, incluso bombas con dilacerador incorporado, pero conviene destacar aquí, por su importancia para pequeños volúmenes de aportación, las bombas de aire, aero-eyectores (fig. 2.20).

El aero-eyector precisa, o una red de aire a presión o un pequeño compresor de aire, y el depósito correspondiente. Las aguas brutas entran en un depósito. Al llegar a una cierta altura la lámina de agua se establece una descarga de aire a presión que impulsa el líquido.

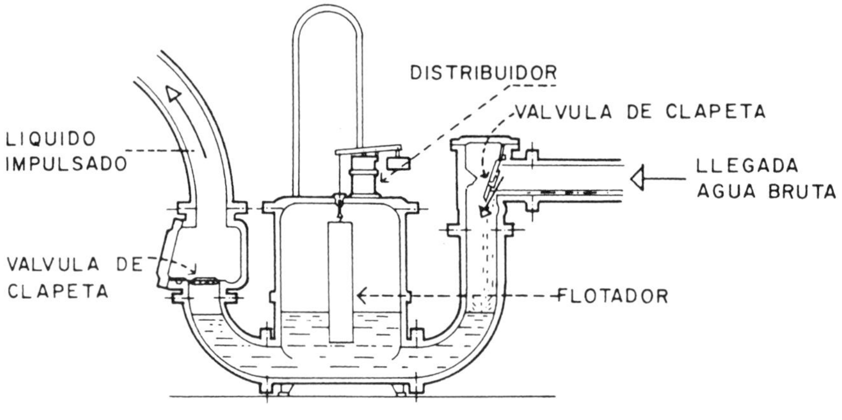

Fig. 2-20. *Corte de un aero-eyector.*

3.1.2.2.4. Condiciones para la elección y diseño de un sistema de evacuación por vacío

Las condiciones para elegir este tipo de evacuación son:

– Suelo inestable

– Terreno llano

– Terreno movido con subidas y bajadas alternando

– Nivel freático próximo a la superficie

– Terreno rocoso

– Condiciones estrictas para evitar pérdidas de agua

Las principales ventajas de este sistema son:

– Tuberías de pequeña dimensión, entre 75 y 200 mm de diámetro

– No se necesitan pozos

– Reducción de excavación

– Grandes velocidades de circulación

– No existen problemas de olores

– Se produce una dirección de las aguas, manteniendo condiciones aerobias

Como condiciones de diseño de las tuberías de aspiración, pueden señalarse:

– No incorporar más de 500 habitantes por línea

– Los habitantes servidos por metro de tubería, depende de la longitud de acuerdo con la siguiente tabla:

Habitantes/m de conducto	Longitud del conducto m
0,04-0,06	< 5.000
0,06-0,12	< 4.000
0,12-0,20	< 3.000

Si la longitud supera los valores anteriores, la conducción debe dividirse en dos o más tramos independientes. Como orientación para el diseño, pueden contemplarse los datos siguientes:

Habitantes/m de conducto	Longitud del tramo			
	ø 65 mm	ø 80 mm	ø 100 mm	ø 125 mm
0,04-0,06	200 m	800 m	1000 m	
0,06-0,12	150 m	650 m	900 m	1300 m
0,12-0,20	100 m	300 m	800 m	800 m

Condiciones para la estación de vacío.

– La cantidad necesaria de aire, a 0 °C y 1 bar, viene dado por Vaire = *f* . Vagua, donde *f* viene dado en la siguiente tabla:

Longitud del ramal hasta la conexión más lejana (m.)	Relación habitantes por metro de conducción		
	0,04-0,06	0,06-0,12	0,12-0,20
> 500	5,0	4,0	3,0
> 1000	7,5	6,0	5,0
> 1500	10,0	8,0	7,0
> 2000 m	12,5	10,0	9,0
> 2500 m	15,0	12,0	

– Para el cálculo de las bombas de vacío se estima un funcionamiento de 5 horas por día. Es decir el caudal para dimensionado de la bomba será

$$\text{Qaire} \; \frac{\text{Vaire}}{5} \; \text{m}^3/\text{h}$$

– La potencia de la bomba viene dada por

$$\text{Paire} \; \frac{\text{Qaire} \, . \, \Delta p}{\eta}$$

Siendo $\eta = 0{,}3$ para $\Delta p = 0{,}6$ bar

4. ESTRUCTURA DE LA RED DE ALCANTARILLADO

La estructura de la red de saneamiento es muy compleja, estando constituida por elementos muy diversos. Las secciones son diversas, las pendientes varían constantemente, la traza depende de cada lugar. Los elementos de la red son múltiples, y cada uno con sus peculiaridades, acometidas, conexiones, bifurcaciones, codos, escalones, vertederos, bombeos, sifones, depósitos de retención, etc.

No obstante se citan a continuación las características fundamentales de la red.

4.1. TRAZADO

Pueden servir de base de diseño las vaguadas naturales. Si las aguas superficiales han buscado su salida de una forma natural, parece lógico que las construcciones asentadas sobre el terreno tengan posibilidad de desagüe en trazados paralelos a las vaguadas que permiten la evacuación de las aguas de escorrentía.

El trazado, por otra parte, debe incorporar el desagüe de la ciudad o del núcleo urbano, aunque la construcción se realizase por fases. Igualmente, el punto fundamental del trazado será el punto de vertido final o de ubicación de la depuradora de aguas residuales.

El trazado de la red se diseñará de forma que, en zonas urbanas, discurra por las calles, buscando que pueda accederse fácilmente durante la explotación, preferentemente se situarán en los ejes de las calles.

4.2. PERIODO DE DISEÑO

En general, los sistemas de saneamiento deben diseñarse para la máxima aportación prevista, dentro de un período de validez de 25 años, aunque sea admisible la construcción en fases, siempre que los elementos construidos sean capaces para la etapa final.

4.3. DATOS BASE DE DISEÑO

Deben contemplarse los vertidos urbanos, comerciales, industriales, de drenaje y de escorrentía, debiéndose estimar las condiciones de caudales aportados medios, caudales punta de aguas negras, caudales máximos con escorrentía superficial, y los caudales mínimos.

Los diámetros mínimos deben fijarse teniendo en cuenta las posibilidades de asentamiento, o pérdida de carga por incrustaciones, o el sistema de limpieza. No es recomendable bajar de 200 mm de diámetro interior.

Es recomendable que, al menos, un 15-20% de su altura quede libre para permitir la circulación de aire, y permitir así la aireación de las aguas, manteniendo unas condiciones aerobias.

4.4. PROFUNDIDAD

Debe ser la suficiente para garantizar el desagüe de todos los sistemas de vertido, que se ajusten a las ordenanzas municipales.

Por otro lado, debe ser suficiente para evitar problemas de congelación de las aguas.

Por último, debe ser la adecuada, teniendo en cuenta las acciones del terreno y la resistencia del material utilizado en los conductos. Prestando atención a las condiciones del subsuelo y concretamente al nivel freático, así como también a las cimentaciones de edificios, y ubicaciones de servicios con los que pueda hacer interferencias.

La situación en alzado se proyectará a una profundidad tal que se asegure el desagüe de los sótanos más profundos de las edificaciones normales (de acuerdo con las Ordenanzas Municipales) y que impida todo riesgo de contaminación de las aguas de abastecimiento. El punto más elevado del perfil no deberá estar a menos de 1,20 m por debajo de la superficie del terreno y siempre 1,0 m por debajo de la tubería de la red de distribución.

4.5. PENDIENTE

La pendiente de la red de alcantarillado debe ajustarse a dos condicionantes extremos. Por un lado, debe ser tal que, a caudales bajos, no se produzcan sedimentaciones y, por otro lado, a caudales altos, deben evitarse fuertes velocidades, que con presencia de materiales abrasivos arrastrados, puedan deteriorar los conductos. A título orientativo podrían fijarse las pendientes mínimas en función de los diámetros de los conductos.

Diámetro del conducto ø (mm)	Pendiente mínima recomendable (m/km)
200	4,00
250	2,70
300	2,20
400	1,45
500	1,10
600	0,80
700	0,67
800	0,55
900	0,50

Tabla 2-4. Pendientes recomendadas, en función del diámetro del conducto

Con pequeños caudales es necesario generar una velocidad, que impida la formación de depósitos. En una red unitaria la velocidad debe ser superior a 0,6 m/s, velocidad de arrastre de arenas, mientras que en el conducto separativo de aguas negras debe ser superior a 0,3 m/s, velocidad de arrastre de los S.S. Estas condiciones deben darse en períodos significativos al día, con un altura de llenado superior a 1/5 del diámetro.

4.6. ALINEACION

Los conductos de alcantarillado no visitables deben estar alineados en planta y en alzado para permitir un funcionamiento, mantenimiento y explotación adecuados.

4.7. VARIACION DE SECCION

En los enlaces de dos secciones distintas la posición relativa de ambas en alzado debe ser tal que se mantenga en ambas el mismo nivel de la lámina de agua o, lo que es lo mismo, el mismo gradiente energético. En último caso se adoptará la posición de que ambos conductos tengan la misma cota de clave.

4.8. PROTECCION ESPECIAL

Cuando se admitan velocidades superiores a 3 m/s a caudal punta, o a 5 m/s a caudal máximo, deben protegerse las superficies o zonas afectadas contra la erosión o choque. Esto es el caso de las zonas de resaltos, rápidos o zonas de enlace de tramos.

5. CARACTERISTICAS EXIGIBLES A LA RED

5.1. CARACTERISTICAS INTRINSECAS FUNDAMENTALES

La Europa de 1993 exige la adopción de reglamentos y normas en relación con el medio ambiente.

Con atención a los vertidos de agua residual las especificaciones necesarias deberán tener en cuenta al hombre y al medio ambiente, sujetos afectados por los contaminantes físicos, químicos y biológicos, transportados por las redes de alcantarillado.

Los puntos fundamentales a considerar son:

- Fugas del líquido transportado hacia el exterior.
- Introducción de aguas exteriores en el interior del conducto.
- Retorno de efluentes en edificios.
- Eliminación del aire viciado en los conductos.
- Contaminación física, química y microbiológica.

Estas características servirán para definir los materiales e instalaciones, como:

- Tuberías, juntas y accesorios con vistas a la estanqueidad, resistencia a la corrosión, estanqueidad y ventilación.
- Acometidas, aliviadores, sifones y otras obras especiales. Buscando la eficacia y resistencia adecuada.
- Aparatos sanitarios, en los que deberá garantizarse la autolimpieza o facilidad de limpieza manual, la funcionalidad, y los consumos de agua entre otros.

Cualquiera que sea el sistema de alcantarillado, los conductos o secciones deben tener las siguientes características.

- Resistencia a las cargas exteriores.
- No deformabilidad a lo largo del tiempo.
- Resistencia ante los movimientos del terreno, y resistencia del material a la flexión y cizallamiento correspondiente.
- Resistencia a la acción corrosiva exterior, de los líquidos transportados y de los posibles gases formados.
- Rugosidad reducida del conducto.
- Resistencia a la abrasión.
- Impermeabilidad.

5.2. CARACTERISTICAS DE LOS CONDUCTOS

Los conductos y los materiales utilizados en su constitución, empleados en saneamiento, deben cumplir con las siguientes condiciones:

Resistencia a cargas externas

Los conductos deben tener unas adecuadas características de resistencia mecánica, especialmente frente a cargas de aplastamiento, que garanticen la integridad de la instalación a largo plazo.

Flexibilidad de la conducción

Flexibilidad frente a deformaciones por asentamientos del terreno. Una conducción de juntas flexibles puede absorber estas deformaciones sin ver comprometida su estanqueidad. Los tubos que componen la conducción deben ser capaces de soportar los esfuerzos de flexión longitudinal a que han de quedar sometidos.

Resistencia a la abrasión

Las conducciones deben tener suficiente resistencia a la abrasión frente a las partículas arrastradas por el efluente.

Resistencia a la corrosión

El material de los colectores debe ser resistente al ataque químico y biológico de las aguas. En caso de efluentes agresivos, deberán utilizarse materiales especiales o revestimientos de los colectores, resistentes al ataque de los fluidos conducidos, o del terreno exterior.

Lisura interna

La capacidad de evacuación de un conducto depende de la lisura de sus paredes y la perfección de las juntas. A mayor lisura menor necesidad de limpieza.

Impermeabilidad

Se requiere una absoluta impermeabilidad, que evite pérdidas de agua por una parte, y que evite por otra parte la contaminación del medio ambiente.

Impermeabilidad que debe evitar igualmente la penetración de aguas exteriores al interior del conducto.

La mejora de la calidad de la conducción de evacuación de aguas residuales, supone un aumento en su precio de adquisición, pero al disponer de tubería de mayor calidad se facilitan las soluciones de proyecto, pudiendo conseguirse con ello reducciones de coste en otras partes de la obra a ejecutar.

No cabe duda de que una mayor lisura interna de los conductos facilita una mayor capacidad en la conducción, y, por consiguiente, a igualdad de caudales se pueden reducir las secciones.

Una mayor resistencia a la abrasión permite mayores velocidades, o lo que es lo mismo velocidades más elevadas, y en definitiva secciones más pequeñas.

La mayor resistencia a flexión de los tubos permite eliminar las camas de hormigón, sustituyéndolas por un lecho o fondo de zanja adecuadamente perfilado.

5.3. ESTANQUEIDAD DE LAS JUNTAS

La estanqueidad de las juntas es fundamental dependiendo de las características geométricas de los elementos unidos, del anillo elastomérico de unión y de sus características propias. La compresión radial de la junta debe ser tal que su presión de contacto inicial sea lo más uniforme posible, y no se modifique bajo el efecto de presión interior y/o exterior, así como frente a los movimientos posibles del terreno.

Es imprescindible que la junta esté bien proyectada, conjunto de los alojamientos de los dos extremos, así como las dimensiones y características de la goma, de modo que asegure la estanqueidad y su inalterabilidad en el tiempo.

Es conveniente realizar un trabajo experimental, ensayando gomas de diferentes dimensiones, dureza, capacidad de mantener las características elásticas, resistencia al envejecimiento y al ataque de las aguas. Debiéndose fijar en el proyecto condiciones sobre resistencia, alargamiento, intervalo de dureza, comprensión, condiciones de envejecimiento acelerado, y resistencia a los hidro-carburos y otros productos que puedan ser transportados por la alcantarilla.

Cuando los colectores son de gran tamaño se construyen con secciones de hormigón armado in situ, debe conseguirse que el hormigonado de la solera y alzados se realice conjuntamente para evitar las juntas de unión. El hormigonado puede hacerse por tramos de hasta 10 metros, colocándose juntas para la estanqueidad entre los elementos.

5.4. RESISTENCIA AL ATAQUE INTERIOR

Ya se ha indicado que son numerosos los productos o elementos que pueden ser transportados con las aguas residuales, como: aguas ácidas, ácidos orgánicos diluidos, jugos azucarados y ácidos, aceites vegetales, sales minerales, agua salore o salina, sulfuros, ácidos minerales, bases, etc.

Con independencia del ataque directo, deberá tenerse en cuenta el proceso de reoxidación del sulfhídrico por vía bacteriana. Véase el proceso en la figura 2.21.

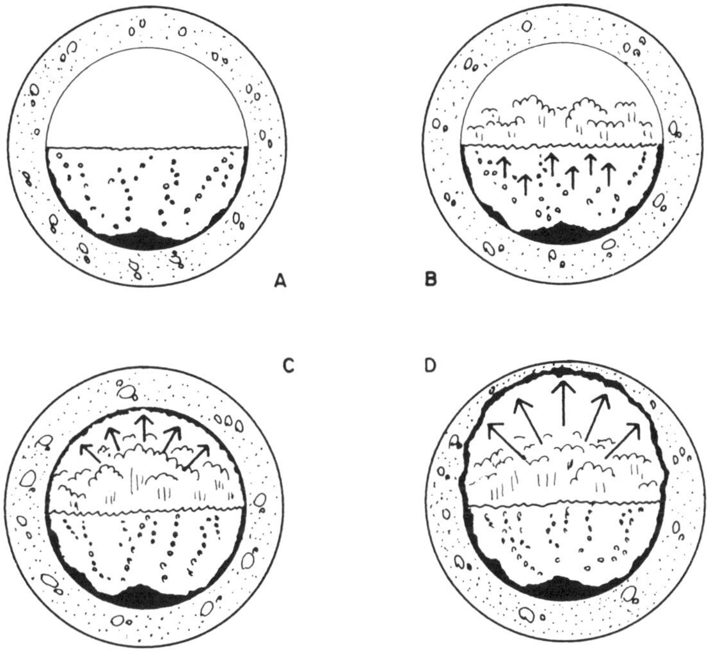

Fig. 2-21. *Fases del proceso de ataque al conducto.*

El proceso consta de dos fases. En la primera, los lodos sedimentados por la acción de los microorganismos anaerobios, producen SH_2. En la segunda fase, estos gases de SH_2 son fijados en la superficie interior del conducto, húmedo por condensación. En esta segunda fase, y en estas superficies no inundadas, las bacterias aerobias Thiobacillus dan origen a la producción de ácido sulfúrico, según la reacción $H_2S + 2O_2 = H_2SO_4$

Este fenómeno dependerá de los factores siguientes: Materia orgánica, contenido de sulfatos, tiempo de retención, velocidad, ventilación del conducto y, con incidencia importante, temperatura.

5.5. RELACION CON LOS CONDUCTOS DE DISTRIBUCION DE AGUAS

Debe garantizarse que nunca esté en contacto la red de saneamiento con la red de distribución de aguas.

Entre ambos conductos debe existir una distancia de seguridad mínima. La conducción de abastecimiento se situará en plano superior a la de saneamiento, con distancias vertical y horizontal, entre una y otra, no menor a un metro, medido entre planos tangentes, horizontales y verticales a cada tubería, más próximos entre sí.

6. INSTALACIONES COMPLEMENTARIAS DE LA RED DE SANEAMIENTO

6.1. SISTEMA DE SANEAMIENTO EN EL INTERIOR DE LOS EDIFICIOS

Las características fundamentales serán los aspectos higiénicos y de seguridad. Las condiciones de seguridad deben ser:

- Capacidad para los caudales máximos producidos.
- Resistencia de los materiales de los líquidos conducidos.
- Protección contra:
  - Escape de gases
  - Efectos mecánicos
  - Influencia de la temperatura exterior
  - Inundaciones
  - Corrosión Ruidos
  - Heladas
- Ventilación.
- Duración.
- Resistencia y estabilidad.
- Accesibilidad para inspección y mantenimiento.

Cálculo de caudales

Sin conocer el tipo de sistema utilizado para saneamiento de gravedad se considerarán como vertidos de los distintos elementos los señalados en la siguiente Tabla 2.5.

Elemento conectado a la red	Caudal vertido l/s
Lavabo	0,5
Bidel	0,5
Ducha sin alcachofa	0,6
Ducha con alcachofa	0,8
Urinario con sistema individual	0,8
Urinario con válvula	0,5
Urinario de pie (por persona)	0,2
Baño	0,8
Seno de cocina	0,8
Lavaplatos	0,8
Lavadora hasta 6 kg	0,8
Lavadora de 6 x 12 kg	1,5
Cisterna WC de 6 a 7,5 l	2,0
Cisterna WC de 9 l	2,5
Baño y sumideros DN 50	0,8
Sumidero DN 70	1,5
Sumidero DN 100	2,0

Tabla 2-5. Caudal vertido por diversos elementos conectados al saneamiento

El caudal circulante en cada punto vendrá dado por:

$Qv = K \cdot \sum Cv$ en l/s

Siendo Qv, caudal en una sección determinada.

K, coeficiente de simultaneidad.

$\sum Cv$, es la suma de la descarga de todos los elementos conectados sobre la sección considerada en l/s.

Los valores de K son:

Tipo de establecimiento	Valor del coeficiente K
Viviendas, Residencias, Oficinas	0,5
Hospitales, Escuelas, Restaurantes, Hoteles	0,7
Lavabos, Servicios y Duchas Públicas	1,0
Laboratorios	1,2

Pendiente mínima

La pendiente mínima será del 2%.

Cálculo de caudales en cubierta de edificios

Qa = r . A . C

Siendo Qa, el caudal en l/s.

r, la intensidad de lluvia /ls . m^2.

A, superficie efectiva en m^2.

C, coeficiente de descarga, con valor normal 1,0.

A la intensidad de lluvia se le aplicará un factor de riesgo.

Situación	Factor de riesgo
Sumidero en alero	1,0
Sumidero en alero, que en caso de rebosar produzca molestias	1,5
Sumideros en valle, que en caso de colectarse pueda generar daño	1,5
En edificios con necesidad de protección especial. Teatros, hospitales, centros de comunicación, almacenes, museos, etc...	2,0

La superficie efectiva se determinará por:

$A = L \cdot B_H$, sin considerar la influencia del viento.

Siendo A, la superficie efectiva en m^2.

L, longitud del techo, en m.

B_H, anchura del techo en proyección horizontal, en m.

$$A = L \left(B_H + \frac{H_B}{2} \right)$$

el viento da una inclinación a la lluvia de 26° en rotación con la vertical, donde H_B es la altura de la cumbrera del techo, en relación con la posición del sumidero.

$A = L . B_R$, con lluvia perpendicular al tejado donde, B_R es la anchura real del techo.

6.2. BAJANTES

6.2.1. Red vertical de saneamiento

Está integrada por los ramales superficiales o verticales que evacúan las aguas de las instalaciones de las viviendas hasta la red horizontal.

Los tubos de bajada habrán de situarse lo más próximo posible a los aparatos sanitarios que han de desaguar.

En alzado deben de colocarse en los lugares que no perturben la estructura del edificio, y encajados en los muros exteriores de las fachadas. O adosados y sujetos adecuadamente a las paredes de los patios interiores.

Las tuberías pueden sujetarse con anillos metálicos clavados a las paredes, o bien soportes de fábrica. Las salidas de lavabos, bidets, urinarios y puestos de agua deben ser de 30 mm, y las bañeras y uniones con las tuberías de bajada, de 40 mm. La tubería general de evacuación puede estar instalada en el sótano de la casa (y, por tanto, enterrada), o en canal abierto, o suspendida de las vigas del techo. Los dos últimos sistemas tienen mayor accesibilidad.

Los conductos utilizados en las bajantes pueden ser de fundición, fibrocemento o plástico, debiendo prestar atención fundamental, dentro de sus características, a la rotura a tracción, a la flexión, al efecto de abrasión, a la lisura y a la estanqueidad. Las piezas son machihembradas y selladas.

El sistema de ventilación queda constituido por la prolongación del conducto de la bajante, elevándose por encima del techo o cubierta, o el elemento próximo más alto, al menos 1 m. Se pretende con este sistema difundir los gases a la atmósfera sin producir olores o molestias a los habitantes (fig. 2-22).

La bajante debe ser como mínimo de un diámetro ø 100 mm y el conducto de ventilación al menos de ø 50 mm.

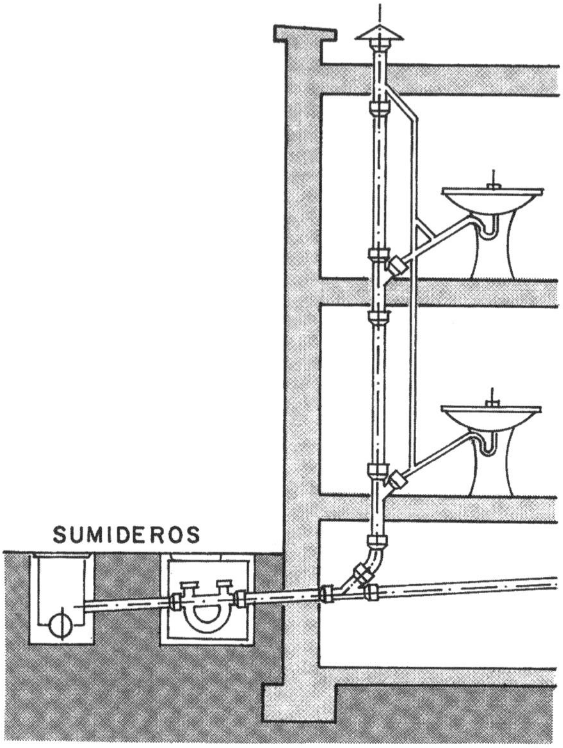

Fig. 2-22. *Esquema de una bajante.*

6.2.2. Ramales principales de las acometidas

Denomínase acometida al ramal principal de enlace de un edificio, desde el pozo de registro principal a la alcantarilla oficial. O, de no existir ésta, a la instalación depuradora doméstica correspondiente.

Estos ramales principales deben clasificarse en: No visitables y visitables.

En estos ramales los pozos de registro pueden sustituirse por arquetas.

La arqueta deberá recoger todos los ramales secundarios, debe ponerse lo más próxima posible al pozo de registro principal. Este pozo puede ser de planta circular, cuadrada o rectangular, y revestirse de fábrica o de hormigón enlucido y bruñido de cemento. Estará enlazado a la arqueta general por un ramal. Las arquetas de registro deben instalarse en las bases de las bajantes y en los encuentros con ramales, así como en los quiebros de la red horizontal. Su separación no debe pasar de 30 m. Deben ser de 60 cm de lado como mínimo, para profundidades inferiores a un metro, y de 80 cm para los superiores.

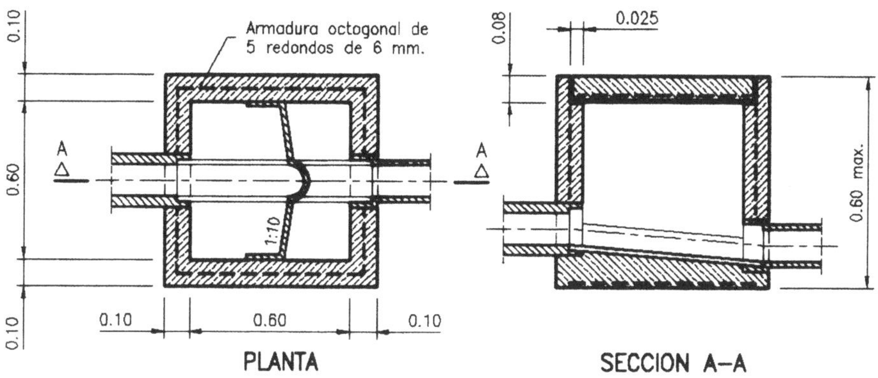

Fig. 2-23. *Pozos de limpieza.*

Si la profundidad de la alcantarilla fuera inferior a la de los sótanos de los edificios, y éstos no pueden desaguar directamente, debe recurrirse a una instalación, disponiendo en el pocillo de recogida del sótano un sistema de elevación, que vierta el agua recogida en un sumidero empalmado a la tubería principal de evacuación

La pendiente mínima para las conexiones domiciliarias nunca debe ser inferior al 2%. Ver Planos 2-24 y 2-25.

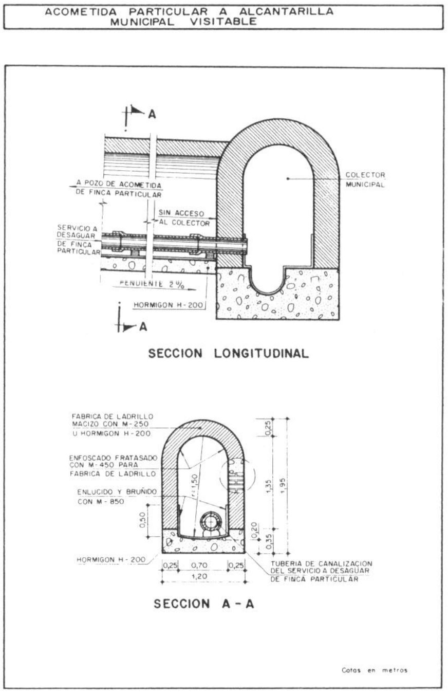

Fig. 2-24. *Acometida particular.*

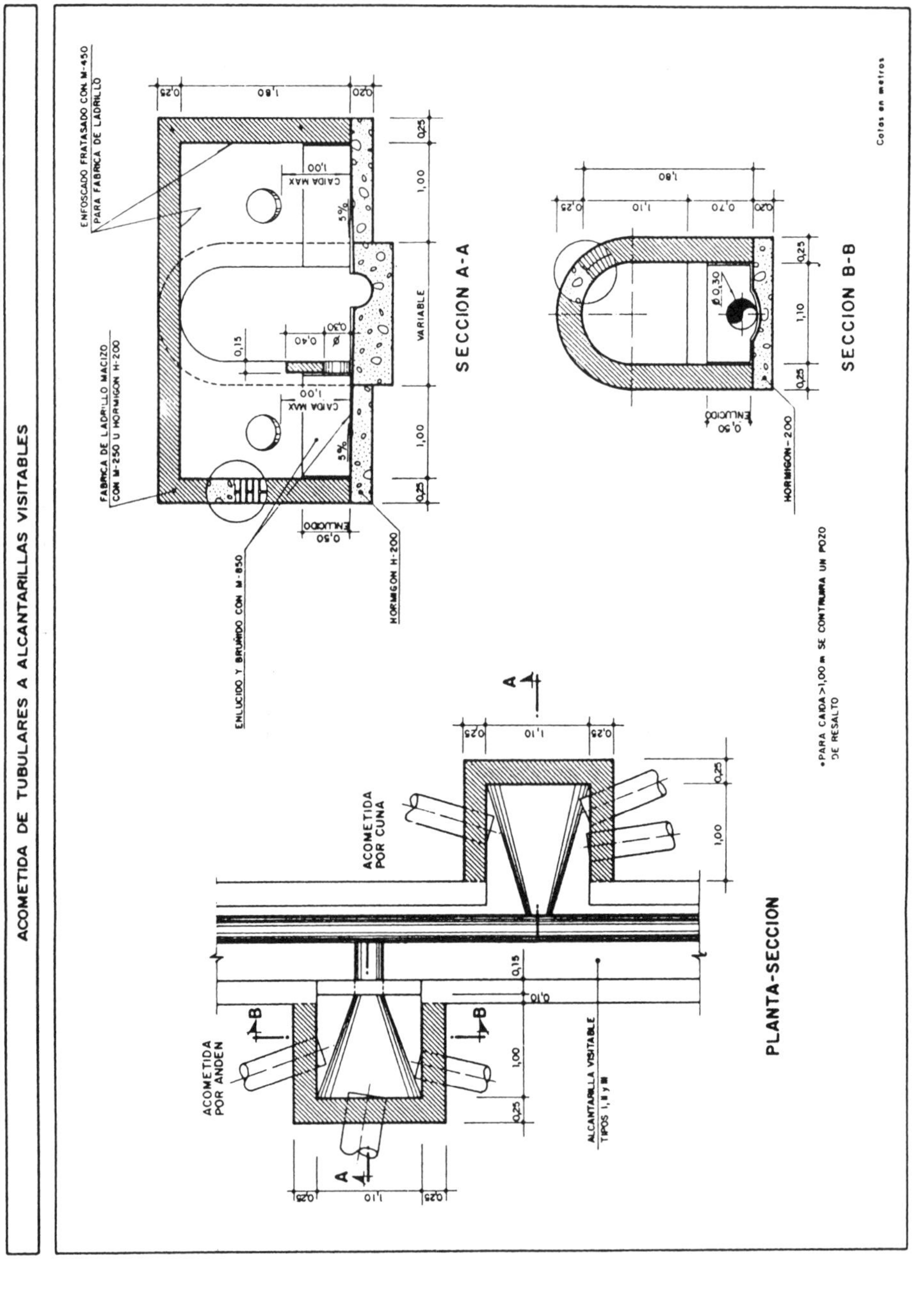

Fig. 2-25. Acometida de tubulares.

6.3. SUMIDEROS

Los sumideros pueden situarse en superficie de calzada, en paramentos de acera, mixto, o bien en canaletas perpendiculares a la línea de máxima pendiente de escorrentía. Su ubicación es imprescindible para el desagüe de puntos bajos. La figura 2-26, ilustra sobre la posible construcción de un sumidero o imbornal.

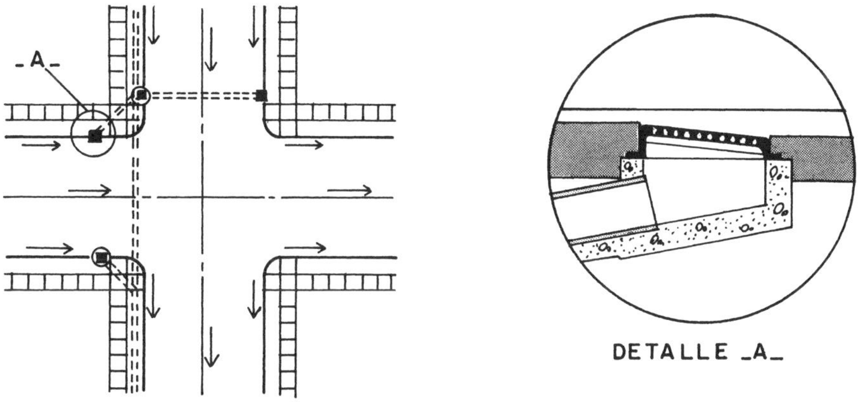

Fig. 2-26. *Ubicación de sumideros.*

Los problemas más importantes de estos elementos vienen dados por su posible obstrucción y por las dificultades de su limpieza.

La distancia libre entre barras suele ser de 2 cm. Su colocación normal es en las esquinas de cruces de calles, pero a fin de no entorpecer el tráfico en las mismas, deben emplazarse retrasados respecto de las alineaciones de fachadas.

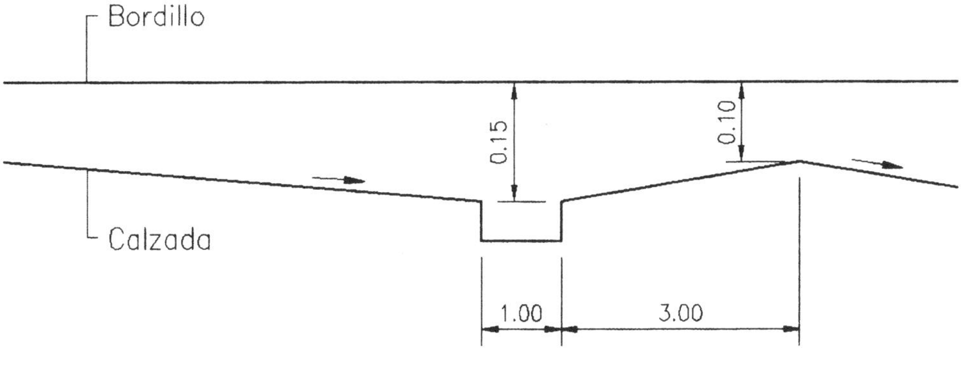

Fig. 2-27. *Perfil de instalación de un sumidero.*

Cuando las manzanas tienen grandes dimensiones se sitúan sumideros intermedios.

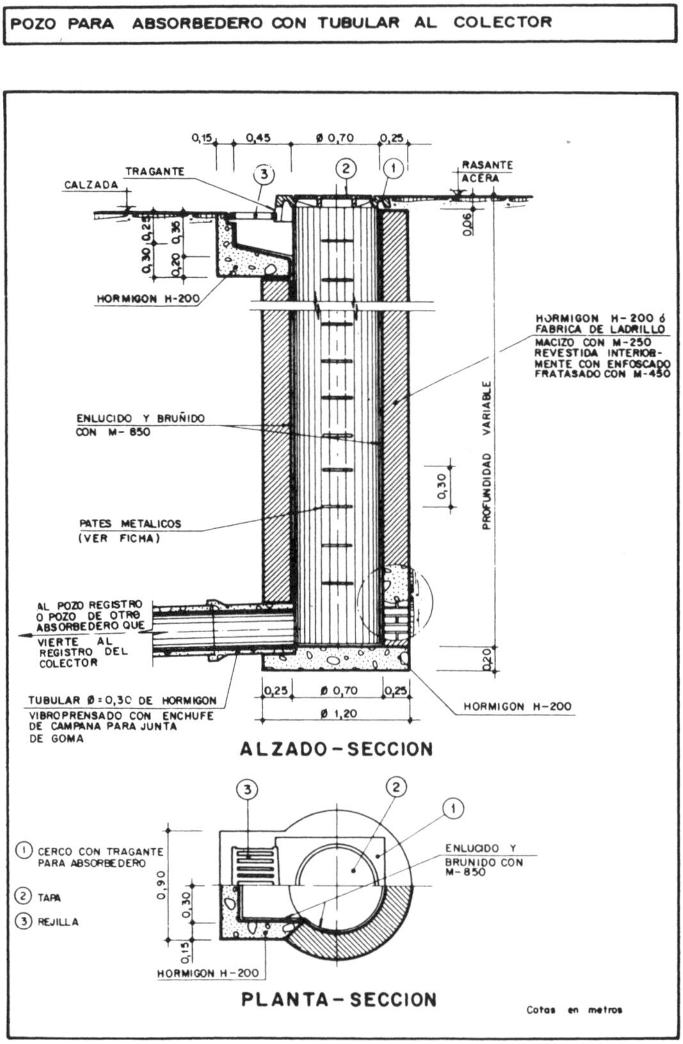

Fig. 2-28. *Pozo para absorbedero con galería de acceso al colector.*

Se les suele llamar también absorbederos. Son los elementos del alcantarillado destinados a recoger las aguas que corren por las calzadas y aceras y conducirlas a las alcantarillas.

Su número depende un poco del criterio del ingeniero, y se fija a la vista de la frecuencia e intensidad de las lluvias locales, así como de la pendiente de las calles.

Cuando estas encrucijadas están distantes, la calle tiene poca pendiente o hay contrapendientes entre ellas, se precisa intercalar otros sumideros en los puntos bajos, o a distancias tales que cada uno recoja el agua caída en una superficie de 300 a 800 metros cuadrados, o sea un caudal de 5 a 10 litros por segundo. Normalmente se colocan de 50 a 70 metros, y a menos distancias si hay encuentros de calles.

A fin de impedir que la corriente pase sobre el sumidero, conviene disponer en el arroyo de la calzada una contrapendiente.

Las disposiciones adoptadas para la ubicación de los sumideros en un cruce de calles quedan representadas en la figura 2-26.

Las entradas de calle y su conexión a un pozo de visita quedan representadas en las figura 2-27, 2-28 y 2-29.

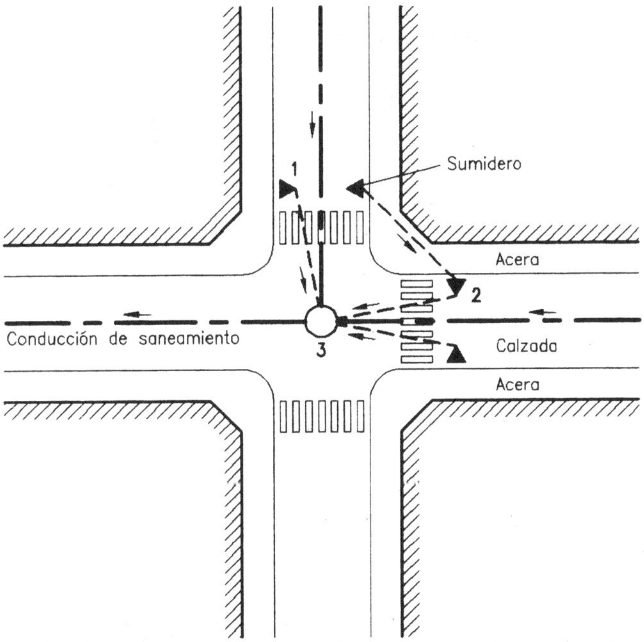

Fig. 2-29. *Ubicación de sumideros en cruces peatonales.*

La figura 2-30 da una sección de un tanque colector de arenas y residuos.

En muchas ocasiones es conveniente prever unas cámaras con entradas de escorrentía superficial o de vertidos industriales, que actúen como trampas de retención de arenas y grasas para evitar sus efectos negativos de erosión o depósitos (véase el tanque colector de arenas o residuos de la fig. 2-31).

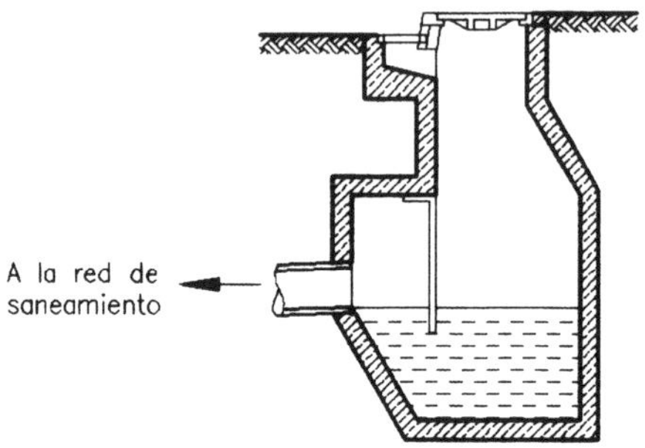

Fig. 2-30. *Tanque colector.*

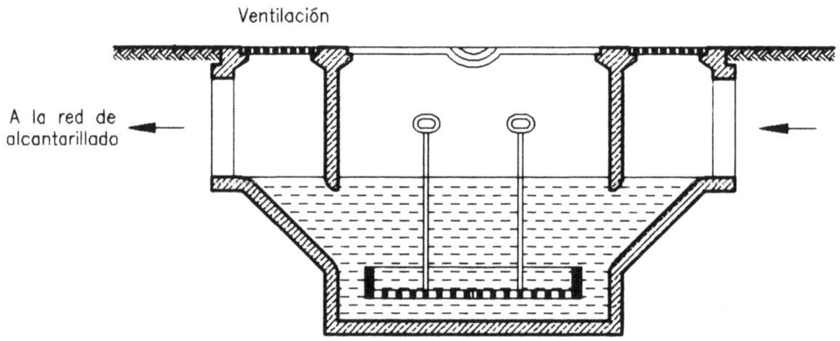

Fig. 2-31. *Cámara de gruesos.*

En las figuras 2-32 y 2-33 aparecen unas rejillas típicas para absorbedero.

Las características fundamentales para el diseño quedan reflejadas en la siguiente Fig. 2-34 y tabla correspondiente con la capacidad de caudal aceptable en el sumidero lateral.

6.4. CONFLUENCIA DE COLECTORES VISITABLES

La unión de los colectores visitables debe hacerse tangencialmente (fig. 2-35 a 2-38) y con un radio que, prácticamente, se toma igual a cinco veces el diámetro de la sección media.

FRUHLING ha determinado una fórmula para la longitud l del encuentro en función del radio de la curva, del diámetro de la alcantarilla b y del espesor s del muro de la alcantarilla principal, en cuya fórmula, que es:

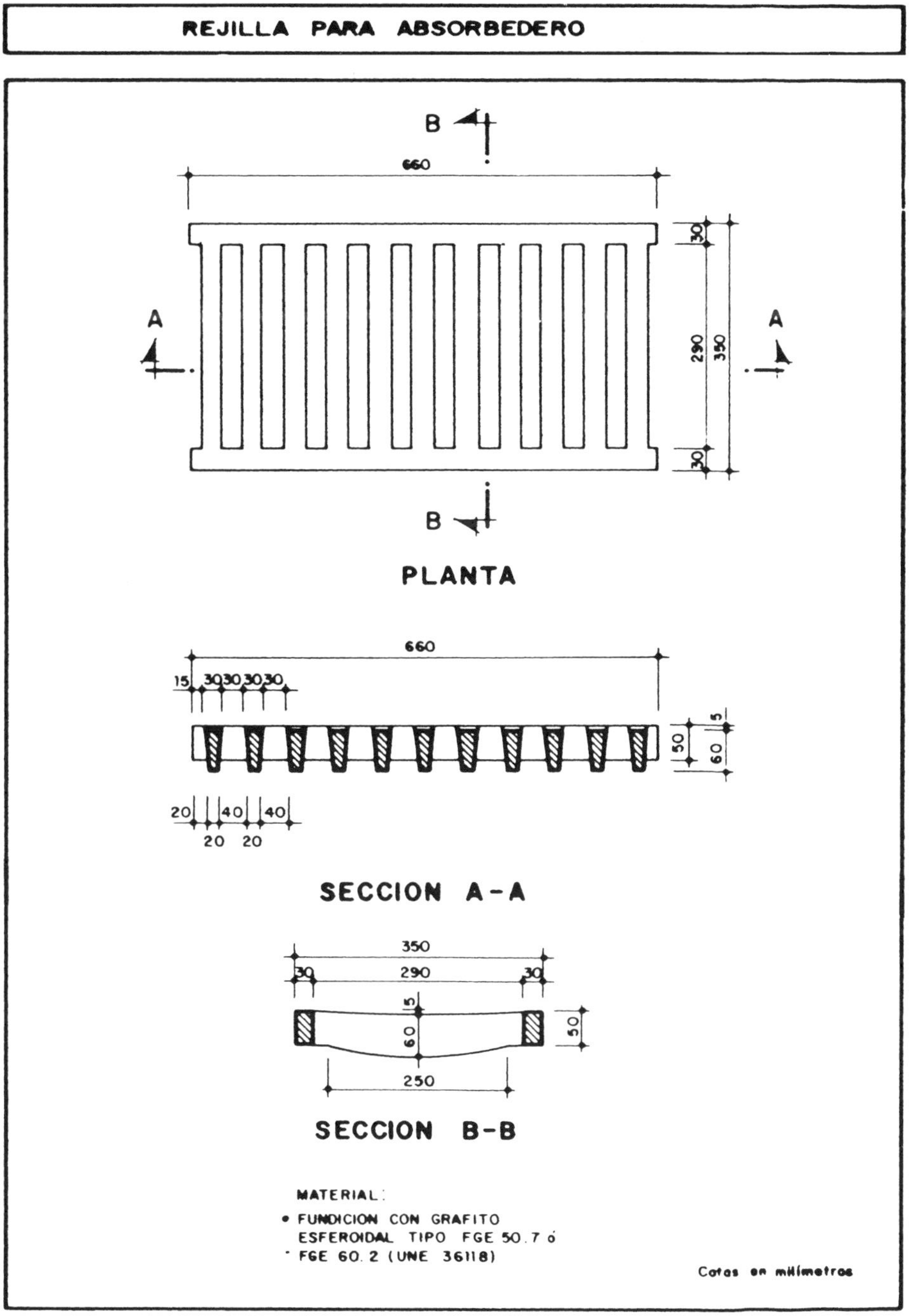

Fig. 2-32. *Rejilla para absorbedero.*

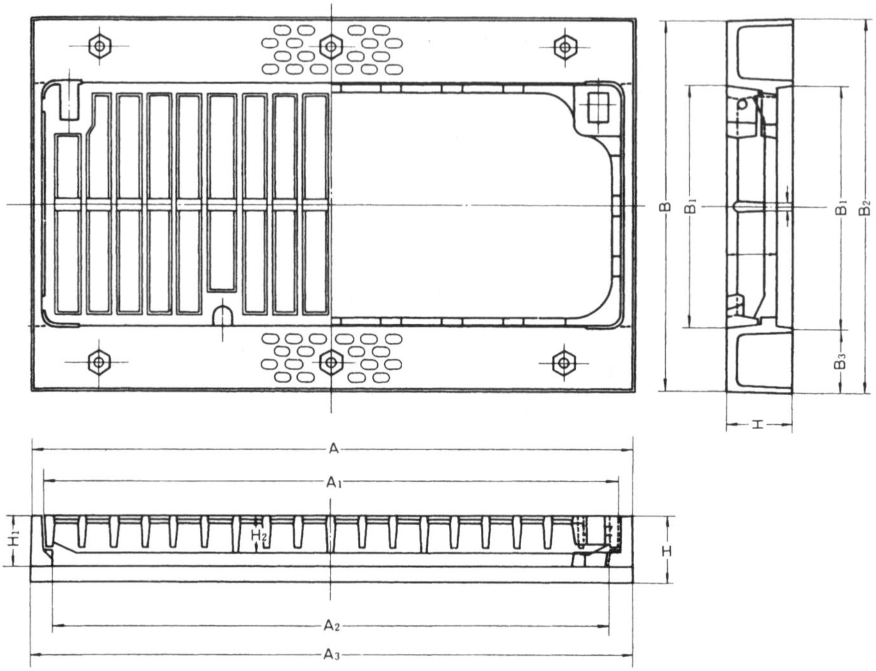

(Unidad : mm)

MODELO	TAMAÑO	A	A_1	A_2	A_3	A_4	B	B_1	B_2	B_3	C	H
KGU	300 x 750	741	711	689	745	454	300	460	80	80	60	45
KGU	400 x 750	741	709	691	745	554	400	560	80	80	60	50
KGU	400 x 750	741	707	689	745	645	500	660	80	80	60	60

Fig. 2-33. *Rejilla de pie para sumidero.*

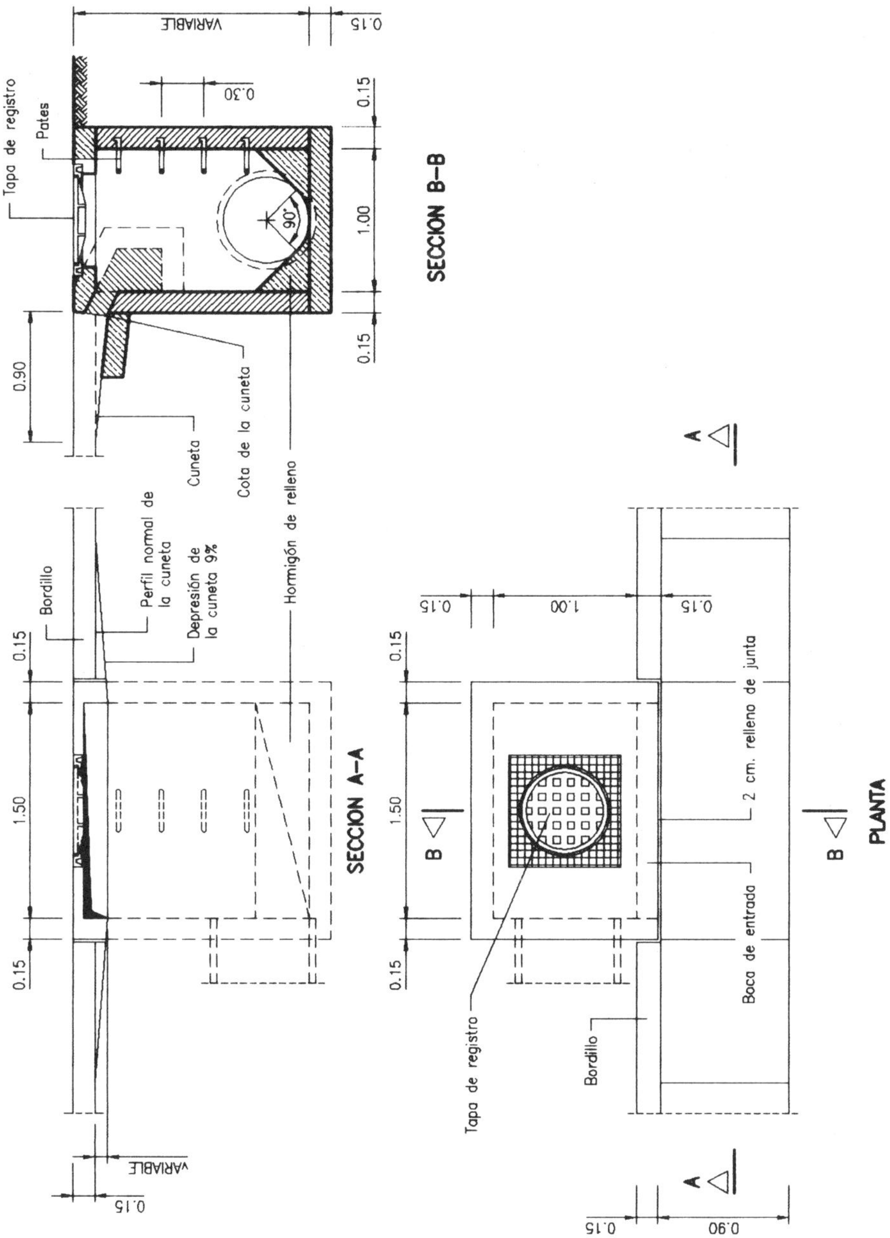

Fig. 2-34. *Detalle de sumidero.*

Altura de lámina de agua en cuneta (cm)	Depresión en cuneta (mm)	Capacidad l/s por m de longitud	Altura de lámina de agua en cuneta (cm)	Depresión en cuneta (mm)	Capacidad l/s por m. de longitud
1,5	0		9,0	0	10,35
	2,5	5,67		2,5	18,45
	5,0	13,32		5,0	28,80
	7,5	22,50		7,5	40,50
	10,0	32,13		10,0	53,10
	12,5	45,90		12,5	68,22
3,0	0	1,98	12,0	0	15,75
	2,5	7,74		2,5	24,93
	5,0	16,20		5,0	36,00
	7,5	26,10		7,5	48,60
	10,0	37,80		10,0	61,38
	12,5	50,00		12,5	77,40
6,0	0	5,58	15,0	0	22,23
	2,5	12,69		2,5	32,58
	5,0	22,05		5,0	44,10
	7,5	32,22		7,5	57,60
	10,0	45,00		10,0	71,64
	12,5	58,50		12,5	85,50

Tabla 2-6. Capacidad de caudal de entrada por m. de longitud

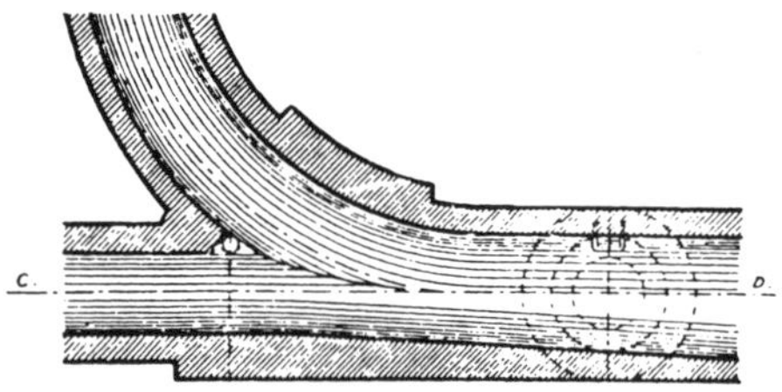

Fig. 2-35.

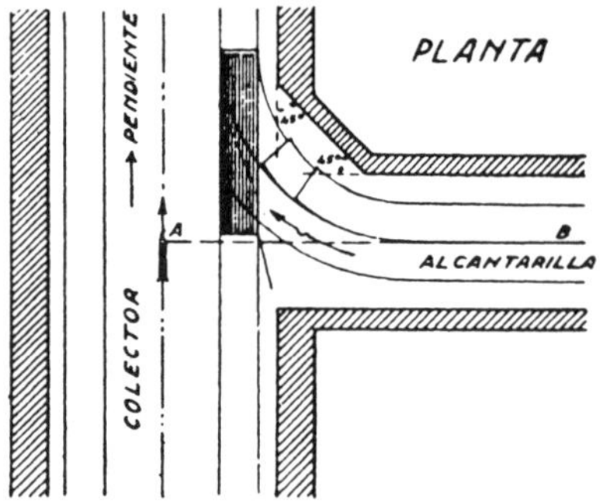

Fig. 2-36.

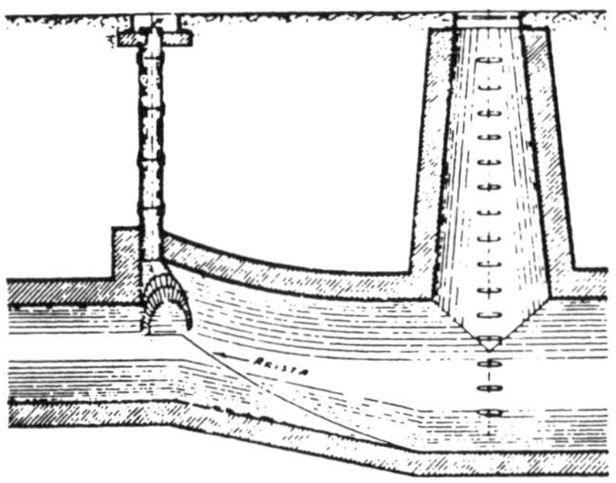

Fig. 2-37. *Confluencia de colectores visitables.*

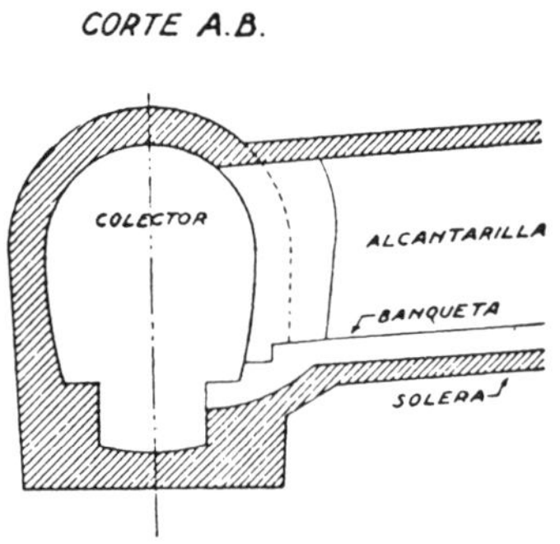

Fig. 2-38. *Encuentro de alcantarilla con colector.*

$$l^2 = (2 + b + 0{,}5s)^2 - (2 + m)^2$$

en la que interviene m, que es el aumento de diámetro.

Las alcantarillas deben encontrarse en forma tal, que por la principal corra, cuando menos, el caudal de aguas negras sin que se remansen las aguas y, si hay pendiente suficiente, conviene situar los espinazos de los colectores afluentes a la altura del principal.

En estas confluencias complicadas conviene siempre contar con registros de acceso próximos, para atender las incidencias de la limpieza, conservación y vigilancia.

6.5. POZOS DE REGISTRO Y SUS CLASES

El acceso a las alcantarillas y la necesidad de evitar curvas en su trazado, que dificultarían la limpieza en las no visitables, obligan a construir pozos de registro, entre cada dos de los cuales la alineación ha de ser forzosamente recta tanto en planta como en alzado. Es decir, que también han de disponerse en los cambios de pendiente.

Es forzosa la distinción entre registros de alcantarillado no visitable y de alcantarillado visitable, tanto por sus dimensiones respectivas, como por los problemas específicos de su realización.

- Registros de inspección y limpieza. Son los que se colocan en los cambios de dirección o pendiente, facilitando el acceso a las tuberías, así como la extracción de los productos de la limpieza por medio de útiles apropiados. Por ello, no deben de espaciarse más de 50 m en los de pequeño diámetro, y 70 m en los visitables a gatas. En las que puede pasar un hombre encorvado pueden separarse 120 m.
- Registros especiales para cámaras de limpia, aliviaderos, compuertas o puntos determinados que conviene sean fácilmente accesibles.

En los alcantarillados visitables no hay más que un tipo de registro, cuyo fin es poder acceder a los colectores, estos registros que se colocan sobre el colector o lateralmente al mismo. Los registros de inspección y limpieza se sitúan sobre el eje de las alcantarillas o con ligera desviación, y sus pozos deben de tener, como dimensiones mínimas, 0,80 m de diámetro, para las circulares, y 0,80 x 0,80, en caso de ser rectangulares.

El último tramo de la boca puede abocinarse hasta llegar a 0,60 metros, a fin de disminuir el tamaño de la tapa del registro.

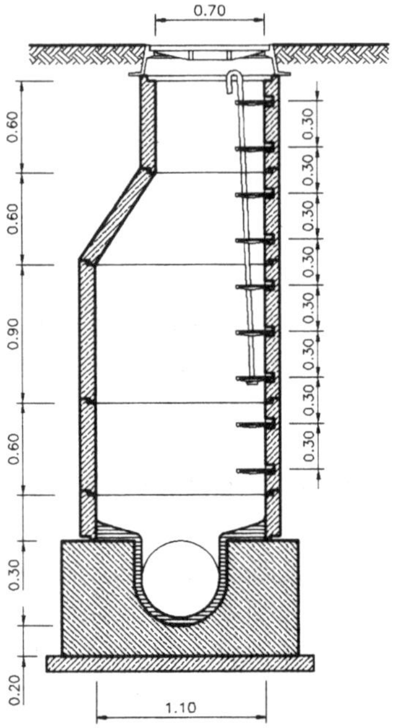

Fig. 2-39. *Cámara de gruesos.*

Si la profundidad es grande, o son varias las alcantarillas que confluyen en el registro, conviene aumentar el diámetro hasta el límite de 1,20 m, para formar una cámara de maniobra, que facilita las operaciones de limpieza.

El tipo normal es el descrito en la figura 2-39 con solera de hormigón, muros de ladrillo de un pie y tronco de cono superior moldeado de hormigón con la tapa. Pueden ser también de hormigón armado prefabricados. Fig. 2-40.

Cuando las cotas de profundidad son elevadas, superiores a 4 metros, el robo de la tapa de fundición, o su desaparición por otras causas puede determinar caídas de público distraído y accidentes graves.

Por ello es prudente adoptar la solución basada en un retranqueo del pozo vertical del eje de la alcantarilla con un diámetro mayor. De esta forma, si se origina una caída, el accidentado puede resultar menos afectado por la escasa altura y ser más fácilmente auxiliado y extraído. Fig. 2-41.

En caso de colectores muy profundos hay que recurrir a registros más complejos.

Si se trata de alcantarillas a muy diversas alturas, el pozo de registro puede adoptar la disposición representada en la figura 2-41, bien con ensanchamiento y canal

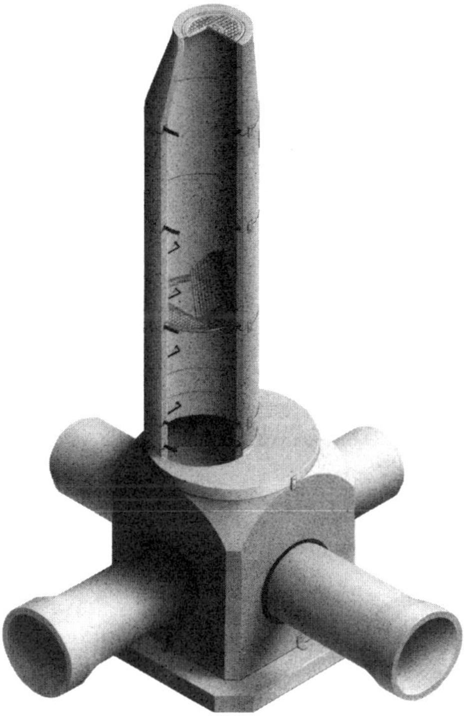

Fig. 2-40. *Pozo con elementos prefabricados de hormigón armado.*

en gola o bien con registro corriente y un elemento curvo, a-b y otro a-c, prolongación de la tubería superior, si el desnivel es pequeño.

En casos de que la diferencia de nivel de las alcantarillas sea elevado, y no se quiera recurrir a construir un rápido, que en las redes pequeñas y de tuberías semivisitables o no visitables encarecen bastante el presupuesto, puede recurrirse a pozos de caída, cuyo esquema puede ser el de la figura 2-43.

Puede unirse a estos pozos de caída un registro que permita el acceso para la limpieza y reparaciones. Este registro puede ser como el de la figura, o de cualquier otra disposición similar.

Los tipos más corrientes de registros sobre colectores visitables son los de las figuras 2-44 y 2-45 con ensanchamientos y bóvedas elevadas para la facilidad de maniobras.

En ciudades de fuertes nevadas y en las que los absorbederos son empleados, en unión de otros medios diversos, para evacuar cuanta nieve sea posible, puede ser de

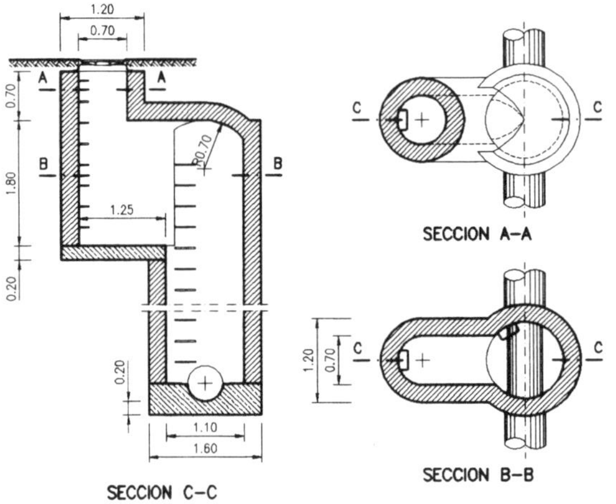

Fig. 2-41. *Pozo registro con retranques.*

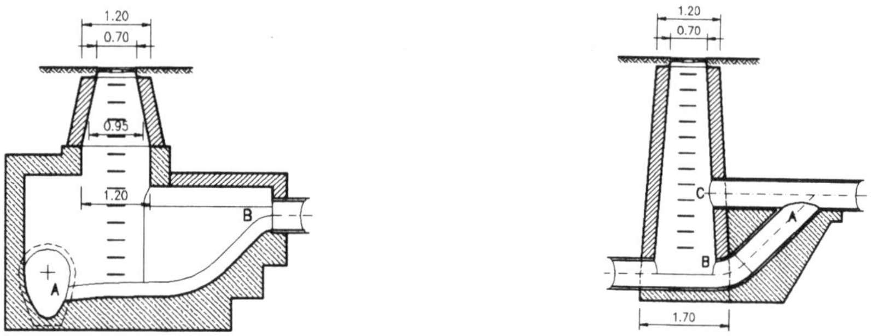

Fig. 2-42. *Conexión en gola.*

suma utilidad el disponer en sitios estratégicos registros especiales que faciliten el lanzamiento rápido y abundante de la nieve a los colectores, en los que la temperatura del agua (siempre del orden de 10°, incluso en los días fríos de nevadas) y la del aire circulante determinan la fusión rápida de la nieve. (Fig. 2-46).

Los absorbedores ordinarios, sobre todo si su galería no tiene fuerte pendiente, se obstruyen rápidamente con la nieve apelmazada. Es preciso, por tanto, que el registro de nieves tenga gran amplitud de boca, secciones cada vez más amplias, vertido directo al colector, y posibilidad de facilitar el deshielo con chorro de agua.

6.5.1. Elementos complementarios de los registros

Son dos: Elementos de acceso y tapas.

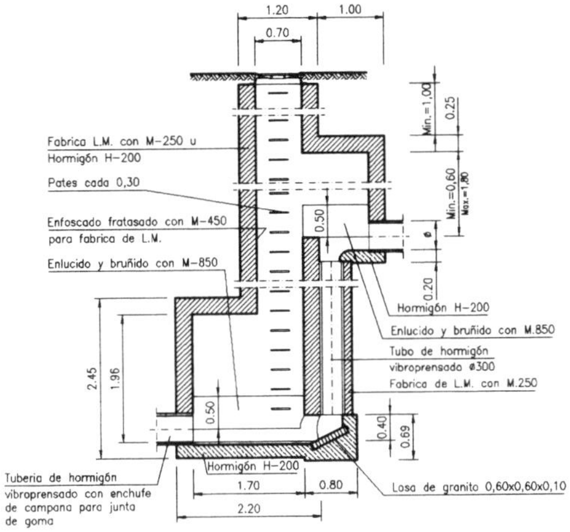

Fig. 2-43. *Pozo resalto de caída libre.*

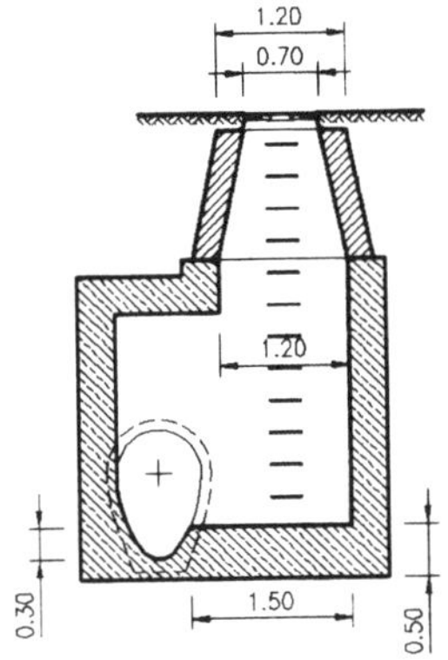

Fig. 2-44. *Registro en colector visitable.*

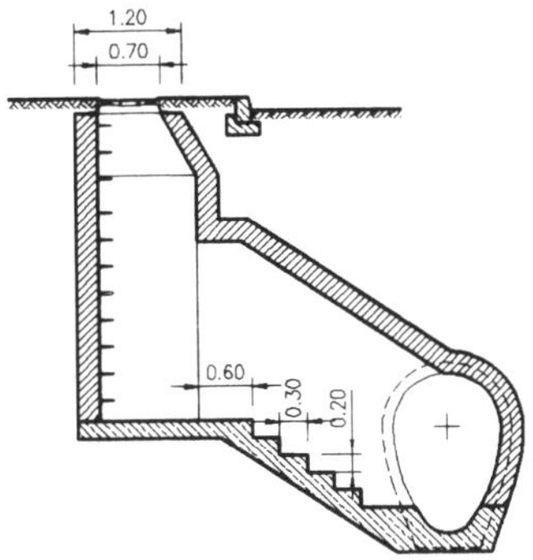

Fig. 2-45. *Registro en colector visitable.*

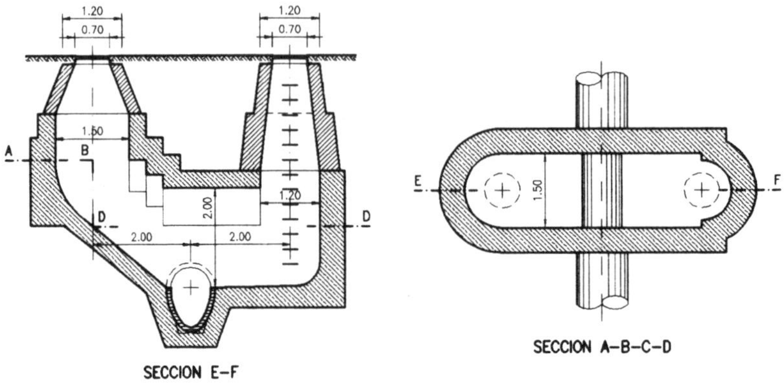

Fig. 2-46. *Traganieves o registro para evuación de nevadas.*

Todos los registros correspondientes deben llevar empotrados en la pared, al menos, unos pates, colocados a 25 o 30 cm de altura los unos de los otros, a fin de facilitar el descenso. En registros de importancia es preferible poner escalerillas metálicas.

Los pates de acceso pueden ser pequeños y alternados en dos verticales diferentes, o anchos y en una sola vertical.

Aunque pueden construirse de hierro moldeado, lo corriente es hacerlos de hierro redondo de 20 mm., si bien deberían ser de aluminio o acero inoxidable para evitar los problemas generados por efecto de la corrosión. (Fig. 2-47 a 2-50).

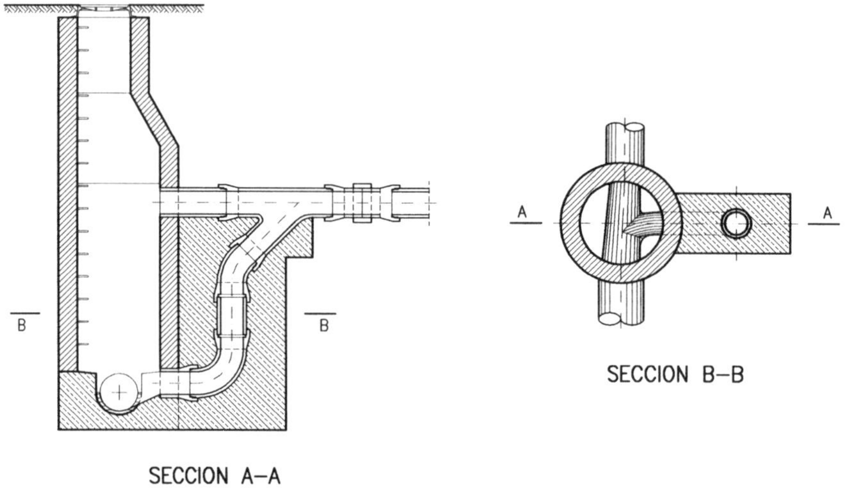

Fig. 2-47. *Disposición de pates de acceso.*

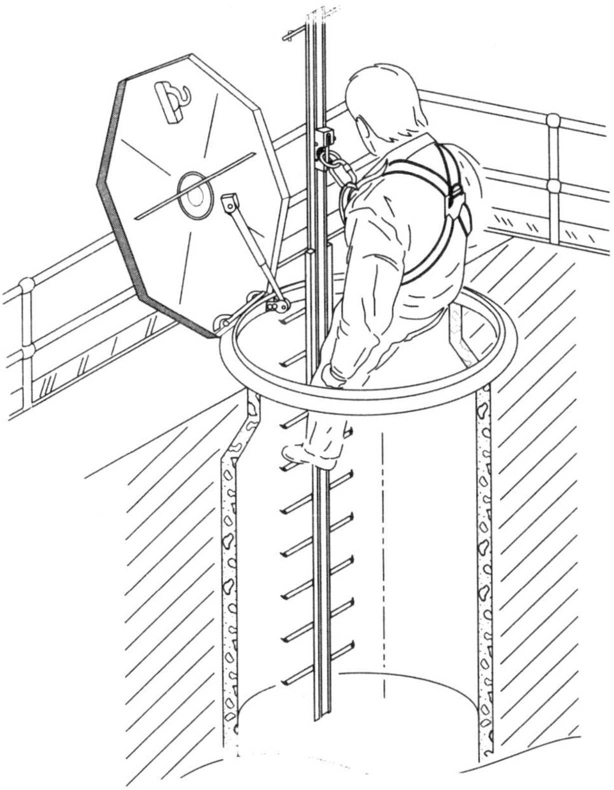

Fig. 2-48. *Dispositivo terminal para descenso a pozos.*

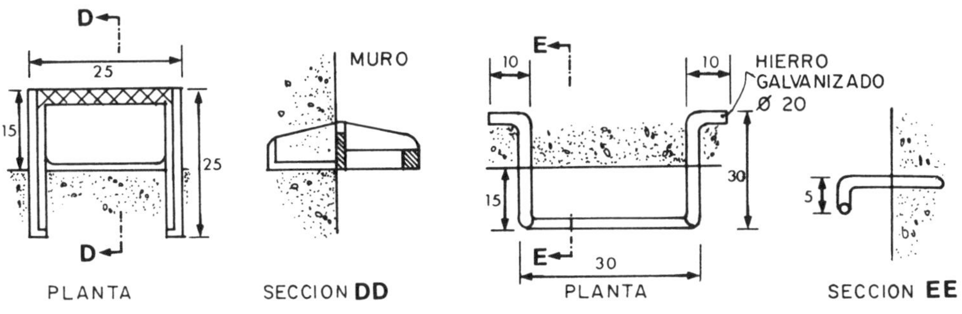

Fig. 2-49. *Pates de acceso.*

Las tapas suelen ser ligeras o reforzadas, según hayan de emplazarse en aceras o en calzadas, y dentro de estos tipos: Rectangulares, circulares con marco rectangular y circulares con marco circular. (Fig. 2-51 a 2-53).

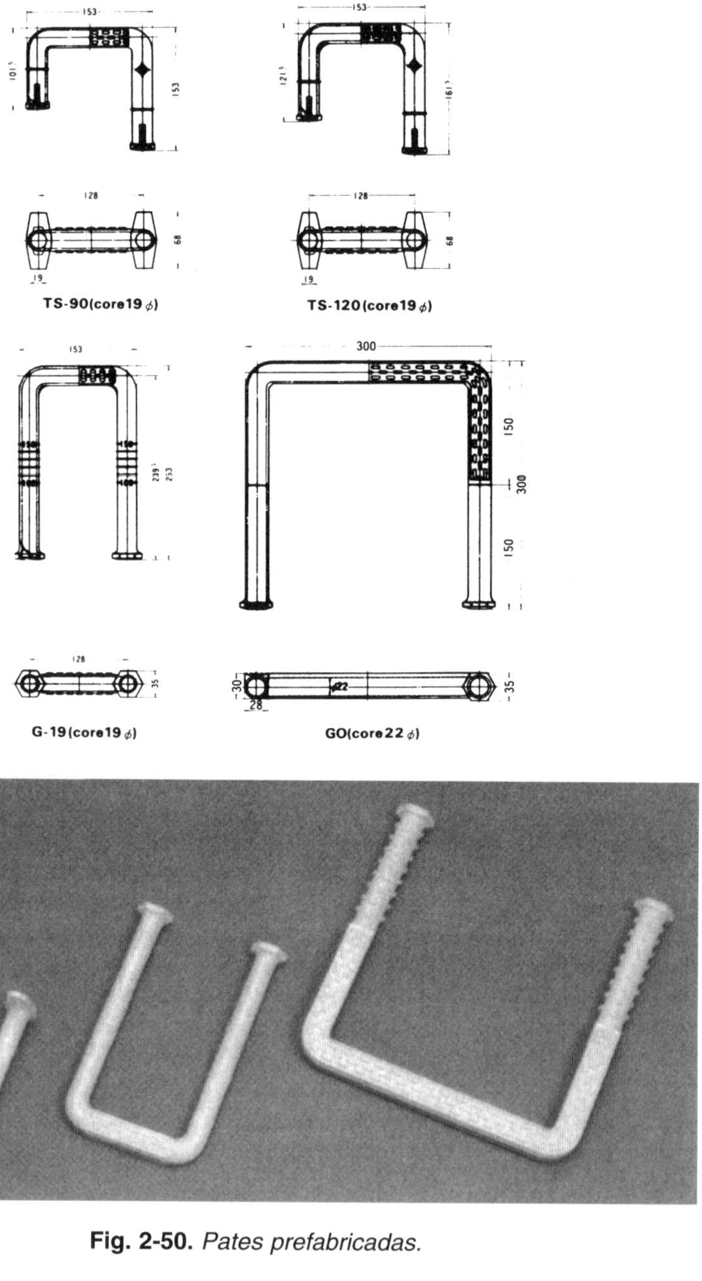

Fig. 2-50. *Pates prefabricadas.*

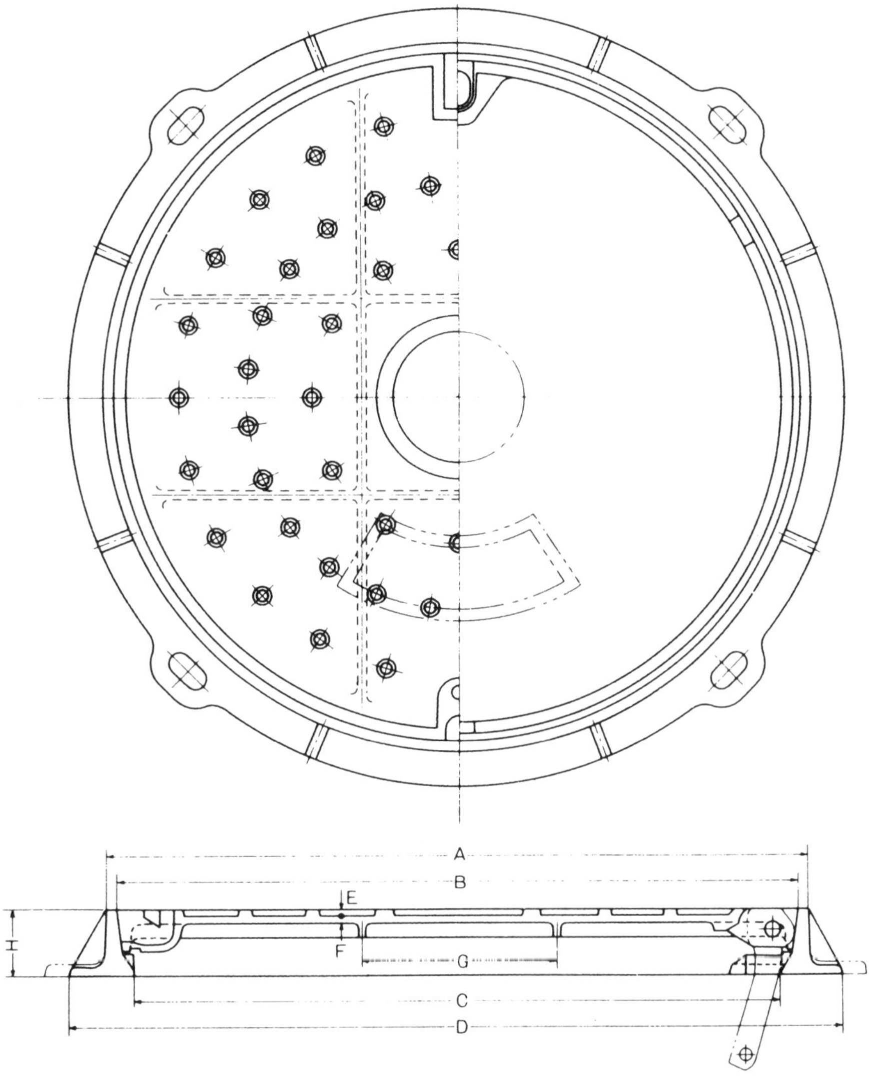

MODELO	A	B	C	D	E	F	G	H
VE-C-60	652ø	634ø	600ø	720ø	6	6	12	60

Fig. 2-51. *Tapa ligera.*

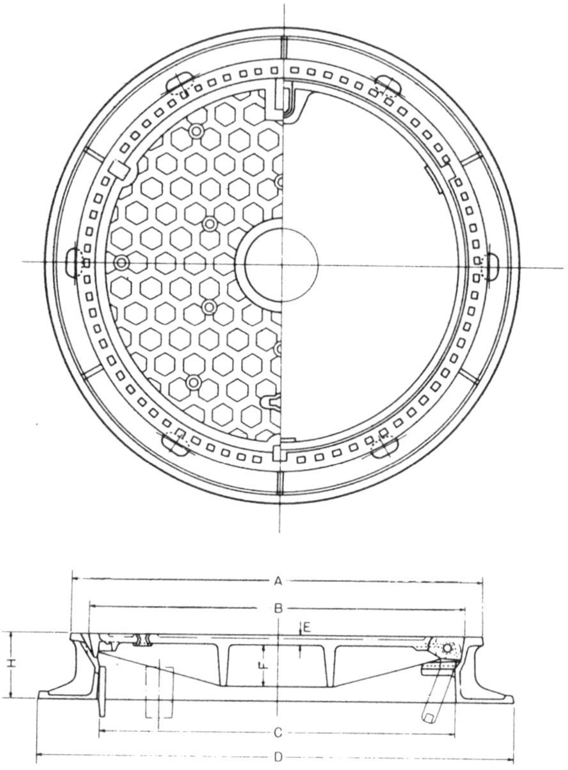

(Unidad : mm)

MODELO	A	B	C	D	E	F	G
NVE-1-110	494ø	634ø	606ø	804ø	14	65	110

Fig. 2-52. *Tapa reforzada.*

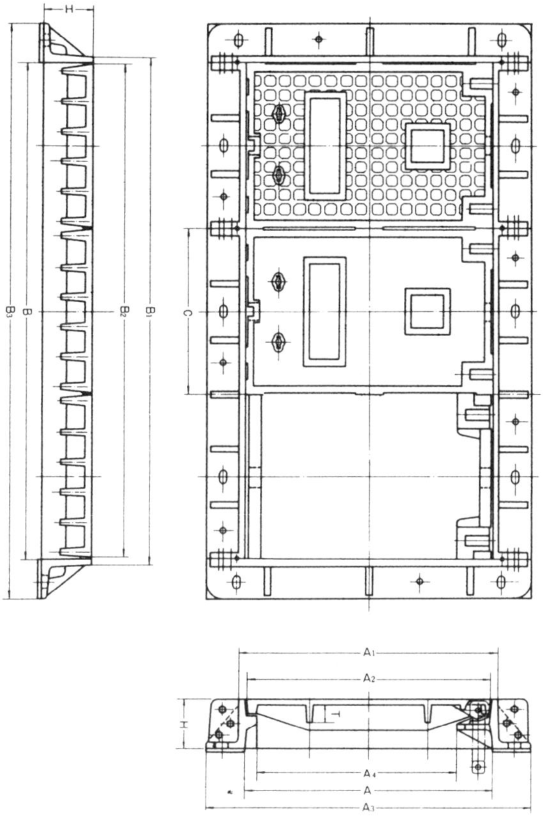

(Unidad : mm)

MODELO	TAMAÑO	A	A_1	A_2	A_3	A_4	B	B_1	B_2	B_3	C	H
BVH	750 x 500	750	786	744	990	610	500	540	494	740	500	150
BVH	750 x 1.000	750	786	744	990	610	1.000	1.040	994	1.240	500	150
BVH	750 x 5.000	750	786	744	990	610	5.000	5.040	4.994	5.240	500	150
BVH	1.000 x 500	1.000	1.036	994	1.240	860	500	540	494	740	500	150
BVH	1.000 x	1.000	1.036	994	1.240	860	1.000	1.040	994	1.240	500	150
BVH	1.000 x 5.000	1.000	1.036	994	1.240	860	5.000	5.040	4.994	5.240	500	150
BVH	1.500 x 500	1.550	1.586	1.544	1.790	1.340	500	540	494	740	500	150
BVH	1.500 x 1.000	1.550	1.586	1.544	1.790	1.340	1.000	1.040	994	1.240	500	150
BVH	1.500 x 5.000	1.550	1.586	1.544	1.790	1.340	5.000	5.040	494	5.240	500	150
BVH	2.000 x 500	2.050	2.086	2.044	2.290	1.840	500	540	494	740	500	150
BVH	2.000 x 1.000	2.050	2.086	2.044	2.290	1.840	1.000	1.040	994	1.240	500	150
BVH	2.000 x 5.000	2.050	2.086	2.044	2.290	1.840	5.000	5.040	4.994	5.240	500	150

Fig. 2-53. *Tapa rectangular.*

6.6. CAMARAS DE LIMPIA O DE DESCARGA

Para ayudar a las operaciones de limpieza se construyen depósitos en los que el agua va almacenándose lentamente gracias a la llegada de pequeños caudales, y se vacían repentinamente, bien sea a mano, o bien por medios automáticos.

Hoy día se utilizan, casi exclusivamente, las cámaras de descarga automática. En ellas la descarga se produce, cuando el agua llena el depósito, mediante un aparato de descarga.

Para elegir el tipo más adecuado deben tenerse en cuenta las siguientes condiciones:

- Construcción simple, robusta, con la menor cantidad posible de piezas móviles y susceptibles de deteriorarse en el agua; de regulación segura y fácil; y sin complicados aparatos de precisión.
- Cebado instantáneo, para evitar pérdidas de agua, y absolutamente independiente del régimen de alimentación de las cámaras.
- Orificios de paso del agua suficientes para no ser obstruidos por posibles sustancias en suspensión en el agua de llenado.
- Descebado y restablecimiento de la presión atmosférica rápidos, para impedir la circulación continua del agua.
- Nula influencia, en su funcionamiento, de posibles inundaciones aguas abajo.
- No empleo de metales fácilmente oxidables.

Los sifones de estos aparatos pueden ser agrupados en dos categorías:

La primera, fundada en el principio del vaso de Tántalo, en la que el arrastre del aire y la formación de un vacío relativo hacen entrar en acción el sifón.

La segunda, fundada en el principio de la fuente de Heron, en el cebado subsiguiente a la expansión brusca del aire, inicialmente comprimido entre dos cierres hidráulicos, uno de los cuales lo integra la masa de agua que va a servir para la descarga (que no puede ser forzado), y otro que lo es tan pronto como la presión del aire aprisionado es suficiente, y que se designa con el nombre de pneumodetector.

Los tipos de la segunda categoría son más seguros y menos costosos de funcionamiento, por lo que han desplazado casi totalmente a los otros.

Los ensayos hechos hasta la fecha para suplir el sifón en esta clase de aparatos por el alza de una válvula por flotador o palanca basculante, tan pronto como el nivel del depósito llega a ser el conveniente, no han tenido éxito, por la dificultad de realizar la estanqueidad de la válvula.

El tipo más característico entre los de la primera categoría es el Rogers Field. El sifón está integrado por una rama larga, B, y una campana, C. La rama se sumerge en un pequeño depósito, R, de fundición o palastro, empotrado en la obra de la fábrica, a fin de impedir la entrada del aire en la rama, B, durante el funcionamiento. Una pieza cónica, c, colocada en la parte superior de la rama B, evita que al desbordar el agua cuando llegue el nivel n escurra por la pared. La caída del agua por el centro del tubo determina un vacío relativo en la parte superior, E, de la campana, dotada de forma especial para reducir el espacio ocupado por el aire; y ello basta para producir el cebado del tubo y la descarga de la masa de agua que se ha ido almacenando por medio del grifo, V. (Fig. 2-54).

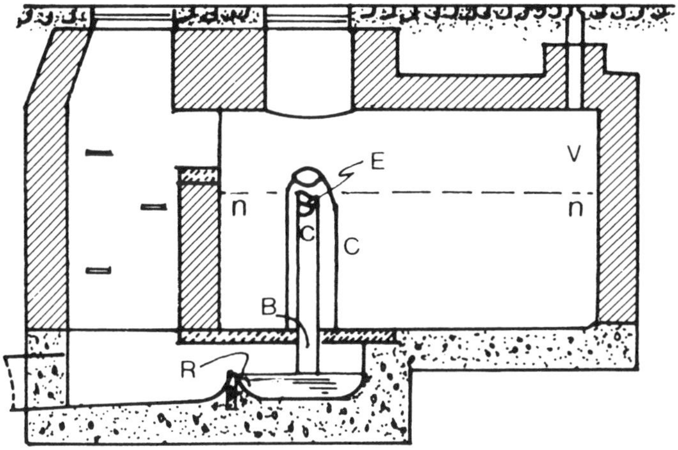

Fig. 2-54. *Cámara de limpia.*

Se observará que, al revés de lo que ocurre en los tipos fundados en la teoría de comprensión y expansión, la campana no llega a estar cubierta por el agua.

Entre los segundos puede citarse el tipo ADAMS. Consta de un tubo, U, embebido en la fábrica y una campana envolviendo la rama superior del tubo y descansando en el fondo del depósito. Cebado con agua en su codo, a medida que el nivel del depósito sobre, el aire comprimido en la campana hace bajar el nivel del agua en la rama de la U y subir en la corta. Cuando la presión interior equivale a la altura h, el nivel se encuentra en los bordes del tubo largo al desbordar el agua por la rama baja de la U se produce la descarga. (Fig. 2-55).

Tiene además dos accesorios: Un anillo circular, a, colocado en la rama corta de la U, que impide al aire escapar por difusión en el momento de la expansión y le obliga a formar una gran burbuja que, al ser expulsada, favorece el arrastre del agua; un tubo regulador, t, destinado a regular el volumen de aire aprisionado y restablecer rápidamente la presión atmosférica al final de la descarga.

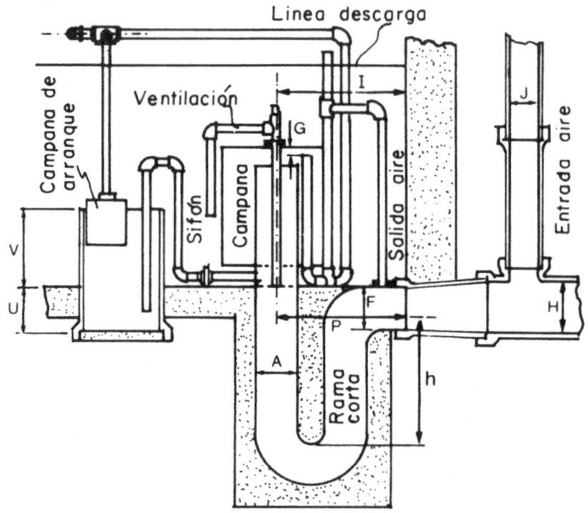

Fig. 2-55. *Sifón tipo Adams.*

Otros tipos quedan representados en las figuras 2-56 y 2-57

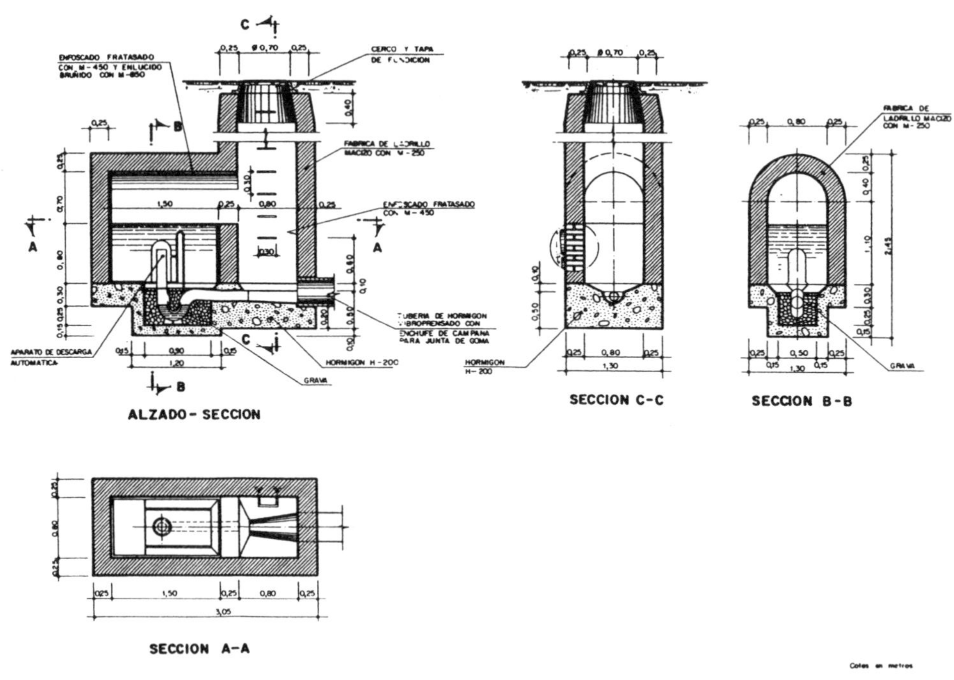

Fig. 2-56. *Cámara de descarga en cabecera de ramales.*

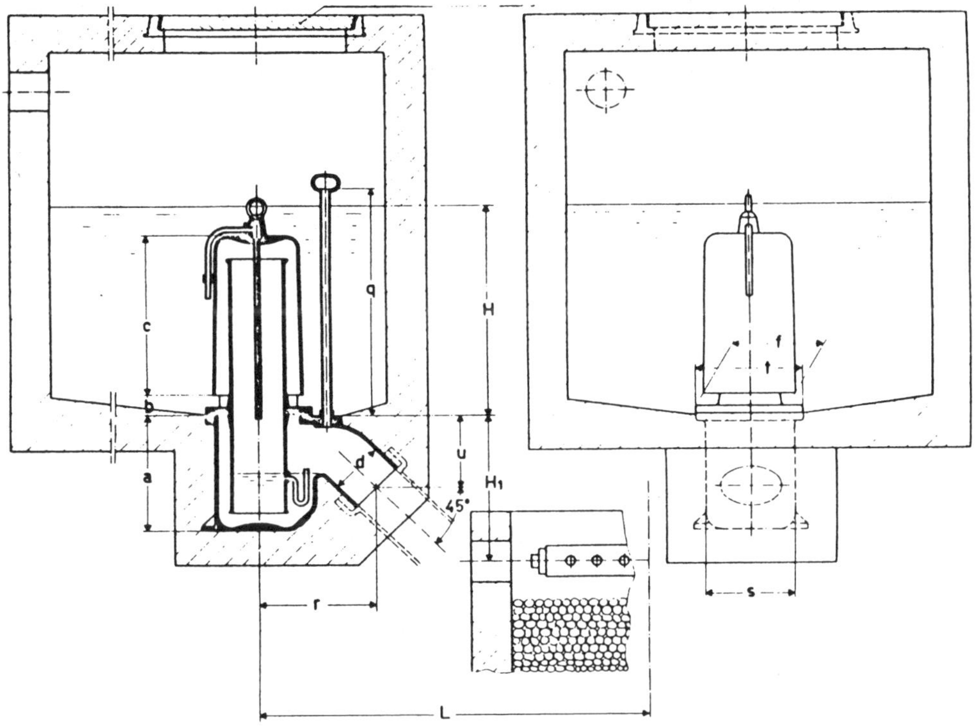

N.º	d mm	Q l/sec.	H m	H1 m/min.	L m	a mm	b mm	c mm	f mm	q mm	r mm	s mm	t mm	u mm	kg
10	100	10	0,70	0,50	15	300	60	540	200	785	293	186	265	185	68
15	150	27	0,75	0,50	18	380	60	570	270	815	375	256	360	235	130
20	200	48	0,80	0,60	23	460	65	620	335	880	455	330	410	285	190
25	250	75	0,90	0,80	25	560	75	700	420	950	540	410	520	350	280

Fig. 2-57. *Cámara de descarga tipo Van Roll.*

6.7. RAPIDOS EN COLECTORES

En colectores, si se precisa perder altura y no se hace con registros, es necesario acudir a resaltos en forma de gola o S, o bien con solera escalonada revestida de losas para resistir la abrasión.

Esta última solución, denominada de cascada (fig. 2-58), exige una reposición frecuente de los escalones, si no se refuerzan los escalones. Es recomendable realizar estos rápidos duplicados, de forma que uno esté en funcionamiento y otro cerrado de forma alternativa.

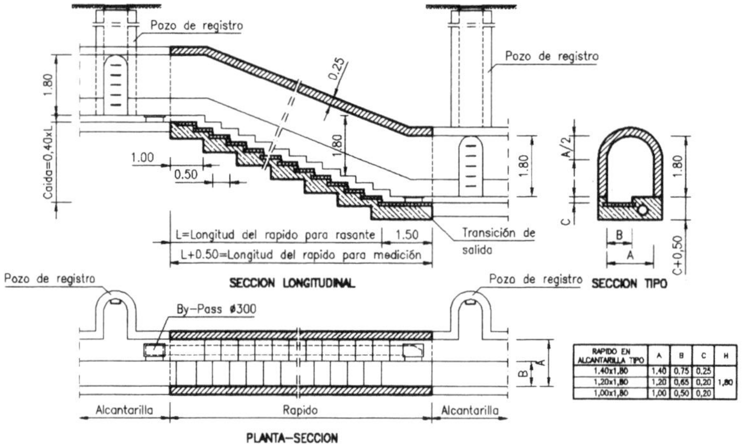

RAPIDO EN ALCANTARILLA TIPO	A	B	C	H
1,40x1,80	1,40	0,75	0,25	1,80
1,20x1,80	1,20	0,65	0,20	
1,00x1,80	1,00	0,50	0,20	

Fig. 2-58. *Solera en cascada.*

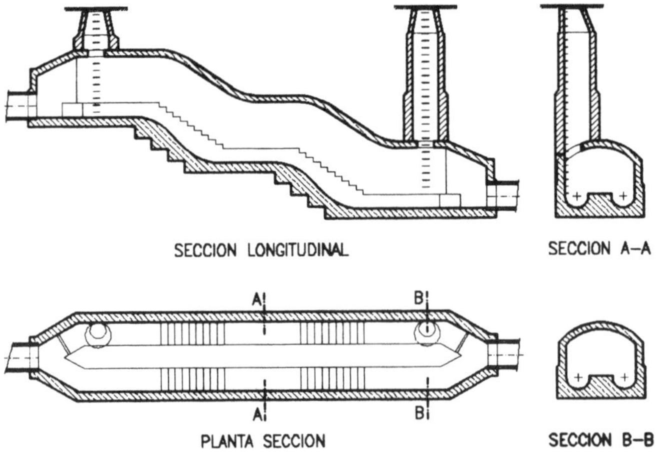

Fig. 2-59. *Rápidos con golas.*

En caso de acudir a resaltos en forma de gola, ésta suele acompañarse (fig. 2-59) de un ensanchamiento que se utiliza como escalinata de bajada para la debida inspección de la solera. Esta ha de hacerse sumamente resistente al desgaste. Lo mejor es revestirla con hormigón armado o losa de granito. Es recomendable duplicar este elemento para funcionamiento alternativo. De esta forma siempre habrá una línea en servicio y otra en reserva.

6.8. SIFONES

A veces el trazado del perfil el colector se puede ver interrumpido por obras especiales, como pueden ser las obras de un aparcamiento, la sección del metro, etc. En estos casos puede acudirse al empleo de sifones invertidos, obras que pasando por debajo de las obras preexistentes puedan enlazar con el perfil diseñado antes y después de dichas obras, puntos a los que se definirá como cabezas del sifón, cuya misión es poner en carga el tramo de sifón de aguas arriba y restablecer la lámina libre de aguas abajo.

El diseño hidráulico debe garantizar, ante la variación de caudales, la no sedimentación de elementos en dicho tramo. Pese a la justificación anterior, estos elementos se dispondrán por duplicado para permitir limpiezas y reparaciones. Es recomendable establecer igualmente en las cabezas del sifón pozos de registro.

La topografía local puede exigir también la ejecución de sifones invertidos. Siempre que sea posible, hay que huir de ellos por los grandes inconvenientes que tienen para su conservación. Pero a veces, no es posible resolver de otra manera el paso de depresiones, cursos de agua o vías subterráneas.

Los principales tipos de sifones son los reseñados en la figura 2-60.

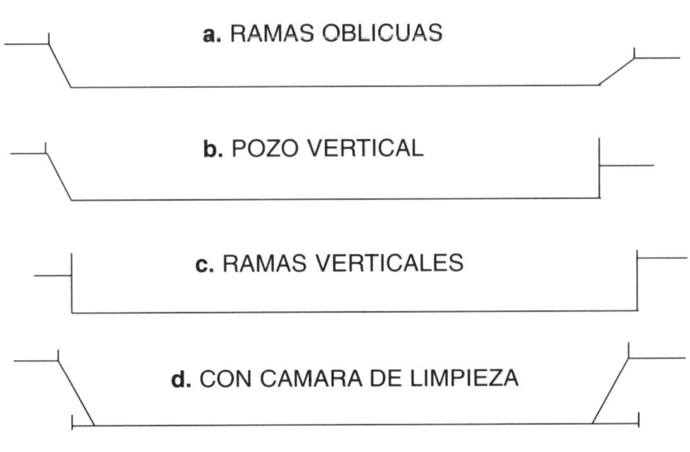

Fig. 2-60. *Esquemas principales de sifones.*

El tipo a), de ramas oblicuas, se emplea para cruces de obras u obstáculos para los que se cuenta con suficiente desarrollo, y en terrenos que no presenten grandes dificultades de ejecución.

Los tipos b) y c), con una o dos ramas verticales, suelen preferirse para emplazamientos de poco desarrollo o en caso de grandes dificultades constructivas. Sin embargo, sus características, de fácil limpieza y reducido espacio, los hacen muy aconsejables.

El cálculo de los sifones invertidos ha de hacerse aumentando, en lo posible, la pendiente para que la velocidad resulte relativamente grande y evite la formación de depósitos.

Se calcula como una tubería, con pérdida de carga igual a la diferencia de niveles entre la salida y la entrada, para lo que ha de afinarse bastante en este cálculo.

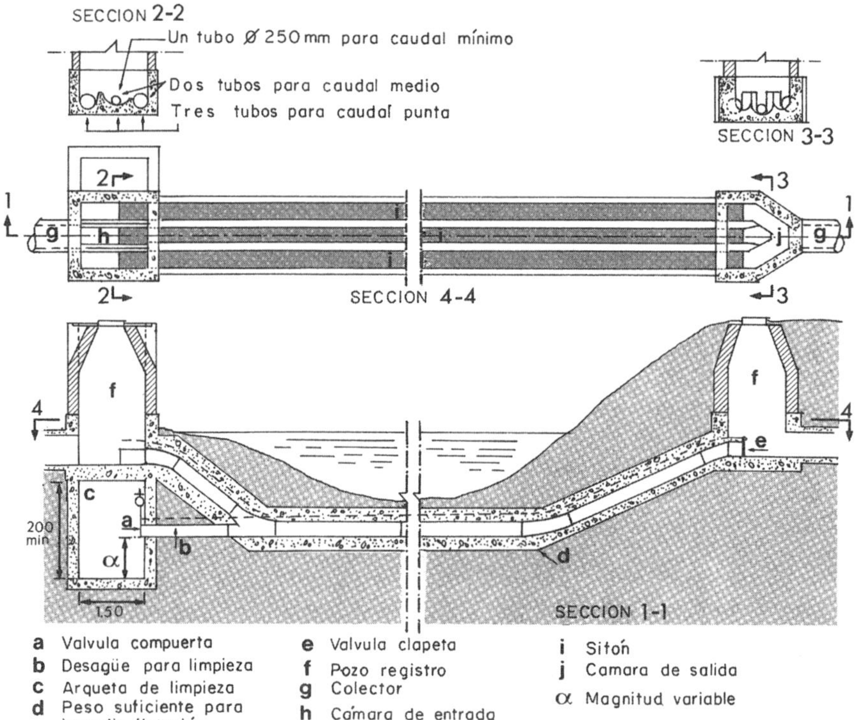

Fig. 2-60 bis. *Detalle de un sifón.*

La velocidad mínima de cálculo, en tiempo seco, debe ser de un metro por segundo en sistemas unitarios y 1,50 m/s, en sistemas separativos.

En la cabeza de entrada debe disponerse un arenero, y si es posible un aliviadero de superficie.

En una y otra cabeza deben disponerse compuertas, que permitan aislar el sifón para penetrar en él después de vaciado, como puede apreciarse en la figura del cruce de una vaguada.

Solución recomendable es hacer doble el sifón para no interrumpir el servicio, en caso de limpieza o reparaciones de uno de ellos. En caso de alcantarillado unitario conviene dar a uno de los tubos el diámetro necesario solamente para el paso de las aguas negras (que así circularán con la máxima velocidad y sedimentarán menos), y el otro para las aguas pluviales, lo cual se consigue con un vertedero en el pozo de entrada.

Las entradas a dichas tuberías están separadas por vertederos escalonados, de modo que no entre en servicio ninguna de ellas, antes de que la otra agote su capacidad de paso de caudal.

La limpieza ha de hacerse obturando la entrada (generalmente con compuertas) y agotando el sifón con bomba fija o transportable.

6.9. EMISARIOS

Se entiende por emisarios los grandes colectores que recogen los vertidos de un núcleo y los conducen hacia su vertido al cauce o hacia la depuradora.

Teniendo en cuenta en los sistemas unitarios los grandes volúmenes de agua de lluvia aportados conjuntamente con las aguas negras, se observa la necesidad de buscar algún sistema que disminuya al máximo posible su sección, dado que las longitudes de estos emisarios suelen ser importantes. Dos son los sistemas normalmente utilizados:

- Aliviaderos.
- Depósito de retención.

6.10. ALIVIADEROS

En muchas ocasiones es necesario limitar el paso de agua de un colector hacia la sección de aguas abajo, vertiendo caudales hacia un cauce superficial, el mar o hacia depósitos de retención. Dos son los aspectos fundamentales a contemplar: El primero definido en función de la capacidad receptora del cauce y de la dilución obtenida en el colector unitario, el segundo vendrá indicado por la capacidad máxima de transporte del colector aguas abajo o de la limitación a establecer, por ejemplo, a la entrada de una estación depuradora.

Por otro lado, es sabido que los caudales de aguas negras varían entre un caudal mínimo y un caudal máximo, y que en esta situación nunca será admisible un vertido directo. En el caso de un colector unitario, al comenzar las aportaciones de las aguas de escorrentía superficial, en momentos de precipitación, se pasará, salvo excepciones, de un caudal de aguas negras a un caudal muy superior, veinte, treinta o doscientas veces. Es decir, en un espacio muy corto de tiempo puede pasarse de aguas negras diluidas hasta doscientas veces o más. En estos casos de dilución alta es perfectamente aceptable el vertido directo.

La función del aliviadero consiste en evitar cualquier vertido directo cuando no hay dilución y permitir el vertido directo a partir de una dilución determinada. Existirá un régimen transitorio corto en tiempo, algunos minutos, durante los cuales los vertidos tendrán una escasa dilución hasta la dilución tope deseada de tres a cinco veces.

Se entenderá por dilución la relación:

$$C_d = \frac{Q_m}{Q_m + Q_{ll}}$$

siendo:

C_d = coeficiente de dilución.

Q_m = caudal medio de aguas negras.

$Q_m + Q_{ll}$ = caudal que pasa por el colector de agua negra y de lluvia.

Los coeficientes de dilución normalmente utilizados son:

Coeficiente de entrada a depuradoras 1/3

Coeficiente vertido a arroyos o cauces superficiales de vertido intermitente o escaso 1/5

Coeficiente de vertido a ríos importantes con caudales fluyentes importantes frente a los vertidos directos 1/3

Esto significa, en el caso de aliviadero previo a una depuradora, que el colector aguas abajo del aliviadero transportaría un caudal máximo de 3 Qm, y el aliviadero se dimensionaría para un vertido máximo de:

$$Q_v = Q_{max} - 3\ Q_m$$

siendo:

Q_v = caudal vertido por el aliviadero.

Q_m = caudal medio de aguas negras.

Q_{max} = caudal máximo transportado por el colector aguas arriba, incluyendo los caudales de aguas negras y blancas.

La obra del aliviadero se puede situar en una pared lateral del colector. La figura 2-61 representa un aliviadero de este tipo.

H_{min} se corresponde con la altura correspondiente al caudal punta de aguas negras, Q_m/C_d, siendo C_d el coeficiente de dilución adoptado para dicho aliviadero en función de las características del colector aguas abajo (capacidad de transporte, entrada o estación depuradora, ...) y de las características del cauce receptor de los caudales vertidos por el aliviadero (existencia de depósito de regulación, capacidad de autodepuración del cauce, usos de las aguas del cauce, ...).

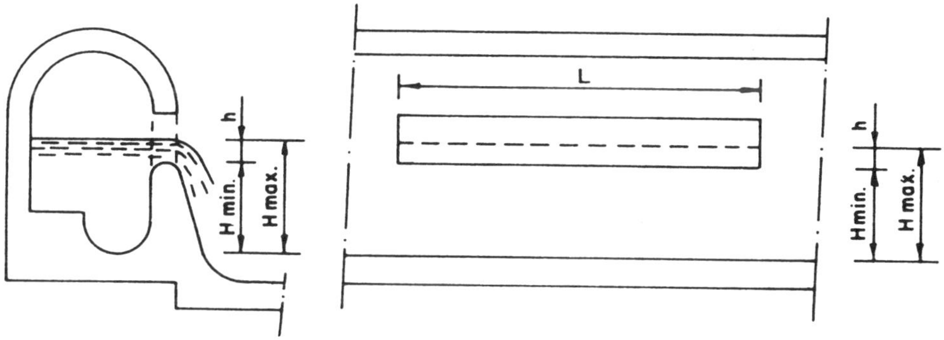

Fig. 2-61. *Aliviadero lateral.*

H_{max} se corresponde con el nivel de la lámina de agua para el caudal máximo admitido en el colector, aguas abajo del vertedero.

Fig. 2-62. *Véase un aliviadero con chapa deflectora para impedir paso de grasas y flotantes.*

Fig. 2-63. *Conexión de dos tubulares y aliviadero.*

En caso de alcantarillado unitario en que la topografía de la ciudad permita el desagüe rápido y económico de aguas de lluvias a un curso de agua próximo, y siempre que este vertido no tenga peligros higiénicos por cumplirse las normas que se exigen para los vertidos directos de aguas residuales, es conveniente el disponer, en sitios estratégicos de los colectores, aliviaderos de crecida.

También los aliviaderos pueden ser convenientes, en algunos puntos de las redes, para trasvasar aguas de un ramal sobrecargado a otro en caso de necesidad.

Emplazamiento y disposición de aliviaderos

Cuando los diámetros de las alcantarillas no son grandes, pueden instalarse los aliviaderos de crecida en los pozos de registro, cuyo diámetro se amplía convenientemente.

Si, dado el caudal a eliminar por el aliviadero, no basta el disponerle en un solo lado puede emplearse una disposición en la que los dos lados del colector hacen de aliviadero, recogiéndose el agua pluvial por debajo del otro ramal.

En caso de colectores visitables suele ser una buena disposición la indicada en las figuras 2-64 y 2-65, favoreciendo, el recodo, el desagüe del vertedero.

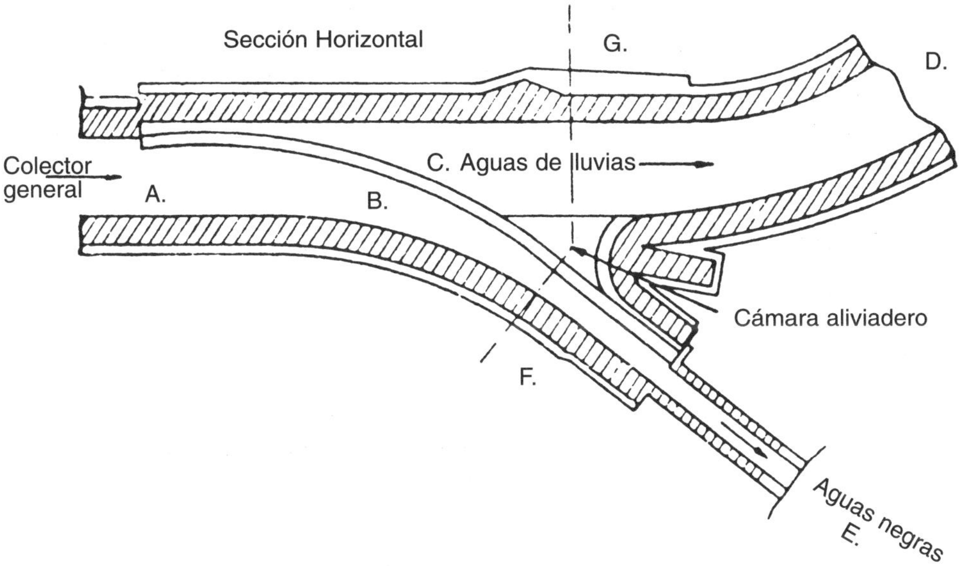

Fig. 2-64. *Aliviadero en colector visitable.*

Un emplazamiento lógico de estos aliviaderos es la confluencia de dos colectores. Pero, para resolver, en cada caso conviene tener en cuenta las posibilidades y facilidades de construcción y factores económicos.

El desagüe de estos ramales pluviales en el río puede ser libre, o venir afectado por las crecidas del mismo.

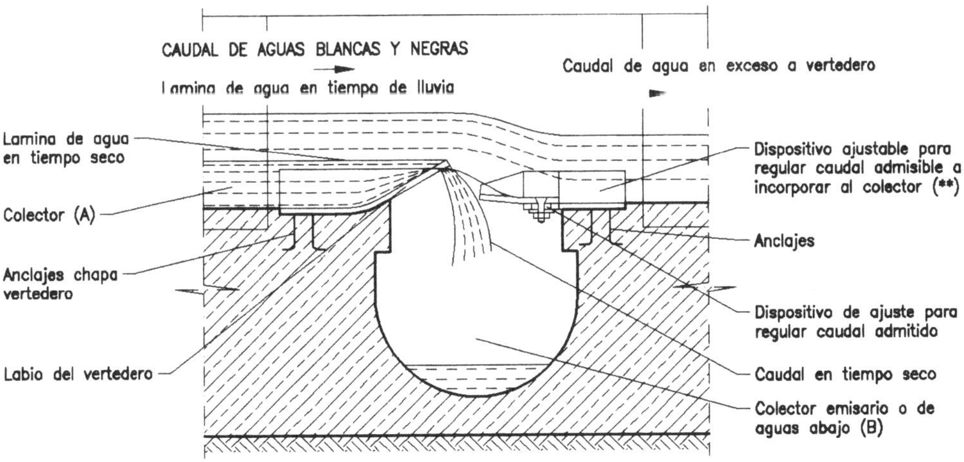

Fig. 2-65. *Sección transversal del aliviadero.*

En este último caso, si existe la posibilidad de inundaciones por el nivel de las crecidas, hay que dotar a los desagües pluviales, en sus desembocaduras, de compuertas con contrapesos alojados en un pozo, que se cierran automáticamente cuando predomina la presión exterior y se abren cuando sea mayor la interior. Análoga precaución ha de tomarse cuando el desagüe tenga lugar en el mar, en zona sometida a mareas.

6.10.1. Tipos de aliviaderos no convencionales

Vertedero desviador

Consiste el vertedero desviador en un vertedero, que deja pasar en tiempo seco la totalidad de los caudales al colector interceptor, o de aguas abajo al aliviadero. En tiempo de lluvia un dispositivo ajustable limita el caudal a incorporar, sacando y vertiendo el caudal en exceso. (Fig. 2-65).

El dispositivo ajustable (**) se desplaza en tiempo seco para cerrar el conducto A, y que no caigan aguas al colector emisario interior B. En tiempo de lluvia dicho dispositivo permitirá el paso del caudal deseado al colector emisario B.

Aliviadero con sifón

Otro sistema de aliviar aguas de un colector o de un depósito sería el empleo de un sifón.

Un sifón consiste en una sucesión de tramos rectos y curvos, cilíndricos y cónicos, formando un conducto cerrado; la sección transversal de los sifones suele ser rectangular.

Vertedero en cámara de bombeo

Este tipo de sistema de aliviado consiste en una arqueta en la que se sitúan las bombas, capaces de impulsar los caudales deseados hacia el colector, hacia el desagüe, o hacia la estación depuradora.

Las bombas extraerán de dicha arqueta los caudales deseados, y como la aportación introduce caudales mayores, el nivel del agua subirá en la arqueta. En este caso es suficiente colocar una salida directa, o a través de vertedero, para eliminar los caudales en exceso. (Fig. 2-66).

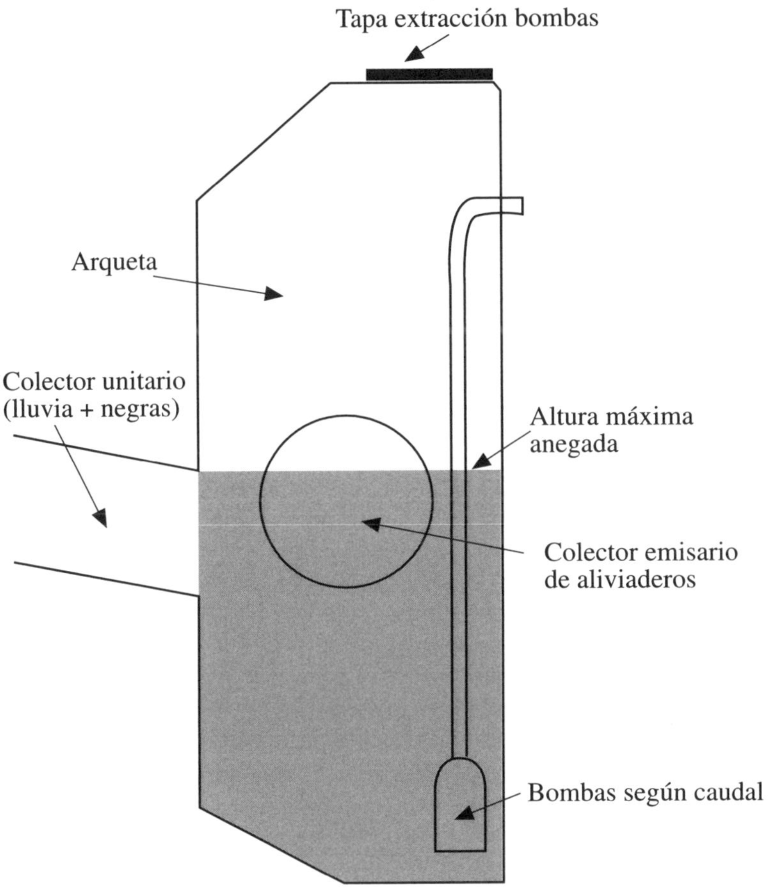

Fig. 2-66. *Vertedero en cámara de bombeo.*

Válvula de cierre para limitar el caudal de paso

En la figura 2-67 aparece un esquema de este sistema de aliviado con válvula para limitar el caudal admitido que pase.

El flotador determina la lámina alcanzada en función del caudal que se pretende dejar pasar. Al incrementarse los caudales sube la lámina y la válvula cilíndrica va cerrando la salida de la boca 6, el conducto 1 se pone a carga, desaguando el exceso por el conducto 8.

Para que este sistema funcione adecuadamente, el caudal que entra por el conducto 1 precisa ser tamizado, o desbastado en un sistema de protratamiento de rejilla fina.

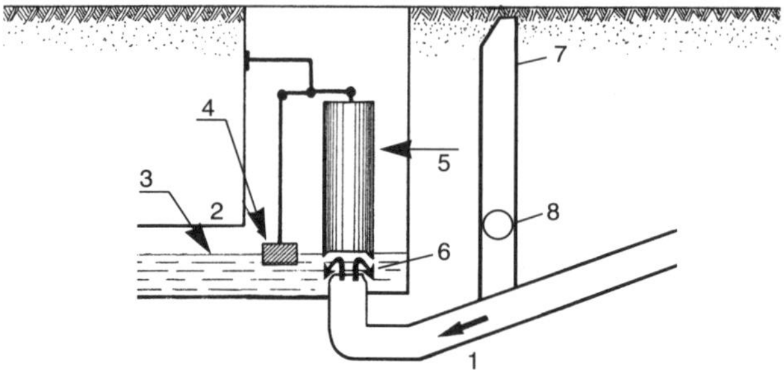

1. Entrada del colector unitario.
2. Colector con caudal deseado que pase.
3. Nivel correspondiente al máximo caudal admitido.
4. Flotador.
5. Válvula cilíndrica de cierre.
6. Boca de salida del colector unitario.
7. Pozo o arqueta complementaria de desagüe.
8. Conducto emisario de desagüe.

Fig. 2-67. *Aliviadero con válvula de cierre.*

Válvula Vortex para laminar caudales

Cuando puede interponerse un tanque o depósito, como es el caso de los depósitos de regulación y retención, puede utilizarse un sencillo dispositivo basado en la formación de un vortex que regula el caudal que pasa. Un sistema FluidCon de la U.F.T. queda reflejada en la Fig. 2-68, en la cámara de salida de un depósito.

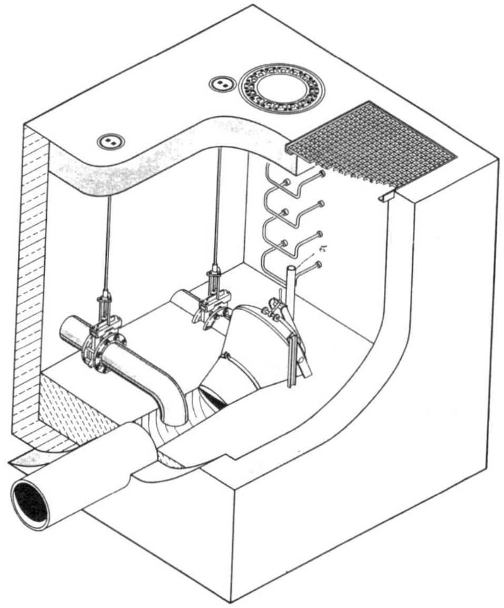

Fig. 2-68. *Válvula Vortex para laminar el caudal fluyente.*
1. Conducción de salida del depósito, horizontal. 2. Conducción de salida, de by-pass. 3. Cámara formadora de Vortex. 4. Conducción de salida. 5. Conducción de aire para formación del Vortex.

En la figura 2-69 puede verse el funcionamiento a pequeño caudal, y a máximo caudal con acumulación de agua en el depósito.

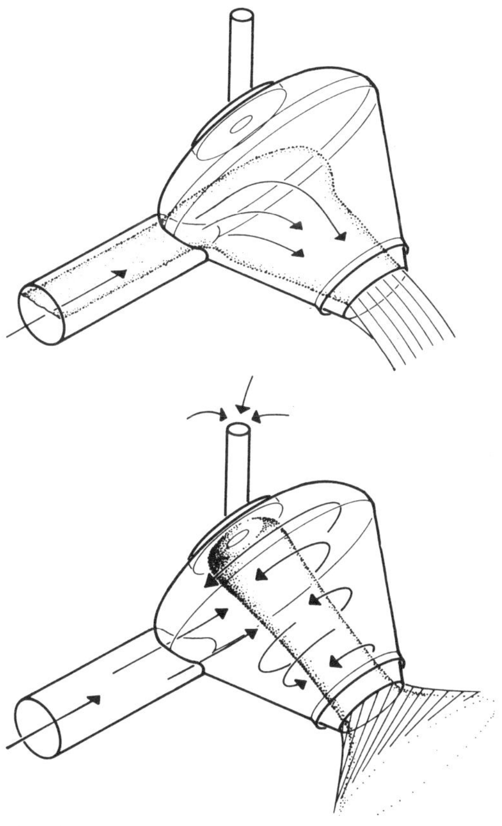

Fig. 2-69. *Dispositivo sin y con formación del Vortex.*

El caudal de salida depende del modelo seleccionado y de la altura máxima prevista en el depósito de retención.

Para una altura de lámina de agua, el caudal salido, en función de los tipos anteriores, aparece en la Tabla 2-7.

Aliviadero constante

Igualmente en depósitos y arquetas, puede instalarse un sistema de aliviado con caudal constante, oscilando en el depósito el nivel de agua entre dos límites H_1 y H_2. Un dispositivo de este tipo de la firma Oswald Schulze, queda reflejado en la Fig. 2-71.

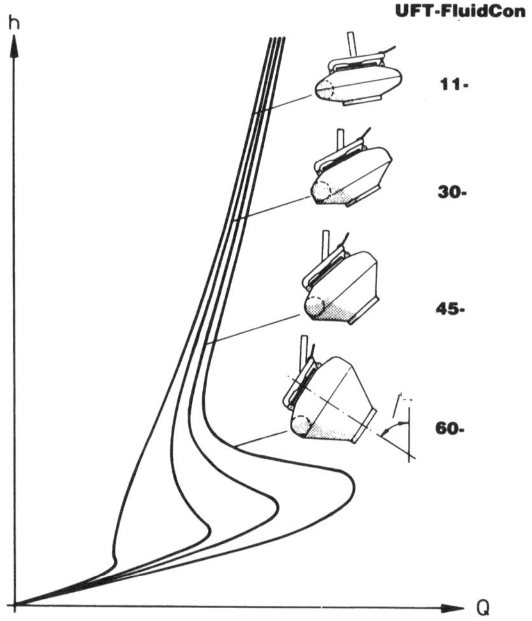

Fig. 2-70. *Caudales de salida.*

Diámetro nominal del conducto de entrada			
DN mm	Tipo	Mínimo l>/s	Máximo l/s
100	SU 11-6S	5.6	10.4
110	SU 11-6S	6.9	12.7'
125	SU 11-6S	8.8	16.2
150	SU 11-6S	13.2	24.4
200	SU 30-6	29.3	54.1
250	SU 30-5	48.0	88.8
300	SU 30-4	65.8	121.7
350	SU-30-4	76.0	140.6
400	SU 45-4	145.0	268.0
500	SU 45-4	226.0	417.0
600	SU 60-3	394.0	729.0
700	SU 60-3	536.0	992.0
800	SU 60-3	700.0	1295.0
900	SU 60-2.5	1009.0	1867.0
1000	SU 60-2.5	1246.0	2305.0

Tabla 2-7. Caudales desaguados por válvulas tipo Fluid Con

1. Labio del vertedero
2. Flotador
3. Cuerpo desplazable
4. Salida de agua
5. Salida de aliviadero
6. Control de entrada
7. Nivel máximo H_2
8. Nivel mínimo H_1

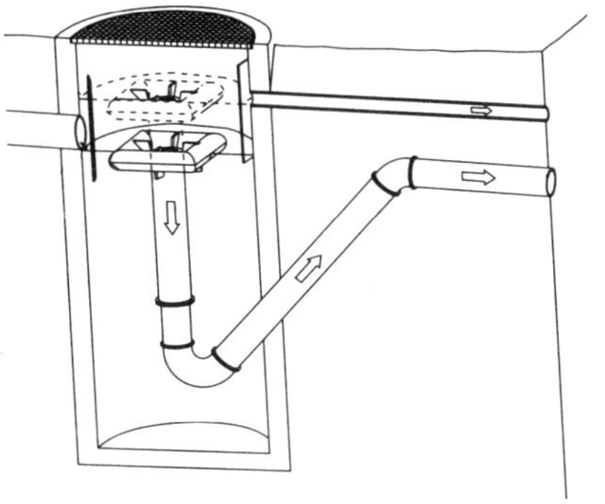

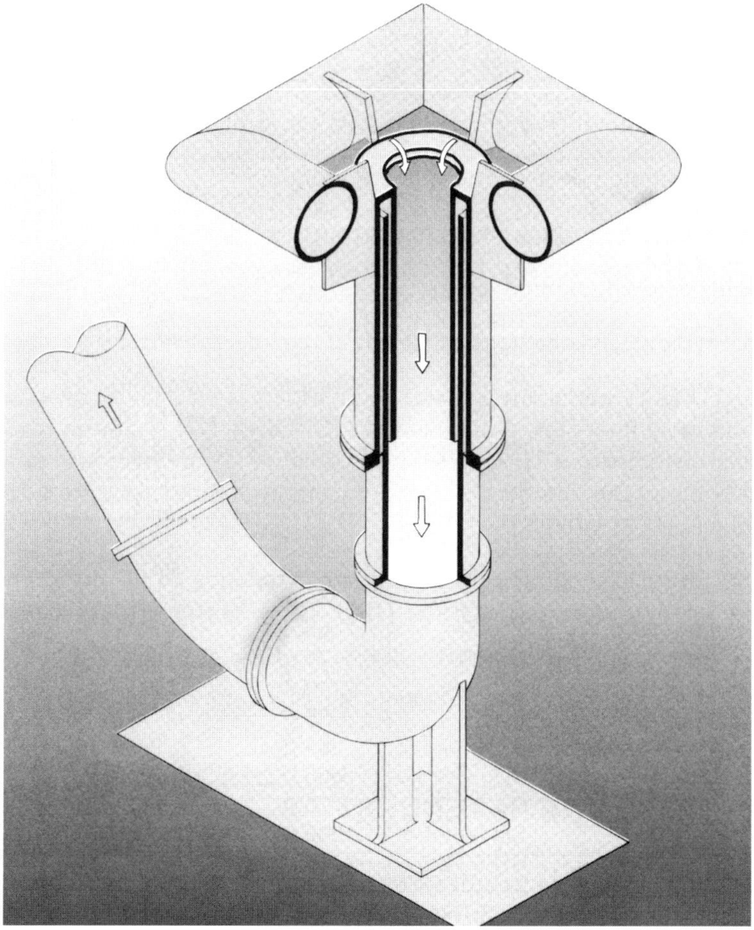

Fig. 2-71. *Dispositvio para un aliviadero constante.*

6.10.3. Control de la contaminación debido a los aliviaderos

Hasta fechas recientes los caudales de vertido de los aliviaderos se fijaban considerando el caudal máximo que se dejaba pasar, multiplicando por un número, 3 a 5, el caudal medio de aguas negras. Normalmente no se consideraba la influencia que este vertido.

Las nuevas directivas de la U.E. llevan a considerar como fundamental la protección del medio, haciéndose preciso el empleo de métodos de planificación adecuados para contemplar los impactos que los vertidos de los aliviaderos pueden causar. Los métodos de planificación pueden variar desde sencillos a tremendamente sofisticados, dependiendo del vertido y del cauce receptor, así como de las inversiones necesarias.

Modelos necesarios a contemplar son:

– Modelos de precipitaciones.

– Modelo de calidad del agua en la red de saneamiento.

– Modelo dinámico de estaciones depuradoras.

– Modelos dinámicos de impacto en los ríos.

– Modelos de evolución de calidad en los ríos.

Son recomendables actualmente:

• MOSRITO de simulación de calidad de las aguas en una red de alcantarillado. Gracias a cuatro submodelos, modaliza la DBO, DQO, NH_4 y SS, representando los sedimentos arrastrados por las aguas de escorrentía, las aportaciones de origen doméstico, el comportamiento de los contaminantes y sedimentos en los conductos y en las instalaciones auxiliares.

• SOTAT. Modelo dinámico de depuración. Modeliza en los distintos escalones del proceso los siguientes parámetros: DBO, S.S., Nitrógeno amoniacal, nitratos, oxígeno disuelto y caudales.

• MIKE 11. Modelo dinámico lineal en los ríos contemplando caudales, calidad del agua y transporte de sedimentos.

6.11. DEPOSITOS DE RETENCION

El depósito de retención permitirá evacuar lentamente el volumen de agua acumulado durante el período de aportación de las aguas de lluvia. Las misiones encomendadas a un depósito de retención pueden ser varias.

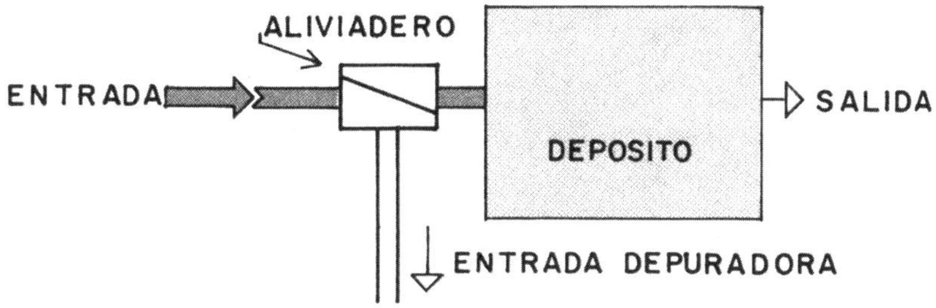

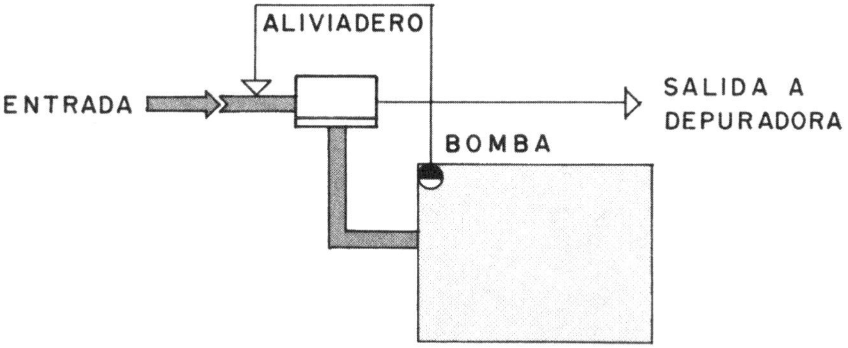

Fig. 2-72. *Depósitos de retención.*

- Sistema de regulación entre aportaciones y caudal posible a transportar por el colector aguas abajo.
- Retención de las aguas de salida de un aliviadero, que con posterioridad, en tiempo seco, son reintroducidos al colector. Se pretende con este sistema impedir el vertido de aguas, aunque sean de contaminación reducida, al medio ambiente.
- Almacenar un volumen de agua con una contaminación, que de verterse en forma directa originaría problemas en el cauce receptor, y poder verter lentamente con caudales que garanticen una dilución adecuada.

Las figuras 2-72 y 2-73 representan dos tipos de depósitos de retención.

Los depósitos de retención son la respuesta a la incapacidad de compatibilizar los vertidos de los aliviaderos con las condiciones del cauce receptor. Si el umbral de aliviado se eleva se disminuyen las aportaciones al cauce, pero se sobrecarga hidráulicamente a la depuradora, sometiéndola a fuertes variaciones de carga. Bajar dicho umbral equivale a transferir al cauce fuertes cargas de contaminación.

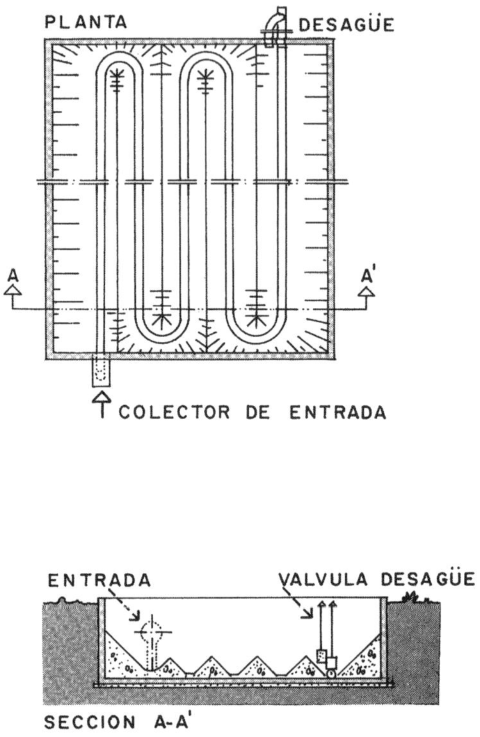

Fig. 2-73A. *Esquema de un depósito de retención.*

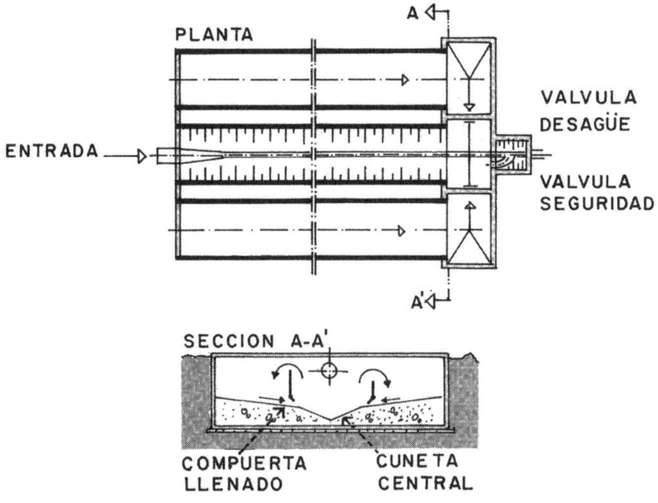

Fig. 2-73B. *Esquema de un depósito de retención.*

Fig. 2-74. *Vista de un depósito de retención.*

Fig. 2-75. *Vista depósito de retención. Desagüe de fondo.*

Fig. 2-76. *Dispositivo vortex en depósito de retención para vaciado en continuo.*

Los tipos de depósito de retención pueden agruparse en:

– Depósito con vertedero previo. Al comenzar su funcionamiento recoger todas las aguas y la contaminación más fuerte. Al llenarse las aguas aportadas por el colector son aliviados hacia el cauce.

– Depósito con vertedero con el propio depósito. En este caso la totalidad del caudal pasa por el depósito, que actúa como un elemento de tratamiento de las aguas.

En ambos casos es fundamental la autolimpieza.

6.12. BOMBEOS

Un error bastante frecuente es diseñar redes de saneamiento forzando las situaciones con el empleo de conducciones por gravedad rodadas, profundidades excesivas y costosas, o bien con pendientes escasas, basándose en el coste de los bombeos y sus problemas de fiabilidad.

La experiencia va demostrando que las instalaciones de bombeo son totalmente seguras y sus costes de instalación y mantenimiento aceptables, siempre que se adopten, entre otros, los siguientes criterios.

– Si es posible deben evitarse las instalaciones de pretratamiento, adoptando bombas, de canal o vortex, con sección de paso suficiente.

– Utilizar siempre bomba de reserva, considerando la necesidad de incorporar en esta fuente de energía autónoma. Los sistemas de arranque y parada deben evitar sistemas de flotadores y similares.

– En el caso de uso de bombas sumergidas, las válvulas, clapetas, grupo contra el golpe de ariete, entre otros dispositivos, deben situarse en arquetas separadas del pozo de bombeo.

– El armario eléctrico debe ser estanco y colocado en instalaciones exteriores al pozo de bombeo.

– Los pozos de bombeo deben tener previsto un sistema de aliviadero, bien en el colector de aguas arriba, o bien en el propio pozo de bombeo.

– Los pozos de bombeo no deben instalarse en las calzadas, o puntos donde se generen problemas a la circulación de personas y vehículos.

– No es recomendable pensar en instalaciones de bombeo en cámara seca, salvo cuando la altura de elevación sea superior a las posibilidades de las bombas sumergidas.

– Se aconseja, para evitar riesgos de depósitos y garantizar la autolimpieza, adoptar una velocidad de régimen permanente de > 0,80 m/s, y un diámetro mínimo del conducto de 100 mm.

– Si es posible bombear los caudales previstos con una sola bomba, se recomienda no emplear bombas en paralelo.

– En los conductos de impulsión deben respetarse las mismas normas empleadas en las conducciones de agua, atendiendo al emplazamiento de los sistemas de evacuación precisos en puntos altos y bajos del conducto.

– La permanencia de las aguas en los conductos de impulsión, nunca debe ser superior a un día, debiéndose adoptar aquella que garantice una concentración de oxígeno con las aguas superior a 0 mg/l de O_2, en el punto de desagüe.

En cuanto a las redes de saneamiento, el sistema normal, en cuanto se precisan impulsiones, suele ser un sistema mixto, como el indicado en la figura 2-77. Este sistema mixto integra tramos de conducciones rodadas poco profundos y no caros, y los tramos de impulsión.

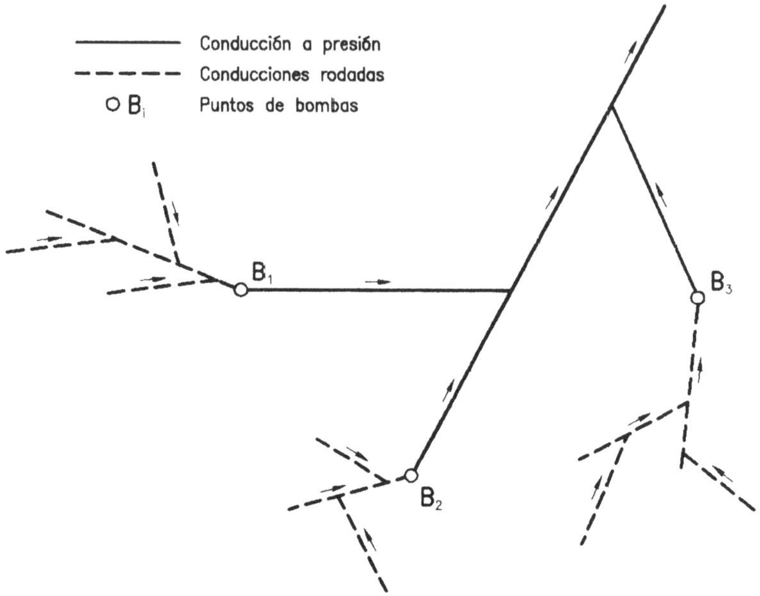

Fig. 2-77. *Sistema mixto de red a presión.*

6.13. ELEMENTOS DE CIERRE EN SANEAMIENTO

Válvula de tajadera

Las compuertas y válvulas de tajadora son elementos utilizados en la regulación de desagües o de cierre de conductos de saneamiento, de depósitos de retención, arquetas, etc... La figura 2-78.

Clapeta antiretorno

Es un dispositivo que impide el retroceso del flujo del líquido, por ejemplo en un desagüe sobre un cauce, que en momento de gran caudal sobrepasa la altura de la boca de salida. (Fig. 2-79).

Cierres hinchables en conducciones

Son elementos de poco peso y fácil instalación, que pueden adaptarse a cualquier tipo de conductos, garantizando un cierre estanco la fig. 2-80 muestra este tipo de elementos.

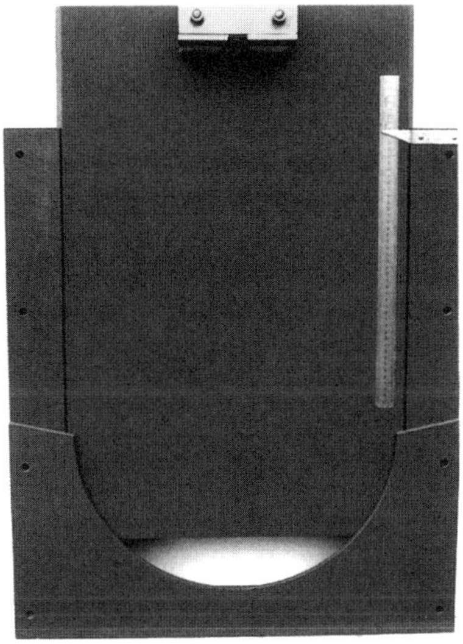

Fig. 2-78. *Válvula de tajadora.*

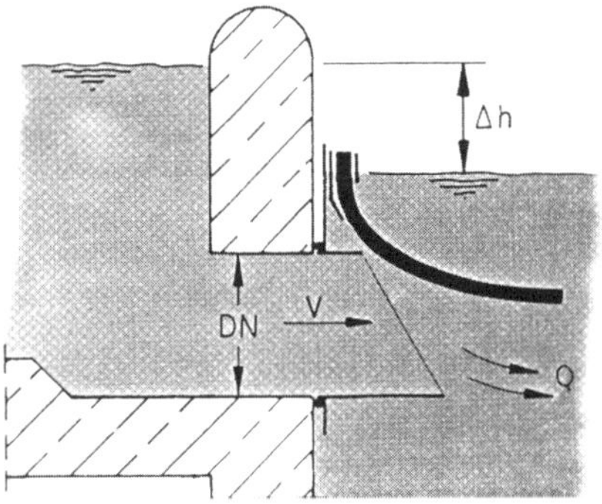

Fig. 2-79. *Clapeta antiretorno.*

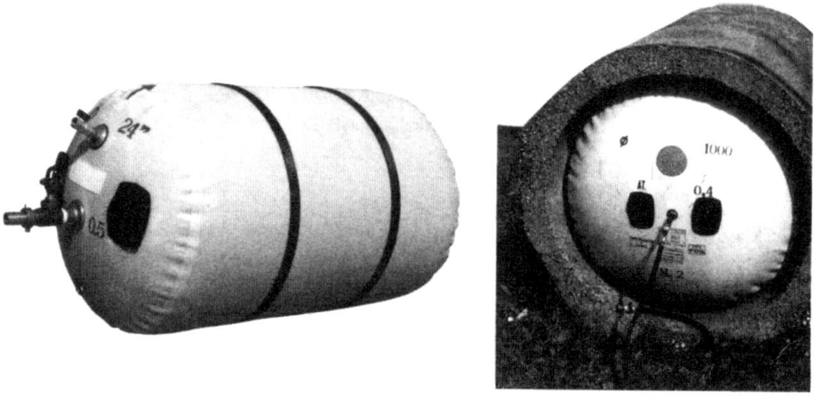

Fig. 2-80. *Cierres hinchables.*

6.14. VENTILACION EN ALCANTARILLAS Y COLECTORES

Para garantizar las condiciones aerobias en las aguas que circulan por los colectores, para evitar retención de gases en los puntos altos de sumideros, afectando a los viandantes y habitantes de la zona, se hace preciso pensar en la instalación de chimeneas de ventilación. Por diferencia entre la temperatura casi constante en el colector y las temperaturas exteriores se establecen una corriente de aire que garantiza la ventilación adecuada. La altura de las chimeneas debe ser de 9 m sobre la calzada, siendo su diámetro interior de 20 cm. En la figura aparece una instalación de este tipo de principios de siglo.

Su colocación cada 250 m se considera suficiente.

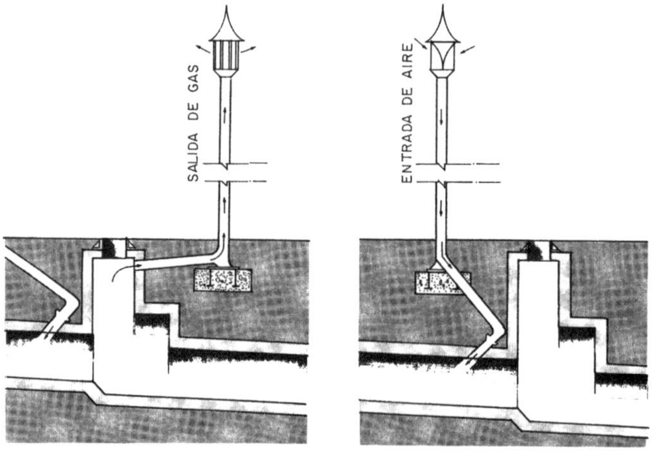

Fig. 2-81. *Ventilación por chimenea.*

Estas chimeneas pueden ser disimuladas en fachadas de edificios o en elementos decorativos, como columnas. (Fig. 2-81).

Este elemento es imprescindible en depósitos o locales en relación con las aguas residuales, como en depósitos de bombeo, zonas de entrada a estaciones depuradoras, depósitos de lodos de las depuradoras, etc.

Como información complementaria figura a continuación la Fig. 2-82, pozos de ventilación.

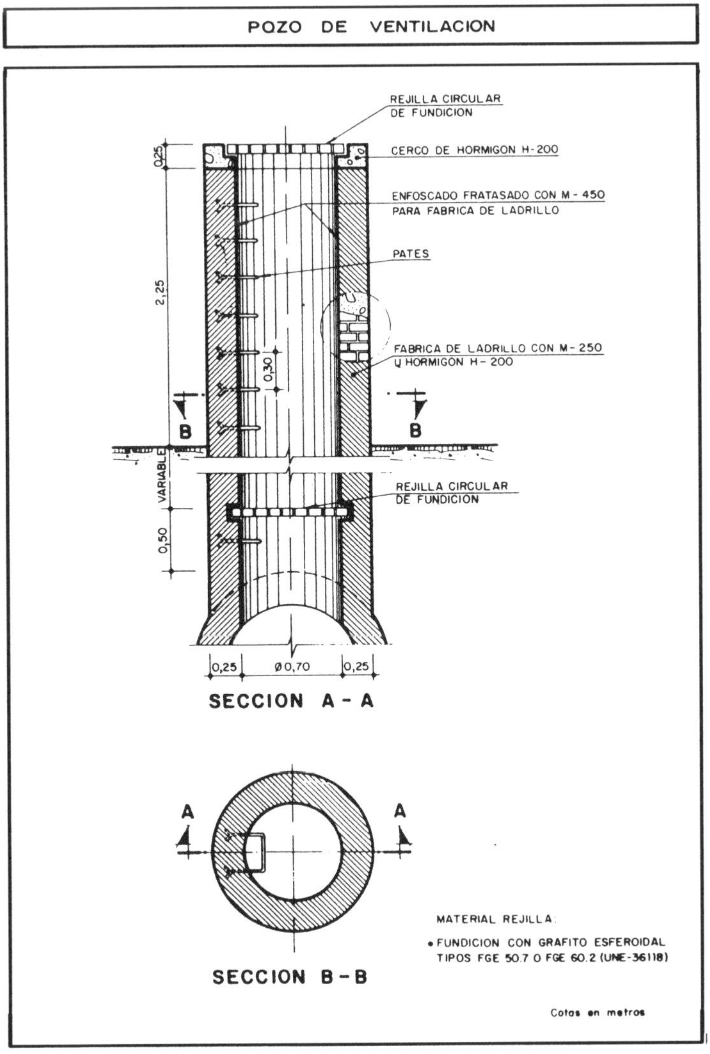

Fig. 2-82. *Pozo de ventilación.*

7. NORMATIVA SOBRE ALCANTARILLADO

Se reproducen a continuación, como Anexos 2 y 3 del libro, la Norma Tecnológica sobre Alcantarillado (NTE-ISA) y el Pliego de Prescripciones Técnicas Generales para Tuberías de Saneamiento de Poblaciones, del M.P.P.U. (Hoy Ministerio de Fomento).

La Norma Tecnológica sobre Alcantarillado regula un amplio espectro de especificaciones técnicas sobre los aspectos de Diseño, Cálculo, Construcción, Control, Valoración y Mantenimiento, con arreglo al siguiente detalle:

A) Diseño:

1. Ambito de aplicación.
2. Información previa.
3. Criterios de diseño.
4. Planos de obra.
5. Esquema de trazado.

B) Cálculo:

1. Dimensionado de canalizaciones.
2. Dimensionado del aliviadero.

C) Construcción:

1. Especificaciones.
2. Condiciones de seguridad en el trabajo.

D) Control:

1. Materiales y equipo de origen industrial.
2. Control de la ejecución.
3. Prueba de servicio.
4. Criterio de medición.

E) Valoración.

F) Mantenimiento.

Las Normas Tecnológicas (NTE) tienen carácter de soluciones y criterios técnicos homologadas por la Administración.

El Pliego de Prescripciones Técnicas Generales para Tuberías de Saneamiento de Poblaciones, preceptivo en las obras de competencia del M.O.P.U., abarca los siguientes aspectos:

1. Condiciones generales.
2. Elementos complementarios de la red de saneamiento.
3. Materiales.
4. Ensayo de los tubos y juntas.
5. Tubos de hormigón en masa.
6. Tubos de hormigón armado.
7. Tubos de amianto-cemento.
8. Tubos de gres.
9. Tubos de policloruro de vinilo no plastificado (UPVC).
10. Tubos de polietileno de alta densidad (HDPE).
11. Tubos de poliéster reforzado con fibra de vidrio.
12. Instalación de tuberías.

Otras disposiciones de interés sobre alcantarillado, son las Normas Tecnológicas NTE-ASA (Avenamientos), NTE-ASD (Drenajes), NTE-ISD (Depuración y Vertido) y NTE-ISS (Saneamiento) del M.O.P.U., y la Normativa para Redes de Alcantarillado de la AEAS (Asociación de Abastecimientos de Agua y Saneamiento).

3

Caudales de aportación a una red

1. CAUDALES DE AGUAS NEGRAS URBANAS A CONSIDERAR

Las principales aportaciones de agua en una determinada ciudad son: vertidos domésticos, vertidos industriales, vertidos ecológicos y vertidos agrícolas. Debido a la diversificación, índice de crecimiento, a los movimientos migratorios, turísticos, etc., se hace difícil determinar los caudales y se dificulta el cálculo de los conductos para su transporte. En una población es necesario estimar la población y su dotación de agua, como parámetros fundamentales, pudiendo realizarse por fases las obras incluidas en el proyecto.

El primer parámetro a definir es la población y su evolución, pues téngase en cuenta que los estudios deberán realizarse con un plazo horizonte de veinticinco años, siendo incluso recomendable diseñar a cincuenta años.

1.1. EVOLUCION DE LA POBLACION

Los factores que influyen en la estimación de la población son muchos, pueden ser: económicos, industriales, sociales, políticos, etc., por lo que los sistemas de predicción son complejos, y debe acudirse a formulaciones estadísticas con grandes dispersiones, debiendo el técnico, al final, decidir. Por tanto, el crecimiento de la población de un núcleo urbano se puede representar mediante métodos basados en datos estadísticos anteriores, interpolando con diversas curvas. Así se han llegado a establecer varios modelos de crecimiento, como son:

1.1.1. Modelo aritmético

Consiste en considerar un incremento constante de la población. Viene dado por la fórmula:

$$\frac{dP}{dt} = K_a$$

donde:

P = población

t = tiempo

K_a= razón aritmética

Si P_1 es la población del núcleo en el tiempo t_1 y P_2 la población en el tiempo t_2 (la del último censo), entonces:

$$\int_{t_1}^{t_2} dP = K_a \int_{t_1}^{t_2} dt \quad ; \quad P_2 - P_1 = K_a\,(t_2 - t_1)$$

Obsérvese que P_1 y P_2 son los valores estadísticos de población en tiempos t_1 y t_2, con lo cual la estimación de la población para un tiempo futuro, t, está dada por la expresión:

$$P = P_2 + \frac{P_2 - P_1}{t_2 - t_1}\,(t - t_2)$$

1.1.2. Modelo geométrico

Consiste en considerar para iguales períodos de tiempo el mismo porcentaje de incrementos de la población. Matemáticamente, este hecho se formula como:

$$\frac{dP}{dt} = K_g\,P$$

donde las variables tienen el mismo significado que en el método anterior, salvo K_g, que es la constante geométrica de crecimiento. Integrando la expresión, se tiene:

$$[LP]_{t1}^{t2} = [K_g\,.\,t]_{t1}^{t2} \quad ; \quad LP_2 - LP_1 = K_g\,(t_2 - t_1)$$

por tanto, la estimación de la población para un tiempo futuro t está dada por la expresión:

$$LP = LP_2 + \frac{LP_2 - LP_1}{t_2 - t_1}(t - t_2)$$

de otra forma:

$$P = P_2 \left(\frac{P_2}{P_1}\right)^{\left(\frac{t - t_2}{t_2 - t_1}\right)}$$

1.1.3. Modelo de la tasa decreciente de crecimiento

La experiencia indica que el crecimiento dado por el método anterior no se mantiene a largo plazo, sino que decrece, conforme la población se acerca al valor de saturación. Matemáticamente, este decrecimiento del porcentaje de incremento se traduce en una corrección a la fórmula del método anterior, quedando ésta expresada como:

$$\frac{dP}{dt} = K_d\,(S - P)$$

donde S es la población de saturación y K_d una nueva constante.

Integrando:

$$\int_{t_1}^{t_2} \frac{dP}{S - P} = K_d \int_{t_1}^{t_2} dt \;;\; [-L\,(S - P)]_{t_1}^{t_2} = K_d\,(t_2 - t_1) \;;\; -L\frac{S - P_2}{S - P_1} = K_d\,(t_2 - t_1)$$

$$\frac{S - P_2}{S - P_1} = e^{[-K_d\,(t_2 - t_1)]}$$

multiplicando los dos términos de la ecuación por (S – P1) y restándolo de este mismo número, obtenemos:

$$(S - P_1) - (S - P_2) = (S - P_1) - (S - P_1)\,e^{-Kd\,(t_2 - t1)}$$

$$P_2 - P_1 = (S - P_1)\,[1 - e^{-Kd\,(t_2 - t_1)}]$$

ecuación que solamente debe ser usada para intervalos cortos de tiempo; es decir, sólo cuando estamos cerca del valor de saturación.

1.1.4. Modelo de la curva logística

Los tres modelos explicados anteriormente, según la experiencia, se demuestra que son aptos para períodos no muy largos de tiempo. Para períodos mayores, la estimación no estará acorde con la realidad.

Este cuarto modelo es una síntesis de los anteriores. Está basado en el hecho observado de que al principio el crecimiento de la población es del tipo geométrico, pasando posteriormente a un crecimiento de valor constante (es decir, del tipo aritmético), para después decaer el porcentaje de crecimiento hasta llegar al valor de saturación. La curva de evolución de la población será entonces del tipo reflejado en el gráfico.

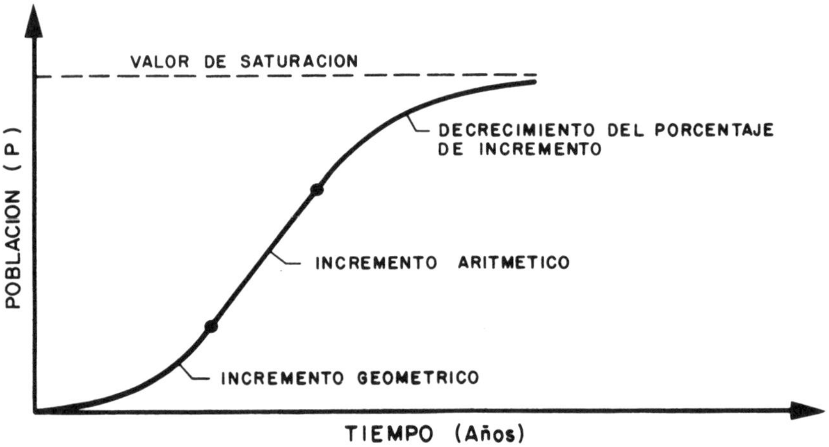

La curva, que se ajusta a dicha forma en S, asintótica al valor de saturación, viene dada por la fórmula:

$$P = \frac{S}{1 + me^{bt}}$$

donde S es la población de saturación y m, b, son constantes.

Para calcular estas constantes se toman las poblaciones P_0, P_1 y P_2, en los tiempos equidistantes t_0, t_1 y t_2, donde P_2 suele tomarse como la población del último censo.

Las constantes citadas pueden determinarse según las siguientes expresiones:

$$S = \frac{2P_0\,P_1\,P_2 - P_1^2\,(P_0 + P_2)}{P_0\,P_2 - P_1^2}$$

$$m = \frac{S - P_0}{P_0}$$

$$b = \frac{1}{n} L \frac{P_0 (S - P_1)}{P_1 (S - P_0)}$$

donde:

$$n = (t_2 - t_1) = (t_1 - t_0)$$

Sustituyendo estos valores en la ecuación de la curva, se puede estimar la población en un tiempo t posterior a t_2.

1.1.5. Modelo de semejanza de poblaciones

Este método es muy utilizado para estimar la población en períodos largos de tiempo. Consiste en considerar la evolución de ciudades de características similares a la de estudio, pero que hayan pasado por su estado de evolución demográfica.

Se dibuja en un gráfico la evolución de las poblaciones con las que se realiza la comparación, a partir del punto en que éstas tienen la misma población que la de estudio, en su último censo. La probable evolución de la población se obtiene entonces mediante un ajuste de los valores de las poblaciones de las ciudades comparadas.

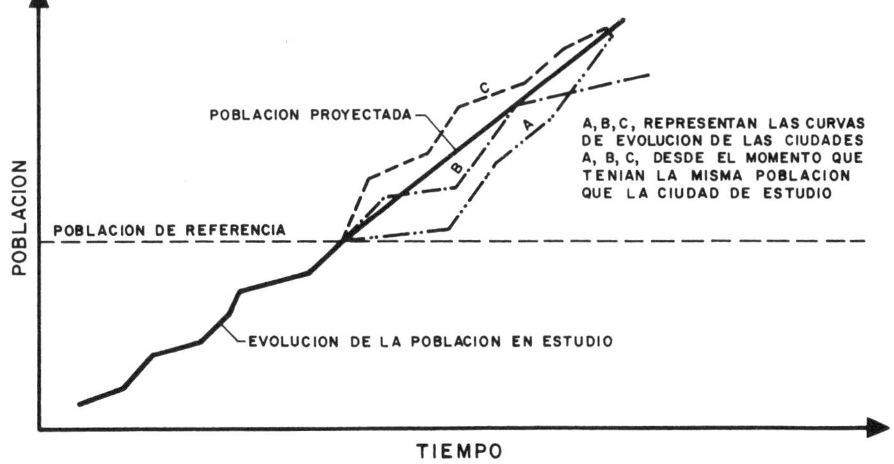

1.1.6. Modelo de Recomendaciones para proyectos de abastecimiento y saneamiento

Se tomarán como base las poblaciones del último censo realizado y las de los censos de 10 y 20 años antes y se calcularán las tasas de crecimiento anual acumulativo correspondientes a los intervalos entre cada uno de estos censos y el último realizado.

$$P_a = P_a - 10\ (1 + \beta)^{10}, \text{ deduciéndose } \beta$$

$$P_a = P_a - 20\ (1 + \gamma)^{20}, \text{ deduciéndose } \gamma$$

Como tasa de crecimiento aplicable a la prognosis se adoptará un valor

$$\alpha = \frac{2\beta + \gamma}{3}$$

estimándose la población futura mediante el modelo:

$$P = P_a\ (1 + \alpha)^t$$

siendo:

P, la población futura.

P_a, la población del último censo.

t, el tiempo a partir del último censo.

Dicho crecimiento deberá comprobarse con los datos intercensados disponibles correspondientes a tiempos del momento del estudio.

Al crecimiento obtenido por los modelos anteriores, que corresponde a las poblaciones de derecho, deberá añadirse el aumento estacional de población por razones turísticas, de mercado o de cualquier índole.

1.2. CAUDAL DE AGUAS NEGRAS URBANAS

Una vez estimada la población, el paso siguiente es hacer lo mismo con la dotación, que se define como el volumen medio diario de agua por cada habitante. Así, a partir de una población de cálculo y fijada la dotación, se obtendrá el consumo teórico necesario para una población.

$$C_t = P_t \times D_t$$

C_t equivale al consumo urbano en m^3/día.

P_t equivale a población en habitantes.

D_t equivale a dotación en m^3/habitante/día.

Los caudales normales de abastecimiento son los establecidos en el cuadro siguiente:

	Consumos urbanos en l/h . día según uso				
Población en nº de habitantes	**Doméstico**	**Industrias de la ciudad**	**Servicios municipales**	**Fugas de redes y varios**	**TOTAL**
1.000	60	5	10	25	100
1.000 a 6.000	70	30	25	25	150
6.000 a 12.000	90	50	35	25	200
12.000 a 50.000	110	70	35	25	200
50.000 a 250.000	125	100	50	25	300
Más de 250.000	165	150	60	25	400

Tabla 3-1. Dotaciones en función del tamaño de la población

Pero los consumos de estas dotaciones están sometidos a variaciones estacionales diarias, durante la semana, y horaria según el intervalo del día. Se define así el coeficiente punta o factor punta, como la relación del consumo máximo horario, dentro del día de consumo máximo, al consumo horario medio, dentro del día del consumo medio. Son valores normales del factor punta:

$C_p \geqslant 2{,}4$ para ciudades pequeñas, rústicas y residenciales.

$1{,}8 \leqslant C_p . \leqslant 2{,}4$ para ciudades mayores de 100.000 habitantes e industrialización media.

$1{,}4 \leqslant C_p \leqslant 1{,}8$ para ciudades mayores de 800.000 habitantes y fuertemente industrializadas.

También se toma del 15% al 18% de aumento como variación estacional.

Fórmulas ampliamente difundidas para establecer el caudal punta y mínimo, son:

$$Q_M = Q_m \left(1 + \frac{14}{4 + \sqrt{P}}\right) \quad ; \; Q_{min} = 0{,}2\ Qm \text{ (Harman, W.G.)}$$

$$Q_M = \frac{5\ Q_m}{P^{0{,}167}} \quad ; \text{ (Babbitt, H.E. y Baumann, E.R.)}$$

$$Q_M = Q_m \left(\frac{18 + \sqrt{P}}{4 + \sqrt{P}}\right) \quad ; \text{ (Fair, G.M. y Geyer, J.C.)}$$

Siendo:

Q_m, caudal medio horario.

Q_M, caudal punta horario.

Q_{min}, caudal mínimo horario.

P, población en miles de habitantes.

Pueden también utilizarse los valores, de coeficientes punta y de caudal mínimo de aguas negras, dados por los siguientes gráficos en función de la población del núcleo o del caudal vertido.

Véase en la figura 3-1 una representación de la evolución de vertidos en un determinado núcleo.

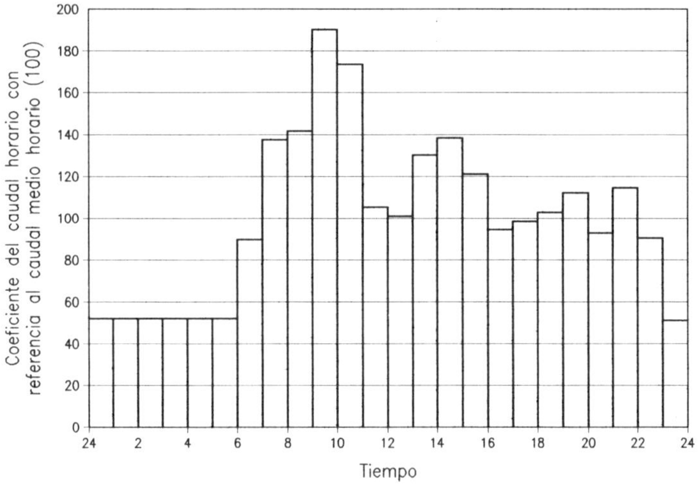

Fig. 3-1. *Evolución del consumo.*

La oscilación de caudales tiene una importancia grande en los núcleos turísticos, donde la evolución de caudales vertidos de invierno a verano alcanzan cifras realmente sorprendentes. En las implantaciones turísticas para conocer la oscilación de caudales habrá que considerar.

- Localización de plazas hoteleras y otros alojamientos turísticos.
- Plazas existentes e índice de ocupación a lo largo del año.
- Nivel económico de los ocupantes.
- Formas de vida y organización durante las vacaciones.

• Relación de número de viajeros a población residente.

Las necesidades de agua para esta población turística y sus instalaciones pueden quedar reflejadas en la tabla siguiente:

Tipo de instalación	Consumo (l/plaza y día)
Hotel de lujo	500
Hotel 1.ª A	400
Hotel 1.ª B	400
Hotel 2.ª	300
Hotel 3.ª	300
Pensión de lujo	300
Pensión 1.ª	200
Pensión 2.ª	200
Pensión 3.ª	200
Apartamentos	400
Albergues y Paradores de Turismo	400
Campings	200
Casas de huéspedes	200
Alojamientos particulares	200
Casas de campo y bungalows	500

Tabla 3-2. Necesidades de agua en instalaciones turísticas

El caudal de aguas negras urbanas se suele considerar en pequeños núcleos igual al de abastecimiento. Realmente la variación horaria sufrirá las mismas oscilaciones que el de abastecimiento con un cierto retraso, si bien los vertidos disminuirán en los usos del agua realmente consumidos. Evaporación, riesgos de terrazadas, riegos de jardines y de calles.

Para los vertidos de aguas negras se consideran los caudales suministrados, con las mismas puntas, pero disminuidos en un 25% equivalente a pérdidas. Sólo en los núcleos muy pequeños se adoptará el caudal suministrado.

Dentro de las cifras indicadas en l/h. d. están incluidos todos los consumos urbanos incluso los de las industrias de la ciudad. Deberá prestarse atención individualizada a industrias puntuales ubicadas en pequeños núcleos.

En caso de desear descomponer estos caudales pueden considerarse los valores que se expresan en los apartados siguientes.

1.3. DOTACIONES ESPECIFICAS DE AGUA

Los consumos reales domésticos pueden oscilar entre los 45 y los 200 l/h.d. que son la integración de los consumos unitarios reflejados a continuación.

Unidad	Consumo normal de agua
Tanque de W.C.	15- 23 l/uso
Lavabo	6 l/uso
Baño	115 l/uso
Ducha	95- 115 l/uso
Hidrante de jardín	750-1.200 l/h
Boca incendio	9.000 l/h
Fuente de chorro continuo	290 l/h
Surtidor riego césped	450 l/d
Máquina de lavado de ropa automática	110- 190 l/carga
Lavadora de platos	15- 30 l/carga
Trituradora doméstica	4- 8 l/persona
Acondicionador de aire (3t-8h/d)	11.000 l/d

APARATO	Diámetro mínimo interior (mm)	Caudal	
		l/min.	l/s
Baño	40	90	1,5
Ducha	40	30	0,5
Lavabo	30	45	0,75
Bidet	30	30	0,5
Urinario	50	60	1,0
W.C. Descarga directa	80	90	1,5
W.C. Sifón	60	–	–

Tabla 3-3. Consumos específicos en elementos domésticos

En caso de viviendas y apartamentos, el caudal total a considerar será el de todos los aparatos funcionando simultáneamente multiplicado por un coeficiente de simultaneidad:

$$Cs = \frac{1}{\sqrt{n-1}} \qquad \text{, siendo}$$

Cs, coeficiente de simultaneidad.

n, número total de aparatos instalados.

Considerando igualmente por separado los consumos de distintas viviendas y establecimientos, puede darse el cuadro siguiente:

VIVIENDAS	
Tipo de viviendas	**Dotación l/hab. d.**
Uso residencial	
Vivienda unifamiliar:	
• con abastecimiento individual o con suministro público con contador	19-285
• con suministro público sin contador	380-755
Edificio de apartamentos:	
• con abastecimiento propio o con suministro público sin contador	285-360
• con suministro público sin contador	380-755
Viviendas dormitorio:	
• con abastecimiento propio o con suministro público sin contador, por vivienda	570
• con suministro público sin contador, por vivienda	755
Uso transitorio (alojamiento)	
Hoteles	190-380
Residencias turísticas	150-300
Pensiones	190
Casas de huéspedes	150
Moteles sin cocina, por unidad	380-570

Tabla 3-4. Consumos específicos en viviendas

ESTABLECIMIENTOS	
Tipo de establecimientos	**Dotación l/hab. d.**
Campamentos	
Primario	95
Para niños, con aseos centrales y baños	150-190
De día, sin comidas	60

ESTABLECIMIENTOS	
Tipo de establecimientos	**Dotación l/hab. d.**
De lujo, con baño privado	285-380
De trabajo	130-190
Para remolques, con baño y aseo privado, por unidad ($2^{1/2}$ personas)	475-570
Restaurantes (incluidos aseos)	
Promedio	26-38
Cocinas, sólo vertidos	10-12
Bares y cócteles al aire libre	8
Promedio tipo, por asiento	130
Promedio tipo, 24 horas, por asiento	190
Taberna, por asiento	75
Area de servicio, por asiento de mesa (autopista de peaje)	570
Area de servicio, por asiento de mostrador (autopista de peaje)	1.325
Instituciones:	
Promedio tipo	285-475
Hospitales	570-950
Prisiones	500-700
Escuelas:	
De día, con cafetería o comedor	38-57
De día, con cafetería y comedores	57-75
Internados	285
Teatros/Cines:	
Cubiertos, dos funciones por día, por asiento	11
Al aire libre, incluyendo estante de comidas, por coche ($3^{1/2}$ personas)	11-20
Estación de servicio de automóviles:	
Por vehículo servicio	38
Por conjunto de surtidores	1.890
Almacenes:	
Los primeros 8 m de fachada	1.750
Cada 8 m adicionales de fachada	1.515
Clubs de campo:	
Tipo residentes	380
Tipo transitorios, sirviendo comidas	65-95
Oficinas:	
Fábricas, vertidos sanitarios, por turno	57-130
Lavandería autoservicio, por máquina	950-1.900
Boleras, por pista	750
Piscinas y playas, sanitarios y duchas	38-57
Parques de pic-nic, sanitarios con agua corriente	20-38
Campos de ferias (basados en asistencia diaria)	3,8
Salas de Asambleas, Congresos, Convenciones, etc., por asiento	7,6
Aeropuerto, por pasajero	10

Tabla 3-5. Consumos específicos en establecimientos (cont.)

Establecimiento	Unidad	Caudal l/d. ud.
Centro comercial	Empleado	230
Pequeños negocios	Empleado	75
Restaurante	Comida	16-26
Aeropuerto	Pasajjero	20
Teatro	Butaca	20
Motel	Persona	190
Hotel	Persona	380

Tabla 3-6. Consumo de agua en distritos comerciales

Establecimiento	Unidad	Caudal l/d. ud.
Camping	Persona	95
Apartamento	Persona	190
Hotel	Persona	285
Dormitorios	Persona	190
Casas residenciales (apartamentos)	Persona	285
Iglesia	Persona	60
Oficinas y almacenes	Empleado	95
Zonas de visitas	Visitante	20
Cafetería	Mesa	570
Comedores	Mesa	570
Tienda de café	Plaza en Mostrador	950
Sala de Cocktail	Asiento	75
Lavandería	Máquina lavadora	1.890
Hospital	Cama	755

Tabla 3-7. Caudales para usos recreativos (Yellowstone National Park)

Una vez establecido el listado de los caudales a considerar para cada grupo de caudales vertidos, se plasmarán los resultados en unas hojas recapitulativas, que permitan estimar los caudales circulantes en cada tramo de alcantarilla con la localización exacta del mismo, longitud del tramo, área tributaria, población, dotación y caudales medio, máximo y mínimo.

Las hojas recapitulativas de determinación de los caudales de vertidos domésticos se presentarán de la forma siguiente:

	Localización de la alcantarilla				Area tributaria		Población		Dotación	Caudal	Caudal	Caudal	Caudal	Caudal	Caudal
Tramo	Nombre de la calle	Comienza en	Termina en	Longitud del tramo	En el tramo	Acumulada	h/ha	Total	l/h . d.	Medio en el tramo l/s	medio acumul. l/s	máx. en el tramo l/s	máximo acumul. l/s	mín. en el tramo l/s	mínimo acumul. l/s

Tabla 3-8. Tabla de cálculo de vertidos domésticos

1.4. CAUDAL DE AGUAS RESIDUALES INDUSTRIALES

Las cifras que se consideran como normales para zonas industriales son:

- Caudales en zonas industriales 47 m^3/h. d.
- Caudales en zonas industriales (usos sanitarios personal), 30-95 l/h. d.

No obstante, los vertidos, en cuanto a cantidad, son totalmente diferentes de unas industrias a otras y, por otro lado, dentro de los mismos tipos de industrias, variaran considerablemente los caudales vertidos atendiendo a factores tales como:

- Productos y subproductos.
- Proceso adoptado.
- Recirculación de aguas para reutilización.
- Constitución de la red de alcantarillado, unitario separativo, etc.

Es difícil, en consecuencia, establecer unas cifras concretas de vertido, si bien es también necesario disponer de algunos datos como referencia para establecer los caudales vertidos y poder establecer el proyecto y obras de saneamiento.

De unas industrias a otras los consumos de agua son muy variables como puede verse en el punto siguiente:

1.4.1. Dotación de agua en industrias

Industria	**Dotación (m^3/d)**	
	Por empleado	**Por m^2 de planta**
Productos de alimentación	7,9	13,5
Productos lácteos	9,5	29,2
Conservas de frutas	6,8	8,2
Azucareras	36,8	6,3
Tintura y acabados textiles excepto lana	2,5	11,3
Textiles en general	0,5	3,2
Aserraderos	44,1	7,3
Cartones	17,1	88,5
Industria química orgánica e inorgánica	20,0	9,2
Materiales plásticos, excepto vidrios	5,7	2,4
Drogas	1,2	7,7
Jabón, detergentes, cosméticos	2,0	7,8

Industria	Dotación (m^3/d)	
	Por empleado	Por m^2 de planta
Pinturas, barnices, lacados, esmaltes	3,2	11,5
Agricultura química	6,1	3,5
Productos químicos diversos	3,8	2,2
Refinerías de petróleos	14,5	1,8
Productos derivados del petróleo y del carbón	1,5	1,3
Curtido y acabado de pieles	2,8	8,4
Productos de vidrio	0,5	2,1
Cemento hidráulico	7,3	2,6
Ladrillo, rasillas	1,1	–
Alfarería	1,1	3,4
Yesos	7,9	0,1
Canterías	0,9	2,9
Asbestos abrasivos	3,2	5,6
Altos hornos, acero y laminación	2,5	0,1
Hierros y fundición del acero	1,4	5,8
Fundiciones secundarias, refinados	1,9	1,3
Metales no ferrosos	1,4	2,9
Fundición metales no ferrosos	0,5	3,5
Motores de vehículos y equipamientos	0,8	4,8
Aviones y sus componentes	0,4	2,1
Astilleros	0,4	1,0
Laboratorios de ingeniería y científicos	0,3	2,7

Tabla 3-9. Dotación de agua en actividades industriales

1.4.2. Consumos de agua para necesidades de granjas

	l/animal d.
Caballería de trabajo	45
Vacas:	
Sin producción de leche	40
Producción 10-30 l/d	30-80
Producción leche 35 l/día	90
Bueyes:	
Ración de mantenimiento	15
Ración de engorde	30

	l/animal d.
Cerdos:	
Peso 15 kg	2-4,5
Peso 15-55 kg	4-12
Peso 90-155 kg	14
Cerdas criando	14-23
Ganado lanar:	
Alimentación pastos secos	2-6
Alimentación heno, raíces y granos	0-2,5
Alimentación piensos salados	7
Pollos y pavos:	
En estabulización de ganado mayor, por limpieza	50-70

Tabla 3-10. Dotación de agua en granjas

1.4.3. Consumos diversos

Para terminar este apartado, y como información de consumos, entre un gran número de tablas y parámetros que figuran en el manual técnico «TRATAMIENTO DE AGUA PARA LA INDUSTRIA Y OTROS USOS» de Eskel Nordell (THE PERMUTIT Company INC. PARAMUS N.J., USA), se transcribe la siguiente tabla 3-11.

Usuario o producto	Unidad	l/ud
Aceites comestibles	Por l	22
Alcohol	Por l	100
Aluminio	Por kg	1.330
Acero:		
Terminado	Por t	240.000
Cintas rolada en frío alta en carbón	Por t	230.000
Cinta rolada en frío	Por 5	22.500
Placa rolada en caliente	Por t neta	55.000
Acero rolado	Por t	300.000
Acero rolado	Por t neta	410.000
Hojalata	Por t	48.000
Carne:	Por cada 100 cerdos	
Empacadora		2.100
Rastro		2.100
Corrales	Por 4.000 m^2	600
Calderas	Por HP caldera	16

Usuario o producto	Unidad	l/ud
Campos petroleros	Por bbl crudo	684
Caballos	Por día/cabeza	45
Caballos muy trabajados	Por día/cabeza	90
Cervecerías	Por bbl	1.800
Cemento	Por t	2.800
Coque	Por t	13.600
Condensadores	Por kg vapor condensado	14-54
Cremerías y productos lácteos:	Por t	
Estación de recolección		1.520
Embotelladora		2.100
Quesería		1.700
Cremería		970
Condensación de leche		1.260
Leche en polvo (fábrica)		1.260
Usos generales		2.860
Destilerías	Por c/36 l grano fermentado	2.300
Destilerías	Por c/100 l alcohol grado 100	8.400
Destiladoras (agua enfriamiento)	Por c/100 l alcohol grado 100	120.000
Empacadoras:	Por cada 100 cajas	
Alubias		95.000
Betabel, maíz, chícharo		9.000
Calabacitas		
Chabacanos		30.000
Duraznos, peras		25.000
Espárragos		26.000
Espinacas		60.000
Ejotes		13.000
Sauerkraut		1.100
Succotash		47.000
Tomate (productos de)		26.000
Tomate entero		2.800
Uva (jugo de)		2.000
Uva picada		21.000
Explosivos	Por kg	750
Gasolina	Por l	7-10
Ganado	Por cabeza/día	44
Ganado, vacas lecheras	Por cabeza/día	50-130
Hospitales	Por cama/día	75-94
Jabón (fábricas)	Por t	2.000
Lavanderías:	Por kg	

Usuario o producto	Unidad	l/ud
Comerciales		32-45
Industriales		23
Miscelánea:		
Baños	Por baño	120
Duchas		8-40
Fregaderos de cocina		8.32
Fluxómetro, nuevo		15
Fluxómetro, viejjo		18,5
Caja agua baños		26
Grifos de lavadero		16-40
Lavabos		4-20
Municipios	Por hab/día	300
Petróleo, Refinerías	Por bbl/crudo	2.900

Tabla 3-11. Consumos en varias actividades industriales

Usuario o producto	Litros de agua por tonelada		
	(Máx.)	(Mín.)	(Prom.)
Pulpa de papel:			
Pulpa mecánica-periódicos	49.000	12.000	36.000
Pulpa mecánica-especial	190.000	19.000	110.000
Pulpa al sulfito:			
– sin blanquear	21.000	100.000	160.000
– blanqueada	230.000	160.000	190.000
– totalmente blanqueada	350.000	190.000	285.000
– periódicos, sin blanquear	500.000	260.000	350.000
– libros, bond, catálogos, sin blanquear	220.000	110.000	145.000
blanqueada	255.000	145.000	200.000
totalmente blanqueada	310.000	260.000	280.000
Pulpa a la soda:			
– sin blanquear	127.000	75.000	105.000
– blanqueada	150.000	48.000	98.000
– totalmente blanqueada	300.000	135.000	218.000

Usuario o producto	Litros de agua por tonelada		
	(Máx.)	(Mín.)	(Prom.)
Pulpa Kraft:			
– sin blanquear	214.000	44.000	130.000
– blanqueada	250.000	20.000	135.000
– totalmente blanqueada	350.000	340.000	342.000
Papel:			
– tapiz	45.000	3.300	24.000
– artículos de oficina	160.000	24.000	55.000
– empaques kraft	60.000	7.500	34.000
– cartulinas	114.000	25.000	95.000
– cordelería			375.000
Papel bond	640.000	45.000	160.000
Papel libro	340.000	20.000	105.000
Papel kraft	320.000	55.000	135.000
Papel tela (papeles finos)	640.000	105.000	320.000
Papel tisú	187.000	30.000	11.000
Papel periódico	125.000	35.000	83.000

Tabla 3-12. Consumos en la industrial del papel

Usuario o producto	Unidad	l/ud
Pólvora sin humo	Por t	190.000
Transportes (ferrocarril)	Por t/km	2
Tenerías:	Por 50 kg cuero crudo	
Taninos		3.000
Cromo		3.000
Textiles:	Por t procesada	
Algodón-encolado		6.200
Algodón-desencolado		132.000
Algodón-remojo		9.000
Algodón-blanqueo		2.400
Algodón-marceración		2.400
Algodón-mercerizado		224.000
Impresión		120.000
Rayón		1.200
Tejido de punto rayón		67.000
Teñido medias de seda	Por kg	28
Lana-blanqueo	Por kg	160
Lana-acabado	Por kg	525

Usuario o producto	Unidad	l/ud
Teñido-básico	Por t	135.000
Teñido-directo	Por t	48.000
Teñido-en cuba	Por t	142.000
Teñido-sulfurado	Por t	41.000
Teñido-desarrollado	Por t	108.000
Teñido-naftol	Por t	34.000

Tabla 3-13. Consumos en tanerías, textiles y otras

2. INTENSIDAD DE LLUVIA

Las cifras anteriores son aproximadas, pero suficientes para un estudio previo, sin análisis o investigación mas detalladas, en el caso concreto sobre el que se actue.

A todos los valores anteriores deberá aplicarse una corrección, en función de los factores que pueden influir sobre la demanda, según se indica en la tabla 3-14.

FACTOR	Modificación sobre demanda %
Presión en red ±	± 10
Calidad de las aguas ±	± 5
Coste del agua ±	± 20
Sin red de saneamiento	– 10
Ausencia de contadores	+ 20 a + 80

Tabla 3-14. Factores que afectan a la demanda

La primera característica a contemplar en la intensidad de lluvia es su variación en el tiempo. Será preciso, en consecuencia, analizar qué intensidad de lluvia habrá que contemplar en cada caso.

En zonas de contacto con el campo bastará adoptar las precipitaciones ocurridas o rebasadas varias veces al año, aunque ello determine la producción de algunas inundaciones de breve duración.

En las pequeñas poblaciones y pueblos rurales es aconsejable adoptar este último caudal de lluvia para el cálculo, si bien para decidir cuántas inundaciones al año son admisibles hay que comparar el valor de los perjuicios que pueden causarse con el sobreprecio de las alcantarillas de mayor sección.

Es decir, conviene admitir el caudal de lluvias ordinarias y no el de chubascos extraordinarias y menos el de tormentas máximas que conviene aplicar en los casos de grandes poblaciones.

Estos caudales se dan en litros por segundo y por hectárea (l/s/ha) en lugar de milímetros por minutos (mm/min) con que se expresan en Meteorología.

Las equivalencias son:

1 mm/min = 166'67 l/s/h

1 l/s/ha = 0,0001 mm/s = 0,006 mm/min = 0,36 mm/hora

En los ramales cortos son los aguaceros breves y violentos los que dan el caudal mayor. En los de gran longitud son las lluvias persistentes y pausadas las que lo determinan.

Las observaciones ponen de manifiesto que el caudal o altura pluviométrica decrece rápidamente del centro a la periferia en el área que recoge la lluvia; y aunque FRÜHLING ha llegado a deducir la fórmula:

$$C_f = 1 - 0{,}004\sqrt{L}$$

en la que C_f es la relación de la precipitación en un punto situado a la distancia L en metros del centro, a la precipitación en dicho centro, no se tiene en cuenta este hecho al calcular el caudal de los ramales de alcantarilla, pero sí en emisarios.

Para el cálculo de toda la red es preciso recurrir a lo que se llama serie de lluvias equivalentes, o sea series de aguaceros de diferente duración, que en un año han sido observados con igual frecuencia.

La figura 3-2 muestra la relación gráfica de intensidades y duración de lluvias en un año dado. La intensidad disminuye con el aumento de duración de las lluvias.

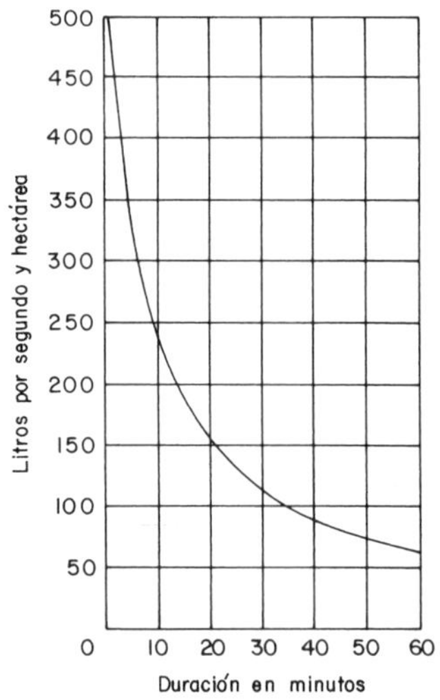

Fig. 3-2. *Relación de intensidades y duración de lluvias.*

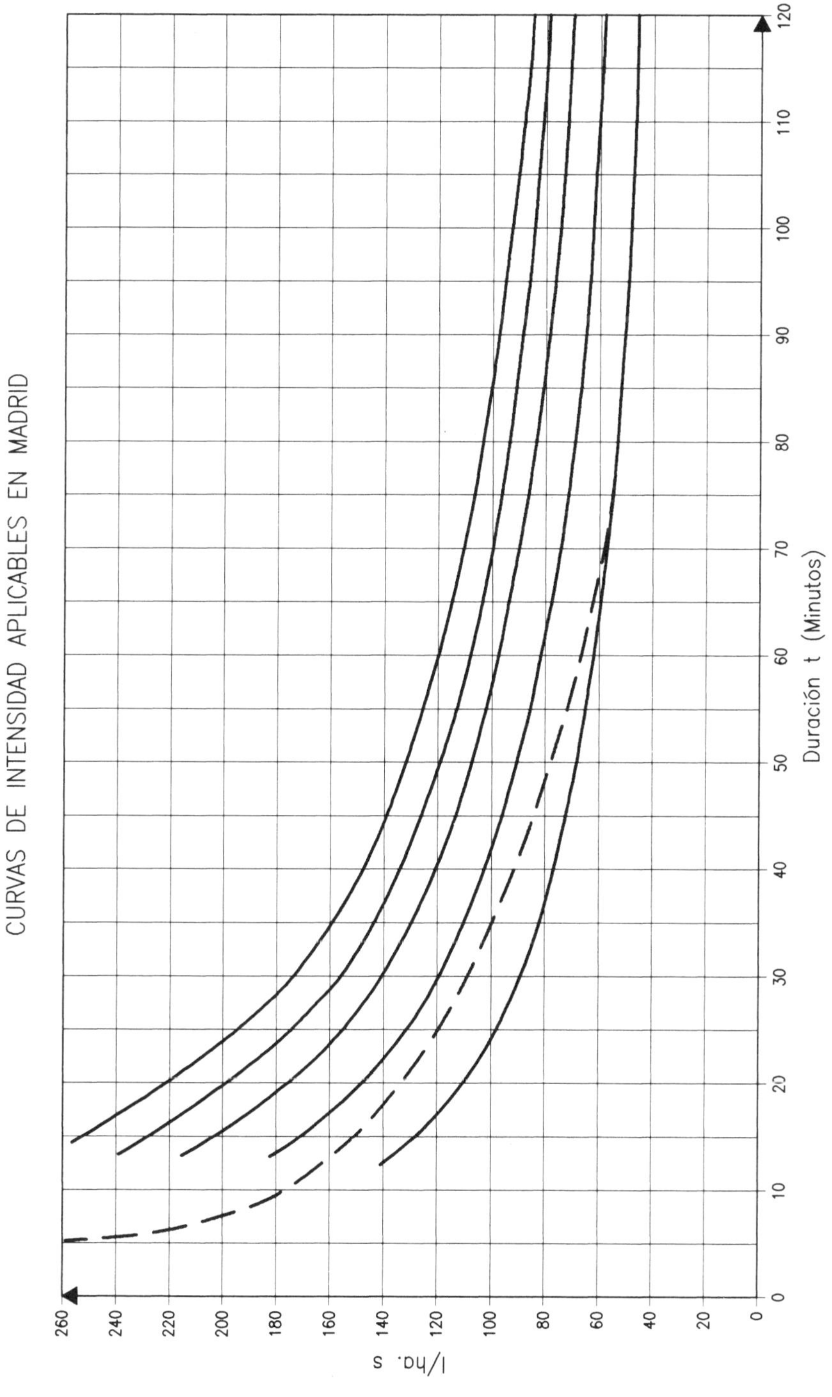

Fig. 3-3. *Gráfico de lluvias equivalentes para la zona de Madrid.*

Las lluvias registradas por los pluviógrafos se dividen en chubascos de 0 a 5, de 5 a 10, de 10 a 15, etc., minutos de duración. Se halla para cada uno la cantidad de lluvia de l/s/ha y se buscan los aguaceros que, dentro de las duraciones indicadas, han ocurrido una, dos o más veces al año, o cada dos años.

Con el fin de tener en cuenta estas evoluciones se obtienen los gráficos de lluvias equivalentes, como el que se acompaña, figura 3-3, referente a Madrid. Para otros puntos de España consúltese el «Manual de drenaje» (AURELIO HERNÁNDEZ. Editorial Bizcaína, 1979).

El conocimiento de las lluvias de la zona es de primordial importancia para el dimensionamiento de la red. Deberá disponerse de datos del observatorio más próximo.

Los datos que se manejan normalmente son intensidades de lluvias diarias, el paso de éstas a la intensidad, de aguacero se realiza mediante las curvas intensidad-duración.

$$\frac{I}{I_d} = \left(\frac{I_h}{I_d}\right)^{\left(\frac{28^{0,1} - D^{0,1}}{0,4}\right)}$$

donde:

I (mm/h) – Intensidad para un tiempo D

I_d (mm/h) – Intensidad diaria

I_h (mm/h) – Intensidad horaria

D (h) – Duración del aguacero

Las curvas son función del parámetro I_h/I_d, que es característico de cada lugar y que representa la relación de la intensidad horaria a la diaria del mismo período de retorno.

La inundación de una zona es uno de los problemas de la red de alcantarillado. La justificación es que, por encima de las previsiones, ha llovido mucho, o bien que había que aumentar la capacidad de la red, pero al ser las inversiones elevadas, se acepta el riesgo.

2.1. PERIODO DE RETORNO

La adopción técnica de una mayor o menor lluvia se manifiesta en el concepto de período de retorno. El período de retorno de un suceso se define como el tiempo que, como promedio, separa a las diferentes repeticiones de un determinado aguacero.

En la figura 3-4 se observa la evolución de una intensidad de lluvia durante un tiempo de observación. Se define el suceso como la superación del valor i_p. El período de retorno sería la media de t_1, t_2, etc..., es decir, la media de las distancias que separan los puntos de cruce de la recta $i = i_p$ con las ramas ascendentes de la curva. Lo mismo pasaría con el valor i_z, con valor promedio superior.

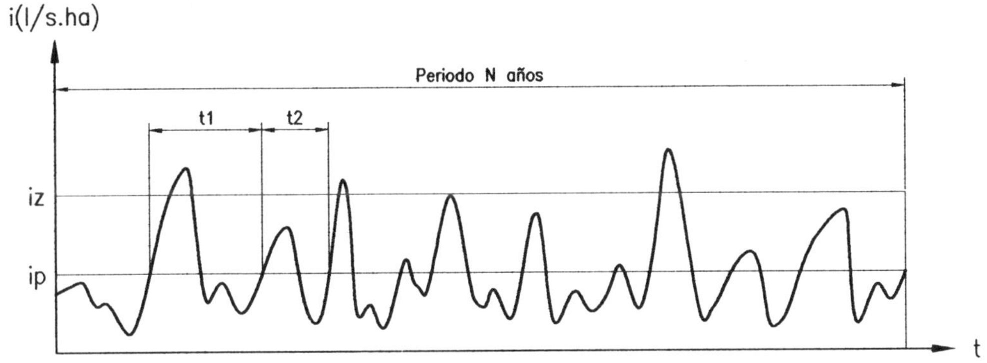

Fig. 3-4. *Variación temporal de la intensidad de lluvia.*

Si en un período de N años se toman los registros pluviométricos de una estación metereológica, de los que se selecciona la serie anual, cuyos términos representan las intensidades medias máximas en cada uno de estos años durante, por ejemplo, el intervalo de referencia de $\Delta t = t_x$ horas.

Si se ordenan los valores de los N años, por valores ascendentes, se tiene i_1, i_2, i_3, ..., i_z, ..., i_N.

La frecuencia o probabilidad de alcanzar en el período una precipitación i_Z, será

$$F = \frac{N - Z + 1}{N}$$

Se denomina período de retorno, o intervalo de recurrencia, a la inversa de dicha frecuencia.

$$T = \frac{1}{F} = \frac{N}{N - Z + 1}$$

Si los valores de intensidad iguales o superiores a i_Z son 4 y el período N = 40 años, la frecuencia de que se da el suceso será

$$F = \frac{4}{40,}$$

y el período de retorno T = 10. Es decir la intensidad i_p tiene un período de retorno T = 10 años, cuando el valor i_p se alcanza una vez cada 10 años.

Si F = 1/T es la probabilidad de que aparezca una lluvia i_p, la probabilidad de que no aparezca en un año será

$F_n = (1 - \frac{1}{T})$, y la probabilidad de que no aparezca en x años, será

$F_m(x) = (1 - \frac{1}{T})^x$, y la probabilidad que dicha precipitación se de en x años,

$$F_{(x)} = 1 - (1 - \frac{1}{T})^x$$

En la expresión anterior:

T, es el período de retorno en años

x, tiempo de funcionamiento sin fallos

F (x), el riesgo de fallo.

Se dan los siguientes valores orientativos para el período de retorno:

- Para emisarios y colectores principales .... 25 años
- Para zonas de alto valor del suelo (zonas históricas, zonas comerciales en centros urbanos, etc.) .... de 10 a 20 años
- Para zonas de riqueza media del suelo (zonas de residencia habitual)... de 5 a 10 años
- Para zonas de riqueza baja del suelo (baja densidad) demográfica, residencias aisladas, parques)......................... 2 años

2.2. FORMULAS EXPERIMENTALES DEL CALCULO DE LA INTENSIDAD

Existen numerosas fórmulas empíricas para determinar la intensidad de lluvia. Deberá tenerse en cuenta en estos casos que dichas fórmulas son aplicables a algunas zonas sobre las que se ha establecido dicho modelo.

Algunas de estas fórmulas son:

$$I = \frac{100}{t + 20} \text{ cm/hora}$$

para chubascos de duración entre 20 y 100 minutos, siendo I intensidad de la lluvia en cm/hora; t, tiempo en minutos.

$$I = \frac{100}{t + 30} \text{ cm/hora}$$

para chubascos de duración entre 5 y 20 minutos.

En 1935, E. G. BILHAM publicó la siguiente fórmula:

$$n = 1{,}25\ T\ (2{,}5\ r + 0{,}1)^{-3{,}55}$$

n = número de tormentas de una intensidad dada en diez años.

T = tiempo de duración en horas.

r = lluvia total en cm en el intervalo T.

$$I = \frac{27\ N^{0{,}2817}}{t^{0{,}7183}} - \frac{6}{t}$$

I = intensidad en cm por hora.

N = período de recurrencia de lluvias de una intensidad determinada.

t = duración de la precipitación en minutos.

$$I = \frac{17{,}78\ N^{0{,}33}}{t^{0{,}66}}$$

con la misma significación de sus variables.

Para España se recomienda la utilización de la fórmula:

$$I = C_1 \ .\ n^{C_2} \ .\ t^{C_3}$$

siendo:

C_1, C_2 y C_3 los coeficientes dados en la tabla 3.15.

n = período de retorno de una lluvia de una intensidad dada.

DATOS DE ENTRADA		DETERMINACION DE LOS COEFICIENTES			
Intensidad horaria mm/h	Precipitaciones en 24 horas mm	C_1		C_2	C_3
		valor máximo	valor tipo		
20-30	40	250	116	0,44	–0,51
20-30	50	264	122	0,42	–0,52
20-30	60	264	122	0,42	–0,50
20-30	70	278	128	0,40	–0,52
30-40	60	292	133	0,44	–0,50
30-40	70	305	142	0,44	–0,50
30-40	80	333	153	0,42	–0,51
30-40	90	333	153	0,42	–0,50
30-40	100	361	167	0,42	–0,52
40-50	90	389	178	0,44	–0,50
40-50	100	403	186	0,42	–0,50
40-50	110	418	192	0,42	–0,50
40-50	120	431	197	0,40	–0,50
50-60	110	472	217	0,44	–0,50
50-60	120	486	222	0,44	–0,51
50-60	130	500	231	0,42	–0,51
50-60	140	595	256	0,42	–0,52
60-70	130	555	256	0,44	–0,52
60-70	140	569	261	0,42	–0,52
60-70	150	583	278	0,42	–0,54
70-80	160	638	294	0,44	–0,50
70-80	170	652	300	0,42	–0,50
70-80	180	667	306	0,42	–0,50

Tabla 3-15. Coeficientes C_1, C_2 y C_3 para determinar la intensidad

t = tiempo de duración del aguacero en minutos.

I = intensidad en l/s . ha.

La intensidad horaria y la precipitación en 24 horas serán datos base a conseguir en el Servicio Meteorológico, o ver datos por zonas en el citado «Manual de drenaje».

2.3. RELACION DE PRECIPITACIONES MAXIMAS DIARIAS

Para poder establecer las enormes variaciones, que pueden producirse en un punto, en relación con las precipitaciones, se acompañan datos estadísticos publicados por el INM en el Calendario Meteorológico 1991.

Compárense los valores medios en 24 horas en mm con la relación de precipitaciones máximas diarias registradas en un día, en mm. Dedúzcase después los valores medios de precipitación en mm por día en el período 1989-1990, al dividir la precipitación total en cada mes por el número de días de precipitación.

	AÑO	DIA	MES	PRECIP.	ESTACION	PROVINCIA
A	1901	26	11	200	Málaga	MALAGA
A	1902	27	06	87	Albacete	ALBACETE
A	1903	22	09	95	Montserrat	BARCELONA
A	1904	08	07	104	Valladolid	VALLADOLID
A	1905	24	01	183	Montserrat	BARCELONA
A	1906	10	09	110	Bilbao	BILBAO
A	1907	23	09	124	Huelva	HUELVA
A	1908	31	05	97	Huesca	HUESCA
A	1909	21	12	92	Santiago de Compostela	LA CORUÑA
A	1910	20	09	114	Barcelona	BARCELONA
A	1911	16	10	187	Castellón	CASTELLON
A	1912	29	04	191	Cañada de las Fuentes	JAEN
A	1913	29	09	262	S. Feliu de Llobregat	BARCELONA
A	1914	26	01	400	Gabar	ALMERIA
A	1915	17	04	314	Cabo Sacratif - Faro	GRANADA
A	1916	29	11	352	Anna	VALENCIA
A	1917	31	03	245	Islas Cíes - Faro	PONTEVEDRA
A	1918	18	11	234	Sierra Engarceran	CASTELLON
A	1919	30	09	287	Carlet	VALENCIA
A	1920	14	12	482	Ayamonte - Faro	HUELVA
A		13	04	213	Grazalema	CADIZ
A		18	02	213	S. Juan de Peñagolosa	CASTELLON
A	1921	01	12	265	Barbate	CADIZ
A	1922	16	10	319	Zucaína	CASTELLON
A	1923	31	10	291	Casa del Pico - Jalance	VALENCIA
A	1924	09	02	420	Castillejo del Romeral	CUENCA
A		18	10	314	Luchente	VALENCIA
A	1925	13	11	247	Luchente	VALENCIA
A	1926	01	09	224	Sabadell	BARCELONA
A	1927	24	08	382	Cabo Mayor - Faro	SANTANDER
A		29	08	320	Peña de Francia	SALAMANCA
A	1928	24	08	240	Cabo de Vares	LA CORUÑA
A	1929	20	10	600	Cabo Mayor - Faro	SANTANDER
A		19	09	218	Casabermeja	MALAGA
A	1930	18	10	340	Montblanch	TARRAGONA
A	1931	29	09	235	Monachil	GRANADA
A		25	12	200	Cabo Salinas - Faro	BALEARES
A	1932	12	06	356	Pantano de Sotonera	HUESCA
A	1933	27	07	418	Brunete	MADRID
A		22	05	370	Barcenillas de Ribero	BURGOS
A	1934	01	05	250	Pantano de Sotonera	HUESCA
A	1935	25	12	280	Candeleda	AVILA
A	1936	26	05	500	Azara	HUESCA
A		18	02	202	El Arenal	AVILA

RELACION DE PRECIPITACIONES MAXIMAS REGISTRADAS EN UN DIA, EN MILIMETROS

	AÑO	DIA	MES	PRECIP.	ESTACION	PROVINCIA
A	1937	26	10	270	Seira	HUESCA
A	1938	20	09	142	La Estrada	PONTEVEDRA
CEN		20	10	170	Breda	GERONA
A	1939	06	11	165	La Estrada	PONTEVEDRA
A	1940	18	10	280	Baget	GERONA
CEN		29	09	460	Escorca Gorg Blau	BALEARES
A	1941	23	01	315	Grazalema	CADIZ
A	1942	22	03	239	Gerona	GERONA
CEN		17	04	270	Bunyola Alqueria D'Aval	BALEARES
A	1943	05	12	385	Monçada i Reixac	BARCELONA
A	1944	25	02	348	Tuxan La Llagosta	BARCELONA
A	1945	19	11	331	Castellfort	CASTELLON
A	1946	26	10	203	Santa Bárbara	TARRAGONA
A	1947	04	02	335	Grazalema	CADIZ
A	1948	24	12	365	Puebla de Benifasar	CASTELLON
A	1949	15	02	238	Benitagla	ALMERIA
A	1950	17	10	211	Serra - Porta Coeli	VALENCIA
A	1951	06	03	342	Baring	VALENCIA
A	1952	28	08	400	Puebla de Valverde	TERUEL
A		14	09	201	Libardon	OVIEDO
A	1953	14	11	260	Pego	ALICANTE
A		14	11	260	Montichelvo	VALENCIA
A	1954	07	11	262	Buitrago	MADRID
A		11	03	190	Hervas	CACERES
A	1955	30	10	286	Maruján	MALAGA
A	1956	18	11	284	Meliana H.L.	VALENCIA
A	1957	03	10	410	Cabo de S. Antonio	ALICANTE
A	1958	27	10	370	Játiva	VALENCIA
A	1959	06	03	315	Mondoñedo	LUGO
CEN		21	10	320	Sóller	BALEARES
B	1960	09	03	265	Grazalema	CADIZ
B	1961	31	10	250	Denia	ALICANTE
B	1962	25	09	259	Martorellas	BARCELONA
B	1963	14	11	236	El Hornillo	AVILA
T		22	03	400	Cigoitia - Letona	ALAVA
CEN		11	02	261	Grazalema	CADIZ
B	1964	22	10	191	Valldemossa - Son Mas	BALEARES
B	1965	07	10	293	Valderrobres - Pno. Peña	TERUEL
B	1966	20	01	227	Grazalema	CADIZ
B	1967	08	09	305	Vergel - Racons	ALICANTE
B	1968	17	12	254	Grazalema	CADIZ
B	1969	06	10	411	Sierra de Yeguas	MALAGA
B	1970	10	10	230	Riudavella	TARRAGONA
B	1971	20	09	308	Esparraguera	BARCELONA

RELACION DE PRECIPITACIONES MAXIMAS REGISTRADAS EN UN DIA, EN MILIMETROS

RELACION DE PRECIPITACIONES MAXIMAS REGISTRADAS EN UN DIA, EN MILIMETROS

	AÑO	DIA	MES	PRECIP.	ESTACION	PROVINCIA
B	1972	20	09	307	S. Carlos de la Rápita	TARRAGONA
B	1973	19	10	600	Albuñol	GRANADA
B		19	10	600	Zurgena	ALMERIA
B	1974	29	03	275	Escorca Son Torrel	BALEARES
B	1975	06	11	220	Artá - Ses Pastora	BALEARES
B	1976	11	10	306	Salobreña - Guadalfeo	GRANADA
T	1977	25	10	226	Millares	VALENCIA
T	1978	18	10	260	Escorca Lluc	BALEARES
CEN	1979	21	12	304	Fornalutx Binirrossi	BALEARES
CEN	1980	27	12	315	Sóller Biniaraix	BALEARES
T	1981	21	12	222	Grazalema	CADIZ
T	1982	20	10	426	jalance Agrometeorolog.	VALENCIA
T		20	10	426	Cofrentes Finca Dorada	VALENCIA
T	1983	06	11	410	Alginet	VALENCIA
CEN		26	08	503	Larrasquitu	VIZCAYA
T	1984	26	02	208	Alhaurín de la Torre	MALAGA
T	1985	15	11	373	Pedreguer	ALICANTE
CEN	1986	29	09	350	Alcoy - Juan XXIII	ALICANTE
CEN	1987	03	11	817	Oliva	VALENCIA
CEN	1988	30	09	259	Tormos	ALICANTE
CEN	1989	04	09	256	Taberna CHJ	ALICANTE

A = Anuario
B = Boletín Climatológico Mensual
T = Tarjetas Climatológicas Anuales
CEN = Datos facilitados por el CENTRO METEREOLOGICO ZONAL

PRECIPITACION TOTAL, EN MILIMETROS

Nombre de la Estación	1989				1990								Año
	Sep.	Oct.	Nov.	Dic.	Ene.	Feb.	Mar.	Abr.	May.	Jun.	Jul.	Ago.	
Monteventoso	15	66	256	219	188	168	32	142	45	61	37	11	1.240
La Coruña	6	66	122	222	115	77	8	64	32	25	13	9	759
Lugo-Aerop.	16	100	128	225	103	60	13	74	29	28	6	24	805
S. Compostela-Aerop.	12	138	324	510	188	208	16	108	31	27	14	12	1.587
Pontevedra	–	–	–	–	–	–	–	–	–	–	–	–	–
Vigo-Aerop.	5	161	342	355	246	137	25	140	37	28	26	13	1.513
Orense	8	86	153	181	96	39	21	41	20	35	0,7	36	717
Ponferrada	30	70	88	151	72	21	10	24	48	27	13	46	608
Avilés-Aerop.	13	20	106	75	50	51	30	195	58	62	11	30	699
Gijón	15	24	64	42	55	18	28	126	64	44	18	11	509
Oviedo	23	16	76	44	31	29	44	166	57	57	25	34	603

PRECIPITACION TOTAL, EN MILIMETROS

Nombre de la Estación	1989				1990								Año
	Sep.	Oct.	Nov.	Dic.	Ene.	Feb.	Mar.	Abr.	May.	Jun.	Jul.	Ago.	
Santander-Aerop.	15	20	116	17	122	19	23	240	48	70	29	48	766
Santander	30	20	110	16	114	22	24	239	61	79	30	42	786
Bilbao-Aerop.	35	24	159	14	87	39	32	216	47	69	41	46	808
San Sebastián	110	36	144	22	176	56	37	271	114	123	68	69	1.226
San Sebastián-Aerop.	97	41	134	34	187	87	36	357	101	136	21	56	1.287
León-Aeród.	15	33	166	222	42	11	20	38	37	39	24	24	670
Zamora	26	24	99	97	29	5	6	33	33	34	11	26	423
Burgos-Aeród.	35	8	74	103	50	19	4	75	73	62	10	26	537
Valladolid-Aeród.	32	29	119	150	31	8	3	39	61	25	14	10	520
Valladolid	28	24	116	153	28	11	2	50	41	39	7	10	508
Soria	15	11	78	96	27	9	23	29	82	53	16	22	461
Salamanca-Aeród.	8	16	94	112	25	8	8	32	24	56	18	11	412
Avila	93	14	159	123	18	1	21	38	22	67	6	54	618
Segovia	23	15	83	89	35	3	17	39	31	36	10	3	383
Navacerrada	44	43	481	300	78	6	37	105	20	21	63	10	1.208
Madrid (Barajas)	42	6	110	107	28	0,5	24	32	15	4	5	24	397
Madrid (Retiro)	38	6	146	139	29	0,5	29	44	18	3	12	8	472
Guadalajara	22	11	72	86	35	IP	16	39	10	1	4	18	313
Toledo	27	14	77	94	23	0,3	12	36	10	0	6	2	302
Cuenca	44	16	88	82	28	0	18	42	11	26	9	38	402
Molina de Aragón	32	12	47	89	32	0	19	20	17	23	4	38	332
Ciudad Real	18	24	122	76	41	IP	17	52	13	0	18	4	386
Albacete-Aeród.	103	15	69	54	28	0	22	78	43	0,3	18	6	436
Cáceres	19	30	193	285	53	8	17	93	15	IP	IP	IP	713
Badajoz-Aeród.	32	97	164	233	39	2	22	93	4	0	IP	IP	686
Vitoria-Aerop.	22	8	111	27	34	9	13	148	63	45	17	29	525
Logroño	22	10	28	19	20	5	2	36	79	73	10	18	323
Logroño-Aeród.	10	10	29	20	20	4	2	33	58	74	11	16	287
Noain-Pamplona	16	5	90	17	30	13	6	97	88	65	15	34	475
Huesca-Aeród.	77	12	89	46	16	4	2	37	75	71	12	5	446
Daroca	41	5	44	52	42	0,3	9	37	34	68	23	38	392
Zaragoza-Aerop.	6	4	68	23	11	IP	4	37	79	27	58	11	327
Calamocha	14	9	50	36	19	0	7	17	35	87	12	79	365
Teruel	69	14	55	36	14	IP	8	30	23	27	19	85	379
Lérida	51	13	68	5	7	0,5	2	19	46	42	5	12	270
Gerona-Aerop.	69	28	307	46	28	1	26	100	66	76	97	49	892
La Molina	75	49	125	87	15	6	26	78	132	123	81	120	916
Barcelona	–	–	–	–	–	–	–	–	–	–	–	–	–
Barcelona-Aerop.	61	8	122	26	10	–	–	–	–	–	–	–	–
Tarragona	–	–	–	–	–	–	–	–	–	–	–	–	–
Tortosa	135	6	184	99	41	1	1	15	37	56	7	60	642
Montseny	–	–	–	–	–	–	–	–	–	–	–	–	–

PRECIPITACION TOTAL, EN MILIMETROS

Nombre de la Estación	1989				1990								Año
	Sep.	Oct.	Nov.	Dic.	Ene.	Feb.	Mar.	Abr.	May.	Jun.	Jul.	Ago.	
Castellón	305	10	155	211	43	1	13	48	31	30	0,6	4	851
Valencia-Aerop.	275	49	199	187	90	IP	12	50	30	8	126	0,9	1.026
Valencia	260	29	194	207	90	IP	12	35	45	7	7	3	888
Alicante-Aerop.	173	16	47	53	43	0	39	36	58	2	7	20	493
Alicante	202	11	35	171	38	0	21	41	52	2	3	16	591
Alcantarilla	131	10	19	50	56	IP	75	38	37	1	1	IP	420
Murcia	109	8	18	61	61	IP	54	40	47	2	5	0,2	404
San Javier	254	9	20	106	100	0	44	85	55	0,3	4	0,6	678
Tablada	24	107	280	252	93	0	12	126	0	0,2	0	IP	895
Sevilla-Aerop.	31	144	294	258	63	0	16	152	0,5	0	0	0	959
Córdoba-Aerop.	41	53	307	125	74	0	21	121	1	0	2	2	746
Granada-Aerop.	62	47	90	97	44	0	39	85	16	0,4	2	3	485
Huelva	44	105	221	333	54	0	29	73	5	0,1	0	0	865
Morón de la Frontera	25	58	293	185	76	5	14	164	8	IP	3	0,8	830
Jerez de la Frontera	7	54	242	232	62	0	13	75	12	0	0,3	IP	696
Cádiz	1	54	219	294	74	0	30	44	IP	1	–	0	–
San Fernando	–	–	–	–	–	–	–	–	–	–	–	–	–
Málaga-Aerop.	107	74	85	55	11	0	11	44	5	0,8	2	IP	395
Almería-Aerop.	107	74	85	55	11	0	11	44	5	0,8	2	IP	395
P. Mallorca-Aerop.	63	3	86	64	48	3	35	46	3	37	2	27	417
Pollensa	61	9	42	64	72	6	69	104	16	3	IP	34	481
Mahón-Aerop.	44	9	66	86	80	4	44	61	15	8	IP	0,7	418
Ibiza-Aerop.	110	6	64	95	92	0	34	73	9	2	4	22	511
S.C. Tenerife	0,8	19	102	209	21	0	21	25	7	IP	00	IP	404
Tenerife Norte	5	110	260	252	36	IP	38	91	45	12	0,5	0,8	850
Tenerife Sur	0,4	54	109	84	3	0	34	6	0	0	0	0	290
Izaña	13	76	149	148	35	0	189	37	50	IP	2	0	699
Las Palmas-Aerop.	IP	20	96	6	3	0	20	4	0	0,2	0	0	148
Fuerteventura-Aerop.	IP	9	48	52	10	0	17	9	2	0	0,6	0	148
Lanzarote-Aerop.	0,1	12	81	81	20	0	15	9	2	IP	0	0	219
La Palma-Aerop.	9	33	98	44	10	0,1	162	19	0,8	IP	0	0,8	378
Hierro-Aerop.	0,9	24	94	62	1	0	38	0,8	10	0	0	Ip	230
Ceuta	11	127	182	390	71	0	–	–	14	1	0,8	0	–
Mellilla	35	48	18	61	160	0	19	47	20	1	0,5	0	409

NUMERO DE DIAS DE PRECIPITACION

Nombre de la Estación	1989				1990								Año
	Sep.	Oct.	Nov.	Dic.	Ene.	Feb.	Mar.	Abr.	May.	Jun.	Jul.	Ago.	
Monteventoso	3	8	24	18	19	21	7	19	10	11	7	6	153
La Coruña	5	8	26	22	19	22	8	21	13	14	7	8	173
Lugo-Aerop.	5	11	23	22	17	13	6	22	11	7	6	8	151
S. Compostela-Aerop.	3	9	26	25	20	23	9	21	14	11	6	6	173
Pontevedra	–	–	–	–	–	–	–	–	–	–	–	–	–
Vigo-Aerop.	2	10	24	23	17	20	5	17	9	11	8	5	151
Orense	6	10	24	26	15	13	6	17	13	8	4	6	148
Ponferrada	3	11	25	28	15	14	6	18	13	8	6	7	154
Avilés-Aerop.	6	10	19	16	12	13	10	23	11	17	8	9	154
Gijón	10	10	21	19	12	13	11	22	12	17	11	7	165
Oviedo	10	7	18	18	12	12	10	22	15	13	7	10	154
Santander-Aerop.	9	8	18	10	13	12	13	24	9	15	9	7	147
Santander	12	10	24	11	15	16	14	24	12	19	9	9	175
Bilbao-Aerop.	10	8	15	12	12	12	13	24	12	14	9	12	153
San Sebastián	12	9	18	7	17	16	12	26	12	23	11	12	175
San Sebastián-Aerop.	8	6	15	6	15	12	11	25	11	20	10	9	148
León-Aeród.	5	9	22	26	11	10	7	11	14	9	6	8	138
Zamora	3	6	19	23	10	9	5	12	11	5	7	7	117
Burgos-Aeród.	5	6	20	17	14	10	14	16	15	11	8	11	147
Valladolid-Aeród.	4	6	22	23	12	7	2	12	10	6	6	6	116
Valladolid	3	7	21	25	11	9	3	13	13	8	8	8	129
Soria	6	4	19	22	17	9	6	18	11	9	7	8	136
Salamanca-Aeród.	4	8	21	22	12	8	5	14	11	8	4	5	122
Avila	6	6	20	23	7	3	5	16	8	7	7	8	116
Segovia	5	3	19	20	14	5	4	14	11	8	8	8	119
Navacerrada	7	5	24	26	13	5	10	17	7	8	7	7	136
Madrid (Barajas)	6	5	19	21	7	1	6	14	7	3	4	4	97
Madrid (Retiro)	4	5	17	21	7	1	4	15	6	23	5	4	91
Guadalajara	4	3	17	23	9	1	5	16	7	3	3	4	95
Toledo	6	5	17	23	13	2	8	15	8	0	5	3	105
Cuenca	5	3	17	20	12	0	5	12	9	4	5	10	102
Molina de Aragón	7	2	19	18	13	0	5	13	9	7	6	8	107
Ciudad Real	7	5	16	22	9	1	9	16	6	0	5	5	101
Albacete-Aeród.	8	5	13	17	15	0	9	12	9	2	3	3	96
Cáceres	5	10	17	21	10	3	7	15	4	0	1	1	94
Badajoz-Aeród.	5	10	17	21	10	3	7	15	4	0	1	1	94
Vitoria-Aerop.	9	6	20	10	15	8	12	24	15	12	9	7	147
Logroño	7	7	21	14	15	10	11	23	13	12	7	8	148
Logroño-Aeród.	6	4	19	10	11	10	9	22	13	11	6	7	128
Noain-Pamplona	7	5	18	11	14	8	10	22	14	13	8	7	137
Huesca-Aeród.	6	3	19	11	10	3	1	11	11	11	2	5	93
Daroca	7	3	19	19	12	4	9	16	11	11	4	9	124
Zaragoza-Aerop.	5	2	15	14	11	2	4	12	12	10	4	6	97
Calamocha	6	3	15	13	9	0	5	12	10	11	2	7	93
Teruel	11	4	16	21	12	2	8	16	13	8	6	13	130

NUMERO DE DIAS DE PRECIPITACION

Nombre de la Estación	1989				1990								Año
	Sep.	Oct.	Nov.	Dic.	Ene.	Feb.	Mar.	Abr.	May.	Jun.	Jul.	Ago.	
Lérida	9	3	18	9	6	1	2	10	11	9	3	9	90
Gerona-Aerop.	9	4	12	15	7	2	5	17	13	9	6	11	110
La Molina	8	8	14	10	6	4	8	20	18	15	11	15	137
Barcelona	–	–	–	–	–	–	–	–	–	–	–	–	–
Barcelona-Aerop.	11	6	13	8	3	–	–	–	–	–	–	–	–
Tarragona	–	–	–	–	–	–	–	–	–	–	–	–	–
Tortosa	15	5	17	13	9	3	4	11	12	12	2	7	110
Montseny	–	–	–	–	–	–	–	–	–	–	–	–	–
Castellón	14	6	15	16	9	3	8	14	8	8	4	9	114
Valencia-Aerop.	12	9	18	15	10	2	11	13	8	5	6	5	114
Valencia	14	8	17	16	12	2	8	11	9	7	6	5	115
Alicante-Aerop.	12	2	14	15	13	0	10	12	9	2	3	3	95
Alicante	11	2	15	15	12	0	10	12	8	2	4	1	92
Alcantarilla	6	5	13	15	13	1	11	15	10	4	4	3	100
Murcia	9	4	15	14	13	1	12	13	9	3	4	1	98
San Javier	7	7	11	13	16	0	11	10	9	2	4	2	92
Tablada	4	12	15	19	8	0	9	12	0	1	0	1	81
Sevilla-Aerop.	5	10	16	21	6	0	8	14	4	0	0	0	84
Córdoba-Aerop.	6	9	18	20	9	0	9	15	1	0	1	2	90
Granada-Aerop.	8	4	16	22	8	0	8	14	4	2	3	4	93
Huelva	3	6	14	21	7	0	8	13	3	1	0	0	76
Morón de la Frontera	4	7	16	19	8	1	8	16	4	1	2	1	87
Jerez de la Frontera	4	7	15	17	10	0	7	11	4	0	1	1	77
Cádiz	3	7	15	16	8	0	8	9	3	3	–	0	–
San Fernando	–	–	–	–	–	–	–	–	–	–	–	–	–
Málaga-Aerop.	7	8	14	15	12	1	9	12	3	1	1	1	84
Almería-Aerop.	6	4	12	12	8	0	9	12	2	2	1	1	69
P. Mallorca-Aerop.	9	1	15	13	11	1	16	13	3	3	3	5	93
Pollensa	12	4	10	14	8	1	10	12	3	2	1	4	81
Mahón-Aerop.	10	3	11	9	13	1	11	12	4	2	1	2	79
Ibiza-Aerop.	14	5	15	14	17	0	14	12	7	4	2	5	109
S.C. Tenerife	6	12	16	14	12	0	5	12	4	1	0	2	84
Tenerife Norte	8	15	19	16	15	1	7	19	12	10	4	2	128
Tenerife Sur	2	2	7	9	3	0	5	4	0	0	0	0	32
Izaña	2	12	14	13	7	0	5	11	3	1	3	0	71
Las Palmas-Aerop.	1	11	14	7	8	0	2	12	0	5	0	0	60
Fuerteventura-Aerop.	1	4	7	10	6	0	3	9	3	0	1	0	44
Lanzarote-Aerop.	2	7	11	10	4	0	4	7	2	1	0	0	48
La Palma-Aerop.	10	9	16	10	9	1	5	14	1	1	0	2	78
Hierro-Aerop.	3	14	7	11	1	0	2	6	4	0	0	2	50
Ceuta	4	10	18	22	21	0	–	–	8	1	1	0	–
Melilla	5	10	12	16	19	0	11	13	10	6	1	0	103

Se acompaña igualmente el MAPA 3-1. Lluvias máximas en 24 horas.

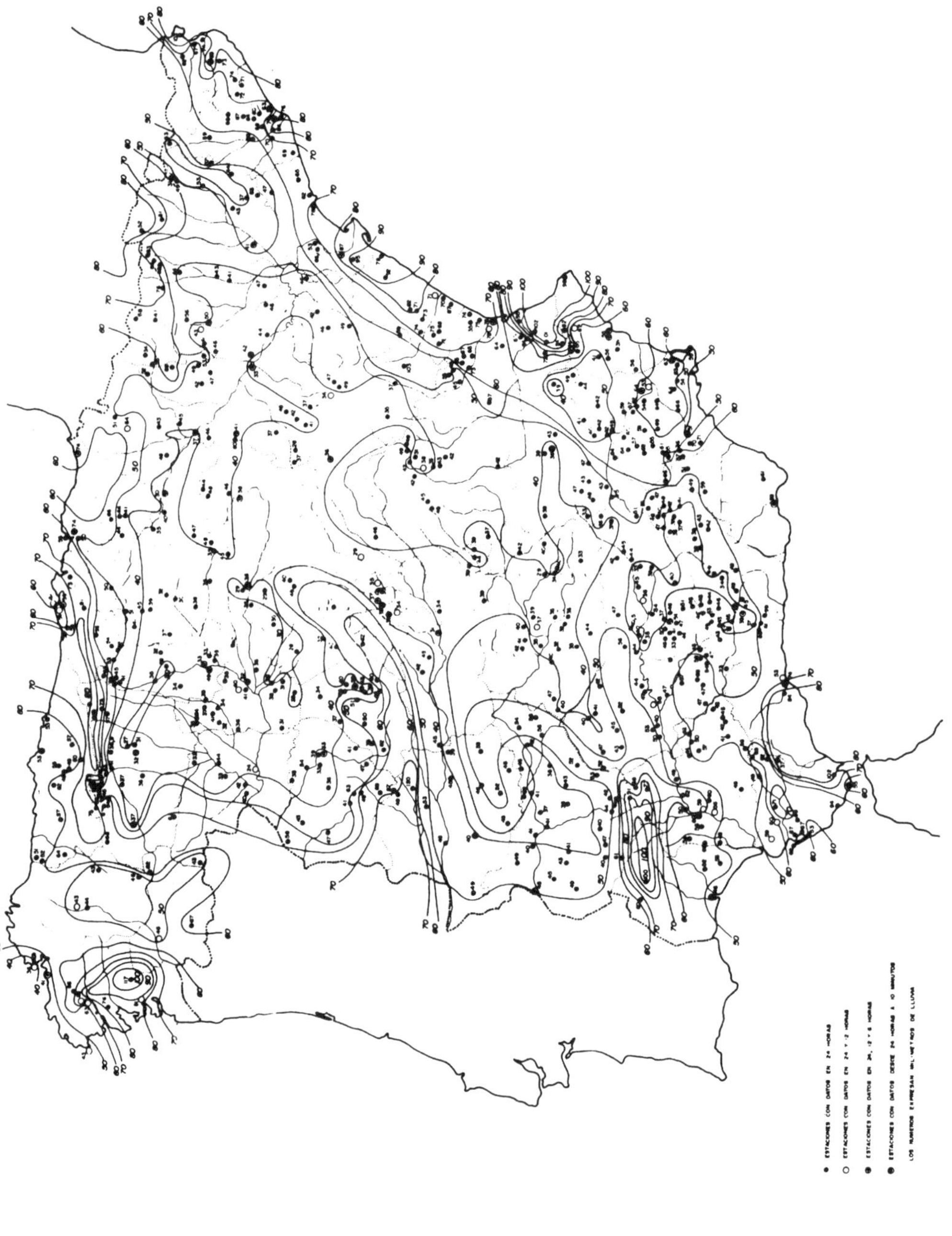

MAPA 3-1. *Lluvias máximas en 24 horas. Media de las máximas anuales.*

3. AREAS VERTIENTES

Una vez diseñado el trazado del alcantarillado, se procede al estudio de áreas vertientes que, en unión del de caudales de aguas a recibir, permitan realizar el cálculo hidráulico de secciones.

La manera de operar se puede resumir en el cuadro que se acompaña Tabla 3-16. Estudiando el sentido de circulación del agua se preparan las columnas como sigue.

En la primera columna se numeran las alcantarillas, siguiendo el sentido del agua, hacia aguas abajo.

Número de la alcantarilla	Superficie que vierte directamente en ella		Coeficiente de escorrentía adoptado	Caudal de aguas que puede recibir l/s				Pendiente		Secciones m	Velocidad m/s	Longitud	Alcantarilla en que desagua	Número de cámaras de limpieza	Número de registros	Número de sumideros		Observaciones
	ha			Extremo superior	Recorrido		Caudal total											
	Neta	Reducida		Total	Caudales de lluvia	Aguas negras		Medida del terreno	Uniforme de la alcantarilla							Centrales	Laterales	
(1)	(2)	(3)	(4)	(5)	(6)	(7)	(8)	(9)	(10)	(11)	(12)	(13)	(14)	(15)	(16)	(17)	(18)	(19)

Tabla 3-16. Cuadro de cálculo de una red de alcantarillas

Midiéndolas directamente sobre el plano de vertido (fig. 3-5) se determinan las superficies que recoge cada alcantarilla, que se consignan en la segunda columna.

En caso de no disponer de una definición correcta de vertidos, estas superficies se determinan trazando las bisectrices desde cada encuentro de alcantarillas, en forma análoga a lo prescrito para el estudio de las redes de agua, y limitando las superficies servidas por cada ramal, con una línea trazada en la mitad de cada manzana. El polígono formado por las diagonales y las líneas medias entre calles de la superficie, que teóricamente recoge directamente cada ramal de alcantarilla, da dichas superficies.

Y ello tanto para los caudales de aguas negras de la población alojada, también teóricamente en dicho polígono, como para los de aguas de lluvia.

El coeficiente de escorrentía adoptado en cada sector, que variará según la densidad de edificación, clase de pavimento, se consigna en la columna cuarta. Y el producto del mismo con las superficies netas de la columna segunda da las reducidas de la tercera.

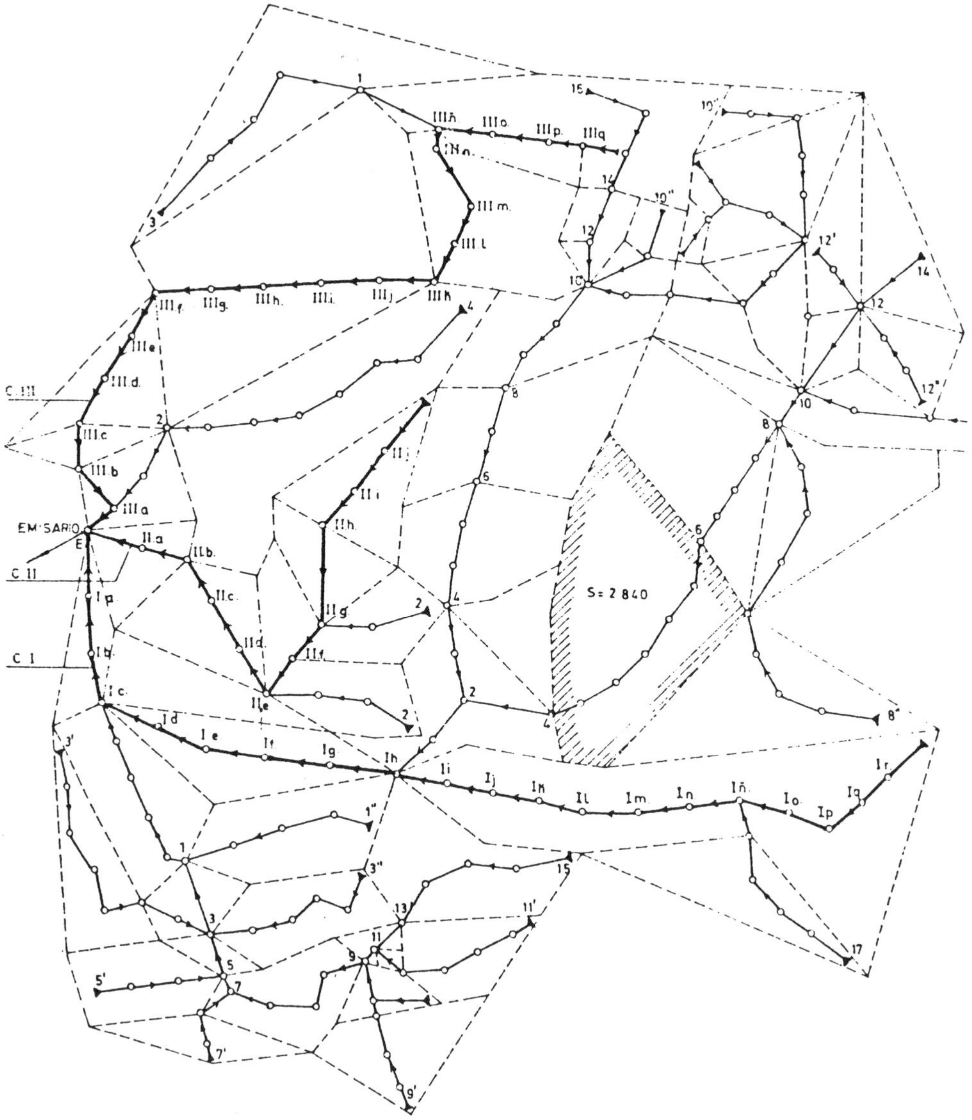

Fig. 3-5. *Determinación de superficies vertientes.*

El caudal que circula por cada tramo de alcantarilla se compone de los tres sumandos anotados en las columnas séptima, sexta y quinta, o sea, el de aguas negras, y el de lluvias recibidas directamente por el ramal y el que recibe por el extremo superior de la alcantarilla, aguas arriba. Sumados los tres caudales dan el total anotado en la columna octava.

En la columna novena se anota la pendiente media del terreno en cada calle.

La pendiente a dar a la alcantarilla se consigna en la columna diez. Y con ella y el caudal se determinan, por las fórmulas o ábacos correspondientes, la sección (en meros de diámetro, si es circular, o en sus dimensiones internas, si es oval), que se anota en la columna once, y la velocidad máxima en metros por segundo, inscrita en la doce.

Las casillas: Trece, de longitud: catorce, de indicación de la alcantarilla en que desagüe; quince, de número de cámara de limpia, y dieciséis, de número de registros, completan y detallan el cálculo y facilitan el presupuesto.

En las casillas diecisiete y dieciocho se indican el número de sumideros a prever en cada tramo y su emplazamiento en la calzada, si es que se prevén algunos en el centro de la misma.

Por último, en la diecinueve pueden hacerse observaciones.

Cuando se trata de cálculos de redes de colectores a prever en las expansiones de ciudades, el sistema de cálculo varía algo para hacer entrar en juego el retraso, si es preciso, y porque en los cálculos no hay que prever, de momento, nada más que los colectores. Y éstos con pendientes aproximadas, pues, en general, no suelen estar hechas las calles ni estudiadas siquiera las rasantes definitivas de las mismas.

4. COEFICIENTE DE ESCORRENTIA

Del agua de lluvia que cae sobre la superficie de la tierra, una parte se evapora, otra discurre por la superficie (escorrentía) y otra penetra en el terreno (infiltración).

Se define como coeficiente de escorrentía al cociente del caudal que discurre por la superficie en relación con el caudal total precipitado.

$$\varphi = \frac{Q_E}{Q_T}$$

La escorrentía dependerá de la zona urbana a que corresponda y a los materiales constituyentes de la superficie. Atendiendo a la zonificación pueden adoptarse los siguientes valores:

Zonificación	Coeficiente de escorrentía φ
Edificación cerrada	0,80
Edificación abierta	0,60
Edificación unifamiliar	0,40
Comercial	0,50
Industrial	0,50
Verdes	0,10
Remodelación	0,40
Especial	0,15

Tabla 3-17. Coeficiente de escorrentía y zonificación

En función de la superficie los coeficientes a adoptar son los dados en la tabla 3-18.

Los coeficientes de reducción φ, correspondientes a superficies f_1, f_2,..., de diferente naturaleza, pueden obtenerse por la fórmula:

$$\varphi F = \frac{\Sigma f \varphi}{\Sigma f}$$

De esta manera se obtienen, según la densidad de la edificación, los coeficientes dados en la tabla 3-19.

La escorrentía será variable a lo largo del tiempo dependiendo de la saturación del terreno. Dado que la lluvia se produce a lo largo de un tiempo, la capacidad de infiltración variará desde un valor f_0 correspondiente al suelo completamente seco hasta un valor f_c para suelo saturado. Para definir la curva de capacidad de infiltración se puede utilizar la fórmula de HORTON:

$$f = f_c + (f_0 - f_c)^{-kt}$$

siendo:

f = la capacidad de infiltración para un tiempo dado t.

k = coeficiente dependiendo del tipo de suelo y tiempo de lluvia. Para valores de k, véase la tabla 3-20.

NATURALEZA DE LA SUPERFICIE		VALORES DE C* MINIMO	VALORES DE C* MAXIMO	VALORES RECOMENDADOS DE C MINIMO	VALORES RECOMENDADOS DE C MAXIMO
CUBIERTAS DE EDIFICIOS		0,70	0,95	0,90	1,00
PAVIMENTOS	Hormigón o asfalto	0,85	1,00	0,90	0,95
	Macadam bituminoso	0,70	0,90	0,70	0,90
	Macadam ordinario	0,25	0,60	0,35	0,70
	Gravas gruesas	0,30	0,65	0,40	0,65
	Adoquines	0,50	0,85	0,60	0,85
SUPERFICIES SIN PAVIMENTACION, PATIOS		0,10	0,30	0,10	0,30
SUPERFICIES MIXTAS	Zona industrial de una ciudad pavimentada	0,60	0,85	0,60	0,85
	Zona residencial en bloques aislados de una ciudad	0,40	0,60	0,50	0,65
	Zonas residenciales unifamiliares en el extrarradio	0,30	0,50	0,35	0,55
	Zonas rurales	0,10	0,25	0,10	0,25
	Parques	0,05	0,25	0,10	0,35
TERRENO GRANULAR	Pradera vegetal densa	0,05	0,35	0,10	0,35
	Vegetación tipo medio	0,10	0,50	0,10	0,50
TERRENO ARCILLOSO	Pradera vegetal densa	0,15	0,50	0,30	0,55
	Vegetación tipo medio	0,30	0,75	0,30	0,75
SUPERFICIES EN TIERRA	Arenas sin vegetación	0,01	0,55	0,15	0,50
	Arenas con vegetación ligera	0,01	0,55	0,10	0,40
	Arenas con vegetación densa	0,01	0,55	0,05	0,30
	Margas o barros sin vegetación			0,20	0,60
	Margas o barros con vegetación ligera			0,10	0,45
	Margas o barros con vegetación densa			0,05	0,35
	Gravas sin vegetación			0,25	0,65
	Gravas con vegetación ligera			0,15	0,50
	Gravas con vegetación densa			0,10	0,40
	Arcillas sin vegetación	0,10	0,70	0,30	0,75
	Arcillas con vegetación ligera	0,10	0,70	0,20	0,60
	Arcillas con vegetación densa	0,10	0,70	0,15	0,50

* Valores según distintos autores

Tabla 3-18. Coeficiente de escorrentía y superficie

Casco de ciudades con edificación muy densa	0,70 a 0,90
Barrios periféricos modernos con muchos edificios	0,50 a 0,70
Zonas residenciales de edificios aislados o industriales	0,25 a 0,50
Zonas suburbanas poco pobladas	0,10 a 0,30

Tabla 3-19. COEFICIENTES DE ESCORRENTIA Y EDIFICACION

Características de la cuenca vertiente	T_m	L_o	Tiempo en minutos f_o	f_e	K
		0-1,7	6		2
			9		
			12		
			15		
Terreno impermeable, rocas no hendidas, asfalto, hormigón					
	0-3	0-1,25	6	1,5	5
			9		
			12		
			15		
		0-1,0	6		10
			9		
			12		
			15		
		7-10	25		2
			30		
			40		
			60		
Arcilla, suelos alcalinos, arcillosos y también extensiones planas de suelos arcillosos en desiertos					
		12-20	5-7	25	15-5
			30		
			40		
			60		
		3-5	25		10
			30		
			40		
			60		
			70		
			80		
			120		
Arcillas, suelos salinos, suelos arcillosos, boscosos. Suelos artificiales para campos de deportes					
	30,40	12-15	50	30	5
			70		
			80		
			120		
		8-12	50		10
			70		
			80		
			120		
		23-27	170		
			100		
			75		
			65		
Suelos alcalinos arenosos	60-70	17-20	170	45	5
			100		
			75		
			65		
		12-16	170		10
			100		
			75		
			65		
		33	185		
			145		
			100		
			80		

Tabla 3-20. Valores y coeficientes de infiltración

Características de la cuenca vertiente	T_m	L_o	Tiempo en minutos f_o	f_e	K
Suelos arenoso-arcillosos suelos grises	90	25	185	60	5
			145		
			100		
			80		
		20	185		10
			145		
			100		
			80		
		40	210		2
			175		
			120		
			95		
Suelos morenos y suelos castaño oscuro y suelos arenosos grises, arcillosos y turbosos, suelos cubiertos de maleza	110	30	210	75	5
			175		
			120		
			95		
		20	210		10
			175		
			120		
			95		
		50	250		2
			215		
			150		
			120		
Arenas puras no cubiertas, arenas turbosas, bosques, fondos, pantanosos	120	35	250	90	5
			215		
			150		
			120		
		25	250		10
			215		
			150		
			120		
		67	320		2
			275		
			250		
			180		
Arenas no cementadas sometidas a erosión del viento, bosques, suelos pantanosos	130	50	320	120	5
			275		
			250		
			180		
		35	320		10
			275		
			250		
			180		

Tabla 3-20. Valores y coeficientes de infiltración (cont.)

5. CAUDAL DE AGUAS DE LLUVIA

El caudal a evacuar Q_p en litros/seg. tiene el siguiente valor:

$$Q_P = \varphi \times I \times S$$

siendo:

φ: coeficiente de escorrentía medio.

I: intensidad de lluvia en litros por segundo y hectárea correspondiente a la máxima precipitación para un período de retorno dado, y la duración correspondiente al tiempo de concentración T_c.

S: superficie de las zonas afluentes al punto considerado, en hectáreas.

Tiempo de concentración, T_c, es el tiempo necesario para que llegue a la sección considerada el máximo caudal de la cuenca. El tiempo de concentración no coincide obligatoriamente con el tiempo que tarda el agua caída en el lugar más alejado de la cuenca, en alcanzar el punto en el que se desea calcular el caudal; pues puede suceder, que el máximo caudal se de antes, cuando la intensidad de lluvia es superior, aunque la zona afluente no sea la totalidad de la cuenca.

El tiempo de concentración es igual al tiempo de escorrentía mas el tiempo de recorrido.

Siendo el tiempo de escorrentía, T_e, el tiempo que tarda el agua caída en alcanzar la red de alcantarillado. El gráfico 3-2 da una aproximación del tiempo de escorrentía, según distintas hipótesis de suelos, longitudes y pendientes.

Para el cálculo de redes de saneamiento, t_e, varía de 2 minutos a 20 minutos, siendo frecuente adoptar valores del orden de 5 minutos para zonas urbanas y de 5 a 10 minutos para zonas semiurbanas.

A falta de estudios más precisos puede calcularse t_e, en horas, aplicando la ecuación:

$$t_e = 0{,}3\ L^{0{,}76}\ p^{-0{,}19}$$

donde L representa, en Km, la longitud del recorrido superficial y p su pendiente.

El tiempo de recorrido, T_r, es el tiempo que tarda el agua, que discurre por la red de alcantarillado, en alcanzar el punto en el que se estudia el caudal.

Este tiempo depende de las condiciones hidráulicas de los colectores.

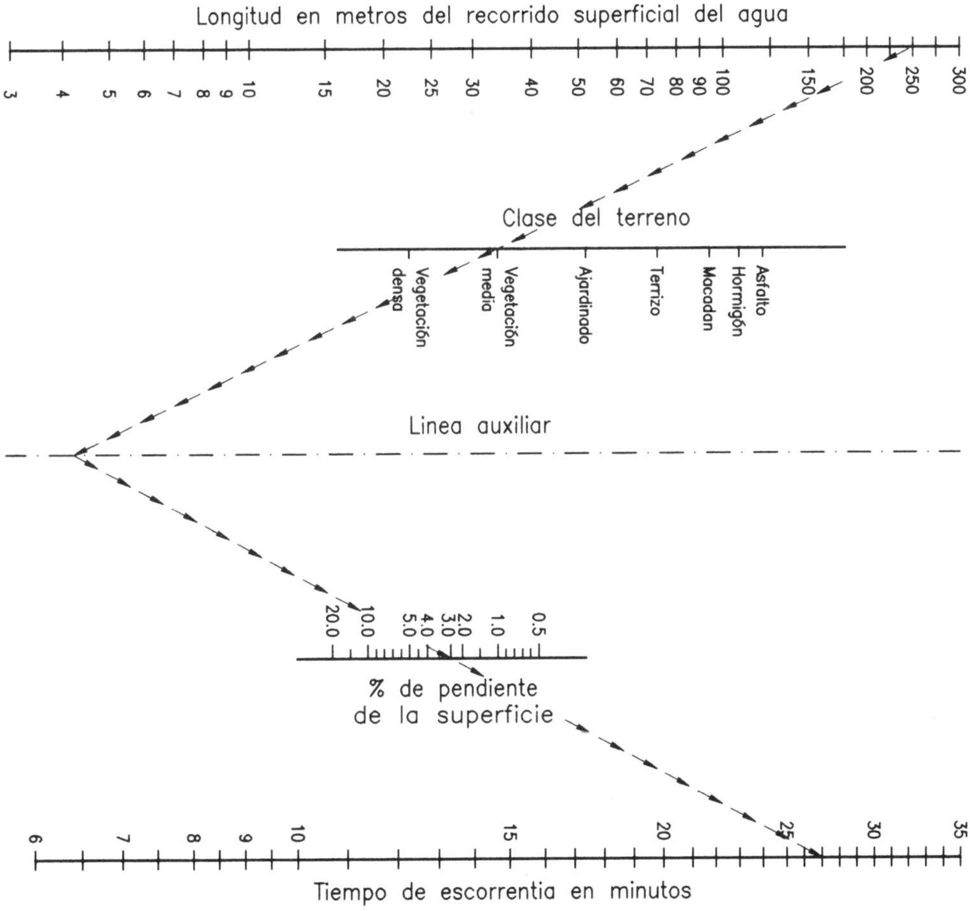

Gráfico 3-2. *Cálculo del tiempo de escorrentía.*

Normalmente en el momento de evaluarlo se desconocen, al menos parcialmente, estas condiciones. Sin embargo, siempre es posible fijarlas de antemano de una forma aproximada y comprobar posteriormente si son adecuadas.

El proceso de cálculo del caudal de diseño, en un punto dado, se obtiene siguiendo los siguientes escalones:

1. Determinar la cuenca de aportación al punto considerado.

2. Definir el esquema general de la red a dicho punto.

3. Calcular la superficie total S de la cuenca afluente y las superficies parciales, S_i, de distintos coeficientes de escorrentía.

4. Definir los coeficientes de escorrentía y calcular el coeficiente de escorrentía medio.

5. Evaluar el tiempo de concentración, como suma del tiempo de escorrentía (Gráfico 3-2) más el de recorrido.

6. Definir el período de retorno.

7. Seleccionar la curva de intensidad de lluvia-duración de lluvia.

8. Obtener la intensidad de lluvia I_m para el tiempo de concentración con la curva seleccionada.

9. Corregir esta intensidad de lluvia I_m con los coeficientes de retraso y coeficiente de forma.

10. Calcular el caudal de lluvia más desfavorable.

El caudal de dimensionado de la sección vendrá determinado por la suma del caudal de lluvia así calculado más el caudal punta de aguas negras, más el caudal de aguas de drenaje.

6. COEFICIENTES DE RETRASO

En una alcantarilla corta no cabe duda que si S es la superficie de la cuenca vertiente y φ . N el agua escurrida, será φ . N . S el máximo caudal por segundo. Pero en caso de alcantarilla larga puede ocurrir que un elemento líquido que haya de recorrer toda la longitud, esté aún en su camino al cesar el aguacero. En este caso la zona del extremo inferior de la alcantarilla cesa de enviar agua a la misma, antes de que el agua de la zona del extremo superior haya recorrido toda la alcantarilla. O lo que es igual, que el máximo caudal será ya inferior a φ . N . S.

Este es el fenómeno de retraso en una sección, retraso que ha de tenerse en cuenta al calcular las grandes redes de alcantarillado, pues puede influir grandemente en las dimensiones de las secciones y, por tanto, en su coste.

Se llama, pues, coeficiente de retraso a la relación entre el caudal máximo efectivo Q y el máximo teórico φ . N . S.

Para determinar este retraso se han propuesto fórmulas deducidas de las observaciones locales y, por tanto, con el defecto de origen de ser local también su exactitud.

Las principales son:

Fórmula de Burkli

$$K = 0{,}5\ N \sqrt[4]{\frac{I}{S}}$$

S = superficie en hectáreas a evacuar.

I = pendiente, en milésimas.

N = cantidad de agua llovida.

Fórmula alemana

$$K = \frac{1}{S^{1/n}}$$

da dicho coeficiente K en función de la superficie S, en hectáreas, con bastante aproximación.

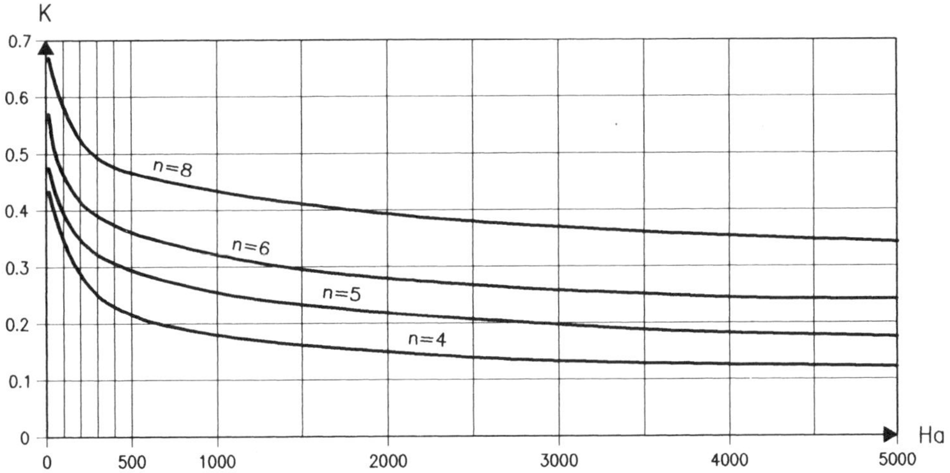

Fig. 3-6. *Coeficiente de intensidad de lluvia en función de la superficie de las cuencas afectadas.*

No obstante, para tanteos puede utilizarse esta última fórmula, pero con diferentes coeficientes del radical n, según sean las condiciones de la cuenca.

Así, mientras para cuencas de forma alargada y escasa pendiente puede adoptarse el radical 4, para las de forma normal y pendientes medias debe emplearse el 5 ó el 6; y llegar al 8 para las cuencas radiales y fuertes pendientes.

En la figura 3-6, las curvas dan el valor K según sea la extensión de la cuenca y el radical n que convenga adoptar.

También puede emplearse otra fórmula irracional que enlaza el valor del coeficiente K con la longitud de la canalización. Esta es:

$$K = \frac{1}{\sqrt[n]{L}}$$

poniendo L en Hectómetros.

Y por las mismas razones conviene asignar a n valores distintos, según la pendiente media, empleando:

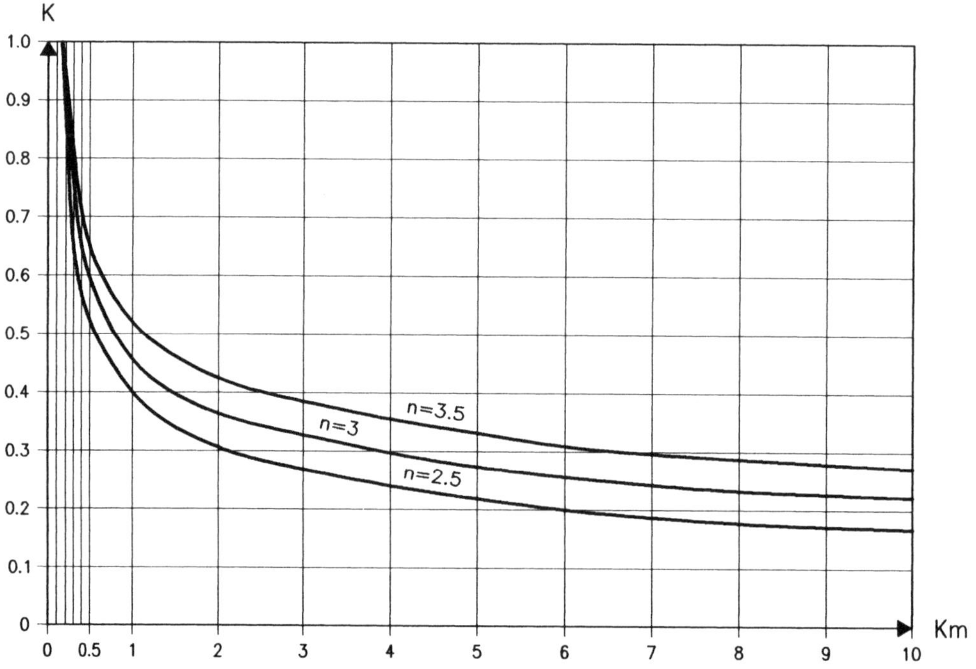

Fig. 3-7. *Coeficiente de intensidad en función de la longitud del colector.*

n = 3,5 para fuertes pendientes.

n = 3 para pendiente media.

n = 2,5 para pendiente débil.

Las curvas del gráfico de la figura 3-7 dan los valores de K.

Ahora bien, estas fórmulas no pueden ser aplicadas a cualquier alcantarillado, so pena de cometer grave error, por reducir el caudal de lluvia de forma excesiva.

6.1. CALCULO DEL COEFICIENTE DE RETRASO

El concepto del retraso puede hacerse con la representación gráfica de la figura 3-8.

Para ello hay que partir del supuesto de que el agua circula por la alcantarilla con una velocidad, v, independiente de la altura alcanzada en la misma.

Para comprender el fenómeno consideremos una cuenca rectangular ADCB, drenada por un colector EF. Supongamos que el F_{11}, tiempo de lluvia sea inferior al tiempo de recorrido t_r, y que el tiempo de escorrentía t_e es nulo. Es decir una gota caída en D penetra de forma inmediata en el colector.

En el momento de iniciarse el aguacero (prescindiendo de tener en cuenta lo que tarda el agua en llegar a la alcantarilla desde la divisoria de la cuenca), solamente para por E el caudal correspondiente a una estrecha faja contigua a AD. Esta faja va ensanchándose hacia la sección final BC mientras dura la lluvia, hasta llegar a su límite superior, que suponemos corresponda a GH al cesar la lluvia.

En ese momento cesa la lluvia y el caudal que circula por E será $Q = \varphi \,.\, [AD \,.\, DH] \,.\, I_{11}$. Al cabo de un tiempo t, las aguas que circularán por E, de forma simultánea serán las aguas que llegan de JK, a una distancia de recorrido KD = v . t, siendo v la velocidad de circulación de las aguas en el colector, hasta las aguas que llegan de GH, siendo $HD = v\,(t + T_{11})$, siendo $HD = HK = v \,.\, T_{11}$.

Si el coeficiente de escorrentía es igual en toda la cuenca, el caudal que llega a E en el tiempo $t + T_{11}$ será

$$Q' = \varphi\,[AD \,.\, HK] \,.\, I_{11} = \varphi\,[AD \,.\, DH] \,.\, I_{11} = Q$$

El caudal que pasa por E continuará igual hasta que dicho rectángulo JKHG alcance el límite BC en un tiempo igual al tiempo de recorrido.

Es, por tanto, en este momento de cese de la lluvia en que el límite inferior JK se destaca de AD, cuando alcanza su valor máximo el caudal que afluye a E, el cual se mantiene hasta que GH llega a BC.

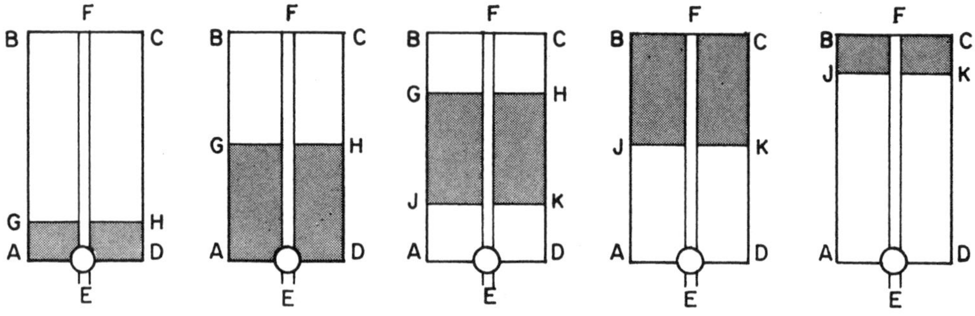

Fig. 3-8. *Aportaciones en el tiempo.*

A partir de entonces el caudal disminuye hasta anularse al llegar JK a BC.

Siempre, pues, que la duración de la lluvia T_{ll} sea menor que T_r habrá retraso en el desagüe. El caudal máximo que pasarán por E será Q = φ [AD . DH] I_{ll}, en lugar del caudal correspondiente a la totalidad de la cuenca Q_T = φ [AD . DH] I_{ll}. El coeficiente de retraso será Q/Q_T.

6.1.1. Método gráfico

El método gráfico para la determinación del coeficiente de retraso consiste en la construcción de los paralelogramos de retraso para cada alcantarillado. Y en la superposición de dichos rectángulos de retraso para formar el general de la red. Los paralelogramos, que ya se ha indicado cómo se obtienen, serían del tipo de reflejado en la figura 3-9, en los que las abscisas son las duraciones de lluvia y las ordenadas los caudales de agua.

Si se supone la red de alcantarillado del esquema de la figura 3-10, donde las distintas cuencas rectangulares son diferentes, las longitudes son distintas, las velocidades de circulación distintas, la escorrentía distinta pero con la misma duración de lluvia.

Comenzando por los tramos agua abajo, se van dibujando los paralelogramos de cada tramo, de forma que los vértices de origen de las curvas de desagüe de las alcantarillas en ordenadas a un tiempo T_x igual al tiempo que tarda el agua en llegar desde el punto más próximo del rectángulo cuenca hasta el punto O.

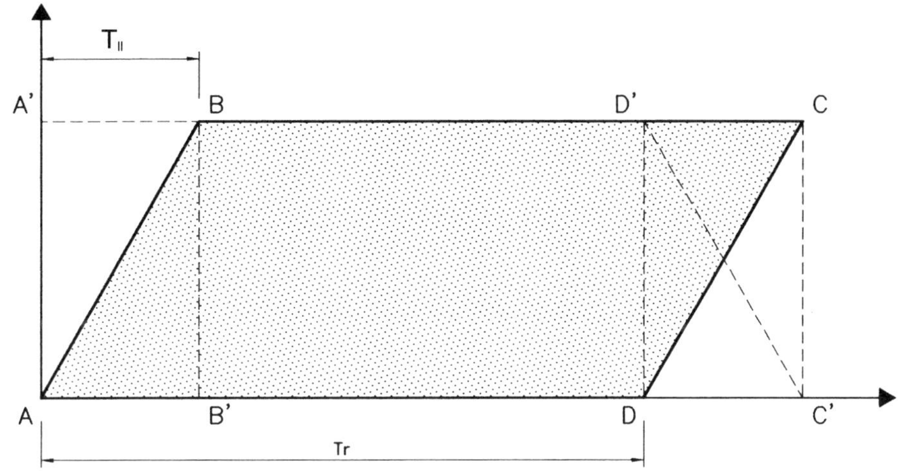

Punta A, GH está sobre AD. Comienza la lluvia.

Punto B, GH = T_{ll} . v, deja de llover. A'B = T_{ll}, y BB' = Q = φ (AD . DH) I_{ll}

Punto D', GH sobre BC. Llega la primera gota de BC;

$$Tr = \frac{L}{v}$$

Punto C'; llega la última gota de lluvia caída en BC en el tiempo desde origen $T_{ll} + T_r$.

Fig. 3-9. *Paralelogramo de retraso.*

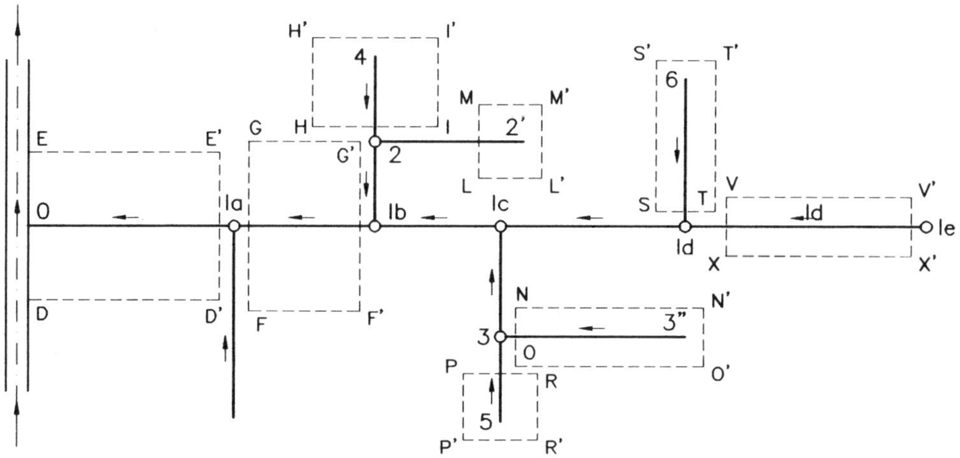

Fig. 3-10. *Esquema de una red.*

En el punto O se pretende determinar el caudal máximo correspondiente al conjunto de los rectángulos.

La curva de desagüe de un ramal comprendido entre dos nudos se ha de desplazar hacia la derecha, lo que vale la abscisa:

$$T_x = \frac{l_n}{v}$$

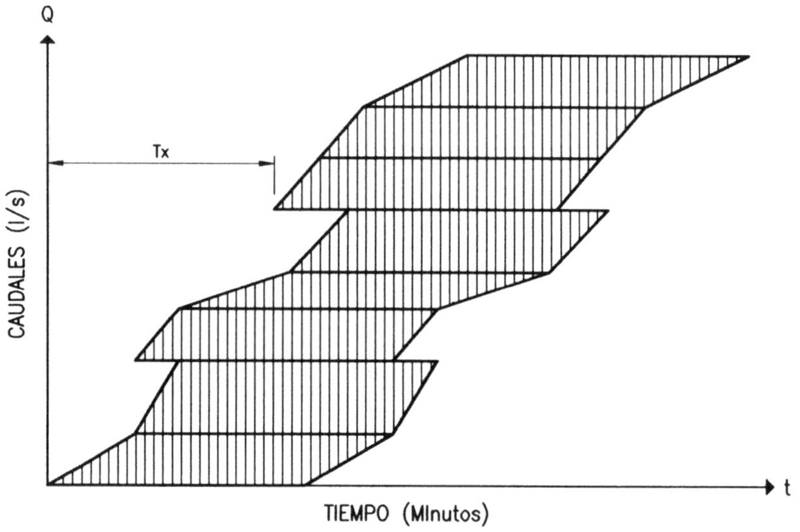

Fig. 3-11. *Curvas de desagüe de tramos parciales.*

Una vez obtenida esta figura general que se refiere a un punto concreto, en nuestro caso el O, y a una determinada intensidad de lluvia. Si se quiere determinar el gasto en otra sección al cabo del tiempo t, desde el comienzo de la lluvia, basta considerar los paralelogramos a partir de la ordenada correspondiente al vértice definido por la abscisa de valor t y levantar una perpendicular en dicho punto. La suma de los segmentos de esta perpendicular, comprendidos en las zonas rayadas, da el caudal máximo buscado. Con este valor ha de calcularse la alcantarilla del punto concreto considerado.

Debe hacerse notar que la curva de desagüe es específica de un punto determinado y de una duración de tiempo de aguacero.

Tanteando con distintos tiempos de lluvia se obtendrán distintos caudales, de donde se deducirá para cada punto el caudal máximo de aportación de aguas de lluvia. Se tiene así considerado el retraso.

Obsérvense que los problemas de la aplicación de este método son el desconocimiento del T_{11} más desfavorable, y la velocidad de circulación es la red de alcantarillado, el desconocer la sección. El resultado es la necesidad de ir a un cálculo reiterativo. Se parte de una v, después del cálculo se observa si la velocidad de circulación es v, en caso contrario debe repetirse el cálculo.

6.1.2. Método de isocronas

Sea una cuenca como la de la figura 3-12.

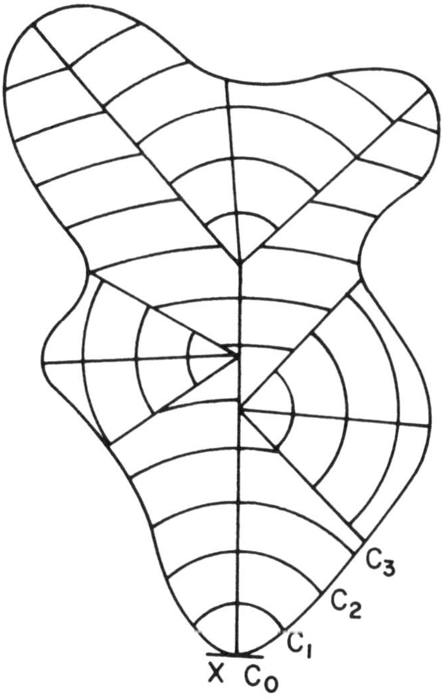

Fig. 3-12. *Cuenca con isocronas.*

Se dibujan las líneas de puntos c_0, c_1, c_2, c_3 (isocronas), curvas, cuyos tiempos en alcanzar una gota de agua sobre dicha línea, el punto X, es un mismo período determinado, y tal que el tiempo de recorrido desde c_{i+1} hasta c_1 sea x_1 minutos.

Se irán acumulando las sumas de las áreas $\sum nx_i$, siendo $\sum nx_i$ los distintos períodos de aguacero considerados, y marcándose los resultados en un gráfico Q = f (t_r) para cada intensidad de lluvia (fig. 3-14).

Por ejemplo, considérese $\sum x_i$ = 5 minutos y tiempo de aguacero nx_i = 15 min, n = 3. En este caso se obtendrían los caudales sumando de 3 en 3 áreas.

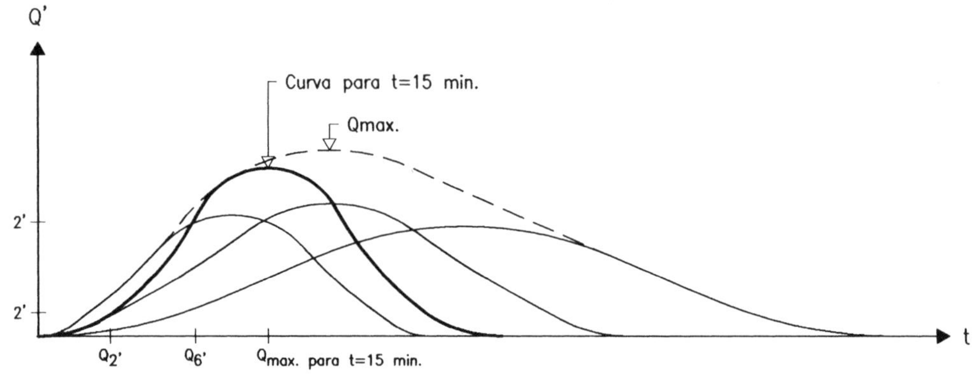

Fig. 3-13. *Curva de acumulación de áreas.*

En el punto t' se incluirían las tres superficies cuyas isocronas c' se definen por unos tiempos de recorrido entre $t_r = (t' - 15)$ min y $t_t = t'$ min.

Para otra duración de aguacero se considerarán los tiempos t', t'', t'''..., con los que se tendrán curvas de caudales similares a la de la figura 3-13. Se podrá calcular la Q_{max} para cada duración de aguacero. Y de ellos se deducirá el caudal máximo maximorum, que será el caudal de cálculo, considerándose el retraso.

Igual que en el caso anterior se parte de una v, velocidad de circulación del agua, si al calcular no se llega a dicha velocidad se reitera el cálculo.

6.1.3. Método simplificado

Otro procedimiento seguido por el autor, con resultados adecuados al menos para nivel de anteproyecto, sería el siguiente.

Se considera el tiempo máximo de recorrido en la red de saneamiento a estudiar. Con este tiempo de recorrido se determina la intensidad de lluvia.

En esta situación el tiempo de recorrido se considera igual al tiempo de duración del aguacero, en cuyo caso teórico no había retraso ($T_r = T_{ll}$).

Se adoptará como caudal máximo maximorum a $Q_{máx} = S_T \,.\, \varphi_F \,.\, I_{T_r} \,.\, 1{,}2$, siendo 1,2 un coeficiente a introducir. Este será el caudal de cálculo.

Realmente a lo que equivale este método es adoptar un coeficiente de retraso equivalente a:

$$C_R = \frac{S_T \ \varphi_F \ I_{Tr} \ . \ 1,2}{S_T \ \varphi_F \ I_t} = \frac{1,2 \ I_{Tr}}{I_t}$$

siendo:

C_R = coeficiente de retraso.

I_t = la intensidad para un tiempo t dado de duración de lluvia.

I_{Tr} = intensidad para un tiempo de aguacero igual al tiempo de recorrido.

El cálculo recomendado es utilizar este método para aproximar el caudal, determinar la sección y velocidad de circulación. Con estos datos se elige para afinar el cálculo cualquiera de los otros dos métodos, con los que ya no existe la indeterminación de la velocidad de circulación v.

6.1.4. Método de CAQUOT

$$Q = KC^a \ J^b \ A^c$$

siendo:

Q = caudal máximo l/seg.

C = coeficiente de escorrentía.

A = superficie cuenca en ha.

J = pendiente media de la cuenca considerada.

L = longitud de la cuenca.

K, a, b, c, son constantes numéricas que para la región de París valen:

K = 1.340

a = 1,17

b = 0,30

c = 0,75

Esta fórmula es válida cuando se cumple la condición:

$$\frac{L}{\sqrt{A}} \leq 2$$

en caso contrario se aplica un coeficiente corrector

$$C_R = \left(\frac{4A}{L^2}\right)^{0,3}$$

Esta fórmula da unos valores muy inferiores al método citado recomendado para España. Sería preciso en cada zona determinar las constantes numéricas. El valor que se le pretende dar aquí es meramente informativo, como un modelo más de posible utilización.

6.2. COEFICIENTE EN FUNCION DE LA FORMA DEL TERRENO

Para rebajar algo los valores deducidos según lo anterior, en cuencas grandes se aplica un coeficiente de reducción, ya indicado anteriormente, de «desigual reparto». Este coeficiente dado por la fórmula:

$$C_f = 1 - 0{,}004\,\sqrt{L}, \text{ coeficiente de FRÜHLING}$$

siendo L la distancia del punto considerado, para determinar un caudal, al centro de gravedad de la cuenca total que por él desagua.

Otro coeficiente, equivalente al anterior, viene dado por el

$$K = \frac{15 + D}{15 + 5D}, \text{ coeficiente de D'HAENE}$$

siendo D la longitud de la cuenca.

7. CAUDAL DE AGUAS DE DRENAJE

Este es de difícil cálculo a priori, ya que para determinarlo sería preciso efectuar estudios de infiltración análogos a los necesarios para calcular los drenajes de los terrenos.

Si existen capas freáticas, conviene hacerlas descender unos 3 m bajo el nivel de la calle en sectores de casas sin sótano, y 4 ó 5 m en los que han de contar con ellos, para evitar la humedad constante en las casas y la perjudicial influencia sanitaria.

Si hay que proceder a drenajes serios, no debe contarse con las alcantarillas, sino establecer un sistema completamente independiente. Si los drenajes son de menor importancia, puede aprovecharse la construcción de las alcantarillas disponer unos drenes laterales a las mismas para bajar algo el nivel de las capas freáticas.

También, y para facilitar la construcción, pueden dejarse conductos de drenaje en la solera de colectores, que después de recoger las posibles filtraciones las conducen al final del colector o las vierten en determinados puntos intermedios del mismo.

Los drenajes que a veces se precisa disponer por debajo del nivel de solera de colectores durante la construcción no deben nunca utilizarse como drenaje permanente, pues, siendo imposibles de vigilar y produciéndose arrastres con la corriente de agua, llegan a producirse socavaciones y grietas en la solera, que pueden provocar su hundimiento.

En colectores y alcantarillas, debe tenerse en cuenta la inevitable presencia de aguas procedentes de infiltración y conexiones incontroladas que constituyen un caudal adicional al de la propia agua residual. Los caudales a prever por la infiltración en alcantarillas existentes deben basarse en datos de medidas de caudales, si se dispone de ellos, teniendo en cuenta las pérdidas previsibles en el futuro. En alcantarillas, nuevas como existentes, en las que no existan datos disponibles, los caudales medios a considerar deben basarse en datos procedentes de alcantarillas similares con las modificaciones adecuadas. Si se carece de datos pueden utilizarse los datos de la Fig. 3-14.

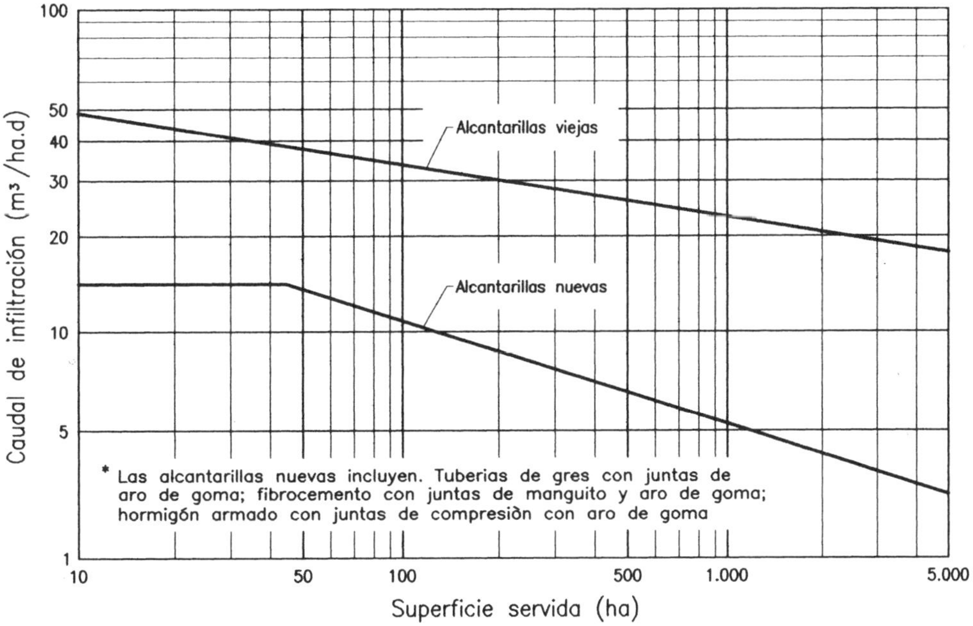

Fig. 3-14. *Caudales punta de infiltración.*

4

Diseño de alcantarillas y colectores

1. SECCIONES NORMALES

Una vez conocido el caudal a transportar por las alcantarillas y colectores, el siguiente paso es establecer la sección más adecuada, atendiendo a características tales como caudales y variación de los mismos en el tiempo, características de las aguas en relación con el contenido de elementos en suspensión transportados, posibilidades de ataque o abrasión, sistemas de ventilación, sistemas de limpieza o visita. De entre todas las características, la principal determinante de la sección será, sin duda, el régimen hidráulico deseado.

Indicador fundamental será la velocidad de circulación del agua en la sección adoptada, debiendo establecerse unos límites máximos y mínimos para un correcto funcionamiento del sistema. El valor máximo vendrá establecido por condicionantes de erosión sobre la sección considerada y el valor mínimo, como representación de la capacidad de transporte de la masa de aguas, es decir, un límite mínimo para evitar que se produzcan sedimentaciones o depósitos, que, en caso de formación, darán origen a disminución de la capacidad portante de la sección adoptada y a la producción de olores derivados de las fermentaciones anaeróbicas generadas dentro de los sedimentos aislados de la posible captación de oxígeno.

Una corriente de agua, dependiendo de su velocidad, es capaz de arrastrar elementos en suspensión, tal y como se señala en la tabla 4-1.

La variabilidad del contenido de elementos en suspensión, que arrastran las aguasresiduales, y la discontinuidad de caudales dificultan la elección de los límites a establecer como velocidades en una alcantarilla o en un colector.

Designación	Velocidad corriente (m/s)
Arcilla	0,10
Arena fina	0,15
Arena gruesa	0,20
Gravilla	0,30
Grava	0,60

Tabla 4-1. Velocidad de arrastre de partículas discretas

Si el caudal de las aguas negras o de aguas residuales en general fuera constante, se podrían admitir velocidades mínimas de 30 cm/s en las alcantarillas, pero al ser muy variable y disminuir mucho la velocidad, debe contarse con velocidades medias superiores para que, aunque se produzcan depósitos al disminuir el caudal en determinados momentos, pueden ser arrastrados al aumentar el caudal.

La velocidad media mínima que es corriente admitir no debe ser inferior a 0,60 m/s, si bien es recomendable mantenerse por encima de los 0,90 m/s, siempre que sea posible.

En caso de alcantarillados separativos puede reducirse a 0,50 m/s a causa de las menores oscilaciones del caudal, pero a costa de extremar la limpieza y vigilancia del alcantarillado, con el consiguiente aumento de gastos de explotación.

El empleo de cámaras de limpieza permite aceptar velocidades bajas, al generarse las corrientes rápidas por las descargas en los ramales próximos a dichas cámaras.

La velocidad límite superior suele establecerse en 3,0 m/s para caudal punta de aguas negras y 5,0 m/s para el caudal máximo a transportar por la sección considerada en tiempo de lluvia. Este último caso es aplicable a los conductos de aguas blancas y al sistema unitario. El caudal a considerar, en el caso de sistema unitario, integrará el caudal punta de aguas negras y el caudal máximo de lluvia establecido para dicha sección.

Con los límites mínimo y máximo debe determinarse la sección, fijando una pendiente dentro de los límites marcados por la topografía local para conseguir una velocidad adecuada.

A título orientativo, y aplicable a secciones tubulares, se incluye la figura 4-1 con las curvas definidas por HEYD-IMHOFF, donde se fijan las pendientes máximas y mínimas admisibles en función de las pendientes y secciones adoptadas.

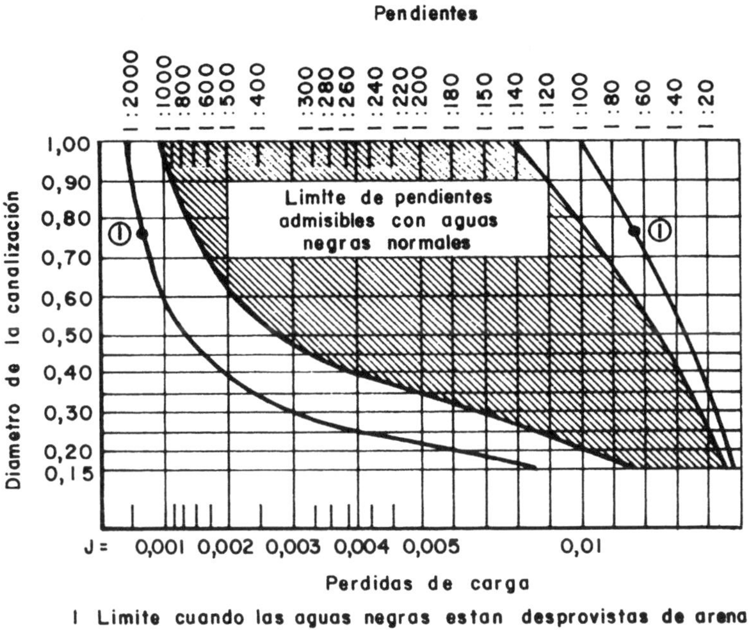

Fig. 4-1. *Curvas de* HEYD-IMHOFF

El tipo de sección a adoptar debe presentar unas características hidráulicas tales que, ante la variación del caudal y en consecuencia de la lámina de agua en la sección, para una pendiente adoptada, la velocidad se mantenga lo más constante posible. Esta condición es muy difícil de alcanzar en los sistemas unitarios, viéndose la necesidad de establecer dentro de la sección prevista para el caudal máximo una sección reducida, cuneta o cuna, por donde circularán las aguas negras.

Es importante señalar el buen comportamiento hidráulico de la sección circular frente a variaciones fuertes del caudal circulante. Así, con caudales del 50%, 10%, 1% ó 0,5% del correspondiente a sección llena, la velocidad de la corriente es, respectivamente, del 100%, 65%, 34% ó 28% de la de sección llena, para una pendiente dada.

Si la velocidad a sección llena es de 2,50 m/s, con un caudal 1:200 del de sección llena se tendrá una velocidad de 0,28 × 2,50=0,70 m/s que es todavía superior al de autolimpieza de tuberías.

Como división inicial de los tipos de secciones puede adoptarse la siguiente:

Secciones no visitables:

a) canal.

b) circular.

c) oval.

Secciones visitables:

a) canal.

b) circular.

c) oval.

d) secciones especiales.

La sección circular es la normalmente utilizada en las alcantarillas separativas y también en las unitarias de poblaciones rurales y zonas urbanas, en ramales y alcantarillas. Hasta diámetros de 60 cm es preferible, práctica y económicamente, frente a las otras secciones tipo, pero a partir de este diámetro se acude a las alcantarillas ovales o especiales.

En la figura 4-2 se observan las características hidráulicas de la sección circular, velocidad y caudal en función del calado; siendo Q' y v' los caudales y velocidades correspondientes a una altura h de la lámina de agua, Q y v los caudales y velocidades a sección llena, y d el diámetro interno de la tubería.

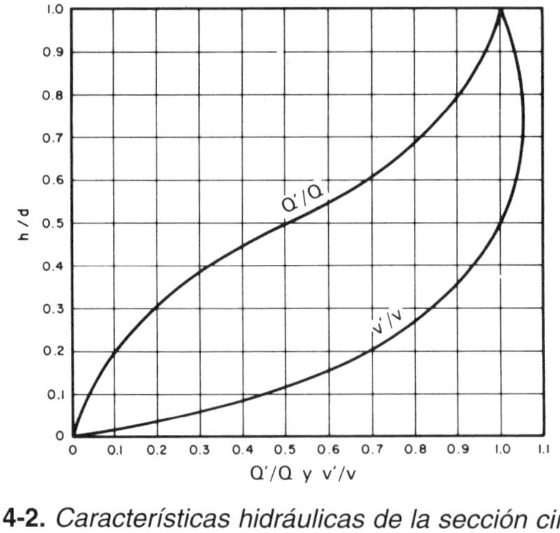

Fig. 4-2. *Características hidráulicas de la sección circular.*

En los valores de Q' y v' representadas en la figura 4-2 se tiene en cuenta la influencia del rozamiento producido por el aire ocluido en la zona superior de la sección parcialmente llena. Este efecto, estudiado por Thormann y Franke, ocasiona diferencias con los valores de las fórmulas experimentales inicialmente establecidas para canales a cielo abierto o en función solamente de las características geométricas de los conductos.

En el punto 4.1 del presente capítulo se incluye una Tabla 4.3 con las variaciones de caudales y velocidades en función de la altura de llenado, según el modelo de Thormann-Franke.

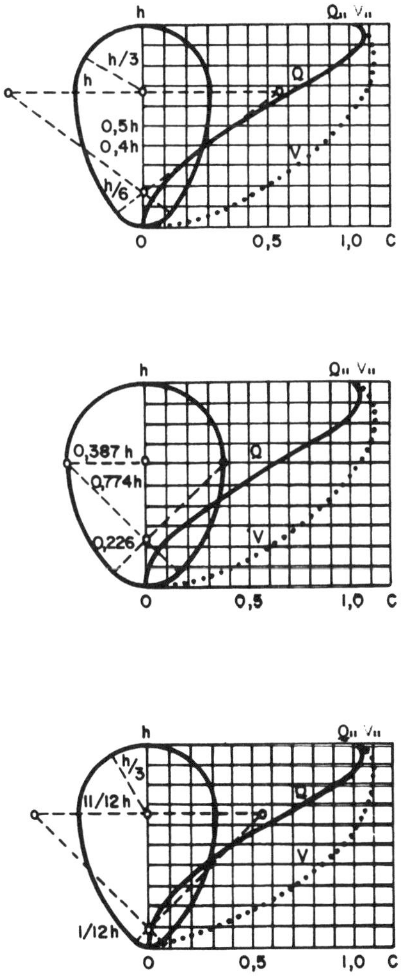

Fig. 4-3. *Características hidráulicas de secciones ovoides.*

En cuanto a las secciones ovoides, existen distintos tipos, obtenidos al variar las curvaturas interiores, aumentando o disminuyendo la capacidad de transporte de la cuna.

En la figura 4-3 aparecen las características hidráulicas de tres tipos de secciones ovoides en relación con la altura de la lámina de agua en la sección: calado.

Los símbolos de caudales y coeficientes se corresponden con las definiciones dadas para la sección circular.

En cuanto a las secciones especiales, puede decirse que el número de tipos a adoptar es ilimitado, dependiendo, con independencia de las características hidráulicas, de los materiales existentes en la zona, de la especialización de la mano de obra, de la prefabricación, de las características del terreno, de las cargas exteriores, de las posibilidades de ubicación, etc.

Una sección bastante difundida es la representada en la figura 4-4, donde la cuna se diseña para transportar el caudal de aguas negras, permitiendo la instalación de un andén de visita con una dimensión mínima de 0,60 m y una altura mínima sobre el punto central del andén de 1,80 m. Debajo del andén puede preverse un tubular que actúa como drenaje permanente o de drenaje durante la construcción de la obra.

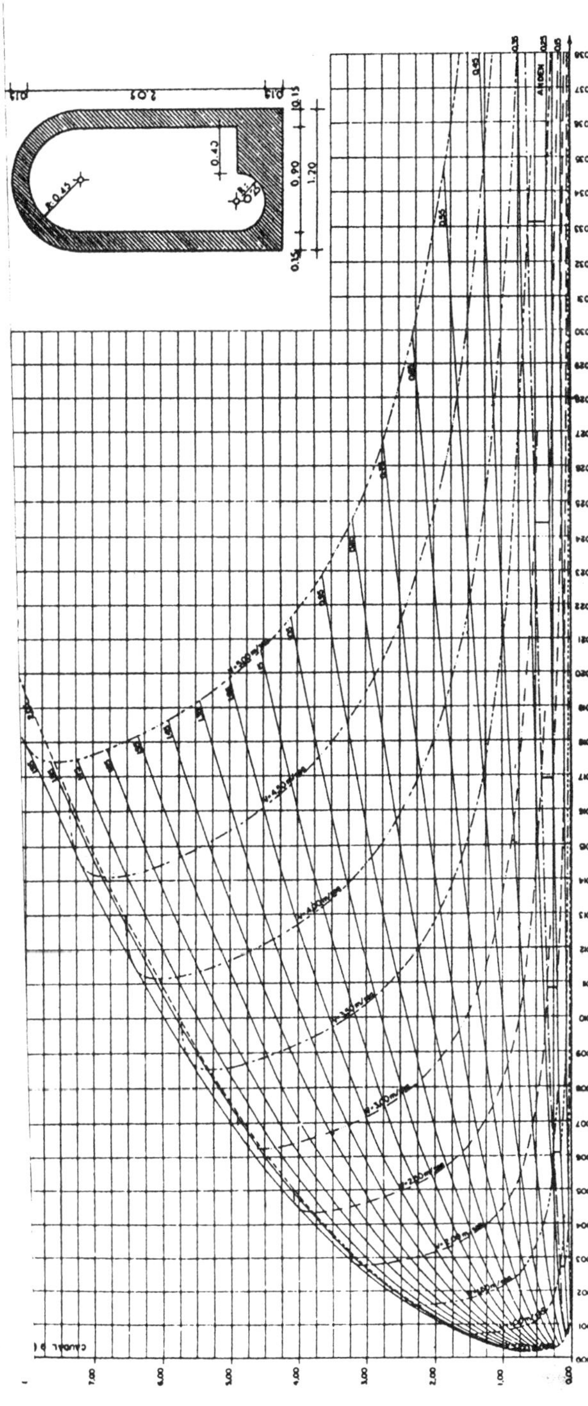

Fig. 4-4-a. *Colector tipo 0.*

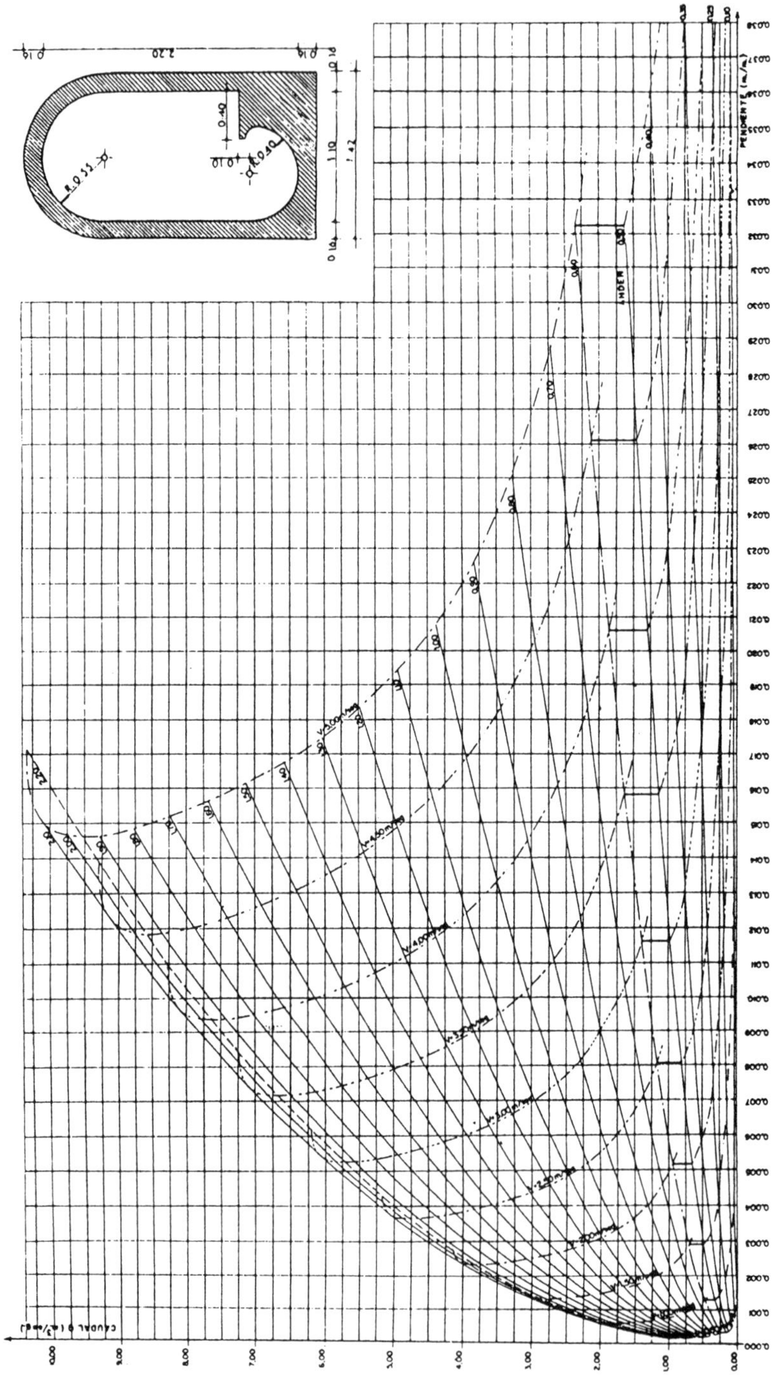

Fig. 4-4-b. *Colector tipo 1.*

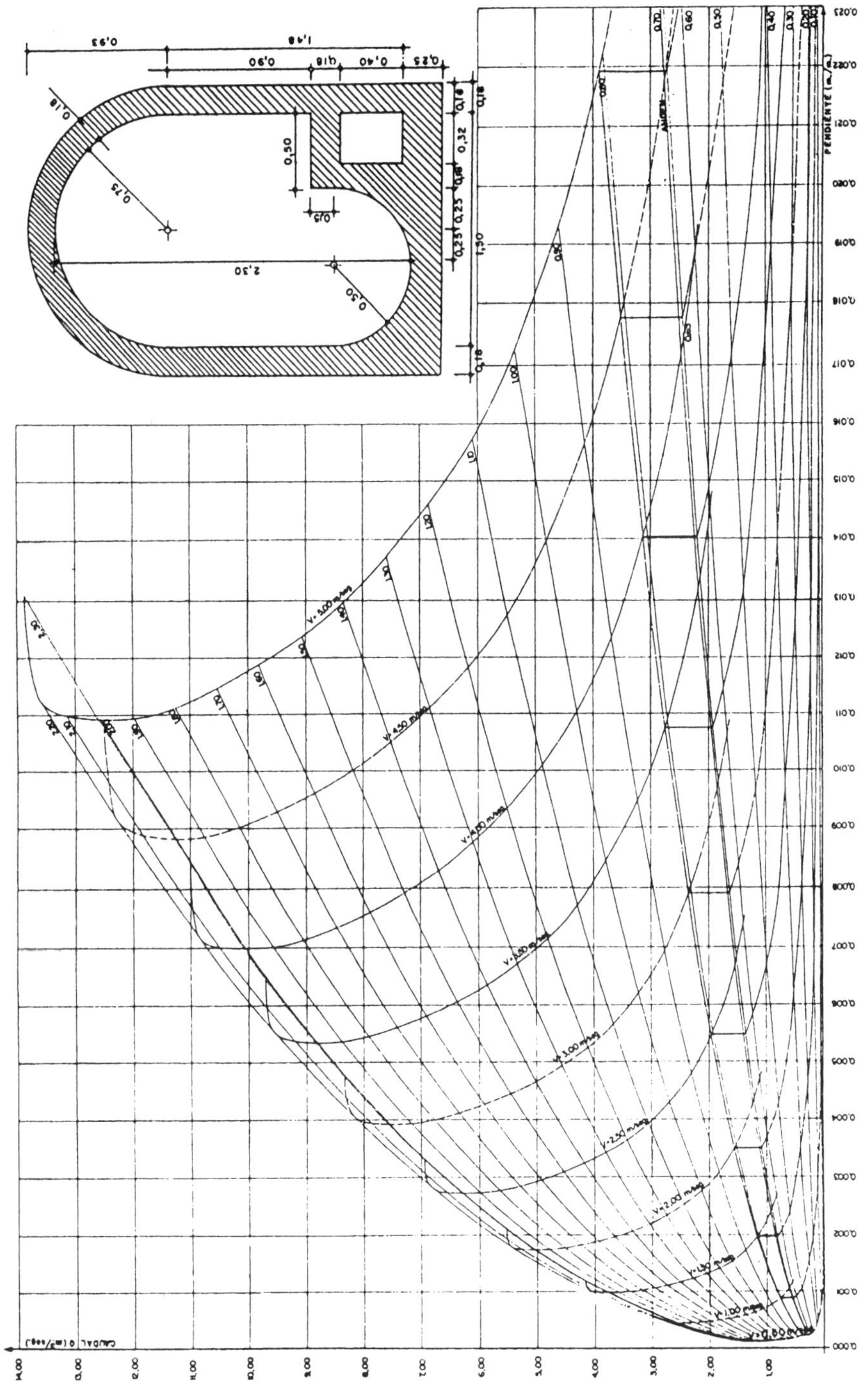

Fig. 4-4-c. *Colector tipo II.*

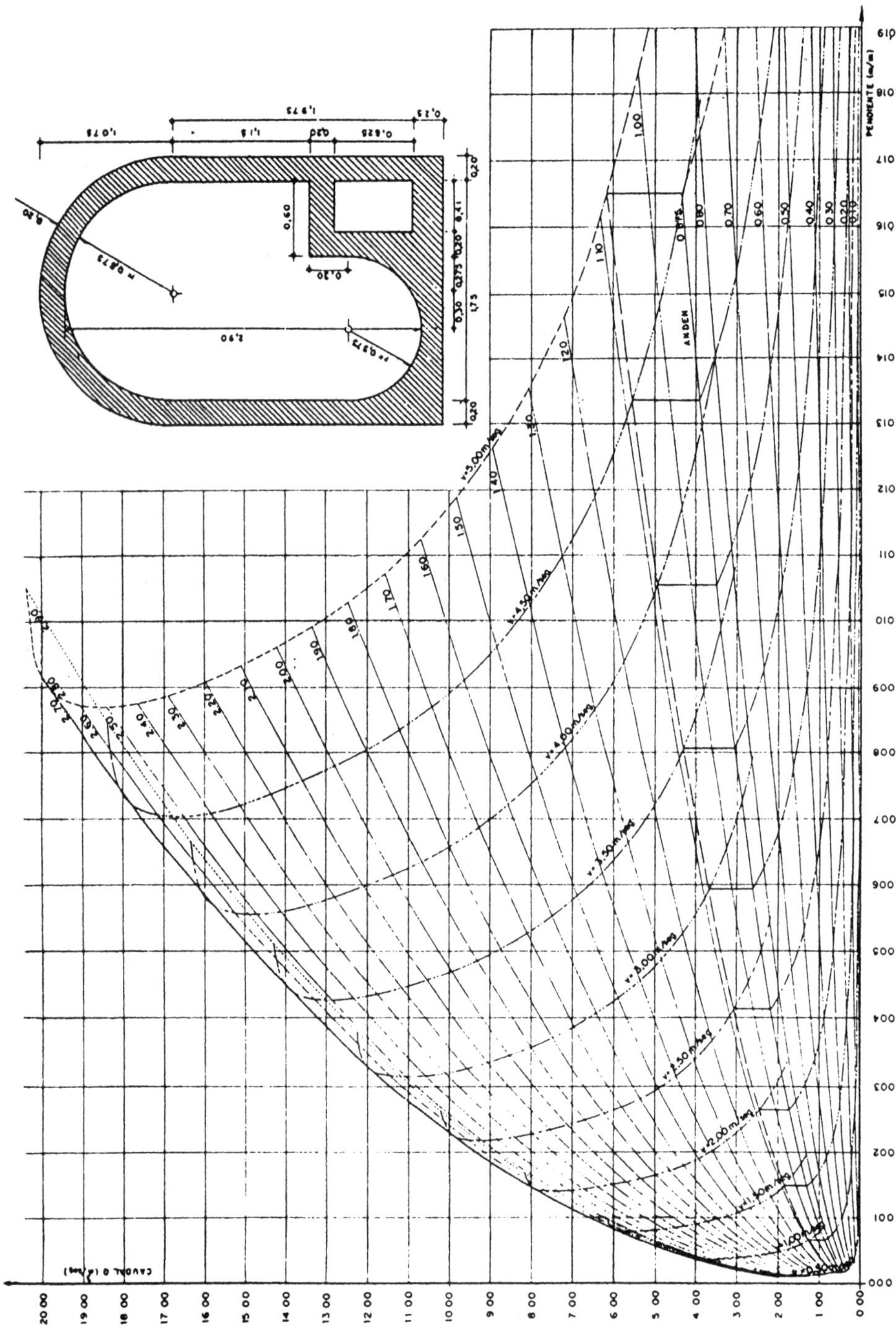

Fig. 4-4-d. *Colector tipo III.*

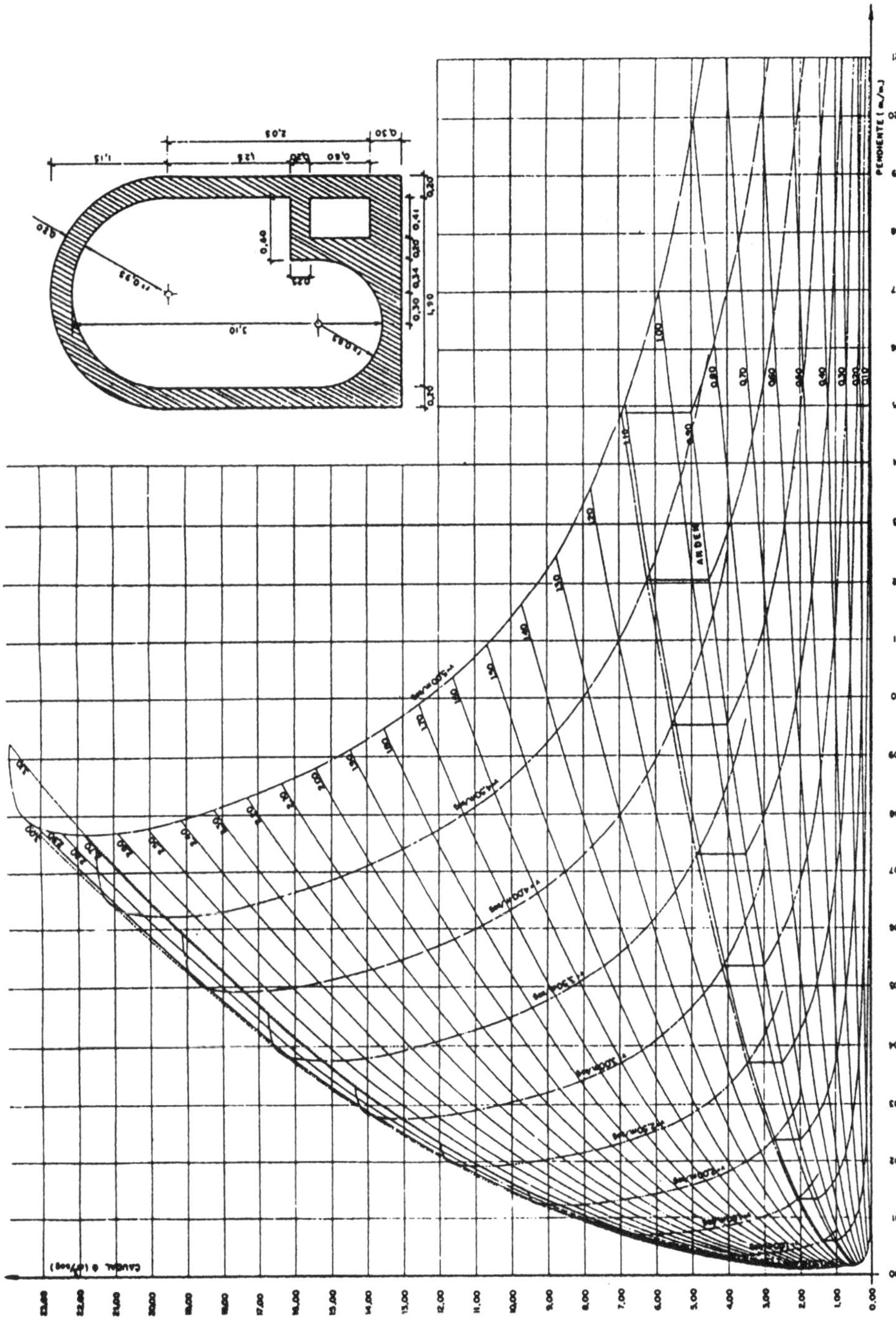

Fig. 4-4-e. *Colector tipo IV.*

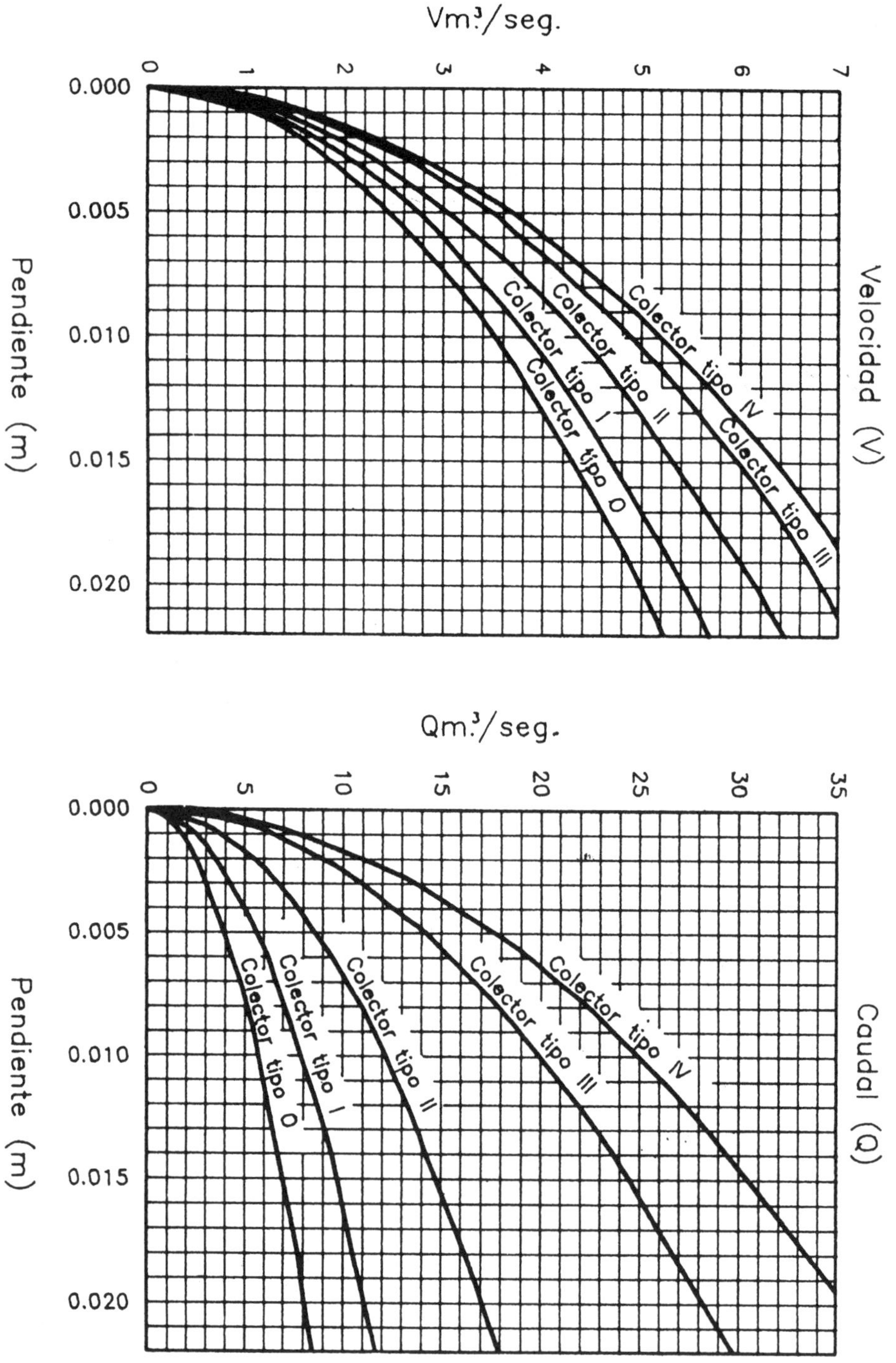

Fig. 4-4-f. *Velocidad a sección llena en colectores visitables, en función de la pendiente.*

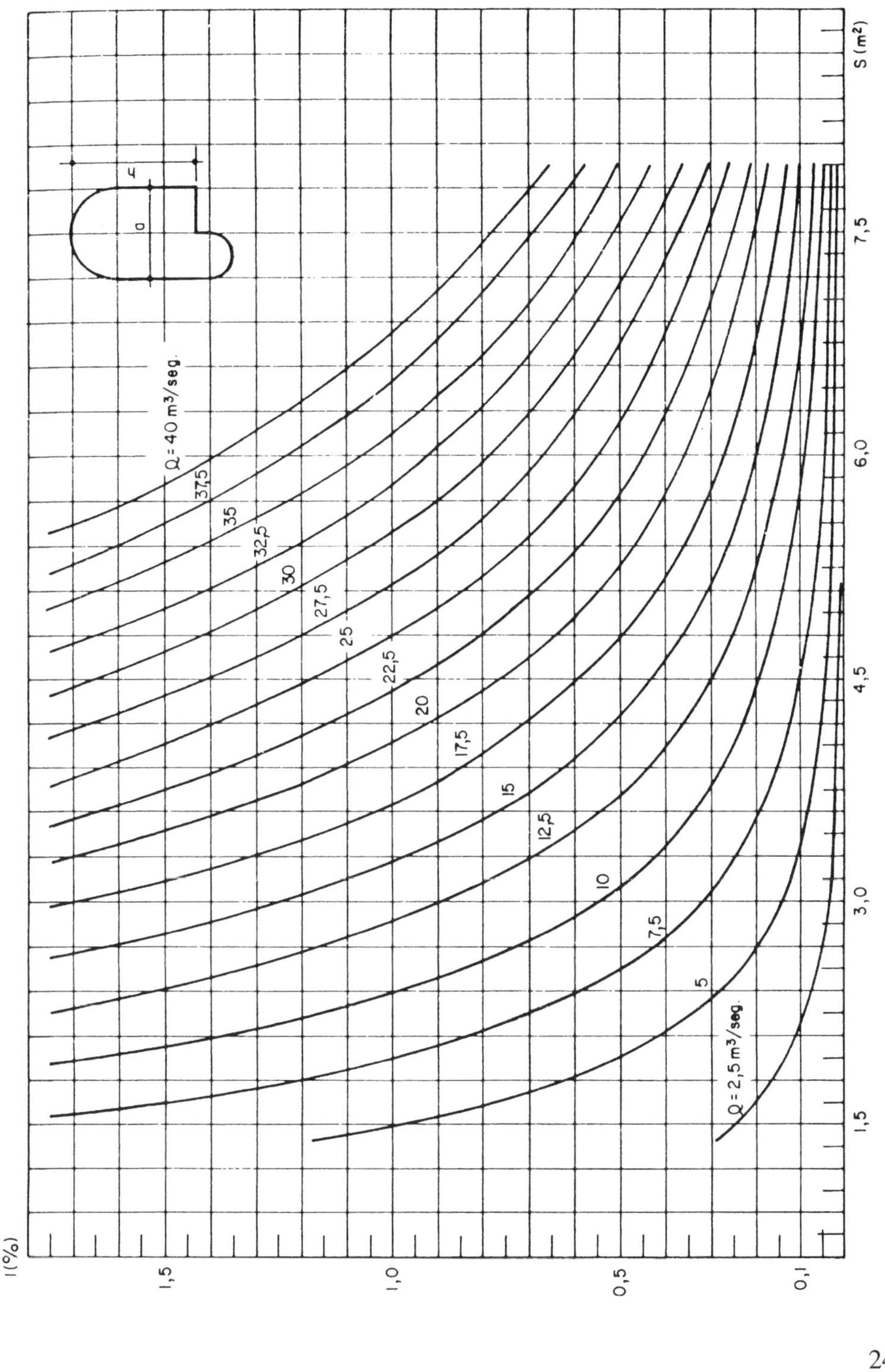

Fig. 4-5. *Determinación de la superficie necesaria.*

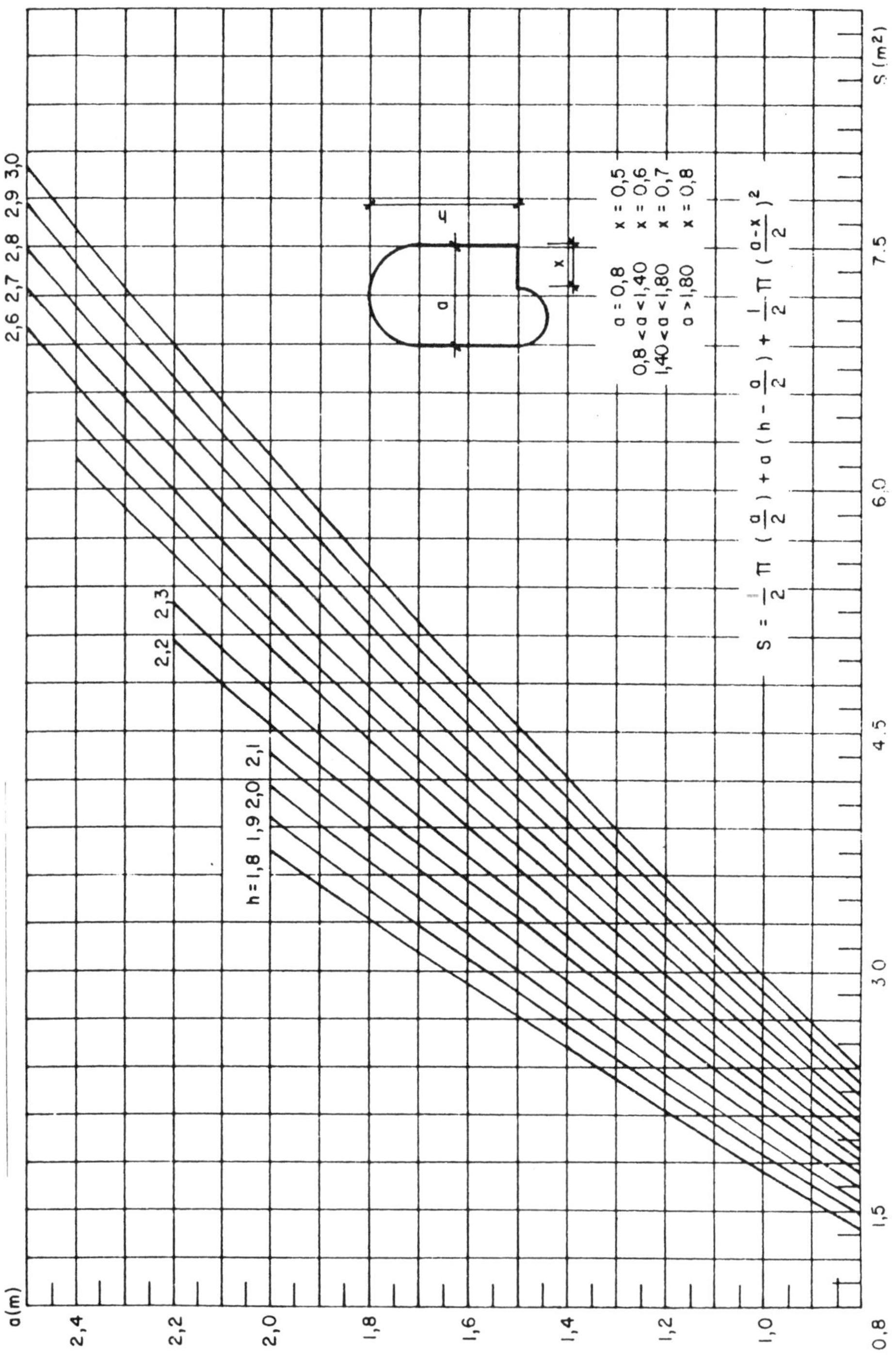

Fig. 4-6. *Diseño de sección.*

Por las amplias posibilidades de utilización de este tipo de sección, diseñado por el autor para un número importante de colectores, se incluyen gráficos para la definición de dicha sección, preparados por el I.C.C.P., D. Rafael Vigueras, y que pueden ser de gran utilidad para los proyectistas. Fig. 4.5 y 4.6.

La figura 4-5 indica los caudales transportables por la sección, dependiendo de la pendiente y de la sección útil del colector, obtenida según la fórmula de Manning-Strickler.

$$V = 73\ R_h^{2/3}\ I^{1/2}$$

Siendo:

V = velocidad en m/s.

I = pendiente en mm.

R_h = ratio hidráulico en m.

S = sección en m^2.

Q = caudal en m^3/s.

La figura 4-6 permite establecer las alturas, h, y las anchuras, a, para cada sección necesaria, definida en m^2 en la figura 4-5.

A título ilustrativo se incorporan otros tipos de secciones especiales utilizados en la red de Madrid, que no precisan comentarios complementarios.

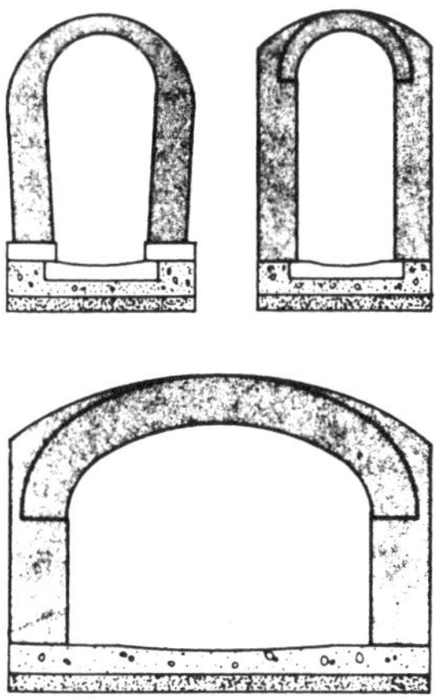

COLECTORES ANTIGUOS MADRILEÑOS

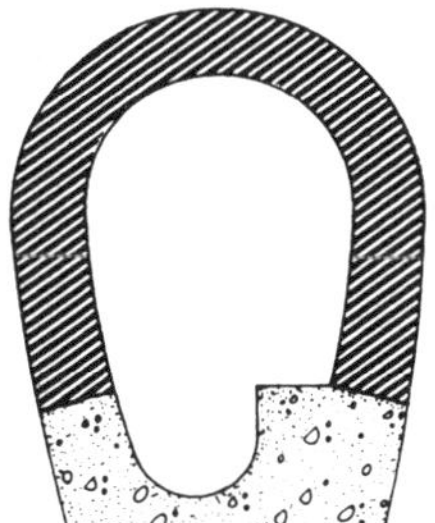

COLECTOR DE LADRILLO

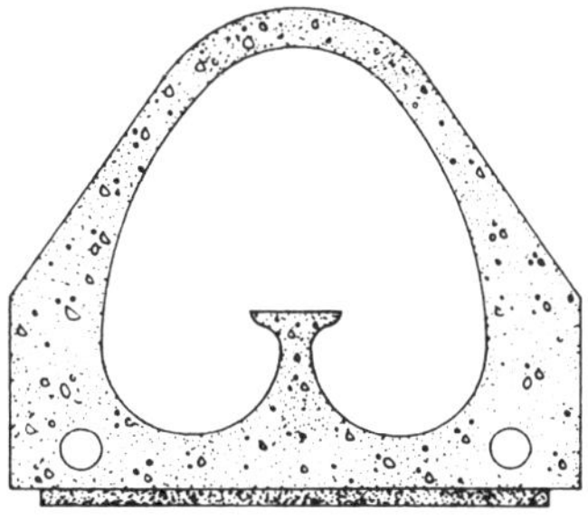

COLECTOR ANTIGUO DEL ABROÑIGAL

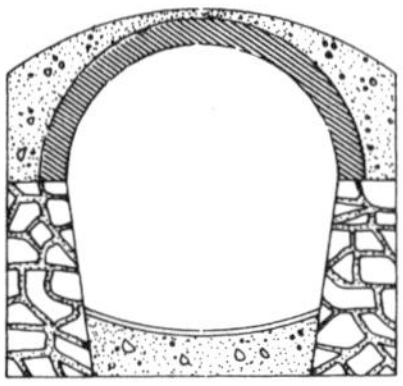

COLECTOR MIXTO DE MAMPOSTERIA Y HORMIGON

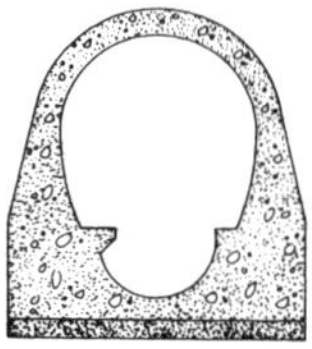

COLECTOR NUEVO DEL ABROÑIGAL

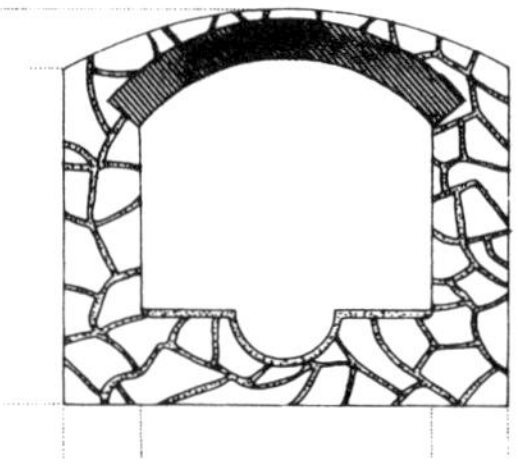

COLECTOR DE MAMPOSTERIA

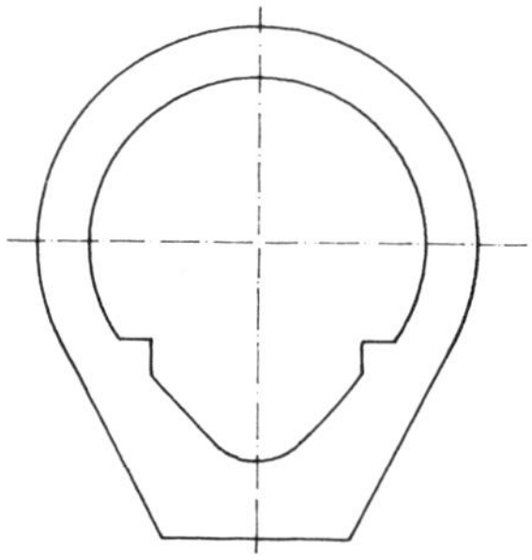

ESTRUCTURA DEL COLECTOR AXIL

Colectores en Madrid.

La tendencia que se sigue en muchos colectores es, como puede apreciarse, la de aproximación a la forma oval invertida con base amplia para disponer de paseo de visita y cuna de aguas negras, por lo que ello facilita la vigilancia, limpieza y conservación.

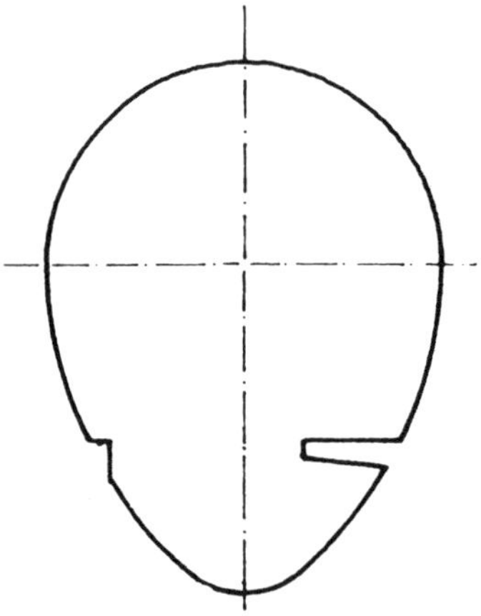

Pte 0,5

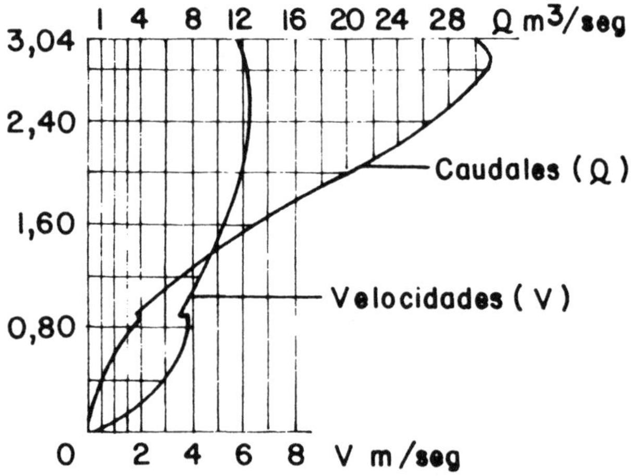

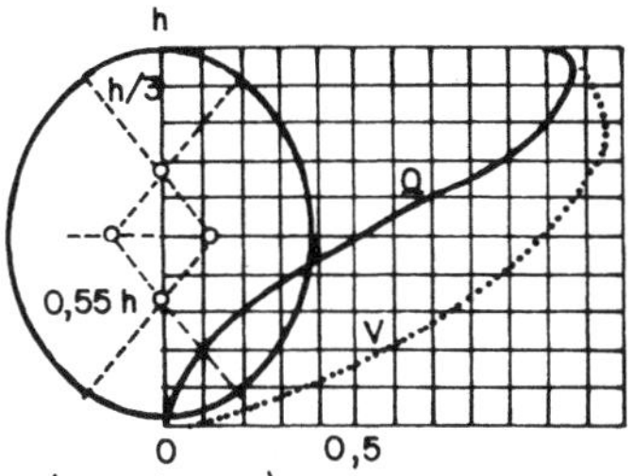
h
h/3
Q
0,55 h
V
0
0,5

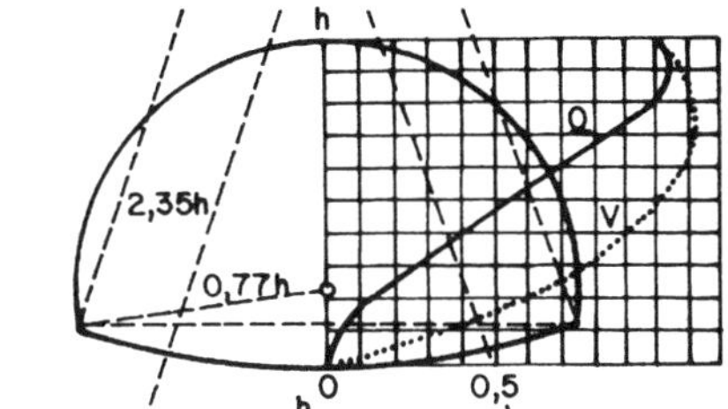
h
Q
2,35h
V
0,77h
0
0,5

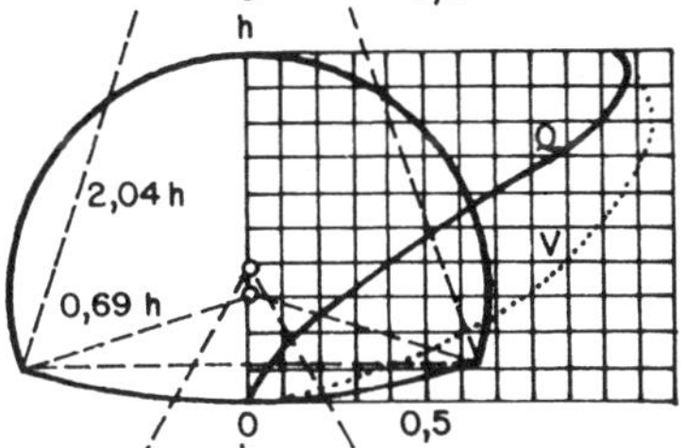
h
Q
2,04 h
V
0,69 h
0
0,5

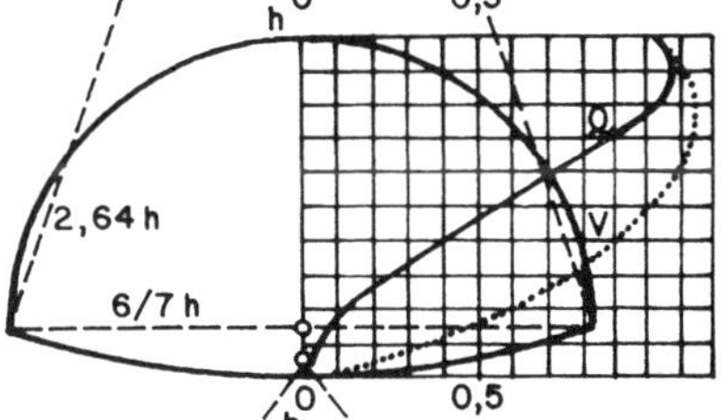
h
Q
2,64 h
V
6/7 h
0
0,5

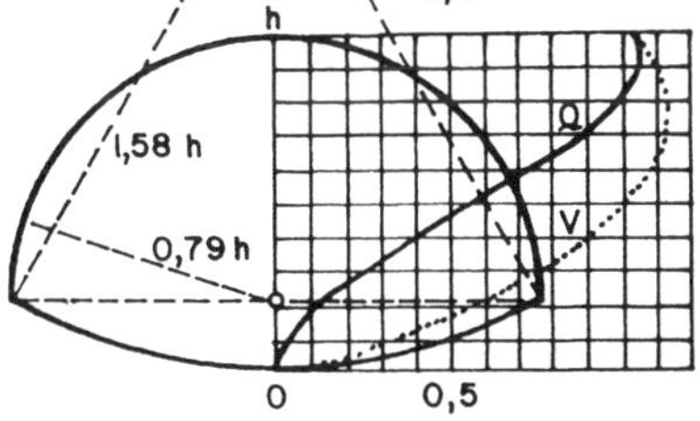
h
1,58 h
Q
V
0,79 h
0
0,5

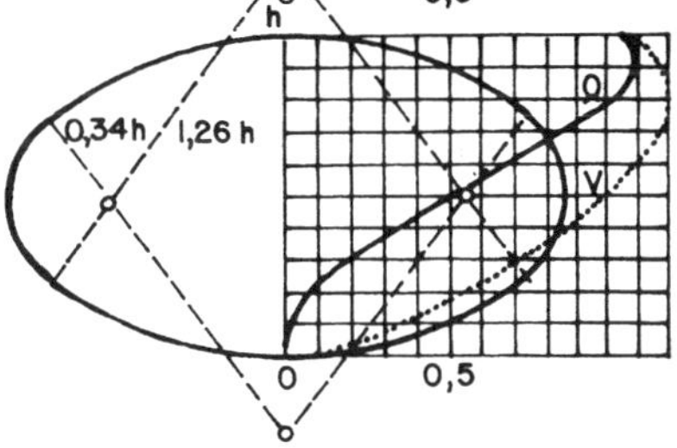
h
0,34h
1,26 h
Q
V
0
0,5

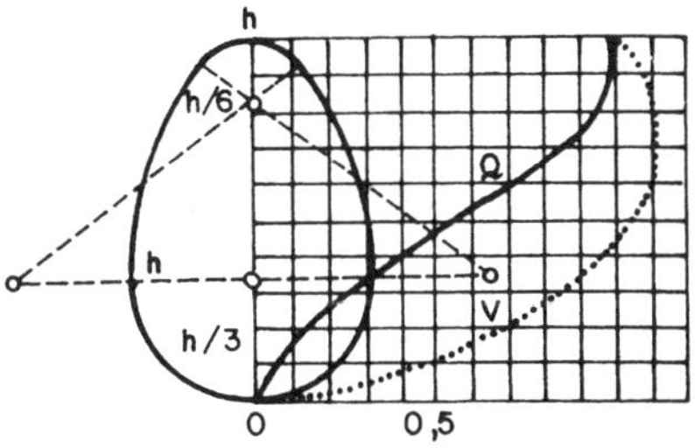
h
h/6
Q
h
V
h/3
0
0,5

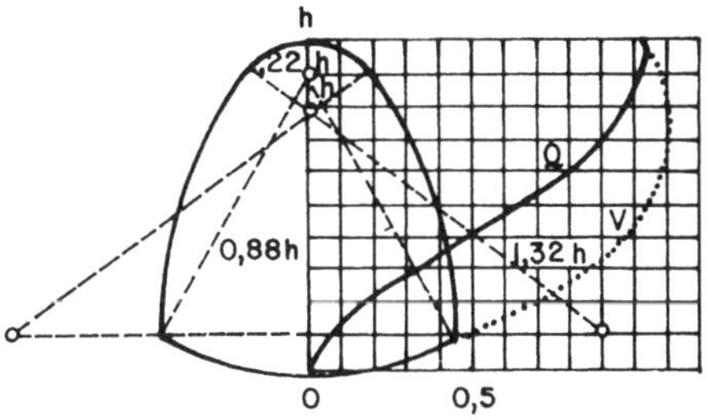
h
Q
V
0,88h
1,32 h
0
0,5

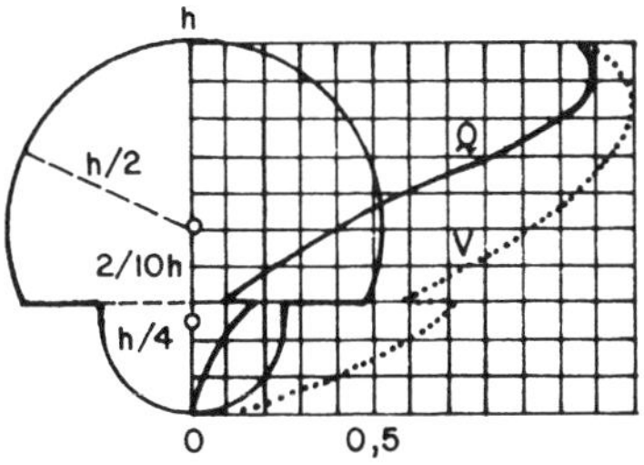
h
h/2
Q
V
2/10h
h/4
0
0,5

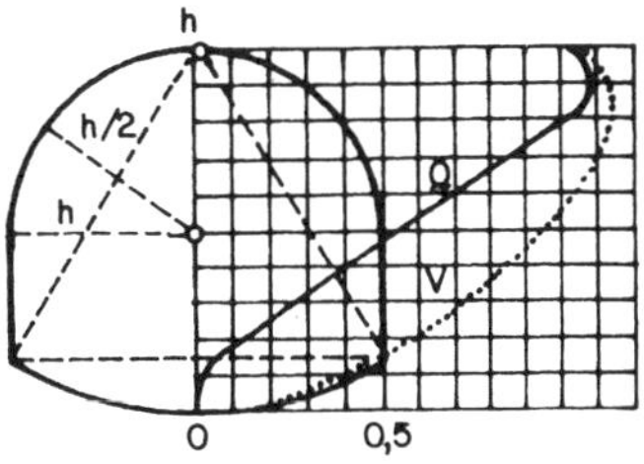
h
h/2
Q
h
V
0
0,5

OTROS TIPOS DE SECCIONES

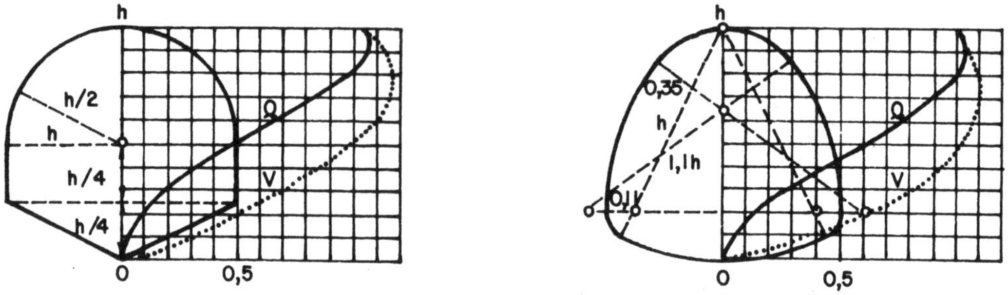

2. PROFUNDIDAD DE LAS ALCANTARILLAS

Esta profundidad, prescindiendo de las consideraciones sobre cargas mínimas de tierras sobre los tubos, ha de ser suficiente para permitir el desagüe de los sótanos de las casas, dentro de los límites establecidos por las ordenanzas municipales, y para dar salida a los drenes de saneamiento en los casos en que el nivel de las aguas subterráneas sea elevado.

Cuando no hay sótanos, la profundidad es la menor posible, y viene limitada por la cota de recubrimiento o protección de las alcantarillas contra las cargas y acciones del tráfico, así como de protección contra las heladas.

Puede determinarse por la fórmula:

$$H = h + 0{,}02\ L = h'$$

$$H = h + 0{,}02\ L = D$$

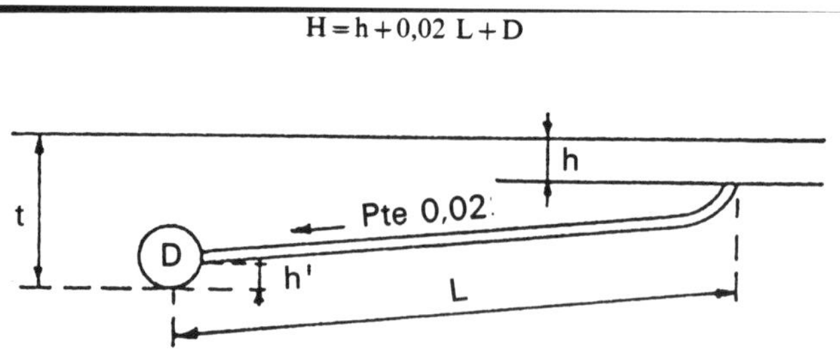

Fig. 4-7. *Esquema de profundidad mínima.*

Fig. 4-7. *Esquema de profundidad mínima.*

en la que:

H = profundidad de la tubería.

h = profundidad, con relación al nivel de la calle, de la acometida casera.

h' = distancia entre rasantes de alcantarilla y acometida.

D = diámetro de la alcantarilla.

L = distancia del albañal casero al eje de la calle.

Cuando no existen sótanos y en conductores de sección reducida puede adoptarse como profundidad mínima h = 1,20 m. En caso de existencia de zonas a sanear profundas, por debajo de la altura fijada en las ordenanzas municipales, deberá procederse a elevaciones aisladas particulares para transportar los correspondientes desagües hacia el colector. Profundidades en los colectores de 3 a 6 m pueden considerarse normales.

3. PERFIL LONGITUDINAL DE LAS ALCANTARILLAS

Si la pendiente natural de las calles lo permite, se procurará situar las alcantarillas paralelamente a la superficie de las mismas para reducir al mínimo la obra de tierra.

Si esto no es posible, por resultar velocidades inferiores al límite mínimo, se dará mayor pendiente, profundizando más en el terreno.

Por el contrario, cuando la pendiente de la calle es exagerada, se descompone la alcantarilla en secciones de la inclinación precisa para que la velocidad no exceda del límite superior, y se enlazan estas secciones por pozos registros de resalto.

El aumento del diámetro de un ramal de alcantarilla puede hacerse (fig. 4-8) o con solera continua y espinazo quebrado o con solera quebrada y espinazo continuo.

Cuando la pendiente es pequeña, se acude a la solución (b) segunda, de solera continua, para no perder pendiente. Tiene como inconveniente que la altura de relleno puede resultar insuficiente en casos de poca profundidad.

Cuando no importa perder algo de pendiente se acude a la solución (a), de solera quebrada, pues no disminuye el relleno sobre el tubo de la alcantarilla.

Estos saltos se hacen en las soleras de los pozos registros. Ver planos 4-1 y 4-2.

POZO DE RESALTO PARA ALCANTARILLA TUBULAR

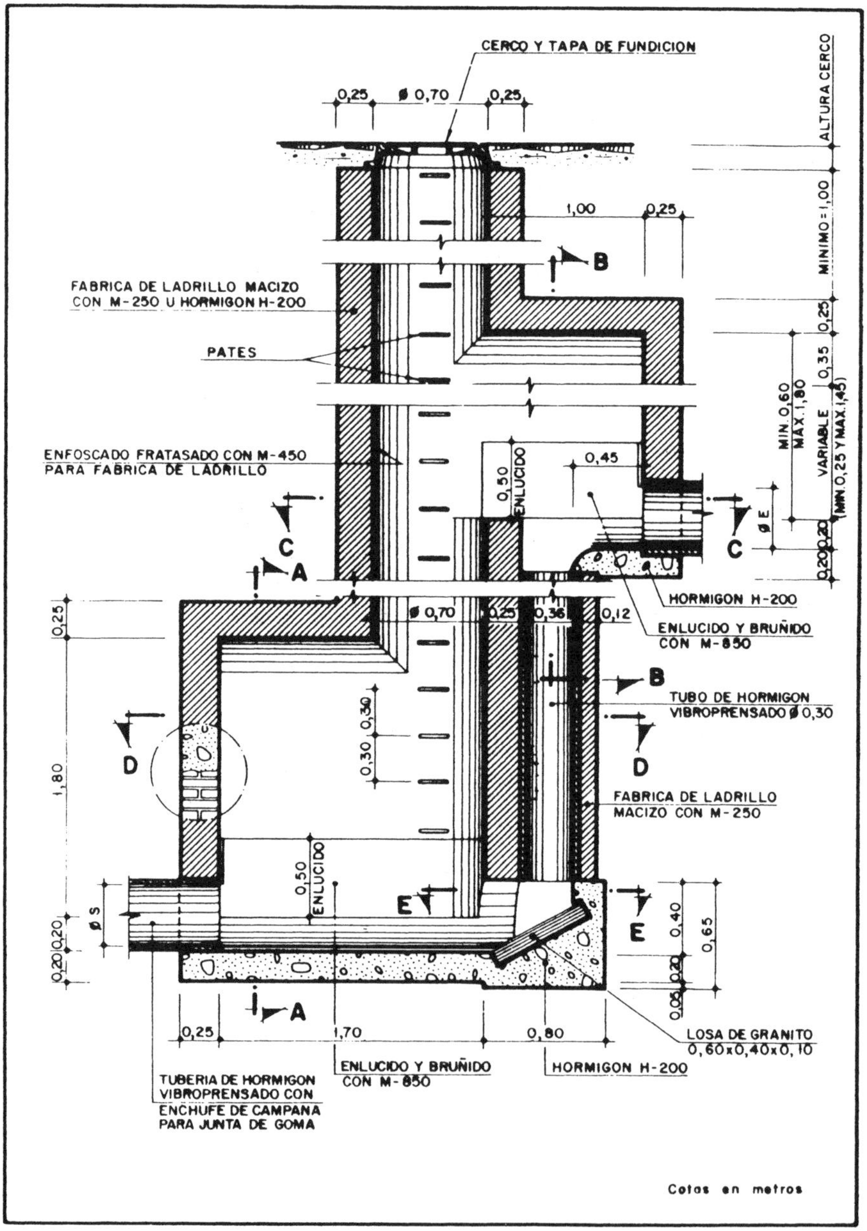

Plano 4-1. *Pozo de resalto para alcantarilla tubular.*

POZO DE ACOMETIDA CON RESALTO DE ALCANTARILLA TUBULAR A VISITABLE

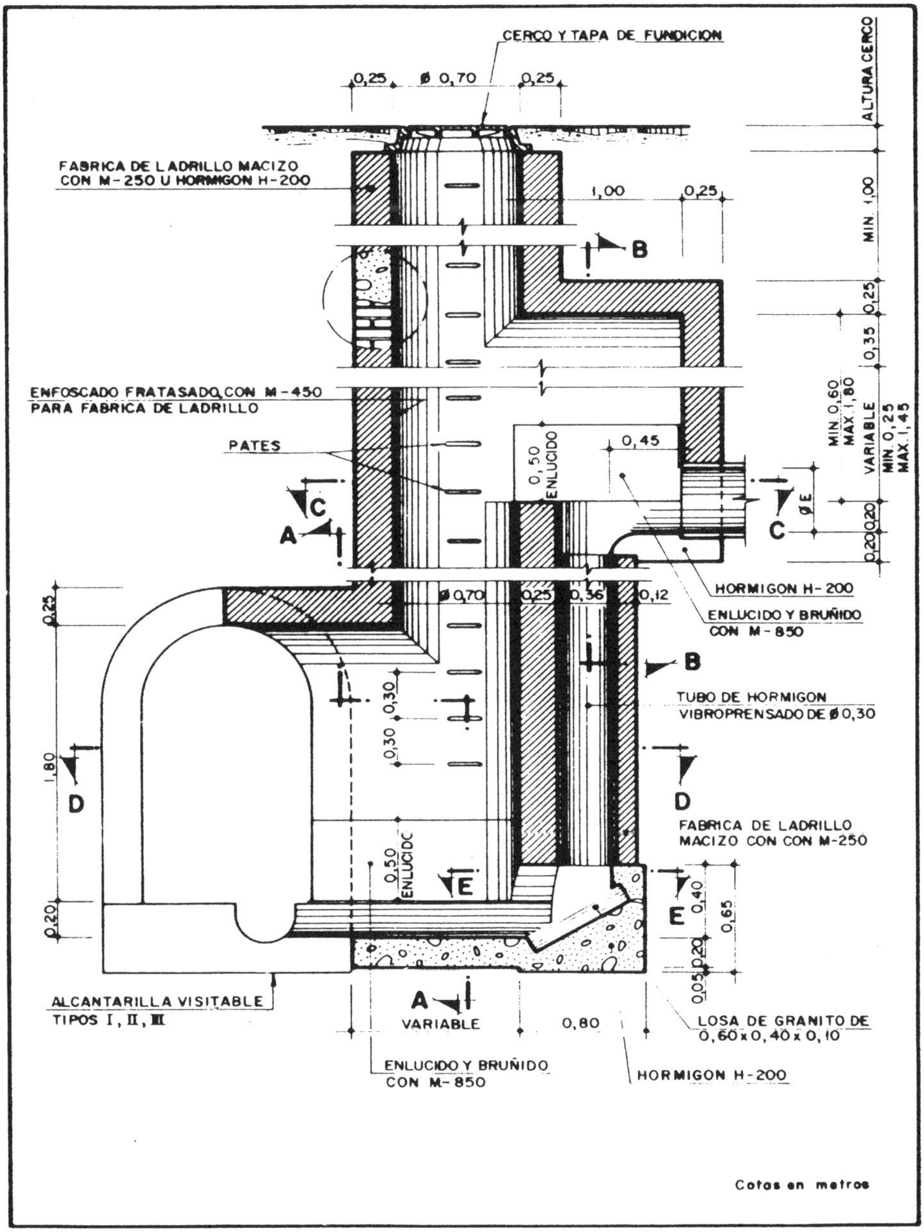

Plano 4-2. *Pozo de acometida con resalto de alcantarilla tubular a visitable.*

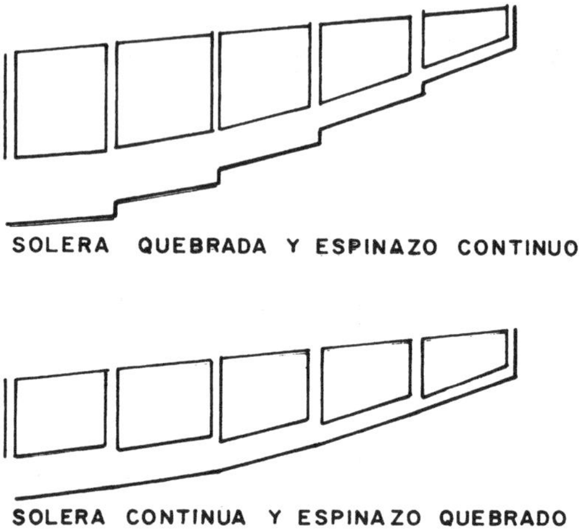

Fig. 4-8. *Perfiles de alcantarillado.*

En los casos de tipo de perfil (b) deberá comprobarse que los puntos bajos de clave del tramo superior no quedan mojados por la lámina de agua, en cuyo caso se darían cierres hidráulicos y la solución no sería válida.

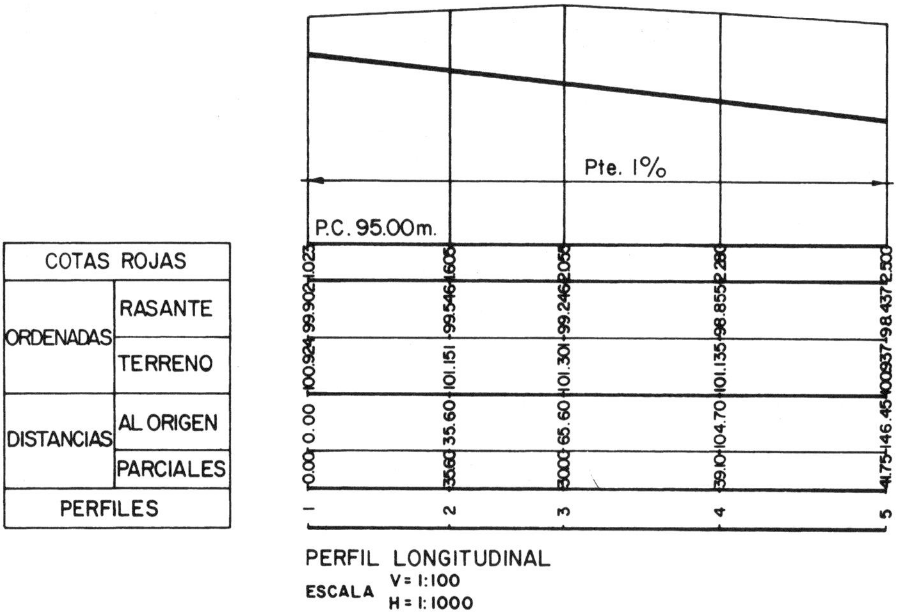

Fig. 4-9. *Guitarra de definición de un perfil longitudinal.*

En un proyecto para la definición de los perfiles se utiliza una representación denominada "guitarra", donde aparecen la denominación de perfil P-1, P-2..., que figurarán con la planta y en la representación del perfil.

Figurarán igualmente la distancia entre perfiles, la distancia al origen, las alturas de excavación, de rasante y de terreno, la cota roja e informe sobre obras especiales. Una representación de esta guitarra se da en la figura 4-9.

4. COMPROBACION HIDRAULICA DE SECCIONES. FORMULAS APLICABLES

Para el cálculo hidráulico de las conducciones se parte de las ecuaciones:

$$Q = S \cdot V$$

$$V = f(R_h, I)$$

siendo

Q = caudal (m^3/s).

S = sección transversal del flujo (m^2).

V = velocidad media (m/s).

R_h = ratio hidráulico (m).

I = pendiente de la conducción (m/m).

La ecuación general de PRONY, $v = f(R_h, I)$, cuyo segundo miembro de diversas experiencias, ha dado lugar a diversas fórmulas que pueden agruparse en la siguiente expresión general de CHEZY:

$$V = C \cdot R_h^a \cdot I^b$$

4.1. FORMULA UNIVERSAL DE PRANDTL-COLEBROK

La expresión habitual de la fórmula de DARCY-WEISBACH:

$$I = \frac{\lambda}{D} \cdot \frac{V^2}{2g}$$

en la que

I = pérdida de carga (m/m).

λ = coeficiente de fricción de DARCY-WEISBACH (adimensional).

D = diámetro interior de la tubería (m).

V = velocidad media (m/s).

g = aceleración de la gravedad (m/s^2).

responde a la expresión general de CHEZY con

$$C = \left(\frac{8g}{\lambda} \right)^{1/2} \qquad a=b=1/2$$

Procediendo a numerosas observaciones sobre el comportamiento de tuberías nuevas y en servicio, COLEBROOK y WHITE (1938) establecieron la siguiente fórmula empírica para el coeficiente de fricción de DARCY-WEISBACH

$$\frac{1}{\sqrt{\lambda}} = -2 \log_{10} \left(\frac{K_a}{3{,}71\ D} + \frac{2{,}51}{Re \ .\ \sqrt{\lambda}} \right)$$

siendo:

λ = coeficiente de fricción DARCY-WEISBACH (adimensional).

K_a = rugosidad absoluta equivalente (m).

D = diámetro interior de la tubería (m).

Re = número de Reynolds (adimensional) = V . D/ν.

V = velocidad media del fluido (m/s).

ν = viscosidad cinemática del fluido (m^2/s).

Esta fórmula de COLEBROOK-WHITE, además de sencilla tiene la propiedad de que, para tubos lisos y para cualquier Re, sus resultados coinciden con los obtenidos por VON KARMAN (1930):

$$\frac{1}{\sqrt{\lambda}} = -2 \log_{10} \frac{2{,}51}{Re \ .\ \sqrt{\lambda}}$$

Mientras que para Re elevados y tubos rugosos, concuerdan con la expresión de NIKURADSE (1933) para dichas condiciones:

$$\frac{1}{\sqrt{\lambda}} = -2 \log_{10} \frac{k_r}{3{,}71}$$

lo que le confiere una universalidad que no posee ninguna otra expresión. Desde 1938 ha sido unánimemente aceptada.

Eliminando λ entre las ecuaciones de DARCY-WEISBACH y COLEBROOK-WHITE, se obtiene:

$$V = -2 \,.\, \sqrt{2g\,DI} \,.\, \log_{10}\left(\frac{k_a}{3{,}71 \,.\, D} + \frac{2{,}51\,\nu}{D \,.\, \sqrt{2g\,DI}}\right)$$

denominada fórmula de PRANDTL-COLEBROOK por deducirse a partir de las fórmulas de DARCY-WEISBACH y COLEBROOK-WHITE y basarse en la teoría de PRANDTL-VON KARMAN sobre turbulencias.

Temperatura °C	10^6 m²/s	Temperatura °C	10^6 m²/s
5	1,521	45	0,604
10	1,310	50	0,556
15	1,148	55	0,514
20	1,007	60	0,478
25	0,897	65	0,446
30	0,804	70	0,417
35	0,725	75	0,392
40	0,661	80	0,366

NOTA: En el caso de temperaturas intermedias a las dadas en la tabla, υ se puede calcular por interpolación lineal.

Tabla 4-2. Viscosidad cinemática del agua υ

V = velocidad media del fluido (m/s).

g = aceleración de la gravedad (m/s²).

D = diámetro interior de la tubería (m).

I = pérdida de carga (m/m).

Ka = rugosidad uniforme equivalente (m. m.).

υ = viscosidad cinemática del fluido (m²/s).

En las conducciones de aguas residuales intervienen factores específicos no presentes normalmente en las de aguas limpias, como son: Depósitos sobre el fondo y paredes de los conductos, paros de registro y mayor número de juntas.

Ello hace que la rugosidad uniforme equivalente, K_a, de una misma tubería, sea distinta según circulan por ella aguas limpias o aguas residuales.

Análogamente será también distinta la viscosidad cinemática, υ. Para aguas residuales urbanas se puede tomar $v = 1,31 \cdot 10^{-6}$ m^2/s. Los valores de v aparecen en la siguiente tabla 4.2.

Teniendo en cuenta el efecto del uso sobre el valor de la rugosidad equivalente de las conducciones, en el siguiente cuadro se especifican los valores a considerar, salvo justificación en contra, de dicha rugosidad para las tuberías más comúnmente utilizadas en conducciones de aguas residuales.

Tipo de tubería	**K_a (mm)**
Gres	0,10-0,25
PVC	0,10-0,25
PRV	0,20-0,50
Fibrocemento	0,25-0,40
Fundición recubierta	0,40-0,80
Hormigón liso de alta calidad	0,40-0,80
Hormigón liso de calidad media	0,80-1,50
Hormigón rugoso	1,20-4,00
Hormigón "in situ"	2,50-6,00

Tabla 4-3. Valor de la rugosidad equivalente K_a (mm)

Los valores inferiores son especialmente aplicables a tuberías con tramos rectos y largos entre pozos de registro, colectores principales y emisarios; los valores superiores en caso contrario.

En tuberías de PRV, las fabricadas por centrifugación o por filament winding sobre mandril metálico tienen menor rugosidad que las fabricadas por el sistema Drostholm o por filament winding sobre mandril no metálico.

Para facilitar la aplicación de la fórmula de PRANDTL-COLEBROOK existen varias tabulaciones y abacos, siendo las más utilizadas y prácticas las tabulaciones establecidas para cada conjunto de valores ν, k_a.

Para cada par de valores ν, k_a (es decir, para un fluido determinado circulando a una cierta temperatura por una tubería con una rugosidad absoluta determinada), dichas tablas permiten una visión instantánea global de las variables Q, D, V, I, que intervienen en el comportamiento hidráulico de la tubería y la influencia de cada una de esas variables sobre las restantes.

Para conducciones a sección parcialmente llena, la fórmula de PRANDTL-COLEBROOK debe aplicarse con los coeficientes correctores de THORMANN-FRANKE:

$$W = \frac{V_p}{V} = \left[\frac{2\beta - \text{sen } 2\beta}{2(\beta + \gamma \text{ sen } \beta)} \right]^{0,625}$$

$$q = \frac{Q_p}{Q} = \frac{(2\beta - \text{sen } 2\beta)^{1,625}}{9,69\ (\beta + \gamma \text{ sen } \beta)^{0,625}}$$

donde:

V = velocidad a sección llena.

V_p = velocidad a sección parcialmente llena.

Q = caudal a sección llena.

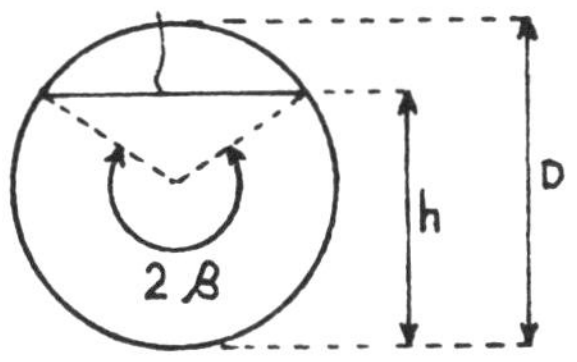

Q_p = caudal a sección parcialmente llena.

2β = arco de la sección mojada (véase figura).

γ = coeficiente de THORMANN que introduce la consideración del rozamiento entre el líquido y el aire del interior del conducto.

Para $\eta = \dfrac{h}{D} \leq 0,5$; $\gamma = 0$

Para $\eta = \dfrac{h}{D} > 0,5$; $\gamma = \dfrac{\eta - 0,5}{20} + \dfrac{20(\eta - 0,5)^3}{3}$

Se incluye a continuación la Tabla 4-4 en la que se recogen estas variaciones de caudales y velocidades en función de la altura de llenado, de acuerdo con el modelo establecido por THORMANN y FRANKE.

Q'/Q	h/S	v'/v	Q'/Q	h/S	v'/v	Q'/Q	h/S	v'/v
0,001	0,023	0,17	0,041	0,135	0,51	0,081	0,189	0,62
0,002	0,032	0,21	0,042	0,137	0,51	0,082	0,191	0,62
0,003	0,038	0,24	0,043	0,138	0,51	0,083	0,192	0,62
0,004	0,044	0,26	0,044	0,140	0,52	0,084	0,193	0,62
0,005	0,049	0,28	0,045	0,141	0,52	0,085	0,194	0,62
0,006	0,053	0,29	0,046	0,143	0,52	0,086	0,195	0,63
0,007	0,057	0,30	0,047	0,145	0,53	0,087	0,196	0,63
0,008	0,061	0,32	0,048	0,145	0,53	0,088	0,197	0,63
0,009	0,065	0,33	0,049	0,148	0,53	0,089	0,199	0,63
0,010	0,068	0,34	0,050	0,149	0,54	0,090	0,200	0,63
0,011	0,071	0,35	0,051	0,151	0,54	0,091	0,201	0,64
0,012	0,074	0,36	0,052	0,152	0,54	0,092	0,202	0,64
0,013	0,077	0,36	0,053	0,153	0,55	0,093	0,203	0,64
0,014	0,080	0,37	0,054	0,155	0,55	0,094	0,204	0,64
0,015	0,083	0,38	0,055	0,156	0,55	0,095	0,205	0,64
0,016	0,086	0,38	0,056	0,158	0,55	0,096	0,206	0,65
0,017	0,088	0,39	0,057	0,159	0,56	0,097	0,207	0,65
0,018	0,091	0,40	0,058	0,160	0,56	0,098	0,208	0,65
0,019	0,093	0,41	0,059	0,162	0,56	0,099	0,210	0,65
0,020	0,095	0,41	0,060	0,163	0,57	0,100	0,211	0,65
0,021	0,098	0,42	0,061	0,164	0,57	0,105	0,216	0,66
0,022	0,100	0,42	0,062	0,166	0,57	0,110	0,221	0,67
0,023	0,102	0,43	0,063	0,167	0,57	0,115	0,226	0,68
0,024	0,0104	0,43	0,064	0,168	0,58	0,120	0,231	0,69
0,025	0,106	0,44	0,065	0,170	0,58	0,125	0,236	0,69
0,026	0,108	0,45	0,066	0,171	0,58	0,130	0,241	0,70
0,027	0,110	0,45	0,067	0,172	0,58	0,135	0,245	0,71
0,028	0,112	0,45	0,068	0,174	0,59	0,140	0,250	0,72
0,029	0,114	0,45	0,069	0,175	0,59	0,145	0,254	0,72
0,030	0,116	0,46	0,070	0,176	0,59	0,150	0,259	0,73
0,031	0,118	0,47	0,071	0,177	0,59	0,155	0,263	0,74
0,032	0,120	0,47	0,072	0,179	0,59	0,160	0,268	0,74
0,033	0,122	0,48	0,073	0,180	0,60	0,165	0,272	0,75
0,034	0,123	0,48	0,074	0,181	0,60	0,170	0,276	0,76
0,035	0,125	0,48	0,075	0,182	0,60	0,175	0,281	0,76
0,036	0,127	0,49	0,076	0,183	0,60	0,180	0,285	0,77
0,037	0,129	0,49	0,077	0,185	0,61	0,185	0,289	0,77
0,038	0,130	0,50	0,078	0,186	0,61	0,190	0,293	0,78
0,39	0,132	0,50	0,079	0,187	0,61	0,195	0,297	0,78
0,040	0,134	0,50	0,080	0,188	0,61	0,200	0,301	0,79

Tabla 4-4 de Thormann y Franke.
Variaciones de caudales y velocidades en función de la altura de llenado

Q'/Q	h/S	v'/v	Q'/Q	h/S	v'/v	Q'/Q	h/S	v'/v
0,210	0,309	0,80	0,610	0,568	1,04	0,905	0,791	1,07
0,220	0,316	0,81	0,620	0,575	1,04	0,910	0,797	1,07
0,230	0,324	0,82	0,630	0,581	1,05	0,915	0,802	1,06
0,240	0,331	0,83	0,640	0,587	1,05	0,920	0,808	1,06
0,250	0,339	0,84	0,650	0,594	1,05	0,925	0,814	1,06
0,260	0,346	0,85	0,660	0,600	1,05	0,930	0,821	1,06
0,270	0,353	0,86	0,670	0,607	1,06	0,935	0,827	1,06
0,280	0,360	0,86	0,680	0,613	1,06	0,940	0,834	1,05
0,290	0,367	0,87	0,690	0,620	1,06	0,945	0,841	1,05
0,300	0,374	0,88	0,700	0,626	1,06	0,950	0,849	1,05
0,310	0,381	0,89	0,710	0,633	1,06	0,955	0,856	1,05
0,320	0,387	0,89	0,720	0,640	1,07	0,960	0,865	1,04
0,330	0,394	0,90	0,730	0,646	1,07	0,965	0,874	1,04
0,340	0,401	0,91	0,740	0,653	1,07	0,970	0,883	1,04
0,350	0,407	0,92	0,750	0,660	1,07	0,975	0,894	1,03
0,360	0,414	0,92	0,760	0,667	1,07	0,980	0,905	1,03
0,370	0,420	0,93	0,770	0,675	1,07	0,985	0,919	1,02
0,380	0,426	0,93	0,780	0,682	1,07	0,990	0,935	1,02
0,390	0,433	0,94	0,790	0,689	1,07	0,995	0,955	1,01
0,400	0,439	0,95	0,800	0,697	1,07	1,000	1,000	1,00
0,410	0,445	0,95	0,805	0,701	1,08			
0,420	0,451	0,96	0,810	0,705	1,08			
0,430	0,458	0,96	0,815	0,709	1,08			
0,440	0,464	0,97	0,820	0,713	1,08			
0,450	0,470	0,97	0,825	0,717	1,08			
0,460	0,476	0,98	0,830	0,721	1,08			
0,470	0,492	0,99	0,835	0,725	1,08			
0,480	0,488	0,99	0,840	0,729	1,07			
0,490	0,494	1,00	0,845	0,734	1,07			
0,500	0,500	1,00	0,850	0,738	1,07			
0,510	0,506	1,00	0,855	0,742	1,07			
0,520	0,512	1,01	0,860	0,747	1,07			
0,530	0,519	1,01	0,865	0,751	1,07			
0,540	0,525	1,02	0,870	0,756	1,07			
0,550	0,531	1,02	0,875	0,761	1,07			
0,560	0,537	1,02	0,880	0,766	1,07			
0,570	0,543	1,03	0,885	0,770	1,07			
0,580	0,550	1,03	0,890	0,775	1,07			
0,590	0,556	1,03	0,895	0,781	1,07			
0,600	0,562	1,04	0,900	0,786	1,07			

Tabla 4-4 de Thormann y Franke.
Variaciones de caudales y velocidades en función de la altura de llenado (cont.)

4.2. FORMULA DE TADINI

Es una de las más antiguas y sencillas.

Propone para los tres parámetros de CHEZY los siguientes valores:

$$C = 50 \qquad a = b = 1/2$$

con lo que

$$V = 50 \sqrt{R_h \, . \, I}$$

con

V = velocidad media (m/s).

R_h = ratio hidráulico (m).

I = pendiente hidráulica (m/m).

Por su sencillez, esta fórmula se utiliza en los primeros tanteos de anteproyecto y preferentemente para pequeños diámetros.

4.3. FORMULA DE CHEZY

El mismo CHEZY propuso como valores de dos de los parámetros de su expresión general, los siguientes:

$$a = b = 1/2$$

obteniéndose

$$V = C \sqrt{R_h \, I}$$

que es la forma en que normalmente se expresa la fórmula de CHEZY.

4.4. FORMULA DE BAZIN

Bastante utilizada en Francia, adopta como parámetros de CHEZY:

$$C = \frac{87 \sqrt{R_h}}{\gamma + \sqrt{R_h}} \quad a = b = 1/2$$

y por tanto

$$V = \frac{87 \, R_h \sqrt{I}}{\gamma + \sqrt{R_h}}$$

siendo

V = velocidad media (m/s).

R_h = radio hidráulico (m).

I = pendiente hidráulica (m/m).

γ = coeficiente de rugosidad de BAZIN.

Los valores del coeficiente de rugosidad de BAZIN, γ, dependen de la naturaleza de las paredes en la forma que se indica a continuación.

Naturaleza de las paredes	γ
Paredes muy lisas (madera cepillada, enlucido de cemento, fibrocemento)	0,06
Paredes lisas (piedra tallada, ladrillos, hormigón)	0,16
Paredes poco lisas (mampostería, adoquines)	0,46
Paredes de naturaleza mixta (taludes alisados)	0,85
Canales en tierra normales (fondo y taludes sin irregularidades)	1,30
Canales en tierra con irregularidades (fondo de cantos rodados, paredes con vegetación o piedras)	1,75

Tabla 4-5. Coeficiente de rugosidad de Bazin

En el apartado 6.9 se incluyen ábacos para la aplicación de la fórmula de BAZIN.

4.5. FORMULA DE MANNING-STRICKLER

Adopta como parámetros de CHEZY:

$$C = \frac{1}{n} = K_s \qquad a = 2/3 \qquad b = 1/2$$

y por tanto

$$V = \frac{1}{n} \cdot R_h^{2/3} \cdot I^{1/2} = K_s \cdot R_h^{2/3} \cdot I^{1/2}$$

donde

V = velocidad media (m/s).

R_h = ratio hidráulico (m).

I = pendiente hidráulica (m/m).

n = coeficiente de Manning.

K_s = coeficiente de Strickler.

Los valores de los coeficientes de STRICKLER, K_s, y de MANNING, n, para aguas residuales, son:

Naturaleza de las paredes			**K_a**	**n**
Tubos	Gres y plástico (PVC-PE)		100-120	0,008-0,010
	Fibrocemento		83-110	0,009-0,012
	Hormigón		67-77	0,013-0,015
	Revestidos con	Cemento puro	83-91	0,01-0,012
		Mortero de cemento	77-83	0,012-0,013
		Ladrillos vitrificados	77-83	0,012-0,013
		Ladrillos con juntas de mortero de cemento	67-77	0,013-0,015
	Fundición revestida		77-83	0,012-0,015
	Fundición sin revestir		71-77	0,013-0,014
Zanjas y canales	En tierra	Lisos y uniformes	44-50	0,020-0,023
		Rugosos e irregulares	33-40	0,020-0,030
	En roca	Lisos y uniformes	30-33	0,030-0,033
		Rugosos e irregulares	22-25	0,040-0,045
Cauces naturales	Limpios, rectos y sin hondonadas		33-36	0,028-0,030
	Limpios, tortuosos y con hondonadas		25-28	0,036-0,040

Tabla 4-6. Coeficientes de Strickler, K_a y de Manning, n

En el apartado 6.9 se incluye un ábaco de cálculo para la fórmula de MANNING-STRICKLER.

Para una tubería de sección circular totalmente llena, se tiene

$$R_h = \frac{D}{4} \quad \text{y} \quad Q = \frac{\pi D^2}{4} \,.\, V$$

por lo que se puede obtener el diámetro requerido en función del caudal a sección llena y de la pendiente propuesta, de acuerdo con

$$D = \left(\frac{3,21 \cdot Q}{\frac{1}{n} \cdot \sqrt{I}} \right)^{3/8}$$

O bien se puede deducir la pendiente necesaria a partir del caudal a sección llena y del diámetro de la tubería (o de la velocidad a sección llena y el diámetro de la tubería), por medio de:

$$I = \left(\frac{3,21 \cdot Q}{\frac{1}{n} \cdot D^{8/3}} \right)^{2} = \left(\frac{2,52 \cdot V}{\frac{1}{n} \cdot D^{2/3}} \right)^{2}$$

4.6. FORMULA DE SONIER

Se obtiene adoptando como parámetros de CHEZY

$$C = \frac{3,135}{\sqrt{f_s}} = C_s \qquad a = 0,65 \qquad b = 0,50$$

por lo que

$$V = \frac{3,135}{\sqrt{f_s}} R_h^{0,65} \cdot I^{0,50}$$

siendo

V = velocidad media(m/s).

R_h = radio hidráulico (m).

I = pendiente hidráulica.

f_s = factor de fricción de SONIER.

Los valores del coeficiente de fricción de SONIER, f_s, son

Tuberías	f_s
Con enlucido de cemento	0,00103
De hormigón	0,00214

Tabla 4-7. Coeficiente de fricción de Sonier

Si en la fórmula de SONIER expresada se despeja I en función de Q y D, se obtiene

$$I = f_s \frac{Q^2}{D^{5/3}}$$

que es la expresión originalmente definida por SONIER.

En el apartado 6.9 se incluyen ábacos para la aplicación de esta fórmula.

4.7. FORMULA DE KUTTER

Denominado también fórmula de KUTTER SIMPLIFICADA y bastante utilizada en Alemania y Bélgica, adopta como parámetros de CHEZY

$$C = \frac{100 \sqrt{R_h}}{m + \sqrt{R_h}} \qquad a = b = 1/2$$

por lo que se obtiene

$$V = \frac{100\, R_h \sqrt{I}}{m + \sqrt{R_h}}$$

donde

V = velocidad media (m/s).

R_h = radio hidráulico (m).

I = pendiente hidráulica (m/m).

m = coeficiente de rugosidad de KUTTER.

Esta fórmula de KUTTER es similar a la de BAZIN, diferenciándose de ésta, por una parte, en el factor numérico 100 en vez de 87 y, por otra parte, en que el coeficiente de rugosidad de BAZIN, γ, depende exclusivamente de la naturaleza de las paredes mientras que el coeficiente de rugosidad de KUTTER, m, depende de la naturaleza de las paredes y de la forma de la sección de la conducción, según se indica a continuación:

En el apartado 6.10 se incluyen monogramas y ábacos para la aplicación de esta fórmula.

Forma de la sección	Naturaleza de las paredes	m (Kutter)
Circular	Plástico (PVC, PE), fibrocemento	0,10-0,15
	Cemento liso, tablas cepilladas	0,15-0,20
	Hormigón liso de alta calidad	0,20-0,25
	Hormigón liso de calidad media	0,30-0,35
Rectangular	Tablas cepilladas y bien ensambladas	0,15-0,20
	Tablas no cepilladas, piedra tallada, enlucidos ordinarios de cemento	0,25-0,30
	Mampostería de piedra o ladrillo, cuidada	0,30-0,35
	Mampostería de piedra o ladrillo, normal	0,40-0,45
	Mampostería de piedra o ladrillo, encachada	0,50-0,55
	Mampostería rugosa con juntas encenagadas	0,60-0,75
	Mampostería deteriorada con juntas encenagadas	0,90-1,00
Trapezoidal	Pequeños canales en roca o tierra, regulares, sin vegetación	1,25-1,50
	Canales en tierra, mal cuidadas, con vegetación, cursos naturales regulares	1,75-2,00
	Canales en tierra, sin cuidar, cursos naturales con fangos y plantas acuáticas	2,00-2,50

Tabla 4-8. Coeficiente de rugosidad de Kutter, m

4.8. FORMULA DE GANGUILLET Y KUTTER

Fórmula muy empleada antiguamente en Alemania y Estados Unidos de América. Adopta como parámetros de CHEZY.

$$C = \frac{23 + \frac{1}{n} + \frac{0,00155}{I}}{1 + \left(23 + \frac{0,00155}{I}\right) \cdot \frac{n}{R_h}} \qquad a = b = 1/2$$

y por tanto

$$V = \frac{23 + \frac{1}{n} + \frac{0,00155}{I}}{1 + \left(23 + \frac{0,00155}{I}\right) \cdot \frac{n}{R_h}} \cdot \sqrt{R_h \cdot I}$$

donde

V = velocidad media (m/s).

n = coeficiente de Ganguillet-Kutter.

I = pendiente hidráulica (m/m).

R_h = radio hidráulico (m).

El coeficiente, n, de GANGUILLET-KUTTER depende, exclusivamente de las paredes de la conducción. Sus valores coinciden con las del coeficiente, n, de MANNING.

4.9. ELECCION DISCRIMINATORIA DE LAS FORMULAS EMPIRICAS

Es necesario tener presente que las fórmulas empíricas que se han presentado, fueron establecidas en función de experimentos llevados a cabo por sus autores y, por lo tanto, son tributarias del campo que abarcan estos experimentos.

Además, estas fórmulas contienen coeficientes que no son adimensionales, de tal suerte que no se pueden emplear sin conocer el sistema de unidades en el cual fueron establecidas.

Contrastando los resultados prácticos con los cálculos, cada una de estas fórmulas tiene un intervalo de valores de los parámetros que la define, dentro del cual se revela más correcta.

En último término serán el buen criterio y la experiencia del proyectista los que determinarán la elección de la fórmula más idónea.

Con carácter general, deben tenerse en cuenta las siguientes indicaciones:

1. La fórmula de PRANDTL-COLEBROOK es la más completa y correcta en todos los casos. Su aparente complicación queda hoy día eliminada con la utilización generalizada de calculadoras y ordenadores; o simplemente con las tabulaciones existentes.

2. Las fórmulas simplificadas permiten un primer tanteo rápido, sobre todo si no se dispone en ese momento de un medio de apoyo para cálculo.

3. Los parámetros y coeficientes que entran en las fórmulas deben ser cuidadosamente elegidas, ya que pueden influir significativamente en los resultados.

Para ello, existen numerosos estudios e información al respecto, lo que ya de por sí da idea sobre la importancia atribuida al tema por los especialistas.

En particular, debe cuidarse especialmente la diferenciación de los coeficientes correspondientes a aguas limpias con las de aguas residuales.

4.10. ABACOS NOMOGRAMAS Y TABLAS GRAFICAS

Para el cálculo a sección llena puede utilizarse, en secciones circulares y ovoides, los ábacos monogramas y tablas gráficas que figuran a continuación.

4.10.1. Fórmula de BAZIN

Abaco general para cálculo de conducciones.

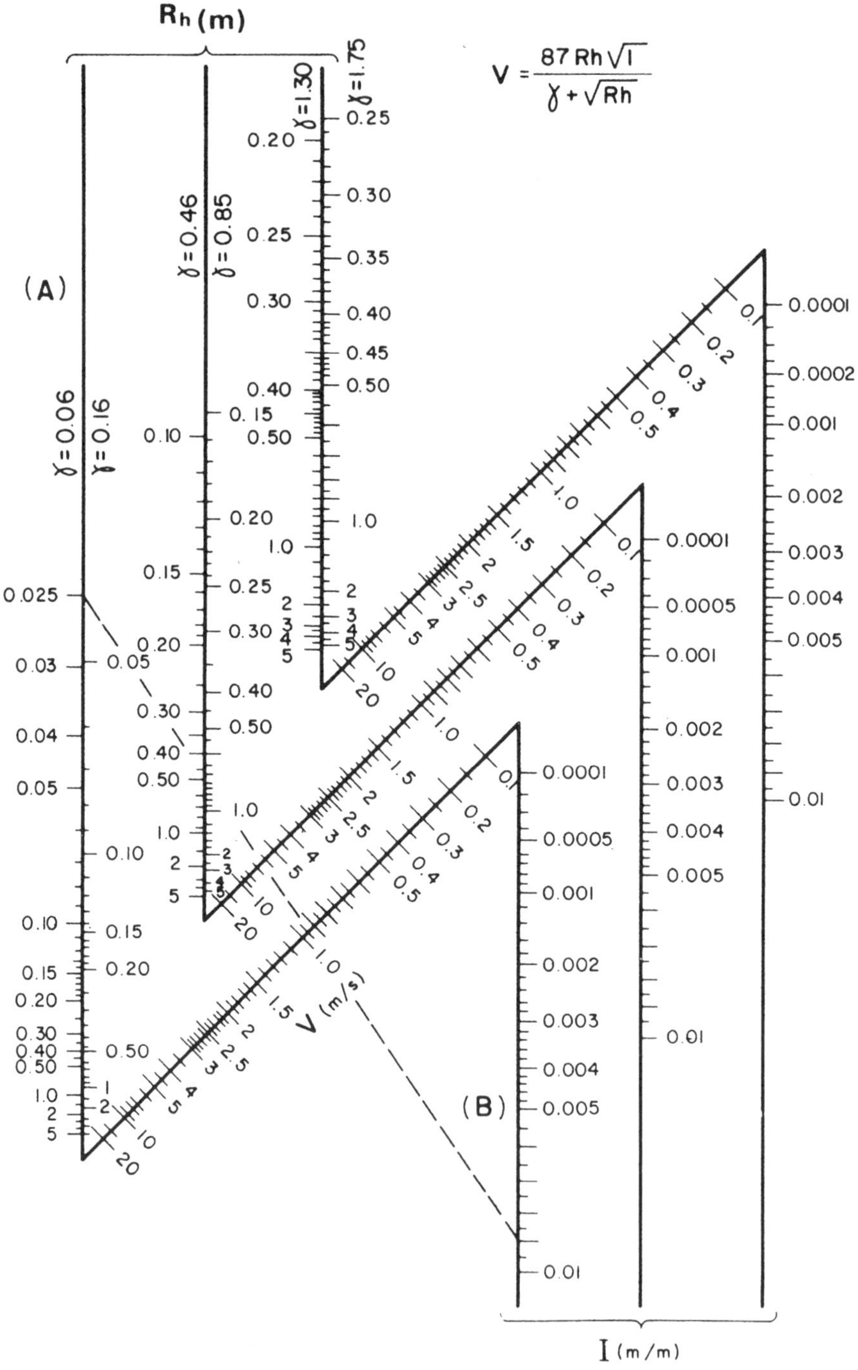

4.10.2. Fórmula de BAZIN

Abaco para cálculo de ovoides.

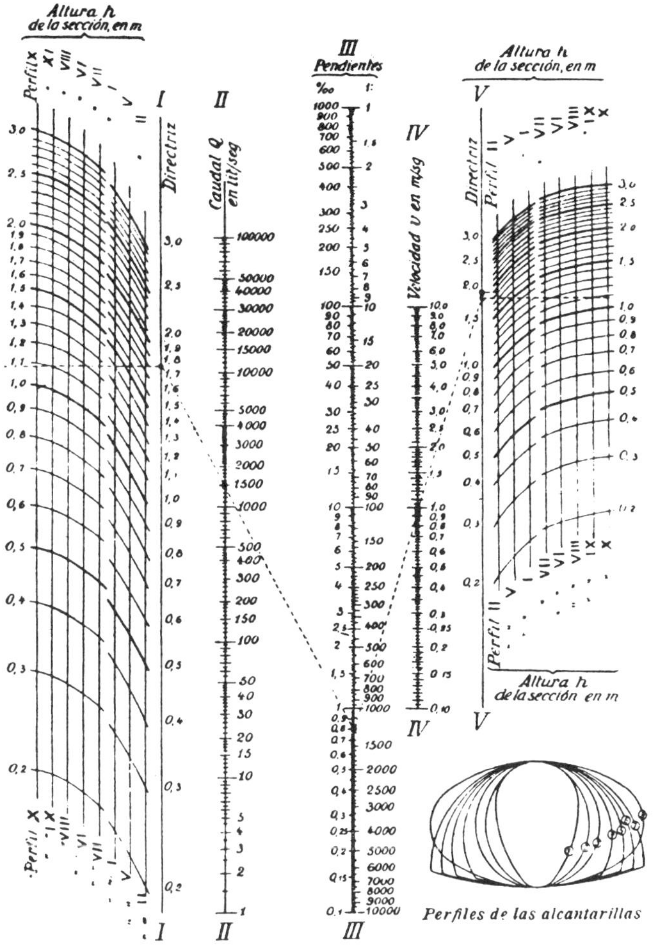

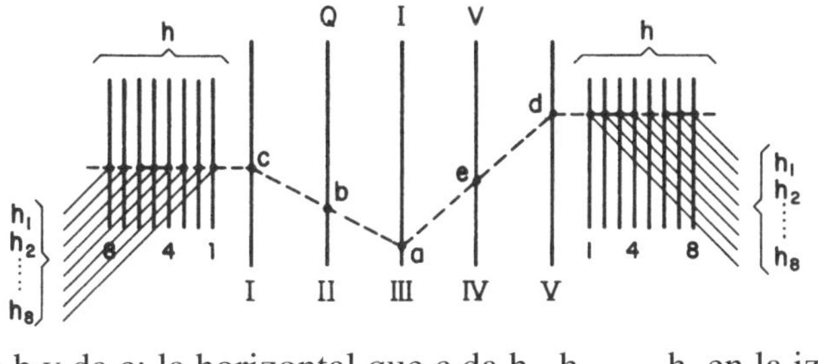

Se une a con b y da c; la horizontal que c da h_1, h_2, …, h_8 en la izquierda. La horizontal por h_1, h_2, … h_8 en la derecha de d; se une d con a y da e.

4.10.3. Fórmula de MANNING-STRICKLER

Abaco general para cálculo de conducciones.

$$V = \frac{1}{m} R_h^{2/3} \cdot I^{1/2}$$

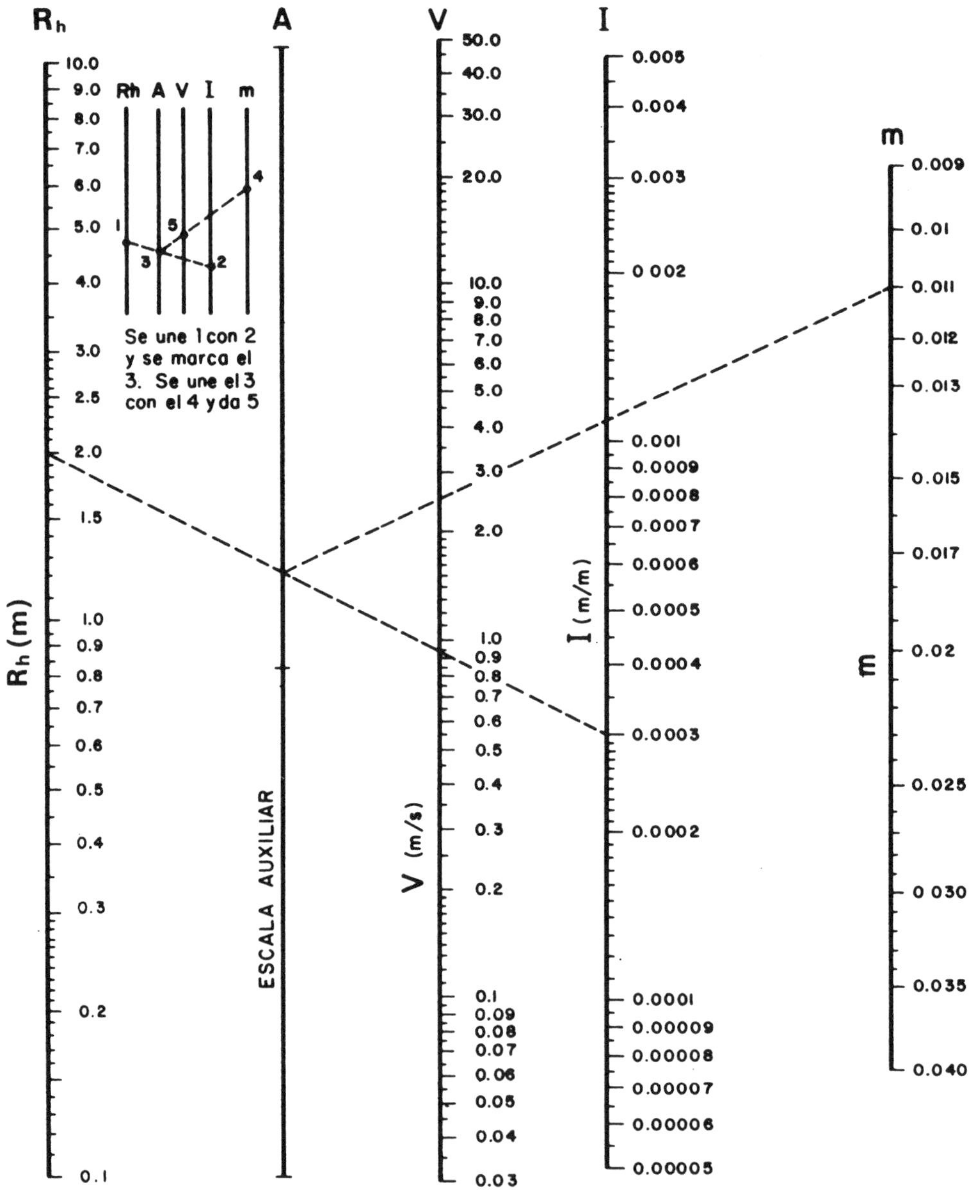

4.10.4. Fórmula de MANNING-STRICKLER

Nomograma para cálculo de tuberías con n = 0,013.

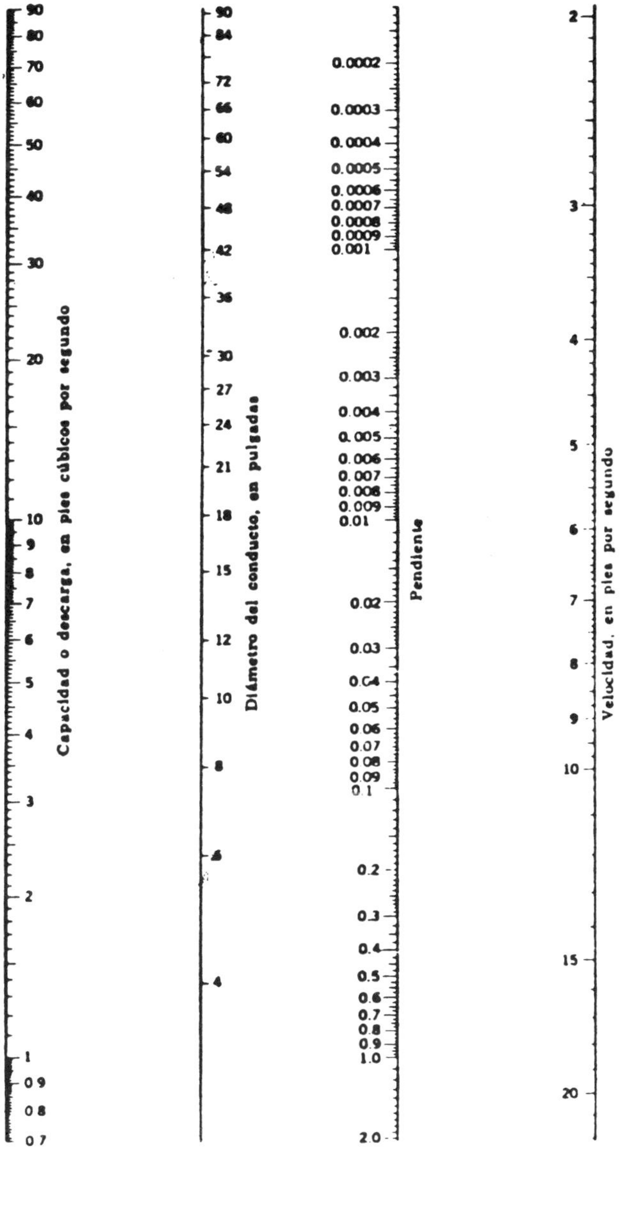

4.10.5. Fórmula de SONIER

Abaco para cálculo de tuberías de hormigón.

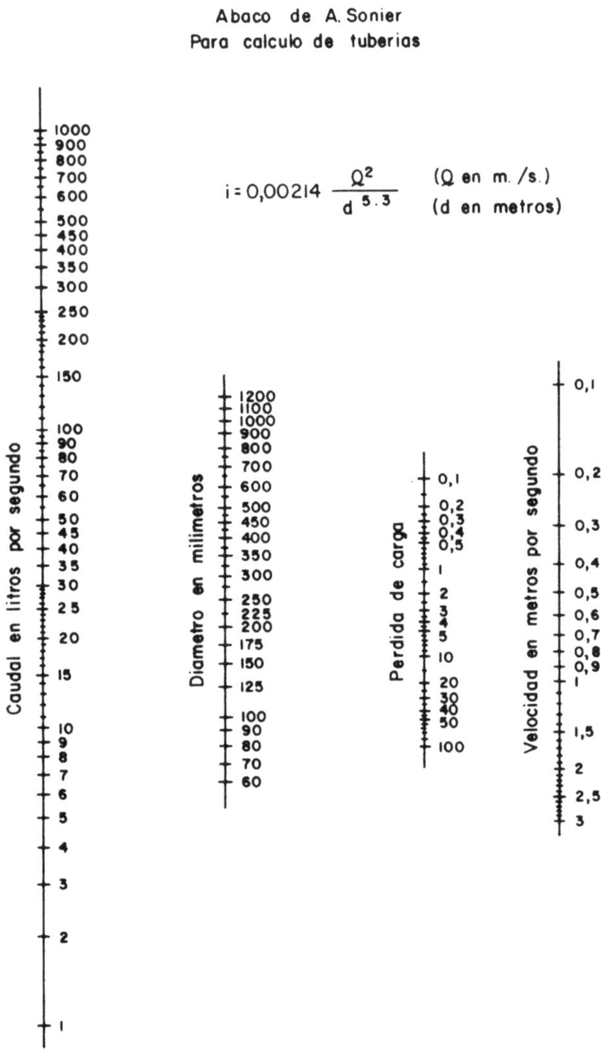

4.10.6. Fórmula de SONIER

Abaco para cálculo de ovoides de hormigón.

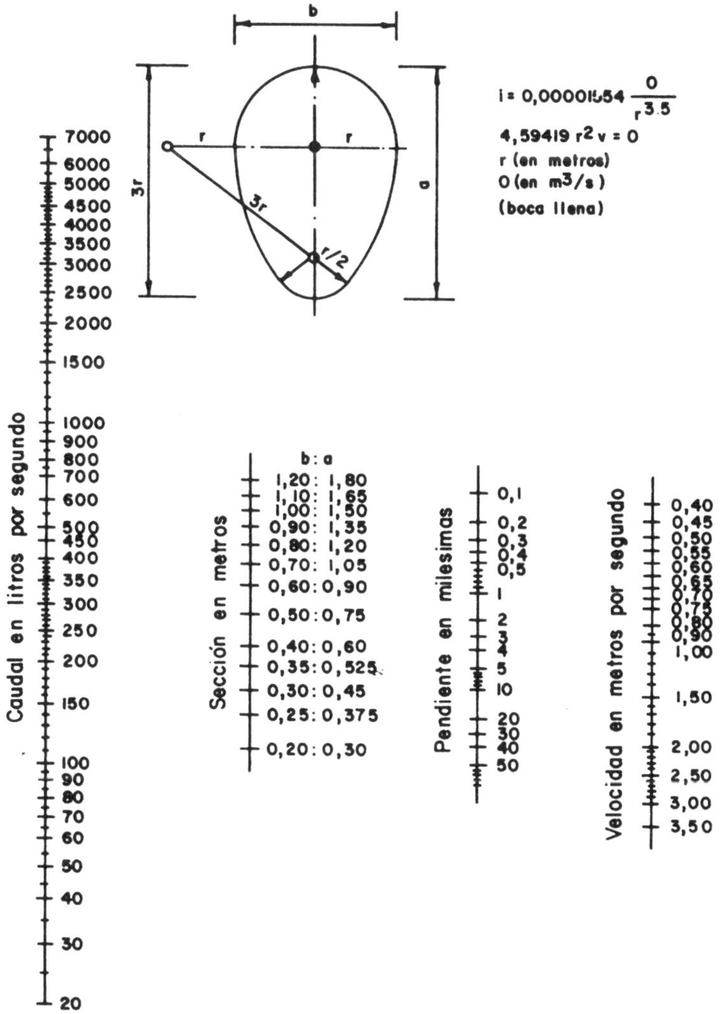

4.10.7. Fórmula de KUTTER

Nomograma para cálculo de tuberías con m = 0,35.

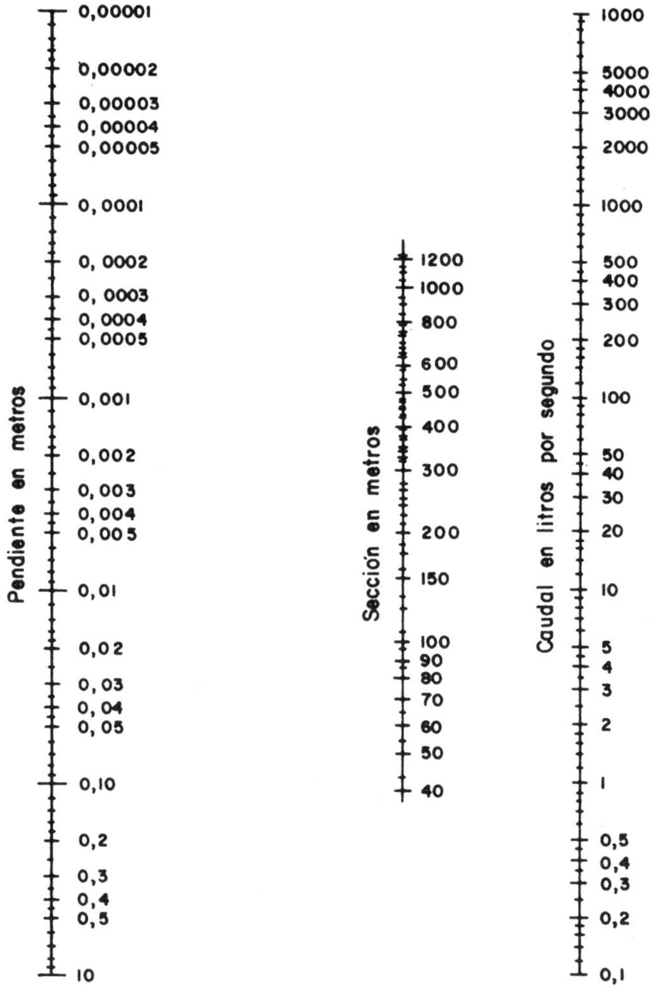

4.10.8. Fórmula de KUTTER

Tabla gráfica para cálculo de tuberías con m = 0,35 y pequeños caudales.

$$Q = S.v \ , \ v = \frac{100\sqrt{R}}{0{,}35 + \sqrt{R}} \cdot \sqrt{RJ} \ , \ R = \frac{S}{p} = \frac{\text{Sección}}{\text{Perímetro Mojado}}$$

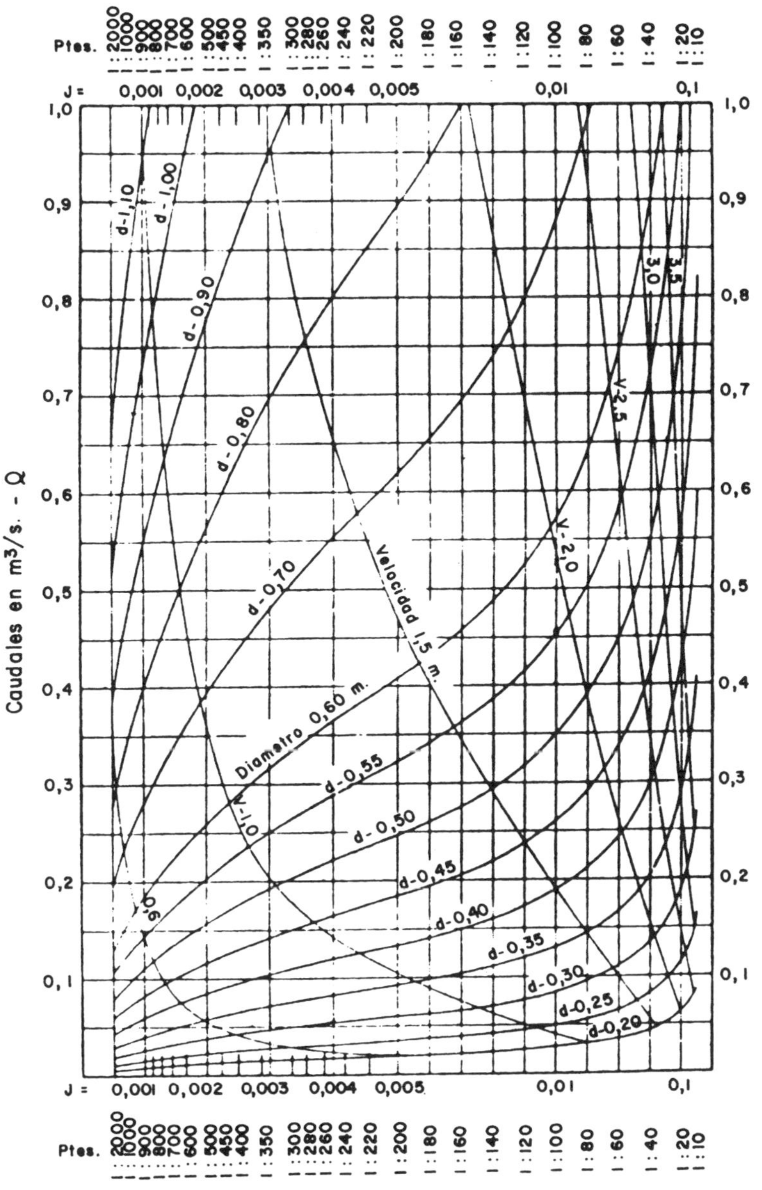

4.10.9. Fórmula de KUTTER

Tabla gráfica para cálculo de tuberías con m = 0,35 y caudales medios.

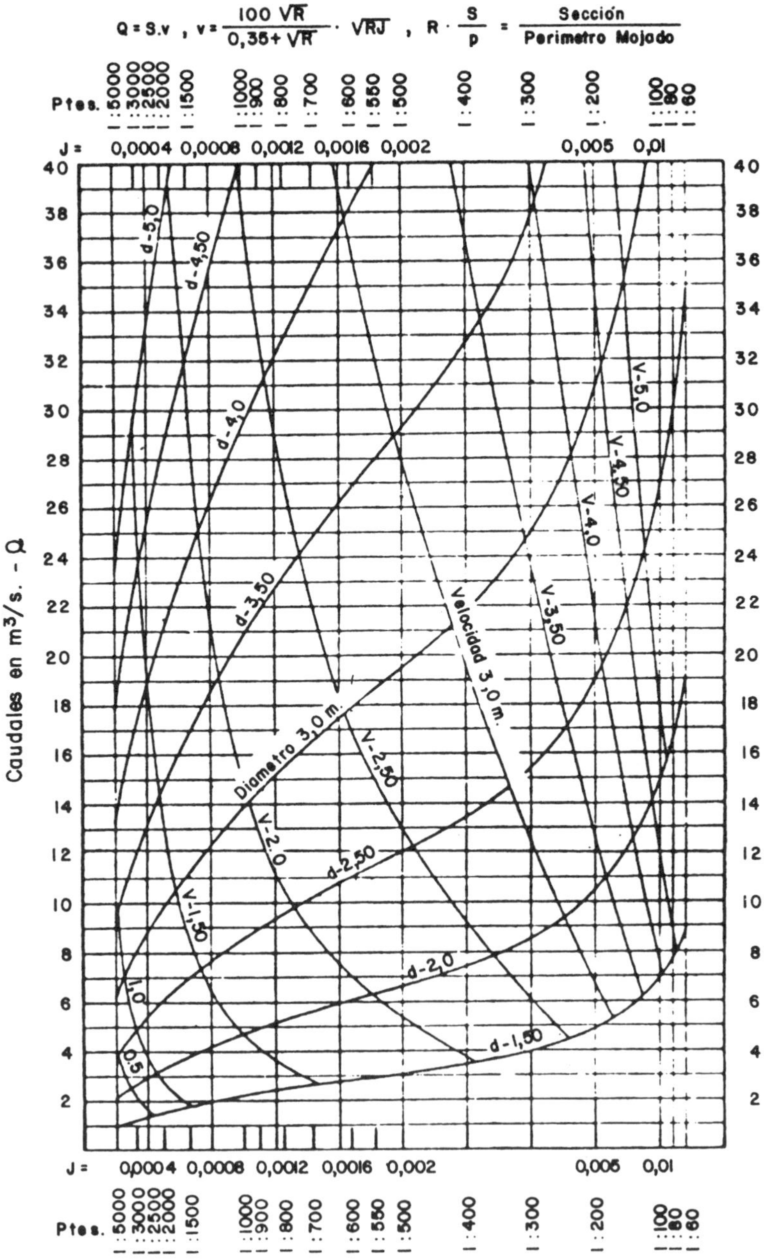

4.10.10. Fórmula de KUTTER

Tabla gráfica para cálculo de tuberías con m = 0,35 y grandes caudales.

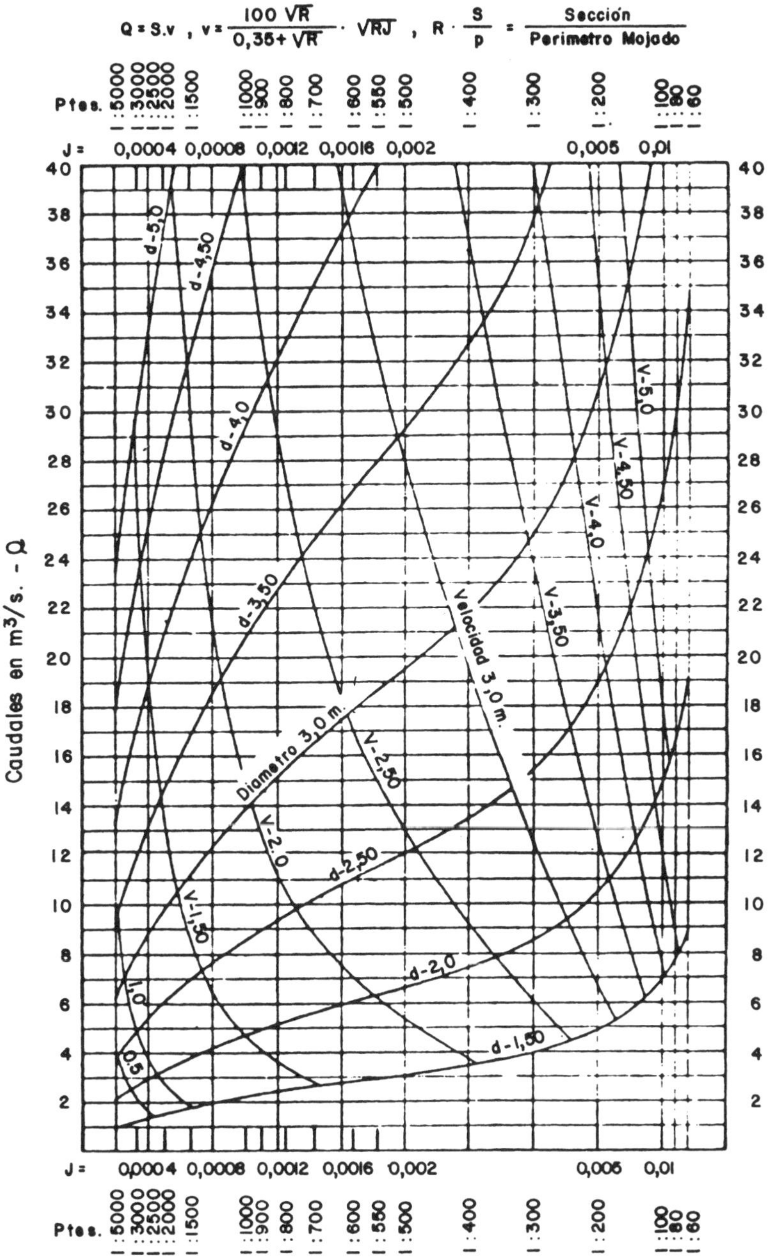

4.10.11. Fórmula de KUTTER

Tabla gráfica para cálculo de ovoides con m = 0,35.

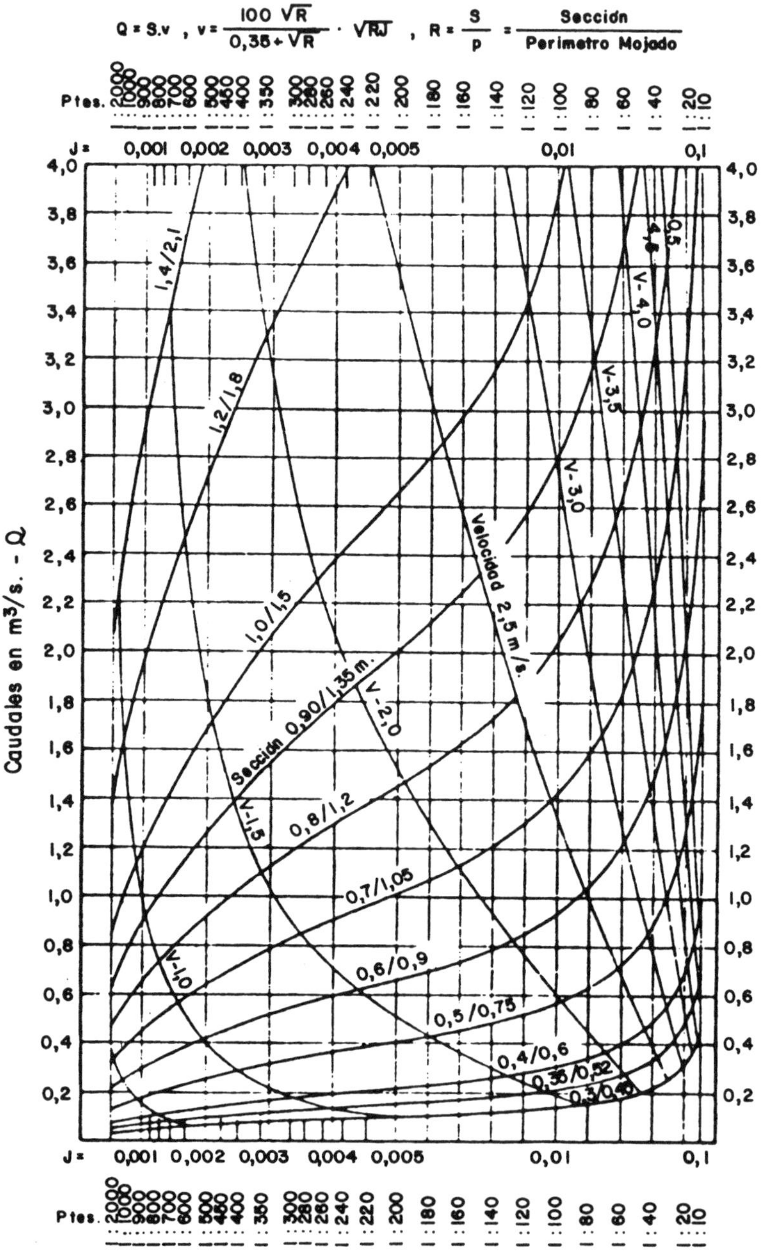

4.10.12. Fórmula de GANGUILLET-KUTTER

Tabla gráfica para cálculo de ovoides con m = 0,35.

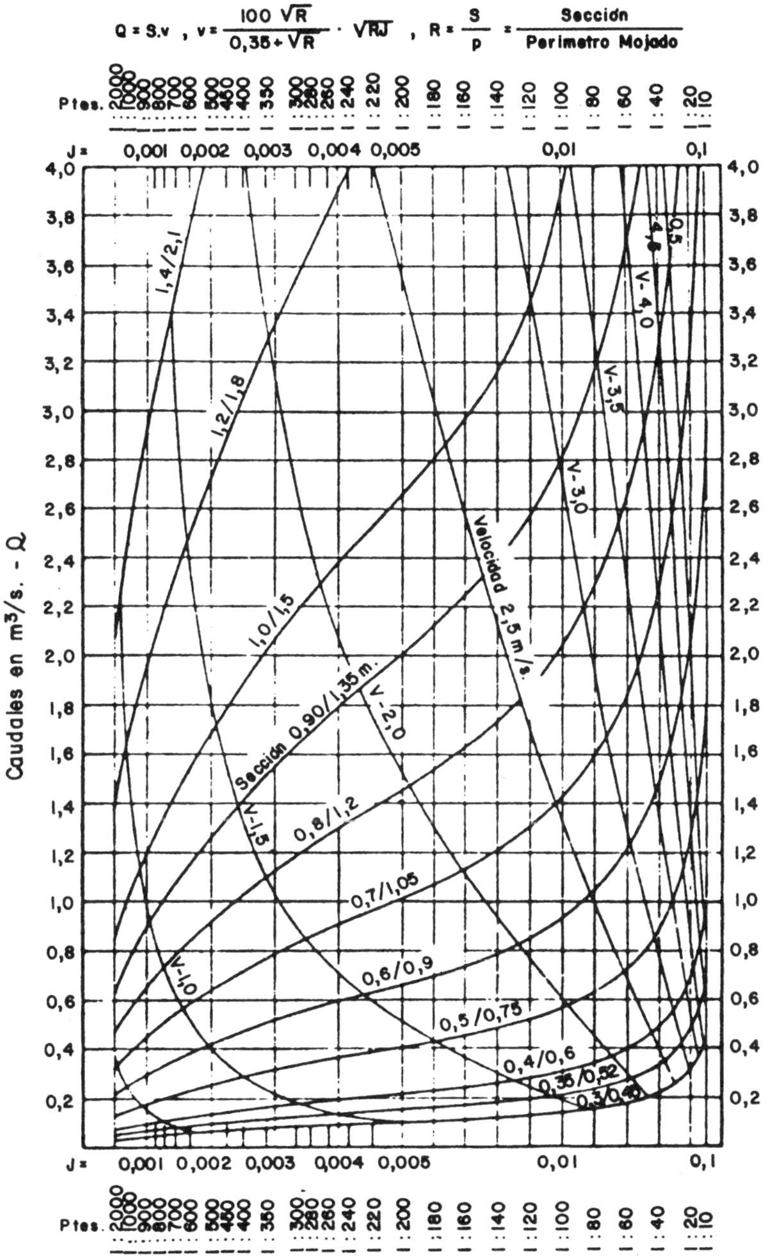

4.10.13. Fórmula de PRANDTL-COLEBROOK

Abaco para cálculo de tuberías ($\nu = 1{,}31 \times 10^{-6}$ m^2/s; $k_a = 0{,}25$ mm).

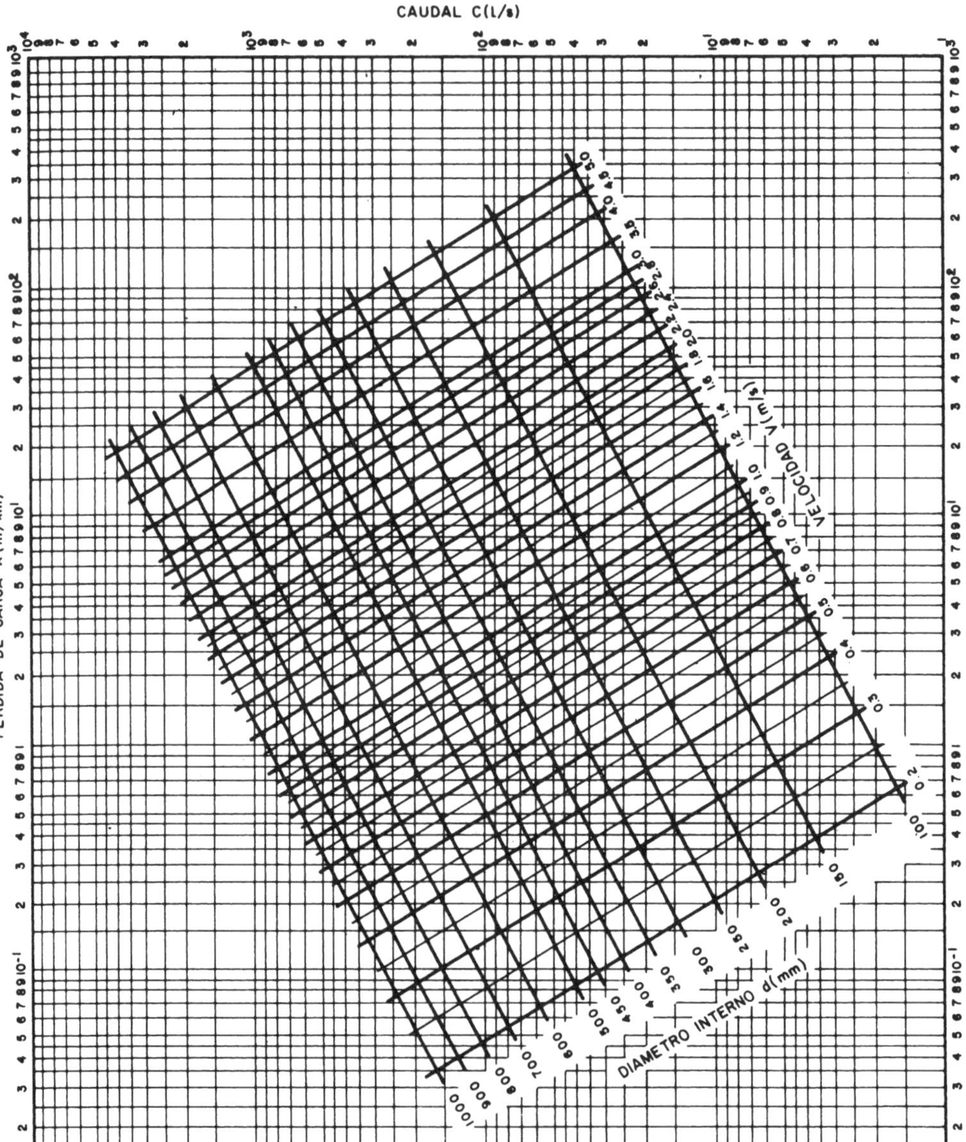

4.10.14. Fórmula de PRANDTL-COLEBROOK

Abaco para cálculo de tuberías ($\nu = 1{,}31 \times 10^{-6}$ m²/s; $k_a = 0{,}40$ mm).

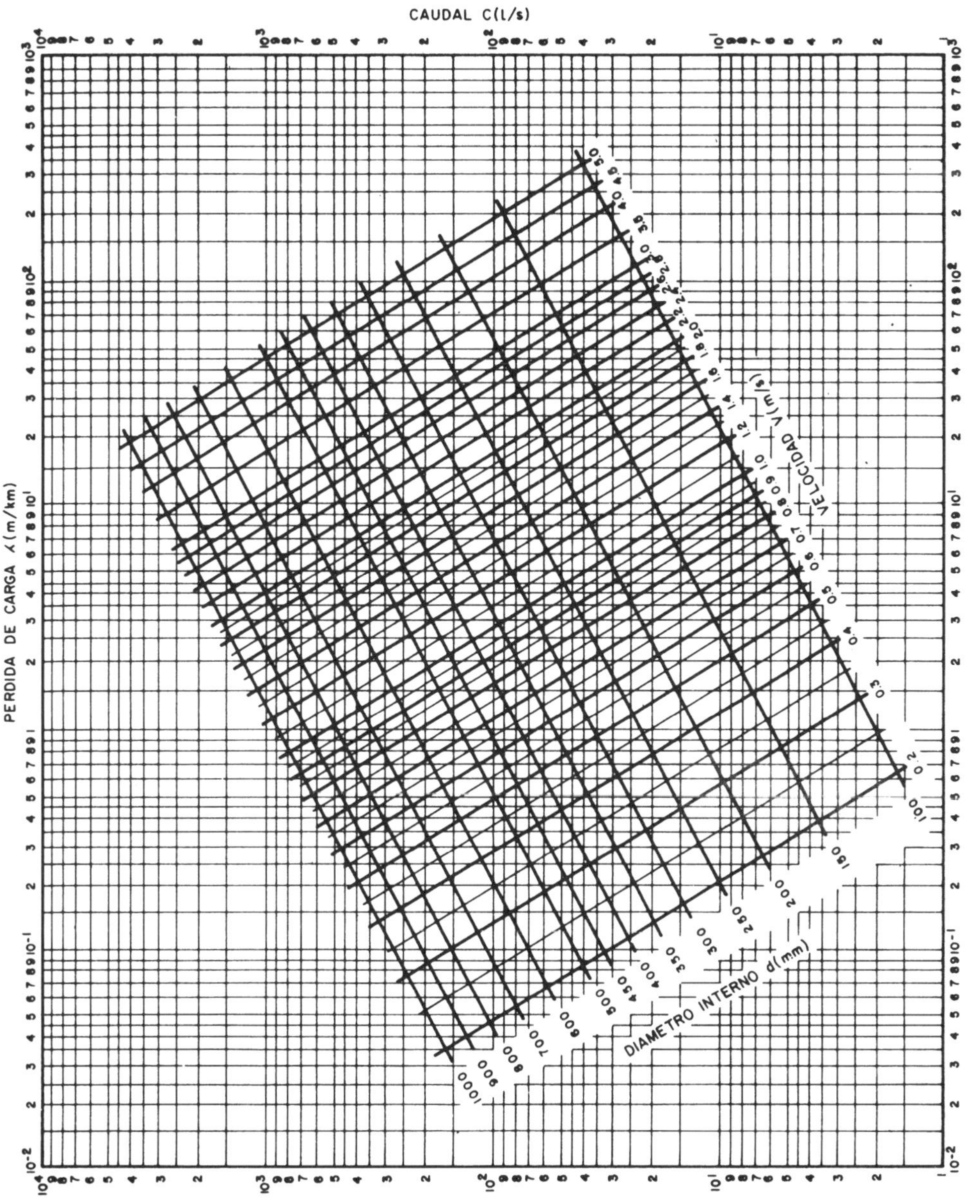

4.11. Curvas características. Metodología

Para obtener las curvas características se siguen los siguientes pasos:

CARACTERISTICAS GEOMETRICAS

1) A partir de la rasante se divide la sección en tramos con alturas equidistantes.

2) Se calculan las superficies mojadas S_h y los correspondientes perímetros mojados P_h para cada altura, h, de la lámina de agua.

3) Se calculan los radios hidráulicos $R_h = \frac{S_h}{P_h}$ y se calculan los $R_h^{2/3}$ para cada altura.

4) Establecida la pendiente I y la rugosidad de la conducción, se calcula la velocidad, V_h, correspondiente a cada altura de lámina de agua mediante una de las fórmulas indicadas (Darcy-Prandtl-Colebrook, Bazin, Maning, Kutter, …).

5) Se calcula el caudal poner cada calado mediante la fórmula

$$Q_h = S_h \,.\, V_h$$

6) En un gráfico se recogen los datos obtenidos de V_h y Q_h en función de las alturas de lámina de agua, h. Eventualmente estos datos pueden ser afectados por circunstancias específicas inherentes a la conducción y su régimen de funcionamiento (por ejemplo, el efecto del aire ocluido en tuberías, estudiado por Thormann y Franke, según se ha indicado en el apartado 1).

Para cualquier alcantarilla circular a medio llenar y diseñada con una determinada pendiente, el área ocupada, la velocidad de flujo y el caudal varían con la altura de las aguas en la tubería. El cálculo del área, de la velocidad y caudal es laborioso, precisándose conocer las curvas características de la sección correspondiente. Para cualquier relación de la lámina de agua a diámetro de alcantarilla, las curvas de estas gráficas dan las relaciones del área, velocidad y caudal para aquella altura, en relación con los valores correspondientes para el conducto a tubo lleno.

El primer paso es determinar el área, velocidad o caudal para la alcantarilla a tubo lleno, fijándose la relación de la altura de la lámina con relación al diámetro de la alcantarilla. Del gráfico se deducirán los coeficientes de velocidad y caudal correspondientes a la lámina de agua alcanzada en el conducto. Véanse las figuras 4-2, 4-3, 4-4.

Las curvas son útiles cuando la capacidad de una alcantarilla llena es conocida y se necesita encontrar la altura del flujo y la velocidad correspondiente a un caudal inferior. Las curvas de velocidad y, por tanto, las del caudal varían con el diámetro y pendiente.

4.12. CUADROS PARA ESTABLECER LAS SECCIONES Y DEFINICION DE LA RED

La ordenación de los cálculos puede realizarse utilizando los modelos de cuadros que se acompañan, como continuación de la tabla de determinación de caudales.

POZOS REGISTRO

		Pozos registro				Cámara descarga	
Tramos	Perfil	Modelo A		Modelo B			
		Núm.	Profundidad	Núm.	Profundidad	Núm.	Profundidad
Colector							

CONDUCTOS

Tramo	Del perfil al perfil	Conductos							
		Pendiente	Sección	A sección llena		A Qmax		A Qmin	
		(m/km)		Q (m^3/s)	V (m/s)	V (m/s)	Calado	V (m/s)	Calado

5.1. CALCULO DE LOS ALIVIADEROS

El caudal de los vertederos viene dado por la fórmula general:

$$Q = \frac{2}{3} \cdot \mu L h \sqrt{2gh}$$

siendo

Q = caudal vertido por el aliviadero, en m^3/s.

μ = coeficiente de caudal del vertedero, adimensional.

L = longitud del umbral de vertido, en m.

h = altura de lámina sobre el umbral del vertedero, en m.

g = aceleración de la gravedad, en m/s^2.

Por otra parte, se designa por "p" la altura, en m, del umbral del vertedero por encima del fondo de la conducción; por "b" la anchura, en m, del canal a la entrada del vertedero; y por "a" el sobreancho, en m, que se encuentra por ambos lados del labio vertiente en los vertederos con contracción lateral. Fig. 4-11.

5.1.1. Vertedero rectangular de pared delgada, en un canal, sin contracción lateral, con vertido de lámina libre

Se define así un vertedero cuando el espesor, e, del umbral es menor que la mitad de la carga, h, cuando el vertido es tal que deja un espacio ω lleno de aire a presión atmosférica entre la lámina y la pared de salida del umbral, y cuando la anchura de la lámina de vertido es exactamente igual a la del canal.

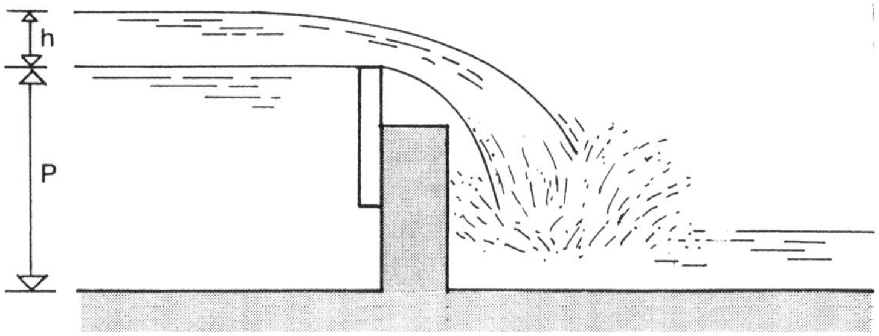

Fig. 4-11. *Definición geométrica del aliviadero.*

El coeficiente de caudal viene dado por una de las fórmulas siguientes:

Fórmula de BAZIN:

$$\frac{2}{3}\mu_1 = \left(0{,}405 + \frac{0{,}003}{h}\right)\left[1 + 0{,}55\frac{h^2}{(h+p)^2}\right]$$

Fórmula de REHBOCK:

$$\frac{2}{3}\mu_2 = \frac{2}{3}\left[0{,}605 + \frac{1}{1.050\,h - 3} + 0{,}08\frac{h}{p}\right]$$

Fórmula propuesta por la Sociéte des Ingénieurs et Architectes Suisses (S.I.A.S.):

$$\frac{2}{3}\mu_3 = 0{,}410\left[1 + \frac{1}{1.000\,h + 1{,}6}\right]\left[1 + 0{,}5\frac{h^2}{(h+p)^2}\right]$$

Estas fórmulas son utilizables para alturas de lámina h comprendidas entre 0,10 y 0,60 m para la fórmula de BAZIN y entre 0,25 y 0,90 m para la de REHBOCK y la de la S.I.A.S. estas dos últimas dan resultados prácticamente idénticos entre sí, pero ligeramente inferiores a los que se consiguen mediante la fórmula de BAZIN.

Otras condiciones de aplicación:

- para BAZIN: p comprendida entre 0,20 y 2 m.
- para REHBOCK: p por lo menos igual a (h – 0,10) m.
- para S.I.A.S: p superior a h.

h será la altura de la lámina de agua sobre el umbral del vertedero a una distancia del umbral ≥ 5 h.

Si no se necesita una gran exactitud o para un primer tanteo, puede utilizarse

$$Q = 1{,}9\,L\sqrt{h^3}$$

que equivale a adoptar $\frac{2}{3}\mu = 0{,}43$ en la fórmula general.

Vertedero circular

Para un rebosadero de diámetro 0,20 m ≤ ø ≤ 0,70 m con forma adecuada para evitar cualquier influencia del nivel del líquido aguas abajo, se puede aplicar la fórmula general con

$$\frac{2}{3}\mu = 0{,}34$$

5.1.2. Vertedero de pared delgada en contracción lateral y vertido en lámina libre

La S.I.A.S. ha propuesto para μ la siguiente fórmula:

$$\frac{2}{3}\mu = \left[0{,}385 + 0{,}025\left(\frac{I}{L}\right) + \frac{2{,}410 - 2\left(\frac{I}{L}\right)^2}{1.000\ h + 1{,}6}\right] \cdot \left[1 + 0{,}5\left(\frac{I}{L}\right)^4\left(\frac{h}{h+p}\right)^2\right]$$

cuando $p \geq 0{,}30$ m; $0{,}025\ \frac{L}{I} \leq h \leq 0{,}80$ m; $h \leq p$; $I > 0{,}31$ L.

Puede utilizarse igualmente la fórmula simplificada de FRANCIS:

$$Q = 1{,}83\ (1 - 0{,}2\ h)\ .\ h^{3/2}$$

en la cual el exceso de anchura a ambas partes del umbral debe ser por lo menos igual a 3 h, midiéndose la altura de lámina por lo menos a 2 m de la entrada.

Vertedero triangular en pared delgada

$$Q = \frac{8}{15}\ \mu h^2 \sqrt{2\ gh}\ .\ \mathrm{tg}\ \frac{\theta}{2}$$

en la que:

Q = caudal, en m^3/s.

μ = coeficiente de caudal del vertedero rectangular de BAZIN en pared delgada sin contracción lateral.

h = altura de lámina, en metros.

θ = ángulo en el vértice del vertedero.

Para θ = 90° se utiliza la fórmula de THOMPSON:

$$Q = 1{,}42\ h^{5/2}$$

Esta fórmula es aproximada, ya que no tiene en cuenta la incidencia de la profundidad en la zona de vertido p considera $\mu = 0{,}601$.

En el caso de existir una velocidad significativa de aproximación v_a, se sustituirá en las fórmulas correspondientes anteriores al valor de h por un valor

$$h_c = h + \frac{v^2_a}{2g}$$

5.1.3. Vertedero en pared delgada con velocidad de aproximación reducida

Vertedero rectangular

Fórmula general con $\mu = 0{,}40$ o bien

$$Q = 1{,}69\ L^{1{,}02}\ .\ h^{1{,}47}$$

Caso de salida de un depósito, por ejemplo.

Vertedero triangular

$$Q = 1{,}32\ .\ \mathrm{tg}\ \frac{\theta}{2}\ .\ h^{2{,}47}$$

siendo θ el ángulo en el vértice del vertedero.

Vertedero trapecial

Para la forma de trapecio isósceles de lado inferior, b, en m, y siendo θ/2 el ángulo de un lado no paralelo con la vertical.

$$Q = 1{,}32\ \mathrm{tg}\ \frac{\theta}{2}\ .\ h^{2{,}47} + 1{,}69\ b^{1{,}02}\ .\ h^{1{,}47}$$

Estas fórmulas son válidas para $0{,}05 \leq h \leq 0{,}30$ m.

5.2. CALCULO DEL ALIVIADERO CON SIFON

Para calcular las dimensiones de un sifón se toman en ambas extremidades los niveles del agua, a los que se suma el valor de la presión atmosférica B, medida en metros de columna de agua (la presión atmosférica de B milímetros de mercurio es igual a 0,0136 B metros de columna de agua). Para saber la presión atmosférica que hay que emplear, en metros de columna de agua, se incorpora una tabla que define estos valores, en relación con el nivel del mar. El movimiento del agua en el sifón se efectúa entonces como por un conducto cualquiera, que empezará en la pared del azud. Se establecerá en este conducto el caudal Q, de modo que la suma de la altura de carga hidrodinámica y las pérdidas de carga debidas al rozamiento y a las resistencias especiales sea igual a la diferencia, H, de las alturas de los niveles aguas arriba y aguas abajo.

Altura sobre el nivel del mar	m	0	500	1.000	1.500	2.000	2.500	3.000
Presión atmosférica normal	m col. ag.	10,33	9,74	9,15	8,64	8,13	7,55	7,20
Presión atmosférica mínima (aproximada)	m col. ag.	8,40	7,90	7,40	7,00	6,60	6,10	5,85

Tabla 4.9 de variación de la presión atmosférica, en metros de columna de agua, con altura sobre el nivel del mar

Para poder calcular el sifón se fija a estima la forma geométrica de su sección longitudinal, de modo que se pueda determinar la relación de las secciones transversales F_0, F_1, F_2, ..., a lo largo del sifón respecto de la sección final F_a. Para cada tramo del sifón entre dos de las secciones transversales F_0, F_1, F_2, ..., se calculan entonces las pérdidas de carga debidas al rozamiento y a las resistencias especiales, y se expresan todas ellas como partes alícuotas de la altura de carga hidrodinámica

$\frac{U^2}{2g}$ en el extremo inferior del sifón.

La pérdida de carga del caudal Q (m^3/s), debida al rozamiento con las paredes en un tramo de longitud 1 (m), de sección F (m^2) y de perímetro mojado P (m) y con un coeficiente de rozamiento de la pared n (según MANNING-STRICKLER), valdrá:

$$h_r = \frac{1 \cdot n^2 V^2}{R_h^{4/3}} = \frac{2gl\, n^2 \cdot p^{4/3}}{F^{4/3}} \cdot \frac{V^2}{2g} = \zeta \cdot \frac{V^2}{2g}$$

Si además de las pérdidas de carga por rozamiento se tiene en cuenta las producidas por resistencias especiales, el caudal sufre una pérdida total de carga

$\Sigma\zeta \frac{V^2}{2g}$ en el tramo.

Si para cada sección transversal F_i se pone

$$F_i = \alpha \cdot F_a$$

y, por consiguiente:

$$V_i = \frac{Q}{F_i} = \frac{Q}{\alpha_i \cdot F_a}$$

puede establecerse:

$$\zeta \frac{Q^2}{2g\alpha_0^2 F_a^2} + \Sigma_1\zeta \frac{Q^2}{2g\alpha_1^2 F_a^2} + \Sigma_2\zeta \frac{Q^2}{2g\alpha_2^2 F_a^2} + \ldots + \Sigma_a\zeta \frac{Q^2}{2g\alpha_a^2 F_a^2} = H$$

De la ecuación se deduce para la sección final del sifón:

$$F_a^2 = \frac{Q^2}{2gH} \left(\frac{\zeta_0}{\alpha_0^2} + \frac{1}{\alpha_1^2} \Sigma_1\zeta + \frac{1}{\alpha_2^2} \Sigma_2\zeta + \ldots + \Sigma_a\zeta \right)$$

Una vez calculada la sección de salida F_a, se pueden calcular también las secciones $F_0 = \alpha_0 F_a$, $F_1 = \alpha_1 F_a$, ..., utilizando los coeficientes α_0, α_1, ..., y finalmente se podrá determinar definitivamente la sección longitudinal del sifón.

El valor recíproco de la raíz cuadrada del término encerrado en el paréntesis de la ecuación precedente se llama rendimiento del sifón, y es, por tanto:

$$\mu = \frac{1}{\zeta_0 \frac{1}{\alpha_0^2} + \frac{1}{\alpha_1^2} \Sigma_1\zeta + \frac{1}{\alpha_2^2} \Sigma_1\zeta + \ldots + \Sigma_a\zeta}$$

En los sifones proyectados con cuidado y de corta longitud el rendimiento depende de la forma y de la longitud del sifón, y se encuentra, en general, entre 0,7 y 0,8; en sifones hidráulicamente desfavorables el rendimiento baja a 0,5.

Para cálculos aproximados el caudal puede estimarse en:

$$Q = \mu F_a \cdot \sqrt{2gH}$$

con un valor de μ fijado a estima.

Una vez fijadas las dimensiones del sifón, hay que comprobar si la columna de agua no se cortará, y si el agua en ningún lugar se separará de la pared. Para este fin se traza la línea piezométrica, como se indica en la figura. El nivel de aguas arriba,

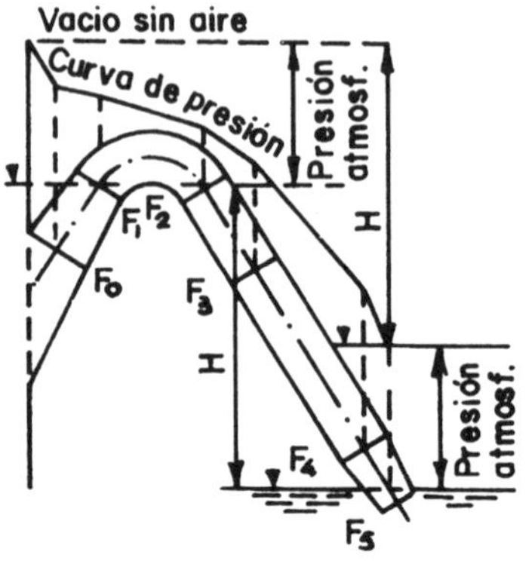

como el de aguas abajo, se supone aumentando en la presión atmosférica medida en metros de columna de agua equivalente. La línea piezométrica que une estos niveles separa entonces la región en que hay presión de la región de vacío total. Si la línea piezométrica calculada no corta en ningún lugar al sifón, no es de temer separación alguna entre el chorro y la pared.

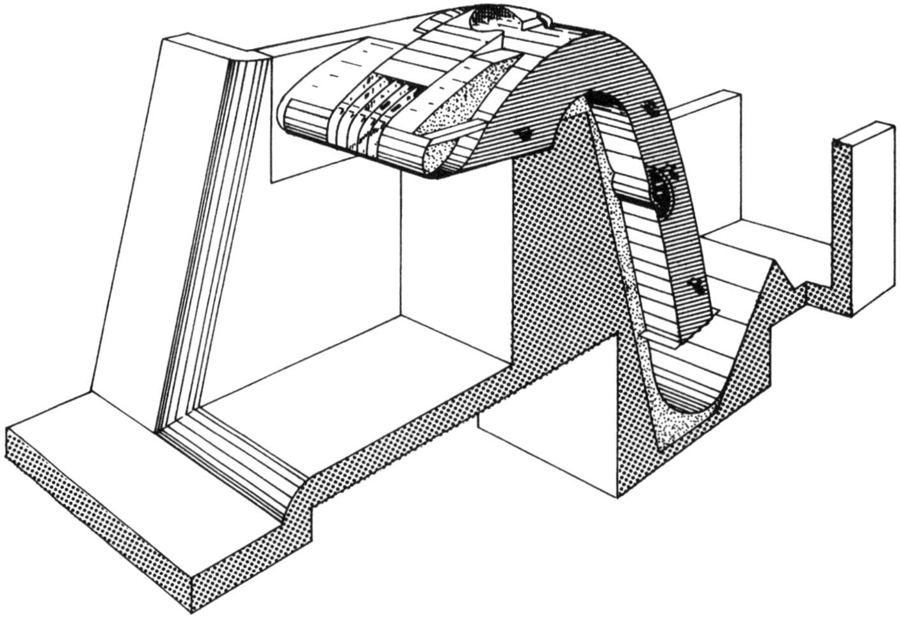

Perspectiva de un sifón NEYRPIC.

5.2.1. Sifón NEYRPIC

Un sifón como el representado en la figura es el denominado NEYRPIC.

Con este sistema puede evacuarse todo el corresponda a sobrepasar una determinada lámina de agua. El funcionamiento es seguro, necesita menos espacio que un aliviadero normal.

El funcionamiento queda plasmado en las tres etapas reflejadas en los esquemas siguientes:

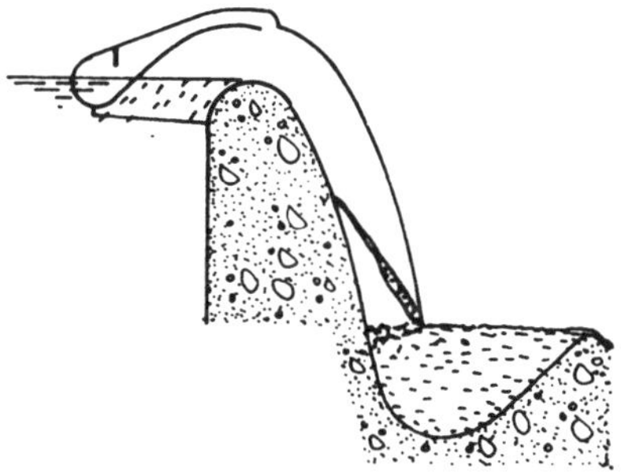

1. Caudal pequeño. Sifón funcionando como vertedero.

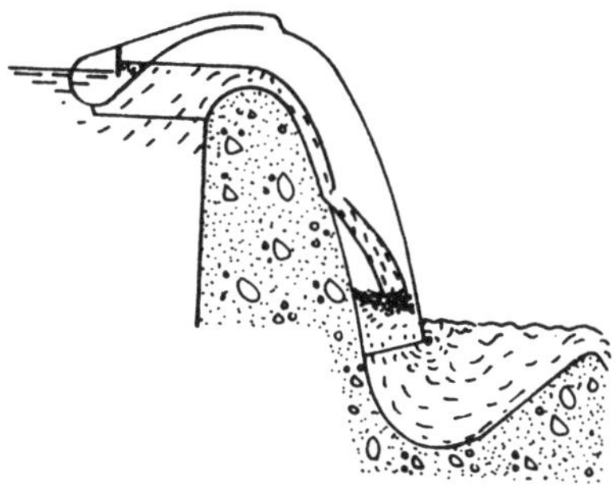

2. Caudal medio. Sifón funcionando de forma parcializada.

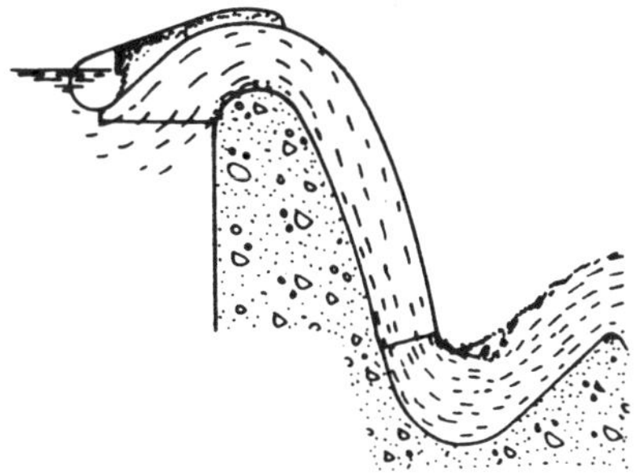

3. Caudal máximo. Sifón completamente inundado.

Las dimensiones normalizadas de estos sifones en chapa son:

Si 60

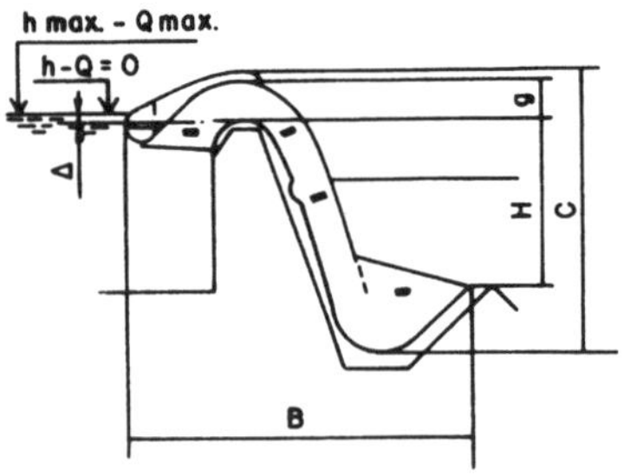

Si 125 ó 1400

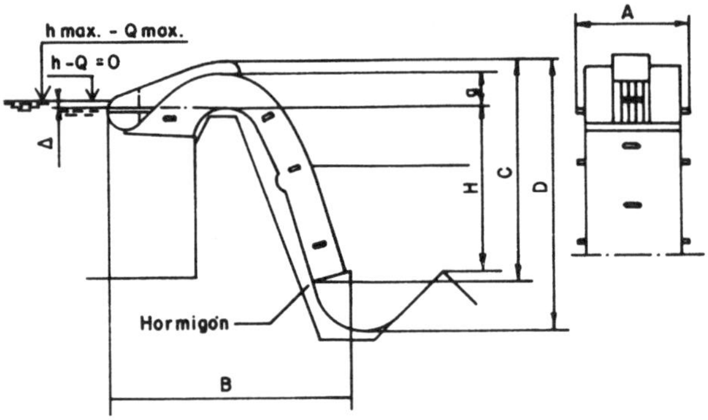

COTAS EN cm

Caudal (en l/s)	Dimensiones			D	Altura H	Altura cuello g	h máx.-h Δ pérdida
	A	B	C				
60	43	84	69	–	40	9	2
125	28	141	132	162	100	20	4
180	36	141	132	162	100	204	
250	46	141	132	162	100	20	4
350	61	141	132	162	100	204	
500	43	220	203	257	150	35	6
700	58	220	203	257	150	35	6
1000	78	220	203	257	150	35	6
1400	108	220	203	257	150	35	6

Las dimensiones de la obra civil necesaria para la instalación de dichos sifones queda definida como sigue:

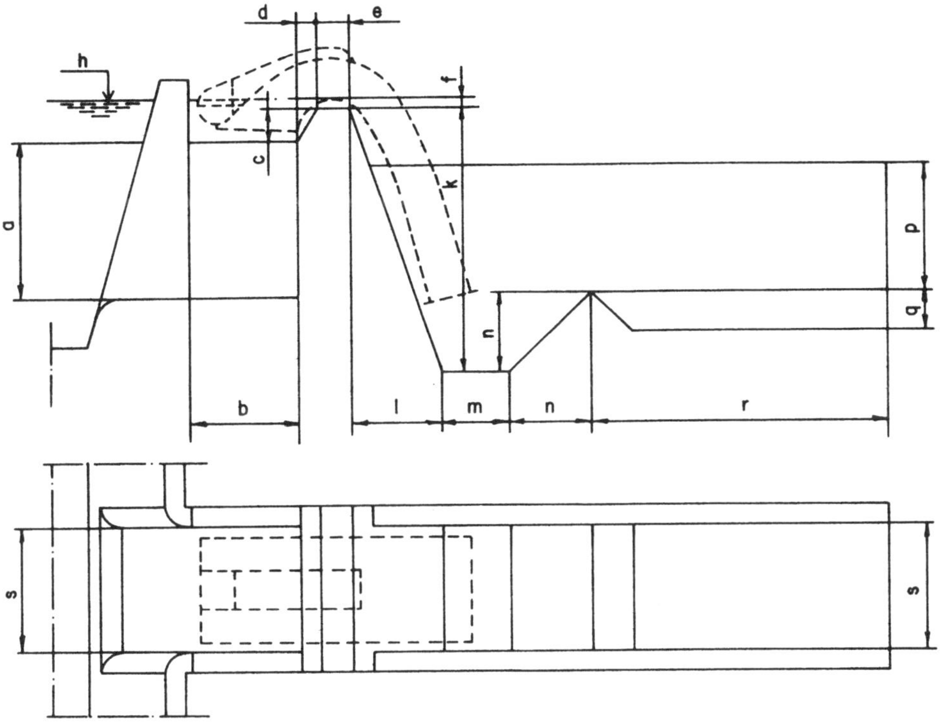

COTAS EN cm

Designación	a min.	b	c	d	e	f	h	k	l	m	n	p	q	r min.	s
Si 60	32	24	7	4	6	2		58	20	16	20	26	9	60	45
Si 125	80	55	17	10	15,5	5		135	45	31	41	65	23	150	30
Si 180	»	»	»	»	»	»		»	»	»	»	»	»	»	37
Si 250	»	»	»	»	»	»		»	»	»	»	»	»	»	48
Si 350	80	55	17	10	15,5	5		135	46	31	41	65	23	150	63
Si 500	120	89	21	12,5	24	7		211	74	56	69	100	43	220	45
Si 700	»	»	»	»	»	»		»	»	»	»	»	»	»	60
Si 1000	»	»	»	»	»	»		»	»	»	»	»	»	»	80
Si 1400	120	89	21	12,5	24	7		211	74	56	68	100	43	220	100

6. SUMIDEROS Y CALCULOS HIDRAULICOS

El drenaje superficial está condicionado por razones urbanísticas y viales: El funcionamiento eficiente de dicho drenaje implica un ahorro apreciable en el drenaje secundario. En primer lugar, es conveniente tener en cuenta dos criterios generales: Evitar en lo posible los puntos bajos de aguas estancadas, y concebir la distribución de la escorrentía superficial lo más uniformemente en todas las calles, concentrándolo hacia las calles bajas.

6.1. TIPOS DE SUMIDEROS

La selección del tipo de sumidero apropiado es importante, pues depende la capacidad de captación. Se pueden dividir los sumideros y entradas en cuatro tipos: Sumideros de ventana, de rejas, mixtos y especiales.

a) Sumidero de ventana. Consiste en una abertura a manera de ventana practicada en el brocal o cara vertical de la acera, generalmente deprimida con respecto al brocal-cuneta.

b) Sumidero de rejas. Este tipo consiste en la apertura de un gran orificio o ranura por donde penetran las aguas, el cual se cubre con una reja, para impedir la caída de vehículos, personas u objetos de un cierto tamaño. Generalmente consta de la reja propiamente dicha, el canal de desagüe y la tubería de conexión al colector.

c) Sumidero Mixto. Como lo indica su nombre, este sumidero es una combinación de los dos anteriores.

d) Sumideros especiales. Además de los tres tipos generales descritos, existen sumideros especiales empleados en los siguientes casos:

1. Conexión de calles con canales abiertos o cauces naturales.
2. Recolección de aguas superficiales provenientes de áreas extensas.
3. Conexiones entre pequeños cauces naturales y colectores.

6.2. CALCULOS HIDRAULICOS DE LOS SUMIDEROS. SUMIDEROS DE VENTANA

Se ha encontrado experimentalmente, que el gasto interceptado Q_I por un *suministro de ventana sin depresión* puede expresarse mediante la relación simplificada:

$$K = \frac{Q_I}{L\, y^A \sqrt{g y^A}}$$

donde *K* depende sólo de la pendiente transversal de la calzada S_x. Para valores de S_x de 8%, 4% y 2%, *K* resultó ser 0,23, 0,20 y 0,20, respectivamente. La ecuación puede aplicarse con seguridad hasta un valor de $V_A/\sqrt{g y_A}$ igual a 3, correspondiente al límite superior ensayado.

En el caso de *sumideros de ventana con depresión,* también se determinó experimentalmente que la capacidad Q_I del sumidero. Se podrá expresar mediante la ecuación:

$$K + C = \frac{Q_I}{L\, y_A \sqrt{g y_A}},$$

donde *K* es el parámetro definido en el caso de los sumideros sin depresión. El valor de C viene determinado por la expresión siguiente, donde y_A y V_A corresponden al flujo de aproximación.

$$C = \frac{0{,}45}{1{,}12^M},$$

donde

$$M = \frac{L\, F^2}{a \operatorname{tg}\theta}\ ;\ F^2 = \frac{V_A^2}{g\, y_A}$$

Debe mencionarse que la longitud *L* debe ser por lo menos 10 veces la profundidad de la depresión *a.* Igualmente, las ecuaciones se han obtenido con la longitud de la transición aguas abajo L_2 igual a cuatro veces la depresión *a*. Para los casos donde la distancia *b* es diferente de *a*, o cuando L_2, es diferente de *4a*, se recomienda utilizar la siguiente expresión modificada de *C:*

$$C = \frac{0{,}45}{1{,}12^N}$$

dondc

$$N = \frac{L\, F^2}{a' \operatorname{tg}\theta}\ ;\ F^2 = \frac{V^2_A}{g\, y^A}$$

$$a' = \frac{b - L_2\, S_0}{1 - 4\, S_0}$$

El parámetro *a'* es ahora el valor de la profundidad de una depresión tal que con una transición aguas abajo de longitud *4a'*, determina la misma elevación vertical, que aquélla correspondiente a la depresión específica con dimensiones *b* y L_2.

Con las ecuaciones anteriores y de acuerdo al siguiente procedimiento, es posible determinar las curvas de cálculo de sumideros de ventana con depresión, para diversas dimensiones de la estructura:

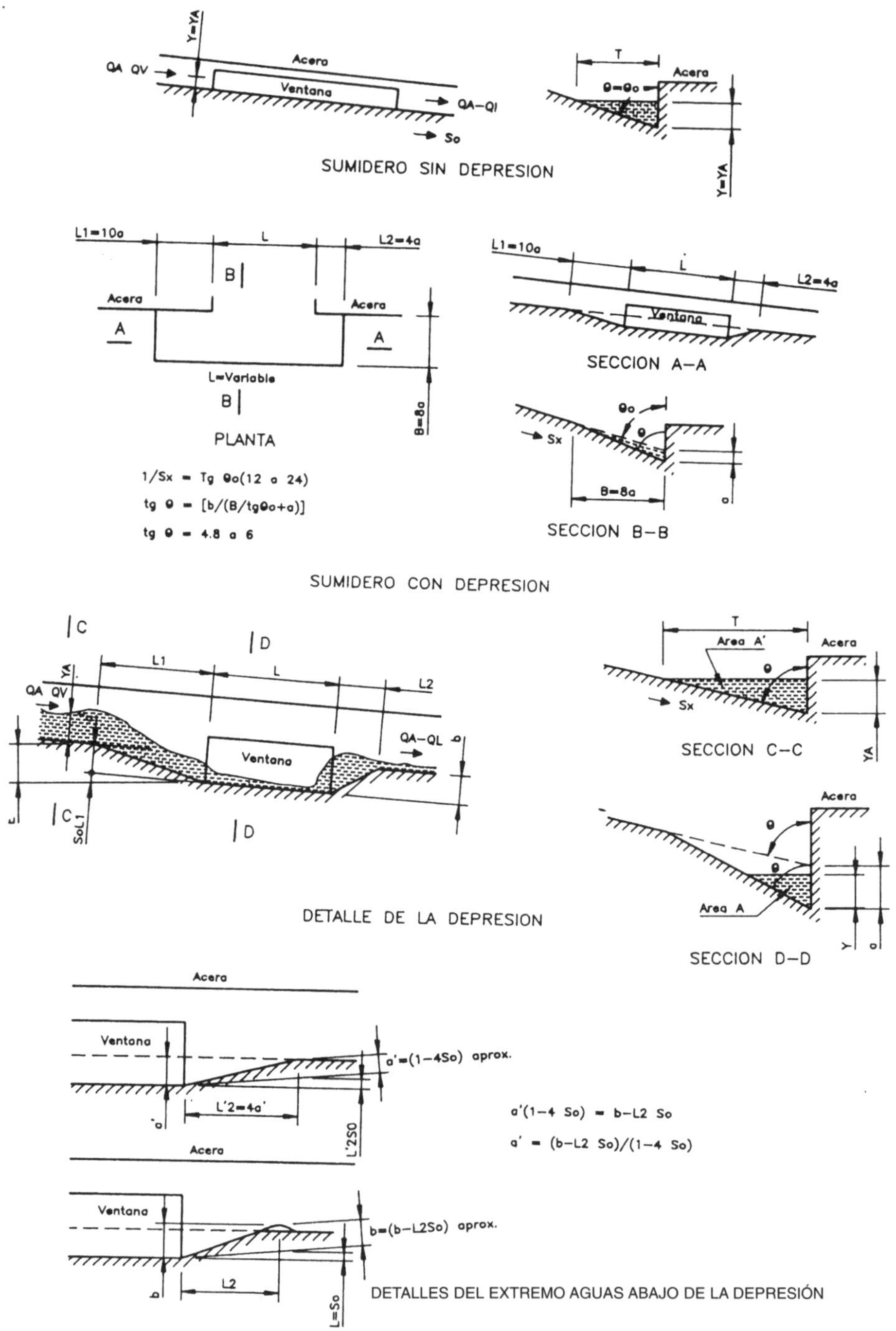

Fig. 4-13. *Sumideros de ventana.*

1. Seleccionar las características generales del sumidero, así como la pendiente transversal y longitudinal de la calzada, el ancho de inundación *T* y el coeficiente de rugosidad *n*. Con estos datos se determinan los factores hidráulicos propios del régimen de aproximación, tales como y_A, Q_A y V_A.

2. Determinar la energía específica H_0 del flujo, justamente en la sección de netrada de la ventana; suponiendo las pérdidas de carga despreciables.

$$H_0 = y + \frac{V^2}{2g} = y_A + \frac{V^2_A}{2g} + a$$

La ecuación permite calcular la altura de agua y, en la sección aguas arriba de la ventana.

3. Con los valores de θ_0 y θ, las características de la depresión *a* y de las transiciones, se determinan los valores de *C* y *K* a partir de las ecuaciones anteriores.

4. Calcular Q_l con la ecuación correspondiente.

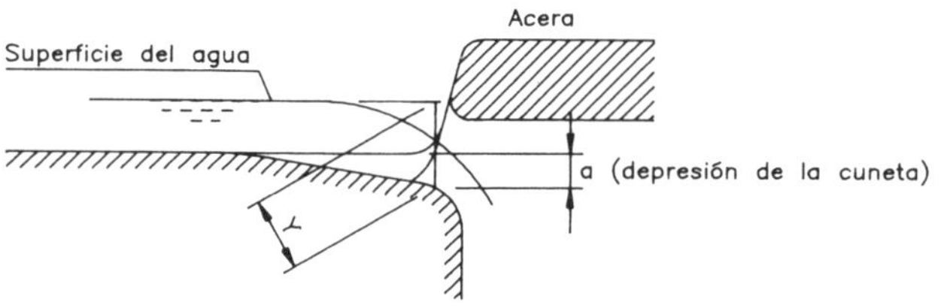

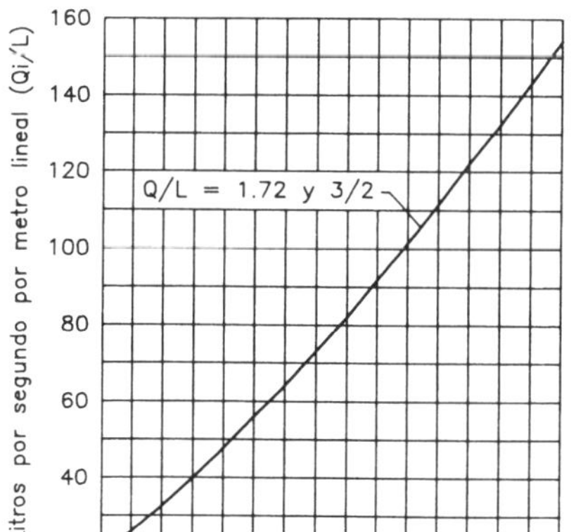

Fig. 4-14. *Capacidad de los sumideros de ventana en puntos bajos.*

6.3. CALCULO DE LA CAPACIDAD DE LOS SUMIDEROS DE REJA

Se expone el método de cálculo para sumideros de reja, conocido como el método de la *Johns Hopkins University.*

Conviene señalar que este método es sólo aplicable a rejas con barras o pletinas longitudinales, es decir, paralelas a la dirección del flujo y sin depresión.

En general, la longitud L_0, requerida para captar todo el agua que fluye sobre la reja, puede expresarse como:

$$L_0 = K\, y_A \frac{V_A}{\sqrt{g y_A}}$$

donde *K* es un coeficiente que depende de la geometría y separación de las barras que forman la reja. La longitud real *L* de reja, debe ser por lo menos igual o mayor que L_0 lo cual sucede usualmente cuando el valor de $V_A / \sqrt{g y_A} \leq 4$. En estos casos, el valor de *L* no limita la capacidad de la reja.

El gasto Q_s que sobrepasa la reja será la suma de Q_1 y Q_2, Q_1 es despreciable. Estos dos valores se determinan

$$\frac{Q_1}{V_A\, y_A\, d} = 6 \frac{V_A}{\sqrt{g\, y_A}} \left(\frac{d}{L} \right)^2$$

$$Q_2 = \frac{1}{4} \left[L' - L \right] \sqrt{g} \left(y_A - \frac{B}{\operatorname{tg} \theta_0} \right)^{3/2} \quad ; \text{Si}$$

$$L' = 1{,}2 \frac{Va}{\sqrt{g\, y_A}} \cdot y_A \sqrt{1 - \frac{B}{y_A \operatorname{tg}\theta_0} \operatorname{tg}\theta}$$

o también

$$Q_2 = \frac{1}{4} \left[L' - L \right] \sqrt{g} (y')^{3/2};$$

$$\text{para } L' = \frac{1{,}2\, V_A}{\operatorname{tg}\theta_0} \sqrt{\frac{y'}{g}}$$

donde *y'* está definida en la Figura 4-15.

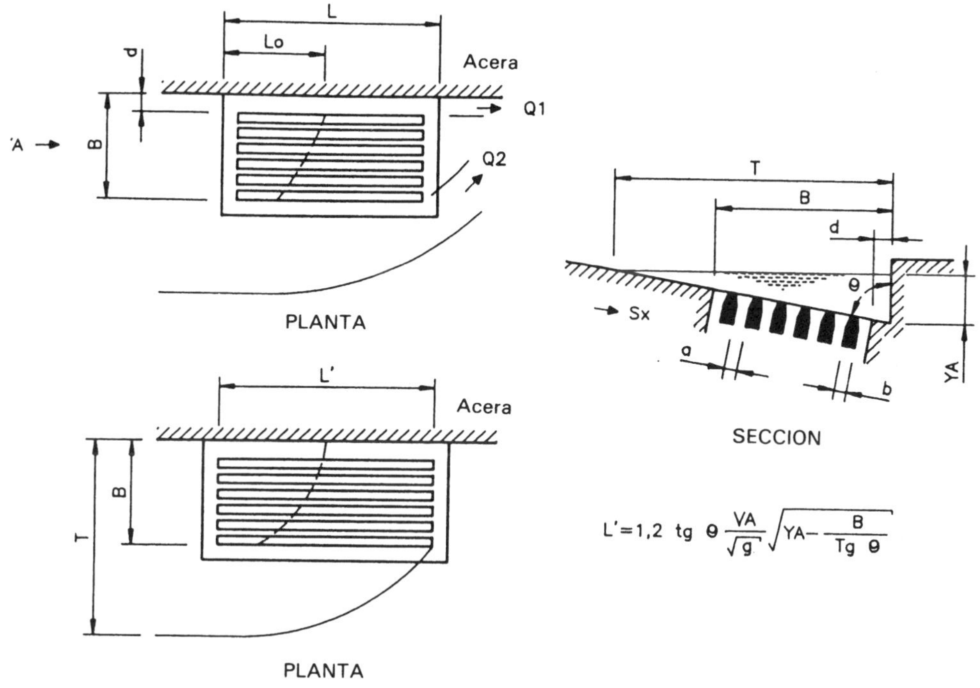

$$L' = 1{,}2 \ \text{tg}\ \theta \frac{VA}{\sqrt{g}} \sqrt{YA - \frac{B}{\text{Tg}\ \theta}}$$

a) Rejas con barras longitudinales con pendiente transversal uniforme de ángulo θ.

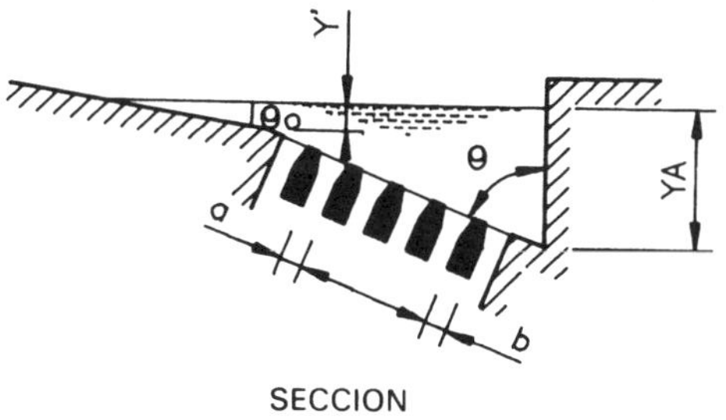

$$L' = 1{,}2 \ \text{tg}\ \theta \frac{VA}{\sqrt{g}} \sqrt{Y'}$$

b) Rejas con barras longitudinales con pendiente transversal variable.

Fig. 4-15. *Sumideros de reja.*

Conocidos Q_1 y Q_2, se determina Q_S, siendo entonces $Q_1 = Q_A - Q_S$. La longitud L deberá, en cualquier caso, ser mayor que L_0.

7. CALCULO DE PERDIDAS EN ELEMENTOS DE LA RED

En lo que sigue se adopta la ATV - A110 (Agosto 1988), determinándose así las pérdidas de la red en:

- Inexactitud o movimientos en la colocación de conductos.
- Juntas de tuberías.
- Conexiones de entrada.
- En cruce de arqueta o pozo de registro.

Pérdidas resultantes por inexactitud o movimiento en la colocación del conducto

Por cada defecto observado se incluirá una pérdida dada por la fórmula

$$h_{VE} = \zeta \cdot \frac{V_2}{2g},$$

donde el coeficiente toma los valores de la tabla 4.10

d^2/h	ζ_L
100	0,023
125	0,022
150	0,020
200	0,017
250	0,015
300	0,014
400	0,012
500	0,010
600	0,0095
700	0,0085
800	0,0080
900	0,0075
1000	0,0065
1200	0,0055
1500	0,0040
≥ 2000	0,0020

Tabla 4-10. Coeficiente de pérdida

Pérdidas resultantes en juntas de tuberías

Con la misma fórmula de pérdida anterior, por cada punto de conexión, el coeficiente a adoptar aparece en la tabla 4.11.

DN	ζ_{st}
100	0,020
125	0,016
150	0,012
200	0,009
250	0,007
300	0,006
400	0,004
500	0,003
1000	0,0015
1500	0,0010

Tabla 4-11. Coeficiente de pérdida ζ st

Pérdidas en conexiones de entrada

En entradas de conducciones de servicio, entradas de sumideros, etc, considerando *h* la altura de la lámina de agua en el colector principal, en el que se calcula la pérdida, y d_z el diámetro de la conexión de entrada, la pérdida de carga puede determinarse por cada conexión con el coeficiente de la tabla 4.12.

d_z/h	ζ_z
0,1	0,000
0,2	0,002
0,3	0,004
0,4	0,007
0,5	0,011
0,6	0,016
0,7	0,022
0,8	0,029
0,9	0,036
1,0	0,045

Tabla 4-12. Coeficiente de pérdida ζ_z

Pérdidas de carga al atravesar pozos de registro

Si el diseño se ajusta a lo indicado en la figura 4.16, los coeficientes de pérdida a adoptar son los de la tabla 4.13, por unidad de pozo y arqueta contemplando la totalidad de pérdida de entrada, en el tramo de paso y con la salida.

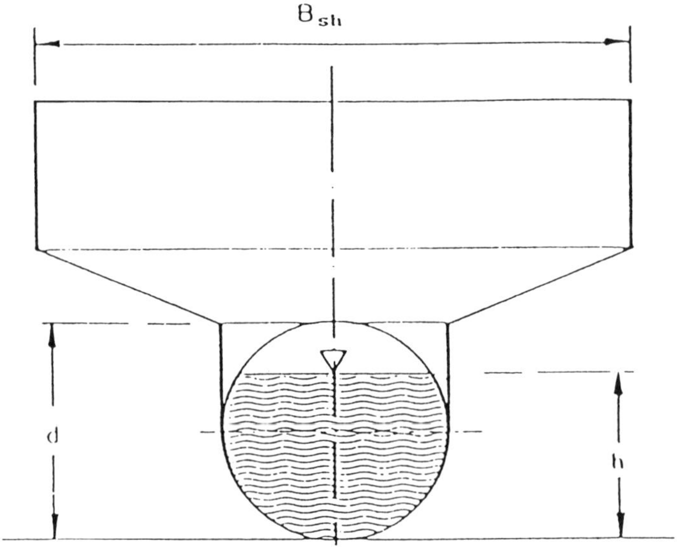

Fig. 4-16. *Sumideros de reja.*

h/d	ζ_R - S_{ch}	Situación del flujo
0,5 0,6 0,7 0,8 0,9	0,00 0,03 0,05 0,07 0,09	Llenado parcial
1,0	0,10	Llenado hasta clave
1,1 1,5 2,0	0,16 0,16 0,16	Lleno trabajando a presión

Tabla 4-13. Coeficiente de pérdida ζ_R - S_{ch}

En el caso de que la sección transversal se ajuste a lo indicado en la figura 4.17, los coeficientes a aplicar por unidad de pozo o arqueta vienen dados en la tabla 4.14.

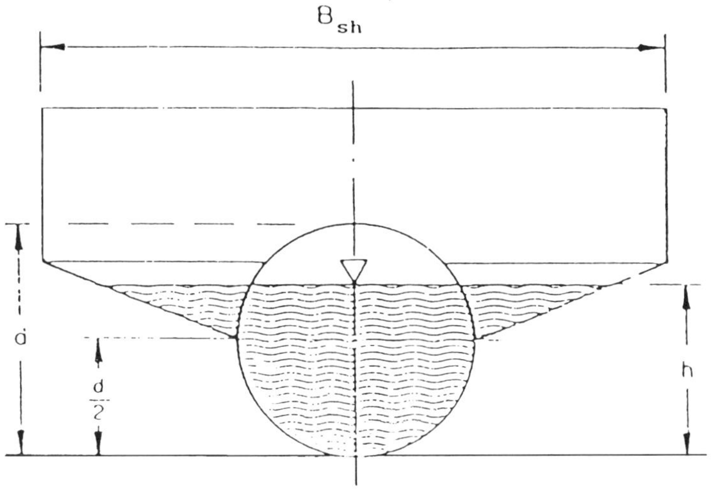

Fig. 4-17. *Sección cruce pozo o arqueta.*

h/d	ζ_R - S_{ch}	Situación del flujo
0,5	0,00	
0,6	0,05	
0,7	0,10	Llenado parcial
1,0	0,30	Llenado hasta clave
1,1	0,40	
1,2	0,60	
1,3	0,80	
1,4	0,85	
1,5	0,85	
1,6	0,30	Llenado trabajando a presión
1,7	0,25	
1,8	0,20	
1,9	0,20	
2,0	0,20	

Tabla 4-14. Coeficiente de pérdida ζ_R - S_{ch}

Si en los pozos se realiza un cambio de dirección de la corriente con un radio, *r*, de curvatura, puede utilizarse un coeficiente de pérdida.

$$\zeta = \frac{2}{3} / \frac{r}{d}$$

Para tener en cuenta la influencia de la anchura del pozo o arqueta, en relación con el diámetro del conducto pueden utilizarse los coeficientes de la figura 4.18. Las líneas en continuo derriban la situación en conducción rodada, y las de trazos las correspondientes a conductos en presión.

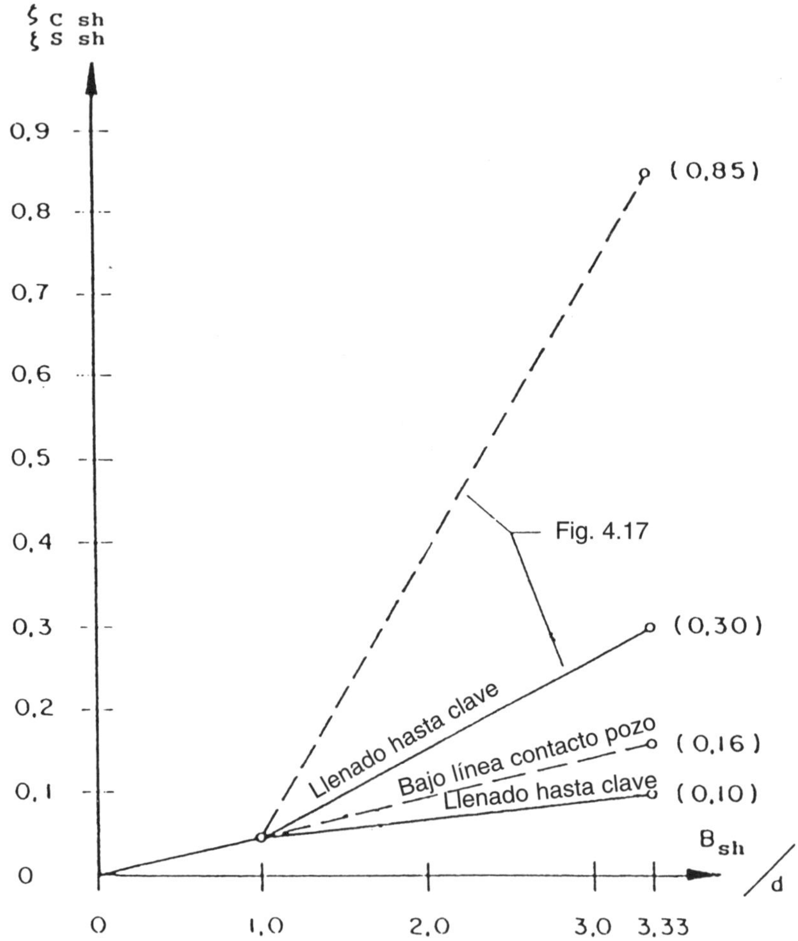

Fig. 4-18. *Coeficientes de pérdida en pozos, dependiendo de la relación entre dimensión del pozo y del diámetro del conducto.*

5

Materiales y construcción de alcantarillas y colectores

1. ASPECTOS A CONTEMPLAR EN LOS VERTIDOS

1.1. CARACTERISTICAS DE LOS VERTIDOS

Las aguas recibidas en la red de alcantarillado presentan características, que pueden influir en la selección del material constitutivo del conducto de transporte. Dichas características pueden agruparse atendiendo a la procedencia de las aguas.

El vertido doméstico consiste en agua residual procedente de cocinas, baños, lavabos, sanitarios, y lavadoras y lavavajillas. A las materias minerales y orgánicas originalmente contenidas en el agua de abastecimiento, se agrega un cúmulo de materias fecales, papel, jabón, suciedad, restos de alimentos (basura), y otras sustancias. Ciertos residuos permanecen en suspensión, algunos entran en solución y otros se encuentran o llegan a estar tan finamente divididos que dan origen a partículas coloidales. Gran parte de la materia residual es orgánica. El vertido doméstico es inestable, biológicamente degradable o putrescible y capaz de originar olores.

Los vertidos industriales varían en su composición de acuerdo con la actividad de la industria. Algunas son aguas relativamente limpias; otras se encuentran fuertemente cargadas de materia orgánica o mineral, o con sustancias corrosivas, venenosas, inflamables o explosivas. Algunas son tan nocivas que no deberían admitirse en los sistemas de alcantarillado público; otras contienen cantidades de materias que pueden descargarse a las redes de pluviales o directamente a las corrientes naturales de agua. Las grasas, la cal, el cabello y las fibras se adhieren a los conductos de alcantarillado y los obstruyen; los ácidos en general y el ácido sulfhídrico en particular destruyen el cemento y los metales; los residuos calientes estallan los conductos de barro y mamposterías y disminuyen la resistencia y durabilidad de los de plástico; los productos químicos y microorganismos de las aguas pueden atacar fuertemente al material de los conductos.

Los líquidos inflamables o explosivos ponen en peligro las estructuras de los conductos; los vapores o gases tóxicos son peligrosos para los obreros y operadores de las obras de alcantarillado.

Las aguas subterráneas pueden penetrar en los tubos de forma prevista, o bien a través de sus uniones si los tubos, juntas o montaje no son los adecuados. En sistemas unitarios, el escurrimiento proveniente de la lluvia y el descongelamiento del hielo y de la nieve agregan, a los lavados de calles, techos, jardines, parques y patios, arena, polvo, grava y otras sustancias granulosas pesadas e inertes, así como residuos orgánicos ligeros y degradables. El agua para lavado de calles, extinción de incendios, o limpieza de las tuberías, así como las aguas desechadas por las fuentes, albercas, y chapoteaderos incrementan el caudal.

2. TUBERIAS Y MATERIALES CONSTRUCTIVOS

2.1. CONDICIONES REQUERIDAS PARA LOS CONDUCTOS

Los materiales a emplear en los conductos y en elementos complementarios deben ser capaces de soportar los esfuerzos a los que van a ser sometidos durante su almacenamiento, transporte, acopio en obra, montaje, y durante su funcionamiento. En concreto deben soportar:

- Esfuerzos estáticos y dinámicos.
- Ataque de las aguas residuales, del suelo y de las aguas subterráneas.
- Estanqueidad.

Son características fundamentales a considerar:

- Lisura de la superficie interior.
- Resistencia a las solicitaciones internas o externas, tanto mecánicas, como químicas y biológicas.
- Marca de calidad.

- Estanqueidad de las juntas.
- Dimensión homogénea, con referencia a linealidad, a diámetros nominales, a espesores, a la ovalización.

Los materiales actuales van dirigidos al cumplimiento de las condiciones anteriores, cumpliendo en mayor o menor grado. Así se pueden considerar como materiales convencionales para las redes de saneamiento la fundición, el hormigón armado y sin armar, el amianto-cemento, el gres, y los materiales plásticos.

En cada caso, para la selección del conducto más adecuado, deberán contemplarse factores técnicos y económicos. Los factores técnicos se ajustarán al análisis de las características anteriormente señaladas. En relación con los factores económicos, se compararán:

- Capacidad portante del conducto, es decir los caudales transportados.
- Período de amortización del material y valor residual.
- Posibilidad de sustitución durante la explotación.

El índice más correcto vendrá dado por el cociente entre la suma de los gastos de amortización, los gastos de mantenimiento y explotación, restando el valor residual del conducto, siendo el divisor la capacidad portante del conducto.

Los materiales empleados para la fabricación de las tuberías tienen unas propiedades mecánicas específicas que determinan sus campos de utilización y los límites prácticos de su empleo.

Como criterio general y básico, una conducción debe proyectarse para que transporte un determinado caudal con el mínimo coste posible, compatible con un coeficiente de seguridad adecuado. Entendiéndose por mínimo coste posible no sólo el coste de primera inversión, sino también los costes de mantenimiento y explotación durante su período de vida útil.

El diámetro de la conducción es uno de los factores que influyen más claramente en la elección del tipo de material a utilizar. Produciéndose una selección natural inicial que hace que no se fabriquen determinados diámetros de tuberías en ciertos materiales por razones fundamentalmente económicas ya que técnicamente, haciendo abstracción del coste, sí resultaría factible su fabricación.

Así, no se plantea la utilización de tubería de hormigón armado con camisa de chapa en una conducción de ø 100 mm ni de tubería de PVC en una de ø 1.500 mm; aunque resultaría factible la fabricación de ambas tuberías.

2.2. PROPIEDADES MECANICAS DE ALGUNOS MATERIALES

En las tuberías metálicas, con independencia de sus buenas propiedades mecánicas, deben considerarse los aspectos encaminados a su protección. Deben tenerse en cuenta las acciones biológicas, químicas y electroquímicas, la corrosión por bacterias sulfato reductoras y ferrobacterias, y la formación de pilas por heterogeneidad del material.

Las tuberías de hormigón precisan igualmente preocuparse para su protección de aspectos tales como el equilibrio carbónico en las aguas transportadas, la existencia de aguas selenitosas en el exterior, empleo de hormigones homogéneos, uniformes y compactos, y el empleo de aceros de chapa y armadura de calidad única y uniforme.

En relación con las tuberías de material plástico será preocupante la evolución de la resistencia mecánica con el tiempo.

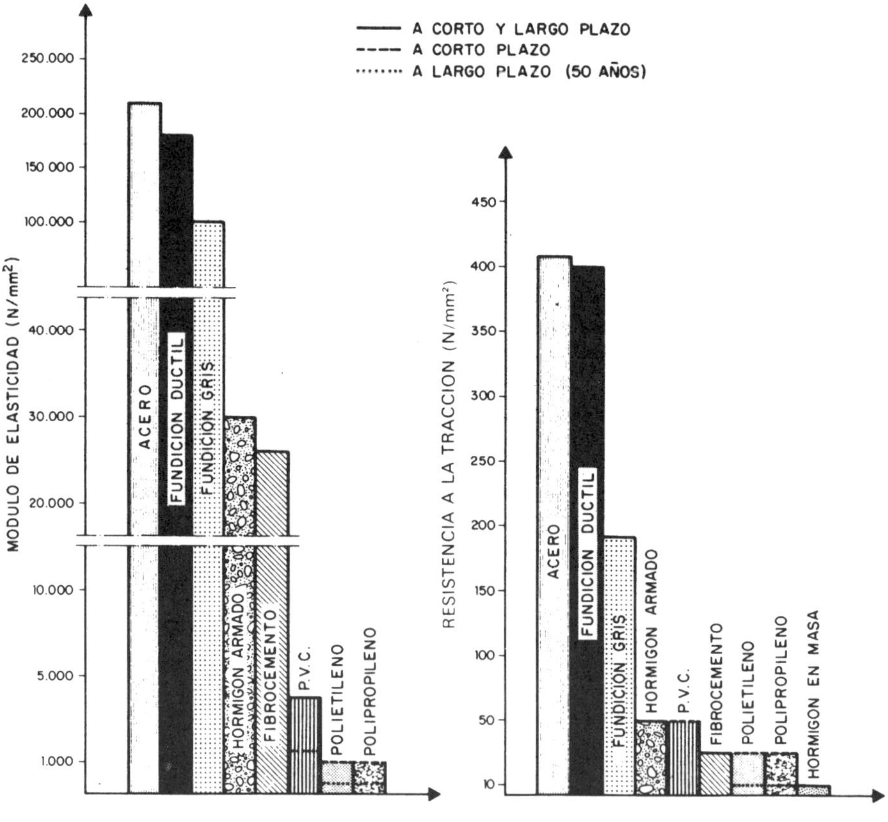

Fig. 5-10. *Módulos de elasticidad y resistencias a la tracción.*

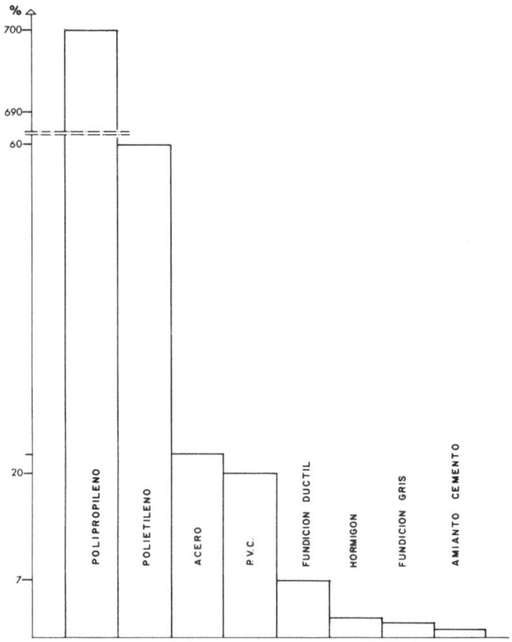

Fig. 5-11. *Alargamiento o rotura en tracción.*

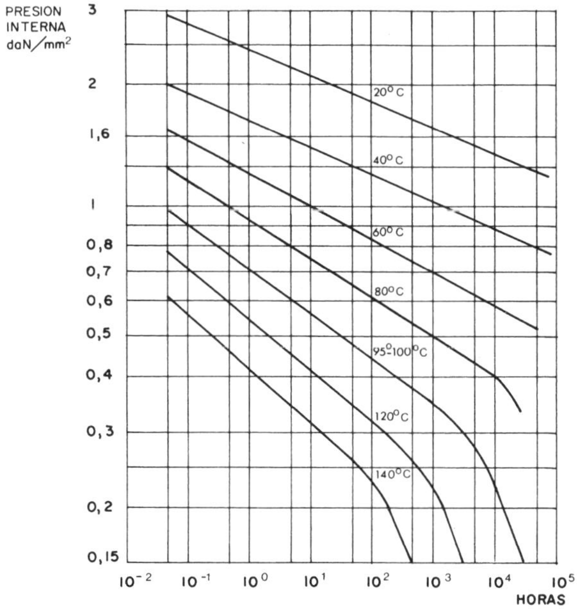

Fig. 5-12. *Evolución en el tiempo de las características mecánicas del POLIPROPILENO.*

La evolución en la resistencia mecánica de los materiales plásticos puede reflejarse en el cuadro siguiente:

	P.V.C.	Polietileno alta densidad	P.R.V. poliéster
Tensión instantánea de roturas (kg/cm²)	500	180	1.000-4.000
Tensión de utilización (50 años de servicio) (kg/cm²)	100	50	200-800

3. CLASIFICACION DE LOS CONDUCTOS DE SANEAMIENTO

3.1. CRITERIOS DE CLASIFICACION

3.1.1. Atendiendo a la sección

En los alcantarillados cabe distinguir tres tipos de secciones y, por tanto, tres estructuras distintas; las tubulares no visitables; las semivisitables, sean tubulares u ovales; y las visitables o grandes secciones.

Las primeras son todas tuberías de diversas clases de material con sus correspondientes problemas de juntas, que suelen ser el elemento débil de las redes.

Las normalmente empleadas en los alcantarillados y acometidas son: De gres, de hormigón centrifugado, de hormigón precomprimido, de hormigón armado, de fibrocemento, de fundición y de material plástico flexible o rígido.

Las secciones visitables corresponden a grandes caudales, soliéndose adoptar a partir de dimensiones tubulares superiores a los ø 800 mm. Estas secciones pueden ser construidas *in situ,* empleando ladrillos, piedra, hormigón en masa o armado, o bien pueden utilizarse secciones prefabricadas a base de hormigón en masa o armado, o fibrocemento.

3.1.2. Atendiendo al comportamiento mecánico

Las tuberías pueden clasificarse, atendiendo al comportamiento mecánico, en rígidas y flexibles.

De acuerdo con la clasificación de MARSTON, se consideran tuberías:

Rígidas: cuando $1\% \geqslant \frac{\Delta D}{\Delta D}$

Semirrígidas: cuando $1\% < \frac{\Delta D}{\Delta D} \leqslant 30‰$

Flexibles: cuando $\frac{\Delta D}{D} > 30‰$

Son tuberías rígidas las de hormigón y fundición, tuberías flexibles las de plástico (PVC, PRV, PE, PP), y tuberías semirrígidas las de fibrocemento.

3.1.3. Atendiendo al comportamiento hidráulico

Desde el punto de vista hidráulico las tuberías pueden clasificarse en lisas y rugosas.

Se denomina «hidráulicamente lisa» a la tubería en la que

$$\frac{k_a\, u}{\nu} < 5$$

en donde:

k_a = rugosidad absoluta equivalente.

u = velocidad de rozamiento.

$$u = \sqrt{\frac{\tau}{\rho}}$$

τ = fuerza de rozamiento por unidad de superficie.

ρ = densidad del fluido.

ν = viscosidad cinemática del fluido.

3.2. TIPOS DE TUBERIAS

3.2.1. Tuberías de gres para saneamiento

Sus características dependen principalmente de la composición de la arcilla empleada en la fabricación. La arcilla plástica empleada debe vitrificarse parcialmente a una temperatura de 1.250 a 1.350 °C, sin disminución de espesor. También dependen de la temperatura y cuidados en la cocción; pues si aquella es baja, el material resultará poroso, y si es exagerada, provocará un principio de calcinación.

Se mezclan arcillas de distintos orígenes y composición con múltiples trituraciones, a las que pueden adicionarse productos cerámicos previamente triturados. La mezcla se lleva a una prensa donde el producto termina de homogeneizarse. Después se almacena hasta su utilización.

Las técnicas utilizadas son: Extrusión vertical y extrusión horizontal.

Las tuberías se almacenan para su secado, procediéndose en su caso al esmaltado. Se colocan en bandejas en posición vertical, y se llevan al horno para su cocido.

Su pasividad en relación con efluentes agresivos las hacen muy aconsejables para su uso en zonas industriales.

Los modelos generalmente fabricados son circulares, con diámetros desde 100 a 1.400 mm, aunque también se fabriquen ovoides desde 0,20-0,30 m hasta 0,60-0,90 m, los cuales se dotan de plano de apoyo. La longitud normal es de 1,25, 1,50, 2,00 m para las piezas menores y 1,50 y 2,00 m para las mayores.

Las tuberías de gres son lisas, con escaso coeficiente de frotamiento; y, si son de buena calidad, impermeables y poco atacables por ácidos. Son, pues, muy indicadas para el sistema separativo.

Son, sin embargo, las que más hay que vigilar y comprobar; pues si son de mala calidad o están mal cocidas, su fragilidad, permeabilidad por fisuras, y dificultad de ejecución de juntas les hacen perder la ventaja sobre las demás.

Las condiciones generales de los tubos que exige la UNE 41.009, clasifica los tubos en tres grupos o calidades, que han de reunir las siguientes características principales:

Calidad I. Flecha máxima de la caña inferior a 1 por 100 de su longitud. Se admite un vidriado mate; gotas en el interior; grietas pequeñas o inocuas en el vidriado del manguito y en el extremo del enchufe; desconchados pequeños y veteaduras planas pequeñas. Máxima absorción de agua admisible, 8 por 100 del peso.

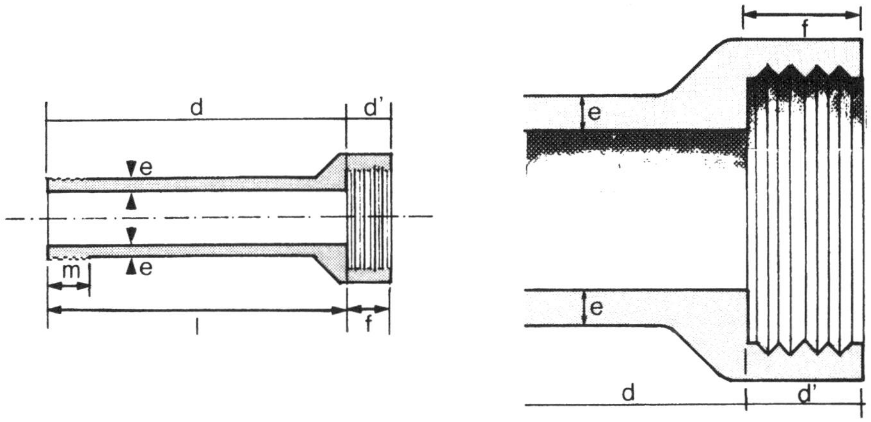

Fig. 5-13. *Esquema de una tubería de gres normal.*

Alteraciones superficiales. Sumergida parcialmente una pieza de gres, previamente lavada con agua y alcohol, en una solución ácida (C1H al 10 por 100), o alcalina (NaOH al 10 por 100) durante siete días, no presentará signos de alteración en su superficie, ni sufrirán más que una ligera decoloración.

Resistencia al ataque químico. Atacada una muestra pulverizada de un tubo, o pieza de gres, con ácido sulfúrico e hidróxido sódico, no deberá perder más de un 15 por 100 de su peso.

Homogeneidad. Al ser golpeadas producirán un sonido claro.

Contextura. Serán de contextura compacta y dura, y no se rayarán con el acero.

Manguitos y extremos de enchufe. Presentarán el canto perpendicular al eje. Tendrán estrías profundas y paralelas en la superficie interior de los manguitos y en la exterior de los extremos.

Se admite que las superficies interiores de los manguitos y las estrías de los extremos puedan estar sin vidriar.

Marca. Todas las piezas han de ir marcadas exteriormente con el cuño del fabricante.

Comprobación de las medidas. El diámetro interior ha de comprobarse en dos direcciones perpendiculares entre sí. La desviación de la caña del tubo se hará colocando una regla en la dirección del eje del mismo y en su parte exterior, de modo que uno de los extremos de la regla quede a poca distancia detrás de las estrías. Se hará girar después el tubo midiendo en milímetros la máxima distancia de la superficie del tubo a la regla. Las medidas y tolerancias se reflejan en el cuadro adjunto.

CUADRO DE MEDIDAS Y TOLERANCIA

Diámetros interiores d en mm	Tolerancia en los diámetros interiores en mm	Longitud de montaje L (mm) tolerancia ± 2%	Espesores de paredes e mínimo en mm
100	± 4	1.250	15
125	± 4	1.500	16
150	± 5	2.000	17
200	± 5		20
250	± 6	1.500	22
300	± 7		24
350	± 7	2.000	26
400	± 8		29
450	± 8		32
500	± 9		39
600	± 12		42
700	± 15		43
800	± 17	2.000	45
900	± 20		48
1.000	± 23		51
1.200	± 27		56
1.400	± 31		60

Piezas especiales. Las piezas especiales en las tuberías de gres se reducen a codos (1/4 y 1/8), injertos simples rectos, injertos simples oblicuos, injertos dobles, reducciones o aumentos para paso de unos diámetros a otros. El esquema de piezas especiales es el que se indica en la figura 5-14.

3.2.1.1. Juntas de tuberías de gres

Los sistemas de unión pueden concretarse en dos grupos: Sistemas de machihembrado, y sistemas de manguito.

En el sistema de machihembrado puede hacerse con un anillo elastomérico, que se introduce en la copa, presentando un perfil con labios, que quedan comprimidos al introducir el extremo de la tubería en la copa. Un segundo sistema consiste en un moldeado en la zona de la copa y otro moldeado correspondiente en el otro extremo de la tubería, introduciéndose en el espacio entre ambos extremos resinas elastoméricas, que permiten realizar una unión semicónica por compresión.

—Injerto simple recto

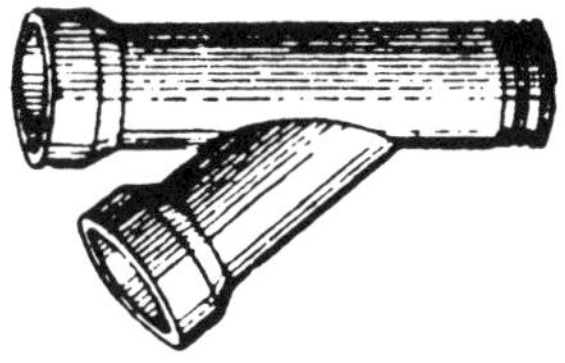

—Injerto simple oblicuo

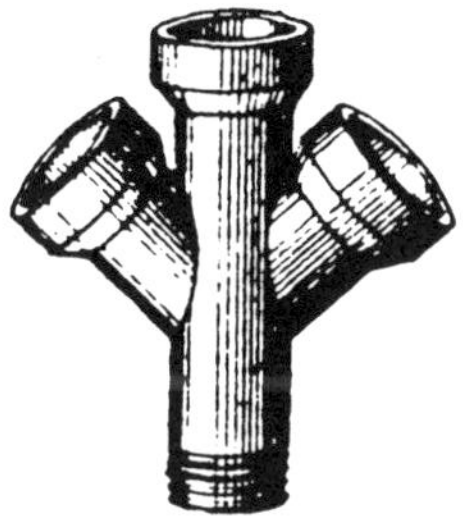

—Injerto doble oblicuo

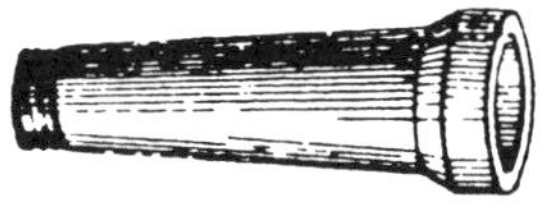

—Reducción

—Aumento

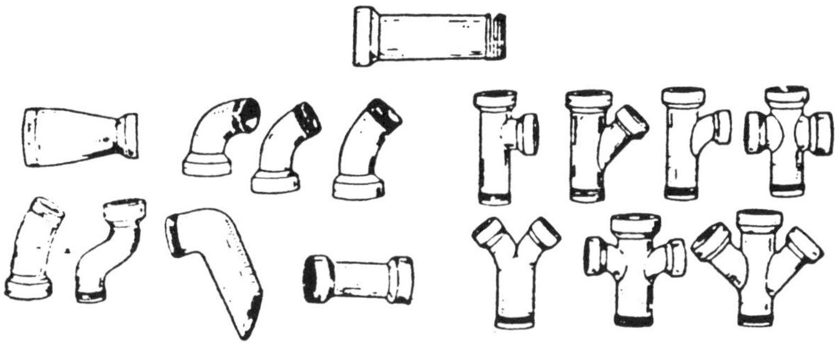

Fig. 5-14. *Esquema general de piezas especiales.*

En el sistema de manguito los extremos a unir son iguales. Su unión se realiza con manguito de polipropileno, situándose en el interior dos juntas en forma de anillo elastoméricas.

3.2.1.2. Otras características

Otras características importantes de los conductos de gres son:

- Resistencia al ataque de compuestos inorgánicos (ácidos, sales y bases), a excepción del ácido fluorhídrico y sus compuestos.
- Resistencia a la agresión de compuestos orgánicos y agentes destructores biológicos.

- Coeficiente de dilatación térmica muy bajo ($K = 5.10^{-6}$ m/°C).
- Buena estanqueidad, inferior a 0,03 l/m² en 15 minutos.
- Buena resistencia mecánica.

Resistencia de conductos de gres	**Kg/cm²**	
	Media	**Máxima**
Resistencia de la flexión	200	350
Resistencia al aplastamiento	1.500	2.000
Resistencia a la tracción	70	120

CARACTERISTICAS HIDRAULICAS

Los coeficientes en la fórmula de PRANDTL-COLEBROOK son:

Canal normal $K_a = 0{,}40 - 1{,}50$ mm

Tuberías $K_a = 0{,}25 - 1{,}00$ mm. Fig. 5-15.

El coeficiente n de las fórmulas de KUTTER o MANNING puede establecerse en:

Superficie interna	**Condiciones de la tubería**			
	Optimas	**Buenas**	**Aceptables**	**Malas**
Gres	0,008	0,009*	0,010	0,012

En el capítulo 4 se incluyen gráficos y tabulaciones para aplicación, entre otras, de las fórmulas de PRANDTL-COLERBROOK, KUTTER y MANNING, y las tablas de THORMANN-FRANKE para cálculo de caudales y velocidades a sección parcialmente llena.

3.2.2. Tuberías de hormigón para saneamiento

Pueden ser de hormigón en masa o de hormigón armado con o sin camisa de chapa.

Se fabrican en moldes metálicos, con hormigón rico, por cualquiera de los cinco sistemas siguientes: Vibrocompresión, compresión radial, centrifugación, vertido en moldes verticales y vibración, y precompresión.

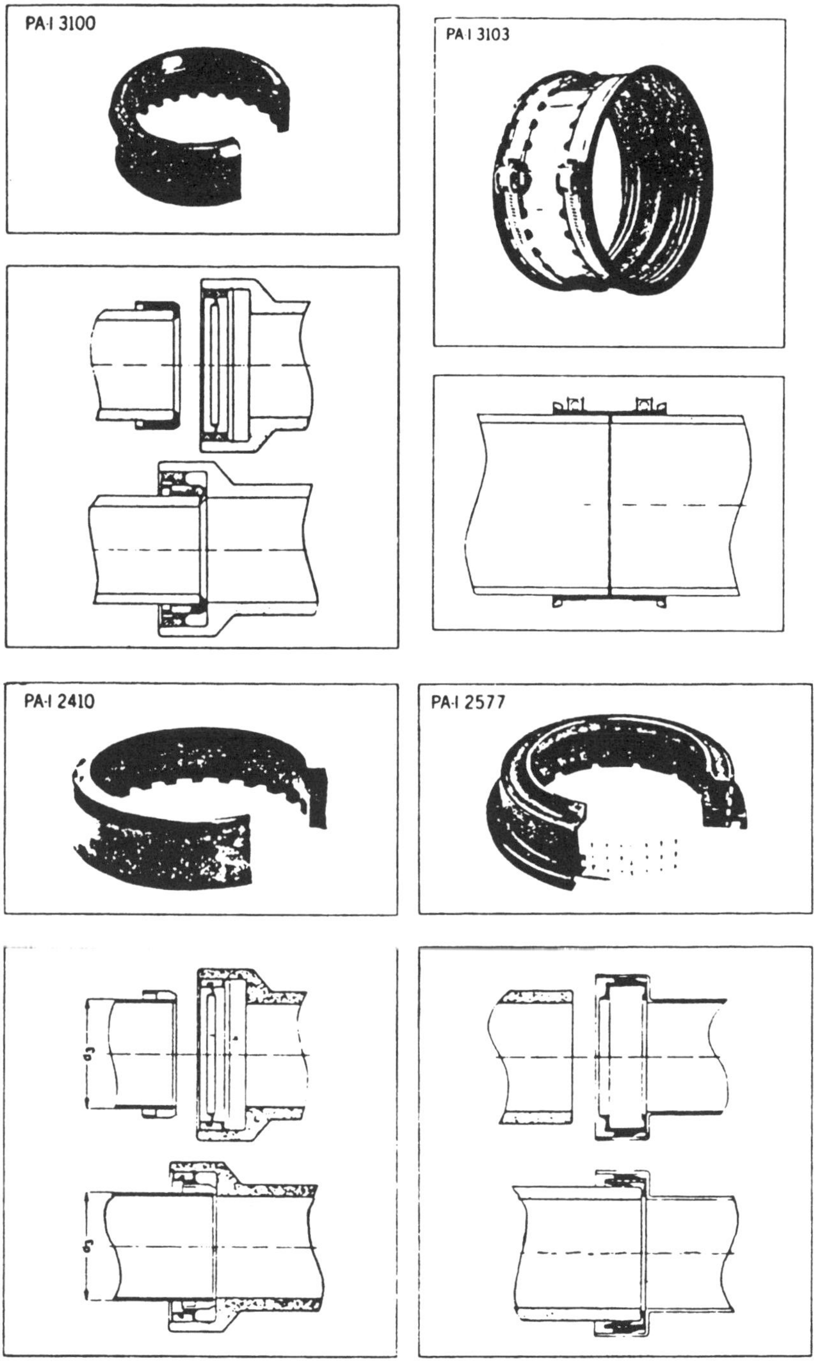

Fig. 5-15. *Juntas especiales.*

Para la fabricación de tubos de hormigón en masa se utilizan preferentemente los tres primeros sistemas; y para tubos de hormigón armado, los tres últimos.

3.2.2.1. Fabricación por vibrocompresión

La vibrocompresión es normalmente utilizada en las pequeñas fábricas locales de tubos, y su eficacia depende de la escrupulosidad del fabricante y del cuidado y regularidad que se siga en la fabricación del hormigón, en su vertido en los moldes, en su vibrado y en la eliminación del exceso del agua.

La vibración se produce colocando los moldes, fijados verticalmente, sobre unas mesas vibratorias, que determinan un apisonado automático.

También se obtiene aplicando al molde, colocado verticalmente, y en su superficie exterior, vibradores neumáticos o eléctricos.

3.2.2.2. Fabricación por compresión radial

Los sistemas más utilizados para la fabricación de tubos de hormigón en masa son la vibrocompresión y la compresión radial.

El método de fabricación por compresión radial es un proceso combinado de proyección, compactado y alisado.

El hormigón preparado en una hormigonera se alimenta desde una tolva a máquina mediante una cinta transportadora que lo vierte en un cabezal de rodillos que gira dentro de un molde exterior al tubo.

La fabricación se realiza en vertical, con la copa del tubo en la parte inferior. El cabezal de rodillos va ascendiendo dentro del molde realizando las operaciones de compactación y alisado.

Una vez fabricado, el tubo es transportado con su molde a la zona de fraguado donde es desmoldeado.

En la zona de la copa del tubo lleva interiormente un arco de base con la forma de dicha copa, que debe permanecer en el tubo durante las primeras 24 horas de fraguado.

A las 24 horas pueden recuperarse los aros de base y el tubo ser sacado al patio para terminar el fraguado, siendo conveniente su regado durante 3 ó 4 días. Hacen falta, por tanto, tantos aros de base como tubos vayan a fabricarse al día.

Cuando el tubo es armado se preparan las armaduras en la máquina al efecto y se colocan dentro del molde antes de situar a éste en máquina en la posición de fabricación.

3.2.2.3. Fabricación por centrifugación

Para saneamiento de aguas residuales no deben utilizarse tuberías de hormigón en masa según los sistemas anteriores; sólo deberían admitirse las de hormigón centrifugado y preferentemente vibrocentrifugado.

Existen ya diversos tipos, pero todos ellos están basados en el siguiente principio de fabricación:

Un molde cilíndrico horizontal, montado sobre un eje, recibe una determinada cantidad de hormigón de cemento, muy fluido. Al girar dicho molde durante tres o cinco minutos a gran velocidad (unas 1.200 vueltas por minuto, para los pequeños diámetros, hasta 300 vueltas para los de 1,50 metros de diámetro), la masa de hormigón sufre en todo su espesor una compresión proporcional a la velocidad, siendo lanzados hacia la periferia los elementos más gruesos y quedando los finos formando una especie de enlucido interior.

Terminada la centrifugación, se saca el tubo con el molde y se deja secar durante veinticuatro horas. Pasado ese plazo, se desmoldea, y se deja fraguar en cobertizo, lejos de la acción del sol, para su endurecimiento, manteniéndole en buen estado de humedad.

Estas tuberías pueden llevar, o no, armaduras. En el primer caso se aplican más bien para abastecimientos de agua, pues para las condiciones normales de funcionamiento de un alcantarillado no precisan armarse.

3.2.2.4. Juntas en las tuberías de hormigón en masa

Se distinguen tres tipos de acoplamiento:

1) Enchufe y campana. Fig. 5-16.

2) Machihembrada, con o sin manguito.

3) A tope, con manguito.

En cualquiera de los tres tipos pueden utilizarse juntas elásticas o rígidas.

En general se desaconseja la utilización, salvo justificación en contra, de las uniones sin juntas elásticas.

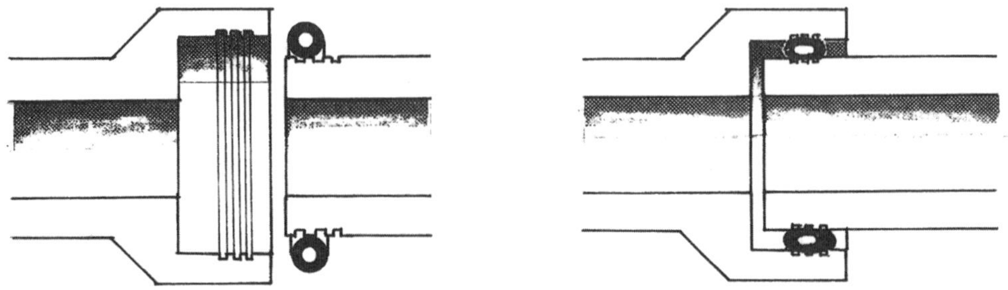

Fig. 5-16. *Junta de anillo de caucho a presión.*

3.2.2.5. Características de las tuberías de hormigón en masa

Dimensiones

Las longitudes, espesores y pesos de los tubos de hormigón en masa quedan reflejados en el siguiente cuadro.

Tubos de sección circular

Diámetro interior (mm)	Longitud útil (m)	Espesor en (mm)	Peso (kg/m)
200	1 y 2	28	43
250	1 y 2	30	58
300	1 y 2	33	72
400	1 y 2	35	104
500	1 y 2	40	170
600	1 y 2	445	204

Tubos de sección ovoide

La definición se efectúa dando las dimensiones máximas en ancho x alto interior en cm.

Fig. 5-17. *Tubos de sección ovoide.*

Las dimensiones normalizadas son: 60 x 90, 70 x 105, 80 x 120, 90 x 135, 100 x 150, 120 x 180 y 140 x 210.

Longitud del conducto 1,00 m.

Características mecánicas

Tubos de sección circular

	Carga mínima de rotura en kg/cm²	
Diámetro interior (mm)	**T. ligero**	**T. normal**
200	15	27
250	15	28
300	15	30
400	17	32
500	19	35
600	20	38
800	24	43

Tubos de sección ovoide

Dimensiones de la sección (mm)	Carga mínima de rotura en kg/cm^2	
	T. ligero	T. normal
60 x 90	40	51
70 x 105	45	57
80 x 120	50	63
90 x 135	55	68
100 x 150	60	72
120 x 180	70	77
140 x 210	75	83

Estanqueidad

Después de 48 horas sumergidos en agua, se dará presión interior de 1 kg/cm^2 durante diez minutos. La presión final se alcanzará de una forma constante en un período de cinco minutos.

El tubo no deberá de agrietarse ni tener pérdidas.

Características hidráulicas

El valor de la rugosidad uniforme equivalente, K_a, en la fórmula de PRANDT-COLEBROOK, se puede tomar:

Hormigón liso: k_a = 0,80 – 1,50 mm.

Hormigón rugoso: k_a = 1,20 – 4,00 mm.

Los valores inferiores son aplicables a tuberías con tramos rectos y largos entre pozos de registro, colectores principales y emisarios; los valores superiores son de aplicación en redes de alcantarillado, con acometidas domiciliarias, cambios de dirección y tramos cortos entre pozos de registro.

El coeficiente n de las fórmulas de KUTTER y MANNING puede establecerse en:

Superficie interna	Condiciones del conducto			
	Optimas	Buenas	Aceptables	Malas
Mortero de cemento	0,011	0,012	0,013*	0,015
Hormigón	0,012	0,013	0,015*	0,016

* Valor utilizado normalmente en los proyectos.

En el capítulo 4 se incluyen ábacos y tabulaciones para aplicación, entre otras, de las fórmulas de PRANDTL-COLEBROOK, KUTTER y MANNING; y las tablas de THORMANN-FRANKE para cálculo de caudales y velocidades a sección parcialmente llena.

3.2.2.6. Métodos usuales de fabricación de tubos de hormigón armado

3.2.2.6.1. Fabricación del núcleo primario

Para la fabricación del núcleo primario, los dos procedimientos normales usados son:

1) centrifugado

2) vertido en moldes verticales y vibración.

Las modernas centrifugadoras usadas hoy en día, combinan los tres sistemas de puesta en obra del hormigón, siguientes:

- Centrifugación a alta velocidad, proporcionando a los encofrados velocidades periféricas de hasta 20 m/seg; lo que equivale a aceleraciones entre 30 g y 80 g para los diámetros comerciales más usados.
- Compresión por medio de un rodillo interior.
- Vibración por medio de martillos externos al encofrado.

Por ello, se emplean hormigones con relaciones agua/cemento de hasta 0,32, imposibles de poner en obra por otros procedimientos y que alcanzan, con los cuidadosos sistemas de curado usados, resistencias a compresión de más de 500 kg/cm^2.

En la fabricación por colado vertical y vibración, el hormigón se vierte sobre dos encofrados (interior y exterior), colocados en posición vertical, concéntrica. La compactación se consigue por medio de vibradores de alta frecuencia (hasta 15.000 r.p.m.) adosados a los encofrados.

En los núcleos primarios de los tubos que la llevan, el revestimiento interior a la camisa de chapa se puede efectuar por centrifugación o por moldeo vertical; en tanto que el revestimiento exterior a la misma se ejecuta siempre por moldeo vertical.

3.2.2.6.2. Fabricación de camisas de chapa y armaduras

El procedimiento de fabricación normal de las camisas de chapa es por virolas de 1 a 1,5 metros de ancho, que se forman por soldadura longitudinal. La unión de varias virolas entre sí por soldaduras transversales, constituyen el cilindro de chapa.

Tanto las soldaduras longitudinales como las transversales, y más raramente cuando son helicoidales, se hacen a tope o por solape; y, dados los relativamente delgados espesores de chapa que se usan, se emplea preferentemente soldadura por hilo continuo en atmósfera gaseosa, que se ejecuta por algún sistema de soldadura automática.

Las boquillas extremas de la camisa de chapa son de forma troncocónica, para que pueda realizarse el posterior enchufe de los tubos y se fabrican principalmente por expansión en prensa hidráulica.

A todas las camisas, una vez confeccionadas, se les prueban las soldaduras con líquidos penetrantes o mediante prueba hidráulica interior.

Las armaduras, que se disponen en una o más capas cilíndricas separadas convenientemente, están formadas por barras transversales, en arrollamiento helicoidal, que constituyen las espiras, soportadas por barras longitudinales, según las generatrices, soldadas en los puntos de cruce. Estas jaulas de armadura se fabrican en máquinas especiales devanadoras, que regulan automáticamente el paso de hélice y aseguran las dimensiones correctas.

Las soldaduras entre espiras y generatrices se suelen realizar con máquinas de pinzas especiales, que sueldan por puntos.

La fabricación del revestimiento exterior puede realizarse por cualquiera de los tres procedimientos siguientes: por vertido del hormigón en molde vertical y vibración, por regla vibrante o por proyección, todos ellos suficientemente conocidos.

Fig. 5-18. *Colocación de armadura tensada sobre el núcleo primario.*

La ejecución de los revestimientos exteriores se realiza con los cuidados necesarios para que se consiga un alto grado de compacidad y, por tanto, un bajo ´índice de permeabilidad y porosidad. Se ha encontrado que las tuberías enterradas y en galerías, mejoran su impermeabilidad con el paso del tiempo.

Se están ensayando tuberías en las que se sustituye la armadura de acero por fibra de vidrio, colocándose en la masa por centrifugación.

En España se han empleado materiales con baja calidad en las redes de saneamiento (tubos y ovoides), debido a la falta de normativa adecuada, y a buscar la máxima economía sin consideraciones técnicas de los resultados.

Fig. 5-19. *Recubrimiento exterior por vibración de alta frecuencia.*

3.2.2.7. Normativa

Hasta el 15 de septiembre de 1986, en España no existía normativa oficial para el empleo de tubos de hormigón, adoptándose las normas ASTM C-76 y C-361. Estas normas ASTM son comentadas a continuación. El «Pliego de Prescripciones Técnicas Generales para Tuberías de Saneamiento de Poblaciones» del MOPU publicado en el BOE de 23 de septiembre de 1986 viene a rellenar el vacío normativo existente, estableciendo las condiciones a cumplir por los tubos de hormigón en masa de ø 150 a 800 mm y de hormigón armado de ø 250 a 2.500 mm.

La norma ASTM C-361, que normaliza la tubería de baja presión, es más concreta y establece una tabulación en la que se determinan las armaduras de la tubería en función de los dos factores determinantes del dimensionamiento de la tubería, que son la presión interna y la profundidad de zanja.

La presión interna varía de 0,70 kg/cm^2 a 3,74 kg/cm^2 y la altura de relleno de 1,52 a 6,60 m.

La norma ofrece la posibilidad de utilizar distintas calidades de hormigón así como distintos espesores.

Ambas normas son válidas para dimensionar la tubería, calculando los esfuerzos en el primer caso y partiendo de los datos de proyecto en el segundo.

Fig. 5-20. *Tubular colocado en obra.*

Se verifica utilizando la C-361, que, para alturas de relleno y presiones superiores a los valores mínimos considerados (1,52 m y 0,7 kg/cm^2), es preceptivo el uso del hormigón armado. Paralelamente, si se calculan los esfuerzos que debe soportar la tubería siguiendo los métodos tradicionales de MARSTON y SPANGLER, incluso en el caso más favorable de instalación en zanja, se verifica igualmente que estos esfuerzos condicionan el uso del hormigón armado.

3.2.2.8. Juntas en las tuberías de hormigón armado

Los tipos de juntas utilizadas en este tipo de tuberías son:

- Revestimiento exterior con manguito de hormigón armado.
- Revestimiento interior de hormigón.
- Junta soldada.
- Junta con anillo de neopreno.

3.2.2.9. Características de las tuberías de hormigón armado

Dimensiones

Las características de estos tubos quedan definidas en la tabla de la página siguiente:

Características hidráulicas

El valor de la rugosidad uniforme equivalente, ka, en la fórmula de PRANDTL-COLEBROOK, es:

Hormigón liso de alta calidad: k_a = 0,40–0,80 mm.

Hormigón liso de calidad media: k_a = 0,80–1,50 mm.

Hormigón rugoso: k_a = 1,20–4,00 mm.

Los valores inferiores son de aplicación en tuberías con tramos rectos y largos entre pozos de registro, colectores y emisarios; los valores superiores se aplican en redes de alcantarillado, con acometidas domiciliarias, cambios de dirección y tramos cortos entre pozos de registro.

Diámetro	Longitud		Espesores de la pared	Peso	
	Util	Total		Tubo	por metro
mm	m	m	mm	t	t/m
300	3,00-3,69	3,06-3,76	43	0,32-0,37	0,10
400	3,00-3,69	3,06-3,76	34-45	0,47-0,59	0,15-0,16
500	3,00-3,69	3,06-3,76	50-53	0,66-0,87	0,22-0,24
600	2,95-3,65	3,03-3,73	58-62	0,931-1,20	0,31-0,34
700	2,95-3,65	3,03-3,73	66-70	1,22-1,57	0,41-0,44
800	2,95-3,65	3,03-3,73	74,80	1,56-2,05	0,52-0,57
900	2,95-3,65	3,03-3,73	82-90	1,98-2,60	0,66-0,73
1.000	2,93-3,62	3,03-3,73	90-100	2,73-3,18	0,80-0,90
1.100	2,93-3,62	3,03-3,73	98-110	2,78-3,84	0,95-1,06
1.200	2,93-3,62	3,03-3,73	105-120	3,73-4,60	1,13-1,29
1.400	2,92-3,61	3,03-3,73	120-140	4,47-6,17	1,50-1,74
1.500	2,93-3,61	3,03-3,73	128-148	5,11-7,00	1,72-1,98
1.600	2,93-3,61	3,03-3,73	135-155	5,78-7,86	1,94-2,22
	2,40	2,56	180	6,33-6,38	2,64-3,28
1.800	3,61	3,73	180	10,50-10,60	2,90-2,93
	4,00	4,12	170	10,80-10,84	2,70-2,71
	2,40	2,56	200	7,82-7,87	3,26-3,28
2.000	3,30	3,42	180	10,66-10,82	3,23-3,28
	2,40	2,56	220	9,31-9,36	3,88-3,90
2.200	2,75	2,90	200	10,70-10,89	3,89-3,96
	3,60	3,76	200	13,79-13,97	3,83-3,88
	2,35	2,50	225	11,60-11,75	4,93-5,00
2.500	2,40	2,56	250	12,00-12,07	5,00-5,03
	2,84	2,99	225	13,83-13,98	4,87-4,92
2.800	2,84	3,00	250	17,20-17,50	6,05-6,16
3.000	2,45	2,61	270	17,30-17,60	7,06-7,18
3.200-3.500					

El coeficiente n de las fórmulas de KUTTER y MANNING puede establecerse en:

Superficie interna	Condiciones de la tubería			
	Optimas	**Buenas**	**Aceptables**	**Malas**
Lechada cemento	0,10	0,011	0,012*	0,013
Mortero de cemento	0,011	0,012	0,013*	0,015
Hormigón	0,012	0,013	0,015*	0,016

* Valor utilizado normalmente en los proyectos.

En el capítulo 4 se incluyen ábacos y tabulaciones para aplicación, entre otras, de las fórmulas de PRANDT-COLEBROOK, KUTTER y MANNING; y las tablas de THORMANN-FRANKE para cálculo de caudales y velocidades a sección parcialmente llena.

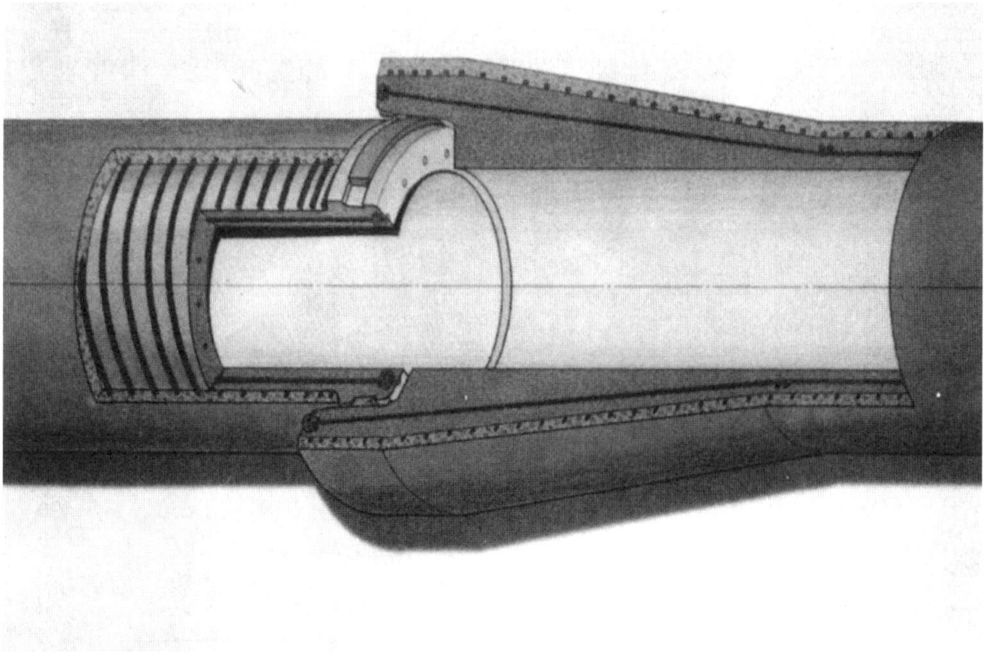

Fig. 5-21. *Tubos tipo SOCOMAN.*

3.2.2.10. Otros tipos de tuberías de hormigón

Algunos tipos de tuberías de hormigón precomprimido podrían ser utilizadas por su calidad e impermeabilidad, pero el precio de las mismas no hace probable su empleo en saneamiento.

A título de ejemplo pueden citarse los tubos tipo SOCOMAN con diámetros entre ø 400, capaces de resistir 45 bars de presión interior.

Las dimensiones y tipos de junta de otros conductos de hormigón de alta calidad, en este caso tubos S.T.F., figuran a continuación:

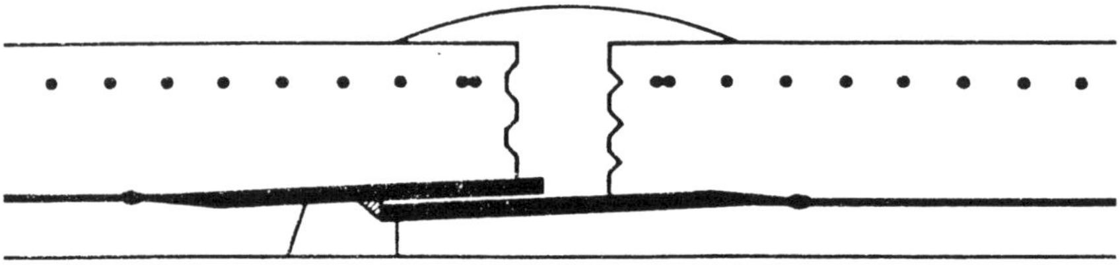

Diámetros en mm		Espesores en mm			Longitud útil en m	Peso aproximado en kg	
Interior	Exterior	Total	Revestimiento interior	Revestimiento exterior		Por tubo	Por m
200	288	44	20	24	3,900	350	91
250	350	50	22	28	3,900	490	126
300	406	53	24	29	5,267	810	154
400	506	53	24	29	6,267	1.230	196
450	562	56	24	32	6,267	1.450	231
500	616	58	24	34	6,267	1.650	263
600	720	60	24	36	6,267	2.010	321
700	830	65	26	39	6,267	2.520	402
800	940	70	26	44	6,267	3.070	490
900	1.050	75	28	47	6,267	3.670	586
1.000	1.164	82	28	54	6,267	4.460	712
1.100	1.276	88	30	58	6,267	5.240	836
1.200	1.390	95	30	65	6,267	6.150	981
1.250	1.470	110	30	80	6,267	7.380	1.178
1.300	1.520	110	30	80	6,267	7.680	1.225

Diámetros en mm		Espesores en mm			Longitud útil en m	Peso aproximado en kg	
Interior	Exterior	Total	Revestimiento interior	Revestimiento exterior		Por tubo	Por m
1.400	1.620	110	30	80	6,267	8.250	1.316
1.500	1.740	120	32	88	6,267	9.620	1.535
1.600	1.880	140	32	108	6,267	12.830	2.047
1.700	1.980	140	32	108	6,267	13.610	2.712
1.800	2.100	150	37	113	5,267	12.100	2.297
2.000	2.320	160	45	115	5,267	14.240	2.703
2.100	2.440	170	45	125	3,000	8.850	2.950
2.350	2.730	190	50	145	2,422	9.020	3.724
2.500	2.910	205	50	155	2,422	10.390	4.290
2.800	3.250	255	50	175	2,422	12.840	5.301

* Para los diámetros no indicados en este cuadro, las características se determinan para cumplir las condiciones impuestas en cada caso.

TUBO DE HORMIGON PRETENSADO CON CAMISA DE CHAPA Y JUNTA SOLDADA SL

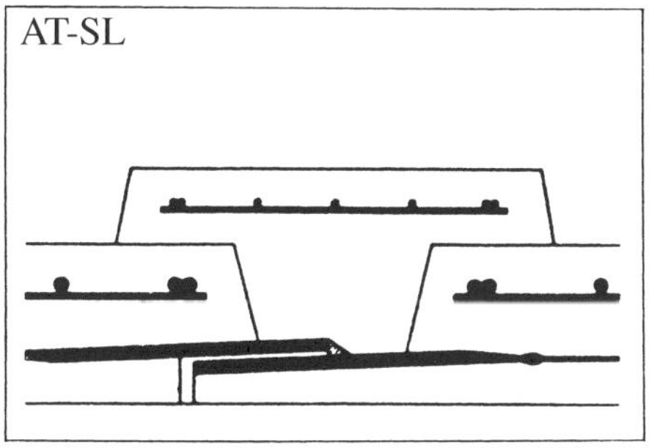

Diámetro en mm	Espesor de pared en mm					Longitud útil en mm	Peso aproximado en kg	
	Total	Tubo primario			Revestimiento		Por tubo	Por m
		Total	Interior	Exterior				
500	83	55	24	31	28	6,267	2.380	380
600	83	55	24	31	28	6,267	2.760	440
700	83	55	26	29	28	6,267	3.200	510

Diámetro en mm	Espesor de pared en mm					Longitud útil en mm	Peso aproximado en kg	
	Total	Tubo primario			Revestimiento		Por tubo	Por m
		Total	Interior	Exterior				
800	83	55	26	29	28	6,267	3.570	570
900	88	60	28	32	28	6,267	4.260	680
1.000	88	60	28	32	28	6,267	4.570	729
1.100	93	65	30	35	28	6,267	5.450	870
1.200	103	75	30	45	28	6,267	6.270	1.000
1.250	103	75	30	45	28	6,267	6.860	1.095
1.300	113	85	30	55	28	6,267	7.830	1.249
1.400	118	90	30	60	28	6,267	8.770	1.399
1.500	128	100	32	68	28	6,267	10.030	1.600
1.600	138	110	32	78	28	6,267	11.590	1.849
1.700	138	110	32	78	28	6,267	12.470	1.990
1.800	143	115	37	78	28	5,267	11.480	2.180
2.000	148	120	45	75	28	5,267	13.170	2.500
2.200	158	130	45	85	28	2,422	7.030	2.903
2.350	168	140	45	95	28	2,422	7.990	3.299
2.500	178	150	50	100	28	2,422	8.960	3.699
2.800	205	170	50	120	35	2,422	11.630	4.802
3.000	215	180	50	130	35	2,282	12.320	5.399

* Para los diámetros no indicados en este cuadro, las características se determinan para cumplir las condiciones impuestas en cada caso.

TUBO DE HORMIGON PRETENSADO SIN CAMISA DE CHAPA Y JUNTA DE GOMA

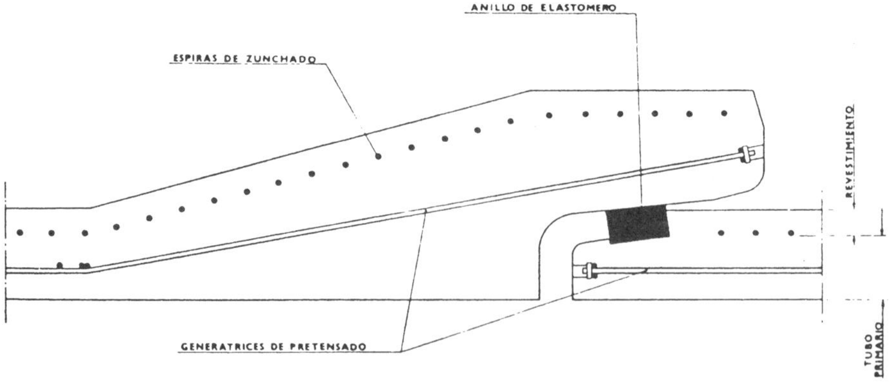

Diámetro en mm	Espesor de pared en mm			Longitud útil en m	Peso aproximado en kg	
	Total	Tubo primario	Revestimiento		Por tubo	Por m
300	70	45	25	7,00	1.540	220
400	70	45	25	7,00	1.890	270
500	70	45	25	7,00	2.290	327
600	70	45	25	7,00	2.690	384
700	70	45	25	7,00	3.080	440
800	75	50	25	7,00	3.730	533
900	80	55	25	7,00	4.590	656
1.000	85	60	25	7,00	5.360	766
1.100	90	65	25	7,00	6.180	883
1.200	95	70	25	7,00	7.070	1.010
1.300	100	75	25	7,00	7.840	1.120
1.400	105	80	25	7,00	9.240	1.320
1.500	110	85	25	6,00	8.940	1.490
1.600	115	90	25	6,00	10.020	1.670
1.800	125	100	25	6,00	12.480	2.080
2.000	135	110	25	6,00	15.120	2.520
2.200	145	120	25	6,00	17.940	2.990

* Para los diámetros no indicados en este cuadro, las características se determinan para cumplir las condiciones impuestas en cada caso.

3.2.2.11. Influencia de la naturaleza de las aguas residuales en las tuberías de hormigón

El mayor enemigo que tienen las tuberías de hormigón es el ataque corrosivo de las aguas, no solamente de las residuales, cuyo poder atacante es grande, sino de las freáticas circulantes por el subsuelo donde están las tuberías. Tanto las de dureza temporal baja como las de gran porcentaje de ácido carbónico que discurren relativamente rápidas, como las de fuerte reacción alcalina, son de temer.

Las aguas residuales caseras y las amoniacales no ejercen influencia muy desfavorable, y pueden ayudar a la protección de los hormigones por la película que dejan en depósito, película que se destruye en presencia de ácidos en estado libre. Estos ácidos disuelven la cal libre y, a excepción del ácido fosfórico entre los inorgánicos y del oxálico entre los orgánicos, todos son perjudiciales aunque sus reacciones no sean siempre muy sencillas.

Asimismo atacan a los hormigones y enlucidos los aceites y petróleos.

Si las aguas están muy cargadas de materia orgánicas susceptibles de descomponerse, es casi seguro que el hidrógeno sulfurado (que siempre existe más o menos en las alcantarillas) dé lugar a la formación del ácido sulfúrico, agente destructor por excelencia.

Las aguas industriales, vertidas a elevada temperatura, son también perjudiciales.

3.2.3. Tuberías de fibrocemento para saneamiento

Eran válidos los conductos de hormigón en masa de baja calidad, mientras no se dispuso o no se aceptó la construcción y explotación de estaciones depuradoras de aguas usadas. Casi parecía lógico que lo que convenía era difuminar la contaminación entre vertidos y fugas, pensando que acaso así se obtenía una dilución mayor en el medio natural, y que este medio natural sería capaz de depurar las aguas.

Pero, la lucha contra la contaminación del subálveo por aguas residuales, obliga a construir redes estancas que conduzcan a las depuradoras todo el caudal recogido. Las tuberías de saneamiento deben alcanzar la calidad de las tuberías utilizadas para abastecimiento, buscando la economía del agua, por un lado, y evitando la contaminación por otro.

Los tubos de amianto-cemento han dado buenos resultados, tanto si las conducciones de aguas usadas funcionaban bajo presión, como si funcionaban a lámina libre, cumpliendo las condiciones antes citadas. Las tuberías de amianto-cemento para saneamiento tienen una gran difusión.

3.2.3.1. Fabricación

La fabricación de los tubos de fibrocemento se basa en la mezcla íntima de las partículas de cemento con las fibras de amianto en medio acuoso y en las proporciones adecuadas para cada tubo.

La pasta así formada se adhiere a un fieltro que la deposita en capas muy finas (0,1-0,2 mm) sobre un mandril o noyo metálico pulimentado, situado tangencialmente al citado fieltro, que gira hasta alcanzar el espesor deseado al tiempo que se comprime el material para obtener la compacidad necesaria.

El fraguado de los tubos se lleva inicialmente a cabo en un túnel con humedad y temperatura adecuadas para su curado al vapor, depositándose posteriormente en balsas de agua durante 28 días para completar el proceso de fraguado.

Con posterioridad al fraguado se realizan el calibrado y la prueba de estanqueidad, pasando después al parque de acopios.

Los tubos destinados a la confección de manguitos se cortan y tornean interiormente para obtener la geometría de la junta.

El amianto es la única fibra mineral que se encuentra en la Naturaleza, y a la vez la más fina (2 x 10^{-5} mm) de todas las fibras, ya sean de origen animal, vegetal o sintético.

Químicamente es un silicato de magnesio hidratado. La característica mecánica más interesante es su elevada resistencia a la tracción, que oscila desde 55 kg/mm^2 a 225 kg/mm, según el tipo de amianto.

3.2.3.2. Propiedades generales

Físicas: El amianto-cemento es un material incombustible, mal conductor del calor, impermeable, de bajo coeficiente de dilatación, con una gran resistencia a la abrasión, e insensible a las corrientes erráticas.

Su peso específico teórico es γ = 2,1 t/m^3. El material, por su estructura y sistema de fabricación, impide el paso de agua, gases y microorganismos.

El coeficiente de dilatación térmica dentro de las temperaturas que se encuentran en la práctica, y según la dirección de las fibras, toma valores desde 1,25 a 1,67 x 10^{-2} mm/m °C.

Su coeficiente de conductibilidad térmica entre 10 y 30 °C toma el valor de 0,583 ± 3% kcal/mh °C.

Mecánicas: La relación tracción/compresión alcanza valores de 1/3 e incluso superiores. El valor del módulo de elasticidad está comprendido entre 200.000 y 300.000 kg/cm^2. La tensión de rotura a flexión transversal tiene un valor superior a σ_a– 360 kg/cm^2, la tensión de rotura a flexión longitudinal es como mínimo de σ_r = 250 kg/cm^2 y la tensión de rotura por presión hidráulica interior es superior a σ_p = 225 kg/cm^2.

Químicas: El amianto-cemento es resistente a los álcalis y en general a sustancias cuyo pH no sea inferior a 6. Cuando el contenido en sulfatos rebase los 200 mg/l será preciso utilizar cementos especiales (exentos de aluminato tricálcico).

Electroquímicas: La tubería de amianto-cemento es inatacable a la acción electroquímica, es decir, frente a las corrientes de corrosión que se crean cuando en dos puntos de la superficie del tubo el estado de la pared es diferente, o cuando el terreno que envuelve a los tubos presenta concentraciones diferentes, lo que ocurre siempre. Las corrientes de corrosión sólo pasarán por el tubo si su material es más conductor que el terreno, corroyéndolo de la misma manera que lo hacen las corrientes vagabundas que nacen en las proximidades de las instalaciones eléctricas. El amianto-cemento es un material mucho menos conductor que el terreno, pues su resistencia más débil con el tubo saturado de agua es de 1,4 Ω m en el sentido longitudinal y de 10.000 Ω m en el transversal, y además no tiene cationes con naturaleza de iones metálicos que puedan producir desplazamientos de materia en la zona anódica, ya que no entra ningún elemento metálico en el material de la tubería (tubos y juntas de fibrocemento).

Las conducciones de fibrocemento no necesitan por tanto ninguna protección a este respecto.

Biológicas: El amianto-cemento es imputrescible e insensible al ataque de las termitas y cualquier otro tipo de insectos o roedores. Se ha observado no obstante ataques importantes a temperaturas superiores a los 20 °C, en las zonas de oscilación del caudal, por la acción de bacterias sulfurosas. Este efecto sólo será sensible en los colectores y alcantarillas, preferentemente de sistema separativo, en países cálidos.

Abrasión: La resistencia a la abrasión es muy elevada debido a su compacidad y a la ausencia de elementos granulares.

Las tuberías pueden soportar velocidades de hasta 5-6 m/s en continuo.

3.2.3.3. Características de las tuberías de fibrocemento para saneamiento

Dimensiones

Los tubos de fibrocemento para saneamiento se fabrican bien lisos para unión por manguito, bien encopados. A su vez, se clasifican en cuatro series distintas en función de su resistencia al aplastamiento.

En las tablas siguientes se resumen las dimensiones y pesos de los tubos más usualmente utilizados (lisas para unión por manguito de la serie S-2 de 6.000 kg/m^2 de resistencia al aplastamiento).

Características resistentes

Se clasifica la tubería en cuatro series distintas en orden a sus resistencia mínima al aplastamiento en máquina de ensayo, expresada en kg/m^2. En la tabla siguiente figuran las cuatro series y las cargas lineales equivalentes expresadas en kg/m para cada diámetro con un valor mínimo de 1.500 kg/m.

TUBOS SANEAMIENTO S y SD

El tubo doble torneado SD se utiliza para reparaciones

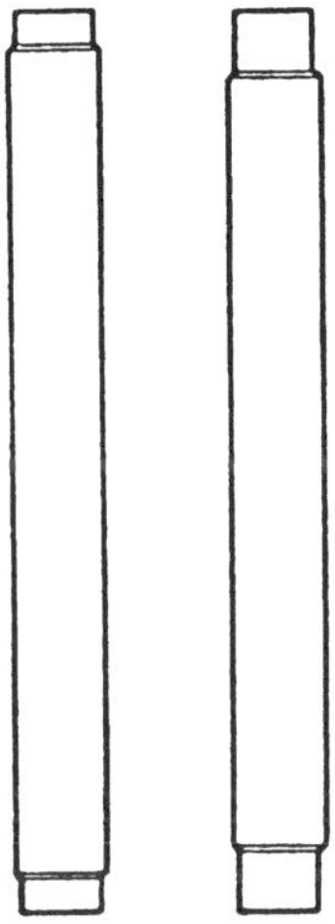

Tubo S Tubo SD

Denominación	Serie	Longitud nominal tubo m.	Espesor mm.	Peso Kg/ml.
Tubo SANEAMIENTO S-2 de ∅:				
150 mm.	S - 2	4 y 5	9,—	9,—
200 "	S - 2	4 y 5	10,—	13,2
250 "	S - 2	4 y 5	12,5	20,6
300 "	S - 2	4 y 5	12,5	24,5
350 "	S - 2	4-5 y 6	13,5	30,8
400 "	S - 2	4-5 y 6	15,—	39,1
450 "	S - 2	4-5 y 6	16,5	48,4
500 "	S - 2	4-5 y 6	18,5	60,3
600 "	S - 2	4-5 y 6	22,—	86,—
700 "	S - 2	4 y 6	25,5	116,2
800 "	S - 2	4 y 6	29,—	151,1
900 "	S - 2	4 y 6	32,—	187,4
1.000 "	S - 2	4 y 6	36,—	243,3
1.100 "	S - 2	6	40,—	286,5
1.200 "	S - 2	6	44,—	343,9

TUBOS DE 2 M. DE LONGITUD

- Para ajustar distancias en obra.

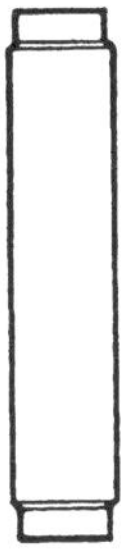

Tubo S

Tubo SD

Denominación	Serie	Longitud nominal tubo m.	Espesor mm.	Peso Kg.
Tubo SANEAMIENTO S-2 de 2 m. de longitud de ∅:				
150 mm.	S - 2	2	9,—	18,—
200 "	S - 2	2	10,—	26,4
250 "	S - 2	2	12,5	41,2
300 "	S - 2	2	12,5	49,1
350 "	S - 2	2	13,5	61,7
400 "	S - 2	2	15,—	78,2
450 "	S - 2	2	16,5	96,7
500 "	S - 2	2	18,5	120,5
600 "	S - 2	2	22,—	171,9
700 "	S - 2	2	25,5	232,5
800 "	S - 2	2	29,—	302,1
900 "	S - 2	2	32,—	374,8
1.000 "	S - 2	2	36,—	468,7
1.100 "	S - 2	2	40,—	573,—
1.200 "	S - 2	2	44,—	687,8

Para ø ≤ 300 mm. También se suministran longitudes de 1 y 3 metros.

TUBO CORTO totalmente torneado (de 0,50 y 1, — m de longitud)

T T

Denominación	Serie	Ø 1 mm.	Peso tubo 0,50 m. Kg.	Peso tubo 1.— r Kg
Tubo SANEAMIENTO S-2 corto de ( ) longitud y de Ø:				
150 mm.	S - 2	166	4,—	8,—
200 "	S - 2	217	5,6	11,2
250 "	S - 2	271	8,6	17,2
300 "	S - 2	321	10,3	20,6
350 "	S - 2	373	13,1	26,2
400 "	S - 2	426	16,9	23,8
450 "	S - 2	479	21,2	42,4
500 "	S - 2	533	26,8	53,6
600 "	S - 2	640	39,—	78,—

CLASIFICACION DE LA TUBERIA SANEAMIENTO DE FIBROCEMENTO

ø Nominal mm	Serie S-1 4.000 kg/m^2 ϖ mínimo kg/m	Serie S-2 6.000 kg/m^2 ϖ mínimo mg/m	Serie S-3 9.000 kg/m^2 ϖ mínimo kg/m	Serie S-4 12.000 kg/m^2 ϖ mínimo kg/m
100	—	—	—	1.500
125	—	—	—	1.500
150	—	—	1.500	1.800
200	—	1.500	1.800	2.400
250	—	1.500	2.250	3.000
300	1.500	1.800	2.700	3.600
350	1.500	2.100	3.150	4.200
400	1.600	2.400	3.560	4.800
450	1.800	2.700	4.050	5.400
500	2.000	3.000	4.500	6.000
600	2.400	3.600	5.400	7.200
700	2.800	4.200	6.300	8.400
800	3.200	4.800	7.200	9.600
900	3.600	5.400	8.100	10.800
1.000	4.000	6.000	9.000	12.000
1.100	4.400	6.600	9.900	13.200
1.200	4.800	7.200	10.800	14.400

Características hidráulicas de los conductos de fibrocemento para saneamiento

El valor de la rugosidad uniforme equivalente, k_a, en la fórmula de PRANDTL-COLEBROOK, es:

Fibrocemento: $k_a = 0{,}25 — 0{,}40$ mm

Los valores inferiores son de aplicación en tuberías con tramos rectos y largos entre pozos de registro, colectores y emisarios; los valores superiores se aplican en redes de alcantarillado, con acometidas domiciliarias, cambios de dirección y tramos cortos entre pozos de registro.

Así, las Normas ISO-7.736 (1984) y UNE-88.214 (1988) recomiendan el valor $k_a = 0{,}25$ mm para conducciones principales, y $k_a = 0{,}40$ mm para conducciones con cambios de sección, entronques, pozos de registro, etc., en las que se estime que las pérdidas de carga localizadas no supongan más del 20% de las correspondientes a las tuberías.

El coeficiente n de las fórmulas de KUTTER y MANNING se establece en:

Superficie interna	**Condiciones de la tubería**			
	Optimas	**Buenas**	**Aceptables**	**Malas**
Fibrocemento	0,009	0,010*	0,011	0,013

* Valor utilizado normalmente en los proyectos.

En el capítulo 4 se incluyen ábacos y tabulaciones para aplicación, entre otras, de las fórmulas de PRANDT-COLEBROOK, KUTTER y MANNING; y las tablas de THORMANN-FRANKE para cálculo de caudales y velocidades a sección parcialmente llena.

3.2.3.4. Juntas en las tuberías de fibrocemento para saneamiento

Las juntas utilizadas en saneamiento son:

– Junta RK.

– Junta SK.

– Junta RKT (RK-Tracción).

– Junta en tubo encopado.

Está constituida, la junta RK, por un manguito de fibrocemento, dos gomas de estanqueidad de perfil discontinuo y unos tacos de goma dura, independientes de las gomas de estanqueidad, que tienen la misión de separar y apoyar las testas de los tubos.

Las características fundamentales de la Junta RK son:

- Los tubos no aplastan las gomas de estanqueidad, con lo que éstas pueden ser blandas y por tanto mucho más flexibles, sin problemas de envejecimiento.
- Las gomas de estanqueidad son de contactos independientes, que resuelven los problemas de interposición de arenas y lodos en las superficies de contacto con el tubo, y los problemas de contacto con el tubo, y los problemas de contacto del tubo con el perfil de la goma al tomar ángulos la tubería.
- Los tacos de separación y apoyo de las testas de los tubos impiden el atestamiento y obligan a la formación de ángulos en lugar de escalones entre tubos, evitando así la causa de múltiples fugas en las tuberías.
- Cada junta se adapta a los asientos del terreno con ángulos que van desde 6° en ø 150 mm hasta 3 ° en ø 1.200 mm.
- Por estar fabricados en fibrocemento, no se oxidan y no les atacan las diferenciales eléctricas del terreno ni los microorganismos que conocen el hierro.
- Su diseño proporciona estanqueidad de dentro a fuera y de fuera a dentro.
- Proporciona un montaje rápido, seguro y con poco esfuerzo, porque el perfil discontinuo de las gomas de estanqueidad reduce considerablemente el rozamiento de penetración, porque las testas de los tubos se detienen en choque contra un tope elástico, porque no hay que introducir galgas de comprobación de alojamiento de gomas, y porque sus ángulos de giro permiten una adaptación al trazado, ahorrando codos y anclajes.

La junta SK es una variante de la junta RK que se emplea en la tubería de hasta ø 350 mm y no precisa que los tubos estén torneados en sus extremos. Tiene los mismos elementos que la junta RK (manguito de fibrocemento, gomas de estanqueidad y tacos de goma dura) con un diseño diferente en el perfil de las gomas de estanqueidad.

La junta RK-tracción o RKT está constituida por un manguito de fibrocemento, dos gomas de estanqueidad de perfil discontinuo y dos varillas de nylon que, además de separar y apoyar las testas de los tubos, impiden su desmontaje, salvo que estas varillas se extraigan voluntariamente de su alojamiento.

JUNTA RK

Para unión de tubos y piezas.

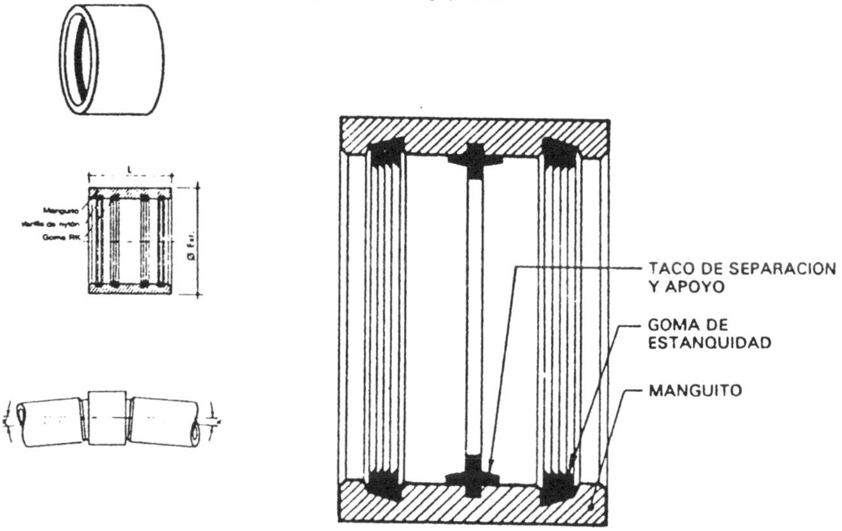

Posee toda una gama de modelos que resuelven los cambios de espesor, las tracciones, los cambios de diámetro, etc...

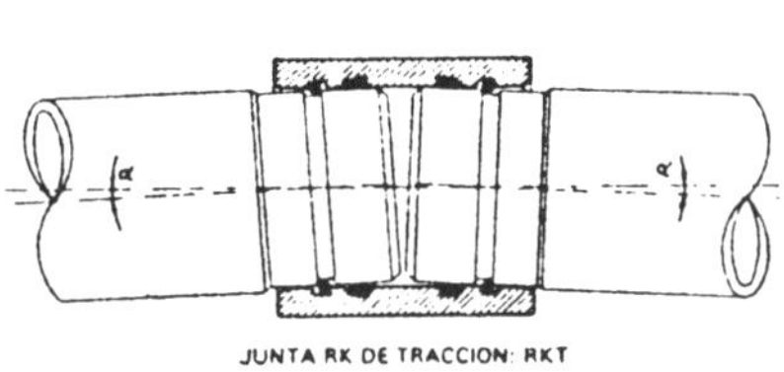

JUNTA RK DE TRACCION: RKT

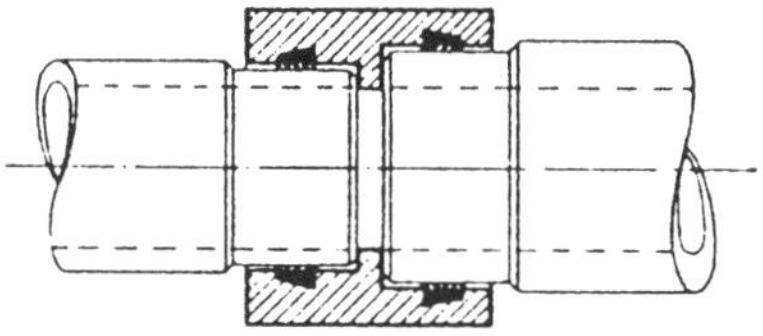

JUNTA RK DE CAMBIO DE ESPESOR: RKCE

- El perfil exterior de las gomas tiene forma ondulada.
- Está diseñado expresamente para hacer frente a cualquier depresión.

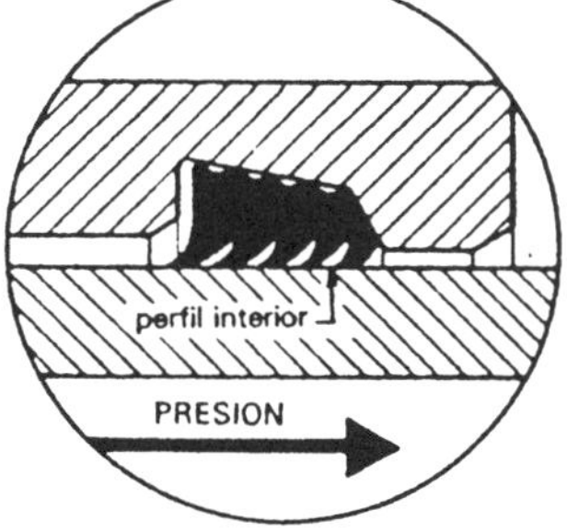

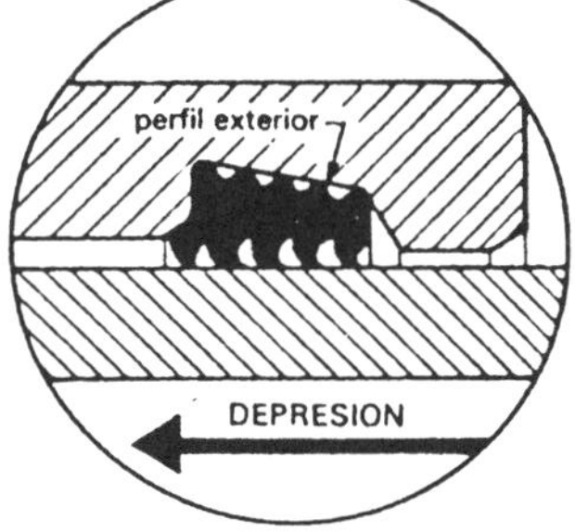

Fig. 5-22. *Junta RK.*

Sus características fundamentales son las indicadas para la junta RK y además:

- Las varillas de nylon, que se introducen después del montaje a través de unos taladros tangenciales que lleva el manguito, en unas acanaladuras practicadas en tubo y manguito enfrentados entre sí, bloquean hasta rotura el desmontaje ante cualquier esfuerzo de tracción. Su resistencia equivale al peso de unos 250 m de tubería colgada.
- La forma alargada de las acanaladuras permite desviaciones angulares de hasta 4°, comportándose toda la tubería como un elemento único y flexible.

La junta RKT se utiliza para el paso por ciénagas, ríos, terrenos movedizos, terrenos con empujes, pendientes superiores al 40%, para evitar anclajes en codos y desviaciones, y en emisarios submarinos.

Para los tubos encopados se utilizan juntas elásticas de perfil continuo o discontinuo.

Existen también una serie de juntas fabricadas en fibrocemento, que permiten resolver las juntas singulares de la conducción sin tener que introducir materiales diferentes que sufran problemas de corrosión u otro tipo.

Así, se tienen entre otras, la

- Junta de cambio de diámetro.
- Junta de cambio de espesor.
- Junta de cambio de alineación.
- Junta de unión a pozo.

cuyos nombres son ya suficientes explícitos de su campo de utilización.

3.2.4. Tuberías de plástico reforzado con fibra de vidrio (PRV)

3.2.4.1. Fabricación

La fabricación de la tubería de poliéster reforzado con fibra de vidrio (PRV), se realiza normalmente por una de los tres sistemas siguientes:

- Filament winding.
- Arrollamiento en continuo.
- Centrifugación.

En todos los casos, los materiales empleados en su fabricación son:

Resina: Resina de poliéster no saturado, adecuada para resistir la acción agresiva de las aguas con las que vaya a estar en contacto tanto interna como externamente.

Fig. 5-23. *Fabricación de tubos de PRV.*

Fibra de vidrio: Fibra de vidrio de tipo "E" o "C" en forma de hilo continuo ("roving"), fieltro ("mat"), etc.

Otros: Normalmente suelen utilizarse ciertos tipos de carga tales como arena, microsferas, etc.

El proceso de fabricación "Filament winding" es por bobinado continuo. Se parte de un molde de acero cilíndrico, cuyo diámetro exterior coincide con el diámetro interior del tubo a fabricar. Durante la rotación del mismo, se van superponiendo capas sucesivas de resina, reforzando con fibra de vidrio.

Se distinguen tres componentes específicos en la ejecución total del laminado del tubo:

Barrera anticorrosión interior, o porción interior del laminado en contacto con el fluido circulante.

Esta porción se lleva a cabo manualmente. La proporción en peso de resina, elemento químicamente resistente del laminado PRV en esta primera fase de fabricación, es extraordinariamente elevada.

Su grosor, aproximadamente constante de 2,5 mm, es una porción fija del laminado total e independiente del grosor estructural.

Laminado estructural. En este proceso de fabricación, dicho laminado se realiza con hilos de vidrio continuos, procedentes de las bobinas en el sistema de alimentación, que pasan por un baño impregnado de resina antes de su colocación en el molde.

Dicha colocación, en formas geométricas helicoidales, puede variarse a voluntad mediante un proceso mecánico-electrónico totalmente automático.

Barrera exterior. De características y proceso de fabricación similar a la *Barrera anticorrosión interior.*

En este sistema de fabricación la capa estructural intermedia tiene un porcentaje muy alto de fibra de vidrio (70%) lo que permite que los tubos puedan tener un buen comportamiento en su resistencia a presión interna, aunque no tan satisfactorio en su resistencia al aplastamiento, de gran importancia esta última en las tuberías para saneamiento.

La fabricación por "Arrollamiento en continuo" es similar a la de "Filament winding", si bien el molde se sustituye por un fleje continuo que conforma el molde sobre el que se moldea el tubo.

Este procedimiento tiene un proceso de curado corto por lo que reviste una cierta complicación, especialmente si se le quieren incorporar elementos inertes, tales como arena, que incrementen su espesor y consecuentemente su resistencia al aplastamiento.

En el sistema de "Arrollamiento continuo" la tubería se produce en forma continuada, contrariamente a los otros dos sistemas, por lo que se puede realizar la fabricación de tubos de cualquier longitud sin más que ir cortando a la longitud deseada.

El diámetro interior del tubo es fijo en los dos primeros sistemas, al quedar definido por el diámetro del molde (Filament winding) o por el conformado por el fleje continuo (Arrollamiento continuo). Modificando las cantidades y proporciones de los componentes, se obtienen las series distintas de tubos para cada diámetro con modificación del diámetro exterior.

La fabricación por "Centrifugación" se realiza por medio de un molde cilíndrico hueco horizontal que gira a 300 rpm y en el que un brazo, asistido por ordenador, va repartiendo los componentes: Resina, fibra de vidrio y arena.

El laminado del tubo tiene en este caso siete capas compuestas de la siguiente forma:

CAPA	COMPONENTES
1. Interior protectora	Resina
2. Interior de refuerzo	Resina y fibra de vidrio
3. Interior de transición	Resina, fibra de vidrio y algo de carga
4. Estructural	Resina, fibra de vidrio y bastante carga
5. Exterior de transición	Resina, fibra de vidrio y algo de carga
6. Exterior de refuerzo	Resina y fibra de vidrio
7. Exterior protectora	Resina

En este sistema de fabricación el diámetro fijo es el exterior, que no suele coincidir con el nominal puesto que se determina en función de poder utilizar piezas de PVC (en los diámetros hasta ø 500 mm) o de fundición (hasta ø 900 mm). Para diámetros grandes debe ya recurrirse necesariamente a la fabricación de piezas de PRV

3.2.4.2. Características

La tubería se suministra desde diámetros interiores de 150 mm hasta 2.000 mm. Las longitudes normalizadas de fabricación son de 6 m hasta ø 400 mm; 6 y 12 m hasta ø 2.000 mm.

En el pliego de Prescripciones Técnicas Generales para Tuberías de Saneamiento de Poblaciones del MOPU (1986), se recogen los diámetros desde ø 200 a ø 2.500 mm, recomendando seleccionar las longitudes adoptadas por los fabricantes entre las siguientes: 3, 5, 6, 10 y 12 m. En Europa predomina 6 m.

Las características resistentes y mecánicas figuran en la siguiente tabla:

Resistencia a tracción tangente	3.160 kg/cm^2
Resistencia a tracción axial	515 kg/cm^2
Resistencia a flexión tangente	4.000 kg/cm^2
Módulo elasticidad flexión tangente	280.000 kg/cm^2
Módulo elasticidad flexión axial	37.000 kg/cm^2
Módulo elasticidad tracción tangente	315.000 kg/cm^2
Coeficiente dilatación lineal	25 x 10^{-6} cm/cm/°C

De acuerdo con los espesores de pared y tipo de resina utilizada, las tuberías pueden trabajar a temperaturas de hasta 80 °C.

El valor de la rugosidad uniforme equivalente, k_a, en la fórmula de PRANDTL-COLEBROOK, es:

$$PRV: k_a = 0{,}20 - 0{,}50 \text{ mm}$$

Los valores inferiores son de aplicación en tuberías con tramos rectos y largos entre pozos de registro, colectores y emisarios; los valores superiores se aplican en redes de alcantarillado, con acometidas domiciliarias, cambios de dirección y tramos cortos entre pozos de registro.

El coeficiente n de las fórmulas de KUTTER y MANNING se establece en:

Superficie interna	**Condiciones de la tubería**			
	Optimas	**Buenas**	**Aceptables**	**Malas**
Poliéster	0,008	0,009*	0,010	0,012

* Valor utilizado normalmente en los proyectos.

En el capítulo 4 se incluyen gráficos y tabulaciones para aplicación, entre otras, de las fórmulas de PRANDTL-COLEBROOK, KUTTER y MANNING; y las tablas de THORMANN-FRANKE para cálculo de caudales y velocidades a sección parcialmente llena.

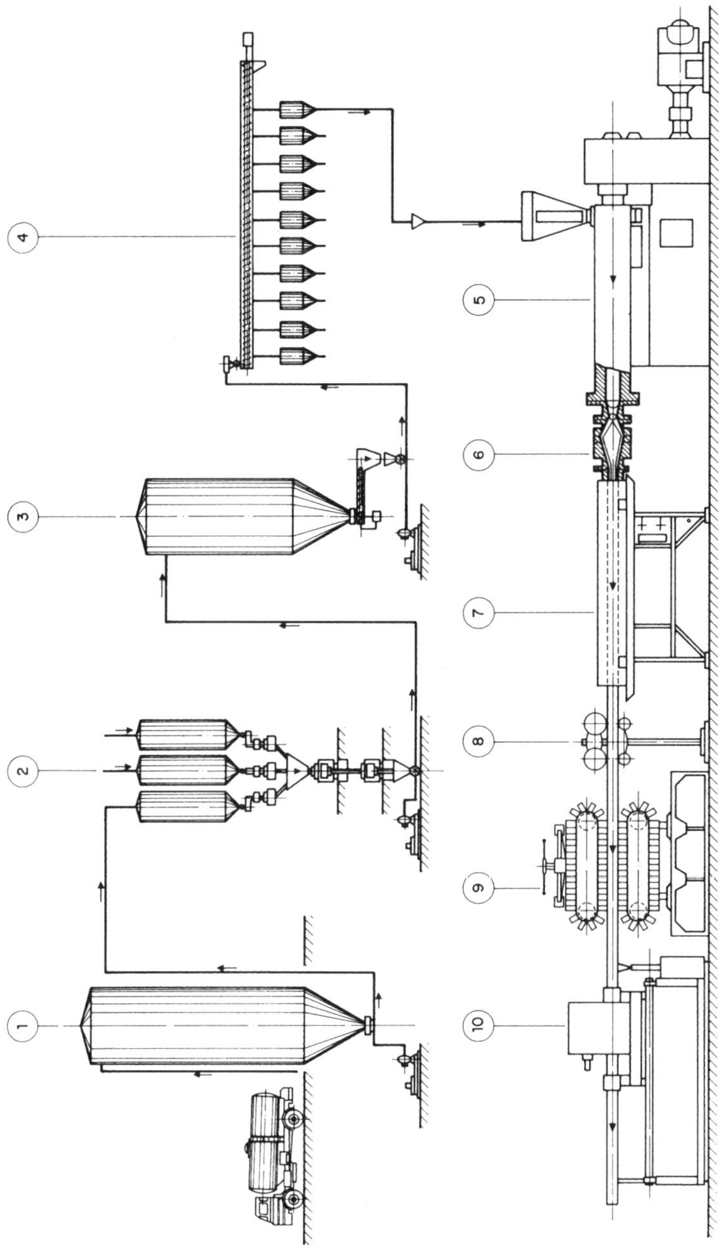

1. Silo de PVC
2. Instalación de mezclado
3. Depósito diario
4. Línea de reparto a máquinas
5. Extrusora
6. Utillaje de tubo
7. Baño de refrigeración
8. Marcadora
9. Arrastre
10. Cortadora

Fig. 5-24. *Esquema de fabricación de tubos de PVC.*

3.2.5. Tuberías de policloruro de vinilo (PVC)

3.2.5.1. Fabricación

Los tubos de PVC se fabrican por extrusión. El PVC puro se suministra a las industrias transformadoras en forma de un polvo blanco.

Se le añade aditivos, tales como sustancias estabilizantes (sales de plomo, estaño, cinc, calcio, etc., según aplicación), colorantes o pigmentos (que pueden ser a la vez opacificantes) y lubricantes.

Estos productos son generalmente sólidos, finamente pulverizados. Su mezcla íntima se produce en la pregelificación en un gran batidor. Posteriormente la mezcla ya fría se introduce en la tolva de alimentación de la máquina de extrusión, donde es empujada por uno o dos tornillos sin fin, según el tipo de máquina por el interior de un cilindro debidamente calentado, de forma que la masa se calienta a la vez por resistencias eléctricas y por el rozamiento interno del material. La temperatura se eleva hasta los 180 °C aproximadamente hacia la extremidad del tornillo sin fin. La mezcla con un grado de fluidez adecuado, pasa a través de una rejilla que regula la velocidad y el caudal de PVC en filamentos. Después, en la hilera esos filamentos se sueldan dando lugar a un tubo homogéneo.

A la salida de la hilera, el tubo, todavía en estado plástico, pasa por un calibrador que asegura un diámetro exterior constante, como el macho de la hilera asegura la constancia del diámetro interior.

A la salida del calibrador, el tubo pasa sumergido o en agua por una lluvia de agua pulverizada, apoyado en rodillos locos, y adquiere la rigidez necesaria para ser arrastrado por unas mordazas, cuyo movimiento se halla sincronizado con la salida del tubo por la hilera. Después, el tubo es cortado automáticamente a la longitud deseada y apilado a un lado de la máquina.

3.2.5.2. Características

Dimensiones

El MOPU clasifica los tubos de PVC para saneamiento en función de su diámetro nominal y su espesor de pared, según se indica en la siguiente tabla:

DN (mm)	Espesor (mm)
110	3,0
125	3,1
160	3,9
200	4,9
250	6,1
315	7,7
400	9,8
500	12,2
630	15,4
710	17,4
800	19,6

Fig. 5-25. *Colocación de tubería de PVC.*

Los diámetros exteriores de los tubos se ajustarán a los valores del diámetro nominal.

Las tolerancias máximas en los diámetros y espesores indicados serán los siguientes:

DN (mm)	Tolerancias (mm)
110	+ 0,4
125	+ 0,4
160	+ 0,5
200	+ 0,6
250	+ 0,8
315	+ 1,0
400	+ 1,0
500	+ 1,0
630	+ 1,0
710	+ 1,0
800	+ 1,0

Espesor nominal (mm)	Tolerancia (mm)
3,0	+ 0,5
3,1	+ 0,5
3,9	+ 0,6
4,9	+ 0,7
6,1	+ 0,9
7,7	+ 1,0
9,8	+ 1,2
12,2	+ 1,5
15,4	+ 1,8
17,4	+ 2,0
19,6	+ 2,2

En la tabla siguiente se dan los valores de diámetro interior (útil a efectos de cálculos hidráulicos) y de pesos aproximados de las gamas de diámetros en las que se centra fundamentalmente la fabricación:

Diámetro nominal (mm)	Diámetro interior (mm)	Longitud (m)	Peso aproximado	
			del tubo (kg/tubo)	del metro (kg/m)
110	104,0	6	9,36	1,56
125	118,8	6	10,80	1,80
160	152,2	6	17,70	2,95
200	190,2	6	27,72	4,62
250	237,8	6	43,32	7,22
315	299,6	6	68,88	11,48
400	380,4	6	109,86	18,31
500	475,6	6	169,32	28,22

Características de los conductos de PVC

Las características de estas tuberías, similares a las restantes de material plástico, pueden resumirse en los siguientes puntos:

- Son ligeras. El peso específico 1,4 g/cm^3.

- Inertes a las aguas agresivas y a la corrosión de las tierras (en Anejo 1 a este capítulo se incluye una relación detallada de la resistencia de las tuberías de PVC a los productos químicos).
- No existe peligro de obstrucción en los tubos, como resultado de la formación de residuos y óxidos. En consecuencia, podemos decir que la sección útil de los tubos permanece prácticamente invariable.
- La superficie interior de los tubos puede considerarse como "hidráulicamente lisa".
- Los roedores y las termitas no atacan a los tubos de PVC rígido.
- Excelente comportamiento a las sobrepresiones momentáneas, tales como el golpe de ariete (no significativo en aplicaciones sin presión para saneamiento).
- Mejor comportamiento que los tubos tradicionales bajo los efectos de la helada.
- Inertes a los efectos de las corrientes vagabundas y telúricas.
- No favorecen el desarrollo de algas ni hongos, según ensayos de larga duración (5 años).

Características mecánicas de los tubos de PVC

En el caso de las tuberías de policloruro de vinilo es necesario tener en cuenta, por una parte, que la calidad depende del material de origen (peso molecular), de los aditivos y del proceso de fabricación del tubo. Las características que da el fabricante no valen más que para sus productos en el mejor de los casos.

Estas características se ven además fuertemente afectadas por la temperatura. Así resulta que la tensión de rotura en tracción, para una duración aproximada de 1 minuto, es del siguiente orden.

°C	kg/cm^2
20	500
30	440
40	370
50	300
60	230

La resistencia a 50 °C se reduce al 60%, y a 60 °C no llega al 50% de la resistencia mecánica. Bien entendido que estos valores dependen de la forma de la probeta y de la velocidad de tracción.

En compresión se llega a iguales valores y para esfuerzos cortantes se mantienen también las proporciones, si bien en valor absoluto los esfuerzos son del orden de los 4/5 de los de tracción o compresión.

El módulo de elasticidad, que es del orden de 30.000 kg/cm^2 a 20 °C, disminuye rápidamente a partir de los 80 °C. De todos modos, este valor máximo, de 30.000 kg/cm^2, es demasiado pequeño para que puedan realizarse canalizaciones suspendidas, que deban soportar esfuerzos importantes de flexión.

Fluencia del PVC

La mayor parte de las propiedades mecánicas del PVC dependen además de la duración del esfuerzo.

En una primera aproximación puede decirse que, en tracción, por ejemplo, el PVC pierde un 14% de su resistencia a la rotura, cuando la duración del esfuerzo es multiplicado por 10.

Esta ley aproximada puede escribirse:

$$R = R_1 \times t^{-0,66}$$

en la cual

R = es la resistencia a la rotura en un ensayo durante t minutos.

R_1 = es la resistencia a la rotura en un ensayo durante 1 minuto.

Se encuentra así, que la resistencia a la rotura en un minuto de duración debe multiplicarse por 0,37 para un esfuerzo aplicado durante 20 años.

Así como para los metales la previsión de las deformaciones en función de los esfuerzos a que están solicitados es un problema relativamente fácil, el comportamiento "elastoplástico" del PVC hace este problema sumamente complejo, ya que el módulo de elasticidad, para una temperatura dada, varía con las tensiones a que se somete y con las deformaciones que de ellas resultan.

Puede admitirse, sin embargo, que por debajo de 200 kg/cm^2, no hay deformación permanente. Este valor de 200 kg/cm^2 se define como límite de solidez del PVC.

Se llama coeficiente de seguridad a la relación.

$$\frac{\text{Límite de solidez}}{\text{Tensión límite}}$$

Si se tiene en cuenta que, según las normas DIN 8061 y 8062, UNE 53331 y 53332 y Pliego del MOPU la tensión de trabajo del PVC, en tuberías para agua fría, es de 100 kg/cm^2 resulta:

Coeficiente de seguridad $\frac{200}{100} = 2.$

Dilatación

Los tubos de PVC presentan un coeficiente de dilatación lineal aproximadamente siete veces mayor que el del hierro. Su valor es de 0,06 a 0,08 mm/°C . m.

Un tendido de 200 metros, realizado a pleno sol en verano, puede durante la noche experimentar una bajada de temperatura de 20 °C, y sufrir una contracción de 24 a 32 cm. Si en aquellas condiciones de elevada temperatura se enlaza rígidamente a los elementos fijos de la canalización, válvulas o tés, por ejemplo, el tubo sufrirá fuertes esfuerzos de tracción, que conviene evitar. Por esta otra razón es aconsejable hacer el tendido de los tubos un poco ondulado, no cubrir las zanjas con fuertes calores, así como utilizar uniones con junta elástica que absorban dichos esfuerzos.

Características hidráulicas

El valor de la rugosidad uniforme equivalente, k_a, en la fórmula de PRANDTL-COLEBROOK, es

$$PVC: k_a = 0{,}10 - 0{,}25 \text{ mm}$$

Los valores inferiores son de aplicación en colectores, emisarios y, en general, tramos rectos y largos entre pozos de registro; los valores superiores se aplican en redes de alcantarillado, con acometidas domiciliarias, cambios de dirección y tramos cortos entre pozos de registro.

El coeficiente n de las fórmulas de KUTTER y MANNING se establece en:

Superficie interna	**Condiciones de la tubería**			
	Optimas	**Buenas**	**Aceptables**	**Malas**
PVC	0,008	0,009*	0,010	0,012

* Valor utilizado normalmente en los proyectos.

En el capítulo 4 se incluyen ábacos y tabulaciones para aplicación, entre otros, de las fórmulas de PRANDTL-COLEBROOK, KUTTER y MANNING; y las tablas de THORMANN-FRANKE para el cálculo de caudales y velocidades a sección parcialmente llena.

3.2.5.3. Juntas en las tuberías de PVC para saneamiento

El tipo de junta recomendada para las conducciones de saneamiento es la de manguito de unión con junta elástica.

La unión puede hacerse igualmente encolado, aunque este sistema sólo es conveniente para diámetros pequeños.

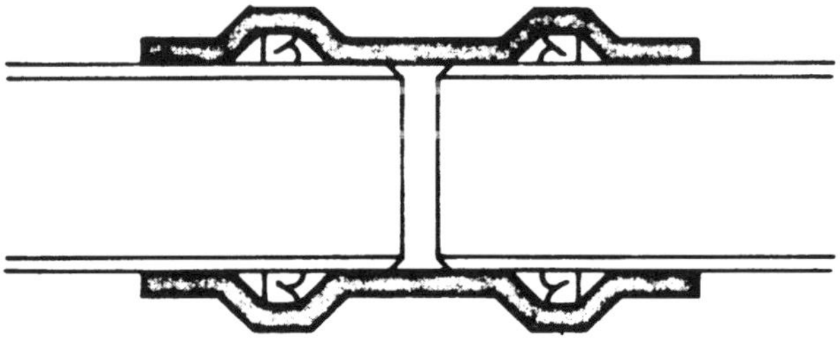

Fig. 5-26. *Manguito de unión con junta elástica.*

3.2.6. Tuberías de polietileno (PE) y polipropileno (PP)

3.2.6.1. Fabricación

Las tuberías tradicionales de PE y PP se fabrican de forma análoga a las de PVC, por extrusión.

El polietileno se obtiene por polimerización del etileno, bien a elevadas presiones (1.000 a 1.500 kg/cm^2) y altas temperaturas (250 a 300 °C), obteniendo el polietileno a baja densidad (≤ 0,93 g/cm^3), bien a presión atmosférica y temperaturas más reducidas obteniendo el polietileno de alta densidad (≥ 0,94 g/cm^3).

Para la protección contra el envejecimiento producido por las radiaciones ultravioletas, el calor y el oxígeno del aire, se adiciona negro de humo (del 2 al 3%) y antioxidante.

Análogamente, el propileno se obtiene por polimerización del etileno.

El Pliego de Prescripciones Técnicas Generales del MOPU para tuberías de saneamiento de poblaciones, solamente recoge de este grupo (PE y PP) a las de PE de alta densidad.

3.2.6.2. Características

Dimensiones

El MOPU clasifica los tubos de PE para saneamiento en función de su diámetro nominal y espesor de pared, según se indica a continuación:

DN (mm)	Espesor (mm)	
	A	B
110	4,2	6,6
125	4,8	7,4
160	6,2	9,5
200	9,6	14,8
315	12,1	18,7
400	15,3	23,7
500	19,1	29,6
630	24,1	37,3

Los diámetros exteriores de los tubos se ajustarán a los diámetros nominales con las siguientes tolerancias máximas:

DN (mm)	Tolerancia (mm)
110	+ 1,0
125	+ 1,2
160	+ 1,5
200	+ 1,8
250	+ 2,3
315	+ 2,9
400	+ 3,6
500	+ 4,5
630	+ 5,0

Características de los conductos de PE y PP

Cabe repetir las características genéricas que se recogían para los conductos de PVC, y que ya allí se indicaba eran similares a las de las restantes tuberías plásticas.

En particular los tubos de PE para saneamiento (de alta densidad) tienen una densidad, como se ha indicado, ≥ 0,94 g/cm³ y un coeficiente de dilatación lineal de 0,02 mm/°C.m por lo que, si bien en menor proporción que con el PVC, deben cuidarse los esfuerzos producidos por la dilatación y retracción de los tendidos de tubería.

Es buena la resistencia de las tuberías de polietileno de alta densidad a los productos químicos.

Características hidráulicas

Igualmente son aplicables los valores de

$$K_a = 0{,}10 - 0{,}25 \text{ mm (Prandt-Colebrook)}$$

n = 0,008 – 0,009* – 0,010 – 0,012 (Kutter y Manning) indicados anteriormente para las tuberías de PVC, y con las consideraciones allí expuestas.

DATOS TECNICOS

	Método de medic.	Unidad	Valores medios	
			P.E.	P.P.
Densidad	UNE 53.020	g/cm³	0,955	0,90
Tensión a trac. en límite elástico	UNE 53.023	kg/cm²	240	310
Alargam. a trac. en límite elástico	UNE 53.023	%	16	16
Tensión de desgarre	UNE 53.023	kg/cm²	350	350
Alargam. en punto de desgarre	UNE 53.023	%	800	700
Resist. a la flexión	DIN 53.452	kg/cm²	315	350
Dureza Shore D.	UNE 53.130	–	63	43
Mód. de elast.	UNE 53.023	kg/cm²	9.000	12.000
Resist. al impacto con entalladura	DIN 53.453	kp.cm/cm²	sin rot.	10
Resist. al impacto	DIN 53.453	kp.cm/cm²	sin rot.	sin rot.
Indice de fluidez	UNE 53.098	g/min	0,3	0,4
Absorción de agua	DIN 53.472	mg	0,01	0,03
Conduct. térmica	UNE 53.037	kcal/m.h.°C	0,37	0,20
Resist. superficial	DIN 53.482		1013	5 x 103
Constante dieléctrica	DIN 53.483		2,5	2,4

3.2.6.3. Juntas en tuberías de PE y PP

Existen distintos métodos para realizar las uniones en estas tuberías y para poderse adaptar a ellas. Estas se presentan en dos versiones distintas:

- Tuberías con un extremo abocardado y el otro liso.
- Tuberías con ambos extremos lisos.

Parte de estos métodos de unión se basan en la soldadura, pudiendo adoptar tres distintas versiones:

- Soldadura a tope.
- Soldadura por extrusión.
- Soldadura con aire caliente.

En el primer caso es preciso disponer de tuberías con ambos extremos lisos. La soldadura se realiza mediante una máquina de soldar formada por dos abrazaderas, que sujetan los dos extremos a unir, una de las cuales es móvil en sentido axial y lleva adosado un dispositivo, que permite aplicar a la zona a soldar una presión de 15 a 20 N/cm^2, y un disco calefactor, eléctrico o a gas, recubierto preferiblemente de teflón.

El sistema se basa en calentar mediante el disco los dos extremos de los tubos a unir hasta la temperatura de fusión, tras retirar el elemento calefactor se presionan entre sí hasta el enfriamiento.

Para realizar una soldadura por el método de extrusión deberá disponerse de una pequeña extrusora, que nos suministrará en estado de fusión una porción de material que se aplicará en la zona a unir, previamente calentada y sobre la que se aplicará un esfuerzo de presión.

La soldadura mediante aire caliente, precisa disponer de un soplete, normalmente calentado mediante resistencia eléctrica que suministra aire limpio y seco, a temperatura de fusión del material, simultáneamente a la tubería y a la varilla de aportación del mismo material. A medida que los dos materiales reblandecen se unen por fusión, mediante presión sobre la varilla.

En estos dos últimos tipos de soldadura, y para diámetro de tubería iguales o superiores a 800 mm, es recomendable realizarla por dentro y por fuera de la tubería, si se preven notables esfuerzos de tracción.

Otros métodos de unión son:

- Mediante junta de goma (óptima para contrarrestar dilataciones y contracciones).
- Mediante masilla.

En el primer caso, el abocardado de uno de los extremos del tubo incluye una junta de goma perfilada que realiza la estanqueidad.

En el segundo caso se trata de la aplicación de masillas plásticas especiales que rellenan el espacio entre el abocardado y el extremo liso de las tuberías.

Los criterios de aplicación de uno u otro método dependerán del uso a que se destine la canalización.

Fig. 5-26a. *Otras tuberías lisas de PP.*

Así, por ejemplo, para industria química será recomendable uno de los métodos de soldadura.

La soldadura a tope sólo será posible en diámetros no superiores a 1.200 mm por la no disponibilidad en el mercado de equipos adecuados.

CARACTERISTICAS DIMENSIONALES DE TUBERIAS DE PP SEGUN NORMAS DIN

	PP-Rohre nach DIN 8077/78 PP pipes according to DIN 8077/78 Tubes en PP selon DIN 8077/78											
	Relhe 1 (PN 2,5) Series 1 (PN 2,5) Serie 1 (PN 2,5)			Relhe 2 (PN 4) Series 2 (PN 4) Serie 2 (PN 4)			Relhe 3 (PN 6) Series 3 (PN 6) Serie 3 (PN 6)			Relhe 6 (PN 10) Series 4 (PN 10) Serie 4 (PN 10)		
Rohr-Auben duchmesser 00 Diámétre extérieur mm	Wanddicke Wall trhickness Espaisseur mm	Rohr-Innen-durchmesser ID Diamétre intérieur mm	Gewicht Weicht Poids kg/m —	Wanddicke Wall thickness Espaisseur mm	Rohr-Innen-duchmesser ID Diamétre intérieur mm	Gewicht Weight Poids kg/m —	Wanddicke Wall thcikness Espaisseur mm	Rohr-Innen-duchmesser ID Diamétre intérieur mm	Gewicht Weight Poids kg/m —	Wanddicke Wall thickness Espaiisseur mm	Rohr-Innen-duchmesser ID Diamétre intérieur mm	Gewicht Weight Poids kg/m —
20							1,8	16,4	0,105	2,5	15	0,139
25							1,8	21,4	0,134	2,7	19,6	0,190
32							2,0	28	0,192	3,0	26,0	0,273
40				1,8	36,4	0,222	2,3	35,4	0,279	3,7	32,6	0,421
50	1,8	46,4	0,280	2,0	46	0,307	2,9	44,2	0,431	4,6	40,8	0,652
63	1,8	59,4	0,356	2,5	58	0,484	3,6	55,8	0,673	5,8	51,4	1,03
75	1,9	71,2	0,447	2,9	69,2	0,661	4,3	66,4	0,956	6,9	61,2	1,45
90	2,2	85,6	0,627	3,5	83	0,957	5,1	79,8	1,36	8,2	73,6	2,08
110	2,7	104,6	0,923	4,3	101,4	1,43	6,3	97,4	2,04	10,0	90	3,08
125	3,1	118,8	1,21	4,9	115,2	1,84	7,1	110,8	2,61	11,4	102,2	3,99
140	3,5	133	1,51	5,4	129,2	2,27	8,0	124	3,27	12,8	114,4	5,01
160	3,9	152,2	1,91	6,2	147,6	2,98	9,1	141,8	4,26	14,6	130,8	6,53
180	4,4	171,2	2,43	7,0	166	3,76	10,2	159,6	5,36	16,4	147,2	8,24
200	4,9	190,2	2,99	7,7	184,6	4,60	11,4	177,2	6,64	18,2	163,6	10,2
225	5,5	214	3,78	8,7	207,6	5,83	12,8	199,4	8,37	20,5	184	12,9
250	6,1	237,8	4,66	9,7	230,6	7,21	14,2	221,6	10,3	22,8	204,4	15,9
280	6,9	266,2	5,86	10,8	258,4	8,98	15,9	248,2	12,9	25,5	229	19,9
315	7,7	299,6	7,35	12,2	290,6	11,4	17,9	279,2	16,4	28,7	257,6	25,2
355	8,7	337,6	9,34	13,7	327,6	14,4	20,1	314,8	20,7	32,3	290,4	31,9
400	9,8	380,4	11,8	15,4	369,2	18,3	22,7	354,6	26,3	38,4	327,2	40,5
450	11,0	428	14,9	17,4	415,2	23,2	25,5	399	33,3	41,0	368	51,3
500	12,2	475,6	18,4	19,3	461,4	28,6	28,3	443,4	41,0			
560	13,7	532,6	23,1	21,6	516,8	35,8	31,7	496,6	51,4			
630	15,4	599,2	29,2	24,3	581,4	45,3	35,7	558,6	65,1			
710	17,4	675,2	37,2	27,4	655,2	57,5	40,2	629,6	82,6			
800	19,6	760,8	47,1	30,8	738,4	72,8						
900	22,0	856	59,4	34,7	830,6	92,2						
1000	24,4	951,2	73,3	36,5	923	114						

3.2.7. Otros tipos de tuberías plásticas para saneamiento

Si bien la mayoría de las tuberías plásticas existentes en el mercado son aplicables a canalizaciones de saneamiento, a partir de cierto diámetro su fabricación se hace más costosa, frenando el desarrollo de este tipo de materiales.

Como respuesta al problema se han ideado nuevos sistemas de fabricación capaces de simplificar los métodos de trabajo, y se han desarrollado unos nuevos tipos de tubería capaces de cumplir todas las exigencias requeridas por el usuario, con unos costos inferiores.

Con estos objetivos van naciendo diversos tipos de tuberías:

– Helicoidales (fig. 5-27).

– Carrugadas, de una o doble capa (fig. 5-28).

– Con perfil calado (fig. 5-29).

– Espumadas (fig. 5-30).

Estas tuberías tienen que sufrir un proceso de verificación y homologación, y pueden fabricarse con:

- PVC.
- Polietileno de baja densidad.
- Polietileno de alta densidad.
- Polipropileno.

Los nuevos procedimientos se diferencian esencialmente de los usados normalmente en la fabricación de tubos plásticos.

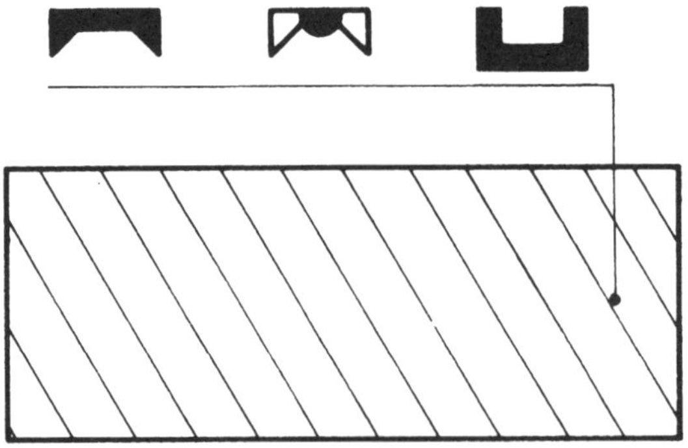

Fig. 5-27. *Tubería helicoidal.*

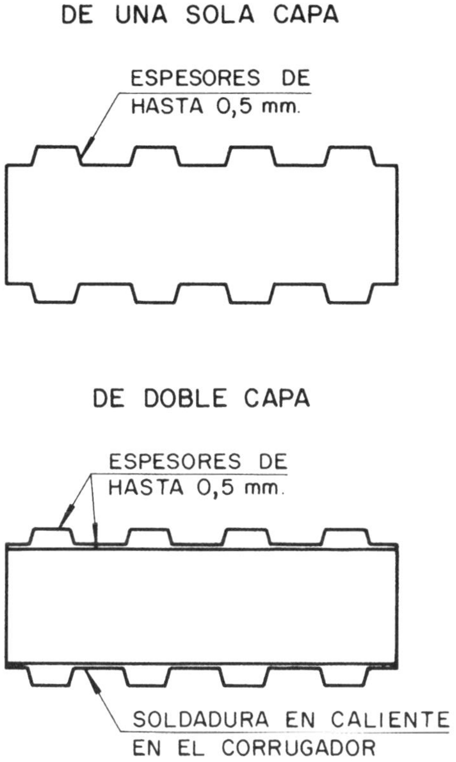

Fig. 5-28. *Tuberías corrugadas.*

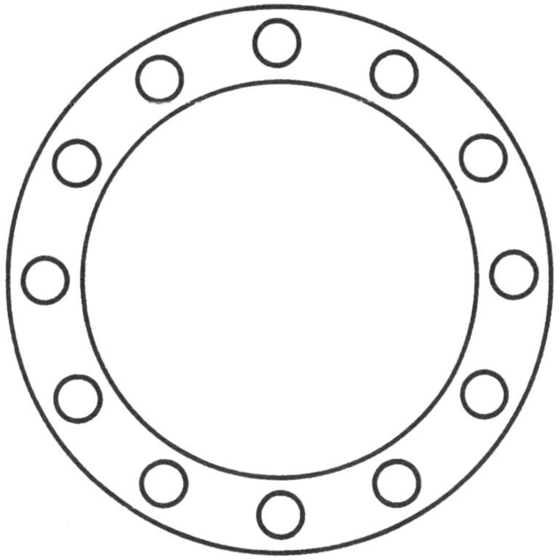

Fig. 5-29. *Sección transversal de tubería con perfil calado.*

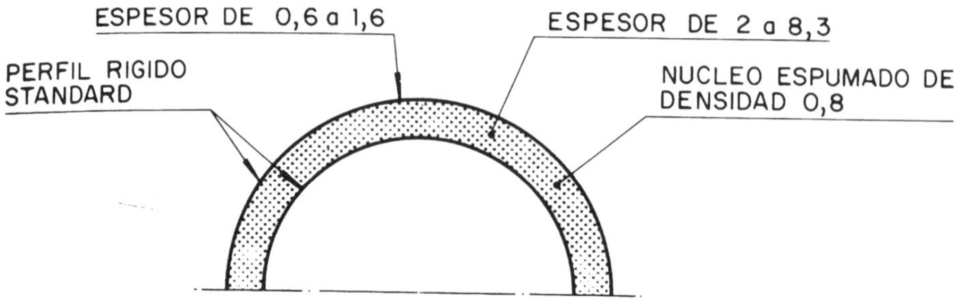

Fig. 5-30. *Sección transversal de tubería espumada.*

3.2.7.1. Fabricación

Cada uno de los nuevos tipos de tuberías tienen su método de fabricación más o menos sofisticado y publicitado. Como muestra, se expone a continuación un proceso de fabricación para tubería con paredes perfiladas y superficie interior lisa.

La materia prima, tras pasar por la extrusora y un cabezal adecuado, se transforma en un perfil, plano o no, que se arrolla en forma helicoidal sobre un tambor de acero convenientemente calentado. Para ello la extrusora se mueve junto al tambor en sentido axial, mientras el tambor de acero es accionado en sentido circunferencial.

Las zonas a solapar de los perfiles son presionadas mediante rodillos con una presión de $2N/mm^2$, siendo en este momento la temperatura de los perfiles la de la fusión de 220 ° para el PP-D, 210° para el PP. Deben tomarse las precauciones adecuadas durante la fabricación para evitar el enfriamiento de los perfiles.

Fig. 5-31. *Tubo de PE perfilado exteriormente.*

El tubo es enfriado sobre el mismo tambor de forma lenta y uniforme mediante la circulación de aire, y posteriormente desmoldeado.

Una variación del espesor de pared del tubo, para un mismo diámetro, puede conseguirse mediante variación de la velocidad de enrollado, por ajuste de herramienta, o en otra alternativa mediante superposición de bandas.

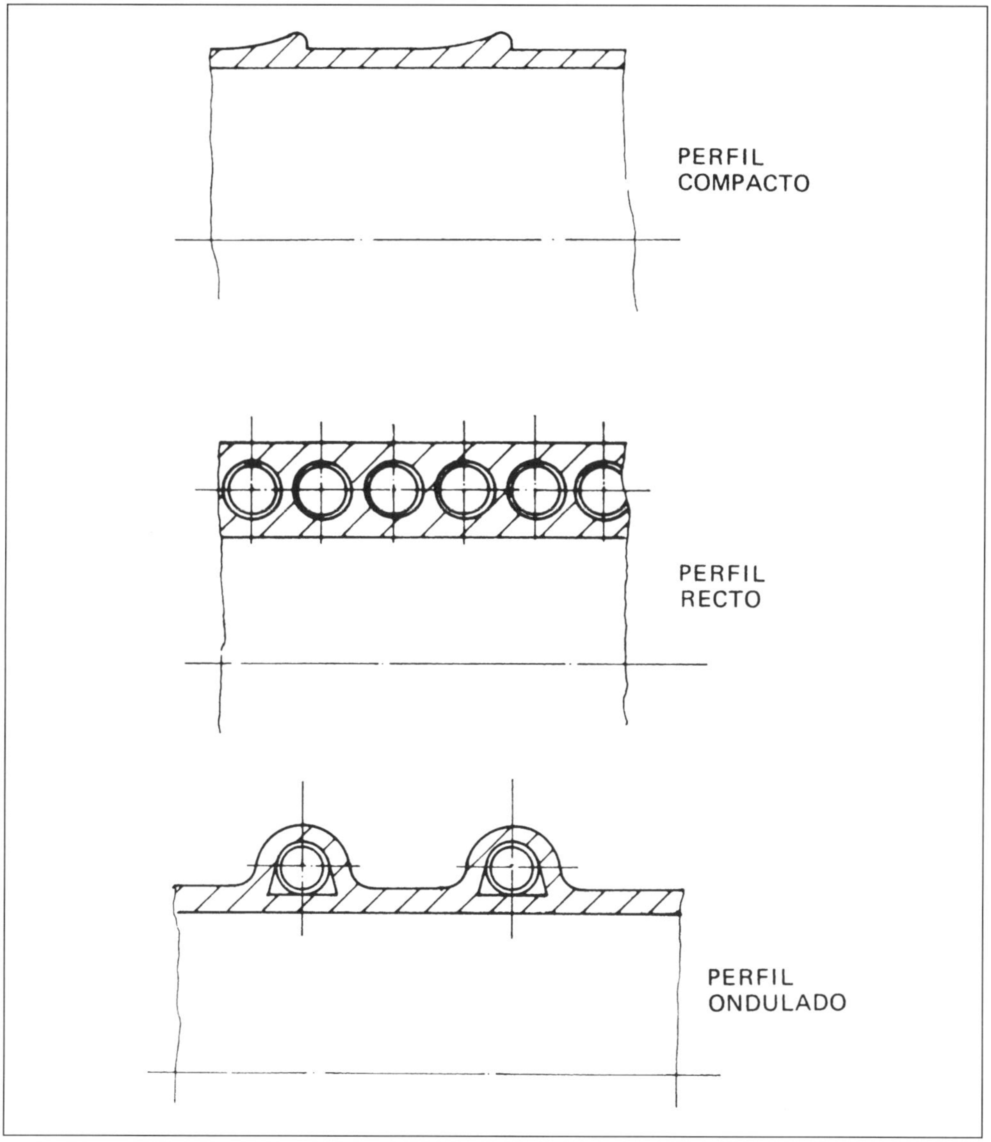

Fig. 5-32. *Tubos PE perfilados.*

Una variación de diámetro se logra con el cambio del tambor arrollador, lo que se consigue en breves minutos.

Con este procedimiento se vienen fabricando tubos de diámetros hasta 3.000 mm, en longitudes de seis metros, con una gran exactitud en sus dimensiones y con un mínimo de tensiones.

Estos tubos se fabrican amparados por la norma DIN 16961 partes 1 y 2 "Tubos de materiales termoplásticos con paredes perfiladas y superficie interior lisa".

Este proceso permite fabricar tanto tubos helicoidales con espesores de pared homogéneos en cualquier grosor, así como tubos con una sección transversal hueca e irregular. Todos ellos con la pared interior lisa, de acuerdo con la superficie del mandril arrollador.

Los primeros se han dimensionado para esfuerzos a la presión interna y los segundos para aquellos casos donde el esfuerzo existente es debido a sobrepresiones exteriores.

La ventaja de los tubos helicoidales perfilados, frente a los tubos con espesores de pared homogénea, está en el ahorro de material empleado, que alcanza un 60% con una misma rigidez frente a los esfuerzos de cargas externas.

La rigidez anular del tubo puede ser dimensionada para cualquier carga previsible.

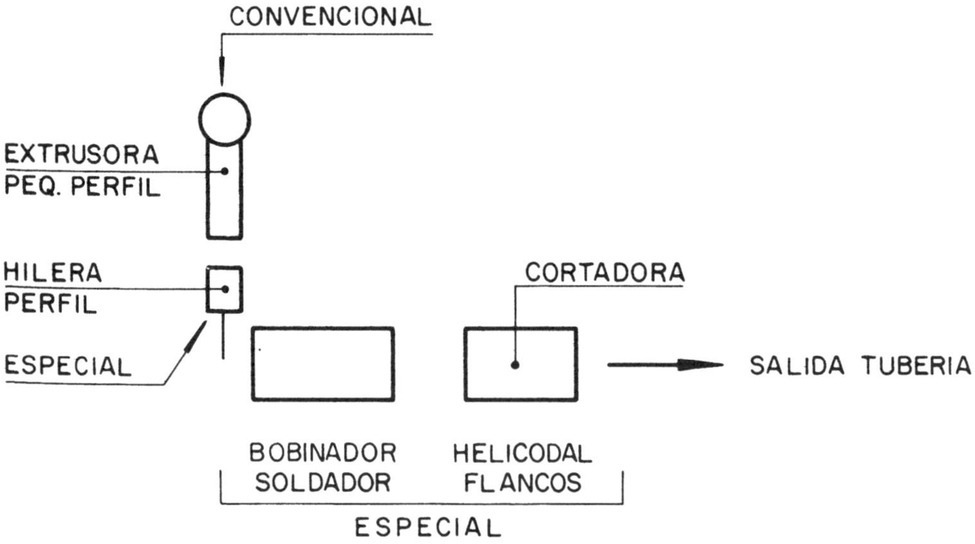

Fig. 5-33. *Esquema de fabricación de tuberías helicoidales.*

En las figuras 5-33 a 5-36 se incluyen en esquemas de fabricación de tuberías helicoidales, corrugadas, de perfil calado y espumadas.

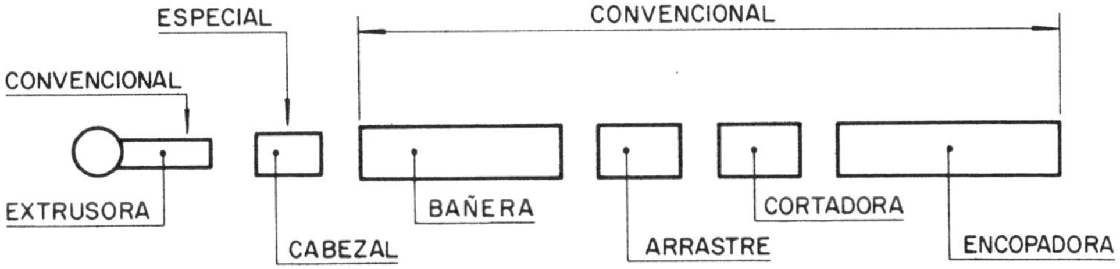

Fig. 5-34. *Esquema de fabricación de tuberías corrugadas.*

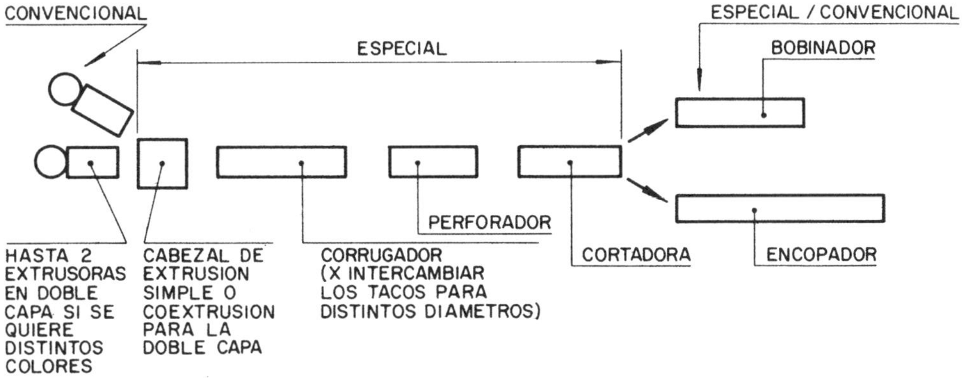

Fig. 5-35. *Esquema de fabricación de tuberías de perfil calado.*

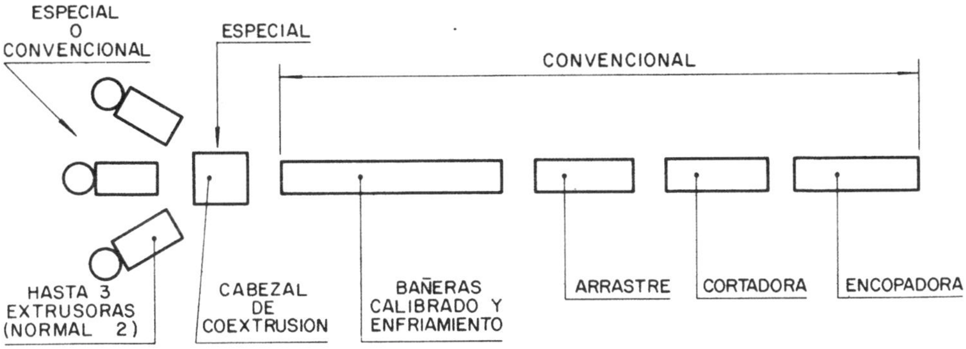

Fig. 5-36. *Esquema de fabricación de tuberías espumadas.*

3.2.7.2. Características

Características mecánicas

Las características más destacables son:

- Buena estanqueidad.
- Ligereza. Tanto por su bajo peso específico como por su construcción, los tubos tienen un mínimo peso que facilita y agiliza el montaje, permitiendo fabricaciones estándar de 6 m de longitud, que pueden manipularse, hasta diámetros elevados, sin necesidad de medios mecánicos, reduciendo el número de uniones, y por tanto aumentando la seguridad de la instalación y la rapidez del montaje.
- Flexibilidad. Que permitirá no sólo la posibilidad de efectuar cambios de dirección sin piezas de forma, evitando el peligro consiguiente de obturaciones, y adaptarse al terreno, sino que conseguirá además una gran resistencia a la rotura, en casos de fallo del asentamiento del terreno.

La especial configuración de la pared permite esta flexibilidad en el sentido axial, mientras confiere gran rigidez en el sentido diametral.

- Resistencia al ataque químico. Importante propiedad que en especial comparten tanto el polipropileno como el polietileno, permitiendo su utilización en vertidos industriales y particularmente en industria química. En el caso del propileno, su resistencia al ataque químico se mantiene a elevada temperatura.

Características hidráulicas

En los casos en que la pared interior sea lisa, podrán aplicarse los valores:

k_a = 0,10 – 0,25 mm (PRANDTL-COLEBROOK)

n = 0,008 – 0,009* – 0,010 – 0,12 (KUTTER y MANNING) según se indicaba para las tuberías de PVC y con las consideraciones allí expuestas.

3.2.8. Tuberías de fundición para saneamiento

Buscando la resistencia a la presión interior, las acciones exteriores, las condiciones de estanqueidad, características hidráulicas y durabilidad, existe una tendencia actual a utilizar conductos de fundición dúctil como tuberías de saneamiento.

3.2.8.1. Proceso de fabricación de los tubos

A partir del arrabio líquido obtenido del cok y mineral de hierro por medio de un horno alto, y después de su paso por un mezclador, el caldo líquido se transporta a unos hornos de inducción de baja frecuencia. En ellos se obtienen, mediante las oportunas adiciones correctoras, la exacta composición química y temperatura del metal fundido, que constituye por así decirlo la última materia prima para la fabricación de los tubos.

Auxiliares inestimables en esta etapa de elaboración del metal son el pesaje con báscula electrónica, y el análisis espectral que de forma instantánea proporciona un Quantovac.

Transportado este metal a la cuchara de colada basculante de la máquina centrifugadora, concebida para proporcionar un caudal constante de metal. En el mismo instante en que inicia su entrada en el canal de colada, por dispositivos fotoeléctricos y electrónicos se ponen en acción y regulan los dos movimientos sincronizados de traslación y rotación de la estructura portadora de la coquilla o molde, contra cuyas paredes el metal líquido se va aplicando por la fuerza centrífuga, repartiéndose concéntrica y uniformemente, y realizándose su solidificación bajo condiciones perfectamente reguladas por un especial circuito de refrigeración.

Se asegura así tanto la forma rigurosamente cilíndrica de los tubos, como la perfecta superficie de sus paredes interiores y exteriores.

Viene seguidamente la extracción del tubo, aún al rojo, y su primer control de espesor y peso. Siguen después, en un flujo continuo, a través de un horno de recocido, cuya regulación de temperaturas en tres zonas distintas es controlada automáticamente mediante pirómetros sonda, que mandan instantáneamente las válvulas de alimentación de los quemadores y registran gráficamente las temperaturas del proceso.

Los tubos, cuya temperatura ha ido descendiendo según curvas térmicas preestablecidas de acuerdo con sus diámetros, van pasando en sentido transversal al eje de avance, empujados por los dientes de dos cadenas de movimiento continuo, pero siempre rodando sobre especiales carriles para garantizar su absoluta rectitud y ausencia de ovalización. Finalizan su recorrido en una zona de enfriamiento al salir del horno, que los conduce al puesto de control dimensional y a un rebarbado que no se limita a la zona del enchufe, sino que, mediante una barrena de cabeza especial, recorre todo el interior del tubo eliminando con ello cualquier rugosidad residual de su pared.

A continuación todos los tubos son sometidos a un ensayo hidráulico de presión de 35 atmósferas.

Viene después la sección de revestimiento en la que, en una máquina automática y continua especial, los tubos precalentados son protegidos, tanto interior como exteriormente por un barniz especial exento de fenoles, y de fórmula estudiada para su perfecta adherencia, secado y durabilidad.

Para los tubos en que la especial naturaleza de los líquidos a transportar aconseje un revestimiento interior especial, se dispone de una máquina en la que por centrifugación a altísima velocidad (3.500/8.000 r/min, según ø) se deposita un finísimo mortero de cemento metalúrgico, rico en sílice-aluminatos e inatacable incluso por las aguas más puras.

3.2.8.2. Juntas en las tuberías de fundición para saneamiento

Con independencia de la junta de bridas y unión por soldadura, se emplean otros tipos de juntas. Representan por su gran simplicidad de montaje, al tiempo que una sensible economía en la mano de obra de instalación, unas excepcionales velocidades de montaje y una seguridad de que no pueden producirse errores o defectos incluso con la mano de obra menos experta.

La junta push-on tiene montaje deslizante y consigue la impermeabilidad por la presión del agua sobre el aro de goma montado entre el tubo y el accesorio. La forma de este aro está especialmente diseñada para conseguir un fácil montaje del accesorio y una total estanqueidad.

Las ventajas de la junta push-on frente a la junta mecánica o de brida son:

- No necesita brida, contrabrida, ni tornillos.
- Fácil montaje.
- Acomodación a los movimientos del tubo (expresión-compresión).

La junta mecánica realiza el cierre por compresión de la goma a través de la contrabrida contra el enchufe del accesorio y la espiga del tubo.

Contrabridas y tornillos son en fundición dúctil, lo que dificulta la corrosión, al ser todas las piezas del mismo material.

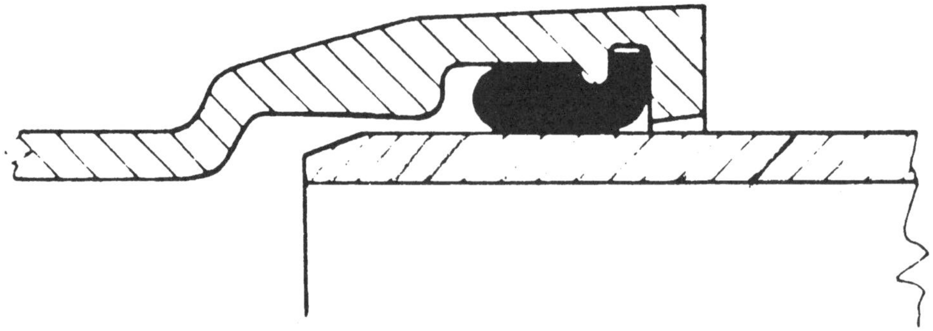

Fig. 5-37. *Junta push-on.*

Los accesorios de junta mecánica se usan en diferentes tipos de conducciones, especialmente para la conducción de gas, agua potable, riegos y usos industriales.

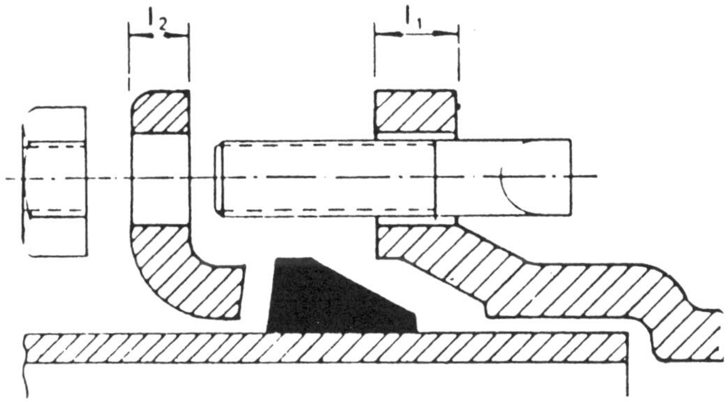

Fig. 5-38. *Junta mecánica.*

Otros tipos de juntas son las que aparecen en la figura 5-38 bis.

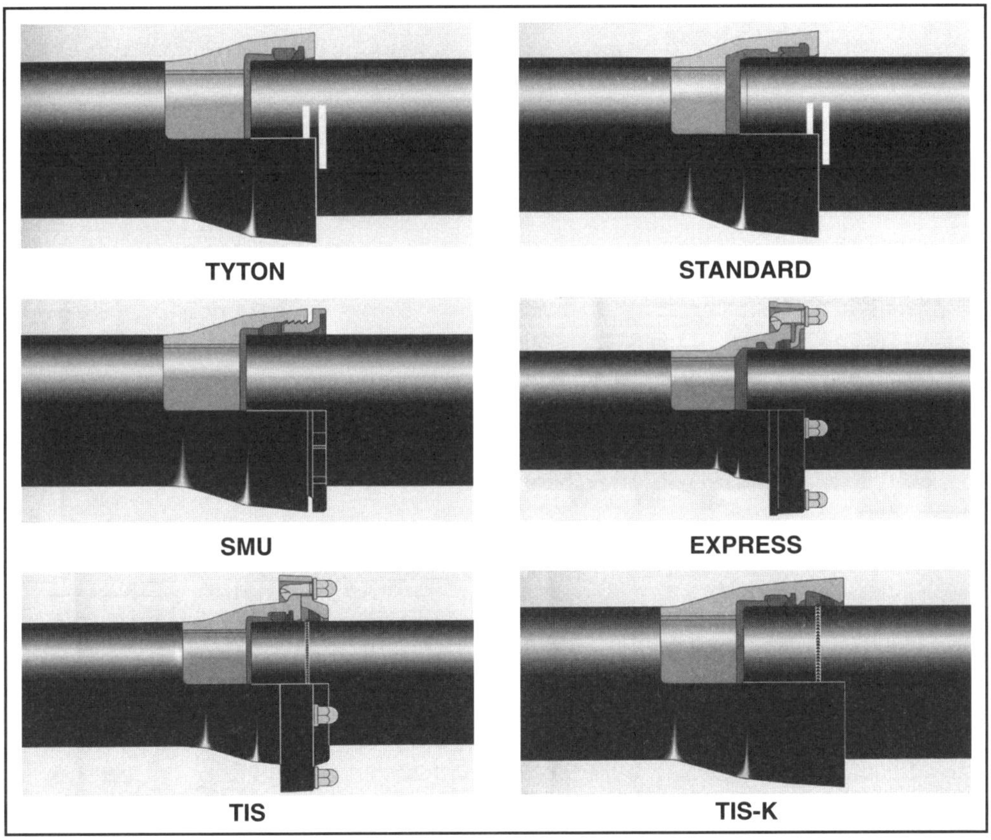

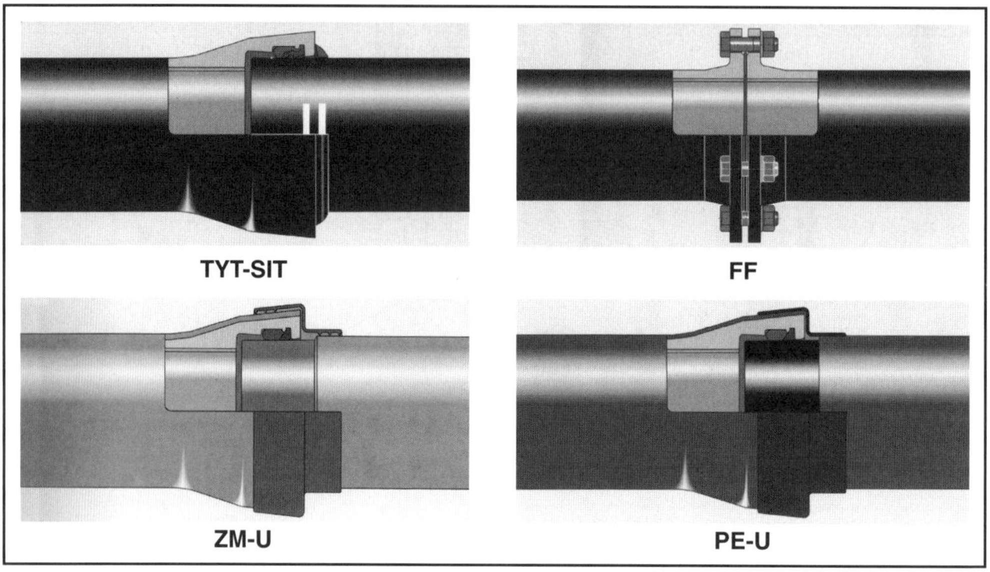

3.2.8.4. Características

Dimensiones de los conductos

Las dimensiones de los conductos se resumen en el siguiente cuadro:

Diámetro nominal mm	Espesor	kg totales según longitud del tubo			
		4 m	5 m	5,5 m	6,0 m
80	6,0	52	64,5	70,5	76,5 *
100	6,1	64,5	80,0	87,5	95,5 *
125	6,2	81,5	100,0	110,0	119,0 *
150	6,3	98,5	121,0	133,0	144,0 *
200	6,4	133,0	163,0	179,0	194,0 *
250	6,8	175,0	215,0	235,0	255,0 *
300	7,2	222,0	273,0	298,0	323,0 *
350	7,7	277,0	340,0 *	371,0	403,0
400	8,1	331,0	407,0 *	445,0	482,0
500	9,0	460,0	564,0 *	616,0	668,0
600	9,9	608,0	745,0 *	813,0	882,0
700	10,8	775,0	949,0 *	1.036,0	1.123,0
800	11,7	963,0	1.179,0 *	1.286,0	1.394,0
900	12,6	1.171,0	1.431,0 *	1.561,0	1.691,0
1.000	13,5	1.399,0	1.708,0 *	1.862,0	2.017,0

* Son los tamaños comercializados en España.

Características hidráulicas

El valor de la rugosidad uniforme equivalente, k_a, en la fórmula de PRANDTL-COLEBROOK, es:

Fundición sin revestir: $K_a = 0{,}80 - 1{,}50$ mm.

Fundición revestida: $K_a = 0{,}40 - 0{,}80$ mm.

Los valores inferiores son aplicables para emisarios, colectores y, en general, tramos rectos y largos entre pozos de registro; los valores superiores se aplican en redes de alcantarillado, con acometidas domiciliarias, cambios de dirección y tramos cortos entre pozos de registro.

El coeficiente n de las fórmulas de KUTTER y MANNING puede concentrarse con arreglo a la siguiente tabla.

Superficie interna	**Condiciones de la tubería**			
	Optimas	**Buenas**	**Aceptables**	**Malas**
Fundición sin revestir	0,012	0,013	0,014 *	0,015
Fundición revestida	0,011	0,012 *	0,013 *	0,014

En el capítulo 4 se incluyen ábacos y tabulaciones para aplicación, entre otras, de las fórmulas de PRANDTL-COLEBROOK, KUTTER y MANNING; y las tablas de THORMANN-FRANKE para el cálculo de caudales y velocidades a sección parcialmente llena.

Al tratar de la fabricación, ya ha quedado indicado que la versatilidad de procedimientos de revestimiento con resina, barniz especial o con cemento metalúrgico por centrifugación, da a estos tubos excelentes características de protección y lisura.

Por contra, la utilización de tuberías de fundición sin revestir o con revestimiento incorrecto (por mala fabricación o deterioro posterior), puede provocar problemas significativos en su utilización para conducción de aguas residuales debido a la corrosión. Por lo que la calidad y cuidado del revestimiento resulta de importancia fundamental.

Características mecánicas

La fundición dúctil se fabrica según la norma DIN 1693, pudiéndose adoptar las siguientes características:

Resistencia a la tracción	50 kg/mm^2
Límite elástico mínimo	34 kg/mm^2
Alargamiento mínimo	7%

3.3. COLECTORES

3.3.1. Colectores prefabricados

Para resolver los problemas que surgían en la reparación de los socavones, en otras muchas ocasiones para desaguar las aguas del colector existente averiado, era necesaria la construcción de un nuevo colector, doblado del existente, en un plazo mínimo, dados los graves problemas que se plantean en las situaciones señaladas. La respuesta en estos casos, donde se necesita una gran velocidad de ejecución, está en los colectores prefabricados.

En el caso concreto de terrenos de mala calidad, se advirtió que el uso de colectores prefabricados era la solución óptima, abaratando considerablemente las técnicas especiales, que normalmente se emplean en estos casos.

Para tener una vigilancia constante se prefieren las secciones prefabricadas de colectores con andén. Las restantes características de la sección vienen derivadas de las características hidráulicas.

Se define el tipo necesario en función de los caudales existentes de aguas negras y de pluviales, teniendo en cuenta que la cuna debe ser capaz para el caudal máximo de aguas negras, dándole un resguardo mínimo hasta el andén de 10 cm.

La sección completa debe de ser capaz para el caudal máximo de aguas negras más pluviales, con un resguardo mínimo hasta clave de 0,20 a 0,40 m según el tamaño del colector.

Las velocidades máximas de cálculo son las normalmente admitidas de 3 m/s para las aguas negras, y de 5 m/s para las pluviales, pudiendo en algún caso concreto y limitado rebasarse hasta el orden de un 20%.

El coeficiente de rugosidad de MANNING que le corresponde es de n = 0,013.

3.3.1.1. Fabricación

Normalmente se emplean dos sistemas de prefabricación en función de las secciones tipo.

Fig. 5-39. *Colectores prefabricados.*

Fig. 5-40. *Construcción de un colector prefabricado.*

En una primera solución se emplea una máquina automática con extracción inmediata tanto del molde exterior como interior, pasando el colector a continuación a la cámara automatizada de curado al vapor, de donde sale en condiciones de resistencia suficiente para, mediante útiles especiales, proceder a su manipulación y acopio en la posición definitiva de transporte y montaje.

En otros casos se utiliza un sistema de prefabricación por moldeo, en el que el molde interior es cerrado y fijo, desmoldeado por tanto inmediatamente después del hormigonado dicha cara. El exterior es articulado y permanece hasta que sea curada la pieza.

3.3.1.2. Juntas

La ejecución de las juntas del colector es una de las operaciones que necesitan mayor cuidado, por lo que deben de realizarse con personal muy cualificado.

La junta es del tipo machihembrado a medio espesor y se realiza en dos fases. En la primera debe funcionar como junta deformable, por lo que se emplea como relleno un material elástico, tal como poliestireno expandido, mastic asfáltico, espuma de poliuretano impregnada de betún o una masilla thiokotic. De esta manera los colectores pueden admitir las pequeñas deformaciones, que puedan surgir por motivos de asentamiento del terreno o de su compactación.

Una vez hecho el relleno se realiza la junta rígida, para la cual se puede utilizar un mortero sin retracción, un mortero epoxi o un mortero de fibra.

De esta manera se logra una continuidad total en el colector, tanto a efectos resistentes como de servicio.

3.3.2. Construcción de colectores in situ

3.3.2.1. Molde flexible

Si se quiere disminuir el número de juntas, que son siempre, los puntos débiles, o si el transporte de los tubos resultase encarecido exageradamente, o si las tuberías hubiesen de resistir cargas exteriores elevadas, se puede recurrir a un sistema especial, que permite construir tuberías circulares u ovales de gran longitud sobre el mismo emplazamiento.

Se emplean para ello tuberías moldes, construidas por un material especial de tela cauchutada muy fuerte y flexible, con tejido de fibras largas de alta resistencia que, debidamente hinchadas, actúan de moldes interiores sobre los que se vierte el hormigón.

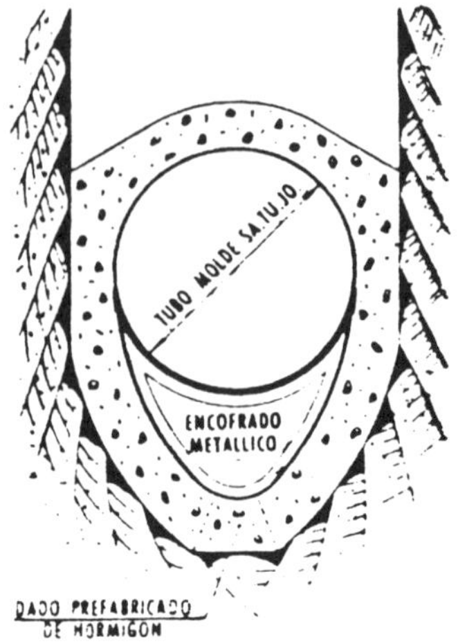

Fig. 5-41. *Construcción de una alcantarilla ovoide por sistema mixto de encofrado metálico y goma hinchable.*

Estos moldes flexibles, que suelen tener longitudes de 28 m para tuberías con ø de 15 a 50 cm; de 23 m para diámetros de 60 a 120 cm y de 12 m para mayores diámetros (hasta 2,40 m) se colocan sobre la solera o cuna construida previamente, se hinchan con aire comprimido, tal como indica la figura, y una vez fraguado el hormigón vertido sobre ellos, se desinflan y se extraen rápidamente.

Con este sistema pueden también construirse alcantarillas ovales visitables mediante el sistema mixto que detalla la figura, que pueden incluso tener curvas de 25 veces el diámetro de la tubería molde utilizada.

Las ventajas que se indican como complementarias de la reducción al mínimo de juntas son:

- Resistencia mecánica elevada de las cargas exteriores, pues la parte superior de la tubería colocada in situ en suelo coherente se porta como una bóveda en terreno natural.
- Gran velocidad de ejecución, ya que puede reemplazarse cada encofrado todos los días.
- Economía de mano de obra, gracias a la rapidez del desencofrado a la ligereza del mismo y a su fácil empleo.

3.3.2.2. Colectores de hormigón in situ

Como ejemplo pueden mostrarse las siguientes secciones tipo:

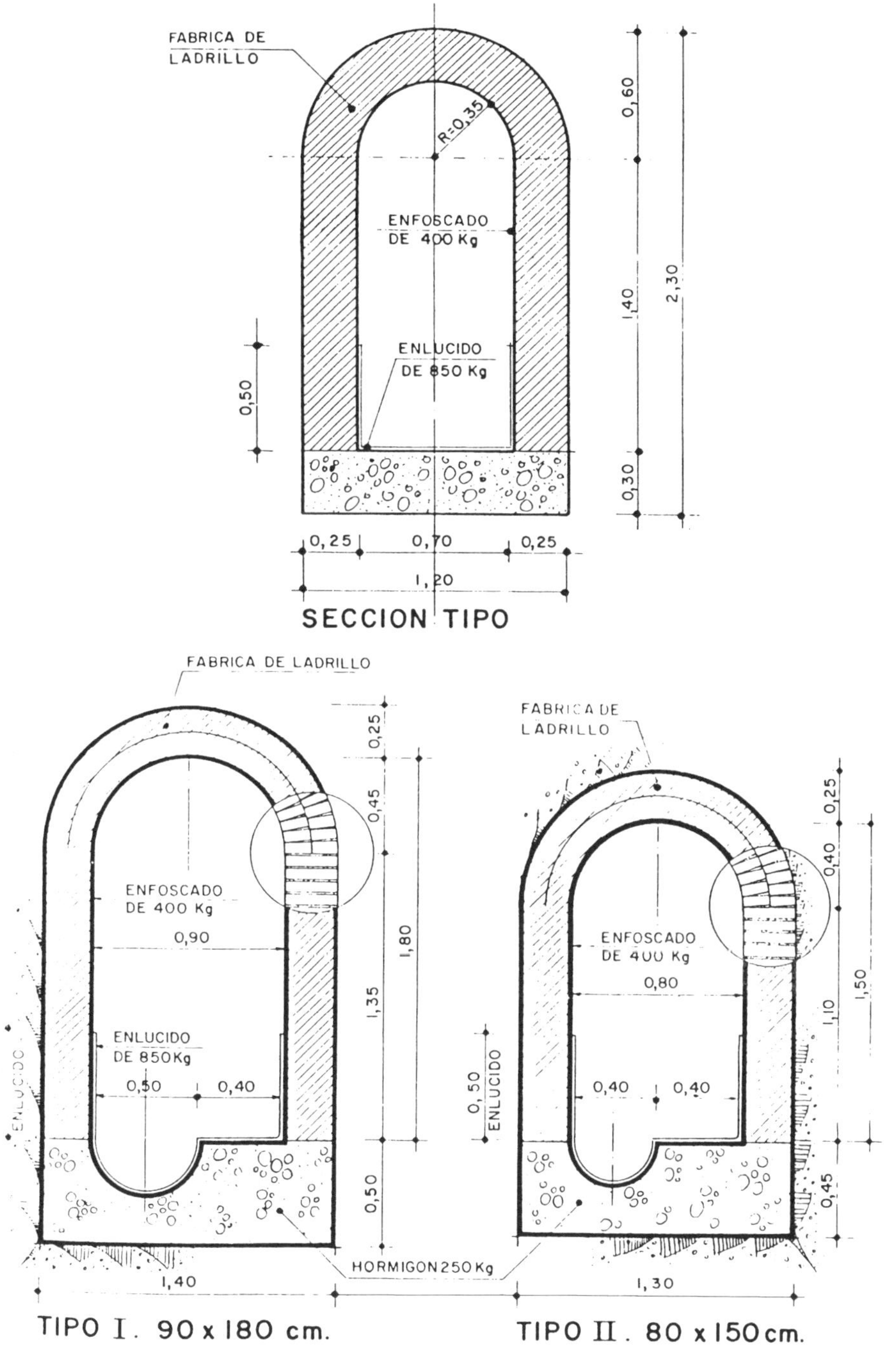

Fig. 5-42. *Secciones tipo.*

Fig. 5-43. *Entibación en zanja.*

La variedad en la situación de las trazas en planta, supone la construcción de unos tramos en terrenos periféricos prácticamente despoblados, y otros situados en zonas céntricas densamente edificadas.

Los condicionantes hidráulicos o de otro tipo, como pueden ser la existencia de sótanos de edificios, ferrocarriles subterráneos, otros colectores y un sinnúmero de instalaciones subterráneas, implican la ubicación de los colectores en alzado con grandes variaciones de cota, por lo que es necesario utilizar tanto las técnicas constructivas de cielo abierto, como las de túnel.

Método de trabajo con el sistema de blindaje mixto KP

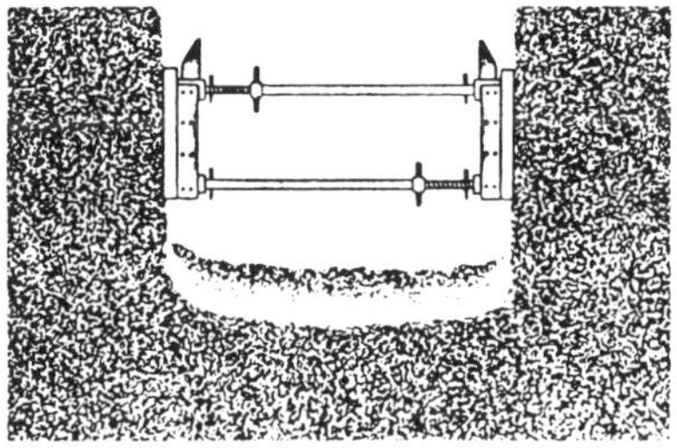

1 **Se excava la zanja hasta aprox.** 1,50 m, se coloca el blindaje KP en la misma, y se aprietan las tornapuntas. El blindaje refuerza así la parte superior del terreno.

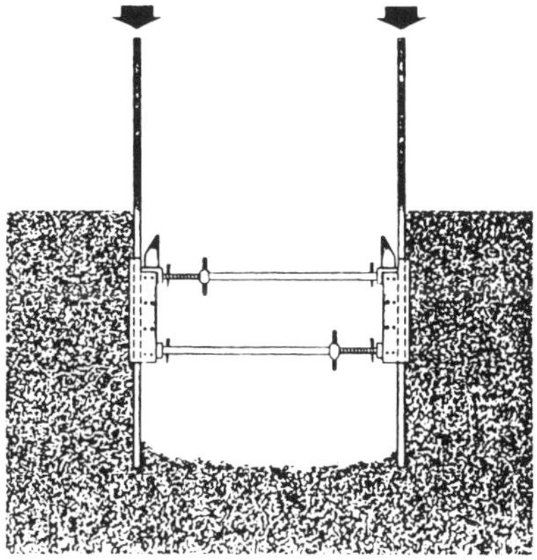

2 **Introducir las tablestacas y vibrarias.** Las tablestacas están bien guiadas y pueden ser vibradas hacia abajo con el progreso de la excavación Si el terreno lo permite se puede usar la pala de la excavadora para hincarlas. La excavadora trabaja delante en la cabeza de la zanja.

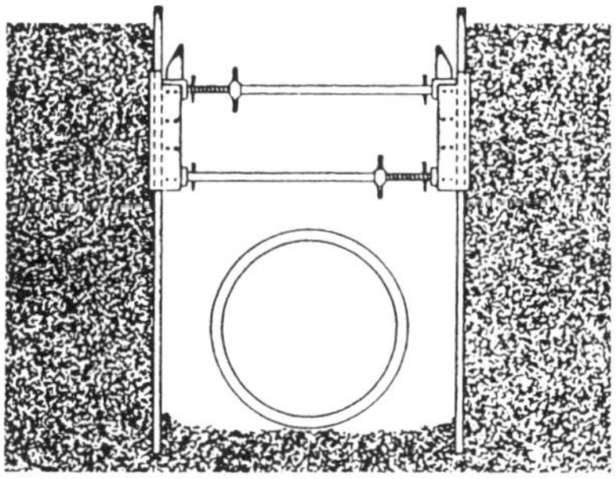

3 **Paredes terminadas** En la parte superior de la zanja, las tablestacas se apoyan contra el panel GI-P. Dependiendo de la profundidad de la zanja se pueden hincar las tablestacas por debajo del suelo de la misma o usar un plano de vigas horizontales con tornapuntas sueltas adicionales. (casos B y C de pag. 10).

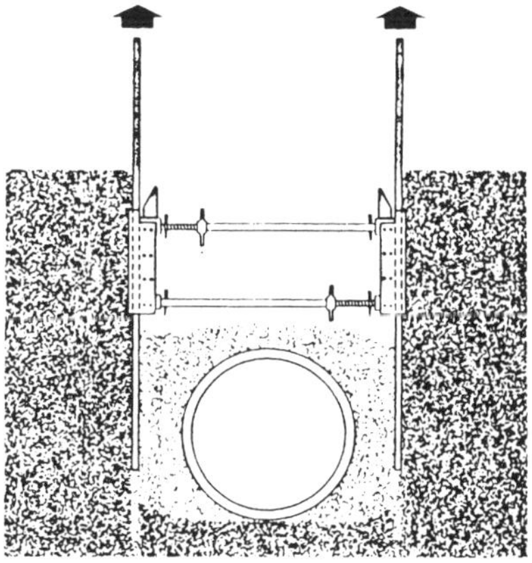

4 **Extracción de tablestacas, relleno, compactación** Una vez colocada la tubería, se rellena la zanja por tongadas, se compacta y se llega con el material hasta los paneles. Se extraen las tablestacas, se aflojan las tornapuntas del sistema y se saca el blindaje KP. Después hay que rellenar y compactar hasta el nivel deseado.

Fig. 5-44. *Entibación con blindaje KP.*

La tendencia actual, dada la gran elevación de los costos de los túneles construidos en mina, es la de realizar zanjas a cielo abierto, aún con grandes cotas de excavación, reduciendo al mínimo imprescindible los tramos a construir en mina, sólo justificados en el caso de grandes profundidades a las que se desarrollan los colectores o a la imposibilidad de ocupar la superficie, por imposiciones del tráfico o de las instalaciones y edificios existentes.

3.3.2.2.1. Colectores a cielo abierto

Siempre que ha sido posible se ha planteado la construcción de los colectores a cielo abierto, mediante la ejecución de trincheras con taludes variables en función de los terrenos existentes. Los problemas surgidos han sido los planteados por la estabilidad de los taludes, que se agudizan en las proximidades de las edificaciones, y por las aportaciones de aguas freáticas a las zanjas.

Los sistemas utilizados en la excavación de zanjas son los de excavación en trinchera con talud estable, excavación en zanja entibada por procedimientos convencionales y utilización de tablestacas en casos especiales.

Las entibaciones convencionales de zanjas están formadas por puntuales de madera o metálicos, correas de tablón y entibación de tabla (fig. 5-44).

En trincheras de gran profundidad la excavación se realiza en una trinchera con talud estable hasta una cierta cota, a partir de la cual se realiza una segunda fase de excavación en zanja con talud vertical y entibada, en la que se aloja el colector.

El hormigonado de secciones se realiza en dos fases, una primera que comprende la solera y la segunda que incluye estribos y bóveda del colector.

Los encofrados son tramos metálicos con direcciones del orden de 10 m de longitud para cada una de las fases de hormigonado.

El correspondiente a estribos y bóveda se mueve sobre la solera ya hormigonada.

En la construcción de dichas obras puede utilizarse encofrado fijo de madera y encofrado deslizante según puede verse en las fotografías siguientes:

Fig. 5-45. *Construcción de colector con encofrado deslizante.*

Fig. 5-46. *Vista del encofrado deslizante.*

Fig. 5-47. *Parte inferior construida.*

Fig. 5-48. *Parte superior construida.*

Fig. 5-49. *Encofrado deslizante zona superior.*

Fig. 5-50. *Vista general de la obra.*

3.3.2.2.2. Colectores en mina

Para la ejecución de los colectores en mina se utilizan todos los tipos de sistemas habituales para la construcción de túneles.

Las secciones pequeñas se atacan a sección completa por procedimientos manuales y entibación convencional, dado el poco espacio disponible para la introducción de maquinaria. El transporte interior de tierras se realiza por medio de cintas transportadoras, y la propia excavación mediante martillos picadores. La elevación de tierras a través de los pozos de trabajo por pequeñas grúas o elevadores.

Las grandes secciones comprendidas entre 2 y 5 m de luz se realizan, bien a sección completa cuando el terreno lo permite, o mediante el sistema de sección partida.

La excavación se realiza por medio de martillo picador, rozadoras de túneles o utilización de escudo completo para terrenos blandos, sistema que comporta la utilización de la sección circular.

Los tipos de entibación utilizados, son el formado por pies derechos de madera o metálicos, longarinas y tabla, o bien el de cerchas transversales separadas entre 0,50 y 1 m, que soportan la propia entibación de tabla o metálica. También se utilizan para grandes colectores entibadoras mecánicas automóviles.

Este tipo de máquina consiste en un escudo compuesto por lanzas metálicas independientes, que cubren totalmente la sección en sentido longitudinal, protegiendo la excavación mientras ésta se realiza, apoyadas mediante un mecanismo de rodadura en dos pórticos de automóviles, movido todo el conjunto por un equipo electro-hidráulico.

El hormigonado se realiza mediante bomba de impulsión en todos los casos.

En general es imprescindible la inyección del trasdós de las bóvedas, una vez hormigonadas en los colectores ejecutados en mina, para proceder a la colmatación de huecos, evitar la subsidencia e impermeabilizar los mismos.

La utilización de escudos completos introduce una alta mecanización en la obra y, por tanto, grandes rendimientos, pero en general obliga al revestimiento inmediato mediante dovelas prefabricadas. Sólo en casos de terreno excelente es posible mantener sin revestir y con simple entibación tramos apreciables de sección excavada. La utilización de escudos también implica en mayor medida el riesgo de problemas de subsidencia, posibles asientos de instalaciones subterráneas existentes o edificios superficiales. Con sistemas convencionales de excavación subterránea se limita más la posibilidad de asientos.

Los sistemas constructivos descritos son válidos sin más en la generalidad de los casos, en que los estratos de terrenos a perforar no ofrecen serias dificultades.

En ocasiones, bien por la aparición de gravas, arenas limosas o sueltas con grandes aportaciones de agua, los sistemas convencionales no son suficientes para llevar a buen término las excavaciones y revestimientos. En estos casos se acude a la utilización de tratamientos especiales de los terrenos que tienden a mejorar las características resistentes de los suelos a atravesar, para luego una vez mejorados los mismos utilizar los sistemas convencionales descritos.

Puede ser solución la inyección de lechada-cemento con bastante éxito en la consolidación de arcillas cuarteadas, dada la capacidad de penetración de la lechada a través de las fisuras de las mismas. No se consigue buenos resultados en la consolidación de terrenos arenosos mediante este sistema.

También se utilizan inyecciones de cemento-bentonita para impermeabilidad zonas de arenas o gravas, en base a un tratamiento posterior, ya que la consolidación necesaria para poder realizar las excavaciones no se consigue, en general,.por este procedimiento.

Y, finalmente, se ha generalizado en construcción subterránea la consolidación de terrenos mediante la utilización de inyecciones químicas a base de geles formados por silicatos, acetatos o resinas y sus reactivos, en función de las características del terreno y de las resistencias necesarias que se deben conseguir.

Otro procedimiento especial es el de la congelación de terrenos como alternativa a las inyecciones químicas, y prácticamente con el mismo efecto de consolidar y mejorar resistentemente los terrenos circundantes a la excavación.

Un sistema especial y sumamente utilizado en ocasiones es el recalce de estructuras o edificios, antes de proceder a la excavación subterránea correspondiente.

Actualmente se sigue utilizando el sistema tradicional de recalce por pozos o bien mediante pilotes, micropilotes, pantallas continuas.

En los métodos conforme a la técnica de la minería se crea un espacio subterráneo hueco y se apuntala éste contra el terreno. Tras el acabado de la excavación, y bajo la protección del apuntalado, se procede al revestimiento de la obra por medio del hormigón, fábrica del ladrillo, etc.

Un sistema de construcción especial es el de tubería hincada.

En el método de empuje de tuberías, se empotra el revestimiento, es decir, el tubo y simultáneamente se extrae y transporta el terreno desplazado. La tubería em-

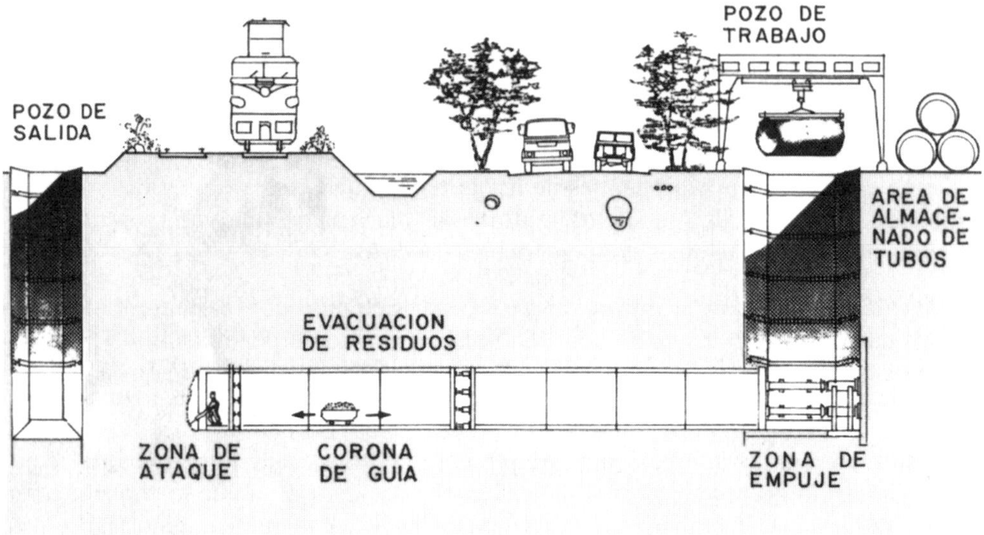

Fig. 5-51. *Esquema general de hincado de tubería.*

potrada en el suelo asume también la función de apuntalado del terreno. De esta forma se elimina el revestimiento del espacio excavado requerido para el avance en galería conforme a la técnica minera. En esta doble función (apuntalado del terreno, por una parte, y otra terminada, por otra) consiste la diferencia fundamental y ventaja del método de empuje de tuberías respecto a la técnica convencional.

Este método es inadecuado e incluso imposible de realizar en arena flotante, arena movediza y pantanos, así como en terreno rocosos. Los primeros no son adecuados porque, por una parte, en ellos es muy difícil asegurar el frente contra los posibles derrumbamientos, y por otra, no ofrecen la ayuda requerida para el tubo, por lo que el tramo completo de tubería puede ver alterada su posición durante el avance. Los terrenos rocosos no son adecuados, ya que únicamente pueden ser excavados por medio de máquinas especiales o de voladura y no necesitan, en general, apuntalamiento ni a veces revestimiento (sobre todo en pequeñas secciones).

Por esta razón el empuje de tuberías queda limitado, por razones principalmente económicas, a terrenos de grava y arenosos así como terrenos aglutinantes como arcilla, arena arcillosa, greda, marga, etc.

No obstante, la aparición eventual de terrenos de características inadecuadas en la fase de hincado, no impide su realización, aunque evidentemente la dificulta, retrasa y encarece.

Fig. 5-52. *Equipo hinca tubos-colector Butarque.*

El procedimiento de la hinca de tubería se basa en disponer de un pozo o estación de hinca, desde la cual, tal como se describe a continuación, se empotra en el terreno un tramo de tubería por medio de gatos hidráulicos, eliminándose simultáneamente el terreno desplazado o "cortado" en el frente de excavación.

Una vez introducido el primer tubo, se sitúa detrás de éste y se empuja un segundo tubo. Este proceso puede repetirse tantas veces como se quiera, mientras baste la fuerza de los gatos de empuje para superar las resistencias que se ofrecen al avance. Estas son de dos tipos:

1) Resistencia en el frente. Depende del grado de excavación previa que se ha hecho.

2) Rozamiento envolvente creado por la compresión del terreno al asentarse éste sobre el tubo.

Los tipos de resistencia anteriormente señalados limitan la máxima longitud de hinca.

Si la longitud necesaria a realizar es superior a la obtenida mediante el cálculo realizado, en base a los dos datos anteriores, puede conseguirse una disminución del rozamiento envolvente mediante la inyección de un material que favorezca el deslizamiento en el hueco entre el tubo y el terreno, por ejemplo, bentonita. Esta disminución puede llegar a ser del orden del 50%, según el tipo de terreno, ya que al propio tiempo lo sujeta evitando la descomposición del mismo.

Lógicamente, también se puede lograr mayor longitud, aumentando las fuerzas disponibles de empuje. Esto se consigue mediante estaciones intermedias.

Fig. 5-53. *Equipo de empuje recogido.*

La eficacia de estas estaciones se basa en que no se empuja simultáneamente todo el tramo de tubería sino que el avance se divide de forma que el rozamiento envolvente sólo se produzca en el tramo desplazado, pues cada estación empuja únicamente a los tubos que tiene delante apoyándose en los posteriores. Mediante este proceso alternativo se divide la fuerza de empuje total en la suma de distintas fuerzas parciales, las cuales se aplican sucesivamente.

Teóricamente, de esta forma, pueden lograrse longitudes ilimitadas, sin embargo, en la práctica, esto no es así ya que debido a la elasticidad de los anillos de reparto de carga situados entre tubo y tubo, todo el tramo retrocede. Si el número de anillos es muy elevado, todo el recorrido alargador lo absorbe la compresión elástica de estos anillos por lo que se produce el avance. Experimentalmente se ha demostrado que no es aconsejable pasar de tres estaciones intermedias.

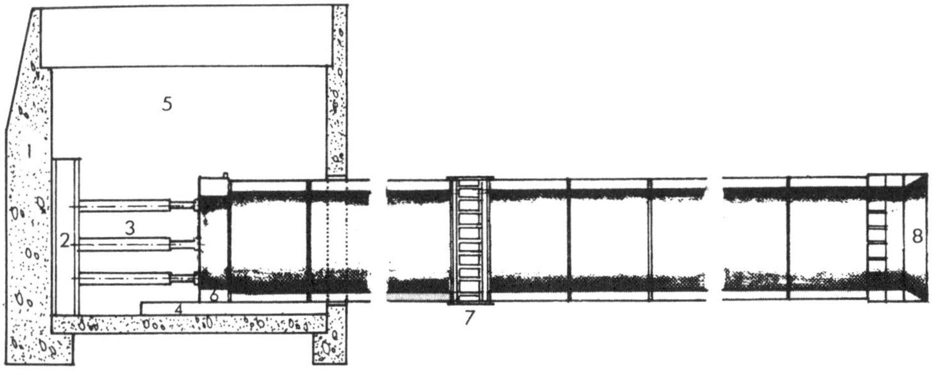

1 MURO DE REACCION
2 ZAPATA DE REACCION
3 CILINDROS DE LA ESTACION PRINCIPAL
4 VIGAS CARRIL DE LA ZAPATA DE EMPUJE
5 CAMARA DE EMPUJE
6 ZAPATA DE EMPUJE
7 ESTACION INTERMEDIA
8 CABEZA DE CORTE

Fig. 5-54. *Conjunto de empuje.*

4. PROBLEMAS QUE SE PLANTEAN EN LA CONSTRUCCION DE LAS REDES DE SANEAMIENTO

Los problemas que se plantean en la construcción no son muy distintos de los comunes a todas las obras de ingeniería, pero tienen una característica desfavorable, la de trabajar siempre en el subsuelo de una ciudad, con la variadísima gama de sorpresas que pueden aparecer. Son normales:

- Cables de alta tensión y tuberías que las compañías de servicios públicos no conocen, que se traducen a veces en tragedia por accidente del palista.
- Minas de agua, antiguas e ignoradas y naturalmente sin revestir, produciendo socavones en superficie con las consiguientes repercusiones en las edificaciones contiguas.
- Hallazgos arqueológicos con el consiguiente paro de obras.
- Edificios con cimentación deficiente.

Todo ello dificulta grandemente los trabajos de construcción de alcantarillas, especialmente en las zonas antiguas de las ciudades.

Entre otros aspectos específicos que inciden sobre la construcción del alcantarillado puede hacerse referencia a:

1) Existe el problema de interferencia con redes de servicios existentes. Indudablemente los servicios de saneamiento tienen primacía respecto a los restantes, especialmente porque su funcionamiento correcto es en conducción rodada.

2) El tráfico y la necesidad de no colapsar la vida comercial en la calle en que se ejecuta la alcantarilla, plantean frecuentemente problemas de organización de la obra, y obligan muchas veces a llevar un plan de obra incorrecto.

3) Sin descender a los problemas que crea la ejecución y el control de hormigonado, cabe hacer hincapié en los problemas que crea la entibación.

   El tipo de obra pequeña, que representa una alcantarilla, frente a otro tipo de obras públicas, no permite llevar a cabo, en proyecto ni en ejecución, los adecuados ensayos sobre la calidad del terreno. Ello significa que el entibado o no entibado, debe resolverse sobre la marcha. Este sistema entraña peligro y responsabilidades.

   Es corriente que terrenos, en los que no es necesaria la entibación, sufran corrimientos por causas ajenas al propio terreno.

4) Existen otros muchos problemas entre los que cabría citar el hormigonado de secciones en galería. La resistencia que oponen los constructores, en obras pequeñas, a emplear métodos especiales de puesta en obra de hormigón en galería, obliga muchas veces a llevar a cabo la obra en fábrica de ladrillo.

5) También cabe citar el problema de una correcta compactación de zanjas que, de no exigirse y controlarse con continuos ensayos Proctor, son causa de que se marque escandalosamente en el pavimento la obra realizada.

5. CONSTRUCCION DE LOS ALCANTARILLADOS

5.1. REPLANTEO Y EXCAVACION

Con arreglo a los planos se fija el eje de las zanjas de las alcantarillas, clavando estacas en los bordes y, sobre ellas, un listón de madera que se coloca en rasante y alineación mediante niveletas. En los cambios de rasantes es donde se ha de darse al encargado de la obra la cota desde el listón hasta la solera de la zanja.

Los listones deben pintarse de blanco y rojo a cada lado de la línea de eje de alineación.

El movimiento de tierras debe hacerse en función de la eliminación de situaciones potencialmente peligrosas. Por tanto es necesario conocer todos los riesgos y adoptar las medidas necesarias para controlarlos.

- Desplome de edificaciones colindantes.
- Derrumbe de tierras y desprendimientos de terreno en excavación vertical.
- Caída de materiales de obra.
- Caída de piedras o materiales suelos, etc.
- Caída de altura (desde borde de excavación).
- Vuelco de máquinas y vehículos.
- Atropellos y golpes producidos por la maquinaria móvil.
- Contactos electrónicos.
- Intoxicación o explosión al interceptar conductos de gas.
- Contaminación sonora.
- Caída de objetos en los pies.
- Proyección de partículas a los ojos.

En relación con el saneamiento, debe prestarse atención especial a las zanjas, debiendo, antes de excavar, comprobarse:

- Las características geológicas e hidrogeológicas del suelo.
- La proximidad de los edificios, instalaciones de servicio público.

- Proximidad de arroyos, alcantarillas antiguas, cables enterrados, etc.
- Proximidad de caminos o vías.
- Prever equipos materiales de apuntalamiento, equipos de protección, personal, letreros, barricadas, luces, maquinaria, etc.
- Las condiciones del suelo, especialmente su posible modificación por secado o hidratación, al proceder a la excavación.
- Las condiciones de entibación de la zanja.
- Las condiciones funcionales para montaje de los conductos y realización de obras.
- Accesibilidad de vehículos y maquinaria.
- Accesibilidad para los montadores de tuberías.

Muchas veces será innecesaria la entibación de las zanjas, dependiendo de:

a) El ángulo, que forman las paredes de la excavación con la horizontal del terreno, deberá ser igual o menor que el talud natural del terreno.

NATURALEZA DEL TERRENO	Excavaciones en terrenos vírgenes o terraplenes homogéneos muy antiguos				Excavaciones en terrenos removidos recientemente o terraplenes recientes			
	TERRENOS				TERRENOS			
	Secos		Inmersos		Secos		Inmersos	
	Ang. con la horizontal	Pendiente	Ang. con la horizontal	Pendiente	Ang. con la horizontal	Pendiente	Ang. con la horizontal	Pendiente
Roca dura	80 °	5/1	80 °	5/1				
Roca blanda o fisurada	55 °	7/5	55 °	7/5				
Restos rocosos, pedregosos o derribos	45 °	1/1	40 °	4/5	45 °	1/1	40 °	4/5
Tierra fuerte (mezcla de arena y arcilla) mezclada con piedra y tierra vegetal	45 °	1/1	30 °	3/5	35 °	7/10	30 °	3/5
Grava, arena gruesa no arcillosa	35 °	7/10	30 °	3/5	35 °	7/10	30 °	3/5
Arena fina no arcillosa	30 °	3/5	20 °	1/3	30 °	6/10	20 °	1/3

b) Existencia de edificación, instalaciones o elementos en las proximidades de las zanjas.

Las mínimas dimensiones de las zanjas, buscando la seguridad de la obra y la correcta instalación de las tuberías, debe contemplar los siguientes valores.

DN	Con entibación	Sin entibación	
		β > 60 •	β ≤ 60 •
≤ 150	B = 0D + 0,40 m	B = 0D + x[1])	
> 150/≤ 350	B = 0D + 0,40 m	B = 0D * 0,40 m	
> 350/≤ 700	B = 0D = 0,70 m	B = 0D + 0,70	B = 0D + 0,40 m
> 700/≤ 1200	B = 0D + 0,85 m	B = 0D + 0,85	B = 0D = 0,40 m
> 1200	B = 0D + 1,00 m	B = 0D = 1,00	B = 0D + 0,40 m

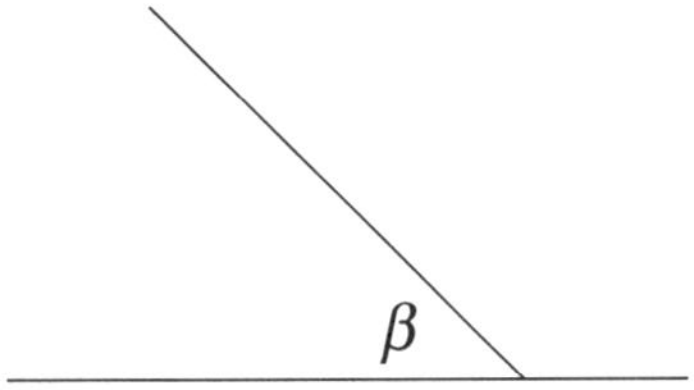

Talud natural del terreno β

donde

DN Diámetro nominal

0D Diámetro externo

β Angulo del talud natural del terreno

[1]) = x dependiendo de las condiciones del terreno, profundidad, etc.

Las anchuras mínimas, en relación con las características de las zanjas vendrán dadas por:

	Altura de la zanja (m)			
	> 1,00	≥ 1,00 a ≤ 1,75	> 1,75 a ≤ 4,0	> 4,0
B_{min} * (m)		0,7	0,8	1,0

Se adjunta en el plano 5-1 una sección tipo de zanja para tubulares de hormigón en masa en terrenos estables.

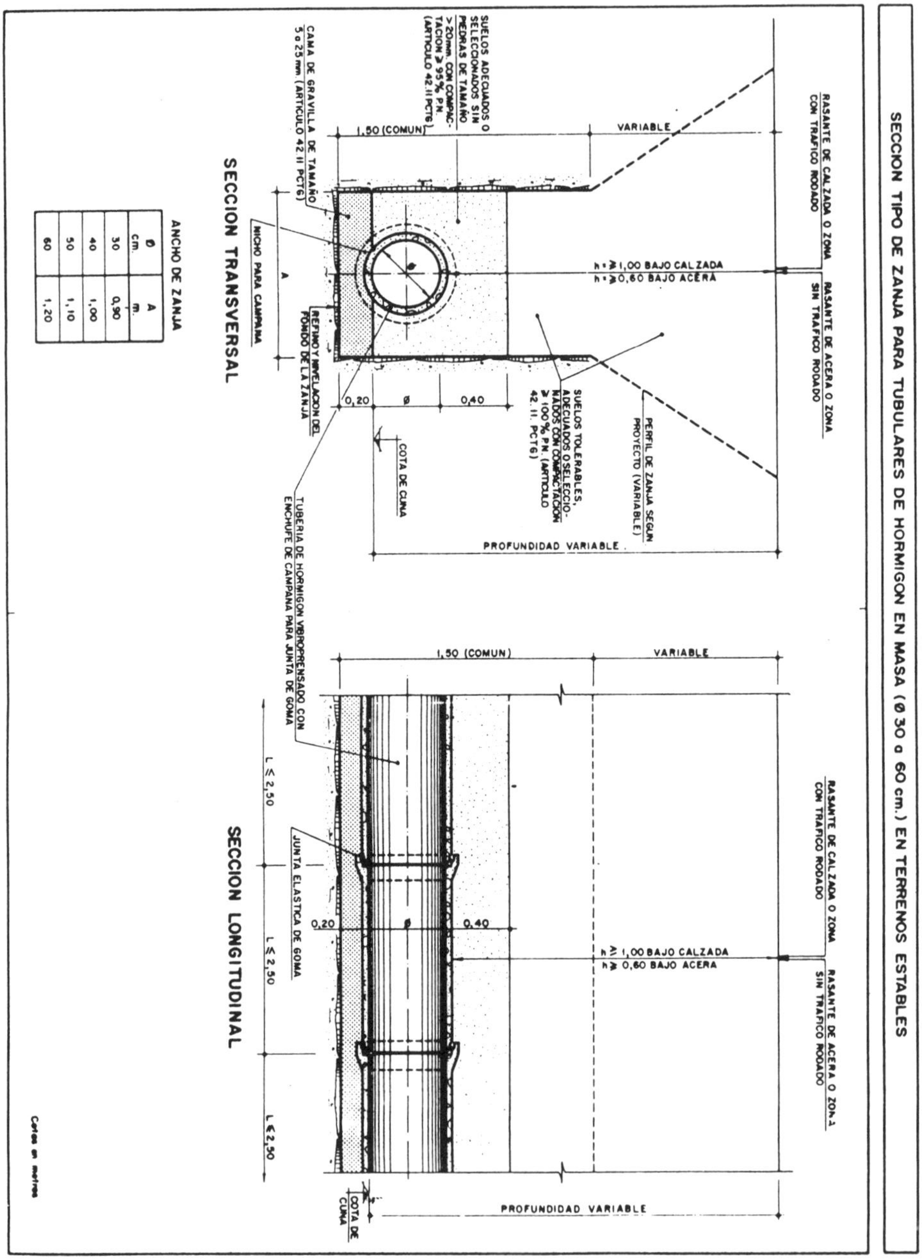

ANCHO DE ZANJA

Ø cm.	A m.
30	0,90
40	1,00
50	1,10
60	1,20

Plano 5-1. *Sección tipo de zanja para tubulares de hormigón en masa (ø30 a 60 cm.) en terrenos estables.*

Abierta la zanja y llegando a las proximidades de la cota de solera, se fija la alineación de la misma mediante un cordel tenso y se clavan estacas en el fondo a 10 ó 15 m una de otra, que se hincan con cuidado hasta ponerse a la rasante justa, mediante niveletas. La tierra extraída debe echarse a un solo lado, con objeto de entorpecer la circulación lo menos posible, y en caso de calles estrechas, deben disponerse unas plataformas de madera que eviten la irrupción de tierras en las aceras.

Estas plataformas se deben hacer con tirantes, como se aprecia en la figura 5-55 para que las propias tierras la estabilicen.

En calles estrechas o de mucha circulación es forzoso recurrir a veces al transporte de tierras a vertederos próximos y a nuevo relleno desde dichos vertederos para evitar reclamaciones de los vecinos.

Los materiales de construcción se apilan y distribuyen por el lado libre de la zanja.

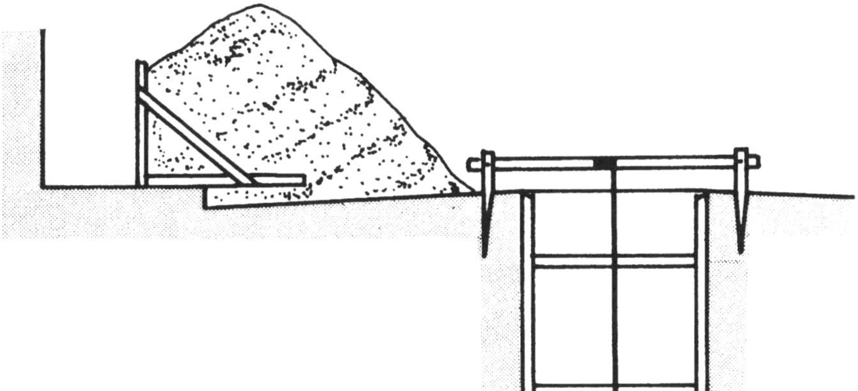

Fig. 5-55. *Excavaciones en zanja para alcantarillas.*

En la mayor parte de los casos es necesario o conveniente la entibación, como la limitación de espacio.

Esta entibación debe hacerse a medida que avance la excavación, y tan pronto como haya posibilidad de ejecutarla. Debe indicarse la conveniencia de que tableros y codales se instalen a 90°. Es decir, se debe tender a escalonar las paredes, de forma que tableros y codales trabajen formando ángulo recto entre ellos.

Las prescripciones de la OSHA, para la madera a utilizar se concreta en:

PRESCIPCIONES DE LA O.S.H.A.
REQUISITOS MINIMOS DE LAS SECCIONES DE MADERA EN APUNTALAMIENTO DE ZANJAS

PROFUNDIDAD DE LA ZANJA	CLASE O CONDICION DEL SUELO	TAMAÑO Y ESPACIADO DE LOS MIEMBROS									
		VERTICAL		HORIZONTAL		RIOSTRAS ATRAVESADAS (Anchura de la zanja)				ESPACIADO MAXIMO	
		DIM. MIN.	ESPAC. MAX.	DIM. MIN.	ESPAC. MAX.	Hasta 90 cm	90 180	180 270	270 360	VERT.	HOR.
m		mm	cm	mm	cm	mm				cm	cm
1 a 3	DURO COMPACTO	75x100 50x150	180			50x 150	100x 100	100x 150	150x 150	120	180
	RABLAJE	75x100 50x150	90	100x 150	129	50x 150	–	100x 150	150x 150	120	180
	BLANDO, ARENOSO O DE RELLENO	75x100 50x1050	Tables lacado cerrado	100x 150	129	100x 100	1000x 160	150x 150	150x 200	120	180
	PRESION HIDROSTATICA	75x100 50x150	–	150x 200	129	100x 100	100x 160	150x 150	150x 200	120	180
3 a 45	DURO	75x100 50x100	120	100x 150	129	100x 100	100x 160	150x 150	150x 200	120	280
	RABLAJE	75x100 50x150	60	100x 150	120	100x 100	100x 160	150x 150	150x 200	120	280
	BLANDO,ARENOSO O DE RELLENO	75x100 50x100	Tables lacado cerrado	100x 150	120	100x 150	150x 150	150x 200	200x 200	120	180
	PRESION HIDROSTATICA	175x 150	–	200x 250	120	100x 150	150x 150	150x 200x	200x 200	120	180
45 a 6	CONDICIONES DE TODAS CLASES	175x 150	Tables lacado cerrado	100x 100	120	100x 100	150x 200	200x 200	200x 250	120	180
más de 6	CONDICIONES DE TODAS CLASES	175x 150	Tables lacado cerrado	150x 200	120		200x 200	200x 250	250x 250	120	180

O.S.H.A. – Ocupational safety and health act

Cuando se realice una entibación parcial, se cumplirán los siguientes requisitos:

a) Se protegerá la zona superior, llegando, como mínimo, hasta la mitad de la pared.

b) El ancho deberá ser un tercio de la altura de la zanja.

c) La entibación sobresaldrá en una altura de 20 cm sobre el borde de la zanja para que realice la función de rodapié y evite la caída de objetos y materiales al fondo de la misma.

d) Antes de comenzar cada jornada de trabajo, deben revisarse las entibaciones.

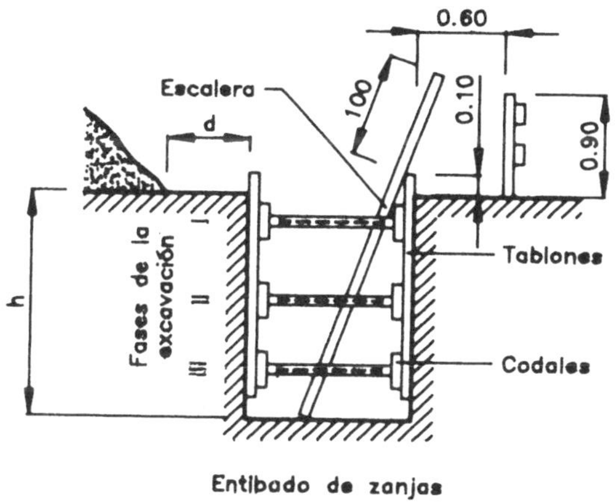

Fig. 5-56 (a). *Sección entibación.*

Cuando el terreno no presenta la suficiente cohesión es preferible usar tablas verticales.

Otras recomendaciones a contemplar en la zanja son:

– Los productos procedentes de la excavación se acopiarán en un solo lado de la zanja, a una distancia **d** que se calculará en función del tipo de terreno y profundidad de la zanja según la fórmula:

  d = P/2 en terrenos compactos.

  d = P en terrenos arenosos o sueltos, siendo **d** como mínimo de 60 cm.

– Siempre que las obras se lleven a cabo en zonas habitadas o con tráfico próximo, se dispondrá a todo lo largo de la zanja, y en el borde contrario al que se acopian los productos de excavación, o en ambos lados si éstos se retiran, vallas y pasos colocados a una distancia no superior a 50 m. El ancho mínimo de los pasos será de 60 cm con apoyos mínimos de 20 cm y protegidos por barandillas de 90 cm de altura.

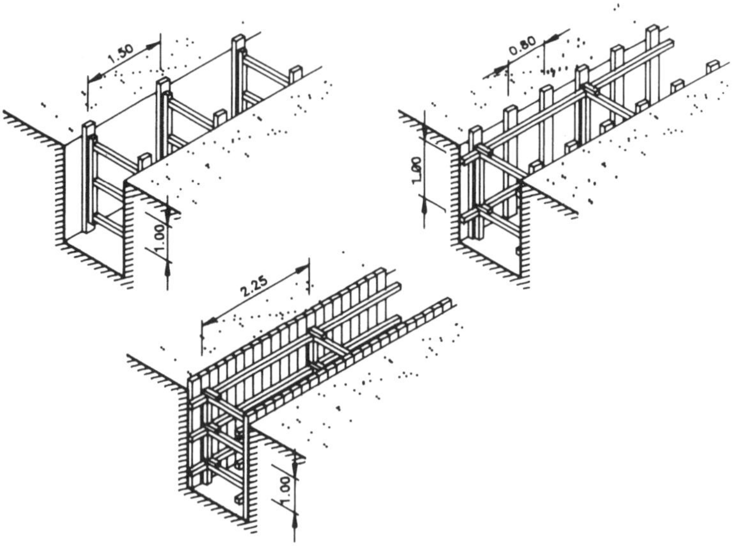

Fig. 5-56 (b). *Entibaciones.*

– Asimismo, en las zonas indicadas en el apartado anterior, las vallas se señalizarán cada 15 m con luz roja, y si son intermitentes, su frecuencia será, aproximadamente, de 60 destellos por minuto. Los pasos se deberán señalizar e iluminar convenientemente.

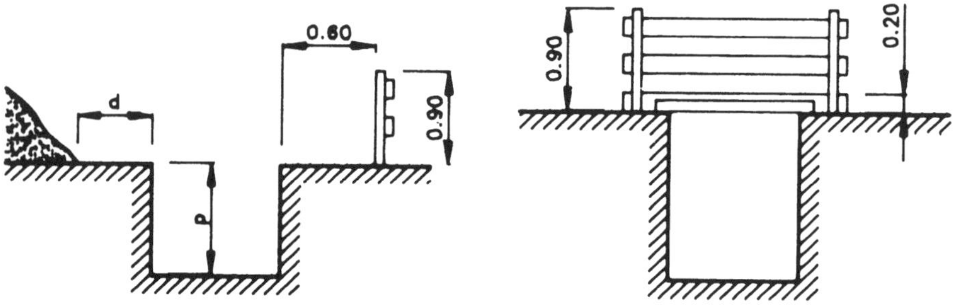

Protecciones y situaciones de los productos de la excavación en zanjas

Pasos

d ≥ P/2
d ≥ P en terrenos arenosos

Fig. 5-56 (c).

En caso de terrenos secos y firmes, la entibación puede reducirse a la de la figura con tablones (a), de más anchura (o mayor número) a medida que se profundiza, sujetos por codales separados de 1,5 a 2 m y constituidos por rollizos de madera sana, de unos 15 cm de grosor. En estos casos puede excavarse el fondo de las zanjas, dándoles ya la forma de la sección a recibir (si es moldeada fuera), o a construir in situ.

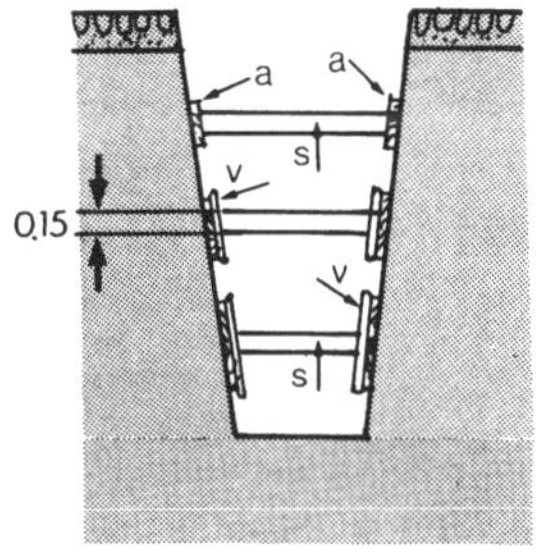

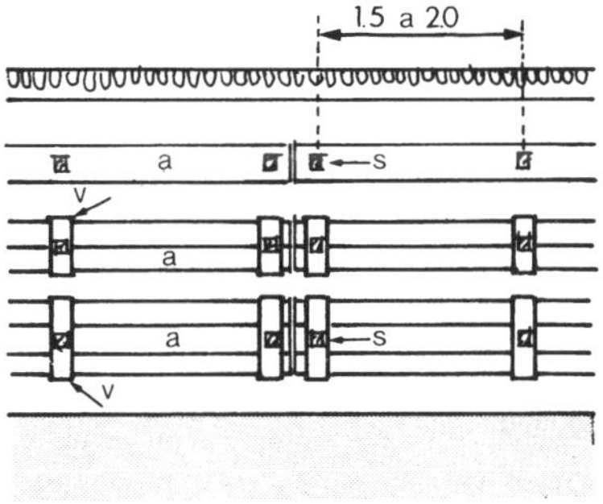

Fig. 5-56 (d). *Entibación ligera con acodalamientos.*

Cuando el terreno es suelto y no se mantiene sin desmoronarse en una altura igual a la anchura de un tablón, hay necesidad de proceder a la entibación vertical en la forma indicada en la figura con acodalamientos reforzados, o sea, con entibaciones semicuajadas.

Cuando existen terrenos superiores sueltos (generalmente diluviales o de acarreos) sobre otros compactos y, sobre todo (como es frecuente en las calles) la capa superior es de relleno y la inferior compacta, puede hacerse una entibación parcial cuajada en la parte superior. Con ello queda libre la zona de trabajo propiamente dicha, que no suele presentar entibación o ésta puede ser mínima.

Los acodalamientos pueden emplearse para instalar plataformas escalonadas, que faciliten la extracción de tierras y descenso de materiales, cuando no se emplean medios elevatorios. Este sistema, combinado con escalonamientos en las entibaciones, es el más adecuado para trincheras de gran profundidad, pues se facilita la hinca de los tablones.

Es conveniente tener cuidado en el refino del fondo de la zanja para no efectuar excavaciones de más, que luego al terraplenar hace que las tuberías, si no llevan cama de hormigón debajo, queden en malas condiciones de sustentación.

Por ello es aconsejable que la apertura de la zanja, la colocación de las tuberías y el relleno, vayan lo más adecuadamente acompasados, para que ni aquélla esté demasiado tiempo abierta, para evitar el peligro de desprendimiento, inundaciones o

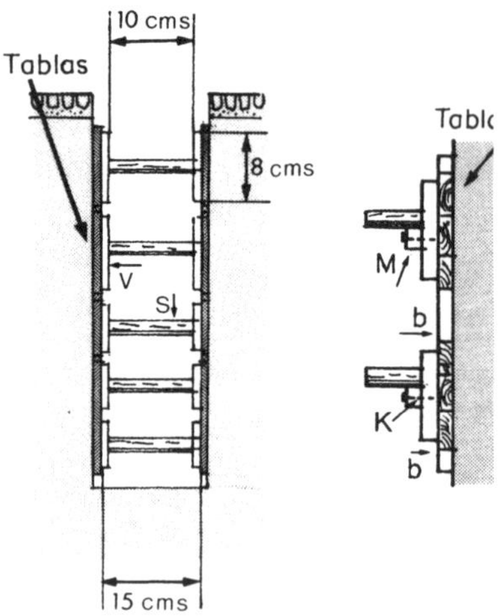

Fig. 5-57. *Entibación cuajada.*

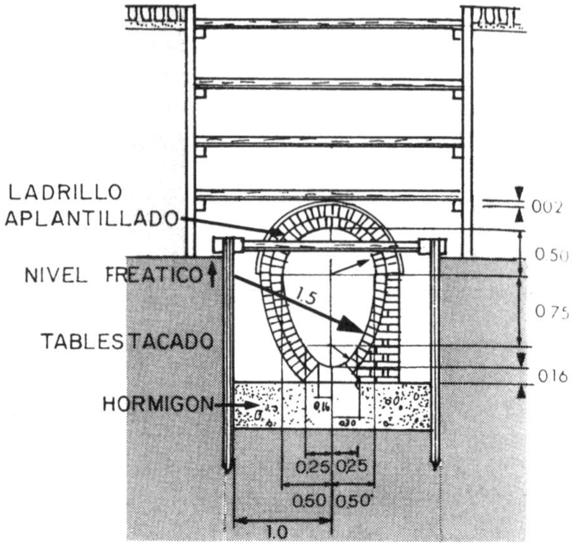

Fig. 5-58. *Zanjas y entibaciones en calles estrechas.*

meteorización del terreno, ni para que las tuberías o alcantarillas ya colocadas queden a merced de accidentes.

En caso de poblaciones sin servicios en el subsuelo, o en ensanches y extensiones a urbanizar, en las que el alcantarillado vaya por delante de todo trabajo de urbanización, es preferible emplear máquinas zanjadoras para las excavaciones.

Las excavaciones con zanjadora son muy cómodas si el terreno se presta a ello, es decir, si además de no haber obstáculos de tuberías, acometidas de agua o atarjeas, es de tierra blanda o terreno de tránsito.

Pueden también utilizarse palas excavadoras con dispositivo retrozanjador, que, además de servir para la apertura de la zanja, puedan utilizarse para la extracción de posibles desprendimientos, carga o descarga, y colocación de tubos actuando como grúas.

5.2. AGOTAMIENTO, DRENAJES Y ENTIBACIONES

Si el terreno está impregnado de agua y ha de pasarse con la excavación el nivel freático, hay dos soluciones a seguir, provocar el descenso de la capa de agua, o el de tablestacado.

El descenso de la capa de agua puede operarse, o por simple drenaje, si la capa freática no tiene gran altura sobre la solera de las zanjas, o por rebaje de la misma por agotamiento.

El drenaje puede consistir sencillamente en pequeñas zanjas rellenas de grava y recubiertas por arcilla o tepes. En los drenes pueden alojarse tubos de hormigón, sin juntas, tal como indica la figura. Si el drenaje ha de funcionar como saneamiento del subsuelo, habrá de recurrirse a sistemas más complicados. Cuando el nivel de la capa freática está muy por encima del de la solera, no basta el drenaje natural, y se recurre el agotamiento corriente, o al drenaje mecánico por filtros verticales si el terreno es permeable.

El caudal a agotar es función de la altura de la capa freática sobre el fondo de la excavación, de la permeabilidad del terreno y de la longitud de zanja abierta. Por ello es conveniente reducir al mínimo esta longitud, ya que los otros dos factores son invariables.

Normalmente, y para facilitar los agotamientos y la colocación de tuberías, debe trabajarse de abajo arriba.

El tipo de bomba a emplear es función del caudal a agotar, pero conviene que sea de las que son capaces de evacuar fangos, que siempre se producen en las excavaciones.

El drenaje mecánico se efectúa por medio de tuberías drenes, metálicas, hincadas a ambos lados de la zanja, tan pronto como ésta ha profundizado todo lo posible, y unidas por tuberías flexibles a una bomba. La parte filtrante del tubo se hinca hasta por debajo del tubo definitivo de la zanja a realizar. Estos tubos tienen longitudes de 2,50 a 3 m, terminando en punta inferior y en una parte roscada superiormente.

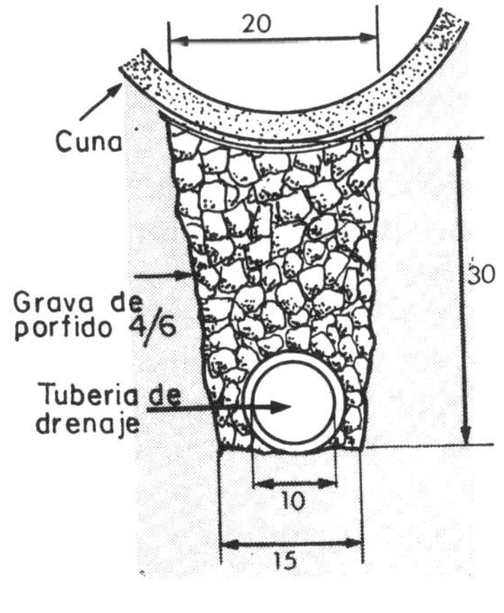

Fig. 5-59. *Drenaje de construcción.*

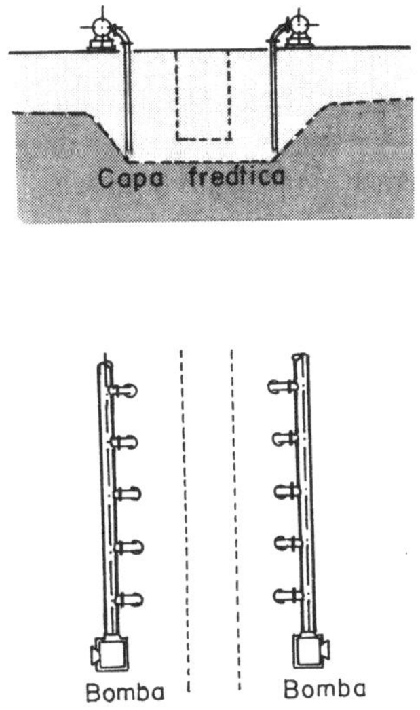

Fig. 5-60. *Agotamiento por tuberías drenes.*

Aunque puede calcularse el número de tubos necesarios, según la capa de agua, por los mismos métodos que los seguidos para la captación de aguas en terrenos permeables, es lo cierto que se procede siempre, y eso es lo práctico, por ensayos directos en las zanjas.

Cuando la profundidad de los colectores es grande y el subsuelo rico en aguas, es recomendable emplear en la apertura de zanjas tablestacados metálicos que, al mismo tiempo qeu aseguran la impermeabilidad, reducen las dimensiones de las zanjas a las estrictamente precisas. El escaso número de codales de arriostramiento que exigen facilita la labor de los obreros. Normalmente puede dividirse el tajo en forma tal, que no exija grandes cantidades de tablestacas.

Si el terreno es de arena fina y las calles son estrechas, quedando por tanto próximos los cimientos de los edificios, se ha de echar mano de recursos extraordinarios que impidan el arrastre de la arena por el agua de lluvia o por la de agotamientos.

6. COLOCACION Y CALCULOS RESISTENTES DE LOS CONDUCTOS

6.1. TUBERIAS DE HORMIGON

Las zanjas deberán hacerse de la anchura mínima que permita una buena construcción de las juntas.

Su profundidad debe ser tal, que el espesor de tierras sobre los tubos sea superior al relleno de seguridad como precaución, siempre superior a 0,40 m, para amortiguar debidamente los choques.

Dada la importancia que tiene el apoyo, que al ser lineal aumenta las fatigas, hay que procurar huir de los fondos planos, hasta ahora corrientemente ejecutados, y tender al apoyo circular de la tubería en las zanjas. Así conviene rellenar de arena fina hasta el diámetro horizontal, regando y retacando cuidadosamente dicha arena alrededor de la tubería, y especialmente en las juntas, a fin de evitar los vacíos que, además de reducir el apoyo, pueden introducir flexiones suplementarias.

Teniendo en cuenta la reducción a 1/3 del coeficiente de fatiga en caso de empotramiento parcial con hormigón hasta la mitad del diámetro, convendría hacer camas de hormigón, si la economía de la obra lo permite.

El relleno debe efectuarse, en lo posible, con tierras arenosas o ligeras, rehuyendo las arcillosas. El apisonado por capas sucesivas regadas es de gran importancia, para producir el efecto de bóveda y evitar los hundimientos accidentales.

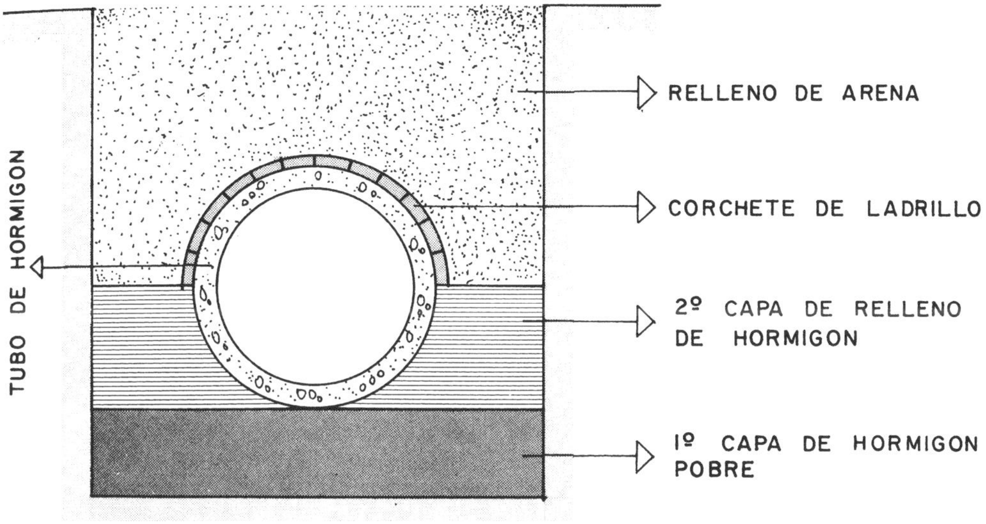

Fig. 5-61. *Colocación de tubería sobre cama de hormigón.*

Una solución práctica puede ser la de ejecutar una cama de hormigón pobre aplantillada pra recibir el tubo. Un poco encarece el coste, pero creemos compensa en muchas ocasiones.

6.2. COLECTORES PREFABRICADOS DE HORMIGON ARMADO

Las condiciones pésimas de servicio son las que corresponden a las siguientes hipótesis:

- Cargas verticales de tierra.
- Sobrecargas en el terreno.
- Peso propio.
- Presión hidrostática en lámina libre.
- Presión hidráulica interior de 0,5 atms.
- Acción lateral de las tierras.

Las cargas verticales de tierra y las sobrecargas sobre el terreno se traducen en una carga uniforme, actuando sobre el plano tangente al exterior de la clave, según las teorías usuales de MARSTON.

Para la acción lateral de las tierras, cabe considerar dos procedimientos diferentes, empujes de las tierras sobre los paramentos verticales del colector o reacción de las tierras ante la deformación del colector.

En los casos de compactaciones de tierras normales debe de considerarse el primer caso, evaluando este empuje lateral el coeficiente de empuje activo correspondiente. En este caso, la reacción vertical producida por la solera de hormigón se supone uniforme.

En los casos en que pueda garantizarse una compactación muy cuidada, o que el relleno de los laterales colector-terreno natural se haga con hormigón o mortero, el procedimiento a seguir es el denominado de bielas. Con este procedimiento se evalúa la reacción del terreno ante la deformación del colector, tanto en los laterales como en la solera, de acuerdo con la hipótesis de WINKLER, utilizando el coeficiente de balasto del terreno.

Aparte de las condiciones pésimas de servicio, deben de tenerse en cuenta en el cálculo otros casos especiales de actuación de cargas, que puedan presentarse en la ejecución de las obras o durante la manipulación. En el primer caso, puede ser, por ejemplo, la actuación de compactadores importantes de calzadas en un lateral del prefabricado, y, en segundo, la suspensión de todo el elemento con un útil de cuello de cisne.

Estas condiciones puede exigir la colocación de armadura en partes no normales para las condiciones de servicio, como son el paramento interior de los hastiales o el exterior de la bóveda.

El colector debe de asentarse siempre sobre una solera de hormigón que permita contar con un reparto eficaz de las reacciones verticales. Su espesor será función del tipo de terreno y del peso de la pieza (0,15 a 0,25 cm en terrenos normales).

Una vez realizada la solera, se descarga y monta entre 40 y 100 m/día por equipo, en función de las circunstancias y el tipo de colector.

Otra brigada va recibiendo juntas posteriormente, quedando así terminado el colector para luego ser tapado normalmente, como cualquiera realizado a cielo abierto.

6.3. COMPROBACION DE LA RESISTENCIA DE LOS CONDUCTOS

Las tuberías, como cualquier otro elemento que va a estar sometido a determinadas solicitaciones mecánicas, deben calcularse de forma que no se produzca un despilfarro económico, utilizando elementos resistentes en exceso, ni se corran riesgos inadecuados si se actúa por defecto.

Fig. 5-62. *Aliviadero en funcionamiento.*

Fig. 5-63. *Desagüe directo.*

Los esfuerzos debidos a la presión interna son los de cálculos más simple, utilizando la conocida fórmula:

$$P = \frac{2e\sigma}{D + e}$$

que liga la presión de rotura al diámetro, espesor y resistencia específica del material.

Los esfuerzos de flexión en los tubos enterrados son los de cálculo más difícil por el desconocimiento de las acciones del terreno sobre la tubería. En la práctica si se siguen las recomendaciones de instalación, recogidas en todas las Normativas, estos esfuerzos son mínimos siendo innecesario su cálculo.

Los esfuezos de aplastamiento no tienen influencia en tubos de pequeño diámetro, y su cálculo, para los diámetros en que es preciso realizarlo, se contempla en la Normativa existente y a la que después se hará referencia.

Para tubería con $\varnothing \geqslant 200$ mm, el cálculo se centra en su respuesta a los efectos combinados de presión interna y de aplastamiento, por peso del relleno y por carga de tráfico.

Al calcular las cargas de aplastamiento, la relación entre la rigidez del tubo y del relleno tiene una gran influencia en la magnitud de la carga que debe soportar el tubo, su distribución, y las deformaciones consecuentes.

Hasta fecha reciente los métodos de cálculo estaban basados en las fórmulas de Marston, que no tomaban en consideración más que de una forma muy elemental la interacción tubo/relleno.

Siguiendo dicho método, después de evaluar la carga de las tierras y las sobrecargas que actúan sobre el tubo enterrado, se determinaba la resistencia que debía tener el tubo a utilizar, teniendo en cuenta unos «Factores de carga», que son función de las «condiciones de apoyo» y de la compactación del material de relleno de la zanja.

Marston, de forma empírica, clasificó las tuberías en rígidas, semirrígidas y flexibles, en función de que su deflexión $\Delta D/D$ fuera inferior al 1% (tubería rígida), o superior al 30‰ (tubería flexible).

Las cargas que transmiten el relleno a las tuberías son mayores en las tuberías rígidas que en las semirrígidas, y en estas mayores que en las flexibles.

Las tuberías rígidas se fisuran sin apenas deformación y las flexibles adquieren deformaciones importantes, que es preciso limitar a base de compactaciones importantes del relleno.

A las tuberías semirrígidas el terreno las transfiere menos carga que a las rígidas, si necesitar más compactación que éstas, pues su deformación no es tan importante que deba controlarse.

En cuanto al apoyo en la zanja, las tuberías semirrígidas, con su deformación elástica, distribuyen mejor las cargas al terreno de lo que hacen las rígidas, por lo que un apoyo de material granular de 90° y compactación adecuada del relleno, produce un factor de apoyo mínimo de 1,90, mientras que en las tuberías rígidas este apoyo sólo proporciona un factor de 1,50, necesitándose que el apoyo sea de 180° para conseguir el mismo factor de apoyo.

La experiencia de los últimos años ha venido demostrando que, los cálculos basados en el método de Marston indicado, pueden ser incorrectos, en particular cuando se aplican a tubos de diámetro mayor de 500 mm. Además el análisis de los resultados de ensayos realizados muestra que los «Factores de carga», contrariamente a su definición, varían con el diámetro del tubo y la relación espesor a diámetro y no sólo con las condiciones de apoyo y de compactación del relleno de la zanja.

Asimismo se ha comprobado que existe una considerable discrepancia entre las tensiones y deformaciones medidas en la interface tubo-suelo y las calculadas aplicando las fórmulas de Marston y Spangler.

Por todos estos motivos, en los últimos años se han desarrollado métodos de cálculo que tienen en cuenta la interacción tubo-suelo.

Como consecuencia de todos estos trabajos, en diciembre de 1988 se aprobó la Norma ATV A-127 que, no sólo es el método de cálculo mecánico más moderno y que se ha impuesto más extensa y rápidamente en Europa, sino que además es de aplicación para conducciones de cualquier material y utiliza una metodología y formulación comunes para todos los materiales.

Las etapas para la elección de los tubos a utilizar son:

a) Determinar las acciones sobre el tubo debido a cargas externas e internas.

b) Determinar las solicitaciones a que está sometida la conducción.

c) Elegir el tubo que cumpla con los ecoficientes de seguridad establecidos.

En el Anejo de este Capítulo se detalla íntegramente este nuevo método de cálculo, del que existen ya programas de ordenador que facilitan totalmente su aplicación.

6.3.1. Tuberías

Se compara la carga de rotura mínima P_r garantizada por el fabricante con la carga P_c que soporta la tubería en servicio, de forma que

$a \times P_c < P_r$, siendo a un coeficiente.

Pueden calcularse P_c y a, como sigue. Si el diámetro es inferior a 1,50 m y la altura del relleno sobre la tubería está dentro de los límites siguientes:

0,40 m y 6,00 m sin sobrecargas.

0,80 m y 6,00 m con sobrecargas.

a = 3,5, para tuberías provenientes de fábricas con escaso control de calidad.

a = 2,0 a 2,5, para tuberías provenientes de fábricas con control de calidad y diámetro $\leqslant$ 0,50 m.

a = 2,0 a 2,7, para tuberías provenientes de fábricas con control de calidad con diámetro > 0,50 m.

La carga Pc por metro de canalización viene dada por

$$Pc = \frac{(P + P') \, De}{C_a}$$

P_c, expresada en N.

De, diámetro exterior de la tubería en m.

C_a, coeficiente de apoyo.

C_a = 1,1 apoyo lineal sobre la generatriz inferior.

C_a = 1,7 apoyo en un ángulo de 60°.

C_a = 2,0 apoyo sobre un arco de 90°.

C_a = 2,3 apoyo sobre un arco de 120°.

P, presión expresada en N/m^2, ejercida por el relleno a nivel de la generatriz superior de la tubería, en función de H recubrimiento en m.

P', presión expresada en N/m^2, ejercida por la rueda de 6.500 da N a nivel de la generatriz superior de la tubería.

El valor de P (da N/m^2), en función de H y de la relación.

$$\frac{B}{Dc} = \frac{\text{anchura de zanja a nivel de la generatriz superior}}{\text{diámetro exterior}},$$

viene reflejado en la siguiente tabla:

B/De \ H (m)	1,25	1,50	1,75	2,00	2,25	2,50	2,70
0,40	680	710	740	750	800	820	850
0,60	1.000	1.070	1.130	1.190	1.250	1.310	1.360
0,80	1.310	1.420	1.530	1.640	1.740	1.850	1.940
1,00	1.610	1.780	1.940	2.110	2.280	2.450	2.590
1,20	1.890	2.130	2.370	2.600	2.840	3.080	3.270
1,40	2.170	2.480	2.790	3.110	3.420	3.740	3.990
1,60	2.440	2.830	3.220	3.620	4.010	4.400	4.720
1,80	2.700	3.180	3.660	4.140	4.620	5.100	5.480
2,00	2.950	3.520	4.090	4.660	5.230	5.800	6.260
2,20	3.180	3.850	4.510	5.180	5.840	6.510	7.050
2,40	3.420	4.180	4.940	5.710	6.470	7.240	7.840
2,60	3.650	4.520	5.380	6.250	7.120	7.990	8.680
2,80	3.860	4.820	5.780	6.750	7.700	8.670	9.440
3,00	4.070	5.130	6.200	7.260	8.330	9.390	10.240
3,50	4.560	5.880	7.200	8.520	9.830	11.150	12.210
4,00	5.030	6.610	8.190	9.760	11.340	12.920	14.180
4,50	5.450	7.290	9.120	10.960	12.790	14.630	16.090
5,00	5.860	7.950	10.040	12.140	14.230	16.330	18.000
6,00	6.590	9.170	11.760	14.350	16.930	19.520	21.600

En este cuadro la densidad del terreno se considera de 1.800 N/m^3. Para otra densidad se multiplicarán los valores de la tabla por la relación de densidades.

El valor de p', expresado en da N/m^2, en función de la altura de recubrimiento H en m figura en la tabla de la página 107:

VARIACION DE LA PRESION VERTICAL EN FUNCION DE LA ALTURA DEL TERRAPLEN (H)

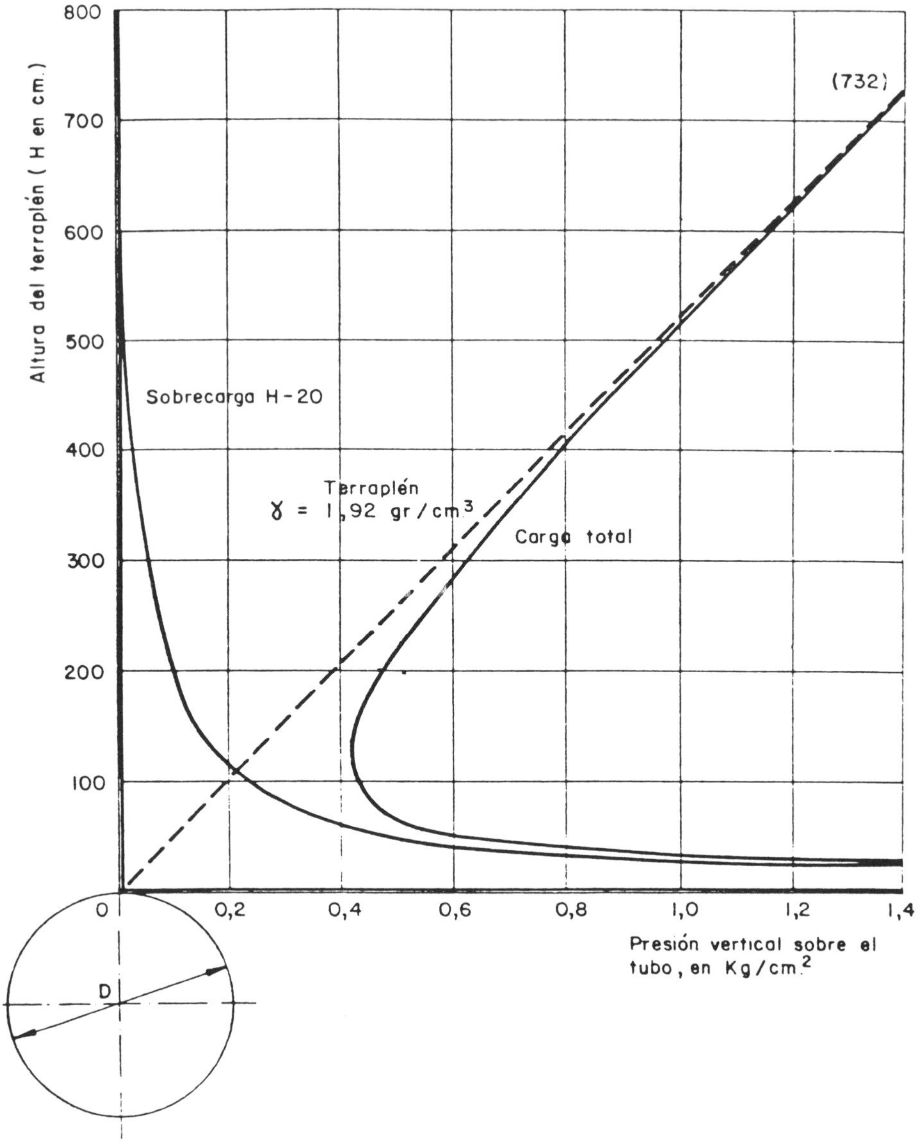

H (m)	P' (da N/m²)	H (m)	P' (da N/m²)
0,80	4.785	2,60	470
1,00	3.105	2,80	405
1,20	2.185	3,00	360
1,40	1.620	3,50	265
1,60	1.245	4,00	205
1,80	985	4,50	160
2,00	805	5,00	130
2,20	665	5,50	110
2,40	560	6,00	90

6.3.2. Ovoides

Los cálculos de comprobación se efectúan de la misma forma siendo

$$P_c = \frac{2\,(p + p')\,R}{m}$$

donde R es el radio hidráulico.

Tuberías de saneamiento de hormigón armado y prensado

El apoyo de la tubería se supone continuo en sentido longitudinal y en sentido transversal, con ángulos de 90° y 120° sobre una cama de hormigón.

La determinación de acciones y cálculos de las secciones, puede efectuarse siguiendo I.E.T.-80. Anejo 4, el Manual de ACPA, Cap. 4 y la A.S.T.M. C-76.

6.4. TUBERIAS DE FIBROCEMENTO

6.4.1. Características de la zanja

El dimensionado de las zanjas viene determinado por:

a) Atender a las condiciones técnicas hidráulicas.

b) Proporcionar a la tubería un adecuado alojamiento que la proteja de aquellas acciones que puedan deteriorarla.

c) Procurar al personal de montaje unas condiciones que den seguridad y facilidad a su trabajo.

Como regla general no debe abrirse las zanjas con demasiada anticipación a la colocación de las tuberías, sobre todo si el tiempo es lluvioso o el terreno deleznable. Es recomendable que no transcurran más de ocho días entre la excavación de la zanja y la colocación de la tubería.

La altura de tierras máxima y mínima sobre la tubería, el tipo de apoyo, el tipo de relleno, y la anchura máxima de la zanja, son generalmente datos de proyecto.

Es necesario ajustarse a estos datos porque las variaciones pueden implicar una mayoración de las cargas sobre el tubo o una disminución de las condiciones hidráulicas.

A falta de datos concretos sobre anchura de zanja, tipo de apoyo, y tipo de relleno, se recomienda utilizar los que se contienen en las figuras siguientes.

La anchura de la zanja en relación con el diámetro de la tubería, la altura de tierras sobre ésta, la forma de compactar el relleno, y la flexibilidad del tubo, determinan las relaciones de rozamiento y consiguiente transmisión de carga entre el prisma y el terreno adyacente. El ángulo de rozamiento de las tierras determina la cantidad de carga transmitida. El recorrido de flexibilidad elástica del tubo, y la naturaleza y ángulo de la cama de apoyo, determinan las posibilidades de resistencia de la tubería.

No hay que olvidar que los cálculos se hacen para determinado material de tubería, rígido, semi-rígido o flexible, y que debe ofrecerse un tipo de sección transversal de zanja, una cama, y un relleno, en condiciones de estandarización de un mínimo viable. En este sentido hay que indicar también un ángulo de rozamiento de seguridad para los casos de terreno arenoso, ya que, para los casos de carga adicional sobre el prisma cargan más los arenosos, y que, para los casos de disminución de carga del prisma, descargan menos los arcillosos.

Por otra parte, por mínima que sea la compactación, es preciso realizarla de modo que se evite que las aguas de escorrentía superficial penetren en la zanja, como si ésta fuese una esponja, y circulen por el fondo de la misma, destruyendo la cama de asiento de la tubería.

6.4.2. Fórmulas y condiciones de enterramiento

Véase UNE 88-211-83.

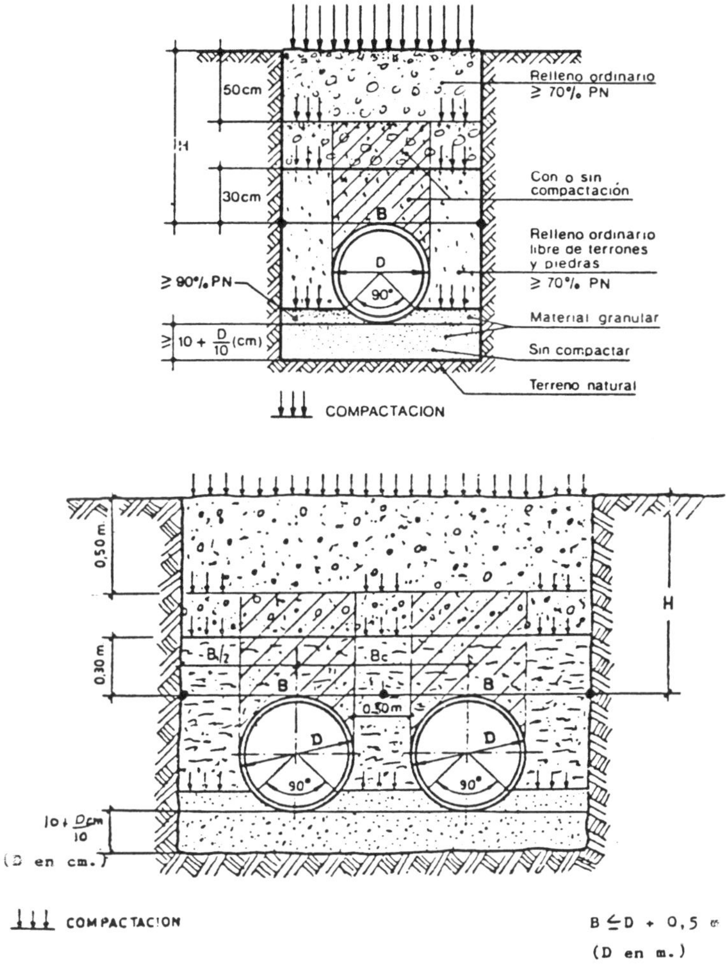

Fig. 5-64. *Características de las zanjas.*

6.4.2.1. Carga de tierras

La carga de tierras sobre la tubería, en base al cálculo, resulta ser:

$$Wt = \frac{e^{\left(\frac{2\alpha \,.\, H}{D} \,.\, \text{tag}\,\rho\right)} - 1}{2 \text{ x } \text{tg}\rho} \text{ x } \gamma \text{ x } D^2$$

siendo:

2α = Valor experimental a medir, a la altura de la generatriz superior, en las verticales de los extremos del diámetro exterior horizontal. Para las tuberías semi-rígidas (con deformaciones elásticas por aplastamiento en las que $\Delta D/D$ es del orden 1,5%), y con la sección transversal indicada en las figuras el valor de 2α se indica en la Tabla.

El valor de 2α se ha tomado para el caso más desfavorable, que resulta ser cuando se compacta la zona rayada de las figuras.

Las secciones transversales de las figuras sobre zanjas, proporcionan a las tuberías semi-rígidas un factor de apoyo de valor K = 1,9.

H = Altura del recubrimiento en m.

D = Diámetro exterior del tubo en m.

ρ = ángulo de rozamiento del relleno (18° a 30°).

γ = peso específico del relleno (1.800-2.000 kg/m^3).

W_t = Carga de tierra que actúa sobre la tubería en el plano horizontal que pasa por la generatriz superior del tubo en kg/m.

El valor de 2α, resulta ser:

$$2\alpha = f\,(H, H_1)$$

con

$$H1 = \frac{B_2}{D \times tg\rho} Ln \left(\frac{B + D}{2D} \right)$$

siendo B la anchura de zanja a la altura de la generatriz superior del tubo.

De manera que, midiendo H en unidades H_1, se han encontrado para 2α los siguientes valores:

VALORES DE Zα EN FUNCION DE H

H	$\frac{H_1}{8}$	$\frac{2H_1}{8}$	$\frac{3H_1}{8}$	$0{,}05H_1$	$\frac{5H_1}{8}$
2α =	0,7	0,7	0,55	0,45	0,30

H	$\frac{6H_1}{8}$	$\frac{7H_1}{8}$	H_1	$\frac{9H_1}{8}$	$\frac{10H_1}{8}$
2α =	0,15	0,07	0	−0,07	−0,09

H	$\frac{11H_1}{8}$	$1{,}5H_1$	$\frac{13H_1}{8}$	$\frac{14H_1}{8}$	$\frac{15H_1}{8}$
2α =	−0,12	−0,14	−0,16	−0,18	−0,20

H	$2H_1$	$\frac{17H_1}{8}$	$\frac{18H_1}{8}$	$\frac{19H_1}{8}$	2,5H
2α =	−0,21	−0,22	−0,23	−0,24	−0,25

Para $H > 2{,}5\ H_1$ $\qquad 2\alpha \simeq -0{,}25$

Para $H < \frac{H_1}{8}$ $\qquad 2\alpha \simeq 0{,}7$

Para $H = H_1$ $\qquad W_t = \gamma \times H_1 \times D \qquad [2]$

Para el caso de la figura 5-51, si

$$B = \frac{B_1 + B_c}{2}$$

y si $H = H_1$, el valor de Wt se calcula con la fórmula [2] poniendo en vez de H_1 el valor de H.

B_1 = doble de la distancia del eje del tubo a la pared.

B_c = distancia entre ejes de tubos.

6.4.2.2. Carga de tráfico

La carga de tráfico se calcula por el procedimiento de BOUSSINESQ-HOLL-NEWMARK.

La expresión es:

$$W_v = P_v \times \varphi \times D$$

Las presiones P_v que ejerce el tráfico, vienen dadas en la Tabla n.º 2, en función de la altura de recubrimiento H.

El valor de φ (factor de choque) se relaciona con el peso del vehículo y toma los valores siguientes:

Camión de 60 t, φ = 1,2.

Camión de 30 t, φ = 1,4.

Camión de 12 t, φ = 1,5.

CARGA DE TRAFICO
Camión de 60, 30 y 12 t

H (m)	P_v kg/m^2			H (m)	P_v Kg/m^2		
	60 t	30 t	12 t		60 t	30 t	12 t
				5,00	856,92	428,93	164,39
				5,10	830,46	415,70	159,67
				5,20	805,90	403,42	154,94
				5,30	781,33	391,14	151,16
				5,40	757,71	379,80	146,44
0,50	13.831,58	7.817,11	6.519,93	5,50	735,98	368,46	142,66
0,60	10.459,66	5.731,04	4.672,88	5,60	714,25	357,13	137,94
0,70	8.209,19	4.401,73	3.506,08	5,70	693,47	346,73	134,16
0,80	6.663,53	3.517,42	2.727,42	5,80	673,63	337,29	130,38
0,90	5.574,20	2.908,03	2.185,28	5,90	654,73	327,84	127,55
1,00	4.788,14	2.476,27	1.794,14	6,00	636,78	318,39	123,76
1,10	4.207,10	2.161,66	1.503,15	6,10	618,83	309,89	119,98
1,20	3.767,78	1.925,46	1.282,07	6,20	602,77	301,38	117,15
1,30	3.429,55	1.745,95	1.110,12	6,30	585,76	292,88	114,32
1,40	3.161,23	1.604,24	975,01	6,40	570,65	285,32	111,48
1,50	2.943,93	1.489,92	866,36	6,50	555,53	277,76	108,65

CARGA DE TRAFICO

Camión de 60, 30 y 12 t

H (m)	P_v kg/m²			H (m)	P_v Kg/m²		
	60 t	30 t	12 t		60 t	30 t	12 t
1,60	2.764,43	1.396,38	777,55	6,60	541,36	270,21	105,81
1,70	2.573,58	1.317,02	703,86	6,70	527,19	263,59	102,98
1,80	2.479,10	1.249,00	642,45	6,80	513,02	256,98	100,14
1,90	2.370,45	1.188,53	590,49	6,90	500,73	250,36	98,26
2,00	2.316,60	1.156,41	546,08	7,00	488,45	243,75	95,42
2,10	2.258,97	1.129,01	512,07	7,10	476,17	238,08	93,53
2,20	2.198,50	1.098,76	488,45	7,20	463,89	232,42	90,70
2,30	2.135,20	1.067,60	465,77	7,30	453,49	226,75	88,81
2,40	2.070,96	1.036,42	445,00	7,40	442,16	221,08	86,92
2,50	2.006,71	1.004,30	424,21	7,50	431,76	216,35	85,03
2,60	1.941,52	972,18	405,31	7,60	421,37	210,68	83,14
2,70	1.878,22	940,06	387,36	7,70	411,92	205,96	81,25
2,80	1.814,92	908,88	370,35	7,80	402,48	201,24	79,36
2,90	1.753,51	877,70	354,29	7,90	393,03	196,51	77,47
3,00	1.693,04	847,47	338,23	8,00	384,52	191,79	75,58
3,10	1.634,47	818,18	324,06	8,10	376,02	188,01	73,69
3,20	1.577,78	789,83	310,83	8,20	367,52	184,23	72,75
3,30	1.522,98	762,44	298,55	8,30	359,02	179,51	70,86
3,40	1.470,08	735,98	286,27	8,40	351,46	175,73	68,97
3,50	1.419,06	710,47	274,93	8,50	343,90	171,95	68,02
3,60	1.369,93	685,91	264,54	8,60	336,34	168,17	66,13
3,70	1.322,69	662,29	254,15	8,70	329,73	165,34	65,19
3,80	1.277,34	639,62	244,70	8,80	323,11	161,56	63,30
3,90	1.233,88	617,89	235,22	8,90	316,50	157,78	62,35
4,90	1.191,37	596,16	226,75	9,00	309,89	154,94	61,41
4,10	1.151,69	576,32	219,19	9,10	302,27	152,11	59,52
4,20	1.112,95	557,42	211,63	9,20	297,61	148,33	58,57
4,30	1.076,10	538,52	204,07	9,30	291,00	145,50	57,63
4,40	1.040,20	520,57	198,40	9,40	285,32	142,66	56,69
4,50	1.006,19	503,57	191,79	9,50	279,65	139,83	55,74
4,60	974,07	487,51	186,12	0,90	274,93	137,00	53,85
4,70	942,89	472,39	180,45	9,70	269,26	135,10	52,91
4,80	912,66	457,27	171,00	9,80	264,54	132,27	51,96
4,90	884,31	443,10	170,06	9,90	258,87	129,43	51,02
5,00	856,91	428,93	164,39	10,00	254,15	127,54	50,07

6.4.2.3. Carga total de aplastamiento

La carga total de aplastamiento de trabajo sobre la tubería en el plano horizontal, que pasa por la generatriz superior del tubo, es:

$$W_1 = W_t + W_v$$

6.4.2.4. Coeficientes de seguridad

El coeficiente de seguridad en cada tramo de la instalación se obtiene dividiendo la carga total de ese tramo por K, factor de apoyo (K = 1,9 para las figuras 1 y 2), y comparando este valor con el que se obtiene en la máquina de ensayo.

En definitiva:

$$\nu_a = \frac{\omega}{\dfrac{W_1}{K}}$$

donde:

ν_a = coeficiente de seguridad frente al aplastamiento.

ω = carga de rotura mínima garantizada en máquina de ensayo de aplastamiento.

$\frac{W_1}{K}$ = carga total de aplastamiento de trabajo, transformada en carga equivalente en máquina de ensayo

Se establece $\nu_a \geqslant 1{,}5$.

La tabla siguiente indica valores posibles de altras H, en metros de relleno sobre la generatriz superior de la tubería, tanto en el caso de ausencia de tráfico, como en los casos de tráfico de vehículos de 12, 30 y 60 t.

ALTURAS DE RECUBRIMIENTO EN METROS

ø	SERIE NORMAL S-2							SERIE ESPECIAL S-3						
	Sin. tráf.	12 t		30 t		60 t		tráf.	12 t		30 t		60 t	
		mín.	máx.	mín.	máx.	mín.	máx.		mín.	máx.	mín.	máx.	mín.	máx.
150-300	3	0,8	2	0,9	1,5	NO	NO	4	0,6	4	0,7	3	0,8	3
350-500	4,5	0,8	4	0,9	3	NO	NO	10	0,6	10	0,7	10	0,8	10
600-900	4	0,8	4	0,9	3,5	1,5	2,5	7	0,6	7	0,7	6,5	0,8	6,5
1.000-1.200	4	0,8	4	0,9	3,5	1,5	2,5	6,5	0,6	6,5	0,7	6	0,8	6

6.5. TUBERIAS DE PLASTICO REFORZADO CON FIBRA DE VIDRIO (PRFV)

Los tubos de resinas termoestables reforzados con fibra de vidrio, al ser flexibles, puede admitir ciertas deformaciones sin romperse ni fisurarse.

Como los tubos son capaces de soportar por sí mismos la carga exterior a que están sometidos, al deformarse entra en acción el empuje pasivo lateral del terreno que los rodea, contribuyendo a soportar dichas cargas.

No obstante la deformación indicada debe limitarse por razones de seguridad, por lo que el cálculo se ha basado en asegurar que no se sobrepase un límite máximo admisible establecido.

6.5.1. Determinación de las cargas extremas

6.5.1.1. Cálculo de la carga de tierras

Las propiedades mecánicas de los suelos, necesarias para el cálculo de las cargas de tierras, pueden determinarse mediante los correspondientes ensayos.

Cuando no se dispongan de datos y el proyectista de la conducción lo considere adecuado, dichas propiedades de los suelos podrán estimarse a partir de la información que figura en la tabla siguiente para los tipos de suelos más frecuentes.

PROPIEDADES MECANICAS DE LOS SUELOS

Nombre o descripción del suelo			Arcillas húmeda y plástica Suelos orgánicos	Arcillas arenosa y limosa Arena arcillosa	Limos, Margas	Arenas	Gravas
Relación presión terreno K_1			0,2	0,2	0,2	0,3	0,3
Angulo rozamiento interno			12°	15°-20°	20°-25°	30°	35,–
Peso específico		KN/m³	19,6	17,7	19,6	19,6	18,6
		Kg/m³	2.000	1,800	2.000	2.000	1.900
Módulo de elasticidad del relleno (E1) y del material que rodea el tubo (E2) para compactación Protector normal:	95%	MPa	(1)	1,3	4,–	8,–	16,–
		Kg/cm²	(1)	13,–	40,–	80,–	160,–
	90%	MPa	(1)	0,8	1,5	3,–	6,–
		Kg/cm²	(1)	8,–	15,–	30,–	60,–
	85%	MPa	(1)	0,3	0,6	1,2	2,5
		Kg/cm²	(1)	3,–	6,–	12,–	25,–
(1) No recomendado como material que rodea el tubo							

6.5.1.1.1. Tubería instalada en zanja

Los límites geométricos de la zanja, en relación a la altura del relleno por encima de la generatriz superior (h) del tubo y la anchura al nivel de dicha generatriz (b), debe cumplir las siguientes condiciones:

Altura de recubrimiento (h)

Considerada como la altura de recubrimiento por encima de la generatriz superior del tubo, no será inferior, en cada caso, al mayor de estos valores.

Canalizaciones con tráfico

$$h \geqslant 0{,}80 \text{ m} \quad \text{ó} \quad h \geqslant 1{,}5 \text{ da}$$

Canalizaciones sin tráfico

$$h \geqslant 0{,}50 \text{ m} \quad \text{ó} \quad h \geqslant 1{,}5 \text{ da}$$

Anchura de zanja (b)

Esta anchura medida al nivel de la generatriz superior del tubo deberá cumplir que:

$$b \geqslant da + 0{,}50 \text{ m}$$

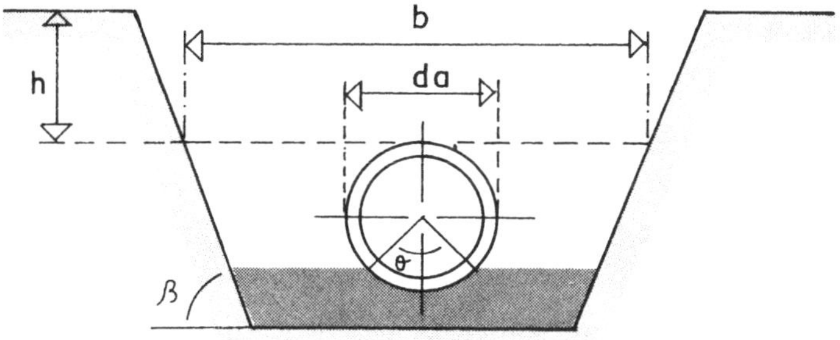

Fig. 5-65. *Instalación en zanja.*

Siendo da el diámetro exterior del tubo.

En condiciones de zanja el empuje vertical de las tierras se calcula mediante la fórmula:

$$P = X \cdot \gamma \cdot B \cdot h \qquad [1]$$

P = empuje vertical de las tierras en KN/m.

X = factor de reducción para una carga de zanja según la teoría del silo (MARSTON, MARQUARDT).

γ = peso específico de las tierras de relleno en KN/m^3.

h = altura de recubrimientos en metros.

B = ancho de la zanja a nivel de la generatriz superior (m).

El valor del factor de reducción X viene determinado en función del ángulo de talud (β) de la zanja y del ángulo de rozamiento interno (φ') del material de relleno, según la siguiente fórmula:

$$\varphi' \leqslant \beta \leqslant 90°, \quad X = 1 - \frac{\beta}{90} + X_{90} \cdot \frac{\beta}{90} \qquad [2]$$

$$0 \leqslant \beta < \varphi', \quad X = 1 \qquad [3]$$

siendo:

$$X_{90} = \frac{1 - e^{\left(-2 \frac{h}{b} \cdot K_1 \tan \delta\right)}}{2 \frac{h}{b} \cdot K_1 \cdot \tan \delta}$$

Donde δ es el ángulo de rozamiento entre las tierras de relleno y las paredes de la zanja en grados, y su valor se define en relación al ángulo de rozamiento interno de las tierras.

K_1 es la relación de presión del terreno.

Los valores δ y K_1 son función del grado de compactación del relleno, tal como se indica a continuación:

		Angulo de rozamiento δ	**Relación de presión del terreno K_1**
Grado compactación protector normal del relleno por encima del tubo	95%	φ'	0,5
	90%	2/3 φ'	0,5
	85%	1/3 φ'	0,3

6.5.1.1.2. Tubería enterrada en terraplén

Se considera que una tubería está enterrada en terraplén, cuando está colocada en una excavación en la que la relación anchura/profundidad se considera infinita, poco profunda, y está recubierta por un relleno en terraplén.

En condiciones de tubería enterrada en terraplén, el empuje vertical de las tierras se calcula mediante la fórmula [1], anteriormente citada, en la que el valor X es siempre igual a 1.

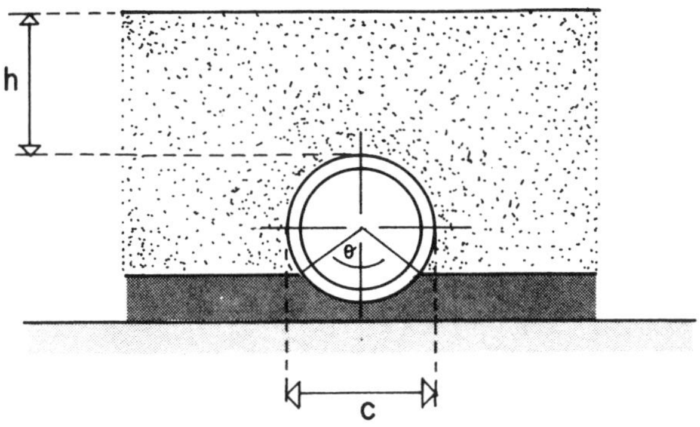

Fig. 5-66. *Instalación en terraplén.*

6.5.1.1.3. Instalación de tuberías en una misma zanja

Cuando se instalan dos tuberías en una misma zanja, pueden presentarse dos casos.

Tuberías instaladas al mismo nivel

Se calcula el empuje vertical de las tierras para cada tubería en dos partes:

- Parte a: para la mitad del tubo del lado de las paredes de la zanja.
- Parte b: para la mitad del tubo del lado interior de la zanja.

El empuje vertical sobre cada tubo es igual a la suma de las cargas parciales de las paredes a) y b).

$$P_1 = P_a + Pb_1 \quad [5] \quad y \quad P_2 = Pa_2 + Pb_2 \quad [6]$$

El empuje vertical sobre la parte a) de cada tubo será:

$$Pa_1 = 1/2\ \gamma\ .\ B_1\ .\ h_1 \quad [7] \quad y \quad Pa_2 = 1/2\ \gamma\ .\ B_2\ .\ h_2 \quad [8]$$

Los valores de X dependerán de que la parte a) de cada tubo sea zanja o terraplén.

El empuje vertical sobre la parte b) de cada tubo se calculará según las fórmulas:

$$Pb'_1 = 1/2\ \gamma\ .\ B_1\ .\ h_1 \quad [9] \quad y \quad Pb'_2 = 1/2\ .\ B_2\ .\ h_2 \quad [10]$$

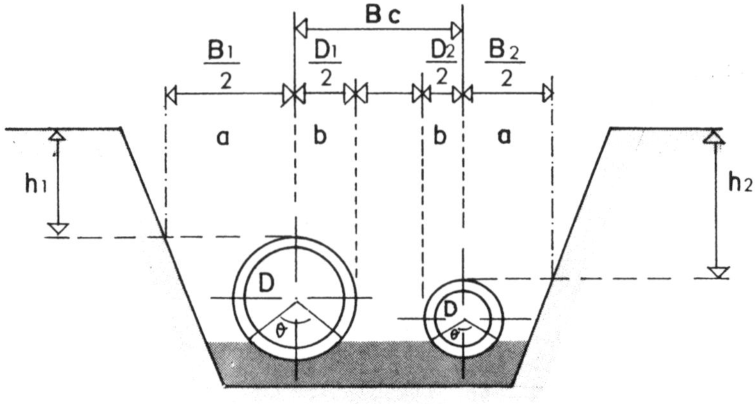

Fig. 5-67. *Tuberías instaladas al mismo nivel.*

$$Pb''_1 = 1/2\ \gamma\ .\ B_1\ .\ h_1 \frac{Bc}{D_1} \quad [9] \qquad y \qquad Pb''_2 = 1/2\ \gamma\ .\ B_2\ .\ h_2 \frac{Bc}{D_2} \quad [10]$$

y se adoptará el menor de ellos, es decir:

$Pb = Pb'$ si $Pb' \leqslant Pb''$ y

$Pb = Pb''$ si $Pb'' < Pb'$

para tener, de este modo en cuenta el rozamiento interior entre las tierras.

Tuberías instaladas a distinto nivel

Si Y > 30 cm el empuje vertical sobre el tubo D_1 (instalado en un nivel más alto) se calcula según lo especificado anteriormente.

Para el tubo D_2 (instalado en un nivel más bajo), el empuje vertical se calcula según la fórmula [1] teniendo en cuenta el ángulo del talud de la zanja.

6.5.1.2. Tipo de apoyo

El tipo de apoyo generalizado para la tubería flexible queda definido en la figura 5-56.

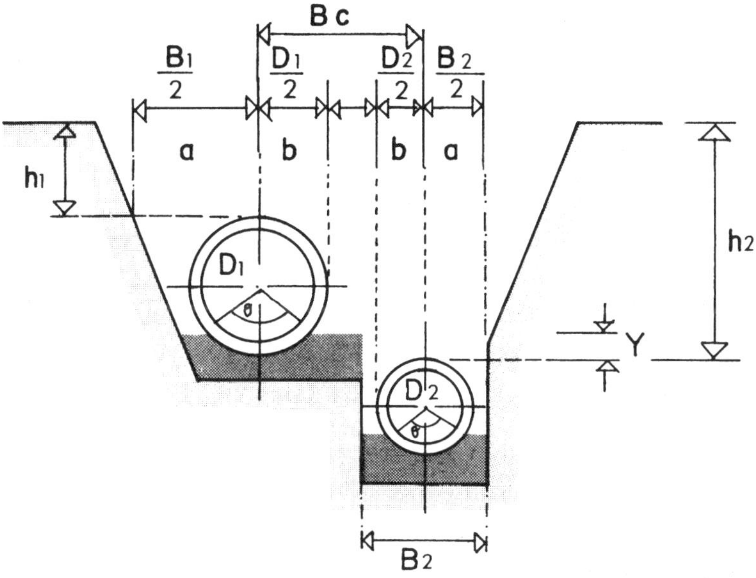

Fig. 5-68. *Tuberías instaladas a distinto nivel.*

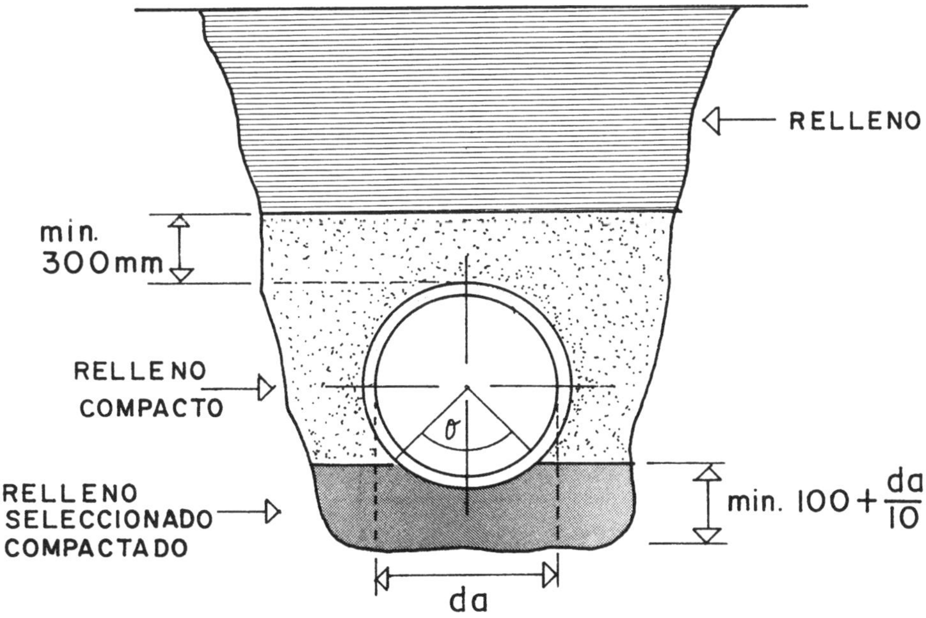

Fig. 5-69. *Tubería apoyada sobre cama.*

El tubo descansa sobre una cama de relleno seleccionado compactado con un espesor mínimo igual a:

$$100 \text{ mm} + \frac{da}{10}$$

Los laterales del tubo, hasta una altura mínima de 300 mm por encima de su generatriz superior, estarán constituidos por un relleno compacto que, dependiendo del material utilizado y de su grado de compactación, nos definirá, de acuerdo con la Tabla (Propiedades Mecánicas de los Suelos), el valor del módulo de elasticidad E_2.

Cuando el fondo de la zanja sea inestable, se realizará una sobreexcavación de 150 a 300 mm de profundidad que se rellenará con un material compactado como mínimo al 90% Proctor normal, colocándose encima de esta capa la cama anteriormente citada.

6.5.2. Determinación de las sobrecargas

6.5.2.1. Cálculo de las sobrecargas verticales

Las conducciones instaladas bajo calles, carreteras, etc., deben soportar unas sobrecargas verticales fijas y/o móviles cuyo efecto se suma a la carga de tierras.

Se ha de considerar una carga superficial uniformemente repartida Po, el valor de Po vendría dado por:

$$P_o = X_o \cdot P$$

siendo:

$$X_o = e^{\left(-2 \frac{h}{b} \cdot K1 \cdot \text{tag}\, \delta\right)}$$

6.5.2.1.1. Cálculo de las sobrecargas móviles concentradas

Caso de vehículos-tipo. Las sobrecargas verticales que actúan sobre la generatriz superior de una tubería enterrada se calcula mediante la fórmula:

$$Pv = \psi \cdot P$$

siendo:

P = presión vertical al nivel de la generatriz superior del tubo KN/m2 dada en la figura 5-57.

ψ = Coeficiente de impacto.

Coeficientes de impacto. Los coeficientes de impacto se calcularán mediante las siguientes fórmulas:

$$\psi = 1 + \frac{0,3}{h}$$ para calles y carreteras.

$$\psi = 1 + \frac{0,6}{h}$$ para vías férreas y aeropuertos.

h = altura del relleno por encima de la generatriz del tubo.

SOBRECARGA POR RUEDA

Símbolo	Carga total t	N.º de ejes	Sobrecarga por rueda			
			Rueda delantera		Rueda trasera	
			kN	kg . 10³	kN	kg . 10³
LT 3	3	2	4,9	0,5	9,8	1
LT 6	6	2	9,5	1	19,5	2
LT 12	12	2	10,6	2	39,2	4
HT 26	26	2	63,7	6,5	63,7	6,5
HT 30	30	3	49	5	49,0	5
HT 38	38	3	6,3	6,25	63,7	6,5
HT 45	45	3	73,6	7,5	63,6	7,5
HT 50	50	3	98,1	10	38,1	10

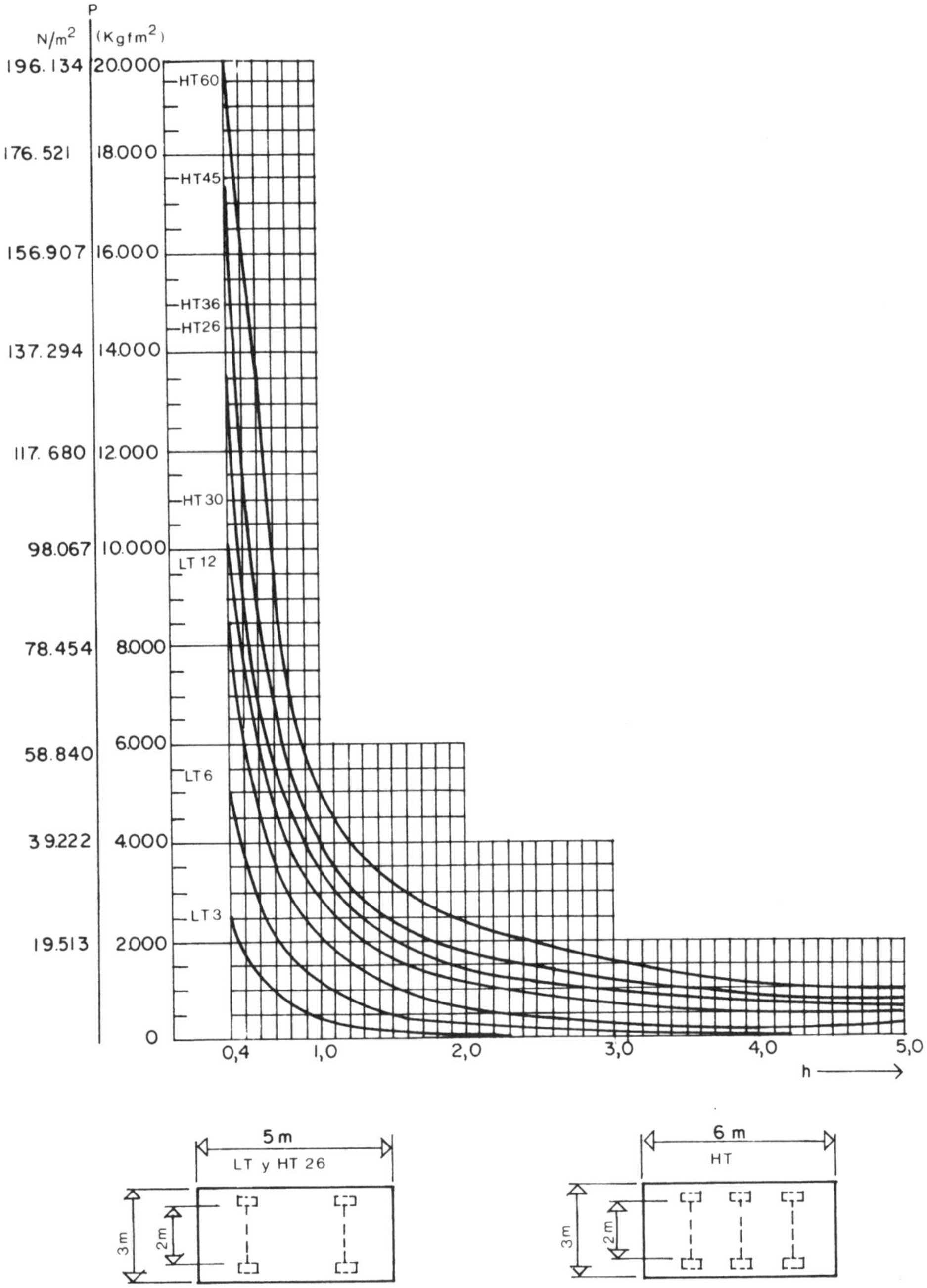

Fig. 5-70. *Presión vertical P al nivel de la generatriz superior del tubo para vehículos-tipo.*

6.5.3. Acción de la capa freática

Cuando un nivel freático está por encima de la generatriz superior del tubo, es necesario considerar la carga debida a la presión ejercida por el agua y cuyo valor es:

$$P_f = (h — h_f) \,.\, \gamma_w$$

donde:

h_f = profundidad del nivel freático (metros).

γ_w = peso específico del agua (KN/m^2).

Por otra parte, en este caso, al calcular la carga de los rellenos, será necesario separar los que están por debajo del nivel freático de los que están por encima, adoptando el peso específico correspondiente en cada caso.

6.5.4. Dimensionamiento

En los tubos deformables, cuando están sometidos a una determinada carga, se produce una expansión lateral capaz de movilizar el empuje pasivo del terreno que lo rodea. Así, al aumentar la carga hasta el valor necesario, se pueden producir tres formas típicas de rotura:

1) Rotura por deformación vertical excesiva.

2) Rotura por pandeo de la parte superior del tubo.

3) Rotura por presiones de compresión excesivas, localizadas en algún punto de la pared de la tubería.

Según esto, el método adecuado para el cálculo de la resistencia estructural necesaria, ha de desarrollarse de la siguiente manera:

1) Determinación de la deformación vertical del tubo sometido a las cargas exteriores.

2) Comprobación de la carga máxima de pandeo que puede soportar el tubo.

3) Comprobación de la deformación y tensión máxima que alcanza la pared del tubo.

6.5.4.1. Cálculo de la deformación vertical

La deformación vertical, bajo cargas, en tuberías flexibles se obtiene mediante la fórmula de SPANGLER:

$$\frac{\Delta y}{da} = \frac{(DL)\,(P + Pv)\,Kx\,.\,R^3}{EI + 0{,}061\,E_2\,R^3} \qquad [3]$$

donde:

y = deflexión vertical del tubo.

(DL) = Coeficiente de deformación diferida, que tiene en cuenta la deformación a largo plazo.

(DL) = 1.0 - terrenos altamente compactados.

(DL) = 1,25 - terrenos moderadamente compactados.

(DL) = 1,5 - terrenos levemente compactados, no compactados.

(DL) = 2,0 - profundidades de enterramiento pequeñas, con terreno compactado alta o moderadamente.

P = carga debida al peso de relleno KN/cm.

P_v = carga debida a sobrecargas KN/m.

K_x = coeficiente de reacción que tiene en cuenta las condiciones de encamado del tubo en la zanja.

R = radio interior del tubo.

EI = rigidez del tubo.

E_2 = módulo de reacción del terreno.

Tipo de instalación	**K_x**
Relleno lateral del tubo con terreno natural, apisonado hasta el 95% Proctor	0,083
Relleno lateral del tubo con terreno natural, compactado: 85-95% Proctor	0,103
Relleno lateral del tubo con grava compactada por tongadas	0,083
Relleno lateral del tubo con grava sin compactar o ligeramente compactada	0,103

6.5.4.2. Cálculo de la carga máxima de pandeo

La carga máxima de pandeo admisible se calcula mediante la fórmula:

$$q_a = \frac{1}{F_s} \left(3h\ B\ E_2 \frac{EI}{D^3} \right)^{1/2} \qquad [14]$$

donde:

q_a = carga máxima de pandeo admisible.

F_s = factor de seguridad.

F_s = 2 - para h/D $\geqslant$ 2

F_s = 2,5 - para h/D < 2

h = altura de recubrimiento.

B = coeficiente de soporte elástico.

B = 0,015 + 0,041 (h/D), para (h/D) $\geqslant$ 5.

B = 0,150 + 0,014 (h/D), para (h/D) $\geqslant$ 5.

$\frac{EI}{D^3}$ = rigidez circunferencial específica del tubo.

La carga total deberá ser siempre menor que la del tubo admisible resultante.

6.5.4.3. Tensión y deformación máximas

La tensión máxima en la pared del tubo debido a la carga externa total se obtiene mediante la expresión:

$$\sigma = 6E \left(\frac{\Delta y}{D} \right) \left(\frac{ep}{D} \right) \qquad [15]$$

donde:

Δy = deformación vertical resultante de la carga total.

e_p = espesor de la tubería.

E = módulo de Young en sentido circunferencial del tubo.

La deformación máxima en la pared de la tubería correspondiente al estado tensional anterior será:

$$\varepsilon = 6 \left(\frac{\Delta y}{D}\right) \left(\frac{e_p}{D}\right) \qquad [16]$$

6.5.5. Coeficientes de seguridad

6.5.5.1. Deformaciones máximas admisibles a largo plazo

La deformación vertical, calculada según la fórmula [13], se ha de comparar con el valor del 5% del diámetro, recomendado como máximo admisible.

6.5.5.2. Coeficiente de seguridad al pandeo

El factor de seguridad que aparece en la fórmula [14] es función de la profundidad de enterramiento:

$$Fs = 2{,}0 \quad , \quad \text{para } (h/D) \geq 2$$
$$Fs = 2{,}5 \quad , \quad \text{para } (h/D) < 2$$

6.5.5.2. Tensión y deformación en la pared del tubo

Las tensiones y deformaciones obtenidas en las fórmulas [15] y [16] no serán superiores a los valores característicos del material, afectados con un coeficiente de seguridad de valor 1,5 (Fs = 1,5).

6.6. TUBERIAS DE P.V.C., P.E. y P.P.

6.6.1. Excavación y preparación de la zanja

La zanja se abrirá al mismo ritmo de colocación de la tubería, no tomando excesiva ventaja y rellenándola tan pronto como sea posible.

El lecho de la zanja debe estar exento de objetos duros, tales como restos de roca, piedras puntiagudas, raíces de árbol, etc.

Respecto a la preparación del lecho y el relleno se seguirán las normas vigentes, cuidando especialmente los siguientes aspectos:

a) Apisonado del material dcl lecho, asegurando la correcta pendiente para el tubo y comprobación de la misma antes del relleno.

b) Relleno con arena o gravilla y compactado de los costados del tubo para asegurar igual presión sobre ambos lados.

c) Continuar el relleno con el mismo material hasta una altura mínima de 100 mm sobre la parte superior del tubo. Después se continuará el relleno con el material excavado de la zanja, a base de capas compactadas cada 100 mm. No usar apisonadoras mecánicas hasta que se cubra, sobre el tubo, un mínimo de 0,6 m.

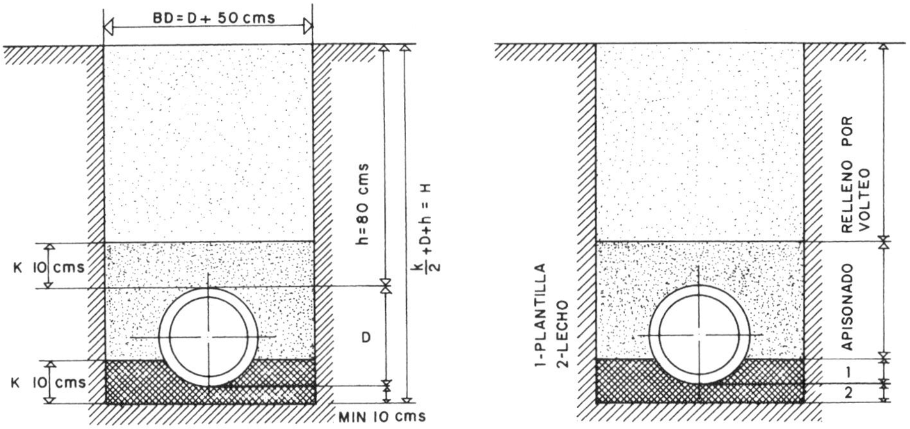

Fig. 5-71. *Dimensiones de la zanja y condiciones de relleno.*

Los tubos de PVC para saneamiento no deben ser enterrados a más de 5 m de profundidad.

Se recomienda una profundidad mínima de cubrición de 1 m sobre el tubo, en el caso de carreteras cuyo tráfico sea de 7.000 kg/rueda. Cuando el tubo no quede bajo una calzada la cubrición será la suficiente para la protección del mismo contra daño mecánico.

6.6.2. Características

Resistencia a las cargas externas

Los tubos empleados debem tener una resistencia mecánica capaz de garantizar su estabilidad dimensional y estructural a lo largo del tiempo frente a las cargas externas, debidas tanto al relleno de tierras de la zanja y otras cargas fijas sobre la superficie, como también las cargas móviles debidas al tráfico. Incluyendo asimismo la resistencia a las vibraciones que este tránsito puede en muchos casos ocasionar.

Las tuberías de paredes perfiladas responden perfectamente a este requerimiento, ofreciendo además distintos tipos de perfiles y varios espesores, permitiendo elegir la rigidez anular requerida por cada aplicación, evitando espesores innecesarios y por tanto con unos costes más ajustados.

En tuberías flexibles, como las que nos ocupan, el criterio para calculr la capacidad de resistencia bajo carga externa no es el de resistencia a la rotura, como en el caso de tubos rígidos, sino la relación porcentual de la deformación respecto al diámetro externo del tubo. Se considera admisible una deformación diametral de hasta un 5%.

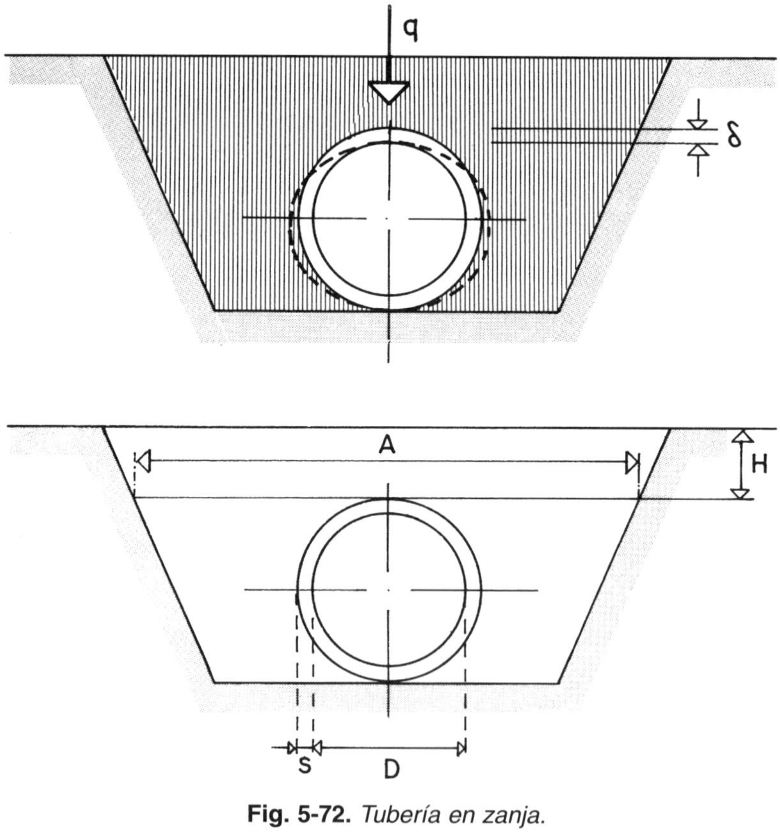

Fig. 5-72. *Tubería en zanja.*

Para el cálculo de dicha deformación se utiliza la fórmula:

$$\delta = 0{,}005 \frac{P}{Ep} \left(\frac{dm}{e} \right)^3$$

en que:

δ = grado de deformación (cm).

P = carga aplicada sobre el tubo (kg/cm).

Ep = módulo de plastodeformación (kg/cm^2).

dm = diámetro medio del tubo (cm).

e = espesor de pared equivalente (cm).

Dado que un tubo flexible cede, deformándose bajo la carga de la tierra que lo cubre, la carga vertical se transforma en un esfuerzo horizontal que encuentra apoyo en el terreno situado a los lados.

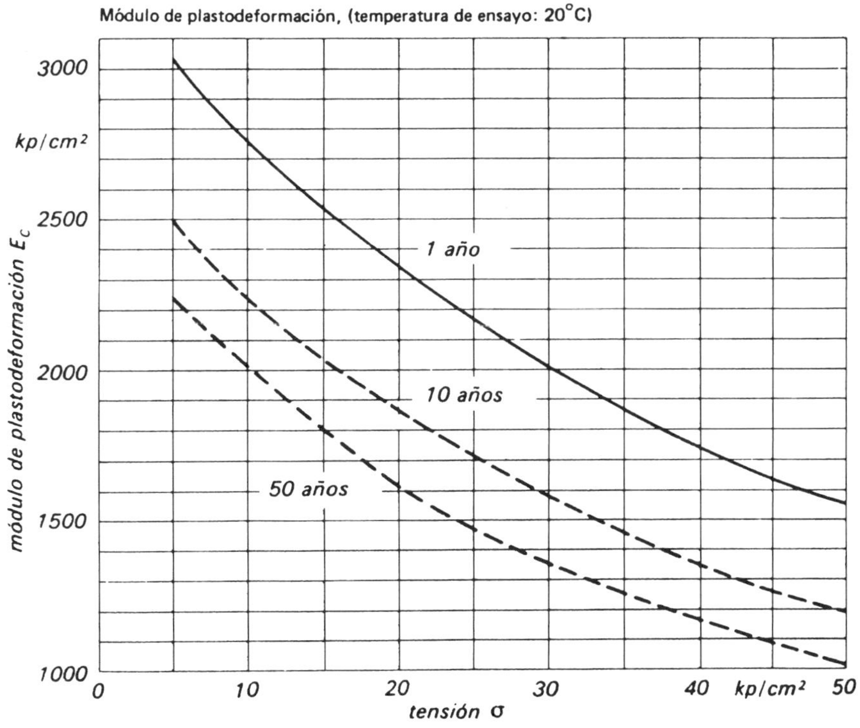

Fig. 5-73. *Módulo de plastodeformación en función de la tensión.*

Determinación del coeficiente C_g a partir de la relación H/A = altura de la capa de cobertura: ancho de la zanja. Clases de suelo: a granulado y falto de cohesión, $\gamma = 1{,}7$; b de grava y arena, $\gamma = 1{,}9$; c húmedo y fangoso, $\gamma = 2{,}0$; d arcilla, lodo espeso, $\gamma = 2{,}1$; e arcilla saturada de agua, $\gamma = 2{,}2$.

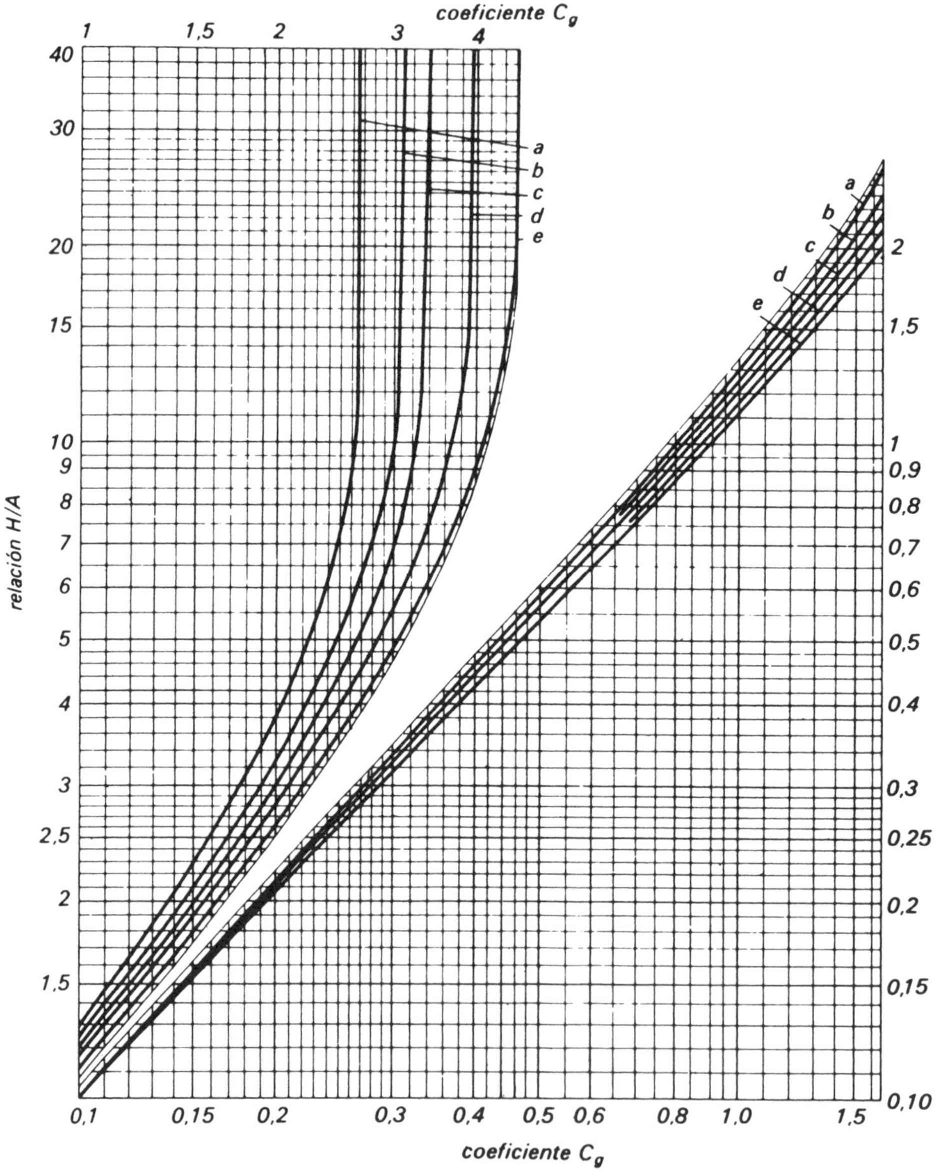

Fig. 5-74. *Determinación de coeficiente de zanja Cg.*

Por ello las condiciones de carga en un tubo flexible difiere apreciablemente de las que sufren los tubos rígidos, obteniéndose por:

$$P = Cg \cdot \gamma \cdot A \cdot d_e$$

Cg = coeficiente de carga.

γ = peso específico del terreno (kg/cm^2).

A = ancho eficaz de la zanja (cm).

d_e = diámetro exterior del tubo (cm).

obteniéndose el valor de Cg a partir de la gráfica adjunta en función del cociente entre la altura de la capa de cobertura y el ancho eficaz de la zanja.

ANEJO 1 AL CAPITULO 5

RESISTENCIA A LOS PRODUCTOS QUIMICOS DE LAS TUBERIAS DE PVC

RESISTENCIA A LOS PRODUCTOS QUIMICOS DE LA TUBERIA DE POLICLORURO DE VINILO (PVC)

R - Resistente.
C - Resistente bajo determinadas condiciones.
N - No resistente.

AGENTE	20 °C	60 °C
Aceites y grasas	N	
Acetalhehído 40%	R	R
Acetalhehído 100%	N	N
Acetato de butilo 100%	N	N
Acetato de etilo 100%	N	N
Acetato de plomo (solución saturada)	R	R
Acetato de vinilo	N	N
Acetona	N	N
Acido acético 1-25%	R	R
Acido acético 25-60%	R	R
Acido acético 80-100%	C	N
Acido adíptico (solución saturada)	R	C
Acido arsénico (solución al 80%)	R	C
Acido benzoico	R	C
Acido bórico (solución diluida)	R	R
Acido bromhídrico	R	C
Acido bromhídrico 1-50%	R	R
Acido butírico 20%	R	C
Acido butírico concentrado	N	N
Acido cítrico (solución saturada)	R	R
Acido clorhídrico	R	R
Acido clórico (solución acuosa al 20%)	R	C
Acido cloro sulfónico	C	N
Acido crómico (solución acuosa al 50%)	R	R
Acido esteárico 100%	R	R

AGENTE	20 °C	60 °C
Acido fluorhídrico 40%	R	C
Acido fluorhídrico 60%	C	
Acido fluosilícico (hasta 30%)	R	R
Acido fórmico 1-50%	R	C
Acido fórmico 100%	R	N
Acido fosfórico	R	R
Acido glicólico 30%	R	R
Acido láctio hasta 10%	R	R
Acido maleico (solución saturada)	R	R
Acido monocloroacético 100%	R	C
Acido nítrico hasta 50%	R	R
Acido nítrico hasta 98%	N	
Acido oleico	R	R
Acido oxálico (solución saturada)	R	R
Acido perclórico (solución al 10%)	R	C
Acido pícrico (solución al 1%)	R	
Acido salicílico	R	R
Acido sulfúrico hasta 90%	R	R
Acido sulfúrico hasta 98%	C	C
Acido tartárico (solución saturada)	R	R
Acrilato de etilo 100%	N	N
Agua de cloro (solución saturada)	R	R
Agua de mar	R	R
Agua jabonosa	R	R
Agua oxigenada (100 vol)	R	R

AGENTE	20 °C	60 °C
Alcohol alfico	C	N
Alcohol butílico 100%	R	C
Alcohol etílico	R	C
Alcohol metílico 100%	R	N
Aldehído, crotónico	N	N
Almidón, disoluciones comerciales	R	R
Alumbres (solución saturada)	R	R
Amoníaco gas 100%	R	R
Amoníaco líquido 100%	C	C
Anhídrido carbónico 100%	R	R
Anhídrido sulfuroso húmedo 100%	R	C
Anhídrido sulfuroso seco 100%	R	R
Anilina 100%	N	N
Antraquinoana en ácido sulfúrico	R	C
Benceno	N	N
Benzaldehído (solución acuosa 0,1%)	C	N
Benzoato sódico (solución 35%)	R	C
Bicromato potásico (solución 40%)	R	
Bisulfito sódico (solución saturada)	R	R
Borato potásico (solución 1%)	R	R
Bórax (solución saturada)	R	R
Bromato potásico (solución 10%)	R	R
Bromo potásico (solución saturada)	R	R
Butadieno		
Cianuro potásico (solución saturada)	R	R
Ciclohexanol	N	N
Ciclohexanona	N	N
Clorato sódico (solución saturada)	R	R
Cloro gas	R	C
Cloruro amoníaco (solución saturada)	R	R
Cloruro cálcico (solución saturada)	R	R
Cloruro cuproso (solución saturada)	R	R
Cloruro de aluminio (solución saturada)	R	R

AGENTE	20 °C	60 °C
Cloruro de anilina (solución saturada)	N	N
Cloruro de antimonio	R	R
Cloruro de zinc (solución saturada)	R	R
Cloruro de magnesio (solución saturada)	R	R
Cloruro de metileno 100%	N	
Cloruro de metilo 100%	N	
Cloruro estánnico (solución saturada)	R	R
Cloruro férrico (solución saturada)	R	R
Cloruro potásico (solución saturada)	R	R
Cloruro sódico (solución saturada)	R	R
Cromato potásico (solución 40%)		
Dextrina (solución saturada)	R	R
Eter etílico		
Extractos tánicos, concentraciones corrientes	R	
Fenilhidracina 100%	N	
Fenol, hasta 90%	R	C
Ferricuanuro potásico (solución saturada)	R	R
Ferrocianuro potásico	R	R
Fluoruro de cobre (solución al 2%)	R	R
Fluoruro amónico (solución al 20%)	R	C
Fósforo amarillo 100%	R	
Fosgeno 100%	R	
Formaldehído (solución al 40%)	R	R
Fosfuero de hidrógeno 100%	R	R
Freon 12	R	
Gasolina y benzeno mezclados 80/20	N	
Glicerina	R	R
Glucosa	R	R
Hidrógeno 100%	R	R
Hidróxido amónico	R	R
Hidróxido potásico, solución	R	R
Hidróxido sódico (solución saturada)	R	R
Levaduras	R	R
Mezclas comerciales	R	R

AGENTE	20 °C	60 °C
Metilmetacrilato monómero 100%	N	
Nicotina normal concentrada	R	
Nitrato amónico (solución saturada)	R	R
Nitrato cálcico (solución al 50%)	R	R
Nitrato de plata, solución	R	R
Oxígeno 100%	R	
Ozono 100%	R	
Pentóxido de fósforo 100%	R	
Permanganato potásico (solución al 15%)	R	R
Persulfato potásico (solución saturada)	R	R
Plomo-tetraetilo 100%	R	R
Propano	R	
Reveladores fotográficos	R	R
Sulfato amónico (solución saturada)	R	R

AGENTE	20 °C	60 °C
Sulfato de aluminio (solución saturada)	R	R
Sulfato de zinc (solución saturada)	R	R
Sulfato de cobre (solución saturada)	R	R
Sulfato de níquel (solución saturada)	R	R
Sulfato amónico (solución saturada)	R	R
Sulfuro de carbono 100%	C	N
Sulfuro de hidrógeno	R	R
Sulfato sódico (solución saturada)	R	R
Tolueno	N	
Tricloroetileno	N	
Tricloruro de fósforo 100%	N	
Urea, hasta 30%	R	R
Vinagre comercial	R	R
Vinos	R	
Zumo de frutas	R	R

ANEJO 2 AL CAPITULO 5

RESISTENCIA A LOS PRODUCTOS QUIMICOS DE LAS TUBERIAS DE PE-ALTA DENSIDAD

RESISTENCIA A LOS PRODUCTOS QUIMICOS DE LA TUBERIA DE POLIETILENO DE DE ALTA DENSIDAD (PE-AD)

Signos convencionales:

R - resistente	hinchamiento < 3% o pérdida de peso < 0,5% alargamiento de desgarre sin alteración apreciable
C - resistente bajo determinadas condiciones	hinchamiento 3-8% o pérdida de peso 0,5-5% y/o disminución del alargamiento de desgarre < 50%
N - no resistente	hinchamiento > 8% o pérdida de peso > 5% y/o disminución del alargamiento de desgarre > 50%
D - decoloración	

AGENTE	20 °C	60 °C
Aceite de coco	R	C
Aceite de linaza	R	R
Aceite de parafina	R	R
Aceite de semillas de maíz	R	C
Aceite de silicona	R	R
Aceite Diésel	R	C
Aceite para husos	R a c	C
Aceite para transformadores	R	C
Aceites etéreos	C	C
Aceites minerales	R	R a C
Aceites vegetales y minerales	R	R a C
Acetalhehído, gaseoso	R	C
Acetato de amilo	R	R
Acetato de butilo	R	C
Acetato de atilo	C	N
Acetato de plomo	*R	R
Acetona	R	R
Acido acético (10%)	R	R
Acido acético (100%) glacial	R N	C D
Acido adipínico	R	R

AGENTE	20 °C	60 °C
Acido benzoico	*R	R
Acido benzolsulfónico	R	R
Acido bórico	*R	R
Acido bromhídrico (50%)	R	R
Acido butírico	R	C
Acido carbónico	R	R
Acido cianhídrico	R	R
Acido cítrico	R	R
Acido clorhídrico (en cualquier concentración)	R	R
Acido clorhídrico gaseoso húmedo y seco	R	R
Acido cloroacético (mono)	R	R
Acido clorosulfónico	N	N
Acido crómico (80%)	R	N D
Acido dicloroacético (50%)	R	R
Acido dicloroacético (100%)	R	N D
Acido esteárico	R	C

AGENTE	20 °C	60 °C
Acido fluorhídrico (40%)	R	C
Acido fluorhídrico (70%)	R	C
Acido fluosilícico, acuoso (hasta el 32%)	R	R
Acido fórmico	R	
Acido fosfórico (25%)	R	R
Acido fosfórico (50%)	R	R
Acido fosfórico (95%)	R	C D
Acido glicólico (50%)	R	R
Acido glicólico (70%)	R	R
Acido láctico	R	R
Acido maleico	R	R
Acido málico	R	R
Acido monocloroacético	R	R
Acido nítrico (25%)	R	R
Acido nítrico (50%)	C	N
Acido oleico (conc.)	R	C
Acido oxálico (50%)	R	R
Acido perclórico (20%)	R	R
Acido perclórico (50%)	R	C
Acido perclórico (70%)	R	N D
Acido propiánico (50%)	R	R
Acido propiónico (110%)	R	C
Acido silícico	R	R
Acido sulfúrico (50%)	R	R
Acido sulfúrico	R	R
Acido sulfúrico (10%)	R	R
Acido sulfúrico (50%)	R	R
Acido sulfúrico (98%)	R	N D
Acido sulfuroso	R	R
Acido tánico (10%)	R	R
Acido tartárico	R	R
Acido tricloroacético (50%)	R	C a N
Acidos aromáticos	R	R
Acrilonitrilo	R	R
Agua de cloro (desinfección de tuberías)	R	
Agua de mar	R	R
Agua oxigenada (30%)	R	R
Agua oxigenada (100%)	R	N
Agua regia	N	N
Alcohol alílico	R	R
Alcohol bencílico	R	R a C
Alcohol etílico	R	R
Alcohol furfurílico	R	R D
Amoníaco, gaseoso (100%)	R	R
Amoníaco, líquido (100%)	R	R

AGENTE	20 °C	60 °C
Anhídrido acético	R	C D
Anhídrido sulfúrico	N	N
Anhídrico sulfuroso, húmedo	R	R
Anhídrido sulfuroso, seco	R	R
Anilina, pura	R	R
Azufre	R	R
Benceno	C	C
Benzoato sódico	R	R
Bicromato potásico (40%)	R	R
Bisulfito sódico, diluido con agua	R	R
Borato potásico, acuoso al 1%	R	R
Borax, en cualquier concentración	R	R
Bromato potásico acuoso (hasta el 10%)	R	R
Bromo	N	N
Bromuro potásico	*R	R
Butanol	R	R
Butanotriol	R	R
Butilglicol	R	R
Butoxilo	R	C
Carbonato sódico	*R	R
Cera de abejas	R	**C a N
Cerveza	R	R
Cetonas	R	R a C
Cianuro potásico	*R	R
Ciclohexano	R	R
Ciclohexanol	R	R
Ciclohexanona	R	C
Clorhidrina de glicerina	R	R
Clorito sódico (50%)	R	R
Clorito sódico para blanqueo	C	N
Clorobenceno	C	N
Clorotanol	R	R D
Cloroformo	**C a N	N
Cloro gaseoso, húmedo	C	N
Cloro gaseoso, seco	C	N
Cloro líquido	N	N
Cloruro amónico	*R	R
Cloruro de aluminio, anhidro	R	R
Cloruro de bario	*R	R
Cloruro de calcio	*R	R
Cloruro de calcio	*R	R
Cloruro de zinc	*	R
Cloruro de etileno (dicloroetano)	C	C
Cloruro de mercurio (sublimado)	R	R

AGENTE	20 °C	60 °C
Cloruro de metileno	C	C
Cloruro de sulfurilo	N	
Cloruro de Tionilo	N	N
Cloruro férrico	*R	R
Cloruro magnésico	*R	R
Cloruro potásico	*R	R
Cloruro sódico	*R	R
Cromato potásico, acuoso (40%)	R	
Detergentes sintéticos	R	R
Diclorobenceno	C	N
Dicloroetano	C	C
Dicloroetileno	N	N
Diisobutilcetona	R	C a N
Dimetilformamida (100%)	R	R a C
Dioxano	R	R
Emulsionantes	R	R
Esencia de trementina	R a C	C
Esteres alifáticos	E	R a C
Ester etílico del ácido monocloroacético	R	R
Ester metílico del ácido dicloroacético	R	R
Ester metílico del ácido monocloroacético	R	R
Eter	R a C	C
Eter de petróleo	R	C
Eter isopropílico	R a C	N
Etilandiamina	R	R
Etilglicol	R	R
Etilhexenol	R	R
Fenol	R	R D
Flúor	N	N
Fluoruro amónico, acuoso (hasta 20%)	R	R
Formaldehído (40%)	R	R
Formamida	R	R
Fosfato de tributilo	R	R
Fosfatos	*R	R
Frigen	C	N
Gases nitrosos	R	R
Gases industriales, conteniendo ácido carbónico	R	R
ácido clorhídrico (en cualquier concentración)	R	R
ácido fluorhídrico (trazas)	R	R
ácido sulfúrico, húmedo (en cualquier concentración)	R	R
óxido de carbono	R	R
Gasolina	R	R a C

AGENTE	20 °C	60 °C
Gelatina	R	R
Glicerina	R	R
Glicol (conc.)	*R	R
Grasa de desecador	R	C
Hidrato de hidracina	R	R
Hidrógeno	R	R
Hidróxido de bario	*R	R
Hidróxido potásico (en solución al 30%)	R	R
Hidróxido sódico (en solución al 30%)	R	R
Hipoclorito de calcio	*R	R
Hipoclorito sódico	*R	C
Isoctano	R	C
Isopropanol	R	R
Levadura, en agua	R	R
Melaza	R	R
Mercurio	R	R
Metanol	R	R
Metilbutanol	R	C
Metiletilcetona	R	C a N
Metilglicol	R	R
Nafta	R	C
Naftalina	R	C
Nitrato amónico	*R	R
Nitrato de plata	R	R
Nitrato potásico	*R	R
Nitrato sódico	*R	R
Nitrobenceno	R	C
Octilcresol	C	N
Oleum	N	N
Oxicloruro de fósforo	R	C D
Ozono	C	N
Ozono en sol, acuosa (preparación para agua potable)	R	
Pentóxido de fósforo	R	R
Permanganato potásico	R	R D
Petróleo	R	C
Piridina	R	C
Poliglicoles	R	R
Potasa cáustica	R	R
Propanol	*R	R
Propilenglicol	R	R
Pulpa de fruta	R	R
p-Xileno	C	N
Revelador fotográfico cte.	R	R
Sales de cobre	*R	R
Sales de níquel	*R	R
Seudocumeno	C	C
Silicato sódico	*R	R
Silicato soluble	R	R
Sosa cáustica	R	R

AGENTE	20 °C	60 °C
Sulfato amónico	*R	R
Sulfato de aluminio	*R	R
Sulfato magnésico	*R	R
Sulfatos	*R	R
Sulfato amónico	*R	R
Sulfuro de carbono	C	
Sulfuro sódico	*R	R
Tetrabromuro de acetileno	**C a N	N
Tetracloroetano	**R a C	N
Tetracloruro de carbono	**C a N	
Tetrahidrofurano	**R a C	N
Tiofeno	C	C
Tiosulfato sódico	R	R
Tolueno	C	N
Trocloroetileno	**C a N	N
Trocloruro de antimonio	R	R
Tricloruro de fósforo	R	C
Trietanolamina	R	R
Urea	*R	R
Vapores de bromo	C	
Vaselina	**R a C	C
Vinagre, a concentra. cte.	R	R

* Soluciones acuosas a cualquier concentración.
** Con un esfuerzo mecánico reducido.

ANEJO 3 AL CAPITULO 5

CALCULO MECANICO DE TUBERIAS ENTERRADAS

(Siguiendo la ATV-A 127 de Diciembre de 1988)

Hace algunos años, la elección de una tubería en un proyecto, se hacía habitualmente en función de las presiones máximas de trabajo (cuando había presión), a las que se aplicaba un cierto coeficiente de seguridad que dependía de la Norma con que se proyectaba y dejaba al proyectista la responsabilidad del cálculo mecánico, sin proporcionarle métodos y sin establecer cargas de trabajo ni coeficientes de seguridad al aplastamiento.

En la actualidad esa manera de proyectar ha dejado de ser la forma habitual, gracias a la reciente aparición de métodos en estudios y en normas, que se han ocupado de facilitar la incorporación al proyecto de los importantes efectos de la acción del terreno y vehículos sobre la tubería.

Desde que hace más de medio siglo MARSTON estableció la clasificación de tuberías en:

Rígidas: cuando $\frac{\Delta D}{D} \leqslant 1‰$

Flexibles: cuando $\frac{\Delta D}{D} > 30‰$

Semiflexibles: cuando $1\% \frac{\Delta D}{D} \leqslant 30‰$

(D = Diámetro exterior del tubo).

Las fórmulas para obtener los efectos sobre ellas debidos a las acciones exteriores fueron precisándose para cada uno de estos grupos, y separándose en sus resultados tanto como era de esperar debido a la enorme importancia que el campo de elasticidad de la tubería tiene en relación con el reparto de cargas entre ésta y el terreno, en cuyo seno se encuentra, y que aparece claro en la comparación de Voellmy.

$$n = \frac{E_s}{E_n}\left(\frac{r_m}{e}\right)^3 \leqslant 1, \text{ en la que:}$$

E_s = módulo de rigidez del suelo en kg/cm^2.

E_n = módulo de elasticidad del tubo en kg/cm^2.

r_m = radio medio en mm.

e = espesor del tubo en mm.

n permite conocer la relación de rigideces entre tubo y terreno de relleno, y en definitiva quién de ellos soporta más o menos carga. (Cuando $n > 1$ el relleno es más rígido que el tubo).

Los valores de E_s.

Para suelo arcilloso-arenoso:

130 kg/cm^2 para 100% del Proctor Standard.

50 kg/cm^2 para 95% del Proctor Standard.

20 kg/cm^2 para 90% del Proctor Standard.

8 kg/cm^2 para 85% del Proctor Standard.

Cuando se estudian los efectos de las fuerzas exteriores sobre la tubería, pueden seguirse dos caminos diferentes:

Uno, comparando las cargas que se producen sobre la tubería por causa de la acción de tierras y vehículos, con la resistencia de ésta en el ensayo de tres aristas, a través de un coeficiente experimental K que varía según el tipo de apoyo.

Otro, comparando las tensiones teóricas por la acción de tierras y vehículos, en virtud de hipótesis de reparto de las reacciones en la tubería según el tipo de apoyo, con las tensiones producidas en el ensayo de tres aristas.

El método, que aparece en este anejo, utiliza el segundo camino, comparando tensiones.

Lo importante es utilizar la fórmula que realmente corresponda al material de la tubería, es decir, no usar una fórmula para tubería flexible en una elección de tubería rígida o viceversa. Las desventajas comparativas entre éstas pueden inducir a adoptar una casuística en la que se deslicen hipótesis imposibles, pero difíciles de detectar por los proyectistas. El método que se expone es válido para tubos de cualquier rigidez, utiliza fórmulas comunes para todos los materiales, en las que cada uno entra con el espesor de su tubo y el módulo de elasticidad del material, lo que evidentemente introduce diferencia que no pueden soslayarse.

Este método, diciembre 1988, está de acuerdo con las últimas investigaciones y experiencias en obras, permiten la elección de diversos parámetros por el usuario, presupone que los valores característicos de los materiales han sido asegurados a través de los ensayos correspondientes, establecidos en la norma de fabricación, y que existe una supervisión sobre la construcción de la obra.

Se presta especial atención al tipo de apoyo de la tubería (cama y relleno de la zanja).

Los valores característicos dados han sido adaptados de tal modo, que se consiga una coincidencia del procedimiento de cálculo con los resultados de los ensayos realizados sobre obras ya construidas.

Tabla A-1. Notaciones en las fórmulas

Magnitud	Unidad	Denominación
A	m^2, mm^2	Superficie
a	1	Descarga relativa
a'	1	Descarga relativa efectiva
a_F	–	Factor de corrección de las cargas de tráfico
B	m	Anchura de la zanja al nivel de la generatriz superior del tubo
B_d	m	Anchura de la capa de deformación
c_h, c_v, c_v^*	1	Coeficiente de deformación
crit q_{vt}	KN/m^2	Carga vertical crítica sobre el plano de clave del tubo
D_{pr}	%	Grado de compactación (referida a la compactación Proctor Normal)
D	m	Diámetro exterior del tubo
D_d	m	Espesor de la capa de deformación
d_i	m	Diámetro interior del tubo
e	mm	Espesor de la pared del tubo
e_{id}	mm	Espesor de la pared ideal
E_B, $E_{1,2,3,4}$	N/mm^2	Módulos de deformación del suelo
E_d	N/mm^2	Módulo de elasticidad de la capa de deformación = E_5
E_R	N/mm^2	Módulo de elasticidad del material del tubo
F_A	KN	Carga de la rueda situada directamente por encima del tubo

Magnitud	Unidad	Denominación
F_E	KN	Suma de las cargas de las ruedas restantes
f	1	Factor de reducción que tiene en cuenta la influencia del agua del suelo
H	m	Altura del relleno sobre la clave del tubo
H_a	m	Altura del nivel freático sobre la clave del tubo
I	m^4/m; mm^4/mm	Momento de inercia
K	1	Factor de apoyo
K_1	1	Relación de la presión lateral a la presión vertical del relleno por encima de la clave del tubo
K_2	1	Relación de la presión lateral a la presión vertical del relleno hasta la clave del tubo
K*	1	Coeficiente de presión de reacción de la cama
M	KNm/m	Momento de flexión
N	KN/m	Fuerza Normal (axil)
m	1	Coeficiente de momentos
n	1	Coeficiente de axiles
P, P_F, P_V	KN/m^2	Carga vertical debida al tráfico
P_E	KN/m^2	Carga del terreno
P_f	1	Probabilidad de fallo
P_a	KN/m^2	Presión del agua externa
P_O	KN/m^2	Carga sobre el plano de clave del tubo debido a fuerza de superficie repartida
q_{vt}	KN/m^2	Carga vertical total sobre el plano horizontal a la altura de la clave del tubo
q_h	KN/m^2	Carga horizontal unitaria debida al empuje activo del relleno sobre el tubo
q_h^*	KN/m^2	Horizontal unitaria debida al empuje pasivo del relleno sobre el tubo
r_A	m	Radio de la superficie circular deteminada por la superficie de apoyo de la rueda
r_E	m	Distancia media horizontal hasta la clave del tubo
r_m	mm, m, cm	Radio medio
$S_{BH,v}$	N/mm^2	Rigidez de la cama
S_d	N/mm^2	Rigidez de la capa de deformación
S_R	N/mm^2	Rigidez del tubo
V_{RB}	1	Rigidez del sistema tubo-terreno
V_S	1	Relación de rigideces (reacción lateral) entre el tubo y el terreno
W^*	m^3/m; mm^3/mm	Momento resistente de la sección
W_1	KN/m	Carga total sobre clave del tubo
α	°	Semiángulo de apoyo Alfa
α_B	1	Factor de reducción que tiene en cuenta las dificultades de compactación en las zanjas estrechas

Magnitud	Unidad	Denominación
α_D	1	Coeficiente
α_K	1	Factor de correción por curvatura
Δf	1	Valor auxiliar
β	°	Angulo de talud
ν	1	Coeficiente de seguridad
Y_B	KN/m³	Peso específico del terreno
Y_R	KN/m³	Peso específico del material del tubo
Y_w	KN/m³	Peso específico del agua
ΔDv	mm	Variación en el diámetro
δ_v	%	Acortamiento relativo del diámetro vertical
ζ	1	Factor de correción de la rigidez horizontal en la zona de influencia
X, X_β	1	Factor de reducción de carga de relleno en zanja según la teoría del silo
λ_B	1	Factor de concentración en el terreno junto al tubo
λ_{fO}	1	Valor límite superior del factor de concentración por encima del tubo
λ_{fu}	1	Valor límite inferior del factor de concentración por encima del tubo
$\lambda_{R,\ RG,}$ max λ	1	Factor de concentración por encima del tubo
ω	KN/m	Resistencia mínima garantizada en el ensayo de 3 aristas
σ	N/mm²	Tensión
σ_R	N/mm²	Tensión de rotura del material a Flexotracción
φ	1	Factor de impacto
ρ'	°	Angulo de rozamiento interno
ρ	°	Angulo de rozamiento de las paredes

INDICES

h	horizontal
v	vertical
i	interno
a	externo
q	Como consecuencia de cargas externas
g	Como consecuencia del peso propio

En caso de no conocerse las casuísticas del suelo pueden utilizarse las que aparecen en la Tabla A-2.

Grupo	Naturaleza	Peso específico (KN/m³)	Angulo de rozamiento interno	Módulo de deformación (secante) E_B en N/mm² según los grados de compactación D_{pr} en (%)					
		Y_B	p'	85	90	92	95	97	100
G1	No cohesivos: Granular	20	35	2,4	6	9	16	23	40
G2	Poco cohesivos: areno-arcilloso	20	30	1,2	3	4	8	11	20
G3	Medianamente cohesivos: arcillo-arenoso	20	25	0,8	2	3	5	8	13
G4	Cohesivos: arcilla	20	20	0,6	1,5	2	4	6	10

Tabla A-2. Tipos de suelo

Para grados de compactación no incluidos en la Tabla A-2, E_B puede calcularse mediante la ecuación.

$$E_B = \frac{2,74 \times 10^{-7}}{G} \times e^{0,188\ Dpr}$$

siendo G el número correspondiente al grupo (1, 2, 3 ó 4).

Se emplearán las cargas de tráfico que se definen a continuación:

Vehículo peso total (t)	Carga de ruedas (KN)	Superficie de apoyo de una rueda	
		Ancho (m)	Largo (m)
60	100	0,60	0,20
30	50	0,40	0,20
12	Detrás:40	0,30	0,20
	Delante: 20	0,20	0,20

Tabla A-3. Cargas por vehículos

El vehículo de 12 t. ha de ponerse como carga campo a través, cuando se considere que pueda existir tráfico agrícola.

Deberán ser tenidas en cuenta las cargas de vehículos correspondientes al tráfico de obra.

Se considerarán como cargas repartidas las de los materiales acopiados, vehículos de cadena, etc.

Los valores característicos para el dimensionamiento de los tubos de los distintos materiales resultan influenciados por el envejecimiento, por la fatiga, por las cargas dinámicas y por la temperatura.

Los valores necesarios para el cálculo de los esfuerzos, tensiones y deformaciones vienen dados en la tabla A-4.

Material	Módulo de elasticidad[1] E_R N/mm²z	Peso específico Y_R KN/m³	Tensión de Flexo-Tracción O_R N/mm²
Fibrocemento	25.000	20	45
Hormigón	30.000	24	
Fundición dúctil	170.000	70,5	
Fundición gris	100.000	71,7	Véase norma
Polietileno (P.E.A.D.)	1.000/150[2]	9,5	correspondiente a
P.V.C.	3.600/1.750[2]	13,8	cada material
Acero con mortero de cemento[3]	210.000	77	
Hormigón armado	30.000	25	
Hormigón pretensado	39.000	25	
Gres	50.000	22	

[1] Los datos numéricos tienen un carácter orientativo y, siempre que sea necesario se calcularán a partir de las mediciones de la deformación.

[2] El primer número es el valor a corto plazo y el segundo a largo plazo. Los valores se refieren a tubos de pared maciza y lisa obtenida por extrusión.

[3] Para la comprobación de la deformación y de la estabilidad se tendrá en cuenta revestimiento de mortero de cemento de modo que un séptimo de su espesor se suma al espesor de la pared de acero. Con el espesor de pared ideal e_d obtenido se determina el momento de inercia:

Tabla A-4. Características del material

$$I = \frac{1}{12} e_{id}^3$$

que ha de ser empleado junto con el módulo E_n indicado.

Al efectuarse el cálculo habrá de tenerse en cuenta el tipo de obra.

En la zona de influencia de la conducción (sobre la cama y hasta 0,30 m por encima de la clave del tubo y, en una anchura de 1,5 D a cada lado del tubo, en caso de instalación en terraplén, deberán emplearse únicamente un tipo de terreno que sea susceptible de compactación). Para tubos que requieran comprobación de la deformación deberá emplearse ahí únicamente un relleno que pertenezca a los grupos G1 o G2.

En el espacio por encima de la zona de influencia de la conducción, pueden emplearse terrenos de cualquiera de los Grupos G1, G2, G3 o G4.

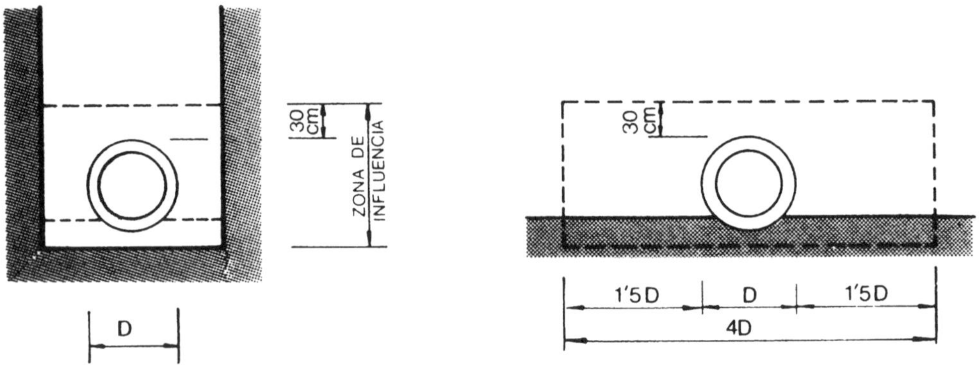

Fig. 5-110. *Zona de influencia de la conducción.*

El cálculo presupone que la carga y la reacción se distribuyen uniformemente a todo lo largo del tubo. Así la cama habrá de ir configurada de tal modo que se evite la flexión longitudinal y las cargas puntuales, por ejemplo, en los manguitos.

Casos de carga

Las tuberías pueden quedar sometidas a esfuerzo por los casos de carga que se estudian en los apartados siguientes, y que son: carga por la acción de las tierras, carga por la acción del tráfico, y carga por otras fuerzas de superficie. Los casos de carga por la acción del peso propio y llenado de agua se analizan más adelante.

En determinados casos han de tenerse en cuenta la flexión longitudinal, la diferencia de temperatura y el empuje ascendente.

• Carga media sobre el plano de la clave del tubo

En primer lugar se calcula la carga, con independencia del material del tubo. La asignación de carga al tubo y al suelo puede llevar a un aumento de la carga sobre el tubo.

• Carga por la acción de las tierras de relleno y fuerzas de superficie uniformemente repartidas

Las paredes de las zanjas justifican el empleo de la teoría del silo. Según ésta, se obtiene la carga media vertical debida a la acción de las tierras en una sección horizontal de la zanja a una distancia H de la superficie, de acuerdo con la fórmula.

$$P_E = \chi \, . \, Y_B \, . \, H \qquad [2]$$

Para una fuerza de superficie repartida uniformemente, P_o, la carga vertical viene dada por la expresión:

$$P_E = \chi_o \, . \, P_o \qquad [3]$$

A medida que va siendo mayor la anchura de la zanja B se van aproximadamente continuamente χ y χ_o al valor 1. En el caso de terraplén, se obtiene la expresión:

$$P_E = Y_B \, . \, H + P_o \qquad [4]$$

Tienen un carácter decisivo para la reducción de la carga del suelo:

La carga lateral sobre las paredes de la zanja, expresada por la relación K_1, entre la carga de superficie unitaria horizontal a la vertical producida por el relleno y el ángulo de rozamiento efectivo de las paredes p.

De acuerdo con la teoría del silo, se obtienen las expresiones:

$$\chi = \frac{1 - e^{-2 \frac{H}{B} K_1 \, . \, \mathrm{tg}\, \rho}}{2 \frac{H}{B} K_1 \, . \, \tan \rho} \qquad [5]$$

$$\chi_0 = e^{-2 \frac{H}{B} K_1 \, . \, \tan \rho}$$

χ y χ_o, con los valores K_1 y ρ que se establecen a continuación, vienen dados en las tablas A-5 y A-6.

ρ = ρ'

Tabla A-5. Valor χ

ρ'	**20.00**	**25.00**	**30.00**	**35.00**
ρ	20.00	25.00	30.00	35.00
*K*1	0.50	0.50	0.50	0.50
H/B				
0.0	1.00	1.00	1.00	1.00
0.1	0.98	0.98	0.97	0.97
0.2	0.96	0.95	0.94	0.93
0.3	0.95	0.93	0.92	0.90
0.4	0.93	0.91	0.89	0.87
0.5	0.91	0.89	0.87	0.84
0.6	0.90	0.87	0.85	0.82
0.7	0.88	0.85	0.82	0.79
0.8	0.87	0.83	0.80	0.77
0.9	0.85	0.82	0.78	0.74
1.0	0.84	0.80	0.76	0.72
1.2	0.81	0.77	0.72	0.68
1.4	0.78	0.73	0.69	0.64
1.6	0.76	0.70	0.65	0.60
1.8	0.73	0.68	0.62	0.57
2.0	0.71	0.65	0.59	0.54
2.2	0.69	0.63	0.57	0.51
2.4	0.67	0.60	0.54	0.48
2.6	0.65	0.58	0.52	0.46
2.8	0.63	0.56	0.50	0.44
3.0	0.61	0.54	0.48	0.42
3.2	0.59	0.52	0.46	0.40
3.4	0.57	0.50	0.44	0.38
3.6	0.56	0.48	0.42	0.36
3.8	0.54	0.47	0.40	0.35
4.0	0.53	0.45	0.39	0.34
4.2	0.51	0.44	0.38	0.32
4.4	0.50	0.42	0.36	0.31
4.6	0.49	0.41	0.35	0.30
4.8	0.47	0.40	0.34	0.29
5.0	0.46	0.39	0.33	0.28
5.5	0.43	0.36	0.30	0.25
6.0	0.41	0.34	0.28	0.23
6.5	0.38	0.31	0.26	0.22
7.0	0.36	0.29	0.24	0.20
7.5	0.34	0.28	0.23	0.19
8.0	0.32	0.26	0.21	0.18
8.5	0.31	0.25	0.20	0.17
9.0	0.29	0.23	0.19	0.16
9.5	0.28	0.22	0.18	0.15
10.0	0.27	0.21	0.17	0.14

$\rho = 2/3\ \rho'$

Tabla A-5. Valor χ

ρ'	**20.00**	**25.00**	**30.00**	**35.00**
ρ	13.33	16.67	20.00	23.33
*K*1	0.50	0.50	0.50	0.50
H/B				
0.0	1.00	1.00	1.00	1.00
0.1	0.99	0.99	0.98	0.98
0.2	0.98	0.97	0.96	0.96
0.3	0.97	0.96	0.95	0.94
0.4	0.95	0.94	0.93	0.92
0.5	0.94	0.93	0.91	0.90
0.6	0.93	0.92	0.90	0.88
0.7	0.92	0.90	0.88	0.86
0.8	0.91	0.89	0.87	0.85
0.9	0.90	0.88	0.85	0.83
1.0	0.89	0.86	0.84	0.81
1.2	0.87	0.84	0.81	0.78
1.4	0.85	0.82	0.78	0.75
1.6	0.83	0.79	0.76	0.72
1.8	0.81	0.77	0.73	0.70
2.0	0.80	0.75	0.71	0.67
2.2	0.78	0.73	0.69	0.65
2.4	0.76	0.71	0.67	0.62
2.6	0.75	0.69	0.65	0.60
2.8	0.73	0.68	0.63	0.58
3.0	0.72	0.66	0.61	0.56
3.2	0.70	0.64	0.59	0.54
3.4	0.69	0.63	0.57	0.52
3.6	0.67	0.61	0.56	0.51
3.8	0.66	0.60	0.54	0.49
4.0	0.65	0.58	0.53	0.48
4.2	0.63	0.57	0.51	0.46
4.4	0.62	0.56	0.50	0.45
4.6	0.61	0.54	0.49	0.43
4.8	0.60	0.53	0.47	0.42

Tabla A-5. Valor χ

$\rho = 2/3\ \rho'$

ρ'	**20.00**	**25.00**	**30.00**	**35.00**
ρ	13.33	16.67	20.00	23.33
*K*1	0.50	0.50	0.50	0.50
H/B				
5.0	0.59	0.52	0.46	0.41
5.5	0.56	0.49	0.43	0.38
6.0	0.53	0.46	0.41	0.36
6.5	0.51	0.44	0.38	0.34
7.0	0.49	0.42	0.36	0.32
7.5	0.47	0.40	0.34	0.30
8.0	0.45	0.38	0.32	0.28
8.5	0.43	0.36	0.31	0.27
9.0	0.41	0.35	0.29	0.25
9.5	0.40	0.33	0.28	0.24
10.0	0.38	0.32	0.27	0.23

Tabla A-5. Valor χ

$\rho = 1/3\ \rho'$

ρ'	**20.00**	**25.00**	**30.00**	**35.00**
ρ	6.67	8.33	10.00	11.67
*K*1	0.50	0.50	0.50	0.50
H/B				
0.0	1.00	1.00	1.00	1.00
0.1	0.99	0.99	0.99	0.99
0.2	0.99	0.99	0.98	0.98
0.3	0.98	0.98	0.97	0.97
0.4	0.98	0.97	0.97	0.96
0.5	0.97	0.96	0.96	0.95
0.6	0.97	0.96	0.95	0.94
0.7	0.96	0.95	0.94	0.93
0.8	0.95	0.94	0.93	0.92
0.9	0.95	0.94	0.92	0.91
1.0	0.94	0.93	0.92	0.90

Tabla A-5. Valor χ

$\rho = 1/3\ \rho'$

ρ'	**20.00**	**25.00**	**30.00**	**35.00**
ρ	6.67	8.33	10.00	11.67
$K1$	0.50	0.50	0.50	0.50
H/B				
1.2	0.93	0.92	0.90	0.89
1.4	0.92	0.90	0.89	0.87
1.6	0.91	0.89	0.87	0.85
1.8	0.90	0.88	0.86	0.84
2.0	0.89	0.87	0.84	0.82
2.2	0.88	0.85	0.83	0.80
2.4	0.87	0.84	0.82	0.79
2.6	0.86	0.83	0.80	0.77
2.8	0.85	0.82	0.79	0.76
3.0	0.84	0.81	0.78	0.75
3.2	0.83	0.80	0.76	0.73
3.4	0.83	0.79	0.75	0.72
3.6	0.82	0.78	0.74	0.71
3.8	0.81	0.77	0.73	0.69
4.0	0.80	0.76	0.72	0.68
4.2	0.79	0.75	0.71	0.67
4.4	0.78	0.74	0.70	0.66
4.6	0.77	0.73	0.69	0.65
4.8	0.77	0.72	0.67	0.63
5.0	0.76	0.71	0.66	0.62
5.5	0.74	0.69	0.64	0.60
6.0	0.72	0.67	0.62	0.57
6.5	0.70	0.64	0.60	0.55
7.0	0.68	0.63	0.57	0.53
7.5	0.67	0.61	0.55	0.51
8.0	0.65	0.59	0.54	0.49
8.5	0.63	0.57	0.52	0.47
9.0	0.62	0.56	0.50	0.45
9.5	0.60	0.54	0.49	0.44
10.0	0.59	0.52	0.47	0.42

Tabla A-6. Valor χ

$\rho = \rho'$

ρ'	**20.00**	**25.00**	**30.00**	**35.00**
ρ	20.00	25.00	30.00	35.00
*K*1	0.50	0.50	0.50	0.50
H/B				
0.0	1.00	1.00	1.00	1.00
0.1	0.96	0.95	0.94	0.93
0.2	0.93	0.91	0.89	0.87
0.3	0.90	0.87	0.84	0.81
0.4	0.86	0.83	0.79	0.76
0.5	0.83	0.79	0.75	0.70
0.6	0.80	0.76	0.71	0.66
0.7	0.78	0.72	0.67	0.61
0.8	0.75	0.69	0.63	0.57
0.9	0.72	0.66	0.59	0.53
1.0	0.69	0.63	0.56	0.50
1.2	0.65	0.57	0.50	0.43
1.4	0.60	0.52	0.45	0.38
1.6	0.56	0.47	0.40	0.33
1.8	0.52	0.43	0.35	0.28
2.0	0.48	0.39	0.32	0.25
2.2	0.45	0.36	0.28	0.21
2.4	0.42	0.33	0.25	0.19
2.6	0.39	0.30	0.22	0.16
2.8	0.36	0.27	0.20	0.14
3.0	0.34	0.25	0.18	0.12
3.2	0.31	0.22	0.16	0.11
3.4	0.29	0.20	0.14	0.09
3.6	0.27	0.19	0.13	0.08
3.8	0.25	0.17	0.11	0.07
4.0	0.23	0.15	0.10	0.06
4.2	0.22	0.14	0.09	0.05
4.4	0.20	0.13	0.08	0.05
4.6	0.19	0.12	0.07	0.04
4.8	0.17	0.11	0.06	0.03

Tabla A-6. Valor χ

$\rho = \rho'$

ρ'	**20.00**	**25.00**	**30.00**	**35.00**
ρ	20.00	25.00	30.00	35.00
*K*1	0.50	0.50	0.50	0.50
H/B				
5.0	0.16	0.10	0.06	0.03
5.5	0.14	0.08	0.04	0.02
6.0	0.11	0.06	0.03	0.01
6.5	0.09	0.05	0.02	0.01
7.0	0.08	0.04	0.02	0.01
7.5	0.07	0.03	0.01	0.01
8.0	0.05	0.02	0.01	0.00
8.5	0.05	0.02	0.01	0.00
9.0	0.04	0.02	0.01	0.00
9.5	0.03	0.01	0.00	0.00
10.0	0.03	0.01	0.00	0.00

Tabla A-6. Valor χ

$\rho = 2/3\ \rho'$

ρ'	**20.00**	**25.00**	**30.00**	**35.00**
ρ	13.33	16.67	20.00	23.33
*K*1	0.50	0.50	0.50	0.50
H/B				
0.0	1.00	1.00	1.00	1.00
0.1	0.98	0.97	0.96	0.96
0.2	0.95	0.94	0.93	0.92
0.3	0.93	0.91	0.90	0.88
0.4	0.91	0.89	0.86	0.84
0.5	0.89	0.86	0.83	0.81
0.6	0.86	0.84	0.80	0.77
0.7	0.85	0.81	0.78	0.74
0.8	0.83	0.79	0.75	0.71
0.9	0.81	0.76	0.72	0.68
1.0	0.79	0.74	0.69	0.65

Tabla A-6. Valor χ

$\rho = 2/3\ \rho'$

ρ'	**20.00**	**25.00**	**30.00**	**35.00**
ρ	13.33	16.67	20.00	23.33
$K1$	0.50	0.50	0.50	0.50
H/B				
1.2	0.75	0.70	0.65	0.60
1.4	0.72	0.66	0.60	0.55
1.6	0.68	0.62	0.56	0.50
1.8	0.65	0.58	0.52	0.46
2.0	0.62	0.55	0.48	0.42
2.2	0.59	0.52	0.45	0.39
2.4	0.57	0.49	0.42	0.36
2.6	0.54	0.46	0.39	0.33
2.8	0.51	0.43	0.36	0.30
3.0	0.49	0.41	0.34	0.27
3.2	0.47	0.38	0.31	0.25
3.4	0.45	0.36	0.29	0.23
3.6	0.43	0.34	0.27	0.21
3.8	0.41	0.32	0.25	0.19
4.0	0.39	0.30	0.23	0.18
4.2	0.37	0.28	0.22	0.16
4.4	0.35	0.27	0.20	0.15
4.6	0.34	0.25	0.19	0.14
4.8	0.32	0.24	0.17	0.13
5.0	0.31	0.22	0.16	0.12
5.5	0.27	0.19	0.14	0.09
6.0	0.24	0.17	0.11	0.08
6.5	0.21	0.14	0.09	0.06
7.0	0.19	0.12	0.08	0.05
7.5	0.17	0.11	0.07	0.04
8.0	0.15	0.09	0.05	0.03
8.5	0.13	0.08	0.05	0.03
9.0	0.12	0.07	0.04	0.02
9.5	0.11	0.06	0.03	0.02
10.0	0.09	0.05	0.03	0.01

Tabla A-6. Valor χ

$\rho = 1/3\ \rho'$

ρ'	**20.00**	**25.00**	**30.00**	**35.00**
ρ	6.67	8.33	10.00	11.67
$K1$	0.50	0.50	0.50	0.50
H/B				
0.0	1.00	1.00	1.00	1.00
0.1	0.99	0.99	0.98	0.98
0.2	0.98	0.97	0.97	0.96
0.3	0.97	0.96	0.95	0.94
0.4	0.95	0.94	0.93	0.92
0.5	0.94	0.93	0.92	0.90
0.6	0.93	0.92	0.90	0.88
0.7	0.92	0.90	0.88	0.87
0.8	0.91	0.89	0.87	0.85
0.9	0.90	0.88	0.85	0.83
1.0	0.89	0.86	0.84	0.81
1.2	0.87	0.84	0.81	0.78
1.4	0.85	0.81	0.78	0.75
1.6	0.83	0.79	0.75	0.72
1.8	0.81	0.77	0.73	0.69
2.0	0.79	0.75	0.70	0.66
2.2	0.77	0.72	0.68	0.63
2.4	0.76	0.70	0.65	0.61
2.6	0.74	0.68	0.63	0.58
2.8	0.72	0.66	0.61	0.56
3.0	0.70	0.64	0.59	0.54
3.2	0.69	0.63	0.57	0.52
3.4	0.67	0.61	0.55	0.50
3.6	0.66	0.59	0.53	0.48
3.8	0.64	0.57	0.51	0.46
4.0	0.63	0.56	0.49	0.44
4.2	0.61	0.54	0.48	0.42
4.4	0.60	0.52	0.46	0.40
4.6	0.58	0.51	0.44	0.39
4.8	0.57	0.50	0.43	0.37

Tabla A-6. Valor χ

$\rho = 1/3\ \rho'$

ρ'	20.00	25.00	30.00	35.00
ρ	6.67	8.33	10.00	11.67
*K*1	0.50	0.50	0.50	0.50
H/B				
5.0	0.56	0.48	0.41	0.36
5.5	0.53	0.45	0.38	0.32
6.0	0.50	0.42	0.35	0.29
6.5	0.47	0.39	0.32	0.26
7.0	0.44	0.36	0.29	0.24
7.5	0.42	0.33	0.27	0.21
8.0	0.39	0.31	0.24	0.19
8.5	0.37	0.29	0.22	0.17
9.0	0.35	0.27	0.20	0.16
9.5	0.33	0.25	0.19	0.14
10.0	0.31	0.23	0.17	0.13

• Casos de relleno sobre la zona de influencia del tubo

Para la elección de los parámetros K_1 y ρ se distinguen cuatro casos:

Caso A1: Compactado normal de la zanja.

Caso A2: Sin compactar (por encima del tubo).

Caso A3: Zanja entibada.

Caso A4: Relleno de la zanja compactando por capas, y con grado de compactación $\geqslant$ 100% del Proctor Standard. No puede emplearse el grupo G4.

CASO	K_1	p
A_1	0,5	2/3 p'
A_2	0,5	1/3 p'
A_3	0,5	0
A_4	0,5	p'

Tabla A-7. Casos de relleno sobre la zona de influencia del tubo

Si para el rellenado de la zanja por encima de la zona de la conducción se emplea un tipo distinto de tierra del excavado, se tomará el valor del ángulo de rozamiento p' que corresponda a ésta.

Formas de zanja

Los valores geométricos de cálculo han de tomarse de la figura 5-111. Para el caso con paredes paralelas tienen aplicación las ecuaciones [5] y [6].

En el caso de zanjas con paredes en talud, figura 5-112, el valor χ se determina en función del ángulo β.

Para un determinado ángulo de talud b se obtiene xb mediante la interpolación lineal entre χ para $\beta = 90°$ (zanja con paredes paralelas) y $\chi_\beta = 1$ para $\beta = 0°$ (véase también la figura 5-113).

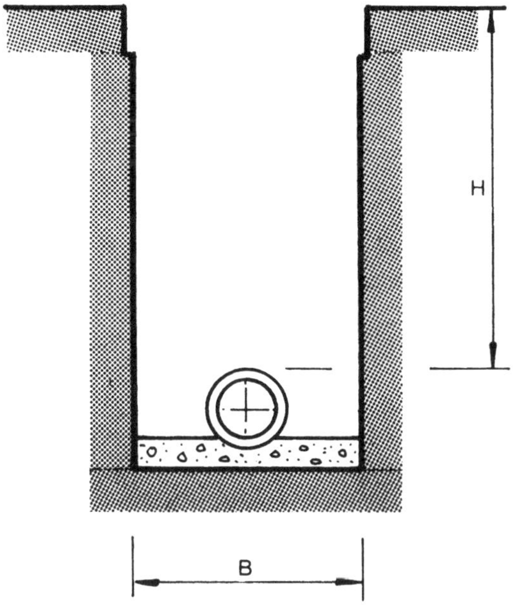

Fig. 5-111. *Zanjas con paredes paralelas.*

$$p' \leqslant \beta \leqslant 90° \qquad \chi = 1 - \frac{\beta}{90} + \chi_{90}\frac{\beta}{90}; \text{ en grados} \qquad [7]$$

Lo mismo

$$\chi_{o\beta} = 1 + \frac{\beta}{90} + \chi_{90}\frac{\beta}{90} \qquad [8]$$

En zanjas en escalón, la cámara total de cada uno de los tubos está formada por el valor medio de dos casos de carga, que corresponden a las modalidades de la zanja a la derecha y a la izquierda del eje del tubo. (Véase la figura 5-114).

$$\chi_{o\beta} = 1 - \frac{\beta}{90} + \chi_{o90}\frac{\beta}{90}$$

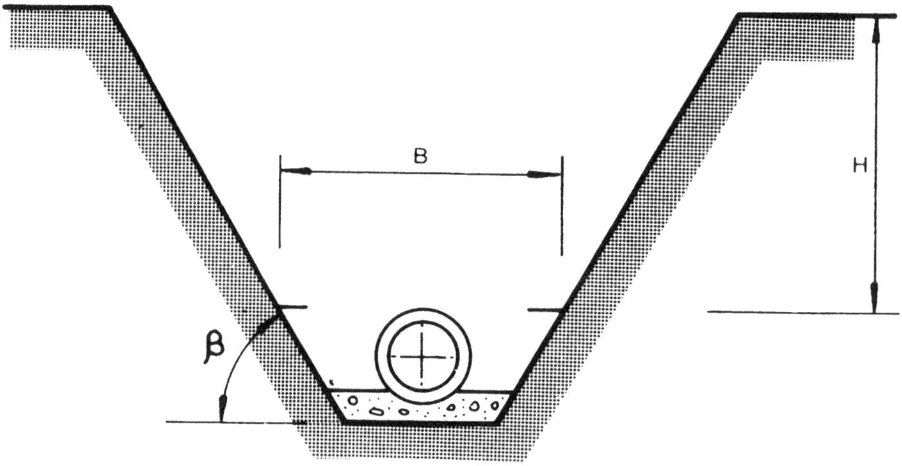

Fig. 5-112. *Zanjas con paredes en talud.*

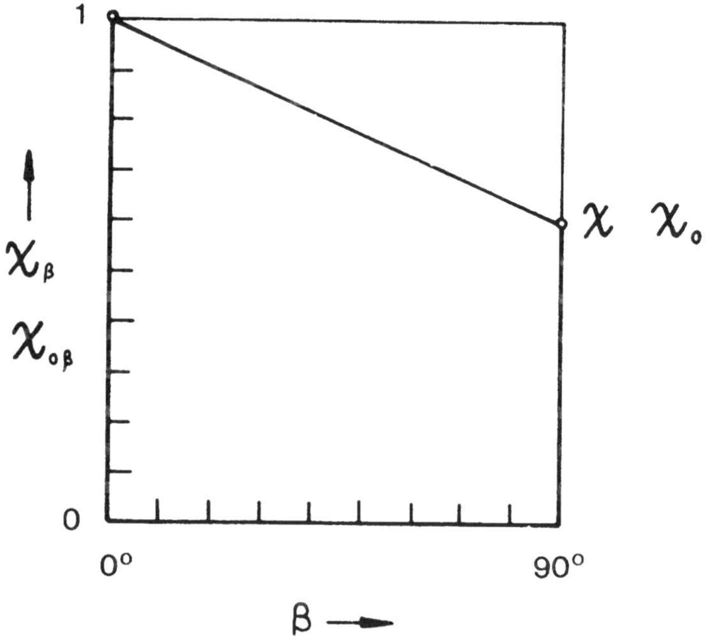

Fig. 5-113. χ_{β} *y* $\chi_{o\beta}$ *para las zanjas con paredes en talud.*

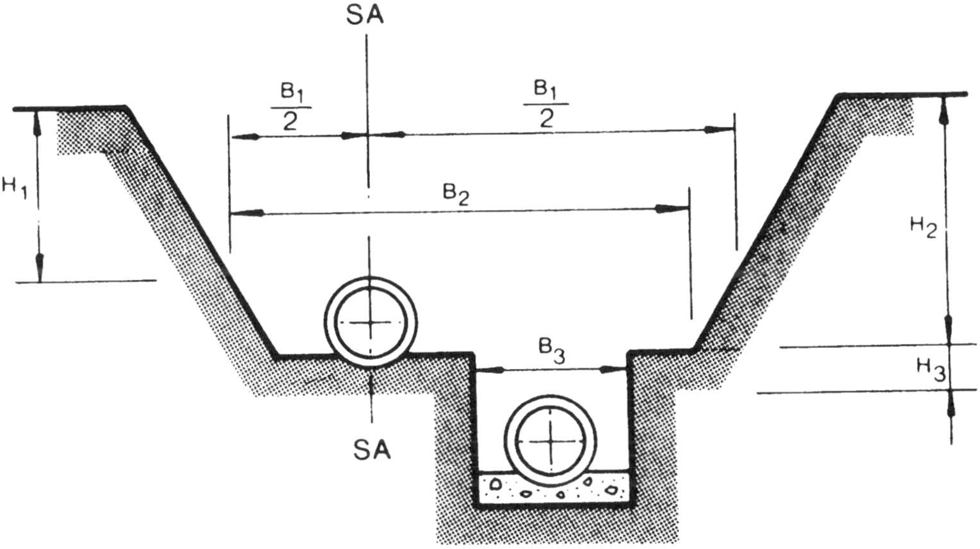

Fig. 5-114. *Zanjas en escalón.*

• Carga por la acción del tráfico y otras fuerzas de superficie concentradas

El aumento de cargas como consecuencia de las acciones del tráfico y otras fuerzas de superficie concentradas, se calcula según el procedimiento indicado por BOUSSINESQ HOLL-NEWMARK.

$$P = a_F \cdot P_F \qquad [9]$$

con

$$P_F = \frac{F_A}{r_A^2 \cdot \pi}\left[1-\left(\frac{1}{1+\left(\frac{r_A}{H}\right)^2}\right)^{3/2}\right] + \frac{3 \cdot F_F}{2 \cdot \pi \cdot H^2}\left[\frac{1}{1+\left(\frac{r_E}{H}\right)^2}\right]^{5/2} \qquad [10]$$

$$a_F = 1 - \frac{0{,}9}{0{,}9 + \frac{4H^2 + H^6}{1{,}1\ dm^{2/3}}} \qquad [11]$$

$$d_m = \frac{D + d_i}{2} \qquad [12]$$

P_F es la carga máxima según Boussinesq por la acción de las ruedas considerando las superficies de apoyo de las mismas.

a_F es un factor de corrección para tener en cuenta los casos de pequeñas alturas de recubrimiento (siempre ⩾ 0,5 m), con un reparto de la carga según una inclinación 2:1.

Para valores de h + 0 a 0,5 m es preciso tener en cuenta consideraciones especiales.

La carga F_A de la rueda situada directamente por encima del tubo y la carga F_E suma de las ruedas restantes, así como el radio r_A de la superficie circular en relación con la superficie de apoyo de la rueda, y r_E distancia media horizontal hasta la clave del tubo, vienen dados en la tabla A-8.

Vehículo Peso total (t)	F_A (KN)	F_E (KN)	r_A (m)	r_E (m)
60	100	500	0,25	1,82
30	50	250	0,18	1,82
12	40	80	0,15	2,26

Tabla A-8. Cargas y radios

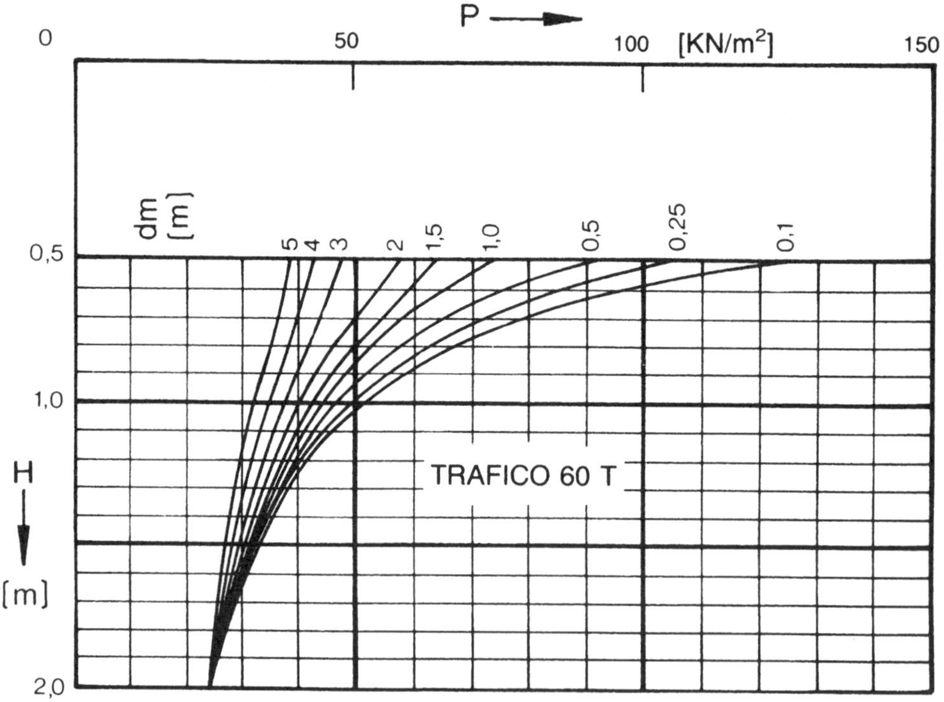

Fig. 5-115. *D_1a: carga P como consecuencia de las acciones de un tráfico de 60 t, para H = 0,5 m a H = 2 m.*

La ecuación [11] es válida dentro de los límites:

$$H \geqslant 0{,}5 \text{ m}$$

$$d_m \leqslant 5 \text{ m}$$

El resultado de la ecuación [9] viene dado en los diagramas D_1 a D_1d.

Antes de proceder a la distribución de la carga, se supone que ésta se halla repartida uniformemente en el plano de la clave del tubo.

No deben considerarse cargas horizontales del suelo como consecuencia de las cargas de tráfico.

Las cargas resultantes de la acción del tráfico, han de ser multiplicadas por el factor de choque φ.

$$Pv = \varphi \cdot P \qquad [13]$$

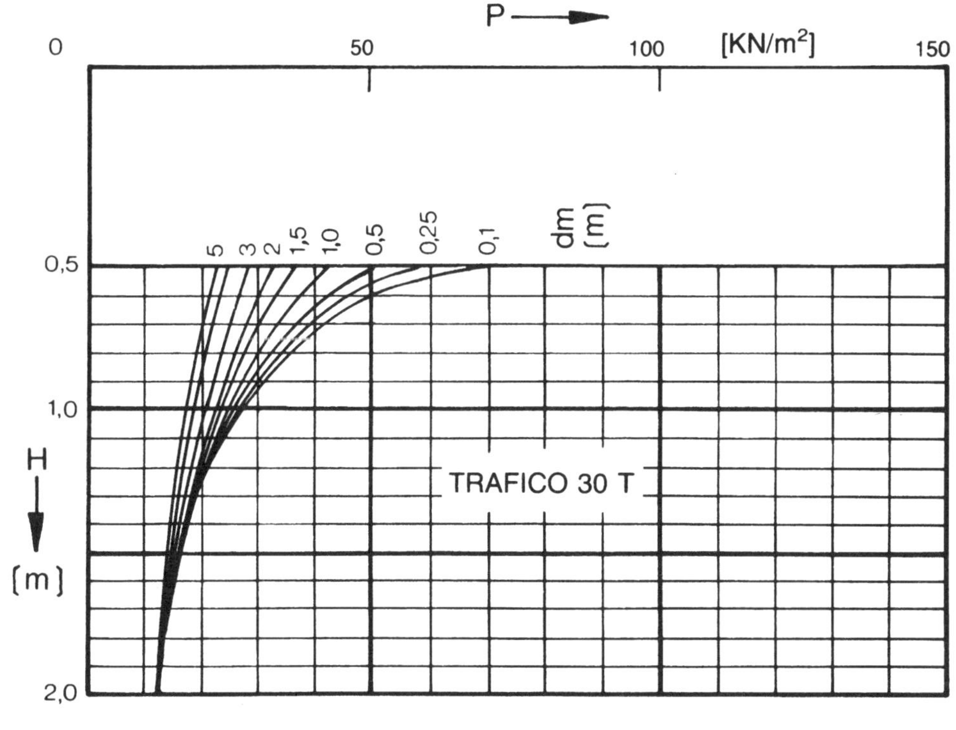

Fig. 5-116. *D_1b: carga P como consecuencia de las acciones de un tráfico de 30 t, para H = 0,5 m a H = 2 m.*

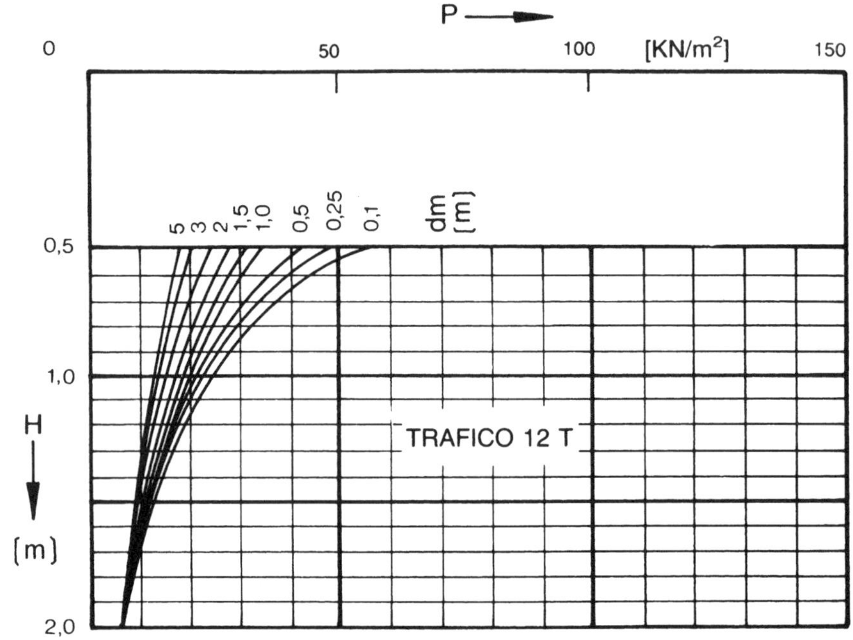

Fig. 5-117. *D_1c: carga P como consecuencia de las acciones de un tráfico de 12 t, para H = 0,5 m a H = 2 m.*

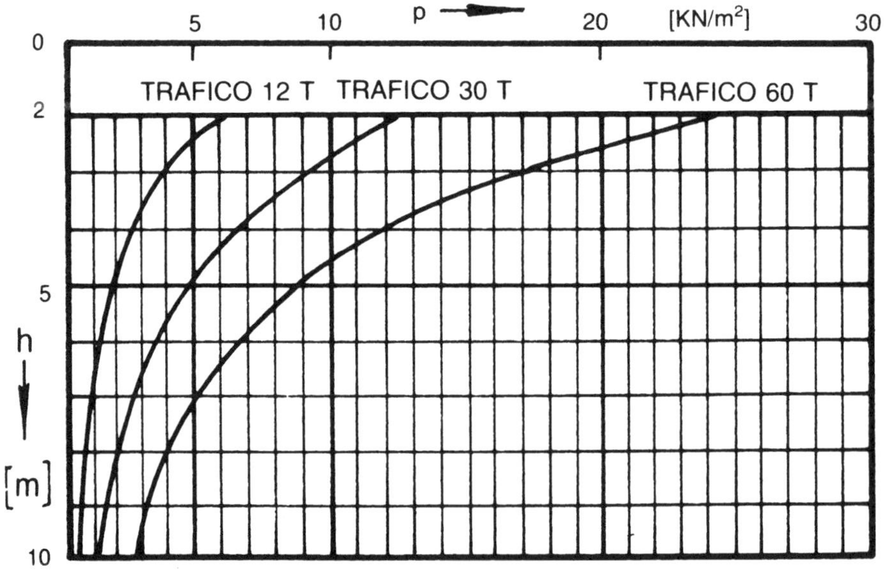

Fig. 5-118. *D_1d: carga P como consecuencia de las acciones de un tráfico de 12 t, para H = 0,5 m a H = 2 m.*

El factor de choque se toma de la siguiente tabla A-9.

Tráfico (t)	φ
60	1,2
30	1,4
12	1,5

Tabla A-9. Factor de choque

Distribución de la carga

Como consecuencia de la distinta deformación del tubo y del suelo que lo rodea, experimentan variación las cargas medias calculadas en el apartado «Carga por la acción de las tierras de relleno y fuerzas de superficie uniformemente repartidas». La cuantía de esta variación para la carga sobre el tubo viene dada por el factor de concentración λ_n y por el factor λ_s para la carga sobre el terreno adyacente. La forma idealizada del reparto puede verse, para B/D = ∞, en la figura 5-119.

Las magnitudes que influyen en el factor de concentración, y que serán analizadas más adelante son:

La descarga relativa efectiva a'.

El recubrimiento relativo H/D.

La relación de rigidez V_s.

La anchura relativa de zanja B/D.

La relación de la carga horizontal del relleno, en la zona lateral al tubo, a la carga vertical del relleno, K_2.

Casos de compactación del relleno en la zona de influencia del tubo

Según sea el relleno en la zona de influencia de la conducción, es decir sobre la cama y hasta la clave del tubo, pueden considerarse cuatro casos:

B1. Relleno con compactación cuidada.

B2. Relleno con compactación normal.

B3. Relleno con entibación de zanja.

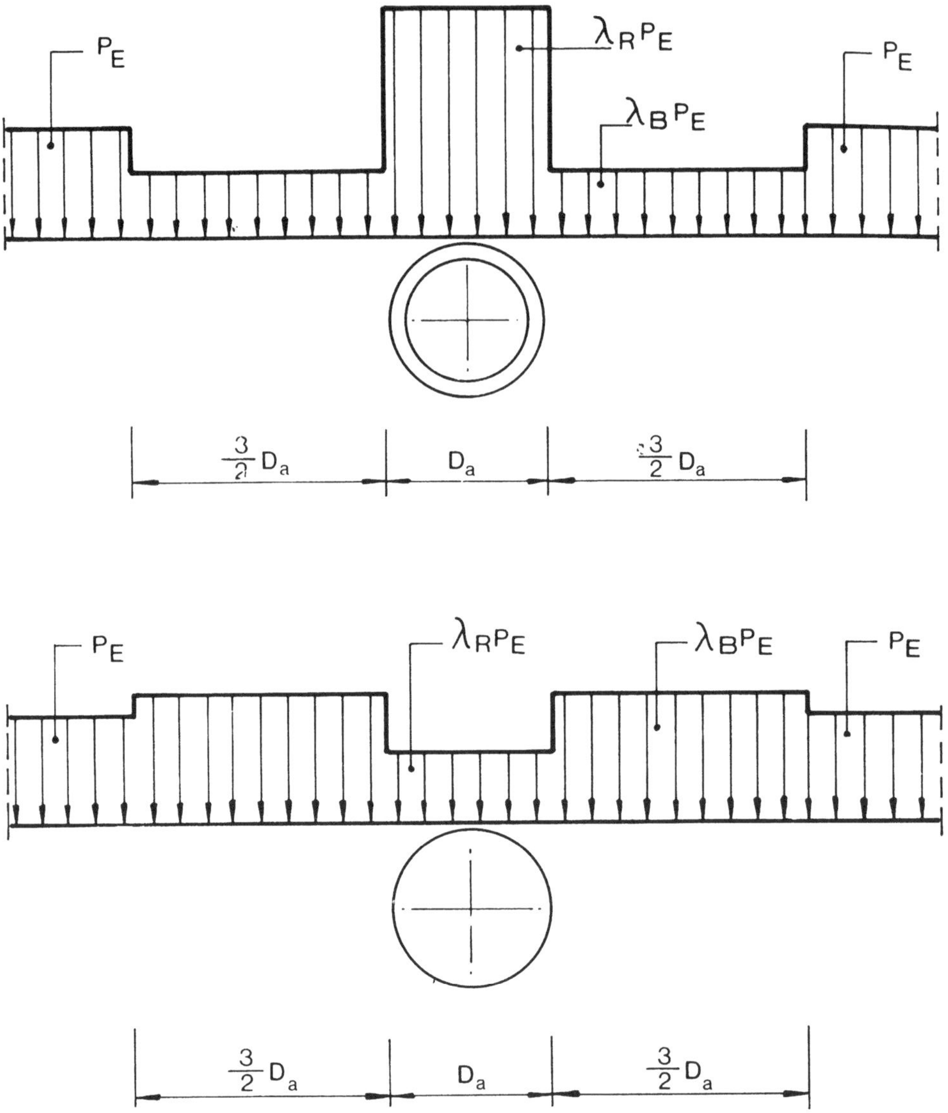

Fig. 5-119. *Distribución de las cargas.*

B4. Relleno con alta compactación (este caso no puede utilizarse con suelo del grupo G4).

Los módulos de deformación del suelo E_B que hay que utilizar en el cálculo son:

El del relleno por encima del tubo	E_1
El del relleno hasta la clave del tubo	E_2
El del terreno adyacente a la zanja	E_3
El del terreno por debajo de la zanja	E_4

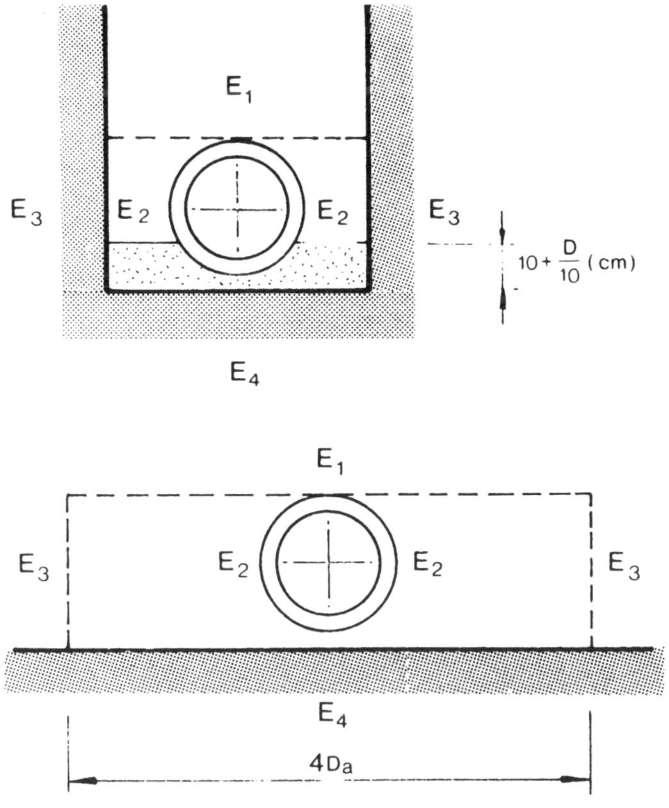

Fig. 5-120. *Módulos de deformación para las distintas zonas del suelo.*

En la tabla A-10 se relacionan los distintos casos de relleno sobre la zona de influencia del tubo, con los módulos de deformación asignados como valores orientativos E_2 y E_1, en la tabla A-2 a través de las compactaciones correspondientes del relleno hasta y desde la clave del tubo.

Debe tomarse el valor de $E_2 = E_1$ cuando la compactación de una y otra zona del relleno sea la misma.

Casos de compactación del relleno sobre la zona de influencia del tubo	A_1		A_2 y A_3		A_4	
Casos de compactación del releno en la zona de la influencia del tubo	B_1		B_2 y B_3		B_4	
Grados de compactación Dpr en %. Módulos de rigidez $E_{1,2}$ en Kg/cm^2	D_{pr}	$E_{1,2}$	D_{pr}	$E_{1,2}$	D_{pr}	$E_{1,2}$
Grupos de suelo G_1	95	16	90	6	97	23
Grupos de suelo G_2	95	8	90	3	97	11
Grupos de suelo G_3	92	3	90	2	95	5
Grupos de suelo G_4	92	2	90	1,5	—	—

Tabla A-10. VALORES DE LOS MODULOS DE DEFORMACION E_1 Y E_2

Cuando el relleno de la zona por debajo de la clave del tubo sea de mejor calidad que el de la zona por encima de la clave, E_2 será mayor que E_1.

Si la zanja es muy estrecha, por la dificultad de compactación del relleno lateral, el valor de E_2 debe rebajarse con el coeficiente a_B según figura 5-121.

$$a_B = 1 - \left(4 - \frac{B}{D}\right) . \frac{1 - a_{BI}}{3} \qquad [14]$$

La influencia del agua freática en caso de nivel freático por encima de la base del tubo, se tiene en cuenta reduciendo el valor E_2, con el coeficiente f, según la ecuación:

$$f = \frac{D_{pr} - 75}{20} \leqslant 1 \qquad [15]$$

y por tanto el valor rebajado de E_2 será:

$$E'_2 = f \, . \, a_B \, . \, E_2 \qquad [16]$$

El valor de E3 podría calcularse por medio de ensayos, pero puede tomarse de la tabla A-2, teniendo en cuenta que los suelos corrientes presentan densidades Dpr = 90 a 97%.

En general, en las instalaciones en terraplén se utilizarán valores $E_1 = E_2 = E_3$.

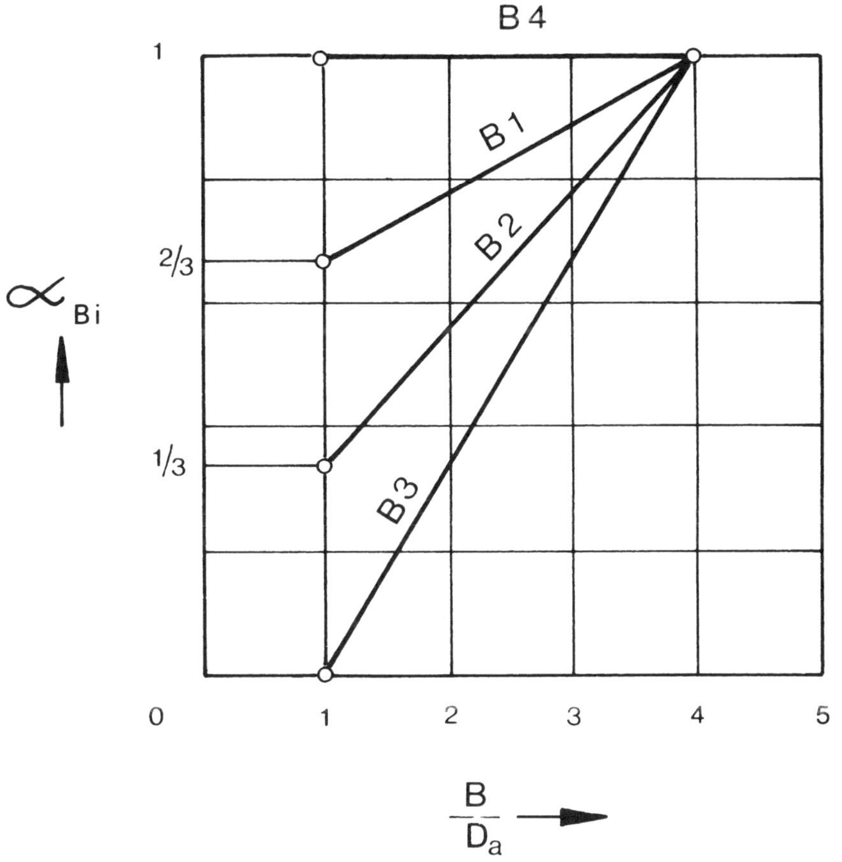

Fig. 5-121. *Factores de reducción a_B para E_2.*

En cuanto al valor de E_4 los suelos corrientes suelen dar un valor $E_4 = 10 \times E_1$. Para los suelos muy firmes, E_4/E_1 puede tomar un valor bastante mayor, y en el caso de suelos flojos, un valor bastante menor. Puede tomarse de la tabla A-2 o puede determinarse mediante ensayos.

Para establecer el valor de K_2 de la carga unitaria horizontal en la zona lateral al tubo, a la carga vertical del terreno, se tiene en cuenta la rigidez del sistema tubo-suelo V_{RB}.

Para tubos en los que $V_{RB} > 0{,}1$ se toma el valor de K_2 de la tabla A-11. En ese caso la carga horizontal unitaria debida al empuje pasivo del relleno sobre el tubo q_h^* ha de hacerse igual a cero.

Cuando $V_{RB} \leqslant 0{,}1$ se toma el valor K_2 de la tabla A-11 y el valor de q_h^* se calcula según la ecuación [39].

1	2	3
GRUPO DE SUELO	$V_{RB} > 0{,}1$	$V_{RB} \geq 0{,}1$
G_1		0,4
G_2		0,3
G_3	0,5	0,2
G_4		0,1
EMPUJE PASIVO	$q_n^* = 0$	$q_n^* > 0$

Tabla A-11. Valores de K_2

Los valores de K_2 abarcan procesos de diversa naturaleza y han sido calibrados como valores medios.

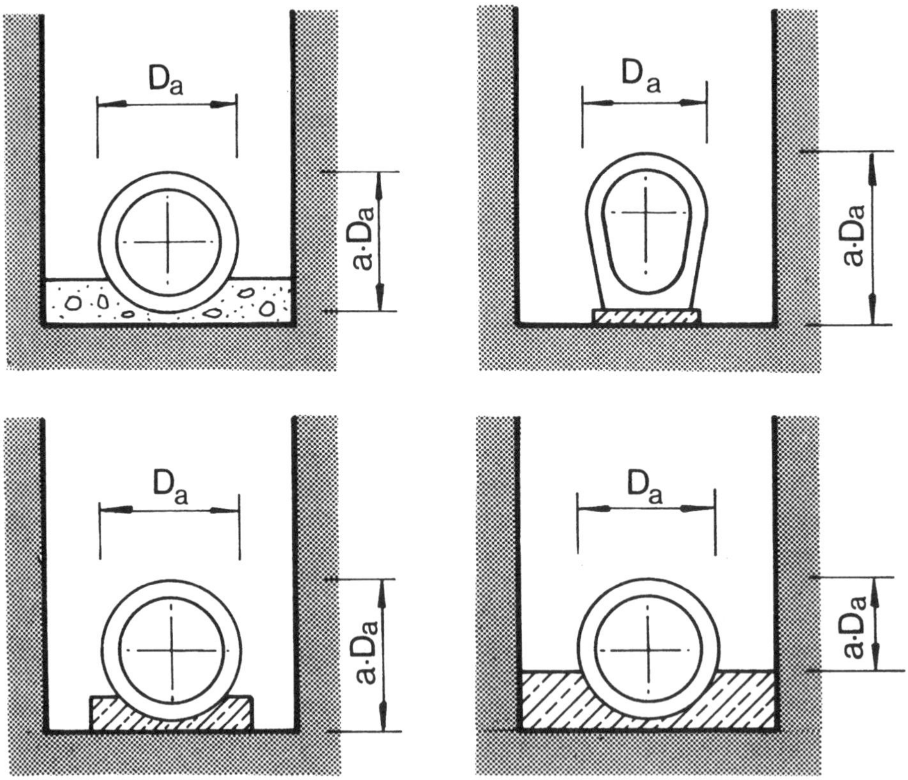

Fig. 5-122. *Descarga relativa.*

Descarga relativa, a

La descarga relativa a puede obtenerse de la figura 5-122.

Factores de concentración y relación de rigidez entre el tubo y el terreno

Factores de concentración λ_R y λ_B.

El factor de concentración depende:

Del valor límite máx λ (ecuación 22).

De la relación de rigidez V_s (ecuación 23).

De la descarga relativa efectiva a' (ecuación 20).

De K_2.

$$\lambda_R = \frac{\text{máx } \lambda \,.\, V_s \, \frac{V_{s1}}{1 - \lambda} \, \lambda_0 \,.\, (\text{máx } \lambda - 1)}{V_s + \frac{V_{s1}}{1 - \lambda_0} (\text{máx. } \lambda - 1)} \quad 4 \qquad [17]$$

siendo

$$\lambda_0 = \frac{4 \,.\, K_2}{3 + K_2} \qquad [18]$$

y

$$V_{s1} = \frac{1 - K_2}{1 - \frac{1}{4 \,.\, a'}} \qquad [19]$$

con

$$a' = \frac{a \,.\, D + D_d}{d} \,.\, \frac{E_1}{E_2} \geqslant 0{,}25 \qquad [20]$$

Notas: Cuando $V_s = 0$; $\lambda_R = \lambda_0$.

Cuando $V_{s1} = V_s$; $\lambda_R = 1$.

La función λ_R está representada en la figura 5-123 para a' = 1 y $K_2 = 0{,}3$.

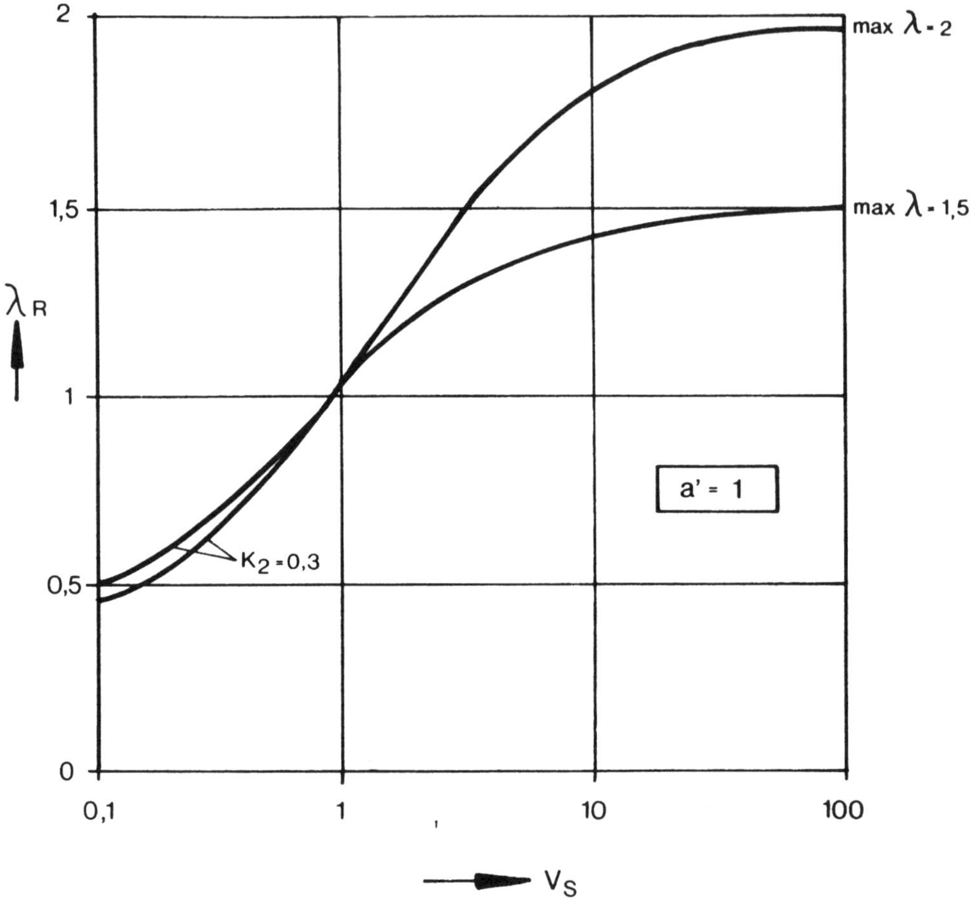

Fig. 5-123. *Factor de concentración λ_R para K_2 = 0,3 y a' = 1.*

El factor de concentración λ_B en el reparto de las cargas, se deduce de la expresión:

$$\lambda_B = \frac{4 \cdot \lambda_R}{3} \qquad [21]$$

Como λ_B no puede ser negativa, se deduce de la ecuación [21] que λ_R no puede sobrepasar un valor igual a cuatro.

Factor de concentración límite máx. λ

El factor de concentración λ_R + máx. λ., correspondiente a un tubo rígido y B/D = ∞ (zanjas anchas, terraplenes) es:

$$\text{máx. } \lambda = 1 + \frac{\frac{H}{D}}{\frac{3{,}5}{a'} + \frac{2{,}2}{\frac{E_4}{E_1}(a' - 0{,}25)} + \frac{H}{D} \cdot \left(\frac{0{,}62}{a'} \frac{1{,}6}{\frac{E_4}{E_1}(a' - 0{,}25)} \right)} \qquad [22]$$

En la figura 5-124 se ha representado la función máx. λ para distintos valores de a' y para E_4 + 10 . E_1.

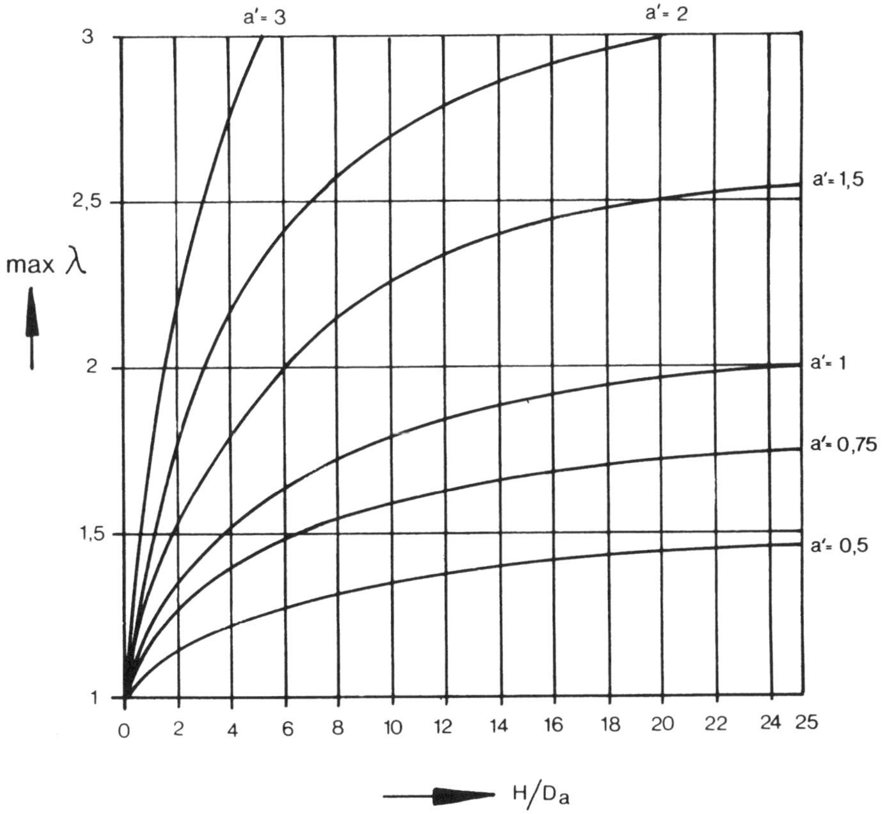

Fig. 5-124. *Factor de concentración máx. λ para B/D = ∞ y E_4 = 10 E_1.*

En el caso de los tubos de gran rigidez, se hace el cálculo del apartado «Influencia de la anchura relativa de las zanjas», con λ_n + máx. λ. Esto sucede para valores de $V_s > 100$ en la ecuación [23b] del apartado siguiente, en el que se describe la interrelación existente entre las deformaciones del tubo y el terreno adyacente.

Relación de rigidez V_n entre el tubo y el terreno

La relación de rigidez V_s dependen:

De la rigidez del tubo S_n.

Del coeficiente de deformación del diámetro vertical C_v^* o C_{v1}.

Y en determinados casos, de la rigidez de la capa de deformación S_d, así como de la rigidez vertical del relleno hasta la clave el tubo S_{BV}.

Debido a las hipótesis utilizadas en el mundo de cálculo, se da por supuesta la rigidez mínima a largo plazo con un valor de

$$\min S_R = 3 \text{ x } 10^{-3} \text{ N/mm}_2$$

Vs se calcula de la manera siguiente:

a) Considerando la reacción lateral sobre el tubo, según la expresión:

$$V_s = \frac{S_R}{|C_v^*| \; . \; S_{BV}} \qquad [23a]$$

b) Despreciando la reacción lateral sobre el tubo según la expresión:

$$V_s = \frac{S_R}{|C_{v1}| \; . \; S_{BV}} \qquad [23b]$$

c) Teniendo en cuenta una capa de deformación con $S_R = \infty$ y $K_2 = 0$, siendo:

$$2 \text{ x } q_v \leqslant Ed \leqslant \frac{1}{5} E_1,$$

según la expresión:

$$V_s = \frac{S_d}{S_{BV}} \qquad [23c]$$

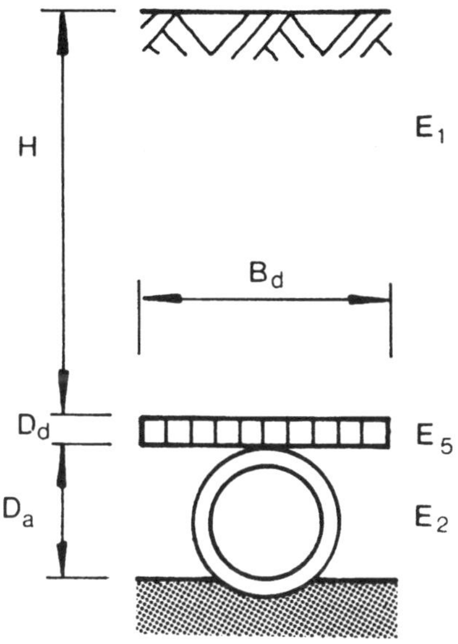

Fig. 5-125. *Capa de deformación.*

La rigidez del tubo S_R es:

$$V_s = \frac{E_R \,.\, 1}{r_m^3} \qquad [24]$$

La rigidez de la capa de deformación S_d es:

$$S_d = Ed\,\frac{B_d}{D_d} \qquad [25]$$

con

E_d = módulo de elasticidad de la capa de deformación.

B_d = anchura de la capa de deformación.

La rigidez vertical del relleno de la zona hasta la clave del tubo S_{BV}, es:

$$S_{BV} = \frac{E'_2}{a} \qquad [26]$$

El coeficiente para obtener la deformación vertical $\Delta\, D_v$, se obtiene la expresión:

$$C_v^* = C_{v1} + C_{v2} \,.\, K^* \qquad [27]$$

C_{v1} = Coeficiente debido a qv.

C_{v2} = Coeficiente debido a q_h^*.

q_v = Carga unitaria vertical del relleno sobre el tubo.

q_h^* = Reacción horizontal del relleno sobre el tuvo, debida a la deformación del relleno.

El coeficiente de reacción del relleno lateral al tubo K*, es:

$$K^* = \frac{C_{h1}}{V_{RB} - C_{h2}} \qquad [28]$$

con

Ch1 = Coeficiente debido a qv (ver tabla A-12).

Ch2 = Coeficiente debido a q_h^*.

La rigidez del sistema tubo-suelo V_{RB}, es:

$$V_{RB} = \frac{S_R}{S_{BH}} \qquad [29]$$

siendo la rigidez horizontal del relleno de la zona hasta la clave del tubo S_{BH}:

$$S_{BH} = 0{,}6\ \zeta\ .\ E'_2 \qquad [30]$$

con

$$\zeta = \frac{1{,}44}{\Delta f + (1{,}44 - \Delta f)\ \dfrac{E'_2}{E_3}} \qquad [31]$$

y

$$\Delta f = \frac{\dfrac{B}{D} - 1}{1{,}154 + 0{,}444\left(\dfrac{B}{D} - 1\right)} \leqslant 1{,}44 \qquad [32]$$

El factor ζ tiene en cuenta la relación entre el módulo de rigidez del relleno hasta la clave del tubo E_2 y el del terreno adyacente a zanja E_3. Figura 5-126.

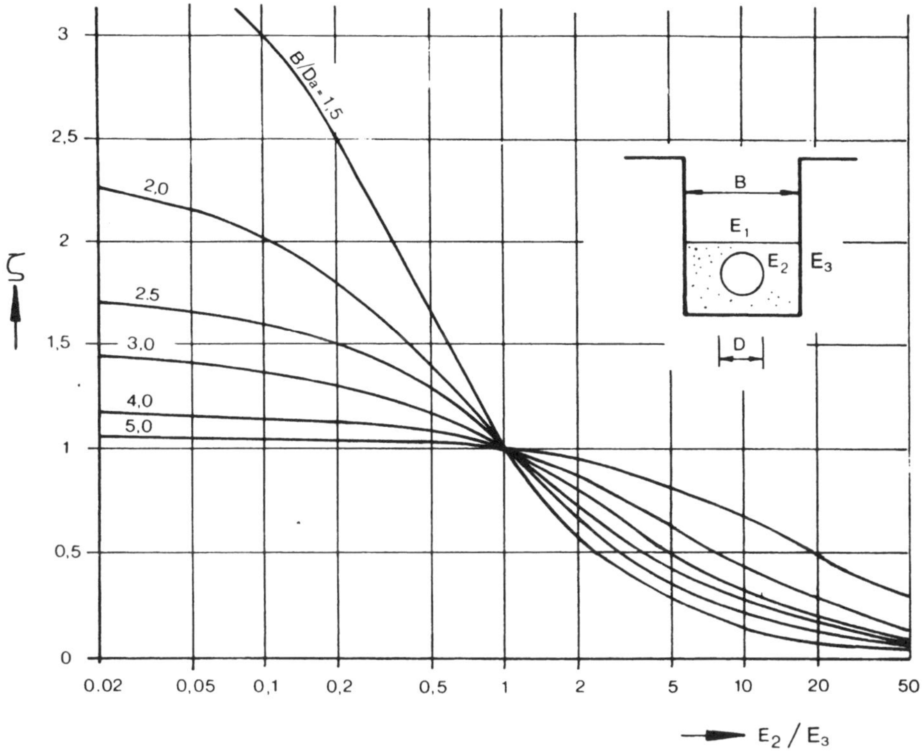

Fig. 5-126. *Factor de corrección ζ.*

Angulo de apoyo	C_{v1}	C_{v2}	C_{h1}	C_{h2}
60°	– 0,1053		+ 0,1026	
90°	– 0,0966		+ 0,0956	
120°	– 0,0893	+ 0,0640	+ 0,0891	– 0,0658
180°	– 0,0833		+ 0,0833	

Tabla A-12. Coeficiente de deformación

En las instalaciones en terraplén es E2 = E3 y ζ = 1.

Influencia de la anchura relativa de la zanja

El reparto de las cargas, según la figura 5-119, se extiende en una anchura 4D. Para el factor de concentración λ_{RG} en zanjas estrechas se adopta el siguiente valor:

$$1 \leqslant \frac{B}{D} \leqslant 4 \rightarrow \lambda_{RG} = \frac{\lambda_R - 1}{3} \cdot \frac{B}{D} + \frac{1 - \lambda_R}{3} \qquad [33]$$

Para zanjas anchas:

$$4 \leqslant \frac{B}{D} \leqslant \infty \rightarrow \lambda_{RG} = \lambda_R = \text{Const.} \qquad [34]$$

La función λ_{RG} se representa en al figura 5-127 para distintos valores de λ_R.

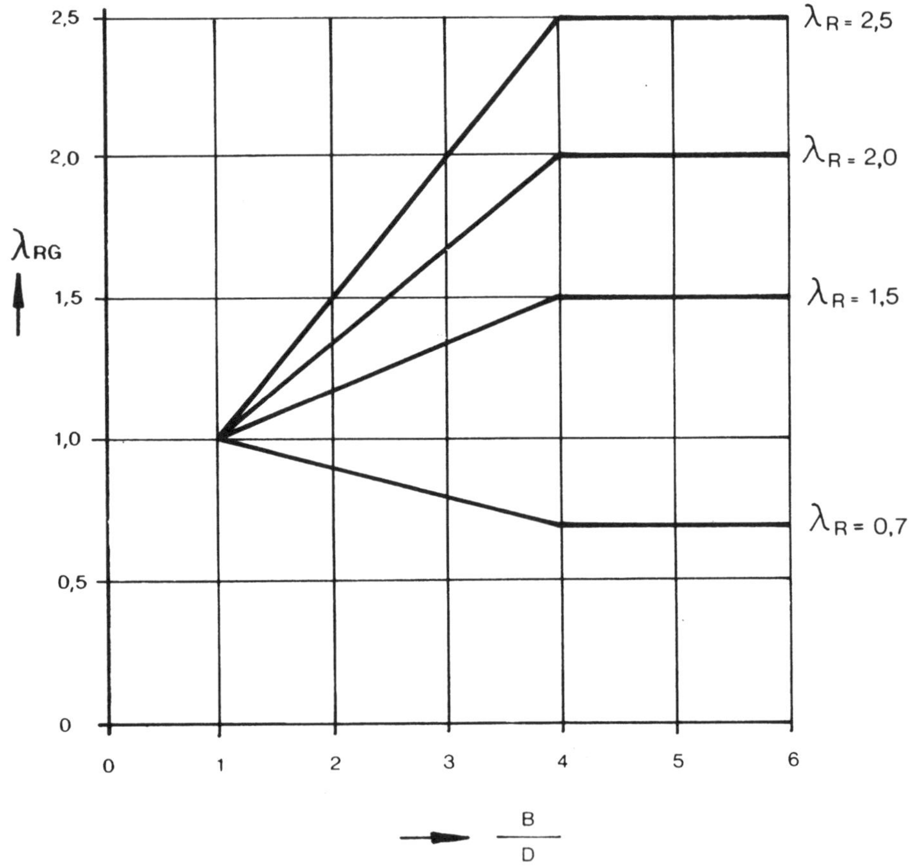

Fig. 5-127. *Factor de concentración* λ_{RG}

El factor de concentración λ_B en el suelo adyacente (Ecuación 21) es independiente de la anchura de la zanja.

Valor límite del factor de concentración

El factor de concentración se haya limitado por la resistencia del terreno al cortante.

$$\lambda_{fu} \leqslant \lambda_{RG} \leqslant \lambda_{fo}$$

El valor límite superior de λ_{RG} se tomará:

$$\lambda_{fo} = 4 - 0{,}15H \qquad \text{para } H \leqslant 10 \text{ m} \qquad [35]$$

$$\lambda_{fo} = 2{,}5 \qquad \text{para } H \geqslant 10 \text{ m} \qquad [36]$$

El valor límite inferior λ_{h1} que puede ser determinante en el caso de un tubo flexible o para tubos instalados con una capa de deformación, se calcula de acuerdo con la teoría del silo. A este respecto, en la ecuación [5] se sustituye χ por λ_{h1} y B por D o por D_d; k: y ρ tienen los valores dados en la tabla A-7.

Carga vertical sobre el tubo

La carga vertical total sobre el tubo viene dada por:

$$q_{vt} = \lambda_{RG} (\chi \, . \, Y_B \, . \, H + \chi_o \, . \, P_o) + P_v \qquad [37a]$$

Esta ecuación contiene los resultados de las ecuaciones [2], [3] y [13].

Para la instalación en terraplén la expresión queda:

$$q_{vt} = \lambda_R (Y_B \, . \, H + P_o) + P_v \qquad [37b]$$

Distribución de la carga en la periferia del tubo

La distribución de la carga en la periferia del tubo depende del tipo de apoyo, de la compactación del relleno hasta la clave del tubo y de la deformación del propio tubo.

Distribución de la carga del relleno encima del tubo

Con independencia del caso de instalación, y para todos los tipos de tubos, se supone que la carga va dirigida verticalmente y distribuida en forma rectangular.

Reacciones de apoyo (tipos de apoyo)

Apoyo tipo I: Apoyo sobre cama granular.

Las reacciones se consideran en dirección vertical y distribuidas rectangularmente.

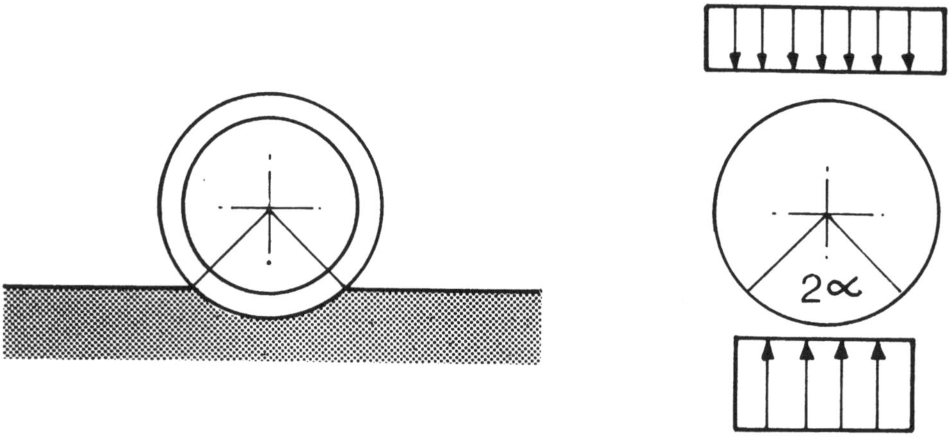

Fig. 5-128. *Apoyo tipo I.*

Apoyo tipo II: Apoyo sólido (por ejemplo cama de hormigón).

No utilizado con tubos flexibles.

Las reacciones se consideran en dirección radial y distribuidas uniformemente.

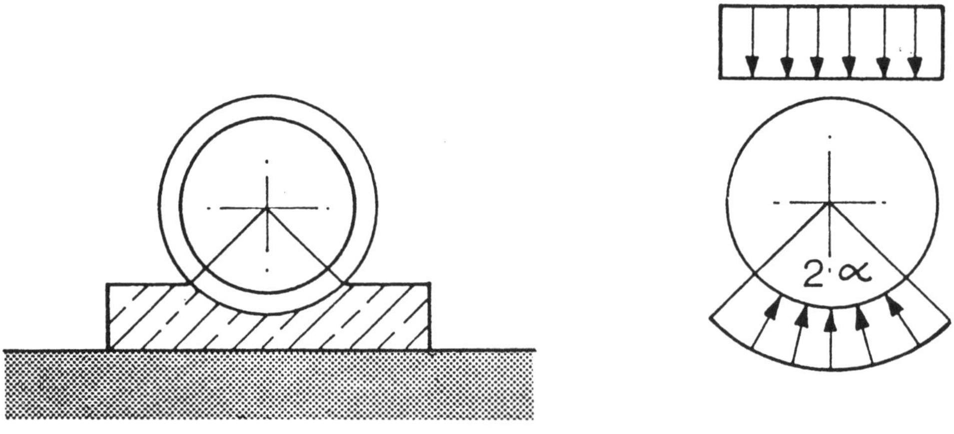

Fig. 5-129. *Apoyo tipo II.*

Apoyo tipo III: Tubo con apoyo granular hasta la clave del tubo.

Es el tipo recomendable para tubos flexibles.

Este tipo de apoyo ($2\alpha = 180°$) se aplicará siempre para la verificación de la deformación en caso de tubos flexibles.

Las reacciones se consideran orientadas en dirección vertical y distribuidas rectangularmente.

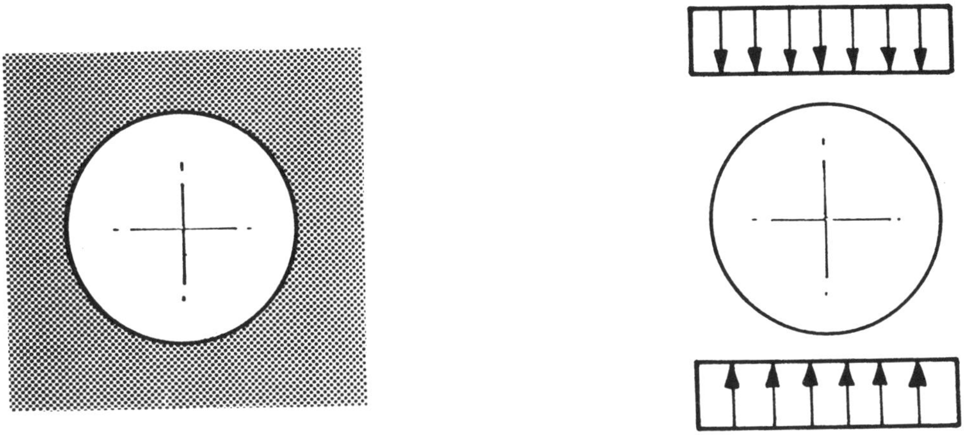

Fig. 5-130. *Apoyo tipo III.*

Distribución de la carga horizontal del relleno

La carga horizontal sobre la tubería se compone de la parte q_h consecuencia de la carga vertical del relleno y, en determinados casos, de la reacción q_h^* debida a la deformación del tuvo, véase figura 5-131.

Tipo de apoyo II.

Tipo de apoyo I y III.

La carga lateral q_{h1} en el tipo de apoyo II, existe únicamente por encima de la cama y depende de la carga vertical del relleno, y su valor es:

$$q_h = K_2 \,.\, \lambda_B \,(\chi \,.\, Y_B \,.\, H + \chi_o \,.\, P_o) + K_2 \,.\, Y_B \,.\, \frac{D}{2} \qquad [38]$$

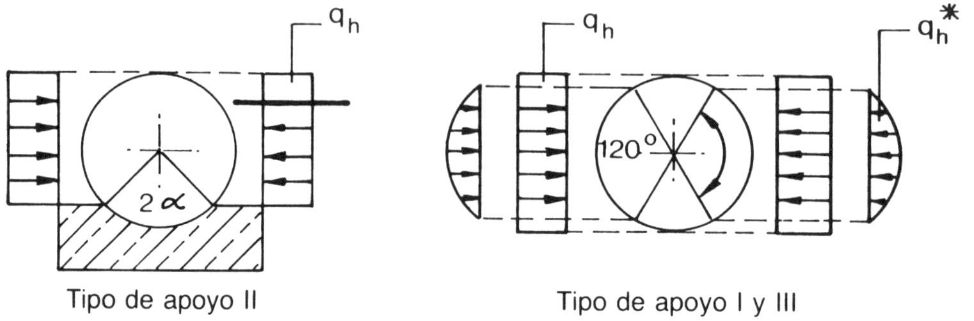

Fig. 5-131. *Cargas horizontales.*

K_2 tomado de la tabla 29 y λ_B de la expresión [21] válida en el intervalo

$$1 \leqslant \frac{B}{D} \leqslant 4$$

La ecuación contiene los resultados de las ecuaciones [2]; [3] ó [4].

La carga de reacción q_h^* resultante de la deformación del tubo se toma en forma de una parábola con ángulo de abertura 120°, y su valor es:

$$q_h^* = (q_{vt} - q_h)\, K^* \qquad [39]$$

Con q_{vt} según la ecuación [37], q_h según la ecuación [38] y K^* según la ecuación [28].

En el cálculo puede tenerse en cuenta la reacción resultante de la deformación del tubo como consecuencia del peso propio y del agua que contiene.

Esfuerzos, tensiones, deformaciones

Se estudian a continuación los esfuerzos, tensiones y deformaciones en la dirección anular, suponiendo que es uniforme la distribución de la carga y reacción en la dirección longitudinal del tubo.

Esfuerzo

En correspondencia con las distribuciones de carga en la periferia del tubo, se determinan los momentos flectores M y las fuerzas axiles N debidas a las cargas externas, así como las debidas al peso propio y al peso del agua contenida. Las fuerzas cortantes son despreciables normalmente.

Los coeficientes de momentos m y los de fuerzas axiles n, vienen dados para los distintos casos de apoyo en la tabla A-12.

Apoyo tipo /2a	Sección	Coeficientes de momentos m_{qvt}	m_{qh}	$m_{qh}^{\cdot}$	m_g	m_w	Coeficientes de axiles m_{qvt}	m_{qh}	$m_{qh}^{\cdot}$	m_g	m_w
I/60°	Clave	+ 0,286	– 0,250	– 0,181	+ 0,459	+ 0,229	0,080	– 1,000	– 0,577	+ 0,417	+ 0,708
	Riñones	– 0,293	+ 0,250	+0,208	– 0,529	– 0,264	– 1,000	0	0	– 1,571	+ 0,215
	Base	+ 0,377	– 0,250	– 0,181	+ 0,840	+ 0,420	0,080	– 1,000	– 0,577	– 0,417	
I/90°	Clave	+ 0,274	– 0,250	– 0,181	+ 0,419	+ 0,210	0,053	– 1,000	– 0,577	+ 0,333	+ 0,667
	Riñones	– 0,279	– 0,250	+ 0,208	– 0,485	– 0,243	– 1,000	0	0	– 1,571	+ 0,215
	Base	+ 0,314	– 0,250	– 0,181	+ 0,642	+ 0,321	– 0,053	– 1,000	– 0,577	– 0,333	+ 1,333
I/120°	Clave	+ 0,261	– 0,250	– 0,181	+ 0,381	+ 0,190	0,027	– 1,000	– 0,577	+ 0,250	+ 0,625
	Riñones	– 0,265	+ 0,250	+ 0,208	– 0,440	– 0,220	– 1,000	0	0	– 1,571	+ 0,215
	Base	+ 0,275	– 0,250	– 0,181	+ 0,520	+ 0,260	– 0,027	– 1,000	– 0,577	– 0,250	+ 1,375
II/90°	Clave	+ 0,266	– 0,245		+ 0,396	+ 0,198	+ 0,038	– 0,989		+ 0,285	+ 0,643
	Riñones	– 0,271	+ 0,244		– 0,460	– 0,230	– 1,000	0		– 1,571	+ 0,215
	Base	+ 0,277	– 0,224		+ 0,524	+ 0,262	– 0,452	– 0,718		– 1,587	+ 0,707
II/120°	Clave	+ 0,240	– 0,232		+ 0,314	+ 0,517	– 0,020	– 0,960		+ 0,105	+ 0,552
	Riñones	– 0,240	+ 0,228		– 0,362	– 0,181	–1,000	0		– 1,571	+ 0,215
	Base	+ 0,202	– 0,187		+ 0,291	+ 0,145	– 0,558	– 0,540		– 1,918	+ 0,541
II/180°	Clavo	+ 0,163	– 0,163		+ 0,071	+ 0,035	– 0,212	– 0,788		– 0,500	+ 0,250
	Riñones	– 0,125	+ 0,125		0	0	– 1,000	0		– 1,571	+ 0,215
	Base	+ 0,087	– 0,087		– 0,071	– 0,035	– 0,788	– 0,212		– 2,642	+ 0,179
III/180°	Clave	+ 0,250	– 0,250	– 0,181	+ 0,345	+ 0,172	0	– 1,000	– 0,577	+ 0,167	+ 0,583
	Riñones	– 0,250	+ 0,250	+ 0,208	– 0,393	– 0,196	– 1,000	0	0	– 1,571	+ 0,215
	Base	+ 0,250	– 0,250	– 0,181	+ 0,441	+ 0,220	0	– 1,000	– 0,577	– 0,167	+ 1,417

Tabla A-12. Coeficientes de momentos y axiles

Con los coeficientes m y n, se obtienen los esfuerzos, de acuerdo con las siguientes ecuaciones:

Por carga vertical total q_{vt}:

$$M_{qvt} = m_{qvt} \cdot q_{vt} \cdot r^2_m \quad [40]$$

$$N_{qvt} = n_{qvt} \cdot q_{vt} \cdot r_m \quad [41]$$

Por carga horizontal q_h:

$$M_{qvt} = m_{qh} \cdot q_{vt} \cdot r^2_m \quad [42]$$

$$N_{qh} = n_{qh} \cdot q_{ht} \cdot r_m \quad [43]$$

Por reacción horizontal q_h:

$$M^*_{qh} + m^*_{qh} \cdot q^*_h \cdot r^2_m \quad [44]$$

$$N^*_{qh} + n^*_{qh} \cdot q^*_h \cdot r_m \quad [45]$$

Por peso propio:

$$M_g = m_g \cdot Y_R \cdot e \cdot r^2_m \quad [46]$$

$$N_g = n_g \cdot Y_R \cdot e \cdot r_m \quad [47]$$

Por peso del agua:

$$M_w = m_w \cdot Y_w \cdot r^3_m \quad [48]$$

$$N_w = n_w \cdot Y_w \cdot r^2_m \quad [49]$$

Tensiones

Con los esfuerzos calculados anteriormente se determinan las tensiones según la expresión:

$$\sigma = \frac{\Sigma N}{A} \pm \frac{\Sigma M}{W^*} \alpha_k \quad [50]$$

en la que tiene en cuenta la curvatura de la sección.

M = Suma de los momentos.

N = Suma de los axiles.

A = Area de la sección = e . 1.

W* = Momento resistente de la sección = $\frac{1 \cdot e^2}{6}$.

d_1 = Diámetro interior del tubo.

$$a_{ki} = 1 + \frac{1}{3}\,\frac{e}{r_m} = \frac{3\,.\,d_i + 5e}{3\,.\,d_i + 3e} \qquad [51]$$

$$a_{ka} = 1 - \frac{1}{3}\,\frac{e}{r_m} = \frac{3\,.\,d_i + e}{3\,.\,d_i + 3e} \qquad [52]$$

Deformaciones

Con la distribución de carga en la periferia del tubo según el tipo de apoyo III ($2\alpha = 180°$), se calcula la variación de diámetro vertical ΔD_v como consecuencia de las cargas externas según la siguiente ecuación:

$$\Delta D_v = C_v^* \frac{q_{vt} - q_h}{S_R}\,.\,2\,.\,r_m \qquad [53]$$

en la que:

C_v^* = se obtiene de la ecuación [27]

q_{vt} de la [37],

q_h de la [38]

S_R de la [24].

El empleo de las deformaciones con el empleo de los módulos de rigidez de la tabla A-10, da valores medios.

Con el fin de considerar deformaciones mayores, consecuencia de dispersiones inevitables de las propiedades del terreno, el valor de E'_2 en el cálculo de las deformaciones se toma.

$$E'_2 = \frac{2}{3} \text{ del calculado según la ecuación [16]}$$

Los efectos de deformación bajo carga a largo plazo, en el grupo de suelos G4, se tienen en cuenta aplicando valores para E_2 y E_3 la mitad del valor de la tabla para ese grupo de terrenos.

De la expresión [53] se deduce la deformación relativa:

$$\delta_v = \frac{\Delta D_v}{2\,.\,r_m}\,.\,100 = C_v^* \frac{q_{vt} - q_h}{S_R}\,.\,100 \text{ en } \% \qquad [54]$$

Dimensionado
Cálculos necesarios

Según la interacción de la deformación del tubo y de la deformación del terreno, los tubos se clasifican desde rígidos a flexibles.

En los tubos rígidos las cargas no originan deformaciones que produzcan efectos en la distribución de la carga. Para su dimensionado tiene carácter decisivo la verificación de la tensión.

En los tubos flexibles su deformación influye de manera esencial en la distribución de la carga, pues el terreno colabora en el sistema portante. Para su dimensionado tiene carácter decisivo la verificación de la deformación y, en determinados casos, la verificación de la estabilidad.

En los tipos de apoyo I y II (Apartado: «Distribución de la carga en la periferia del tubo») sólo pueden verificarse tensiones.

En los tipos de apoyo III, se verifican deformaciones.

Hay casos en que es preciso hacer ambas verificaciones.

Comprobación de la tensión

La tensión σ, calculada según el apartado «Tensiones», ha de compararse con el valor de cálculo σ_R, De la relación entre ambas tensiones resulta el coeficiente de seguridad v.

$$v = \frac{\sigma_R}{\sigma_R} \qquad [55]$$

Comprobación de la carga admisible

Para tubos con una carga de aplastamiento definida ω, se puede calcular el coeficiente de seguridad a través de un factor de apoyo K, según la ecuación

$$v = \frac{\omega}{\omega_t} K \qquad [56]$$

teniendo W_t el valor:

$$W_t = q_{vt} \, . \, D \qquad [57]$$

y k los valores de la tabla A-13, cuando a título simplificativo se efectúan los cálculos sin contemplar el peso propio, el peso contenido, ni la carga lateral del relleno.

Tipo de apoyo	2a	K
I	60° 90° 120°	1,59 1,91 2,18
II	90° 120° 180°	2,17 2,50 3,69

Tabla A-13. Factor de apoyo

Comprobación de la deformación

Para tubos flexibles ha de compararse la variación del diámetro vertical, según el apartado «Deformaciones», con su valor tolerable.

Para la comprobación a largo plazo el valor admisible de δ_{vt} es el 6%.

El valor correspondiente al corto plazo, que sirve para la comprobación inmediatamente después del montaje, se calcula sin la carga de tráfico.

Comprobación de la estabilidad

La comprobación de la estabilidad sirve para calcular el coeficiente de seguridad entre la carga crítica y la carga existente. Esto se lleva a cabo teniendo en cuenta la influencia de la carga del terreno, la presión externa de las aguas del suelo, y la superposición de ambas.

Las ecuaciones que siguen son válidas con la hipótesis de que el tubo esté envuelto en un relleno granular homogéneo.

Carga de tierras

En primer lugar es preciso calcular la carga crítica de abolladura Crit. q_{vt}.

$$\text{Crit. } q_{vt} = \sqrt{2}\ S_R \cdot S_{BH} \qquad [58]$$

Los valores de S_R y S_{BH} se calculan de las ecuaciones [24] y [30].

El coeficiente de seguridad contra la abolladura es:

$$v = \frac{\text{Crit. } q_{vt}}{q_{vt}} \qquad [59]$$

en la que la carga total vertical q_{vt} es la dada por la ecuación [37].

Presión del agua externa

Si puede despreciarse la carga de tierras frente a la presión del agua externa, se aplicará la expresión:

$$\text{Crit. } P_a = \alpha_D \, . \, S_R \qquad [60]$$

Crit. P_a es el valor crítico de P_a.

$$\alpha_D = f\left(V_{RB}; \frac{r_m}{e}\right) \text{ tomado de la figura 5-132.}$$

La presión de agua externa es la presión hidrostática del agua referida al eje del tubo, y es:

$$P_a = Y_a\left(H_a + \frac{D}{2}\right) \qquad [61]$$

y la seguridad contra la abolladura es:

$$V = \frac{\text{Crit. } P_a}{P_a} \qquad [62]$$

Carga de tierras y presión del agua externa actuando simultáneamente

La superposición de los dos casos, con el empleo de las ecuaciones [58], [60] y [61], da lugar a la siguiente expresión como seguridad contra la abolladura.

$$V = \frac{1}{\dfrac{q_{vt}}{\text{Crit. } q_{vt}} + \dfrac{P_a}{\text{Crit. } P_a}} \qquad [63]$$

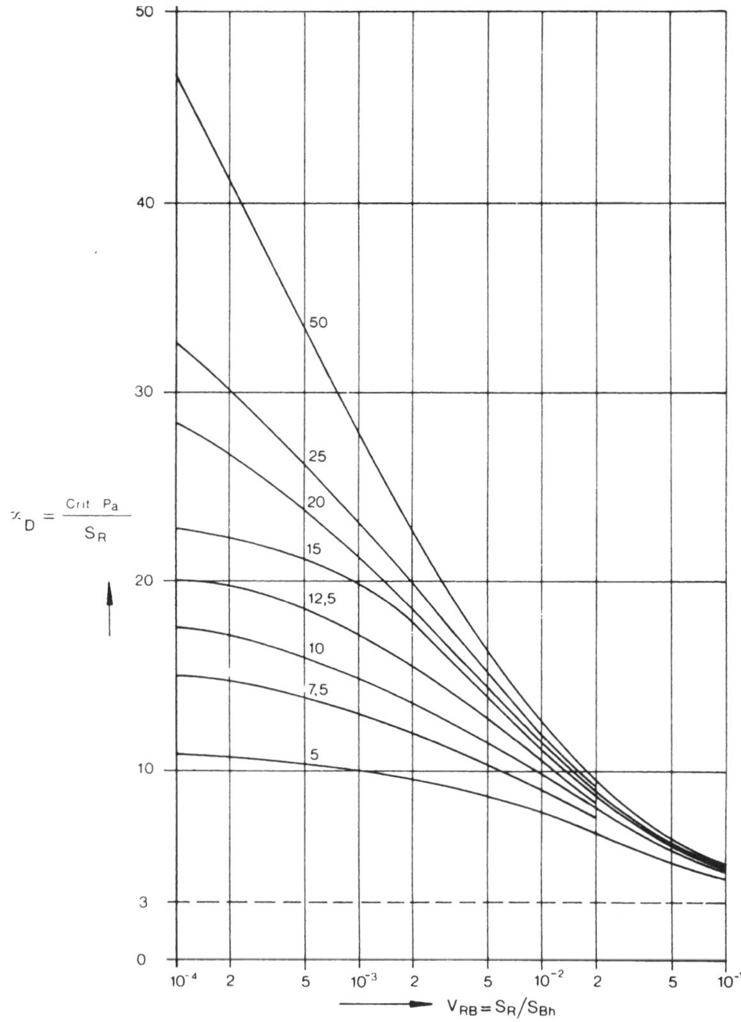

Fig. 5-132. *Coeficiente α_D para obtener la presión crítica del agua externa.*

Seguridad

Las diversas seguridades a tener en cuenta en el dimensionado de los tubos dependen del tipo de fallo y de esfuerzo, así como de la clase de seguridad necesaria derivada de la utilización.

Seguridad contra el fallo mecánico

Los coeficientes de seguridad vienen dados en las tablas A-14 y A-15, en función de la clase de seguridad. A las clases de seguridad les están subordinadas las probabilidades de fallo P1.

Clase de Seguridad A: Caso de peligro y considerables consecuencias económicas por los daños ocasionados.

Clase de seguridad B: Caso de poco peligro y daños de poca entidad.

Material del tubo	v	
	Clase de seguridad A $P_t = 10^{-5}$	Clase de seguridad B $P_t = 10^{-3}$
Fibrocemento Hormigón en masa Gres	2,2	1,8
Hormigón armado	1,75	1,4
Polietileno (H.D.P.E.) P.V.C.	2,5	2,0
Acero con mortero Fundición dúctil con mortero	1,5	1,3

Tabla A-14. Coeficientes de seguridad contra la rotura del material

Material del tubo	v	
	Clase de seguridad A $P_t = 10^{-5}$	Clase de seguridad B $P_t = 10^{-3}$
Acero Fundición dúctil cementada Polietileno (H.D.P.E.) P.V.C.	2,5	2,0

Tabla A-15. Coeficientes de seguridad contra la inestabilidad del tubo

Seguridad contra el fallo de deformación

Para la deformación tolerable a largo plazo, establecida según el apartado «Verificación de la deformación», se tiene seguridad de un 90% en el valor límite.

EJEMPLOS DE CALCULOS

Datos de entrada		Unidad	Fibro-cemento	PVC
TUBO				
Diámetro nominal	DN	mm	600	600
Diámetro interno	di	m	0,6	0,5932
Espesor	e	m	0,022	0,0184
Peso específico	γ_R	KN/m³	20	14
Módulo de elasticidad (valor a corto plazo)	E_{RK}	KN/cm²	–	3.600
Módulo de elasticidad (valor a largo plazo)	E_{RL}	KN/cm²	25.000	1.750
TERRENO				
Suelo natural adyacente:				
Grupo de terreno			G3	G3
Grado de compactación	D_{pr}	%	85	85
Angulo de rozamiento interno	ρ'	°	25	25
Relleno hasta 30 cm sobre la clave del tubo:				
Grupo de terreno			G1	G1
Grado de compactación	D_{pr}	%	90	90
Peso específico	γ_B	KN/m³	20	20

Datos de entrada		Unidad	Fibro-cemento	PVC
Resto del relleno:				
Grupo de terreno			G3	G3
Grado de compactación	D_{pr}	%	85	85
Peso específico	γ_s	KN/m^3	20	20
Angulo de rozamiento interno	ρ'	°	25	25
CONDICIONES DE INSTALACION				
Altura del relleno sobre la clave del tubo	H	m	3,00	3,00
Anchura de la zanja	B	m	1,25	1,25
Angulo de talud	B	°	90	90
Caso de compactación del relleno sobre la zona de influencia del tubo			A2	A2
Caso de compactación del relleno en la zona de influencia del tubo			B2	B2
Tipo de apoyo para la verificación de la tensión: ángulo de apoyo	2α	°	90	90
Tipo de apoyo para la verificación de la tensión: ángulo de apoyo	2α	°	–	180
Descarga relativa	a		0,8	0,8
Módulos de deformación del suelo:				
Sobre el tubo	E_1		0,8	0,8
Junto al tubo	E_2		2,0	2,0
Suelo natural lateral al tubo	E_3		5,0	5,0
Suelo natural bajo al tubo	E_4		8,0	8,0
Relación K_1			0,5	0,4
Angulo de rozamiento de las paredes	ρ		1/3 ρ' 8,3	8,3
CARGA DE TRAFICO				
Tipo de vehículo			60 T	60 T
Carga de superficie			–	–

Proceso de cálculo	Unidades	Fibrocemento	PVC		
CARGAS					
Carga media vertical por unidad de superficie en el plano horizontal sobre la clave del tubo:		Verificación de la tensión	Verificación de la tensión	Verificación de la deformación	
			A corto plazo	A corto plazo	A corto plazo
Carga de tierras:					
χ	–	0,8431	0,8431	0,8431	0,8431
χ_P	–	–	–	–	
P_E	KN/m²	50,5880	50,5880	50,5880	50,5880
Carga de tráfico					
P	KN/m²	17,3608	17,3609	–	17,3609
φ	–	1,2	1,2	–	–
P_V	KN/m²	10,8329	20,8331	–	20,8331
DISTRIBUCION DE LA CARGA					
Reducción del módulo de deformación E_2 α_B debido a la estrechez de la zanja	–	0,5424	0,5520	0,5520	0,5520
$E'_2 = \alpha_B \cdot E_2$	KN/m²	1,0849	1,1041	0,7360	0,7360
$E'_2 = 2/3\ \alpha_B\ E_2$				0,7360	0,7360
Relación K_2 teniendo en cuenta V_{RB}					
S_R	N/m²	0,7385	0,0654	0,0654	0,0318
Δf	–	0,5987	0,6186	0,6186	0,6186
ζ	–	1,8433	1,8001	1,9473	1,9473
S_{BH}	–	1,1998	1,1924	0,8600	0,8600
V_{RB}	–	0,6146	0,0548	0,0760	0,0369
K_2	–	0,5	0,4	–	0,4
Descarga relativa efectiva a'	–	0,7374	0,7246	1,0869	1,0869
Máximo factor de concentración máx. λ	–	1,4496	1,4472	1,6708	1,6708
Factor de concentración λ_R					
λ_0	–	0,5714	0,4706	0,4706	0,4706
V_{S1}	–	0,7565	0,9161	0,7792	0,7792

Proceso de cálculo	Unidades	Fibrocemento	PVC		
S_{BV}	N/m²	1,0849	1,1041	0,7360	0,7360
K*	—	—	0,7927	0,5875	0,8108
C_{h1}	—	—	—	—	—
C_{h2}	—	—	—	—	—
C*	—	—	—	—	—
C_{v1}	—	—	—	—	—
C_{v2}	—	—	—	—	—
Relación de rigidez V_S:					
• Considerando la reacción lateral sobre el tubo V_s	—	—	1,2905	1,9428	1,3741
• Despreciando la reacción lateral sobre el tuvo V_s	—	7,0369	—	—	—
(Para tubos con Vs 100, tomar el valor de máx. λ_R)	—	1,3606	1,0811	1,2664	1,1690
Influencia de la anchura relativa de zanja					
cuando $1 \leqslant \frac{B}{D} \leqslant 4$ λ_{RG}	—	1,1131	1,0266	1,0874	1,0554
Valores límite de los factores de concentración por $H \leqslant 10$ m					
λ_{fo}	—	3,5500	3,5500	3,5500	3,5500
λ_{fu}	—	0,7248	0,7200	0,7200	0,7200
Carga vertical total sobre el tubo q_{vt}	KN/m²	77,1427	72,7672	55,0083	74,2253
Carga horizontal del relleno					
λ_B	—	0,8798	0,9730	0,9122	0,9437
q_h	KN/m²	25,4737	22,2081	20,9586	21,6155
qh	KN/m²	—	40,0765	20,0032	42,6544
ESFUERZO					
Apoyo tipo I/90°					
CLAVE					
M_{qvt}	KN/m	2,044	1,8645		
M_{qh}	KN/m	–0,6160	–0,5192		
M_{qh}	KN/m	—	0,6783		
M_q	KN/m	0,0178	0,0101		
M_w	KN/m	0,0632	0,0601		
Σ_M	KN/m	1,5094	0,7371		

Proceso de cálculo	Unidades	Fibrocemento	PVC		
N_{qvt}	KN/m	1,2715	1,1794		
N_{qh}	KN/m	–7,9223	–6,7912		
N_{qh}	KN/m	—	–7,0714		
N_g	KN/m	0,0456	0,0362		
N_w	KN/m	0,6451	0,6237		
Σ_N	KN/m	–5,9601	–12,0339		
RIÑONES					
M_{qvt}	KN/m	–8,0817	–1,8785		
M_{qh}	KN/m	0,6160	0,5192		
M_{qh}	KN/m	—	0,7795		
M_g	KN/m	–0,0206	–0,0117		
M_w	KN/m	–0,0731	–0,0695		
Σ_M	KN/m	–1,5595	–0,6810		
N_{qvt}	KN/m	–23,9914	–22,1522		
N_{qh}	KN/m	—	—		
N_{qh}	KN/m	—	—		
N_g	KN/m	–0,2150	–0,1238		
N_w	KN/m	0,2080	0,2011		
Σ_N	KN/m	–23,9984	–22,1749		
BASE					
M_{qvt}	KNm/m	2,3429	3,1367		
M_{qh}	KNm/m	–0,6160	–0,5192		
M_{qh}	KNm/m	—	–0,6783		
M_g	KNm/m	0,0273	0,0155		
M_w	KNm/m	0,0966	0,0918		
Σ_M	KNm/m	1,8508	1,0464		
N_{qvt}	KN/m	–1,2715	–1,1794		
N_{qh}	KN/m	–7,9223	–6,7917		
N_{qh^*}	KN/m	—	–7,0714		
N_g	KN/m	–0,0456	–0,0262		
$_w$	KN/m	1,2893	1,2465		
Σ_N	KN/m	–7,9501	–13,8127		
Valores de la sección de la pared del tubo:					
Area A	cm^2/m	220,00	184,00		
Momento resistente W*	cm^3/m	80,6667	56,4267		
TENSIONES					
α_{ki}	—	1,0236	1,0201		
α_{ka}	—	0,9764	0,9799		

Proceso de cálculo	Unidades	Fibrocemento	PVC		
Tensión de flexotracción del cálculo del material					
δ_R	N/m²	—	—		
Tensión de flexotracción en las condiciones de la instalación					
δ Clave	N/mm²	18,882	12,6713		
δ Riñones	N/mm²	17,8360	10,6686		
δ Base	N/mm²	23,1231	18,1655		
Verificación de la tensión (seguridad)					
ν Clave	—	2,3302	7,103		
ν Riñones	—	2,4669	8,436		
ν Base	—	1,9029	4,954		
Seguridad requerida ν	—	1,800	2,00		
ΔD_v	mm			–14,5632	–31,3138
δ_v	%			–2,3812	–5,2017

6

Impulsión de aguas residuales

1. NECESIDAD DE ELEVACION O BOMBEO DE AGUAS RESIDUALES

La necesidad de bombeo del agua viene dado por los condicionantes topográficos y por transportar las aguas residuales de un punto a otro, entre los que no existe la necesaria diferencia de cotas para que pueda realizarse el vertido por gravedad.

Esta necesidad de bombeo puede presentarse en los siguientes casos:

a) Incorporación de aguas residuales de un punto bajo al colector.

b) Entre tramos de las alcantarillas, colectores o emisario.

c) En la entrada a la estación depuradora.

d) En desagüe de la estación depuradora hacia el cauce receptor. En continuo, si el nivel del cauce receptor está siempre a cota superior; o intermitente, en algunas épocas del año en que dicho nivel se eleva.

No debe olvidarse nunca, en las alternativas de solución, que una instalación de bombeo presenta inconvenientes como:

- Coste de primera instalación.
- Gasto de energía.
- Riesgo de inundación, cuando no se dispone de cota suficiente para prever un aliviadero de seguridad.

La estación elevadora en su sentido más general está formada por los siguientes elementos, que deberán definirse y justificarse en el estudio:

a) Cámara de toma reguladora de la aspiración.

b) Conductos de aspiración.

c) Edificio destinado a proteger las bombas.

d) Bombas.

e) Impulsión.

2. NORMAS GENERALES EN IMPULSIONES DE AGUA

En síntesis las normas a tener en cuenta pueden referirse a:

Trazado:
- Planta según posibilidades.
- Evitar pérdidas de carga.
- Perfil regular.
- Evitar contrapendientes.

Ubicación:
- Proteger con rejillas y desarenadores.
- Colocación, adecuada de la aspiración.
- Evitar inundaciones en los motores, si no son sumergibles.

Impulsiones:
- Considerar la sobrepresión por golpe de ariete.
- En puntos altos prever la expulsión de aire.
- Empleo de dispositivos antigolpe de ariete.

2.1. CONDICIONES DE ASPIRACION

La aspiración nunca puede ser superior de 10,33 m., al nivel del mar.

La máxima aspiración vendrá dada por la expresión:

$$H_a = 10{,}33 \text{ m} - (A + B + C + D)$$

recomendándose 0,9 H_a para evitar cavitaciones, siendo:

A = Pérdidas en la tubería de aspiración.

B = Pérdidas debidas a la altitud. La presión atmosférica a nivel del mar y 0°C es de 10,33 metros, disminuyendo 1,16 mm por metro de altura, equivalente a 0,086 mm de columna de mercurio.

C = Pérdidas debidas a la temperatura.

Pérdidas de presión en metros de columna de agua Temperatura en °C									
10	20	30	40	50	60	70	80	90	100
0,10	0,22	0,47	0,80	1,35	2,10	3,20	4,75	7,20	10,33

Tabla 6-1. Pérdida de presión, según temperatura

D = Pérdidas debidas a la construcción de la bomba, que varían con el diámetro, la velocidad de giro y N.P.S.H. (Net Positive Suction Head).

En las bombas sumergidas la colocación por debajo de la columna de agua será P/0,9. siendo P el valor de N.P.S.H. para el caudal elegido.

2.2. RECOMENDACIONES PARA LAS ESTACIONES ELEVADORAS

En relación con la constitución de las estaciones elevadoras puede sugerirse las siguientes recomendaciones:

- El edificio de bombas deberá emplazarse fuera de la zona de avenidas extraordinarias o debidamente protegido, para evitar la entrada del agua en el mismo.
- Se dispondrá, en la entrada a la cámara de toma, una rejilla que retenga las impurezas gruesas en función de la tubería de aspiración y capacidad de la bomba.
- Los conductos de aspiración, construidos generalmente en fundición o en acero, estarán provistos de la correspondiente válvula de pie y accesorios necesarios para acomodar su sección al orificio de la bomba.
- El edificio destinado a proteger las bombas, deberá ser de fácil acceso, bien iluminado, bien aireado y con espacio suficiente de modo que se pueda circular libremente alrededor de los grupos. Se construirá, siempre que la variación

de la capa freática lo permita, en el nivel superior al de la máxima cota alcanzada por ésta.

- Se tendrán en cuenta, tanto en el estudio como en la obra, los cimientos y al terreno, para evitar las posibles consecuencias debidas a las vibraciones de las máquinas.
- Si el caudal es pequeño y los grupos de poco volumen, éstos podrán ubicarse en pozos registros del colector.
- Las centrales enterradas serán de fábricas impermeable y sus paredes interiores y pavimentos lisos y lavables. Las canaletas, que en el suelo sirvan de paso a las líneas eléctricas o tuberías, se cubrirán con chapa estriada o rejillas de celdas de aluminio.
- Las puertas serán de amplitud suficiente para dar paso a las piezas de mayor tamaño. En caso contrario se preverán salidas especiales.
- Se instalarán puentes-grúa para el manejo de las piezas, en las instalaciones cuya importancia así lo requieran.

2.3. CARACTERISTICAS DE LAS BOMBAS. CONDICIONES GENERALES

En relación con las características de las bombas deberán tenerse en cuenta las siguientes consideraciones:

2.3.1. Tipos de bombas y velocidades características

Las bombas serán del tipo comercial existente, que mejor se acomode a las circunstancias particulares de la obra.

La elección y justificación del tipo de bomba se hará a partir de las curvas características de las mismas, escogiendo, en las condiciones normales de marcha y con el mejor rendimiento posible, aquéllas que proporcionen el caudal y la altura manométrica exigibles.

Las velocidades específicas de los diferentes tipos de bomba estarán comprendidos en los siguientes límites:

$0 < n_s \leq 40$ r.p.m. Bomba de émbolo.

$40 < n_s \leq 140$ r.p.m. Bomba centrífuga lenta.

$140 < n_s \leq 300$ r.p.m. Bomba centrífuga rápida.

$300 < n_s \leq 600$ r.p.m. Bomba helicoidal.

$600 < n_s \leq 1.500$ r.p.m. Bomba turbo-hélice.

Cuando n_s sobrepase los 1.500 deberá reducirse la velocidad de la bomba prevista de antemano y dividir el caudal en dos o más bombas.

Siendo $$n_s = \frac{n \cdot Q^{1/2}}{H^{3/4}}$$

n_s = velocidad específica r.p.m.

n = velocidad, r.p.m.

Q = caudal, m^3/s, en el punto de máximo rendimiento.

H = altura, m, es el punto de máximo rendimiento.

La potencia absorbida por la máquina se calculará mediante la fórmula:

donde: $$P_a = c \frac{W \cdot Q \cdot H}{75 \eta}$$

W = peso específico del líquido (Kg/dm^3).

Q = caudal a elevar en 1/s.

H = altura menométrica en metros.

η = rendimiento en porcentaje.

P_a = potencia absorbida, (C.V.).

c = 1,25 coeficiente si se trata de aguas negras.

c = 1,00 coeficiente en otros casos de impulsión de agua.

2.3.2. Caudal a elevar y tiempo de funcionamiento de las bombas

El caudal "Q" a elevar se calcula en función del volumen diario de agua a elevar y del tiempo de funcionamiento del grupo.

Para las instalaciones en funcionamiento teórico continuado se tomará por seguridad un tiempo de funcionamiento igual a 20 horas. Con frecuencia se estima el tiempo de funcionamiento entre 8 y 12 horas. Cuando las bombas funcionen con motores eléctricos se reduce el tiempo de funcionamiento, de modo que se puedan aprovechar las tarifas reducidas durante las horas de valle.

Será obligatorio disponer dispositivos de cebado en las bombas centrífugas antes de su puesta en servicio. Cuando se quiera conseguir alturas manométricas elevadas será preciso el empleo de bombas multicelulares, conseguidas colocando en serie varias bombas centrífugas. Por el contrario para grandes gastos y pequeñas alturas el acoplamiento se hará en paralelo.

La reserva contra averías se establecerá a base de un grupo de reserva de igual capacidad que el de trabajo, si la potencia instalada es inferior a 10 C.V. Cuando la potencia sea superior a 10 C.V. se instalarán tres grupos, dos de trabajo y uno de reserva.

En poblaciones de crecimiento rápido, en que las previsiones de caudal son muy elevadas, se instalarán bombas suficientes para la mitad del caudal previsto y reserva de las necesarias para el máximo caudal para, en su día, ampliar la instalación de trabajo al doble, quedando de reserva la misma. Los grupos de reserva podrán estar accionados por motores de combustión interna o eléctricos, no siendo admisibles los primeros cuando estén situados a profundidades superiores a 4,00 m., o en lugares de ventilación insuficiente.

2.3.3. Diámetro del conducto de impulsión

El diámetro del conducto de impulsión deberá establecerse considerando el aspecto económico. En su cálculo deberán contemplarse:

- Gastos de amortización
- Gastos de amortización de las bombas.
- Gastos de explotación y mantenimiento.

A partir de estos datos se calculará el diámetro más económico y consiguientemente la velocidad más económica, haciendo que la suma de los gastos considerados sea mínima.

Para cálculos de anteproyecto puede utilizarse la fórmula de BRESSE:

$$D = H \sqrt{Q}$$

donde:

D = diámetro en m

Q = gasto en m^3/s

H = coeficiente cuyo valor más frecuente es 1,5.

Otra fórmula válida es la propuesta por VIBERT, quien actualizó la fórmula del diámetro más económico, utilizando las siguientes fórmulas:

- Funcionamiento continuo de la bomba:

$$D = 1{,}547 \left(\frac{E}{F}\right)^{0{,}154} \times Q^{0{,}46}$$

- Funcionamiento 10 h de las 24 h:

$$D = 1{,}35 \left(\frac{E}{F}\right)^{0{,}154} \times Q^{0{,}46}$$

siendo:

D = diámetro en m.

Q = caudal en m^3/s

E = precio de la energía, por K.W.h.

F = precio de la fundición, por Kg de fundición en tubo.

En la elección de diámetro de la conducción de impulsión se tomarán los valores comerciales más próximos, y se compararán los gastos de amortización y explotación. Una cifra límite, a considerar en la elección del diámetro, será aquélla en que las pérdidas de carga no superen el 10% de la altura geométrica.

Cuando sea preciso instalar conos de reducción para acoplar la sección de los conductos a los orificios de la bomba, la longitud de dicho cono será siete (7) veces la diferencia entre el diámetro interior del conducto y el del orificio de la bomba.

Para el cálculo del golpe de ariete se empleará la fórmula de MICHAUD:

$$\Lambda H = \frac{2\,LV}{gT} \qquad \text{cuando} \qquad L < \frac{aT}{2}$$

y la fórmula de ALLIEVI:

$$\Delta H = \frac{\Delta V}{g} \qquad \text{cuando} \qquad L > \frac{aT}{2}$$

donde

$$a = \frac{1440}{\sqrt{1 + C\,(K \,.\, d \,/\, E \,.\, e)}}$$

H = presión estática, (m).

a = velocidad de propagación de la onda, (m/s).

V = velocidad inicial del agua, (m/s).

L = longitud de la tubería, (m).

C = 1, en tuberías con junta de expansión, $C = 1 - \mu^2$ en tuberías con movimiento axial impedido, $C = 5/4 - \mu^2$ con tuberías sin juntas de expansión y fijas en el extremo.

μ = módulo de Poisson.

K = módulo de masa de agua, K = 2070 MN/m^2.

d = diámetro de la tubería, (mm).

E = módulo de elasticidad de la tubería (MN/m^2).

e =espesor de la pared de la tubería, (mm).

g = aceleración de la gravedad, g = 9'81 m/s^2.

T = tiempo de cierre, s.

ΔH = sobrepresión debida al golpe de ariete.

Los módulos de elasticidad y Poisson figuran en la siguiente tabla:

Material de la tubería	Módulo de elasticidad E, $NM/m^2 \times 10^{-3}$	Módulo de Poisson μ
Acero	200	0,2
Fundición	50-100	0,3
Fundición ductil	165,5	0,3
Fibrocemento	23,4	0,2
Hormigón pretensado	200	0,2
P.V.C.	2,8	0,4
P.R.F.V.	14-21	0,3

Tabla 6-2. Módulos de elasticidad y de Poisson

Cuando en la tubería de impulsión, no existan puntos altos, el cálculo del tiempo de cierre podrá hacerse mediante la fórmula:

$$T = 2\left(1 + \frac{LV}{g\,H_m}\right)$$

siendo:

T = tiempo de cierre de la válvula de protección, doble del tiempo necesario para que se anule la velocidad.

H_m = deceleración media de la presión, incluyendo el rozamiento.

3. CLASES DE IMPULSIONES Y SUS CARACTERISTICAS

Se puede establecer una clasificación de la forma siguiente:

a) 1. Únicas.

2. Fraccionadas o múltiples.

b) 1. Sencillas.

2. Complejas.

c) 1. De baja presión.

2. De media presión.

3. De alta presión.

d) 1. Normal.

2. Con acumulación por bombeo.

Las (a.1) son las que no tienen más que una elevación entre la captación (toma) y el depósito final.

Las (a.2), aquéllas en las que, en el recorrido de la tubería de impulsión, hay intercaladas varias estaciones de bombas.

Las (b.1), aquéllas cuyo trazado es regular topográficamente y no requieren, por tanto, elementos especiales de: Ventosas, desagües, chimeneas de equilibrio.

Las (b.2), aquéllas cuyo trazado, por causa de las dificultades topográficas, requieren una serie de dispositivos.

Las de baja presión (c.1) son las que tienen una altura manométrica (que puede marcarse en 40 m), a partir de la cual ya no basta con un rodete en las bombas centrífugas y se requieren varios pisos de rodetes. En ellas, además, no es indispensable poner cámaras de aire para hacer frente a las sobrepresiones que producen los golpes de ariete; son suficientes las válvulas de retención en el pie de la impulsión.

Las de presión media (c.2) pueden situarse entre alturas de 40 y 120 metros. Estas precisan varios rodetes en pisos y depósitos antiarietes.

Las de alta presión (c.3), son concebidas para funcionar por encima de los 120 m.

En las (d.1), la elevación se hace siempre a caudal constante y con energía procedente de la red eléctrica.

Las (d.2) disponen de un depósito de acumulación, al que se envía el agua mediante energía sobrante.

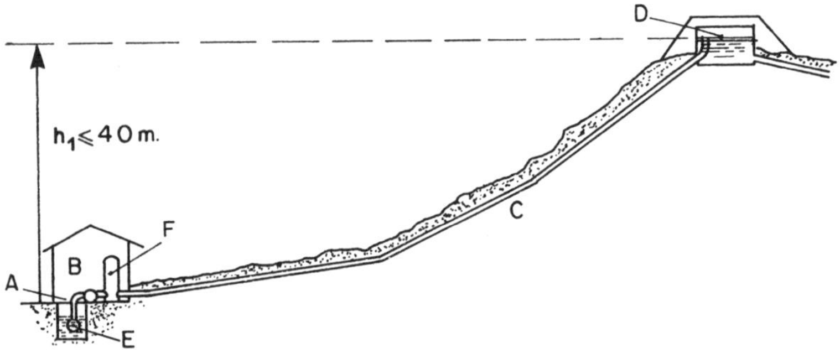

A. Aspiración.
B. Grupo de impulsión.
C. Conducto de impulsión.
D. Depósito final.
E. Depósdito de toma.
F. Depósito de aire antigolpe de ariete.

Fig. 6-1. *Esquema de elevación única o sencilla y a baja presión. (a-1) (b-1) (c-1)*

Desde el punto de vista de la misión a realizar, las impulsiones de agua pueden clasificarse en:

- Impulsión de aguas blancas.
- Impulsión de aguas negras.
- Estaciones de sobrepresión.

4. DATOS DE PARTIDA NECESARIOS

Los datos fundamentales para los equipos de impulsión son: El caudal, la altura de elevación y las características de los líquidos a vehicular, como son su carga y su posible corrosión.

4.1. CAUDALES

Es deseable conocer la curva diaria de evolución de vertidos, con objeto de poder diseñar correctamente el grupo de bombas necesario. Así se podrá prever, para cada escalón de caudal, el número de bombas que entrará en funcionamiento.

Si no se conoce dicha curva, como mínimo deberá conocerse los caudales mínimo, medio, punta y máximo de lluvia.

4.2. ALTURAS

Deben determinarse, además de la altura geométrica, las pérdidas de carga producidas en las conducciones, para obtener la altura manométrica de bombeo.

4.3. CARACTERISTICAS DE LAS AGUAS

Para evitar la corrosión es necesario emplear metales con bajo potencial, como el cromo. La oxidación de equipos de acero al carbono no se producen en el aire, cuando su humedad relativa es inferior al 60%, y 50% en atmósfera salina. Con agua y presencia de oxígeno la oxidación es continua. Para aguas normales el acero inoxidable es suficientemente resistente, pero no con aguas de mar, que por el contenido de cloruros ataca a los aceros inoxidables normales al cromo.

La corrosión, en cuanto a su tipo, y los metales más adecuados pueden resumirse en la siguiente tabla 6-3.

En cuanto a la carga del líquido a impulsar pueden darse las siguientes ideas orientativas tabla 6-4.

Tipo de corrosión	Material	Características
POR PICADO (Debido a cloruros y halógenos)	Bronce sin zinc Bronce con Aluminio	Resisten mal
	TITANIO	Resiste los cloruros y compuestos clorados con pH>1
	Fundiciones inoxidables C.30 (29%Cr), C.30E (29%Cr y 2%Mb)	
	ACERO 453 S Aceros inoxidables al cromo y molibdeno Aceros inoxidables al carbono y silicio	
Cloruros	Cloruro de polivinilo	Temperatura máxima 60 °C
Bajo tensión	Acero al cromo niquel austeníticos 18/8 y 18/12/12,5	Aparecen fisuras
	Aceros austeno-ferríticos Protección por deposición química de níquel, siempre que el contenido sea superior al 50%	
	Polietileno	Temperatura máxima 100 °C
BACTERIANA (Acción en presencia de aire, agua y hierro)		Limpieza frecuenta con productos bactricidas
Acidos orgánicos o minerales	MONEL	
Medios sulfúricos	URANUS 86	
Acidos en general	Polietileno	(Acido fosfórico) Temperatura máxima 100 °C
	Teflón	

Tabla 6-3. Corrosión en bombas

Tipos de Aguas	Bombas
Aguas industriales ligeramente cargadas	– Centrífugas monocelulares – Para grandes caudales y escasa altura, centrífugas de turbina helicoidal
Aguas cargadas de partículas sólidas	– Rodete de canal – Cuerpo de las bombas de fundición, bronce, acero al cromo-níquel – Rodetes y bridas de desgaste en función, bronce y acero al cromo-níquel
Aguas cargadas de partículas	– Volumétricas de tornillo excéntrico con rotor de acero inoxidable de alta resistencia, el estator recubierto de productos elastométricos – Tornillo de Arquímides

Tabla 6-4. Tipos de bombas, según características de las aguas

4.4. DURACION DE VIDA DE UNA BOMBA

La Universidad de Queensland (Australia), ha propuesto tres índices de corrosión, que permiten determinar la duración de la vida de una bomba, denominando:

- Buena, cuando la vida útil de los componentes supere los 12 años.
- Dudosa, posible corrosión. Se recomienda inspecciones frecuentes.
- Peligrosa. La vida de los componentes será inferior a 12 años.

	Indicador de corrosión	Buena	Dudosa	Peligrosa
Bomba con cuerpo de fundición y rodete de bronce	pH	7,5 a 8,5	6,5 a 7,5	4,0 a 6,5
	Indice de saturación de LANGELIER	0 a +2	-2 a 0	-7 a -2
	log ($Cl^-/CO_3^=$)	0 a 2	2 a 3,5	3,5 a 9
Bomba con cuerpo y rotor de bronce	pH	7,5 a 8,5	5 a 7,5	4 a 5
	Indice de saturación de LANGELIER	0 a +2	-5 a 0	-7 a -5
	log ($Cl^-/CO_3^=$)	0 a 2,5	2,5 a 6	6 a 9

Tabla 6-5. Duración y corrosión

Para estimar la vida de una bomba con un cuerpo de fundición y rodete de bronce, en función del pH y la concentración de oxígeno, se propone contemplar la siguiente Fig. 6-2.

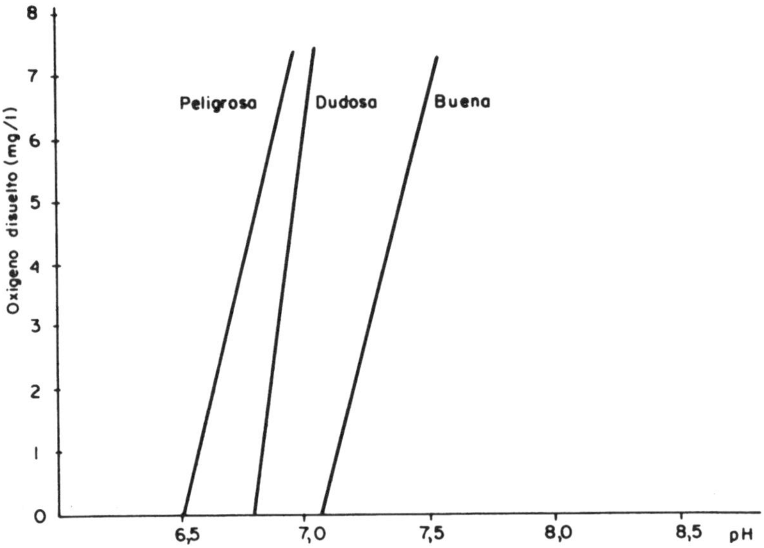

Fig. 6-2. *Duración de la bomba, contenido de oxígeno en las aguas y pH.*

5. DISEÑO DE LA CENTRAL DE BOMBEO

5.1. EMPLAZAMIENTO DE LA CENTRAL

Para el diseño de las centrales de elevación se recomienda atender a los siguientes aspectos.

La central de bombeo puede ser el único elemento visible de toda la instalación de elevación de aguas, debiendo cuidar su emplazamiento, encajándose en el paisaje y esmerando su aspecto arquitectónico. No deben descuidarse los impactos ambientales derivados de su ubicación.

La central debe estar protegida frente a acciones exteriores, por la que no deberán olvidarse los sistemas de protección.

Con relación a la central en sí se procurará que la nave proyectada, de acuerdo con el funcionamiento de la instalación, esté dotada de: Entradas y salidas del personal, entradas y salidas de los equipos, zonas de reparaciones in situ de bombas motores, iluminación, ventilación y suelos adecuados.

Los depósitos y soleras deberán garantizar su impermeabilidad.

La central deberá disponer de puentes grúa y polipastos para el movimiento de equipos, así como de los elementos de medida y control necesarios.

Un último aspecto a atender serán los dispositivos antivibratorios y sonoros de las bombas y electromotores. La colocación sobre las placas antivibratorias y la colocación de elementos que eviten la transmisión de dichas vibraciones, así como el empleo de trampas acústicas se consideran imprescindibles.

Con referencia a las aguas residuales, y más concretamente al ubicar una depuradora, puede plantearse la duda de su implantación antes o después de la depuradora. Las siguientes ventajas e inconvenientes pueden ayudar en la decisión:

Tabla 6-6. Ventajas e inconvenientes de la ubicación de implantación

Bombeo Previo	Bombeo Posterior
– Tipos de bombas más especiales por el contenido de sólidos	– Tipos de bombas más sencillas por ser agua trada
– Menores excavaciones en la depuradora al tratar agua impulsada	– Mayores excavaciones para la depuradora al tener que acoplarse a los niveles de agua de llegada
– Entrada de caudales en la depuradora constantes pero con variaciones en el tiempo en función de las bombas instaladas y de la capacidad del depósito	– Tratamiento de caudales irregulares, con sobredimensionamiento obligado de la depuradora
	– Oscilación de carga importante en los reactores biológicos

En cualquier caso es recomendable instalar el bombeo, cuando sea necesario, después del pretratamiento del agua residual.

5.2. DEPOSITO DE BOMBEO

Deberán contemplarse las siguientes características:

- Volumen tal que cumpla con las condiciones siguientes, salvo estudio más preciso:
  - tiempo máximo de retención de agua 60 min.
  - tiempo mínimo de funcionamiento de bombas 10 min.
- Estará dotado de aliviadero de seguridad.
- Estará cubierto con objeto de impedir olores y otros impactos.
- Tendrá un fácil acceso tanto para equipos como para permitir su fácil limpieza.

Las instalaciones de bombeo pueden clasificarse en dos grandes grupos:

- bombas instaladas en seco.
- bombas sumergidas en el propio depósito o arqueta de bombeo.

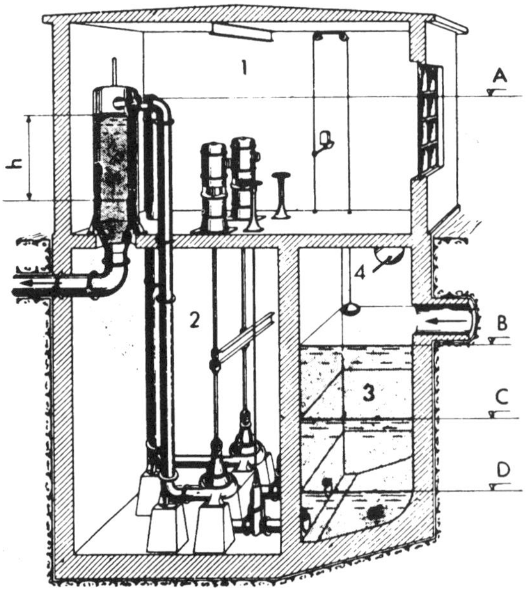

A. Nivel máximo de elevación.
B. Máxima altura de aguas en depósito de llegada.
C. Nivel medio en depósito de llegada.
D. Nivel mínimo en depósito de llegada.
1. Sala de motores.
2. Sala de bombas en seco.
3. Depósito de llegada de aguas.
4. Aliviadero de seguridad.

Fig. 6-3. *Instalación automática de bombeo con 2 bombas instaladas en seco.*

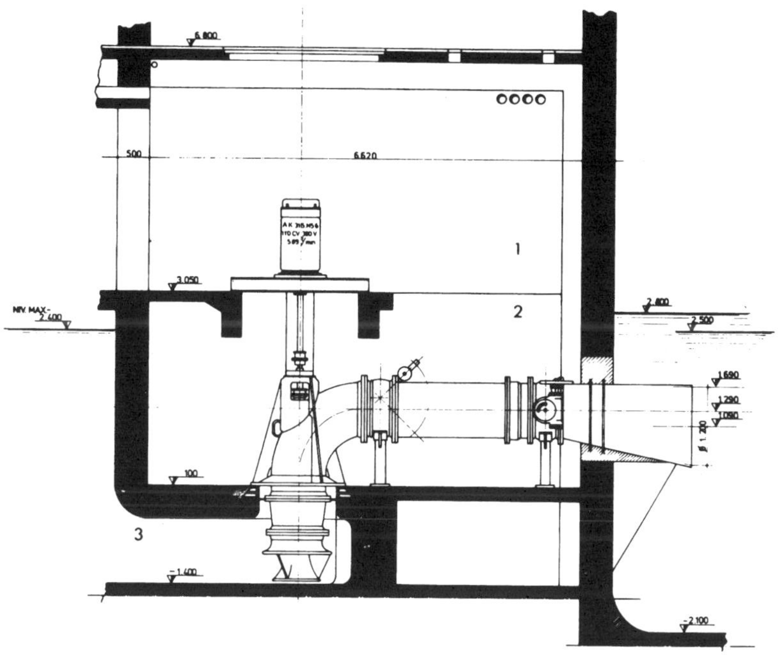

Fig. 6-4. *Instalación automática de bombeo de hélice vertical con cámara seca.*

5.3. INSTALACION DE BOMBAS SUMERGIDAS

Siguiendo el estudio de la casa de bombas Flygt, según estudios realizados en la Universidad de Nottingham, pueden darse las siguientes recomendaciones para la entrada a la arqueta de bombas y su volumen.

5.3.1. Tubo de entrada

El tubo de entrada no necesita estar localizado de forma central en la pared opuesta a las bombas, aunque puede resultar ventajoso si se encuentra en la región central. El saliente tubo deberá ajustarse de modo que el agua entre en las condiciones del caudal máximo, choque contra la división vertical antes de ser deflectada al fondo de la cámara tranquilizadora de entrada. En el caso de caudal reducido y de nivel de agua bajo, el agua no deberá caer directamente sobre las aberturas del fondo de la cámara tranquilizadora. Es conveniente, por no decir necesaria, la instalación de una jaula de rejilla en salida de la tubería de entrada para retirar sólidos.

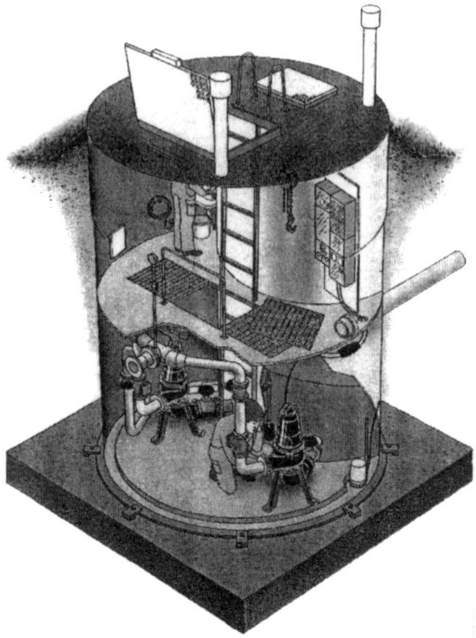

Fig. 6-5. *Instalación automática de bombeo con bombas automáticas.*

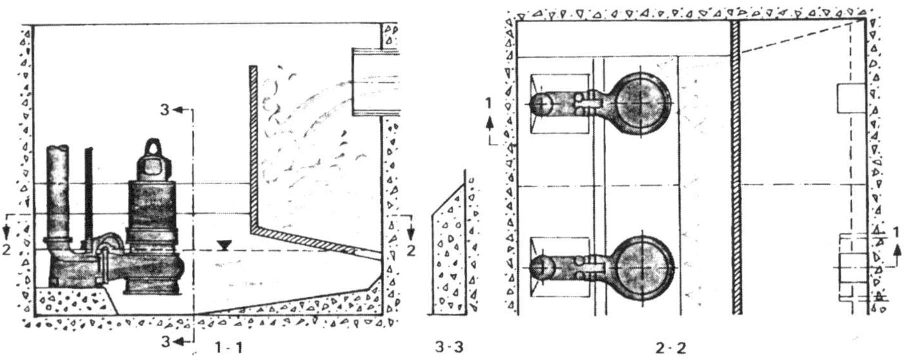

Fig. 6-6. *Dibujo esquemático del pozo de bombas.*

5.3.2. Cámara tranquilizadora de entrada

Una pared vertical situada frente del tubo de entrada impide que el agua entrante caiga directamente al pozo de bombas y produzca burbujas de aire. La energía cinética del agua queda reducida cuando golpea contra la pared y tiene lugar una desaireación satisfactoria en la cámara tranquilizadora.

5.3.3. La cámara de bombeo

El diseño de la cámara de bombeo aseguro un flujo regular de agua, sin turbulencias ni remolinos, hacia las bombas. El caudal entrante se distribuye por medio de los agujeros que hay en el fondo de la cámara de entrada, situados frente a cada una de las bombas.

Con el fin de evitar la formación de remolinos, con aspiración de aire, entre la bomba exterior y la pared lateral, ésta se acerca a la bomba, y se sitúa a una altura aproximada a la mitad del estator del motor.

Las burbujas de aire, que entran con el agua en la cámara de bombeo, se elevan hacia a lo largo del fondo inclinado de la cámara tranquilizadora de entrada, y salen a la superficie cerca de la pared divisoria vertical.

Debido a que el agua está en movimiento por todas partes, existe poco riesgo de sedimentación, siempre y cuando no se hayan sobrepasado las dimensiones indicadas fig. 6-7, y valores de la fig. 6-8.

La dimensión más conveniente a incrementar con el fin de obtener un mayor volumen de pozo es la distancia desde la cámara de entrada a las bombas.

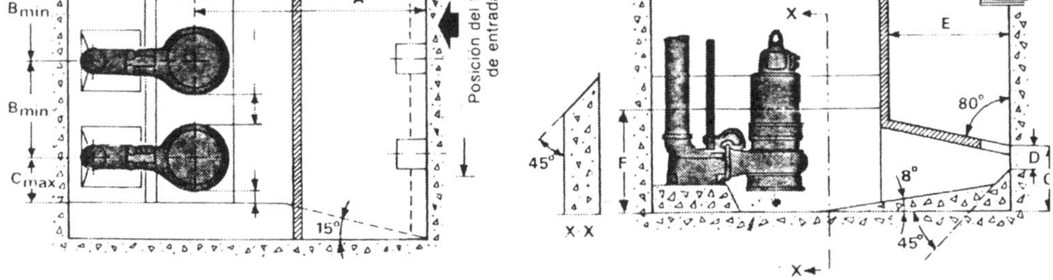

Fig. 6-7. *Estación de bombeo en planta y alzado.*

5.3.4. Nivel mínimo de agua

El nivel mínimo de agua en la cámara de las bombas, es decir, el nivel de parada de las bombas, tiene que ser lo suficientemente alto para que los agujeros del fondo de la cámara de entrada queden siempre sumergidos (dimensión G en la fig.). Además deberá tenerse en cuenta que el nivel de agua más bajo quede determinado por el NPSH requerido para la bomba, y en cualquier caso no deberá ser inferior a la parte alta del alojamiento del impulsor de la bomba.

5.3.5. Diseño y dimensionado del pozo de bombas

Las dimensiones A, B, C, D y E marcadas en la fig. 6-7, se determinan mediante el siguiente gráfico en función de la capacidad de descarga por bomba, Fig. 6.8.

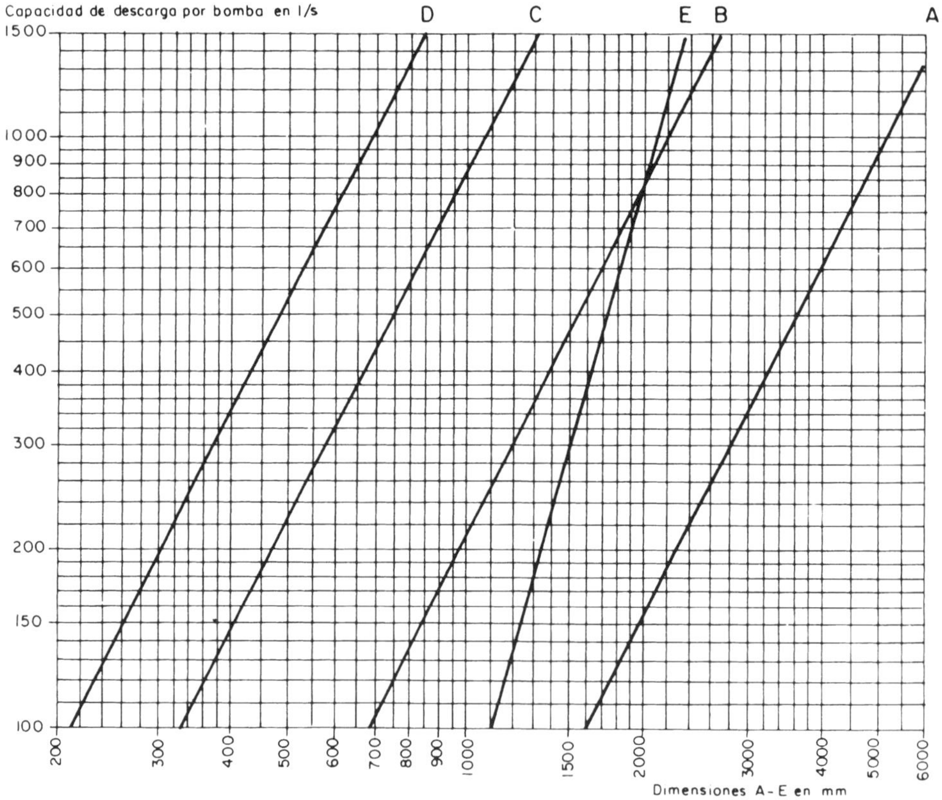

Fig. 6-8. *Diagrama para determinar las dimensiones A-E.*

El tamaño de la estación está determinado por el número y dimensiones de las bombas, así como por la capacidad de descarga por bomba.

La superficie del pozo de bombas puede determinarse con ayuda de los datos dimensionales de la fig. 6-8. Los diferentes niveles de arranque pueden calcularse conjuntamente con los cálculos del volumen del pozo. Si la altura disponible es insuficiente, el volumen necesario del pozo se obtiene normalmente incrementando la dimensión A.

Dimensión B: El espacio entre dos carcasas de bombas no deberá ser nunca inferior a 200 mm.

Dimensión C: El espacio entre la pared y la carcasa de la bomba nunca deberá ser inferior a 100 mm.

5.3.6. Cálculo de los volúmenes necesarios para el depósito de bombeo

Normalmente, con bombas sumergidas, se va a depósitos de tamaño inferior al utilizado en las instalaciones de cámara seca.

Una característica significativa en las bombas, fundamental para el cálculo del volumen de los depósitos, es el número posible de arranques y paradas por hora. Esto para evitar problemas mecánicos y térmicos.

El volumen del pozo de bombas aquí indicado tiene que ser considerado como un volumen mínimo para un funcionamiento satisfactorio en las condiciones más desfavorables, con respecto al número de arranques.

Siendo Q_m el caudal medio de aportación de aguas negras, en 1/s, la capacidad de la bomba será $Q_E = 2\ Qm$.

La capacidad mínima útil de la arqueta de bombeo vendrá dado por:

$$V = \frac{0{,}9\ .\ Q_E}{Z}$$

Donde:

V = es el volumen mínimo útil del pozo (m^3).

Q_E = es la capacidad de la bomba (1/s).

Z = es la frecuencia del arranque (N/hora).

Para bombas grandes el número de arranques debe ser inferior a tres por hora.

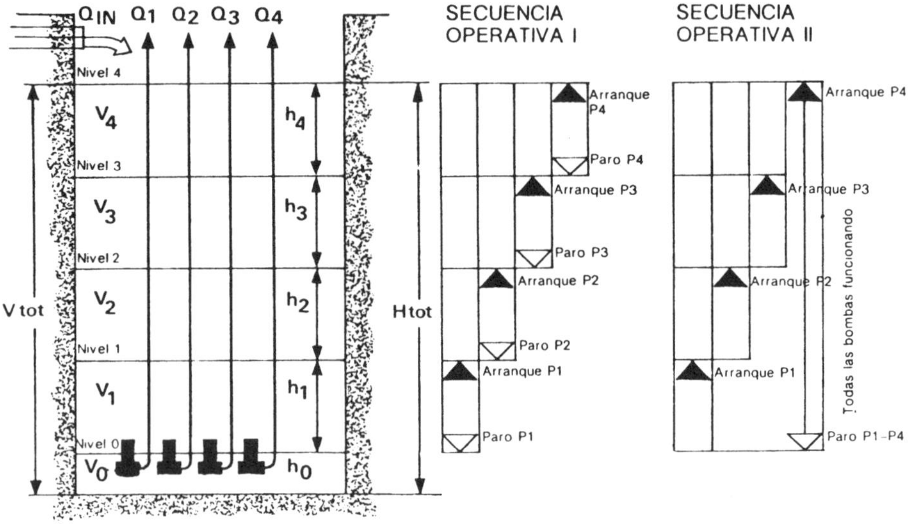

Fig. 6-9. *Secuencia operativa para 4 bombas.*

Las curvas de sistema esquemáticas de la figura 6-10 muestran que el caudal por bomba varía según el número de bombas funcionando. Puede usarse el valor medio entre el arranque y el paro para el cálculo de cada volumen parcial.

El volumen total requerido para el pozo de bombas se obtiene añadiendo, a los volúmenes parciales así obtenidos, el volumen residual (V_0) entre el fondo de la cámara y el nivel mínimo o de paro.

En el caso de la secuencia operativa I, el volumen necesario de la cámara de bombeo puede calcularse fácilmente empleándose el diagrama I, fig. 6-11.

Partiendo del caudal correspondiente a las bombas de cada curva de sistema. Subiendo hacia arriba en sentido vertical hasta la línea que representa el tiempo mínimo del ciclo, se determina en ordenadas el volumen parcial requerido del pozo en el eje vertical.

El ejemplo ilustra el cálculo del volumen del pozo de bombas requerido para una estación con cuatro bombas idénticas, conectadas a una tubería de descarga común.

$$V_{tot} = V_0 + V_1 + V_2 + V_3 + V_4$$

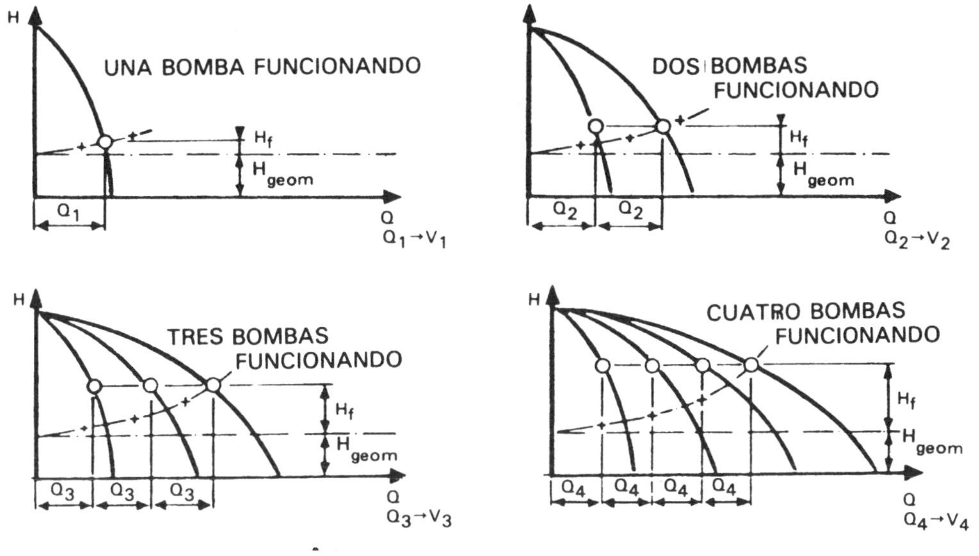

Fig. 6-10. *Curvas de sistema esquemáticas.*

Las diferencias de nivel entre los varios niveles de arranque se calculan dividiendo los volúmenes antes mencionados por la superficie (A) del pozo de bombas.

$$h_1 = \frac{V_1}{A};\ h_2 = \frac{V_2}{A};\ \text{etc.}$$

El diagrama II (Fig. 6-12) puede emplearse para calcular los volúmenes parciales del pozo de bombas para la secuencia operativa II.

Partiendo en abscisas del tiempo mínimo del ciclo (T), en el diagrama y subiendo en sentido vertical hacia arriba hasta la curva que representa el caudal para cada bomba, se calcula en ordenadas el volumen parcial requerido: En la escala vertical (escala V_1 para Q_1, escala V_2 para Q_2, etc.

5.3.7. Submergencia de la aspiración

En la submergencia de la aspiración conviene tener en cuenta las siguientes limitaciones:

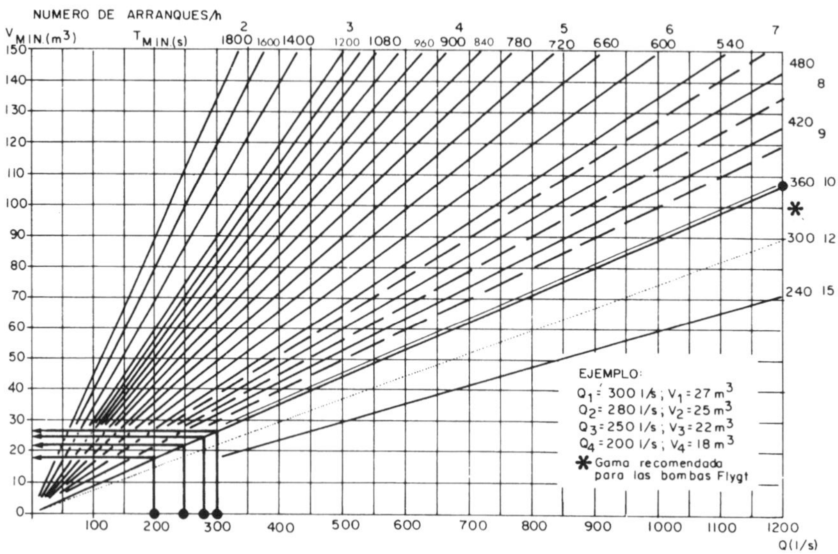

Fig. 6-11.

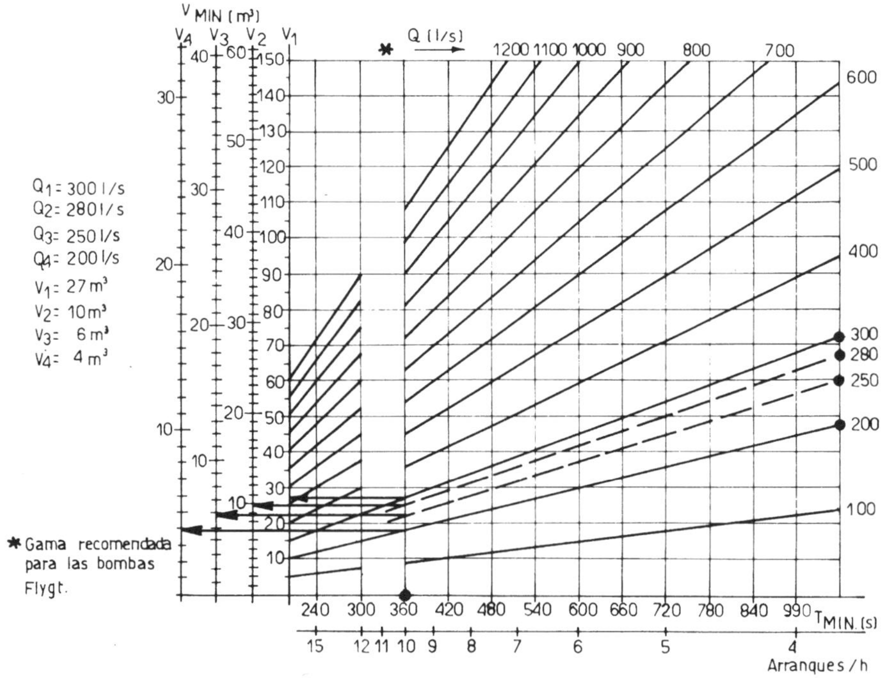

Fig. 6-12. *Diagrama 2. Secuencia operativa II.*

Velocidad (m/s)	Submergencia (m)
0,60	0,30
1,50	0,60
2,10	0,90
3,30	2,10
4,50	4,20

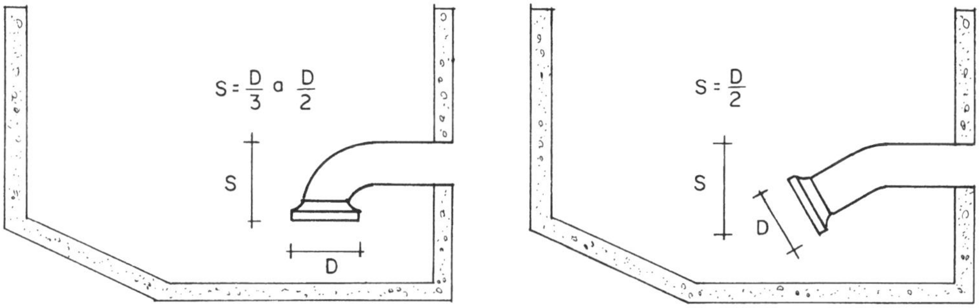

Fig. 6-13. *Submergencia de la aspiración.*

5.4. DISEÑO DE LAS BOMBAS

En el diseño de las bombas intervienen múltiples factores como son:

- Número de unidades (bombas).
- Características del líquido.
- Caudales (de servicio, máximos, mínimos).
- Alturas de elevación (condiciones en aspiración e impulsión).
- Tipo de funcionamiento (continuo, intermitente).
- Tipo de bomba (horizontal, vertical).
- Situación de la instalación (exterior, interior, altura, etc.).
- Características de la unidad motriz (motor, reductor, etc.).

5.4.1. Velocidad específica

Para asegurar la selección de bombas que den un rendimiento máximo, es necesario, primero, considerar la velocidad específica, n_s, según se ha indicado en el apartado 2.3.1.

5.4.2. Curvas características de las bombas

Son las que relacionan una característica, que generalmente es el caudal Q, con las variaciones de las otras.

Son tres:

- Caudales-altura.
- Caudal-potencia absorbida.
- Caudal-rendimiento.

Estas curvas son fundamentales para la selección de la bomba adecuada.

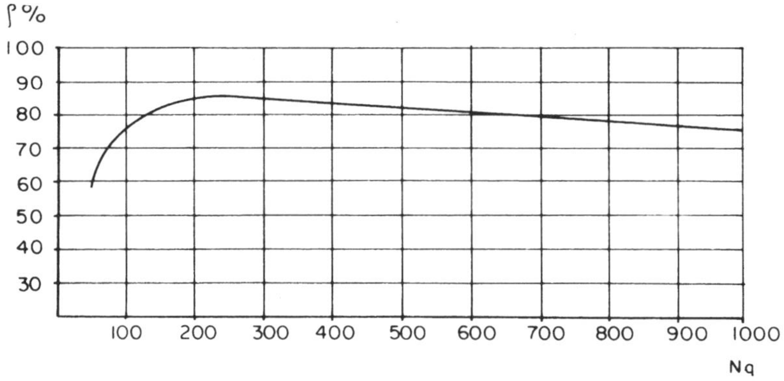

Fig. 6-14.

Entre las diferentes líneas características, a distintas velocidades de funcionamiento, de una bomba, existe la llamada ley de afinidad (ley de semejanza de Newton), que dice:

"En el cambio de un número de revoluciones n1, a otro n2, el caudal varía linealmente, la altura H varía con el cuadrado, mientras la potencia N lo hace aproximadamente con la tercera potencia de la relación del número de revoluciones".

$$\frac{n_1}{n_2} = \frac{Q_1}{Q_2}; \quad \frac{(n_1)^2}{(n_2)^2} = \frac{H_1}{H_2}; \quad \frac{(n_1)^3}{(n_2)^3} = \frac{N_1}{N_2}$$

Estas relaciones tienen validez conjuntamente y pierden su significado en cuanto una de ellas no se cumple.

Se deduce fácilmente:

$$\frac{Q_1}{\sqrt{H_1}} = \frac{Q_2}{\sqrt{H_2}} = \text{constante.}$$

De ello se desprende que el diagrama Q - H todos los puntos que obedecen a la ley de afinidad se encuentran situados sobre una parábola, con el vértice en el origen y el eje de ordenadas como eje principal.

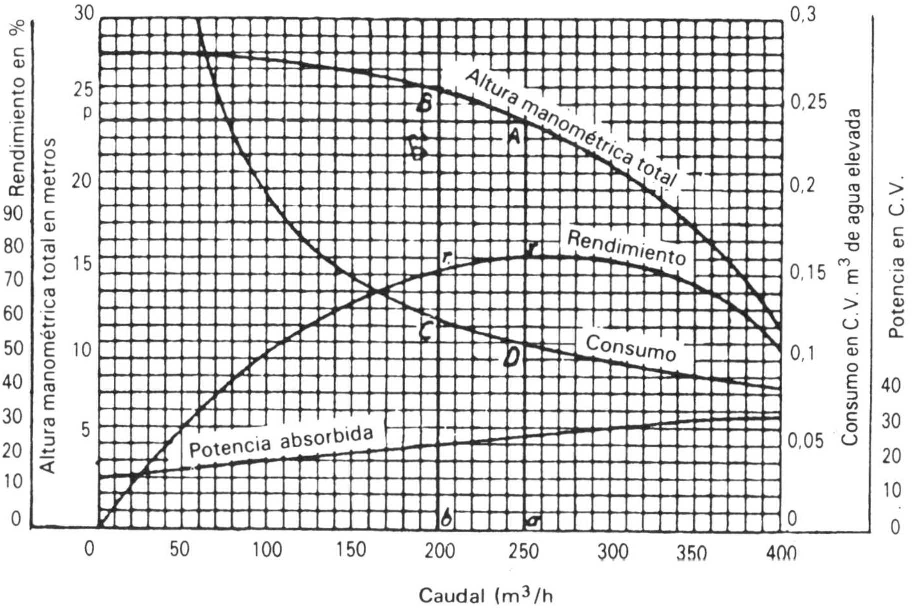

Fig. 6-15. *Curvas características de una bomba.*

5.4.3. Punto de funcionamiento

Como ya se ha señalado es normal establecer las siguientes curvas características: fig. 6-15

I) Curva de las alturas totales H en función de los caudales.

II) Curva de las potencias absorbidas, P, en función de los caudales.

III) Curva de los rendimientos en función de los caudales.

Además de las curvas características de la bomba, existen también las curvas características de la instalación. En la fig. 6-16, se tiene:

IV) Curva de las pérdidas de cargas totales H (pérdidas continuas más perdidas localizadas en la instalación), en función de los caudales.

V) Curvas $H_1 = Y + H$ en función de los caudales. Esta curva se obtiene de la anterior, sumando H al término Y, correspondiente a la altura geométrica total.

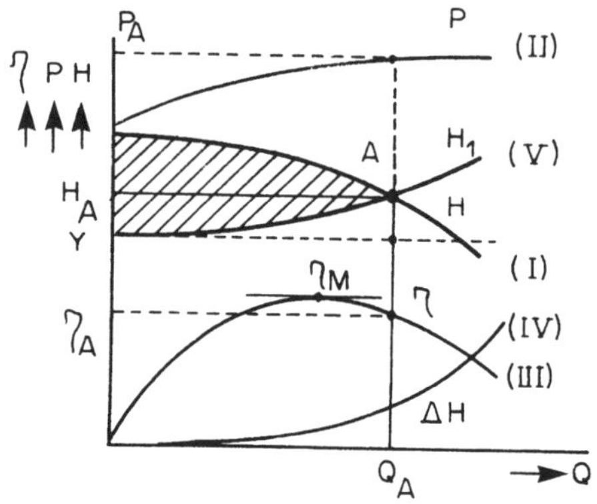

Fig. 6-16. *Curvas características de una instalación.*

Dibujadas las curvas características, el punto de funcionamiento de la bomba se obtiene por la intersección de la curva (V) con la curva (I); a ese punto A definido por (H_a, Q_a) corresponde una determinada potencia absorbida P_A y un determinado rendimiento η_A.

Si la curva (I) se localizara por debajo de la curva (V), la bomba no está adaptada a la instalación definida por (V).

Aparte de lo expuesto, se formulan las siguientes observaciones de carácter general:

- El punto correspondiente a Q = 0 de la curva (I), (característica de la bomba), debe ser superior al punto correspondiente a Q = 0 de la curva (V), característica de la utilización.

- El área comprendida entre el eje vertical y las curvas (I) y (V) (área rayada de la figura), debe ser lo mayor posible, compatible con un buen rendimiento.

- La estabilidad de régimen de la bomba es tanto mayor cuanto mayor sea el radio de la curvatura de las curvas (I) y (V).

- El punto de funcionamiento debe sobrepasar ligeramente al punto al punto de rendimiento máximo η_M.para tener en cuenta una eventual disminución de caudal debida al envejecimiento de la instalación.

5.4.4. Acoplamiento de bombas en paralelo

Supónganse varias bombas acopladas en paralelo, por ejemplo, 3 (Fig. 6-17, cuyas curvas H = f(Q) son respectivamente (1), (2) y (3); la curva H correspondiente al conjunto (curva (1) + (2) + (3)), se obtiene sumando las abcisas de las curvas H individuales. El punto de funcionamiento A es la intersección de la curva suma, así obtenida, con la curva H1 característica de la instalación. El caudal suministrado por cada bomba se obtiene trazando la horizontal que pasa por A y encontrando su intersección con las curvas (1), (2) y (3). La carga total será igual a H_A para cada una de las bombas y para el conjunto.

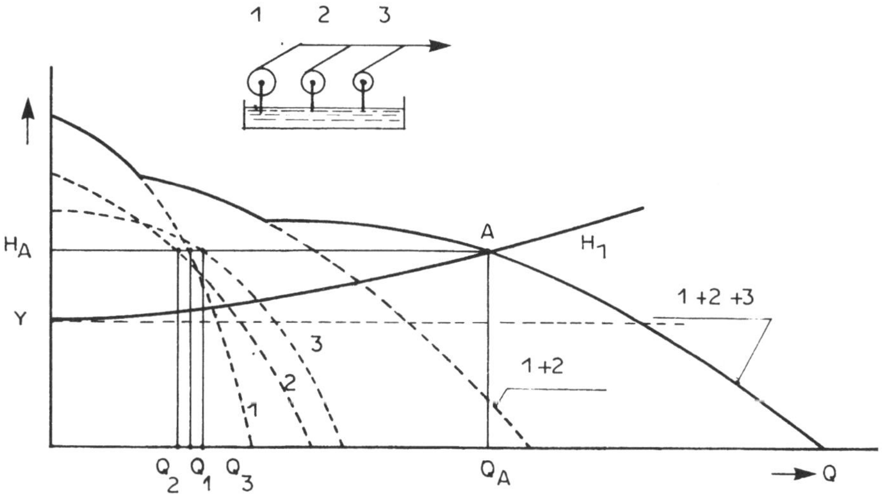

Fig. 6-17. *Acoplamiento de bombas en paralelo.*

5.4.5. Acoplamiento de bombas en serie

En este caso la curva H del conjunto se obtiene sumando las ordenadas de las curvas H correspondientes a cada bomba. (Fig. 6-18).

El punto de funcionamiento A se obtiene por la intersección de ésta con la curva H_1, característica de la instalación.

El caudal de todas las bombas es, evidentemente, el mismo e igual a Q_A. Las alturas que cada una eleva son respectivamente H_1, H_2 y H_3. El acoplamiento de bombas en serie puede ofrecer grandes dificultades: En efecto, la bomba (3) estará naturalmente construida para soportar una presión, que será inferior a la presión a que efectivamente está sujeta. En estas circunstancias, en vez de bombas en serie, es preferible usar bombas de varias etapas.

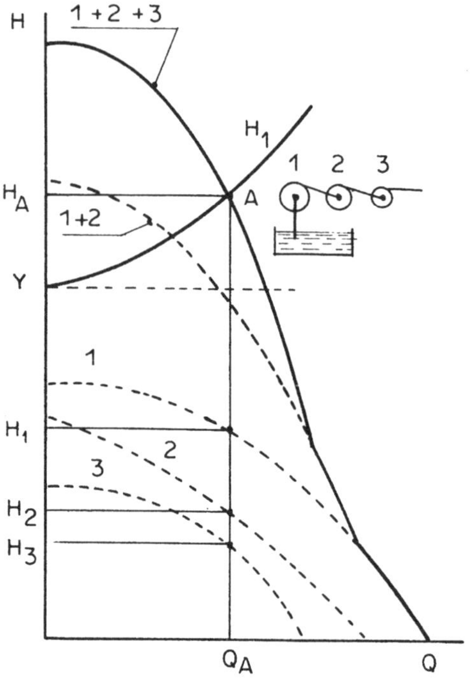

Fig. 6-18. *Acoplamiento de bombas en serie.*

5.4.6. Perfil piezométrico de bombeo

Valor de la energía a comunicar al agua. (Fig. 6-19).

Aplicando BERNOULLI:

- Entre 0 y 1: Aspiración

$$Z_0 + \frac{P_0}{w} + \frac{v_0^2}{2g} = Z_1 + \frac{P_1}{2} + \frac{v_1^2}{2g} + E_a$$

E_a = Pérdidas entre 0 y 1

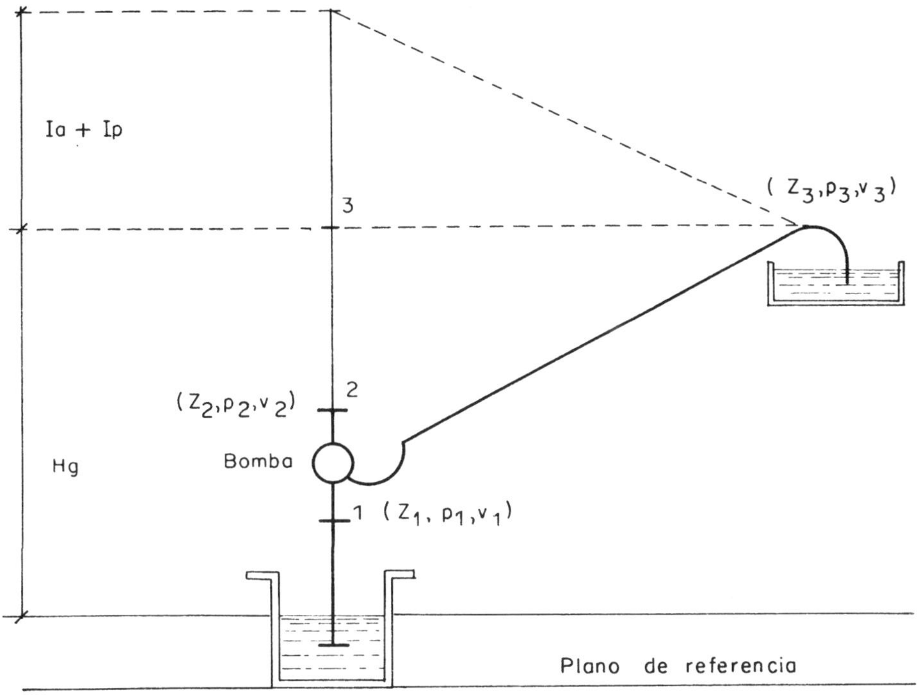

Fig. 6-19. *Perfil piezométrico de bombeo.*

- Entre 1 y 2: Cuerpo de bomba

$$Z_1 + \frac{P_1}{w} + \frac{v_1^2}{2g} = Z_2 + \frac{P_2}{w} + \frac{v_2^2}{2g} + E_r$$

E_r = Pérdidas entre 1 y 2

$$H = Z_2 - Z_0 + \frac{P_2 - P_0}{w} = Z_1 + E_a + \frac{v_2^2 - v_0^2}{w} E_r$$

donde $v_0 = 0$

- Entre 2 y 3: Impulsión

$$Z_2 + \frac{P_2}{w} + \frac{v_2^2}{2g} = Z_3 + \frac{P_3}{w} + \frac{v_3^2}{2g} + E_R$$

$$H = (Z_3 - Z_0) + \frac{P_3 - P_0}{w} + \frac{v_3^2 - v_0^2}{2g} + E_a + E_r + E_R$$

Si:

$P_3 = P_0 =$ Presión atmosférica.

$v_0 = 0$

$\frac{v_3^2}{2g} \approx$ despreciable

$H = (Z_3 - Z_0) + E_a + E_r + E_R$

H = Altura manométrica.

$(Z_3 - Z_0)$ = Altura geométrica.

E_a = Pérdidas aspiración.

$E_r + E_R$ = Pérdidas impulsión.

5.5. PERDIDA DE CARGA EN LOS CONDUCTOS POR TRANSPORTE DE LODO

Cuando se pretende impulsar lodos deberá tenerse en cuenta un coeficiente multiplicador sobre los valores aceptados al circular agua. El coeficiente a aplicar puede extraerse del gráfico que figura a continuación dependiente del contenido de humedad en los lodos. (Fig. 6-20).

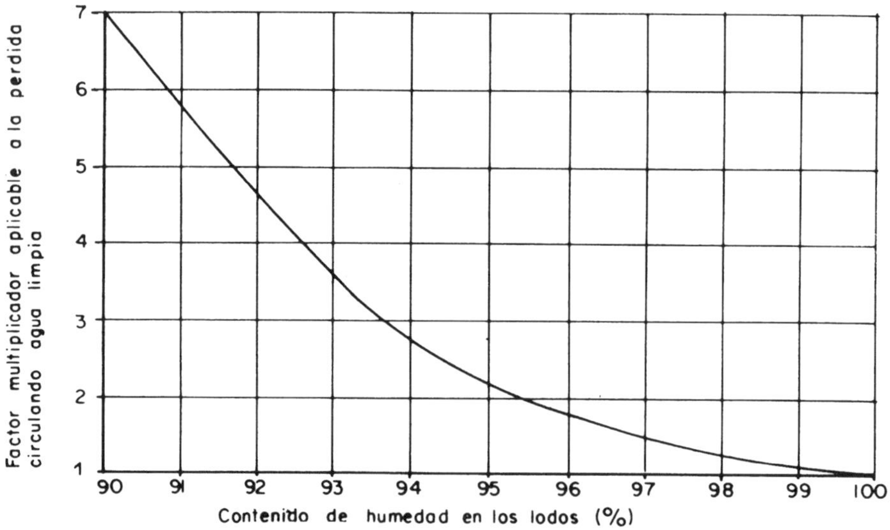

Fig. 6-20. *Pérdida de carga en tuberías de transporte de lodos.*

5.6. ACCESORIOS DE LA INSTALACION

Además de los grupos de bombeo hay que contar en la instalación con los siguientes elementos:

- Rejilla previa para separación de sólidos gruesos. La separación entre barrotes será tal que impida el paso de sólidos de tamaño superior al que permitan las bombas previstas.
- Sistema eléctrico de mando con regulación de puesta en marcha y parada, por diferencia del nivel del agua en el pozo.
- Sistema de extracción, de las bombas y equipos, para reparaciones, limpieza y mantenimiento.
- Conducciones y válvulas.
- Válvulas de descarga contra golpes de ariete, o dispositivos con la misma función.

5.7. TOMA DE LAS BOMBAS

Las bombas de alta velocidad específica están influenciadas por las condiciones de aproximación del líquido. Los problemas que pueden surgir son:

a) Remolinos en torno a la aspiración de la bomba, éstos pueden originar una sobrecarga del mecanismo de alimentación, una erosión importante en las diferentes piezas de las bombas, o ambas.

b) Giro de la lámina de superficie del agua, pudiendo transformarse en remolino, arrastrando aire, y como consecuencia una reducción del caudal y un rendimiento irregular.

c) Mala repartición, perturbaciones en los filetes líquidos, que pueden modificar las pérdidas, de carga en la aspiración y consecuentemente en la impulsión.

5.8. AUTOMATISMOS POSIBLES

Se indican a continuación los posibles automatismos eléctricos que pueden instalarse en una central de bombeo. Su adopción no es estrictamente necesaria, y dependerá de la importancia y requerimientos especiales de la instalación.

- Automatismo de puesta en marcha y parada de bombas por nivel en el depósito y en el punto de llegada del bombeo.

- Alarma de descebado de bombas, y cebado automático por entrada en servicio de una red auxiliar de cebado.
- Arranque y parada automáticas de bomba sin carga, mediante válvula de regulación en la salida de apertura y cierre temporizados.
- Alarma por aumento peligroso de temperatura en cojinetes del motor de bomba o estátor del motor.

6. BOMBAS Y SUS CLASES

6.1. BOMBAS DE EMBOLO

La bomba de émbolo está formada por los elementos que se señalan en la fig. 6-21. El émbolo se moverá hacia adelante y hacia atrás, al girar el manubrio con velocidad constante. Al moverse hacia atrás dejará un vacío delante suyo, que la presión atmosférica obligará al agua a que lo llene por la tubería de aspiración, (en este período la válvula de escape se cerrará y la de aspiración se abrirá). Al correr el émbolo hacia adelante la válvula de aspiración, y se abrirá la de escape, de manera que el émbolo impulsará el agua por el tubo de descarga.

Este tipo de bomba se utiliza para impulsiones de pequeñas alturas.

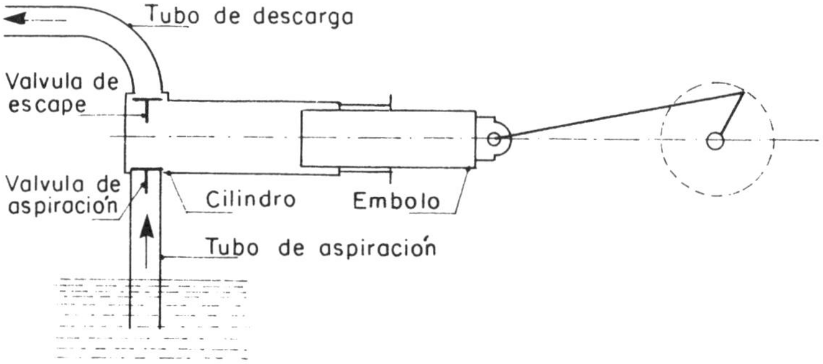

Fig. 6-21. *Bomba de émbolo.*

6.2. BOMBAS CENTRIFUGAS

La bomba centrífuga consiste, en su forma más simple, en una rueda de álabes, llamada también impulsor, que gira dentro de una cámara concéntrica.

Las paletas imprimen al agua un movimiento de remolino forzado, y se engendran presiones dinámicas. (Fig. 6-22).

La bomba centrífuga es una generadora de presión dinámica. Por eso, cuando se interpone en una tubería, se debe considerar la corriente, no como producida por el gua impulsada, sino porque la presión engendrada modifica el gradiente hidráulico, de modo que provoca la circulación.

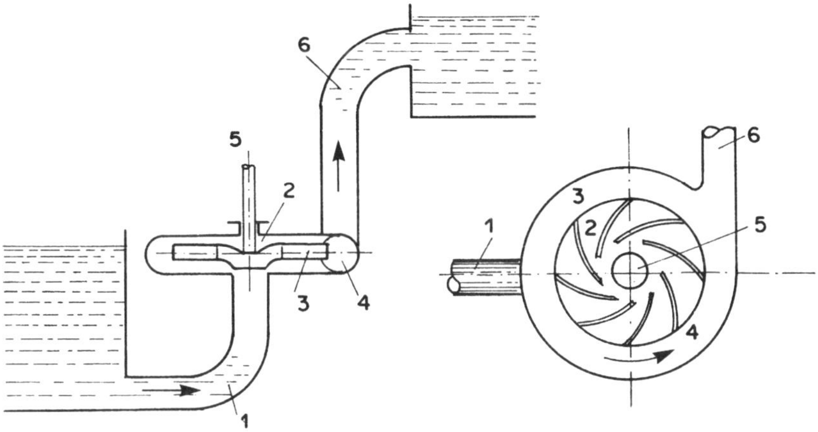

1. Tubo de aspiración.
2. Rodete o impulsor.
3. Difusor
4. Voluta o caja aspiral
5. Eje
6. Impulsión

Fig. 6-22. *Bomba centrífuga.*

6.2.1. Centrífugas horizontales

- El motor y la bomba, con su eje horizontal, están situados fuera del agua.
- La bomba ha de ser del tipo de rodete abierto.
- Ha de instalarse siempre en carga cuando se trate de bombeo de agua bruta.
- El rendimiento típico es del 80%.
- Suele ser la solución más económica.

6.2.2. Centrífugas verticales

- La bomba está sumergida, y el motor, unido a la bomba mediante un eje vertical, está fuera del agua.

- Resto de características similares a las centrífugas horizontales.
- Precio ligeramente superior al de aquéllas.

6.2.3. Centrífugas sumergibles

- El motor y la bomba están sumergidos dentro del agua.
- La bomba ha de ser de rodete abierto.
- El rendimiento decrece ligeramente respecto de las centrífugas horizontales. Alrededor del 75%.
- El precio puede llegar a ser doble que el de las centrífugas horizontales, pero presentan grandes ventajas de mantenimiento respecto a aquéllas.

6.3. BOMBAS AXIALES O DE HELICE

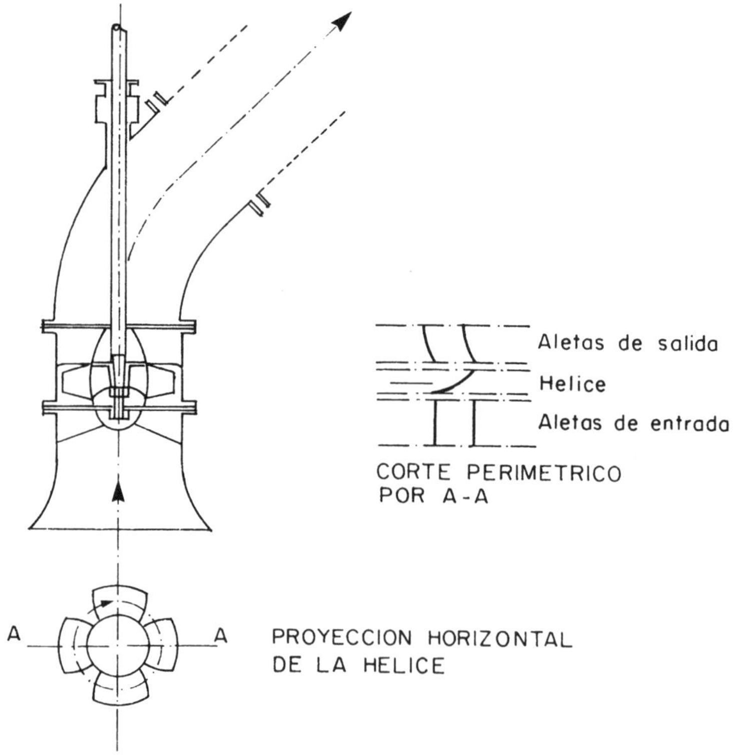

Fig. 6-23. *Bomba de hélice.*

En la fig. 6-23 se ve esquematizado este tipo de bombas. Tienen, generalmente, tres series de paletas: La primera es de paletas directrices de entrada; la segunda de paletas giratorias o de la hélice propiamente dicha, y la tercera de paletas directrices de salida.

Las de entrada hacen que el agua penetre hacia el eje de la rueda impulsora sin velocidad tangencial alguna; las paletas de la hélice comunican al agua una componente tangencial, y las de salida absorben de nuevo esta componente e impulsan el agua por el tubo de descarga y en el mismo sentido de su eje.

Este tipo de bomba se emplea para grandes caudales y alturas de 14 a 15 m en elevación. Su rendimiento es del 75 a 90%.

Las bombas helicoidales de rodete preparado para suprimir desplazamiento radial y de traslación según el eje son válidas para 25 a 35 m de elevación.

6.4. BOMBAS VOLUMETRICAS

Las bombas centrífugas de paletas son bombas volumétricas generalmente utilizadas como bombas de trasvase. (Fig. 6-24).

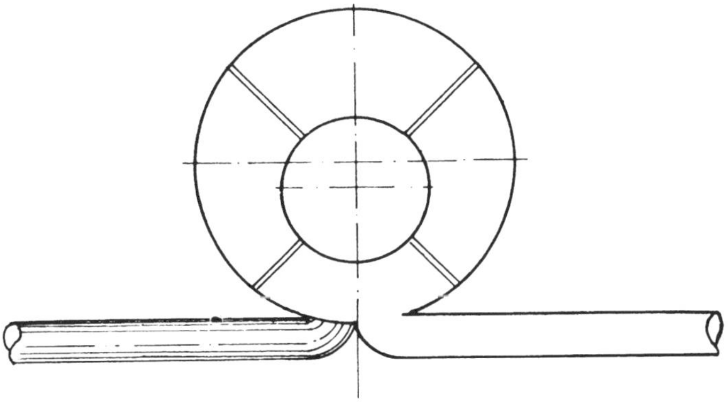

Fig. 6-24. *Bomba volumétrica.*

6.5. BOMBAS DE TORNILLO

- Se basan en el funcionamiento de un tornillo de Arquímedes sobre un canal de fondo circular construido en obra de fábrica o bien dentro de una camisa tubular metálica.
- Pueden bombear el agua con sólidos de gran tamaño sin peligros de atascamiento.

- La altura máxima de bombeo con un solo tornillo está limitada a 4-6 m. Para mayores alturas debe pensarse en más de una etapa de bombeo.
- El ángulo máximo del tornillo respecto de la horizontal es de 30-35º.
- La curva de funcionamiento altura-caudal, de una bomba de este tipo, es plana. Es decir, para una altura constante, el consumo es sensiblemente proporcional al caudal a bombear. Esto significa:

a) Que el rendimiento se mantiene constante para cualquier caudal dentro de unos límites.

b) Que la bomba autoregula su consumo de energía para los distintos caudales.

- El rendimiento oscila alrededor del 70%.

6.6. BOMBAS TRITURADORAS

- Son bombas rotativas con dispositivos interiores de trituración, consistentes generalmente en peines giratorios, cuyos dientes exteriores discurren entre canales, produciendo la trituración de los residuos entre diente y canal.
- Pueden ser, como en el caso de las bombas centrífugas, horizontales, verticales y sumergibles.
- Su rendimiento es del orden del 30%.
- Su funcionamiento dificulta la depuración posterior, ya que generalmente es más sencillo separar del agua los sólidos más grandes.

6.7 BOMBAS DILACERADORAS

- Suelen consistir en bombas centrífugas, cuyos álabes, dotados de elementos de corte, dilaceran los sólidos que contiene el agua.
- El resto de características es similar al de las bombas trituradoras, aunque su rendimiento puede subir hasta el 40%.

6.8. OTROS TIPOS DE BOMBAS

Pueden citarse otros tipos de bombas, como las de dosificación, neumáticas, eólicas y solares.

6.9. BOMBAS PARA AGUAS RESIDUALES

En los bombeos de aguas residuales, la naturaleza del agua a evacuar es el dato más importante para poder elegir con garantía la bomba adecuada. El procedimiento de selección de bombas, exclusivamente por prestaciones de caudal y presión requeridas, sin tener en cuenta la naturaleza específica del líquido, se traduce en un mantenimiento continuo y costoso.

Una clasificación muy generalizada de las aguas de alcantarillados es la siguiente:

- aguas negras domésticas.
- aguas negras industriales.
- aguas negras de granjas.
- aguas blancas de escorrentia.
- aguas de filtraciones del terreno.
- aguas con elementos abrasivos en suspensión.

Es fundamental elegir una bomba para cada tipo de agua, como garantía del funcionamiento de la bomba y del sistema de impulsión establecido.

Existen múltiples tipos de bombas, siendo difícil llevar a cabo una clasificación total de las mismas, aunque en general, existen dos grandes grupos fundamentales para las aguas residuales:

- bombas de desplazamiento positivo.
- bombas rotacionales o rotodinámicas.

Y dentro de estos dos grupos la mayor parte de las bombas son centrífugas. La diferencia fundamental, entre los distintos tipos de bombas centrífugas, se basa en el rodete o impulsor.

6.9.1. Bombas centrífugas

6.9.1.1. Impulsor cerrado de un canal o monocanal

El principal problema de las impulsiones aparece con los sólidos arrastrados por las aguas.

Este tipo de impulsor se utiliza para aguas negras domésticas, aguas de oficinas, viviendas, chalets, locales comerciales, etc. Suele tener un paso de sólidos entre 50 mm de diámetro y 125 mm.

Por regla general no toleran los sólidos fibrosos y largos, pueden dar lugar a atascos en su interior. Tampoco son válidos para aguas abrasivas estos impulsores. El desgaste se produciría en la única arista de su álabe y terminará desequilibrándose, repercutiendo esta anomalía en el eje mismo de la bomba, pudiéndose producir incluso una grave avería electro-mecánica.

El esquema tipo viene reflejado en las figuras siguientes, (Fig. 6-25).

Fig. 6-25. *Impulsor monocanal.*

Se emplean principalmente para extraer aguas residuales, lodos y aguas pluviales en las estaciones de bombeo y en las depuradoras de aguas urbanas. Dentro de la industria se emplean para bombeo de agua de refrigeración, agua de procesos y aguas residuales, medios agresivos y corrosivos.

Funciona perfectamente en estaciones de bombeo pequeñas y simples. Las bombas son extraordinariamente eficaces y seguras en el funcionamiento. Se montan con rapidez y sencillez en tubos de guía o cables, y luego son descendidas al pozo de la bomba.

El impulsor es un impulsor de canal cerrado en caja de bomba. La forma y el tamaño del canal hace que tenga muy poca tendencia a obstruirse.

Su diseño es muy compacto como puede verse en la figura 6-26, en la que se representa una bomba Flygt modelo c.

La simplicidad de la instalación en un pozo de bombeo de aguas residuales, con este tipo de bomba sumergida queda reflejado en la siguiente fig. 6-27.

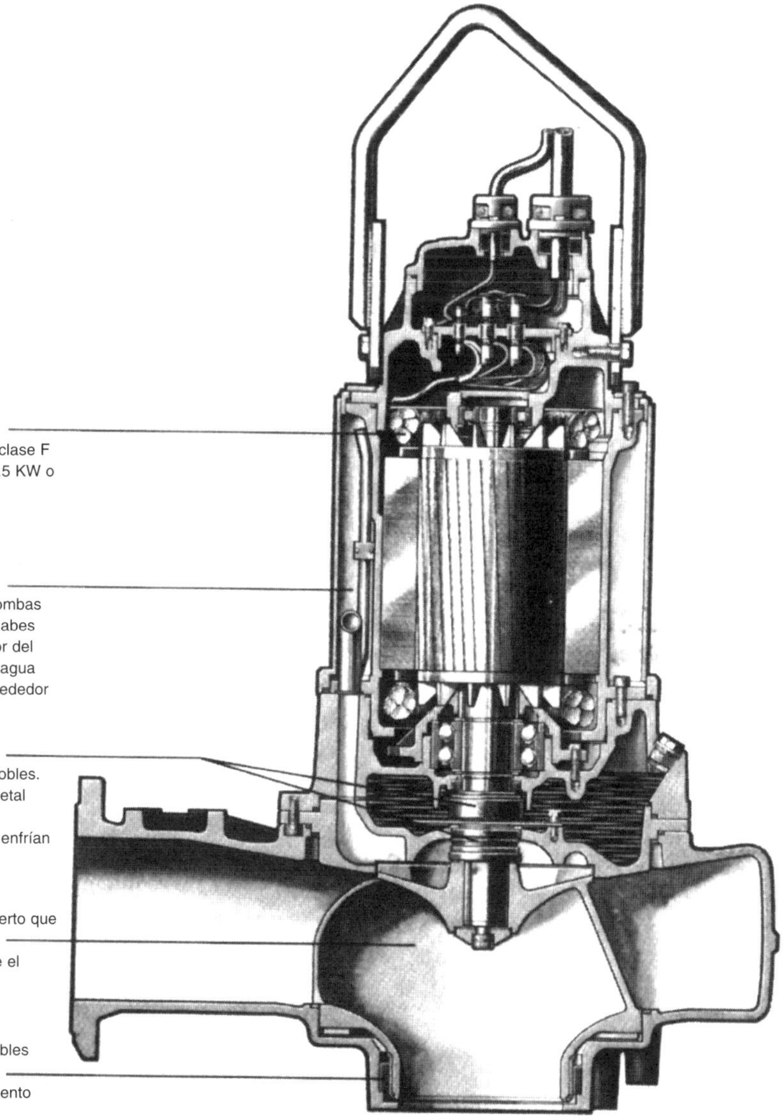

Fig. 6-27. *Bomba con impulsor monocanal.*

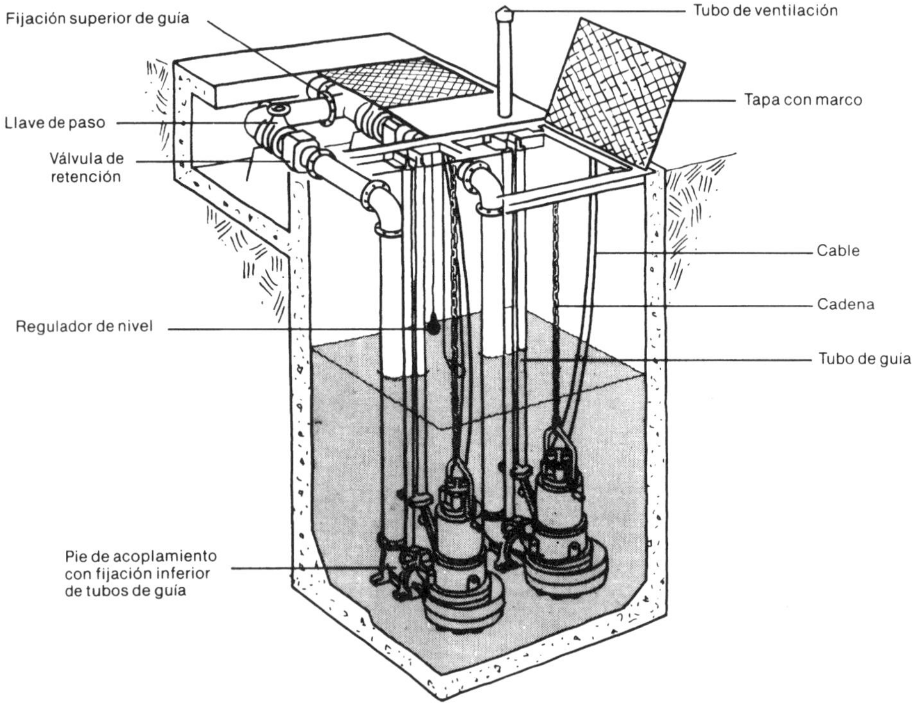

Fig. 6-26. *Instalación de bombas con impulsores monocanal, tipo Flygt.*

6.9.1.2. Impulsor cerrado de dos canales

Este tipo permite aumentar las secciones de paso siendo normales entre 35 mm y 145 mm. (Fig. 6-28).

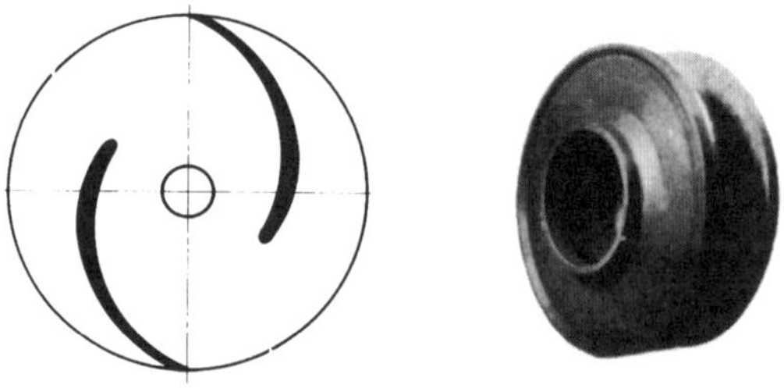

Fig. 6-28. *Impulsor cerrado de dos canales.*

Bien diseñadas y para grandes caudales, pueden alcanzarse rendimientos en las bombas del orden del 80 al 85%.

Sigue teniendo problemas con materias filamentosas, trapos, etc.

El desgaste, ante la acción de materiales abrasivos, no produce desequilibrio, por simetría.

Este tipo puede utilizarse perfectamente para aguas de escorrentia superficial y aguas negras de alcantarillado.

6.9.1.3. Impulsor para bombas de paso libre

La impulsión se consigue por la formación de torbellinos. El impulsor consiste en una placa con nervaduras de altura constante o de tipo cónico. (Fig. 6-29).

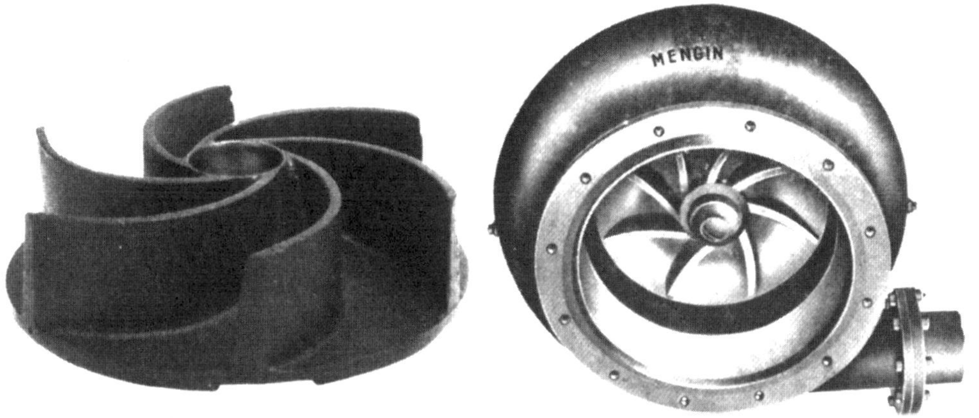

Fig. 6-29. *Impulsor de paso libre.*

Está especialmente fabricado para líquidos altamente viscosos, que contienen lodos y pequeñas o grandes partículas sólidas. El bombeo se logra debido a que el impulsor crea un torbellino rápido con el consiguiente incremento de presión en el líquido. Esto hace que la mayor parte de las partículas arrastradas en el líquido no entren nunca en contacto con el impulsor; el desgaste resulta muy reducido. La abertura de paso, en una bomba con impulsor de torbellino, es casi tan grande como la abertura de entrada de la bomba.

El rendimiento de estas bombas es mediocre, precisando motores sobredimensionados. Los riesgos de obstrucción por el contrario son mínimos.

No presentan problemas para paso de elementos sólidos con dimensiones de 80 y hasta 125 mm. Presentan condiciones óptimas para bombear aguas residuales con material de fibra larga y un alto contenido de sustancia seca, en lugares de construcción y en minas, para agua que contienen arcilla, polvo de barreno y piedra, y también para las aguas residuales y el lodo, así como también para medios agresivos y corrosivos.

6.9.1.4. Impulsor dilacerador

Inicialmente se emplearon para preparación de las aguas en su vertido al mar. Su misión fundamental es reducir las partículas en suspensión, en su paso a través de la bomba. Se utilizan nervaduras cónicas y resistentes. (Fig. 6-30).

Tienen problemas con plásticos y productos de nylon.

El rendimiento a penas llega al 60%.

Fig. 6-30. *Impulsor dilacerador.*

6.9.1.5. Impulsor de tornillo centrífugo

Especialmente fabricado para el trasiego de aguas negras domésticas e industriales, siendo su principal aplicación en desagües de hospitales, residencias sanitarias, grandes almacenes, cuarteles, colegios, urbanizaciones con redes separativas, mataderos, lavanderías, algunos talleres, etc.

Los pasos de aspiración en estos impulsores oscilan entre 60 mm y 145 mm de diámetro. La aspiración se realiza formando un torbellino en forma de cono a la entrada de la bomba, que obliga a los sólidos a ser aspirados en sentido longitudinal.

Con estos impulsores se pueden trasegar, con toda garantía, partículas sólidas y fibrosas, como son trapos, vendas, gasas, algodones, tripas, pieles, plásticos, etc. de una longitud que en algunos casos puede ser de 1 metro o incluso mayor.

Fig. 6-31. *Impulsor de tornillo centrífugo.*

Sin embargo, no se pueden evacuar aguas con contenidos abrasivos, pero sí de pastas o agua de una densidad elevada.

El esquema queda reflejado en la figura 6-31.

6.9.1.6. Impulsor con sistema de pre-rotación

Válidos para aguas residuales urbanas e industriales, así como para aguas de escorrentia. Utiliza bombas de funcionamiento constante y el caudal de impulsión se ajusta automáticamente al caudal de llegada. Los rendimientos son del 70% o superiores. En la figura se representa un croquis del tipo SARLIN con sistema de prerotación. (Fig. 6-32).

Fig. 6-32. *Sistema de pre-rotación.*

6.9.1.7. Impulsor axial

Las bombas con impulsor axial están especialmente diseñadas para bombear grandes cantidades de agua a alturas de elevación reducidas. Se emplean para el riego, para el bombeo de aguas pluviales en los municipios, para las aguas de proceso, refrigeración y potabilización en la industria, y para la regulación de sistemas de lagos y ríos. (Fig. 6-33).

El impulsor axial con palas de hélices ajustables resulta adecuado para agua limpia o ligeramente contaminada. (Fig. 6-34).

Como resumen de los distintos tipos de bombas y rodetes, a utilizar en el bombeo de aguas residuales o en una estación depuradora, se incluye aquí por su interés el programa de fabricación de KSB con sus recomendaciones. (Fig. 6-35).

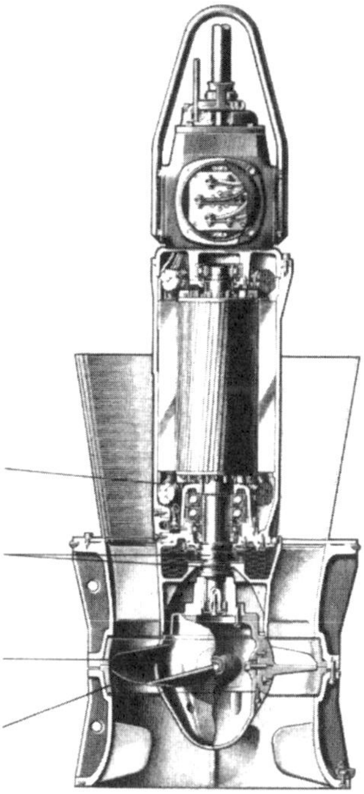

Fig. 6-33. *Bomba con impulsor axial.*

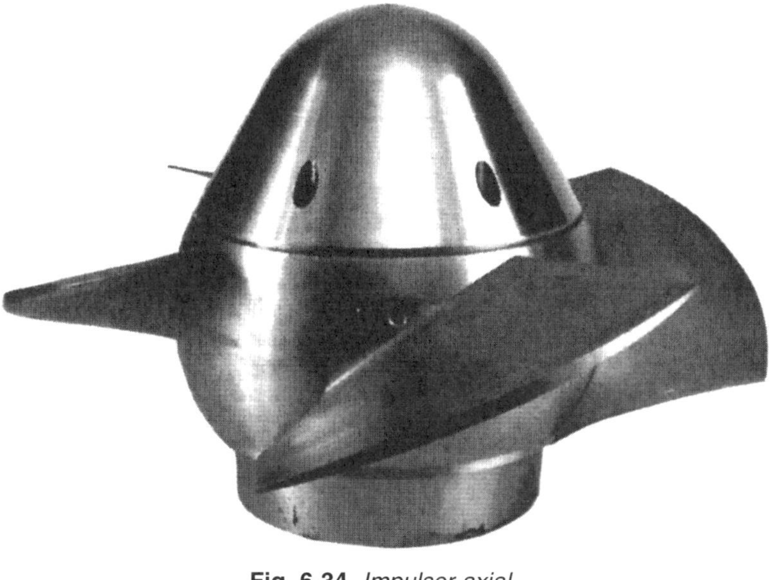

Fig. 6-34. *Impulsor axial.*

Líquido a transportar
Agua residual bruta sin limpieza
Lodos con alto contenido de grasas
Lodo fresco y lodo digerido
Fangos activos
Aguas residuales con rejillas previas de limpieza mecánica Aguas de escorrentia
Agua con poca carga de residuos en suspensión. Agotamiento
Aguas negras de edificios. Uso doméstico

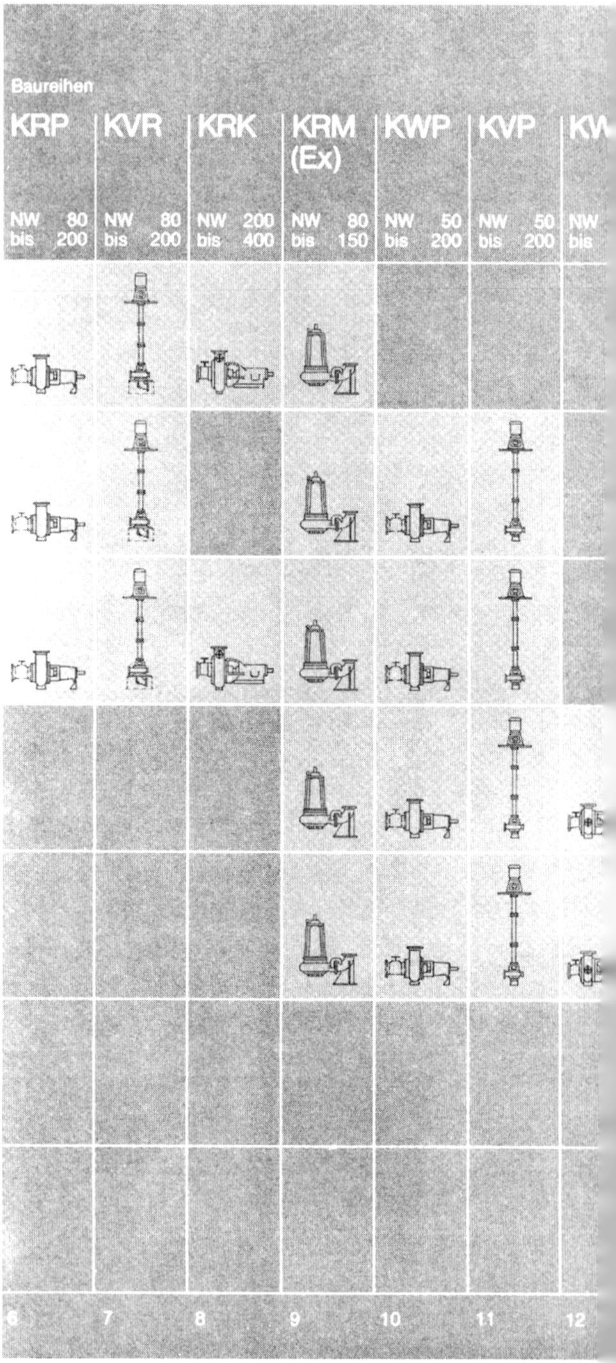

Fig. 6-35. *Usos y tipos de bombas KSB.*

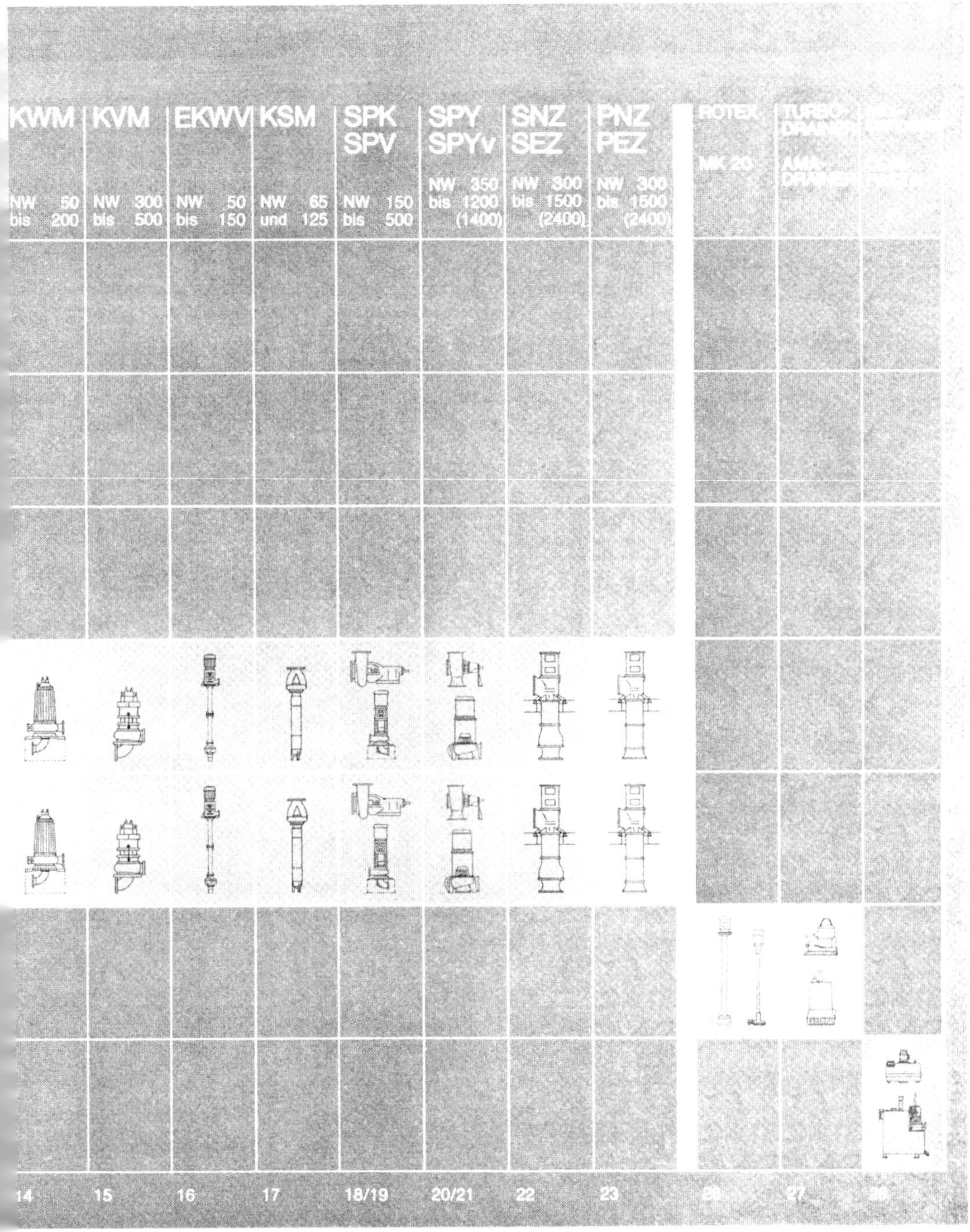

Tipos de bombas KSB según usos.

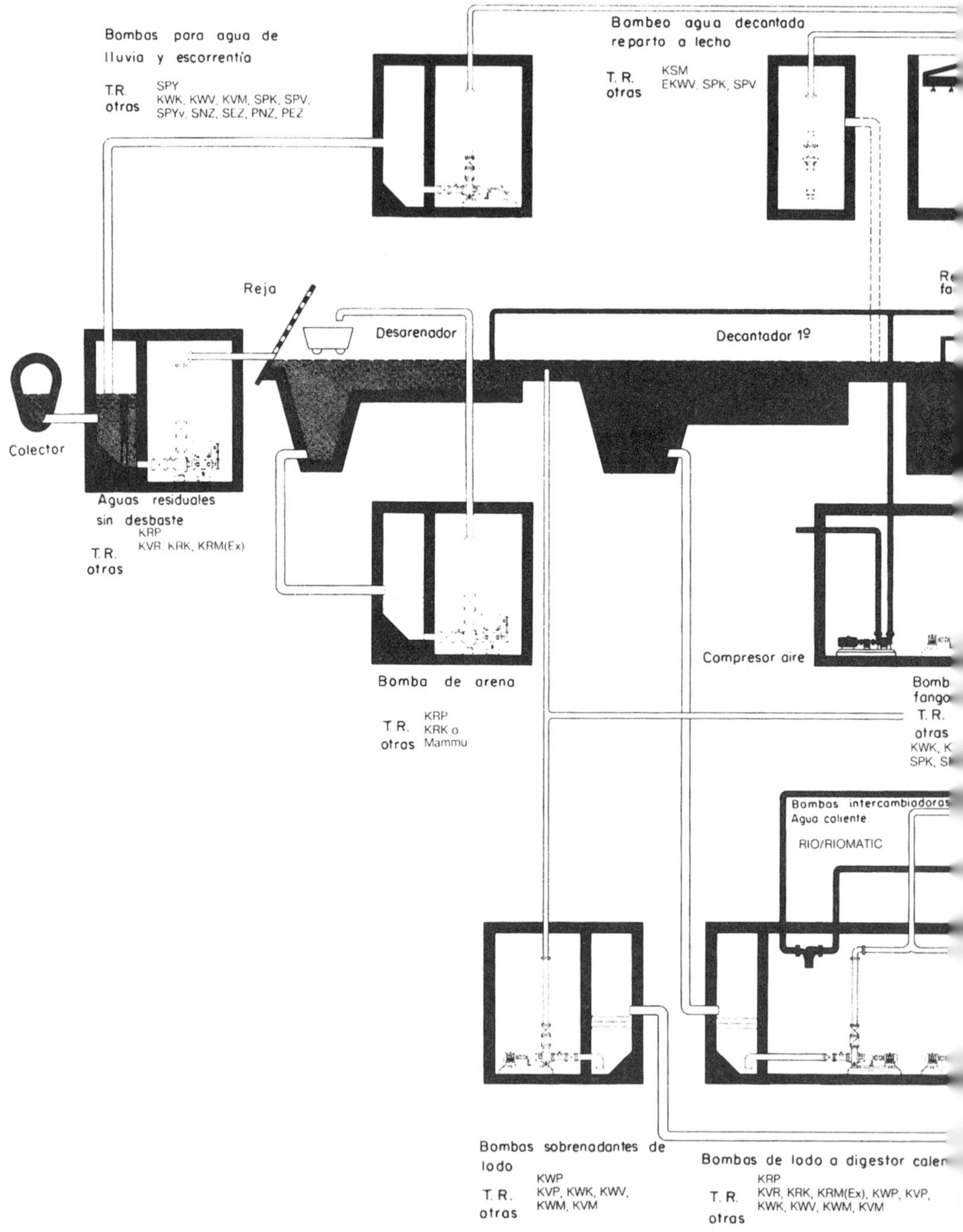

Fig. 6-35 bis. *Esquema de estación depuradora con indicación de los tipos de bombeo.*

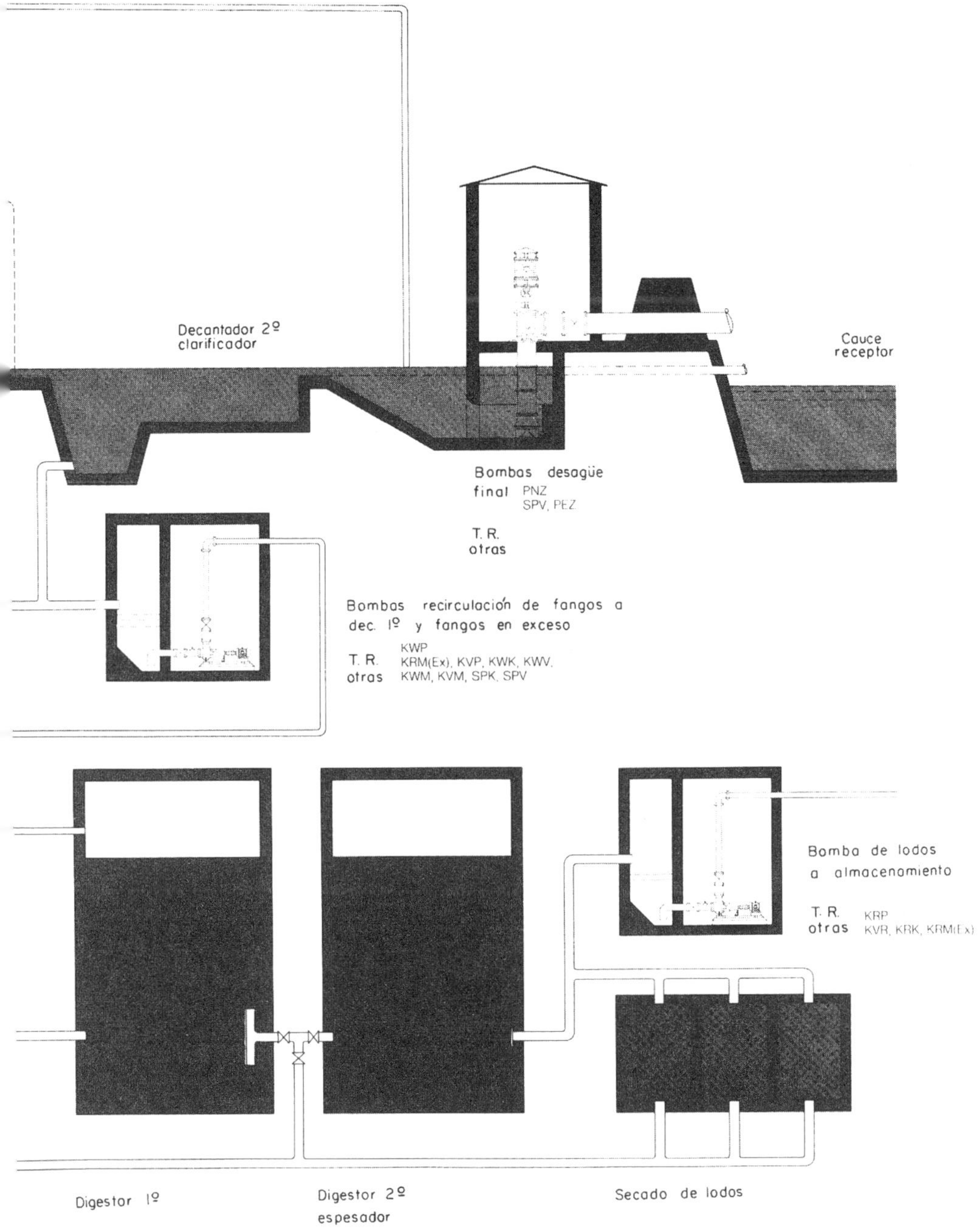

Esquema de estación depuradora con indicación de bombas más adecuadas (cont.)

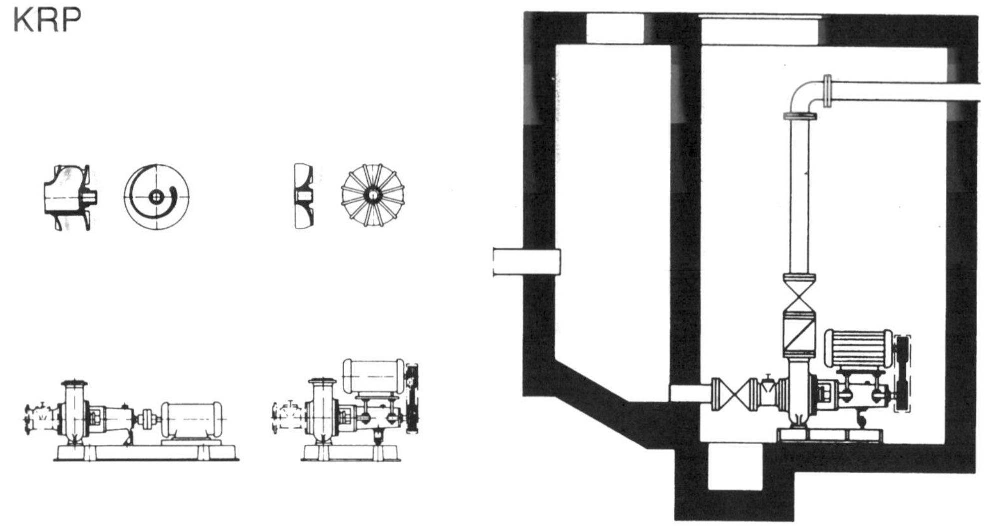

Fig. 6-36. *Bombas e instalaciones (KRP).*

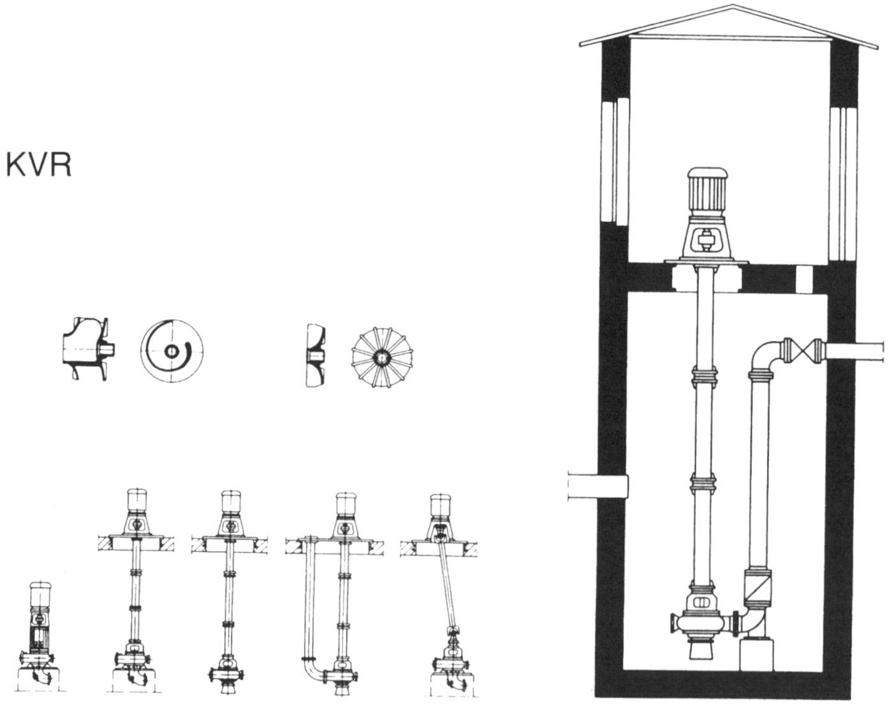

Fig. 6-37. *Bombas e instalaciones (KVR).*

KRK

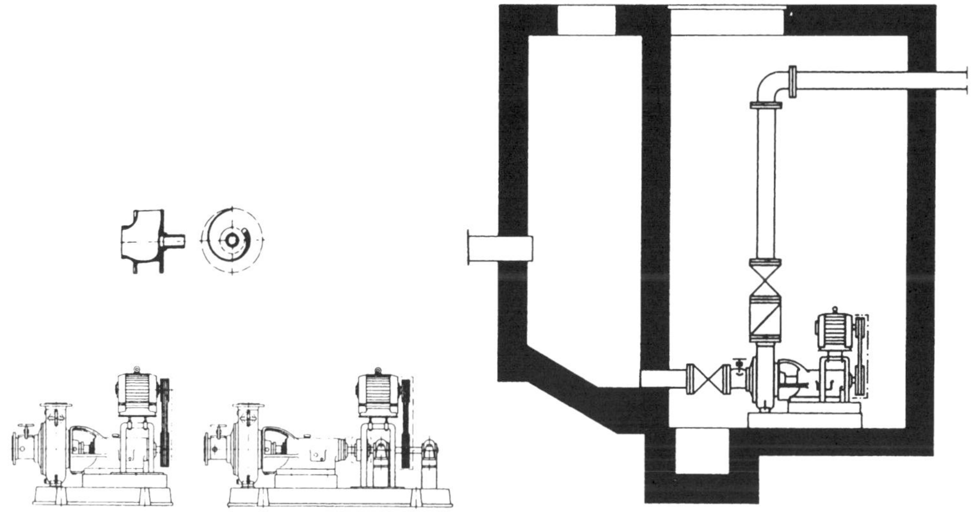

Fig. 6-38. *Bombas e instalaciones (KRK).*

KRM (Ex)

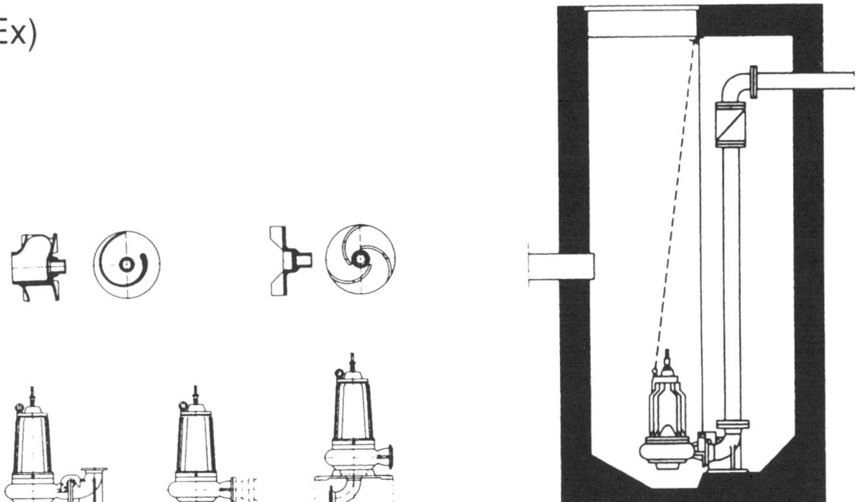

Fig. 6-39. *Bombas e instalaciones (KRM).*

KWP

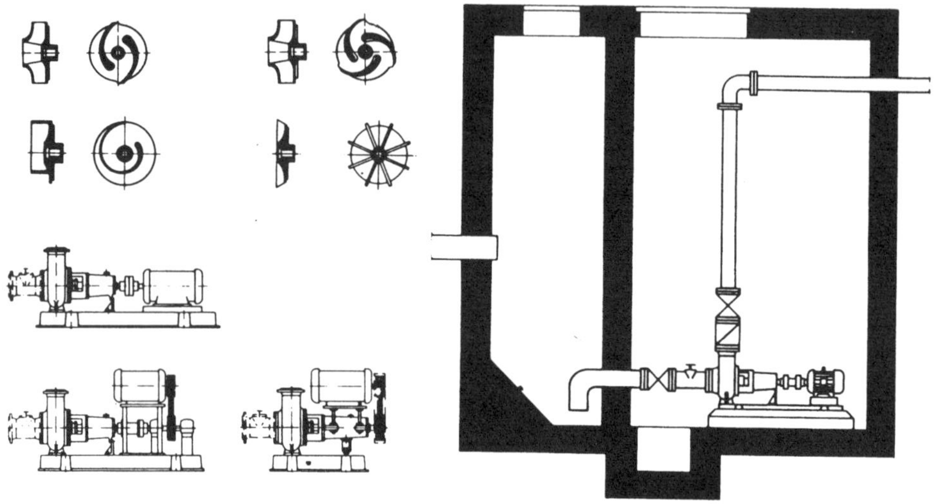

Fig. 6-40. *Bombas e instalaciones (KWP).*

KVP

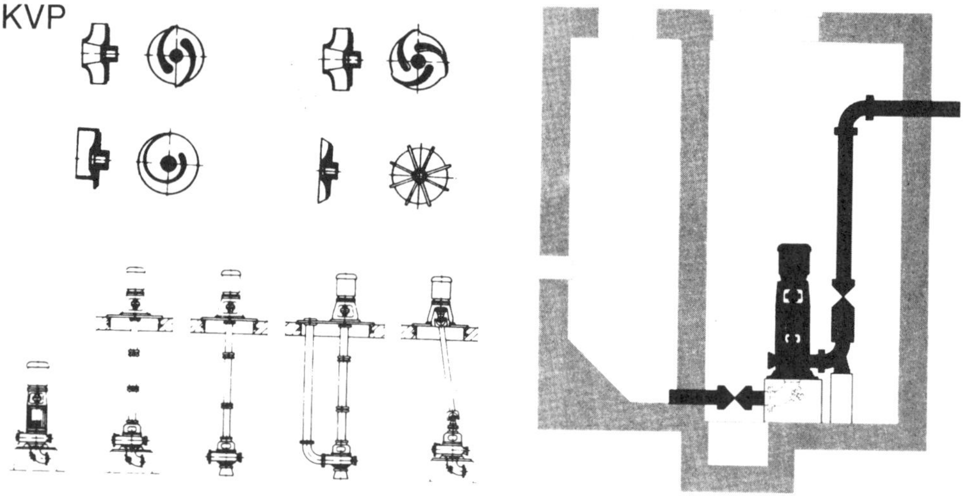

Fig. 6-41. *Bombas e instalaciones (KVP).*

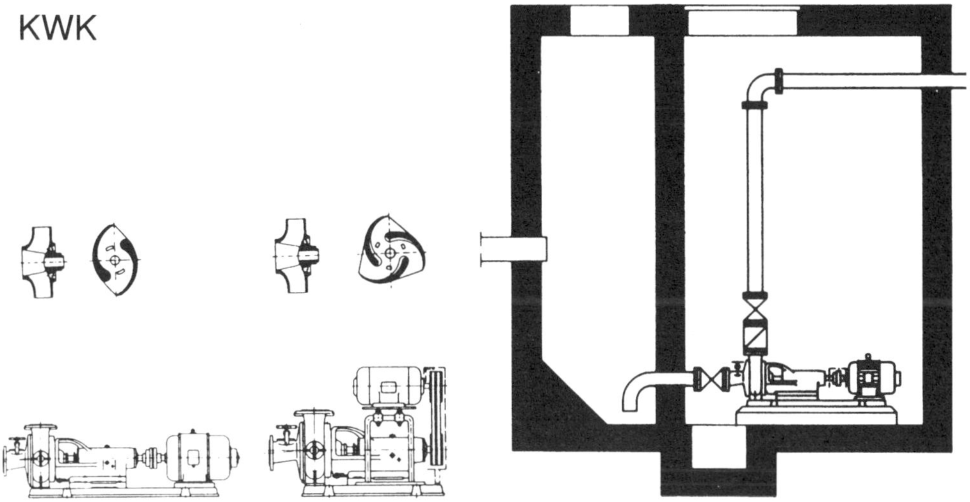

Fig. 6-42. *Bombas e instalaciones (KWK).*

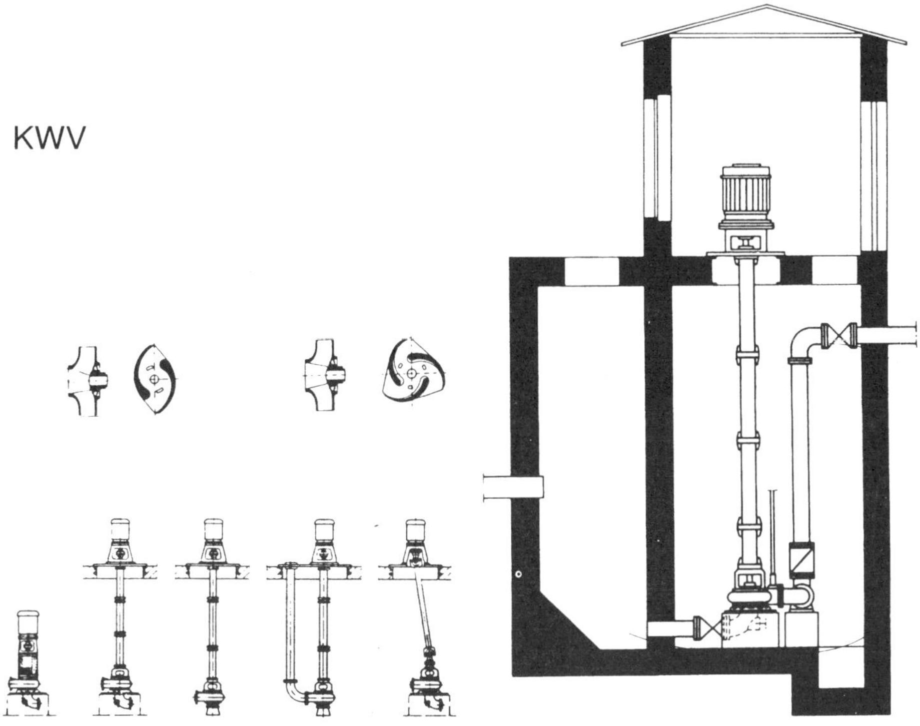

Fig. 6-43. *Bombas e instalaciones (KWV).*

KVM

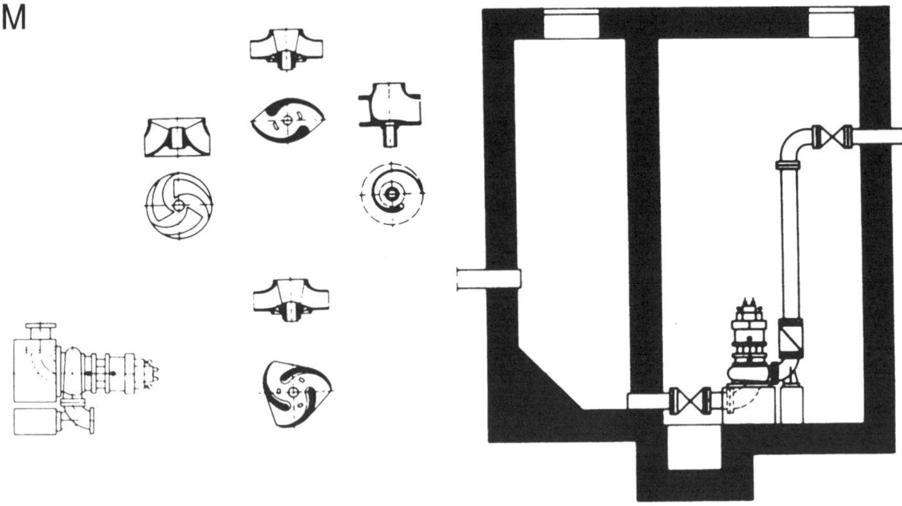

Fig. 6-44. *Bombas e instalaciones (KVM).*

EKWV

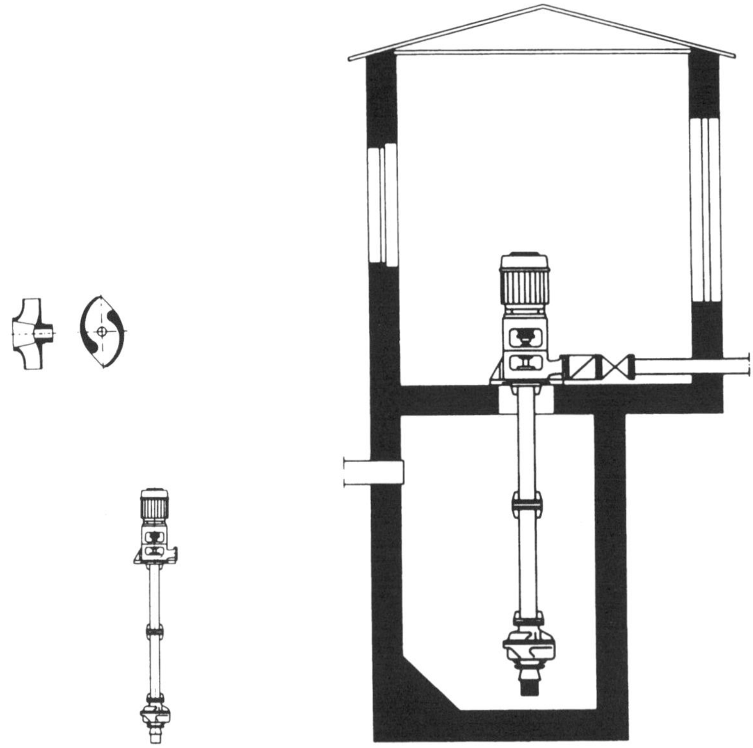

Fig. 6-45. *Bombas e instalaciones (EKWV).*

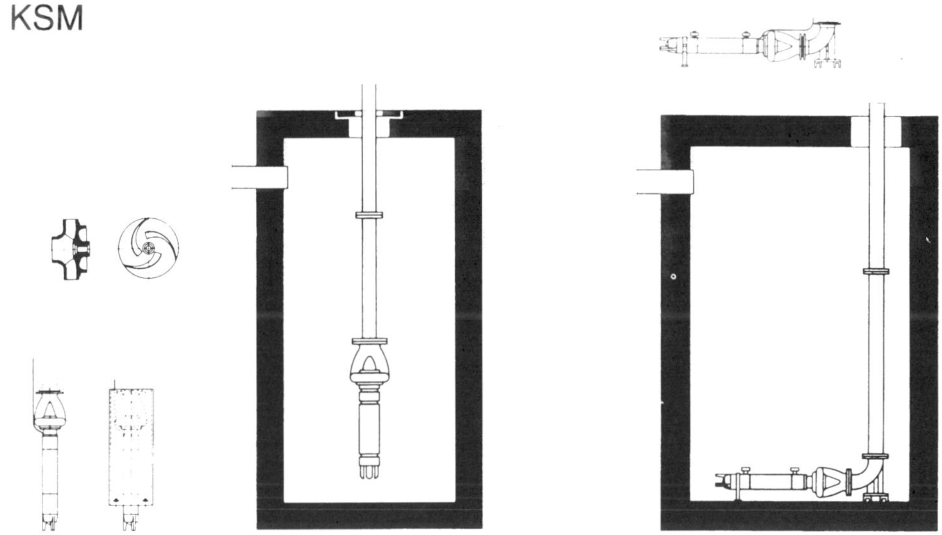

Fig. 6-46. *Bombas e instalaciones (KSM).*

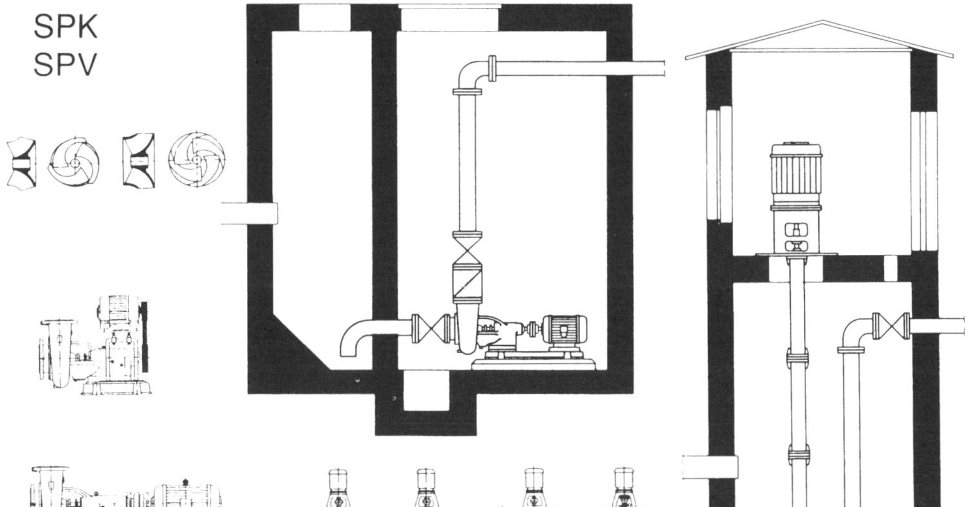

Fig. 6-47. *Bombas e instalaciones (SPK, SPV).*

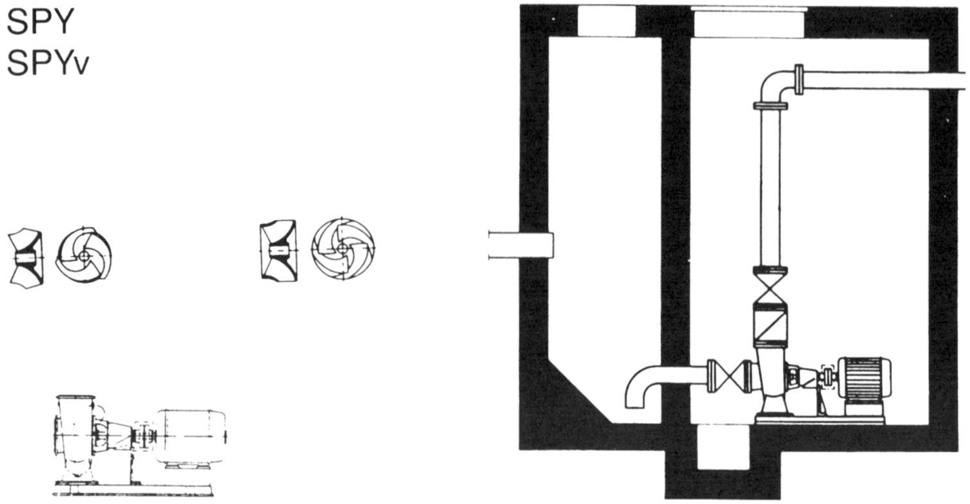

Fig. 6-48. *Bombas e instalaciones (SPY, SPYv).*

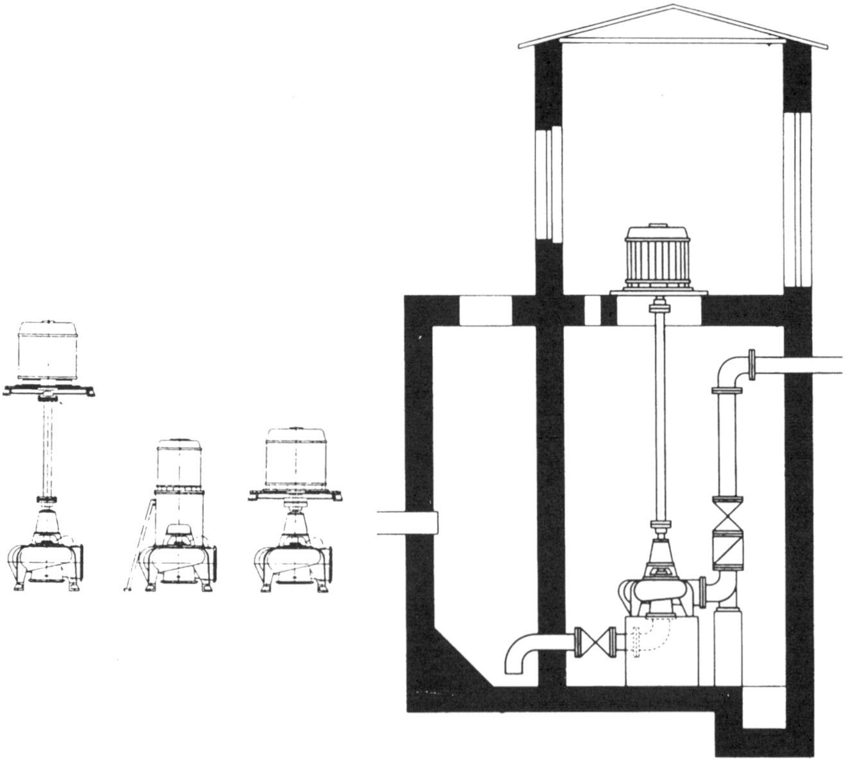

Fig. 6-49. *Bombas e instalaciones.*

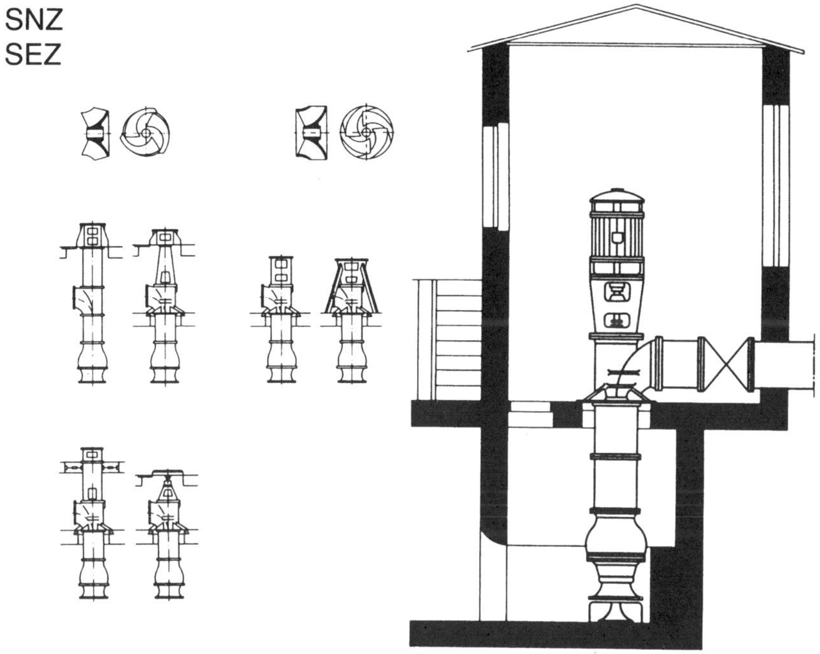

Fig. 6-50. *Bombas e instalaciones (SNZ, SEZ).*

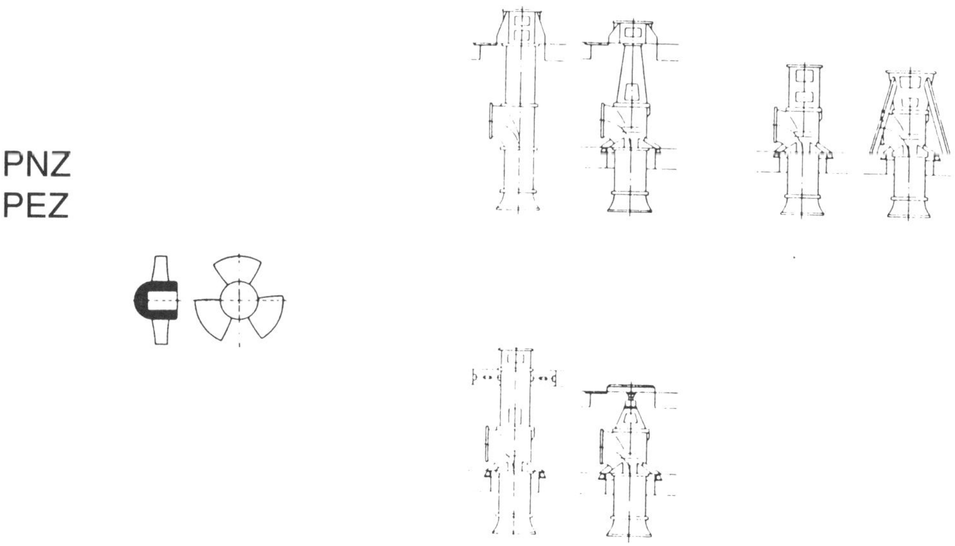

Fig. 6-51. *Bombas e instalaciones (PNZ, PEZ).*

ROTEX

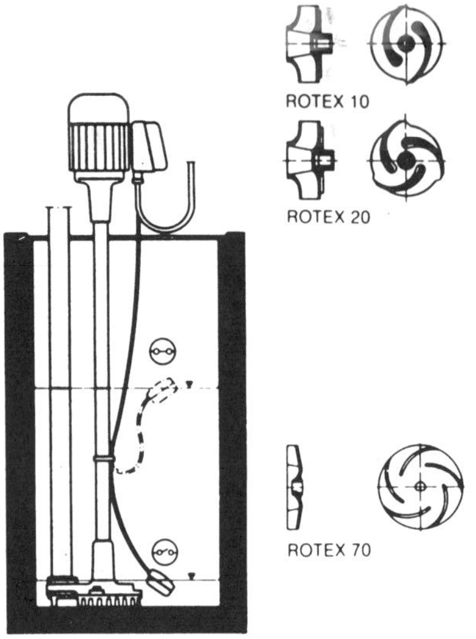

TURBO–DRAINER

Fig. 6-52. *Bombas e instalaciones (ROTEX).*

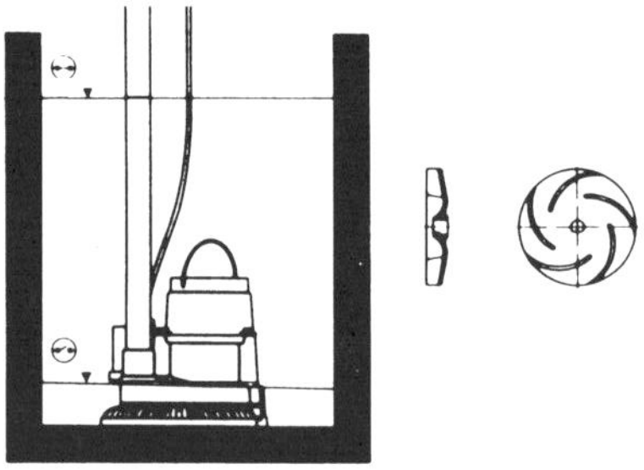

Fig. 6-53. *Bombas e instalaciones (TURBO-DRAINER).*

COMPACTA

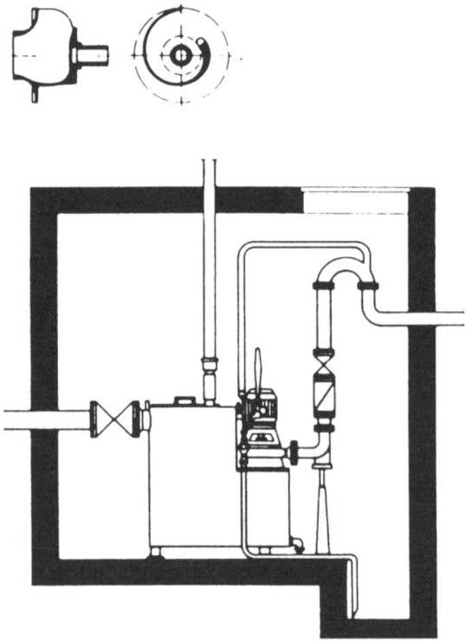

Fig. 6-54. *Bombas e instalaciones (COMPACTA).*

7. OTROS TIPOS DE BOMBAS

7.1. BOMBAS DE TORNILLOS DE ARQUIMEDES

7.1.1. Origen, aplicación y ventajas

En el siglo III a.C., el matemático y físico ARQUIMEDES inventó un artilugio consistente en un tubo enrollado en espiral sobre un eje inclinado para elevar aguas. (Fig. 6-55).

Fig. 6-55. *Artilugio de Arquímedes.*

Se sabe que los romanos utilizaron dicha máquina de elevación de aguas en las minas de oro en España. (Fig. 6-56).

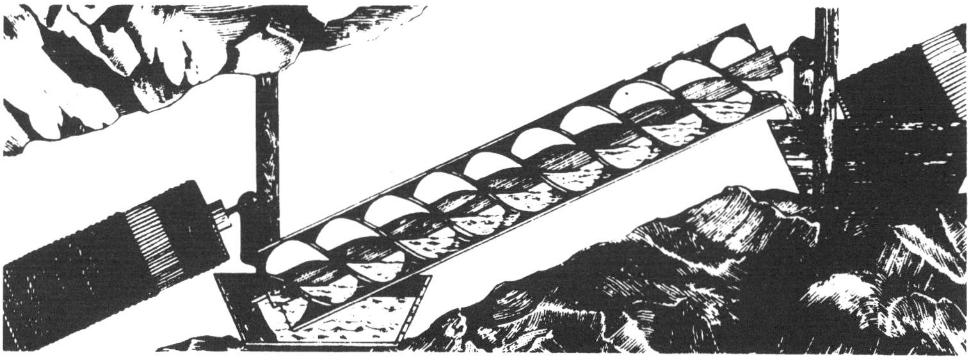

Fig. 6-56. *Máquina elevadora de aguas tipo tornillo.*

Y hoy en día se sigue utilizando el "tornillo de Arquímedes" para elevar aguas cargadas de elementos sólidos. Este sistema tiene la ventaja de elevar con un motor de velocidad constante el caudal de agua que llegue al depósito de entrada, desde cero hasta su capacidad máxima.

Su aplicación actual está en:

- Elevación de aguas residuales en colectores.
- Elevación de aguas en entrada y salida de las depuradoras.
- Retorno de lodo decantado al reactor biológico.
- Elevación de aguas de escorrentía.
- Introducir en las estaciones de tratamiento y depuración un caudal constante, tomando de un depósito de regulación.

Las ventajas de este tipo de elevación son:

a) No precisan rejillas o elementos de desbaste previos.

b) No requieren un pozo de toma amplio y profundo.

c) Tiene un rendimiento alto del 33% al 70%.

d) Funcionan a velocidades relativamente bajas 20 a 120 r.p.m., reduciéndose considerablemente el fenómeno de abrasión.

e) No precisa regulación ante oscilaciones de caudal.

f) No rompe los fangos activos.

7.1.2. Tornillos de Arquímedes actuales normalizados

Existen tornillos de Arquímedes normalizados desde 30 cm hasta 450 cm para elevar caudales de 7 hasta 7.500 l/seg., con alturas de elevación entre 1,80 m y 10,00 m. El ángulo normal de elevación se sitúa entre 30° y 38°.

7.1.3. Selección de una bomba de tornillo de Arquímedes

En la fig. 6-58 aparecen designados los principales elementos del tornillo de Arquímedes.

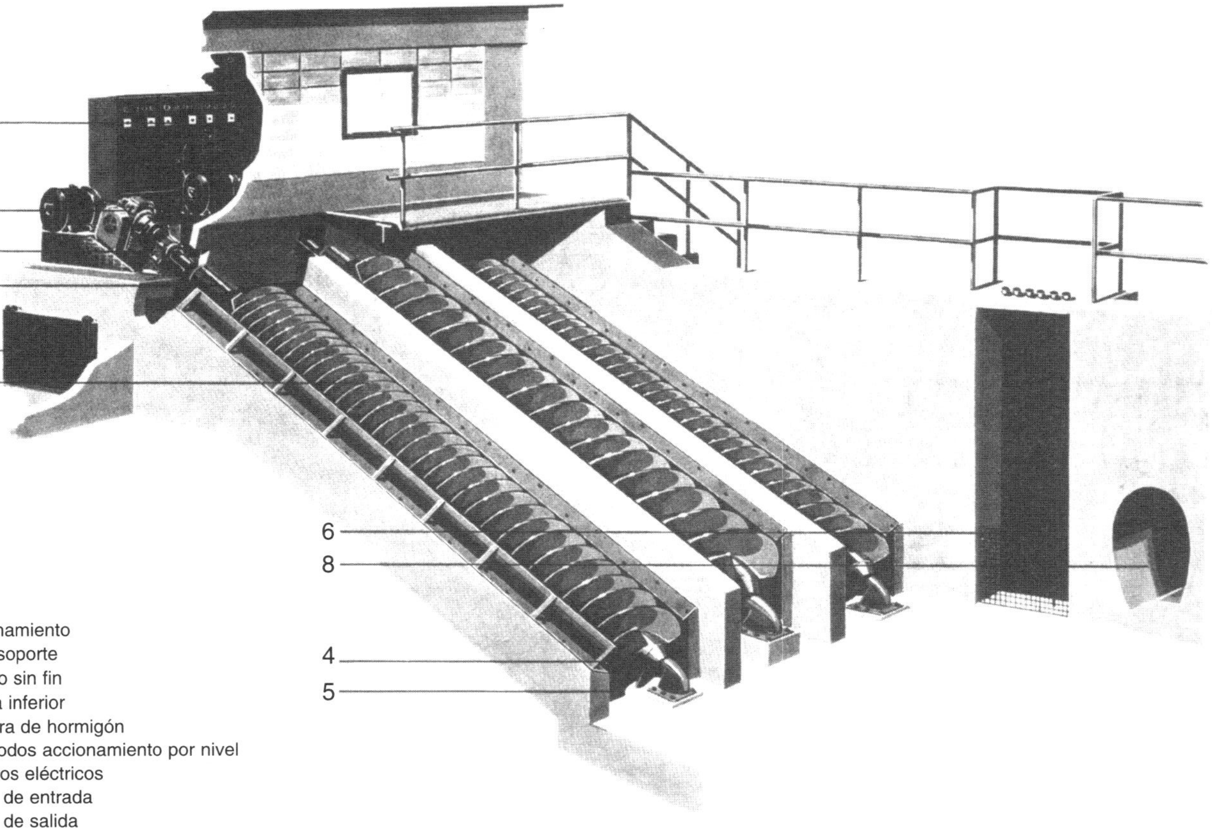

Fig. 6-57. *Instalación completa con tornillos de Arquímedes.*

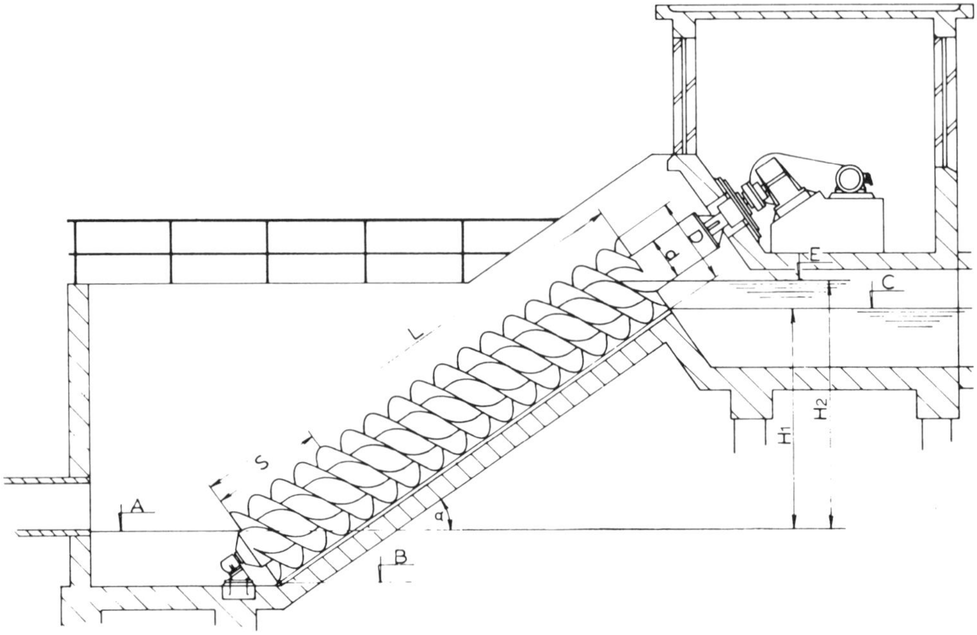

Fig. 6-58. *Definición de los elementos principales de un tornillo de Arquímedes.*

A = Máxima cota de llenado en depósito de entrada.

B = Cota de solera del depósito de entrada.

C = Cota de nivel del vertedero superior.

E = Máximo nivel de descarga.

a = Angulo de elevación.

D = Diámetro del tornillo.

d = Diámetro del tubo soporte.

L = Longitud de las hojas del tornillo.

S = Paso de la hélice.

H_1 = Altura del vertedero.

H_2 = Máxima elevación.

7.1.4. Cálculo de la longitud de las hojas

En resumen pueden concretarse estos datos en la tabla 6-7.

Descarga libre	a	d/D	A elevación máxima
L = 2,67 H_1 + 1,73D		0,4	L = 2,67 H. max. + 0,77D
L = 2,67 H_1 + 1,85D	22°	0,5	L = 2,67 H. max. + 0,79D
L = 2,67 H_1 + 1,98D		0,6	L = 2,67 H. max. + 0,83D
L = 2,28 H_1 + 1,44D		0,4	L = 2,28 H. max. + 0,77D
L = 2,28 H_1 + 1,54D	26°	0,5	L = 2,28 H. max. + 0,79D
L = 2,28 H_1 + 1,64D		0,6	L = 2,28 H. max. + 0,82D
L = 2,00 H_1 + 1,21D		0,4	L = 2,00 H. max. + 0,61D
L = 2,00 H_1 + 1,30D	30°	0,5	L = 2,00 H. max. + 0,70D
L = 2,00 H_1 + 1,38D		0,6	L = 2,00 H. max. + 0,78D
L = 1,74 H_1 + 1,00D		0,4	L = 1,74 H. max. + 0,48D
L = 1,74 H_1 + 1,07D	35°	0,5	L = 1,74 H. max. + 0,55D
L = 1,74 H_1 + 1,14D		0,6	L = 1,74 H. max. + 0,62D

Tabla 6-7. Características del tornillo

7.1.5. Capacidad del tornillo de Arquímedes

La capacidad del tornillo depende de: Diámetro del tornillo, velocidad, número de hélices montadas, ángulo de inclinación, relación del diámetro del tubo soporte al diámetro del tornillo, separación entre el tornillo y el canal, y altura del nivel de agua en la cámara de entrada.

En el gráfico siguiente puede determinarse el caudal en m^3/min., para tornillos de tres hélices. (Fig. 6-59).

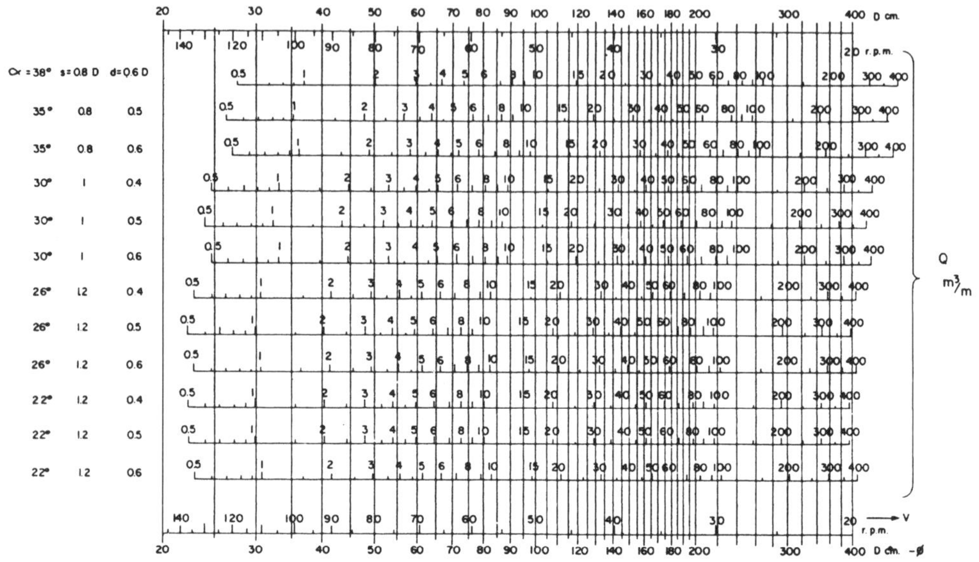

Fig. 6-59. *Gráfico para determinación de caudales.*

La velocidad óptima de los tornillos puede fijarse por el gráfico siguiente. (Fig. 6-60).

El número de hojas de la hélice puede ser simple, doble o triple. En las simples el paso es igual al diámetro. Una hoja simple tiene una capacidad del 64% en relación con la triple, y una doble el 80% de capacidad de caudal frente a la triple.

La capacidad de un tornillo varía con la pendiente. Puede estimarse que disminuye en un 3% por cada grado en que se aumente la pendiente.

La relación óptima r = d/D puede fijarse entre 0,45 y 0,55, admitiéndose hasta valores entre 0,4 y 0,6.

La separación óptima entre tornillo y canal de asiento puede fijarse por la fórmula:

$$S_1 = 0{,}0445 \sqrt{D}$$

Siendo:

S_1 = Separación en cm.

D = Diámetro del tornillo en cm.

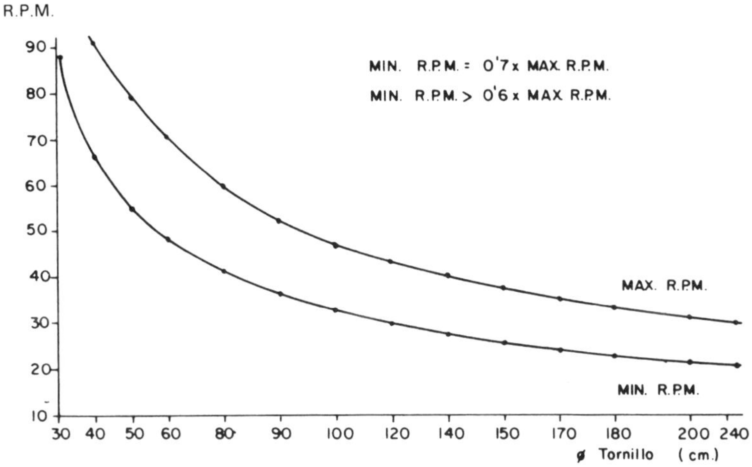

Fig. 6-60. *Velocidad óptima de los tornillos.*

Debe cuidarse al máximo la construcción de recepción del canal para el tornillo, ilustrándose los detalles precisos en la figura siguiente. (Fig. 6-61).

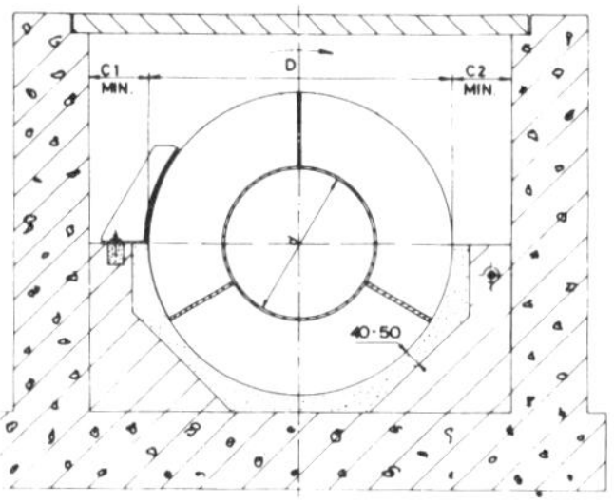

D	C1	C2
0.20 - 0.80 m	150 mm	50 mm
0.85 - 1.50 m	200 mm	100 mm
1.60 - 2.00 m	250 mm	150 mm
2.10 - 2.50 m	300 mm	150 mm
2.60 - 4.00 m	400 mm	150 mm
4.10 - 5.00 m	450 mm	150 mm

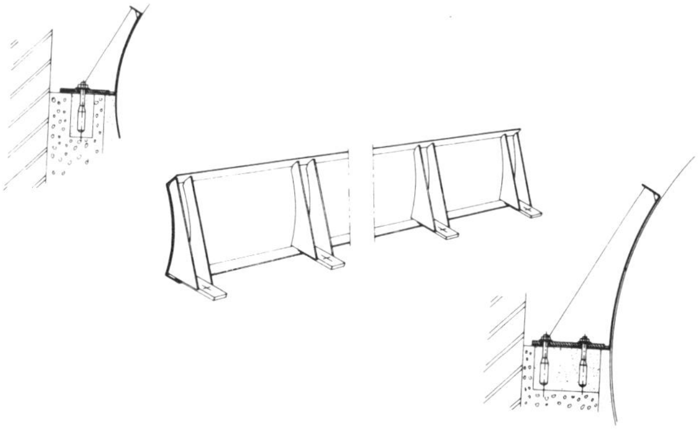

Fig. 6-61. *Detalles constructivos.*

Por último el nivel del líquido en la cámara de entrada se relaciona con el caudal y rendimiento de acuerdo con el gráfico que se adjunta a continuación. (Fig. 6-62).

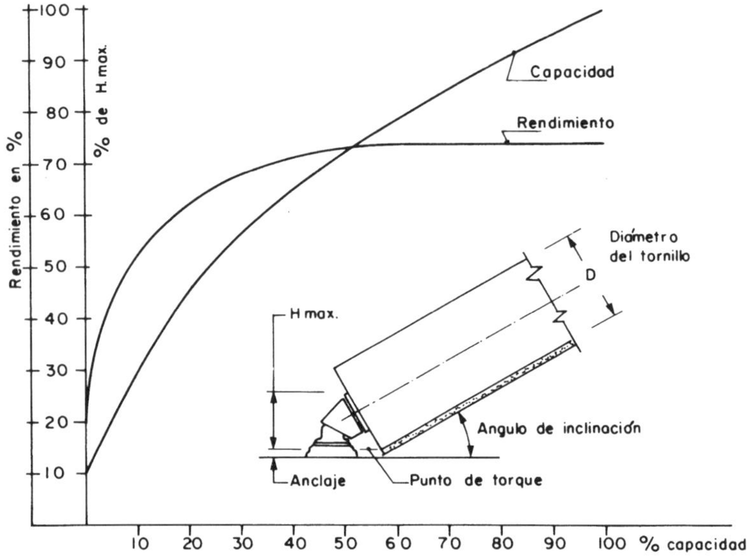

Fig. 6-62.

Como resumen de lo anterior se adjunta un cuadro resumen de un fabricante de tornillo de Arquímedes, expresado en unidades inglesas. (Tabla 6-8).

Diám. del tornillo	Diám. del tubo soporte	MAX. RPM	Pendiente 30°						Pendiente 38°					
			Capacidad MAX.			MAX. H			Capacidad MAX.			MAX. H		
			1 FL.	2 FL.	3 FL.	1	2	3		2	3		2	3
12"	6-5/8"	110	150	185	230	7'9"	7'0"	6'6"	1	135	165	1	9'9"	9'0"
16"	8-5/8"	91	290	365	455	9'3"	8'6"	8'0"		260	325		11'9"	11'0"
20"	10-3/4"	79	495	620	775	10'9"	10'0"	9'3"		440	555		13'9"	13'0"
24"	14"	70	740	925	1,160	13'3"	12'6"	11'6"		665	830		17'0"	16'0"
30"	16"	60	1,245	1,595	1,995	13'6"	12'6"	11'6"		1,140	1,425		17'3"	16'0"
36"	20"	53	1,920	2,400	3,000	15'6"	14'3"	13'3"		1,720	2,155		20'0"	18'9"
42"	24"	48	2,730	3,410	4,265	17'3"	16'0"	14'9"		2,450	3,060		22'6"	21'0"
48"	24"	44	3,875	4,845	6,055	15'9"	14'6"	13'3"		3,450	4,310		20'9"	19'3"

Tabla 6-8. Características de una marca de tornillos

Diám. del tornillo	Diám. del tubo soporte	MAX. RPM	Pendiente 30°						Pendiente 38°					
			Capacidad MAX.			MAX. H			Capacidad MAX.				MAX. H	
			1 FL.	2 FL.	3 FL.	1	2	3		2	3		2	3
54"	30"	41	5,000	6,260	7,840	18'9"	17'3"	16'0"		4,500	5,650		24'9"	23'0"
60"	30"	38	6,545	8,180	10,225	17'6"	16'0"	14'9"		5,810	7,260		23'0"	21'3"
66"	36"	36	8,050	10,065	12,580	20'0"	18'6"	17'0"		7,245	9,055		26'6"	24'9"
72"	36"	34	10,125	12,665	15,820	18'9"	17'3"	15'9"		8,980	11,230		25'0"	23'3"
80"	36"	31	12,075	15,095	18,870	17'6"	16'0"	14'6"		10,925	13,655		23'6"	21'9"
84"	42"	30	14,175	17,720	22,150	19'9"	18'0"	16'6"		12,575	15,720		26'9"	24'9"
90"	48"	29	16,560	20,700	25,870	22'0"	20'0"	18'6"		14,825	18,530		29'9"	27'6"
96"	48"	28	19,750	24,685	30,855	20'9"	19'0"	17'3"		17,520	21,900		28'3"	26'0"
102"	48"	27	22,455	28,070	35,090	19'9"	18'0"	16'3"		19,930	24,910		26'0"	23'9"
108"	54"	26	26,110	32,535	40,795	21'6"	19'6"	17'9"		23,165	28,955		29'6"	27'0"
114"	60"	25	29,115	36,390	45,490	23'3"	21'0"	19'3"		26,020	32,525		31,6"	29'0"
120"	60"	24	33,050	41,320	51,650	22'3"	20'0"	18'3"		29,330	36,665		30'6"	27'9"

* Una pulgada (1") = 2,54 cm. ** Un pie (1') = 0,3048 m. FL. = hojas de hélice.

Tabla 6-8. Características de una marca de tornillos (cont.)

7.2. BOMBAS DE TORNILLO EXCENTRICAS

Son válidas para la impulsión de líquidos de todo tipo de viscosidad incluso con elevado contenido de sólidos, sin destruir los sólidos. Son válidas para aguas residuales (fangos activos y lodos en digestores), así como en industrias del papel, de remolacha, azucareras, químicas, cerámicas, minería, etc. Véanse diversos tipos en figs. 6-63, 6-64 y 6-65.

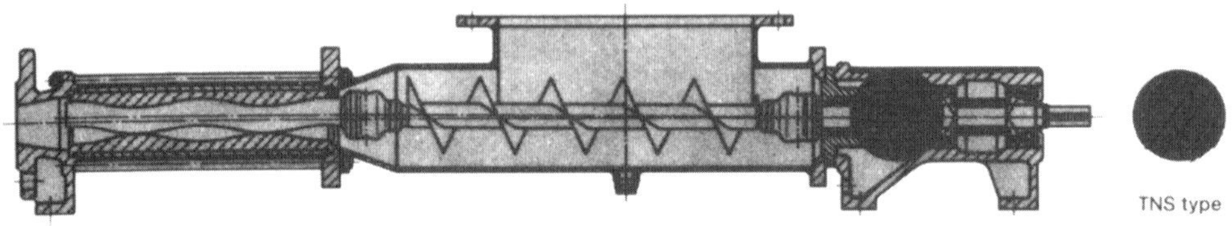

Fig. 6-63. *Tipo Seepex.*

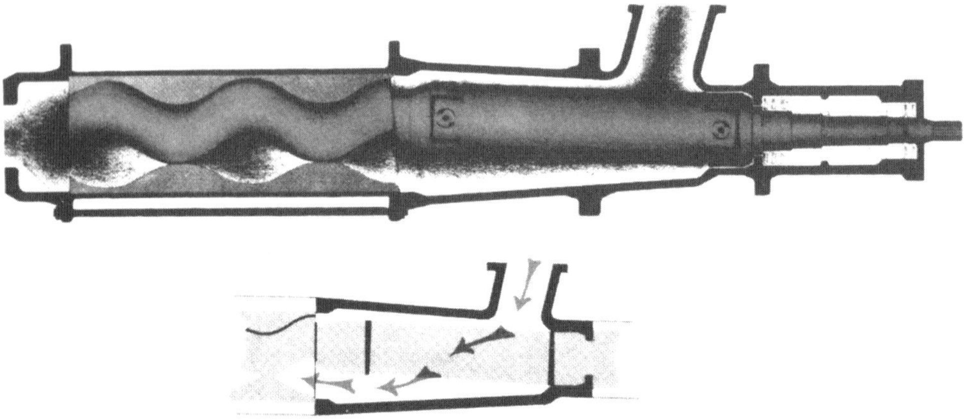

Fig. 6-64. *Tipo Wangen KG.*

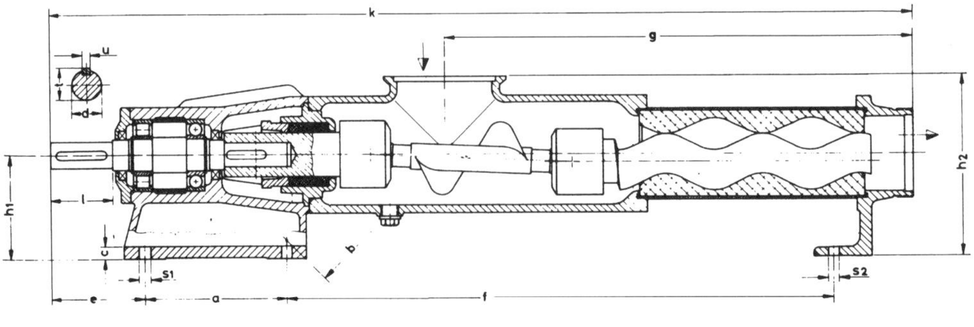

Fig. 6-65. *Tipo Klesel.*

7.3. BOMBAS DILACERADORAS

Para pequeñas instalaciones puede ser conveniente, para simplificar el pretratamiento, incorporar bombas trituradoras que garanticen un tamaño suficiente para evitar su sedimentación en los reactores biológicos, o bien para permitir vertidos directos al mar.

Casi todos los fabricantes de bombas producen este tipo de bombas. Antes de su empleo piénsese que no es rentable dividir las partículas sólidas, cuando después el proceso de depuración pretende lo contrario, concentrarlas.

7.4. BOMBAS DOSIFICADORAS

Las características fundamentales a considerar son:

- Inalterable a la acción del producto a dosificar.
- Precisión en la dosificación.

El sistema más preciso se basa en un sistema de émbolo, determinándose las cargas mediante el volumen de embolada de cada carrera del émbolo y del número de carreras predeterminado en el mecanismo contador.

Una vez ajustado el volumen de embolada, en el dispositivo de ajuste de la longitud de la máquina dosificadora, el volumen de carga se determina ajustando el dispositivo contador. La repetición de la carga prefijada se efectúa mediante la opresión de un pulsador, pudiendo continuarse de esta forma a voluntad.

Las cargas ajustadas permanecen constantes, en tanto no se ajuste otro volumen de carga en el mecanismo contador.

Los errores debidos al personal de servicio quedan prácticamente eliminados.

7.5. DISPOSITIVOS ELEVADORES POR AIRE COMPRIMIDO

Aunque estos aparatos no son realmente bombas, sí constituyen valiosísimos dispositivos de elevación de agua, que tienen además la ventaja de no tener elementos móviles, lo que les confiere una notable fiabilidad.

7.5.1. Eyectores

Los eyectores son aparatos que funcionan por aire comprimido, que puede ser producido:

- En una estación central y transmitido por tuberías a los puestos urbanos de elevación.
- En compresores instalados en cada puesto de bombeo.

El efluente entra por gravedad, normalmente en conducción rodada en el depósito. En la tubería de admisión se sitúa una válvula que impide el retroceso.

El eyector se va llenando gradualmente hasta llegar a la parte baja de la campana superior, y al continuar elevándose comprime el aire encerrado en ella.

Se acciona entonces una válvula automática de paso al eyector del aire comprimido. Este aire expulsa el líquido por el fondo, pasando a la tubería de evacuación, en la que otra válvula impide su retroceso.

El eyector funciona en ciclo de tres tiempos, según se indica en la fig. 6-66.

El vaciado del eyector se verifica hasta el vaciado del depósito del mismo del líquido que intercepta la entrada del aire comprimido, y pone al eyector en comunicación con la atmósfera, expulsando así el aire contenido en su interior.

Cada estación elevadora ha de tener dos eyectores que funcionan alternativamente, gracias a una válvula, que mientras deja paso al aire comprimido, para uno, pone el otro en comunicación con la atmósfera. Con ello se consigue un movimiento continuo del líquido y una mayor regularidad en el consumo de energía.

El eyector suele ser de fundición, estando revestido interiormente con una composición inatacable por el efluente.

El único riesgo de deterioro reside en las válvulas, pues en el resto del aparato no hay órganos móviles que puedan deteriorarse, siendo el aire el que empuja al agua.

Todas las substancias que contiene el agua residual pasan perfectamente por los eyectores.

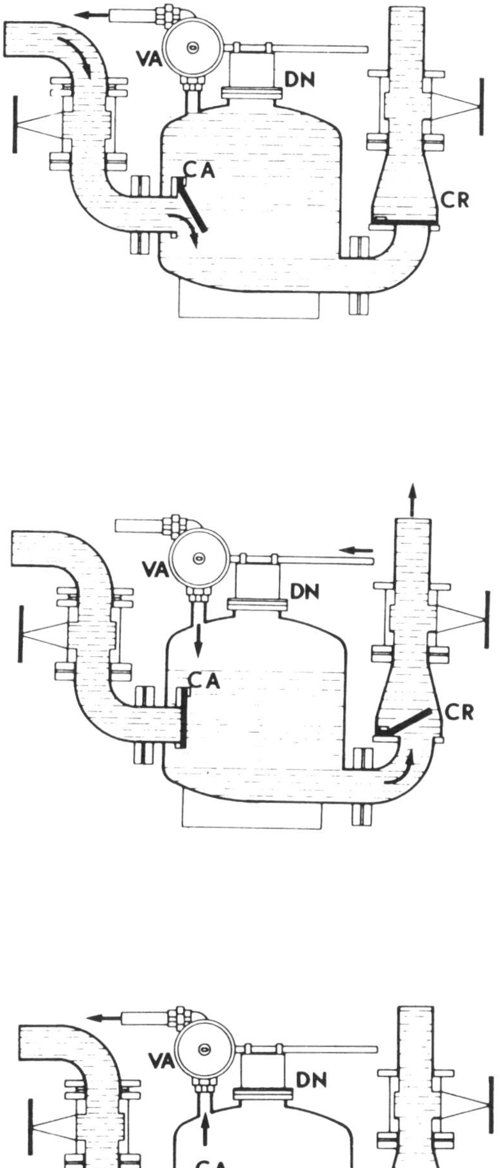

Fig. 6-66. *Tiempos de un eyector.*

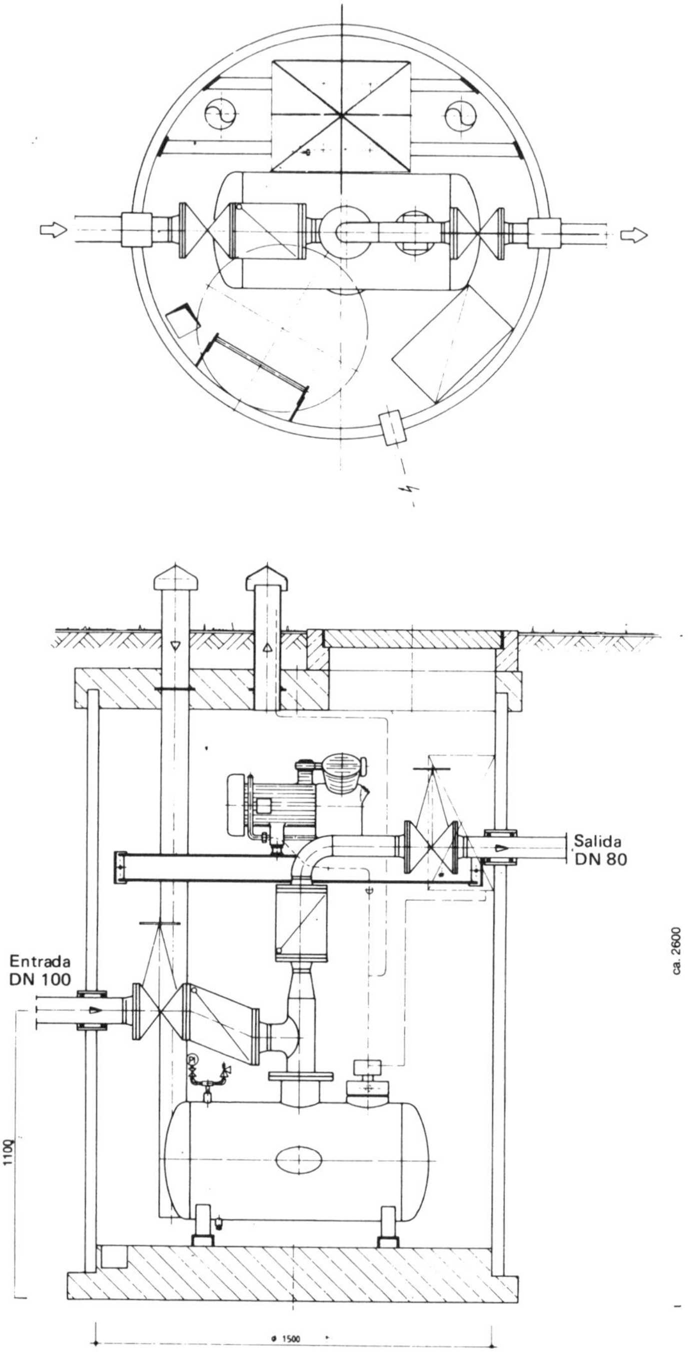

Fig. 6-67. *Grupo Hidroneumático sistema "Gulliver".*

7.5.2. Bomba de aire "Air Lift" y "Mammut"

Esta bomba conocida en la literatura como "Air Lift" o bomba Mammut, es un sistema utilizado en las estaciones depuradoras para vaciar tanques y extraer aguas o lodos, siempre que la incorporación complementaria de aire ofrezca ventajas suplementarias.

7.5.2.1. Bombas "Air Lift"

Consiste la bomba en dos tubos verticales, uno por donde se introduce aire y otro por el que asciende rebajando la densidad del agua en la parte inferior, haciendo que el líquido que rodea entre el tubo y ascienda. El rendimiento de esta bomba puede ser del 50%.

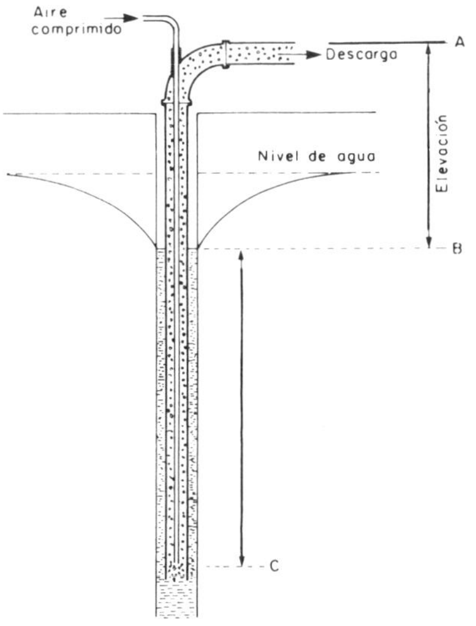

Fig. 6-68. *"Air Lift".*

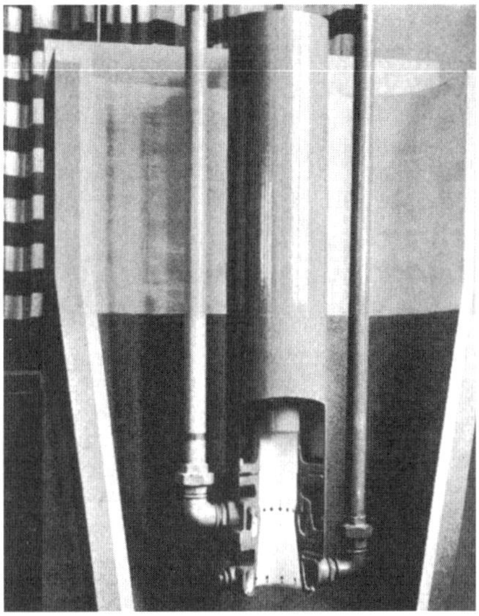

Fig. 6-69. *Air Lift tipo Passavant.*

Las condiciones a cumplir son:

BC = AC x 0,60

BC = AB x 1,50

AC = AB x 2,50

$$\frac{\text{Volumen de aire comprimido}}{\text{Volumen de agua elevada}} = 6{,}4$$

La relación de diámetros puede extraerse de la tabla 6-9.

Caudal bombeo (m^3/h)	**Diámetro tubo elevación agua (mm)**	**Diámetro tubo aire (mm)**
6-12	60	20
12-20	90	30
20-30	100	40
30-50	125	40
50-90	150	50
90-170	200	65
170-220	250	65

Tabla 6-9. Diámetros en un Air Lift

Para determinar el volumen al aire preciso, para elevar lodos con un "Air Lift" de tubos concéntricos, puede utilizarse el siguiente gráfico. (Fig. 6-70).

La fórmula utilizada para determinar el volumen de aire preciso es:

$$V_a = \frac{h}{C \log [(H + 10{,}4) / 10{,}4]}$$

V_a= Volumen de aire (m^3 N/m^3)

h = Altura total de elevación en (m)

H = Submergencia en funcionamiento en (m)

C = Constante según la tabla 6.10

Elevación (m)	**C**	**Submergencia requerida** $\frac{\textbf{Submergencia}}{\textbf{Elevación}}$
1'5	10'2	2'5
2'0	9'7	2'2
2'5	9'7	2'0
3'0	9'6	1'8
4'0	9'4	1'6
5'0	9'2	1'4
6'0	9'0	1'3
7'5	9'0	1'2
10'0	9'0	1'1

Tabla 6-10. Valores de C, y submergencia

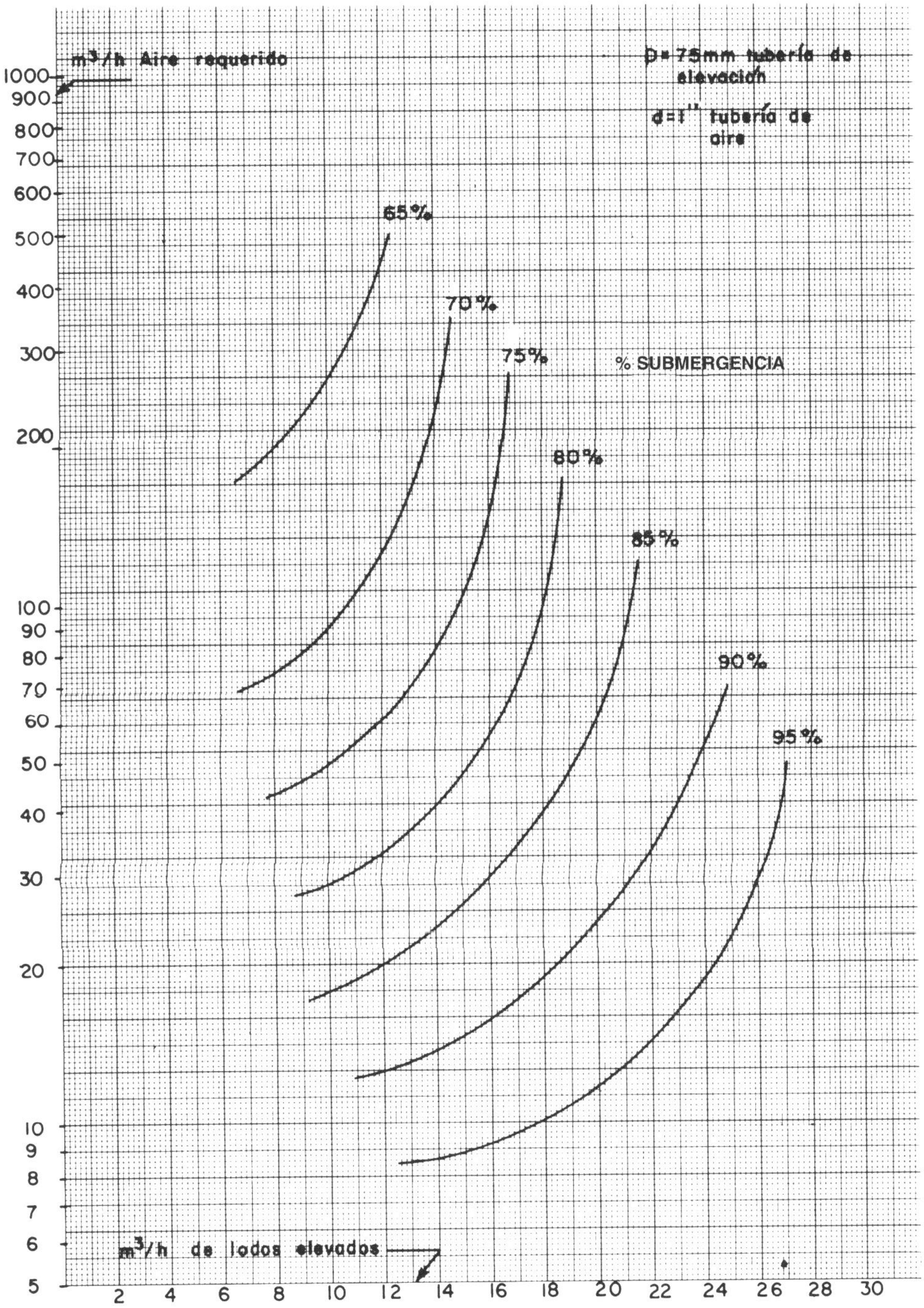

Fig. 6-70. *Gráfico para el cálculo de air-lifts.*

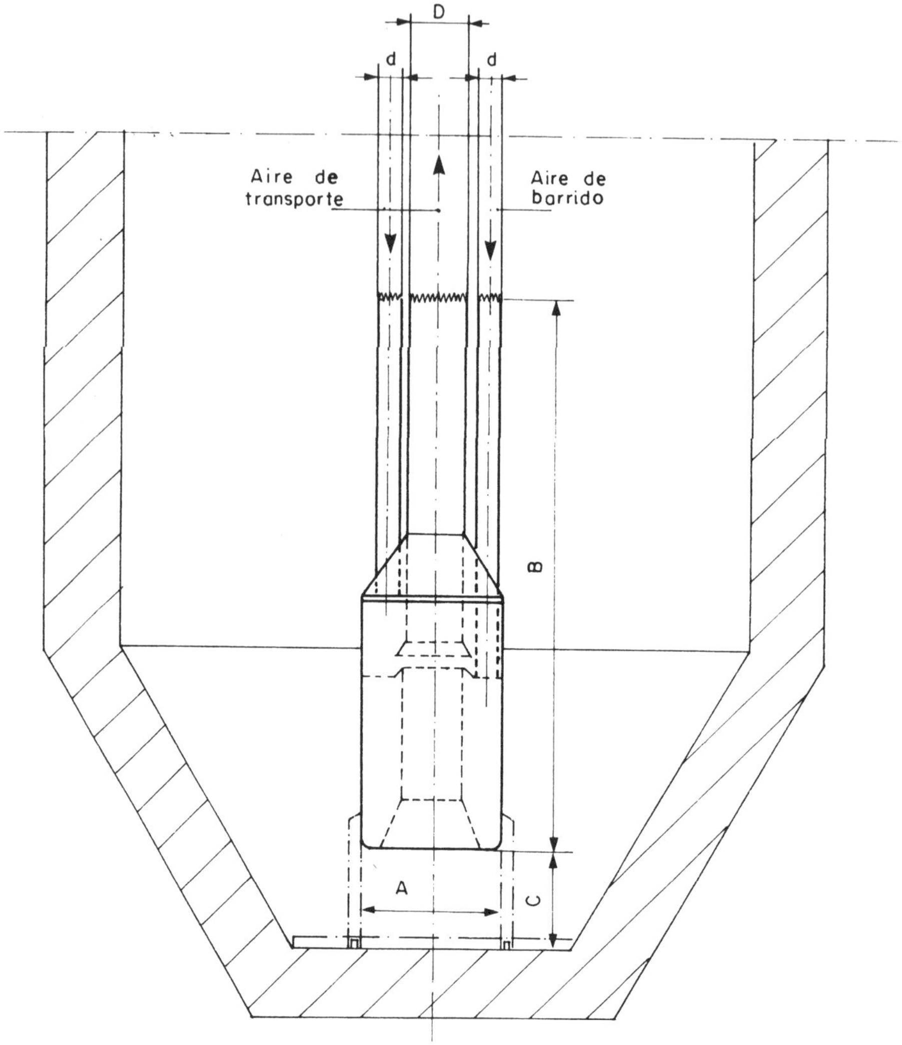

Tamaño	NW 100m	NW 150	NW 200	NW 250
ø impulsión D mm	108 x 100,5	159 x 150	216 x 204	267 x 253
ø conductos Aire mm	44,5 x 39,5	76 x 70	89 x 82,5	108 x 100,5
Boca Aspiración ø A mm	290	420	490	580
Submergencia B mm	1200	1400	1600	1800
Distancia al fondo C mm	250	300	350	400

Fig. 6-71. *Bombas "Mammut".*

El aire debe suministrarse a una presión de 10 KN/m^2 por metro de profundidad de submergencia.

La forma de instalación y modelos comercializados por "Bombas Mammut" pueden verse en la figura y tabla anteriores. (Fig. 6-71).

8. PROTECCIONES EN LAS BOMBAS

Es muy importante también, a la hora de elegir una bomba de aguas residuales, tener en cuenta las protecciones térmicas de las mismas, ya que agentes externos ajenos totalmente a las estaciones de bombeo, tales como ratas, cambio de fase en las centrales eléctricas, atrancos, etc., pueden dar lugar a averías electro-mecánicas innecesarias.

Como protección fundamental, deben llevar los estatores de los motores de las bombas unas sondas térmicas, en serie con el relé de sobreintensidad del cuadro eléctrico exterior, para poder detectar cualquier calentamiento, que por varias causas se pueden producir, y así evitar deterioros en el barniz del estator y la quemadura del motor.

Como segunda protección se utiliza un relé antihumedad en la parte superior de la bomba y en su interior, colocado en serie con las sondas térmicas y relé de sobreintensidad del cuadro eléctrico, para evitar cualquier deterioro o quemadura del motor por infiltración de agua que, por causas ajenas a la bomba se pueden producir. El caso más usual radica en la acción de las ratas sobre el caucho, que pueden dejar partes de la bomba totalmente descubiertas.

Como tercera protección se da un baño de barniz para evitar humedades y calentamiento.

Finalmente, y para evitar vibraciones de las bombas sumergibles, las zonas de acoplamiento a las tuberías de impulsión deben de llevar consigo una junta de goma con alma de acero, para así realizar una junta estanca y perfecta, evitando posibles desprendimientos de las bombas de sus zócalos.

9. POTENCIAS Y RENDIMIENTOS

Se dan las siguientes definiciones:

Potencia útil de la bomba, Pu, potencia correspondiente al trabajo realizado por la bomba. Representando por Q el caudal bombeado en m^3/s y por H la carga total en metros, será con γ expresado en Kg/m^3;

$$P_u = \gamma Q\ H\ Kg\ .\ m/s = \frac{\gamma QH}{75}\ CV$$

Rendimiento de la bomba, $\eta = \frac{P_u}{P_a}$ relación entre la potencia útil y la potencia absorbida.

Será entonces:

$$Pa = \frac{\gamma QH}{\eta 75}\ C.V = 0{,}736\ \frac{\gamma QH}{\eta 75}\ Kw$$

De un modo análogo se definirá la potencia útil del motor P' u potencia absorbida por el motor P'a y rendimiento del motor η'. En el caso de transmisión rígida será Pa = P'u. En el caso de transmisión por correa estará representado por η'' el rendimiento de la transmisión: $Pa = \eta''\ P'_u$.

A título de ejemplo se dan los siguientes valores para rendimientos de bombas centrífugas, que ya se pueden considerar buenos.

Características	**Baja presión**		**Alta presión**			**Grandes Caudales**		
Q: (l/s)	3	25	2	25	100	150	1000	2000
η	0,56	0,78	0,53	0,81	0,84	0,86	0,90	0,92

El rendimiento es, no obstante, bastante inferior para líquidos de gran viscosidad o incluso moderada. En estos casos se advierte un aumento de potencia absorbida, una reducción en la carga, y alguna reducción en el caudal.

10. INSTALACION ELECTRICA

10.1. POTENCIA

Las bombas hasta 3 Kw sólo se suministran para arranque directo, y a partir de 4 Kw en adelante para arranque directo o estrella-triángulo.

10.2. CUADRO ELECTRICO

Al elegir el emplazamiento del cuadro eléctrico se debe tener en cuenta lo siguiente:

- Los relés requieren calentamiento adicional cuando la temperatura exterior es inferior a 5 ° C.
- La superficie de la instalación debe ser vertical y exenta de vibraciones.
- Debe preservarse de ambientes húmedos y de zonas inundables.

10.3. REGULADORES DE NIVEL

Cuando se instalen reguladores de nivel, es necesario cerciorarse de que los mismos no están entorpecidos en su movimiento por ningún obstáculo del pozo.

10.4. SENTIDO DE LA ROTACION DE LA BOMBA

Antes de poner en funcionamiento la bomba, hay que asegurarse que el sentido de rotación es correcto. Esto se debe comprobar, durante la instalación eléctrica, mediante el uso de un indicador de dirección de fase. Después de comprobar el indicador, se conecta la bomba un instante y se observa la iniciación del movimiento en la bomba. Mirando desde la parte superior del motor, debe ser contraria al sentido de giro de las agujas del reloj, o la iniciación de la dirección debe ser la indicada en la etiqueta.

No es conveniente hacer funcionar la bomba en seco. Por tanto basta observar el sentido de giro, para ver si el movimiento es el correcto, y en consecuencia proceder a su corrección, o al empleo de la bomba.

10.5. RELÉ

Una bomba está sometida a variaciones de potencia y, por tanto, debe de tener un amplio margen de sobrecargas.

Esto se consigue regulando el relé a la intensidad absorbida por el motor, cuando la bomba funciona en el punto de mayor consumo. Esta intensidad para la regulación del citado relé, debe también medirse después de unos cuantos minutos de funcionamiento, por tanto, cuando el motor se encuentre caliente.

11. PRUEBAS Y MANTENIMIENTO

11.1. PRUEBAS Y CONTROLES

Los controles y ensayos para verificar la calidad y buen funcionamiento de los grupos motobombas tendrán lugar en fábrica, y en su ubicación antes de la recepción provisional de la instalación. Serán los siguientes:

11.1.1. Pruebas hidrostáticas

La bomba, una vez tenga sus orificios obturados, será probada durante un tiempo de 30 minutos a una presión doble de la de servicio, con un mínimo de 10 Kg/cm^2.

11.1.2. Ensayos hidráulicos

La bomba será ensayada con agua a su velocidad real de marcha. Se tomarán medidas que permitan construir las curvas características y compararlas con las dadas en garantía por el constructor. Se deben verificar en particular los valores correspondientes a los puntos de funcionamiento definidos en el proyecto. Ninguna tolerancia en menos sobre las cifras garantizadas podrá ser aceptada.

11.1.3. Ensayos mecánicos

Se establecerá en el curso de estos ensayos un diagrama de vibración. La amplitud medida, a cada vuelta del palier y del árbol de la bomba, no deberá pasar de un valor límite, 0,0075 m.

En el curso de este ensayo no se observará ningún calentamiento anormal de 35 °C, por encima de la temperatura ambiente. No se tolerará incidente alguno en la marcha.

Se ensayarán los motores según las normas especializadas en estas materias.

Las pruebas a realizar en la estación permitirán verificar si la instalación funciona sin golpes ni fluctuaciones anormales. Deberá ser verificado igualmente el buen funcionamiento de los aparatos de control, así como los de puesta en marcha y parada.

11.1.4. Gasto

Se empleará un aforador venturi asociado a un manómetro diferencial. Se podrá utilizar también un tubo Pitot. Para los conductos de gran diámetro un molinete hidrométrico registrador.

11.1.5. Altura manométrica

Se medirá la presión en la aspiración y en la impulsión, colocando un manómetro de mercurio sobre cada uno de los conductos correspondientes. Para presiones más elevadas, se emplearán manómetros metálicos.

11.1.6. Potencia absorbida

Se medirá mediante métodos físicos directos, dinamómetros de torsión, o colocando un amperímetro en serie y un voltímetro en derivación.

11.1.7. Velocidad de rotación

Mediante contador de vueltas y un cronómetro.

11.1.8. Montaje

Se comprobará el montaje de los grupos motobomba, poniendo especial atención al alineamiento de los ejes respectivos de la bomba y su motor, y al dispositivo de acoplamiento de los mismos, especialmente si se trata de acoplamientos elásticos.

Si bien los grupos salen de fábrica con un perfecto alineamiento de los elementos móviles, no siempre llegan a obra en estas óptimas condiciones, y menos aún cuando quedan instalados y unidos a sus tuberías de aspiración e impulsión.

Los grupos moto-bomba deberán quedar fijados sobre un macizo de fábrica que posea suficiente inercia para impedir toda deformación. La sobreelevación mínima del macizo respecto al suelo será de 10 cm. Se colocarán dispositivos amortiguadores para evitar las vibraciones del sistema, recomendándose igualmente su instalación en bancada flotante sobre arena.

11.2. MANTENIMIENTO

Para realizar un buen mantenimiento se aconseja:

- Comprobar como mínimo una vez al año o después de 1.000 horas de trabajo el aceite, procediendo al cambio del mismo si esto fuera necesario.
- La cámara de aceite no debe estar nunca llena, dejando una holgura de un 15% para facilitar la expansión del mismo.

Si la verificación de la comprobación del aceite muestra que existe una sobrepresión, aún cuando la bomba se hubiera enfriado, pueden ocurrir dos cosas:

- Puede haberse añadido demasiado aceite cuando se ha cambiado horas antes.
- El líquido bombeado puede haberse infiltrado en la cámara de aceite a través de la junta mecánica.
- El líquido bombeado puede haber penetrado por el tornillo de inspección del aceite a la cámara del mismo.
- El líquido bombeado puede haber penetrado a través del cable eléctrico, y haber penetrado, a través del rodamiento y junta superior, en la cámara de aceite.
- Si el aceite se ha emulsionado y toma un color amarillento, se debe revisar primeramente el tornillo tórico y el tornillo de inspección de aceite de la cámara. Si están bien estas dos piezas, debe comprobarse la cámara de conexiones, y ver si hay o no humedad. En cualquier caso, detectada la avería, hay que proceder al cambio de la pieza o piezas deterioradas.

El aceite se ha de renovar después de estas reparaciones.

7

Nuevos sistemas de saneamiento

1. CALIDAD DE LAS AGUAS SUPERFICIALES

Hasta tiempos muy recientes se ha seguido contemplando las aguas de escorrentía superficial como aguas blancas, es decir aguas con escasa contaminación, y en consecuencia con posibilidad de eliminarlas directamente sobre los cauces receptores. Si el sistema era separativo, la conexión del desagüe al cauce se presuponía sin problema alguno, y si el sistema era unitario se contemplaban estos caudales como dilución de las aguas negras en los momentos de lluvia. Así con un aliviadero de dilución 1/3 o 1/5 se consideraba el problema resuelto de una forma adecuada.

Dos son las circunstancias fundamentales que llevan a modificar los criterios anteriores. En primer lugar la contaminación, que presentan las aguas de escorrentía superficial, lleva a considerar que no se trata ya de aguas blancas, que su contaminación de tipo orgánico, de metales e hidrocarburos, no es despreciable, y en consecuencia no es posible su vertido directo, cuestionando el empleo de los aliviaderos con vertido directo sobre los cauces. En segundo lugar se está convirtiendo en necesidad la reutilización de las aguas residuales de origen urbano, y entre éstas las de escorrentía superficial urbana. Las aguas de escorrentía superficial presentan menor grado de contaminación, y consecuentemente su reutilización se hace de una forma más sencilla y con menor coste.

Es un hecho que la contaminación es muy variable de unos puntos a otros, dentro de la misma ciudad, dependiendo su calidad de una serie de factores, como pueden ser:

- Aporte de la contaminación atmosférica en las distintas épocas del año.
- Tipo de uso del suelo.
- Características de la pavimentación.
- Influencia del tráfico rodado.
- Topografía de la zona.
- Condiciones meteorológicas, principalmente la frecuencia y la intensidad de las precipitaciones.
- Factores de corrección de la contaminación atmosférica.
- Limpieza viaria.
- Intervalos de tiempo entre precipitaciones y entre limpiezas viarias.

La contaminación almacenada en las superficies es arrastrada por las aguas de lluvia, o por la limpieza viaria, incorporándose al saneamiento, y llegando finalmente a la depuradora. En muchos casos la concentración de contaminación incorporada puede presentar algún tipo de problema sobre los procesos biológicos, o bien en el cauce receptor, al que llegan las aguas procedentes de los aliviaderos. Sin duda en muchos casos se hará preceptiva la implantación de sistemas correctores, que impidan estos problemas, como puede ser el empleo de depósitos de retención.

El Laboratorio de Ingeniería Sanitaria de la E.T.S. de Caminos, Canales y Puertos de Madrid, ha realizado estudios encaminados a analizar este problema, siendo destacable la tesis presentada por el Prof. E. Hontoria. Se analizaron así las aguas de escorrentía generadas por lluvia simulada, en distintas zonas, con intervalos distintos entre limpiezas. Las zonas seleccionadas consideran tipo de pavimento, pendiente, intensidad de tráfico, uso de suelo, contaminación atmosférica. Se consideraba igualmente la estacionalidad.

Como ejemplo de resultados obtenidos, pueden resumirse los siguientes datos, según aparecen en las tablas 7.1, 7.2, 7.3.

Como resumen de los estudios realizados, pueden darse algunas conclusiones de interés.

mg/l/m2*d	*	**	X 10^{-3} mg/l/m2*d	***

Zona	S.T.	S.S	D.Q.O	D.B.O	N	P	Fe	Mn	Cu	Pb	Zn	Hidroc
1	3	1	1,4	3,4	2,4	5,2	7,5	1	0,2	3,1	2,6	5,1
2	7,3	3,5	2,7	5,6	3,8	6,5	5	1	0,8	0,7	1,3	1,3
3	4,1	1,4	1,3	3	1,3	4,7	5,8	0,6	0,2	4,4	2,7	
4	7	2,6	2,1	4,6	3,8	4,3	10,5	0,9	0,4	2,2	2	
5	14,8	6,2	8,2	17,4	22,7	34,1	20,4	2	1,2	7,6	12,4	
6	7	2,8	4,3	10,6	6,8	8,9	20,3	1,5	0,3	2,5	3,8	
7	2,8	1,6	2	4,7	3,8	6,2	8,6	1	0,4	3,6	8,6	5,7
8	4,8	1,9	1,6	4,9	8,8	10,2	19,9	1	0,1	2,4	5,3	3,9
9	3,6	1,4	1,6	5,1	4,7		2,2	0,5	0,1	2,2	4,2	0,1
10	8,2	3,3	4,2	10,9	5,8	9,1	11,6	3,3	1,5	0,9	13,3	1,5
11	10	4,4	4,4	13,1	7,4	10,5	24,4	2,5	3,3	3,2	10,6	30,6

Tabla 7-1a. Cargas contaminantes en invierno, con veinte días de período seco

mg/l/m^2*d	*	**	***	****

Zona	S.T.	S.S	D.Q.O	D.B.O	N	P	Fe	Mn	Cu	Pb	Zn	Hidro
1	2	1	1,3	3,2	0,8	1,4	4	0,4	0,1	1,3	0,9	
2	4,4	2,4	2,1	4,4	0,8	0,9	4,7	0,5	0,1	0,0	0,5	
3	2,4	0,9	1,0	2,3	0,4	0,8	2,4	0,2	0,2	2,3	1,3	
4	3,4	1,3	1,8	3,9	0,6	1,2	6,7	0,2	0,1	0,3	0,4	
5	6,4	2,4	5,2	11	9,9	8	4,3	0,6	0,5	1	3	
6	4,3	1,1	2,2	5,4	0,5	1,1	5,6	0,5	0,1	0,3	1	
7	1,8	0,9	1,3	3,1	1,8	1,1	2,8	0,3	0,2	1	1,8	
8	2,3	1	1,4	4,3	2,2	1,5	7,6	0,4	0,1	0,9	0,6	
9	1,7	0,8	1,3	4,1	1,6	1,7	0,9	0,0	0,0	0,0	0,4	
10	3,1	1,3	2,7	7,0	0,4	1,5	2,5	0,5	0,3	0,6	1,5	
11	3,8	1,6	2,6	7,7	0,4	1,2	1,7	0,6	0,3	1	1,2	

Tabla 7-1b. Cargas contaminantes en invierno, con cinco días de período seco

NOTA 1. Las cifras de la tabla están expresadas en las siguientes unidades:

* 10-1 mg/l/m2 . d

** 10-2 mg/l/m2 . d

*** 10-3 mg/l m2 . d

**** µg/l/m2 . d

Nota 2. Las zonas reflejadas en la tabla responden a las siguientes características:

Zona 1. Verde, alta IMD, baja pendiente.
Zona 2. Verde, baja IMD, baja pendiente.
Zona 3. Residencial, alta IMD, baja pendiente.
Zona 4. Residencial, baja IMD, baja pendiente.
Zona 5. Casco urbano, baja IMD, baja pendiente.
Zona 6. Casco urbano, baja IMD, pendiente elevada.
Zona 7. Comercial, alta IMD, baja pendiente.
Zona 8. Comercial, baja IMD, baja pendiente.
Zona 9. Comercial, en aparcamiento.
Zona 10. Industrial, baja IMD, baja pendiente.
Zona 11. Industrial, baja IMD, pendiente elevada.

Como resumen de los estudios realizados, pueden darse algunas conclusiones de interés.

Factores de influencia	Conclusiones
Tráfico	I.M.D. de 100.000 vehículos por día generan concentraciones de plomo y zinc de 0,002 y 0,001 mg/l/d. En zonas de I.M.D. muy alta, se han llegado a detectar valores de plomo y zinc de 4,4 y 2,7 mg/l/d.
Pendiente	A mayor pendiente, menor acumulación.
Zonificación	Las zonas más contaminadas son las correspondientes a las zonas industriales y casco antiguo, siguiendo la comercial y la peatonal, con valores mínimos en las zonas verdes.
Período entre lavados de viales	Puede modelizarse con curvas exponenciales, tendentes a un valor asintótico. La carga máxima en las aguas de escorrentía, en función de la zona, de la intensidad de lluvia, y del nùmero de días de período seco, viene dada por Cmáx = S.i.d.K.a.t.$^{-b}$, donde S es la superficie de la cuenca, i es la intensidad de la lluvia en l/m^2/min, d son los días de período seco, a y b parámetros que dependen de la tipología del pavimento y del tipo de contaminante considerado. Los valores de K: 0 para t < 1 min.; 2 para 2 < t < 8 min.; 1,5 para t = 9 min.; 0,5 para t < 10 min.
Duración período seco	Las condiciones meteorológicas modifica los modelos anteriores.
Intensidad de la lluvia	La evolución de la carga contaminante acumulada es función de la intensidad de lluvia, pudiéndose ajustar mediante una recta del tipo (CR/CT) = 1 - 1,302 i; donde CR es la carga residual. CT es la carga total acumulada al comenzar la lluvia, i es la intensida de la lluvia expresada en l/m^2/min. Siempre que i > 0,02 l/m^2/min.
Estación del año	Las concentraciones observadas en primavera y verano son superiores en un 26-98% a las concentraciones de otoño-invierno.
Aporte atmosférico	En relación con los sólidos totales, la contaminación generada en suelo por una precipitación presenta puntas de hasta 5,7, referido a un período de tiempo seco de 10 días y en invierno con calefacción.

Tabla 7-2. Contaminación de la escorrentía superficial en función de factores

Los depósitos acumulados de sólidos totales en función del número de días de tiempo seco, puede quedar reflejado en la tabla 7.3. y el gráfico 7.1.

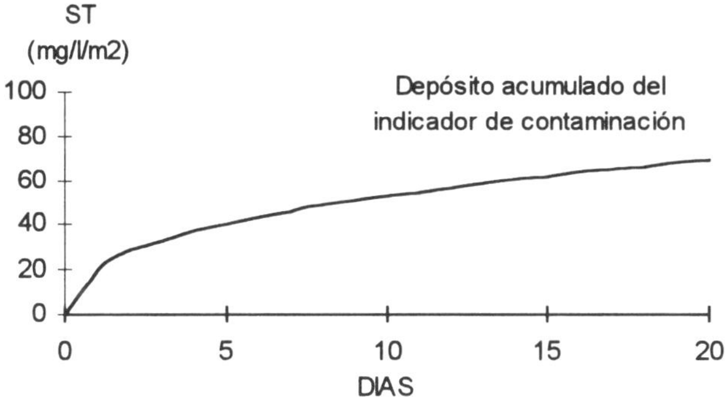

Fig. 7-1. *Acumulación de Sólidos Totales.*

Días	Depósito acumulado en días mg/l/m^2
2	28,30
3	33,11
4	37,02
5	40,36
6	43,31
7	45,97
8	48,41
9	50,67
10	52,78
11	54,77
12	56,64
13	58,43
14	60,13
15	61,76
16	63,32
17	64,82
18	66,27
19	67,68
20	69,03

Tabla 7-3. Acumulación de sólidos totales

La limpieza superficial depende de la intensidad y del tiempo de duración de la precipitación. Los ensayos realizados indican que los depósitos, en función del tiempo de lavado, evolucionan de acuerdo con las curvas que aparecen en la figura 7.2.

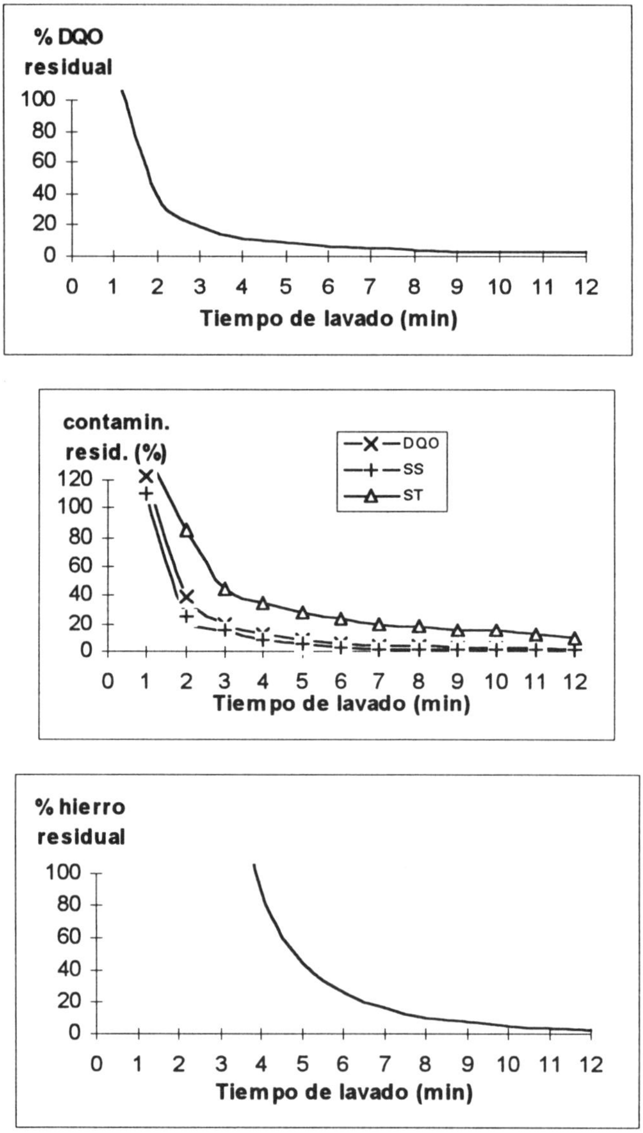

Fig. 7-2. *Depósitos en función del tiempo de lavado.*

De lo anterior pueden reducirse unas recomendaciones, que afecten a la limpieza viaria, que quedan resumidas en la siguiente tabla.

Zona	TR (min)	% eliminación de la concentración S.T	S.S.	D.Q.O	Fe	Consumo (l/m^2)	Presión de riesgo (kg/cm^2) y superficie de cuenca (m^2)
Verde	3	70,6	71,8	69,0	95,5	0,2	1,5
	4	75,5	76,6	74,1	97,2	0,4	
	5	80,0	80,8	78,7	98,4	0,6	
	8	90,4	90,9	89,7	100	0,8	150
Residencial	3	70,4	76,8	76,3	96,0	0,9	4,7
	4	75,3	81,1	80,2	97,3	1,6	
	5	79,7	84,9	83,5	98,2	2,2	
	8	90,5	93,8	91,2	99,5	2,9	120
Casco antiguo	3	77,4	80,0	78,4	94,4	1,5	4,6
	4	81,6	82,0	82,4	96,1	2,6	
	5	85,2	85,5	85,9	97,3	37,3	
	8	93,6	93,4	93,8	99,2	4,8	100
Edificación abierta	3	72,8	81,7	80,2	94,2	0,4	5,2
	4	77,8	85,2	84,1	96,0	0,7	
	5	82,1	88,2	87,4	97,2	1,3	
	8	92,5	95,0	95,0	99,3	1,9	75
Comercial y peatonal	3	70,6	73,2	73,4	95,0	0,7	4,5
	4	75,5	77,7	78,0	96,6	1,1	
	5	80,0	81,7	82,1	97,6	1,5	
	8	91,4	92,0	92,5	99,3	1,9	75
Industrial	3	73,4	81,0	80,3	93,0	0,6	9,5
	4	78,3	84,9	84,3	95,1	1,1	
	5	82,6	88,1	87,6	96,5	1,8	
	8	92,6	85,2	95,0	98,9	2,6	100

Tabla 7-4. Caudal y presión en lavado de calles

2. SISTEMAS DE REDUCCION DE CAUDALES DE ESCORRENTIA SUPERFICIAL

Un principio fundamental consiste en buscar la forma de reducir los caudales a recibir en la red de saneamiento, principalmente las aguas de escorrentía superficial. Una primera reflexión hará considerar que los caudales de escorrentía superficial dependen de la extensión de la cuenca receptora y de la impermeabilidad de la misma. Las medidas posibles a utilizar son:

- Incrementar la infiltración de las aguas superficiales sin contaminación significativa.
- Conducir las aguas de los tejados, patios, y superficies poco contaminadas, directamente a la red de aguas blancas, llevando las de escorrentía de zonas industriales y viales contaminados sobre la red de aguas negras.
- Desviar las escorrentías de zonas no urbanizadas, sacándolas fuera de la red.
- Utilizar las aguas de lluvia, retenidas en aljibes, para fines industriales.
- Evitar la infiltración en los conductos por falta de impermeabilidad.
- Evitar la entrada de aguas de drenaje en la red de aguas negras.
- Almacenamiento de aguas pluviales.
- Establecer depósitos de retención.

3. REDUCCION DE CONTAMINACION EN AGUAS DE ESCORRENTIA

Para evitar la contaminación de las aguas de escorrentía, pueden utilizarse medidas como:

- Incrementar la limpieza viaria.
- Limpieza de aparcamientos y garajes, barriendo previamente las superficies.
- Reducir la contaminación atmosférica.
- Mentalizar a los viandantes, a los automovilistas, comerciantes, mercados e industria, de la necesidad de mantener limpia la ciudad.
- Mejorar las superficies de aceras y viales.

- Adecuar los sumideros, como elementos de retención de contaminación.
- Mantener limpios los conductos de las alcantarillas, evitando puntas de contaminación, en los momentos de lluvia, por arrastre de elementos depositados.
- Pretratamiento de las aguas y tamizado, eliminando arenas y grasas y sólidos.
- Utilización de decantadores como depósitos de retención.

4. NUEVOS DISEÑOS DE LOS SISTEMAS DE SANEAMIENTO

Los sistemas actuales de saneamiento han estado concebidos, como máximo, para la protección de la red y de la estación depuradora. Se ha considerado la necesidad de evitar la entrada a la red de elementos gruesos ligeros, que pudieran molestar por su volumen, o bien productos que pudieran fermentar en el interior de la red. Se han considerado por otra parte aquellos elementos gruesos pesados, que podían depositarse en la red, y de aquellos que pudieran generar problemas de abrasión sobre fondo y paredes de la red o sobre los dispositivos mecánicos incorporados.

Por el contrario no se ha prestado atención a otros problemas, como son: la necesaria extracción de productos líquidos o viscosos, que permanecen en la superficie de las aguas; la necesaria retención y eliminación de elementos pesados arrastrados por las aguas, como arenas y gravas; el funcionamiento de los vertederos dejando escapar los elementos flotantes, que arrastran las aguas, al subir la lámina de agua con la lluvia; la contaminación generada en los momentos de lluvia.

La Directiva de la U.E. 91/271 señala la necesidad de reducción de la contaminación en tiempo de lluvia. De igual forma la O.M. del 13/7/93, sobre vertidos de aguas residuales de tierra a mar, establece limitaciones en los aliviaderos. En ambos casos se está prestando atención al problema de la contaminación en tiempo de lluvia.

En la situación actual se hace imprescindible mejorar las redes de alcantarillado, siendo objetivos fundamentales:

- Conocer el régimen de precipitaciones.
- Conocer el comportamiento hidráulico de la red y de sus aliviaderos.
- Conocer la evolución de la contaminación en los periodos de lluvia.
- Conocer la capacidad receptora del cauce.
- Mantenimiento adecuado de la red.

- Laminar los flujos de las aguas de escorrentía superficial.
- Retener la contaminación generada en periodos de lluvia, para su tratamiento posterior.
- Establecer los sistemas de control y gestión de la red.

Las nuevas tendencias del alcantarillado irán dirigidas a evitar impactos sobre el medio ambiente, y, en aquellos casos que sea necesario, a diseñar la red de forma separativa para garantizar la reutilización de las aguas con el menor costo en los sistemas de depuración, y a alcanzar la máxima seguridad en la calidad de las aguas, que van a ser usadas de nuevo.

Así se tenderá a separar las aguas de escorrentía de las aguas negras, ya que su contaminación es menor, y su reutilización requerirá menores gastos. Se tenderá a separar las aguas domésticas y de las industrias compatibles con las urbanas, de aquellos otros vertidos industriales difíciles de tratar para su reutilización, o que obliguen a depuradoras especiales, o bien que los contaminantes incorporados no puedan ser reducidos en las depuradoras convencionales, o bien que generen problemas en las redes o en las depuradoras, tanto sobre las obras como en su funcionamiento, o en su explotación.

Las técnicas a emplear en el futuro pasarán por retardar la incorporación de las aguas de escorrentía a la red de saneamiento, utilizar sistemas de retención de contaminación previos a la entrada de las aguas en la red, dispositivos de retención en la propia red de alcantarillado, establecer depósitos de retención, y dispositivos para evitar la contaminación por residuos y grasas a través de los aliviaderos.

Teniendo en cuenta los aspectos de contaminación, un aliviadero puede ser admitido con vertido directo, sólo cuando las características del cauce receptor lo admitan. Normalmente será recomendable disponer de vertedero con salida sobre un depósito de retención, o bien con posterioridad a dicho depósito de retención. Esta consideración es aplicable tanto a las redes unitarias actuales, como a la retención de las aguas de lluvia en los sistemas separativos.

Poco a poco, con vistas en el futuro de las redes de saneamiento, se las irá dotando de depósitos de retención, o de dispositivos de pretratamiento tales como:

- Depósitos de retención simple. Son depósitos para recibir las puntas de los caudales conducidos por los colectores. Suelen utilizarse en puntos, en los que el tiempo de recorrido de las aguas de lluvia sea inferior a 20 minutos. Las aguas se almacenan en este depósito, y al cesar las lluvias se conducen hacia la depuradora.
- Depósito de retención decantador. Se pretende someter las aguas a un tratamiento físico, previo a su incorporación al vertido. Están dotados de vertede-

ro de salida de las aguas tratadas. Son aconsejables cuando el tiempo de recorrido de las aguas de escorrentía en la red es superior a 20 minutos.

- Depósitos de retención mixtos. Pueden, según las conveniencias dividir las aportaciones de agua, conduciéndolas bien hacia la fase de retención, o bien hacia la fase de decantación.

- Zonas de almacenamiento en el propio colector. Consiste en crear zonas de ampliación de la sección del colector, instalando dispositivos de laminación de los caudales en la salida de esta zona de ensanchamiento. El vaciado se produce siempre por gravedad. Deben cuidarse los aspectos de limpieza.

- Dispositivos de pretratamiento en los sumideros. Estos integran una primera cámara para retener los elementos pesados, como arenas y gravas, y posteriormente una cámara con un rebosadero para eliminar los flotantes y líquidos ligeros. La salida de esta cámara puede realizarse mediante una serie de sifones.

Estas obras se planifican a largo plazo, normalmente con plazos iguales al de vida de la red de saneamiento, es decir entre 50 y 100 años.

5. SISTEMAS DE INFILTRACION DE AGUAS

Como ya se ha señalado, una solución a considerar en los saneamientos del futuro es la de infiltración de las aguas de lluvia en zonas públicas o privadas, utilizando métodos como: superficies de infiltración, fosas de infiltración, infiltración por drenes y zanjas, pozos de drenaje.

Las superficies de infiltración son terrenos naturales, o terrenos acondicionados para mejorar la infiltración o las condiciones de uso, pudiéndose utilizar patios, campos de deporte o juego, jardines.

Las fosas de infiltración son depresiones de más de 50 cm, con anchuras de 1,00 a 5,00 m, pudiéndose utilizar zonas de paseos peatonales, o paralelas a circuitos de bicicletas, zonas comerciales, o zonas próximas a caminos y carreteras.

Las zanjas de infiltración pueden ser abastecidas por dispositivos superficiales como cunetas o canales, o bien mediante drenes enterrados, siendo en este caso 30 cm dimensión mínima del diámetro de los drenes.

La capacidad de infiltración de un pozo es limitada, por lo que se utiliza normalmente para reducidos volúmenes, debiendo colocarse una capa filtro hasta el terreno natural de más de 1,5 m, y una distancia entre pozos de 10 m. No se recomienda, con permeabilidad de $< 10^{-4}$ m/s, situar estos sistemas a menos de 6,0 de los edificios.

Para poder adoptar una solución de este tipo se requerirá la autorización correspondiente para infiltrar artificialmente estas aguas en un subálveo, y por supuesto se precisará la aquiescencia de la naturaleza, que precisará unos requisitos hidrogeológicos. La permeabilidad del suelo depende de su constitución y del tamaño de las partículas que lo integran. El coeficiente de Hazen varía normalmente entre 10^{-2} y 10^{-10} m/s, siendo válidos para infiltración aquellos con coeficientes entre $5*10^{-3}$ y $5*10^{-6}$ m/s.

En estos sistemas, en que las aguas no portan componentes tóxicos o peligrosos, el terreno actúa como un potente sistema de depuración (filtración, adsorción, decantación, intercambiador de iones, precipitación, neutralización, biodegradación y desinfección), que garantiza la protección de las aguas subterráneas. De cualquier forma es exigible el control de las aguas a infiltrar. Las superficies de infiltración ofrecen los menores riesgos de contaminación y los pozos de infiltración los mayores.

5.1 CALCULO DE ESTE TIPO DE INSTALACIONES

Para el cálculo de este tipo de instalaciones se han seguido los criterios fijados en la norma alemana ATV 138.

5.1.1. Principios de diseño

Se recomienda con carácter general adoptar las siguientes hipótesis de diseño, a la hora de dimensionar una instalación de infiltración:

- *Periodo de recurrencia de diseño*

Como frecuencia anual para la lluvia de diseño, se adoptará aquella que se sobrepasa o excede una vez cada cinco años.

- *Duración de la lluvia de diseño*

En los casos en que no se disponga de capacidad de almacenamiento deberán adoptarse como duraciones de la lluvia de diseño:

$$T = 10 - 15 \text{ min.}$$

En los casos de infiltración con capacidad de almacenamiento (todos los casos salvo la infiltración por riego de superficies) la duración deberá obtenerse a partir del cálculo del volumen necesario de depósito según se expone en los apartados siguientes. Como valor para un primer estudio de diseño debe adoptarse:

$$T = 30 \text{ min.}$$

• *Cálculo del caudal de aguas de lluvia*

Con carácter general puede aceptarse el principio de que la lluvia permanece constante durante el tiempo de duración de la lluvia de diseño adoptado. Cuando se esté planificando el drenaje de grandes superficies contiguas, es justificable el uso de modelos de simulación a largo plazo.

La lluvia debe convertirse a curvas de caudal, (ignorando el efecto del tiempo de retardo), mediante la siguiente fórmula:

$$Q_{II} = 10^{-7} \cdot I \cdot A_c \text{ (en m}^3\text{/s)}$$

siendo

I = intensidad de lluvia en l/(s . ha)

A_c = superficie conectada consolidada en m^2

• *Principios hidráulicos de la infiltración*

El fundamento del cálculo de la infiltración está en la ley de Darcy, que para el caso de terrenos no saturados establece:

$$v_e = k_e \cdot i$$

Por simplificar, puede adoptarse como permeabilidad de la zona no saturada

$$k_e = k/2$$

siendo:

k = coeficiente de permeabilidad de la zona no saturada (m/s) (debe tenerse en cuenta que este coeficiente va disminuyendo a lo largo de la vida útil).

i = gradiente hidráulico.

Este gradiente hidráulico puede calcularse de forma simplificada según lo expuesto en la figura 7.3 mediante la fórmula:

$$i = (l_s + z) / (l_s + z/2)$$

Por tanto, la velocidad de infiltración será:

$$v_e = k \cdot (l_s + z) / (2 \cdot l_s + z)$$

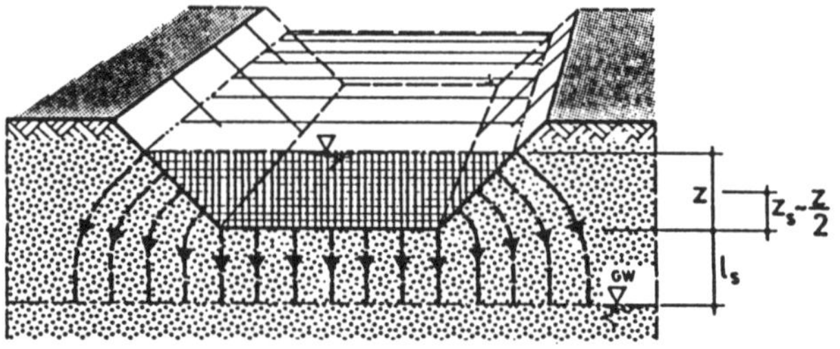

Fig. 7-3. *Diagrama de las vías de infiltración.*

y el caudal de infiltración es:

$$Q_s = v_e \cdot A_e$$

donde A_e es el área efectiva de infiltración en m^2.

5.1.2. Diseño de las superficies de infiltración

Según la norma de diseño, la capacidad de infiltración de la (o las) superficie(s) permeable(s) consolidada(s) debe ser como mínimo igual a la lluvia que ocurra sobre ella(s).

El área A_s necesaria para la infiltración se calcula entonces según la siguiente fórmula:

$$A_s = A_c / [(10^7 \cdot k) / (2 \cdot I) - 1]$$

donde:

I = intensidad de lluvia en l / (s . Ha).

A_c = superficie conectada consolidada en m^2.

k = coeficiente de permeabilidad de la zona no saturada (m/s).

5.1.3. Diseño de las fosas de infiltración

Este tipo de solución suele usarse en aquellos casos en que la superficie de infiltración disponible es insuficiente para una solución de infiltración de superficies como la expuesta en el apartado anterior. Por ello puede asumirse que en estos casos el tamaño de la superficie de infiltración es conocida y que lo que se busca es determinar el volumen del foso de infiltración (V_s).

Presuponiendo una velocidad de infiltración constante, V_s puede obtenerse a partir de la diferencia entre el volumen de lluvia y el volumen de infiltración, cada uno de ellos relativo al tiempo de duración de la lluvia de diseño:

$$V_s = (\Sigma Q_{ll} - \Sigma Q_s) \cdot T \cdot 60 = (A_c + A_s) \cdot 10^{-7} \cdot I \cdot T \cdot 60 - A_s \cdot T \cdot 60 \cdot k/2 \text{ (en m}^3\text{)}$$

donde:

A_s = superficie de infiltración disponible en m^2

I = intensidad de lluvia en l / (s . Ha)

A_c = superficie conectada consolidada en m^2

k = coeficiente de permeabilidad de la zona no saturada (m/s)

T = tiempo de duración de la lluvia de diseño (min.)

El valor de T puede calcularse para este caso aplicando las series pluviométricas de Reinhold, obteniendo lo que se denomina la duración decisiva de diseño mediante la fórmula:

$$T = \sqrt{\frac{3{,}85 \cdot 10^{-5} \cdot (A_c + A_s) \cdot I_{15}}{A_S \cdot \frac{k}{2}} - 9}$$

5.1.4. Infiltración por drenes y zanjas

Al igual que ocurre con los pozos, los sistemas de infiltración mediante drenes y zanjas se diseñan sobre las bases de la ecuación de continuidad siguiente:

Caudal influente – infiltración = Variación en el almacenamiento

El intervalo de tiempo, para el cálculo de la capacidad de almacenamiento, puede tomarse igual al tiempo de duración de la lluvia de diseño, dado que la variación del nivel de agua es insignificante en relación al volumen de agua almacenada, lo cual a su vez implica que puede suponerse una infiltración constante a lo largo de todo el evento lluvioso. El caudal de infiltración se obtiene a partir de la ecuación general haciendo las siguientes hipótesis:

- Se desprecia la influencia del nivel de agua “z” al calcular el gradiente hidráulico.
- El área efectiva de infiltración de la zanja (que corresponderá a la zona plana del fondo de la zanja) se obtiene a partir de la longitud de la zanja “L” multi-

plicado por el ancho efectivo "b_e". Se asume que el fondo de la zanja permanece constantemente efectivo frente a la infiltración. Además se considera la infiltración a través de las paredes de la zanja a ambos lados como un incremento de la superficie efectiva de infiltración en "z/2" (siendo "z" el nivel del agua por encima del fondo de la zanja). Incluso se supone que durante un evento lluvioso, que provoque el llenado completo de la zanja por un periodo corto de tiempo, el nivel medio del agua es h/2 (siendo h la altura efectiva de zanja).

Dadas estas hipótesis, se calcula el ancho efectivo de infiltración de la siguiente forma:

$$b_e = b + 2 \,.\, h/4 = b + h/2$$

y por tanto, el área efectiva de infiltración será:

$$A_s = b_e \,.\, L = (b + h/2) \,.\, L$$

sustituyendo en la ecuación general, el caudal de infiltración vendrá dado por la expresión:

$$Q_s = (b + h/2) \,.\, L \,.\, k/2 \text{ (en m}^3\text{/s)}$$

El volumen necesario de infiltración para el caso de drenes y zanjas, se calcula de la siguiente forma:

$$V_s = A_c \,.\, 10^{-7} \,.\, I \,.\, T \,.\, 60 - (b + h/2) \,.\, L \,.\, T \,.\, 60 \,.\, k/2 \text{ (en m}^3\text{)}$$

De forma simplificada puede asumirse que el volumen será:

$$V_s = b \,.\, h \,.\, L \,.\, s \text{ (en m}^3\text{)}$$

donde

s = coeficiente de almacenamiento

Este valor de "s" se calcula de forma diferente para los drenes y las zanjas. En el caso de zanjas de infiltración "s" corresponde al espacio libre de poros dejado por el relleno de grava. En el caso de drenes, "s" representa la proporción de la sección que puede ser empleada como zona de almacenamiento, comprendiendo tanto la sección de tubería como el espacio de poros dejado libre por la cama de grava.

Al diseñar un sistema de infiltración mediante zanjas o drenes, la sección transversal (con o sin tubería) es predefinida y por tanto un dato de diseño. La variable por tanto a calcular en estos casos es la longitud necesaria del sistema de infiltración. Esta vendrá dada por la expresión:

$$L = A_c \,.\, 10^{-7} \,.\, I \,.\, T \,.\, 60 \,/\, [b \,.\, h \,.\, s + (b + h/2) \,.\, T \,.\, 60 \,.\, k/2] \quad \text{(en m)}$$

Considerando un periodo de recurrencia de n = 0,2 / a y utilizando las series pluviométricas de Reinhold, se obtiene la longitud decisiva de diseño:

$$L = \frac{2{,}57 \cdot 10^{-4} \cdot A_c \cdot I_{15} \cdot \frac{T}{T+9}}{b \cdot h \cdot s + (b + \frac{h}{2}) \cdot T \cdot 60 \cdot \frac{k}{2}}$$

y la duración decisiva de diseño se obtiene mediante la fórmula:

$$T = \sqrt{\frac{9 \cdot b \cdot h \cdot s}{(b + \frac{h}{2}) \cdot 60 \cdot \frac{k}{2}}}$$

5.1.5. Infiltración mediante pozos de drenaje

Para el cálculo de la infiltración mediante pozos, la norma establece en primer lugar, el valor de la superficie efectiva de infiltración mediante la siguiente fórmula:

$$A_s = \pi \cdot [(R + z/2)^2 - R^2] = \pi \cdot (R \cdot z + z^2/4)$$

siendo:

z = profundidad del agua en el pozo (m)

R = radio del pozo incluyendo el espesor de las paredes (m)

Como puede deducirse fácilmente, la norma alemana ha hecho la hipótesis de que el fondo del pozo no contribuye de forma significativa a la infiltración, lo cual es explicado a partir del hecho de que antes o después este fondo acaba siendo impermeable debido a la acumulación de sólidos. Por tanto, a efectos del cálculo de la infiltración solamente se considerarán las paredes laterales del pozo y se supone efectivo un anillo de grava concéntrico de espesor la mitad de la altura del agua en el pozo tal y como se detalla en la figura 7.4.

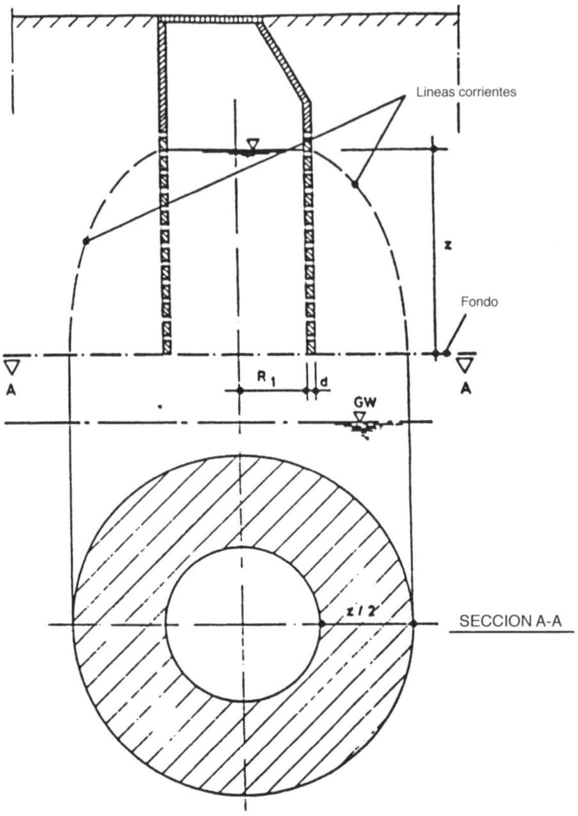

Fig. 7-4. *Definición del area efectiva de infiltración en un pozo de drenaje.*

El caudal de infiltración puede entonces calcularse a partir de la fórmula:

$Q_s = [k \cdot (l_s + z) \cdot (2 \cdot l_s + z)] \cdot \pi \cdot (R \cdot z + z^2/4)$ (en m^3/s)

En el caso de los pozos debe hacerse notar, que la variación del nivel del agua en el pozo es muy rápida y varía mucho a lo largo del período lluvioso, por lo que no es posible adoptar para el diseño la totalidad del tiempo de la duración de la lluvia de diseño. La norma sugiere que se adopten intervalos de 5 min. para eventos lluvioso de duración hasta 30 min. Para duraciones superiores el intervalo puede ampliarse hasta 10 ó 15 min.

Esta particularidad, hace que el cálculo algebraico de este tipo de soluciones sea más complejo, siendo necesario integrar para llegar a las ecuaciones que nos determinan el volumen necesario V_s.

En dicho gráfico el volumen aconsejado viene dado por:

$$V = V_s \, . \, A \text{ (en m}^3\text{)}$$

siendo: V_s = Volumen específico en m^3/ha,

A = Area impermeabilizada en ha.

En el gráfico anterior, la tasa de evacuación representa el % a rebajar la contaminación, para alcanzar las condiciones de vertido exigido, y el caudal específico de agua de lluvia es el cociente entre el caudal de lluvia media en 24 horas, en l/s, y el número de ha impermeabilizadas.

Otra fórmula empírica, muy usada en Alemania pero con problemas de aplicación al tipo de precipitación de la zona del Mediterráneo, establecida a partir de los resultados de Stuttgart-Büsnau, puede formularse de la siguiente forma:

$$V = V_s \, . \, C_{tf} \, . \, Ci \, . \, A \text{ (en m}^3\text{)}$$

donde:

A: Superficie vertiente a la red en ha.

Ci: Coeficiente para determinar la zona impermeable.

C_{tf}: Coeficiente en función del tiempo de concentración de las aguas de lluvia en la red.

V_s: Volumen específico, que permite tratar un % de la $D.B.O._5$.

El valor de la V_s se deduce del gráfico 7.6, para retener en el depósito el 90%, 80% ó 60% de la contaminación producida en los momentos de lluvia. Este valor viene dado en función de la lluvia que provoca el vertido pr, en l/s.

6. DEPOSITOS DE RETENCION

La importancia dada en Alemania al problema de la contaminación en tiempo de lluvia, les ha llevado a la construcción de más de ocho mil depósitos de retención, donde se almacenan las aguas con una contaminación significativa, para llevar posteriormente estas aguas hacia su depuración posterior. Estos depósitos pueden contemplarse como verdaderos sistemas de reducción de la contaminación, retienen una cantidad de contaminación con las aguas almacenadas, que en caso contrario aparecerían en el cauce receptor.

Estudios realizados llevan a deducir que se obtienen unos rendimientos importantes en la reducción de parámetros tales como DBO, DQO, SS, NTK, P total, que pueden significar del 10% al 16%, referido a largos periodos, y del 30% al 40%, con referencia al periodo estricto de la duración de la lluvia.

6.1. FUNCION DE LOS DEPOSITOS DE RETENCION

Las funciones asumidas por un depósito de retención pueden ser: o bien servir de regulación de los caudales recibidos, evitando sobrepasar la capacidad de los conductos de saneamiento aguas abajo, o bien servir para retirar las primeras aportaciones de las aguas en los periodos de lluvia, en los que la contaminación puede ser importante, no siendo conveniente su vertido a los cauces receptores. Los criterios a adoptar pueden ser los siguientes:

- Almacenar las aguas más contaminadas en los primeros momentos de precipitación, antes de proceder a su vertido por los aliviaderos. Cuando la aportación de aguas residuales desciende, se van incorporando las aguas almacenadas a la depuradora correspondiente.
- Considerar que, cuando se ha alcanzado el caudal punta en el caudal de aguas de lluvia, la lluvia ha limpiado suficientemente la contaminación superficial, y por otro lado la dilución de las aguas negras con estos caudales hace innecesaria la depuración de estas aguas. Es decir, no se hace necesario retener estos caudales a partir de alcanzarse el valor punta en el caudal de aguas en tiempo de lluvia.
- El perfil de la tormenta adoptada debe considerar más el aspecto de contaminación, que el hidrograma que defina el máximo caudal.
- Permitir la mezcla de la primera parte más contaminada de las aguas de tiempo de lluvia, utilizando varios depósitos de retención para cortos periodos de concentración, mejor que pocos con tiempos de concentración largos.
- Ser capaz para recibir tormentas con periodos de retorno de 2 a 5 años, recibiendo la primera mitad de la curva de caudales, es decir hasta alcanzar la punta de caudales.

6.2. CALCULO DE LOS DEPOSITOS DE RETENCION

Es una cifra normalmente utilizada el considerar unos volúmenes de almacenamiento de 40 m^3 por ha de superficie impermeabilizada. Las normas alemanas A.T.V., y en concreto la A-128, de abril de 1992, propone la utilización del siguiente gráfico, para la determinación del volumen específico de almacenamiento, en función del caudal específico de agua de lluvia, y de la tasa de evacuación admisible.

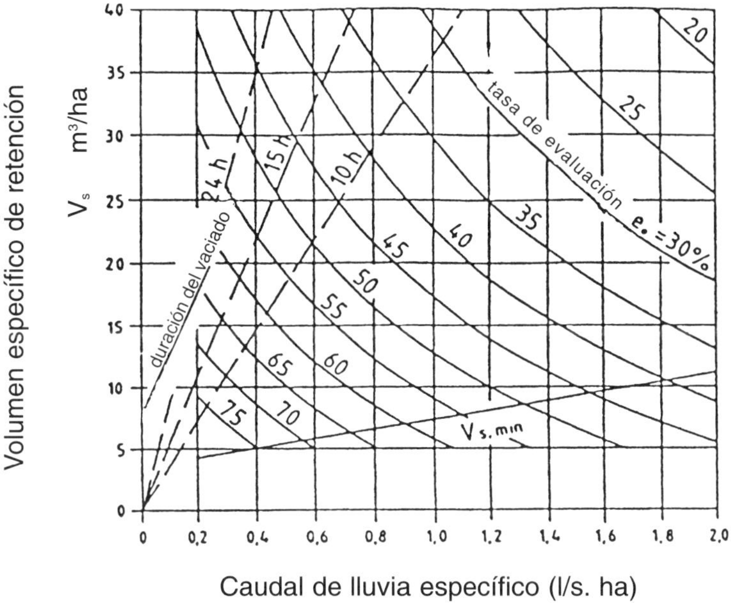

Fig. 7-5. *Determinación del volumen específico de retención del agua. $V=V_s \cdot A$ m³.*

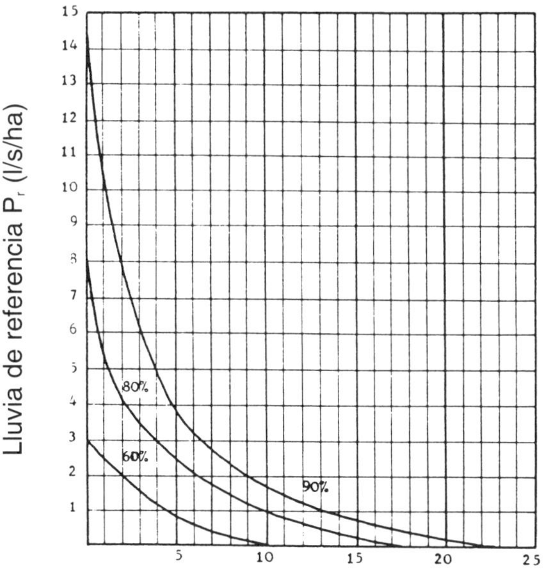

Fig. 7-6. *Determinación del volumen específico de referencia.*

El valor de p_r se obtiene de la siguiente forma: Siendo Q_a el caudal admitido en la estación depuradora en l/s, y Q_s el caudal medio diurno en tiempo seco, Q_{II} el caudal de lluvia exclusivamente, y p_r la intensidad de la lluvia sobre el conjunto de la red en l/s/ha. Se tiene:

$$Q_a = Q_s + Q_{II}$$

$$Q_{II} = Q_a - Q_s$$

$$p_r = Q_{II} / A = (Q_a - Q_s) / A \quad (l/s/ha)$$

$$Q_a = n * Q_s$$

$$p_r = (n - 1) * Q_s$$

Los valores de C_{tf} son función del tiempo de concentración de la red para la lluvia de referencia p_r, es decir de Q_a.

TIEMPO DE CONCENTRACION min	COEFICIENTE C_{tf}
< 5 minutos	1,00
10 minutos	1,25
15 minutos	1,48
20 minutos	1,63
25 minutos	1,74
30 minutos	1,82

Tabla 7-5. Determinación del coeficiente C_{tf}

Este coeficiente es válido para tiempos de concentración inferiores a 30 minutos.

6.3. TIPOS DE DEPOSITOS

Las disposiciones constructivas de estos depósitos de retención dependen de las condiciones del punto de ubicación, y fundamentalmente de las pendientes y cotas de solera del depósito y entrada a la depuradora. Si la cota es suficiente, la válvula de salida del depósito estará en posición cerrada, cuando el nivel de agua esté próximo a la altura de lámina máxima, abriéndose a medida que va descendiendo la lámina de agua. La sección de salida se dimensionará para el caudal máximo Q_a admitido en la estación depuradora.

Otra solución es regular el caudal de salida del depósito mediante el correspondiente bombeo. Sistema sencillo, y con costes de explotación bajos. En cualquier caso estos sistemas de regulación del caudal de entrada debe hacerse comandado por los elementos de medición de la depuradora.

Cuando el sistema adoptado sea de simple almacenamiento en el propio colector, la automatización se realizará a partir de la medición en el conducto de salida del depósito.

La característica fundamental del diseño en estos depósitos será la de conseguir que los sólidos no decanten durante el vaciado del depósito. Otro aspecto es la facilidad de limpieza, si es necesaria, después de cada vaciado. Así pueden verse depósitos con forma circular u octogonal, con entrada periférica tangencial y salida por la zona central, con una pendiente adecuada de la solera.

Otro tipo utilizado es el de canal de fondo serpenteante con fuerte pendiente, con fondo triangular y paredes con pendientes muy próximas a la vertical. De esta forma al irse vaciando las aguas circulan por canales con fuertes pendientes, facilitándose con la velocidad de las aguas el arrastre de las partículas sólidas.

6.4. GESTION

La gestión debe tener en cuenta de forma importante todo lo relacionado con el saneamiento de las aguas de lluvia, al igual que hoy en día se lleva la gestión del saneamiento unitario o separativo. Debe integrarse la gestión del ciclo urbano del agua, desarrollando los sistemas de modelización física, química y biológica del funcionamiento de las redes y de los elementos complementarios, así como la implantación de métodos de gestión en tiempo real.

Como puntos significativos a considerar, en esta gestión, pueden destacarse los siguientes:

- Utilizar dentro de los sistemas de aguas de escorrentía superficial, la utilización de los sistemas de infiltración, el establecimiento de depósitos de almacenaje de este tipo de aguas, y por supuesto controlar la calidad y la intensidad de las precipitaciones de las zonas saneadas.
- En segundo lugar deberá comenzarse a establecer la colocación de sistemas de pretratamiento adecuados, previos a la incorporación de estas aguas a las redes de saneamiento. Igualmente deberán controlarse y tratarse adecuadamente las aguas de lluvia antes de su vertido al medio ambiente.
- Deberá contemplarse de forma conjunta la gestión integrada de las estrategias de saneamiento en relación con los cauces receptores.
- Deberán establecerse los criterios adecuados para controlar los caudales y limitar los riesgos de inundación, a minimizar la contaminación de recogida en la red de saneamiento, y a considerar las posibilidades de reutilización.

- Por último deben desarrollarse los sistemas de obtención de datos en tiempo real, lo que facilitará la deseada gestión en tiempo real.

En definitiva debe cambiarse la mentalidad que pone freno a la utilización de nuevas técnicas innovadoras en este campo. Es necesario formar a los nuevos ingenieros en el conocimiento de estos nuevos sistemas a emplear en las redes de saneamiento, y conseguir soluciones políticas, económicas y sociales, que garanticen la implantación de estos nuevos sistemas de saneamiento.

8

Gestión y explotación de los servicios de alcantarillado

1. GENERALIDADES

El hombre desde el principio ha esclavizado el agua para su uso en una doble vertiente, agua para su abastecimiento, agua cargada con elementos exteriores procedentes de la actividad humana, es decir, como vehículo de desperdicios.

También desde el principio ha construido conducciones para alejar las aguas y su contaminación del entorno habitado, pero en los momentos actuales los conductos utilizables deben cumplir condiciones mucho más severas, buscando evitar en el transporte de aguas la pérdida y la contaminación consiguiente de la zona y terrenos próximos a su traza.

Es una necesidad actual evitar cualquier pérdida de agua en los conductos de saneamiento, por evitar pérdidas de recursos y por luchar contra la contaminación. Se ha avanzado considerablemente en la obtención de materiales idóneos para los conductos, y la tecnología de su utilización para la fabricación y puesta a punto de los conductos.

Han variado a lo largo del tiempo las consideraciones a tener en cuenta en relación con el producto agua a transportar, han variado las condiciones del terreno de ubicación, contaminación, corrientes vagabundas, cargas por los actuales vehículos y medios de transporte. Ya no son válidas aquellas tuberías e instalaciones de las que nos habla VITRUBIO, cuyos admirables restos aparecen en Roma, Pompeya, Herculano, Efeso, Pergamon, Palmira, etc., con sus conductos de láminas de plomo plegados o sellados, piezas en piedra machihembrada, conductos de barro cocido, piezas en bronce para llaves de paso, empalmes, desvíos, bridas ciegas, etc. No son válidas tampoco esas, casi artísticas, conducciones de madera utilizadas en la Edad Media en los países sajones. Y no son válidas porque ya no pueden perderse volúmenes de agua, y las condiciones requeridas actualmente han variado.

1.1 NORMAS Y RECOMENDACIONES

Si se analizan las normas actualmente en vigor, se observa un tratamiento de los conductos de agua para abastecimiento pero un descuido en las conducciones para saneamiento. Siguen usándose conductos de baja calidad, donde no queda garantizada la impermeabilidad del conducto, la impermeabilidad de las juntas y la ausencia de roturas.

Las normas o recomendaciones contemplan generalmente:

- Los tubos, características, ensayos, marcas, etc.
- Las juntas.
- Las piezas.
- El marcado, inspección y recopilación.
- Determinación de cargas mecánicas para el cálculo resistente y los coeficientes de seguridad, bastante subjetivos.

Una buena normalización en este sentido sería un paso importante para el establecimiento de todos los tipos de agua a transportar, abastecimiento, riegos, industria, vertidos urbanos, industriales, etc., pero sería deseable un paso más, contemplando el conducto en relación con el líquido a transportar y la implantación en el terreno, garantizando a ultranza la eliminación de pérdidas y evitando la contaminación. En este sentido deberían elevarse considerablemente las condiciones de calidad en los conductos de saneamiento, con problemas serios de pérdida de recursos, contaminación de subalveos, e incluso deterioro del funcionamiento de las depuradoras por intrusión salina, hecho éste frecuente en zonas litorales.

Desde el punto de vista de la explotación, debe prestarse una atención especial, en las normas y recomendaciones por redactar, a puntos tales como:

- Atención al ataque químico y biológico interior.
- Atención a la corrosión exterior dependiente de las condiciones de humedad, resistividad, contenido en sales, pH, homogeneidad de asiento a lo largo de la traza.
- Potencial de equilibrio, no olvidando las protecciones requeridas.

- Mayor rendimiento en el control de fabricación.
- Mayor control por la Administración en materiales y sistemas de fabricación.
- Consideración de la marca en cuanto ésta venga justificada por una estadística de resultados a cargo de la Administración.

2. GESTION DE LOS SERVICIOS

Según se señala en el Reglamento de Servicios de las Corporaciones Locales, es competencia y obligación de los Municipios el servicio de alcantarillado. Los Municipios, aisladamente o agrupados, pueden realizar la gestión directamente, pero en muchos casos, debido a la complejidad de los problemas de la red, acuden a empresas especializadas para garantizar el correcto funcionamiento y explotación del servicio.

2.1. MODALIDADES DE GESTION

Las modalidades de gestión del servicio de alcantarillado queda contenido en artículos del Reglamento de Servicios de junio de 1955.

Como síntesis figuran a continuación, de forma sistemática, los modos de gestión y los artículos correspondientes.

2.1.1. Modos centralizados

2.1.1.1. Gestión directa simple (arts. 68 y 69 del Reglamento)

2.1.1.2. Gestión directa compleja (arts. 70 a 84 del Reglamento)

2.1.2. Modos descentralizados

2.1.2.1. Dotación pública exclusiva, con autonomía patrimonial y orgánica

a) Forma administrativa: Establecimiento público (arts. 85 a 88).

b) Forma mercantil: Empresa privada (arts. 89 a 94 del Reglamento).

2.1.2.2. En colaboración

a) Con capital mixto:

1) Empresa mixta (arts. 102 a 112 del Reglamento).

2) Subvención (arts. 23 al 29 del Reglamento).

3) Consorcio (arts. 37 al 40 del Reglamento).

b) Con capital privado exclusivo:

1) Concesión (arts. 114 al 137 del Reglamento).

2) Autorización reglamentada (arts. 17 del Reglamento).

c) Formas arrendatarias:

1) Arrendamiento administrativo (arts. 138 a 142 del Reglamento).

2) Concierto (arts. 143 a 147 del Reglamento).

d) Formas corporativas.

REGLAMENTO DE SERVICIOS

17 DE JUNIO 1955

Artículos de Referencia

Gestión por la corporación

68. 1. En la gestión directa sin órgano especial, la corporación local interesada asumirá su propio riesgo y ejercerá sin intermediarios y de modo exclusivo todos los poderes de decisión y gestión, realizando el servicio mediante funcionarios de plantilla y obreros retribuidos con fondos del presupuesto ordinario.

2. El régimen financiero del servicio se desenvolverá dentro de los límites del indicado presupuesto.

3. Podrán designarse un administrador del servicio, que sea funcionario de plantilla, sin facultades para el manejo de caudales ni para la adopción de resoluciones.

69. 1. Serán atendidos necesariamente por gestión directa sin órgano especial los servicios que impliquen ejercicio de autoridad.

2. La gestión directa sin órgano especial de administración de servicios económicos municipales o provincializados sólo será aplicable a lo previsto por el párrafo 2 del artículo 172 de la Ley.

70. Todos los servicios, salvo los indicados en el párrafo 1 del artículo anterior, podrán prestarse en régimen de gestión directa con órgano especial de administración.

71. Los servicios municipalizados o provincializados, en régimen de gestión directa con órgano especial, estarán a cargo de un Consejo de Administración y de un Gerente.

72. El Consejo de Administración asumirá el gobierno y la gestión superior del servicio, con sujeción a un presupuesto especial, cuya aplicación le estará atribuida, y sus acuerdos serán recurribles en alzada ante la Corporación, y los de ésta ejecutivos e impugnables ante los Tribunales competentes.

73. 1. El Consejo de Administración será nombrado por la Corporación interesada, sin que exceda de cinco el número de sus miembros de los Municipios de población inferior a 200.000 habitantes, ni de nueve en los de población superior o en los casos de provincialización, y habrán de pertenecer al mismo, como Concejales o Diputados, la mitad más uno de los componentes y reclutarse el resto entre las categorías a que alude el artículo 57.

2. El Presidente del Consejo de Administración será designado por el de la Corporación, y el nombramiento habrá de recaer en uno de sus miembros pertenecientes a aquél.

74. 1. El consejo propondrá al Presidente de la Corporación una terna para la designación del Gerente.

2. El nombramiento deberá recaer en persona especialmente capacitada y será objeto de contrato con el Organismo por período que no exceda de diez años, al término de los cuales podrá ser prorrogado.

3. Si el designado fuere funcionario de la Corporación, quedará en la situación de excedencia activa que regula el artículo 60 del Reglamento de Funcionarios de Administración Local.

75. Serán funciones del Gerente:

a) ejecutar y hacer cumplir los acuerdos del Consejo;

b) dirigir e inspeccionar los servicios;

c) representar administrativamente al órgano especial;

d) ordenar todos los pagos que tengan consignación expresa;

e) asistir a las sesiones del Consejo, con voz y sin voto; y

f) las demás que el Consejo le confiera.

76. El órgano especial tendrá presupuesto independiente, que será aprobado anualmente por la Corporación, con arreglo a los preceptos aplicables a los presupuestos ordinarios.

77. El estado de ingresos de dicho presupuesto se nutrirá con los siguientes recursos:

a) productos del servicio;

b) donativos o auxilios;

c) cantidades expresamente consignadas para tal fin en el presupuesto ordinario de la Corporación, cuando no fueren suficientes los ingresos determinados en los dos apartados anteriores.

78. 1. El estado de gastos de presupuesto especial comprenderá las cantidades precisas para el sostenimiento normal del servicio, reparaciones ordinarias en las boras e instalaciones y haberes del personal de todas clases.

2. Las reparaciones extraordinarias y los gastos de aplicación de las instalaciones deberán incluirse en el presupuesto de la Entidad local, salvo cuando hayan de realizarse con cargo al fondo de reserva, en cuyo caso se ajustarán a las normas especiales previstas en el artículo 84.

79. La formación del anteproyecto del presupuesto especial corresponderá al Gerente, y la del proyecto, al Consejo de Administración.

80. 1. La contabilidad de los servicios prestados en régimen de gestión directa con órgano especial se llevará por la Intervención de Fondos de la Corporación, con independencia de la general.

2. Las cuentas anuales se sujetarán a las normas establecidas para las Entidades locales y deberá rendirlas al Consejo de Administración y aprobarlas el Servicio Nacional de Inspección y Asesoramiento, previo informe de la Corporación.

3. Los balances y liquidaciones anuales se publicarán en el Boletín Oficial de la provincia.

81. Los beneficios que se obtuvieron después de satisfacer los gastos totales de la explotación del servicio, conservación normal de obras o instalaciones, e intereses y amortización de la Deuda, que se hubiere contraído por el establecimiento de aquél, se aplicarán:

a) a fondo de reserva, en el porcentaje del sobrante que se determinará al implantar la municipalización o provincialización, sin que sea inferior al 20 por 100; y

b) a las necesidades generales de la Corporación, en el resto que resultare.

82. 1. El fondo de reserva equivalente al 50 por 100 del capital inicial del Organismo, y deberá ser repuesto si decreciere de esa cuantía.

2. Dicho fondo será objeto de contabilidad separada de la ordinaria de la Corporación, y se ingresará en cuenta especial de la general del órgano especial.

83. El fondo de reserva constituirá una disponibilidad para hacer frente al saldo deudor de la cuenta de Pérdidas y Ganancias, o gastos extraordinarios que se originaren por circunstancias anormales, sin perjuicio de destinar hasta el límite del 60 por 100 del mismo, cuando hubiere llegado al máximo fijado por el artículo anterior a garantizar la emisión de Deuda con destino a la ampliación o renovación de instalaciones.

84. No se podrá disponer del fondo de reserva sino en virtud de propuesta del Consejo de Administración, adoptada por mayoría de los dos tercios del número legal de sus miembros y aprobado por la Corporación con idéntico quórum, y las operaciones que se efectuaren con cargo al mismo requerirán presupuestos extraordinarios o habilitaciones o suplementos en el presupuesto especial.

Fundación pública del servicio

85. Las Corporaciones locales podrán realizar los servicios de su competencia dotándolos de personalidad jurídica pública en los supuestos siguientes:

a) cuando lo exigiere una ley especial;

b) cuando por compra, donación o disposición fundacional, en este caso con arreglo a la voluntad del fundador, adquieren de los particulares bienes adscritos a determinado fin; y

c) cuando el adecuado desarrollo de las funciones de beneficiencia, de cultura o de naturaleza económica lo aconsejaren.

86. 1. Los servicios personalizados poseerán patrimonio especial, afecto a los fines específicos de la Institución que se constituyere.

2. Dichos servicios se regirán por Estatuto propio, el cual habrá de ser aprobado por la Corporación local, pero respetando en las fundaciones la voluntad del fundador.

87. El Estatuto determinará los órganos de gobierno y su competencia, así como las facultades de tutela de la Corporación que instituya la Fundación.

88. 1. Los beneficios que se obtuvieren en la prestación de los servicios, una vez cubiertos los gastos y el fondo de reserva, se destinarán íntegramente a mejorar y ampliar las instalaciones, y sólo cuando se tratare de establecimiento de crédito pasarán a la Hacienda de la Entidad local con destino a sus atenciones.

2. Al disolverse la Institución, la Corporación le sucederá universalmente.

Subsección 4. Sociedad privada, municipal o provincial

89. 1. La gestión directa de los servicios económicos podrá serlo en régimen de Empresa privada, que adoptará la forma de responsabilidad limitada o de Sociedad Anónima, y se constituirá y actuará con sujeción a las normas legales que regulen dichas Compañías mercantiles, sin perjuicio de las adaptaciones previstas por este Reglamento.

2. La Corporación interesada será propietaria exclusiva del capital de la Empresa y no podrá ser transferido ni destinarlo a otras finalidades, salvo en los supuestos regulados por la Sección cuarta.

3. El capital de estas Empresas habrá de ser desembolsado desde el momento de su constitución.

90. La dirección y administración de la Empresa estará a cargo de los siguientes órganos:

1) La Corporación interesada, que asumirá las funciones de Junta general.

2) El Consejo de Administración.

3) La Gerencia.

91. Los Estatutos de la Empresa determinarán la competencia de cada uno de dichos órganos y la forma de designación y funcionamiento de los dos últimos.

92. 1. El funcionamiento de la Corporación constituida en Junta general de la Empresa se acomodará, en cuanto al procedimiento y a la adopción de acuerdos, a los Preceptos de la Ley y del Reglamento de Organización, funcionamiento y régimen jurídico de las Corporaciones locales, aplicándose las normas reguladoras del régimen de las Sociedades Anónimas en las restantes cuestiones sociales.

2. La Corporación, en funciones de Junta general de la Empresa, tendrá las siguientes facultades:

a) nombrar el Consejo de Administración.

b) fijar la remuneración de los Consejeros;

c) modificar los Estatutos;

d) aumentar o disminuir el capital;

e) emitir obligaciones;

f) aprobar el inventario y balance anual; y

g) las demás que la Ley de Sociedades Anónimas atribuye a la Junta general.

93. 1. Los Consejeros serán designados libremente por la Junta general entre personas especialmente capacitadas y por períodos no inferiores a dos años ni superiores a seis.

2. El número de Consejeros no excederá del fijado en el artículo 73.

3. Los miembros de la Corporación podrán formar parte del Consejo de Administración hasta un máximo del tercio del mismo y afectarán a los consejeros las incapacidades e incompatibilidades que para ejercer cargos representativos señalan la Ley y Reglamento de Organización, funcionamiento y régimen jurídico de las Corporaciones locales.

94. El Consejo de Administración tendrá plenas facultades de dirección, gestión y ejecución respecto de la Empresa, dentro de las normas estatutarias y de los preceptos de la legislación mercantil, sin perjuicio de las que se reservaren a la Corporación como Junta general y al Gerente.

Gestión por empresa mixta

102. En las empresas mixtas, los capitales de las Corporaciones locales y de los particulares, o de aquéllos entre sí, se aportarán en común para realizar servicios susceptibles de municipalización o provincialización.

103. Las empresas mixtas se constituirán, mediante escritura pública, en cualquiera de las formas de Sociedad mercantil comanditaria, anónima o de responsabilidad limitada.

104. Las empresas mixtas, previo expediente de municipalización o provincialización, podrán quedar instituidas a través de los procedimientos siguientes:

1. Adquisición por la Corporación interesada de participaciones o acciones de empresas ya constituidas en proporción suficiente para compartir la gestión social.

2. Fundación de la sociedad con intervención de la Corporación y aportación de los capitales privados por alguno de los procedimientos siguientes:

a) suscripción pública de acciones; o

b) concurso de iniciativas, en el que se admitan las sugerencias previstas en el párrafo 2 del artículo 176 de la Ley.

3. Convenio con empresa única ya existente, en el que se fijará el Estatuto por el que hubiere de regirse en lo sucesivo.

105. 1. Cuando la Corporación interviene en una Empresa, a tenor del número primero del artículo anterior, la sociedad continuará rigiéndose por sus propios Estatutos.

2. La Junta general podrá no obstante, con el quórum dispuesto para la modificación de los Estatutos, modificarlos para que la Empresa pase a ser propiamente mixta y sometida al presente Reglamento.

106. 1. En la constitución o Estatutos de Empresa mixta podrá establecerse que el número de votos de la Corporación en los órganos de gobierno y administración sea inferior a la proporción del capital con que participare en la empresa, salvo en los cinco años anteriores al término de la misma en que deberá ser igual o superior.

2. Los acuerdos serán adoptados por mayoría de votos.

3. El cargo de Gerente recaerá siempre en persona especializada designada por el órgano superior de gobierno de la empresa.

107. Los acuerdos de los órganos de gobierno y administración de la Empresa mixta deberán ser adoptados por la mayoría de tres cuartas partes del número estatutario de votos en los siguientes casos:

a) modificación del acto de constitución o de los Estatutos de la empresa;

b) aprobación y modificación de los planes y proyectos generales de los servicios;

c) operaciones de crédito; y

d) aprobación de los balances.

108. Los representantes, que correspondan a la Corporación en los órganos de gobierno y administración de la empresa, serán nombrados por aquélla en la proporción de un 50 por 100 entre los miembros que la constituyan y técnicos, unos y otros de su libre designación y remoción.

109. 1. En la escritura fundacional deberá fijarse el valor de la aportación del Municipio o de la Provincia por todos conceptos, incluido el de la cohesión, si la hubiere.

2. El capital efectivo que aporten las Corporaciones locales deberán estar completamente desembolsado desde la constitución.

110. La responsabilidad económica de las Corporaciones locales se limitará a su aportación a la Sociedad.

111. 1. Las empresas mixtas se constituirán por un plazo que no exceda de cincuenta años.

2. Expirado el período que se fijare, revertirá a la Entidad local su activo y pasivo, y en condiciones normales de uso, todas las instalaciones, bienes y material integrante del servicio.

3. En la Constitución o Estatutos de la empresa habrá de preverse la forma de amortización del capital privado durante el plazo de gestión del servicio por la misma y expirado el plazo que se fije revertirán a la Entidad local, sin indemnización, el activo y pasivo y, en condiciones normales de uso, todas las instalaciones, bienes y material del servicio.

112. Los servicios gestionados por empresas mixtas en régimen de monopolio no podrán ser transformados en el de libre concurrencia sin consentimiento del capital privado de la Empresa.

Del Consorcio

37. 1. Las Corporaciones locales podrán constituir Consorcios con Entidades públicas de diferente orden, para instalar o gestionar servicios de interés local.

2. Sin perjuicio de lo dispuesto en el párrafo 5 del artículo 197 de la Ley, los Consorcios tendrán carácter voluntario y estarán dotados de personalidad para el cumplimiento de sus fines.

38. 1. La constitución de un Consorcio, en lo que a las Corporaciones locales concierne, deberá seguir el procedimiento señalado para la municipalización o provincialización de servicios, si se tratare de alguno de los que la asunción y gestión directa por la Corporación requiera esa formalización y no hubiere sido ya aprobada.

2. Si no requiriera dicho trámite, o ya se hubiere seguido, la Corporación podrá convenir la institución del Consorcio libremente.

39. El Estatuto del Consorcio determinará las particularidades del régimen orgánico, funcional y financiero.

40. Los Consorcios podrán utilizar cualquiera de las formas de gestión de servicios sustituyendo a los entes consorciados.

CAPITULO V

GESTION INDIRECTA DE LOS SERVICIOS

Sección 1.ª Formas de gestión indirecta

113. Los servicios de competencia de las Corporaciones locales podrán prestarse indirectamente con arreglo a las siguientes formas:

a) concesión;

b) arrendamiento; y

c) concierto.

Sección 2.ª De la Concesión

114. 1. Los servicios de competencia de las Entidades locales podrán prestarse mediante concesión administrativa salvo en los casos en que esté ordenada la gestión directa.

2. La concesión podrán comprender:

a) la construcción de una obra o instalación y la subsiguiente gestión del servicio a que estuvieran afectas; o

b) el mero ejercicio del servicio público, cuando no requiera obras o instalaciones permanentes o estuvieran ya establecidas.

3. En virtud de lo dispuesto por la Ley de Régimen Local, corresponderá exclusivamente al Ayuntamiento o a la Diputación, según los casos, el otorgamiento de

las concesiones para prestar, dentro de su respectivo territorio jurisdiccional, los servicios que los artículos 101 a 103, 107, y 164 a 167 atribuyen a la competencia municipal, y los 242 a 245, y 285 y siguientes, a la provincial.

115. En toda concesión de servicios se fijarán las cláusulas con arreglo a las cuales se otorgare, que serán las que se juzguen convenientes y, como mínimo, las siguientes:

1. Servicio objeto de la concesión y características del mismo.

2. Obras e instalaciones que hubiere de realizar el concesionario y quedaren sujetas a reversión, y obras e instalaciones a su cargo, pero no comprendidas en aquélla.

3. Obras e instalaciones de la Corporación cuyo goce se entregare al concesionario.

4. Plazo de la concesión, según las características del servicio y las inversiones que hubiere de realizar el concesionario sin que pueda exceder de cincuenta años.

5. Situación respectiva de la Corporación y del concesionario durante el plazo de vigencia de la concesión.

6. Tarifas que hubieren de percibirse del público, con descomposición de sus factores constitutivos, como base de futuras revisiones.

7. Clase, cuantía, plazos y formas de entrega de la subvención al concesionario, si se otorgare.

8. Canon o participación que hubiere de satisfacer, en su caso, el concesionario a la Corporación.

9. Deber del concesionario de mantener en buen estado las obras e instalaciones.

10. Otras obligaciones y derechos recíprocos de la Corporación y del concesionario.

11. Relaciones con los usuarios.

12. Sanciones por incumplimiento de la concesión.

13. Régimen de transición, en el último período de la concesión en garantía de la debida reversión o devolución, en su caso, de las instalaciones, bienes y material integrantes del servicio.

14. Casos de resolución y caducidad.

116. 1. Serán nulas las concesiones que se otorgaren sin ajustarse a las formalidades que se establecen en los artículos siguientes, y para lo no dispuesto en ellos, en el Reglamento de Contratación de las Corporaciones Locales.

2. Serán nulas las cláusulas por las que la Corporación concedente renunciare a fiscalizar el servicio o imponer modificaciones, al rescate si lo aconsejare el interés público o a declarar la caducidad en casos de infracción grave.

3. Serán también nulas las cláusulas que establecieran la irreversibilidad de las tarifas en el transcurso de la concesión, o confiriesen al concesionario derecho de preferencia a la gestión del servicio una vez extinguido el plazo de la otorgada.

117. 1. Cuando algún particular solicitare por su propia iniciativa la concesión de un servicio deberá presentar Memoria sobre el que se tratare de establecer y en la que justifique la conveniencia de prestarlo en régimen de concesión.

2. La Corporación examinará la petición y, considerando la necesidad o no del establecimiento del servicio y la conveniencia para los intereses generales de su gestión por concesión, la admitirá a trámite o la rechazará de plano.

3. Si se pidiere subvención de fondos, la Corporación deberá expresar, en el supuesto de admisión, si acepta o rechaza en principio la cláusula y, en caso afirmativo, la partida del presupuesto a cuyo cargo hubiere de imputarse.

118. 1. La Corporación encargará a sus técnicos la redacción del proyecto correspondiente o convocará concurso de proyectos, durante el plazo mínimo de un mes y en la forma dispuesta por el Reglamento de Contratación de las Corporaciones Locales.

2. Si optare por la última solución, en las bases del concurso podrá ofrecer:

a) adquirir el proyecto, mediante pago de cierta suma;

b) obligar al que resultare adjudicatario de la ejecución de aquél a pagar su importe;

c) derecho de tanteo sobre la adjudicación, a tenor de lo preceptuado en el párrafo 2 del artículo 123.

119. En el supuesto de que se hubiere convocado concurso de proyectos, la Corporación elegirá, con arreglo a las bases del mismo, el que fuere más conveniente a los intereses públicos, en el cual podrá introducir las modificaciones que considerare oportunas.

120. 1. Si el concurso otorgare alguno de los beneficios a que se refieren los apartados b) y c) del párrafo 2 del artículo 118, el proyecto elegido será tasado contradictoriamente por peritos, nombrados uno por la Corporación y otro por el adjudicatario, y si mediare discordia, la resolverá el Jurado Provincial de Expropiación.

2. En la tasación se incluirán los gastos materiales de toda índole que, ocasionare la redacción del proyecto, así como los honorarios del facultativo que lo hubiere redactado, con arreglo a las tarifas que los rigieren o, en su defecto, a lo que fuere uso y costumbre para trabajos semejantes, incrementado por el interés de dicha valoración, al 4 por 100, desde su presentación, por un 10 por 100 de beneficio y por los gastos de tasación.

121. El período de reclamaciones a que se refiere el artículo 312 de la Ley se sustituirá en las concesiones por una información pública, durante treinta días, referida a los pliegos, proyectos, Reglamentos y tarifas.

122. 1. Aprobado por la Corporación el proyecto que, redactado por particulares o por la misma Corporación hubiere de servir de base a la concesión del servicio, se convocará licitación pública para adjudicarla.

2. Podrá tomar parte en la licitación cualquier persona, además de los presentadores de proyectos en el concurso previo si se hubiere celebrado.

3. Si el proyecto preveyere la subvención con fondos públicos al concesionario, la Corporación podrá disponer que la licitación verse sobre la rebaja en el importe de aquélla.

4. En otro caso, y en el de igualdad en la baja, la licitación se referirá al abaratamiento de las tarifas-tipo señaladas en el proyecto, y, si se produjere empate,sucesivamente a los siguientes extremos: Ventajas a los usuarios económicamente débiles; mayor anticipación en el plazo de reversión, si la hubiere, y más rendimiento para la administración, en forma de canon o participación en los beneficios.

5. La Corporación podrá, sin embargo, disponer que la licitación se refiera simultáneamente a todos o varios de los extremos señalados en los párrafos 3 y 4 u otros que ordenare, asignando a cada uno de ellos uno o más puntos, fijados en las bases de la convocatoria, para efectuar la adjudicación a quien obtuviere la puntuación más alta.

6. En los supuestos regulados en los párrafos 3 y 4, los licitadores presentará, en plicas separadas, sus respuestas relativas a cada uno de los extremos que sucesivamente comprendiere la licitación, indicando en el sobre a cual de ellos se refiere para limitar la apertura a los que fueren relevantes.

123. 1. El peticionario iniciador a que alude el artículo 117 tendrá derecho de tanteo si participare en la licitación y entre su propuesta económica y la que hubiere resultado elegida no existiere diferencia superior a un 10 por 100.

2. El propio derecho corresponderá en iguales circunstancias al titular del proyecto que hubiere resultado elegido en el concurso previo de proyectos, de haberse celebrado, si en las bases se le otorgare, como premio, tal derecho a tenor de lo previsto en el apartado c) del párrafo 2 del artículo 118.

3. Podrá ejercerse este derecho en el acto de la apertura de plicas, que se prolongará al efecto treinta minutos después de la adjudicación provisional.

Si hicieren uso del derecho de tanteo, las personas a que se refieren los párrafos 1 y 2 se otorgará, de las dos, a quien hubiere presentado la propuesta más económica, y si existiere empate entre ambas se resolverá por pujas a la llana, en la forma dispuesta por la norma cuarta del artículo 34 del Reglamento de Contratación de las Corporaciones Locales, partiendo de la propuesta sobre la que se ejercitare el indicado privilegio.

5. En el acto de la licitación se hará constar si se hizo uso o no del derecho de tanteo.

124. La concesión será otorgada por el Ayuntamiento pleno o por la Diputación Provincial.

125. 1. La garantía se devolverá al concesionario si hubiere de realizar obras revertibles a la Entidad local, cuando acreditare tenerlas efectuadas por valor equivalente a la tercera parte de las comprendidas en la concesión.

2. En el plazo de quince días, el concesionario deberá abonar el valor de tasación del proyecto, si lo ordenaren las bases de la licitación o hubiere obtenido la adjudicación en virtud de lo dispuesto por el párrafo 1, en relación con el 4, artículo 123.

3. Constituida la garantía definitiva y, en su caso, pagado o consignado el valor del proyecto, se formalizará la concesión con arreglo al capítulo IV del Reglamento de Contratación de las Corporaciones Locales.

126. 1. En la ordenación jurídica de la concesión se tendrá como principio básico que el servicio concedido seguirá ostentado en todo momento la calificación de servicio público de la Corporación local a cuya competencia estuviere atribuido.

2. En el régimen de la concesión se diferenciará:

a) el servicio objeto de la misma, cuyas características serán libremente modificables por el poder concedente y por motivos de interés público; y

b) la retribución económica del concesionario, cuyo equilibrio, a tenor de las bases que hubieren servido para su otorgamiento, deberá mantenerse en todo caso y en función de la necesaria amortización, durante el plazo de concesión, del coste de establecimiento del servicio que hubiere satisfecho, así como de los gastos de explotación y normal beneficio industrial.

3. Los actos de los concesionarios realizados en el ejercicio de las funciones delegadas serán recurribles en reposición ante la Corporación concedente, frente a cuya resolución se admitirá recurso jurisdiccional con arreglo a la Ley.

127. 1. La Corporación concedente ostentará, sin perjuicio de las que procedan, las potestades siguientes:

1.ª Ordenar discrecionalmente, como podría disponer si gestionare directamente el servicio, las modificaciones en el concedido que aconsejare el interés público y, entre otras:

a) la variación en la calidad, cantidad, tiempo o lugar de las prestaciones en que el servicio consista; y

b) la alteración de las tarifas a cargo del público y en la forma de retribución del concesionario.

2.ª Fiscalizar la gestión del concesionario, a cuyo efecto podrá inspeccionar el servicio, sus obras, instalaciones y locales y la documentación relacionada con el objeto de la concesión, y dictar las órdenes para mantener o restablecer la debida prestación.

3.ª Asumir temporalmente la ejecución directa del servicio en los casos en que no lo prestare o no lo pudiere prestar el concesionario, por circunstancias imputables o no al mismo.

4.ª Imponer al concesionario las correcciones pertinentes por razón de las infracciones que cometiere.

5.ª Rescatar la concesión.

6.ª Suprimir el servicio.

2. La Corporación concedente deberá:

1.º Otorgar al concesionario la protección adecuada para que pueda prestar el servicio debidamente.

2.º Mantener el equilibrio financiero de la concesión, para lo cual:

a) compensará económicamente al concesionario por razón de las modificaciones que le ordenare introducir en el servicio y que incrementaren los costos o disminuyeren la retribución; y

b) revisará las tarifas y subvención cuando, aún sin mediar modificaciones en el servicio, circunstancias sobrevenidas e imprevisibles determinaren, en cualquier sentido, la ruptura de la economía de la concesión.

3.º Indemnizar al concesionario por los daños y perjuicios que le ocasionare la asunción directa de la gestión del servicio, si ésta se produjere por motivos de interés público independientes de culpa del concesionario.

4.º Indemnizar al concesionario por el rescate de la concesión o en caso de supresión del servicio.

128. 1. Serán obligaciones generales del concesionario:

1.º Prestar el servicio del modo dispuesto en la concesión u ordenado posteriormente por la Corporación procedente, incluso en el caso de que circunstancias sobrevenidas e imprevisibles ocasionaren una subvención en la economía de la concesión, y sin más interrupciones que las que se habrían producido en el supuesto de gestión directa municipal o provincial.

2.º Admitir el goce del servicio a toda persona que cumpla los requisitos dispuestos reglamentariamente.

3.º Indemnizar a terceros de los daños que les ocasionare el funcionamiento del servicio, salvo si se hubieren producido por actos realizados en cumplimiento de una cláusula impuesta por la Corporación con carácter ineludible.

4.º No enajenar bienes afectos a la concesión que hubieren de revertir a la Entidad concedente, ni gravarlos, salvo autorización expresa de la Corporación.

5.º Ejercer por sí la concesión y no cederla o traspasarla a terceros sin la ausencia de la Corporación, que sólo podrá autorizarla en las circunstancias que señala el párrafo 2 del artículo 52 del Reglamento de Contratación de las Corporaciones Locales.

2. La concesión otorgará al concesionario las facultades necesarias para prestar el servicio.

3. Serán derechos del concesionario:

1.º Percibir la retribución correspondiente por la prestación del servicio.

2.º Obtener compensación económica que mantenga el equilibrio financiero de la concesión en los casos en que concurra cualquiera de las circunstancias a que se refieren los números segundo, tercero y cuarto del párrafo 2 del artículo anterior.

3.º Utilizar los bienes de dominio público necesarios para el servicio.

4.º Recabar de la Corporación los procedimientos de expropiación forzosa, imposición de servidumbres y desahucio administrativo para la adquisición del dominio, derechos reales o uso de los bienes precisos para el funcionamiento del servicio.

4. La Corporación concedente podrá otorgar al concesionario:

1.º Reconocimiento de vecindad a su persona, dependientes y operarios en el Municipio de la concesión, para el disfrute de los aprovechamientos comunales.

2.º Utilización de la vía de apremio para la percepción de las prestaciones económicas que adeuden los usuarios por razón del servicio.

129. 1. El concesionario percibirá, como retribución:

a) las contribuciones especiales que se devengaren por el establecimiento del servicio, salvo cláusula en contrario; y

b) las tasas a cargo de los usuarios, con arreglo a tarifa aprobada en la forma dispuesta por el artículo 179 de la Ley.

2 También podrá consistir la retribución, juntamente con alguno de los conceptos anteriores, o exclusivamente si el servicio hubiere de prestarse gratuitamente, en subvención a cargo de los fondos de la Corporación.

3. En todo caso, la retribución prevista para el concesionario deberá ser calculada de modo que permita, mediante una buena y ordenada administración, amortizar durante el plazo de la concesión el costo de establecimiento del servicio y cubrir los gastos de explotación y un margen normal de beneficio industrial.

4. Si como forma de retribución, total o parcial, se acordare el otorgamiento de subvención, ésta no podrá revestir la forma de garantía de rendimiento mínimo ni cualquier otra modalidad susceptible de estimular el aumento de gastos de explotación, y, en general, una gestión económica deficiente por el concesionario y el traslado de las resultas de la misma a la Entidad concedente.

5. La retribución será revisable en los casos a que aluden los artículos 127 y 128.

130. 1. Si la Corporación otorgare al concesionario la utilización de la vía de apremio para percibir las prestaciones económicas de los usuarios derivadas de la concesión, concretará el concepto o conceptos a los que sea aplicable la ejecución.

2. También determinará si la sustanciación del procedimiento ejecutivo ha de estar a cargo de los Agentes ejecutivos de la Corporación o si comprende la posibilidad de que el concesionario proponga Agentes ejecutivos particulares, los cuales deberán reunir los requisitos de capacidad e idoneidad exigibles para los de la Corporación local concedente, que deberá aprobar los nombramientos y tendrá facultad de revocarlos, en cualquier momento, si se extralimitaren en sus funciones.

3. Llegado el caso de que el concesionario hubiere de ejercitar la vía de apremio, expedirá la correspondiente certificación de descubierto y entregará al Interventor de fondos de la Corporación.

4. El Interventor comprobará si la certificación se halla en forma legal, si los débitos contenidos en la misma son precisa y exclusivamente por los conceptos a los que se contraiga la concesión de la vía de apremio y si se ha agotado el plazo de re-

caudación voluntaria; y cuando procediere, el Presidente de la Corporación expedirá providencia de apremio.

5. El procedimiento de apremio constará de un solo grado, que implicará un recargo del 5 por 100 a favor del ejecutor.

6. Decretado el apremio, la certificación será entregada a la Agencia ejecutiva de la Corporación o al concesionario, según los casos, para el desarrollo de las ulteriores fases del procedimiento.

131. 1. El pliego de condiciones detallará la situación y el estado de conservación en que habrán de encontrarse las obras y el material afectos a la concesión en el momento de reversión de la misma.

2. Con anterioridad a ésta, en el plazo que señalare el pliego de condiciones y, en todo caso, como mínimo, en el de un mes por cada año de duración de la concesión, la gestión del servicio se regulará del modo siguiente:

1.º La Corporación designará un Interventor técnico de la empresa concesionaria, el cual vigilará la conservación de las obras y del material e informará a la Corporación sobre las reparaciones y reposiciones necesarias para mantenerlos en las condiciones previstas.

2.º En caso de desobediencia sistemática del concesionario a las disposiciones de la Corporación sobre conservación de las obras e instalaciones, de mala fe en la ejecución de las mismas, la Corporación podrá disponer el secuestro de la empresa, y, si fuere preciso, solicitar del Ministerio de la Gobernación que continúe hasta el término de la concesión.

132. Si el concesionario cometiese alguna infracción de carácter leve, se le impondrán multas en la forma y cuantía previstas en el pliego de condiciones.

133. 1. Si el concesionario incurriese en infracción de carácter grave que pusiera en peligro la buena prestación del servicio público, incluida la desobediencia a órdenes de modificación, la Administración podrá declarar en secuestro la concesión, con el fin de asegurar aquél provisionalmente.

2. El acuerdo de la Corporación deberá ser notificado al concesionario, y si éste, dentro del plazo que se le hubiere fijado, no corrigiera la diferencia, se ejecutará el secuestro.

134. 1. En virtud del secuestro, la Administración se encargará directamente del funcionamiento del servicio y de la percepción de los derechos establecidos, utilizando para ello el mismo personal y material del concesionario, sin que pueda alterar las condiciones de su prestación.

2. Con ese fin, la Corporación designará un Interventor técnico que sustituirá plena o parcialmente a los elementos directivos de la empresa.

3. La explotación se efectuará por cuenta y riesgo del concesionario a quien se entregará, al finalizar el secuestro, el saldo activo que resultare después de satisfechos todos los gastos, incluso los haberes del Interventor.

135. 1. El secuestro tendrá carácter temporal, y su duración máxima será:

a) la que se hubiere establecido en el pliego de condiciones; o

b) en su defecto, la que determinare la Corporación interesada sin que pueda exceder de dos años ni de la tercera parte del plazo que restare para el término de la concesión.

2. La Corporación podrá acordar y el concesionario pedir en cualquier momento el cese del secuestro, y deberá accederse a la solicitud si justificare estar en condiciones de proseguir la gestión normal de la empresa.

136. 1. Procederá la declaración de caducidad de la concesión en los supuestos previstos en el pliego de condiciones y, en todo caso, en los siguientes:

a) si levantado el secuestro el concesionario volviera a incurrir en las infracciones que lo hubieren determinado o en otras similares; y

b) si el concesionario incurriera en infracción gravísima de sus obligaciones esenciales.

2. La declaración de caducidad en el caso previsto en el apartado b) del párrafo anterior, requerirá previa advertencia al concesionario, con expresión de las deficiencias que hubieren de motivarla.

3. En dicho supuesto, la caducidad podrá declararse cuando transcurrido un plazo prudencial no se hubieren corregido las deficiencias advertidas imputables al concesionario.

137. 1. La declaración de caducidad se acordará por la Corporación y determinará el cese de la gestión del concesionario, la incautación de los elementos de la empresa afectos al servicio, para asegurar la prestación del mismo, y la convocatoria de licitación para adjudicar nuevamente la concesión.

2. A este efecto, en el plazo de un mes desde que la caducidad hubiere sido ejecutada, la Corporación incoará expediente de justiprecio de la concesión, sin modificar ninguna de las cláusulas de la misma y con intervención del titular caducado, que se decidirá en defecto de acuerdo por el Jurado Provincial de expropiación y conforme al procedimiento de la Ley de Expropiación Forzosa.

3. Acortada la tasación o aprobada por el Jurado provincial de expropiación, la Corporación convocará en el plazo de un mes licitación sobre dicha base, para ad-

judicar nuevamente la concesión con arreglo al mismo pliego de condiciones que viniere rigiendo anteriormente, y el producto de la licitación se entregará al concesionario caducado.

4. Si la primera licitación quedare desierta, se convocará la segunda con baja del 25 por 100 del precio de tasación; y si también quedare desierta, los bienes e instalaciones de la concesión pasarán definitivamente a la Corporación sin pago de indemnización alguna.

5. Si la Corporación no deseare continuar la gestión del servicio por concesión, abonará al titular caducado la indemnización que le correspondería en caso de rescate.

3. ACOMETIDAS DE LA RED

Debe tenerse en cuenta que las redes son gestionadas por el municipio, debiendo prohibirse cualquier obra u operación de particulares en la red municipal. La acometida debe realizarse bajo el control municipal.

Cuando las acometidas a colectores son visitables, se debe exigir alojar un tubo en la acometida visitable para circulación de las aguas residuales, cerrando la galería visitable, e independizando así la red municipal y la red privada.

Como medida de seguridad de una utilización adecuada de la red privada interior, se suele adoptar que el diámetro de la acometida, o la sección adoptada en su caso, tenga dimensiones inferiores a las del conducto receptor, buscando que, en caso de producirse una obstrucción por vertido indebido, sean los particulares responsables los que se hagan cargo de los gastos complementarios del mantenimiento y explotación, no sobrecargando los gastos de la comunidad municipal.

En cualquier caso debe tenerse en cuenta que estas acometidas deben estar separadas, aguas blancas, aguas industriales y aguas negras, con sus características propias, debiendo, en consecuencia, seleccionar los materiales, gres, P.V.C., hormigón, fibrocemento, fundición, etc.; acorde con las características de las aguas recibidas.

Con independencia de la selección del material, en cuanto a su funcionamiento y explotación correcta, dos son los puntos fundamentales a considerar, la dimensión correcta y la ventilación adecuada.

La pendiente a adoptar debe ser siempre superior al 2% (dos por ciento), pudiéndose utilizar el diagrama siguiente:

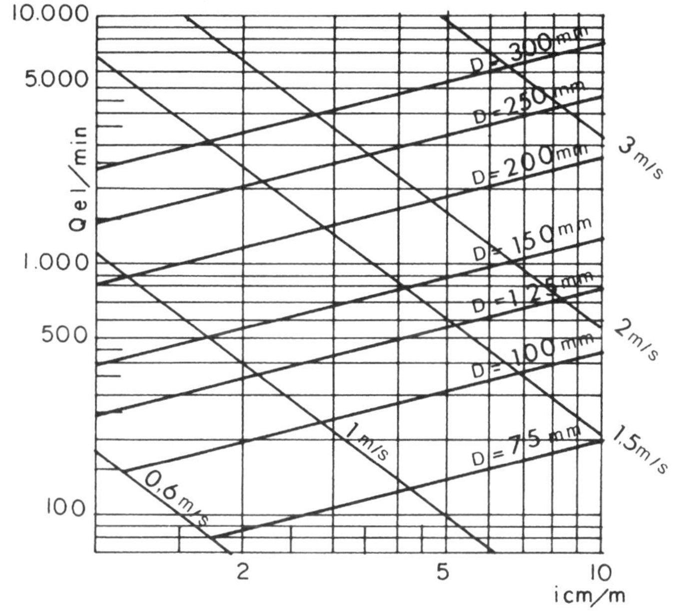

Fig. 8-1. *Relación entre los parámetros hidráulicos de una acometida.*

En dicho diagrama se considera el conducto medio lleno.

3.1. CAUDALES A DESAGUAR

Los métodos utilizados para establecer los caudales a desaguar por las acometidas privadas son múltiples, pudiéndose indicar aquí los siguientes:

3.1.1. Método empírico

Considerando como caudal máximo el derivado de comprobaciones experimentales sobre caudales distribuidos o vertidos en circunstancias análogas.

3.1.2. Método de la raíz cuadrada

Suponiendo el caudal nominal de un elemento doméstico q, y q_n el caudal realmente vertido por dicho elemento, se define como factor de carga al cociente:

$$f_n = q_n/q$$

Para establecer el caudal vertido por n elementos del mismo tipo se adopta el valor:

$$q_v = q\sqrt{f_x \cdot n_x}$$

En el caso de múltiples elementos esta expresión se transformaría en:

$$q_t = q\sqrt{n_1 f_1 + n_2 f_2 + \ldots + n_x f_x + n'q'}$$

Siendo n' el número de elementos con un vertido permanente q'.

3.1.3. Método de la suma de caudales

Consiste en sumar todos los vertidos de todos los elementos que funcionan de forma esporádica, multiplicando por un coeficiente de simultaneidad, dado por la expresión:

$$C_y = \frac{1}{\sqrt{N-1}}$$

siendo:

C_y = el coeficiente de simultaneidad.

N = el número de elementos de la instalación.

3.1.4. Método probabilístico

Se calcula el caudal medio vertido por cada uno de los elementos. A continuación se determina la frecuencia máxima de utilización.

Este método precisa partir de un número de elementos importante, siendo conveniente su comprobación.

Como valores típicos de los elementos de una vivienda pueden darse los valores del cuadro siguientes:

Elemento	Capacidad media l	Caudal de desagüe (l/min)	Tiempo de vaciado (s)	Tiempo entre dos vaciados (s)
Bañera	120	60	120	1.200
W.C.	9	90	6	600
Lavabo	10	30	20	900
Bidé	10	30	20	900
Fregadero, pila	30	30	60	600

3.2. VENTILACION

En cuanto al otro punto importante a considerar, la ventilación, debe tenerse en cuenta la circulación de aire por los conductos, normalmente con la lámina de agua a menos de medio tubo.

Salvo justificación en contra, deberán adoptarse bajantes con diámetro mayor o igual a 150 mm en edificios de más de 20 m de altura, y no bajar de un diámetro de 100 mm.

3.3. VIGILANCIA DE LAS ACOMETIDAS PRIVADAS

En cuanto a la explotación de las acometidas, y a su mantenimiento, totalmente privados, debe señalarse que a menudo son instalaciones olvidadas, pero por el contrario necesitan de una serie de atenciones como:

- Comprobación de los desagües de los vertidos particulares, principalmente en lo que concierno a la conexión en sí, teniendo en cuenta la doble red en caso de sistema separativo en la red municipal.
- Comprobación de que no se introducen a la red municipal vertidos industriales o urbanos, que pueden atacar la conducción o impedir el mantenimiento o explotación de la red.
- Comprobación de que los vertidos incorporados a la red no perjudiquen el correcto funcionamiento de la depuración, la fauna y flora del cauce receptor.
- Comprobación de las condiciones técnicas del proyecto y construcción de las instalaciones interiores y de las acometidas.

4. OPERACIONES DE MANTENIMIENTO Y EXPLOTACION

Dentro de las operaciones a realizar conviene diferenciar las correspondientes a limpieza de aquéllas encaminadas a la reparación o renovación de la red.

Por otra parte se consideran incluidas con la red, o redes en su caso, las obras complementarias de la red como son sumideros, cámaras de descarga, pozos de registro y resalto, obras de resalto, cámaras de desarenado en entrada de aguas superficiales en zonas no urbanizadas, instalaciones de bombeo, aliviaderos, y todas aquellas instalaciones en conexión directa con el correcto funcionamiento de la red.

4.1. RELACIONES, PLANIFICACION, PROYECTO, OBRA, EXPLOTACION Y MANTENIMIENTO

Conviene llamar la atención sobre la conexión directa entre proyecto, construcción y el mantenimiento y explotación. ¡Cuántas veces se ahorra en proyecto y construcción sin pensar en las etapas siguientes!

Son múltiples los problemas generales en el mantenimiento y explotación con causa principal en las etapas de planificación, proyecto y construcción.

Algunos de los defectos que inciden en la explotación son:

Planificación:

- Mal diseño de la red, teniendo en cuenta vertidos urbanos e industriales.
- Mala adopción del sistema adecuado.
- Mal establecimiento de los criterios de diseño.
- Inadecuada previsión de materiales.
- Descuidar los efectos de la red sobre el entorno.

Proyecto:

- Falta de atención a la ubicación de conductos.
- Defectuoso cálculo hidráulico.
- Defectuoso cálculo resistente.
- Adopción de secciones inadecuadas.
- Escasa consideración de la calidad de las aguas a transportar.
- Inadecuado material a emplear.
- Inadecuados sistemas para buscar la impermeabilidad del conducto.
- Falta de atención a las conexiones con los elementos complementarios de la red.
- Olvido de las operaciones posteriores de mantenimiento y explotación.

Obras:

- Defectuosa instalación y unión de los conductos.

OPERACIONES	MEDIOS O SISTEMAS UTILIZADOS
LIMPIEZA	
Limpieza de las redes de alcantarillado	*No visitables* • Boquilla a presión • Descargas de agua
Limpieza de las instalaciones complementarias a la red	• Elementos mecánicos, como bolas, cepillos sacatrapos, cortaraíces, taladradores, platillos dragadores, etc.
Conservación y mantenimiento de la red	*Visitables* • Carretones • Escudos con chorro • Barco compuertas • Vehículos con equipos de aspiración • Aspiración y compresión de aire • Conservación y engrases de equipos • Limpieza y conservación de obras
REPARACION Y RENOVACION	
Reparación de las redes	Reposición de elementos, reconstrucción en caso de hundimiento, enlucidos, etc.
Reparación de instalaciones complementarias	Reposición de elementos, reconstrucción, adecuación en operaciones provisionales Enlucidos
CONTROL	
Inspección de las alcantarillas	Visión por monitor de televisión Visión directa en caso de secciones visitables
Control de los vertidos a la red	Muestreo y análisis con vista a evitar, ataque a las conducciones, y detectar tóxicos que pueden afectar a la depuración. Reglamento de vertidos
Control de calidad de las aguas en puntos de la red y caudales	Muestreo y análisis para información en tiempo a la depuradora para adoptar el sistema de explotación más adecuado
Control del agua vertida por aliviaderos y	Muestro y análisis para cumplir las
caudal y calidad de las aguas incorporadas a la depuradora o al cauce	Reglamentaciones y normativas establecidas
Control de ventilación y gases en la red	Análisis de gases y revisión de la ventilación

Tabla 8-1. Operaciones en la explotación de una red de saneamiento

- Falta de alineaciones adecuadas.
- Defectos de pendiente.
- Empleo y manejo inadecuado de los materiales.
- Desajuste con las condiciones del proyecto.
- Olvido del entorno en la construcción.

Puede comprenderse fácilmente que la problemática de las operaciones de mantenimiento y explotación es muy diversa, pero puede concretarse en un cuadro como el de la Tabla 8-1.

4.2. LIMPIEZA DEL ALCANTARILLADO

4.2.1. Personal y equipos

Es difícil dar cifras adecuadas sobre las necesidades de personal y equipos, por la dispersión y variación en redes existentes. Como orden de magnitud pueden darse algunos datos como:

- En alcantarillado puede establecerse como suficiente la dedicación de dos poceros, constituyendo un equipo, por cada 10 km de conducción.
- Un tanque con equipo de aspiración para limpieza de sumideros y fosas sépticas tiene capacidad para limpiar 150 sumideros por día. Se precisan limpiezas del orden de 6 a 12 veces por año.

4.2.2. Sistemas de la limpieza

Los sistemas de limpieza serán totalmente diferentes en las redes no visitables, y en aquellas que lo son.

Para las primeras se recurre a procedimientos de limpieza a mano, con auxilio de descargas de agua y de instrumentos especiales.

Para las segundas se emplean equipos apropiados que arrastran las sustancias sedimentadas, ayudados por el propio caudal de las alcantarillas.

Las descargas de agua se obtienen mediante las cámaras de limpia. Pero como no es posible esperar muchas veces la descarga periódica de la misma se recurre a utilizar los pozos de registro como depósitos eventuales de descarga, cerrando con compuertas, manejadas a mano, el arranque de la tubería, con lo que el agua se remansa en la misma. Al levantarse dicha compuerta, el agua remansada se precipita y produce el arrastre de los depósitos aguas abajo.

Debe tenerse en cuenta, en contrario, que la ola de la descarga de agua es eficaz sólo en 150 ó 200 m.

Otro sistema hidráulico consiste en el empleo de equipos de alta presión, de tubos con bombas capaces de conseguir presiones de 0 a 750 kg/cm^2, inyectándose las aguas a través de una manguera con una especie de toberas que se mueven en los conductos por efecto de reacción. El método constituye un sistema de grandes posibilidades en la limpieza del alcantarillado.

El equipo puede ir montado en un trailer o en un camión cisterna, tal como se presenta en la figura 8-2.

Fig. 8-2. *Vehículo de alta presión para limpieza de alcantarillas.*

Esta máquina se utiliza en combinación con toberas especiales Fig 6.3, colocadas en el extremo de la manguera. Estas toberas llevan en su parte posterior, y en forma de anillo, una serie de taladros con un grado de inclinación determinado adecuado a los usos a que se destina. El consumo de agua corresponde al número o modelos de las toberas, al taladro de las mismas y a la presión ajustada de la bomba. Con este sistema de limpieza se resuelve cualquier problema de obstrucción en tubo de diámetro interior mayor de 23 mm en adelante; también está muy indicado su empleo con una pistola rociadora para la limpieza en absorbederos o suciedades e incrustaciones en cualquier superficie.

La operación de desatranco de una tubería con este sistema es sencillísima, ya que basta introducir por el pozo de registro el extremo de la manguera. Una vez colocada la tobera adecuada, se pone en funcionamiento la bomba, avanzando a partir de este momento la manguera a través de la tubería, empujada por la reacción del agua que sale a través de los orificios de la tobera.

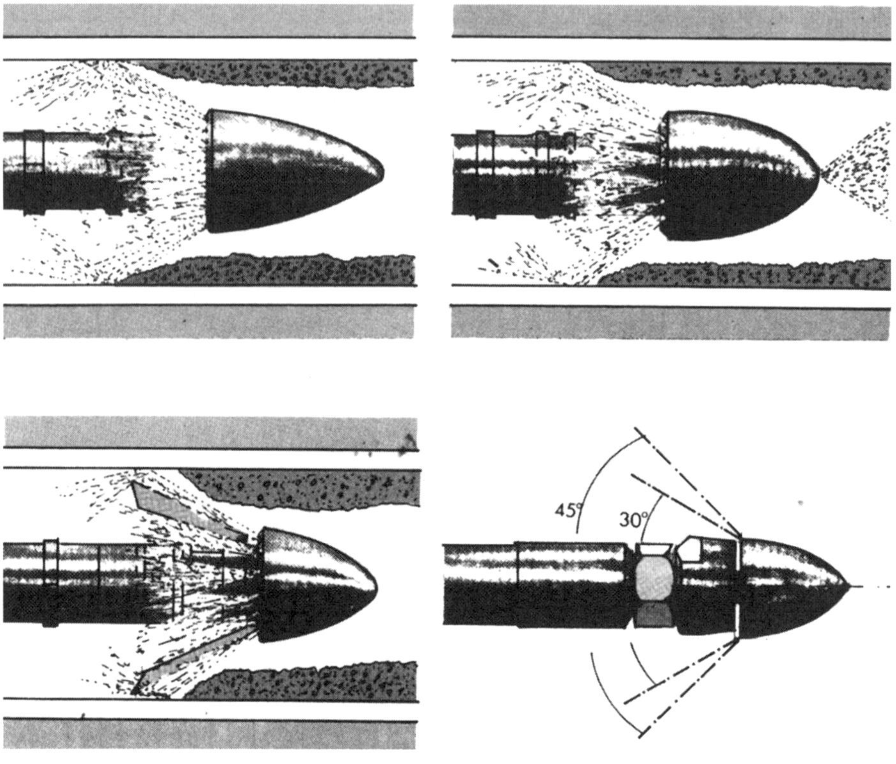

Fig. 8-3. *Distintos tipos de toberas para la limpieza hidrodinámica.*

4.2.3. Utiles de limpieza

Para formar cierres hidráulicos, que permitan, una vez remansada el agua, soltar rápidamente el agua, generando una ola de arrastre pueden utilizarse elementos elásticos hinchables, que sirven igualmente en el caso de aislar tramos por reparación. Véase Fig. 8-4.

Otro sistema es el empleo de los elementos denominados saco-compuerta. Consiste, figura 8-5, en un saco, P, impermeable de dimensiones adecuadas al diámetro de la tubería a limpiar, provisto en su parte baja de un cable, C, que asegure su inmovilidad al vaciarse, y de una corona de cables finos, en su parte superior, unidos todos a una corona E. Colocado el saco en el registro, al llenarse de agua, se aprieta contra el encuentro de la tubería con el registro y le obstruye, provocando el remanso aguas arriba.

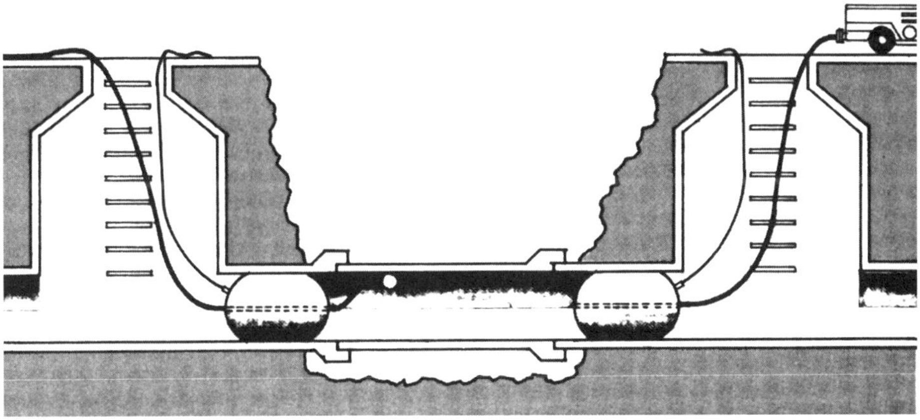

Fig. 8-4. *Dispositivo de cierre de tramos de alcantarilla.*

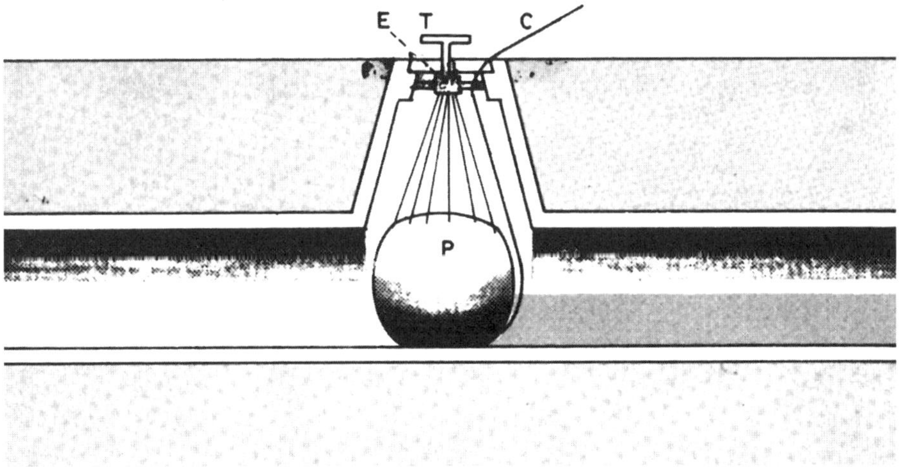

Fig. 8-5. *Saco-compuerta.*

En un momento se acciona el dispositivo T hasta que suelta bruscamente la corona E, y el saco se vacía, determinando el golpe de agua que ha de producir el efecto de una descarga de cámaras de limpia, sin que el saco sea arrastrado al interior de la tubería, merced al cable que lo sujeta por el fondo.

Existen unos cepillos esféricos de fibra o metálicos que permiten una buena limpieza. Véase la Fig. 8.6, cepillos esférico y espiral, así como otros útiles, muchos prácticamente en desuso.

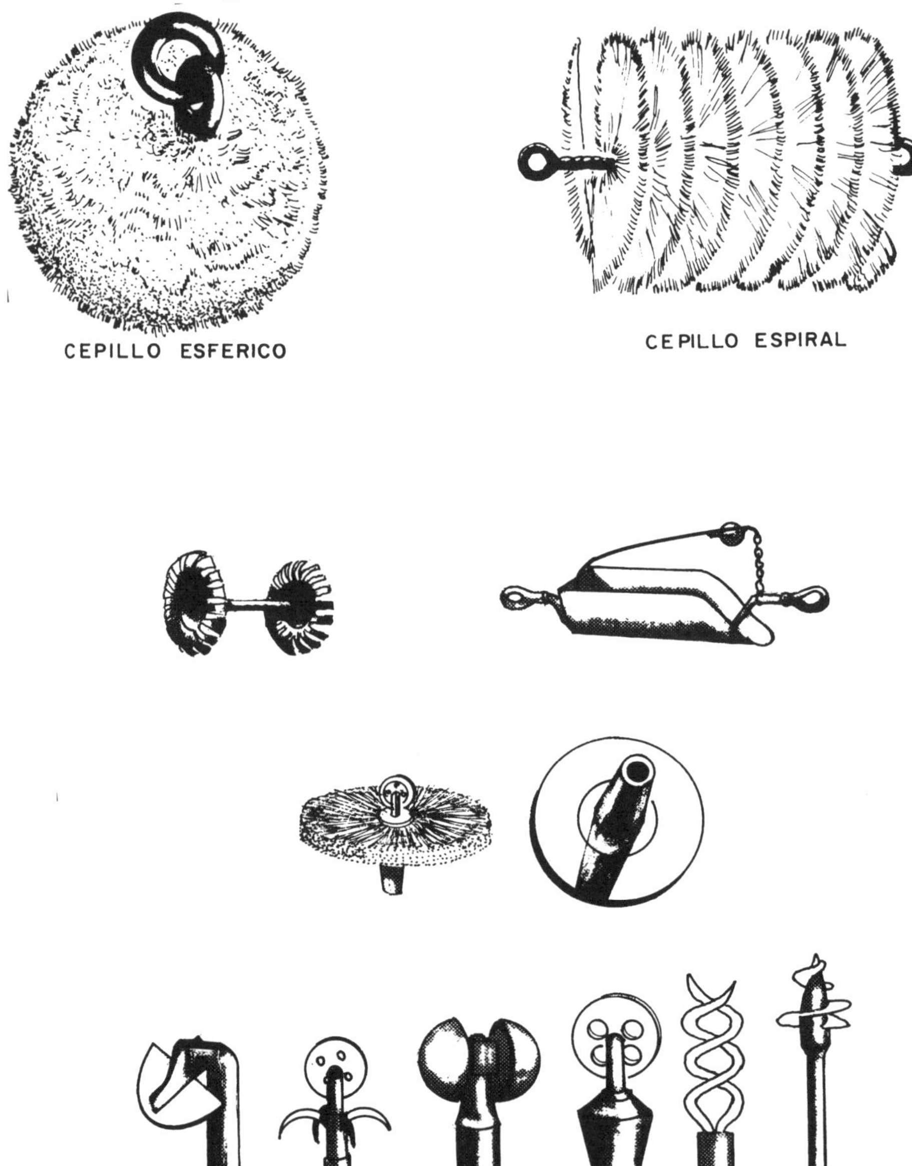

Fig. 8-6. *Diversos útiles de limpieza.*

a) Rastrillos de hierro forjado para limpieza de musgo, colas de zorro y eflorescencias de tuberías.

b) Palas depósito para limpieza de arena y fango.

c) Cepillos circulares de esparto con ruedecita guía.

d) Enjuagadores de caucho.

e) Raederas fijas o móviles.

f) Ruedas limpiadoras simples, con arpón.

g) Ruedas limpiadoras universales.

h) Ruedas limpiadoras simples.

i) Sacatrapos de doble gancho.

j) Llaves de Arquímedes.

Todos estos últimos útiles se empalman, mediante un racord, a pértigas de 0,90 m en cuyos extremos unos racords especiales con rosca y palanca, aseguran la sujeción, y, dada la flexibilidad de los tramos pueden conseguirse longitudes de hasta 50 m, que es la distancia normal entre registros.

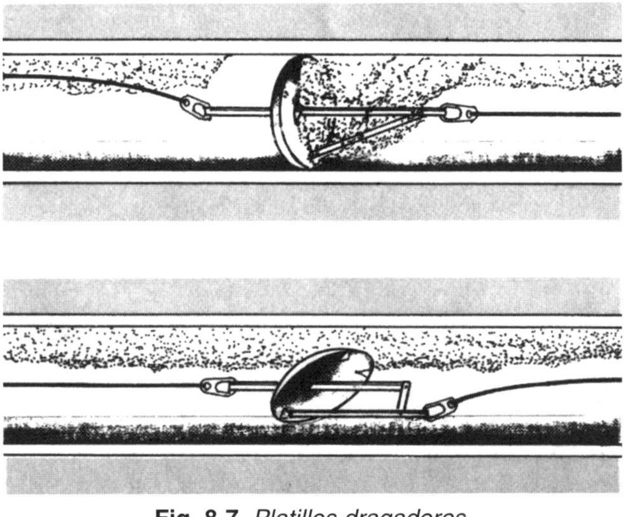

Fig. 8-7. *Platillos dragadores.*

Se usan también unos platillos dragadores, figura 8-7, que se introducen en el registro de aguas abajo y son arrastrados hacia arriba por la cuerda en posición horizontal. Tirando luego hacia adelante se levanta el platillo arrastrando los sedimentos.

Conviene ir haciendo limpiezas de tramos más o menos cortos, según sea la cantidad de sedimentos, para no tener que retirar cargas demasiado grandes.

O bien, otros tipos como los representados en la Figura 8-8.

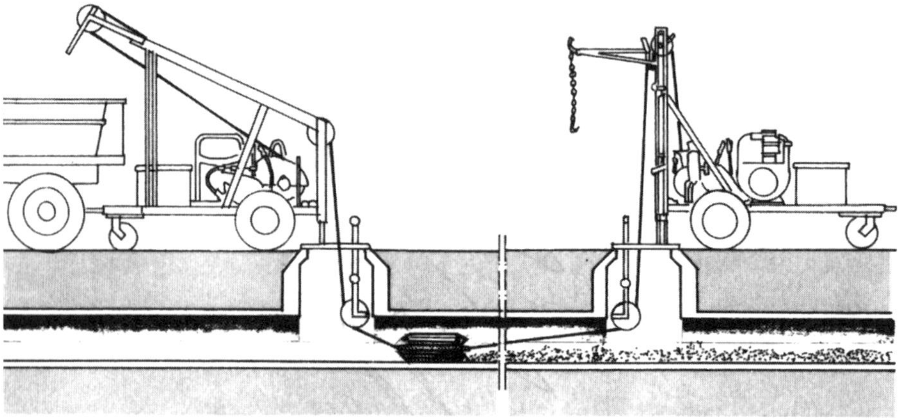

Fig. 8-8. *Operación de extracción de materiales de una tubular.*

Otros equipos de sondas y su sistema de trabajo pueden verse en las figuras 8-9a y 8-9b y 8-9c.

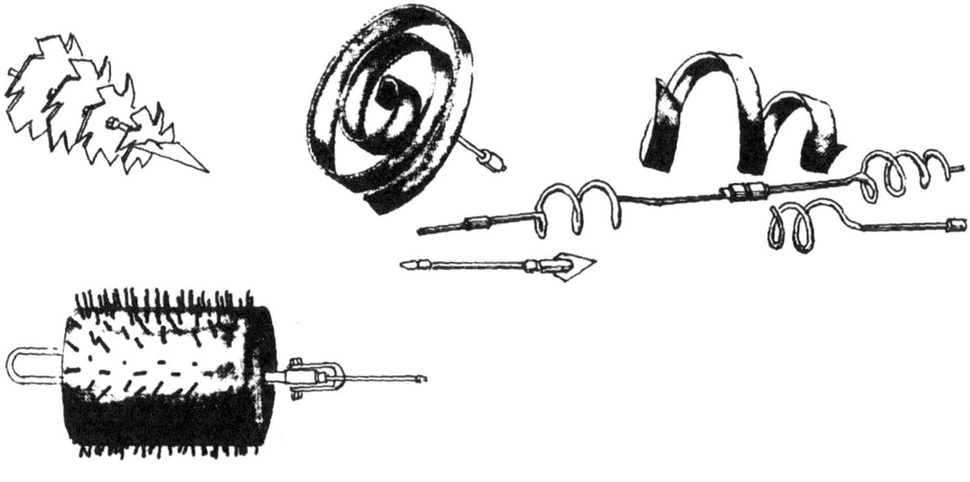

Fig. 8-9a. *Sondas.*

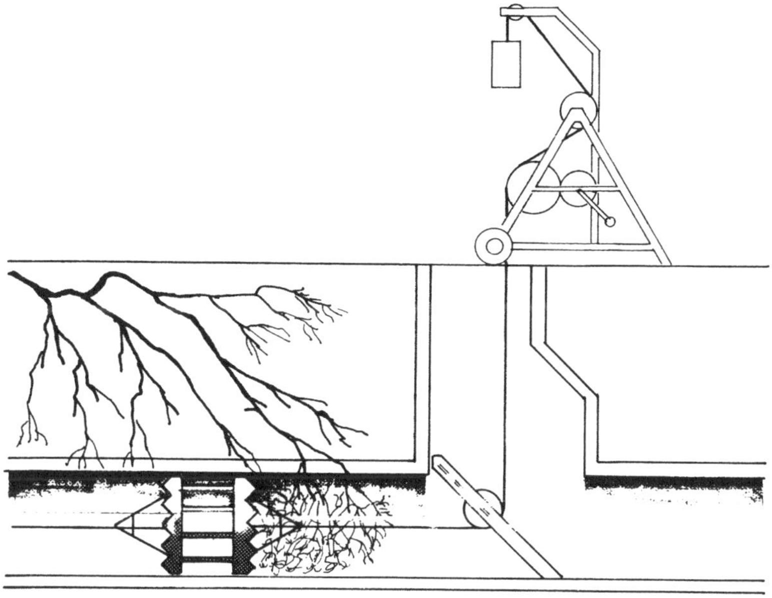

Fig. 8-9b. *Aparatos cortarraices.*

Fig. 8-9b. *Rascador para tubulares.*

4.2.4. Limpieza de alcantarillas visitables y colectores

Puede hacerse a mano, con ayuda de raederas y de escobas de fibra o metálicas. Fig. 8-10.

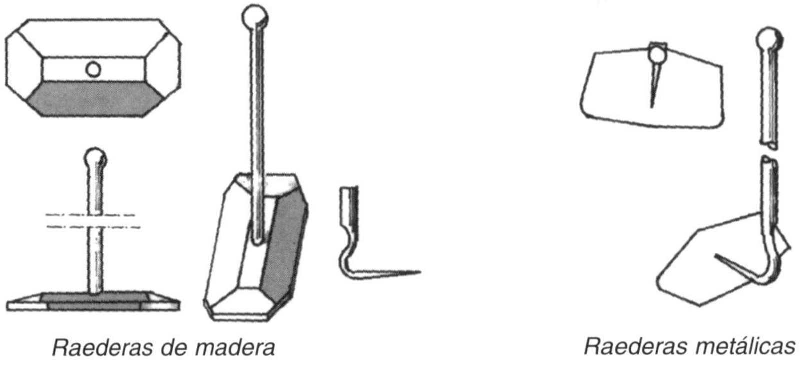

Fig. 8-10. *Intrumentos de limpeza manual.*

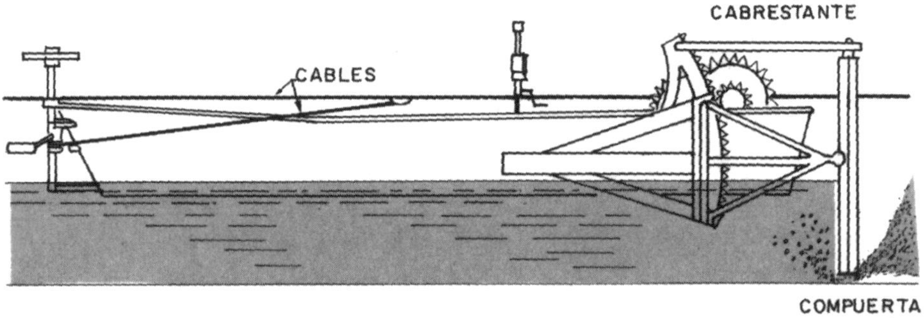

Fig. 8-11. *Barco compuerta para grandes colectores.*

Si la sección lo permite, pueden emplearse compuertas móviles, figura 8-11, en las que la presión del agua remansada actúa de motor y el estrechamiento regulable, situado aguas abajo, permite producir un chorro suficiente para determinar arrastres de sedimentos.

Este aparato exige secciones bien construidas.

4.2.5. Limpieza de sumideros y fosas sépticas

Si los sumideros están en libre comunicación con la alcantarilla, o sea, sin cámaras de arena, no es normal que haya que limpiarlos, pues los sedimentos pasan a aquélla.

Los que tienen cámaras de arena requieren, por el contrario, limpiezas periódicas, y aunque en las poblaciones pequeñas o mal dotadas de elementos de explotación suele hacerse a mano, con cazos o cucharas de varios tipos y con añadido de agua para la remoción de sedimentos, la tendencia hoy en día es a hacerla con máquinas modernas especiales provistas de dispositivos de absorción, previa inyección de agua y mediante bombas de vacío.

Los aparatos modernos más destacados para esta clase de operaciones son los camiones de aspiración con alto poder de supción, retirando adoquines y elementos similares en volumen y peso.

Esta máquina, cuya marcha es muy silenciosa (lo que resulta más conveniente, pues esta operación de limpieza de los sumideros debe hacerse durante la noche), tiene además de esta aplicación, la de vaciar los pozos negros.

La limpieza de los pozos negros, o sépticos, no es más que una variante de la de los sumideros; de modo que todo lo dicho de ellos tienen en éstos aplicación, sin más variación que la de los medios mecánicos de absorción por vacío.

El vertido de los productos de los pozos ha de hacerse como si se tratara de aguas residuales, donde no ofrezca ligero de contaminación. Si no existe lugar a propósito, dentro del radio de acción de los autotanques, puede trasvasarse el contenido de éstos a vagones especiales herméticos, que lo transportan a lugar conveniente. Este trasvase se hace neumáticamente.

4.3. SISTEMAS DE CONTROL

En las redes de alcantarillado no visitables, se usa con verdadero éxito sistemas como televisión en circuito cerrado. Figura 8-12.

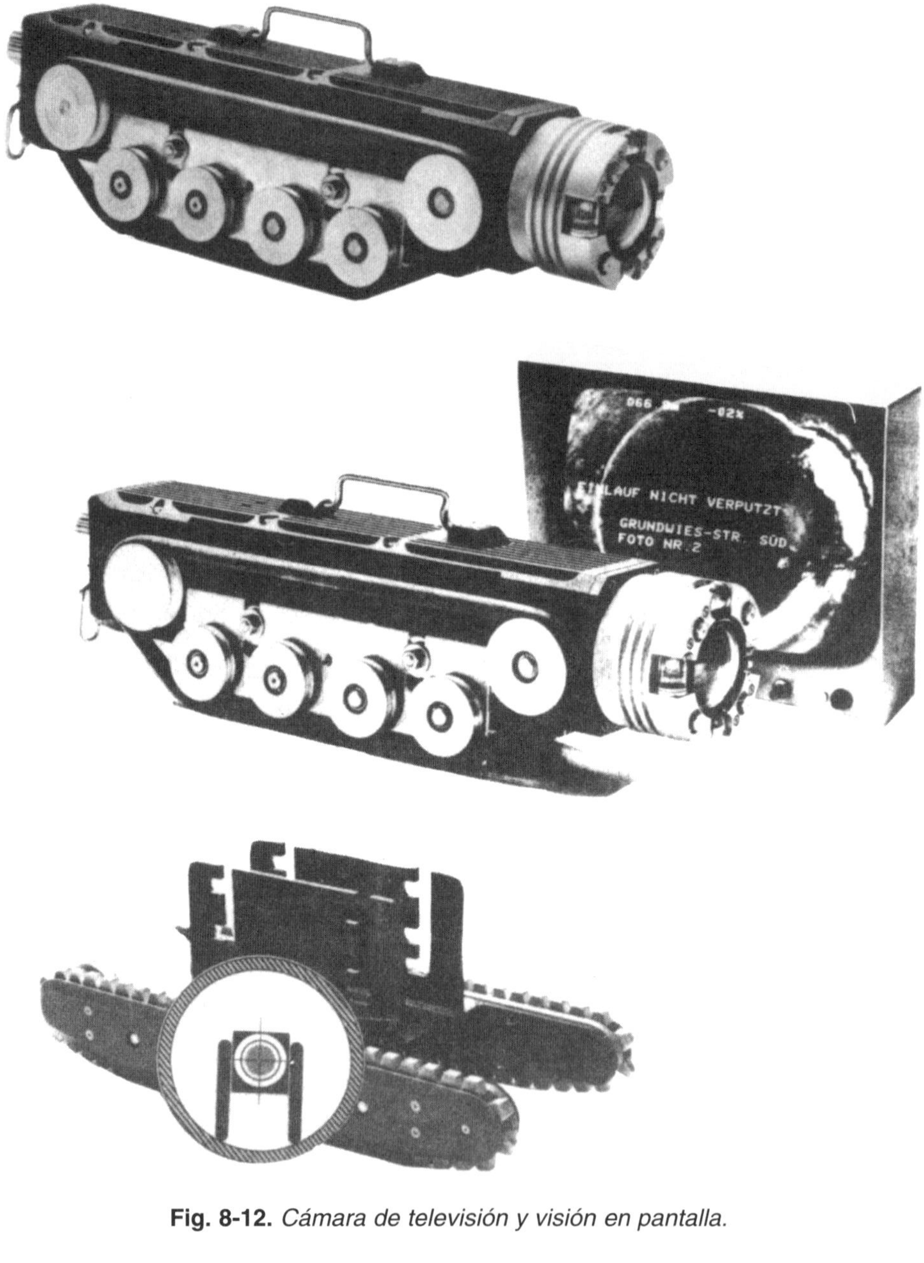

Fig. 8-12. *Cámara de televisión y visión en pantalla.*

4.4. CONSERVACION Y REPARACION DE LOS ALCANTARILLADOS

Es imposible dar normas fijas para la ejecución de las reparaciones, que pueden oscilar entre la simple caída de enlucido, en los visitables, y descarne de juntas en los no visitables, hasta hundimientos totales, pasando por hundimientos de solera, cesión de hastiales, agrietamiento de bóvedas, etc.

En los alcantarillados tubulares hay que levantar el pavimento y proceder a la rectificación o sustitución de tubos, dando paso provisionalmente por canales laterales, o bien utilizar sistemas de reparación a distancia figura 8-13.

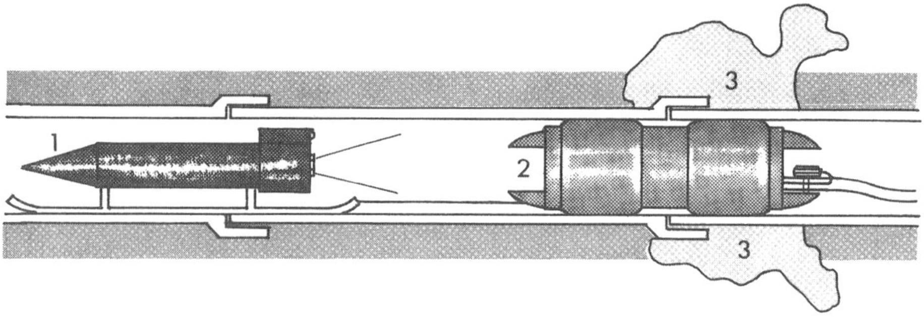

1-EQUIPO DE TELEVISION PARA LOCALIZAR LA AVERIA
2-EQUIPO PARA INYECCION DE PRODUCTOS PARA RELLENO Y ROLLADO
3-ZONA CON RELLENO A TRAVES DE LA JUNTA

Fig. 8-13. *Equipos de conservación tubulares.*

En los visitables pueden hacerse estas operaciones en mina, aunque con grandes dificultades.

Si la alcantarilla no está sobre el terreno firme, y hay hundimiento de solera las dificultades son mucho mayores. En estos casos, desde el interior pueden hacerse taladros en los que se colocan armaduras y se inyecta cemento. Entre cada grupo de pilotes se dispone un emparrillado de hormigón armado y se rehace sobre él la solera.

4.5. SISTEMAS DE VENTILACION

Los sistemas de ventilación pueden dividirse en ventilación natural y forzada.

Los métodos de ventilación natural son:

1) Chimeneas de tiro, desembocando sobre los tejados de los edificios.

2) Utilización de los tubos de bajada de aguas pluviales como tubos de ventilación. Su resultado ha sido, a veces, satisfactorio, pero representa una servidumbre molesta para las fincas por la posibilidad de sufrir algún mal olor, y tampoco son muy recomendables.

Registros de ventilación en la calzada. Consisten en unas chimeneas tubulares terminadas por un registro con rejilla colocado en la calzada.

La solución mejor es la libre comunicación de la alcantarilla con el exterior por medio de registros de acceso, y si acaso algunos de ventilación debidamente emplazados.

La ventilación forzada mediante extractores de aire colocados en los puntos altos de las redes, teóricamente, es un buen sistema. Pero la carestía de sus instalaciones, la longitud de las tuberías o alcantarillas con sus ramales, que disminuye la acción de la aspiración, y lo caro de explotación no la hacen aconsejable más que en algún caso muy concreto.

No obstante, en algunos casos, antes de hacer operaciones de limpieza y conservación de alcantarillas, es conveniente eliminar gases, y a tal efecto puede emplearse desgasificadores compuestos de un grupo ventilador, motor propulsor, tuberías flexibles y rígidas, cabezal flotante de aspiración y tubo desmontable para soplar.

De todos modos en casos dudosos es precaución conveniente que los obreros, si han de descender a la alcantarilla, lo hagan con máscaras protectoras.

Los puntos más peligrosos en las redes suelen ser los ramales que sirven a garajes, estaciones de servicio o establecimientos industriales o sanitarios, pues es frecuente que todos ellos incumplan, total o parcialmente, las obligaciones que se imponen en los reglamentos de instalaciones sanitarias.

Para hacer frente al peligro de gases explosivos o venenosos en las alcantarillas, es conveniente que los obreros empleen detectores de comprobación.

5. PROBLEMAS MAS IMPORTANTES EN LAS OPERACIONES DE MANTENIMIENTO Y EXPLOTACION

Los problemas del mantenimiento y explotación de la red son numerosos. Entre ellos pueden citarse:

5.1. PROBLEMAS IMPUTABLES A LA RED

- Corrosión de los elementos metálicos dentro de la red, como equipos de bombeo, compuertas, peldaños de los pozos de registro o patas. El fallo de estos últimos elementos son causa de accidentes graves para el personal de inspección.
- Insuficiencia de la capacidad portante del colector o del alcantarillado. La puesta en carga hace trabajar las juntas en condiciones superiores a las normales provocando fugas de agua hacia el exterior. A veces llegan a saltar las tapas de los registros, generando un serio problema. Igualmente la puesta en carga puede producir roturas de bóvedas, y dar origen a la formación de socavones bajo el pavimento.
- Los cierres hidráulicos originados en cambios de sección con disposición errónea, así como en la conjunción de dos alcantarillas con encuentros inadecuados próximos a 90°. Estos cierres hidráulicos generan sobreelevaciones de agua, aguas arriba, y pueden llegar a producir inundaciones.
- Erosiones en tramos por excesiva velocidad de las aguas debido al empleo de pendiente inadecuada.
- Sedimentaciones importantes, que obligan a limpiezas más periódicas, debido al empleo de pendientes muy bajas.
- Pérdidas de agua por juntas inadecuadas.
- Introducción de aguas exteriores por juntas inadecuadas.

5.2. CAUSAS EXTERNAS

- Rotura de los conductos por penetración de raíces.
- Rotura de los conductos por sobrecargas excesivas, por mala colocación del conducto, o por paso de maquinaria o equipos pesados.
- Asentamientos por otras construcciones próximas.
- Perforación por pilotajes, o roturas por excavaciones para otro tipo de obras.
- Utilización de los pozos de registro como vertederos de residuos sólidos. Generándose obstrucciones y sedimentaciones, disminuyendo la capacidad portante de los conductos.
- Acción sobre los colectores de otros servicios integrados en el subsuelo, como son los servicios de abastecimiento, gas, electricidad, teléfono, etc., que muchas veces cruzan los colectores disminuyendo su sección real.

- La interferencia de los colectores con tuberías de gas o cables de alta tensión constituyen serios problemas para el personal de inspección de la red de saneamiento, habiendo sido origen de importantes accidentes.
- Ataque exterior de la tubería por agresividad del terreno, o existencia de corrientes vagabundas.
- Ataque interior de los conductos por vertidos, ácidos, gaseosos, productos corrosivos, o elementos varios que por reacción se transforman en corrosivos de los conductos. Debe prestarse atención a vertidos de industrias químicas, fotográficas, de recubrimiento metálicos, garajes, estaciones de servicios, etc.
- Agresividad bacteriana sobre los hormigones, como es el caso ya citado de la formación de sulfuro de hidrógeno.
- Conexiones defectuosas de las acometidas, que muchas veces obstruyen la red municipal, disminuyendo la capacidad portante, e impiden el desarrollo de un mantenimiento normal.

5.3. ACCIONES PREVENTIVAS

Las soluciones a los problemas anteriores están en la adopción de acciones como:

- Control de proyectos y construcción.
- Control de vertidos.
- Seguridad del personal.

El control de vertidos quedará garantizado con la implantación y un cumplimiento adecuado de un Reglamento de vertidos, que facilitará la explotación de la red, la seguridad del personal, la garantía de funcionamiento correcto de la depuradora final, y la garantía de que se limpiará y conservará toda la red.

El problema de los vertidos industriales es muy grave, teniendo en cuenta sus efectos sobre el personal, y considerando por otro lado que se trata de personal experimentado y especializado no fácil de sustituir.

La seguridad del personal y la comodidad de su trabajo son premisas imprescindibles en todo proyecto y funcionamiento de una red de saneamiento. No puede admitirse, como viene sucediendo, que el personal vaya en casos necesarios sin caretas anti-gas, y sin equipamiento adecuado a las operaciones a realizar.

5.4. RENOVACION DE REDES

Otra de las operaciones de explotación consiste en el mantenimiento preventivo, en la renovación de la red, o en la reconstrucción parcial.

5.4.1. Revestimiento interior

Los sistemas igualmente son múltiples, pero pueden indicarse los siguientes.

5.4.1.1. Cloruro de polivinilo

Revestimiento de cloruro de polivinilo, pero existen problemas de inter-unión con el hormigón.

5.4.1.2. Resinas especiales

Pintura con resinas especiales sobre el hormigón. Tampoco ha dado resultado satisfactorio, porque este tipo de pintura necesita una sequedad absoluta del paramento al que se aplica. Sequedad imposible en la práctica en este tipo de obras.

5.4.1.3. Gres

Las pruebas con recubrimiento de gres han resultado caras y de difícil unión con el hormigón.

5.4.1.4. Fibra de vidrio

Recubrimiento con piezas de fibra de vidrio con unos patés incorporados y superficie rugosa en contacto con el hormigón. El tiempo de experiencia es corto pero en principio puede considerarse favorable.

5.4.1.5. Tubulares de polietileno

El Water Research Centre ha obtenido resultados muy alentadores, empleando tubulares de polietileno, conteniendo resinas para una mayor adherencia, como recubrimiento de conductos existentes. Se logra con dicho sistema, figura 8-14, una adherencia buena, una facilidad de instalación, una impermeabilidad absoluta, y una gran lisura.

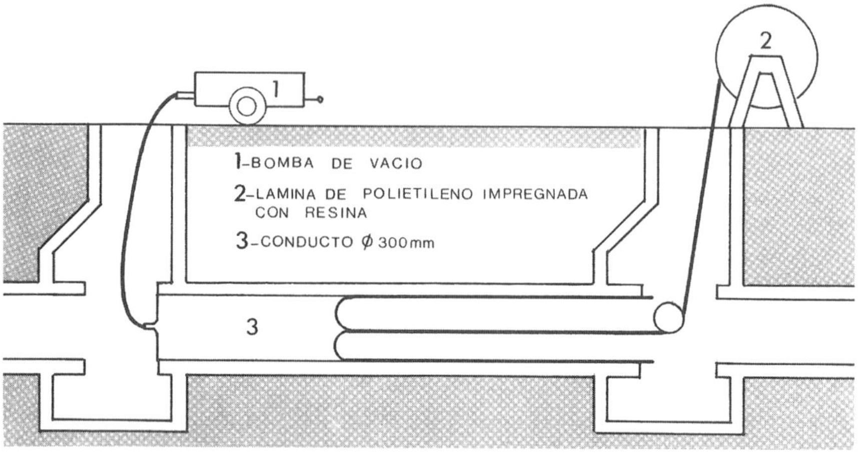

Fig. 8-14. *Recubrimiento con tubulares flexibles de polietileno.*

5.4.1.6. Morteros diversos

Revestimiento interior de tuberías, aplicando morteros de cemento puros, así como materias plásticas y combinaciones entre los dos. La selección de los materiales depende del conducto y de la calidad de agua a transportar.

5.4.2. Razones para un revestimiento interior

Las razones para un revestimiento interior pueden ser:

Las tuberías de agua residual tienen que ser saneadas, muchas veces por razón de corrosiones fuertes debido a la existencia de aguas agresivas.

El efecto simultáneo del revestimiento, cerrando herméticamente grietas y uniones de tuberías, impide la salida y filtración de sustancias nocivas en subsuelo y la contaminación peligrosa del agua subterránea.

Las tuberías de hormigón son frecuentemente permeables, sobre todo en las zonas de acoplamientos de manguitos o por formación de grietas.

Si entra el agua subterránea puede resultar una sobrecarga de la capacidad de la tubería, por la incorporación de aguas parásitas. La corrosión interior produce eventualmente un debilitamiento de las tuberías hasta alcanzar la rotura.

Por el revestimiento interior con mortero de cemento se consigue un cierre hermético, removiendo al mismo tiempo la corrosión de tubos dañados.

La alta calidad del mortero asegura la estabilidad primordial de la tubería y aumenta la capacidad portante de la misma.

El sistema es aplicable a conductos de hormigón, de fibrocemento, de fundición y de gres, siempre que su diámetro nominal sea mayor de 80 mm.

Para revestimientos interiores de mortero de cemento, la limpieza de corrosiones e incrustaciones adheridas firmemente a las paredes se efectúa mecánicamente con raspadores de acero de resortes, tirados por un cable de acero. Suciedades sueltas pueden ser desprendidas y arrastradas hidráulicamente por agua de presión.,

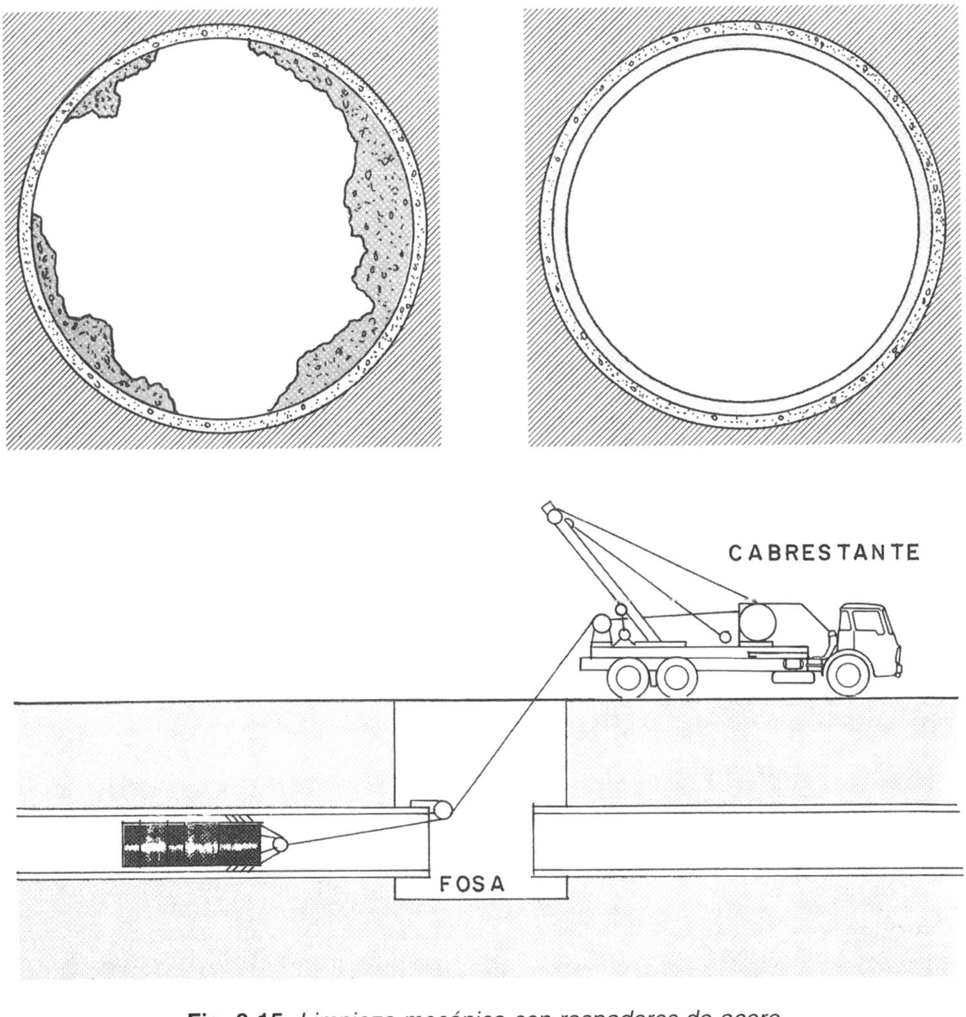

Fig. 8-15. *Limpieza mecánica con raspadores de acero.*

Después de la limpieza equipos especiales, con accionamiento aerohidráulico o eléctricos, proyectan el material de revestimiento a la pared interior del tubo. Los morteros de cemento se alisan simultáneamente a medida del avance.

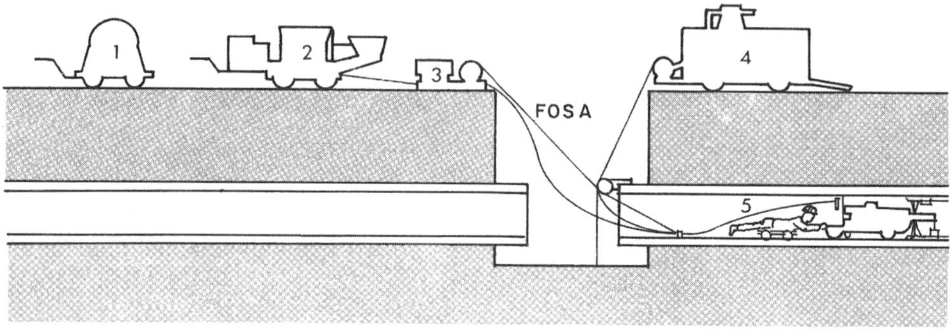

Fig. 8-16. *Revestimiento de tubería con equipo de proyección.*

El espesor del revestimiento se determina por la velocidad de avance del equipo y de proyección.

5.5. ELIMINACION DE PROBLEMAS DE SEPTICIDAD Y SH_2

Cuando el nivel de oxígeno disuelto baja peligrosamente, en tuberías de gran longitud, o con tiempos de retención grandes, pueden darse condiciones sépticas, olores y otros perjuicios.

Son sistemas utilizados, la aireación, la inyección de oxígeno en cantidades suficientes para mantener las condiciones aerobias.

Otras posibilidades son, la inyección de cloro, permanganato, peróxido de hidrógeno, alcalinización. Se reducirá igualmente la formación de SH_2, limitando las longitudes de conducción en carga sin aireación, reduciendo los tiempos de retención en zonas sin aireación, aireando suficientemente las redes de saneamiento.

El límite de saturación de oxígeno disuelto, para el aire a presión atmosférica, es alrededor de 8 mg/l a temperatura ambiente. La respiración bacteriana en las aguas residuales frescas es superior a 14 mg de oxígeno por litro y por hora y el cultivo de bacterias adherido a las paredes de la tubería puede utilizar otros 700 mg de oxígeno por m^2 y por hora. El total de oxígeno disuelto presente inicialmente en el agua, raramente excede de 3 p.p.m., consecuentemente, éste es absorbido rápidamente e incluso las aguas conteniendo el límite de saturación de 8 p.p.m. raramente permanecerían frescas por más de una hora.

Problemas más importantes en las operaciones de mantenimiento

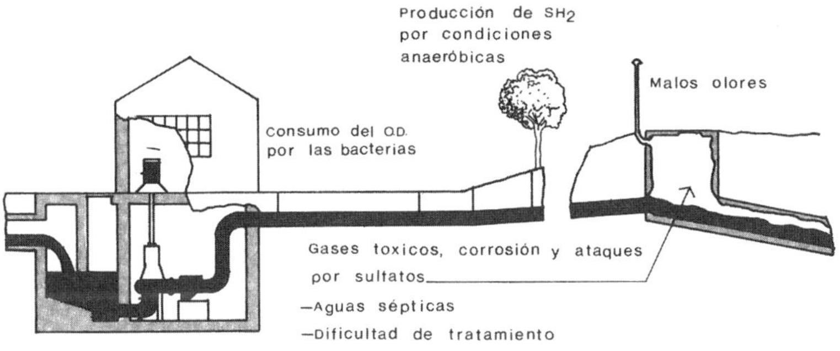

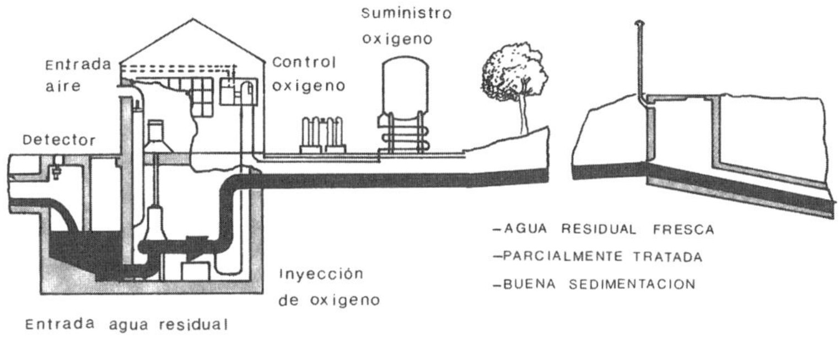

Las necesidades de oxígeno pueden estimarse con bastante precisión, porque el oxígeno puro se disuelve doce veces más rápido que el oxígeno atmosférico con una solubilidad límite de 48 p.p.m. a presión atmosférica (alcanzando las 94 p.p.m. a una presión de 10 m), las necesidades de oxígeno para la respiración de la bacteria puede asimilarse siempre al límite de solubilidad de agua bombeada. En las pocas situaciones, donde el límite de solubilidad es sobrepasado por la demanda, el oxígeno puede ser inyectado en puntos adicionales a lo largo de la tubería.

6. CONTROL DE UNA RED DE ALCANTARILLADO

Una primera acción de control será la comprobación de las condiciones de ubicación, instalación y alineación de los conductos por inspección visual.

El segundo control deberá atender a las condiciones hidráulicas, principalmente a la estanqueidad de la tubería.

La longitud de control se corresponderá con la distancia entre pozos de registro. A continuación se cierran sus extremos taponando el tubo en sus extremos y las posibles conexiones a dicho tramo.

El tapón del tubo del pozo de inspección situado a cota más elevada, estará dotado de una ventosa. En el punto más bajo del tubo se acoplará un conducto para la entrada del agua de llenado.

Se llenará el tramo lentamente por la parte más baja, para dejar salir el aire por las ventosas.

Una vez expulsado el aire y lleno de agua el tramo, se elevará la presión con una bomba manteniendo durante media hora una presión de 0,5 kg/cm^2, debiendo ser la pérdida inferior a:

$$Q_p \leq 0{,}35\ LD$$

Q_p = pérdida total en litros durante la prueba, es decir, el volumen incorporado por el bombín para mantener la presión.

L = longitud del tramo en prueba de metros.

D = diámetro interior en metros.

Una vez en funcionamiento la red de alcantarillado, el control, con independencia de la propia red, irá encaminado a los aspectos cualitativos y cuantitativos del agua.

Los controles irán encaminados a:

- Medición de caudales. Esta determinación puede realizarse, conocida la sección y la pendiente, con la medición de la altura de la lámina de agua mediante sistemas como el "deeper", "sónico", "ultrasónico", "contacto eléctrico".

La medición de caudal servirá para conocer el flujo, las pérdidas de caudal o las retenciones, cuando los caudales no se corresponden a los valores normales estadísticos. Este control indicará la necesidad de limpieza o la necesidad de reparación por fugas.

- Las características del agua permitirán un control de los vertidos industriales por una parte. Por otra, estas determinaciones facilitarán información para el funcionamiento de la depuración. En una medición de estos parámetros en continuo, permitirá transmitir a la depuradora datos sobre posibles puntas en los vertidos, que pudieren inhibir los procesos, permitiendo adoptar soluciones provisionales del proceso.

- Los parámetros normalmente controlados serán pH, conductividad, oxígeno disuelto, temperatura, turbidez, amoniaco, iones metálicos específicos.

Estas determinaciones pueden hacerse sobre tomas manuales, con equipos de toma automáticos, o con estaciones de análisis automáticas, situadas en puntos concretos de la red. Estas estaciones pueden conectarse a un ordenador central, informatizando por completo el servicio de saneamiento.

7. COSTES DE EXPLOTACION

El coste de conservación estará integrado por:

1) Sueldos de ingenieros, técnicos y administrativos, y jornales del personal de vigilancia y conservación.

2) Adquisición, explotación y renovación de máquinas de limpieza, y de útiles y herramientas menudas, así como botas de goma, ropa y material de alumbrado.

3) El valor del agua empleada en las limpias, que suele no tenerse en cuenta por el hecho de que no hay que pagarla al utilizarla, pero que representa una partida no despreciable.

4) Costes de reparaciones y renovación de la red.

5) El coste de las pequeñas obras de conservación de enlucidos, arreglo de pequeñas fugas o hundimientos, desperfectos en absorbederos y registros.

Es muy difícil dar cifras aproximadas del coste de explotación de un alcantarillado, interviniendo tantos factores y variando tanto la constitución de la red, pero la cifra normalmente estará comprendida entre el 1% y el 2% anual en relación con el coste inicial de la red.

Los gastos de renovación de la red atienden principalmente a las mejoras hidráulica y estructural, muchas veces unidas, pudiéndose estimar que los costos de renovación de la red de saneamiento se reparten de la siguiente forma:

Mejoras hidráulicas	44%
Mejoras estructurales	13%
Mejoras hidráulicas y estructurales	24%
Otras mejoras	11%
Varios	8%

Tabla 8-2. Distribución gastos de renovación de red

Una norma general, en relación con los gastos de mantenimiento y explotación, es la de buscar que los beneficios producidos por estas operaciones sean superiores a los gastos producidos.

8. FINANCIACION DEL MANTENIMIENTO Y EXPLOTACION DE LAS REDES DE SANEAMIENTO

Los sistemas normalmente utilizados para la construcción del alcantarillado y su posterior mantenimiento y explotación son:

a) Contribuciones especiales para la ejecución de las obras.

b) Cánones de acometida y conservación de alcantarillado.

c) Tarifas.

Las contribuciones especiales son de aplicación discrecional por parte de los ayuntamientos, estando reguladas en la Ley de Régimen Local. Su cuantía no puede exceder de dos tercios del costo de las obras, incluidos los trabajos técnicos y parciales.

El canon de alcantarillado se regula mediante unas Ordenanzas Municipales, computándose dicho canon en un tanto por ciento del líquido imponible, que suele oscilar entre el 2 y el 3%.

Los municipios más pequeños tienen problemas, puesto que no tienen organización suficiente, para invocar expedientes de contribuciones especiales, y la realidad es que las redes de saneamiento (reducidas a simples tubos) las construyen los vecinos, algunas veces con prestación personal.

Otros municipios logran las ayudas previstas por la Ley, en cuyo caso el saneamiento se hace. En la ayuda se incluye una cantidad a fondo perdido y otra cantidad en forma de crédito a amortizar según unas tarifas por acometida. La conservación ulterior de los saneamientos es un problema más grave.

8.1. TASAS DE SANEAMIENTO

La tasa de saneamiento, que prevé la legislación actual para conservación y limpieza de las redes de saneamiento, como porcentaje del líquido imponible de la finca, es insuficiente y anticuada. Insuficiente en su porcentaje e insuficiente en su aplicación (una finca de renta limitada, paga durante veinte años, solamente un 10%, cuando no hay duda que el servicio es prestado al 100%). Anticuado, porque el sistema vigente hace años, se va sustituyendo por la tarifa sobre consumo de agua.

Sólo el establecimiento de una tarifa real, unida a la correspondiente al abastecimiento, permitirá financiar adecuadamente las obras de saneamiento, y su mantenimiento y explotación.

Con una tarifa real los servicios de saneamiento pueden ser apetecibles incluso al capital privado, con o sin aportación estatal inicial a fondo perdido o como anticipo, y lo que es más importante, las redes de saneamiento pueden llegar a ser autofinanciables.

8.2. ESTUDIOS ANALITICOS DE LOS ELEMENTOS CONSTITUTIVOS DE LAS TARIFAS

Los estudios justificativos de las tarifas de la red de alcantarillados deberían ajustarse al siguiente formulario, integrándose en la tarifa de abastecimiento.

0. MEMORIA

0.1. Resumen del estudio que se presenta.
0.2. Datos básicos del servicio: Volumen de agua entregada a la red y volumen de agua facturada. Descripción somera de la infraestructura, habitantes servidos y consumos.
0.3. Evolución de la explotación e hipótesis en que se basa el estudio, con las previsiones consideradas.

1. GASTOS DE LA EXPLOTACION

1.1. Gastos de gestión

1.1.1. Productos químicos reactivos.
1.1.2. Energía.
1.1.3. Personal.
1.1.4. Vehículos y utillaje propios del servicio.
1.1.5. Trabajos, suministros y servicios exteriores.

1.1.5.1. Para conservación de obras e instalaciones anejas.
1.1.5.2. Para conservación de la red de saneamiento.
1.1.5.3. Gastos de gestión administrativa.
1.1.5.4. Otros (entre ellos: gastos por cuenta del abonado, si los hubiera).

1.1.6. Gastos diversos.
1.1.7. Tributos e impuestos.
1.1.8. Gastos municipales indirectos, y/o gastos de contrata por los trabajos prestados en el caso de gestión indirecta del servicio, y remuneración de los recursos propios invertidos por quien preste el servicio.

1.2. Gastos financieros: Intereses y comisiones.
1.3. Gastos de amortización técnica de todos los activos actualizados.
1.4. Otros gastos de explotación.

2. AMORTIZACION FINANCIERA Y/O FONDOS DE REVERSION

3. INGRESOS NO TARIFARIOS

3.1. Ingresos por derechos de acometidas sin contraprestación material.
3.2. Otros ingresos no tarifarios.

4. CALCULO DEL MONTANTE ECONOMICO A CUBRIR CON INGRESOS TARIFARIOS

Gastos de explotación (total 1).
\+ Amortización financiera y/o fondos de reversión (total 2).
– Ingresos no tarifarios (total 3).

Total gastos explotación a cubrir con ingresos tarifarios.
± Déficit o superávit de períodos anteriores a cubrir anualmente durante la vigencia de la tarifa. (Sólo se considerarán en el caso de servicios gestionados directamente por entidades públicas).
– Subvenciones al servicio para la gestión.
± Otros gastos o ingresos no contabilizados en períodos anteriores.
\+ Menores ingresos registrados por retraso en la aplicación de la anterior tarifa en su caso.

Total gastos a cubrir con ingresos tarifarios (total 4).

5. CALCULO DE LA TARIFA MEDIA

5.1. Estimación razonada del volumen anual a facturar a los usuarios, deducción hecha de una previsión para impagados.
5.2. Deducción de la tarifa media por cociente del total 4 y del volumen anual 5.1., y cálculo del incremento porcentual que supone sobre la tarifa media vigente.

6. REGIMEN DE APLICACION DE TARIFAS PROPUESTO

6.1. Definición de la estructura y valores correspondientes del sistema de tarifación propuesto.
6.2. Comprobación de que la aplicación del sistema propuesto equivale a la tarifa media calculada en 5.2.

7. FORMULA DE REVISION DE LA TARIFA

7.1. Cálculo de la fórmula de revisión para el total de gastos de explotación a cubrir con ingresos tarifarios.

9

Los vertidos en ríos y lagos

1. INTRODUCCION

El alcantarillado recoge los vertidos de aguas residuales urbanas e industriales para transportarlos, en algunos casos, a puntos de depuración y siempre al final a puntos de infiltración o dilución natural, como son los ríos, lagos y mares. Pero, debido a la concentración de elementos físicos, químicos y biológicos que llevan estos vertidos, se puede contaminar el cauce o zona costera al no poder estabilizarlos, creándose problemas que afectan a la fauna y flora de cauces y zonas costeras amén de los perjuicios sanitarios y económicos.

El vertido puede efectuarse también infiltrando las aguas en el terreno, bien en capas profundas, o bien en el subsuelo. Esta solución puede contaminar el agua captada para abastecimientos, o que fluye hacia los ríos. Para evitar los efectos contaminantes de estos vertidos es necesario pensar en la depuración, dependiendo el rendimiento exigible de las condiciones del cauce receptor, y por supuesto, de las normas existentes.

Considerando estas normas y las condiciones del punto receptor, los vertidos pueden hacerse al cauce superficial, infiltrando en el terreno, diluyendo en el mar, en lagunas naturales o bien, a través de depuradoras como elemento interpuesto antes del vertido.

Se considerarán en esta primera parte, los textos legislativos que a vertidos en aguas superficiales se refieren. Los vertidos al mar serán estudiados en la segunda parte, tanto por las peculiaridades del medio receptor como por la diversidad de ópticas, bajo las cuales son consideradas por las legislaciones de los diversos países del mundo.

2. VERTIDOS AL CAUCE

Debido a los problemas que la contaminación de un vertido plantea sobre el cauce receptor, al diseñar dicho vertido deben tenerse en cuenta las características propias del cauce, como: Aspectos ecológicos, caudal, características físicas, químicas,etc.

En los vertidos a los cauces o al mar, debe tenerse presente la normativa existente en Europa y en España. Por una parte están las directivas encaminadas a proteger la calidad de las aguas residuales, en función de los usos de las mismas, y por otro lado aquellas que establecen límites en los parámetros para validar el vertido.

2.1. VERTIDO DIRECTO

Consistente en lanzar directamente al río o zona costera las aguas residuales transportadas por el alcantarillado o colector, pero antes es necesario comprobar que el vertido es posible. Es decir, comprobar que el poder de dilución del cauce es suficiente.

Siendo Q_1 el caudal aguas arriba del vertido, q el caudal vertido y $Q_2 = Q_1 + q$ el caudal aguas abajo, la comprobación se reduce a determinar las concentraciones de los índices contaminantes aguas abajo del punto de vertido y comparar con las concentraciones admisibles que establecen las normas. Si dicha concentración es menor que la establecida en la norma, el vertido es admisible. Es decir, conocidos los índices de concentración, referidos a un elemento del vertido (c) y las del río aguas arriba (c_1), se determina la del río aguas abajo (c_2) y se compara con el valor del parámetro correspondiente establecido en la norma.

$$c_2 = \frac{q \cdot c + Q_1 \cdot c_1}{Q_1 + q}$$

Si la concentración c_2 es superior a la admitida por las normas será preciso depurar.

En realidad, una vez homogeneizadas las aguas en el río, debe estudiarse la evolución de la calidad a lo largo de los distintos tramos del río, y comparar con la calidad requerida según su uso. El papel de autodepuración del cauce juega un papel muy importante.

2.2. VERTIDO INDIRECTO

Se denomina así el vertido sobre un cauce o el mar con posterioridad a una depuración. La depuración deberá tener un rendimiento tal que garantice la reducción de la concentración de los distintos elementos indicadores de la contaminación hasta valores admisibles.

3. TENDENCIAS O PRINCIPIOS A CONTEMPLAR EN UNA LEGISLACION ENCAMINADA A LA LUCHA CONTRA LA CONTAMINACION DE LAS AGUAS

Para enfrentarse de un modo realista al problema de la contaminación debe existir una auténtica decisión de búsqueda de solución y de acción. Esta decisión puede ser:

a) *Decisión de política hidráulica*

La lucha contra la contaminación de las aguas es parte integrante de la política relativa a los recursos hidráulicos y a la utilización del agua. Todos los problemas relativos a la utilización racional de los recursos del agua, deben estudiarse teniendo en cuenta las particularidades de cada cuenca. Es imprescindible que, en toda consideración de los recursos hidráulicos y de su gestión, se integren los conceptos de cantidad y calidad. Estos conceptos están unidos íntimamente, siendo el déficit de recursos la consecuencia de ambos.

Es imprescindible una gestión integrada de todos los recursos, y un único texto legislativo que regule y facilite esta gestión. Atención especial debe prestarse a la clasificación de los recursos disponibles según su calidad, haciendo más racional la concesión a distintos usos con calidad requerida muy diversa, integrando a la vez los conceptos de cantidad y calidad. Estos conceptos están unidos íntimamente, siendo el déficit de recursos la consecuencia de ambos.

La lucha contra la contaminación de las aguas debe tener por objeto la conservación de las mismas, manteniendo en lo posible la calidad natural de las aguas superficiales y subterráneas, así como la reducción del nivel de contaminación actual con vista a la protección de la salud pública, y con vista al uso de las aguas, principalmente:

- Para la obtención de agua potable de buena calidad y a un precio de abastecimiento razonable.
- Para la conservación de la fauna y flora, acuática y otras relacionadas con el agua.
- Para la producción de agua para usos industriales, aunque sea con un tratamiento económicamente rentable.
- Para el riego y consumo animal.
- Para fines recreativos (comprendiendo deportes y lugares), teniendo en cuenta las mínimas exigencias de higiene y estética.

b) *Decisión de política económica*

Debe contemplarse que el agua es un bien económico y en consecuencia su utilización tiene un valor. Debe, en consecuencia, contemplarse la obtención de medios económicos, que permitan cubrir las necesidades de inversión y de mantenimiento y explotación de las instalaciones de lucha contra la contaminación. Es válido el principio de «quien contamina paga».

c) *Decisión de política administrativa*

Debe terminarse con la multiplicidad de competencias administrativas y sustituirlas por una coordinación bajo un único poder decisorio en la planificación y en la acción para alcanzar de la forma más unificada los objetivos perseguidos.

Los modelos legislativos que se estiman adecuados deben incorporar unos principios válidos que permitan la realización de las decisiones antes señaladas. Estos principios de tipo general pueden ser los siguientes:

– *Centralización de la información y planificación*

La idea es concentrar y resumir en un organismo con gran poder de información y planificación las competencias sobre el agua.

– *Descentralización de las decisiones operativas*

Se considera la cuenca hidrográfica como marco idóneo para una acción eficaz.

– *La contaminación conlleva un gasto*

Es generalmente admitido el principio de «quien contamina paga». Es indudable el hecho de la aceptación del pago por usar el agua. Parece aconsejable unir a la consideración económica del uso del agua, la consideración económica de cómo se usa ese agua. Es decir, en el pago por la contaminación debería contemplarse no sólo la cantidad, sino también la calidad del vertido.

– *Necesidad de definir una unidad de carga contaminante*

Se necesita esta definición para poder comparar adecuadamente la contaminación generada por cada vertido. Normalmente se utiliza el habitante equivalente, pero debe matizarse con qué índice de medición de la contaminación se efectúa la equivalencia: Volumen, DBO, DQO, etc.

– *Optimización de la inversión*

En la lucha contra la contaminación debe buscarse la eficacia y la óptima distribución de los recursos económicos.

4. LEGISLACION ACTUAL ESPAÑOLA

La legislación aplicable en España, en relación con los límites admitidos en el vertido, puede concretarse en la Ley 29/1985, de 2 de agosto, y en la Directiva 91/271 de la UE. Por su interés se transcriben a continuación los puntos más importantes, incluidos los parámetros a contemplar y los valores máximos admitidos en los vertidos.

De la primera deben destacarse los Capítulos II y III del Título V, donde se requiere autorización para los vertidos y la apertura a la reutilización de las aguas residuales urbanas.

El Título VI se refiere al establecimiento de un canon destinado a la protección y mejora del medio receptor de cada cuenca hidrográfica. En este apartado se hace referencia al principio de «quien contamina paga». Debe destacarse que este canon será distinto en cada cuenca hidrográfica y puede incluir los gastos de inversión, de mantenimiento y explotación, y los de control. De su correcta aplicación dependerá el éxito de la lucha contra la contaminación.

Es de destacar la falta de justificación de la clasificación de las actividades industriales del CNAE en tres clases. Este error dificulta la aplicación del canon.

Es de interés contemplar la «Tabla de los parámetros característicos que se deben considerar como mínimo, en la estima del tratamiento de vertido, en el que aparecen los valores límite con tres tablas aplicables al establecimiento del canon. Tablas que corresponden a las condiciones de vertido directo, vertido después de tratamiento primario o físico, y tratamiento completo.

En cuanto a las condiciones exigibles en vertido de depuradora es de aplicación la Directiva 91/271 de la UE, que se transcribe parcialmente a continuación.

Por último en los Ancxos 1 a 4 del Reglamento de la Administración Pública del Agua, aparecen las directivas correspondientes a la calidad en los cauces, según el uso de sus aguas.

LEY 29/1985, DE 2 DE AGOSTO, DE AGUAS

(«BOE» n.º 189, de 8 de agosto de 1985; corrección de errores en «BOE» n.º 243, de 10 de octubre)

TITULO PRELIMINAR

1. 1. Es objeto de esta Ley la regulación del dominio público hidráulico, del uso del agua y del ejercicio de las competencias delimitadas en el artículo 149 de la Constitución.

2. Las aguas continentales superficiales, así como las subterráneas renovables, integradas todas ellas en el ciclo hidrológico, constituyen un recurso unitario, subordinado al interés general que forma parte del dominio público estatal como dominio público hidráulico.

3. Corresponde al Estado, en todo caso, y en los términos que se establecen en esta Ley, la planificación hidrológica a la que deberá someterse toda actuación sobre el dominio público hidráulico.

4. Las aguas minerales y termales se regularán por su legislación específica.

TITULO PRIMERO

Del dominio público hidráulico del Estado

CAPITULO PRIMERO

De los bienes que lo integran

2. Constituyen el dominio público hidráulico del Estado con las salvedades expresamente establecidas en esta Ley:

a) Las aguas continentales, tanto las superficiales como las subterráneas renovables con independencia del tiempo de renovación.

b) Los cauces de corrientes naturales, continuas o discontinuas.

c) Los lechos de los lagos y lagunas y los de los embalses superficiales en cauces públicos.

d) Los acuíferos subterráneos, a los efectos de los actos de disposición o de afección de los recursos hidráulicos.

3. La fase atmosférica del ciclo hidrológico sólo podrá ser modificada artificialmente por la Administración del Estado, o por aquellos a quienes ésta autorice.

CAPITULO II

De los cauces, riberas y márgenes

4. Alveo o cauce natural de una corriente continua o discontinua es el terreno cubierto por las aguas en las máximas crecidas ordinarias.

5. 1. Son de dominio privado los cauces por los que ocasionalmente discurran aguas pluviales en tanto atraviesen, desde su origen, únicamente fincas de dominio particular.

2. El dominio privado de estos cauces no autoriza para hacer en ellos labores ni construir obras que puedan hacer variar el curso natural de las aguas en perjuicio del interés público o de tercero, o cuya destrucción por la fuerza de las avenidas pueda ocasionar daños a personas o cosas.

6. Se entiende por riberas las fajas laterales de los cauces públicos situadas por encima del nivel de aguas bajas, y por márgenes los terrenos que lindan con los cauces.

Las márgenes están sujetas, en toda su extensión longitudinal:

a) A una zona de servidumbre de 5 metros de anchura, para uso público que se regulará reglamentariamente.

b) A una zona de policía de 100 metros de anchura en la que se condicionará el uso del suelo y las actividades que se desarrollen.

En las zonas próximas a la desembocadura en el mar, en el entorno inmediato de los embalses o cuando las condiciones topográficas o hidrográficas o hidrográficas de los cauces y márgenes lo hagan necesario para la seguridad de personas y bienes, podrá modificarse la anchura de ambas zonas en la forma que reglamentariamente se determine.

7. Podrán realizarse en caso de urgente necesidad trabajos de protección de carácter provisional en las márgenes de los cauces. Serán responsables de los eventuales daños que pudieran derivarse de dichas obras los propietarios que las hayan construido.

8. Las situaciones jurídicas derivadas de las modificaciones naturales de los cauces se regirán por lo dispuesto en la legislación civil. En cuanto a las modificaciones que se originen por las obras legalmente autorizadas se estará a lo establecido en la concesión o autorización correspondiente.

CAPITULO III

De los lagos, lagunas, embalses y terrenos inundables

9. 1. Lecho o fondo de los lagos y lagunas es el terreno que ocupan sus aguas en las épocas en que alcanzan su mayor nivel ordinario.

2. Lecho o fondo de un embalse superficial es el terreno cubierto por las aguas cuando éstas alcanzan su mayor nivel a consecuencia de las máximas crecidas ordinarias de los ríos que lo alimental.

10. Las charcas situadas en predios de propiedad privada se considerarán como parte integrante de los mismos, siempre que se destinen al servicio exclusivo de tales predios.

11. 1. Los terrenos que puedan resultar inundados durante las crecidas no ordinarias de los lagos, lagunas, embalses, ríos o arroyos, conservarán la calificación jurídica y la titularidad dominical que tuvieran.

2. El Gobierno, por Decreto, podrá establecer las limitaciones en el uso de las zonas inundables que estime necesarias para garantizar la seguridad de las personas y bienes. El Consejo de Gobierno de las Comunidades Autónomas podrá establecer, además, normas complementarias de dicha regulación.

CAPITULO IV

De los acuíferos subterráneos

12. El dominio público de los acuíferos o formaciones geológicas por las que circulan aguas subterráneas, se entiende sin perjuicio de que el propietario del fundo pueda realizar cualquier obra que no tenga por finalidad la extracción o aprovechamiento del agua, ni perturbe su régimen ni deteriore su calidad, con la salvedad prevista en el apartado 2 del artículo 52.

....

....

TITULO V

De la protección del dominio público hidráulico y de la calidad de las aguas continentales

CAPITULO PRIMERO

Normas generales

84. Son objetivos de la protección del dominio público hidráulico contra su deterioro:

a) Conseguir y mantener un adecuado nivel de calidad de las aguas.

b) Impedir la acumulación de compuestos tóxicos o peligrosos en el subsuelo, capaces de contaminar las aguas subterráneas.

c) Evitar cualquier otra actuación que pueda ser causa de su degradación.

85. Se entiende por contaminación, a los efectos de esta Ley, la acción y el efecto de introducir materias o formas de energía, o inducir condiciones en el agua que, de modo directo o indirecto, impliquen una alteración perjudicial de su calidad en relación con los usos posteriores o con su función ecológica.

El concepto de degradación del dominio público hidráulico a efectos de esta Ley, incluye las alteraciones perjudiciales del entorno afecto a dicho dominio.

86. La policía de las aguas superficiales y subterráneas y de sus cauces y depósitos naturales, zonas de servidumbre y perímetros de protección se ejercerá por la Administración hidráulica competente.

87. El apeo y deslinde de los cauces de dominio público corresponde a la Administración del Estado, que los efectuará por los Organismos de cuenca, según el procedimiento que reglamentariamente se determine.

88. 1. A fin de proteger adecuadamente la calidad del agua, el Gobierno podrá establecer alrededor de los lechos de lagos, lagunas y embalses, definidos en el artículo 9 de esta Ley, un área en la que se condicionará el uso del suelo y las actividades que se desarrollen.

2. Alrededor de los embalses superficiales, el Organismo de cuenca podrá prever en sus proyectos las zonas de servicio necesarias para su explotación.

3. En todo caso, las márgenes de lagos, lagunas y embalses quedarán sujetas a las zonas de servidumbre y policía fijadas para las corrientes de agua.

89. Queda prohibido con carácter general y sin perjuicio de lo dispuesto en el artículo 92:

a) Efectuar vertidos directos o indirectos que contaminen las aguas.

b) Acumular residuos sólidos, escombros o sustancias, cualquiera que sea su naturaleza y el lugar en que se depositen, que constituyan o puedan constituir un peligro de contaminación de las aguas o de degradación de su entorno.

c) Efectuar acciones sobre el medio físico o biológico afecto al agua, que constituyan o puedan constituir una degradación del mismo.

d) El ejercicio de actividades dentro de los perímetros de protección, fijados en los Planes Hidrológicos, cuando pudiera constituir un peligro de contaminación o degradación del dominio público hidráulico.

90. En la tramitación de concesiones y autorizaciones que afecten al dominio público hidráulico y pudieran implicar riesgos para el medio ambiente, será preceptiva la presentación de una evaluación de sus efectos.

91. La protección de las aguas subterráneas frente a instrusiones de aguas salinas, de origen continental o marítimo, se realizará, entre otras acciones, mediante la limitación de la explotación de los acuíferos afectados y, en su caso, la redistribución espacial de las captaciones existentes. Los criterios básicos para ello serán incluidos en los Planes Hidrológicos de cuenca, correspondiendo al Organismo de cuenca la adopción de las medidas oportunas.

CAPITULO II

De los vertidos

92. Toda actividad susceptible de provocar la contaminación o degradagación del dominio público hidráulico y, en particular, el vertido de aguas y de productos residuales susceptibles de contaminar las aguas continentales requiere autorización administrativa.

A los efectos de la presente Ley se considerarán vertidos los que se realicen directa o indirectamente en los cauces, cualquiera que sea la naturaleza de éstos, así como los que se lleven a cabo en el subsuelo o sobre el terreno, balsas o excavaciones, mediante evacuación, inyección o depósito.

93. 1. Las autorizaciones de vertido concretarán todos los extremos que por vía reglamentaria se exijan.

En todo caso, quedarán reflejados en ellas las instalaciones de depuración necesarias y los elementos de control de su funcionamiento, así como los límites que se impongan a la composición del efluente y el importe del canon de vertido definido en el artículo 105.

2. En la autorización podrán estipularse plazos para la progresiva adecuación de las características de los vertidos a los límites que en ella se fijen.

94. Cuando el vertido pueda dar lugar a la infiltración o almacenamiento de sustancias susceptibles de contaminar los acuíferos o las aguas subterráneas, sólo podrá autorizarse si el estudio hidrogeológico previo demostrase su inocuidad.

95. Las autorizaciones administrativas sobre establecimiento, modificación o traslado de instalaciones o industrias que originen o puedan originar vertidos, se otorgarán condicionadas a la obtención de la correspondiente autorización de vertido.

El Gobierno podrá prohibir, en zonas concretas, aquellas actividades y procesos industriales cuyos efluentes, a pesar del tratamiento a que sean sometidos, puedan constituir riesgo de contaminación grave para las aguas, bien sea en su funcionamiento normal o en caso de situaciones excepcionales previsibles.

96. El Organismo de cuenca podrá suspender temporalmente las autorizaciones de vertido, o modificar sus condiciones, cuando las circunstancias que motivaron su otorgamiento se hubiesen alterado, o sobrevinieran otras que, de haber existido anteriormente, habrían justificado su denegación o el otorgamiento en términos distintos. Corresponderá al Gobierno la suspensión definitiva de la autorización.

97. Las autorizaciones de vertido podrán ser revocadas por incumplimiento de sus condiciones.

En casos especialmente cualificados de incumplimiento de condiciones, de los que resultasen daños muy graves al dominio público hidráulico, la revocación llevará consigo la caducidad de la correspondiente concesión de aguas sin derecho a indemnización.

98. El Gobierno, en el ámbito de sus competencias, podrá ordenar la suspensión de las actividades que den origen a vertidos no autorizados, de no estimar más procedente adoptar las medidas precisas para su corrección, sin perjuicio de la responsabilidad civil, penal o administrativa en que hubieran podido incurrir los causantes de los mismos.

....

CAPITULO III

De la reutilización de aguas depuradas

101. El Gobierno establecerá las condiciones básicas para la reutilización directa de las aguas, en función de los procesos de depuración, su calidad y los usos previstos.

En el caso de que la reutilización se lleve a cabo por persona distinta del primer usuario de las aguas, se considerarán ambos aprovechamientos como independientes, y deberán ser objeto de concesiones distintas. Los títulos concesionales podrán incorporar las condiciones para la protección de los derechos de ambos usuarios.

....

TITULO VI

Del régimen económico-financiero de la utilización del dominio público hidráulico

105. 1. Los vertidos autorizados, conforme a lo dispuesto en los artículos 92 y siguientes de esta Ley, se gravarán con un canon destinado a la protección y mejora del medio receptor de cada cuenca hidrográfica.

2. El importe de esta exacción será el resultado de multiplicar la carga contaminante del vertido, expresada en unidades de contaminación, por el valor que se asigne a la unidad.

Se entiende por unidad de contaminación un patrón convencional de medida, que se fijará reglamentariamente, referido a la carga contaminante producida por el vertido tipo de aguas domésticas, correspondiente a 1.000 habitantes y al período de un año.

....

Reglamento del Dominio Público Hidráulico que desarrolla los títulos preliminar, I, IV, V, VI y VII de la Ley 29/1985, de 2 de agosto, de Aguas

....

Sección 3.ª Zonas de protección

243. 1. A fin de proteger adecuadamente la calidad del agua, el Gobierno podrá establecer alrededor de los lechos de lagos, lagunas y embalses, definidos en el artículo 9 de la Ley de Aguas, un área en la que se condicionará el uso del suelo y las actividades que se desarrollen.

2. Alrededor de los embalses superficiales, el Organismo de cuenca podrá prever en sus proyectos las zonas de servicio necesarias para su explotación.

3. En todo caso, las márgenes de lagos, lagunas y embalses quedarán sujetas a las zonas de servidumbre y policía fijadas para las corrientes de agua (art. 88 de la LA).

244. 1. La protección de las aguas subterráneas frente a instrusiones de aguas salinas de origen continental o marítimo se realizará, entre otras acciones, mediante la limitación de la explotación de los acuíferos afectados y, en su caso, la redistribución espacial de las captaciones existentes. Los criterios básicos para ellos serán incluidos en los Planes Hidrológicos de cuenca, correspondiendo al Organismo de cuenca la adopción de las medidas oportunas (art. 91 de la LA).

CAPITULO II

DE LOS VERTIDOS

Sección 1.ª Autorizaciones de vertido

245. 1. Toda actividad susceptible de provocar la contaminación o degradación del dominio público hidráulico y, en particular, el vertido de aguas y de productos residuales susceptibles de contaminar las aguas continentales, requieren autorización administrativa.

Se consideran vertidos, según la Ley de Aguas, los que se realicen directa o indirectamente en los cauces, cualquiera que sea la naturaleza de éstos, así como los que se lleven a cabo en el subsuelo o sobre el terreno, balsas o excavaciones, mediante evacuación, inyección o depósito (art. 92 de la LA).

2. A los efectos de este Reglamento, se entiende por vertido directo el realizado inmediatamente sobre un curso de aguas o canal de riego, y por vertido indirecto el que no reúna esta circunstancia, como el realizado en azarbes, alcantarillado, canales de desagüe y pluviales.

Los Organismos de cuenca llevarán un censo de las Entidades públicas o particulares que sean causantes de vertidos directos a cauces públicos.

246. 1. El procedimiento para obtener la autorización administrativa a que se refiere el artículo 92 de la Ley de Aguas se iniciará mediante la presentación de una solicitud por el titular de la actividad que, además de comprender los datos señalados en el artículo 69 de la Ley de Procedimiento Administrativo, contendrá al menos los siguientes extremos:

a) Características detalladas de la actividad causante del vertido.

b) Localización exacta del punto donde se produce la evacuación, inyección o depósito de las aguas o productos residuales.

c) Características cuantitativas y cualitativas de los vertidos.

d) Descripción sucinta de las instalaciones de depuración o eliminación, en su caso, y de las medidas de seguridad en evitación de vertidos accidentales.

e) Petición, en su caso, de imposición de servidumbre forzosa de acueducto o de declaración de utilidad pública a los efectos de expropiación forzosa.

2. A la solicitud deberá acompañarse proyecto, suscrito por técnico competente, de las obras e instalaciones de depuración o eliminación que, en su caso, fueran necesarias para que el grado de depuración sea el adecuado al grupo de calidad establecido para el medio receptor.

Cuando el vertido o el sistema de depuración o eliminación propuesto se presuma que puede dar lugar a la infiltración o almacenamiento de sustancias susceptibles de contaminar los acuíferos o las aguas subterráneas, el interesado deberá adoptar un estudio hidrogeológico en relación con la presunta afección, de acuerdo con lo preceptuado en el artículo 94 de la Ley de Aguas.

3. Además, en caso de no solicitarse la declaración de utilidad pública o la imposición de servidumbre, documentación acreditativa de la propiedad de los terrenos que hayan de ocuparse o permiso de los propietarios.

....

251. En las autorizaciones de vertido se concretará especialmente:

a) Los límites cuantitativos y cualitativos del vertido. Estos últimos no podrán superar los valores contenidos en la tabla 1 del anexo al título IV, salvo en aquellos casos en que la escasa importancia del efluente permita, justificadamente, un menor rigor.

b) Expresión de las instalaciones de depuración o eliminación consideradas, en principio, necesarias con base en la solución propuesta por el peticionario en el proyecto presentado inicialmente y en las modificaciones al mismo que hayan sido introducidas para conseguir los objetivos de calidad exigibles.

c) Los elementos de control del funcionamiento de dichas instalaciones, así como la periodicidad y características de dicho control.

d) El importe del canon de vertido que corresponda en aplicación del artículo 105 de la Ley de Aguas.

e) Las fechas de iniciación y terminación de las obras e instalaciones, fases parciales previstas y entrada en servicio de las mismas, así como las previsiones que, en caso necesario, se hayan de adoptar para reducir la contaminación durante el plazo de ejecución de aquéllas.

f) Las actuaciones y medidas que, en casos de emergencia, deban ser puestas en práctica por el titular de la autorización.

g) Plazo de vigencia de la autorización.

h) Causas de caducidad de la misma.

i) Cualquier otra condición que el Organismo de cuenca considere oportuna, en razón a las características específicas del caso, y del cumplimiento de la finalidad de las instalaciones.

252. Independientemente de los controles impuestos en la autorización a que se refiere el artículo anterior, el Organismo de cuenca podrá efectuar cuantos análisis e inspecciones estime convenientes para comprobar las características del vertido y contrastar, en su caso, la validez de aquellos controles.

La realización de estas tareas podrá hacerse directamente o a través de Empresas colaboradoras.

....

Sección 3.ª Sustancias contaminantes

254. 1. Para asegurar una protección eficaz de los medios receptores respecto de la contaminación que pudieran ocasionar los productos contenidos en los vertidos, se establece una primera relación de sustancias, elegidas en razón a su toxicidad, persistencia o bioacumulación.

2. Se establece también una segunda relación de sustancias nociva, cuyos efectos se gradúan según el tipo y características del medio receptor afectado.

3. Ambas relaciones, I y II, figuran en el anexo a este título.

4. Las autorizaciones de vertido limitarán rigurosamente las concentraciones de las sustancias figuradas en la relación I, a fin de eliminar del medio re-

ceptor sus efectivos nocivos, según las normativas de vertido y calidad que sucesivamente se dicten.

Respecto de las sustancias de la relación II, las autorizaciones se sujetarán a las previsiones que para reducir la contaminación producida contengan los Planes Hidrológicos de cada cuenca.

255. El censo de vertidos mencionado en el artículo 245 clasificará las autorizaciones que se otorguen, en función de su peligrosidad, deducida de la presencia en los efluentes de las sustancias incluidas en las relaciones I y II.

256. Cuando el vertido pueda dar lugar a la infiltración o almacenamiento de sustancias susceptibles de contaminar los acuíferos o las aguas subterráneas, sólo podrán autorizarse si el estudio hidrogeológico previo demostrase su inocuidad (art. 94 de la LA).

257. 1. En ningún caso podrán autorizarse vertidos que afecten a los acuíferos que contengan sustancias de las figuradas en la relación I del anexo a este título.

2. Respecto a las sustancias de la relación II, la autorización limitará su introducción en los acuíferos de forma que no se produzca su contaminación.

258. El estudio hidrogeológico que se exige en el artículo 256, deberá estar suscrito por técnico competente y será incorporado al expediente para su tramitación, en la que será preceptivo el informe del Instituto Geológico y Minero de España.

....

CAPITULO III

De la reutilización de aguas depuradas

272. 1. El Gobierno establecerá las condiciones básicas para la reutilización directa de las aguas, en función de los procesos de depuración, su calidad y los usos previstos.

En el caso de que la reutilización se lleve a cabo por persona distinta del primer usuario de las aguas, se considerarán ambos aprovechamientos como independientes y deberán ser objeto de concesiones distintas. Los títulos concesionales podrán incorporar las condiciones para la protección y los derechos de ambos usuarios (art. 101 de la LA).

2. A los efectos del presente Reglamento se entiende por reutilización directa de aguas las que, habiendo sido ya utilizadas por quien las derivó, y antes de su devolución a cauce público, fueran aplicadas a otros diferentes usos sucesivos.

3. La reutilización de aguas residuales, que estará sujeta a las condiciones básicas que el Gobierno establezca, requerirá concesión administrativa.

4. En todos los casos de reutilización directa de aguas residuales se recabará por el Organismo de cuenca informe de las autoridades sanitarias, que tendrá carácter vinculante.

5. Se prohíbe la reutilización directa de aguas residuales depuradas para el consumo humano, excepto en situaciones catastróficas o de emergencia, en las que, con sujeción al artículo anterior y mediante los controles y garantías que se fijen por las autoridades sanitarias, puedan autorizarse por el Organismo de cuenca dicho uso con carácter transitorio.

273. 1. Cuando la reutilización directa que se trate de realizar por el primer usuario no se contemple en la concesión de aguas, deberá incoarse un expediente de modificación de la misma, mediante tramitación abreviada, en el que, además de someter el expediente a información pública, se recabarán los informes procedentes, imponiéndose el oportuno condicionado.

2. Si no existiera concesión o se tratase de reutilización directa de las aguas por un tercero, en parte o en su totalidad, se seguirá un expediente de concesión por el procedimiento ordinario o simplificado, según preceptúa este Reglamento.

3. De otorgarse la concesión, se incluirán en los títulos respectivos las condiciones para la compatibilización de los derechos de ambos usuarios.

ANEXO AL TITULO III

Relación primera de sustancias contaminantes

1. Compuestos organohalogenados y sustancias que puedan dar origen a compuestos de esta clase en el medio acuático.

2. Compuestos organofosfóricos.

3. Compuestos organoestánicos.

4. Sustancias en las que está demostrado su poder cancerígeno en el medio acuático o por medio de él.

5. Mercurio y compuestos de mercurio.

6. Cadmio y compuestos de cadmio.

7. Aceites minerales persistentes e hidrocarburos de origen petrolífero persistentes.

8. Sustancias sintéticas persistentes que puedan flotar, permanecer en suspensión o hundirse causando con ello perjuicio a cualquier utilización de las aguas.

Relación segunda de sustancias contaminantes

1. Sustancias que forman parte de las categorías y grupos de sustancias enumerados en la relación I para las que no se hayan fijado límites según el artículo 254 de este Reglamento.

2. Sustancias o tipos de sustancias comprendidos en el siguiente apartado y que, aun teniendo efectos perjudiciales, puedan quedar limitados en zonas concretas según las características de las aguas receptoras y su localización.

3. a) Los metaloides y metales siguientes y sus compuestos:

1. Cinc	11. Estaño
2. Cobre	12. Bario
3. Níquel	13. Berilio
4. Cromo	14. Boro
5. Plomo	15. Uranio
6. Selenio	16. Vanadio
7. Arsénico	17. Cobalto
8. Antimonio	18. Cobalto
9. Molibdeno	19. Teluro
10. Titanio	20. Plata

b) Biocidas y sus derivados no incluidos en la relación primera.

c) Sustancias que tengan efectos perjudiciales para el sabor y/o el olor de productos de consumo humano derivados del medio acuático, así como los compuestos susceptibles de originarlos en las aguas.

d) Compuestos organosilícicos tóxicos o persistentes y sustancias que puedan originarlos en las aguas, excluidos los biológicamente inofensivos o que dentro del agua se transforman rápidamente en sustancias inofensivas.

e) Compuestos inorgánicos de fósforo y fósforo elemental.

f) Aceites minerales no persistentes o hidrocarburos de origen petrolífero no persistente.

g) Cianuros, fluoruros.

h) Sustancias que influyen desfavorablemente en el balance de oxígeno, especialmente las siguientes:

– Amoníaco.

– Nitritos.

CLASIFICACION DE ACTIVIDADES

CNAE	Actividades
	CLASE 1
	Industrias de molinería y de fabricación de pastas alimenticias
417	Fabricación de productos de molinería.
418	Fabricación de pastas alimenticias y productos amiláceos.
	Industrias del vestido y de la confección y decoración de textiles
453	Confección en serie de prendas de vestir y complementos del vestido.
455	Confección de otros artículos con materias textiles.
	Industrias del calzado
451	Fabricación en serie de calzado (excepto el de caucho y madera).
	Industrias de la madera
461	Aserrado y preparación industrial de la madera.
462	Fabricación de productos semielaborados de madera.
463	Fabricación en serie de piezas de carpintería, parquet y estructuras de madera para la construcción.
464	Fabricación de envases y embalajes de madera.
465	Fabricación de objetos diversos de madera (excepto muebles).
	Industrias del mueble y de la decoración de la madera
468	Industrias del mueble de madera.
	Industrias metalúrgicas
22	Producción y primera transformación de metales.
	Industrias mecánicas, con exclusión de las de falvanizado
31	Fabricación de productos metálicos (excepto tratamiento y recubrimiento de los metales CNAE 313).

CNAE	Actividades
	CLASE 1
32	Construcción de maquinaria y equipo mecánico.
33	Construcción de máquinas de oficina y ordenadores.
34	Construcción de maquinaria y material eléctrico.
	Industrias de construcción de medios de transporte y equipos afines
36	Construcción de vehículos automóviles y sus piezas de repuesto.
37	Construcción naval, reparación y mantenimiento de buques.
38	Construcción de otro material de transporte.
	Artes gráficas, edición y actividades anexas
474	Artes gráficas y actividades anexas.
475	Edición.
	Industrias de transformación de materias anexas
48	Industrias de transformación de materias plásticas.
	Industrias de manufactureras diversas
49	Otras industrias manufactureras.
	Producción y distribución de energía eléctrica, de vapor, de agua caliente y de gas
15	Producción, transporte y distribución de energía eléctrica, gas, vapor y agua caliente.
	CLASE 2
	Extracción de minerales metálicos
21	Extracción y preparación de minerales metálicos.
11	Extracción, preparación y aglomeración de combustibles sólidos y coquerías.
	Extracción de minerales no metálicos
23	Extracción de minerales no metálicos ni energéticos. Turberas.

CNAE	Actividades
	Industrias de envasado de aguas minerales y fabricación de bebidas no alcohólicas
428	Industrias de las aguas minerales, aguas gaseosas y otras bebidas analcohólicas.
	Industrias del tabaco
429	Industrias del tabaco.
	Industrias textiles
43	Industria textil.
	Industrias de elaboración de minerales no metálicos
24	Industrias de productos minerales no metálicos.
	Industrias químicas y de los derivados del petróleo y del carbón
25	Industria química.
13	Refino de petróleo.
	Industrias de la goma
48	Transformación del caucho.
	Industrias productoras de celulosa para uso textil y de fibras químicas
251.5	Fabricación de fibras artificiales y sintéticas.
47	*Industrias papeleras, de transformación del papel y del cartón y de cartonajes (excepto* 474 *y* 475)
471	Fabricación de pasta papelera.
472	Fabricación de papel y cartón.
473	Transformación del papel y cartón.
493	*Laboratorios fotográficos y cinematográficos*
	CLASE 3
	Zootecnica
02	Producción ganadera.

CNAE	Actividades
	Industrias de fabricación de dulces
420	Industrias del azúcar.
421.2	Elaboración de productos de confiterías.
	Industrias conserveras
413	Sacrificio de ganado, preparación y conservas de carne.
415	Fabricación de jugos y conservas vegetales.
416	Fabricación de conservas de pescado y otros productos marinos.
	Industrias de fabricación de quesos
414.3	Fabricación de queso.
	Industrias de grasas vegetaales y animales
411	Fabricación de aceite de oliva.
412	Fabricación de aceites y grasas vegetales y animales (excepto aceite de oliva).
	Industrias alimentarias diversas
423	Fabricación de productos alimenticios diversos.
	Industrias de elaboración de bebidas alcohólicas y de destilación de alcoholes
424	Industrias de alcoholes etílicos de fermentación.
425	Industria vinícola.
426	Sidrerías.
427	Fabricación de cerveza y malta cervecera.
	Industrias de la piel y del cuero
44	Industrias del cuero.
	Industrias de tratamiento superficial y de galvanizado eléctrico de metales
313	Tratamiento y recubrimiento de los metales.

NOTA: Toda actividad no relacionada en las clases anteriores se entenderá incluida la clase 1.

Tablas de los parámetros característicos que se deben considerar como mínimo, en la estima del tratamiento del vertido

Parámetro – Unidad	Nota	Valores límites Tabla 1	Tabla 2	Tabla 3
pH	(A)	Comprendido entre 5,5 y 9,5		
Sólidos en suspensión (mg/l)	(B)	300	150	80
Materias sedimentables (mg/l)	(C)	2	1	0,5
Sólidos gruesos	–	Ausentes	Ausentes	Ausentes
D.B.O.5 (mg/l)	(D)	300	60	40
D.Q.O. (mg/l)	(E)	500	200	160
Temperatura (° C)	(F)	3°	3°	3°
Color	(G)	Inapreciable en disolución: 1/40	1/30	1/20
Aluminio (mg/l)	(H)	20	1	1
Arsénico (mg/l)	(H)	1,0	0,5	0,5
Bario (mg/l)	(H)	20	20	20
Boro (mg/l)	(H)	10	5	2
Cadmio (mg/l)	(H)	0,5	0,2	0,1
Cromo III (mg/l)	(H)	4	33	2
Cromo VI (mg/l)	(H)	0,5	0,2	0,2
Hierro (mg/l)	(H)	10	3	2
Manganeso (mg/l)	(H)	10	3	2
Níquel (mg/l)	(H)	10	3	2
Mercurio (mg/l)	(H)	0,1	0,05	0,05
Plomo (mg/l)	(H)	0,5	0,2	0,2
Selenio (mg/l)	(H)	0,1	0,03	0,03
Estaño (mg/l)	(H)	10	10	10
Cobre (mg/l)	(H)	10	0,5	0,2
Cinc (mg/l)	(H)	20	10	3
Tóxicos metálicos	(J)	3	3	3
Cianuros (mg/l)	–	1	0,5	0,5
Cloruros (mg/l)	–	2.000	2.000	2.000
Sulfuros (mg/l)	–	2	1	1
Sulfitos (mg/l)	–	2	1	1
Sulfatos (mg/l)	–	2.000	2.000	2.000
Fluoruros (mg/l)	–	12	8	6
Fósforo total (mg/l)	(K)	20	20	10
Idem	(K)	0,5	0,5	0,5
Amoníaco (mg/l)	(L)	50	50	15
Nitrógeno nítrico (mg/l)	(L)	20	12	10
Aceites y grasas (mg/l)	–	40	25	20
Fenoles (mg/l)	(M)	1	0,5	0,5
Aldehídos (mg/l)	–	2	1	1
Detergentes (mg/l)	(N)	6	3	2
Pesticidas (mg/l)	(P)	0,05	0,05	0,05

NOTAS: General.–Cuando el caudal vertido sea superior a la décima parte del caudal mínimo circulante por el cauce receptor, las cifras de la tabla 1 podrán reducirse en lo necesario, en cada caso concreto, para adecuar la calidad de las aguas a los usos reales o previsibles de la corriente en la zona afectada por el vertido.

Si un determinado parámetro tuviese definidos sus objetivos de calidad en el medio receptor, se admitirá que en el condicionado de las autorizaciones de vertido pueda superarse el límite fijado en la tabla 1 para tal parámetro, siempre que la dilución normal del efluente permita el cumplimiento de dichos objetivos de calidad.

(A) La dispersión del efluente a 50 metros del punto de vertido debe conducir a un pH comprendido entre 6,5 y 8,5

(B) No atraviesan una membrana filtrante de 0,45 micras.

(C) Medidas en cono Imholf en dos horas.

(D) Para efluentes industriales, con oxidabilidad muy diferente a un efluente doméstico tipo, la concentración límite se referirá al 70 por 100 de la D.B.O total.

(E) Determinación al bicromato potásico.

(F) En ríos, el incremento de temperatura media de una sección fluvial tras la zona de dispersión no superará los 3 °C.
En lagos o embalses, la temperatura del vertido no superará los 30 °C.

(G) La apreciación del color se estima sobre 10 centímetros de muestra diluida.

(H) El límite se refiere al elemento disuelto, como ion o en forma completa.

(J) La suma de las fracciones concentración real/límite exigido relativa a los elementos tóxicos (arsénico, cadmio, cromo VI, níquel, mercurio, plomo, selenio, cobre y cinc) no superará el valor 3.

(K) Si el vertido se produce a lagos o embalses, el límite se reduce a 0,5, en previsión de brotes eutróficos.

(L) En lagos o embalses el nitrógeno total no debe superar 10 mg/l expresado en nitrógeno.

(M) Expresado en $C_6O_{14}H_6$.

(N) Expresado en lauril-sulfato.

(P) Si se tratase exclusivamente de pesticidas fosforados puede admitirse un máximo de 0,1 mg/l.

REAL DECRETO 927/1988, DE 29 DE JULIO (OBRAS PUBLICAS Y URBANISMO), POR EL QUE SE APRUEBA EL REGLAMENTO DE LA ADMINISTRACION PUBLICA DEL AGUA Y DE LA PLANIFICACION HIDROLOGICA, EN DESARROLLO DE LOS TITULOS II Y III DE LA LEY DE AGUAS

(«BOE» n.º 209, de 31 de agosto de 1988; corrección de erratas en «BOE» n.º 234, de 29 de septiembre)

La Ley 29/1985, de 2 de agosto, de Aguas, autorizó al Gobierno, en su disposición final segunda, para dictar, a propuesta del Ministerio de Obras Públicas y Urbanismo, las disposiciones reglamentarias necesarias para su cumplimiento.

Por Real Decreto 849/1986, de 11 de abril, se aprobó el Reglamento del Dominio Público Hidráulico, que desarrollaba los títulos preliminar, I, IV, V, VI y VII de la Ley de Aguas, materias que reclamaban un inmediato desarrollo a nivel reglamentario, que permitiese la aplicación de la Ley.

Posteriormente, por Real Decreto 650/1987, de 8 de mayo, se definieron, con carácter reglamentario, los ámbitos territoriales de los Organismos de cuenca y de los Planes Hidrológicos en cumplimiento de lo establecido en los artículos 20.3 y 38.2 de la Ley de Aguas.

En el Reglamento de la Administración Pública del Agua y de la Planificación Hidrológica se desarrollan los títulos II y III de la Ley de Aguas, lo que permitirá la constitución de los Organismos de cuenca previstos en la Ley, así como la del Consejo Nacional del Agua, y consecuentemnete, la elaboración de los Planes Hidrológicos, en los cuales, se tendrá en cuenta, aquella normativa de la Comunidad Económica Europea, relativa a los objetivos de calidad para las aguas continentales que figuran en las directivas 75/440/CEE, 76/160/CEE, 78/659/CEE, y 79/923/CEE.

REGLAMENTO DE LA ADMINISTRACION PUBLICA DEL AGUA Y DE LA PLANIFICACION HIDROLOGICA

EN DESARROLLO DE LOS TÍTULOS II Y III DE LA LEY DE AGUAS

TITULO PRIMERO

De la Administración Pública del Agua

CAPITULO PRIMERO

PRINCIPIOS GENERALES

Artículo 1. El ejercicio e las funciones del Estado, en materia de aguas, se someterá a los siguientes principios:

1. Unidad de gestión, tratamiento integral, economía del agua, desconcentración, descentralización, coordinación, eficacia y participación de los usuarios.

2. Respecto de la unidad de la cuenca hidrográfica, de los sistemas hidráulicos y del ciclo hidrológico.

3. Compatibilidad de la gestión pública del agua con la ordenación del territorio, la conservación y protección del medio ambiente y la restauración de la naturaleza (art. 13 de la LA).

Art. 2.º 1. Se entiende por cuenca hidrográfica el territorio en que las aguas fluyen al mar a través de una red de cauces secundarios que convergen en un cauce principal único. La cuenca hidrográfica, como unidad de gestión del recurso, se considera indivisible (art. 14 de la LA).

2. Por unidad hidrogeológica se entiende uno o varios acuíferos agrupados a efectos de conseguir una racional y eficaz administración del agua. La defini-

ción de las unidades hidrogeológicas se realizará en los planes hidrológicos de cuenca.

3. El ámbito territorial de los Organismos de cuenca comprenderá una o varias cuencas hidrológicas indivisas, con las sola limitación derivada de las fronteras internacionales.

Art. 3.º A efectos administrativos, los acuíferos situados en el ámbito territorial de un Organismo de cuenca dependerán de este Organismo.

Art. 4.º Cuando un acuífero subterráneo esté situado en los ámbitos territoriales de dos o más planes hidrológicos de cuenca, corresponderá el Plan Hidrológico Nacional asignar los recursos a cada uno de ellos.

Art. 5.º 1. En los expedientes de concesión o de investigación de las aguas subterráneas de los acuíferos situados en los ámbitos territoriales de dos o más Organismos de cuenca, así como en los de autorización de vertidos de sustancias susceptibles de contaminar los acuíferos, el Organismo de cuenca o de Administración Hidráulica de la Comunidad Autónoma a quien corresponda su tramitación, dará preceptiva audiencia a las demás Administraciones Hidráulicas u Organismos de cuenca en cuyo ámbito esté situado el acuífero.

2. Los expedientes de declaración de acuífero sobreexplotado, o en proceso de salinización, así como los de afección a aprovechamientos preexistentes, que se refieran a estos acuíferos serán iniciados por una cualquiera de las Administraciones Hidráulicas a quienes afecte, danto audiencia a las demás y correspondiendo la resolución a la Dirección General de Obras Hidráulicas.

Art. 6.º En relación con el dominio público hidráulico y en el marco de las competencias que le son atribuidas por la Constitución, el Estado ejercerá, especialmente, las funciones siguientes:

a) La planificación hidrológica y la realización de los planes estatales de infraestructura hidráulica o cualquier otro estatal que forme parte de aquélla.

b) La adopción de las medidas precisas para el cumplimiento de los acuerdos y convenios internacionales en materia de aguas.

c) El otorgamiento de concesiones referentes al dominio público hidráulico en las cuencas hidrográficas que exceda del ámbito territorial de una sola Comunidad Autónoma.

d) El otorgamiento de autorizaciones referentes al dominio público hidráulico, así como la tutela de éste, en las cuencas hidrográficas que excedan del ámbito territorial de una sola Comunidad Autónoma. La tramitación de las mismas podrá, no obstante, ser encomendada a las Comunidades Autónomas (art. 15 de la LA).

Art. 7.º 1. La Comunidad Autónoma que en virtud de su Estatuto de Autonomía ejerza competencia sobre el dominio público hidráulico en cuencas hidrográficas comprendidas íntegramente dentro de su territorio, ajustará el régimen jurídico de su administración hidráulica a las siguientes bases:

a) Aplicación de los principios establecidos en el artículo 13 de la Ley de Aguas.

b) La representación de los usuarios en los órganos colegiados de la Administración Hidráulica no será inferior al tercio de los miembros que los integren.

c) Un Delegado del Gobierno en dicha Administración asegurará la comunicación con los Organismos de la Administración del Estado, a efectos de la elaboración del plan hidrológico de la cuenca, del cumplimiento de la legislación hidráulica estatal y de las previsiones de la planificación hidrológica.

2. Los actos y acuerdos que infrinjan la legislación hidráulica del Estado o no se ajusten a la planificación hidrológica y afecten a su competencia en materia hidráulica, podrán ser impugnados directamente por el Delegado del Gobierno en la administración hidráulica ante la jurisdicción contencioso-administrativa, con petición expresa de suspensión por razones de interés general. El Tribunal, si estimula fundada esta petición, acordará la suspensión en el primer trámite siguiente a la presentación de la impugnación. A estos efectos se considerará, en todo caso, como contrario al interés general cualquier acto o acuerdo que no se ajuste a la planificación hidrológica (art. 16 de la LA).

3. Los usuarios a que se refiere el párrafo b), del apartado 1, serán exclusivamente aquellos que ostentan dicho carácter en relación con aguas de las cuencas comprendidas íntegramente en la Comunidad Autónoma.

Art. 8.º Los Delegados del Gobierno en las Administraciones Hidráulicas de las Comunidades Autónomas a que se refiere el artículo anterior serán designados y separados libremente por el Consejo de Ministros, a propuesta del Ministro de Obras Públicas y Urbanismo.

Art. 9.º 1. A los efectos de lo establecido en el artículo 7.2, la Administración Hidráulica de la Comunidad Autónoma pondrá en conocimiento del Delegado del Gobierno en la misma, en el plazo máximo de quince días, las autorizaciones, concesiones y demás actos y acuerdos, relativos al dominio público hidráulico, pudiendo recabar el Delegado del Gobierno cualquier otra información que estime necesaria para el adecuado desempeño de sus funciones.

2. La impugnación por el Delegado del Gobierno de los actos y acuerdos a que se refiere el artículo 7.2, deberá realizarse en el plazo de treinta días a partir de aquel que tenga conocimiento de ellos.

Art. 10. El Ministerio de Obras Públicas y Urbanismo dotará a las Delegaciones del Gobierno en las Administraciones Hidráulicas Autonómicas, con cargo a los presupuestos del Ministerio, de cuantos servicios técnicos, jurídicos y administrativos fueran necesarios para el desempeño de las funciones que la Ley les encomienda.

....

CAPITULO III

DE LOS ORGANISMOS DE CUENCA

Sección 1.ª Configuración y funciones

Art. 24. 1. Los Organismos de cuenca a que se refiere el artículo 19 de la Ley de Aguas son, con la denominación de Confederaciones Hidrográficas, Entidades de derecho público con personalidad jurídica propia y distinta de la del Estado, adscrita a efectos administrativos al Ministerio de Obras Públicas y Urbanismo y con plena autonomía funcional.

2. Dispondrán de autonomía para regir y administrar por sí los intereses que les sean confiados, para adquirir y enajenar los bienes y derechos que puedan constituir su propio patrimonio, para contratar y obligarse, y para ejercer ante los Tribunales todo género de acciones, sin más limitaciones que las impuestas por las leyes. Sus actos y resoluciones agotan la vía administrativa (art. 20.2 de la LA).

3. Los Organismos de cuenca se regirán por la legislación aplicable a las Entidades estatables autónomas en todo lo no previsto en la Ley de Aguas o en sus Reglamentos (art. 20.4 de la LA).

3. Los Organismos de cuenca se regirán por la legislación aplicable a las Entidades estatales autónomas en todo lo no previsto en la Ley de Aguas o en sus Reglamentos (art. 20.4 de la LA).

Art. 25. Son funciones de los Organismos de cuenca:

a) La elaboración del plan hidrológico de cuenca, así como su seguimiento y revisión.

b) La administración y control del dominio público hidráulico.

c) La administración y control de los aprovechamientos de interés general o que afecten a más de una Comunidad Autónoma.

d) El proyecto, la construcción y explotación de las obras realizadas con cargo a los fondos propios del Organismo, y las que les sean encomendadas por el Estado.

e) Las que se deriven de los convenios con Comunidades Autónomas, Corporaciones Locales y otras Entidades públicas o privadas, o de los suscritos con los particulares (art. 21 de la LA).

Art. 26. Los Organismos de cuenca tendrán, para el desempeño de sus funciones, además de las que se contemplan expresamente en otros artículos de la Ley de Aguas, las siguientes atribuciones y cometidos:

a) El otorgamiento de autorizaciones y concesiones referentes al dominio público hidráulico, salvo las relativas a las obras y actuaciones de interés general del Estado, que corresponderán al Ministerio de Obras Públicas y Urbanismo.

b) La inspección y vigilancia del cumplimiento de las condiciones de concesiones y autorizaciones relativas al dominio público hidráulico.

c) La realización de aforos, estudios de hidrología, información sobre crecidas y control de la calidad de las aguas.

d) El estudio, proyecto, ejecución, conservación, explotación y mejora de las obras incluidas en sus propios planes, así como de aquellas otras que pudieran encomendárselas.

e) La definición de objetivos y programas de calidad de acuerdo con la planificación hidrológica.

f) La prestación de toda clase de servicios técnicos relacionados con el cumplimiento de sus fines específicos y, cuando les fuera solicitado, el asesoramiento a la Administración del Estado, Comunidades Autónomas, Corporaciones Locales y demás Entidades públicas o privadas, así como a los particulares (art. 22 de la LA).

Art. 27. Los Organismos de cuenca y las Comunidades Autónomas podrán establecer una mutua colaboración en el ejercicio de sus respectivas competencias, especialmente mediante la incorporación de aquéllas a la Junta de Gobierno de dichos Organismos (art. 23 de la LA).

....

TITULO II

De la planificación hidrológica

CAPITULO PRIMERO

Objetivos generales y ámbito territorial de los Planes

Art. 70. Las planificaciones hidrológicas tendrá por objetivos generales conseguir la mejor satisfacción de las demandas de agua y equilibrar y armonizar el desarrollo regional y sectorial incrementando las disponibilidades del recurso, protegiendo su calidad, economizando su empleo y racionalizando sus usos en armonía con el medio ambiente y los demás recursos naturales (art. 38.1 de la LA).

Art. 71. 1. La planificación se realizará mediante los Planes Hidrológicos de cuenca y el Plan Hidrológico Nacional (art. 38.2 de la LA).

2. Los Planes Hidrológicos de cuenca podrán ser intracomunitarios o intercomunitarios, según que su ámbito territorial esté incluido o no íntegramente en una Comunidad Autónoma. El ámbito territorial de los Planes Hidrológicos se dividirá en unidades que se denominarán sucesivamente zonas, subzonas y áreas. La división se hará en cada caso atendiendo a criterios hidrográficos, medioambientales, de gestión, de demandas, de calidad u otros que en cada supuesto se estime conveniente tomar en consideración.

CAPITULO II

Contenido de los Planes

Sección 1.ª Contenido de los Planes Hidrológicos de Cuenca

Art. 72. Los Planes Hidrológicos de cuenca comprenderán, obligatoriamente:

a) El inventario de los recursos hidráulicos.

b) Los usos y demandas existentes y previsibles.

c) Los criterios de prioridad y de compatibilidad de usos, así como el orden de preferencia entre los distintos usos y aprovechamientos.

d) La asignación y reserva de recursos para usos y demandas actuales y futuros, así como para la conservación y recuperación del medio natural.

e) Las características básicas de calidad de las aguas y de la ordenación de los vertidos de aguas residuales.

f) Las normas básicas sobre mejoras y transformaciones en regadío que aseguren el mejor aprovechamiento del conjunto de recursos hidráulicos y terrenos disponibles.

g) Los perímetros de protección y las medidas para la conservación y recuperación del recurso y entorno afectados.

h) Los Planes Hidrológico-forestales y de conservación de suelos que hayan de ser realizados por la Administración.

i) Las directrices para recarga y protección de acuíferos.

j) Las infraestructuras básicas requeridas por el Plan.

k) Los criterios de evaluación de los aprovechamientos energéticos y la fijación de los condicionantes requeridos para su ejecución.

l) Los criterios sobre estudios, actuaciones y obras para prevenir y evitar los daños debidos a inundaciones, avenidas y otros fenómenos hidráulicos (art. 40 de la LA).

Art. 73. 1. Por inventario de recursos hidráulicos se entenderá la estimación cuantitativa, la descripción cualitativa y la distribución temporal de dichos recursos en el ámbito territorial del Plan Hidrológico. En el inventario se considerarán únicamente las aguas que contribuyan a las aportaciones de los ríos y las que alimenten depósitos naturales de agua, superficiales o subterráneos. El inventario de recursos hidráulicos contendrá por separado el inventario de los recursos naturales y los de los recursos disponibles que resultan de los distintos sistemas de explotación de recursos que se consideren en el Plan.

2. Los recursos naturales se evaluarán con independencia de los sistemas de explotación. Su inventario contendrá, en la medida que sea posible:

a) Datos estadísticos que muestren la evolución del régimen natural de los flujos, almacenamientos y calidades del agua a lo largo del año hidrológico.

b) Interrelaciones de las magnitudes consideradas, especialmente entre las aguas, superficiales y subterráneas y entre las aportaciones de los ríos, o recarga de acuíferos.

c) La zonificación y la esquematización de los recursos naturales en el ámbito territorial del Plan Hidrológico.

3. Cada sistema de explotación de recursos está constituido por elementos naturales, obras e instalaciones de infraestructura hidráulica, normas de utilización del agua derivadas de las características de las demandas y reglas de explotación que, aprovechando los recursos hidráulicos naturales, permiten establecer los suministros de agua que configuran la oferta de recursos disponibles del sistema de explotación.

4. Cada sistema de explotación de recursos se referirá a un horizonte temporal, debiendo incluirse en todo caso el correspondiente a la situación existente al elaborarse el Plan. Salvo autorización del Ministerio de Obras Públicas y Urbanismo, los sistemas de explotación se referirán además a dos horizontes temporales:

Uno de diez años, en el que se considerará la satisfacción de las demandas previsibles.

Otro de veinte años, en el que se estimarán las posibilidades de ampliación de las demandas correspondientes a los diferentes usos.

5. El estudio de cada sistema de explotación de recursos contendrá:

a) La definición y característica de los recursos hidráulicos disponibles, de acuerdo con las normas de utilización del agua consideradas.

b) La determinación de los elementos de la infraestructura precisa y las directrices fundamentales para su explotación.

c) Los recursos naturales no utilizados en el sistema y, en su caso, los procedentes de ámbitos territoriales externos al Plan.

Art. 74. 1. Se entenderá por usos del agua las distintas clases de utilización de la misma según su destino. El Plan Hidrológico incluirá en todo caso una tabla clasificatoria de los usos contemporáneos en el mismo, distinguiéndose, al menos, los de abastecimiento a poblaciones, agrarios, energéticos e industriales.

2. Se entenderá por demanda la necesidad de agua para uno o varios usos. Para definir una demanda serán precisos los siguientes datos:

a) El volumen anual y la distribución temporal de los suministros necesarios, así como las condiciones de calidad exigibles.

b) El nivel de garantía de los suministros para los diferentes usos.

c) El consumo bruto, es decir, la porción del suministro que no retorna al sistema hidráulico.

d) El volumen anual y la distribución temporal del retorno y previsión de la calidad previa a cualquier tratamiento.

Art. 75. Los Planes Hidrológicos de cuenca incorporarán la estimación de las demandas actuales y de las previsibles, de los distintos usos. En particular para los usos de abastecimientos a poblaciones, agrarios, energéticos e industriales, se seguirán los siguientes criterios:

a) El cálculo de la demanda de abastecimiento a poblaciones se basará, teniendo en cuenta las previsiones de los planes urbanísticos, en evaluaciones demográficas, industriales y de servicios, e incluirá la requerida por industrias de poco consumo de agua situada en los núcleos de población y conectadas a la red municipal. En estas evaluaciones se tendrán en cuenta tanto la población permanente como la estacional.

b) La estimación de la demanda agraria tendrá en cuenta, partiendo de la situación existente, la posible mejora de dotaciones en regadíos infradotados, las nuevas transformaciones en regadío, el ahorro de agua como consecuencia de la implantación de nuevas técnicas de riego o mejora de infraestructuras, las posibilidades de reutilización de aguas, la revisión concesional al amparo de los apartados a) y b) del artículo 63 y disposición transitoria séptima de la Ley de Aguas y la previsión para la atención de aprovechamientos aislados.

c) En los usos energéticos e industriales se tendrán en cuenta, además de las demandas existentes y previsibles, los cambios posibles resultantes de la aplicación de nuevas tecnologías, así como las posibilidades de reutilización de las aguas, dentro del propio proceso industrial.

En todos los casos se estimarán los retornos al medio natural de las aguas usadas, tanto en sus aspectos cualitativos como cuantitativos.

Art. 76. 1. El Plan Hidrológico contendrá los criterios de prioridad y de compatibilidad de usos que deben aplicarse en los distintos territorios de la cuenca. En relación con tales criterios, y para todo el ámbito territorial del Plan, se establecerán por unidades territoriales los órdenes de preferencia entre los distintos usos y aprovechamientos.

2. Igualmente se fijarán las condiciones y requisitos necesarios para la declaración de utilidad pública de las distintas clases de uso del agua, a efectos de la expropiación forzosa de los aprovechamientos de menor rango en el orden de preferencia que para cada unidad territorial de la cuenca se haya determinado en el Plan Hidrológico.

Art. 77. 1. Se entiende por reserva de recursos la correspondiente a las asignaciones establecidas en previsión de las demandas que corresponde atender con las obras hidráulicas específicas cuya realización sea de la competencia de la Administración Pública, del Estado o de las Comunidades Autónomas, o por fines de utilidad pública.

2. Estas reservas, cuya vigencia temporal estará en función del plazo previsto para la ejecución y puesta en explotación de las obras, serán inscribibles en el Registro de Aguas a nombre del Organismo de cuenca, el cual procederá a su cancelación parcial a medida que se vayan otorgando las correspondientes concesiones. Todo ello de acuerdo con la Sección 9.ª, capítulo II, título II del Reglamento del Dominio Público Hidráulico.

Art. 78. 1. El Plan Hidrológico establecerá para la situación existente al elaborar el Plan, el balance entre los recursos y las demandas consolidadas.

2. Asimismo establecerá la asignación y reserva de los recursos disponibles para las demandas previsibles al horizonte de diez años a los efectos del artículo 91 del Reglamento de Dominio Público Hidráulico; especificará también las demandas que no pueden ser satisfechas con los recursos disponibles en el propio ámbito territorial del Plan.

3. Para el horizonte temporal de veinte años estimará el balance o balances entre los recursos previsiblemente disponibles y las posibilidades de ampliación de las demandas correspondientes a los diferentes usos.

Art. 79. 1. En las características básicas de la calidad de las aguas se incluirán tanto la situación al redactarse el Plan Hidrológico de la calidad de las aguas superficiales y subterráneas como los objetivos de calidad que deben alcanzarse en cada río o tramo de río.

2. Los objetivos de calidad se definirán en función de los usos previstos para las aguas y deberán cumplir al menos las condiciones que, de acuerdo con las Directivas de la Comunidad Económica Europea, se establecen en los anexos a este Reglamento.

Art. 80. 1. El Plan Hidrológico deberá establecer los procedimientos y líneas de actuación que se precisen para conseguir la adecuación de la calidad de las aguas a los objetivos de calidad de las mismas.

2. Las características básicas de la ordenación de los vertidos de aguas residuales incluirán las normas de tipo general que se estimen adecuadas para que puedan alcanzarse los objetivos de calidad. Se referirán a la programación de la lucha contra la contaminación en los diferentes tramos o sectores de la cuenca.

3. Asimismo, se preverán programas de actuación para eliminar de las aguas continentales la contaminación producida por aquellas sustancias que por su toxicidad, persistencia o bioacumulación, figuran en las relaciones I y II del anexo al título III del Reglamento del Dominio Público Hidráulico.

Art. 81. 1. Las normas básicas sobre mejoras y transformaciones en regadío incluirán los métodos de riego más adecuados para los distintos tipos de climas, tierras y cultivos, las dotaciones de agua necesaria para las diversas alternativas y las condiciones de drenaje exigibles. Incluirán asimismo las condiciones para la reutilización de aguas para riego y cualquier otra que sea precisa para asegurar el mejor aprovechamiento y conservación del conjunto de recursos hidráulicos y tierras.

2. Se fijarán, en su caso, las adaptaciones a introducir tanto por la Administración como por los particulares en las realizaciones existentes para lograr la racional utilización de dichos recursos naturales.

3. Con el grado de definición que sea posible en el momento de redactar el Plan, se incluirán en el mismo la delimitación y características generales de aquellas transformaciones en regadío que por su interés socioeconómico o por cualquier otra circunstancia hayan de ser realizadas por las Administraciones del Estado o de las Comunidades Autónomas.

Art. 82. 1. El Plan Hidrológico fijará los perímetros de protección a que se refiere el artículo 89 de la Ley de Aguas, en los que se prohíba el ejercicio de actividades que pudieran constituir un peligro de contaminación o degradación del dominio público hidráulico. En estos perímetros son de aplicación las normas establecidas en el Reglamento del Dominio Público Hidráulico para las zonas de policía.

2. Asimismo se incorporarán al Plan Hidrológico los perímetros de protección a que se refieren los artículos 172 y 173 del Reglamento del Dominio Público Hidráulico.

Art. 83. 1. El Plan Hidrológico establecerá áreas de actuación y las características básicas de los trabajos de conservación de suelos y de corrección hidrológico-forestal.

2. Se incluirán en el Plan Hidrológico los Planes hidrológico-forestales o de conservación de suelos de las distintas Administraciones Públicas.

3. Se considerarán de forma especial los efectos de la erosión y su relación con la pérdida del recurso y de la capacidad de almacenamiento de los embalses.

Art. 84. 1. El Plan Hidrológico podrá incluir las áreas de posible recarga artificial de acuíferos, para las que se detallarán el objetivo de la recarga, así como la procedencia, cuantía y calidad de los recursos aplicados. Las sucesivas áreas de recarga que vayan determinándose se incorporarán al Plan a medida que se definan.

2. El Plan Hidrológico incluirá la relación de los acuíferos sobreexplotados o en riesgo de estarlo, así como la de los que estén en proceso de salinización, que hayan sido declarados como tales por el Organismo de cuenca.

3. Se determinarán también los criterios básicos para la protección de aguas subterráneas frente a la intrusión salina u otras causas de deterioro.

4. El Plan Hidrológico establecerá para cada unidad hidrogeológica, en la medida en que sea posible, normas para el otorgamiento de autorizaciones de investigación o concesiones, referidas al caudal máximo instantáneo por captación, distancias entre aprovechamientos, profundidades de perforación y de instalación de bombas, reunir las concesiones para que sean consideradas de escasa importancia.

Art. 85. 1. A los efectos de su obligación inclusión en el Plan Hidrológico de cuenca, se entenderá por infraestructuras básicas las obras y actuaciones que, influyendo significativamente en el ámbito hidráulico en que se insertan, forman parte integrante de los sistemas de explotación que hacen posible la oferta de recursos prevista por el Plan para los diferentes horizontes temporales.

2. Asimismo, el Plan podrá incluir otras infraestructuras que, por su relevancia, interés social o impacto sobre el medio ambiente o la conservación del entorno, se estime oportuno tomar en consideración.

3. El Plan Hidrológico incorporará el catálogo de infraestructuras básicas para los diferentes horizontes temporales, a que hace referencia el artículo 73.4 con el grado de definición de que se disponga en ese momento.

Art. 86. En el Plan Hidrológico se establecerán los criterios que habrán de aplicarse para la evaluación de los aprovechamientos energéticos, que contemplarán fundamentalmente los aspectos económicos, sociales, de demanda y de oportunidad. Se estudiarán también las líneas generales de los condicionantes para su ejecución, que puedan paliar los posibles efectos negativos del aprovechamiento.

Art. 87. 1. El Plan Hidrológico de cuenca, con los datos históricos disponibles sobre precipitaciones y caudales máximos y mínimos, establecerá los criterios para la realización de estudios y la determinación de actuaciones y obras relacionadas con situaciones hidrológicas extremas.

2. El Plan Hidrológico incluirá un programa para la realización de estudios conducentes a la delimitación de zonas inundables, al objeto de la aplicación del artículo 14 del Reglamento del Dominio Público Hidráulico.

3. Con independencia de las determinaciones del artículo 14 del Reglamento del Dominio Público Hidráulico, el Organismo de cuenca deberá remitir a las Administraciones públicas competentes en materia de Ordenación del Territorio y Planeamiento Urbano y de Protección del Territorio y Planeamiento Urbano y de Protección Civil las conclusiones de los distintos estudios a efectos de su conocimiento y consideración en sus actuaciones.

Art. 88. El Ministerio de Obras Públicas y Urbanismo podrá dictar las instrucciones y recomendaciones técnicas complementarias para la elaboración de los Planes Hidrológicos correspondientes a cuencas intercomunitarias, que considere convenientes para la homogeneización y sistematización de los trabajos. Estas instrucciones y recomendaciones técnicas deberán ser dictadas conjuntamente con los Ministerios de Agricultura, Pesca y Alimentación y de Industria y Energía, en cuanto puedan afectar a los mismos.

Art. 89. 1. En los Planes Hidrológicos de cuenca se podrán establecer reservas de aguas y de terrenos necesarios para las actuaciones y obras previstas (art. 41.1 de la LA).

2. La reserva de recursos se establecerá de acuerdo con lo señalado en el artículo 77. La reserva de terrenos comprenderá los necesarios para poder ejecutar las infraestructuras básicas contempladas en el Plan Hidrológico a que se refiere el artículo 85.

3. El Organismo de cuenca deberá remitir a las Administraciones públicas competentes en materia de Ordenación del Territorio y Planeamiento Urbano las delimitaciones de las zonas objeto de reserva a los efectos previstos en el artículo 41.3 de la Ley de Aguas.

Art. 90. 1. Podrán ser declaradas de protección especial determinadas zonas, cuencas o tramos de cuencas, acuíferos o masas de agua por sus características naturales o interés ecológico, de acuerdo con la legislación ambiental y de protección de la naturaleza. Los Planes Hidrológicos recogerán la clasificación de dichas zonas y las condiciones específicas para su protección (art. 41.2 de la LA).

2. Los Organismos competentes remitirán a los Organismos de cuenca, durante la elaboración de los Planes Hidrológicos, la relación de zonas protegidas para su toma de consideración en dichos Planes.

3. Cuando los Planes Hidrológicos de cuenca, de conformidad con lo dispuesto en el párrafo anterior, declaren de protección especial determinadas zonas, cuencas o tramos de cuenca, acuíferos o masas de agua, recogerán la clasificación de dichas zonas y las condiciones para su protección, bien de forma expresa, bien remitiéndose de manera concreta a los preceptos vigentes de la legislación ambiental y de protección de la naturaleza que pudieran afectarle.

4. Los expedientes de declaración de zonas protegidas que se incoen con posterioridad a la aprobación del Plan Hidrológico deberán ser preceptivamente informados por el Organismo de cuenca correspondiente.

....

ANEXO NUMERO 1

Calidad exigida a las aguas superficiales que sean destinadas a la producción de agua potable

I. Las aguas superficiales susceptibles de ser destinadas al consumo humano quedan clasificadas en los tres grupos siguientes, según el grado de tratamiento que deben recibir para su potabilización.

TABLA

Parámetro	Unidad	Tipo A1	Tipo A2	Tipo A3
pH	–	(6,5-8,5)	(5,5-9)	(5,5-9)
Color	Escala Pt	20	100	200
Sólidos en suspensión	mg/l	(25)	–	–
Temperatura	°C	25	25	25
Conductividad a 20 °C	μS/cm	(1.000)	(1.000)	(1.000)
Nitratos *	mg/l NO_3	50	50	50
Fluoruros	mg/l F^-	1,5	(1,7)	(1,7)
Hierro disuelto	mg/l Fe	0,3	2	(1)
Manganeso	mg/l Mn	(0,05)	(0,1)	(1)
Cobre	mg/l Cu	0,05	(0,05)	(1)
Cinc	mg/l Zn	3	5	5
Boro	mg/l B	(1)	(1)	(1)
Arsénico	mg/l As	0,05	0,05	0,1
Cadmio	mg/l Cd	0,005	0,005	0,005
Cromo total	mg/l Cr	0,05	0,05	0,05
Plomo	mg/l Pb	0,05	0,05	0,05
Selenio	mg/l Se	0,01	0,01	0,01
Mercurio	mg/l Hg	0,001	0,001	0,001
Bario	mg/l Ba	0,1	1	1
Cianuros	mg/l CN	0,05	0,05	0,05
Sulfatos **	mg/l SO_4	250	250	250
Cloruro **	mg/l Cl^-	(200)	(200)	(200)
Detergentes	mg/l (laurilsulfato)	(0,2)	(0,2)	(0,5)
Fosfatos	mg/l P_2O_5	(0,4)	(0,7)	(0,7)
Fenoles	mg/l C_6H_5OH	0,001	0,005	0,1
Hidrocarburos disueltos o emulsionados tras extracción en éter de petróleo	mg/l			
Carburos aromáticos policíclícos	mg/l	0,0002	0,0002	0,001
Plaguicidas totales	mg/l	0,001	0,0025	0,005
DQO	mg/l O_2	–	–	(30)
Oxígeno disuelto	% satur	(> 70)	(> 50)	(> 30)
DBO5	mg/l O_2	(< 3)	(< 5)	(< 7)
Nitrógeno Kjeldahl	mg/l N	(1)	(2)	(3)
Amoníaco	mg/l NH_4	(0,05)	1,5	4
Sustancias extraíbles con cloroformo	mg/l SEC	(0,1)	(0,2)	(0,5)
Coliformes totales 37 °C ...	/100 ml	(50)	(5.000)	(50.000)
Coliformes fecales	/100 ml	(20)	(2.000)	(20.000)
Estreptococos fecales	/100 ml	(20)	(1.000)	(10.000)
Salmonellas	–	Ausente en 5.000 ml	Ausente en 1.000 ml	–

* En lagos poco profundos de lenta renovación.

** Salvo que no existan aguas más aptas para el consumo.

Nota.–Las cifras entre paréntesis se tomarán colo valores indicativos deseables con carácter provisional.

Tipo A1. Tratamiento físico simple y desinfección.

Tipo A2. Tratamiento físico normal, tratamiento químico y desinfección.

Tipo A3. Tratamiento físico y químico intensivos, afino y desinfección.

II. Los niveles de calidad de las aguas superficiales destinadas a la producción de agua potable que fijen los Planes Hidrológicos, no podrán ser menos estrictos que los que figuran en la tabla siguiente para los distintos tipos de calidad figurados en el apartado anterior, salvo que se prevea un tratamiento especial que las haga potables.

ANEXO NUMERO 2

Calidad exigida a las aguas dulces superficiales para ser aptas para el baño

I. Se aplicarán esta normativa en aquellos parajes de aguas dulces superficiales, corrientes o embalsadas, en los que esté expresamente autorizado el baño de personas por las autoridades competentes, o no esté prohibido y se practique habitualmente por un número importante de bañistas. Estos parajes quedarán definidos de modo concreto en cada Plan Hidrológico.

II. Los Planes hidrológicos establecerán para cada paraje de los definidos en el apartado anterior objetivos de calidad que no podrán ser menos estrictos que los que figuran en la tabla siguiente para los distintos parámetros analíticos, atendida asimismo la frecuencia de muestreo y análisis tipo.

III. Las muestras se tomarán en la hora de máxima afluencia de bañistas y a 30 centímetros de profundidad, salvo el parámetro 8 que se efectuará en superficie.

El parámetro se considerará correcto si los valores del 95 por 100 de las muestras se mantiene inferior a lo exigido, que se rebaja al 80 por 100 en los parámetros 1 y 2, siempre que ningún valor rebase en más del 50 por 100 el valor de los límites estipulados para éstos, y para los parámetros 6, 12 y microbiológicos.

IV. En todo caso los criterios de calidad mínima para las aguas que sean declaradas aptas para el baño son los que estén establecidos en cada momento por la normativa sanitaria.

TABLA

Parámetro	Unidad	Valor máximo	Método de análisis e inspección
1. Coliformes totales	/ 100 ml	10.000	Recuento NMP o filtración y cultivo con identificación de colonias.
2. Coliformes fecales	/100 ml	2.000	Recuento NMP o filtración y cultivo con identificación de colonias.
3. Estreptococos fecales .	/100 ml	(100)	Método de Litsky NMP o filtración y cultivo.
4. Salmonellas	/1 l	0	Filtración, inoculación, identificación.
5. Enterovirus	PFu/10 ml	0	Concentración y confirmación.
6. pH	u	6 a 9	Elecrometría con calibración en los pH 7 y 9.
7. Color	–	Sin cambios anormales	Inspección visual o fotometría escala Pt-CO.
8. Aceites minerales	mg/l	Sin película visible ni olor	Inspección visual y olfativa o residuo seco.
9. Sustancias tensoactivas .	mg/l laurilsulfato	Sin espuma persistente (0,3)	Inspección visual. Espectrofotometría con azul de metileno.
10. Fenoles	mg/l C_6H_5OH	Sin olor específico 0,05	Inspección olfativa. Espectrofotometría método (4 A A P).
11. Transparencia	m	1	Disco de Secchi.
12. Oxígeno disuelto	% saturado	(80-120)	Método de Winkler o electrométrico.
13. Residuos de alquitrán y flotantes	–	(Inexistencia)	Inspección visual.

Frecuencia mínima de análisis: Bimensual.

Notas: Las cifras entre paréntesis se tomarán como valores indicativos deseables provisionales.

Los parámetros 3, 4 y 5 serán comprobados cuando, mediante inspección, se estime posible su presencia por deterioro de la calidad de las aguas.

Los parámetros 9, 10 y 11 serán comprobados en laboratorio si se sospecha el incumplimiento por la inspección organoléptica.

ANEXO NUMERO 3

Calidad exigible a las aguas continentales cuando requieran protección o mejora para ser aptas para la vida de los peces

I. Las aguas continentales que requieran protección o mejora para ser aptas para la vida de los peces quedan clasificadas en los dos grupos siguientes:

– Tipo S (aguas salmonícolas). Las aguas en las que viven o podrían vivir los peces que pertenecen a especies tales como el salmón (Salmo salar), la trucha *(Salmo trutta),* el tímalo *(Thymallus thymallus)* y el corégono *(Coregonus).*

TABLA

Parámetro	Tipo S	Tipo C	Observaciones
1. Temperatura (°C).	1. La temperatura media aguas abajo de un vertido térmico (en el límite de la zona de mezcla) no deberá superar la temperatura natural en más de:		Se podrán decidir excepciones limitadas geográficamente en condiciones particulares si la autoridad competente pudiera probar que dichas excepciones no tendrán consecuencias perjudiciales para el desarrollo equilibrado de las poblaciones de peces.
	1,5 °C	3 °C	
	2. El vertido térmico no deberá tener como consecuencia que la temperatura en la zona situada aguas abajo del punto de vertido térmico (en el límite de la zona de mezcla) supere los valores siguientes:		
	21,5 (0)	28 (0)	
	10 (0)	10 (0)	
	El límite de la temperatura de 10 °C no se aplicará sino a los períodos de reproducción de las especies que tienen necesidad de agua fría para su reproducción y exclusivamente a las aguas que puedan contener dichas especies.		
	Los límites de las temperaturas podrán, sin embargo, ser superados durante el 2 por 100 del tiempo.		
2. Oxígeno disuelto (mg/l O_2).	50 % ≧ 9	50 % ≧ 7	
	Cuando el contenido de oxígeno descienda por debajo de:		
	6	4	
	La autoridad competente deberá probar que esta situación no tendrá consecuencias perjudiciales para el desarrollo equilibrado de las poblaciones de peces.		
3. pH.	6-9 (0) (1)	6-9 (0) (1)	
4. Materias en suspensión (mg/l).	(≦ 25) (0)	(≦ 25) (0)	
5. D.B.O. (mg/l O_2).	(≦ 3)	(≦ 6)	
6. Fósforo total (mg/l P).	(0,2)	(0,4)	En lo referente a los lagos cuya profundidad media se sitúa entre 18 y 300 metros, se podría aplicar la siguiente fórmula: $L < 10 \frac{Z}{T_w}(1 + \sqrt{T_w})$

TABLA

Parámetro	Tipo S	Tipo C	Observaciones
			en donde: L = La carga expresada en mg P por metro cuadrado de superficie del lago durante un año. Z = La profundidad media, expresada en metros. T_w = El tiempo teórico de renovación del agua del lago, expresado en años. En los demás casos, los valores límites de 0,2 mg/l para las aguas salmonícolas y de 0,4 mg/l para las ciprinícolas, expresadas en PO, podrán ser considerados como valores indicativos que permiten reducir la eutrofización.
7. Nitritos (mg/l NO_2).	(≦ 0,01)	(≦ 0,03)	
8. Compuestos fenólicos (mg/l C_6H_5OH).	(2)	(2)	
9. Hidrocarburos de origen petrolero.	(3)	(3)	
10. Amoníaco no ionizado (mg/l NH_3).	≦ 0,025	≦ 0,025	Los valores de amoníaco no ionizado podrán ser superados a condición de que se trate de puntas poco importantes que aparezcan durante el día.
11. Amonio total (mg/l NH_4).	≦ 1 (4)	≦ 1 (4)	
12. Cloro residual total (mg/l HOCl).	≦ 0,005	≦ 0,005	Estos valores corresponden a un PH 6. Podrán aceptarse valores mayores si el pH fuese superior.
13. Cinc total (mg/l Zn).	≦ 0,3	≦ 1,0	Los valores corresponden a una dureza del agua de 100 mg/l de $CaCO_3$. Para durezas comprendidas entre 10 y 500 mg/l, los valores límites correspondientes se pueden encontrar en la tabla II.
14. Cobre soluble (mg/l Cu).	(≦ 0,04)	(≦ 0,04)	Los valores corresponden a una dureza del agua de 100 mg/l de $CaCCO_3$. Para las durezas comprendidas entre 10 y 300 mg/l, los valores límites correspondientes se pueden encontrar en la tabla III.

(0) Se podrán superar los límites fijados en circunstancias meteorológicas o geográficas excepcionales y cuando las aguas experimenten un enriquecimiento natural en determinadas sustancias, entendiendo por tal el proceso mediante el cual una masa de agua determinada recibe del suelo ciertas sustancias contenidas en él sin intervención del hombre.

(1) Las variaciones artificiales de pH con respecto a los valores constantes no deberán superar + 0,5 unidades de pH en los límites comprendidos entre 6,0 y 9,0, a condición de que estas variaciones no aumenten la nocividad de otras sustancias en el agua.

(2) Los compuestos fenólicos no podrán estar presentes en concentraciones que alteren el sabor del pescado.

(3) Los productos de origen petrolero no podrán estar presentes en las aguas en cantidad que:

– Formen una película visible en la superficie del agua o se depositen en capas en los lechos de las corrientes de agua o en los lagos.

– Transmitan al pescasdo un perceptible sabor a hidrocarburos.
– Provoquen efectos nocivos en los peces.

(4) En condiciones geográficas o climatológicas particulares y especialmente en el caso de bajas temperaturas del agua y reducida nitrificación o cuando la autoridad competente pueda probar que no hay consecuencias perjudiciales para el desarrollo equilibrdao de las poblaciones de peces, se podrán fijar valores superiores a 1 mg/l.

– Tipo C (aguas ciprinícolas). Las aguas en las que viven o podrían vivir los peces que pertenecen a los ciprínidos *(Cyprinidae),* o a otras especies tales como el lucio *(Esox lucius),* la perca *(Perca fluviatilis)* y la anguila *(Anguilla anguilla).*

II. Las aguas continentales que se definan en los Planes Hidrológicos como aguas que requieran protección o mejora para ser aptas para la vida de los peces tendrán unos niveles de calidad que no podrán ser menos estrictos que los que figuran en la tabla I para los dos grupos especificados en el apartado anterior.

TABLA II

Cinc total

Concentraciones de cinc (mg/l Zn) en función de los diversos valores de la dureza de las aguas comprendidos entre 10 y 500 mg/l $CaCO_3$.

	Dureza del agua (mg/l $CaCO_3$)			
	10	50	100	500
Aguas salmonícolas (mg/l Zn).	0,03	0,2	0,3	0,5
Aguas ciprinícolas (mg/l Zn).	0,3	0,7	1,0	2,0

TABLA III

Cobre soluble

Concentraciones de cobre soluble (mg/l Cu) en función de los diversos valores de la dureza de las aguas comprendidos entre 10 y 300 mg/l $CaCO_3$.

	Dureza del agua (mg/l $CaCO_3$)			
mg/l Cu	0,005	0,022	0,04	0,112

Notas:

a) Las cifras entre paréntesis se tomarán como valores indicativos deseables con carácter provisional.

b) En ningún caso las excepciones previstas podrán ignorar las obligaciones de protección de la salud pública.

c) En la fijación de los valores de los parámetros, se ha partido de las hipótesis de que los deemás parámetros estén, mencionados o no, resultan favorables. Ello implica que la concentración de sustancias nocivas que aquí no se mencionen serán muy débiles. Si dos o más sustancias nocivas estuvieran presentes en una mezcla podrían aparecer efectos acumulativos importantes (efectos de adición, de sinergia, o efectos antagónicos).

ANEXO NUMERO 4

Calidad exigible a las aguas cuando requieran protección o mejora para cría de moluscos

1. Las aguas (continentales) salobres que se definan en los planes hidrológicos como aguas que requieran protección o mejora para permitir la vida y el crecimiento de moluscos tendrán unos niveles de calidad que no podrán ser menos estrictos que los que figuran en la tabla.

Parámetros	Valor
1. pH. Unidad pH.	7-9.
2. Temperatura °C.	La diferencia de temperatura provocada por un vertido no deberá, en las aguas para cría de moluscos afectadas por dicho vertido, superar en más de 2 °C a la temperatura medida en las aguas no afectadas.
3. Coloración (después de filtración) mg Pt/l.	Después de filtración, el color del agua provocado por un vertido no deberá, en las aguas afectadas por dicho vertido, acusar una diferencia de más de 10 mg Pt/1 con el color medido en las aguas no afectadas.
4. Materias en suspensión mg/l.	El aumento del contenido de materias en suspensión provocado por un vertido no deberá, en las aguas para cría de moluscos afectadas por dicho vertido, ser superior en más de un 30 por 100 al que se haya medido en las aguas no afectadas.
5. Salinidad %.	– ≤ 40 por 100. – La variación de la salinidad provocada por un vertido, en las aguas para cría de moluscos afectadas por dicho vertido, no deberá ser superior en más de 10 por 100 a la salinidad media en las aguas no afectadas.
6. Oxígeno disuelto (% saturación).	– ≥ 70 por 100 (valor medio). – Si una medición individual indicara un valor inferior al 70 por 100, las mediciones se repetirán. – Una medición individual no podrá indicar un valor inferior al 60 por 100 salvo cuando no haya consecuencias perjudiciales para el desarrollo de las poblaciones de moluscos.

Parámetros	Valor
7. Hidrocarburos de origen petrolero.	Los hidrocaarburos no deberán hallarse en el agua para cría de moluscos en concentraciones tales que: – Produzcan en la superficie del agua una película visible y/o un depósito sobre los moluscos. – Provoquen efectos nocivos sobre los moluscos.
8. Sustancias organohalogenadas.	La concentración de cada sustancia en el agua para cría de moluscos o en la carne de los moluscos no deberá rebasar un nivel que provoque efectos nocivos en dichos moluscos y sus larvas.
9. Metales: Plata, Ag. Arsénico, As, Cadmio, Cd. Cromo, Cr. Cobre, Cu. Mercurio, Hg. Níquel, Ni. Plomo, Pb. Cinc, Zn. mg/l.	La concentración de cada sustancia en el agua para la cría de moluscos o en la carne de moluscos no deberá rebasar un nivel que provoque efectos nocivos en dichos moluscos y en sus larvas. Los efectos de sinergia de estos metales deberán ser tomados en consideración.
10. Coliformes fecales/100 ml.	– $\leq$ 300 en la carne de los moluscos y en el líquido interlarvar (1).
11. Sustancias que influyen en el sabor de los moluscos.	Concentración inferior a la que pueda deteriorar el sabor de los moluscos.

(1) Este valor deberá ser respetado obligatoriamente en aquellas aguas en las que vivan los moluscos directamente comestibles.

Notas:

a) Se podrán superar los límites fijados en circunstancias meteorológicas o geográficas excepcionales.

b) Las cifras entre paréntesis se tomarán como valores indicativos deseables con carácter provisional.

DIRECTIVA DEL CONSEJO (91/271 CEE) de mayo 1991 sobre el TRATAMIENTO DE LAS AGUAS RESIDUALES URBANAS

(Resumen de los apartados más importantes)

ANEXO I

D. Métodos de referencia para el seguimiento y evaluación de resultados

2. Se tomarán muestras durante un período de 24 horas, proporcionalmente al caudal o a intervalos regulares, en el mismo punto claramente de la salida de la instalación de tratamiento, y de ser necesario en su entrada, para vigilar el cumplimiento de los requisitos aplicables a los vertidos de aguas residuales en virtud de la presente Directiva.

   Se aplicarán prácticas internacionales de laboratorio correctas con objeto de que se reduzca al mínimo el deterioro de las muestras en el período que media entre la recogida y el análisis.

3. El número mínimo anual de muestras se establecerá según el tamaño de la instalación de tratamiento y se recogerá a intervalos regulares durante el año:

de 2.000 a 9.999 e-h:	12 muestras durante el primer año cuatro muestras los siguientes años, siempre que pueda demostrarse que el agua del primer año cumple las disposiciones de la presente Directiva; si una de las cuatro muestras no resultara conforme, tomarán 12 muestras el año siguiente.
de 10.000 a 49.999 e-h:	12 muestras.
de 50.000 e-h o más:	24 muestras.

Cuadro 1: Requisitos para los vertidos procedentes de instalaciones de trataamiento de aguas residuales urbanas sujetos a lo dispuesto en los artículos 4 y 5 de la presente Directiva. Se aplicará el valor de concentración o el porcentaje de reducción.

Parámetros	Concentración	Porcentaje mínimo de reducción (1)	Método de medida de referencia
Demanda bioquímica de oxígeno (DBO 5 a 20 °C) sin nitrificación	25 mg/l O_2	70-90 400 de conformidad con el apartado 2 del artículo 4	Muestra homogeneizada, sin filtrar ni decantar. Determinación del oxígeno disuelto antes y después de 5 días de incubación a 20 °C ± 1°C, en completa oscuridad. Aplicación de un inhibidor de la nitrificación.
Demanda química de oxígeno (DQO)	125 mg/l O_2	75	Muestra homogeneizada, sin filtrar ni decantar. Dicromato potásico.
Total de sólidos en suspensión	35 mg/l (3) 35 de conformidad con el apartado 2 del artículo 4 (más de 10.000 e-h) 60 de conformidad con el apartado 2 del artículo 4 (de 2.000 a 10.000 e-h)	90 (3) 90 de conformidad con el apartado 2 del artículo 4 (más de 10.000 e-h)	– Filtración de una muestra representativa a través de una membrana de filtrante de 0,45 micras. Secado a 105 °C y pesaje. – Centrifugación de una muestra representativa (durante 5 minutos como mínimo, con una aceleración media de 2.800 a 3.200 g), secado a 105 °C y pesaje.

Los análisis de vertidos procedentes de fosos de fermentación se llevarán a cabo sobre muestras filtradas; no obstante, la concentración de sólidos totales en suspensión en las muestras de aguas sin filtrar no deberán superar los 150 mg/l.

(1) Reducción relacionada con la carga del caudal de entrada.

(2) Este parámetro puede sustituirse por otro: carbono orgánico total (COT) o demanda total de oxígeno (DTO), si puede establecerse una correlación entre DBO 5 y el parámetro sustitutivo.

(3) Este requisito es optativo.

Cuadro 2: Requisitos para los vertidos procedentes de instalaciones de tratamiento de aguas residuales urbanas realizados en zonas sensibles propensas a eutrofización tal como se identifican en el punto A a) del anexo II. Según la situación local, se podrá aplicar uno o los dos parámetros. Se aplicarán el valor de concentración o el porcentaje de reducción.

Parámetros	Concentración	Porcentaje mínimo de reducción (1)	Método de medida de referencia
Fósforo total	2 mg/l P (de 10.000 a 100.000 e-h) 1 mg/l P (más de 100.000 e-h)	80	Espectrofotometría de absorción molecular
Nitrógeno total (2)	15 mg/l N (de 10.000 a 100.000 e-h) 10 mg/l N (más de 100.000 e-h) (3)	70-80	Espectrofotometría de absorción molecular

(1) Reducción relacionada con la carga del caudal de entrada.

(2) Nitrógeno total equivale a la suma de nitrógeno Kjeldahl total (N orgánico + NH3), nitrógeno en forma de nitrato (NO3) y nitrógeno en forma de nitrigo (NO2).

(3) Alternativamente, el promedio diario no deberá superar los 20 mg/l N. Este requisito se refiere a una temperatura del agua de 12 °C o más durante el funcionamiento del reactor biológico de la instalación de tratamiento de aguas residuales. En sustitución del requisito reelativo a la temperatura, se podrá aplicar una limitación del tiempo de funcionamiento que tengan en cuenta las condiciones climáticas regionales.
Se aplicará esta alternativa en caso de que pueda demostrarse que se cumple el apartado 1 de la letra D del presente anexo.

Cuadro 3

Series de muestras tomadas en un año	**Número máximo permitido de muestras no conformes**
4-7	1
8-16	2
17-28	3
29-40	4
41-53	5
54-67	6
68-81	7
82-95	8
96-110	9
111-125	10
126-140	11
141-155	12
156-171	13
172-187	14
188-203	15
204-219	16
220-235	17
236-251	18
252-268	19
269-284	20
285-300	21
301-317	22
318-334	23
335-350	24
351-365	25

ANEXO II

CRITERIOS PARA LA DETERMINACION DE ZONAS SENSIBLES Y MENOS SENSIBLES

A. Zonas sensibles

Se considerará que un medio acuático es zona sensible si puede incluirse en uno de los siguientes grupos:

a) Lagos de agua dulce naturales, otros medios de agua dulce, estuarios y aguas costeras que sean eutróficos o que podrían llegar a ser autróficos en un futuro próximo si no se adoptan medidas de protección.

Podrán tenerse en cuenta los siguientes elementos en la consideración del nutriente que deba ser reducido con un tratamiento adicional:

1) Lagos y arroyos que desemboquen en lagos/embalses/bahías cerradas que tengan un intercambio de aguas escaso y en los que, por tanto, puede producirse una acumulación. En dichas zonas conviene prever la eliminación de fósforo a no ser que se demuestre que dicha eliminación no tendrá consecuencias sobre el nivel de eutrofización. También podrá considerarse la eliminación de nitrógeno cuando se realicen vertidos de grandes aglomeraciones urbanas.

11) Estuarios, bahías y otras aguas costeras que tengan un intercambio de aguas escaso o que reciban gran cantidad de nutrientes. Los vertidos de aglomeraciones pequeñas tienen normalmente poca importancia en dichas zonas, pero para las grandes aglomeraciones deberá incluirse la eliminación de fósforo y/o nitrógeno a menos que se demuestre que su eliminación no tendrá consecuencias sobre el nivel de eutrofización.

b) Aguas dulces de superficie destinadas a la obtención de agua potable que podrían contener una concentración de nitrtos superior a la que establecen las disposiciones pertinentes de la Directiva 75/440/CEE del Consejo, de 16 de junio de 1975, relativa a la calidad requerida para las aguas superficiales destinadas a la producción de agua potable en los Estados miembros [(1)] si no se toman medidas de protección.

c) Zonas en las que sea necesario un tratamiento adicional al establecido en el artículo 4 para cumplir las directivas del Consejo.

B. Zonas menos sensibles

Un medio o zona de agua marina podrá catalogarse como zona menos sensible cuando el vertido de aguas residuales no tenga efectos negativos sobre el medio ambiente debido a la morfología, hidrología o condiciones hidráulicas específicas existentes en esa zona.

Al determinar las zonas menos sensibles, los Estados miembros tomarán en consideración el riesgo de que la carga vertida pueda desplazarse a zonas adyacentes y ser perjudicial para el medio ambiente. Los Estados miembros reconocerán la existencia de zonas sensibles fuera de su jurisdicción nacional.

Para determinar las zonas menos sensibles se tendrán en cuenta los siguientes elementos:

Bahías abiertas, estuarios y otras aguas costeras con un intercambio de agua bueno y que no tengan eutrofización o agotamiento del oxígeno, o en las que se considere que es improbable que lleguen a desarrollarse fenómenos de eutrofización o de agotamiento del oxígeno por el vertido de aguas residuales urbanas.

ANEXO III

SECTORES INDUSTRIALES

1. Industrialización de la leche.
2. Productos elaborados del sector hortofrutícola.
3. Elaboración y embotellado de bebidas sin alcohol.
4. Industrialización de la patata.
5. Industria cárnica.
6. Industria cervecera.
7. Producción de alcohol y de bebidas alcohólicas.
8. Fabricación de piensos a partir de productos vegetales.
9. Fabricación de gelatina y de cola a partir de cueros, pieles y huesos.
10. Almacenes de malta.
11. Industrialización del pescado.

10

Los vertidos al mar

INTRODUCCION

Si las aguas continentales, tanto ríos como lagos constituyen el medio receptor natural de las aguas usadas, el mar a su vez representa el exutorio habitual y casi obligatorio de las aguas residuales producidas en la franja territorial costera por las necesidades vitales y las actividades industriales de los grupos humanos asentados en estos lugares.

Cuando se empezó, hace tan sólo unas décadas, a preocuparse por el estado de las aguas de mar, faltó poco para que los atrevidos científicos y técnicos que lanzaban voces de alarma no fuesen tachados de iluminados retrógrados, aguafiestas, antiprogresistas y otras lindezas, cuando no se insinuaba más o menos abiertamente, afanes de protagonismo o vulgares apetencias mercantiles.

El público en general, quedaba escéptico e indiferente confiando en lo que su buen sentido le inducía a pensar. El mar es inmenso y no son estos insignificantes vertidos los que puedan alterar esta imponente masa de agua.

El mar ha perdido y sigue perdiendo rapidísimamente su poder genético. El mar trae a las costas desperdicios de todo tipo: Desechos flotantes, productos venenosos, aceites, grasas, alquitrán, etc. Su color, antaño verdiazul con la fragancia de su transparencia, se ha ennegrecido.

Las aguas residuales no pueden verterse al mar sin al menos una depuración previa. El grado de depuración exigido queda tipificado según la naturaleza y composición de las aguas y la forma de incorporarlas al mar.

Quiero hacer patente mi agradecimiento a mi amigo René F. Leonard por su ayuda en la preparación de este capítulo del libro.

1. LOS EMISARIOS SUBMARINOS Y SU FINALIDAD

Verter en el mar aguas residuales a través de un emisario submarino, no tiene otro propósito que diluir el flujo incidente dentro del medio receptor, hasta conseguir que cada volumen elemental de agua residual sea mezclado con la máxima cantidad posible de agua de mar.

Cuanto menos es preciso alcanzar el grado de dilución imprescindible, para que la mezcla conseguida sea inocua para la salud humana y las formas de vida que se desarrollan en el medio receptor, a la par de conservar el aspecto natural de las aguas y del entorno marítimo-terrestre del litoral.

Esta meta parece en principio alcanzable poniendo en juego los fenómenos físico-químicos que rigen todo proceso complejo de dilución; además, según el parámetro elegido para cuantificar el grado de dilución, intervienen otros factores intrínsecos o ambientales que concurren en el alcance satisfactorio de esta meta.

Antes de poner de manifiesto los diversos fenómenos que intervienen en la consecución de la dilución es preciso conocer a grandes rasgos el medio receptor que recibe el flujo de aguas residuales.

2. EL MEDIO OCEANICO

Las aguas de mar tienen características fundamentales diferentes de las aguas continentales. Tanto física como químicamente el medio oceánico constituye un conjunto paramétrico bien definido y específico a pesar de la extraordinaria variedad de sus características. La dinámica de las aguas de mar responde a factores tanto internos como externos que dan a estas aguas una singular peculiaridad.

Las formas de vida que albergan estas aguas son inmensamente variadas y diversificadas, pero también en precario equilibrio vital debido a la escasa cantidad de oxígeno que contiene, y que constituye la fuente energética básica de toda forma de vida en nuestro planeta.

Se examinarán a continuación las características más sobresalientes del medio oceánico, prestando especial atención a las aguas costeras directamente afectadas por los vertidos de aguas residuales a través de emisarios submarinos.

2.1. CARACTERISTICAS FISICAS

El agua de mar es una solución concentrada de sales en agua cuya parte más variable es el disolvente. Las propiedades básicas del agua, tales como densidad, volumen específico, comprensibilidad, conductividad eléctrica, velocidad del sonido, viscosidad, tensión superficial y otras dependen de la temperatura, la salinidad y la presión. Las propiedades básicas del agua pura son más bien anormales, comparadas con las de otros fluidos, a causa del momento dipolar elevado de la molécula del agua. Las propiedades del agua son modificadas sensiblemente por su contenido en sales. Las propiedades asociadas –presión osmótica, descenso del punto de congelación, elevación del punto de ebullición y disminución de la presión de vapor– dependen solamente del número de moléculas en solución. Como la composición de las sales del agua de mar es casi constante, las propiedades asociadas dependen tan sólo de la relación entre las sales disueltas y el disolvente (agua pura).

2.1.1. Propiedades básicas

A continuación se tratan algunas de las más importantes propiedades físicas del agua del mar y su relación con la temperatura, salinidad, presión y otras variables.,

2.1.1.1. Densidad y volumen específico

En oceanografía práctica, el peso específico del agua de mar (g/ml), se describe convencionalmente como densidad. La densidad depende de la presión, temperatura y salinidad de las muestras.

2.1.1.2. Velocidad del sonido

A causa de su importancia en el eco del sonido y en el alcance del mismo, la velocidad del sonido en el agua (metros por segundo) ha sido objeto de numerosas investigaciones. Los cálculos basados en la comprensibilidad isotérmica alcanzan una precisión de 1 m/s aproximadamente y han dado lugar a varias tablas, tales como la de S. KUWAHARA (1939). Las medidas de laboratorio puede efectuarse con una precisión inferior a 0,1 m/s, pero hasta ahora distintos investigadores han obtenido valores que difieren en más de 0,5 m/s. Existe acuerdo general en que los valores de KUWAHARA son sistemáticamente bajos en varios metros por segundo.

2.1.1.3. Calor específico

El calor específico (a presión constante) del agua de mar ha sido medido a la presión atmosférica y a 17,5 °C como una función de la salinidad. La dependencia respecto de la presión puede ser calculada por una fórmula termodinámica que implica la determinación del coeficiente de expansión térmica; puesto que el actual conocimiento de este coeficiente es escaso, el cálculo no puede realizarse aún con seguridad.

2.1.1.4. Conductividad eléctrica

De todas las propiedades físicas del agua de mar, parece que la conductividad eléctrica es la más exactamente determinable (a la presión atmosférica). Por este motivo se tiende a usar la conductividad, mejor que el contenido en cloruros, para caracterizar pequeñas diferentes entre distintas muestras de agua de mar. Se ha construido un salinómetro de conductividad eléctrica para medir conductividades. Los métodos de conductividad para determinar la salinidad están logrando una aceptación general en los trabajos de oceanografía (fig. 10-1).

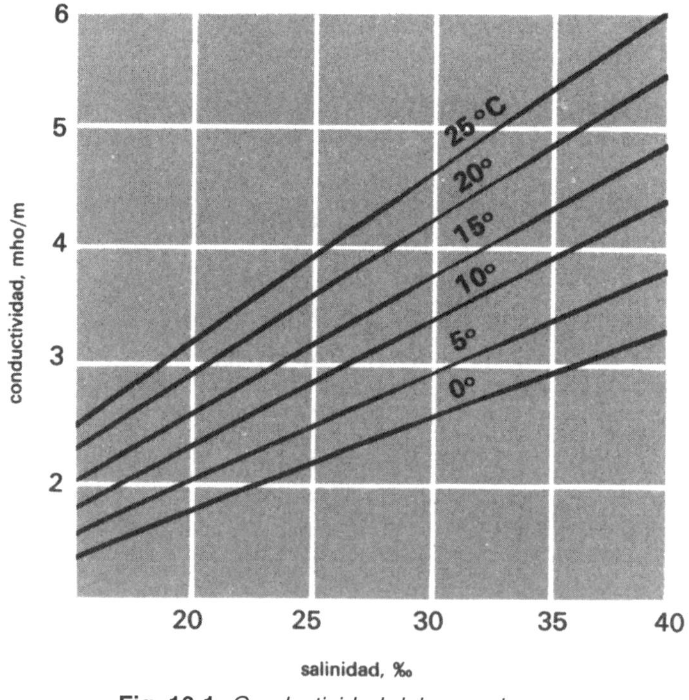

Fig. 10-1. *Conductividad del agua de mar.*

2.1.2. Propiedades asociadas

Bajo esta denominación se contemplan varias características como el punto de congelación y de ebullición, la presión osmótica, presión de vapor, etc.

En el marco de este apartado, se limitarán las consideraciones al respecto a algunas breves anotaciones.

El punto de congelación del agua de mar con salinidad del 35 por mil es de –1,909 $_{o}$C.

La concentración iónica en gramos con dicha salinidad es de 1,154.

El punto de ebullición del agua de mar a 1 atm, de presión se eleva aproximadamente en 0,018 $_{o}$C por cada unidad de riqueza en cloruros.

2.2. CARACTERISTICAS QUIMICAS

2.2.1. Composición del agua de mar

La composición actual de las aguas del mar está regulada por el comportamiento de los materiales primogenios y por un gran número de reacciones de naturaleza física y química producidas en los océanos.

2.2.2. Regulación inorgánica de la composición

Este apartado considera los mecanismos reguladores no biológicos. como los definidos más adecuadamente en las reacciones que ocurren en un océano estéril.

2.2.2.1. Solubilidad

Solamente el calcio, entre los principales cationes del agua del mar, está presente en estado de saturación, siendo regulada su concentración por la solución del carbonato cálcico. La concentración marina de los gases nobles y el nitrógeno gaseoso disuelto depende de la temperatura a la que su masa de agua está en contacto con la atmósfera, y permanecen en estado de saturación o muy próximo (tabla 10-1).

2.2.2.2. Cambio de cationes y aniones

Las relaciones de cambio de cationes entre especies cargadas positivamente en el agua de mar y determinados minerales, como arcillas marinas y ceolitas, regulan,

Elemento	Contenido mg/l	Elemento	Contenido mg/l
H	108.000	Ag	0,0003
He	0,000005	Cd	0,000055
Li	0,2	In	0,02
Be		Sn	0,003
B	4,8	Sb	0,005
C	28	Te	
N	0,5	I	0,05
O	857.000	Xe	0,0001
F	1,3	Cs	0,0005
Ne	0,0003	Ba	0,0062
Na	10,500	La	0,0003
Mg	1.300	Ce	0,0004
Al	0,001	Pr	
Si	3	Nd	
P	0,07	Pm	
S	900	Sm	
Cl	19.000	Eu	
A	0,6	Gd	
K	380	Tb	
Ca	400	Dy	
Sc	0,00004	Ho	
Ti	0,001	Er	
V	0,002	Tm	
Cr	0,00005	Yb	
Mn	0,002	Lu	
Fe	0,01	Hg	
Co	0,0005	Ta	
Ni	0,0005	W	0,001
Cu	0,003	Re	
Zn	0,01	Os	
Ga	0,00003	Ir	
Ge	0,00006	Pt	
As	0,003	Au	0,000004
Se	0,004	Hg	0,00003
Br	65	Tl	0,00001
Kr	0,0003	Pb	0,003
Rb	0,12	Bi	0,0002
Sr	8	Po	
Y	0,0003	At	
Zr		Rn	9×10^{-15}
Nb	0,000005	Fr	
Mo	0,01	Ra	3×10^{-11}
Tc		Ac	
Ru		Th	0,007
Rh		Pa	0,003
Pd		U	

Tabla 10-1. Contenido de elementos químicos en la hidrosfera marina

al menos en parte, las cantidades de sodio, potasio y magnesio, e igualmente las de otros elementos alcalinos y alcalino-térreos, no limitados por consideraciones del producto de solubilidad. La carga alta y el gran radio influyen favorablemente en la fijación sobre los minerales cambiadores de cationes.

2.2.2.3. Sorción

Este fenómeno comprende algunas de las interacciones de superficie de las sustancias disueltas con las fases sólidas en el agua de mar, tales como los óxidos de hierro hidratados, incluso también las interacciones entre las sustancias disueltas y los sedimentos. Por ejemplo, los óxidos de hierro eliminan de las soluciones las especies iónicas que contienen elementos tales como titanio, circonio o vanadio.

2.2.2.4. Procesos físicos

Superpuestos a los mencionados procesos químicos, se efectúan cambios en la composición química del agua de mar por la fusión del hielo, evaporación, mezcla con aguas de desagüe de los continentes y ascenso de las aguas profundas. Los efectos netos de los tres primeros procesos son cambios en la concentración absoluta de todos los elementos pero con pequeñas variaciones en las cantidades relativas de las especies disueltas.

2.2.2.5. Cambios con el tiempo

Los cambios en la composición del agua de mar a través de las edades geológicas reflejan no solamente las diferencias en la extensión y tipos de los procesos de meteorización de la superficie de la tierra, sino también las intensidades relativas de las reacciones biológicas e inorgánicas. El parámetro más influyente sobre el control de los procesos inorgánicos parece ser la temperatura del agua de mar.

Un efecto obvio del reciente enfriamiento del agua de los océanos es el aumento de uno de los iones calcio y carbonato cálcico tiene un coeficiente de temperatura negativo. Similarmente, el grado de saturación de la totalidad de los gases que pueden disolverse en el agua de mar en equilibrio con la atmósfera aumenta cuando disminuye la temperatura del agua.

2.2.3. Regulación biológica de la composición

En el mar abierto toda la materia orgánica se produce por fotosíntesis y por crecimiento de las formas unicelulares del plancton. Durante este crecimiento todos los elementos esenciales para la materia viviente se obtienen el agua de mar. Algunos elementos se hallan en gran exceso, como el carbono del CO_2, el potasio y el azufre (como sulfato). Otros elementos, como el fósforo, el nitrógeno y el silicio, están presentes en pequeñas cantidades, de tal manera que el crecimiento de las plantas absorbe todo lo que el agua proporciona. Durante la fotosíntesis se desprende oxígeno.

2.2.3.1. El ciclo bioquímico

La materia orgánica formada por fotosíntesis y por el crecimiento de las plantas unicelulares puede ser abundantemente consumida por el plancton zoológico, y éste constituye el alimento de organismos superiores. En cada eslabón de la cadena de alimentación se digiere y excreta una gran proporción de los materiales consumidos, y así, a lo largo del tiempo, los organismos muertos son descompuestos por la acción bacteriana. Los procesos de descomposición eliminan el oxígeno existente en el agua y retornan a ésta aquellos elementos previamente absorbidos por el fitoplancton.

La distribución del oxígeno y de los elementos nutrientes esenciales en el mar está modificada por la separación espacial de estos procesos biológicos. La fotosíntesis se halla limitada a las capas superficiales del océano, generalmente de profundidad inferior a los 100 m, pero la descomposición de la materia orgánica puede producirse a cualquier profundidad. Reflejando esta separación de los procesos, la concentración de los elementos nutrientes en la superficie es baja, se eleva a valores máximos con profundidades intermedias (300-800 m), y decrece ligeramente para alcanzar valores constantes que se extienden hasta cerca del fondo. La distribución del oxígeno es precisamente la contraria de la antes descrita, con altos valores en la superficie, un valor mínimo a profundidad media y valores intermedios en las zonas profundas.

A causa de la composición casi constante de los organismos marinos, los elementos requeridos en la formación de la materia orgánica varían de una manera correlativa. Los análisis de los organismos marinos indican que en su protoplasma los elementos carbono, nitrógeno y fósforo están presentes en la relación 100:15:1, expresada en átomos de los citados elementos. En la producción de la materia orgánica estos elementos son eliminados del agua en tales proporciones, y durante su descomposición retornan al agua en la misma relación. Sin embargo, como la descomposición de la materia orgánica no es un proceso instantáneo que libere todos los elementos simultáneamente, no es raro hallar diferentes proporciones de concentración de estos elementos en el mar. Particularmente en las aguas de las costas y en los mares confinados, la relación de la concentración del nitrógeno a la del fósforo, por ejemplo, puede diferir ampliamente de la relación 15:1, existente en la composición de los organismos.

2.2.3.2. La circulación bioquímica

A diferencia de los elementos mayores en el agua de mar, las concentraciones de estos elementos nutrientes son completamente distintas en los diferentes océanos del mundo. El agua del océano Pacífico posee casi doble concentración de nitrógeno y fósforo a la hallada a la misma profundidad en el Atlántico Norte. Las más bajas concentraciones de cualquier componente, abundante en el agua, se observaron en el Mediterráneo, donde son sólo, aproximadamente, un tercio de las halladas en el Atlántico Norte.

Estas variaciones pueden ser atribuidas a las corrientes por las que circula el agua en esos océanos, y también al efecto de los procesos biológicos en la distribución de elementos. El Mediterráneo, por ejemplo, recibe agua superficial ya pobre en elementos nutrientes del Atlántico Norte y pierde agua a grandes profundidades a través del estrecho de Gibraltar. Mientras el agua está en el Mediterráneo, las capas superficiales se empobrecen por el crecimiento del fitoplancton, y la materia orgánica formada se precipita al fondo del agua y se pierde en lo profundo.

3. FENOMENOLOGIA DE LA DILUCION

3.1. MECANISMOS Y CRITERIOS PARAMETRICOS

Cuando se trata de verter al mar aguas residuales, a través de emisarios submarinos, surge como fundamento básico del procedimiento el concepto de dilución.

Sin embargo esta noción viene acompañada de fenómenos colaterales que, si bien no tienen nada que ver con el fenómeno físico de la dilución, actúan como si participaran de forma activa en la magnitud de la dilución final alcanzada.

Hay que tener presente que la dilución, de que se habla, no se refiere tan sólo a la mezcla física de dos fluidos que ostentan un gradiente de densidad, sino a la disminución de la concentración de las características elegidas como punto de referencia para valorar la dilución total obtenida en un intervalo de tiempo determinado.

En materia de vertidos al mar de aguas residuales, es el aspecto sanitario el que domina prácticamente siempre.

La luz y de forma más general la radiación solar intervienen poderosamente y de forma negativa en las probabilidades de sobrevivencia de los microorganismos. En consecuencia, a más tiempo que los microorganismos, contenidos en las aguas residuales, estén expuestos a la radiación solar, más numerosos serán los que morirán bajo los efectos de los rayos U.V.

Del punto de vista práctico global, puede decirse que se produce una «Dilución equivalente bacteriana», por analogía con la expresión habitualmente usada en materia de evolución de la contaminación producida por los vertidos industriales, el habitante equivalente.

3.2. COMPONENTES DE LA DILUCION TOTAL

La dilución total, representativa de la eficacia del vertido de aguas residuales al mar a través de un emisario submarino, se mide en la costa o en el perímetro de aguas costeras a proteger, apreciando la diferencia de concentración, entre el punto de inyección y zona a proteger, del indicador elegido como representativo de la contaminación específica del vertido considerado.

La dilución total es el producto de tres factores, que definen cada uno un estado de dilución bien determinado.

- La *dilución primaria,* que representa la alcanzada en la zona de emergencia de la mezcla de aguas residuales-agua de mar.
- La *dilución secundaria,* que refleja la dilución suplementaria debida a la turbulencia superficial, principalmente inducida por el viento y por la extensión progresiva de la capa de emergencia del penacho, así como por disminución del espesor de la misma, merced a la anulación asintónica de su gradiente energético y la continua alimentación de esta capa por el flujo incidente.
- La *dilución terciaria,* función del tiempo que transcurre entre el momento en que un volumen elemental de la mezcla primaria emerge y el momento de su llegada a la costa o al perímetro a proteger. La dilución terciaria expresa básicamente la dilución-equivalente bacteriana, y por tanto está directamente ligada a la hostilidad del medio marino, respecto a la vida bacteriana y a la radiación solar media imperante en el lugar.

3.2.1. Dilución primaria

La dilución primaria es la obtenida en la emergencia del flujo incidente inyectado a una profundidad determinada en el agua de mar, y que va subiendo por diferencia de densidad hasta llegar a la superficie, o eventualmente a una zona de termoclina.

El grado de mezcla dependerá en primer término de la *profundidad de inyección,* pero también de otros factores:

- Morfología de la boca de salida.
- Orientación del chorro incidente.

- Turbulencia creada en la envolvente de la columna ascendente.
- Corrientes submarinas imperantes.
- Formación de una termoclina.

La importancia fundamental de la dilución primaria radica en que es el único factor sobre el cual se puede actuar directamente, eligiendo adecuadamente los valores de los componentes físicos que pueden controlarse libremente.

3.2.1.1. Profundidad de inyección

La profundidad de inyección condiciona la importancia volumétrica del penacho, y por tanto de la mezcla agua residual-agua de mar que llega a la superficie. En efecto, la velocidad ascensional del flujo incidente es prácticamente función directa del decremento de energía bastante pequeño que experimenta la mezcla, a medida que va engordándose la columna. En consecuencia, a mayor profundidad más tiempo de contacto del chorro ascendente con el agua de mar, más superficie de la envolvente que en términos ideales representa morfológicamente los límites exteriores del penacho, y más probabilidades de que se nutra la columna con el agua de mar circundante.

La elección de una profundidad determinada, trae consigo condicionamientos subsecuentes, que repercuten sobre otros valores paramétricos o de importancia no estrictamente tecnológica.

Así, según la pendiente del fondo submarino la longitud L del emisario será determinada por la profundidad elegida, lo que a su vez repercutirá sobre los valores de la dilución secundaria (D.S.) y la dilución equivalente bacteriana (D.E.B.).

Asimismo el factor económico quedará directamente afectado por la longitud del emisario, sin hablar de las dificultades de realización constructivas que crecen notablemente con la profundidad a alcanzar, exigiendo mejores y mayores medios humanos y técnicos.

3.2.1.2. Morfología de la boca de salida

Desde que se empezaron a estudiar seriamente las condiciones más favorables de inyección de aguas residuales en las aguas de mar, se desarrollaron numerosos estudios con vista a determinar cuál sería la forma geométrica más idónea de la boca de salida.

Se experimentó con hendiduras cuadradas, rectangulares y circulares para llegar a la conclusión que éstas últimas daban el mejor resultado.

Después, para evitar la acumulación de sedimentos al pie de las aperturas, practicadas en quiniela, a lo largo de las generatrices diametrales horizontales de la tubería, se pasó al sistema de las cortas chimeneas colocadas sobre el emisario.

Siempre se utilizó y siguen utilizándose bocas de salida circulares a raíz de los resultados obtenidos en los estudios sobre hendiduras, lo que limitaba drásticamente las posibilidades prácticas de realizar bocas con otra morfología como las que permiten las diversas figuras geométricas conocidas.

Se notará que todas estas consideraciones descansan sobre la hipótesis casi axiomática de que la sección circular es la más idónea para obtener, de la boca de salida, óptimos resultados en la dilución primaria.

Como se expondrá más adelante esta primicia carece de valor absoluto, ya que la creatividad tecnológica puede abrir otros caminos más provechosos.

3.2.1.3. Orientación del chorro incidente

Una vez establecida la conveniencia de situar la boca de salida a una distancia prudencial del fondo del mar, para evitar su posible obturación por los efectos de la sedimentación y los movimientos de las arenas del fondo marino, se llegó a experimentar, y construir, bocas de salida con chorro dirigido verticalmente (fig. 10-2).

Esta disposición reducía la trayectoria del eje del penacho al mínimo, lo que era evidentemente contraproducente.

Experimentos sucesivos demostraron que la orientación más favorable consistía en dirigir el chorro incidente horizontalmente, para aumentar al máximo la trayectoria del eje del penacho y subsecuentemente conceder a su envolvente la mayor área posible (fig. 10-3).

3.2.1.4. Turbulencia creada en la envolvente del penacho

La columna ascendente es propulsada hacia la superficie por el gradiente de densidad que ostenta respecto al agua de mar que la circunda.

La dinámica propia de la columna, una vez establecido un régimen determinado de inyección, produce, en la interfase de la envolvente que la representa geométricamente, una turbulencia que promueve la mezcla de los dos fluidos incidente y receptor en las dos capas de la interfase.

A medida que sube la columna, la mezcla en las vecindades de la interfase se hace más intensa. Se puede asociar la imagen de la envolvente a una manta de espesor creciente que arropa el flujo ascendente de aguas residuales.

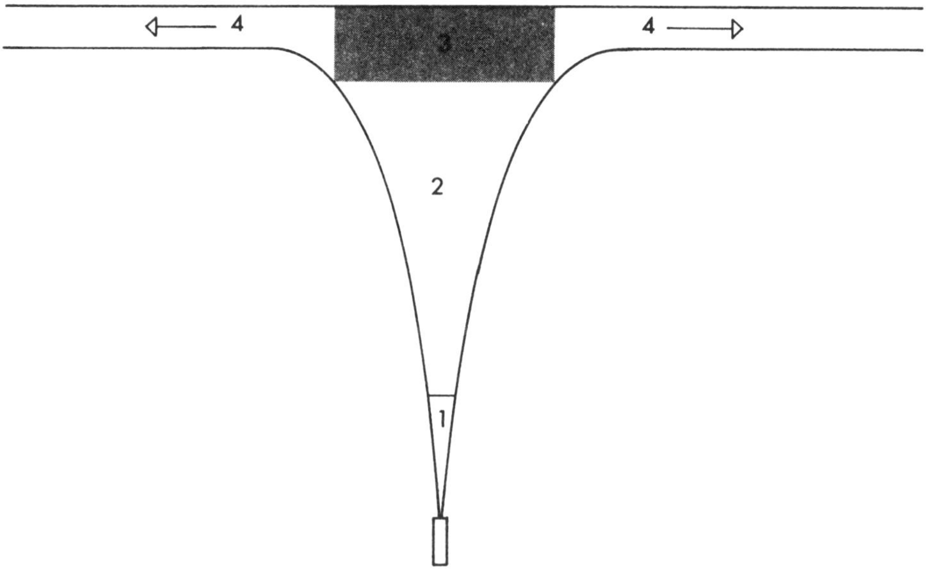

a) Chorro vertical.

Fig. 10-2.

1 *Zona de inyección (efecto de la boyancia).*
2 *Flujo vertical establecido.*
3 *Zona de transición superficial (dilución pequeña).*
4 *Flujo horizontal en superficie.*

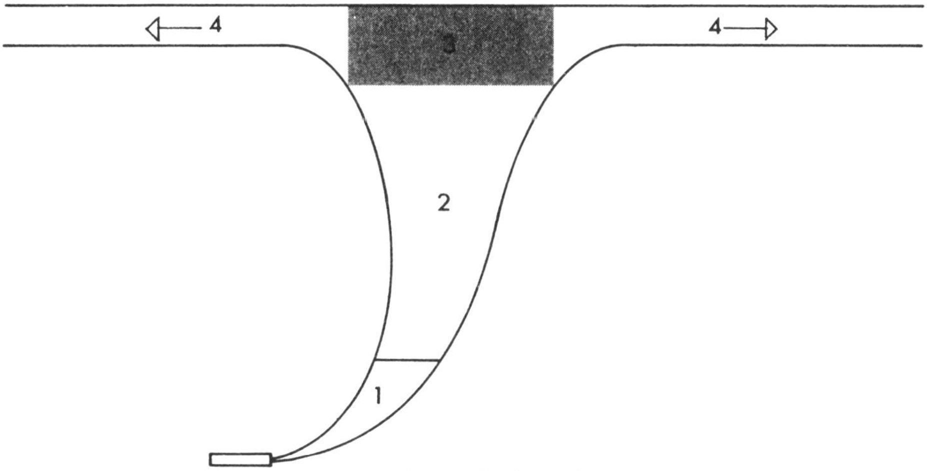

b) Chorro horizontal.

Fig. 10-3.

Se produce entonces una distorsión progresiva de la magnitud del gradiente de densidad original, dando lugar a una superposición de superficies de isogradiente densimétrico, cuya sección recta podría asimilarse a curvas de GAUSS con máxima progresivamente decrecientes (fig. 10-4).

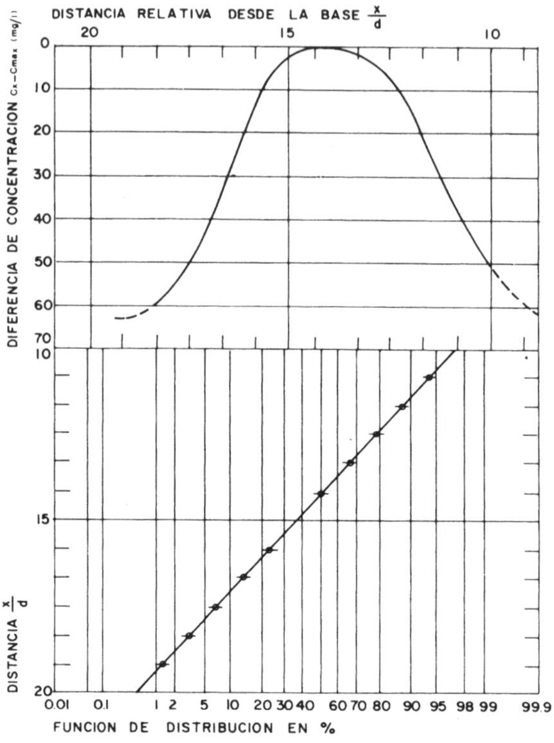

Fig. 10-4. *Distribución de la concentración normal al eje del penacho (distribución de GAUSS).*

Este epifenómeno crea a su vez unas corrientes elementales erráticas dentro de la columna consiguiendo mezclar volúmenes elementales de aguas residuales con otros volúmenes adyacentes ya parcialmente mezclados.

La columna se ve afectada en su totalidad manteniéndose sin embargo el mínimo de mezcla en su eje y alcanzando el máximo en la interfase del penacho.

3.2.1.5. Corrientes submarinas imperantes

La ascendencia en la zona de inyección de corrientes submarinas permanentes o semi permanentes modifica indudablemente las condiciones de mezcla y la morfología del penacho.

Cuando se trata de realizar vertidos muy importantes y de costosas realizaciones, se puede concebir que se lleven a cabo exhaustivos estudios sobre las corrientes submarinas y de superficie. Es preciso hacer notar que tales estudios, que se extienden sobre un año o más, llegan a representar unos desembolsos iguales o superiores a los gastos de construcción del emisario mismo.

En general, y salvo contadas excepciones, no se realizan tales extensos estudios, y se considera *a priori* que tales corrientes submarinas influyen positivamente sobre el grado de dilución primaria a condición, claro está, que estas corrientes no sean orientadas hacia la zona a proteger y sus inmediaciones.

Sin embargo, estas corrientes influyen sobre la trayectoria del eje del penacho alargándole y producen una mezcla más completa de las aguas, con la consecuente disminución de la boyancia. Además la mancha emergente se pone más ancha lo que repercutirá en la magnitud de la dilución secundaria.

3.2.1.6. Formación de una termoclina

En determinadas circunstancias y especialmente en verano, puede formarse una capa termoclina que bloquea la ascensión del flujo incidente debajo de la superficie del mar.

La densidad de las aguas residuales suele ser normalmente inferior a la del agua de mar (0,995 y 1,0257 respectivamente).

El ascenso de las aguas residuales produce un mezclado que eleva la densidad de las aguas del penacho.

Este incremento de densidad, si se produce con suficiente rapidez, puede llegar a igualar la del agua de mar. Anulada la energía ascensional, el penacho se aplasta literalmente contra las aguas de mar al nivel en que se ha establecido la termoclina.

En principio se considera esta situación como ventajosa puesto que los contaminantes no alcanzan la superficie.

Se ha argumentado que esta situación es altamente deseable tanto del punto de vista estético como sanitario, ya que en ésta última instancia se restringe drásticamente las posibilidades y probabilidades de contacto con los elementos contaminantes.

He aquí un ejemplo de generalización en el tiempo a la vez peligrosa y en cierto modo abusiva.

La formación de una capa termoclina es un fenómeno aleatorio, bajo la estricta dependencia de fenómenos naturales, total y absolutamente incontrolables.

Sentar las bases del mecanismo de la dilución y expansión del flujo incidente sobre la presencia de una capa termoclina en un lugar determinado, por muy altas que sean las probabilidades de su existencia, viene a ser algo así como tomar un riesgo calculado sobre bases fluctuantes. A pesar de los enormes y sofisticados medios de que disponen los meteorólogos, las predicciones del tiempo se refieren a zonas de considerable extensión y la terminología empleada se hace siempre más prudente y probabilística a medida que afectan a áreas más restringidas.

Tener en cuenta la posible existencia y permanencia de una termoclina, en una zona de algunos kilómetros cuadrados alrededor de un punto de inyección de aguas residuales en el fondo del mar, es sencillamente una osadía desmesurada.

Si la zona de emergencia queda indicada en una vasta área de mar, donde se puede comprobar de forma fehaciente la existencia y permanencia de una capa termoclina, vale la pena tener en cuenta esta situación siempre con extrema prudencia en cuanto a la duración real de este fenómeno. Fuera de eso, se puede considerar este planteamiento condicionante como de dudoso valor práctico.

Por otra parte, el secuestro del penacho varios metros debajo de la superficie del mar reduce indiscutiblemente el valor de la dilución primaria, deja la expansión de la cúpula del penacho bajo la exclusiva dependencia de las corrientes submarinas. Las corrientes de superficie inducidas por el viento no se hacen sentir en profundidad de forma útil. Se pierde el efecto mezclador del oleaje, y desaparece prácticamente el factor mortífero para las bacterias de la radicación solar de tanta importancia en la dilución terciaria.

Cuando la mancha sumergida llega a la zona de rompiente, se presenta la eventualidad que toda o parte de la mancha sea elevada hacia las zonas superficiales, y vaya a llegar a la costa propulsada por la dinámica del oleaje en la orilla del mar.

Hasta la fecha no existe modelo representativo de esta peculiar situación ni de las consecuencias que lleva consigo desde el punto de vista sanitario.

Dejar descansar la eficacia de un emisario submarino sobre la formación y permanencia de una capa termoclina, puede ser satisfactorio desde el punto de vista estético, pero no deja de ser muy aleatorio sanitariamente hablando.

3.3. DILUCION SECUNDARIA

La dilución secundaria, también conocida como dilución por arrastre, se produce por las corrientes de superficie inducidas por el viento imperante.

Estas corrientes son el resultado del rozamiento del viento con la superficie del mar, y el establecimiento de cómo influyen la intensidad y dirección de los mismos depende de múltiples factores:

- Dirección e intensidad del viento.
- Régimen del viento diurno, nocturno y estacional.
- Morfología de la costa, topografía de la franja litoral, construcciones y obstáculos artificiales perturbantes.
- Naturaleza y morfología del fondo del mar en la zona costera y presencia de barra.
- Morfogénesis de la costa bajo la influencia de las corrientes superficiales.
- Amplitud de las mareas y del oleaje.
- Corrientes de marea, de flujo y reflujo, de diferencia de presión produciendo capas de discontinuidad.
- Fuerzas de Coriolis.

3.3.1. Dirección e intensidad del viento

Los estudios llevados a cabo sobre la relación existente entre dirección e intensidad del viento y las corrientes superficiales en las aguas oceánicas costeras, ponen en evidencia lo siguiente:

3.3.1.1. Relaciones viento-corriente

- Cuando se mide el viento a 3 m de altura a la orilla del mar, suponiendo un litoral llano recto y sin obstáculo perturbante, la velocidad medida mar adentro (± 1.000 m), a la misma altura, es del orden de 70 % de la velocidad medida en tierra.
- La corriente inducida a la superficie del mar es de 1,5 a 3 % de la velocidad del viento.
- Las corrientes inducidas decrecen rápidamente con la profundidad, y por lo que, a efecto de dispersión de la mancha del penacho se refiere, su influencia práctica no sobrepasa un espesor de 15 a 25 cm. Bien es cierto sin embargo que estas corrientes se hacen notar hasta los 50 m de profundidad con vientos constantes de 25 km/h, pero el vector velocidad de traslación es 23 veces más pequeño que en superficie y su dirección ha girado 180°, como se ilustra en la Espiral de EKMAN (fig. 10-5).

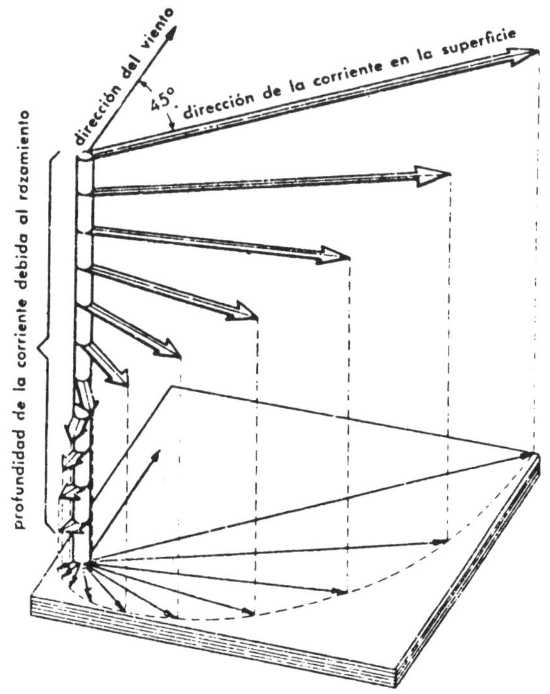

Fig. 10-5. *Representación esquemática de una corriente pura de viento en agua profunda que muestra el decremento de velocidad y el cambio de dirección e intervalos de profundidad (espiral de Ekman).*

3.3.2. Régimen de los vientos

El régimen del viento diurno, nocturno y estacional es evidentemente de gran importancia por las repercusiones que tiene sobre las corrientes de superficie. El factor dominante es la estabilidad de la intensidad del viento que favorece la creación de una corriente de superficie constante y de máxima velocidad. Por esta razón es fundamental disponer de una documentación estadística, tan extensa como sea posible, sobre los vientos dominantes y sus características en la zona considerada.

3.3.3. Morfología y topografía de la costa

El perfil tridimensional de la costa influye sobre el régimen de los vientos y condicionan la intensidad y cambios de dirección locales de los mismos.

La franja costera presenta muchas veces accidentes topográficos que influyen sobre los vientos, acantilados que franquean una ensenada, cala o bahía; rápidas elevaciones del terreno que forman una meseta que bordea la franja costera o, lo que es muy frecuente, en las zonas turísticas, se han realizado edificaciones tupidas y altas que constituyen un escudo frente al mar.

Todos estos factores repercuten en el régimen de los vientos y por tanto en las corrientes inducidas.

3.3.4. Naturaleza y morfología del fondo del mar

La naturaleza, rocosa, pedregosa o arenosa del fondo del mar, así como el perfil del mismo tendrán sus repercusiones sobre la dinámica de las aguas en la zona de rompiente.

Una pendiente suave y continua exigirá una longitud considerable de emisario para alcanzar la profundidad conveniente de inyección según los caudales de verter.

Un perfil accidentado con caídas bruscas puede conllevar la formación de rompientes sucesivas que actuarán sobre mecanismos de traslación de la mancha emergente en expansión.

La presentación de un dintel paralelo a la costa, conocido como barra, constituye un obstáculo para la dispersión de la mancha hacia la costa. Si la barra es arenosa puede ser movediza y dejar pasar las aguas de la mancha según su morfología y situación respecto a la costa; puede además presentar soluciones de continuidad, que actúan como un desfiladero sumergido, y crean corrientes preferenciales en el mismo.

Todos estos factores deben ser considerados a la hora de contemplar el fenómeno de dilución secundaria en cada caso específico.

3.3.5. Morfogénesis de la costa en función de las corrientes

Las corrientes de superficie, como se ha visto, afectan a las aguas de mar hasta 50 m de profundidad *en mar abierto.* Desde el punto de vista de la dilución tan sólo nos preocupa la capa superficial de 15 a 25 cm que se mueve más rápidamente.

Sin embargo, las corrientes de marea y las inducidas por el viento, constituyen en su conjunto un factor de transporte de las arenas del fondo, que se hace siempre más sensible cuanto más cerca de la orilla se consideran sus efectos.

Resulta que el frente de playa no ostenta una línea estable sino cambiante con el tiempo. La acción de las olas, las corrientes y las mareas tienen por efecto mantener los sedimentos en movimiento en las aguas poco profundas. Esta acción puede erosionar la costa y transportar el material incoherente a lo largo de la costa. El establecimiento y la persistencia de las playas naturales de arena son a menudo el resultado de un equilibrio delicado entre buen número de factores:

- Cantidad de arena de playa existente.
- Situación de su área de aportación.
- Configuración de la línea costera.
- Morfología del fondo oceánico contiguo.
- Efectos de la acción, de las olas, corrientes, vientos y mareas.

Los cambios observados en la configuración de la línea costera son el fruto de un desequilibrio natural, a veces cíclico, pero también de la intervención humana que modifica los condicionantes del equilibrio.

La línea costera no debe considerarse como un límite físico rígido entre mar y tierra, sino como algo que puede fluctuar morfológicamente con el tiempo, y que debe tenerse en cuenta para determinar la distancia efectiva que separa el punto de inyección de la línea divisoria mar-tierra en la orilla.

3.3.6. Amplitud de las mareas y del oleaje

Las fuerzas generadoras de la marea proceden de la acción gravitatoria del Sol y la Luna, siendo el efecto de la Luna casi el doble que el del Sol.

La fuerza generadora de la marea es proporcional a la masa del cuerpo perturbador (Luna) y a la inversa del cubo de su distancia. Esta ley de la inversa del cubo, en lo que a las mareas se refiere, explica el hecho de que la Luna es 2,17 veces más importante que el Sol aun cuando la atracción gravitatoria directa del Sol sobre la Tierra, que está gobernada por una Ley de la inversa del cuadrado, es casi 180 veces la atracción de la Luna.

Las fuerzas de la marea generan deformaciones en todos los lugares de la Tierra y originan movimientos relativos de la materia que constituye la tierra sólida, el océano y la atmósfera.

La rotación de la Tierra da a estos movimientos un carácter alternativo, teniendo como períodos principales 12,42 y 12,00 horas, que corresponden respectivamente, a la mitad de los días lunar y solar medios.

Es a todas luces evidente que la amplitud de la marea suele ser máxima en las proximidades de luna llena o nueva y mínima en las proximidades del tiempo de cuadratura.

La latitud del lugar considerado permite saber la amplitud máxima de la marea; así en algunos lugares del Mediterráneo, Pacífico Sur y Artico la amplitud de la marea nunca es mayor de 0,60 m.

El conocimiento de la amplitud de la marea y su evolución temporal en el lugar considerado, es indispensable para apreciar, en función del perfil del fondo, su eventual incidencia sobre la distancia a lo largo de la cual se producirá la dilución secundaria.

El oleaje es función directa, entre otros factores, de la importancia de la marea y de los vientos imperantes en mar abierto. Al entrar en aguas de poca profundidad, las olas están sujetas a la refracción, proceso en que las crestas de las olas tienden a ponerse paralelas con la configuración del fondo.

La observación metódica del comportamiento de las olas, en la costa considerada, aporta bastantes informaciones previas sobre la distorsión direccional de las corrientes costeras en función de la configuración del fondo.

3.3.7. Las fuerzas de CORIOLIS

Las fuerzas de CORIOLIS son unas fuerzas desviadoras de las corrientes, debidas a la rotación terrestre.

La aceleración y fuerza de CORIOLIS son dos conceptos relacionados entre sí, que proceden de considerar la diferencia entre la aceleración de un movimiento referido a un sistema de coordenadas que no participan del movimiento de la Tierra (aceleración absoluta) y la aceleración del mismo movimiento visto desde otro sistema fijo con respecto a la superficie de la Tierra (aceleración relativa).

Una parte de esta diferencia la constituye la aceleración centrípeta del punto móvil, cuando se considera unido a la superficie terrestre en su giro alrededor del eje de rotación de la tierra. La suma de esta aceleración y de la aceleración gravitatoria verdadera (la cual está dirigida hacia el centro de masa de la Tierra) es igual a la aceleración gravitatoria aparente (que actúa normalmente a la superficie elipsoidal de la Tierra). El resto de la diferencia entre las aceleraciones absoluta y relativa depende del movimiento relativo respecto a la Tierra, y constituye la aceleración de CORIOLIS.

Por lo que a corrientes de superficie costera se refiere, se puede limitar a las fuerzas de fricción generadas por los vientos, que principalmente determinarán la dirección teórica de las corrientes inducidas, y las fuerzas de CORIOLIS que les imprimirán su dirección verdadera. En el hemisferio Norte esta desviación se verificará en el sentido de las aguas del reloj con un ángulo que dependerá de la latitud considerada.

Las fuerzas de presión internas se originan por diferencia de densidad, mantenidas por diferencias de temperatura y salinidad a lo largo de un plano horizontal, así como por diferencias horizontales de presión, causadas por la acumulación de agua producida por el viento. Esta descripción somera de las fuerzas de presión, sirve básicamente como referencia de la incidencia de las fuerzas de presión en la formación de corrientes superficiales más o menos permanentes en mar abierta, y no reviste importancia fundamental en las corrientes costeras (1 a 5 millas mar adentro), salvo comprobación evidente de las mismas en casos concretos.

3.4. DILUCION TERCIARIA

La dilución terciaria es el resultado de la acción de diversos factores, que actúan a favor de la disminución de concentración del indicador de contaminación, tomado como parámetro de referencia.

De hecho la dilución terciaria no es el reflejo de una verdadera dilución, sino una forma un tanto ambigua de dar cuenta de la desaparición o segregación de un cierto número de indicadores en el transcurso de la traslación de la mezcla de agua contaminada y de agua de mar hacia la zona a proteger.

Cualquiera que sea la naturaleza de los factores que actúan en este sentido (floculación, absorción, sedimentación, muerte real o aparente), todo pasa como si hubiese tenido lugar una dilución complementaria en la mezcla de las aguas consideradas.

La magnitud de la dilución terciaria queda bajo la dependencia del factor tiempo, y su valor instantáneo decrece exponencialmente con el tiempo.

3.4.1. Dilución-equivalente

La denominación de dilución-equivalente es preferible a la de dilución terciaria, sugiere que no se trata de una dilución verdadera sino de un conjunto de fenómenos, que actúan de forma que *equivale* a una dilución.

3.4.2. Dilución equivalente bacteriana

Bajo esta denominación se contempla la dilución-equivalente como resultado de la segregación física o mortandad de las bacterias que, de una forma u otra, quedan eliminadas de la mancha contaminante, entre el momento de su emergencia a la superficie del mar y la llegada de sus aguas a la zona a proteger.

3.4.2.1. Mortandad por hostilidad del medio

Es bien sabido que el medio marino es básicamente hostil a la vida bacteriana, pero este factor por sí sólo no podría explicar ni justificar la disminución de la concentración en bacterias en el intervalo de tiempo que transcurre entre la emergencia y la llegada a la zona a proteger.

3.4.2.2. Otros factores

Otros factores muy poderosos intervienen en el proceso. Entre ellos uno que parecía detentar la mayor importancia, la sedimentación, que queda desplazada por la radiación solar.

Las bacterias asociadas a las partículas sedimentables acaban por quedar separadas de la mezcla, agua residual-agua de mar, por la caída hacia el fondo de las partículas sólidas que las transportan. Esta segregación de estas bacterias de la masa de agua, que con el tiempo puede llegar a la zona a proteger, constituye un fenómeno de dilución-equivalente.

El factor de dilución-equivalente bacteriana más importante es la radiación solar. Su acción bacteriana es 6,5 veces más importante que la eliminación de bacterias por el efecto de la sedimentación.

Además actúan otros fenómenos de menor importancia pero no despreciables, como:

- Predación destructiva por factores biológicos.
- Utilización de elementos nutritivos.
- Efectos físico-químicos.

Por lo que a radiación solar se refiere, es preciso tener en cuenta que actúa solamente durante un número limitado de horas al día. Por tanto, en la oscuridad, el tiempo necesario, para conseguir una determinada destrucción letal de las bacterias, será muy superior a lo que es preciso considerar en período de insolación.

3.4.2.3. T_{90}. Definición y magnitud

Como punto de referencia se considera el tiempo necesario para reducir en un 90 % la concentración en bacterias (siendo especificado en cada caso el grupo de bacterias contemplado); se representa por «T_{90}».

La tabla 10-2, debida a R. MITCHELL y C. CHAMBERLIN de la Universidad de Harvard (Massachusetts), sintetiza los modelos utilizables a factores, que intervienen en la dilución-equivalente.

Factor	Representac. matemática	Depende principalmente de:	T_{90} estimado (horas)
Sedimentación	$\frac{-v_s^2}{4\,E_z}$	Grado de tratamiento (v_s) Turbulencia E_z	3,83
Radiación solar	$-k \cdot I_{(t)} \cdot {}^{-\alpha z}$	Estación del año Latitud Turbiedad	0,575
Predación. Destrucción por factores biológicos	$\frac{-\lambda_m \cdot P}{Y_c\,(K_c + C)}$	Temperatura	7,67
Utilización de elementos nutritivos	$\frac{\mu_m \cdot S}{K_s + S} - a$	Temperatura Contaminantes orgánicos Grado de tratamiento	–3,83
Efectos físico-químicos	$-r$	Temperatura	15,33

v_s = velocidad de sedimentación de las partículas.
E_z = coeficiente de dispersión según z (vertical).
k = factor de proporcionalidad.
$I_{(t)}$ = intensidad de la luz justo por debajo de la superficie, depende de la latitud y del tiempo.
α = coeficiente efectivo de atenuación.
P = concentración de predadores.
λ_m = tasa máxima de predación.
K_c = constante de media saturación (valor de c produciendo una tasa de predación de la mitad del máximo).
Y_c = Número de predadores por unidad de presa.
μ_m = tasa máxima de crecmiento.
S = nivel del substrato.
K_s = constante de media saturación.
a = constante específica de mantenimiento.

Tabla 10.2 Factores, modelos y dependencias

3.4.2.4. «T_{os}». Efectos de la oscuridad sobre el T_{90}

A la vista de los valores del T_{90} del cuadro anterior, queda bien evidente la preponderancia del factor radiación solar.

En cuanto al período de oscuridad se considera que el T_{90} en este período, «T_{os}», responde a la relación

$$\log T_{os} = 2{,}292 - 0{,}0295 \cdot T^{o}$$

T_{os} en horas.

T^{o} temperatura en °C.

Se obtienen con dicha relación los datos siguientes:

T_o	log T_{os}	T_{os} (horas)
	2,2910	195,88
10	1,9970	99,31
15	1,8495	70,71
20	1,7020	50,35
25	1,5545	35,85
30	1,4070	25,52

Todas las consideraciones anteriores se refieren al parámetro bacteriano *E. Coli.*

En resumen, se notará que:

T_{90} puede ser inferior a 20 minutos.

T_{os} puede ser del orden del día.

T_{90} no depende fundamentalmente de la temperatura.

En cuanto a efectos letales, y hasta 4 m de profundidad, éstos dependen de las radiaciones:

- Azul verde 25 %
- Ultra-violeta (próxima) 25 %
- Ultra-violeta 50 %

4. EL BINOMIO: DEPURACION-EMISARIOS SUBMARINOS

Se podría pensar que el empleo de los emisarios submarinos constituye un escamoteo de la contaminación de las aguas oceánicas costeras más que una solución intrínsecamente válida al problema. A raíz de este planteamiento, se llegó a ásperas controversias a favor y en contra de uno de los términos del binomio: Depuración-Emisarios. Aun considerando la complementariedad de estos factores, detractores y defensores han radicalizado sus posiciones hasta llegar a extremos insostenibles.

Para intentar mantener una posición objetiva sobre el particular, basta considerar lo que se hace en la práctica para fijar las normas de un agua potable bacteriológicamente hablando: La concentración en coliformes representado por el *E. Coli* no puede sobrepasar una unidad por 100 ml.

Ahora bien, este valor verificado por métodos analíticos probabilísticos no constituye, de ninguna manera, una garantía absoluta de inocuidad de las aguas respecto a la posibilidad de contraer una enfermedad.

De hecho lo que se hizo fue tomar un riesgo calculado, considerándolo como admisible en función del método analítico, que no puede discriminar con rigor absoluto la presencia o no del *E. Coli* en unas muestras por representativas que sean. Se considera, pues, una probabilidad fiable a nivel cuantitativo.

De modo similar, con la notable ventaja de poder medir la dilución alcanzada por métodos físicos, no sería lícito tachar de escamoteo de la contaminación el hecho de diluir aguas residuales en el agua de mar, hasta lograr el umbral de inocuidad aceptable tal como se practica para las aguas potables.

Todo esto es válido por lo que a salud pública y cultivos marinos se refiere, pero no resulta satisfactorio para vertidos industriales, cuya composición y peligrosidad subsecuente deben ser objeto de meticuloso análisis, para poder encauzar el problema en sus verdaderas dimensiones espacio-temporales. La protección y conservación del medio ambiente en su conjunto, regirán las decisiones a tomar y los métodos a emplear.

Hay otro aspecto del mencionado binomio que es preciso hacer resaltar, la depuración de las aguas residuales es costosa en inversión, explotación y mantenimiento. Es preciso buscar por todos los medios, la forma de reutilizar estas aguas, antes de considerar la eventualidad de verterlas en el mar.

La reutilización es el discriminante del binomio. Si la reutilización de las aguas depuradas es imposible, la depuración debe limitarse a lo estrictamente necesario para que el vertido al mar, a través de un emisario submarino, sea factible bajo todos los aspectos sanitario, ecológico y económico.

Una vez establecidos los límites paramétricos dimanantes de las normas legales vigentes, el problema queda circunscrito al marco económico, dentro del cual se mueven los componentes de la solución óptima.

Contrastar las condiciones necesarias y suficientes para cumplir con las normas, es la única solución válida para acabar con controversias, que descansan más sobre opiniones y convicciones personales, que sobre criterios con rigor científico y tecnológico, avalados por resultados obtenidos a escala real.

Depurar aguas residuales para restituirlas en condiciones adecuadas a las aguas continentales de donde proceden (ríos, lagos, capas freáticas, etc.), es un deber inexcusable para la humanidad y una salvaguarda de su más preciado patrimonio, el agua. Depurar estas aguas con esta misma visión de las cosas para finalmente verterlas al mar, es un error de óptica y un despilfarro económico.

En este sentido la citada Directiva de la CEE 91/271, dice en el Artículo 6, punto 2: Los vertidos de aguas residuales humanas procedentes de aglomeraciones urbanas que representen entre 10.000 y 150.000 e-h en aguas costeras, podrán ser objeto de un tratamiento menos riguroso que el establecido en el artículo 4 cuando:

- Dichos vertidos reciban, al menos, un tratamiento primario con arreglo a la definición del apartado 7 del artículo 2 y de conformidad con los procedimientos de control que se establecen en la letra D del anexo I.
- Existan estudios globales que indiquen que dichos vertidos no tendrán efectos negativos sobre el medio ambiente.

5. CALCULO DE LOS EMISARIOS

El cálculo de los emisarios descansa sobre el empleo de determinadas fórmulas matemáticas, que pretenden responder a la compleja fenomenología de la dilución n sus diversas fases.

Como en tantos otros campos, el proyectista se ve confrontado con una gran cantidad de fórmulas establecidas por varios investigadores, bajo condiciones experimentales bastante dispares, y de difícil comparación en cuanto a su campo de validez. En este capítulo se enunciarán brevemente algunas de estas fórmulas.

5.1. FORMULAS DE CALCULO

Es preciso hacer hincapié en la heterogeneidad de las fórmulas que fueron establecidas por los investigadores. Esta heterogeneidad refleja, además, el siempre penoso y laborioso caminar que supone adentrarse en un dominio completamente desconocido.

Cuando en 1930 A. M. Rawn y H. K. Palmer presentaron su primera fórmula se centraron en la dilución primaria.

Después otros investigadores intentaron expresar matemáticamente el fenómeno de la dilución secundaria y terciaria, sea conjuntamente (Conway) o separadamente (Brooks), entre otros.

Era evidente que tal confusionismo debía decantarse con el tiempo y reducir notablemente el número de fórmulas, y limitar con rigor su verdadero valor significativo.

Si Rawn y Palmer hicieron sus experimentos a base de vertidos reales de agua dulce en agua de mar en el puerto mismo de Los Angeles, llevando a cabo 388 ensayos, los investigadores que les siguieron se volcaron en experimentos de laboratorio, en condiciones experimentales de rigurosa similitud, que hicieron florecer numerosas fórmulas de cálculo, dando lugar a resultados bastante dispares.

Pasando brevemente revista de las fórmulas más conocidas, se presentan las siguientes, referenciadas según los autores de las mismas.

5.1.1. Fórmulas de la dilución primaria

5.1.1.1. Fórmula de Rawn y Palmer (dilución primaria)

$$(D_1 - 1)\, Q^{0,61} = 0,5\, (L + 3)^{2,35}$$

D_1 = factor de dilución alcanzado en la superficie.

Q = caudal en pies cúbicos por segundo.

L = longitud del eje del flujo de la columna ascendente en pies.

Los autores señalan también que el diámetro del campo emergente está comprendido entre L/3 y L/4.

5.1.1.2. Fórmula de Conway

$$D_1 \simeq Q^{-1} \cdot L^2$$

Esta fórmula considera la dilución primaria aproximadamente proporcional al cuadrado de la longitud del eje de la columna ascendente, e inversamente proporcional al caudal. De este modo la fórmula expresa indirectamente una proporcionalidad al cuadrado respecto a la profundidad de inyección.

5.1.1.3. Fórmula de Brooks

$$D_1 = \frac{v\,.\,b\,.\,h}{Q}$$

con v = velocidad de la corriente (uniforme) que corta la columna ascendente.

b = ancho del campo ascendente interceptado por la corriente.

h = profundidad del campo contaminante.

La determinación y márgenes de variación de la velocidad de la corriente son altamente aleatorias y su evaluación requiere estudios locales exhaustivos.

5.1.1.4. Fórmula de POMEROY

$$D_1 \simeq Y$$

Y = profundidad de inyección.

Con esta fórmula la dilución primaria es aproximadamente proporcional a la profundidad de inyección. Esta fórmula no tiene en cuenta ni la trayectoria ni el diámetro de la boca de difusión, ni el caudal vertido.

5.1.1.5. Fórmula de RAWN, BOWERMAN y BROOKS

$$D_1 = f\left(F \cdot \frac{Y}{d}\right)$$

Y = profundidad del desagüe (m).

$$F = \text{número densimétrico de FROUDE} = \frac{Q}{\frac{\pi}{4} d^2 \sqrt{g' D}}$$

d = diámetro de la boca de salida (m).

Q = caudal (m^3/seg).

g' = 0,27168.

5.1.2. Fórmulas de la dilución secundaria

5.1.2.1. Fórmula de RAWN y PALMER

$$\frac{D_x}{D_1} = \frac{X}{X_0}$$

En esta fórmula como en las siguientes las notaciones D_x; D_r o D_t representan las diluciones alcanzadas a una distancia «x» o un radio «r» o un tiempo «t», medido a partir del campo emergente.

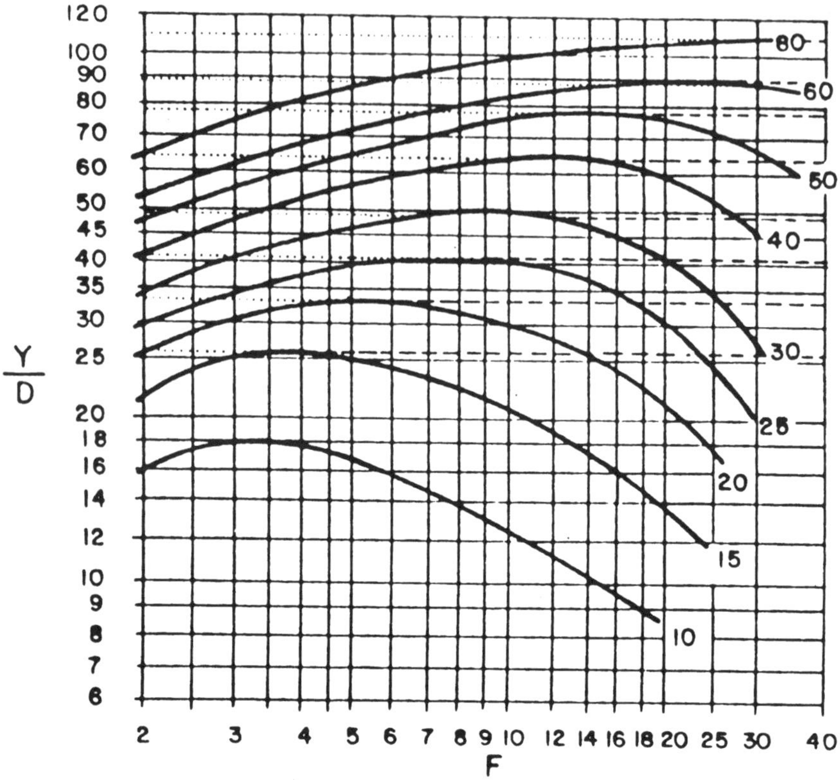

Fig. 10-3.

5.1.2.2. Fórmula de CONWAY

$$\frac{D_r}{D_l} = 10^{K_2 \cdot R}$$

K_2 = constante que depende de la dirección de la corriente y de la distancia, entre emergencia y punto de medida.

5.1.2.3. Fórmula de BROOKS

$$\frac{D_t}{D_l} = \frac{1}{(f.e.s.)\,\dfrac{b}{\sqrt{e \cdot t}}}$$

(f.e.s.) = función de error estándar.

e = coeficiente de difusión.

D_t = medida a un tiempo a partir el eje del penacho emergente (máxima concentración en contaminantes).

b = ancho del campo ascendente interceptado por la corriente.

5.1.2.4. Fórmula de POMEROY

$$\frac{D_t}{D_1} \simeq X^{1,5\,\pm}$$

Según POMEROY la dilución secundaria dependería aproximadamente de la distancia X, elevada a 1,5 aproximadamente ($\pm$ afecta al decimal).

5.1.3. Fórmula de la dilución equivalente bacteriana

5.1.3.1. Límite de RAWN y PALMER

RAWN y PALMER no suministraron una fórmula específica al respecto, pero notaron que una concentración de 10 coliformes por mililitro se consigue con $(D_1 \times D_2) = 225$.

5.1.3.2. Fórmula de CONWAY

$$\frac{C_0}{C_R} = 10^{K_2 R}$$

C_0 = concentración en coliformes en la emergencia.

C_R = concentración en coliformes a un radio R contando desde el eje de la emergencia.

5.1.3.3. Fórmula de BROOKS

$$\frac{C_0}{C_t} = 10^{\left(\frac{t}{T_{90}}\right)}$$

C_t = concentración en coliformes después de un tiempo t de desplazamiento del campo emergente, contado desde la zona de emergencia.

5.1.3.4. Fórmula de POMEROY

$$\frac{C_0}{C_t} \simeq X^{0,5}$$

La disminución de la concentración en coliformes depende de la raíz cuadrada de la distancia. Fue considerada para corrientes dirigidas directamente hacia la costa.

5.1.4. Fórmulas combinadas (D_2, D_3)

5.1.4.1. Ecuaciones de RAWN y PALMER

$$t = \frac{2}{3\,F} X^{(2/3)}$$

$$P = \frac{L}{12}$$

$$F_e = \frac{QD_1}{2Px_0}$$

t = tiempo para alcanzar ($D_1 \times D_2$) = 225.

P = espesor del campo contaminante en la emergencia.

F_e = factor de expansión del campo emergente.

x_0 = radio del campo emergente.

$x_0 = \frac{L}{2} + \frac{d}{2}$ (se mencionó anteriormente que el diámetro del campo estaba comprendido entre L/3 y L/4).

5.1.4.2. Ecuación de Conway

$$\frac{D_r}{D_1} = \frac{C_0}{C_r} = 10^{KR}$$

$$\log \frac{C_0}{C_R} = K \cdot R$$

$$K = \frac{1}{v \cdot T_{90}} = 1{,}25 \cdot 10^{-4} \text{ por pies}^{-1}$$

con $v = 0{,}55$ pies/segundo.

$T_{90} = 4$ horas.

5.1.4.3. Ecuación de Brooks

$$\left(\frac{D_t}{D_0}\right) \cdot \left(\frac{C_0}{C_t}\right) = \frac{10^{\left(\frac{t}{T_{90}}\right)}}{(\text{f.e.s.}) \dfrac{b}{\sqrt{e\,.\,t}}}$$

5.1.4.4. Ecuación de Pomeroy

$$N_{80} = \frac{K \cdot Q^2}{y \cdot x^2}$$

N_{80} = representa 80% de la concentración en coliformes, que no será sobrepasada en más del 20% de los casos.

Las variables Q, y, x, deberán, tener la magnitud adecuada para que $N_{80} = 10$ coli/ml según las normas habituales.

5.1.5. Comentarios

Se notará que existen notables diferencias entre estas fórmulas, sobre todo las que se refieren a la dilución secundaria y equivalente bacteriana. Todas requieren coeficientes empíricos. Estos coeficientes fueron establecidos por los autores, a raíz de las experiencias y comprobaciones que los mismos llevaron a cabo, pero que no están suficientemente divulgados y estudiados por los proyectistas.

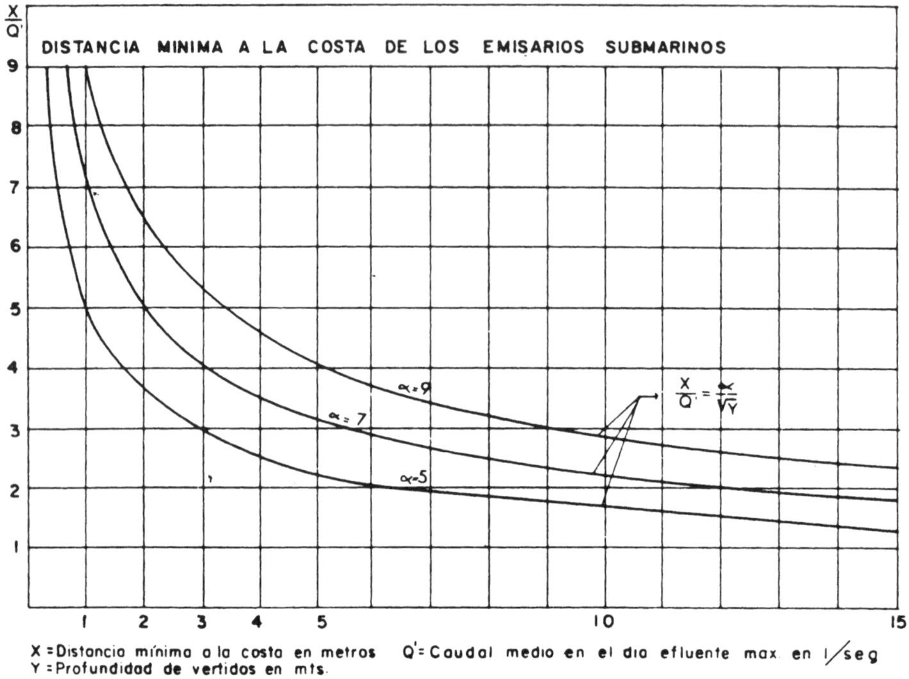

Fig. 10-7. *Distancia a la costa.*

Esta situación ha dado lugar a manipulaciones abusivas de los factores que intervienen y que conducen a resultados aberrantes. Así las primeras Normas Provisionales Españolas del 23 de abril de 1969 descansaban sobre una transformación de la fórmula combinada de POMEROY (5.1.4.4).

Se introdujo un valor

$$\alpha = \sqrt{\frac{k}{N_{80}}}$$

que presuponía que «k» era un coeficiente fijo y constante.

POMEROY, determinó el valor del factor de proporcionalidad «k» para varios emisarios con características similares de caudales, profundidad, longitud, y de situaciones geográficas y climatológicas también similares.

En estas condiciones encontró que k valía

$$74{,}2 < k\ (m) < 222{,}6$$

k expresado aquí en unidades métricas.

El factor k es la resultante de una situación local en la que intervienen entremezclados numerosos factores:

- Velocidad y dirección de las corrientes de superficie imperantes entre el punto de emergencia y la costa.
- Tiempo de permanencia de las bacterias en el agua de mar entre el momento de su emergencia y su llegada a la costa.
- Coeficiente de difusión turbulenta.
- Grado de turbulencia de las aguas de mar.
- Diámetro inicial de la zona de emergencia.
- Concentración bacteriana en la zona de emergencia función de D_1.

No es de extrañar que con un intervalo de magnitud de 1 a 3, indicado por POMEROY para el valor de «k» y los condicionantes especificados, la transformación abusiva del significado de k sustituyéndolo por α en las Normas, conducía a resultados que no respondían a las preocupaciones sanitarias que las motivaron.

Haciendo un estudio comparativo exhaustivo de las fórmulas de POMEROY y de CONWAY, se pone de manifiesto que, para emisarios de longitud inferior a 1.000 m, el valor de α que figuraba en las Normas Provisionales debía ser multiplicado por 5.

5.2. OTROS MODELOS UTILIZADOS EN ESPAÑA

Las normas españolas, anteriores a la actual, adoptaron fórmulas de cálculo para D_1, D_2 y D_3, y restricciones drásticas en varios parámetros que afectaban a las variables de las fórmulas impuestas.

Las fórmulas elegidas fueron las siguientes:

5.2.1. Dilución primaria

Fórmula de CEDERWALL

$$D_1 = 0{,}54\,F\left(0{,}38\,\frac{Y}{d\cdot F} + 0{,}68\right)^{5/3}$$

F = número de FROUDE $\dfrac{v}{\sqrt{0{,}27\cdot d}}$

v = velocidad del efluente en las bocas de salida en m/s.

d = diámetro de la boca en m.

Y = profundidad del vertido en m.

Esta fórmula fue establecida por CEDERWALL en base a 33 experiencias de laboratorio en similitud de valores del número de FROUDE. Los resultados obtenidos por la fórmula son sistemáticamente inferiores a los de la fórmula de RAWN y PALMER.

5.2.2. Dilución secundaria

5.2.2.1. Vertidos lineales

La normativa española adoptó, modificándola, la fórmula de BROOKS:

$$D_2 = \sqrt{\frac{\left(1 + \frac{13t}{b^{2/3}}\right)^3 - 1}{1,5}}$$

, donde

t = tiempo de recorrido en horas, igual a la longitud (X) del recorrido en m dividido por la velocidad (V) de la corriente en m/h.

b = longitud del conjunto de los brazos difusores proyectada, normalmente a la dirección de la corriente, en m.

Esta fórmula de BROOKS suprimía el error estándar (5.1.2.3). En su forma original BROOKS presentó su fórmula como sigue:

$$D_2 = \frac{1}{(\text{f.e.s.})\sqrt{\frac{1,5}{\left(1 + \frac{13t}{b^{2/3}}\right)^3 - 1}}}$$

Se ha establecido el porcentaje de diferencia que esta supresión introducía en el valor de D_2. El valor de D_2 (f.e.s.) era siempre superior, en un 10 a 12%, al D_2 según la fórmula modificada.

5.2.2.2. Vertidos puntuales

Se contempló en la normativa la posibilidad de realizar un vertido único, con una salida máxima de 150 mm. En este caso el cálculo de la dilución D_2 vendría dada por:

Fórmula de PEARSON

$$D_2 = \frac{3,65\ h \sqrt{K \cdot v \cdot X}}{Q}$$

Q = Caudal total del efluente en m^3/h (entiéndase el caudal de vertido inicial multiplicado por el coeficiente de Dilución Primaria D_1).

v = velocidad de la corriente en m/h.

X = distancia de recorrido en m.

b = diámetro superior del penacho igual a Y/3 en m.

K = coeficiente de difusión horizontal en el punto de emergencia igual a 1,63. $b^{4/3}$ en m^2/h.

h = espesor superior del penacho.

h = $\frac{Q \cdot D_1}{v \cdot b}$ en m (no superior a Y/3).

5.2.3. Dilución equivalente bacteriana

La normativa empleaba la expresión «Inactivación bacteriana» (muerte aparente), como se ha mencionado en el apartado 3.4.1. La denominación dilución equivalente bacteriana es más conforme a la realidad, puesto que abarca la muerte real y aparente de las bacterias segregadas del medio.

Se utilizaba la fórmula de BROOKS

$$D_3 = 10^{t/T_{90}}$$

t = valor indicado en la fórmula de D_2.

T_{90} = 1,5 horas en el Mediterráneo.

T_{90} = 2 horas en el Atlántico.

6. SISTEMAS CONSTRUCTIVOS

La construcción de un emisario submarino entraña especiales dificultades debidas al material utilizado para construir el emisario y sus brazos difusores, así como las dimanentes del medio submarino, su substrato, el perfil del fondo y las condiciones inhabituales a las cuales son sometidos los operarios en el fondo del mar.

Es preciso disponer de buenos profesionales, buceadores acostumbrados a trabajar bajo el mar, con todos los peligros potenciales que eso supone. Conviene que los elementos y técnicos empleados sean los más cómodos e idóneos para conseguir con rapidez, eficacia y precisión la construcción de un emisario.

El factor rapidez es de primera importancia por lo cambiante y altamente imprevisible que pueden ser las circunstancias climatológicas exteriores y la aparición inesperada de fuertes corrientes submarinas, generalmente, de limitada duración (algunas horas) cuyo origen puede situarse a decenas de millas del lugar de trabajo.

La construcción de un emisario submarino depende en orden principal de:

- Tipos de tubería y acoplamiento.
- Realización de zanjas y anclajes.
- Técnicos de colocación y hundimiento.
- Medios auxiliares.

6.1. TIPOS DE TUBERIA Y ACOPLAMIENTO

Cada tipo de tubería tiene sus ventajas e inconvenientes. Los factores peso, longitud unitaria, rigidez, inatacabilidad, tipo de juntas o sistema de acoplamiento, entre otros, intervienen en la elección a realizar por el proyectista.

En los apartados siguientes se resumen las ventajas e inconvenientes de cada tipo de tubería El párrafo «Utilización específica», pretende solamente indicar que el tipo de tubería examinado, es apto para trazados de emisarios donde se tropieza con las zonas tipificadas que se reseñan.

Es evidente que prácticamente los emisarios se realizan con un solo tipo de tubería desde la orilla hasta el final. Tan sólo en muy contados casos se utilizan tuberías de diferente tipo en un mismo emisario.

6.1.1. Tubos de fundición

– Ventajas:

  - Prácticamente inatacables por el agua de mar.
  - Pesados, no necesitan anclaje.
  - Existen juntas con amplios grados de desviación y hasta semiesféricas.
  - Se prestan bien al hundimiento en arena por medio de succionadora.

- Inconvenientes:
  - Tubos unitarios relativamente cortos.
  - Requieren numerosas juntas.
  - Difícilmente manejables en tierra.
  - Deben ser flotados con medios auxiliares o transportador en barcaza con Derrik de obenques.
  - Bulones y tuercas de las juntas deben ser de fundición.
  - Manejo difícil en el fondo del mar.
  - Reparaciones eventuales difíciles.
- Utilización específica:
  - Zona de rompiente.
  - Fondo pedregoso o con lajas.
  - Paso de barras con grandes piedras.
  - Zona con potentes corrientes de fondo permanentes o cambiantes.

6.1.2. Tubos de fibro-cemento

- Ventajas:
  - Poco sensible a la acción del agua de mar.
  - Aptos para aguas de alcantarilla y muchos tipos de aguas industriales.
  - Pesados, no necesitan anclajes.
  - Existen juntas especiales (de tracción) de rápida colocación sin burlones ni tuercas.
  - Se hunden en el fondo arenoso mediante succionadoras.
- Inconvenientes:
  - Prácticamente los mismos que los tubos de fundición.
  - Resistencia mecánica netamente inferior a la de los tubos de fundición.
  - Relativamente sensibles a la abrasión.

- En los acoplamientos de tipo tracción pueden formarse incrustaciones por barnaclas y lapas extremadamente duras.
- Reparaciones eventuales difíciles.

– Utilizaciones específicas:

- Zona de rompiente.
- Fondo arenoso o de laja.
- Zonas de corrientes de fondo.

6.1.3. Tubos de cloruro de polivinilo (P.V.C.)

– Ventajas:

- Extremadamente ligeros, manejo fácil en tierra y en la mar.
- Permite el montaje de largos tramos en tierra por encolamiento.
- Flotación cómoda por simple obturación de las extremidades.
- Químicamente inalterable a la mayor parte de los líquidos o soluciones.
- Reparación bajo el mar muy fácil con manguitos «ad hoc».

– Inconvenientes:

- Resistencia mecánica muy limitada a la compresión e impacto (rotura).
- Exigen anclajes cuidadosamente concebidos, construidos y adecuadamente distribuidos.
- Resistencia a la abrasión exterior limitada.
- No aptos, sin protección, para zonas pedregosas.

– Utilización específica:

- Pequeños y medianos emisarios (∅ máx = 400 mm).
- En casos concretos se pueden montar con tubos paralelos para caudales importantes (600 l/s).
- En zonas turísticas donde la rapidez de ejecución es factor primordial.
- Para vertidos industriales permitidos por la Ley.

6.1.4. Tubos de polietileno

- Ventajas:
  - Material flexible, enrollable y muy ligero.
  - Permite montaje en continuo sobre barcaza provisto del apartado de soldar especial.
  - Soldadura mediante «espejo caliente» que realiza la fusión autógena de dos tramos a juntar.
  - Colocación en el fondo muy rápida.
  - Químicamente inatacable por la mayor parte de los líquidos o soluciones.
- Inconvenientes:
  - Sistema de soldadura especial.
  - Resistencia mecánica limitada a la abrasión y fricción constante.
  - Medios auxiliares flotantes importantes (barcaza taller).
  - Exigen anclajes adecuados como los de P.V.C.
  - No aptos sin protección para zonas pedregosas.
- Utilización específica:
  - Las mismas que la de los tubos de P.V.C.

6.2. ZANJAS Y ANCLAJES

El problema de la estabilidad del emisario submarino en el fondo del mar es de primera importancia, para evitar roturas de siempre difícil y costosa reparación.

A tal efecto, se intenta disponer la tubería dentro de una zanja, tal como se practica en tierra firme para colocar los conductos de alcantarillado.

6.2.1. Zanjas y enterramiento

Excavar una zanja en tierra es una operación corriente, y se dispone de una gran cantidad de medios mecánicos para ejecutar estos trabajos.

En el fondo del mar todos estos medios son inútiles e inadaptados. Si bien hasta algunos metros de profundidad de agua se puede recurrir a las dragas y dragalinas, más allá la cosa es impensable e inoperante.

Abrir una zanja en un medio poroso constituido por elementos indeformables fluidificados es una empresa destinada al fracaso. Tal trabajo de Penélope se deshace apenas hecho.

La única forma práctica de disponer una tubería dentro de la arena es desplazarla por succión y dejar que el tubo, por su propio peso se vaya anidando en la misma.

Eso no quiere decir que con eso queda resuelto el problema. Las aguas del fondo del mar, con sus variables e imprevisibles movimientos, por débiles que sean, remueven el fondo arenoso y desplazan a capricho las capas superficiales del fondo de un lado a otro. Puede enterrar la tubería bajo varios metros de arena al igual que dejarla al descubierto.

Con tubos rígidos y resistentes montados con juntas robustas con cierto grado de libertad, difícilmente se reúnen las condiciones precisas para provocar roturas. Las tuberías ligeras al contrario, requieren medios artificiales para quedar ancladas firmemente en el fondo y mantener el trazado impuesto.

Con los anclajes el problema de la estabilidad simplemente ha cambiado de cariz, y nacen otras dificultades no menos preocupantes.

6.2.2. Anclaje por pilotes

Se ha utilizado con éxito un anclaje por pilotes, principalmente para sujetar en el fondo tuberías de P.V.C. (Fig. 10-8).

Los pilotes, espaciados cada 5 m, van provistos de una abrazadera y el tubo.

Se hinca parcialmente el pilote, se coloca la tubería dentro de las abrazaderas, y se termina de hincar el pilote hasta que el tubo esté sumergido en el fondo arenoso.

6.2.3. Anclaje por muertos

En anclaje por muertos ha dado lugar a numerosos tipos de piezas de hormigón en masa y armado de conceptos muy dispares.

El más primitivo y simple sistema consiste en formar un mantel rudimentario a base de sacos de cemento, dispuestos en puntos determinados de la conducción. Estos sacos quedaban simplemente enganchados entre sí por un trozo de hierro para

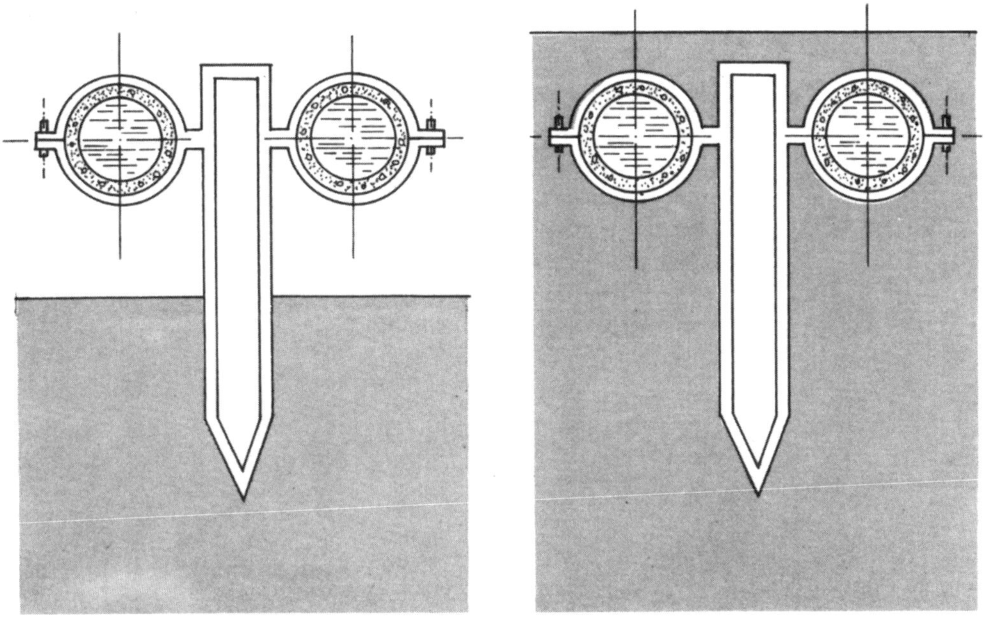

Fig. 10-8. *Anclaje por pilotes.*

armar 6 u 8 mm, y se dejaba al mar el cuidado de humedecer el cemento hasta que fraguase y formar así un anclaje rudimentario.

Cualquier corriente o mar de fondo, máxime en la vecindad de la zona de rompiente, se encargaba de destruir este escudo de cemento sin cohesión.

Se utilizaron después una serie de dados de varias formas y dimensiones provistos de una abrazadera, que pretendía sujetar el tubo al muerto.

De hecho era el muerto el que estaba sujeto al tubo. En efecto, el mar movimiento las arenas del fondo encontraba un paso muy fácil por debajo del tubo y socavaba el fondo. Bastaba, pues, que de tres muertos consecutivos, los dos extremos encontrasen un asiento más firme que el intermediario, por poca que fuese la diferencia, para que el mar socavase también el fondo por debajo de este muerto. Resultado: El muerto intermedio quedaba suspendido de la tubería rompiéndola.

Se utilizan también bloques de hormigón armado o no, sea en forma de tajo semicircular o de pórticos, recordando las protecciones que se disponen en tierra firme para proteger las canalizaciones contra la posterior apertura de zanjas, sea con pico o con retro-excavadoras Estos muertos no sujetan la tubería y son fácilmente volcados por los movimientos del agua y las subsecuentes modificaciones morfológicas del fondo.

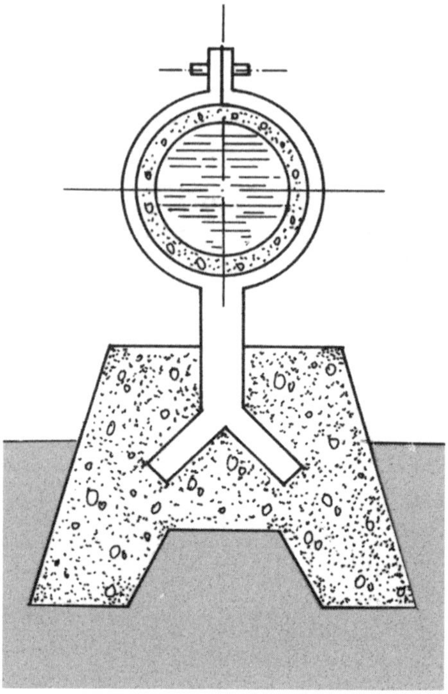

Fig. 10-9. *Anclaje mediante muertos.*

6.2.4. Caparazón-oruga continuo «CRUCIBLOC»

Frente a la limitada eficacia de estos sistemas, existe un sistema de bloques prefabricados, que responde satisfactoriamente al problema.

El sistema denominado «CRUCIBLOC» (P) consiste en realizar un caparazón-oruga que envuelve completamente la construcción, dejándole, sin embargo, amplia libertad y sin transmitirle solicitaciones mecánicas perjudiciales.

La disposición de los elementos estándar forma desde la orilla hasta el final del emisario, zona de disfunción inclusive, una cadena sin solución de continuidad.

Puede realizarse por tubo simple o dos tubos paralelos alojados en los bloques.

Los bloques tienen una longitud uniforme de un metro, lo que permite fabricar estrictamente la cantidad necesaria, según la longitud del emisario, y facilita el control de la marcha de los trabajos.

A título ilustrativo se notará que para una tubería de ∅ 350 mm cada bloque tiene un peso de 192 kg. El caparazón-oruga llega, pues, a 384 kg/ml.

Una variante del sistema lo constituye el «CRUCIBLOC» de teja para pequeños diámetros, hasta ± 200 m.

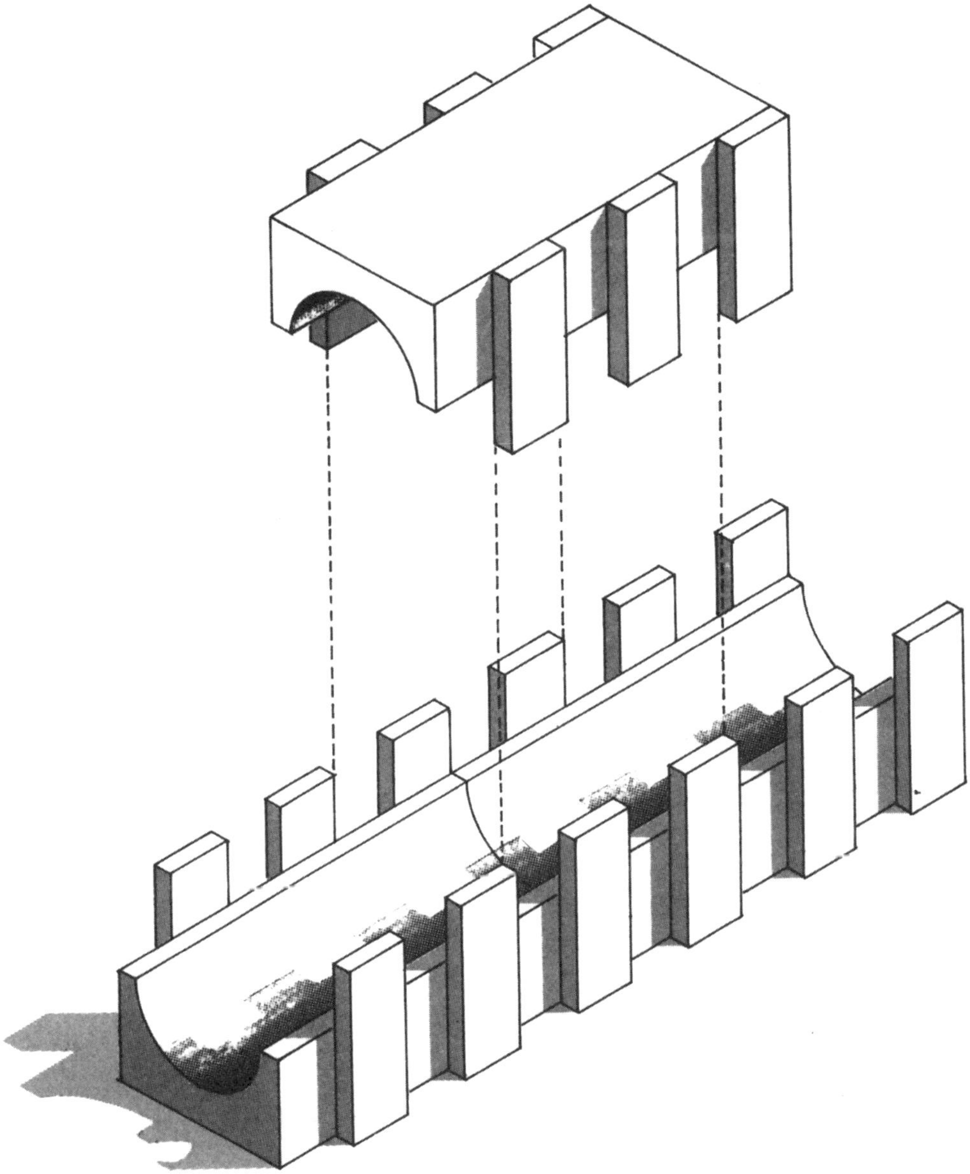

Fig. 10-10. *Anclaje Crucibloc.*

Fig. 10-11. *«CRUCIBLOC», montado en dos tubos ø 350 mm en paralelo.*

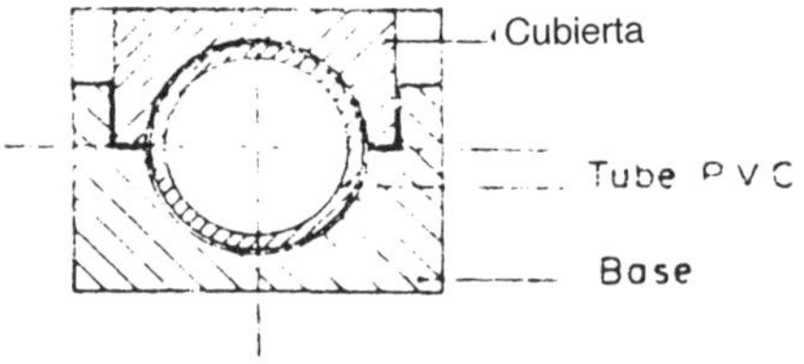

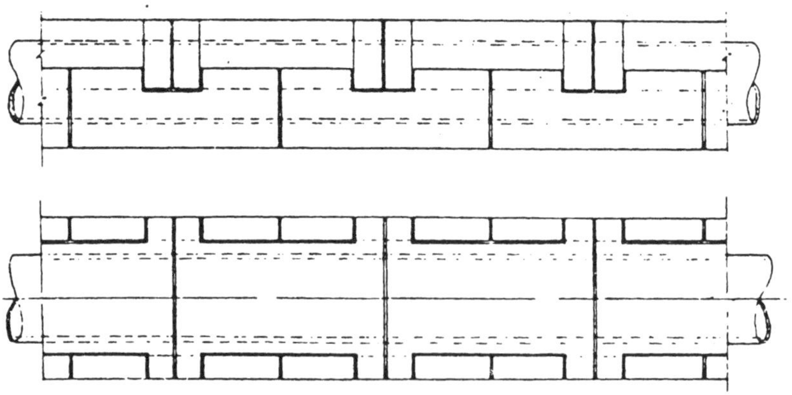

Fig. 10-12. *«CRUCIBLOC» tipo «L».*

Fig. 10-13. *Emisario «CRUCIBLOC», fotografía submarina.*

Fig. 10-14. *Emisario «CRUCIBLOC». Adaptabilidad y resistencia a los movimientos del mar.*

6.3. TECNICAS DE TRANSPORTE, COLOCACION Y MONTAJE

6.3.1. Montaje tubo a tubo

El transporte se realiza sobre barcaza con derrik de obenque para poder bajar los tubos uno por uno al fondo del mar. Se emplean también flotadores auxiliares y obturadores de extremidades para dejar una cierta boyancia al conjunto. Inundando parcialmente el tubo se consigue que éste se hunda suavemente. Este procedimiento supone que dos operarios buceadores tienen que subir a la superficie, recoger el tubo, regular su velocidad de hundimiento y colocarle adecuadamente para permitir su acoplamiento con el tramo en construcción.

Este sistema se utiliza para los tubos pesados, fundición, fibrocemento, acero revestido, siendo el último citado muy poco empleado. El sistema de acople es básicamente la junta Gibault o sistemas específicamente concebidos para un determinado tipo de tubos.

El procedimiento es lento y muy costoso en mano de obra especializada. Cuando se debe trabajar a profundidad que requiere descompresión (20-25 m) hay que duplicar los equipos de buceadores, uno que trabaja desde la superficie hasta el nivel intermedio (umbral de descompresión) y otro que actúa desde este nivel hasta el fondo. De ahí que a pesar del costo horario del uso de un derrik de obenques flotando, se utiliza preferentemente este medio auxiliar.

6.3.2. Montaje por tramos flotantes

Con los tubos ligeros P.V.C. y P.E. es práctica generalizada montar largos tramos en la orilla, obturar las extremidades y remolcar el tramo hacia su lugar de hundimiento.

Los tramos habituales son de 50 a 100 m aunque se han realizado tramos de hasta 200 m.

El remolque puede hacerse con una embarcación neumática que no requiere más de 25 CV de potencia del motor.

El procedimiento es rápido y por tanto permite aprovechar hasta cortos intervalos de calma relativa en la mar.

El lanzamiento debe hacerse perpendicularmente a la orilla. Los lanzamientos paralelos a la costa terminan casi siempre con la rotura del tramo por el efecto de las aguas que rompen en la costa y golpean violentamente la tubería.

Cuando el perfil del terreno ortogonal a la orilla o las edificaciones existentes no permiten el lanzamiento perpendicular a la línea de agua, y en la dirección del trazado del emisario, es preciso limitar la longitud de los tramos a las posibilidades del lugar o realizar el lanzamiento en una zona colindante, aunque fuese a uno o dos kilómetros del arranque del emisario y remolcar el tramo hasta la posición idónea.

6.3.3. Montaje en continuo desde barcaza-taller

Este sistema es el que se emplea para las tuberías de gran diámetro y más específicamente para los tubos de P.E.

Si bien el procedimiento es caro, no hay que olvidar que los grandes emisarios son costosos por naturaleza, y los gastos de los medios auxiliares se hacen compatibles con el gasto global del emisario.

El sistema de tubo monolítico, soldado sobre barcaza mediante soldadura de espejo da excelentes resultados, pero normalmente se emplea tan sólo para emisarios largos que llegan a gran profundidad (más de 60 m) y que son estudiados para evacuar grandes cantidades de agua (800 l/s y más).

6.4. NUEVAS TECNOLOGIAS Y CREATIVIDAD

Toda ciencia aplicada requieren esfuerzo constante creador e imaginativo.

Las investigaciones, sobre la fenomenología que domina la dinámica de los fluidos, deben abrir paso a nuevas tecnologías que plasmen los conocimientos teóricos, en procedimientos prácticos, más eficaces, más simples, más baratos y de más alto rendimiento y longevidad.

La ingeniería sanitaria y más específicamente la relativa a los emisarios submarinos, exige quizá más que ninguna este esfuerzo creador e innovador. Empezó hace cinco décadas y los progresos en este sentido son escasos y bastante lentos.

Emplear nuevos materiales y nuevos medios auxiliares es indiscutiblemente positivo, crear nuevos sistemas de difusión del fluido incidente en el fluido receptor, concebir y realizar nuevos dispositivos de anclaje y protección lo es mucho más.

6.4.1. Bocas de difusión anular

Como se ha visto al principio, se ha comprobado que las bocas de salida dispuestas en la zona de difusión, daban el mejor resultado si tenían una sección circular, preferentemente a otras formas geométricas, rectangular, triangular, etc.

Sin embargo, no era cierto ni mucho menos. De todas las formas geométricas habitualmente usadas para practicar aperturas o dar salida directa a un líquido, la sección circular era la mejor pero eso no significaba que no se podía concebir otra forma de inyectar el líquido en cuestión en las aguas del mar. Así nació la boca de difusión anular conocida como boca «L.E.R.» (Fig. 10-15).

Esta boca está constituida por un trozo de tubo formando chimenea vertical, terminado en forma de tulipa. Encima y concéntrica con la chimenea, se dispone un disco lleno de mayor diámetro que la tulipa. La distancia de este disco a la tulipa es regulable a voluntad y deja una apertura anular por la cual sale el líquido incidente.

Fig. 10-15. *Boca tipo L.E.R.*

Del punto de vista hidrodinámico, el fluido incidente se introduce en el agua de mar formando un velo que describe aproximadamente un paraboloide hiperbólico de espesor delgado, que ofrece una superficie interfacial considerablemente superior a la del penacho clásico que sale de una apertura circular.

Numerosas realizaciones en emisarios han permitido establecer que el empleo de las bocas «L.E.R.» multiplicaban por un factor 2 a 4 la dilución primaria D_1, a igualdad de todos los otros factores.

6.5. REGIMENES HIDRAULICOS DE LOS VERTIDOS

6.5.1. Vertidos por gravedad

La situación clásica, en la cual se encuentra el proyectista de emisarios submarinos, es el vertido al mar de aguas residuales domésticas. Evidentemente la red de alcantarillas acaba por terminar en un colector que vierte sus aguas directamente en la orilla. La rasante de este colector se sitúa de 1 a 2 m encima del nivel de pleamar equinoccial. Raras veces este colector tiene una pendiente tan acusada para poder intentar ganar altura en su terminal respecto al nivel de pleamar, reduciendo la pendiente de su tramo último.

A pesar de saber que hay que mantener una velocidad mínima en la tubería del emisario, y que al contrario del colector debe funcionar a sección llena, se han construido emisarios que no cumplen con este requisito. El resultado es que el agua de mar invade el emisario, y proliferan en su interior y en las bocas de salida todo tipo de pequeños animales marítimos, que generan concreciones con crecimiento continuo y rápido, a la par que la arena se deposita en la tubería y llega a colmatarla total o parcialmente.

Con 2 ó 3 metros de carga en cabeza es imposible mantener una velocidad mínima en el emisario, haciéndose necesario el bombeo de las aguas. Tan sólo en zonas que acusan un desnivel suficiente entre la rasante del colector y el nivel de pleamar se puede considerar el vertido por gravedad.

6.5.2. Vertidos con bombeo

El bombeo es prácticamente indispensable como condición previa al vertido satisfactorio de las aguas residuales a través de un emisario submarino.

Es indiscutiblemente una sujeción técnica y económica, que conlleva gastos de explotación y mantenimiento, los debidos al desbaste de las aguas mediante rejas adecuadas, y los del propio mantenimiento del conducto, y los de impulsión.

Concebir la estación con varias bombas de las mismas características es altamente ventajoso, por la flexibilidad que introduce en la rotación periódica del orden de trabajo de las mismas, y por el almacenamiento de piezas de recambio que se reduce al mínimo.

El volumen del depósito regulador se calculará a partir del caudal total en m^3/min., y con un tiempo no inferior a 6 minutos ni superior a 15 entre arranques sucesivos de las bombas.

Se tomarán las precauciones habituales para asegurar la evacuación de las partículas sedimentables, así como la inmersión de las tulipas de aspiración de las bombas.

7. EL CONTROL

De por sí el control es difícil, tanto por lo que a la construcción misma del emisario se refiere, como por las condiciones en las cuales se deben tomar las muestras que darán fe de la eficacia del emisario.

7.1. CONTROL DE LA CONSTRUCCION

Queda limitado a la calidad y conformidad geométrica de los elementos constructivos del emisario, y de su puesta en obra. Deben observarse periódicamente las acciones del mar sobre el emisario.

7.2. CONTROL DE LOS RESULTADOS

En este campo como en el anterior, existe una gran confusión en cuanto a la forma y posibilidad material de tomar las muestras representativas de la eficacia del emisario, y de la conformidad de los resultados obtenidos con los de obligatorio cumplimiento.

Es sorprendente que no se haya establecido un programa de recepción cualitativa especificando todos los pormenores del método a seguir a tal efecto, y de las técnicas a emplear para comprobar factores tan determinantes como la dilución primaria y secundaria, condiciones climatológicas imperantes en las pruebas, dilución total obtenida en la zona a proteger, etc.

A falta de tal codificación y de los medios necesarios, el control cualitativo quedará incierto, y a veces ilusorio y lo que es más grave, tanto en el sentido positivo como negativo.

Todos los proyectistas deben ser conscientes que, en materia de vertidos al mar, todos los cálculos por conservadores que sean, exigen la sanción de un verdadero control en condiciones compatibles con las hipótesis de cálculo. Un escrupuloso rigor y una conciencia alerta y responsable debe dominar sus trabajos. Se están jugando la vida del mar y del entorno ambiental del litoral donde van a implantar un emisario, la alta responsabilidad que eso supone debe tenerse en cuenta en los proyectos.

8. CALCULOS RESISTENTES DE LOS EMISARIOS

8.1. FUERZAS SOBRE TUBERIAS EN EL FONDO MARINO

El conocimiento de las fuerzas hidrodinámicas son de gran importancia en el análisis y diseño de los emisarios submarinos. No siendo suficientes las ecuaciones fundamentales de la energía para resolver la mayoría de estos problemas, se enfoca, bajo el principio mecánico de la cantidad de movimiento y la experimentación, la determinación de los coeficientes fundamentales.

8.2. CONSIDERACIONES TEORICAS

Las tuberías submarinas están sometidas al efecto combinado de fuerzas que son generadas por el oleaje y las corriente, y a factores que afectan a la estabilidad y resistencia de estas conducciones. Estas fuerzas son:

– Peso de la tubería sumergida y peso del fluido transportado.

– Fuerza de arrastre.

– Fuerza de inercia.

– Fuerza de rozamiento entre la tubería y el lecho marino.

En principio, la teoría lineal de Airy proporciona una aproximación suficiente para la determinación de los parámetros que caracterizan el oleaje, aunque presente errores en la predicción de la aceleración para profundidades reducidas.

La fórmula para calcular la componente horizontal de la velocidad es:

$$U = \frac{H}{2} \cdot \frac{g\tau}{L} \cdot \frac{\mathrm{Ch}\,(2\pi\,(z + d)/L)}{\mathrm{Ch}\,(2\pi d/L)} \cdot \cos 2\pi \left(\frac{x}{L} - \frac{t}{T}\right)$$

y la aceleración de partícula horizontal:

$$A = \frac{2 \cdot \pi^2 \cdot H}{T^2} \cdot \frac{Ch\,(L \cdot \pi^2\,(z + d)/L)}{Sh\,2\pi d/L} \cdot \text{sen}\,2\pi \left(\frac{x}{L} - \frac{t}{T}\right)$$

Donde,

- H es la altura de ola.
- T es período.
- L es longitud de onda.
- d es profundidad.
- z y t son profundidad y tiempo para los períodos respectivos en los cuales U y A han sido medidas.
- x es la distancia al origen.

En el fondo $z = -d$.

U es máximo cuando $2\pi \left(\frac{x}{L} - \frac{t}{T}\right) = 0^{\circ}$ y 180°.

A es máximo cuando $2\pi \left(\frac{x}{L} - \frac{t}{T}\right) = 90_{\circ}$ y 270°.

Es importante hacer notar que la altura y dirección de la ola varía en profundidades reducidas debido al efecto combinado de reducción del calado, de la refracción, difracción, fricción y reflexión. En la figura adjunta se muestra el cambio de valor que toma la longitud de onda para distintas profundidades y períodos, de acuerdo con la expresión que facilita la teoría lineal:

$$L = \frac{g\tau^2}{2\pi} \cdot th \left(\frac{2\pi d}{L}\right)$$

Donde U (y) es la velocidad horizontal de la partícula, a una profundidad, y, del fondo.

En esta zona usualmente se considera el perfil de velocidad

$$U/U_0 = (Y/Y_0)^{1/7}$$

con U_0 velocidad horizontal de la partícula a una profundidad, y, del fondo, normalmente alrededor de un metro.

Si se integra, teniendo en cuenta la expresión anterior, se obtiene:

$$U_c^2 = 0{,}778\ U_c^2\ (\varphi/y_0)^{0{,}286}$$

$$U_c^2 = = s/\varphi \int_0^{\varphi} U^2\,(y)\,dy$$

8.3. FUERZAS HIDRODINAMICAS

Para que una tubería submarina permanezca estable en el hecho marino, la suma de todas las fuerzas que incidan en la tubería debe satisfacer la ecuación de equilibrio estático, dada por:

$$\Sigma F(x) = F_A + F_I - F_R - P \text{ sen } \theta = O$$

$$\Sigma F(y) = N + F_S - P \cos \theta = 0$$

siendo, P, el peso de la tubería.

F_A, la fuerza de resistencia o arrastre.

F_I, la fuerza de inercia.

F_R, la resistencia debida a la fricción o rozamiento entre la tubería y el fondo.

N, la reacción en el apoyo.

F_s, la fuerza de sustentación.

θ, la pendiente.

Si la tubería se encuentra apoyada en el fondo y un poco enterrada en el suelo, la fuerza de rozamiento se puede sustituir por F_R = f.N, donde f es el coeficiente de fricción entre la tubería y el fondo.

Sustituyendo la fuerza de rozamiento por su valor f.N y despejando de la ecuación de equilibrio, considerando la pendiente $\theta = 0$, resulta:

$$P = F_s + \frac{1}{f}(F_A + F_I)$$

La resistencia o arrastre es la componente de la fuerza resultante, ejercida por el mar sobre el cilindro en dirección paralela al movimiento relativo de la corriente y el oleaje U_e. Usualmente se da en la forma

$$F_A = \frac{1}{2} \cdot \rho \cdot C_A \cdot \varphi \cdot U^2$$

La fuerza de sustentación es la componente de la fuerza resultante, ejercida por el mar sobre el cuerpo en dirección perpendicular al movimiento relativo del fluido, expresándose en la forma

$$F_s = \frac{1}{2} \cdot \rho \cdot C_s \cdot \varphi \cdot U^2$$

La fuerza de inercia es la componente debida a la aceleración de la ola y tiene por expresión

$$F_I = \frac{1}{4} \cdot \rho \cdot C_I \cdot \pi \cdot \varphi \cdot A$$

siendo, F_A = fuerza de arrastre por unidad de longitud de la tubería.

F_s = fuerza de sustentación.

F_I = fuerza de inercia.

ρ = masa específica del agua salada, 104,59 kg · m^{-4} · sg^2, para temperatura 15º y 35 % salinidad.

φ = diámetro tubería.

U = velocidad horizontal de la partícula sobre la tubería.

C_A = coeficiente hidrodinámico de arrastre.

C_s = coeficiente de sustentación.

C_I = coeficiente hidrodinámico de inercia o masa.

La fuerza total está originada por la fuerza de arrastre más la de inercia.

8.4. COEFICIENTES HIDRODINAMICOS

El coeficiente de resistencia o arrastre depende del número de Reynolds para velocidades bajas e intermedias, y se hacen independientes de dicho número para velocidades elevadas. El número de Reynolds se define por:

$$R_e = \frac{U \cdot \varphi}{\nu}$$

donde: ν = viscosidad cinemática del fluido, que para el caso del mar es de $1{,}22 \cdot 10^{-6}$ m^3/s.

El número de Reynolds determina el *carácter del flujo* y, en el presente caso, depende del modelo de onda adoptado, quedando definido el campo de variabilidad de R_e, por:

$$R_e = \varphi \cdot g \cdot \frac{1}{\nu} \cdot \frac{H}{2} \cdot \frac{Y}{2} \cdot \frac{Ch\,(2\pi\,(z + d)/L}{Ch\,(2\pi d/L)} \cdot \cos 2\pi \left(\frac{x}{L} - \frac{t}{t}\right)$$

teniendo en cuenta las consideraciones anteriormente expuestas.

Las medidas experimentales de los coeficientes de arrastre para la onda incidente sobre una tubería depende del número de Reynolds, rugosidad de la tubería, así como del número de Keulegan-Carpenter, el cual se define, como:

$$K_c = \frac{U \cdot T}{\varphi}$$

donde:

U = velocidad horizontal de la partícula sobre la tubería.

T = período.

φ = diámetro tubería.

Una ilustración de la variación del coeficiente de arrastre C_a en función del número de Reynolds, se muestra en la figura, relacionando C_a y R_e mediante una relación lineal, en base a las experiencias realizadas por Keulegan, Carpenter, Thirriot, Achenbach, Wiegel, Fage y Warsap, entre otros. De esta forma, se consigue una recta de regresión general de ecuación $C_a = 0{,}23 \cdot \log R_e + 2{,}11$, en la cual se puede sustituir el valor del número de Reynolds en función de la profundidad D, longitud de onda L, y período T, para altura de ola y diámetro de tubería unitario, resultando la expresión del coeficiente de arrastre:

$$C_a = 2{,}11 - 0{,}23 \log \left[\varphi \cdot \frac{H \cdot g \cdot T}{4\nu} \cdot \frac{\mathrm{Ch}\,(2\pi\,(z + d)/L}{\mathrm{Ch}\,(2\pi d/L)} \cdot \cos 2\pi \left(\frac{x}{L} - \frac{t}{T} \right) \right]$$

De igual forma se ha hecho para el coeficiente de inercia, siendo:

$$C_I = -\,0{,}36 \cdot \log R_e + 3{,}73$$

Generalmente, el valor de R_e depende de la rugosidad de la tubería. La experiencia demuestra que para la región subcrítica ($R_e < 1{,}0 \times 10^5$), el grado de rugosidad tiene influencia insignificante en el valor de coeficientes de arrastre C_a. Sin embargo, en la región supercrítica ($R_e > 4{,}0 \times 10^5$), el valor de C_a se incrementa con la rugosidad.

Los valores del coeficiente de inercia C_I, aunque formalmente no dependa cuantitativamente del número de Reynolds R_e, Bretschneider apuntó una disminución de C_I al incrementarse R_e, hecho que se apunta en la determinación de la recta de regresión C_I.

Finalmente algunos autores recomiendan para uso práctico en el diseño de emisarios los siguientes valores:

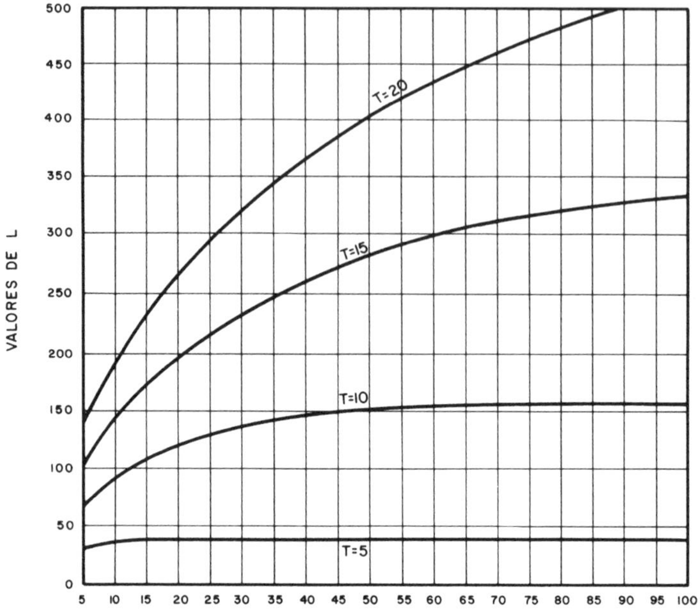

FIG. 10-16. *Valores de la longitud de onda, en función del diámetro D y el período T.*

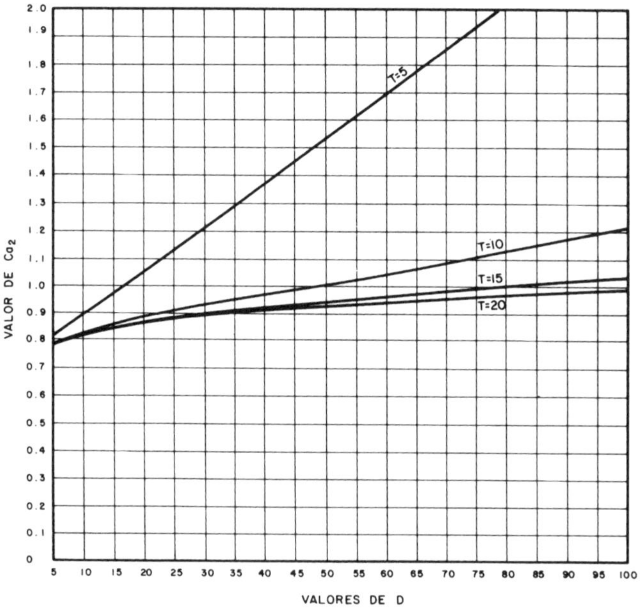

Fig. 10-17. *Valores del coeficiente de arrastre.*

R_e	C_a	C_s	C_I
$R_e < 5 . 10^5$	1,3	1,5	2
$5 \cdot 10^4 < R_e < 1 \cdot 10^5$	1,2	1	2
$1 \cdot 10^5 < R_e < 2{,}5 \cdot 10^5$	$1{,}53 - \dfrac{R_e}{3 \cdot 10^5}$	$1{,}2 - \dfrac{R_e}{5 \cdot 10^5}$	2
$2{,}5 \cdot 10^5 < R_e < 5 \cdot 10^5$	0,7	0,7	$2{,}5 - \dfrac{R_e}{3 \cdot 10^5}$
$5 \cdot 10^5 < R_e$	0,7	0,7	1,5

8.5. FUERZAS EJERCIDAS POR EL OLEAJE

Una vez determinados los coeficientes hidrodinámicos de arrastre C_a y de inercia C_I, se puede calcular la fuerza ejercida por el oleaje sobre una tubería submarina que se encuentra orientada paralela al frente de onda o perpendicular a la velocidad, mediante la formulación teórica:

$$F = F_A + F_I = \frac{1}{2} \cdot \rho \cdot C_a \cdot \varphi \cdot U^2 + \frac{1}{4} \cdot \rho \cdot C_I \pi \cdot \varphi^2 A$$

F = fuerza horizontal por unidad de longitud.

F_A = fuerza de arrastre.

F_I = fuerza de inercia.

ρ = masa específica del agua salada.

C_a= coeficiente de arrastre.

C_I= coeficiente de inercia.

φ = diámetro tubería de valor unitario.

U = velocidad horizontal de la partícula sobre la tubería.

A = Aceleración horizontal de la partícula sobre la tubería.

En la figura 10-18 se representa gráficamente la variación de la fuerza en función de la profundidad D, disminuyendo el valor de la fuerza con el aumento de la profundidad, para altura de ola y diámetro de tubería unitario.

En el proyecto de la nueva Introducción, las solicitaciones de esfuerzos del emisario pueden estimarse según lo siguiente:

a) Fuerzas debidas a corrientes generales

Una corriente permanente induce en una tubería sumergida una fuerza horizontal y otra vertical cuyo valor por unidad de longitud viene dada por:

$$Fh = 0{,}5 \cdot Ch \cdot \delta \cdot D \cdot u^2$$, véase la Fig. 10,18

$$Fv = 0{,}5 \cdot Cv \cdot \delta \cdot D \cdot u^2$$

En la práctica se adopta Ch = 1 y para Cv el valor dado por la siguiente tabla en función de la relación entre la distancia entre la parte inferior de la tubería y el fondo (a) y su diámetro (D):

a/D	0	0,2	0,4	>0,6
Cv	1	0,6	0,4	0,35

b) Fuerzas debidas a corrientes asociadas al oleaje

A partir de la ola de diseño se puede calcular la fuerza que actúa sobre una tubería sumergida descomponiéndola en una fuerza de inercia y otra de resistencia de forma según la teoría de Morrison.

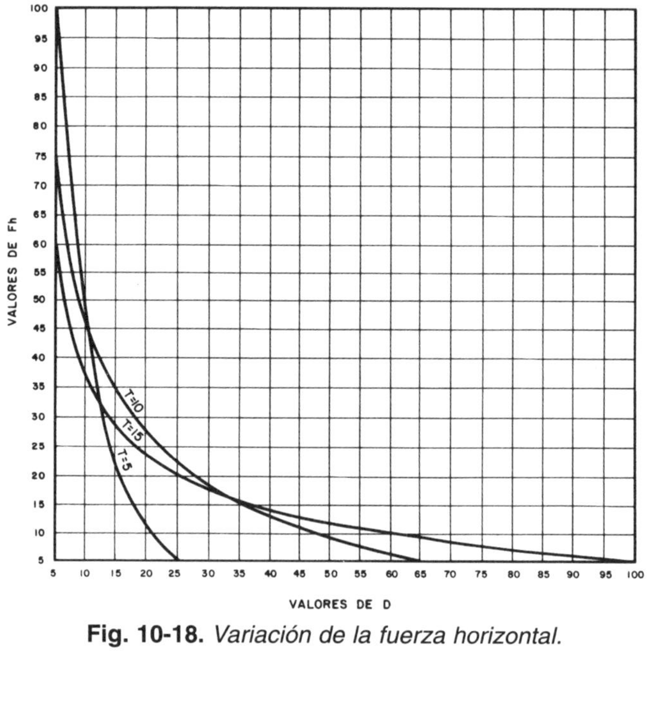

Fig. 10-18. *Variación de la fuerza horizontal.*

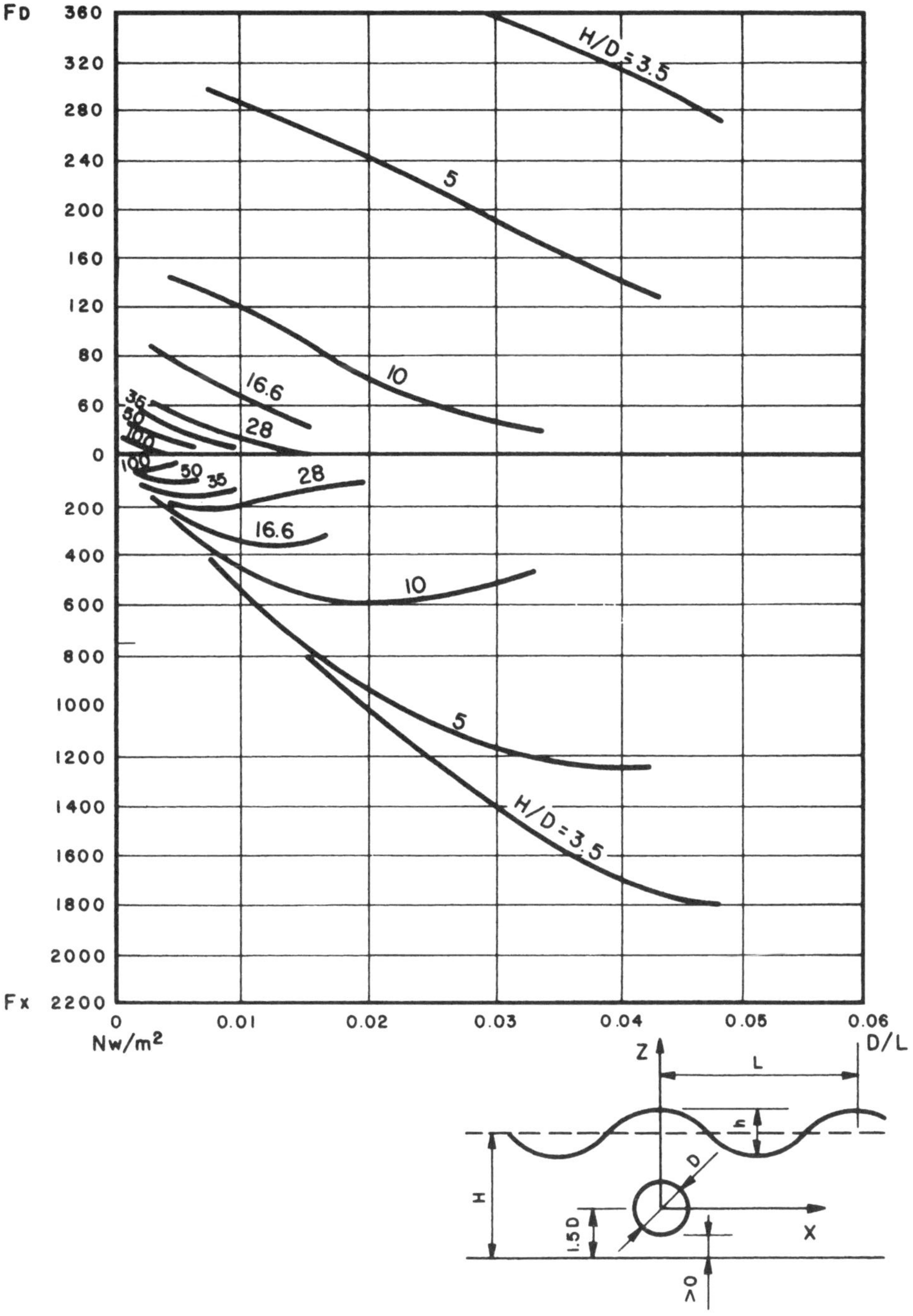

Fig. 10-19. *Coeficiente de empuje.*

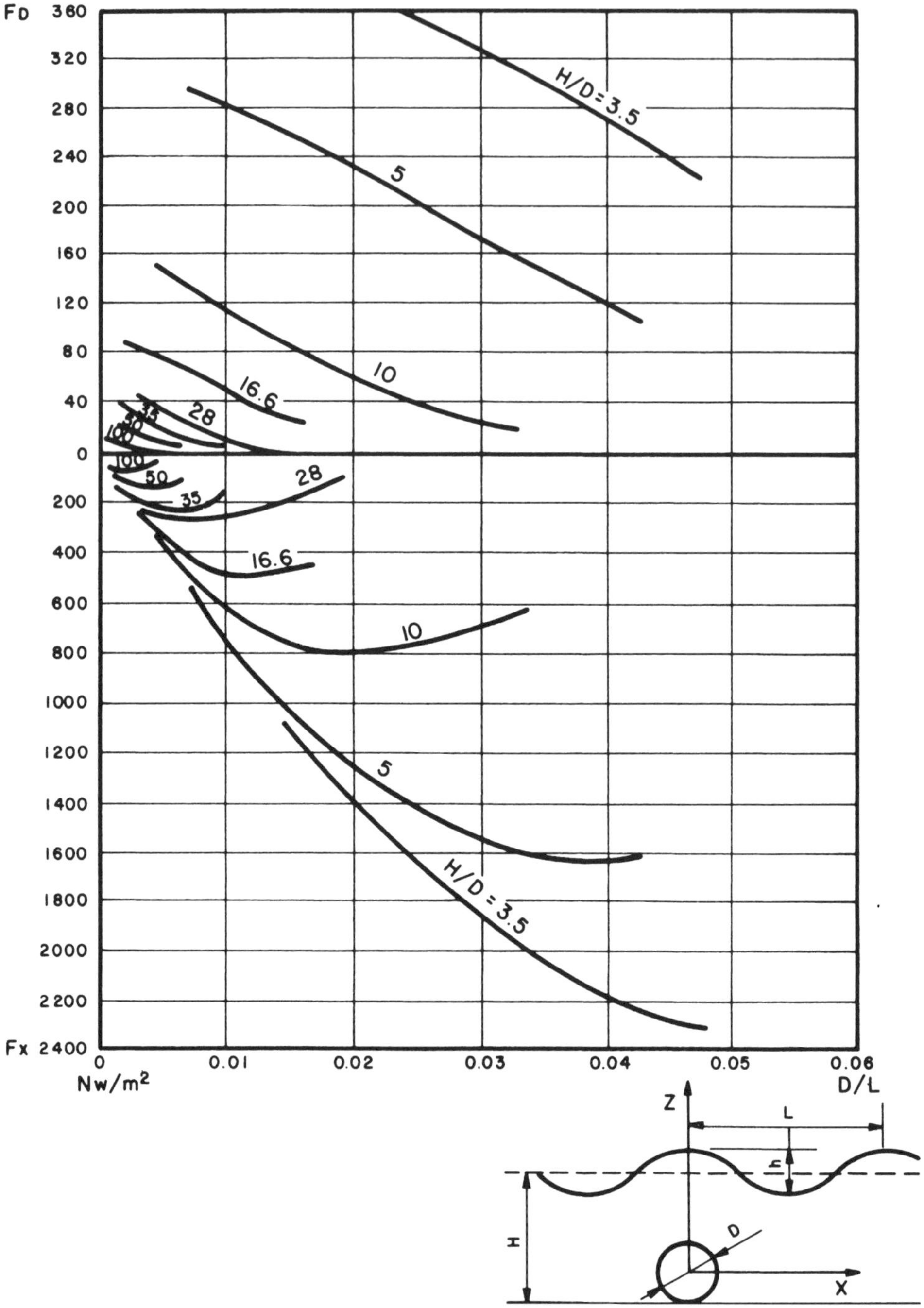

Fig. 10-20. *Coeficientes de empuje.*

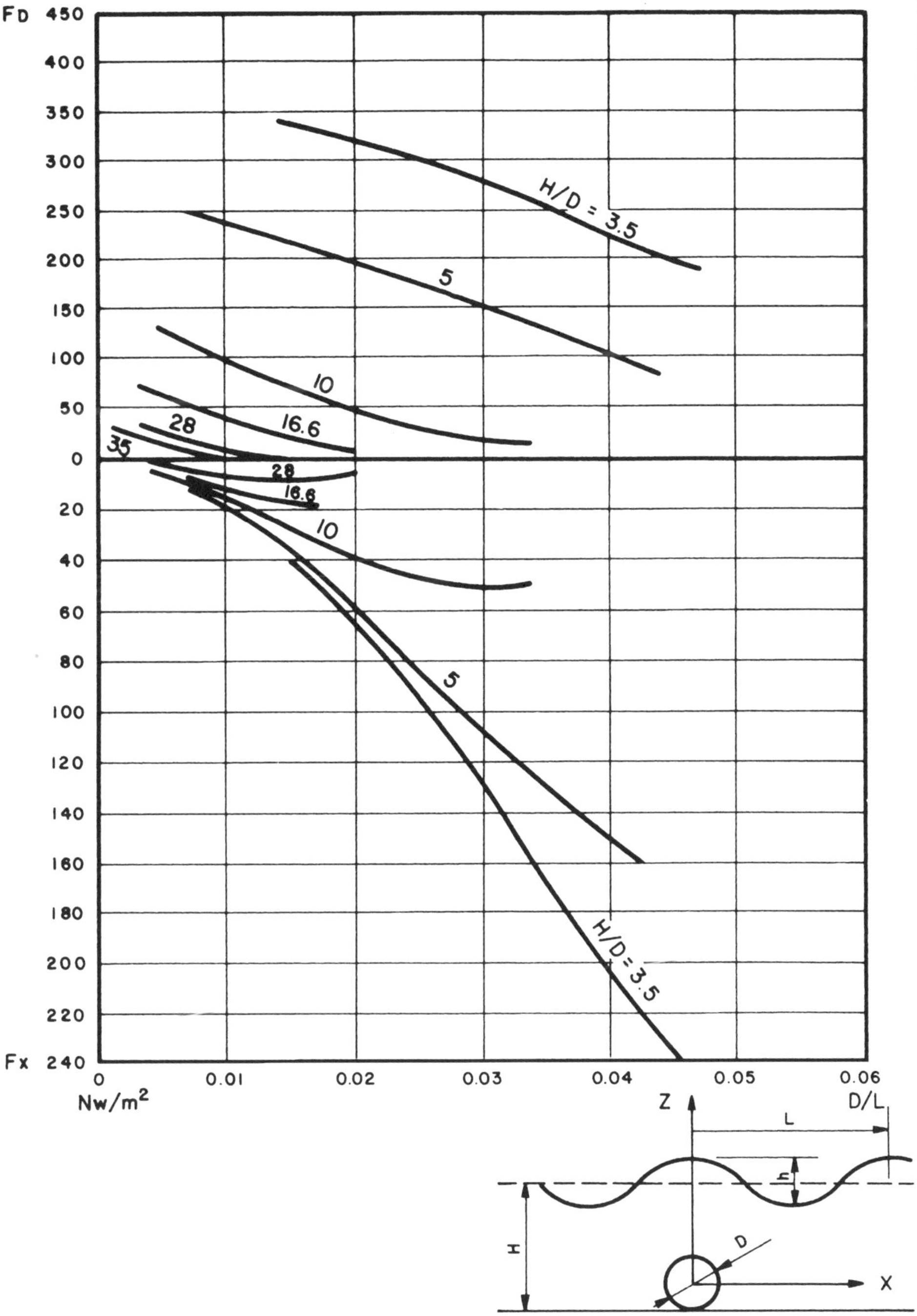

Fig. 10-21. *Coeficientes de empuje.*

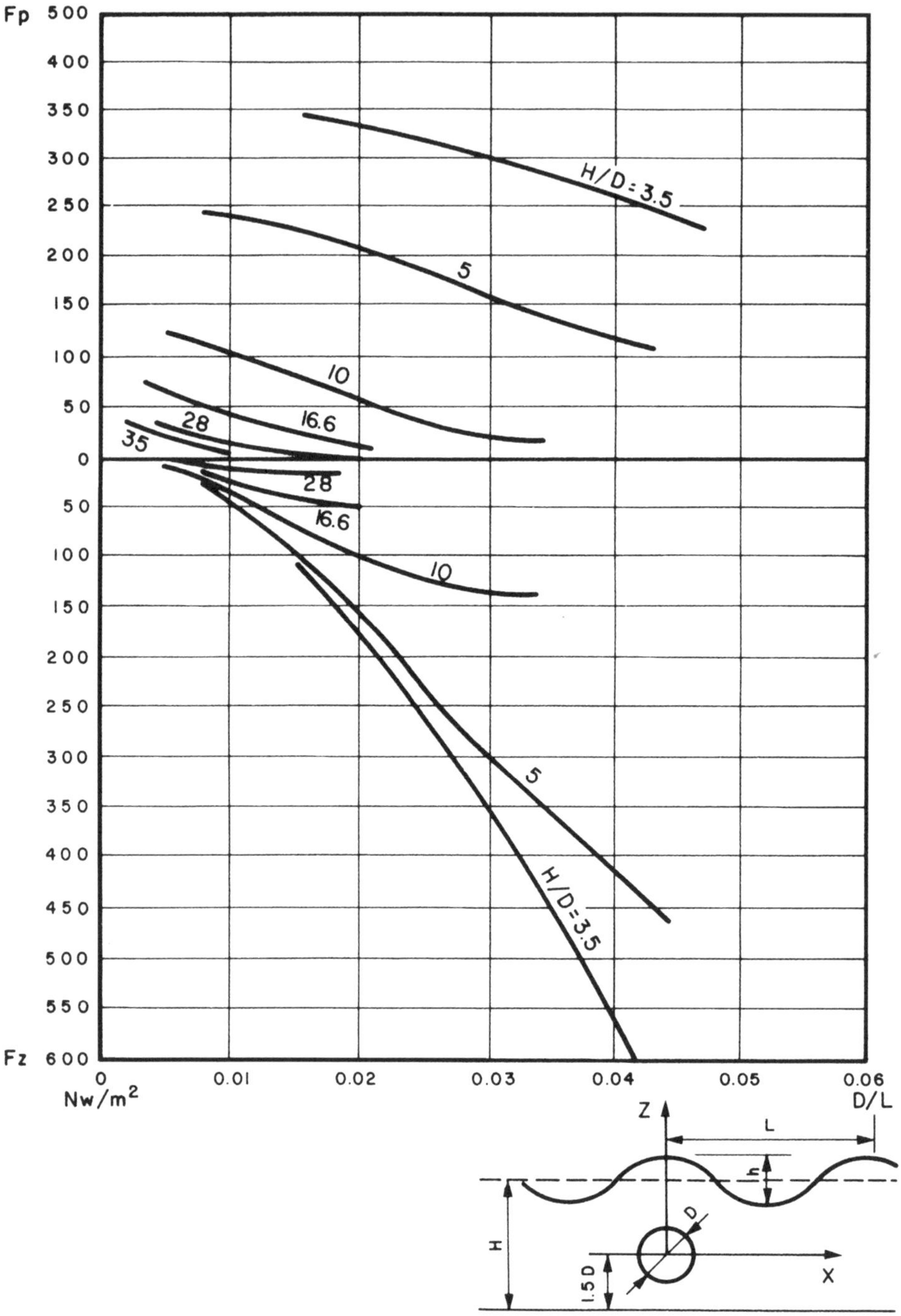

Fig. 10-22. *Coeficientes de empuje.*

$$I = Fz \cdot H \cdot D + Fp \cdot H^2 \cdot \text{sen } \beta$$
$$F = (Fx \cdot h \cdot d \cdot \text{sen } \beta)^2 + (Fd \cdot H^2 \cdot \text{sen } \beta)^2$$

siendo, H la altura máxima de la ola, D es el diámetro de la tubería, β es el ángulo que forma la dirección de la ola y el eje de la tubería y Fx, Fd, Fz y Fp son coeficientes que se obtienen de las figuras adjuntas.

Conocidas las fuerzas que actúan sobre el emisario se determina entonces su estabilidad vertical y lateral, evaluando tanto la flotabilidad de la tubería, su hundimiento en el fondo y los desplazamientos laterales y longitudinales a que pueda estar sometida por efecto de la pendiente del fondo y las fuerzas exteriores.

9. NORMAS ESPAÑOLAS Y EXTRANJERAS

9.1. NORMAS ESPAÑOLAS

En relación con la normativa deberá indicarse la necesidad de considerar en la misma los siguientes:

- Proyecto de Reglamento de la Ley de Costas.
- Proyecto de Real Decreto de Normativa general sobre vertidos de sustancias peligrosas al mar (transposición de las Directivas Comunitarias 76/464 y 86/280).
- Proyecto de O.M. de Normas de emisión, objetivos de calidad, métodos de medición de referencia y procedimientos de control relativos a determinadas sustancias peligrosas.
- Real Decreto que establece Normas de calidad para aguas de baño (R.D. 734/1988, de 1 de julio; BOE 13/7/88).
- Directiva 79/923 sobre Calidad de las aguas de cría de moluscos.

Dentro del Capítulo IV del Título III, de la Ley de Costas, la Sección 2.ª está dedicada a los vertidos, y es «... de aplicación a los vertidos, tanto líquidos como sólidos, cualquiera que sea el bien de dominio público marítimo-terrestre enque se realicen».

Prohíbe, el artículo 56, el vertido de residuos sólidos y de escombros al mar, a su ribera y a la zona con servidumbre de protección.

El artículo 57 especifica que todos los vertidos requieren autorización de la Administración competente, que se dará con sujeción a la legislación estatal y autonómica aplicable.

Si se trata de vertidos contaminantes, el peticionario deberá justificar la imposibilidad o dificultad de aplicar una solución alternativa.

Terminantemente, dice que no pueden verterse sustancias o energías que puedan comportar un perjuicio, o peligro superior al admisible, para la salud pública o el medio natural, según la legislación vigente.

El artículo 58 detalla lo que ha de especificarse en la autorización de un vertido:

- El plazo (no más de treinta años).
- Instalaciones de depuración y evacuación.
- Elementos de control.
- Fechas de iniciación y terminación de la ejecución.
- Volumen anual de vertidos.
- Límites cualitativos del vertido.
- Plazos para la adecuación del efluente a los límites impuestos.
- Evaluación de efectos sobre la zona receptora.
- Objetivos de calidad en la zona.
- Previsiones de las medidas a adoptar, en caso necesario, para reducir la contaminación.
- Canon de vertido.

El artículo 62 establece que se puede prohibir el establecimiento, en zonas concretas, de los procesos industriales cuyos efluentes puedan constituir riesgo de contaminación superior a la admisible.

El artículo 85 establece que las autorizaciones se gravarán con un canon de vertido en función de la carga contaminante. La carga contaminante se expresará en unidades de contaminación, siendo esta unidad un patrón convencional de medida, que se fijará en el Reglamento, referido a la carga contaminante producida por el vertido de aguas domésticas correspondiente a 1.000 habitantes y al período de un año.

El Reglamento establecerá la unidad de contaminación por cada 1.000 habitantes y año en 55 toneladas de materias en suspensión y 32 toneladas de materias oxidantes.

La carga contaminante C de un vertido, medida en unidades de contaminación, se determinará por la fórmula:

$$C = KV$$

siendo V = volumen de vertido en m^3.

K = coeficiente dependiente de la naturaleza del vertido y de su capacidad contaminante.

Los valores de K se determinan mediante unas tablas que figurarán en un Anexo del propio Reglamento, existiendo dos posibilidades: A, menos exigentes; y B, más exigentes.

Las Administraciones Comunitarias tienen que decir si corresponde aplicar valores A o B, en función de:

- La posibilidad de renovación de las aguas receptoras.
- Los criterios de calidad para ellas.
- La contaminación básica pre-existente.
- La naturaleza, usos e importancia de los recursos litorales de la zona.

También valorarán la unidad de contaminación, según el coste de sus propios planes de saneamiento de los vertidos y de mejora de calidad de las aguas del mar.

Directivas a considerar

- Directiva 82/176, vertidos de mercurio del sector de electrólisis de cloruros alcalinos.
- Directiva 83/513, vertidos de cadmio.
- Directiva 84/156, vertidos de mercurio de distintos sectores de la electrólisis de cloruros alcalinos.
- Directiva 84/491, vertidos de hexaclorociclohexano.
- Directiva 82/280, residuos de determinadas sustancias peligrosas comprendidas en la Lista I del Anexo de la Directiva 76/464.
- Directiva 88/347, de modifica el Anexo II de la Directiva 86/280.

En el Anejo número 4 de este libro se incorpora la transcripción de la Orden de 13 de julio de 1993, por la que se aprueba la Instrucción para el proyecto de conducciones de vertidos desde tierra al mar.

9.2. NORMAS EXTRANJERAS

Las normas extranjeras son extremadamente dispares y contemplan limitaciones paramétricas muy diversas según las legislaciones de cada país.

El conjunto de estas normas denota preocupaciones tan diferentes, que toda comparación sistemática carece de sentido.

Sin embargo, se pone de manifiesto que todas las normas son básicamente «recomendaciones» y tan sólo, en muy contadas ocasiones, se puede detectar alguna que otra «imposición», refiriéndose además a un parámetro bien determinado.

Para formarse un concepto general de las exigencias expresadas en las Normas Extranjeras, se presentan a continuación algunas especializaciones relativas a la concentración en *E. Coli* admitida en la costa; valor utilizado por T_{90} y Dilución total deseada.

9.2.1. Concentración en *E. Coli*

ESTADOS UNIDOS: Las normas varían según los Estados.

Las Normas Federales especifican:

máx. 200/100 ml en el 50 % de las muestras.
máx. 400/100 ml en el 10 % de las muestras.

En general las Normas exigen:

máx. 1.000/100 ml en 80 % de las muestras.

A título de ejemplo, las Normas del Estado del MAINE clasifican las playas de la forma siguiente:

Clase		50 % Coliformes y fecales en 100 ml	90 %	
SA	C F	70 15	230 50	Admisible
SB_1	C F	240 50	500 150	Admisible
SB_2	C F	500 00	1.000 200	Admisible
SC	C F	700 50	2.300 500	No admisible

CANADA: Todas las Normas fueron suprimidas. Se aplican algunas normas únicamente si hay zonas de cultivos marinos cerca de los vertidos.

BRASIL: Río de Janeiro: 10.000 *E. Coli*/100 ml.

FRANCIA: 100 *E. Coli*/100 ml (en 80 % de las muestras).

ISRAEL: Pendiente de modificar las normas bacteriológicas, suprimiéndolos, puesto que los virus tienen una vida mucho más larga. Se propone sustituir la norma bacteriológica por un valor mínimo de Dilución total a alcanzar.

DT = 1:1.000.

REINO UNIDO: 1.000 *E. Coli*/100 ml (baños).
200-500 *E. Coli*/100 m (cultivos).

AUSTRALIA: Normas basadas principalmente sobre consideraciones estéticas. Se señala 500 *E. Coli*/100 ml. Sobre un mes ninguna muestra tendrá más de 2.000 *E. Coli*/100 ml.

JAPON: Criterio para clasificar las aguas marinas para baños:

- Grupo coliformes, 1.000/100 ml.
- Más de 5.000/100 ml, no es recomendable.

Entre estos dos extremos, zonas dudosas.

Este criterio está basado sobre la experiencia práctica en el Japón.

	Media colif./ml
Bahía de TOKIO	15 - 24
Pto. YOKOHAMA	32 -920
CHIBA (mar abierto)	0,32- 3,8
IBAKARI (mar abierto)	0,22- 3,9
KAMAKURA	11 -490

9.2.2. Valores de T_{90} utilizados

El valor de T_{90} empleado en la segunda fórmula de BROKS varía considerablemente según las normas de los diferentes países. Esto se debe principalmente a la situación geográfica y al régimen climatológico de cada uno de ellos.

Aparte del efecto bactericida de la radiación solar, hay que tener en cuenta la presencia en las aguas oceánicas de microvibriones que actúan como bacteriófagos.

Las diferentes normas extranjeras conceden a T_{90} los siguientes valores:

ESTADOS UNDOS (California):	T_{90} = cuatro horas para cálculo de los emisarios.
CANADA:	Normas suprimidas.
BRASIL:	1 h 24' < T_{90} < 3 h 40' para cálculo se utiliza según el sitio 1,5 h < T_{90} < 4 h.
REINO UNIDO:	4 h < T_{90} < 7 h.
FRANCIA:	T_{90} = 1,5 h. Mediterráneo T_{90} = 3 h. Atlántico.
ITALIA:	T_{90} = 2 h salvo especificaciones locales más extrictas.
ISRAEL:	1,5 h < T_{90} < 4 h (para cálculos).

Un estudio comparativo del valor real/medición *in situ* de T_{90} llevado a cabo en California sobre vertidos que han experimentado un tratamiento primario y secundario (Los Angeles y Santa Mónica) puso de manifiesto, de forma contundente, que el valor del T_{90} aumenta considerablemente con el grado de depuración de las aguas residuales.

Efluente sin tratar	T_{90} varía entre 1 h y 2 h.
Efluente primario	T_{90} varía entre 1,7 h y 4 h.
Efluente secundario	T_{90} varía entre 5 h y 9,6 h.
En la oscuridad T_{90}	24 horas.

9.2.3. Dilución total

La dilución total a alcanzar, raras veces es contemplada en las normas. El resultado de los diferentes valores atribuidos a la concentración en coliformes de las aguas residuales a verter al mar no viene fijado en dichas normas.

Si bien se estima generalmente que la concentración en coliformes de las aguas residuales domésticas es del orden de 10^6 *E. Coli*/ml, sn embargo, algunos autores han detectado en ciertas ciudades concentraciones medidas de hasta $250 \cdot 10^6$ *E. Coli*/ml.

En función de la magnitud de este parámetro se determina el valor de la dilución total a alcanzar.

En general, los cálculos están basados sobre una concentración inicial de 10^6 *E. Coli*/ml, lo que conduce a una dilución total mínima de $1{:}10^5$ para cumplir con la norma habitualmente utilizada de 10 *E. Coli*/ml.

Siempre que sea posible es conveniente comprobar la concentración media en *E. coli*/ml de las aguas residuales a verter al mar, para asegurar bases de cálculo representativas respecto al parámetro *E. Coli* y la subsecuente dilución total a alcanzar.

En relación con otros parámetros conviene analizar aquí los requerimientos de calidad para el vertido al océano en California.

TABLE A		Concentration not to be exceeded more than	
	Unit of measurement	50% of Times	10% of Times
Crease and Oil (hexane extractables)	mg/l	10	15
Floating Particulates (dry weight)	mg/l	1,0	2,0
Suspended Solids	mg/l	50	75
Settleable Solids	mg/l	0,1	0,2
Turbidity	JTU	50	75
pH	units	within limits of 6,0 to 9,0 at all times	

TABLE B		Concentration not to be exceeded more than	
	Unit of measurement	50% of Times	10% of Times
Arsenic	mg/l	0,01	0,02
Cadmium	mg/l	0,02	0,03
Total Chromium	mg/l	0,005	0,01
Copper	mg/l	0,2	0,3
Lead	mg/l	0,1	0,2
Mercury	mg/l	0,001	0,002
Nickel	mg/l	0,1	0,2
Silver	mg/l	0,02	0,04
Zinc	mg/l	0,3	0,5
Cuanide	mg/l	0,1	0,2
Phenolic Compounds	mg/l	0,5	1,0
Total Chlorinc Residual	mg/l	1,0	2,0
Ammonia (expressed as nitrogen)	mg/l	40	60
Total Identifiable Chlorinated Hydrocarbons	14/mg/l	0,002	0,004
Toxicity Concentration	10/tu	1,5	2,0
Radioactivity	not to exceed the limits specified in Title 17, Chapter 5, Subchapter 4, Group 3, Article 5, Section 30285 and 30287 of the California Administrative Code.		

Tabla 10-3. California water resources control boart's effluent qualy requirement for ocean walers

LEY 10/1993, DE 26 DE OCTUBRE DE 1993

SANEAMIENTO-INDUSTRIAS EN GENERAL

Vertidos industriales al sistema integral de saneamiento

(BOE nº 269, de 12 Noviembre 1993)

PREAMBULO

La Constitución Española (RCL 1978, 2836 y ApNDL 2875) establece en su artículo 45 el derecho a disfrutar de un medio ambiente adecuado para el desarrollo de la persona, así como el deber de conservarlo, encomendando a los poderes públicos velar por la utilización racional de los recursos naturales y sancionar su incumplimiento, así como exigir la reparación del daño causado.

El Estatuto de Autonomía de la Comunidad de Madrid (LCM 1983, 316), atribuye funciones legislativas, plenas o de desarrollo, según los casos, sobre diversas materias que constituyen el entorno físico y el medio natural. Así el artículo 27 en su apartado 10, atribuye a la Comunidad de Madrid la facultad de establecer normas adicionales de protección sobre el medio ambiente, para evitar el deterioro de los equilibrios ecológicos, especialmente en lo relativo al aire, agua, espacios naturales y conservación de la flora, la fauna y los testimonios culturales.

Por otro lado, la Ley 3/1988, de 13 de octubre (LCM 1988, 126), para la gestión del medio Ambiente de la Comunidad de Madrid, en su artículo 7.2.3 atribuye a la Agencia de Medio Ambiente el ejercicio de las competencias en materia de protección de la calidad y control de la contaminación de las aguas.

La Ley 10/1991, de 4 de abril (LCM 1991, 74), de protección del medio Ambiente de la Comunidad de Madrid, configuró un sistema de normas adicionales de protección del medio ambiente, y en su artículo 31.2 se remite a la normativa aplicable sobre la materia para la determinación de las cantidades y condiciones en que se deben autorizar los vertidos o emisiones.

Teniendo en cuenta las singulares características de la Comunidad de Madrid, que une a su alta densidad de población una gran actividad económica y un porcentaje muy elevado de suelo urbano, se hace necesario el desarrollo legislativo específico que, sin perjuicio de la competencia que en esta materia desarrollen las Entidades Locales, proporcione las normas adecuadas para regular el vertido de aguas residuales industriales a la red de alcantarillado, con objeto de proteger las instalaciones de saneamiento y depuración, y en consecuencia, los recursos hidráulicos y el medio ambiente en la Comunidad.

La presente Ley se sitúa en el marco de la Directiva 91/271/CEE, de 21 de mayo (LCEur. 1991, 531), relativa al tratamiento de las aguas residuales urbanas, que señala la necesidad de que los vertidos de aguas residuales industriales que entren en los sistemas colectores e instalaciones de tratamiento de aguas residuales urbanas sean objeto de un tratamiento previo para garantizar, principalmente, que no tengan efectos nocivos sobre las personas y el medio ambiente y no deterioren las infraestructuras de saneamiento.

Por otro lado, esta norma toma también como punto de referencia, la Ley 16/1984, de 20 de diciembre (LCM 1984, 3118), reguladora del Abastecimiento y Saneamiento de Agua en la Comunidad de Madrid y la Ley 29/1985, de 2 de agosto (RCL 1985, 1981, 2429 y ApNDL 412), de Aguas y Reglamentos (RCL 1988, 1825 y 1967), que la desarrollan, enmarcando la asignación de competencias a los Ayuntamientos en la Ley 7/1985, de 2 de abril, Reguladora de las Bases de Régimen Local (RCL 1985, 799, 1372 y ApNDL 205), que en su artículo 25, establece que los municipios ejercerán en todo caso y de acuerdo con la legislación del Estado y de las Comunidades Autónomas, competencias en materia de alcantarillado y tratamiento de aguas residuales.

Asimismo es importante señalar que de la experiencia obtenida en el análisis de la situación actual, se desprende que la repercusión económica de esta Ley, en cuanto a provisión de medidas correctoras, es asumible, en términos generales, por los diferentes sectores industriales implicados.

La Ley se estructura en cuatro Títulos, dedicados a Disposiciones Generales, Condiciones y Control de los Vertidos al Sistema Integral de Saneamiento, Inspección y Vigilancia y Disciplina de Vertido, completándose con una Disposición Adicional, cuatro Transitorias, una Derogatoria, siete Finales y cinco Anexos.

TITULO I

Disposiciones Generales

Artículo 1.° Objeto

La presente Ley tiene por objeto regular los vertidos líquidos industriales al Sistema Integral de Saneamiento, con el fin de proteger las instalaciones de saneamiento, los recursos hidráulicos, y por tanto el medio ambiente y la salud de las personas en la Comunidad de Madrid.

Artículo 2.° Glosario de términos

A efectos de la presente Ley, se entiende por:

Ente gestor. Entidad u organización de carácter público, privado o mixto que tenga encomendada la responsabilidad de las operaciones de mantenimiento y explotación de las Estaciones Depuradoras de Aguas Residuales.

Estación depuradora de aguas residuales. Unidad compuesta por instalaciones, estructuras o mecanismos que permitan una depuración por métodos físicos, físico-químicos, biológicos o alternativas tecnológicas similares del agua residual.

Instalaciones industriales e industrias. Establecimientos utilizados para cualquier actividad comercial o industrial.

Pretratamiento. Operaciones de depuración, procesos unitarios o encadenados, de cualquier tipo, que sean utilizados para reducir o neutralizar la carga contaminante de forma parcial en calidad o cantidad de la misma.

Sistema integral de saneamiento. Conjunto de infraestructuras públicas de saneamiento que comprendan alguno de los elementos siguientes: red de alcantarillado, colectores, emisarios, instalaciones correctoras de contaminación o estaciones depuradoras de aguas residuales, cualquiera que sea el tipo de tecnología utilizada y cuyo objetivo sea recoger, transportar y depurar las aguas residuales para devolverlas a los cauces públicos en las mejores condiciones, compatibles con el mantenimiento del medio ambiente, particularmente en lo que se refiere al recurso hidráulico.

Usuario. Persona natural o jurídica titular de una actividad industrial que utilice el Sistema Integral de Saneamiento para verter sus efluentes industriales.

Vertidos líquidos industriales. Las aguas residuales procedentes de los procesos propios de la actividad de las instalaciones industriales e industrias con presencia de sustancias disueltas o en suspensión.

Art. 3.° Ambito

1. Quedan sometidos a lo establecido en la presente Ley, todos los vertidos líquidos industriales susceptibles de ser evacuados al Sistema Integral de Saneamiento en el ámbito territorial de la Comunidad de Madrid.

2. Se excluyen del ámbito de aplicación de la presente Ley, los vertidos radiactivos, a los que les será de aplicación la normativa específica sobre la materia.

Art. 4.° Depuración

Las aguas residuales procedentes de vertidos industriales que no se ajusten a las características reguladas en la presente Ley, deberán ser depuradas o corregidas antes de su incorporación a la red de alcantarillado mediante la instalación de unidades de pretratamiento, plantas depuradoras específicas o, incluso, modificando sus procesos de fabricación.

TITULO II

De las condiciones y control de los vertidos al sistema integral de saneamiento

CAPITULO PRIMERO

DE LOS VERTIDOS PROHIBIDOS Y TOLERADOS

Art. 5.° Vertidos prohibidos

Quedan prohibidos los vertidos al Sistema Integral de Saneamiento de todos los compuestos y materias que de forma enumerativa quedan agrupados, por similitud de efectos, en el Anexo 1.

Art. 6.° Vertidos tolerados

1. Se consideran vertidos tolerados todos los que no estén incluidos en el artículo anterior.

2. Atendiendo a la capacidad y utilización de las instalaciones de saneamiento y depuración, se establecen unas limitaciones generales, cuyos valores máximos instantáneos de los parámetros de contaminación son los que se incluyen en la tabla del Anexo 2. Queda prohibida la dilución para conseguir niveles de concentración que posibiliten su evacuación al Sistema Integral de Saneamiento.

CAPITULO SEGUNDO

DE LA IDENTIFICACIÓN INDUSTRIAL, SOLICITUD Y AUTORIZACIÓN DE VERTIDOS

Art. 7.° Identificación Industrial

Toda instalación industrial, que utilice el Sistema Integral de Saneamiento para evacuar sus vertidos deberá presentar en el Ayuntamiento donde esté ubicada la actividad, la correspondiente Identificación Industrial.

Art. 8.° Solicitud de vertido

1. Las instalaciones industriales que viertan aguas residuales al Sistema Integral de Saneamiento y estén comprendidas en el Anexo 3 deberán presentar junto con la Identificación Industrial la correspondiente Solicitud de Vertido, en el Ayuntamiento donde esté ubicada la actividad.

2. Cuando una instalación industrial desee efectuar algún cambio en la composición del vertido respecto a los datos declarados en la Solicitud de Vertido comprendidos en los Anexos 2 y 3 de la presente Ley, deberá presentar en el mismo Ayuntamiento, con carácter previo, una nueva Solicitud de Vertido en la que se hagan constar los datos correspondientes a aquel para el que se solicita la nueva autorización.

Art. 9.° Acreditación de datos

1. Los datos consignados en la Solicitud de Vertido deberán estar debidamente justificados.

2. El Ayuntamiento motivadamente, podrá requerir al solicitante, un análisis del vertido, realizado por un laboratorio homologado, cuando existan indicios racionales de anomalías en los datos presentados.

Art. 10. Autorización de Vertido

1. El Ayuntamiento autorizará el vertido o lo denegará por no ajustarse a las disposiciones de la presente Ley y a las normas técnicas medioambientales vigentes. El plazo máximo para resolver las solicitudes de autorización de vertido que se formulen por los interesados será de tres meses. Transcurrido dicho plazo sin que la autorización se hubiera producido, se entenderá denegada la misma.

2. En aquellos supuestos en los que por aplicación de lo establecido en la Ley 10/1991, de 4 de abril, de Protección del Medio Ambiente, no haya existido un pronunciamiento previo de la Agencia de Medio Ambiente sobre la actividad objeto de autorización, será preceptivo un informe previo de dicha Agencia, que será emitido en el plazo de un mes y tendrá carácter vinculante.

3. La Autorización de vertido podrá establecer limitaciones y condiciones mediante la inclusión de los siguientes apartados:

a) Valores máximos y medios permitidos en las concentraciones de contaminantes y características físico-químicas de las aguas residuales vertidas.

b) Límites sobre el caudal y el horario de las descargas.

c) Exigencias de instalaciones de adecuación de los vertidos e inspección, muestreo y mediación, en caso de que sea necesario.

d) Exigencias respecto al mantenimiento, informes técnicos y registros de la planta en relación con el vertido. Para ello, cada industria llevará un libro de registro en el que se anoten las características e incidencias de los vertidos.

e) Programas de ejecución de las instalaciones de depuración.

f) Condiciones complementarias que garanticen el cumplimiento de la presente Ley.

4. Las autorizaciones se revisarán y, en su caso, se adaptarán cada cinco años.

Art. 11. Modificación o suspensión de la autorización

1. El Ayuntamiento, cumplimentado en su caso lo dispuesto en el artículo 8.2, podrá modificar las condiciones de la Autorización de Vertido cuando las circunstancias que motivaron su otorgamiento se hubieran alterado o sobrevinieran otras que, de haber existido anteriormente, habrían justificado su denegación o el otorgamiento en términos distintos, pudiendo en su caso decretar las suspensión temporal hasta que se superen dichas circunstancias.

2. El usuario será informado con suficiente antelación de las posibles modificaciones y dispondrá del tiempo adecuado para adaptarse a su cumplimiento.

Art. 12. Información

Los Ayuntamientos informarán periódicamente al Organo competente de la Comunidad de Madrid de todas las Autorizaciones de Vertido concedidas, así como de sus modificaciones.

CAPITULO TERCERO

DEL PRETRATAMIENTO DE LOS VERTIDOS

Art. 13. Instalaciones de pretratamiento

1. En el caso de que los vertidos no reunieran las condiciones exigidas para su incorporación al Sistema Integral de Saneamiento, el usuario estará obligado a presentar en el Ayuntamiento correspondiente el proyecto de una instalación de pretratamiento o depuradora específica, que incluya información complementaria para su estudio y aprobación. No podrán alterarse posteriormente los términos y especificaciones del proyecto aprobado.

2. El usuario estará obligado a la construcción, explotación y mantenimiento de las instalaciones necesarias en cumplimiento de lo establecido en la presente Ley.

3. El Ayuntamiento podrá exigir la instalación de medidores de caudal vertido y otros instrumentos y medidas de control de contaminación, en los casos en que no exista fiabilidad respecto a los datos o estimaciones aportados por el usuario.

Art. 14. Asociación de usuarios

Cuando varios usuarios se unieran para efectuar conjuntamente el pretratamiento de sus vertidos, deberán obtener una Autorización de Vertido para el efluente final conjunto, con declaración de todos los usuarios que lo componen y de sus efluentes. La responsabilidad del cumplimiento de las condiciones de vertido será tanto de la comunidad de usuarios como de cada uno de ellos solidariamente.

Art. 15. Autorización condicionada

En cualquier caso, la Autorización de Vertido quedará condicionada a la eficacia del pretratamiento de tal forma que si el mismo no consiguiera los resultados previstos, quedaría sin efecto dicha autorización.

CAPITULO CUARTO

DE LAS DESCARGAS ACCIDENTALES

Art. 16. Comunicación

1. Cada usuario deberá tomar las medidas adecuadas para evitar las descargas accidentales de vertidos que puedan ser potencialmente peligrosas para la seguridad física de las personas, instalaciones, Estación Depuradora de Aguas Residuales o bien de la propia red de alcantarillado.

2. Cuando por accidente, fallo de funcionamiento o de la explotación de las instalaciones del usuario, se produzca un vertido que esté

prohibido y como consecuencia sea capaz de originar una situación de emergencia y peligro, tanto para las personas como para el Sistema Integral de Saneamiento, el usuario deberá comunicar urgentemente la circunstancia producida al Ente Gestor de la explotación de las Estaciones Depuradoras de Aguas Residuales, al Ayuntamiento correspondiente y a la Agencia de Medio Ambiente de la Comunidad de Madrid con objeto de evitar o reducir al mínimo los daños que pudieran causarse. La comunicación se efectuará utilizando el medio más rápido.

Art. 17. Adopción de medidas

1. Una vez producida la situación de emergencia, el usuario utilizará todos los medios a su alcance para reducir al máximo los efectos de la descarga accidental.

2. El usuario deberá remitir al Ente Gestor de la explotación de las Estaciones Depuradoras de Aguas Residuales, en el plazo máximo de cuarenta y ocho horas, un informe detallado del accidente, en el que deberán figurar los siguientes datos: identificación de la empresa, caudal y materias vertidas, causa del accidente, hora en que se produjo, medidas correctoras tomadas "in situ", hora y forma en que se comunicó el suceso al Ente Gestor y a la Administración. Ambas Entidades podrán recabar del usuario los datos necesarios para la correcta valoración del accidente.

Art. 18. Valoración y abono de daños

1. La valoración de los daños será realizada por la Administración competente teniendo en cuenta el informe que emitirá el Ente Gestor.

2. Los costes de las operaciones a que den lugar los accidentes que ocasionen situaciones de emergencia o peligro, así como los de limpieza, remoción, reparación o modificación del Sistema Integral de Saneamiento, deberán ser abonados por el usuario causante, con independencia de otras responsabilidades en las que pudiera haber incurrido.

Art. 19. Accidentes mayores

Cuando las situaciones de emergencia, a las que se hace referencia en los artículos anteriores, puedan ser calificadas de accidentes mayores, además de las normas establecidas en la presente Ley, será de aplicación el Real Decreto 886/1988, de 15 de julio (RCL 1988, 1740 y RCL 1989, 192), y demás disposiciones reglamentarias.

CAPITULO QUINTO

DEL MUESTREO, ANÁLISIS Y AUTOCONTROL DE LOS VERTIDOS

Art. 20. Muestreo

El muestreo se realizará por personal oficialmente designado por la Administración correspondiente en presencia del usuario o representante, salvo que el mismo renunciara a ello, en cuyo caso se hará constar en el Acta levantada al efecto.

Art. 21. Muestras

1. Las determinaciones analíticas se realizarán sobre muestras simples recogidas en el momento más representativo del vertido, el cual será señalado por la Administración actuante.

2. Cuando durante un determinado intervalo de tiempo se permitan vertidos con valores máximos de contaminación, los controles se efectuarán sobre muestras compuestas. Estas serán obtenidas por mezcla y homogeneización de muestras simples recogidas en el mismo punto y en diferentes tiempos, siendo el volumen de cada muestra simple proporcional al volumen del caudal vertido.

Art. 22. Distribución de la muestra

Cada muestra se fraccionará en tres partes, dejando una a disposición del usuario, otra en poder de la Administración actuante y la tercera, debidamente precintada, acompañará al Acta levantada.

Art. 23. Métodos analíticos

Los métodos analíticos seleccionados para la determinación de los diferentes parámetros de los vertidos, son los enumerados en el Anexo 4.

Art. 24. Análisis de la muestra

1. Los análisis de las muestras podrán realizarse en las instalaciones homologadas o designadas por la Administración actuante, en las de una Empresa Colaboradora, al menos del Grupo 2, del Ministerio de Obras Públicas, Transportes y Medio Ambiente, o en las de una Empresa Colaboradora en materia de medio ambiente industrial del Ministerio de Industria y Energía.

2. Las muestras que vayan a ser analizadas no llevarán identificación o señal alguna que permita determinar su origen o procedencia, ni la identidad de la instalación industrial de que procedan.

Art. 25. Autocontrol

El titular de la Autorización de Vertidos tomará las muestras y realizará los análisis que se especifiquen en la propia Autorización para verificar que los vertidos no sobrepasan las limitaciones establecidas en la presente Ley.

Los resultados de los análisis deberán conservarse al menos durante tres años.

Art. 26. Información de la Administración

1. Las determinaciones y los resultados de los análisis del autocontrol podrán ser requeridos por la Administración. Esta información estará siempre a disposición del personal encargado de la inspección y control de los vertidos en el momento de su actuación.

2. La administración competente podrá requerir al usuario para que presente periódicamente un informe sobre el efluente.

Art. 27. Registro de efluentes

1. Las instalaciones industriales que viertan aguas residuales dispondrán, para la toma de muestra y mediciones de caudales u otros parámetros, de una arqueta o registro de libre acceso desde el exterior y de acuerdo con el diseño indicado en el Anexo 5, situada aguas abajo del último vertido y de tal forma ubicada que el flujo del efluente no pueda variarse.

2. En determinados casos específicos el usuario podrá redactar un proyecto detallado de otro tipo de arqueta o elemento sustitutorio que proponga y someterlo a la autorización de la Administración.

Art. 28. Registro del pretratamiento

Las agrupaciones industriales u otros usuarios que mejoren la calidad de sus efluentes dispondrán a la salida de su instalación de pretratamiento, de la correspondiente arqueta o registro de libre acceso, sin exclusión de la establecida por el artículo anterior.

Art. 29. Control individual

Con independencia de que varios usuarios pudieran verter sus aguas residuales en una arqueta común, las instalaciones industriales que, de entre aquéllas, reúnan las características que se detallan en el Anexo 2 de la presente Ley, vendrán obligadas a instalar antes de la confluencia de sus vertidos en la arqueta común, arquetas o registros individuales, de acuerdo con lo establecido en el artículo 27.1 de la presente Ley.

Art. 30. Mantenimiento

Las instalaciones industriales que viertan aguas residuales al Sistema Integral de Saneamiento deberá conservar en perfecto estado de funcionamiento todos los equipos de medición, muestreo y control necesarios para realizar la vigilancia de la calidad de sus efluentes.

TITULO III

De la inspección y vigilancia

Art. 31. Administración competente

1. Corresponde a los Ayuntamientos y a la Comunidad de Madrid, a través de la Agencia de Medio Ambiente, sin perjuicio de las atribuciones de la Administración del Estado, ejercer las funciones de inspección y vigilancia de todos los vertidos que se realicen al Sistema Integral de Saneamiento, así como de las instalaciones de adecuación, pretratamiento o depuración del vertido instaladas por el usuario.

2. Ambas Administraciones coordinarán sus actuaciones en orden a la máxima eficacia, pudiendo establecer convenios para tal fin.

Art. 32. Acceso a las instalaciones

Para el desempeño de estas funciones de inspección y vigilancia el usuario facilitará a los inspectores que las ejerzan, debidamente acreditados por la Administración correspondiente, el acceso a las instalaciones que generen efluentes industriales. No será necesaria la notificación previa de la inspección cuando se efectúen en horas de actividad industrial.

Art. 33. Inspección

La inspección y vigilancia consistirá, entre otras, en las siguientes funciones:

a) Comprobación del estado de la instalación y del funcionamiento de los instrumentos que para el control de los efluentes se hubieran establecido en la Autorización de Vertido.

b) Muestreo de los vertidos en cualquier punto de las instalaciones que los originan.

c) Medida de los caudales vertidos al Sistema Integral de Saneamiento y de parámetros de calidad medibles "in situ".

d) Comprobación de los caudales de abastecimiento y autoabastecimiento.

e) Comprobación del cumplimiento del usuario de los compromisos detallados en la Autorización de Vertido.

f) Comprobación del cumplimiento de las restantes obligaciones, en materia de vertidos, contempladas en la presente Ley.

g) Cualquier otra que resulte necesaria para el correcto desarrollo de la labor inspectora.

TITULO IV

De la disciplina de vertido

CAPITULO I

Del procedimiento de suspensión de vertidos

Art. 34. Acta de inspección

De cada inspección se levantará Acta por triplicado. El Acta será firmada conjuntamente por el inspector competente y el usuario o persona delegada al que se hará entrega de una copia de la misma, sin que esta firma implique necesariamente conformidad con el contenido del Acta.

Art. 35. Suspensión inmediata

1. El Alcalde o el órgano competente de la Comunidad de Madrid podrán ordenar motivadamente la suspensión inmediata del vertido de una instalación industrial cuando se dé alguna de las siguientes circunstancias:

a) No haber presentado la Identificación Industrial en los términos establecidos en el artículo 7.

b) Carecer de la Autorización de Vertido.

c) No adecuarse el vertido a las limitaciones y condiciones establecidas en la Autorización de Vertido.

2. Aunque no se den los supuestos del apartado anterior pero puedan producirse situaciones de inminente gravedad como consecuencia de los vertidos, el Alcalde o el órgano competente de la Comunidad de Madrid podrán ordenar motivadamente la suspensión inmediata del vertido.

Art. 36. Aseguramiento de la suspensión

La Administración que ordenó la suspensión podrá precintar o adoptar cualquier otra medida que considere adecuada, encaminada a asegurar la efectividad de la suspensión.

Art. 37. Adecuación del vertido

En el plazo de dos meses, contados desde la notificación de las suspensión de vertido, el usuario deberá presentar en el Ayuntamiento donde esté ubicada la actividad, la Identificación Industrial y la Solicitud de Vertido o, en su caso, adecuar el vertido a las limitaciones y condiciones establecidas en la Autorización de Vertido.

Art. 38. Resolución definitiva

Si transcurrido el plazo regulado en el artículo anterior, el usuario no hubiera cumplido lo establecido en el mismo, el órgano competente podrá ordenar, previa audiencia del interesado, la suspensión definitiva del vertido al Sistema Integral de Saneamiento.

Art. 39. Reparación del daño e indemnizaciones

Sin perjuicio de la regularización de su actuación, el usuario procederá a la reparación del daño causado y a la indemnización con arreglo a lo establecido en el artículo 46.

CAPITULO SEGUNDO

DE LAS INFRACCIONES Y SANCIONES

Art. 40. Clasificación de las infracciones

Las infracciones se clasifican en leves, graves y muy graves.

Art. 41. Infracciones leves

Se consideran infracciones leves:

a) Las acciones y omisiones que contraviniendo lo establecido en la presente Ley causen daño a los bienes de dominio o uso público hidráulico o a los del Ente Gestor afectos a la explotación de las Estaciones Depuradoras de Aguas Residuales y cuya valoración no supere las 500.000 pesetas.

b) La no aportación de la información periódica que deba entregarse a la Administración competente sobre características del efluente o cambios introducidos en el proceso que puedan afectar al mismo.

c) El incumplimiento de cualquier prohibición establecida en la presente Ley o la omisión de los actos a que obliga, siempre que no estén consideradas como infracciones graves o muy graves.

Art. 42. Infracciones graves

Se consideran infracciones graves:

a) Las acciones y omisiones que contraviniendo lo establecido en la presente Ley causen daño a los bienes de dominio o uso público hidráulico o a los del Ente Gestor afectos a las Estaciones Depuradoras de Aguas Residuales y cuya valoración estuviera comprendida entre 500.001 y 5.000.000 de pesetas.

b) Los vertidos efectuados sin la autorización correspondiente.

c) La ocultación o el falseamiento de los datos exigidos en la Solicitud de Vertido.

d) El incumplimiento de las condiciones impuestas en la Autorización de Vertido.

e) El incumplimiento de las acciones exigidas para las situaciones de emergencia establecidas en la presente Ley.

f) La no existencia de las instalaciones y equipos necesarios para la realización de los controles requeridos o mantenerlos en condiciones no operativas.

g) La evacuación de vertidos sin tratamiento previo, cuando éstos lo requieran, o sin respetar las limitaciones especificadas en esta Ley.

h) La obstrucción a la labor inspectora de la Administración en el acceso a las instalaciones o la negativa a facilitar la información requerida.

i) La reincidencia en dos faltas leves en el plazo máximo de un año.

Art. 43. Infracciones muy graves

Se consideran infracciones muy graves:

a) Las infracciones calificadas como graves en el artículo anterior, cuando por la cantidad o calidad del vertido se derive la existencia de un riesgo muy grave para las personas, los recursos naturales o el medio ambiente.

b) Las acciones y omisiones que contraviniendo lo establecido en la presente Ley causen daño a los bienes de dominio o uso público hidráulico o a los del Ente Gestor afectos a las Estaciones Depuradoras de Aguas Residuales y cuya valoración supere los 5.000.000 de pesetas.

c) El incumplimiento de las órdenes de suspensión de vertidos.

d) La evacuación de vertidos prohibidos.

e) La reincidencia en dos faltas graves en el plazo de tres años.

Art. 44. Sanciones

Las infracciones enumeradas en los artículos anteriores podrán ser sancionadas con arreglo a la siguiente escala:

1. Infracciones leves:

Multa de hasta 1.000.000 de pesetas.

2. Infracciones graves:

Multa entre 1.000.001 y 10.000.000 de pesetas. Además, en caso de reincidencia, la Administración competente podrá sancionar con la suspensión de la autorización de vertido por un período no inferior a quince días ni superior a tres meses.

3. Infracciones muy graves:

Multa entre 10.000.001 y 50.000.000 de pesetas. Además, en caso de reincidencia, la Administración competente podrá sancionar con la suspensión de la autorización de vertido por un período no inferior a tres meses ni superior a un año.

Art. 45. Gradación de las sanciones

Para determinar la cuantía de la sanción se tendrá en cuenta la naturaleza de la infracción, la gravedad del daño producido, la reincidencia, la intencionalidad, el beneficio obtenido y las demás circunstancias concurrentes.

Art. 46. Reparación del daño e indemnizaciones

1. Sin perjuicio de la sanción que en cada caso proceda, el infractor deberá reparar el daño causado. La reparación tendrá como objeto la restauración de los bienes alterados a la situación anterior a la infracción. El órgano que hubiera impuesto la sanción será competente para exigir la reparación.

Cuando el daño producido afecte al Sistema Integral de Saneamiento, la reparación será realizada por la Administración a costa del infractor.

2. Si el infractor no procediese a reparar el daño causado en el plazo señalado en el expediente sancionador, la Administración procederá a la imposición de multas sucesivas. La cuantía de cada multa no superará, en ningún caso, el 10 por 100 de la sanción máxima fijada para la infracción cometida.

3. Cuando los bienes alterados no puedan ser repuestos a su estado anterior, el infractor deberá indemnizar los daños y perjuicios ocasionados. La valoración de los mismos se hará por la Administración.

Art. 47. Prescripción

La acción para iniciar el expediente sancionador de las infracciones previstas en esta Ley prescribirá a los seis meses contados desde la comisión del hecho o desde la detección del daño causado, si éste no fuera inmediato.

Art. 48. Procedimiento

La imposición de sanciones y la exigencia de responsabilidades con arreglo a esta Ley se realizará mediante la instrucción del correspondiente expediente sancionador y con arreglo a lo previsto en la Ley 30/1992, de 26 de noviembre (RCL 1992, 2512, 2775 y RCL 1993, 246), de Régimen Jurídico de las Administración Públicas y del Procedimiento Administrativo Común.

Art. 49. Incoación, instrucción y resolución

Corresponde a los Ayuntamientos o a las Comunidad de Madrid, en el ámbito de sus respectivas competencias, establecidas en la presente Ley, la incoación, instrucción y resolución del expediente sancionador por las infracciones cometidas.

Art. 50. Competencia resolutoria

La competencia para la resolución de los expedientes sancionadores incoados por la Comunidad de Madrid corresponderá a los siguientes órganos:

a) A la Agencia de Medio Ambiente, si se trata de infracciones leves y graves.

b) Al Consejo de Gobierno de la Comunidad de Madrid, si se trata de infracciones muy graves.

Art. 51. Recursos

1. Contra las resoluciones del Director de la Agencia de Medio Ambiente podrá interponerse recurso ordinario ante el Consejero de Cooperación de la Comunidad de Madrid.

2. Los acuerdos del Consejo de Gobierno de la Comunidad de Madrid pondrán fin a la vía administrativa.

Art. 52. Vía de apremio

Cuando proceda la ejecución subsidiaria, el órgano ejecutor valorará el coste de las actuaciones que deban realizarse, cuyo importe será exigible cautelarmente, asimismo, en vía de apremio, conforme al artículo 97 de la Ley 30/1992, de 26 de noviembre, de Régimen Jurídico de las Administraciones Públicas y del Procedimiento Administrativo Común.

Art. 53. Resoluciones Municipales

Las resoluciones municipales deberán ser comunicadas a la Agencia de Medio Ambiente en el plazo de quince días.

Cuando la Agencia de Medio Ambiente considere que una resolución municipal infringe lo establecido en la presente Ley, podrá proceder de acuerdo con las previsiones establecidas en el artículo 65 de la Ley 7/1985, de 2 de abril, Reguladora de las Bases de Régimen Local.

Disposición adicional

Unica. El Consejo de Gobierno de la Comunidad de Madrid podrá actualizar la cuantía de las multas para adecuarlas a las variaciones que se estimen oportunas de acuerdo con la política ambiental.

Disposiciones transitorias

1.ª En el plazo de seis meses, a partir de la publicación de la disposición reglamentaria que apruebe los modelos de documentos a los que hace referencia la presente Ley, los titulares de las actividades industriales ya existentes, deberán presentar en el Ayuntamiento correspondiente la siguiente documentación:

a) La Identificación Industrial, exigida en el artículo 7.

b) La Solicitud de Vertido, exigida en el artículo 8.

2.ª Las industrias que originen vertidos regulados en el artículo 13, deberán presentar el proyecto técnico de corrección del vertido junto con el plan de ejecución de la obra en el Ayuntamiento, en el plazo de seis meses a partir de la entrada en vigor de la presente Ley.

3.ª Cuando el Ayuntamiento no autorice el vertido, los titulares de las actividades deberán suspender inmediatamente la evacuación del mismo.

4.ª El Consejero de Hacienda de la Comunidad de Madrid realizará las modificaciones presupuestarias oportunas para la adaptación del programa presupuestario 167 de los Presupuestos Generales del año 1993 (LCM 1992, 277), para el cumplimiento de los objetivos de la presente Ley.

Disposición derogatoria

Unica. Queda derogada cualquier disposición de la Comunidad de Madrid, que se oponga a lo establecido en la presente Ley.

Disposiciones finales

1.ª Todos los Ayuntamientos de la Comunidad de Madrid deberán proceder a la adaptación de sus Ordenanzas Municipales a lo dispuesto en la presente Ley, en el plazo de seis meses, desde su entrada en vigor.

2.ª Se autoriza al Consejo de Gobierno de la Comunidad de Madrid para que en el plazo máximo de tres meses apruebe los modelos de la documentación necesaria para cumplimentar lo establecido en la presente Ley.

3.ª Se autoriza al Consejo de Gobierno de la Comunidad de Madrid para dictar las disposiciones que requiera el desarrollo y la ejecución de la presente ley.

4.ª El Consejo de Gobierno de la Comunidad de Madrid, oída la Federación de Municipios de Madrid, podrá modificar, mediante Decreto, los Anexos de la presente Ley, dando cuenta a la Comisión correspondiente de la Asamblea de Madrid.

5.ª El Consejo de Gobierno de la Comunidad de Madrid determinará las cuantías que habrán de ser abonadas por los usuarios, como consecuencia de los vertidos líquidos industriales que efectúen. Asimismo especificará los órganos de la Comunidad Autónoma que asuman la gestión y recaudación de los importes que correspondan por tal concepto.

6.ª Las funciones de gestión, inspección, vigilancia y control sobre los vertidos industriales que correspondan a la Comunidad de Madrid, podrán ser encomendadas por el Consejo de Gobierno de la Comunidad de Madrid al Canal de Isabel II.

7.ª La presente Ley entrará en vigor el día de su publicación en el "Boletín Oficial de la Comunidad de Madrid", debiendo ser también publicada en el "Boletín Oficial del Estado".

ANEXO 1

VERTIDOS PROHIBIDOS

1. Mezclas explosivas. Se entenderán como tales aquellos sólidos, líquidos, gases o vapores que por razón de su naturaleza o cantidad sean o

puedan ser suficientes, por sí mismos o en presencia de otras sustancias, de provocar ignición o explosiones. En ningún momento mediciones sucesivas efectuadas con un explosímetro en el punto de descarga del vertido al Sistema Integral de Saneamiento, deberán indicar valores superiores al 5 por 100 del límite inferior de explosividad, así como una medida realizada de forma aislada, no deberá superar en un 10 por 100 al citado límite. Se prohíben expresamente: los gases procedentes de motores de explosión, gasolina, keroseno, nafta, benceno, tolueno, xileno, éteres, tricloroetileno, aldehídos, cetonas, peróxidos, cloratos, percloratos, bromuros, carburos, hidruros, nitruros, sulfuros, disolventes orgánicos inmiscibles en agua y aceites volátiles.

2. Residuos sólidos o viscosos: Se entenderán como tales aquellos residuos que provoquen o puedan provocar obstrucciones con el flujo del Sistema Integral de Saneamiento o que puedan interferir en el transporte de las aguas residuales. Se incluyen los siguientes: grasas, tripas, tejidos animales, estiércol, huesos, pelos, pieles, carnazas, entrañas, sangre, plumas, cenizas, escorias, arenas, cal apagada, residuos de hormigones y lechadas de cemento o aglomerantes hidráulicos, fragmentos de piedras, mármol, metales, vidrio, paja, virutas, recortes de césped, trapós, lúpulo, desechos de papel, maderas, plástico, alquitrán, así como residuos y productos alquitranados procedentes de operaciones de refino y destilación, residuos asfálticos y de procesos de combustiones, aceites lubricantes usados, minerales o sintéticos, incluyendo agua-aceite, emulsiones, agentes espumantes y en general todos aquellos sólidos de cualquier procedencia con tamaño superior a 1,5 centímetros en cualquiera de sus tres dimensiones.

3. Materias colorantes: Se entenderán como materias colorantes aquellos sólidos, líquidos o gases, tales como: tintas, barnices, lacas, pinturas, pigmentos y demás productos afines, que incorporados a las aguas residuales, las colorea de tal forma que no pueden eliminarse con ninguno de los procesos de tratamiento usuales que se emplean en las Estaciones Depuradoras de Aguas Residuales.

4. Residuos corrosivos: Se entenderán como tales aquellos sólidos, líquidos, gases o vapores que provoquen corrosiones a lo largo del Sistema Integral de Saneamiento, tanto en equipos como en instalaciones, capaces de reducir considerablemente la vida útil de éstas o producir averías. Se incluyen los siguientes: ácido clorhídrico, nítrico sulfúrico, carbónico, fórmico, acético, láctico y butírico, lejías de sosa o potasa, hidróxido amónico, carbonato sódico, aguas de muy baja salinidad y gases como el sulfuro de hidrógeno, cloro, fluoruro de hidrógeno, dióxido de carbono, dióxido de azufre, y todas las sustancias que reaccionando con el agua formen soluciones corrosivas, como los sulfatos y cloruros.

5. Residuos tóxicos y peligrosos: Se entenderán como tales aquellos sólidos, líquidos o gaseosos, industriales o comerciales, que por sus características tóxicas o peligrosas requieran un tratamiento específico y/o control periódico de sus potenciales efectos nocivos y, en especial los siguientes:

1. Acenafteno.
2. Acrilonitrilo.
3. Acroleína (Acrolín).
4. Aldrina (Aldrín).
5. Antimonio y compuestos.
6. Asbestos.
7. Benceno.
8. Bencidina.
9. Berilio y compuestos.
10. Carbono, tetracloruro.
11. Clordán (Chlordane).
12. Crurobenceno.
13. Cloroetano.
14. Clorofenoles.
15. Cloroformo.
16. Cloronaftaleno.
17. Cobalto y compuestos.
18. Dibenzofuranos policlorados.
19. Diclorodifeniltricloroetano y metabolitos (DDT).
20. Diclorobencenos.
21. Diclorobencidina.
22. Dicloroetilenos.
23. 2,4-Diclorofenol.
24. Dicloropropano.

25. Dicloropropeno.
26. Dieldrina (Dieldrín).
27. 2,4-Dimetilfenoles o Xilenoles.
28. Dinitrotolueno.
29. Endosulfán y metabolitos.
30. Endrina (Endrín) y metabolitos.
31. Eteres halogenados.
32. Etilbenceno.
33. Fluoranteno.
34. Ftalatos de éteres.
35. Halometanos.
36. Heptacloro y metabolitos.
37. Hexaclorobenceno (HCB).
38. Hexaclorobutadieno (HCBD).
39. Hexaclorocicloexano (HTB, HCCH, HCH, HBT).
40. Hexaclorociclopentadieno.
41. Hidrazobenceno (Diphenylhidrazine).
42. Hidrocarburos aromáticos polinucleares (PAH).
43. Isoforona (Isophorone).
44. Molibdeno y compuestos.
45. Naftaleno.
46. Nitrobenceno.
47. Nitrosaminas.
48. Pentaclorofenol (PCP).
49. Policlorado, bifenilos (PCB's).
50. Policlorado, trifenilos (PCT's).
51. 2,3,7,8-Tetraclorodibenzo-p-dioxina (TCDD).
52. Tetracloroetileno.
53. Talio y compuestos.
54. Teluro y compuestos.
55. Titanio y compuestos.
56. Tolueno.
57. Toxafeno.
58. Tricloroetileno.
59. Uranio y compuestos.
60. Vanadio y compuestos.
61. Vinilo, cloruro de.
62. Las sustancias químicas de laboratorio y compuestos farmacéuticos o veterniarios nuevos, identificables o no y cuyos efectos puedan suponer riesgo sobre el medio ambiento o la salud humana.

6. Residuos que produzcan gases nocivos: Se entenderán como tales los residuos que produzcan gases nocivos en la atmósfera del alcantarillado, colectores y/o emisarios en concentraciones superiores a los límites siguientes:

Monóxido de Carbono (CO).....	100 cc/m^3 de aire
Cloro (Cl_2)................................	1 cc/ m^3 de aire
Sulfhídrico (SH_2)....................	20 cc/m^3 de aire
Cianhídrico (CNH).................	10 cc/m^3 de aire

ANEXO 2

VALORES MAXIMOS INSTANTANEOS DE LOS PARAMETROS DE CONTAMINACION

Temperatura.............................	< 40 °C
pH (intervalo permisible)........	6-9 unidades
Conductividad	5.000 uScm^{-1}
Sólidos en suspensión	1.000 mg L^{-1}
Aceites y grasas.......................	100 mg L^{-1}
DBO_5	1.000 mg L^{-1}
DQO	1.750 mg L^{-1}
Aluminio.................................	20 mg L^{-1}
Arsénico	1 mg L^{-1}
Bario	20 mg L^{-1}
Boro	3 mg L^{-1}
Cadmio	0,5 mg L^{-1}
Cianuros	5 mg L^{-1}
Cobre	3 mg L^{-1}
Cromo Total............................	5 mg L^{-1}
Cromo hexavalente..................	3 mg L^{-1}
Estaño	2 mg L^{-1}
Fenoles totales	2 mg L^{-1}
Fluoruros	15 mg L^{-1}
Hierro	10 mg L^{-1}
Manganeso	2 mg L^{-1}
Mercurio	0,1 mg L^{-1}
Níquel	10 mg L^{-1}
Plata	0,1 mg L^{-1}
Plomo	1 mg L^{-1}
Selenio	1 mg L^{-1}
Sulfuros	5 mg L^{-1}
Toxicidad	25 Equitox m^{-3}
Zinc	5 mg L^{-1}

ANEXO 3

Instalaciones industriales obligadas a presentar la solicitud de vertido

Están obligadas a presentar la Solicitud de Vertido las siguientes industrias:

a) Todas las instalaciones que superen un caudal de abastecimiento y autoabastecimiento de 22.000 metros cúbicos/año.

b) Las instalaciones que, superando un caudal de abastecimiento y autoabastecimiento de 3.500 metros cúbicos/año, figuran en la siguiente relación.

Refer. CNAE	Actividad industrial
02	Producción ganadera.
11	Extracción, preparación y aglomeración de combustibles sólidos y coquerías.
13	Refino de petróleo.
15	Producción, transportes y distribución de energía eléctrica, gas, vapor y agua caliente.
21	Extracción y preparación de minerales metálicos.
22	Producción y primera transformación de metales.
23	Extracción de minerales no metálicos ni energéticos; turberas.
24	Industrias de productos minerales no metálicos.
25	Industria química.
31	Fabricación de productos metálicos, excepto máquinas y material de transporte.
32	Construcción de maquinaria y equipo mecánico.
33	Construcción de máquinas de oficina y ordenadores, incluida su instalación.
34	Construcción de maquinaria y material eléctrico.
35	Fabricación de material electrónico, excepto ordenadores.
36	Construcción de vehículos automóviles y sus piezas de repuesto.
37	Construcción naval, reparación y mantenimiento de buques.
38	Construcción de otro material de transporte.
39	Fabricación de instrumentos de precisión óptica y similares.
411	Fabricación de aceite de oliva.
412	Fabricación de aceites y grasas, vegetales y animales, excepto aceite de oliva.
413	Sacrificio de ganado, preparación y conservas de carne.
414	Industrias lácteas.
415	Fabricación de jugos y conservas vegetales.
416	Fabricación de conservas de pescado y otros productos marinos.
417	Fabricación de productos de molinería.
418	Fabricación de pastas alimenticias y productos amiláceos.
419	Industrias del pan, bollería, pastelería y galletas.
420	Industria del azúcar.
421.2	Elaboración de productos de confitería.
422	Industrias de productos para la alimentación animal, incluso harinas de pescado.
423	Elaboración de productos alimenticios diversos.
424	Industrias de alcoholes etílicos de fermentación.
425	Industria vinícola.
426	Sidrerías.
427	Fabricación de cerveza y malta cervecera.
428	Industrias de las aguas minerales, aguas gaseosas y otras bebidas analcohólicas.
429	Industria del tabaco.
43	Industria textil.
44	Industria del cuero.
451	Fabricación en serie de calzado, excepto el de caucho y madera.
452	Fabricación de calzado de artesanía y a medida, incluso el calzado ortopédico.
453	Confección en serie de prendas de vestir y complementos del vestido.
455	Confección de otros artículos con materiales textiles.
456	Industria de papelería.
461	Aserrado y preparación industrial de la madera: aserrado, cepillado, pulido, lavado y otros.
462	Fabricación de productos semielaborados de madera: chapas, tableros, maderas mejoradas y otros.

463	Fabricación en serie de piezas de carpintería, parqué y estructuras de madera para la construcción.
465	Fabricación de objetos diversos de madera, excepto muebles.
466	Fabricación de productos de corcho.
467	Fabricación de artículos de junco y caña, cestería, brochas, cepillos y otros.
468	Industrias del mueble de madera.
47	Industria del papel; artes gráficas y edición.
48	Industrias de transformación del caucho y materias plásticas.
49	Otras industrias manufactureras.
937	Investigación científica y técnica.
941	Hospitales, clínicas y sanatorios de medicina humana.
971	Lavanderías, tintorerías y servicios similares.

ANEXO 4

Metodos analiticos establecidos para el analisis de los vertidos

Parámetros	Método
1. Temperatura	Termometría.
2. PH	Electrometría.
3. Conductividad	Electrometría.
4. Sólidos en suspensión	Gravimetría previa filtración sobre microfiltro de fibra de vidrio Millipore AP/40 o equivalente.
5. Aceite y grasas	Separación y gravimetría o Espectrofotometría de absorción infrarroja.
6. DBO_5	Incubación, cinco días a 20 °C.
7. DQO	Reflujo con dicromato potásico.
8. Aluminio	Absorción Atómica o Espectrofotometría de absorción.
9. Arsénico	Absorción Atómica o Espectrofotometría de absorción.
10. Bario	Absorción Atómica.
11. Boro	Absorción Atómica o Espectrofotometría de absorción.
12. Cadmio	Absorción Atómica.
13. Cianuros	Espectrofotometría de absorción.
14. Cobre	Absorción Atómica o Espectrofotometría de absorción.
15. Cromo	Absorción Atómica o Espectrofotometría de absorción.
16. Estaño	Absorción Atómica o Espectrofotometría de absorción.
17. Fenoles	Destilación y Espectrofotometría de absorción, método amino-4-antipirina.
18. Fluoruros	Electrodo selectivo o Espectrofotometría de absorción.
19. Hierro	Absorción Atómica o Espectrofotometría de absorción.
20. Manganeso	Absorción Atómica o Espectrofotometría de absorción.
21. Mercurio	Absorción Atómica.
22. Níquel	Absorción Atómica.
23. Plata	Absorción Atómica.
24. Plomo	Absorción Atómica.
25. Selenio	Absorción Atómica.
26. Sulfuro	Espectrofotometría de absorción.
27. Toxicidad	Bioensayo de luminiscencia. Ensayo de inhibición del crecimiento de algas. Ensayo de toxicidad aguda en daphnias. Test de la OCDE 209. Inhibición de la respiración de lodos activos. Ensayo de toxicidad aguda en rotíferos. Ensayo de toxicidad aguda en tyamnocephlus.
28. Zinc	Absorción Atómica o Espectrofotometría de absorción 2.

ANEXO 5

ARQUETA TIPO PARA EL CONTROL DE EFLUENTES INDUSTRIALES

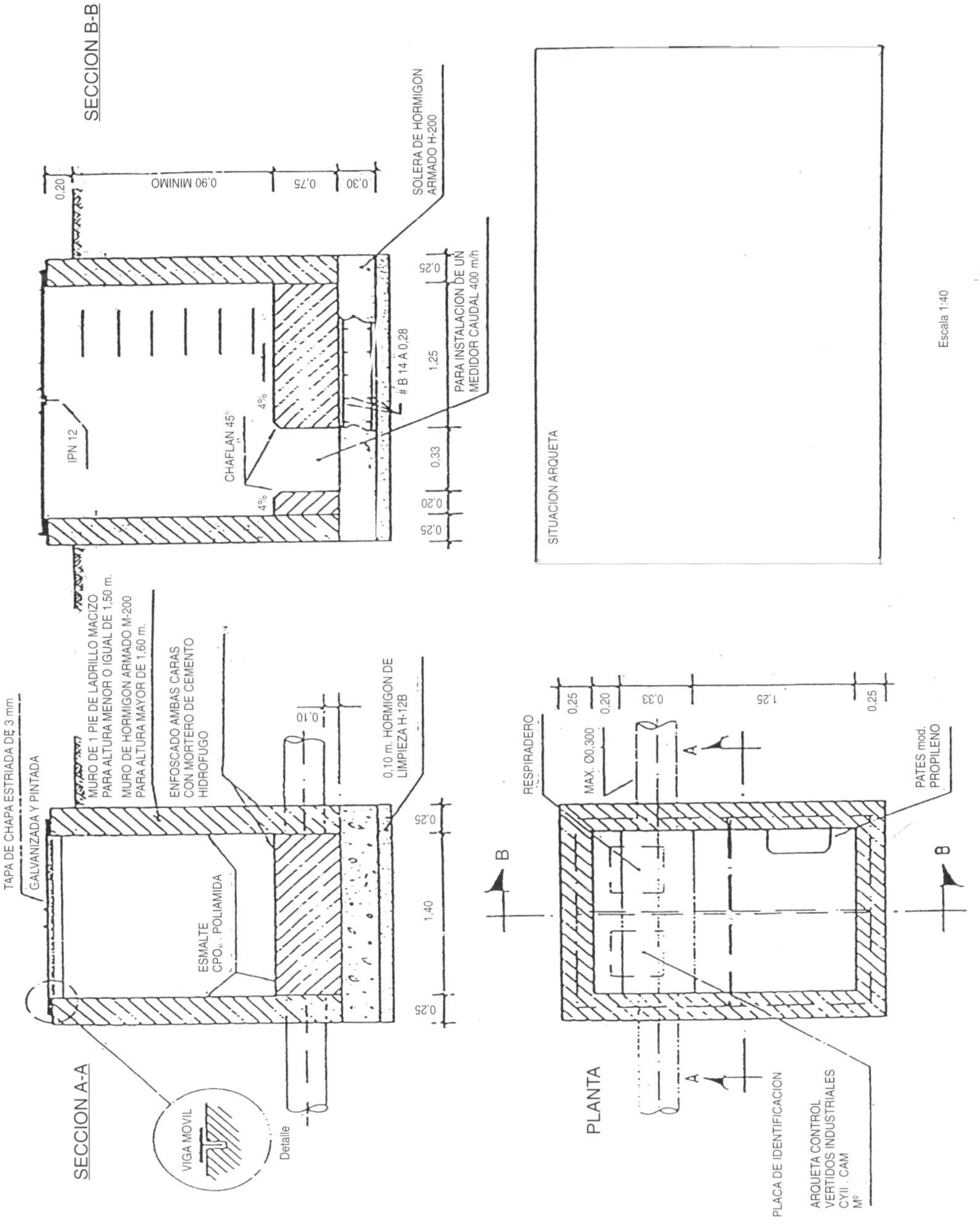

ANEJO 2

NTE-ISA/1973

**NORMA TECNOLOGICA DE LA EDIFICACION.
INSTALACIONES DE SALUBRIDAD. ALCANTARILLADO.
1973**

Orden Ministerial de 1973-03-06
M.V.
(B.O.E. núm. 66, de 1973-03-17)

1 **NTE** — Instalaciones de Salubridad — 1 **ISA**

Alcantarillado

Diseño

Sewerage. Design

1973

1. Ambito de aplicación

Evacuación de aguas pluviales y residuales desde las respectivas acometidas hasta el cauce receptor o hasta la estación depuradora cuando ésta sea necesaria.

2. Información previa

Geotécnica — Naturaleza del subsuelo.

Topográfica — Plano altimétrico de la zona precisando los límites de las cuencas afluentes, así como el posible cauce receptor.

Urbanística — Ordenación de la zona a servir incluyendo: usos, parcelación, número de viviendas y trazado viario.

Perfiles longitudinales y transversales de la red viaria y profundidad real o probable de las edificaciones.

De servicios — Localización de las instalaciones de servicio existentes.

De vertido — Posibilidades y condiciones: consultar al organismo competente.

3. Criterio de diseño

La red se diseñará siguiendo el trazado viario o zonas públicas no edificables y, siempre que el cálculo lo permita, su pendiente se adaptará a la del terreno o calle.

La red se situará bajo las aceras y será doble cuando la calle tenga una anchura superior a 20 m. Si aquellas no existen o en calles de trazado muy irregular, podrá ir bajo la calzada.

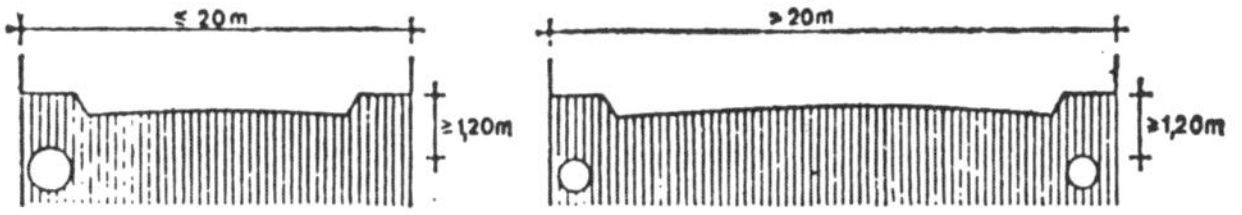

El sistema unitario evacua todo tipo de aguas por un solo conducto. Se utilizará preferentemente.

El sistema separativo utiliza dos conductos independientes. Por uno evacua las aguas pluviales, de riego y del subsuelo y por el otro las residuales. Se utilizará en los siguientes casos:

En zonas con edificabilidad inferior a 1 m³/m².
En zonas contiguas a las riberas de mar o río.

Cuando sea necesario instalar cámara de elevación o estación depuradora se consultará la NTE-ISD: Depuración y vertido.

Especificación	Símbolo	Aplicación
ISA-8 Canalización de hormigón -A·P	unitaria o residual; de pluviales	Enlazando pozos según tramos rectos. Las acometidas se harán siempre a pozos.
ISA-9 Canalización de fibrocemento -A·P	unitaria o residual; de pluviales	Enlazando pozos según tramos rectos. Las acometidas se harán a pozos o mediante piezas especiales del mismo material.
ISA-10 Refuerzo de la canalización de hormigón-A·P		Para reforzar la canalización de hormigón, cuando la generatriz superior del conducto esté a menos de 1,20 m de profundidad respecto a aceras o de 2,50 m respecto a calzadas.

Ministerio de la Vivienda - España

CI/SfB | 173 | | | : |

CDU 628.2

Especificación	Símbolo	Aplicación
ISA-11 **Refuerzo de la canalización de fibrocemento-A·P**		Para reforzar la canalización de fibrocemento, cuando la generatriz superio del conducto esté a menos de 1,20 m de profundidad respecto a aceras o d.. 2,50 m respecto a calzadas.
ISA-12 **Cámara de descarga**		En cabeceras de la red unitaria o separativa residual, adosada al primer pozo de registro.
ISA-13 **Sumidero**	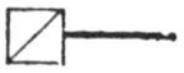	Para recogida de aguas de lluvia y riego, sin que la superficie de recogida exceda de 600 m², ni su separación máxima de 50 m. Se acometerá a pozos
ISA-14 **Pozo de registro circular -P**		En acometidas a la red de alcantarillado, encuentro de conductos, cambios de pendiente, de sección y dirección, cuando los conductos que acometen a él tienen una altura A igual o inferior a 60 cm. Distancia máxima entre pozos 50 m. Cuando la red discurra por una sola acera, se dejarán previstos, en la opuesta, pozos a distancia máxima de 50 m, enlazados a la red mediante conductos que atraviesen la calzada.
ISA-15 **Pozo de registro rectangular-A·P**	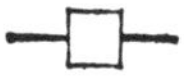	En acometidas a la red de alcantarillado, encuentro de conductos, cambios de pendiente, de sección y de dirección, cuando los conductos que acometen a él tienen una altura A superior a 60 cm. Distancia máxima entre pozos 50 m. Cuando la red discurra por una sola acera, se dejarán previstos en la opuesta, pozos a distancia máxima de 50 m, enlazados a la red mediante conductos que atraviesen la calzada.
ISA-16 **Pozo de resalto circular -C·P**		En cambios de cota C mayores de 80 cm, cuando los conductos que acometen a él tienen una altura A igual o inferior a 60 cm.
ISA-17 **Pozo de resalto rectangular-A·C·P**		En cambios de cota C mayores de 80 cm, cuando los conductos que acometen a él tienen una altura A superior a 60 cm.
ISA-18 **Alivadero-H·P**		Sólo en sistemas unitarios. Para desvío del exceso de caudal sobre la capacidad de la depuradora. Se colocará antes de ésta.

4. Planos de obra

		Escala
ISA-Planta de la red	Se representarán por su símbolo todos los elementos de la red y se numerarán. Se acompañará una relación de la especificación que corresponde a cada elemento numerado, expresando el valor numérico en cm, dado a sus parámetros.	1:1000
ISA-Perfiles longitudinales	Contendrán todos los datos altimétricos de la red y de la superficie del terreno.	V-1:100 H-1:1000
ISA-Detalles	Se representarán gráficamente todos los detalles de elementos para los cuales no se haya adoptado la especificación NTE.	1:20

5. Esquema de trazado

Sistema unitario

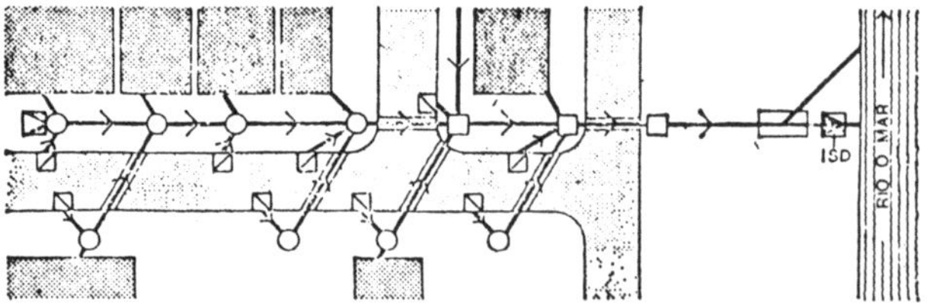

Sistema separativo

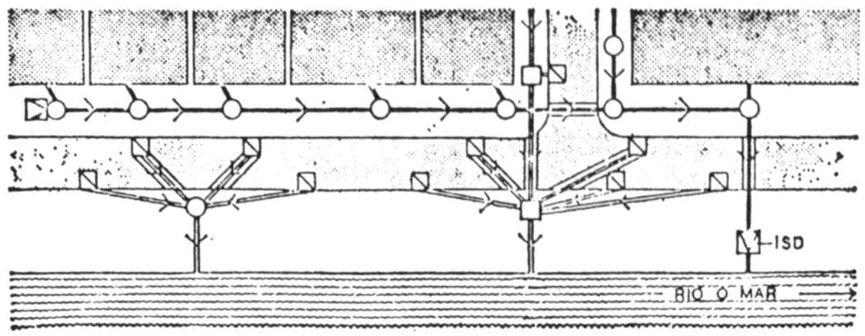

Alcantarillado

Sewerage. Calculation

Cálculo

1. Dimensionado de canalizaciones

ISA-8 Canalización de hormigón - A·P
ISA-9 Canalización de fibrocemento - A·P

La altura A de los conductos se determina a partir de su pendiente en milímetros por metro según los criterios de diseño y de la superficie S en hectáreas. que evacua a cada tramo, multiplicada por el coeficiente K.

Coeficiente K

Se determina por las coordenadas geográficas del emplazamiento según las zonas del mapa adjunto.

Zona	X	Y	Z
Coeficiente K	1	1,5	2

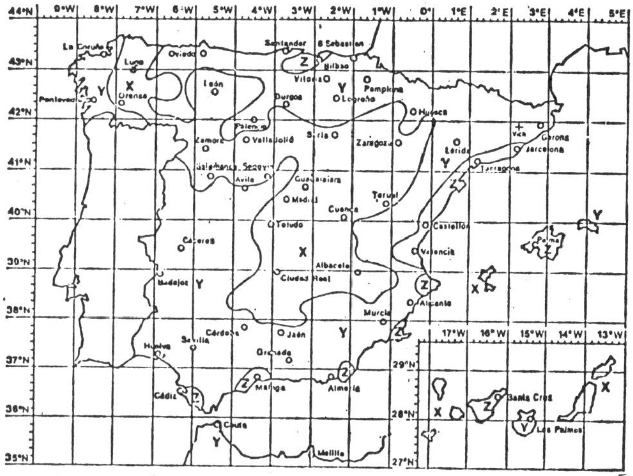

Altura del conducto - A: Sistema unitario

Pendiente del conducto → K·Superficie evacuada → Altura del conducto

Tabla 1 K · Superficie evacuada en ha

Pendiente ‰													
1	↓	↓	↓	↓	↓	↓	↓	↓	↓	↓	9,91	13,08	26,40
2	↓	↓	↓	↓	↓	2,85	4,27	6,08	7,25	10,31	14,05	18,54	37,39
3	↓	↓	↓	↓	2,16	3,50	5,25	7,47	8,89	12,63	17,22	22,72	45,82
4	↓	↓	1,39	1,88	2,50	4,04	6,06	8,62	10,26	15,15	20,89	26,24	52,93
5	0,72	1,08	1,55	2,09	2,79	4,52	6,78	9,65	11,48	16,82	22,24	29,35	59,20
6	0,79	1,18	1,69	2,28	3,06	4,96	7,44	10,59	12,58	17,89	24,38	34,65	67,10
7	0,87	1,30	1,84	2,48	3,31	5,36	8,04	11,44	13,60	19,32	26,33	40,15	74,80
8	0,91	1,36	1,96	2,65	3,54	5,73	8,59	12,23	14,53	20,66	28,16	46,43	↑
9	0,97	1,45	2,08	2,81	3,75	6,08	9,12	12,98	15,42	21,91	29,87	↑	↑
10	1,02	1,53	2,19	2,95	3,96	6,40	9,60	13,66	16,15	23,10	31,48	↑	↑
15	1,25	1,87	2,68	3,62	4,85	7,84	11,76	↑	↑	↑	↑	↑	↑
20	1,45	2,18	3,10	4,18	5,60	9,06	↑	↑	↑	↑	↑	↑	↑
25	1,62	2,43	3,48	4,70	6,27	↑	↑	↑	↑	↑	↑	↑	↑
30	1,77	2,66	3,81	5,14	↑	↑	↑	↑	↑	↑	↑	↑	↑
35	1,91	2,86	4,11	↑	↑	↑	↑	↑	↑	↑	↑	↑	↑
40	2,05	3,08	↑	↑	↑	↑	↑	↑	↑	↑	↑	↑	↑
50	2,29	↑	↑	↑	↑	↑	↑	↑	↑	↑	↑	↑	↑
A en cm	30	35	40	45	50	60	70	80	105	120	135	150	180
	Circular								Ovoido				

↓ Velocidad escasa, peligro de sedimentación: Aumentar pendiente
↑ Velocidad excesiva, peligro de erosiones: Disminuir pendiente

Ministerio de la Vivienda - España

CI/SfB | 173 | | | |

CDU 628.2

Altura del conducto A: Sistema separativo

La red de aguas pluviales se calculará en la tabla 1 como si se tratase de un sistema unitario.
La red de aguas fecales se calculará en las tablas siguientes a partir de la pendiente del conducto fijada en diseño en milímetros por metro, y del número de viviendas que evacuan en cada tramo.
En edificios que no sean viviendas se considerarán para el cálculo las siguientes equivalencias:

Hoteles	1 vivienda cada dormitorio
Hospitales	1 vivienda cada 2 enfermos
Escuelas	1 vivienda cada 50 alumnos
Cuarteles	1 vivienda cada 10 soldados
Piscinas públicas	1 vivienda cada 25 m³ de vaso de piscina
Mercados	1 vivienda cada 200 m²
Mataderos	1 vivienda por cabeza

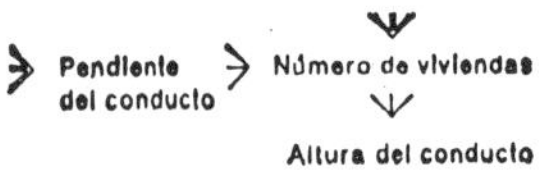

Tabla 2

Pendiente ‰	Número de viviendas evacuadas									
2	∨	∨	∨	∨	∨	∨	8.224	11.626	13.305	19.482
3	∨	∨	∨	3.032	4.150	6.550	10.286	14.557	16.610	24.181
4	∨	1.620	2.498	3.572	4.866	7.708	12.023	17.028	19.386	28.146
5	∨	1.864	2.847	4.051	5.495	8.729	13,555	19.204	21.659	∧
6	1.238	2.086	3.162	4.482	6.066	9.651	14.496	21.173	24.084	∧
7	1.374	2.290	3.453	4.879	6.498	10.500	15.768	22.981	26.125	∧
8	1.500	2.481	3.725	5.249	6.901	11.288	16.953	24.666	28.026	∧
9	1.618	2.660	3.978	5.595	7.272	12.028	18.066	26.248	29.818	∧
10	1.728	2.828	4.217	5.924	7.647	12.508	19.119	27.744	∧	∧
15	2.225	3.572	5.271	7.140	9.424	15.358	23.730	∧	∧	∧
20	2.635	4.190	6.080	8.129	11.024	17.946	∧	∧	∧	∧
25	3.002	4.740	6.700	9.195	12.435	∧	∧	∧	∧	∧
30	3.332	5.236	7.306	∧	∧	∧	∧	∧	∧	∧
35	3.633	5.692	7.851	∧	∧	∧	∧	∧	∧	∧
40	3.915	∧	∧	∧	∧	∧	∧	∧	∧	∧
50	4.431	∧	∧	∧	∧	∧	∧	∧	∧	∧
A	**30**	**35**	**40**	**45**	**50**	**60**	**70**	**80**	**105**	**120**
en cm	**Circular**								**Ovoido**	

∨ Velocidad escasa, peligro de sedimentación: Aumentar pendiente
∧ Velocidad excesiva, peligro de erosiones: Disminuir pendiente

2. Dimensionado del aliviadero

ISA-18 Aliviadero-H·P

Altura del conducto de entrada A en cm	Circular 30	35	40	45	50	60	70	80	Ovoide 105	120	135	150	180
Altura de cresta H en cm	8	9	10	11	13-15	18	21	30	35	39	48	63	
Altura del conducto de salida a la depuradora en cm	30	30	30	30	30	40	40	50	50	60	60	70	105
Altura del conducto de salida al cauce receptor	El conducto de salida al cauce receptor se dimensionará entrado en la tabla 1 con la pendiente fijada en diseño y la superficie mayorada, K·S que evacua el conducto de entrada.												

3. Ejemplo

Cálculo de conductos y aliviadero de crecida de un alcantarillado en Vich (coordenadas 41° 55' N, 2° 15' E, Zona Y).

Sistema unitario

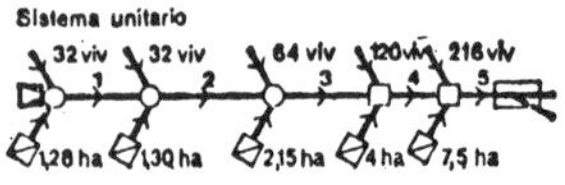

ISA-8 Canalización de hormigón - A·P

Tramo	S. por tramo en ha	S. acumulada en ha	K·S	Pendiente ‰	Altura A en cm
1	1,28	1,28	1,92	6	45
2	1,30	2,58	3,87	8	60
3	2,15	4,73	7,10	6	70
4	4,00	8,73	13,10	10	80
5	7,50	16,23	24,34	6	135

ISA-18 Aliviadero-H·P

Pendiente de las canalizaciones 6 ‰.
Altura del conducto de entrada, en cm: 135
Altura del conducto de salida a la depuradora, en cm: 60
Altura del conducto de salida al cauce receptor, en cm: 135
H, en cm: 39

Sistema separativo

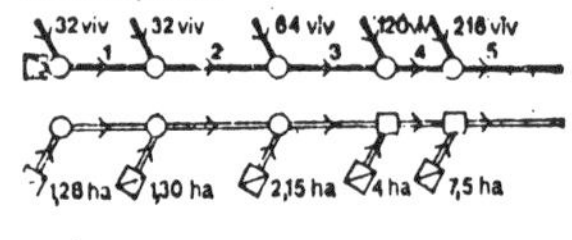

ISA-8 Canalización de hormigón - A·P

Tramo	N.° de viviendas por tramo	N.° de viviendas acumuladas	Pendiente ‰	Altura A en cm
1	32	32	6	30
2	32	64	8	30
3	64	128	6	30
4	120	248	10	30
5	216	464	6	30

La canalización de aguas pluviales se dimensionará igual que la obtenida en el sistema unitario

Instalaciones de Salubridad

3

NTE Alcantarillado ISA

Construcción

Sewerage. Construction

1973

1, Especificaciones

ISA-1 Conducto de hormigón - A

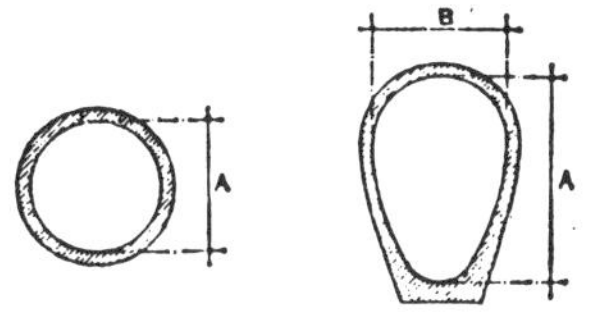

Será estanco. Sin grietas ni roturas. Superficie interior lisa.

Circular:

A en cm	30	35	40	45	50	60	70	80

Ovoide:

A en cm	105	120	135	150	180
B en cm	70	80	90	100	120

ISA-2 Conducto de fibrocemento - A

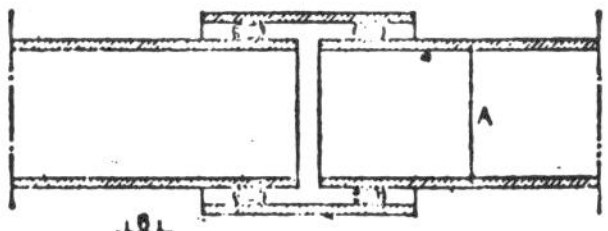

Será estanco. Sin grietas ni roturas. Con manguito de fibrocemento y junta de caucho. Superficie interior lisa.

Circular:

A en cm	30	35	40	45	50	60	70	80

ISA-3 Pate

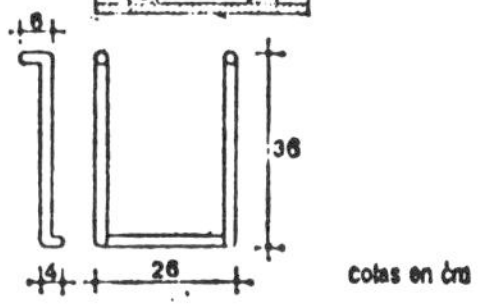

De acero galvanizado. Redondo ⌀ 16 mm. Sin bordes cortantes.

ISA-4 Sifón de descarga

De material inoxidable.

ISA-5 Rejilla

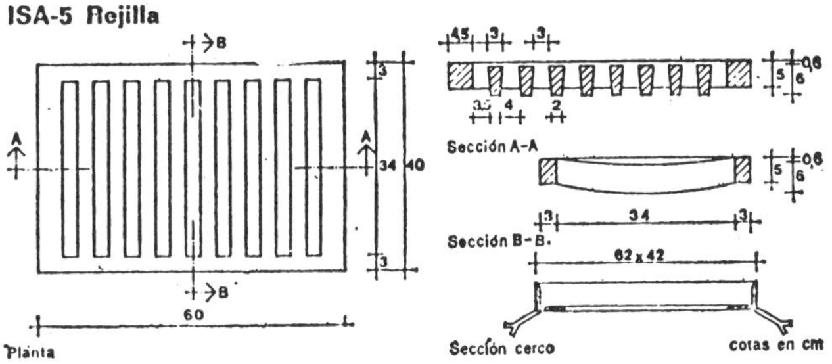

De fundición. Cerco de perfil laminado L.50×5 mm provisto de patillas de anclaje en cada uno de sus ángulos.

ISA-6 Tapa circular

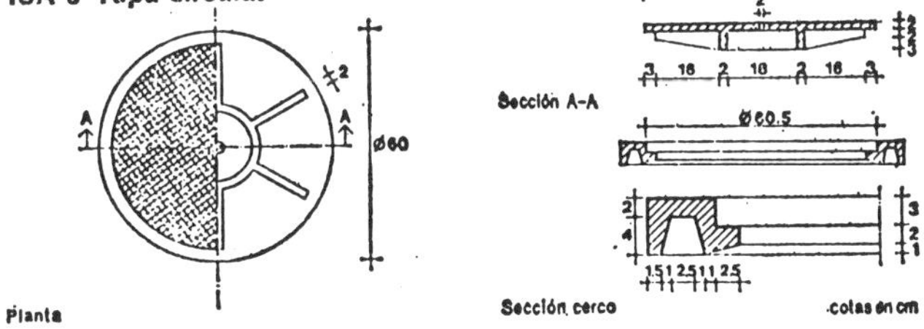

De fundición. Superficie exterior con dibujo de profundidad 4 mm, provista de taladros para levantamiento de la tapa.

ISA-7 Tapa rectangular

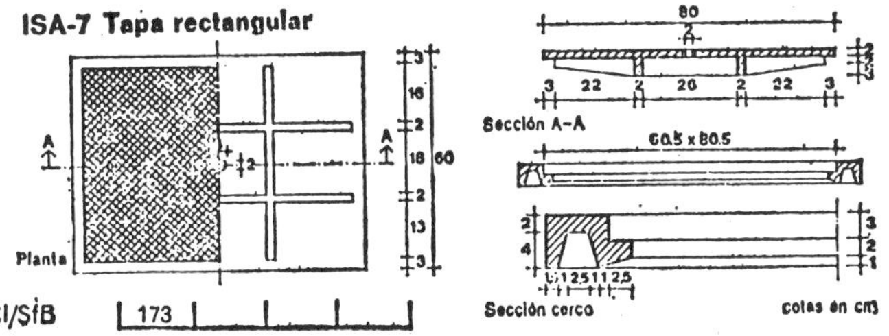

De fundición. Superficie exterior con dibujo de profundidad 4 mm, provista de taladros para levantamiento de la tapa.

Ministerio de la Vivienda - España

CI/SfB | 173 |

CDU 628.2

ISA- 8 Canalización de hormigón - A·P

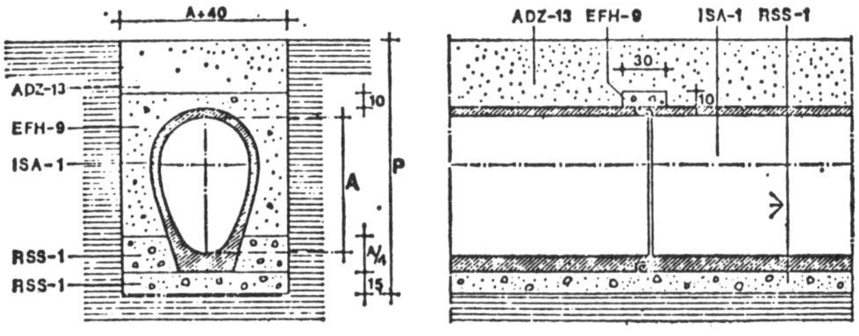

Sección transversal — Sección longitudinal — cotas en cm

ADZ-13 Relleno de la zanja, por tongadas de 20 cm, con tierra exenta de áridos mayores de 8 cm y apisonada. En los 50 cm superiores se alcanzará una densidad seca del 100 % de la obtenida en el ensayo Próctor Normal y del 95 % en el resto del relleno.

EFH- 9 Corchete de hormigón en masa de resistencia característica 100 kg/cm² en las juntas.

ISA- 1 Conducto circular u ovoide.

RSS- 1 Solera y recalce de hormigón en masa de resistencia característica 100 kg/cm².

ISA- 9 Canalización de fibrocemento - A·P

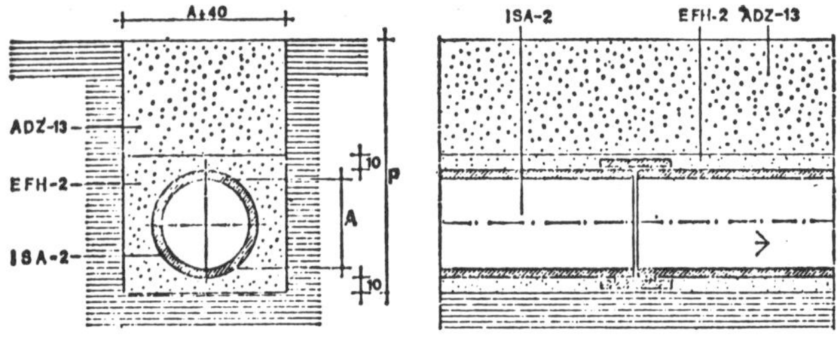

Sección transversal — Sección longitudinal — cotas cm

ADZ-13 Relleno de la zanja, por tongadas de 20 cm, con tierra exenta de áridos mayores de 8 cm y apisonada. En los 50 cm superiores se alcanzará una densidad seca del 100 % de la obtenida en el ensayo Próctor Normal y del 95 % en el resto del relleno.

EFH- 2 Relleno de arena de río.

ISA- 2 Conducto de fibrocemento con manguito y juntas de caucho.

ISA-10 Refuerzo de la canalización de hormigón - A·P

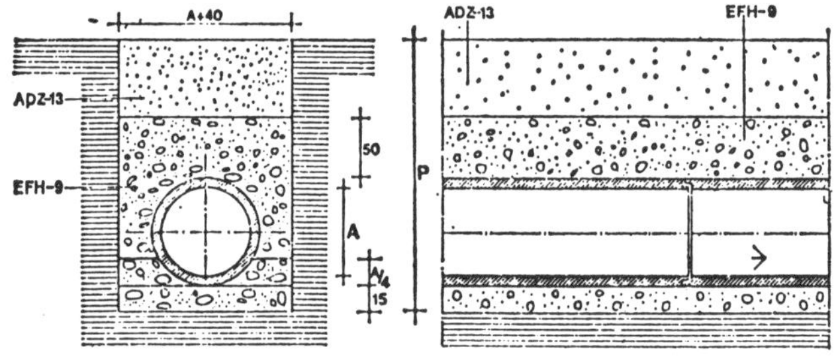

Sección transversal — Sección longitudinal — cotas en cm

ADZ-13 Relleno de la zanja, por tongadas de 20 cm, con tierra exenta de áridos mayores de 8 cm y apisonada. En los 50 cm superiores se alcanzará una densidad seca del 100 % de la obtenida en el ensayo Próctor Normal y del 95 % en el resto del relleno.

EFH- 9 Hormigón en masa de resistencia características 100 kg/cm²

ISA-11 Refuerzo de la canalización de fibrocemento - A·P

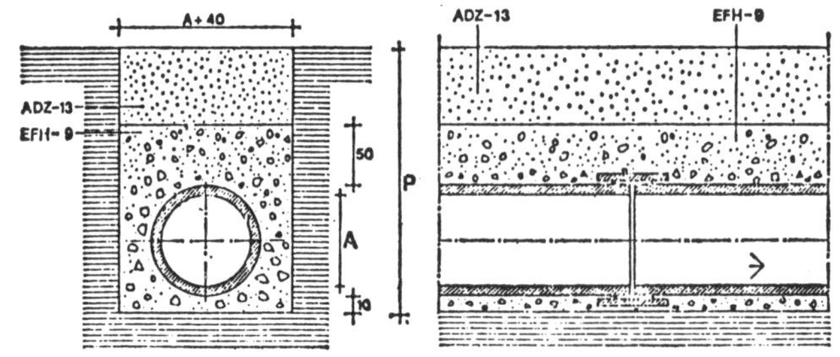

Sección transversal — Sección longitudinal — cotas en cm

ADZ-13 Relleno de la zanja, por tongadas de 20 cm, con tierra exenta de áridos mayores de 8 cm y apisonada. En los 50 cm superiores se alcanzará una densidad seca del 100 % de la obtenida en el ensayo Próctor Normal y del 95 % en el resto del relleno.

EFH- 9 Hormigón en masa de resistencia características 100 kg/cm².

NTE Construcción 2 — Instalaciones de Salubridad — 4 ISA 1973

Alcantarillado

Sewerage. Construction

ISA-12 Cámara de descarga

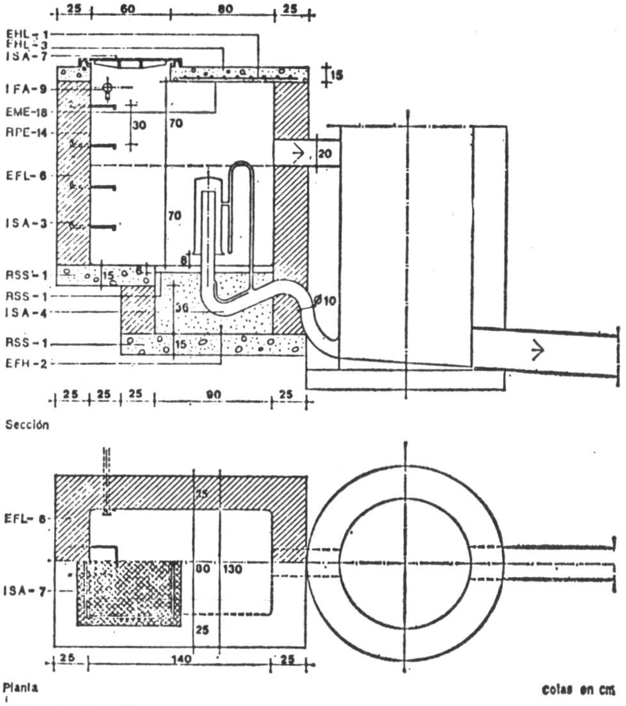

EFH-2 Relleno de arena de río.

EFL-6 Muro aparejado de 25 cm de espesor, de ladrillo macizo R-100 kg/cm², con juntas de mortero M-40 de espesor 1 cm.

EHL-1 Malla de 125x100 cm, formada por redondos Ø 10 mm AE 42 cada 10 cm.

EHL-3 Losa sustentada en sus tres bordes de hormigón de resistencia característica 175 kg/cm².

EME-18 Encofrado de la losa.

IFA-9 Grifo de alimentación de Ø 25 mm conectado a la red de abastecimiento de agua.

ISA-3 Pates empotrados 15 cm. Separación 30 cm. Se colocarán a la vez que se levanta la fábrica.

ISA-4 Sifón de descarga. Descarga: 20 l/s.

ISA-7 Tapa rectangular y cerco enrasados con el pavimento.

RPE-14 Enfoscado con mortero 1:3 y bruñido. Angulos redondeados.

RSS-1 Solera de hormigón en masa de resistencia característica 100 kg/cm².

ISA-13 Sumidero

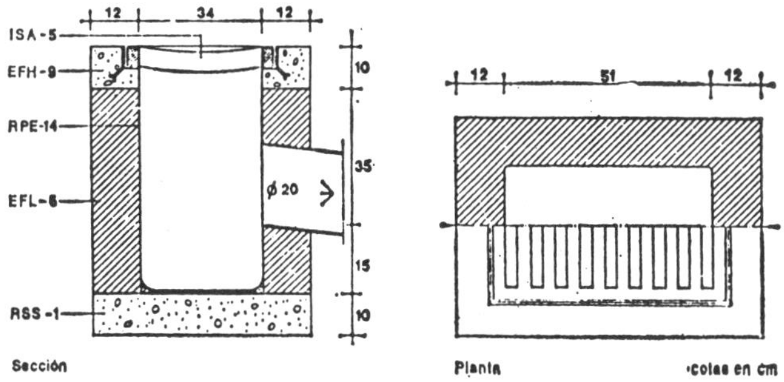

EFH-9 Hormigón en masa de resistencia característica 100 kg/cm².

EFL-6 Muro aparejado de 12 cm de espesor, de ladrillo macizo R-100 kg/cm², con juntas de mortero M-40 de espesor 1 cm.

ISA-5 Rejilla enrasada con el pavimento. Cerco formado por perfiles L 50x5 mm provisto de patilla de anclaje en cada uno de los ángulos.

RPE-14 Enfoscado con mortero 1:3 y bruñido. Angulos redondeados.

RSS-1 Solera de hormigón en masa de resistencia característica 100 kg/cm².

Ministerio de la Vivienda - España

CI/SfB (173)

CDU 628.2

ISA-14 Pozo de registro circular - P

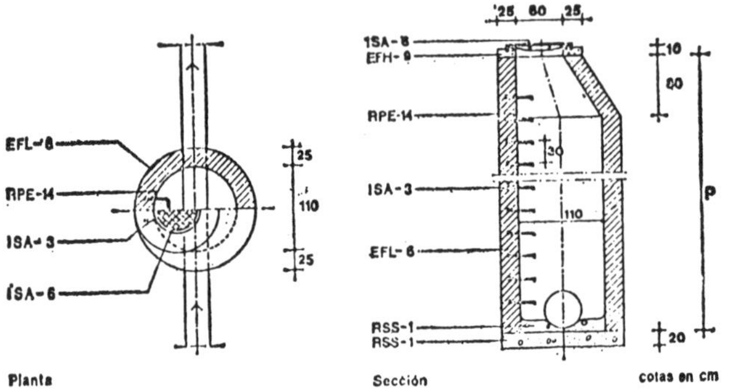

EFH- 9 Hormigón en masa de resistencia característica 100 kg/cm^2.

EFL- 6 Muro aparejado de 25 cm de espesor, de ladrillo macizo R-100 kg/cm^2, con juntas de mortero M-40 de espesor 1 cm.

ISA- 3 Pates empotrados 15 cm. Separación 30 cm. Se colocarán a la vez que se levanta la fábrica.

ISA- 6 Tapa circular y cerco enrasados con el pavimento.

RPE-14 Enfoscado con mortero 1:3 y bruñido. Angulos redondeados.

RSS- 1 Solera y formación de pendientes de hormigón en masa de resistencia característica 100 kg/cm^2.

ISA-15 Pozo de registro rectangular - A·P

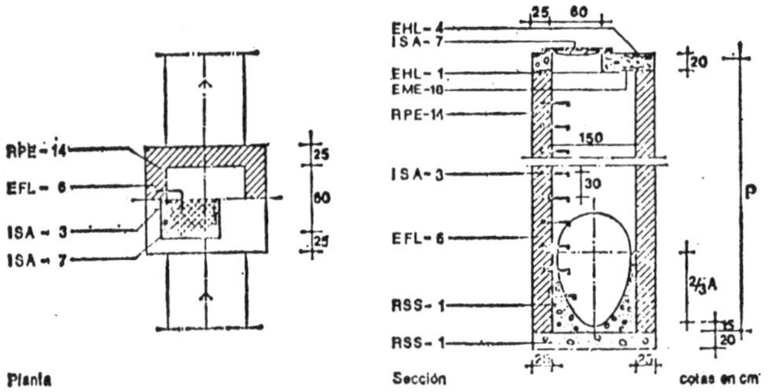

EFL- 6 Muro aparejado de 25 cm de espesor, de ladrillo macizo R-100 kg/cm^2, con juntas de mortero M-40 de espesor 1 cm.

EHL- 1 Malla formada por redondos ∅ 10 mm AE 42 cada 10 cm.

EHL- 4 Losa de hormigón de resistencia característica 175 kg/cm^2.

EME-18 Encofrado de la losa.

ISA- 3 Pates empotrados 15 cm. Separación 30 cm. Se colocarán a la vez que se levanta la fábrica.

ISA- 7 Tapa rectangular y cerco enrasados con el pavimento.

RPE-14 Enfoscado con mortero 1:3 y bruñido. Angulos redondeados.

RSS- 1 Solera y formación de pendientes de hormigón en masa de resistencia característica 100 kg/cm^2.

ISA-16 Pozo de resalto circular - C·P

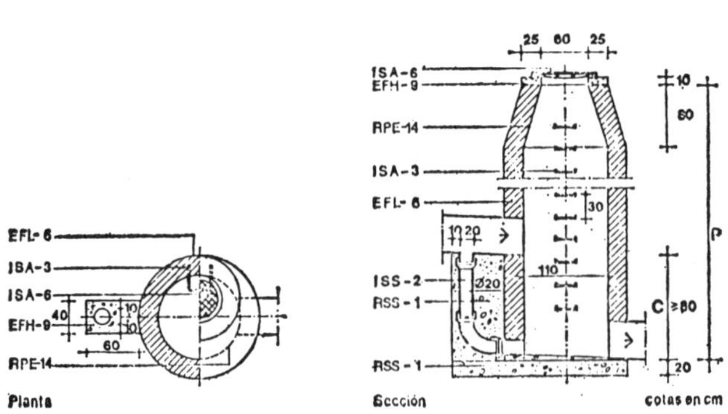

EFH- 9 Hormigón en masa de resistencia característica 100 kg/cm^2.

EFL- 6 Muro aparejado de 25 cm de espesor, de ladrillo macizo R-100 kg/cm^2, con juntas de mortero M-40 de espesor 1 cm.

ISA- 3 Pates empotrados 15 cm. Separación 30 cm. Se colocarán a la vez que se levanta la fábrica.

ISA- 6 Tapa circular y cerco enrasados con el pavimento.

ISS- 2 Tubo de fibrocemento de ∅ 20 cm.

RPE-14 Enfoscado con mortero 1:3 y bruñido. Angulos redondeados.

RSS- 1 Solera y formación de pendientes de hormigón en masa de resistencia característica 100 kg/cm^2.

3 Instalaciones de Salubridad

NTE **Construcción**

Alcantarillado

Sewerage. Construction

5 **ISA**

1973

ISA-17 Pozo de resalto rectangular - A·C·P

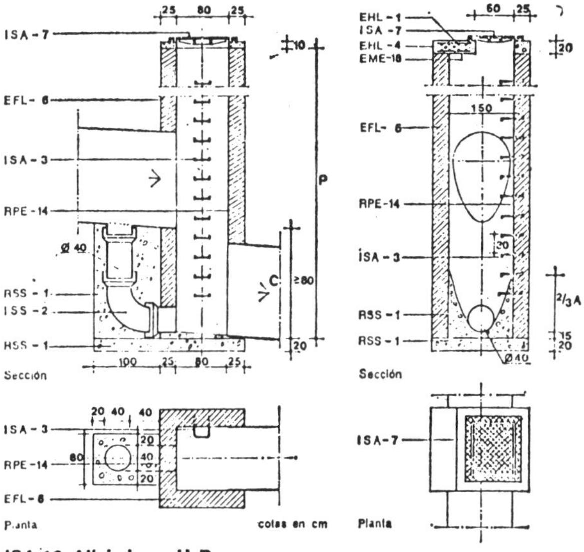

EFL- 6 Muro aparejado de 25 cm de espesor, de ladrillo macizo R-100 kg/cm², con juntas de mortero M-40 de espesor 1 cm.
EHL- 1 Malla formada por redondos Ø 10 mm AE 42 cada 10 cm.
EHL- 4 Losa de hormigón de resistencia característica 175 kg/cm².
EME-18 Encofrado de la losa.
ISA- 3 Pates empotrados 15 cm. Separación 30 cm. Se colocarán a la vez que se levanta la fábrica.
ISA- 7 Tapa rectangular y cerco enrasados con el pavimento.
ISS- 2 Tubo de fibrocemento de Ø 40 cm.
RPE-14 Enfoscado con mortero 1:3 y bruñido. Angulos redondeados.
RSS- 1 Solera y formación de pendientes de hormigón en masa de resistencia característica 100 kg/cm².

ISA-18 Aliviadero - H·P

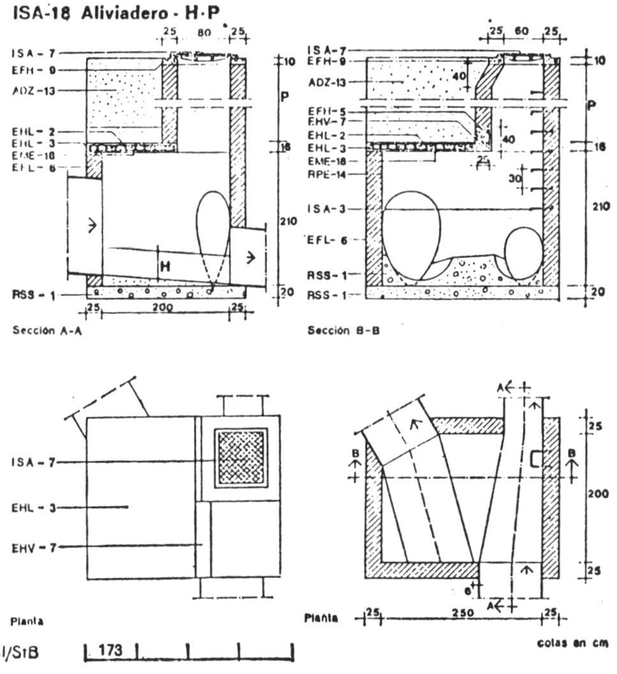

ADZ-13 Relleno de la zanja, por tongadas de 20 cm, con tierra exenta de áridos mayores de 8 cm y apisonada.
EFH- 5 Armaduras de la viga: Superior: 2 redondos Ø 16 mm AE 42. Inferior: 3 redondos Ø 20 milímetros AE 42. Estribos: redondos Ø 8 mm AE 42 cada 12,5 cm
EFH- 9 Hormigón en masa de resistencia característica 100 kg/cm².
EFL- 6 Muro aparejado de 25 cm de espesor, de ladrillo macizo R-100 kg/cm², con juntas de mortero M-40 de espesor 1 cm.
EHL- 2 Armaduras superior e inferior de las losas formadas cada una, por una parrilla de redondos Ø 12 mm AE 42 cada 20 cm.
EHL- 3 Losa sustentada en sus tres bordes de hormigón de resistencia característica 175 kg/cm².
EHV- 7 Viga de hormigón de resistencia característica 175 kg/cm².
EME-18 Encofrado de la losa y viga.
ISA- 3 Pates empotrados 15 cm. Separación 30 cm. Se colocarán a la vez que se levanta la fábrica.
ISA- 7 Tapa rectangular y cerco enrasados con el pavimento o terreno.
RPE-14 Enfoscado con mortero 1:3 y bruñido. Angulos redondeados.
RSS- 1 Solera y formación de pendientes de hormigón en masa de resistencia característica 100 kg/cm².

Ministerio de la Vivienda - España

CI/SfB 173
CDU 628.2

2. Condiciones de seguridad en el trabajo

ISA-8 Canalización de hormigón - A·P

Siempre que se prevea el paso de personas o vehículos ajenos a la obra, se dispondrán a todo lo largo de la zanja, en el borde contrario al que se acoplan los productos de la excavación, o a ambos lados si se retirán, vallas que se iluminarán cada 15 m con luz roja. Igualmente se colocarán sobre las zanjas pasos a distancia no superior a 50 m.

La iluminación portátil será de material antideflagrante.

Se dispondrán en obra de los medios adecuados de bombeo para achicar rápidamente cualquier inundación que pueda producirse.

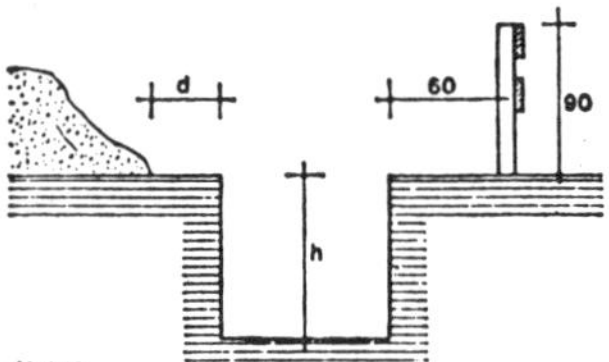

d ≥ h/2
d ≥ h en terrenos arenosos

Protecciones y situación de los productos de la excavación en zanjas

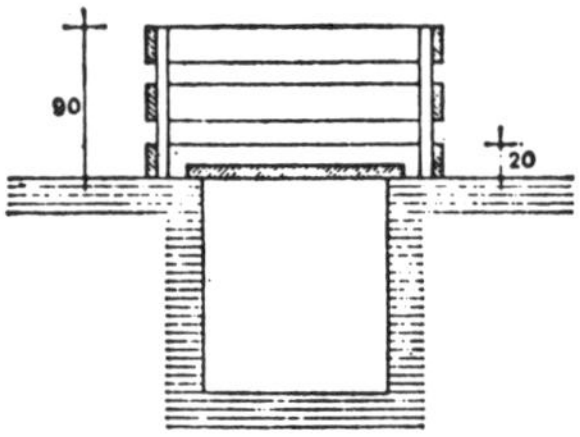

Pasos de pozos

cotas en cm

Cuando se prevea la existencia de canalizaciones en servicio en la zona de excavación, se determinará su trazado y se solicitará, si fuera necesario, el corte del fluido o el desvío, paralizándose los trabajos hasta que se haya adoptado una de las dos alternativas, o por la Dirección Técnica se ordenen las condiciones de trabajo.

Al comenzar la jornada se revisarán las entibaciones. En zanjas y pozos se comprobará la ausencia de gases y vapores. De existir se ventilará la zanja o pozo, antes de comenzar los trabajos hasta eliminarlos.

Se cumplirán además todas las disposiciones generales, que sean de aplicación, de la Ordenanza General de Seguridad e Higiene en el Trabajo.

Las especificaciones ISA-9, ISA-10, ISA-11, ISA-12, ISA-13, ISA-14, ISA-15, ISA-16, ISA-17, ISA-18, cumplirán iguales condiciones de seguridad que la ISA-8.

1 NTE

Control

Instalaciones de Salubridad

Alcantarillado

Sewerage. Control

6 ISA

1973

1. Materiales y equipos de origen industrial

Los siguientes materiales y equipos de origen industrial deberán cumplir las condiciones funcionales y de calidad fijadas en las NTE, así como las correspondientes normas y disposiciones vigentes relativas a fabricación y control industrial o, en su defecto, las normas UNE que se indican:

Especificación	Normas UNE
ISA-1 Conducto de hormigón - A	
ISA-2 Conducto de fibrocemento - A	UNE 7036; 7037; 41170*; 53571*
ISA-3 Pate	UNE 7183; 37501; 36097*
ISA-4 Sifón de descarga	
ISA-5 Rejilla	UNE 36585*
ISA-6 Tapa circular	UNE 36550*
ISA-7 Tapa rectangular	UNE 36560*

* Normas UNE en elaboración

Cuando el material o equipo llegue a obra con certificado de origen industrial que acredite el cumplimiento de dichas condiciones, normas y disposiciones, su recepción se realizará comprobando, únicamente, sus características aparentes.

2. Control de la ejecución

Especificación	Controles a realizar	Número de controles	Condición de no aceptación automática
ISA-8 Canalización de hormigón-A P	Comprobación de la rasante de los conductos entre pozos	Uno cada tres tramos	Variación de la diferencia de cotas de los pozos extremos superior al 20%
	Recalces y corchetes	Uno cada 15 m	Ejecución defectuosa o deficiencia superior a 5 cm
	Estanquidad del tramo sometido a una presión de 0,5 atm.	Prueba general	Fuga antes de tres horas
ISA-9 Canalización de fibrocemento-A·P	Comprobación de la rasante de los conductos entre pozos	Uno cada tres tramos	Variación de la diferencia de cotas de los pozos extremos superior al 20 %
	Relleno de arena	Uno cada 15 m	Deficiencia superior a 5 cm
	Manguitos de unión	Uno cada 15 m	Ejecución defectuosa
	Estanquidad del tramo sometido a una presión de 0,5 amt.	Prueba general	Fuga antes de tres horas
ISA-10 Refuerzo de la canalización de hormigón-A·P	Espesor sobre conductos	Inspección general	Deficiencias superiores al 10 %
	Compacidad del material de relleno	Uno por tramo reforzado	Densidad seca inferior al 100 % de la correspondiente al Próctor Normal
ISA-11 Refuerzo de la canalización de fibrocemento -A·P	Espesor sobre conductos	Inspección general	Deficiencias superiores al 10 %
	Compacidad del material de relleno	Uno por tramo reforzado	Densidad seca inferior al 100 % de la correspondiente al Próctor Normal
ISA-12 Cámara de descarga	Dimensiones	50 %	Variaciones superiores al 5 %
	Enrase de la tapa con el pavimento	50 %	Variación superior a 0,5 cm

CI/SfB | 173 | | | |

CDU 628.2

Especificación	Controles a realizar	Número de controles	Condicion de no aceptación automática
ISA-13 Sumidero	Dimensiones	Uno cada diez sumideros	Diferencias superiores al 5 %
	Enrase de la rejilla con el pavimento	Uno cada diez sumideros	Variación superior a 0,5 cm
ISA-14 Pozo de registro circular P	Comprobación de la cota de la solera	Uno cada cinco pozos	Variación superior a 3 cm
	Dimensiones	Uno cada cinco pozos	Variaciones superiores a 5 cm
	Desnivel entre las bocas de entrada y salida	Uno cada cinco pozos	Desnivel nulo o negativo
	Enrase de la tapa con el pavimento	Uno cada diez pozos	Variación superior a 0,5 cm
ISA-15 Pozo de registro rectangular-A·P	Comprobación de la cota de la solera	Uno cada cinco pozos	Variación superior a 3 cm
	Dimensiones	Uno cada cinco pozos	Variaciones superiores a 5 cm
	Desnivel entre las bocas de entrada y salida	Uno cada cinco pozos	Desnivel nulo o negativo
	Enrase de la tapa con el pavimento	Uno cada diez pozos	Variación superior a 0,5 cm
ISA-16 Pozo de resalto circular -C·P	Comprobación de la cota de la solera	Uno cada cinco pozos	Variación superior a 3 cm
	Dimensiones	Uno cada cinco pozos	Variaciones superiores a 5 cm
	Enrase de la tapa con el pavimento	Uno cada diez pozos	Variación superior a 0,5 cm
ISA-17 Pozo de resalto rectangular-A·C·P	Comprobación de la cota de la solera	Uno cada cinco pozos	Variación superior a 3 cm
	Dimensiones	Uno cada cinco pozos	Variaciones superiores a 5 cm
	Enrase de la tapa con el pavimento	Uno cada diez pozos	Variación superior a 0,5 cm
ISA-18 Aliviadero-H·P	Comprobación de la cota de la solera	100 %	Variación superior a 2 cm
	Dimensiones	50 %	Variaciones superiores a 5 cm
	Desnivel entre las bocas de entrada y salida	100 %	Desnivel nulo o negativo
	Enrase de la tapa con el pavimento	100 %	Variación superior a 0,5 cm

NTE [2] Instalaciones de Salubridad 7

Alcantarillado

ISA

Control

Sewerage: Control

1973

3 Prueba de servicio

Prueba	Controles a realizar	Número de controles	Condición de no aceptación automática
Circulación en la red	Vertido de 2 m³ de agua en un tiempo de 90 segundos, en la cabecera de cada canalización	Uno por cabecera de red	Defectos de circulación o fugas en cualquier punto del recorrido.
Funcionamiento de las cámaras de descarga.	Descarga en el tiempo previsto (30 segundos)	Una cada dos	Que no descargue, o lo haga en tiempo superior a más de 5 segundos al previsto.

4. Criterio de medición

Especificación	Unidad de medición	Forma de medición
ISA-8 Canalización de hormigón-A·P	m de canalización	Entre caras interiores de pozos. Altura, A, interior del conducto. Profundidad, P, desde el fondo de la zanja hasta el nivel de la calle, medida en el centro del tramo.
ISA-9 Canalización de fibrocemento-A·P	m de canalización	Sobre el perfil. Profundidad, P, desde el fondo de la zanja hasta el nivel de la calle, medida en el centro del tramo.
ISA-10 Refuerzo de la canalización de hormigón-A·P	m de refuerzo de conducto	Sobre el perfil. Profundidad, P, desde el fondo de la zanja hasta el nivel de la calle, medida en el centro del tramo.
ISA-11 Refuerzo de la canalización de fibrocemento -A·P	m de refuerzo de conducto	Sobre el perfil. Profundidad, P, desde el fondo de la zanja hasta el nivel de la calle, medida en el centro del tramo.
ISA-12 Cámara de descarga	ud	Unidad completa.
ISA-13 Sumidero	ud	Unidad completa.
ISA-14 Pozo de registro circular -P	ud de pozo	Profundidad, P, desde el plano superior de la solera hasta la cara superior de la fábrica de ladrillo.
ISA-15 Pozo de registro rectangular-A·P	ud de pozo	Profundidad, P, desde el plano superior de la solera hasta la cara superior de la fábrica de ladrillo.

Ministerio de la Vivienda - España

CI/SfB 173

CDU 628.2

ISA-16 Pozo de resalto circular -C·P	ud de pozo	Altura, C, desde el plano superior de la solera hasta la parte inferior del conducto más alto. Profundidad, P, desde el plano superior de la solera hasta la cara superior de la fábrica de ladrillo.
ISA-17 Pozo de resalto rectangular-A·C·P	ud de pozo	Altura, C, desde el plano superior de la solera hasta la parte inferior del conducto más alto. Profundidad, P desde el plano superior de la solera hasta la cara superior de la fábrica de ladrillo.
ISA-18 Aliviadero-H·P	ud de aliviadero	Altura, H, desde la solera de formación de pendientes hasta la línea superior de la cresta. Profundidad, P, desde la cara inferior del zuncho EFH-9 hasta la cara superior de la losa EHL-3.

1 NTE
Valoración

Instalaciones de Salubridad

Alcantarillado

Sewerage. Cost

8 ISA
1973

1. Criterio de valoración

La valoración de cada especificación se obtiene sumando los productos de los precios unitarios, correspondientes a las especificaciones recuadradas que la componen, por sus coeficientes de medición sustituidos los parámetros por sus valores numéricos en centímetros.

En los precios unitarios irán incluidos, además de los conceptos que se expresan en cada caso, la mano de obra directa e indirecta incluso obligaciones sociales y parte proporcional de medios auxiliares.

La valoración dada se referirá a la ejecución material de la unidad completa terminada.

Especificación	Unidad	Precio unitario	Coeficiente de medición
ISA-8 Canalización de hormigón-A·P	m^1		
Incluso vertido, apisonado, paso de regla del hormigón, colocación de tubo, encofrado del corchete.	m^3	ADZ - 13	$\frac{1}{1000}(0,1\,AP + 4P - 0,08\,A^2 - 5,6\,A - 104)$
	m^3	EFH - 9	$\frac{1}{1000}(0,03\,A^2 + A - 22)$
	m^1	ISA - 1	1
	m^3	RSS - 1	$\frac{1}{1000}(0,014\,A^2 + 2,4\,A + 60)$
ISA-9 Canalización de fibrocemento-A·P	m^1		
Incluso colocación de tubos y manguitos.	m^3	ADZ - 13	$\frac{1}{1000}(0,1\,AP - 0,1\,A^2 - 6\,A + 4P - 80)$
	m^3	EFH - 2	$\frac{1}{1000}(0,02\,A^2 + 6\,A + 80)$
	m^1	ISA - 2	1
ISA-10 Refuerzo de la canalización de hormigón-A·P	m^1		
Incluso vertido y vibrado del hormigón.	m^3	ADZ - 13	$\frac{1}{1000}(0,1\,AP + 4P - 0,1\,A^2 - 12\,A - 820)$
	m^3	EFH - 9	$\frac{1}{1000}(0,03\,A^2 + 8,6\,A + 269)$
ISA-11 Refuerzo de la canalización de fibrocemento-A·P	m^1		
Incluso vertido y vibrado del hormigón.	m^3	ADZ - 13	$\frac{1}{1000}(0,1\,AP + 4P - 0,1\,A^2 - 10\,A - 240)$
	m^3	EFH - 9	$\frac{1}{1000}(0,02\,A^2 + 10\,A + 240)$

Ministerio de la Vivienda - España

Especificación	Unidad	Precio unitario	Coeficiente de medición
ISA-12 Cámara de descarga	**ud**		
Incluso vertido, apisonado y vibrado del hormigón, colocación del sifón, red de alimentación de agua fría.	m^3	EFH - 2	0,324
	m^2	EFL - 6	9,60
	kg	EHL - 1	20,30
	m^3	EHL - 3	0,299
	m^2	EME - 18	2,02
	ud	IFA - 9	1
	ud	ISA - 3	4
	ud	ISA - 4	1
	ud	ISA - 7	1
	m^2	RPE - 14	8,34
	m^3	RSS - 1	0,463
ISA-13 Sumidero	**ud**		
Incluso vertido y apisonado del hormigón, recibido de conducto.	m^3	EFH - 9	0,026
	m^2	EFL - 6	1,1
	ud	ISA - 5	1
	m^2	RPE - 14	1,2
	m^3	RSS - 1	0,043
ISA-14 Pozo de registro circular -P	**ud**		
Incluso vertido y apisonado del hormigón, recibido de conducto.	m^3	EFH - 9	0,067
	m^2	EFL - 6	$\frac{1}{100}$ (4,24 P – 63)
	ud	ISA - 3	$\frac{P}{30} - 2$
	ud	ISA - 6	1
	m^2	RPE - 14	$\frac{1}{100}$ (3,45 P – 138)
	m^3	RSS - 1	0,579

NTE [2] Instalaciones de Salubridad

Alcantarillado

Valoración

Sewerage. Cost

1973 **ISA**

Especificación	Unidad	Precio unitario	Coeficiente de medición
ISA-15 Pozo de registro rectangular-P·A	**ud**		
Incluso encofrado en formación de pendientes, vertido y apisonado del hormigón, recibido de conductos.	m^2	EFL - 6	$\frac{1}{100}(5{,}6\,P-0{,}01\,A^2)$
	kg	EHL - 1	70
	m^3	EHL - 4	0,424
	m^2	EME-18	3,1
	ud	ISA - 3	$\frac{P}{30}-2$
	ud	ISA - 7	1
	m^2	RPE-14	$\frac{1}{100}(4{,}6\,P-0{,}01\,A^2+128)$
	m^3	RSS - 1	$\frac{1}{1000}(8A-0{,}024\,A^2+700)$
ISA-16 Pozo de resalto circular -C·P	**ud**		
Incluso encofrado en formación de pendientes, vertido y apisonado del hormigón, recibido de conductos.	m^3	EFH - 9	0,067
	m^2	EFL - 6	$\frac{1}{100}(4{,}24\,P-63)$
	ud	ISA - 3	$\frac{P}{30}-2$
	ud	ISA - 6	1
	m^1	ISS - 2	$0{,}55+0{,}01\,C$
	m^2	RPE-14	$\frac{1}{100}(3{,}45\,P-138)$
	m^3	RSS - 1	$\frac{1}{1000}(2\,C+630)$
ISA-17 Pozo de resalto rectangular-A·C·P	**ud**		
Incluso encofrado en formación de pendientes, vertido y apisonado del hormigón, recibido de conductos.	m^2	EFL - 6	$\frac{1}{100}(5{,}6\,P-0{,}01\,A^2)$
	kg	EHL - 1	70
	m^3	EHL - 4	0,424
	m^2	EME-18	3,1

Ministerio de la Vivienda - España

CI/SfB | 173 | | | |

CDU 628.2

Especificación	Unidad	Precio unitario	Coeficiente de medición
	ud	ISA - 3	$\frac{P}{30}-2$
	ud	ISA - 7	1
	m	ISS - 2	0,01 C + 1
	m²	RPE - 14	$\frac{1}{100}(4{,}6\,P - 0{,}01\,A^2 + 128)$
	m³	RSS - 1	$\frac{1}{1000}(8\,C - 0{,}024\,A^2 + 8\,A + 860)$
ISA-18 Aliviadero-H·P	ud		
Incluso encofrado en formación de pendientes, vertido y apisonado del hormigón, recibido de conductos.	m³	ADZ - 13	$\frac{1}{1000}(75\,P + 733)$
	kg	EFH - 5	57
	m³	EFH - 9	0,095
	m²	EFL - 6	$\frac{1}{100}(3{,}8\,P - 0{,}13\,H^2) + 20$
	kg	EHL - 2	116
	m³	EHL - 3	0,882
	m³	EHV - 7	0,437
	m²	EME - 18	6,92
	ud	ISA - 3	$3 + \frac{P}{30}$
	ud	ISA - 7	1
	m²	RPE - 14	$\frac{1}{100}(3{,}2\,P - 0{,}13\,H^2) + 24$
	m³	RSS - 1	1,5 + 0,05 H

2. Ejemplo

ISA-14 Pozo de registro circular -P

Datos: Profundidad P = 400 cm

Unidad	Precio unitario	Coeficiente de medición		Precio unitario	Coeficiente de medición		
m³	EFH - 9	× 0,067	=	1.500	× 0,067	=	100,50
m²	EFL - 6	$\times \frac{1}{100}(4{,}24\,P - 63)$	=	325	$\times \frac{1}{100}(4{,}24 \times 400 - 63)$	=	5.307,25
ud	ISA - 3	$\times \left(\frac{P}{30} - 2\right)$	=	65	$\times \left(\frac{400}{30} - 2\right)$	=	736,45
ud	ISA - 6	× 1	=	1.600	× 1	=	1.600,00
m²	RPE - 14	$\times \frac{1}{100}(3{,}45\,P - 138)$	=	90	$\times \frac{1}{100}(3{,}45 \times 400 - 138)$	=	1.117,80
m³	RSS - 1	× 0,579	=	900	× 0,579	=	521,10
					Total Pts/ud	=	**9.583,10**

1 NTE Mantenimiento

Instalaciones de Salubridad

Alcantarillado

Sewerage. Maintenance

1973 10 ISA

1. Criterio de mantenimiento.

Especificación	Utilización, entretenimiento y conservación
ISA-8 Canalización de hormigón-A·P	No se verterán a la red basuras, ni aguas de las siguientes características: pH menor que 6 y mayor que 9. Temperatura superior a 40° C. Conteniendo detergentes no biodegradables. Conteniendo aceites minerales, orgánicos y pesados. Conteniendo colorantes permanentes y sustancias tóxicas. Conteniendo una concentración de sulfatos superior a 0,2 g/l.
ISA-9 Canalización de fibrocemento-A·P	No se verterán a la red basuras, ni aguas de las siguientes características: pH menor que 6 y mayor que 9. Temperatura superior a 40° C. Conteniendo detergentes no biodegradables. Conteniendo aceites minerales, orgánicos y pesados. Conteniendo colorantes permanentes y sustancias tóxicas. Conteniendo una concentración de sulfatos superior a 0,2 g/l.
ISA-12 Cámara de descarga	Se comprobará su funcionamiento cada 6 meses, reconociendo todos sus elementos y reponiéndolos, en caso de rotura o falta.
ISA-13 Sumidero	Se limpiarán cada 3 meses y se repondrá la rejilla en caso de rotura o falta.
ISA-14 Pozo de registro circular -P	Se reconocerán cada 6 meses todos sus elementos, reponiéndolos en caso de rotura o falta. Se limpiarán cada 12 meses.
ISA-15 Pozo de registro rectangular-A·P	Se reconocerán cada 6 meses todos sus elementos, reponiéndolos en caso de rotura o falta. Se limpiarán cada 12 meses.
ISA-16 Pozo de resalto circular -C·P	Se reconocerán cada 6 meses todos sus elementos, reponiéndolos en caso de rotura o falta. Se limpiarán cada 12 meses.
ISA-17 Pozo de resalto rectangular-A·C·P	Se reconocerán cada 6 meses todos sus elementos, reponiéndolos en caso de rotura o falta. Se limpiarán cada 12 meses.
ISA-18 Aliviadero-H·P	Se reconocerán cada 6 meses todos sus elementos, reponiéndolos en caso de rotura o falta. Se limpiarán cada 12 meses.

La seguridad e higiene en los trabajos de mantenimiento del alcantarillado, se ajustará a la Ordenanza de trabajo para la limpieza pública, recogida de basuras y limpieza y conservación del alcantarillado.

Ministerio de la Vivienda - España

CI/SfB | 173 | | | |

CDU 628.2

ANEJO 3

PLIEGO DE PRESCRIPCIONES TECNICAS GENERALES
PARA
TUBERIAS DE SANEAMIENTO DE POBLACIONES.
1986

Orden Ministerial de 1986-09-15
M.O.P.U.
(B.O.E. núm. 228, de 1986-09-23)

I. Disposiciones generales

MINISTERIO DE OBRAS PUBLICAS Y URBANISMO

25151 *ORDEN de 15 de septiembre de 1986 por la que se aprueba el Pliego de Prescripciones Técnicas Generales para Tuberías de Saneamiento de Poblaciones.*

Por Orden de 28 de julio de 1974 se creó la Comisión Permanente de Tuberías de Abastecimiento de Aguas y Saneamiento de Poblaciones, entre cuyas funciones figura la de redacción de pliegos de prescripciones técnicas generales de tuberías.

La Comisión ha venido recogiendo, a lo largo de los últimos años, información de los avances habidos en el campo del saneamiento de poblaciones, tanto nacionales como extranjeros, así como la opinión de proyectistas, fabricantes y constructores especializados en estas materias.

Como consecuencia de lo anterior, ha redactado el «Pliego de Prescripciones Técnicas Generales para Tuberías de Saneamiento de Poblaciones».

En su virtud y a iniciativa de la Comisión Permanente de Tuberías de Abastecimiento de Aguas y Saneamiento de Poblaciones, este Ministerio ha tenido a bien disponer:

Artículo 1.° Aprobar el Pliego de Prescripciones Técnicas Generales para Tuberías de Saneamiento de Poblaciones, que figura en el anexo de la presente Orden y que será preceptivo en las obras cuya competencia sea de este Departamento.

Art. 2.° El Pliego entrará en vigor a los seis meses de su publicación en el «Boletín Oficial del Estado» y será de aplicación a las obras cuya licitación se anuncie a partir de finalizar dicho plazo.

Madrid, 15 de septiembre de 1986.

SAENZ COSCULLUELA

ANEXO QUE SE CITA

Pliego de Prescripciones Técnicas Generales de Tuberías de Saneamiento de Poblaciones

1. *Condiciones generales*

1.1 Ambito de aplicación: Este Pliego de Prescripciones Técnicas General para Tuberías de Saneamiento de Poblaciones será de aplicación en la realización de suministros, explotación de servicios o ejecución de las obras y colocación de los tubos, uniones y demás piezas especiales necesarias para formar conducciones de saneamiento, cuyo proyecto, ejecución, inspección, dirección o explotación corresponda al Ministerio de Obras Públicas y Urbanismo.

Este Pliego contempla únicamente los tubos de sección circular; las alcantarillas visitables y las secciones ovoides quedan por tanto excluidas. En el caso en que se considere adecuada la utilización de ovoides deberá justificarse previamente y habrá que tener especial cuidado en la elección del tipo de junta y su ejecución. En todo caso, deberán cumplir las condiciones de los materiales y la estanquidad que se fijan en este Pliego para los tubos del mismo material de sección circular.

Se entenderá que el contratista conoce las prescripciones establecidas en este Pliego, a las que queda obligado.

1.2 Pliego de Prescripciones Técnicas Particulares: Los Pliegos de Prescripciones Técnicas Particulares de cada obra, servicio o suministro establecerán las prescripciones complementarias que no se opongan a las contenidas en este Pliego.

Cualquier prescripción que figure en el Pliego de Prescripciones Técnicas Particulares de cada obra que modifique al presente Pliego deberá ser debidamente justificada no sólo en el proyecto sino también en el expediente de aprobación del mismo sin cuyo requisito será nula.

1.3 Normas UNE: Las normas UNE se citan en el texto únicamente por su número figurando en el anejo I su título completo para facilitar su utilización.

1.4 Sistema de unidades: Las unidades adoptadas en el presente Pliego corresponden a las del sistema Metro-Kilopondio-Segundo. La correspondencia entre las unidades del sistema Metro-Kilopondio-Segundo y las del Sistema Internacional SI es la siguiente:

a) Kilopondio-newton

$$1 \text{ kp} = 9{,}8 \text{ N} \simeq 10 \text{ N}$$

e inversamente

$$1 \text{ N} = 0{,}102 \text{ kp} \simeq 0{,}1 \text{ kp}$$

b) Kilopondio por centímetro cuadrado-newton por milímetro cuadrado

$$1 \text{ kp/cm}^2 = 0{,}098 \frac{\text{N}}{\text{mm}^2} \simeq 0{,}1 \frac{\text{N}}{\text{mm}^2}$$

e inversamente

$$1 \frac{\text{N}}{\text{mm}^2} = 10{,}2 \frac{\text{kp}}{\text{cm}^2} \simeq 10 \frac{\text{kp}}{\text{cm}^2}$$

Las unidades prácticas recomendadas en el sistema SI son las siguientes:

Para resistencias y tensiones $\frac{\text{N}}{\text{mm}^2} = \text{MPa}$

Para fuerzas kN

Para fuerzas por unidad de longitud $\frac{\text{kN}}{\text{m}}$

Para fuerzas por unidad de superficie $\frac{\text{kN}}{\text{m}^2}$

1.5 Presión interior: Como principio general la red de saneamiento debe proyectarse de modo que, en régimen normal, las tuberías que la constituyen no tengan que soportar presión interior.

Sin embargo, dado que la red de saneamiento puede entrar parcialmente en carga debido a caudales excepcionales o por obstrucción de una tubería, deberá resistir una presión interior de 1 kp/cm² (0,098 Mp).

Cuando se prevean por el proyectista circunstancias que justifique incluir en el proyecto tramos en carga, deberá determinar la máxima presión previsible y proyectar dichos tramos de acuerdo con lo dispuesto en el «Pliego de Prescripciones Técnicas Generales para Tuberías de Abastecimiento de Agua».

1.6 Clasificación de los tubos: Los tubos para saneamiento se caracterizan por su diámetro nominal y por su resistencia a la flexión transversal, resistencia al aplastamiento. En relación con esta última característica se establecerán las diferentes series de tubos.

La clasificación por serie se establecerá, según el material de que estén constituidos los tubos, por las características que a continuación se indican:

- En los tubos de hormigón en masa, hormigón armado, de amianto-cemento y gres, las series se definen por su resistencia al aplastamiento expresada por la carga en kp/m². El producto de esta carga por el diámetro nominal es el valor mínimo admisible de la carga lineal de prueba en el ensayo de aplastamiento exigido en el punto 3.° del artículo 4.1.
- En los tubos de policloruro de vinilo no plastificado y polietileno de alta densidad la serie normalizada viene definida por el diámetro nominal y espesor según las tablas 9.3 y 10.3, respectivamente.
- En los tubos de poliéster reforzado con fibra de vidrio de las series se identificarán por la rigidez circunferencial específica del tubo a corto plazo $(RCE)_0$ definidas en el artículo 11.2, pero en cada caso se especificará por el fabricante el factor de reducción para obtener la correspondiente rigidez a largo plazo (cincuenta años) $(RCE)_{50}$.

1.7 Diámetro nominal: El diámetro nominal (DN) es un número convencional de designación, que sirve para clasificar por dimensiones los tubos, piezas y demás elementos de las conducciones, expresado en milímetros, de acuerdo con la siguiente convención:

En tubos de hormigón, amianto-cemento, gres y poliéster reforzado con fibra de vidrio, el DN es el diámetro interior teórico.

En tubos de policloruro de vinilo no plastificado y polietileno de alta densidad, el diámetro nominal es el diámetro exterior teórico.

1.8 Diámetro mínimo en la red de saneamiento: El diámetro nominal de los tubos de la red de saneamiento no será inferior a 300 milímetros. Para usos complementarios (acometidas, etc.) se podrán utilizar tubos de diámetros menores de 300 milímetros siempre que estén incluidos en las tablas de clasificación correspondientes a los distintos materiales.

1.9 Condiciones generales de los tubos: La superficie interior de cualquier elemento será lisa, no pudiendo admitirse otros defectos de regularidad que los de carácter accidental o local que queden dentro de las tolerancias prescritas y que no representen merma de la calidad ni de la capacidad de desagüe. La reparación de tales defectos no se realizará sin la previa autorización de la Administración.

La Administración se reserva el derecho de verificar previamente, por medio de sus representantes, los modelos, moldes y encofrados que vayan a utilizarse para la fabricación de cualquier elemento.

Los tubos y demás elementos de la conducción estarán bien acabados, con espesores uniformes y cuidadosamente trabajados, de manera que las superficies exteriores y, especialmente, las interiores queden reguladas y lisas, terminando el tubo en sus secciones extremas con aristas vivas.

Las características físicas y químicas de la tubería serán inalterables a la acción de las aguas que deban transportar, debiendo la conducción resistir sin daños todos los esfuerzos que esté llamada a soportar en servicio y durante las pruebas y mantenerse la estanquidad de la conducción a pesar de la posible acción de las aguas.

Todos los elementos deberán permitir el correcto acoplamiento del sistema de juntas empleado para que éstas sean estancas; a cuyo fin los extremos de cualquier elemento estarán perfectamente acabados para que las juntas sean impermeables, sin defectos que repercutan en el ajuste y montaje de las mismas, evitando tener que forzarlas.

1.10 Marcado: Los tubos deben llevar marcado como mínimo, de forma legible e indeleble, los siguientes datos:

Marca del fabricante.
Diámetro nominal.

La sigla SAN, que indica que se trata de un tubo de saneamiento, seguida de la indicación de la serie de clasificación a que pertenece el tubo.

Fecha de fabricación y marcas que permita identificar los controles a que ha sido sometido el lote a que pertenece el tubo y el tipo de cemento empleado en la fabricación, en su caso.

1.11 Pruebas en fábrica y control de calidad de los tubos: La Administración se reserva el derecho de realizar en fábrica, por medio de sus representantes, cuantas verificaciones de fabricación y ensayos de materiales estime precisos para el control de las diversas etapas de fabricación, según las prescripciones de este pliego. A estos efectos, el contratista, en el caso de no proceder por sí mismo a la fabricación de los tubos, deberá hacer constar este derecho de la Administración en su contrato con el fabricante.

Cuando se trate de elementos fabricados expresamente para una obra, el fabricante avisará al Director de Obra con quince días de antelación, como mínimo, del comienzo de la fabricación y de la fecha en que se propone efectuar las pruebas.

El Director de Obra podrá exigir al contratista certificado de garantía de que se efectuaron en forma satisfactoria los ensayos y de que los materiales utilizados en la fabricación cumplieron las especificaciones correspondientes. Este certificado podrá sustituirse por un sello de calidad reconocido oficialmente.

1.12 Entrega en obra de los tubos y elementos: Cada entrega irá acompañada de un albarán especificando naturaleza, número, tipo y referencia de las piezas que la componen, y deberán hacerse con el ritmo y plazo señalados en el pliego de prescripciones técnicas particulares o, en su caso, por el Director de Obra.

Las piezas que hayan sufrido averías durante el transporte o que presenten defectos serán rechazadas.

1.13 Aceptación o rechazo de los tubos: El Director de Obra, si lo estima necesario, podrá ordenar en cualquier momento la realización de ensayos sobre lotes, aunque hubiesen sido ensayados en fábrica, para lo cual el contratista, avisado previamente por escrito, facilitará los medios necesarios para realizar estos ensayos, de las que se levantará acta, y los resultados obtenidos en ellos prevalecerán sobre cualquier otro anterior.

Clasificado el material por lotes, de acuerdo con lo que se establece en 4.2, los ensayos se efectuarán según se indica en el mismo apartado, sobre muestras tomadas de cada lote, de forma que los resultados que se obtengan se asignarán al total del lote.

Cuando una muestra no satisfaga un ensayo, se repetirá este mismo sobre dos muestras más del lote ensayado. Si también falla uno de estos ensayos, se rechazará el lote ensayado, aceptándose si el resultado de ambos es bueno, con excepción del tubo defectuoso ensayado.

1.14 Condiciones generales de las juntas: En la elección del tipo de junta, el proyectista deberá tener en cuenta las solicitaciones a que ha de estar sometida la tubería, especialmente las externas, rigidez de la cama de apoyo, etc., así como la agresividad del terreno, del efluente y de la temperatura de éste y otros agentes que puedan alterar los materiales que constituyen la junta. En cualquier caso, las juntas serán estancas tanto a la presión de prueba de estanquidad de los tubos, como a posibles infiltraciones exteriores; resistirán los esfuerzos mecánicos y no producirán alteraciones apreciables en el régimen hidráulico de la tubría.

El proyectista fijará las condiciones que deben cumplir las juntas, así como los elementos que las formen. El contratista está obligado a presentar planos y detalles de la junta que se va a emplear de acuerdo con las condiciones del proyecto, así como tolerancias, características de los materiales, elementos que la forman y descripción del montaje, al objeto de que el Director de Obra, caso de aceptarla, previas las pruebas y ensayos que juzgue oportunos, pueda comprobar en todo momento la correspondencia entre el suministro y montaje de las juntas y la proposición aceptada.

Las juntas que se utilizarán podrán ser según el material con que está fabricado el tubo: Manguito del mismo material y características del tubo con anillos elásticos, copa con anillo elástico, soldadura u otras que garanticen su estanquidad y perfecto funcionamiento. Los anillos serán de caucho natural o sintético y cumplirán la UNE 53.590/75, podrán ser de sección circular, sección en V o formados por piezas con rebordes, que asegure la estanquidad.

El sistema podrá estar constituido por varios anillos elásticos y los manguitos o la copa podrán llevar en su interior rebajes o resaltos para alojar y sujetar aquéllos.

La estanquidad de las juntas efectuadas con corchete es muy difícil de conseguir, por lo que no deben utilizarse, salvo que se justifique en el proyecto y se extremen las precauciones de ejecución.

Las juntas de los tubos de polietileno de alta densidad se harán mediante soldadura a tope, que se efectuarán según lo indicado en la UNE 53.394 por operario especialista expresamente calificado por el fabricante.

Para las juntas que precisen en obra trabajos especiales para su ejecución (soldadura, hormigonado, retacado, etc.), el contratista propondrá a la Dirección de Obra los planos de ejecución de éstas y el detalle completo de la ejecución y características de los materiales, en el caso de que no estén totalmente definidas en el proyecto. El Director de Obra, previo los análisis y ensayos que estime oportunos, aceptará la propuesta o exigirá las modificaciones que considere convenientes.

Para usos complementarios podrán emplearse, en tubos de policloruro de vinilo no plastificado, uniones encoladas con adhesivos, y sólo en los tubos de diámetro igual o menor de 250 milímetros, con la condición de que sean ejecutados por un operario especialista expresamente calificado por el fabricante, y con el adhesivo indicado por éste, que no deberá despegarse con la acción agresiva del agua y deberá cumplir la UNE 53.174.

El lubricante que eventualmente se emplee en las operaciones de unión de los tubos con junta elástica no debe ser agresivo, ni para el material del tubo, ni para el anillo elastomérico, incluso a temperaturas del efluente elevadas.

1.15 Pruebas en zanja: Una vez instalada la tubería, antes de su recepción, se procederá a las pruebas preceptivas que se indican en el capítulo 13, así como a las que se establezcan en el correspondiente pliego de prescripciones técnicas particulares de la obra.

2. *Elementos complementarios de la red de saneamiento*

2.1 Generalidades: Las obras complementarias de la red, pozos de registro, sumideros, unión de colectores, acometidas y restantes obras especiales pueden ser prefabricadas o construidas «in situ», estarán calculadas para resistir, tanto las acciones del terreno, como las sobrecargas definidas en el proyecto y serán ejecutadas conforme al proyecto.

La solera de éstas será de hormigón en masa o armado, y su espesor no será inferior a 20 centímetros.

Los alzados construidos «in situ» podrán ser de hormigón en masa o armado, o bien de fábrica de ladrillo macizo. Su espesor no podrá ser inferior a 10 centímetros si fuesen de hormigón armado,

20 centímetros si fuesen de hormigón en masa, ni a 25 centímetros si fuesen de fábrica de ladrillo.

En el caso de utilización de elementos prefabricados constituidos por anillos con acoplamientos sucesivos, se adoptarán las convenientes precauciones que impidan el movimiento relativo entre dichos anillos.

El homigón utilizado para la construcción de la solera no será de inferior calidad al que se utilice en alzados cuando éstos se construyan con este material. En cualquier caso, la resistencia característica a compresión a los veintiocho días del hormigón que se utilice en soleras no será inferior a 200 kp/cm^2.

Las superficies interiores de estas obras serán lisas y estancas. Para asegurar la estanquidad de la fábrica de ladrillo estas superficies serán revestidas de un enfoscado bruñido de dos centímetros de espesor.

Las obras deben estar proyectadas para permitir la conexión de los tubos con la misma estanquidad que la exigida a la unión de los tubos entre sí.

La unión de los tubos a la obra de fábrica se realizará de manera que permita la impermeabilidad y adherencia a las paredes conforme a la naturaleza de los materiales que la constituyen; en particular la unión de los tubos de material plástico exigirá el empleo de un sistema adecuado de unión.

Deberán colocarse en las tuberías rígidas juntas suficientemente elásticas y a una distancia no superior a 50 centímetros de la pared de la obra de fábrica, antes y después de acometer a la misma, para evitar que, como consecuencia de asientos desiguales del terreno, se produzcan daños en la tubería o en la unión de la tubería a la obra de fábrica.

Es conveniente normalizar todo lo posible los tipos y clases de estas obras de fábrica dentro de cada red de saneamiento.

2.2 Pozos de registro:

Se dispondrán obligatoriamente pozos de registro que permitan el acceso para inspección y limpieza:

a) En los cambios de alineación y de pendientes de la tubería.
b) En las uniones de los colectores o ramales.
c) En los tramos rectos de tubería en general a una distancia máxima de 50 metros. Esta distancia máxima podrá elevarse hasta 75 metros en función de los métodos de limpieza previstos.

Los pozos de registro tendrán un diámetro interior de 0,80 metros. Si fuese preciso construirlos por alguna circunstancia de mayor diámetro, habrá que disponer elementos partidores de altura cada tres metros como máximo.

Podrán emplearse también pozos de registro prefabricados, siempre que cumplan las dimensiones interiores, estanquidad y resistencia exigidas a los no prefabricados.

2.3 Sumideros: Los sumideros tienen por finalidad la incorporación de las aguas superficiales a la red; existe el peligro de introducir en ésta elementos sólidos que puedan producir atascos. Por ello no es recomendable su colocación en calles no pavimentadas, salvo que cada sumidero vaya acompañado de una arqueta visitable para la recogida y extracción periódica de las arenas y detritos depositados (areneros).

2.4 Acometidas de edificios: La acometida de edificios a la red de saneamiento tendrá su origen en arquetas que recojan las aguas de lluvia de las azoteas y patios, y las aguas negras procedentes de las viviendas, bastando una arqueta en el caso de redes unitarias. Desde la arqueta se acometerá a la red general preferentemente a través de un pozo registro.

Siempre que un ramal secundario o una acometida se inserte en otro conducto se procurará que el ángulo de encuentro sea como máximo de 60°.

2.5 Cámaras de descarga: Se dispondrán en los orígenes de colectores que por su situación estime el proyectista depósitos de agua con un dispositivo que permita descargas periódicas fuertes de agua limpia, con objeto de limpiar la red de saneamiento.

2.6 Aliviaderos de crecida: Con objeto de no encarecer excesivamente la red y cuando el terremo lo permita, se dispondrán aliviaderos de crecida para desviar excesos de caudales excepcionales producidos por aguas pluviales, que sean visitables, siempre que la red de saneamiento no sea exclusivamente de aguas negras.

El caudal a partir del cual empieza a funcionar el vertedero se justificará en cada caso teniendo en cuenta las características del cauce receptor y las del efluente.

3. *Materiales*

3.1 Generalidades: Todos los elementos que formen parte de los suministros para la realización de las obras procederán de fábricas que propuestas previamente por el Contratista sean aceptadas por el Director de Obra. No obstante, el Contratista es el único responsable ante la Administración.

Todas las características de los materiales que no se determinen en este Pliego o en el Pliego de Prescripciones Técnicas Particulares del Proyecto, estarán de acuerdo con lo determinado en las especificaciones técnicas de carácter obligatorio por disposición oficial.

En la elección de los materiales se tendrá en cuenta la agresividad del efluente y las características del medio ambiente.

Los materiales normalmente empleados en la fabricación de tubos serán: Hormigón en masa o armado, amianto cemento, gres, policloruro de vinilo no plastificado, polietileno de alta densidad o poliéster reforzado con fibra de vidrio.

Podrá aceptarse el empleo de materiales de uso no corriente en las redes de saneamiento, pero dicha aceptación obligará a una justificación previa y en su caso a la realización de ensayos necesarios para determinar el correcto funcionamiento, las características del material de los tubos y de las piezas especiales y su comportamiento en el futuro sometidos a las acciones de toda clase que deberán soportar, incluso la agresión química. En este último caso se fijarán en el pliego de prescripciones técnicas particulares del proyecto las condiciones para la recepción de los elementos de la red de saneamiento. Todo lo que no esté previsto en dicho pliego será deteminado por el Director de Obra, cuyas decisiones deberán ser aceptadas por el Contratista.

3.2 Calidad de los materiales de uso general: La calidad de los materiales que se definen en este apartado corresponde a los materiales empleados en las obras complementarias, así como las necesarias para la instalación de la tubería de la red de saneamiento, ya que en cada capítulo se especifica la calidad que deben satisfacer los materiales de los tubos.

El Director de Obra exigirá la realización de los ensayos adecuados de los materiales a su recepción en obra que garanticen la calidad de los mismos de acuerdo con las especificaciones de proyecto. No obstante, podrá eximir de estos ensayos a aquellos materiales que posean sellos de calidad o que acrediten de modo satisfactorio la realización de estos ensayos.

3.2.1 Cementos: El cemento cumplirá el vigente Pliego de Prescripciones Técnicas Generales para la recepción de cementos para el tipo fijado en el proyecto. En la elección del tipo de cemento se tendrá especialmente en cuenta la agresividad del efluente y del terreno.

3.2.2 Agua: El agua cumplirá las condiciones exigidas en la vigente instrucción para el proyecto y la ejecución de obras de hormigón en masa o armado.

3.2.3 Aridos: Los áridos cumplirán las condiciones fijadas en la vigente instrucción para la ejecución y proyecto de obras de hormigón en masa o armado además de las particulares que se fijen en el pliego de prescripciones técnicas particulares del proyecto.

3.2.4 Acero para armaduras: El acero empleado cumplirá las condiciones exigidas en la vigente instrucción para el proyecto y ejecución de obras de hormigón en masa o armado.

3.2.5 Hormigones: Los hormigones empleados en todas las obras de la red de saneamiento cumplirán las prescripciones de la vigente instrucción para el proyecto y la ejecución de obras de hormigón en masa o armado.

3.2.6 Fundición: La fundición deberá ser gris, con grafito laminar (conocida como fundición gris normal) o con grafito esferoidal (conocida también como nodular o dúctil).

La fundición presentará en su fractura grano fino, regular, homogéneo y compacto. Deberá ser dulce, tenaz y dura; pudiendo, sin embargo, trabajarse a la lima y al buril, y susceptible de ser cortada y taladrada fácilmente. En su moldeo no presentará poros, sopladuras, bolsas de aire o huecos, gotas frías, grietas, manchas, pelos ni otros defectos debidos a impurezas que perjudiquen a la resistencia o a la continuidad del material y al buen aspecto de la superficie del producto obtenido. Las paredes interiores y exteriores de las piezas deben estar cuidadosamente acabadas, limpiadas y desbarbadas.

3.2.7 Ladrillos: Los ladrillos empleados en todas las obras de la red de saneamiento serán del tipo M de la UNE 67.019/78 y cumplirán las especificaciones que para ellos se dan en esta norma.

4. *Ensayo de los tubos y juntas*

4.1 Generalidades: Las verificaciones y ensayos de recepción, tanto en fábrica como en obra, se ejecutarán sobre tubos y juntas cuya suficiente madurez sea garantizada por el fabricante y su aceptación o rechazo se regulará por lo que se prescribe en el 1.12.

Estos ensayos se efectuarán previamente a la aplicación de pintura o cualquier tratamiento de terminación del tubo que haya de realizarse en dicho lugar.

Serán obligatorias las siguientes verificaciones y ensayos para cualquier clase de tubos además de las específicas que figuran en el capítulo correspondiente:

1.° Examen visual del aspecto general de los tubos y piezas para juntas y comprobación de dimensiones y espesores.
2.° Ensayo de estanquidad según se define en el capítulo de cada tipo de tubo.

3.° Ensayo de aplastamiento según se define en el capítulo de cada tipo de tubo.

El ensayo de flexión longitudinal para los tubos de hormigón en masa, hormigón armado, amianto cemento, poliéster reforzado con fibra de vidrio y gres, sólo será obligatorio si así lo prescribe el pliego de prescripciones técnicas particulares de la obra, en cuyo caso se realizará de acuerdo con el método que figura en su correspondiente capítulo.

Estos ensayos de recepción , en el caso de que el Director de Obra lo considera oportuno, podrán sustituirse por un certificado en el que se expresen los resultados satisfactorios de los ensayos de estanquidad, aplastamiento, y en su caso flexión longitudinal del lote a que pertenezcan los tubos o los ensayos de autocontrol sistemáticos de fabricación que garantice la estanquidad, aplastamiento y en su caso la flexión longitudinal anteriormente definidas.

4.2 Lotes y ejecución de las pruebas: En obra se clasificarán los tubos en lotes de 500 unidades según la naturaleza, categoría y diámetro nominal, antes de los ensayos, salvo que el Director de Obra autorice expresamente la formación de lotes de mayor número.

El Director de Obra escogerá los tubos que deberán probarse.

Por cada lote de 500 unidades o fracción, si no se llegase en el pedido al número citado, se tomarán el menor número de elementos que permitan realizar la totalidad de los ensayos.

Se procederá a la comprobación de los puntos 1.°, 2.° y 3.° del apartado anterior por ese orden precisamente.

4.3 Examen visual del aspecto general de los tubos y comprobación de las dimensiones: La verificación se referirá al aspecto de los tubos y comprobación de las cotas especificadas especialmente: Longitud útil y diámetros de los tubos, longitud y diámetros de las embocaduras, o manguito en su caso, espesores y perpendicularidad de las secciones extremas con el eje.

Cada tubo que se ensaye se hará rodar por dos carriles horizontales y paralelos, con una separación entre ejes igual a los dos tercios de la longitud nominal de los tubos. Se examinará por el interior y el exterior del tubo y se tomarán las medidas de sus dimensiones, el espesor en diferentes puntos y la flecha en su caso para determinar la posible curvatura que pueda presentar. Además se tendrá presente lo prescrito en 1.8.

4.4 Ensayo de estanquidad del tipo de juntas: Antes de aceptar el tipo de juntas propuesto, el Director de Obra podrá ordenar ensayos de estanquidad de tipos de juntas, en este caso el ensayo se hará en forma análoga al de los tubos, disponiéndose dos trozos de tubos, uno a continuación de otro, unidos por su junta, cerrando los extremos libres con dispositivos apropiados y siguiendo el mismo procedimiento indicado para los tubos. Se comprobará que no existe pérdida alguna.

5. *Tubos de hormigón en masa*

5.1 Disposiciones generales: Los tubos de hormigón en masa serán fabricados mecánicamente por un procedimiento que asegure una elevada compacidad del hormigón.

5.2 Características del material: Los hormigones y sus componentes elementales, además de las condiciones de este pliego, cumplirán las de la instrucción para el proyevto y la ejecución de obras de hormigón en masa o armado vigente.

En la elección del tipo de cemento se tendrá especialmente en cuenta la agresividad del efluente y del terreno.

Si se emplean fibras de acero, añadidas al hormigón para mejorar las características mecánicas del tubo, dichas fibras deberán quedar uniformemente repartidas en la masa del hormigón y deberán estar exentas de aceite, grasas o cualquier otra sustancia que pueda perjudicar al hormigón.

Tanto para los tubos centrifugados como para los vibrados, la resistencia característica a la compresión del hormigón no será inferior a 275 kp/cm² a los veintiocho días, en probeta cilíndrica. La resistencia característica se define en la instrucción para el proyecto y la ejecución de obras de hormigón en masa o armado.

Los hormigones que se empleen en los tubos se ensayarán con una serie de seis probetas como mínimo diariamente, cuyas características serán representativas del hormigón producido en la jornada. Estas probetas se curarán por los mismos procedimientos que se empleen para curar los tubos.

5.3 Clasificación: En función de su resistencia al aplastamiento, los tubos de hormigón en masa se clasificarán en cuatro series caracterizadas por el valor mínimo de la carga de aplastamiento expresada en kilopondios por metro cuadrado.

En la tabla siguiente figuran las cuatro series y las cargas lineales equivalentes expresadas en kilopondios por metro lineal para cada diámetro, con un valor mínimo de 1.500 kilopondios por metro lineal (véase 5.11.2).

TABLA 5.3

Tubos de hormigón en masa, clasificación

Diámetro nominal - Milímetros	Serie A 4.000 kp/m²	Serie B 6.000 kp/m²	Serie C 9.000 kp/m²	Serie D 12.000 kp/m²
150	1.500	1.500	1.500	1.800
200	1.500	1.500	1.800	2.400
250	1.500	1.500	2.250	3.000
300	1.500	1.800	2.700	3.600
350	1.500	2.100	3.150	4.200
400	1.600	2.400	3.600	4.800
500	2.000	3.000	4.500	6.000
600	2.400	3.600	5.400	7.200
700	2.800	4.200	6.300	8.400
800	3.200	4.800	7.200	9.600

En los tubos de diámetros 700 milímetros y 800 milímetros es conveniente tomar alguna precaución que reduzca el riesgo de rotura, tal como una ligera armadura, empleo de fibras de acero, formas especiales de la sección transversal, etc.

5.4. Diámetros de los tubos: Los diámetros nominales de los tubos se ajustarán a los siguientes valores:

ø milímetros 150, 200, 250, 300, 350, 400, 500, 600, 700, 800.

5.5 Tolerancias en los diámetros interiores: Las desviaciones máximas admisibles para el diámetro interior respecto al diámetro nominal serán las que señala la siguiente tabla:

TABLA 5.5

Tolerancias de los diámetros interiores

Diámetro nominal - Milímetros	150-250	300-400	500	600	700-800
Tolerancias (milímetros)	± 3	± 4	± 5	± 6	± 7

En todos los casos el promedio de los diámetros interiores tomados en las cinco secciones transversales resultantes de dividir un tubo en cuatro partes iguales no debe ser inferior al diámetro nominal del tubo.

Como diámetro interior de cada una de las cinco secciones se considerará el menor de los diámetros perpendiculares cualquiera.

5.6 Longitudes: No se permitirán longitudes superiores a 2,50 metros.

5.7 Tolerancias en las longitudes: Las desviaciones admisibles de la longitud no serán en ningún caso superiores al 2 por 100 de la longitud, en más o en menos.

5.8 Desviación de la línea recta: La desviación máxima desde cualquier punto de la generatriz de apoyo al plano horizontal tomado como referencia no será en ningún caso superior a 5 milímetros para tubos de longitud igual a un metro. Dicha medición se realizará haciendo rodar el tubo una vuelta completa sobre el plano horizontal de referencia.

Para longitudes de tubo superiores a la mencionada, la desviación admitida será proporcional a la longitud.

5.9 Espesores: Los espesores de pared de los tubos serán como mínimo los necesarios para resistir al aplastamiento las cargas por metro lineal que le corresponden según su clasificación (tabla 5.3).

El fabricante fijará los espesores de los tubos en su Catálogo.

5.10 Tolerancias en los espesores: No se admitirán disminuciones de espesor superiores al mayor de los dos valores siguientes:

- 5 por 100 del espesor del tubo que figura en el catálogo.
- 3 milímetros.

5.11 Ensayos: Los ensayos que se realizarán sobre los tubos, véase el capítulo 4, son los siguientes:

5.11.1 Ensayo de estanquidad: Los tubos que se van a ensayar se colocan en una máquina hidráulica, asegurando la estanquidad en sus extremos mediante dispositivos adecuados.

Se dispondrá de un manómetro debidamente contrastado y de una llave de purga.

Los tubos se mantendrán llenos de agua durante las veinticuatro horas anteriores al ensayo. Durante el tiempo del ensayo no se presentarán fisuras ni pérdida de agua, aunque puedan aparecer exudaciones.

Al comenzar el ensayo se mantendrá abierta la llave de purga, iniciándose la inyección de agua y comprobando que ha sido expulsado la totalidad del aire y que, por consiguiente, el tubo está lleno de agua. Una vez conseguida la expulsión del aire se cierra la llave de purga y se eleva regular y lentamente la presión hasta que el manómetro indique que se ha alcanzado la presión máxima de ensayo, que será de 1 kp/cm^2. Esta presión se mantendrá durante dos horas.

Los tubos se mantendrán llenos de agua durante las veinticuatro horas anteriores a la prueba, durante el tiempo del ensayo no se presentarán fisuras ni pérdida de agua, aunque puedan aparecer exudaciones.

5.11.2 Ensayo de aplastamiento: El ensayo se realizará sobre un tubo completo [figura 5.11.2, a)]. El tubo elegido para la prueba se colocará apoyado sobre dos reglas de madera separadas por un dozavo del diámetro exterior y como mínimo veinticinco milímetros. Las irregularidades de forma pueden ser compensadas por una banda de cartón, fieltro o caucho de uno a dos centímetros de espesor.

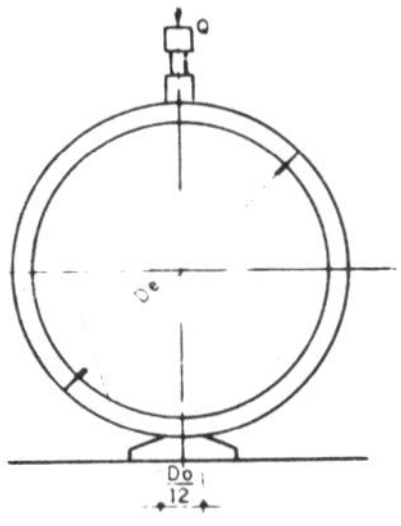

Fig. 5.11.2.a

La carga de ensayo se aplicará uniformemente a lo largo de la generatriz opuesta al apoyo por medio de una viga de carga que tiene en su parte inferior una regla de madera con un ancho de diez centímetros, con el mismo sistema de compensación de irregularidades.

En los tubos sin enchufe con terminales planos, el centro de gravedad de la carga estará a igual distancia de las dos extremidades y la longitud de la carga coincidirá con la longitud útil del tubo [figura 5.11.2, b)].

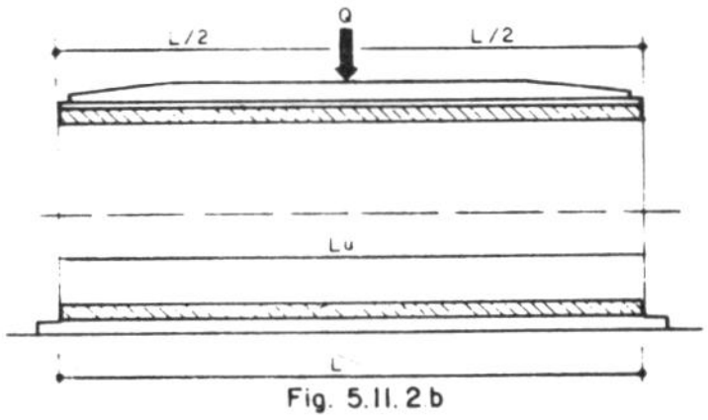

Fig. 5.11.2 b

En los tubos con enchufe, el apoyo de la carga no se ejercerá más que sobre la parte cilíndrica de diámetro uniforme del tubo, pero el centro de gravedad de la carga deberá estar a igual distancia de las dos extremidades [figura 5.11.2 c)].

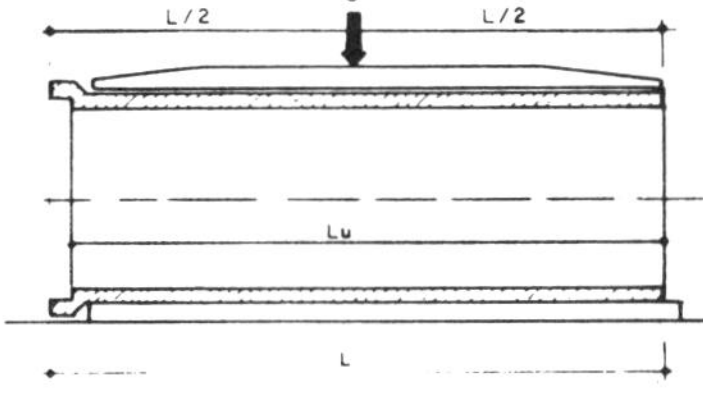

Fig. 5.11.2 c

La carga deberá crecer progresivamente desde cero a razón de 1.000 kilopondios por segundo.

Se llama carga de fisuración a aquella que haga aparecer la primera fisura de por lo menos dos décimas de milímetro de abertura y treinta centímetros de longitud.

Para medir la abertura de las fisuras podrá utilizarse una galga de dimensiones análogas a las que se indican en la figura 5.11.2, d). Se considerará que se ha alcanzado la carga de fisuración cuando la galga pueda entrar en la fisura por lo menos en treinta centímetros de longitud.

La carga lineal equivalente P, expresada en kilopondios por metro lineal, se obtiene dividiendo la carga de fisuración Q por la longitud útil del tubo.

$$P = \frac{Q}{L_u} \quad Kp/m$$

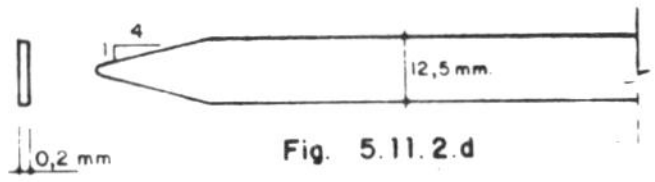

Fig. 5.11.2.d

5.11.3 Ensayo de flexión longitudinal: El ensayo se realizará sobre tubos enteros.

El tubo se colocará sobre dos apoyos. Se cargará en el centro de la distancia entre apoyos, con una carga transmitida mediante un cojinete que debe tener la misma forma que los apoyos. Entre los apoyos, el cojinete y el tubo se interpondrán tiras de fieltro o planchas de fibra de madera blanda de uno a dos centímetros de espesor. La carga aplicada se aumentará progresivamente, de modo que la tensión calculada para el tubo vaya creciendo a razón de 8 a 12 kilopondios por centímetro cuadrado y segundo hasta el valor P que provoque la rotura.

Para los tubos cuyo diámetro no exceda de 300 milímetros, la longitud del tubo deberá ser por lo menos 2,2 metros y los apoyos serán metálicos, en forma de V, cuyo ángulo de abertura será de 120 grados sexagesimales. Presentarán estos apoyos un ancho de 5 centímetros y deberán poder oscilar libremente en el plano de flexión alrededor de sus ejes horizontales [figura 5.11.3 a)].

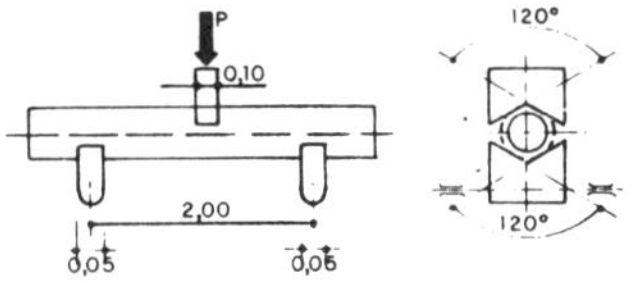

Fig 5.11.3.a

Cuando los tubos sean de diámetro superior a 300 milímetros, los apoyos de descanso del tubo y de aplicación de la carga central estarán constituidos por unas camas de madera con la interposición de una banda de caucho, de cartón o fieltro de 2 centímetros de espesor. Las camas de asiento y la de aplicación de la carga tendrán un ancho de 15 centímetros y abrazarán un ángulo central de 90 grados sexagesimales. Las camas de apoyo estarán a 15 centímetros de distancia de los extremos de la probeta, y a 2 metros, como mínimo, de separación entre sí [5.11.3 b)].

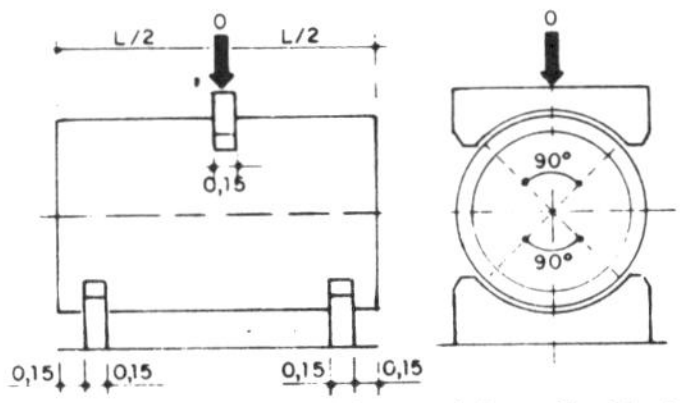

Fig 5.11.3.b

La tensión de rotura del material por flexión longitudinal σ_f se expresará en kilopondios por centímetro cuadrados por la fórmula:

$$\sigma_f = \frac{8}{\pi} \quad \frac{P \times L\,(D+2e)}{(D+2e)^4 - D^4}$$

Siendo:

P = Carga de rotura en kilopondios.
L = Distancia entre los ejes de los apoyos, en centímetros.
D = Diámetro interior del tubo en la sección de rotura, en centímetros.
e = Espesor del tubo en la sección de rotura en centímetros.

Tanto D como L y e serán los que resulten de la medida directa del tubo ensayado.

6. *Tubos de hormigón armado*

6.1 Disposiciones generales: Los tubos de hormigón armado se fabricarán mecánicamente por un procedimiento que asegure una elevada compacidad del hormigón.

Para que un tubo esté clasificado como de hormigón armado deberá tener simultáneamente las dos series de armaduras siguientes:

a) Barras continuas longitudinales colocadas a intervalos regulares según generatrices, y

b) Espiras helicoidales continuas de paso regular de 15 centímetros, como máximo, o cercos circulares soldados y colocados a intervalos regulares distanciados 15 centímetros, como máximo. La sección de los cercos o espiras cumplirá la prescripción de la cuantía mínima exigida por la Instrucción para el Proyecto y Ejecución de Obras de Hormigón en Masa o Armado, para flexión simple o compuesta, salvo utilización de armaduras especiales admitidas por el Director de Obra.

Se armará el tubo en toda su longitud llegando las armaduras hasta 25 milímetros, del borde del mismo. En los extremos del tubo la separación de los cercos o el paso de las espiras deberá reducirse.

El recubrimiento de las armaduras por el hormigón deberá ser, al menos, de 2 centímetros. Cuando se prevea ambientes particularmente agresivos, bien exteriores, bien interiores, los recubrimientos deberán ser incrementados por el proyectista.

Cuando el diámetro del tubo sea superior a 1.000 milímetros y salvo disposiciones especiales de armaduras debidamente justificadas por el proyectista, las espiras o cercos estarán colocadas en dos capas cuyo espacio entre ellas será el mayor posible teniendo en cuenta los límites de recubrimiento antes expuestos.

6.2 Características del material: El hormigón emplado en la fabricación de estos tubos tendrá las mismas características que las especificadas en 5.2.

El acero empleado para las armaduras cumplirá las condiciones exigidas en la Instrucción para el Proyecto y la Ejecución de Obras de Hormigón en Masa o Armado.

6.3 Clasificación: En función de su resistencia al aplastamiento, los tubos de hormigón armado se clasificarán en tres series caracterizadas por el valor mínimo de la carga de aplastamiento expresada en kilopondios por metro cuadrado.

En la tabla siguiente figuran las tres series y las cargas lineales equivalentes expresadas en kilopondios por metro lineal para cada diámetro, con un valor mínimo de 1.500 kilopondios por metro lineal.

TABLA 6.3

Tubos de hormigón armado, clasificación

Diámetro nominal (mm)	Serie B 6.000 kp/m^2	Serie C 9.000 kp/m^2	Serie D 12.000 kp/m^2
250	1.500	2.250	3.000
300	1.800	2.700	3.600
350	2.100	3.150	4.200
400	2.400	3.600	4.800
500	3.000	4.500	6.000
600	3.600	5.400	7.200
700	4.200	6.300	8.400
800	4.800	7.200	9.600
1.000	6.000	9.000	12.000
1.200	7.200	10.800	14.400
1.400	8.400	12.600	16.800
1.500	9.000	13.500	18.000
1.600	9.600	14.400	19.200
1.800	10.800	16.200	21.600
2.000	12.000	18.000	24.000
2.200	13.200	19.800	26.400
2.400	14.400	21.600	28.800
2.500	15.000	22.500	30.000

6.4 Diámetros de los tubos: Los diámetros en milímetros nominales de los tubos se ajustarán a los siguientes valores: 250, 300, 350, 400, 500, 600, 700, 800, 1.000, 1.200, 1.400, 1.500, 1.600, 1.800, 2.000, 2.200, 2.400 y 2.500.

6.5 Tolerancias en los diámetros interiores: Las desviaciones máximas admisibles para el diámetro interior respecto al diámetro nominal serán las que señalan la siguiente tabla:

TABLA 6.5

Tolerancia de los diámetros interiores

Diámetro nominal (mm)	250	300-400	500	600	700-800	1.000-1.800	2.000-2.500
Tolerancias	± 3	± 4	± 5	± 6	± 7	± 8	± 10

En todos los casos, el promedio de los diámetros interiores tomados en las cinco sesiones transversales resultantes de dividir un tubo en cuatro partes iguales, no debe ser inferior al diámetro nominal del tubo. Como diámetro interior de cada una de las cinco secciones se considerará el menor de dos diámetros perpendiculares cualquiera.

6.6 Longitudes: No se permitirán longitudes inferiores a 2 m.

6.7 Tolerancias en las longitudes: Las desviaciones admisibles de la longitud no serán en ningún caso superiores al 1 por 100 de la longitud, en más o menos.

6.8 Desviación de la línea recta: La desviación máxima desde cualquier punto de la generatriz de apoyo al plano horizontal tomado como referencia, no será en ningún caso superior al 5 por 1.000 de la longitud del tubo. Dicha medición se realizará haciendo rodar el tubo una vuelta completa sobre el plano horizontal de referencia.

6.9 Espesores: Los espesores de pared de los tubos serán como mínimo los necesarios para resistir al aplastamiento las cargas por metro lineal que le corresponden según su clasificación (tabla 6.3).

El fabricante fijará los espesores de los tubos en su catálogo.

6.10 Tolerancia de los espesores: No se admitirán disminuciones de espesor superiores al mayor de los dos valores siguientes:

- 5 por 100 de espesor del tubo que figura en el catálogo.
- 3 milímetros.

6.11 Ensayos: Los ensayos que se realizarán sobre los tubos (véase capítulo 4), son los siguientes:

6.11.1 Ensayo de estanquidad: Se realizará igual que para los tubos de hormigón en masa (véase 5.11.1).

6.11.2 Ensayo de aplastamiento: Se realizará igual que para los tubos de hormigón en masa (véase 5.11.2).

6.11.3 Ensayo de flexión longitudinal: Se realizará igual que para los tubos de hormigón en masa (véase 5.11.3).

7. *Tubos de amianto-cemento*

7.1 Disposiciones generales: Los tubos de amianto-cemento estarán constituidos por una mezcla de agua, cemento y fibras de amianto sin adición de otras fibras que puedan perjudicar su calidad.

Si fuese necesario, pueden estar revestidos interiormente o exteriormente con una protección adecuada.

Los tubos pueden tener los extremos lisos para junta de manguito o llevar copa.

7.2 Características del material: El cemento y el agua cumplirán las especificaciones del 3.2.1 y 3.2.2, respectivamente.

Las características mecánicas del amianto-cemento que se comprobarán, de acuerdo con los ensayos 7.11 que figuran en este pliego, deberán ser como mínimo las siguientes:

Tensión de rotura:

Por presión hidráulica interior σ_t = 200 kg/cm^2
Por flexión transversal (aplastamiento) σ_e = 330 kg/cm^2

7.3 Clasificación: En función de su resistencia al aplastamiento, los tubos de amianto-cemento se clasificarán en cuatro series caracterizadas por el valor mínimo de la carga de aplastamiento expresada en kilopondios por metro cuadrado. En tabla siguiente figuran las cuatro series y las cargas lineales equivalentes expresadas en kilopondios por metro lineal para cada diámetro, con un valor mínimo de 1.500 kilopondios por metro lineal.

TABLA 7.3

Tubos de amianto cemento. Clasificación

Diámetro nominal (mm)	Serie A 4.000 kp/m²	Serie B 6.000 kp/m²	Serie C 9.000 kp/m²	Serie D 12.000 kp/m²
150	1.500	1.500	1.500	1.800
200	1.500	1.500	1.800	2.400
250	1.500	1.500	2.250	3.000
300	1.500	1.800	2.700	3.600
350	1.500	2.100	3.150	4.200
400	1.600	2.400	3.600	4.800
450	1.800	2.700	4.050	5.400
500	2.000	3.000	4.500	6.000
600	2.400	3.600	5.400	7.200
700	2.800	4.200	6.300	8.400
800	3.200	4.800	7.200	9.600
900	3.600	5.400	8.100	10.800
1.000	4.000	6.000	9.000	12.000
1.100	4.400	6.600	9.900	13.200
1.200	4.800	7.200	10.800	14.400
1.300	5.200	7.800	11.700	15.600
1.400	5.600	8.400	12.600	16.800
1.500	6.000	9.000	13.500	18.000
1.600	6.400	9.600	14.400	19.200
1.700	6.800	10.200	15.300	20.400
1.800	7.200	10.800	16.200	21.600
1.900	7.600	11.400	17.100	22.000
2.000	8.000	12.000	18.000	24.000
2.100	8.400	12.600	18.900	25.200
2.200	8.800	13.200	19.800	26.400
2.300	9.200	13.800	20.700	27.600
2.400	9.600	14.400	21.600	28.800
2.500	10.000	15.000	22.500	30.000

La serie a emplear podrá determinarse, teniendo en cuenta la UNE 88.211/83.

7.4 Diámetro de los tubos: Los diámetros, en milímetros, nominales de los tubos se ajustarán a los siguientes valores:

150, 200, 250, 300, 350, 400, 450, 500, 600, 700, 800, 900, 1.000, 1.100, 1.200, 1.300, 1.400, 1.500, 1.600, 1.700, 1.800, 1.900, 2.100, 2.200, 2.300, 2.400 y 2.500.

7.5 Tolerancias en los diámetros.

7.5.1 Tolerancias en los diámetros interiores: La regularidad del diámetro interior de tubos inferiores o iguales a 500 milímetros debe verificarse por medio de una esfera o de un disco, de material indeformable por la acción del agua, pasando libremente a través del tubo.

El disco debe mantenerse perpendicularmente al eje del tubo. El diámetro de la esfera o del disco será inferior al diámetro nonimal del tubo en el valor siguiente, expresado en milímetros (redondeando al milímetro):

2,5 + 0,01 d, siendo d, el diámetro nominal, expresado en milímetros. La regularidad del diámetro interior de los tubos mayores de 500 milímetros se debe comprobar mediante la medida en cada extremo del tubo de 3 diámetros desplazados un ángulo de aproximadamente 60°, con una precisión de + 1 milímetro.

Ninguno de los diámetros medidos debe ser inferior al valor autorizado al aplicar la fórmula anterior.

7.5.2 Tolerancias en los diámetros exteriores en el extremo liso: Las tolerancias de este diámetro (extremo liso), así como el método de medida, deben ser fijadas por el fabricante en sus catálogos, función del tipo de junta utilizado y teniendo en cuenta las tolerancias que puede admitir dicha junta.

7.6 Longitudes: La longitud nominal de los tubos corresponde a la longitud medida entre los extremos, para los tubos de extremos lisos, y a la longitud útil para los tubos con copa (ver figura 7.6).

Normalmente las longitudes del tubo no serán menores de 3 metros para diámetros iguales o menores de 200 milímetros y de 4 metros para diámetros mayores.

Sólo se permitirán tubos cortados cuando lo sean en sección normal a su eje y previa autorización del Director de Obra.

7.7 Tolerancia en las longitudes: La longitud nominal de cada tubo podrá estar afectada de un error de 5 milímetros en más o 20 milímetros en menos.

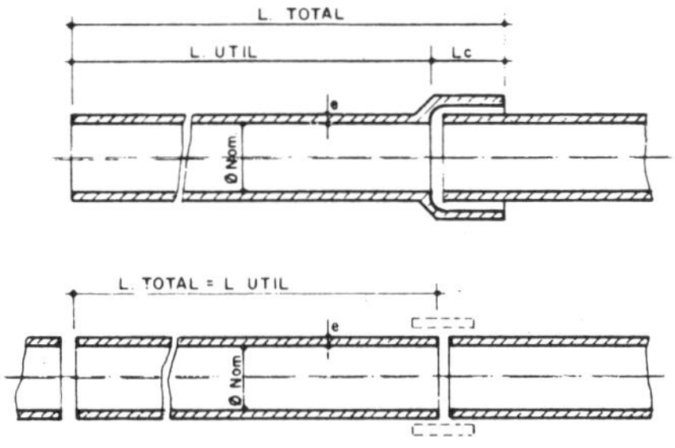

Fig 7.6

7.8 Desviación de la línea recta: La máxima curvatura admisible en los tubos rectos será tal que medido el doble de la flecha máxima que se determina haciendo girar el tubo sobre dos caminos de rodadura paralelos dispuestos simétricamente a los dos tercios de su longitud no sobrepase los valores siguientes:

Diámetros nominales	Desviación máxima en mm (doble de la flecha)
150	5,5 L
200-400	4,5 L
450-2.500	3,0 L

Siendo L la longitud del tubo en metros.

7.9 Espesores: Los espesores de la pared de los tubos serán como mínimos los necesarios para resistir al aplastamiento las cargas por metro lineal que le corresponden según su clasificación. El fabricante fijará los espesores de los tubos en su catálogo, teniendo en cuenta las tolerancias de fabricación y la resistencia del material. El espesor nominal de los tubos no será nunca inferior a 8 milímetros.

7.10 Tolerancias en los espesores: Las tolerancias admitidas respecto a los espesores marcados en catálogo serán las siguientes:

Espesor nominal en mm	Tolerancia en mm
Hasta 10 inclusive	- 1,5
Desde 10 hasta 20, éste inclusive	- 2,0
Desde 20 hasta 30, éste inclusive	- 2,5
Desde 30 hasta 60, éste inclusive	- 3,0
Desde 60 hasta 90, éste inclusive	- 3,5
Más de 90	- 4,0

7.11 Ensayos: Los ensayos que se realizarán sobre los tubos véase el capítulo 4, son los siguientes:

7.11.1 Ensayo de estanquidad: Este ensayo se realizará de acuerdo con el apartado 2.6.2 de la UNE 88.201/78.

7.11.2 Ensayo de aplastamiento: Este ensayo se realizará de acuerdo con el apartado 2.6.1 de la UNE 88.201/78.

7.11.3 Ensayo de flexión longitudinal: Este ensayo se realizará de acuerdo con el apartado 2.6.3 de la UNE 88.201/78.

8. *Tubos de gres*

8.1 Disposiciones generales: El empleo de tubos de gres está especialmente indicado en zonas en las que existan vertidos de aguas agresivas industriales, debiendo extremarse en este caso las medidas de protección de los pozos registro contra dichas aguas.

8.2 Características del material: Procederá de arcillas plásticas parcialmente vitrificadas. Los tubos estarán vidriados interior y exteriormente y tendrán estructura homogénea.

Solo se admitirán excepcionalmente aquellos defectos superficiales que no afecten a sus condiciones de utilización, especialmente al régimen hidráulico del tubo, a su impermeabilidad y atacabilidad y a su resistencia mecánica.

La máxima absorción de agua admisible será del 8 por 100 del peso del tubo, determinada de acuerdo con la UNE 7.052/1952.

8.3 Clasificación: En función de su resistencia al aplastamiento los tubos de gres cumplirán los valores de la tabla siguiente:

TABLA 8.3

Tubos de gres. Clasificación

Diámetro nominal mm	Carga en kp por metro lineal equivalente a 6.000 kp/m^2
150	1.500
200	1.500
250	1.500
300	1.800
350	2.100
400	2.400
450	2.700
500	3.000
600	3.600

8.4 Diámetro de los tubos. Los diámetros interiores de los tubos se ajustarán a los siguientes valores:

Diámetro interior 150, 200, 250, 300, 350, 400, 450, 500 y 600 milímetros. No se recomienda la utilización del diámetro 450.

8.5 Tolerancias de los diámetros interiores. Se admitirán las siguientes en milímetros.

TABLA 8.5

Tolerancia de los diámetros interiores

Diámetro interior	Tolerancia
150	± 5
200	± 5
250	± 6
300	± 7
350	± 7
400	± 8
450	± 8
500	± 9
600	± 12

8.6 Longitudes. La longitud útil no será inferior a 0,75 metros. La longitud de la copa será de 70 milímetros excepto para el de 600 que será de 80 milímetros.

8.7 Tolerancias en las longitudes. La tolerancia en la longitud útil será como máximo de un 2 por 100 de dicha longitud en más o en menos.

La tolerancia en la longitud de la copa será como máximo un 3 por 100 de dicha longitud en más o en menos.

8.8 Desviación de la línea recta. La flecha máxima del tubo, excluida la copa, no excederá del 1 por 100 de su longitud.

8.9 y 8.10. Espesores y tolerancias. Los espesores y sus tolerancias deberán figurar en los catálogos de los fabricantes.

8.11. Ensayos. Los ensayos que se realizarán sobre los tubos, veáse el capítulo 4, son los siguientes:

8.11.1 Ensayo de estanquidad. Este ensayo se realizará de igual manera que la descrita para los tubos de amianto-cemento (veáse 7.11.1).

8.11.2 Ensayo de aplastamiento. Este ensayo se realizará de igual manera que la descrita para los tubos de amianto-cemento (veáse 7.11.2).

8.11.3 Ensayo de flexión longitudinal. Este ensayo se realizará de igual manera que la descrita para los tubos de hormigón en masa (veáse 5.11.3).

8.11.4 Ensayo de resistencia al ataque por agentes químicos. El ensayo de resistencia del gres al ataque con el ácido sulfúrico y con hidróxido sódico se realizará de acuerdo con el capítulo 5 de la UNE 7.058/52.

8.11.5 Ensayo de desviación de línea recta. Este ensayo se realizará de igual manera que la descrita para los tubos de amianto-cemento (veáse 7.8).

9. *Tubos de policloruro de vinilo no plastificado (UPVC)*

9.1 Disposiciones generales. Los tubos serán siempre de sección circular con sus extremos cortados en sección perpendicular a su eje longitudinal.

Estos tubos no se utilizarán cuando la temperatura permanente del agua sea superior a 40° C.

Estarán exentos de rebabas, fisuras, granos y presentarán una distribución uniforme de color. Se recomienda que estos tubos sean de color naranja rojizo vivo definido en la UNE 48.103 con la referencia B-334, en cuyo caso podrá prescindirse de las siglas SAN (1.10).

Las condiciones de resistencia de estos tubos hacen imprescindible una ejecución cuidadosa del rellano de la zanja (veáse 9.12).

El comportamiento de estas tuberías frente a la acción de aguas residuales con carácter ácido o básico es bueno en general, sin embargo, la acción continuada de disolventes orgánicos puede provocar fenómenos de microfisuración. En el caso de que se prevean vertidos frecuentes a la red, de fluidos que presente agresividad, podrá analizarse su comportamiento teniendo en cuenta lo indicado en la UNE 53.389.

9.2 Características del material. El material empleado en la fabricación de tubos de policloruro de vinilo no plastificado (UPVC) será resina de policloruro de vinilo técnicamente pura (menos del 1 por 100 de impurezas) en una proporción no inferior al 96 por 100, no contendrá plastificantes. Podrá contener otros ingredientes tales como estabilizadores, lubricantes, modificadores de las propiedades finales y colorantes.

Las características físicas del material que constituye la pared de los tubos en el momento de su recepción en obra serán la de la tabla 9.2.

TABLA 9.2

Características físicas

Características del material	Valores	Método de ensayo	Observaciones
Densidad	De 1,35 a 1,46 Kg/dm^3	UNE 53.020/1973	
Coeficiente de dilatación lineal	De 60 a 80 millonésimas por grado centígrado	UNE 53.126/1979	
Temperatura de reblandecimiento	≥ 79° C	UNE 53.118/1978	Carga de ensayo de 1 Kg
Resistencia a tracción simple	≥ 500 Kg/cm^2	UNE 53.112/1981	El valor menor de las cinco probetas.
Alargamiento a la rotura	≥ 80 por 100	UNE 53.112/1981	El valor menor de las cinco probetas.
Absorción de agua	≤ 40 por 100 g/m^2	UNE 53.112/1981	
Opacidad	≤ 0,2 por 100	UNE 53.039/1955	

Las características físicas de los tubos UPVC serán las siguientes:

9.2.1 Comportamiento al calor. La contracción longitudinal de los tubos, después de haber estado sometidos a la acción del calor, será inferior al 5 por 100, determinada con el método de ensayo que figura en la UNE 53.112/1981.

9.2.2 Resistencia al impacto. El «verdadero grado de impacto» (V.G.I.) será inferior al 5 por 100 cuando se ensaya a temperatura de cero grados y de 10 por 100 cuando la temperatura de ensayo sea de veinte grados, determinado con el método de ensayo que figura en la UNE 53.112/1981.

9.2.3 Resistencia a presión hidráulica interior en función del tiempo. La resistencia a presión hidráulica interior en función del tiempo, se determina con el método de ensayo que figura en la UNE 53.112/1981. Los tubos no deberán romperse al someterlos a la presión hidráulica interior que produzca la tensión de tracción circunferencial que figura en la siguiente tabla, según la fórmula:

$$\sigma = \frac{P\,(D - 2e)}{2e}$$

TABLA 9.2.3

Presión hidráulica interior

Temperatura del ensayo °C	Duración del ensayo en horas	Tensión de tracción circunferencial Kp/cm²
20	1 100	420 350
60	100 1.000	120 100

9.2.4 Ensayo de flexión transversal. El ensayo de flexión transversal se realiza en un tubo de longitud L sometido, entre dos placas rígidas, a una fuerza de aplastamiento P aplicada a lo largo de la generatriz inferior, que produce una flecha o deformación vertical del tubo Δ_y.

Para la serie adoptada se fija una rigidez circunferencial específica (RCE) a corto plazo de 0,39 kp/cm², por lo que en el ensayo realizado según el apartado 5.2 de la UNE 53.323/1984 deberá obtenerse:

$$\Delta_y \leq 0{,}478 \frac{P}{L}$$

9.3 Clasificación. Los tubos se clasificarán por su diámetro nominal y por su espesor de pared según la siguiente tabla 9.3.

TABLA 9.3

Tubos de policloruro de vinilo no plastificado. Clasificación

DN mm	Espesor (e) mm
110	3,0
125	3,1
160	3,9
200	4,9
250	6,1
315	7,7
400	9,8
500	12,2
630	15,4
710	17,4
800	19,6

9.4 Diámetro de los tubos. Los diámetros exteriores de los tubos se ajustarán a los valores expresados en 9.3 con las tolerancias indicadas en 9.5.

9.5 Tolerancia en los diámetros. Las tolerancias de los tubos con junta elástica serán siempre positivas (ver figura 9.5) y se dan en la siguiente tabla 9.5.

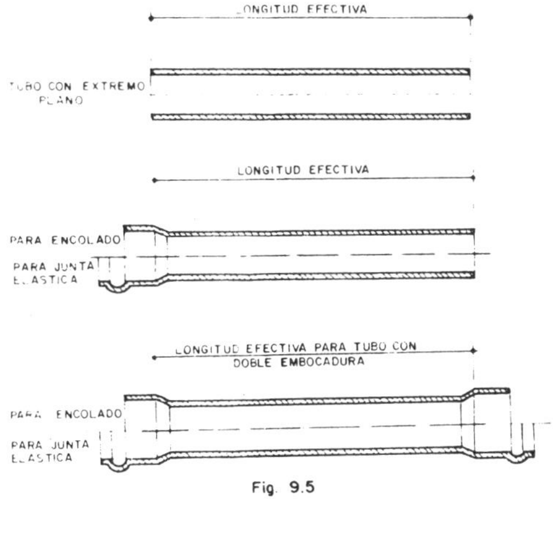

Fig. 9.5

TABLA 9.5

Tolerancias de los diámetros

Dn mm	Tolerancia máxima del diámetro exterior medio mm
110	+ 0,4
125	+ 0,4
160	+ 0,5
200	+ 0,6
250	+ 0,8
315	+ 1,0
400	+ 1,0
500	+ 1,0
630	+ 1,0
710	+ 1,0
800	+ 1,0

9.6 Longitud: Se procurará que la longitud del tubo sea superior a cuatro metros. En caso de no estar definida en el Pliego de Prescripciones Técnicas del Proyecto se fijará por el Director de la obra la propuesta del Contratista, teniendo en cuenta los medios de transporte de que se dispone hasta su emplazamiento en la zanja.

En la longitud del tubo no se incluya la embocadura.

9.7 Tolerancia en las longitudes: La longitud tendrá una tolerancia de ± 10 milímetros, respecto de la longitud fijada.

9.8 Espesores: Son los fijados en la tabla 9.3, con las tolerancias indicadas en 9.9.

9.9 Tolerancias de espesores: Para las tolerancias de espesor la diferencia admisible (e_i–e) entre el espesor en un punto cualquiera (e_i) y el nominal será positiva y no excederá de los valores de la tabla 9.9.1.

TABLA 9.9.1

Tolerancias de espesores

Espesor nominal - Milímetros	Tolerancia máxima - Milímetros
3,0	+ 0,5
3,1	+ 0,5
3,9	+ 0,6
4,9	+ 0,7
6,1	+ 0,9
7,7	+ 1,0
9,8	+ 1,2
12,2	+ 1,5
15,4	+ 1,8
17,4	+ 2,0
19,6	+ 2,2

El número de medidas a realizar por tubo será el indicado en la tabla 9.9.2.

TABLA 9.9.2

Medidas a realizar por tubo

Diámetro nominal	Número de medidas
DN ≤ 250	8
250 < DN ≤ 630	12
DN > 630	24

9.10 Ensayos: Los ensayos que se realizarán sobre los tubos véase capítulo 4, son los siguientes:

9.10.1 Comportamiento al calor: Este ensayo se realizará en la forma descrita en la UNE 53.112/81.

9.10.2 Resistencia al impacto: Este ensayo se realizará en la forma descrita en la UNE 53.112/81.

9.10.3 Resistencia a presión hidráulica interior en función del tiempo: Este ensayo se realizará en la forma descrita en la UNE 53.112/81, y a las temperaturas, duración de ensayo y a las presiones que figuran en 9.2.3.

9.10.4 Ensayo a flexión transversal: Este ensayo se realizará según el apartado 5.2 de la UNE 53.323/84.

9.105 Ensayo de estanquidad: Este ensayo se realizará en la forma descrita en el apartado 3.4.2 de la UNE 53.114/80, parte II, elevando la presión hasta 1kg/cm².

En el caso de que los tubos que vayan a utilizarse con aguas cuya temperatura permanente esté comprendida entre 20° y 40° deberá comprobarse la estanquidad del tubo a la temperatura prevista.

9.11 Embocaduras: Las dimensiones de las embocaduras son las que figuran en la tabla 9.11.1 y se acotan en la figura 9.11.a.

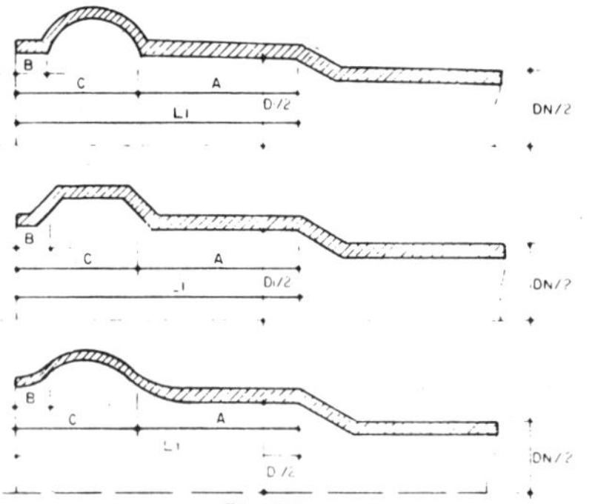

Fig. 9.11.a

TABLA 9.11.1

Dimensiones de la embocadura

DN	Valor mínimo del diámetro interior (DI) medio de la embocadura - mm.	Dimensiones mínimas de la embocadura			Longitud mínima de la embocadura
		A - mm.	B - mm.	C - mm.	(L1) mm.
110	110,4	40	6	26	66
125	125,4	43	7	28	71
160	160,5	50	9	32	82
200	200,6	58	12	40	98
250	250,8	68	18	70	138
315	316,0	81	20	70	151
400	401,2	98	24	70	168
500	501,5	118	28	80	198
630	631,9	144	34	93	237
710	712,2	160	39	101	261
800	802,4	178	44	110	278

Los espesores mínimos de pared en la embocadura (ver figura 9.11.b) se dan en la tabla 9.11.2.

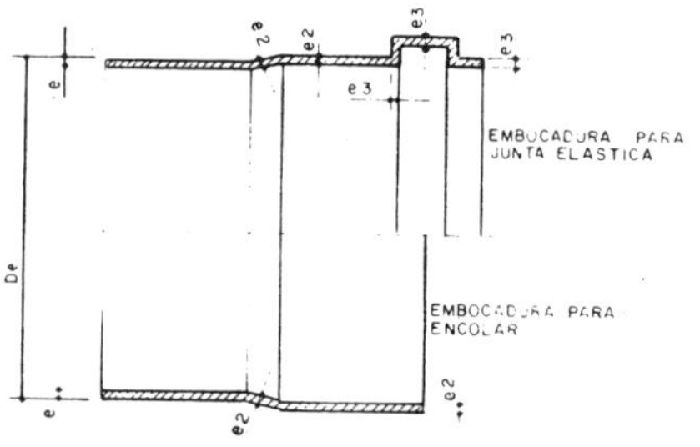

Fig 9.11.b

TABLA 9.11.2

Espesores de la embocadura

DN - mm.	Espesor mínimo de embocadura (e_2) - mm.	Espesor mínimo de garganta (e_3) - mm.
110	2,7	2,3
125	2,8	2,3
160	3,5	2,9
200	4,4	3,7
250	5,5	4,6
315	6,9	5,8
400	8,8	7,4
500	11,0	9,2
630	13,9	11,6
710	15,7	13,1
800	17,7	14,7

9.12 Condiciones de colocación de las tuberías enterradas de UPVC: Debido a la importante influencia que para la estabilidad de las tuberías de material plástico tienen las condiciones geotécnicas del terreno natural y del relleno que las envuelve, deberán extremarse las precauciones a tomar tanto en lo que se refiere a la naturaleza del material de apoyo y relleno, como respecto del modo y grado de compactación. Asimismo, la forma y anchura del fondo de la zanja deberán ser las adecuadas para que las cargas ovalizantes que han de soportar los tubos sean las menores posibles. Por tanto, además de lo establecido en el capítulo 12 deberán cumplirse las prescripciones de este apartado.

La tubería enterrada puede ser instalada en alguna de las siguientes formas (ver figura 9.12):

TIPOS DE INSTALACION

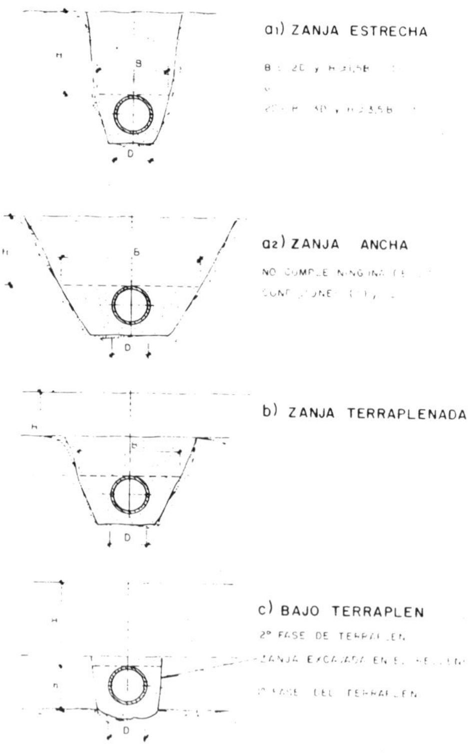

Fig 9.12

a) En zanja:
1) Estrecha.
2) Ancha.

b) En zanja terraplenada.
c) En terraplén.

En el caso c), y en el b), cuando la generatriz superior o coronación del tubo quede por encima de la superficie del terreno natural, se excavará una caja de sección rectangular en una capa de relleno ya compactado del terraplén, previamente colocada.

El ancho del fondo de la zanja o caja hasta el nivel de coronación de los tubos será el menor compatible con una buena compactación del relleno. Como mínimo será igual al diámetro exterior del tubo más 50 centímetros.

La tubería se apoyará sobre una cama nivelada, con un espesor mínimo de 10 centímetros, formada por material de tamaño máximo no superior a 20 milímetros. La fracción cernida por el tamiz 0,080 UNE 7050/53 será menor que la mitad de la fracción cernida por el tamiz 0,40 UNE 7050/53. El material será no plástico y su equivalente de arena, (EA) será superior a 30 (normas de ensayo NLT-105/72, NLT-106/72 y NLT-113/72). El material se compactará hasta alcanzar una densidad no inferior al 95 por 100 de la máxima obtenida en el ensayo Proctor normal.

Una vez colocada la tubería y ejecutadas las juntas se procederá al relleno de ambos lados del tubo con el mismo material que el empleado en la cama. El relleno se hará por capas apisonadas de espesor no superior a 15 centímetros, manteniendo constantemente la misma altura, a ambos lados del tubo hasta alcanzar la coronación de este, la cual debe quedar vista. El grado de compactación a obtener será el mismo que el de la cama. Se cuidará especialmente que no queden espacios sin rellenar bajo el tubo.

En una tercera fase, se procederá al relleno de la zanja o caja, hasta una altura de 30 centímetros por encima de la coronación del tubo, con el mismo tipo de material empleado en las fases anteriores. Se apisonará con pisón ligero a ambos lados del tubo y se dejará sin compactar la zona central, en todo el ancho de la proyección horizontal de la tubería.

A partir del nivel alcanzado en la fase anterior se proseguirá el relleno por capas sucesivas de altura no superior a 20 centímetros, compactadas con el grado de compactación fijado en el pliego de prescripciones técnicas particulares, con el tipo de material admitido por ese pliego, en base a las condiciones que requiera la obra situada por encima de la tubería.

9.13 Condiciones de utilización de la serie normalizada: Los tubos de UPVC de la serie normalizada podrán utilizarse sin necesidad de cálculo mecánico justificativo cuando se cumplan todas las siguientes condiciones:

Altura máxima de relleno sobre la generatriz superior.

a) En zanja estrecha: 6 metros.
b) En zanja ancha, zanja terraplenada y bajo terraplén, 4 metros.

Altura mínima de relleno sobre la generatriz superior.

a) Con sobrecargas móviles no superiores a 12 toneladas o sin sobrecargas móviles, 1 metro.
b) Con sobrecargas móviles comprendidas entre 12 toneladas y 30 toneladas, 1,50 metros.

Terreno natural de apoyo, y de la zanja hasta una altura sobre la generatriz superior del tubo no inferior a dos veces el diámetro: Rocas y suelos estables (que no sean arcillas expansivas o muy plásticas, fangos, ni suelos orgánicos CN, OL y OH de Casagrande).

Máxima presión exterior uniforme debida al agua intersticial o a otro fluido en contacto con el tubo, 0,6 kp/cm^2

Si las condiciones de instalación de de carga difieren de las indicadas, la elección del tipo de tubo deberá hacerse mediante algún método de cálculo sancionado por la práctica, pudiendo utilizarse los descritos en la UNE 53.331.

La tensión máxima admisible en la hipótesis de cargas combinadas más desfavorables será de 100 kilopondios por centímetro cuadrado hasta una temperatura de servicio de 20 grados centígrados. Para otras temperaturas la tensión de 100 kilopondios por centímetro cuadrado deberá multiplicarse por el factor de minoración dado en la siguiente tabla 9.13.

TABLA 9.13

Factor de minoración en función de la temperatura

Temperatura, °C	0	20	25,0	30,0	35,0	40,00
Factor de minoración ..	1	1	0,9	0,8	0,7	0,63

La flecha máxima admisible del tubo, debida a cargas ovalizantes será del 5 por 100 del DN; y el coeficiente de seguridad al pandeo, o colapso, del tubo será como mínimo dos.

10. *Tubos de polietileno de alta densidad (HDPE).*

10.1 Disposiciones generales.

Los tubos serán siempre de sección circular, con sus extremos lisos y cortados en sección perpendicular a su eje longitudinal.

Estos tubos no se utilizarán cuando la temperatura permanente del agua sea superior a 40° C.

Estarán exentos de burbujas y grietas presentando una superficie exterior e interior lisa y con una distribución uniforme de color. La protección contra los rayos ultravioletas se realizará normalmente con negro de carbono incorporado a la masa. Las características, el contenido y la dispersación del negro de carbono cumplirán las especificaciones de la UNE 53.131/82. Los tubos incluidos en este capítulo se fabricarán por extrusión y el sistema de unión se realizará normalmente por soldadura a tope.

Podrán utilizarse tubos fabricados por enrollamiento helicoidal soldado, en cuyo caso sus características se fijarán en el pliego de prescripciones técnicas del proyecto.

Las condiciones de resistencia de estos tubos hacen imprescindible una ejecución cuidadosa del relleno de la zanja (véase 10.11).

El comportamiento de estas tuberías frente a la acción de aguas residuales con carácter ácido o básico es bueno en general, sin embargo la acción continuada de disolventes orgánicos, puede provocar fenómenos de microfisuración. En el caso de que se prevean vertidos frecuentes a la red, de fluidos que presente agresividad, podrá analizarse su comportamiento teniendo en cuenta lo indicado en la norma UNE 53.390/86.

10.2 Características del material.

Los materiales empleados en la fabricación de los tubos de polietileno de alta densidad (HDPE también denominados PE 50 A) estarán formados según se define en la UNE 53.131/82 por:

a) Polietileno de alta densidad.
b) Negro de carbono.
c) Antioxidantes.

No se empleará el polietileno de recuperación.

Las características físicas del material que constituye la pared de los tubos en el momento de su recepción en obra será las de la tabla 10.2.

TABLA 10.2

Características físicas

Características del material	Valores	Método de ensayo	Observaciones
Densidad	>0,940 kg/dm^3	UNE 53.020/73	-
Coeficiente de dilatación lineal...	De 200 a 230 millonésimas por grado centígrado	UNE 53.126/79	-
Temperatura de reblandecimiento.	⩾100° C	UNE 53.118/78	Carga de ensayo de 1 Kg.
Indice de fluidez.	⩽0,3 g/10 min	UNE 53.200/83	Con un peso de 2,160 g a 190° C.
Resistencia a tracción simple....	⩾190 kg/cm^2	UNE 53.133/82	Tensión en el punto de fluencia.
Alargamiento a la rotura..........	⩾350 por 100	UNE 53.133/82	Alargamiento en el punto de fluencia.

Las características físicas de los tubos de PE serán las siguientes:

10.2.1 Comportamiento al calor: La contracción longitudinal remanente del tubo, después de haber estado sometido a la acción del calor, será menor del 3 por 100, determinada con el método de ensayo que figura en la UNE 53.133/82.

10.2.2 Resistencia a la presión hidráulica interior en función del tiempo.–Se determina con el método de ensayo que figura en la UNE 53.133/82. Los tubos no deberán romperse al someterlos a la presión hidráulica interior que produzca la tensión de tracción circunferencial que figura en la siguiente tabla, según la fórmula:

$$\sigma = \frac{P\,(D - 2\,e)}{2e}$$

TABLA 10.2.3

Presión hidráulica interior

Temperatura de ensayo °C	Duración del ensayo en horas	Tensión de tracción circunferencial Kp/cm^2
20	1	147
80	170	29

10.2.3 Ensayo de flexión transversal: El ensayo de flexión transversal se realiza en tubo de longitud L sometido, entre dos placas rígidas, a una fuerza de aplastamiento P aplicada a lo largo de la generatriz inferior, que produce una flecha o deformación vertical del tubo Δ y

Para las series adoptadas se fijan una rigideces circunferenciales específicas (RCE) a corto plazo de 0,048 Kp/cm^2 para la serie A, y de 0,138 Kp/cm^2 para la serie B, por lo que en el ensayo realizado según el apartado 5.2 de la UNE 53.323/84 deberá obtenerse:

$$\text{Para la serie A } \Delta y \leq 0{,}388 \frac{P}{L}$$

$$\text{Para la serie B } \Delta y \leq 0{,}102 \frac{P}{L}$$

10.3 Clasificación: Los tubos se clasificarán por su diámetro nominal y por su espesor de pared, según la siguiente tabla 10.3:

TABLA 10.3

Tubos de polietileno de alta densidad. Clasificación

Dn mm	Espesor (e) mm A	Espesor (e) mm B
110	4,2	6,6
125	4,8	7,4
160	6,2	9,5
200	7,7	11,9
250	9,6	14,8
315	12,1	18,7
400	15,3	23,7
500	19,1	29,6
630	24,1	37,3

10.4 Diámetro de los tubos: Los diámetros exteriores de los tubos se ajustarán a los valores expresados en 10.3, con las tolerancias indicadas en 10.5.

10.5 Tolerancias en los diámetros: Las tolerancias de los tubos serán siempre positivas y se dan en la siguiente tabla 10.5:

TABLA 10.5

Tolerancia de los diámetros

D - mm	Tolerancia máxima del diámetro exterior medio. - mm
110	+ 1,0
125	+ 1,2
160	+ 1,5
200	+ 1,8
250	+ 2,3
315	+ 2,9
400	+ 3,6
500	+ 4,5
630	+ 5,0

10.6 Longitud: La longitud de los tubos rectos será preferentemente de 6, 8, 10 y 12 metros.

10.7 Tolerancia en las longitudes: La longitud será, como mínimo, la nominal, con una tolerancia de + 20 milímetros, respecto de la longitud fijada a 23 ° ± 2 °.

10.8 Espesores: Son los fijados en la tabla 10.3, con las tolerancias indicadas en 10.9.

10.9 Tolerancias de los espesores: Para las tolerancias de espesor la diferencia admisible (e_1–e) entre el espesor en un punto cualquiera (e_1) y el nominal será positiva y no excederá de los valores de la siguiente tabla 10.9.1.

TABLA 10.9.1

Tolerancias de espesores

Espesor nominal (e) - mm	Tolerancia máxima - mm
4,2	+ 0,7
4,8	+ 0,7
6,2	+ 0,9
6,6	+ 0,9
7,4	+ 1,0
7,7	+ 1,0
9,5	+ 1,2
9,6	+ 1,2
11,9	+ 1,4
12,1	+ 1,5
14,8	+ 1,7
15,3	+ 1,8
18,7	+ 2,1
19,1	+ 2,2
23,7	+ 2,5
24,1	+ 3,9
29,6	+ 4,7
30,6	+ 4,8
37,3	+ 5,8

El número de medidas a realizar por tubo será:

TABLA 10.9.2

Medidas a realizar por tubo

Diámetro nominal	Número de medidas
≤ 250	8
> 250	12

10.10 Ensayos: Los ensayos que se realizarán sobre los tubos, véase el capítulo 4, son los siguientes:

10.10.1 Comportamiento al calor: Este ensayo se realizará en la forma descrita en el apartado 2.8 de la UNE 53.133/82.

10.10.2 Resistencia a la presión hidráulica en función del tiempo: Este ensayo se realizará de acuerdo con la UNE 53.133/82, a temperaturas de 20 y 80 °C, con una duración de 1 y 170 horas, respectivamente, y a las presiones que figuran en 10.2.2.

10.10.3 Ensayo de flexión transversal: Este ensayo se realizará según el apartado 5.2 de la UNE 53.323/84.

10.10.4 Ensayo de estanquidad: Este ensayo se realizará de igual manera que para los tubos de UPVC (véase 9.10.5).

10.11 Condiciones de colocación de las tuberías enterradas de HDPE: Serán las mismas que para las tuberías de UPVC indicadas en 9.12.

10.12 Condiciones de utilización de las series normalizadas: Los tubos de HDPE de la serie A Normalizada podrán utilizarse sin necesidad de cálculo mecánico justificativo cuando se cumplan todas las siguientes condiciones:

- Altura máxima de relleno sobre la generatriz superior:

a) En zanja estrecha: 6,00 metros.

b) En zanja ancha, zanja terraplenada y bajo terraplén: 4,00 metros.

- Altura mínima de relleno sobre la generatriz superior:

a) Con sobrecargas móviles no superiores a 12 toneladas, o sin sobrecargas móviles: 1,00 metros.

b) Con sobrecargas móviles comprendidas entre 12 y 30 toneladas: 1,50 metros.

- Terreno natural de apoyo y de zanja hasta una altura sobre la generatriz superior del tubo no inferior a dos veces el diámetro; rocas y suelos estables (que no sean arcillas expansivas o muy plásticas, fangos ni suelos orgánicos CN, OL y OH de Casagrande).

- Máxima presión exterior uniforme debida al agua intersticial o a otro fluido en contacto con el tubo: 0,6 kp/cm^2.

Si las condiciones de instalación o de carga difieren de las indicadas, la elección del tipo de tubo, se hará bien utilizando la serie B clasificada en 10.3, o en cualquier otra de las series utilizadas para conducción de agua a presión, los cálculos se justificarán mediante algún método sancionado por la práctica, pudiendo utilizarse los descritos en la UNE 53.331.

La tensión máxima admisible en la hipótesis de cargas combinadas más desfavorables será de 50 kilopondios por centímetro cuadrado, hasta una temperatura de servicio de 20 ° C. Para otras temperaturas la tensión de 50 kilopondios por centímetro cuadrado deberá multiplicarse por el factor de minoración dado en la siguiente tabla 10.12.

TABLA 10.12

Factor de minoración en función de la temperatura

Temperatura, 0 ° C	0	20	25	30	35	40
Factor de minoración	1	1	0,8	0,63	0,5	0,4

La flecha máxima admisible de tubo, debido a cargas ovalizantes, será el 5 por 100 del DN, y el coeficiente de seguridad al pandeo, o colapso, del tubo será, como mínimo, dos.

11. *Tubos de poliéster reforzado con fibra de vidrio.*

11.1 Disposiciones generales: Los tubos serán rectos y tendrán su sección transversal circular y los extremos estarán cortados perpendicularmente al eje longitudinal.

La superficie exterior será regular; la superficie interior será lisa. Ambas estarán libres de fisuras y sin afloración de fibras. Además la superficie interior deberá estar constituida, con resina resistente químicamente a los productos que haya de transportar y en cantidad suficiente que asegure el aislamiento de los elementos estructurales.

Las condiciones de resistencia de estos tubos hacen imprescindible una ejecución cuidadosa del relleno de la zanja (veáse 11.11).

Este tipo de tuberías está especialmente indicado para transportar agua de residuos industriales.

11.2 Características del material: Los materiales empleados en la fabricación de los tubos son fundamentalmente:

a) Resinas: Una resina de poliéster no saturado, adecuada para resistir la acción agresiva de las aguas que vayan a estar en contacto, tanto internamente como externamente.

b) Fibra de vidrio: La fibra de vidrio será de tipo «E» o «C» en sus formas de hilo contínuo («roving»), fieltro («mat»), etc.

c) Varios: Además normalmente suele utilizarse cierto tipo de cargas tales como arena, microsfera y otras.

Las características físicas de los tubos de poliéster reforzado con fibra de vidrio serán las siguientes:

a) Rigidez circunferencial específica a corto plazo: La mínima rigidez circunferencial específica a corto plazo para una deformación del tubo del 5 por 100 será la que figura en la tabla 11.1.

La rigidez transversal específica se define por la expresión:

$$RCE = \frac{Ec.I}{Dm^3}$$

donde:

RCE = Rigidez transversal específica, en kp/cm^2.

Ec = Módulo de deformación (de fluencia) en flexión transversal del tubo, en kp/cm^2.

I = Momento de inercia de la sección longitudinal de la pared del tubo, por unidad de longitud en centímetros cúbicos.

Dm = Diámetro medio teórico del tubo en centímetros (semisuma de diámetro exterior e interior).

TABLA 11.1

Rigidez circunferencial específica a corto plazo

	Tipo			
	A	B	C	D
Rigidez circunferencial específica mínima en kp/m^2................	125	250	500	1.000

b) Coeficiente de fluencia: El coeficiente de fluencia estimado a cincuenta años obtenido de acuerdo con el método de ensayo 11.10.2 será inferior a 2. Además, no deberán presentarse delaminaciones ni fisuras en las muestras ensayadas.

c) Resistencia a flexión longitudinal: Cuando los tubos se ensayan de acuerdo con el método de ensayo 11.10.3 deberán resistir, sin que se produzca rotura, delaminación o fisuras, las cargas indicadas en la tabla 11.2.

TABLA 11.2

Carga total de ensayo

Diámetro nominal - mm	Carga total de ensayo (Q) - kp
200	350
250	550
300	700
400	1.300
500	2.000
600	2.500
700	3.400
800	4.500
900	5.700
1.000	7.000

Para diámetros superiores a 1.000 milímetros, los tubos deberán resistir las cargas deducidas de la fórmula:

$$Q = 6 \cdot D^2_n \cdot 10^{-3}$$

d) Contenido de fibra de vidrio: El contenido de fibra de vidrio será como mínimo del 10 por 100 en peso determinado, con arreglo a la UNE 53.269/80.

e) Dureza Barcol: La dureza Barcol de los tubos perfectamente curados será, como mínimo, el 80 por 100 del valor correspondiente a la resina utilizada, perfectamente curada, y el incremento de dureza será inferior al 15 por 100 del valor inicial, después de someterlas al ensayo 11.10.4.

f) Absorción de agua: La absorción de agua a 20 °C medida según 11.10.5 será, como máximo, de 10 gramos/metros cuadrados.

11.3 Clasificación: Los tubos se clasificarán según la mínima rigidez circunferencial específica a corto plazo para una deformación del tubo del 5 por 100, medida según lo indicado en 11.10.1, en los cuatro tipos que se indican en la tabla 11.1.

11.4 Diámetro de los tubos: Los diámetros interiores (diámetros nominales), de los tubos, se ajustarán a los siguientes valores:

Diámetro interior (milímetros): 200, 250, 300, 400, 500, 600, 700, 800, 900, 1.000, 1.200, 1.400, 1.600, 1.800, 2.000 y 2.500.

Se entiende como diámetro interior medio el valor expresado en milímetros, que resulta al hallar la media aritmética de los valores obtenidos al medir dos diámetros perpendiculares en cualquier sección recta del tubo.

11.5 Tolerancia de los diámetros: La tolerancia del diámetro interior será de ± 1 por 100 del valor nominal.

11.6 Longitud: La longitud nominal de los tubos, expresada en metros, se recomienda se seleccione entre las siguientes: 3, 5, 6, 10 y 12.

11.7 Tolerancia en las longitudes: La longitud tendrá una tolerancia de ± 25 milímetros, respecto a la longitud fijada.

11.8 Espesores: Los espesores de pared los fijará el fabricante en sus catálogos y serán calculados teniendo en cuenta la rigidez circunferencial específica a corto plazo (véase 11.3).

11.9 Tolerancia de los espesores: Se admitirá como máximo una tolerancia en más de un 20 por 100 del espesor fijado por el fabricante.

11.10 Ensayos: Los ensayos que se realizarán sobre los tubos, véase capítulo 4, son los siguientes:

11.10.1 Rigidez circunferencial específica a corto plazo: Este ensayo sustituye para el poliéster reforzado con fibra de vidrio al ensayo de aplastamiento; se realizará de acuerdo con el apartado 5.2 de la UNE 53.323/84.

11.10.2 Coeficiente de fluencia: Se determinará de acuerdo con el apartado 5.3 de la UNE 53.323/84.

11.10.3 Resistencia a flexión longitudinal: Se determinará de acuerdo con el apartado 5.4 de la UNE 53.323/84.

11.10.4 Dureza Barcol: Las medidas de dureza se realizarán de acuerdo con lo indicado en el apartado 5.7 de la UNE 53.323/84.

11.10.5 Absorción de agua: La determinación de la absorción de agua se realizará de acuerdo con el apartado 5.8 de la UNE 53.323/84.

11.10.6 Resistencia química y a la temperatura: Este ensayo se realizará obligatoriamente cuando los tubos se apliquen en vertidos industriales según la UNE 53.316/78, empleando como líquido de ensayo el que haya de transportar o un producto simulante equivalente.

11.10.7 Ensayo de estanquidad: Este ensayo se realizará de igual manera que para los tubos de UPVC (véase 9.10.5).

11.11 Condiciones de colocación de las tuberías enterradas de poliéster reforzado: Serán las indicadas en 9.12.

12. *Instalación de tuberías*

12.1 Generalidades: Este capítulo es aplicable para toda clase de tubos, aunque para los de policloruro de vinilo no plastificado, polietileno de alta densidad y poliéster reforzado con fibra de o,2vidrio, deberán cumplirse además lo establecido en el apartado 9.12.

12.2 Transporte y manipulación: La manipulación de los tubos en fábrica y transporte a obra deberá hacerse sin que sufran golpes o rozaduras. Se depositarán sin brusquedades en el suelo, no dejándolos caer; se evitará rodarlos sobre piedras, y, en general, se tomarán las precauciones necesarias para su manejo de tal manera que no sufran golpes de importancia. Para el transporte los tubos se colocarán en el vehículo en posición horizontal y paralelamente a la dirección del medio de transporte. Cuando se trata de tubos de cierta fragilidad en transportes largos, sus cabezas deberán protegerse adecuadamente.

El contratista deberá someter a la aprobación del Director de obra el procedimiento de descarga en obra y manipulación de los tubos.

No se admitirán para su manipulación dispositivos formados por cables desnudos ni por cadenas que estén en contacto con el tubo. El uso de cables requerirá un revestimiento protector que garantice que la superficie del tubo no quede dañada.

Es conveniente la suspensión por medio de bragas de cinta ancha con el recubrimiento adecuado.

Al proceder a la descarga conviene hacerlo de tal manera que los tubos no se golpeen entre sí o contra el suelo. Los tubos se descargarán, a ser posible cerca del lugar donde deben ser colocados en la zanja, y de forma que puedan trasladarse con facilidad al lugar de empleo. Se evitará que el tubo quede apoyado sobre puntos aislados.

Tanto en el transporte como en el apilado se tendrá presente el número de capas de tubos que puedan apilarse de forma que las cargas de aplastamiento no superen el 50 por 100 de las de prueba.

Se recomienda, siempre que sea posible, descargar los tubos al borde de zanja, para evitar sucesivas manipulaciones. En el caso de que la zanja no estuviera abierta todavía se colocarán los tubos, siempre que sea posible, en el lado opuesto a aquel en que se piensen depositar los productos de la excavación y de tal forma que queden protegidos del tránsito, de los explosivos, etc.

En caso de tubos de hormigón recién fabricados no deben almacenarse en el tajo por un período largo de tiempo en condiciones que puedan sufrir secados excesivos o fríos intensos. Si fuera necesario hacerlo se tomarán las precauciones oportunas para evitar efectos perjudiciales en los tubos.

12.3 Zanjas para alojamiento de las tuberías:

12.3.1 Profundidad de las zanjas: La profundidad mínima de las zanjas y sin perjuicio de consideraciones funcionales, se determinará de forma que las tuberías resulten protegidas de los efectos del tráfico y cargas exteriores, así como preservadas de las variaciones de temperatura del medio ambiente. Para ello, el Proyectista deberá tener en cuenta la situación de la tubería (según sea bajo calzada o lugar de tráfico más o menos intenso, o bajo aceras o lugar sin tráfico), el tipo de relleno, la pavimentación si existe, la forma y calidad del lecho de apoyo, la naturaleza de las tierras, etc. Como norma general, bajo las calzadas o en terreno de tráfico rodado posible, la profundidad mínima será tal que la generatriz superior de la tubería quede por lo menos a un metro de la superficie; en aceras o lugares sin tráfico rodado puede disminuirse este recubrimiento a 60 centímetros. Si el recubrimiento indicado como mínimo no pudiera respetarse por razones topográficas, por otras canalizaciones, etc., se tomarán las medidas de protección necesarias.

Las condiciones de saneamiento se situarán en plano inferior a las de abastecimiento, con distancias vertical y horizontal entre una y otra no menor de un metro, medido entre planos tangentes, horizontales y verticales a cada tubería más próximos entre sí. Si estas distancias no pudieran mantenerse justificadamente o fuera preciso cruces con otras canalizaciones, deberán adoptarse precauciones especiales.

12.3.2 Anchura de las zanjas: El ancho de la zanja depende del tamaño de los tubos, profundidad de la zanja, taludes de las paredes laterales, naturaleza del terreno y consiguiente necesidad o no de entibación, etc.; como norma general, la anchura mínima no debe ser inferior a 70 centímetros y se debe dejar un espacio de 20 centímetros a cada lado del tubo según el tipo de juntas. Al proyectar la anchura de la zanja se tendrá en cuenta si su profundidad o la pendiente de su solera exigen el montaje de los tubos con medios auxiliares especiales (pórticos, carretones, etc.).

12.3.3 Apertura de las zanjas: Se recomienda que no transcurran más de ocho días entre la excavación de la zanja y la colocación de la tubería.

En el caso de terrenos arcillosos o margosos de fácil meteorización, si fuese absolutamente imprescindible efectuar con más plazo la apertura de las zanjas, se deberá dejar sin excavar unos 20 centímetros sobre la rasante de la solera para realizar su acabado en plazo inferior al citado.

12.3.4 Realización de la zanja: Las zanjas pueden abrirse a mano o mecánicamente, perfectamente alineadas en planta y con la rasante uniforme, salvo que el tipo de junta a emplear precise que se abran nichos. Estos nichos del fondo y de las paredes no deben efectuarse hasta el momento de montar los tubos y a medida que se verifique esta operación, para asegurar su posición y conservación.

Se excavará hasta la línea de la rasante siempre que el terreno sea uniforme; si quedan al descubierto elementos rígidos tales como piedras, rocas, fábricas antiguas, etc., será necesario excavar por debajo de la rasante para efectuar un relleno posterior. De ser preciso efectuar voladuras para las excavaciones, en general en poblaciones, se adoptarán precauciones para la protección de personas o propiedades, siempre de acuerdo con la legislación vigente y las ordenanzas municipales, en su caso.

El material procedente de la excavación se apilará lo suficientemente alejado del borde de las zanjas para evitar el desmoronamiento de éstas o que el desprendimiento del mismo pueda poner en peligro a los trabajadores. En el caso de que las excavaciones afecten a pavimentos, los materiales que puedan ser usados en la restauración de los mismos deberán ser separados del material general de la excavación.

El relleno de las excavaciones complementarias realizadas por debajo de la rasante se regularizará dejando una rasante uniforme. El relleno se efectuará preferentemente con arena suelta, grava o piedra machacada, siempre que el tamaño máximo de ésta no exceda de dos centímetros. Se evitará el empleo de tierras inadecuadas. Estos rellenos se apisonarán cuidadosamente y se regularizará la superficie. En el caso de que el fondo de la zanja se rellene con arena o grava los nichos para las juntas se efectuarán en el relleno. Estos rellenos son distintos de las camas de soporte de los tubos y su único fin es dejar una rasante uniforme.

Cuando por su naturaleza el terreno no asegure la suficiente estabilidad de los tubos o piezas especiales, se compactará o consolidará por los procedimientos que se ordenen y con tiempo suficiente. En el caso de que se descubra terreno excepcionalmente malo se decidirá la conveniencia de construir una cimentación especial (apoyos discontinuos en bloques, pilotajes, etc.).

12.4 Acondicionamiento de la zanja, montaje de tubos y rellenos:

12.4.1 Clasificación de los terrenos: A los efectos del presente pliego los terrenos de las zanjas se clasifican en las tres calidades siguientes:

- Estables: Terrenos consolidados, con garantía de estabilidad. En este tipo de terrenos se incluyen los rocosos, los de tránsito, los compactos y análogos.
- Inestables: Terrenos con posibilidad de expansiones o de asentamientos localizados, los cuales, mediante un tratamiento adecuado, pueden corregirse hasta alcanzar unas características similares a las de los terrenos estables. En este tipo de terreno se incluyen las arcillas, los rellenos y otros análogos.
- Excepcionalmente inestables: Terrenos con gran posibilidad de asentamientos, de deslizamientos o fenómenos perturbadores. En esta categoría se incluyen los fangos, arcillas expansivas, los terrenos movedizos y análogos.

12.4.2 Acondicionamiento de la zanja: De acuerdo con la clasificación anterior se acondicionarán las zanjas de la siguiente manera:

a) Terrenos estables: En este tipo de terrenos se dispondrá una capa de gravilla o de piedra machacada, con un tamaño máximo de 25 milímetros y mínimo de cinco milímetros a todo lo ancho de la zanja con espesor de un sexto del diámetro exterior del tubo y mínimo de 10 centímetros. Excepcionalmente, cuando la naturaleza del terreno, y las cargas exteriores lo permitan, se podrá apoyar la tubería directamente sobre el fondo de la zanja.

b) Terrenos inestables: Si el terreno es inestable se dispondrá sobre todo el fondo de la zanja una capa de hormigón pobre, con espesor de 15 centímetros.

Sobre esta capa se situarán los tubos y se dispondrá una cama hormigonando posteriormente con hormigón de 200 kilogramos de cemento metro cúbico, de forma que el espesor entre la generatriz inferior del tubo y la capa de hormigón pobre tenga 15 centímetros de espesor. El hormigón se colocará hasta que la cama de apoyo corresponda a un ángulo de 120 grados sexagesimales en el centro del tubo.

Para tubos de diámetro inferior a 60 centímetros la cama de hormigón podrá sustituirse por una cama de arena dispuesta sobre la capa de hormigón.

c) Terrenos excepcionalmente inestables: Los terrenos excepcionalmente inestables se tratarán con disposiciones adecuadas en cada caso, siendo criterio general procurar evitarlos, aún con aumento del presupuesto.

12.4.3 Montaje de los tubos: En la manipulación de los tubos para el montaje de tubería se tendrá en cuenta lo prescrito en 12.2.

Antes de bajar los tubos a la zanja se examinarán éstos y se apartarán los que presenten deterioros.

Una vez los tubos en el fondo de la zanja, se examinarán nuevamente para cerciorarse de que su interior está libre de tierra, piedras, útiles de trabajo, etc., y se realizará su centrado y perfecta alineación, conseguido lo cual se procederá a calzarlos y acodalarlos con un poco de material de relleno para impedir su movimiento. Cada tubo deberá centrarse perfectamente con el adyacente. Si se precisase reajustar algún tubo, deberá levantarse el relleno y prepararlo como para su primera colocación.

Las tuberías y zanjas se mantendrán libres de agua, para ello es buena práctica montar los tubos en sentido ascendente asegurando el desagüe en los puntos bajos.

Al interrumpirse la colocación de la tubería se evitará su obstrucción y se asegurará su desagüe, procediendo no obstante esta precaución a examinar con todo cuidado el interior de la tubería al reanudar el trabajo por si pudiera haberse introducido algún cuerpo extraño en la misma.

12.4.4 Relleno de la zanja: Para proceder al relleno de las zanjas se precisará autorización expresa del Director de obra.

Generalmente, no se colocará más de 100 metros de tubería sin proceder al relleno, al menos parcial, para protegerlos en lo posible de los golpes.

Una vez colocada la tubería, el relleno de las zanjas se compactará por tongadas sucesivas. Las primeras tongadas hasta unos 30 centímetros por encima de la generatriz superior del tubo se harán evitando colocar piedras o gravas con diámetro superiores a dos centímetros y con un grado de compactación no menor del 95 por 100 del proctor normal. Las restantes podrán contener material más grueso, recomendándose, sin embargo, no emplear elementos de dimensiones superiores a los 20 centímetros y con un grado de compactación del 100 por 100 del proctor normal.

Cuando los asientos previsibles de las tierras de relleno no tengan consecuencias de consideración, se podrá admitir el relleno total con una compactación al 95 por 100 del proctor normal.

Si se utilizan para el relleno de la zanja materiales sin cohesión libremente drenantes, tales como arenas y gravas, deben compactarse hasta alcanzar una densidad relativa no menor del 70 por 100, o del 75 por 100 cuando la compactación exigida en el caso de relleno cohesivo sea del 95 por 100, o del 100 por 100, del proctor normal, respectivamente.

Se tendrá especial cuidado en el procedimiento empleado para terraplenar zanjas y consolidar rellenos, de forma que no produzcan movimientos de las tuberías. No se rellenarán las zanjas, normalmente, en tiempo de grandes heladas o con material helado.

Cuando por circunstancias excepcionales en el montaje de la tubería tengan que colocarse apoyos aislados deberá justificarse y comprobarse el comportamiento mecánico, habida cuenta la presencia de tensiones de tracción. Por otra parte, la forma de enlace entre tubería y apoyo se ejecutará de manera que se garantice el cumplimiento de las hipótesis del proyecto.

13. *Pruebas de la tubería instalada*

13.1 Pruebas por tramos: Se deberá probar al menos el 10 por 100 de la longitud total de la red, salvo que el pliego de prescripciones técnicas particulares fije otra distinta. El Director de la obra determinará los tramos que deberán probarse.

Una vez colocada la tubería de cada tramo, construidos los pozos y antes del relleno de la zanja, el contratista comunicará al Director de obra que dicho tramo está en condiciones de ser probado. El Director de obra, en el caso de que decida probar ese tramo, fijará la fecha; en caso contrario, autorizará el relleno de la zanja.

Las pruebas se realizará obturando la entrada de la tubería en el pozo de aguas abajo y cualquier otro punto por el que pudiera salirse el agua; se llenará completamente de agua la tubería y el pozo de aguas arriba del tramo a probar.

Transcurridos treinta minutos del llenado se inspeccionarán los tubos, las juntas y los pozos, comprobándose que no ha habido pérdida de agua. Todo el personal, elementos y materiales necesarios para la realización de las pruebas serán de cuenta del contratista.

Excepcionalmente, el Director de obra podrá sustituir este sistema de prueba por otro suficientemente constatado que permita la detección de fugas.

Si se aprecian fugas durante la prueba, el contratista las corregirá procediéndose a continuación a una nueva prueba. En este caso el tramo en cuestión no se tendrá en cuenta para el cómputo de la longitud total a ensayar.

13.2 Revisión general: Una vez finalizada la obra y antes de la recepción provisional, se comprobará el buen funcionamiento de la red vertiendo agua en los pozos de registro de cabecera o, mediante las cámaras de descarga si existiesen, verificando el paso correcto de agua en los pozos registro aguas abajo.

El contratista suministrará el personal y los materiales necesarios para esta prueba.

ANEJO 1

Normas UNE citadas en el pliego

7.050/53.	Cedazos y tamices de ensayo.
7.052/52.	Ensayo de absorción de agua en las tuberías, accesorios y canales de gres.
7.058/52.	Método de ensayo de la resistencia del gres al ataque por agentes químicos.
48.103.	Colores normalizados.
53.020/73.	Materiales plásticos. Determinación de la densidad y de la densidad relativa de los materiales plásticos no celulares. Métodos de ensayo.
53.039/55.	Materiales plásticos. Medida de la permeabilidad a la luz, de los materiales plásticos.
53.112/81.	Plásticos, tubos y accesorios de policloruro de vinilo no plastificado para conducción de agua a presión. Características y métodos de ensayo.
53.114/80.	Parte II. Plásticos. Tubos y accesorios inyectados de policloruro de vinilo no plastificado para unión con adhesivo de aguas pluviales y residuales. Características y métodos de ensayo.
53.118/78.	Materiales plásticos. Determinación de la temperatura de reblandecimiento VICAT.
53.126/79.	Plásticos. Determinación del coeficiente de dilatación lineal.
53.131/82.	Plásticos. Tubos de polietileno para conducciones de agua a presión. Medidas y caracteríticas.
53.133/82.	Plásticos. Tubos de polietileno para conducción de agua a presión. Métodos de ensayo.
53.174/85.	Plásticos. Adhesivos para uniones encoladas de tubos y accesorios de policloruro de vinilo no plastificado utilizadas en conducciones de fluidos con o sin presión. Características.
53.200/83.	Plásticos. Determinación del índice de fluidez de polímeros.
53.269/80.	Plásticos. Plásticos reforzados con fibra de vidrio. Determinación de la pérdida al fuego.
53.316/78.	Materiales plásticos. Determinación de la resistencia química de materiales plásticos reforzados con fibra de vidrio.
53.323/84.	Tubos de poliéster reforzado con fibra de vidrio utilizados para canalizaciones de saneamientos y vertidos industriales. Características y métodos de ensayo.
53.331/86.	Criterios para la comprobación de los tubos de UPVC y HDPE sin presiones sometidos a cargas externas.
53.389/85.	Plásticos. Tubos y accesorios de policloruro de vinilo no plastificado. Resistencia química a fluidos.
53.390/86.	Plásticos. Tubos y accesorios de polietileno de baja densidad (LDPE). Resistencia química a fluidos.
53.590/75.	Elastómeros. Juntas de estanquidad, de goma maciza, para conducciones de aguas residuales. Características y métodos de ensayo.
67.019/78.	Cerámica. Ladrillos cerámicos para la construcción. Características y usos.
88.201/78.	Tubos, juntas y piezas de amianto-cemento para conducciones de saneamiento.
88.211/83.	Criterios para la elección de los tubos de amiantocemento a utilizar en conducciones con o sin presión sometidos a cargas externas.

ANEJO 4

ORDEN de **13** *de* **julio de 1993** *por la que se aprueba la Instrucción para el proyecto de conducciones de vertidos desde tierra al mar.*

INDICE

Artículo 1.° Ambito de aplicación.
Art. 2.° Objetivos.
Art. 3.° Definiciones.
Art. 4.° Condiciones generales para las conducciones de vertido.
4.1. Proyecto.
4.2. Alternativas.
4.3. Tratamiento del efluente.
Art. 5.° Proyectos de vertidos a través de emisarios submarinos.
5.1. Elementos técnicos del proyecto.
5.2. Redacción del proyecto.
5.2.1. Memoria.
5.2.2. Estudios complementarios.
5.2.3. Planos.
5.2.4. Programa de vigilancia y control.
5.2.5. Pliego de prescripciones técnicas particulares.
5.2.6. Presupuesto.
5.3. Estudios complementarios.
5.3.1. Características del efluente.
5.3.2. Usos de la zona.
5.3.3. Alternativas de vertido.
5.3.4. Parámetros oceanográficos.
5.4. Disposición general y métodos de cálculo.
5.4.1. Sistema de impulsión.
5.4.2. Tramo terrestre del emisario.
5.4.3. Posición y dimensiones del difusor.
5.4.4. Trazado y cálculo del emisario.
Art. 6.° Proyecto de vertidos a través de conducciones de desagüe.
6.1. Requisitos.
6.2. Proyecto.
6.2.1. Elementos técnicos del proyecto.
6.2.2. Redacción del proyecto.
6.2.3. Estudios complementarios.
6.2.4. Disposición general y métodos de trabajo.
Art. 7.° Programa de vigilancia y control.
7.1. Objetivos.
7.2. Vigilancia estructural.
7.3. Vigilancia ambiental.
7.3.1. Control del efluente.
7.3.2. Control de las aguas receptoras.
7.3.2.1. Emisarios submarinos.
7.3.2.2. Conducciones de desagüe.
7.3.3. Control de sedimentos y organismos.
Apéndice A. Medida de los parámetros oceanográficos.
A.1 Perfiles de temperatura y salinidad.
A.2 Corrientes.
A.3 Coeficientes de dispersión.
A.4 Coeficientes de autodepuración.
A.5 Biocenosis y contaminación.
A.6 Batimetría, geofísica y geotecnia.
A.7 Clima marítimo.
A.8 Dinámica litoral.
Apéndice B. Método de cálculo de las diluciones.
B.1 Notación utilizada.
B.2 Cálculo de la dilución inicial.
B.2.1 Comprobación de la estabilidad de la capa de mezcla.
B.2.2 Medio receptor no estratificado.
B.2.3 Medio receptor estratificado.
B.2.4 Posición del punto de surgencia.
B.3 Comprobación de los objetivos de calidad.
B.4 Cálculo hidráulico del emisario.

Artículo 1.° Ambito de aplicación

Esta Instrucción es aplicable a todos los vertidos que se realicen desde tierra al mar mediante conducciones de vertido.

Art. 2.° Objetivos

La presente Instrucción tiene los siguientes objetivos:

a) Establecer las condiciones técnicas mínimas para el proyecto y cálculo de las conducciones y dispositivos de vertido de aguas residuales desde tierra al mar.

b) Definir los requisitos que deben cumplir los proyectos de los aliviaderos.

c) Determinar los procedimientos de vigilancia y control que aseguren, por una parte, el buen funcionamiento estructural de las instalaciones y, por otra, el mantenimiento de los objetivos de calidad establecidos en la normativa vigente.

Art. 3.° Definiciones

Además de las definiciones de aguas interiores, límite de las aguas continentales, contaminación, valores límite y objetivos de calidad, así como del contenido de las normas de emisión, a que respectivamente se refieren los artículos 2.° y 3.° del Real Decreto 258/1989, de 10 de marzo, por el que se establece la normativa general sobre vertidos de sustancias peligrosas desde tierra al mar, en la aplicación de esta Instrucción se tendrán en cuenta los siguientes conceptos:

a) Aguas residuales urbanas: Las aguas residuales domésticas o la mezcla de las mismas con aguas residuales industriales o con aguas de escorrentía pluvial.

b) Aguas residuales domésticas: Las aguas residuales procedentes de zonas de vivienda y de servicios, generadas principalmente por el metabolismo humano y las actividades domésticas.

c) Aguas residuales industriales: Todas las aguas residuales vertidas desde locales utilizados para efectuar cualquier actividad comercial o industrial, que no sean aguas residuales domésticas ni aguas de escorrentía pluvial.

d) Habitante-equivalente (h-e): Carga orgánica biodegradable, con una demanda bioquímica de oxígeno de cinco días (DBO_5) de 60 g de oxígeno por día.

e) Eutrofización: Aumentod e nutrientes en el agua, especialmente de los compuestos de nitrógeno o fósforo, que provoca un crecimiento acelerado de algas y especies vegetales superiores, con el resultado de trastornos no deseados en el equilibrio entre organismos presentes en el agua y en la calidad del agua a la que afecta.

f) Sistema colector de tipo unitario: Una red de alcantarillado que, además de recoger las aguas residuales de origen doméstico, comercial e industrial, recoja también las de origen pluvial, circulando ambas por los mismos colectores o por las mismas unidades en la instalación de tratamiento.

g) Emisario submarino: Conducción cerrada que transporta las aguas residuales desde la estación de tratamiento hasta una zona de inyección en el mar, de forma que se cumplan las dos condiciones siguientes:

Que la distancia entre la línea de costa en bajamar máxima viva equinoccial y la boquilla de descarga más próxima a ésta, sea mayor de 500 m.

Que la dilución inicial calculada según los procedimientos que se indican más adelante para la hipótesis de máximo caudal previsto y ausencia de estratificación sea mayor de 100:1.

h) Conducción de desagüe: Conducción abierta o cerrada que transporta las aguas residuales desde la estación de tratamiento hasta el mar, vertiendo en superficie o mediante descarga submarina, sin que se cumplan las anteriores condiciones del emisario submarino.

i) Conducción de vertido: Término que engloba tanto a los emisarios submarinos como a las conducciones de desagüe.

j) Zona de inyección: Entorno del dispositivo de descarga (ya sea de boca única o un tramo difusor con múltiples boquillas) constituido por aquellos puntos en los que, como consecuencia del impulso inicial del efluente al salir por las bocas de descarga o de la fuerza ascensional debida a la diferencia de densidades, pueda darse una diferencia apreciable de velocidades entre la de la mezcla y la del medio receptor bajo alguna de las condiciones de flujo posibles.

Art. 4.° Condiciones generales para las conducciones de vertido

4.1. Proyecto. Las solicitudes de concesión de ocupación del dominio público marítimo-terrestre y de autorización de vertidos que de acuerdo con el artículo 57 de la Ley 22/1988, de 28 de julio, de Costas, se requieren para la construcción de cualquier conducción de vertido, deberán ir acompañadas del correspondiente proyecto, redactado de acuerdo con lo determinado por la Ley y el Reglamento de Costas y lo dispuesto en esta Instrucción, y que deberá justificar:

a) Que se cumplen los objetivos propios de todo proyecto, en cuanto a definición técnica y económica de las obras y justificación de la estabilidad y funcionalidad de sus distintos elementos.

b) Que las características del efluente cumplen los requisitos impuestos por la normativa vigente sobre normas de emisión.

c) Que, bajo las condiciones oceanográficas del emplazamiento y para las diferentes situaciones de vertido, se respetan los objetivos de calidad establecidos por las normas vigenes para las distintas zonas de usos que pudieran afectarse por el vertido.

A estos efectos, cuando las expresadas normas establezcan objetivos de calidad sin determinar la zona o ámbito a las que éstos se aplican, se entenderá que lo son a cualquier punto situado fuera de la zona de inyección del vertido.

4.2. Alternativas. Conforme con lo establecido en el artículo 57 de la Ley de Costas, el proyecto ha de incluir un análisis de alternativas y la justificación, con criterios científicos, técnicos y económicos, de la imposibilidad o dificultad de aplicar otra solución para la eliminación o tratamiento de los vertidos. Este análisis deberá considerar tanto la posibilidad de reutilización en tierra de las aguas residuales, como distintas combinaciones de reparto del proceso de depuración entre la estación de tratamiento y los fenómenos de dilución y autodepuración que tienen lugar en el medio receptor.

La evaluación de la reutilización en tierra del agua residual tendrá en cuenta preferentemente el riego de especies vegetales y la recarga de acuíferos. En esta evaluación deberán ser tratados, junto con aquellos otros aspectos que el proyectista o la Administración consideren necesarios, la presencia de sustancias tóxicas en el agua residual, los efectos sanitarios que puedan derivarse de la reutilización, la salinidad de las aguas, el tratamiento del agua residual, la regularización de caudales a emplear y los costes de explotación del sistema.

La evaluación del reparto del proceso de depuración entre la estación de tratamiento y el medio receptor se hará teniendo en cuenta tanto el impacto contaminante del vertido como el balance económico óptimo, que relacione la longitud del emisario necesaria con el grado de depuración obtenido, para un mismo nivel de calidad ambiental en el medio marino, siempre que se cumplan los requisitos de la normativa vigente.

4.3. Tratamiento del efluente. Todo vertido líquido de aguas residuales desde tierra al mar deberá sufrir unos tratamientos mínimos antes de su evacuación a través de la conducción correspondiente.

Con carácter general, y sea cual fuere la naturaleza del efluente, éste deberá someterse a un pretratamiento que asegure el buen funcionamiento de la conducción. Dicho pretratamiento consistirá normalmente en un sistema de rejas o desbastado y desarenador, siendo conveniente además la instalación de un sistema desengrasador, los cuales serán de obligada instalación cuando sean necesarios para alcanzar los objetivos de calidad indicados en la normativa vigente. En vertidos donde se espera una gran cantidad de sólidos, resulta aconsejable la creación de un pozo de gruesos para eliminarlos más eficazmente.

El tratamiento de las aguas residuales urbanas se realizará según lo que disponga la normativa vigente, en función del número de habitantes equivalentes servidos, así como de la sensibilidad de la zona receptora. Igualmente, todo vertido al mar de aguas residuales industriales deberá someterse a tratamientos específicos para respetar los valores límite y los objetivos de calidad establecidos en las normas vigentes.

Art. 5.° Proyectos de vertidos a través de emisarios submarinos

5.1. Elementos técnicos del proyecto. El proyecto de vertido a través de un emisario submarino, además de cumplimiento de las obligaciones administrativas que sean exigibles, definirá los siguientes elementos técnicos:

La longitud del emisario, las coordenadas del punto de vertido (longitud, latitud y profundidad), el número, tipo y disposición de los dispositivos difusores y los mecanismos de transporte, dilución y autodepuración que definen su eficacia en función del impacto que tiene el vertido sobre el nivel de contaminación de las aguas costeras.

En zona de playa, sea de arenas, materiales sueltos o gravas, deberá prestarse especial atención a las variaciones estacionales del perfil de la playa, así como al perfil de erosión que puede resultar de los temporales previsibles, de manera que el emisario no se vea afectado por estas variaciones, con una probabilidad admisible. En el proyecto deberán justificarse los criterios de admisibilidad adoptados para cada supuesto.

La comprobación de la estabilidad mecánica y estructural de la obra, a través del análisis de las solicitaciones y esfuerzos a que ésta quedará sometida por la acción del mar.

Las características de los materiales empleados en su ejecución, que garanticen la estabilidad química de la obra frente a las agresiones producidas por el medio marino y por el agua residual que transporta la conducción.

Los métodos constructivos y la integración de la obra en su entorno, teniendo en cuenta las necesidades de mantenimiento y conservación del emisario y las interferencias que ésta pueda introducir sobre los mecanismos de dinámica marina.

5.2 Redacción del proyecto. El proyecto del emisario submarino deberá contener, al menos, los siguientes documentos:

5.2.1. Memoria. La memoria deberá incluir el análisis de las alternativas de vertido que se hayan considerado, de acuerdo con lo exigido en los apartados 4.2 y 5.3.3, y justificar en cada caso la solución adoptada, así como los cálculos de la hidráulica del emisario y de los procesos de dilución y autodepuración que se obtendrá con su funcionamiento.

Igualmente, la memoria contendrá la descripción detallada y justificada de un Plan de Operación y Mantenimiento que permita, mediante las acciones periódicas que se establezcan, la adecuada conservación y funcionamiento de todo el sistema de depuración-vertido, así como el control del mismo.

Dicho Plan deberá incluir las acciones a tomar en el caso de que durante la ejecución del Programa de Vigilancia y Control a que se refiere el apartado 5.2.4 y el artículo 7, surjan problemas estructurales o de funcionamiento, especialmente en el supuesto de rotura o fallo de las juntas, que origine una fuga importane y una contaminación súbita y grave de la zona.

5.2.2. Estudios complementarios. Este documento preceptivo, que deberá formar parte de la memoria, contendrá todos los trabajos y estudios complementarios que se hayan acometido para la obtención de la información necesaria para el proyecto del emisario, como se determina en el apartado 5.3.

5.2.3 Planos. El proyecto deberá incluir planos de ubicación general (escala 1 : 50.000) y local (escala 1:5.000), planta y perfil longitudinal (escalas 1 : 1.000 y 1 : 2.000), situación de los vertidos próximos y zonas de usos identificados (baño, pesca y cultivos marinos, áreas de especial interés ecológico u otros), además de detalles completos de los elementos de la obra y de la instalación de tratamiento prevista.

En los planos de planta se deberá reflejar el límite interior del dominio público marítimo-terrestre y de la ribera del mar, los cuales serán facilitados, previa solicitud, por el correspondiente Servicio Periférico de Costas del Ministerio de Obras Públicas y Transportes.

Se expresará también la superficie ocupada por la conducción e instalaciones auxiliares sobre el dominio público marítimo-terrestre.

5.2.4 Programa de Vigilancia y Control. El proyecto deberá incluir un Programa de Vigilancia y Control suficientemente detallado que permita, mediante los estudios periódicos que se establezcan, la comprobación estructural y funcional del emisario, el seguimiento del impacto del vertido en la calidad del medio marino y el cumplimiento de los objetivos de calidad. Dicho programa deberá tener en cuenta lo indicado en el artículo 7 de esta Instrucción.

5.2.5 Pliego de prescripciones técnicas particulares. En él se consignarán las características de los materiales y los tipos de ensayo de los mismos, las normas para la elaboración de las distintas unidades de obra y las precauciones y dispositivos a emplear en el proceso constructivo.

5.2.6 Presupuesto. El presupuesto contedrá, por unidades de obra, la cuantía detallada de los trabajos a realizar en el dominio público marítimo-terrestre.

Asimismo, contendrá, por unidades de actuación, la expresión detallada de los costes de operación, mantenimiento y vigilancia y control que se hayan establecido en el proyecto.

5.3 Estudios complementarios. Los estudios complementarios referidos en el apartado 5.2.2., y que deberán realizarse en las condiciones que más adelante se señalan, son los siguientes:

5.3.1. Características del efluente. Con objeto de determinar las características del efluente, el proyectista deberá recabar y completar la información disponible sobre la población o industria que genera el agua residual, el tipo y cantidad de descargas singulares que vierten a las conducciones colectoras, la población y su variabilidad estacional y el tipo de depuración prevista. Si el sistema colector es de tipo unitario, deberá tenerse en cuenta también la pluviometría de la zona.

Se harán estimaciones del caudal y de la carga contaminante para el año de entrada en funcionamiento, así como para diez y treinta años después, indicando claramente para estos tres años los valores estimados en condiciones de caudal medio, mínimo y punta en tiempo seco. En sistemas colectores de tipo unitario se indicará también el caudal punta en tiempo de lluvia con períodos de retorno de diez y cincuenta años.

Además, se explicará el modo de funcionamiento previsto del emisario para cada uno de estos casos.

Para primeros tanteos y en vertidos urbanos procedentes de poblaciones con menos de 10.000 h-e se puede considerar que el caudal punta en tiempo seco es de 7 l/s por cada 1.000 h-e y que las características del agua residual corresponden a las indicadas en la tabla siguiente:

Características orientativas de los efluentes urbanos que se podrán adoptar en poblaciones de menos de 10.000 h-e:

Materia orgánica como DBO5: 350 mg/l.
Materias en suspensión: 600 mg/l.
Nitrógeno total: 30 mgN/l.
E. coli: 10^8/100 ml.

Para poblaciones de más de 10.000 h-e y para vertidos industriales deberán evaluarse las características del agua residual, los caudales vertidos y su variabilidad a partir de una campaña de medidas, cuyos resultados formarán parte integrante del proyecto.

En el caso de que exista depuradora en la localidad o se construya con el emisario, las cargas anteriores se reducirán de acuerdo con las especificaciones de funcionamiento de aquélla, justificando el proyectista los valores adoptados.

En los sistemas colectores de tipo unitario, si la capacidad de éstos es superior a la del emisario, podrá existir un aliviadero que, a través de una conducción de desagüe, evacue al mar el exceso de caudal. Para ello deberán cumplirse las siguientes condiciones:

a) La capacidad del emisario debe ser suficiente para que con caudales de lluvia correspondientes al período de retorno de diez años, el aliviadero funcione menos de cuatrocientas cincuenta horas al año, en el caso general, y menos de 3 por 100 de las horas de la temporada de baños, cuando el aliviadero esté situado en una zona de baño y el efluente contenga contaminantes regulados para este tipo de zonas. A estos efectos, puede resultar conveniente la construcción de balsas de retención para el caudal excedente.

Para el cálculo de la capacidad del emisario en un momento dado se tendrán en cuenta la potencia de bombeo instalada en condiciones fiables de operación y las variaciones del nivel del mar debidas a mareas astronómicas y meteorológicas. Naturalmente, la capacidad podrá variarse en años sucesivos modificando la potencia de bombeo.

b) El aliviadero sólo podrá entrar en funcionamiento con caudales superiores al caudal punta en tiempo seco.

c) Con el aliviadero funcionando, el vertido realizado a través del emisario debe seguir cumpliendo los criterios establecidos por la normativa vigente en cuanto a normas de emisión y objetivos de calidad.

d) El caudal vertido por el aliviadero debe haber pasado por un sistema de rejas para su desbastado.

Por otra parte, la capacidad de los distintos tramos de los colectores será suficiente para que los aliviaderos situados en cabecera de tramo, cuando viertan al mar, funcionen con las mismas limitaciones que los aliviaderos de emisarios.

5.3.2 Usos de la zona. Dentro de la zona potencialmente afectada por el vertido que se proyecta se delimitarán las áreas homogéneas, en cuanto a usos habituales y permitidos, tales como el esparcimiento, el disfrute estético, la navegación, la pesca y el cultivo de especies marinas, la preservación y promoción de la vida marina y la desalación, potabilización y abastecimiento industrial de aguas.

Se hará constar expresamente la existencia de cualquier otro vertido de aguas residuales en la zona afectada por el emisario y los datos que permitan establecer su naturaleza, características e incidencias sobre la calidad ambiental.

5.3.3 Alternativas de vertido. Los proyectos de emisario submarino han de incluir un análisis de alternativas de vertido, justificando la solución adoptada.

Dentro de este análisis se tendrá en cuenta la conveniencia de proyectar un solo emisario que dé servicio a varios vertidos próximos, en vez de proyectar uno por vertido. Para ello se considerará la compatibilidad química de los efluentes y se determinarán los costes de construcción y explotación de cada alternativa, incluyendo los costes derivados del Programa de Vigilancia y Control.

5.3.4 Parámetros oceanográficos. El proyecto del emisario habrá de tener en cuenta los parámetros oceanográficos que a continuación se indican:

Perfiles de temperatura y salinidad en la zona de vertido.
Corrientes.
Coeficientes de dispersión de la pluma.
Coeficientes de autodepuración de los parámetros no conservativos.
Biocenosis inicial y contaminación de fondo.
Batimetría, geofísica y geotecnia.
Clima marítimo.
Dinámica litoral.

Para la determinación de estos parámetros oceanográficos se tendrá en cuenta lo expuesto en el "Apéndice A: Medida de los parámetros oceanográficos".

5.4 Disposición general y métodos de cálculo.

5.4.1 Sistemas de impulsión. El sistema de impulsión se proyectará de forma que se minimice el consumo de energía, sacando el máximo partido de las posibilidades de vertido por gravedad.

No obstante, en todos los casos deberá garantizarse la adecuación del caudal del emisario a las diferentes condiciones de funcionamiento, tales como caudal afluente, nivel del mar o pérdidas de carga. Para ello, casi siempre será necesario instalar una estación de bombeo en cabecera del emisario; en estos casos, deberán disponerse una o más bombas de reserva que permitan asegurar el correcto funcionamiento del emisario, si se avería una de las bombas principales. En el caso excepcional de que se disponga de carga hidráulica suficiente, por diferencia de cotas, el control de caudal se hará mediante dispositivos de disipación de energía.

5.4.2 Tramo terrestre del emisario. El trazado del tramo terrestre del emisario desde la instalación de tratamiento hasta el punto de entrada al mar se hará de forma que:

a) Si existe un subtramo paralelo a la costa, éste se construirá fuera de la ribera del mar y de los primeros veinte metros de los terrenos colindantes, salvo que se integren en paseos marítimos u otros viales urbanos.

b) El subtramo situado en la ribera del mar tendrá la mínima longitud posible. Además, si la ribera está constituida por materiales sueltos, como arenas, gravas y guijarros, deberá ir enterrado con un recubrimiento no inferior a un metro, incluso para los perfiles de playa más desfavorables de entre los esperables en la zona. Si se trata de una costa rocosa, se minimizará el impacto visual por consideraciones estéticas.

El punto de entrada al mar se elegirá teniendo en cuenta los siguientes factores, cuando resulten aplicables:

Proximidad a la instalación de tratamiento.

Disponibilidad de terrenos apropiados para los trabajos de construcción o de instalación del emisario.

En áreas de materiales sueltos, la estabilidad de la zona marítimo-terrestre respecto a la dinámica litoral, evitando destruir, en lo posible, los afloramientos rocosos. Presencia de vaguadas submarinas que faciliten la protección del emisario o que permitan alcanzar profundidades mayores con menor longitud de conducción.

5.4.3 Posición y dimensiones del difusor. Desde el punto de vista ambiental, éste es el elemento fundamental en el proyecto de un emisario. Por ello, deberá ser objeto de un profundo estudio en el que se utilizará la información obtenida en los estudios complementarios mencionados en el apartado 5.3 y se aplicará un conjunto de modelos de cálculo cuya complejidad deberá ser proporcional a la importancia del emisario, mediante un proceso de tanteos sucesivos enfocado a sacar el máximo provecho de la capacidad de dilución, transporte, dispersión y autodepuración del medio receptor, que permitirán definir la posición y dimensiones del difusor y que garanticen el cumplimiento de los objetivos de calidad impuestos por la normativa vigente.

Salvo casos excepcionales debidamente justificados en los que simplemente se deje abierto el extremo del emisario, el dispositivo de vertido estará constituido por un difusor, entendiendo por tal un tramo del emisario situado en el extremo opuesto a la instalación de tratamiento, en el que se han dispuesto un conjunto de orificios, boquillas o derivaciones por las que se reparte el caudal vertido con el fin de aumentar su dilución inicial.

En cualquier caso, con el fin de garantizar también una cierta protección de la zona de inyección, mediante la rápida reducción a niveles aceptables de las concentraciones de algunos contaminantes (típicamente sólidos en suspensión y demanda bioquímica de oxígeno) bajo cualquiera de las hipótesis previstas de caudal, se asegurará una dilución inicial mínima que, para vertidos de aguas residuales urbanas, deberá ser mayor de 80:1, durante más del 95 por 100 del tiempo, y mayor que 100:1, en los casos en que, por no existir estratificación o por ser ésta poco acusada, la mezcla alcance la superficie. Para vertidos industriales, estos valores sólo tendrán carácter orientativo, debiéndose justificar adecuadamente la adopción de otros valores de dilución inicial mínima de proyecto, cuando sean inferiores.

A estos efectos, se entenderá por dilución inicial la que se produce debido fundamentalmente al impulso inicial de los chorros y a la diferencia entre las densidades del efluente y del medio receptor. Para el cálculo de dilución inicial se utilizarán los métodos indicados en el apéndice B: Método de cálculo de las diluciones.

Por otra parte, con el fin de establecer un umbral mínimo para los efectos beneficiosos que se derivan de realizar el vertido lejos de la costa (entre éstos, introducción de nutrientes en una zona, donde quizás sean necesarios, en vez de hacerlo donde suelen ser más abundantes y podrían aumentar el riesgo de eutrofización; dar tiempo para que actúen los fenómenos de eliminación de microorganismos patógenos; alcanzar grandes profundidades, con lo que se consiguen mayores diluciones iniciales y mayores probabilidades de que la mezcla no alcance la superficie), la distancia de vertido, entendiendo por tal la que existe entre la línea de costa en bajamar máxima viva equinoccial y la boca de descarga más próxima a ésta, no deberá ser inferior a 500 metros.

El procedimiento para determinar la posición y dimensiones del difusor constará de las siguientes fases:

I. Establecimiento de las hipótesis de proyecto.- A partir de los estudios complementarios sobre corrientes, coeficientes de dispersión, coeficientes de autodepuración y perfiles de temperatura y salinidad, se seleccionarán razonadamente un conjunto de hipótesis (o combinaciones de éstas) que puedan considerarse pésimas en algún sentido, y otro conjunto de hipótesis que se consideren como las más probables.

Cuando la importancia del emisario lo aconseje y la disponibilidad de datos y teorías lo permita, se asignarán probabilidades a cada una de las hipótesis seleccionadas.

II. Comprobación de la dilución inicial.- Se eligen la posición y dimensiones de un difusor determinado, respetando la distancia mínima de vertido, y se comprueba si se cumplen los criterios de dilución inicial, teniendo en cuenta los perfiles de densidad (en caso necesario también las corrientes) correspondientes a las hipótesis pésimas, utilizando para ello los métodos indicados en el apéndice B. Si no es así, se varían la posición o las dimensiones del difusor y se repiten los cálculos.

Como la profundidad y la longitud del difusor influyen mucho más en la dilución inicial que el diámetro de las bocas de descarga o la separación entre éstas, para los tanteos se puede suponer que el caudal total se reparte uniformemente por todas ellas.

III. Comprobación de los objetivos de calidad.- Elegido un difusor y comprobado previamente de acuerdo con el apartado anterior, se calculará para cada una de las hipótesis pésimas la máxima concentración de los contaminantes pertinentes (aquéllos que tras la dilución inicial siguen teniendo concentraciones superiores a las fijadas como objetivos de calidad) que se produce en cada una de las zonas a proteger del área de influencia del vertido, utilizando para ello los métodos indicados en el apéndice B.

A continuación se comprobará el cumplimiento de los objetivos de calidad. Dado que éstos vienen expresados de forma estadística, si se asignaron probabilidades a las hipótesis pésimas, la comprobación es directa; si no, el criterio de comprobación será que, en ninguna de las situaciones pésimas, la concentración podrá ser superior a la impuesta como objetivo de calidad correspondiente al percentil más alto.

Si no se cumplen los objetivos de calidad, se elige un nuevo difusor y se repiten los cálculos, teniendo en cuenta que en esta fase un simple cambio en la orientación del difusor puede influir apreciablemente en los resultados.

IV. Dimensionamiento hidráulico.- Una vez determinados los parámetros básicos del difusor (posición y longitud), se procederá a definir todas las características de éste, como su disposición respecto del terreno y el número, tipo y distribución de boquillas y orificios.

A continuación, se procederá a calcular las dimensiones de las bocas de descarga y los diámetros de los diferentes subtramos del difusor, teniendo en cuenta los siguientes criterios:

a) Cualquiera que sea el caudal de vertido, éste debe repartirse lo más uniformemente que sea posible entre todas las bocas de descarga. Conseguir esto, sobre todo cuando las diferentes bocas se encuentran a distinta profundidad, requiere un cuidadoso dimensionamiento hidráulico, para el cual podrán utilizarse los métodos de cálculo indicados en el apéndice B.

b) Debe evitarse la sedimentación de los sólidos en suspensión en el interior del difusor. Para ello se estimará una velocidad mínima del efluente (generalmente entre 0,6 y 0,8 m/s) en función del tamaño máximo de las partículas presentes en el difusor que viene determinado por el tipo de tratamiento realizado, y se justificará que esta velocidad mínima se alcanza al menos una vez cada día en todas las secciones del difusor, para lo cual suele ser necesario disminuir el área de éstas escalonadamente.

Además, en el extremo final del difusor se colocará una compuerta de sección completa destinada a facilitar las limpiezas periódicas mediante impulsión de altos caudales.

c) Debe evitarse la intrusión de agua salada en el difusor. El método recomendado consiste en asegurar que con el caudal mínimo, el número de Froude (definido en el apéndice B) es mayor que uno en todas las bocas de descarga, para lo cual es posible que durante los primeros años de funcionamiento deban permanecer cerradas algunas de ellas. Como orientación pueden servir el criterio de que la suma de áreas de las bocas situadas aguas abajo de una sección determinada del difusor no exceda del 60 por 100 del área de ésta.

d) El diámetro de las bocas de descarga debe ser suficiente para evitar su obstrucción por incrustaciones biológicas. Se recomienda que el diámetro no sea inferior a 6 cm.

e) Deben minimizarse las pérdidas totales de carga.

f) En emisarios importantes deben colocarse registros que permitan la inspección y el mantenimiento del interior del difusor. El tamaño de los registros se adecuará al sistema de inspección previsto, y si éste consiste en el empleo de buceadores, la distancia máxima entre registros será de 200 m.

5.4.4 Trazado y cálculo del emisario. Una vez determinados el arranque del emisario y la posición del difusor, se procederá a definir el trazado del emisario de acuerdo con los siguientes criterios:

a) Deben evitarse las curvas siempre que sea posible para facilitar la colocación del emisario, eliminar la necesidad de anclajes o piezas especiales en los codos y reducir la formación de depósitos sedimentarios en el interior del emisario.

b) Debe mantenerse una pendiente razonable, evitando los tramos horizontales o en contrapendiente, lo que produciría aterramientos en los puntos bajos y bolsas de gas en los puntos altos. En este sentido, deberá considerarse la posibilidad de que se produzcan asientos diferenciales.

c) Deberán evitarse las singularidades detectadas en el estudio de batimetría, geofísica y geotecnia, tales como afloramientos rocosos, embarcaciones hundidas u otras tuberías.

A continuación se procede al diseño y cálculo del emisario, que se hará de acuerdo con los criterios siguientes:

a) Debe asegurarse la estabilidad del emisario, tanto en la fase de servicio como en la de construcción.

La estabilidad horizontal de emisarios no enterrados sobre fondos de materiales sueltos se asegura comprobando que la diferencia entre el peso de la tubería (llena de agua dulce durante la fase de servicio; vacía, medio llena o llena de agua salada, durante la fase de construcción dependiendo del método de instalación) y la fuerza ascendente, multiplicada dicha diferencia por el coeficiente de rozamiento, resulta superior a la suma de las fuerzas de arrastre y de inercia, combinando adecuadamente las debidas al oleaje y las debidas a otras corrientes. El coeficiente de rozamiento adoptado tendrá en cuenta el tipo y condiciones del suelo y estará comprendido entre 0,75 (fangos) y 1,5 (arenas).

En caso necesario el emisario se lastrará o anclará convenientemente.

La estabilidad vertical incluye dos aspectos diferentes: La seguridad ante el hundimiento (del emisario y del conjunto emisario-balasto-lastre, si existen) y la seguridad ante el levantamiento, por falta de peso suficiente o por atrapamiento de aire dentro de la tubería, especialmente importante en el caso, cada vez más frecuente, de empleo de materiales plásticos.

Para emisarios anclados o empotrados en fondos rocosos se comprobará que la resistencia de anclajes y soportes es suficiente.

b) Debe protegerse el emisario contra los posibles impactos de anclas que se deslizan, o de artes de pesca de arrastre.

En zonas de materiales sueltos, el método de protección que se recomienda consiste en enterrar el emisario con un recubrimiento tal que siempre resulte suficiente para evitar el impacto, incluso teniendo en cuenta las variaciones debidas a los fenómenos de dinámica litoral. Si se usa material de los fondos contiguos como recubrimiento, puede servir de orientación un espesor de 2 m en arenas y 7 m en fangos. En caso necesario, se utilizarán préstamos de material más grueso, escollera e incluso placas de hormigón.

En fondos rocosos podrá ir parcialmente empotrado o simplemente anclado, dependiendo del grado de protección que suponga la propia roca.

c) Debe prestarse atención especial al tramo situado en la zona de rompientes.

Salvo casos excepcionales, debidamente justificados, dicho tramo estará enterrado y su recubrimiento se calculará teniendo en cuenta las variaciones estacionales e hiperanuales del perfil de playa y las sobrecargas que en esta zona produce la rotura del oleaje.

En todo caso, se respetarán los valores estéticos y el uso recreativo de la zona.

d) El cálculo de tensiones del emisario deberá tener en cuenta las siguientes acciones:

I. En fase de construcción.

Tensiones de fabricación y manejo en tierra.

Tensiones producidas al apoyar la tubería en soportes puntuales durante la fabricación o durante el transporte para su instalación. También tensiones originadas mientras la tubería está descansando sobre el fondo, antes de su instalación.

Tensiones debidas a curvaturas forzadas durante la instalación.

Tensiones producidas durante el arrastre del emisario desde tierra hasta su emplazamiento definitivo.

Tensiones debidas a la presión externa del agua del mar durante la instalación cuando el emisario está vacío. Estas sólo son importantes en emisarios de gran diámetro o que se colocan a grandes profundidades.

II. En fase de servicio.

Tensiones debidas a curvaturas en su emplazamiento definitivo.

Tensiones debidas a posibles descalces por erosión en el caso de emisarios apoyados sobre el fondo.

Cargas producidas por el material de recubrimiento.

La presión interna que se requiere para el funcionamiento del emisario no suele producir tensiones importantes.

Para la determinación de estas acciones, así como para la adopción de coeficientes de seguridad, se podrán utilizar las Recomendaciones Generales del Programa ROM (Recomendaciones para Obras Marítimas) del Ministerio de Obras Públicas y Transportes, a medida que vayan estando disponibles.

e) Deben realizarse pruebas de presión para comprobar la integridad y estanqueidad de los tramos del emisario a medida que van siendo construidos y del emisario completo después de su instalación.

f) Cuando se opte por tuberías susceptibles de corrosión (por ejemplo, las de acero), se utilizarán recubrimientos adeucados y, en caso necesario, protecciones catódicas.

Art. 6.° Proyectos de vertidos a través de conducciones de desagüe

6.1 Requisitos especiales. Los vertidos que se proyecten realizar a través de conducciones de desagüe sólo serán autorizados si se cumplen las siguientes condiciones:

a) Que las concentraciones de las sustancias contaminantes presentes en el efluente resulten inferiores a los valores establecidos como objetivos de calidad para la zona receptora.

b) Que se justifique que dichos valores de los objetivos de calidad no se sobrepasarán por la acumulación de sustancias contaminantes debida a la escasez de renovación.

c) Que se definan en el proyecto y se adopten medidas que minimicen el impacto visual del dispositivo de vertido.

Cuando se trate de playas se exigirá, además, que la conducción sea cerrada, con su tramo terrestre enterrado a más de un metro de profundidad y que el punto de vertido cumpla a la vez que se encuentre a más de 200 metros de línea de costa y a más de dos metros de profundidad, ambas en bajamar viva equinoccial.

Para conducciones de desagüe asociadas a aliviaderos no serán de aplicación las condiciones a) y b) anteriores, pero deberán evaluarse los efectos sobre el medio ambiente de los vertidos realizados a través de éstas con caudales correspondientes a períodos de retorno de diez y cincuenta años.

6.2 Proyecto.

6.2.1 Elementos técnicos del proyecto. El proyecto de vertido a través de una conducción de desagüe definirá los mismos elementos técnicos mencionados para los emisarios submarinos en el apartado 5.1, con excepción de lo que se refiere a los difusores y a los mecanismos de transporte, dilución y autodepuración.

6.2.2 Redacción del proyecto. El proyecto de vertido a través de una conducción de desagüe estará formado por los mismos documentos que se describen en el apartado 5.2 para emisarios submarinos.

Cuando se requiera algún sistema de depuración para conseguir las condiciones de vertido a través de conducciones de desagüe se describirán sus distintos elementos y se hará especial hincapié en el análisis de las probabilidades y consecuencias de posibles fallos en el funcionamiento del sistema.

Los resultados de este análisis se tendrán en cuenta para definir el Programa de Vigilancia y Control de Vertido.

6.2.3 Estudios complementarios. Se desarrollarán los estudios indicados en el apartado 5.3 para emisarios submarinos, pero teniendo en cuenta las siguientes consideraciones:

a) Los estudios de las "Características del efluente" y de los "Usos de la zona" estarán orientados fundamentalmente a justificar que las concentraciones de sustancias contaminantes en el efluente serán inferiores a los valores establecidos como objetivos de calidad para la zona receptora.

b) Las posibilidades de reutilización del efluente son más elevadas, dadas sus características, por lo que la justificación de la solución de vertido al mar deberá ser especialmente desarrollada en el estudio de "Alternativas de vertido".

c) Los estudios para la determinación de los parámetros oceanográficos se reducirán a los siguientes:

Un estudio hidrodinámico enfocado a justificar que no se sobrepasarán los valores límite por acumulación de sustancias contaminantes debido a escasez de renovación. Este estudio sustituye a los de "Temperatura y salinidad", "Corrientes", "Coeficientes de dispersión" y "Coeficientes de autodepuración" mencionados en el apartado 5.3.4.

Un estudio de biocenosis inicial y contaminación de fondo, de acuerdo con lo indicado en el apartado A4 del apéndice A.

Si se trata de conducciones con vertido sumergido, también hay que realizar los estudios de "Batimetría, Geofísica y Geotecnia", "Clima marítimo" y "Dinámica litoral", de acuerdo con las instrucciones del apéndice A.

6.2.4 Disposición general y métodos de cálculo. Cuando se trate de conducciones de desagüe, abiertas o cerradas, que viertan en superficie, no existen consideraciones especiales para el proyecto diferentes de las usuales para instalaciones hidráulicas.

Sin embargo, si la conducción de desagüe vierte en profundidad se aplicarán también los criterios indicados en los apartados 5.4.1 a 5.4.4 para emisarios submarinos, con la excepción de aquellas partes del 5.4.3 que se refieren a la comprobación de los objetivos de calidad.

Art. 7.° Programa de vigilancia y control

7.1 Objetivos. El Programa de Vigilancia y Control de una conducción de vertido ha de proporcionar la información necesaria para:

a) Gestionar eficazmente el sistema de vertido.

b) Evaluar si se cumplen los requisitos del efluente y los objetivos de calidad impuestos por la normativa vigente y por el condicionado de autorización del vertido.

c) Realizar las modificaciones o expansiones convenientes en el sistema de vertido.

Asimismo, la información suministrada por dicho programa ha de facilitar a la Administración competente la gestión adecuada de los usos que puedan ejercerse en el área de influencia de la zona de descarga, tales como la pesca comercial o recreativa u otros usos de interés turístico.

De acuerdo con estos objetivos, el Programa de Vigilancia y Control deberá contemplar dos aspectos complementarios: La calidad estructural de la conducción (roturas, corrimientos, fisuras, estado de difusores o descalces de la tubería) y la vigilancia ambiental, tanto de la calidad del efluente vertido como de la calidad del medio receptor.

Los resultados de este Programa de Vigilancia y Control deberán recogerse en un informe anual que el titular de la autorización del vertido remitirá a la Administración competente.

7.2 Vigilancia estructural. El Programa de Vigilancia y Control de toda conducción de vertido deberá detallar los procedimientos y medios que se van a emplear en la inspección y mantenimiento preventivo de los elementos estructurales de aquélla, evaluando y cuantificando el coste que estas operaciones representarán al titular de la instalación.

Como parte de este Programa de Vigilancia y Control deberá incluirse, independientemente de otros procedimientos complementarios, la inspección de toda la longitud del tramo sumergido de la conducción y de sus principales elementos mediante el empleo de buceadores o instrumental sumergible.

Para que este control sea eficaz, la inspección deberá realizarse con la máxima carga hidráulica posible y, al menos, con una periodicidad anual, aumentando ésta cuando la conducción se sitúe bajo canales de navegación, zonas de fondeo, áreas de pesca mediante arrastre o donde la acción del oleaje sea intensa.

7.3. Vigilancia ambiental. La vigilancia deberá realizarse mediante controles del efluente y del medio receptor, efectuados conjuntamente. El muestreo deberá realizarse de una manera sistemática, con objeto de reducir lo más posible la variación entre resultados individuales, manteniendo constantes los puntos de muestreo (que deberán estar suficientemente contrastados) y la periodicidad y períodos de muestreo, cuya descripción y localización deberán detallarse claramente en el Programa de Vigilancia y Control.

7.3.1 Control del efluente. Para el muestreo del efluente la conducción deberá contar con dispositivos específicos que permitan un acceso fácil tanto para la obtención de muestras que sean representativas del flujo como para la determinación precisa del caudal que se está vertiendo en el momento del muestreo.

Con carácter general, la toma de muestras y la medida del caudal se efectuarán en el arranque de la conducción. No obstante, cuando la conducción de vertido preste servicio a diferentes estaciones de tratamiento, la Administración que autorizó el vertido podrá decidir que dichas operaciones se lleven a cabo, también o alternativamente, en las salidas de éstas.

La frecuencia del muestreo y el tipo y número de parámetros a analizar dependerán de la naturaleza y de la importancia del vertido y deberán incluirse en el Programa de Vigilancia y Control del proyecto para su aprobación en la autorización de vertido, en su caso.

Se distinguirán tres categorías de emisarios submarinos para aguas residuales urbanas y dos tipos de análisis, en función del número de habitantes equivalentes servidos y del grupo de parámetros considerados, respectivamente.

Las tres categorías de emisarios quedan definidas como sigue:

I. Emisarios que sirven a aglomeraciones urbanas que representen menos de 10.000 h-e.

II. Emisarios que sirven a aglomeraciones urbanas que representen de 10.000 a 50.000 h-e.

III. Emisarios que sirven a aglomeraciones urbanas que representen más de 50.000 h-e.

Los dos tipos de análisis serán el simplificado y el completo.

El análisis simplificado consistirá en la determinación de los siguientes parámetros:

Demanda biológica de oxígeno (DBO).
Demanda química de oxígeno (DQO).
Sólidos sedimentables.
pH.
Caudal.

Asimismo, el análisis simplificado incluirá la determinación de nitrógeno Kjeldahl, nitrógeno oxidado y de fósforo total, cuando las aguas receptoras se encuentren en zonas con riesgo de eutrofización. De igual forma, la Administración competente podrá incluir dentro del análisis simplificado la determinación de cualquiera de los contaminantes enumerados en la normativa vigente, si tiene fundadas sospechas de que tales contaminantes se encuentran normalmente en el vertido en concentraciones que puedan afectar negativamente al medio ambiente.

El análisis completo incluirá, además de los anteriores, el resto de los contaminantes cuya concentración debe ser controlada, de acuerdo con la normativa vigente.

El número mínimo anual de análisis se establece a continuación, realizándose el muestreo a intervalos regulares durante el año.

Categoría del emisario	Simplificado	Completo	Total
I	11 (1)	1	12
II	9	3	12
III	18	6	24

7.3.2 Control de las aguas receptoras.

7.3.2.1 Emisarios submarinos. Para el muestreo de las aguas receptoras, se seleccionarán, al menos, cinco puntos: Tres situados sobre la línea de costa (dos a ambos lados del emisario y uno en el arranque de éste) y dos entre la salida del efluente y la costa.

A) Aguas residuales urbanas: De la misma forma que para el efluente, se establecen dos tipos de análisis para las aguas receptoras: El simplificado y el completo.

a) Análisis simplificado para las aguas receptoras: Los parámetros a determinar serán los siguientes:

Coliformes fecales.
Estreptococos fecales.
Coliformes totales.
pH.
Sólidos en suspensión.
Temperatura.
Color.
Transparencia.
Salinidad.
Oxígeno disuelto.
Nitrógeno oxidado (2).
Ortofosfatos (2).

Asimismo, se indicarán observaciones visuales referentes al viento, oleaje y pluviometría. Dentro del conjunto de parámetros del análisis simplificado, la Administración competente podrá incluir cualquier otro parámetro cuando considere necesaria su determinación para mantener los objetivos de calidad.

b) Análisis completo para las aguas receptoras: En este procedimiento se determinará el resto de los contaminantes cuya concentración deberá ser controlada, de acuerdo con la normativa vigente.

Asimismo, deberán determinarse parámetros representativos de las condiciones oceanográficas y meteorológicas de la zona en el momento del muestreo, junto con parámetros físicoquímicos indicadores de las condiciones de las masas de agua. Entre los parámetros a medir en este tipo de controles están: El viento, las corrientes, el oleaje, el perfil de salinidad, la temperatura y el oxígeno disuelto en el agua en un punto cercano a la salida del efluente, pero no afectado por éste.

El número mínimo anual de análisis que deberán realizarse será de seis en zonas de baño y cautro en las restantes zonas. De éstos, dos serán completos, y el resto, simplificados.

No obstante, se podrá reducir la frecuencia de la determinación de alguno de los parámetros exclusivos de análisis completo cuando se observe reiteradamente que no incide negativamente en la calidad de las aguas receptoras.

B) Aguas residuales industriales: En cada caso, el solicitante propondrá unas relaciones de parámetros adecuadas al proceso industrial de que se trate, tanto para el análisis simplificado como para el análisis completo.

La frecuencia mínima de muestreo será de ocho al año (cuatro de ellos completos) y se realizarán coincidiendo con períodos de máxima descarga.

(1) El número anual de muestras podrá reducirse a un número a determinar por la Autoridad competente en función de los usos de las aguas receptoras si durante el primer año de funcionamiento se han cumplido los requisitos de esta Instrucción.

(2) Estos parámetros sólo se incluirán en el procedimiento de control simplificado cuando las aguas receptoras estén ubicadas en zonas eutróficas o bien cuando éstas puedan llegar a serlo si no se toman medidas de protección.

7.3.2.2 Conducciones de desagüe. Se seleccionarán tres puntos de muestreo sobre la línea de costa (dos a ambos lados del desagüe y uno en el arranque de éste), y otro en la salida del efluente.

Sólo se realizarán análisis completos y la frecuencia mínima de muestreo será de dos por año.

7.3.3 Control de sedimentos y organismos. Para el control de sedimentos y de organismos se deberán seleccionar puntos de muestreo en el área de influencia del emisario, donde el sedimento tienda a acumularse, y en lugares donde se encuentren poblaciones abundantes de organismos representativos de la zona.

El muestreo de sedimentos y organismos deberá realizarse con carácter anual.

APENDICE A

Medidas de los parámetros oceanográficos

A.1 Perfiles de temperatura y salinidad

Uno de los elementos básicos del diseño de un emisario submarino es el conocimiento de los perfiles de temperatura y salinidad en el punto de vertido. A partir del conocimiento de estos dos parámetros se determina el perfil de densidades, la estratificación de las aguas y el posible atrapamiento del penacho antes de llegar a la superficie.

La determinación de estos perfiles puede realizarse mediante el empleo de medidores portátiles, algunos de los cuales permiten la medida simultánea de ambos parámetros.

La precisión con que se obtengan los datos deberá ser como mínimo una décima de grado para la temperatura y la centena de microsiemens/cm para la salinidad (expresada como conductividad eléctrica). Con ello se asegura una correcta determinación de la estratificación y el atrapamiento.

Si con el fin de disminuir el número de medidas se opta por modelizar la estratificación de las aguas receptoras, es necesario contar con datos de las temperaturas medias mensuales del aire en la zona, que pueden, en general, ser obtenidas de organismos oficiales.

Las medidas de perfiles de temperatura y salinidad deberán realizarse bajo distintas condiciones meteorológicas e hidráulicas con el fin de disponer de una estadística representativa.

A.2 Corrientes

Se realizará un estudio de corrientes con un doble fin:

Determinar las acciones mecánicas sobre el emisario producidas por las corrientes debidas a causas distintas del oleaje.

Evaluar la dilución, transporte, dispersión y autodepuración del efluente en la zona afectada por éste.

Se hará previamente una estimación de la posición y características del difusor (longitud y orientación de la conducción son suficientes en esta fase) con el fin de concentrar las medidas en la zona de interés. Para dicha estimación pueden utilizarse los métodos de cálculo del apéndice B.

Respecto al primero de los fines mencionados se utilizarán las Recomendaciones Generales del programa ROM (Recomendaciones para Obras Marítimas) a medida que se vayan publicando por el Ministerio de Obras Públicas y Transportes. Mientras tanto, se considerarán las siguientes acciones debidas a las corrientes (emisarios no enterrados):

Fuerza de arrastre: $F_a = C_a \rho_a U_a^2 D / 2$

Fuerza de elevación: $F_e = C_e \rho_a U_a^2 D / 2$

Se tomará como velocidad de cálculo "U_a" la que corresponde al 95 por 100 de no excedencia. Como valores de los coeficientes, se tomarán $C_a = 0{,}9$ y $C_e = 0{,}5$, aunque este último disminuye casi hasta 0, cuando el emisario está enterrado hasta la mitad o separado del fondo más de un diámetro. D es el diámetro del emisario y ρ_a la densidad del agua del mar.

El resto del presente apartado se refiere a los cálculos de comprobación de los objetivos de calidad.

Para vertidos urbanos de localidades de menos de 10.000 habitantes, se podrá suponer la existencia de una corriente superficial de 0,20 m/s, cuya dirección sea la que va desde el punto de vertido hasta el punto más cercano a éste de cada una de las zonas de impacto (baños, cultivos marinos, etc.).

En aquellos casos en que sea posible el atrapamiento del efluente por debajo de la termoclina, el estudio de corrientes ha de incluir la descripción del campo por debajo de la misma.

En los vertidos importantes será necesario emplear modelos de simulación, que requieren de campañas de medidas continuas y puntuales para su calibración. En la mayor parte de los casos será, no obstante, suficiente con el desarrollo de medidas puntuales mediante el empleo intensivo de flotadores con vela de arrastre sumergida.

En el caso de emplear medidores continuos resultará conveniente el empleo simultáneo de flotadores o trazadores coloreados que permiten completar las medidas en el espacio, necesariamente reducidas a escasos puntos por el coste instrumental, que aportan aquéllos.

Para la determinación de las corrientes, a diferentes profundidades, se emplean flotadores cuya vela de arrastre se encuentre a la profundidad de interés; medidores continuos, situados a diferentes alturas de una misma vertical y medidas puntuales con correntímetros manuales que permitan la medición casi simultánea de la corriente a lo largo del perfil. Para el empleo de estos últimos, la embarcación debe estar anclada.

A.3 Coeficientes de dispersión

En general, al dispersarse la pluma por efecto de las corrientes marinas, las concentraciones se dividen por un factor que es muy inferior al valor de la dilución inicial y, en el caso de los coliformes, también muy inferior al que se consigue por autodepuración. Por ello, la intensidad del estudio de los coeficientes de dispersión puede ser menor, en beneficio de la de otros estudios complementarios, por ejemplo, las corrientes.

Salvo cuando se trate de un emplazamiento en el que las especiales condiciones topográficas e hidrográficas hagan prever una capacidad de dispersión excepcional o una gran variabilidad espacial de dicha capacidad, que pueda ser tendia en cuenta en los modelos de cálculo a utilizar, podrán emplearse las siguientes expresiones para estimar los valores de los coeficientes de dispersión:

a) Dispersión horizontal en dirección transversal a la pluma

$$K_y\ (m^2/s) = 3\ .\ 10^{-5}\ B^{4/3}$$

siendo B el ancho inicial de la pluma expresado en metros. Para tanteos puede tomarse $K_y = 0{,}1\ m^2/s$.

b) Dispersión vertical.

En ausencia de estratificación, puede usarse la expresión:

$$K_z\ (m^2/s) = 4\ .\ 10^{-3}\ U_a\ e$$

siendo U_a la velocidad del medio receptor y e el espesor inicial de la capa de mezcla. Para tanteos puede tomarse $K_z = 0{,}01\ m^2/s$.

En medios estratificados, el coeficiente de dispersión disminuye al aumentar el gradiente de densidad por lo que el transporte a través de la picnoclina es muy escaso.

c) Dispersión horizontal en dirección longitudinal.

El transporte dispersivo en dirección longitudinal (K_x) es muy pequeño, en comparación con el transporte convectivo, por lo que la mayoría de los modelos no lo tienen en cuenta (por ejemplo, en los métodos de cálculo del apéndice B). Si se desea utilizarlo, puede tomarse como valor para tanteos $K_x = 1\ m^2/s$.

No obstante, resulta poco costoso hacer medidas experimentales de los coeficientes de dispersión horizontal si se hacen coincidir con las medidas de corrientes. El procedimiento que se recomienda se basa en el empleo de flotadores con vela sumergida a una profundidad igual a la del centro de la capa de mezcla esperada. Se colocan flotadores en el centro y en los vértices de un cuadrado (o mejor aún, de un hexágono) con el centro sobre el punto de surrgencia y con una de cuyas diagonales paralela a la dirección del difusor. La longitud de la diagonal debe ser aproximadamente la mitad de la del difusor.

Llamado l_{ik} a la distancia inicial entre cada pareja de flotadores y l_{fk} a la distancia final entre éstos después de transcurrir un tiempo t, los coeficientes de dispersión se pueden estimar sabiendo que:

$$K_x + K_y = \frac{\sum_{K=1}^{N}(I_{fk} - I_{ik})^2}{2\,Nt}$$

y suponiendo que $K_x = 10\,K_y$. En la fórmula anterior N representa el número de parejas de flotadores consideradas y preferiblemente debe incluir los resultados de varias experiencias realizadas en condiciones similares.

También pueden emplearse trazadores químicos o radiactivos para la determinación de los coeficientes de dispersión, siendo los trazadores fluorescentes (fluoresceína o rodhamina B) los más utilizados.

A.4 Coeficientes de autodepuración

El cálculo de los coeficientes de autodepuración, especialmente si se determina el T90 de los "E. coli", debe tener en cuenta el carácter marcadamente estadístico de estos parámetros, así como los factores que influyen en ellos (insolación, temperatura, salinidad, etc.).

Uno de los métodos más comúnmente utilizados para la determinación de este coeficiente consiste en marcar un volumen de agua mediante un flotador, el cual se sigue con una embarcación desde la que se realizan muestreos en instantes sucesivos, que son posteriormente analizados en el laboratorio. Para el análisis estadístico de estas determinaciones microbiológicas, se deben replicar los muestreos al menos cinco veces para cada tiempo de toma, ajustando los resultados a una distribución logarítmica normal, que podrá usarse posteriormente para calcular el valor esperado de la reducción de concentraciones utilizando métodos estadísticos clásicos.

Para coliformes fecales en aguas con salinidad superior a 30 g/l pueden servir de orientación los valores obtenidos mediante la siguiente expresión, deducida a partir de los resultados de varias investigaciones recientes:

$$T_{90} = [\frac{\alpha}{60}\,(1 - 0{,}65\,C^2)\,.\,(1 - \frac{SS}{800}) + 0{,}02\,.\,10^{(Ta-20)/35}]^{-1}$$

donde T_{90} está expresado en horas y las restantes variables son:

α = Angulo del sol sobre el horizonte en grados sexagesimales. (Valor mínimo: $\alpha = 0$).

C = Fracción del cielo cubierto por nubes.

SS = Concentración de sólidos en suspensión en mg/l. (Valor máximo: SS = 800).

T_a = Temperatura del agua en °C.

Para vertidos correspondientes a localidades de menos de 10.000 habitantes para el parámetro E. coli, se podrán adoptar valores fijos del T_{90} que no sean inferiores a dos horas en el Mediterráneo ni a tres horas en el Atlántico.

A.5 Biocenosis y contaminación de fondo

Para la caracterización del estado ambiental, se debe proceder a un reconocimiento de las comunidades bentónicas, principalmente mediante el estudio de las comunidades infaunales (moluscos y poliquetos) y de la cobertura de algas y otras plantas marinas. los resultados de este reconocimiento se representarán gráficamente, mediante un mapa de las poblaciones bentónicas.

Este reconocimiento biológico deberá completarse con el muestreo y análisis de sedimentos superficiales y organismos acumuladores (por ejemplo, mejillones) en un número y distribución suficientemente representativo para el tipo y tamaño de emisario que se va a controlar. Sobre estas muestras se determinarán, prioritariamente, los microcontaminantes orgánicos e inorgánicos que figuran en los objetivos de calidad establecidos en la norma vigente con el fin de que sirvan como referencia de la situación antes de la construcción del emisario.

Asimismo, se debe proceder a la determinación de las concentraciones de microorganismos indicadores de contaminación fecal en las áreas de impacto identificadas.

A.6 Batimetría, Geofísica y Geotecnia

Se realizará un reconocimiento y descripción de los fondos a lo largo del perfil longitudinal, analizando los materiales que lo forman y sus propiedades mecánicas hasta la profundidad necesaria para el estudio de una cimentación adecuada. Asimismo, se identificarán los elementos singulares, como barras, bajos o depresiones, que puedan influir en el funcionamiento y mantenimiento de la obra, para lo cual se recomienda el empleo de equipos de sonar de barrido lateral. Todos estos datos se reflejarán en una carta detallada del emplazamiento y alrededores del emisario.

A.7 Clima marítimo

Se llevará a cabo un estudio del clima marítimo de la zona, con objeto de determinar las solicitaciones mecánicas a que se verán sometidos los distintos tramos del emisario por efecto del oleaje y la influencia que éste puede tener sobre el comportamiento mecánico de los materiales de fondo, balasto, relleno o lastrado.

Para ello se podrán utilizar las Recomendaciones Generales del programa ROM ya mencionado. Con carácter supletorio, se dan a continuación unas expresiones para calcular las acciones debidas al oleaje sobre emisarios no enterrados:

Fuerza de arrastre: $F_a = C_a \rho_a U_a^2 D/2$
Fuerza de inercia: $F_i = C_i \rho_a a \pi D^2/4$
Fuerza de elevación: $F_e = C_e \rho_a U_a^2 D/2$

donde "U_a" y "a" representan las componentes normales al emisario de la velocidad y aceleración máxima, calculadas de acuerdo con la teoría lineal de ondas para la altura de la ola significante correspondiente al temporal de cálculo, entendiéndose por tal el de período de retorno de cien años para la fase de servicio y el de período de retorno de un año para la fase de cosntrucción. Los significados de F_a y D se explican en el apéndice B.

Como valores de los coeficientes se tomarán $C_a = 1{,}0$, $C_i = 3{,}3$ y $C_e = 1{,}25$.

Debe tenerse en cuenta que las fuerzas de inercia y de arrastre están desfasadas 90° y que normalmente la situación más desfavorable para la estabilidad corresponde a velocidad máxima y aceleración nula.

A.8 Dinámica litoral

Se realizará un estudio básico de la dinámica litoral de la zona, con el fin de evaluar tanto el efecto que ésta pueda tener sobre el funcionamiento y mantenimiento del emisario como, a la inversa, el que la presencia del emisario pudiera tener sobre aquélla.

Se prestará especial atención a las variaciones del perfil de playa y a la posible inestabilidad de la línea de costa.

APENDICE B

Métodos de cálculo de las diluciones

B.1 Notación utilizada

a: Aceleración máxima debida al oleaje (m . s^{-2}).
B: Ancho inicial de la pluma (m).
c: Concentración de contaminantes en un punto de coordenadas (X, Y, Z).
c_o Idem en el efluente.
C: Fracción de cielo cubierto por nubes.
C_a: Coeficiente de fuerza de arrastre.
C_d: Coeficiente de descarga.
C_e: Coeficiente de fuerza de elevación.
C_i Coeficiente de fuerza de inercia.
d: Diámetro interior de la boca de descarga (m).
D: Diámetro exterior del emisario (m).
e: Espesor de la capa de mezcla (m).
erf(x): Función de error definida como:

$$erf(x) = \frac{2\,x}{\sqrt{\pi}} \int_0^x e^{-t^2}\,dt$$

Existen tablas de valores para cálculos manuales y aproximaciones polinómicas para cálculos por ordenador.

Dos aproximaciones útiles son las siguientes:

a) Para x < 0,3: $erf(x) = 2\,x / \sqrt{\pi}$ (error < 3 por 100).

b) Para 0,5 < x < 0,7: $erf(x) = x$ (error < 4 por 100).

F: Número de Froude: $F = U_a^3 (g' q)^{-1}$.
F_a: Fuerza de arrastre.
F_e: Fuerza de elevación.
F_i: Fuerza de inercia.
F_o: Función que tiene en cuenta la autodepuración de la pluma.
F_1, F_2 y F_3: Funciones que tienen en cuenta la dispersión en la pluma.
g: Aceleración de la gravedad (m . s^{-2}).
g': Aceleración reducida: $g' = g (\rho_a - \rho_o/\rho_o$ (m . s^{-2}).
h: Carga hidráulica en la boca de descarga (m).
H: Profundidad de la boca de descarga (m).
H_b: Profundidad en el punto donde el espesor de la pluma empieza a ocupar toda la capa de agua (m).

K: Coeficiente de dispersión en general ($m^2 . s^{-1}$).

K_x: Idem horizontal en dirección longitudinal de la pluma ($m^2 . s^{-1}$).

K_y: Idem horizontal en dirección transversal ($m^2 . s^{-1}$).

K_z: Idem vertical ($m^2 . s^{-1}$).

I_{ik}: Distancia inicial entre la pareja de flotadores "k" (m).

I_{fk}: Distancia final (m).

L_T: Longitud total del difusor (m).

N: Número de parejas de flotadores considerados para el cálculo de K_x y K_y.

q: Caudal unitario en el difusor $q = Q . L_t^{-1}$ ($m^2 . s^{-1}$).

Q: Caudal vertido por el emisario ($m^3 . s^{-1}$).

Q_b: Caudal vertido por una boca de descarga ($m^3 . s^{-1}$).

S: Dilución inicial en la capa de mezcla.

SS: Concentración de sólidos en suspensión en el agua del mar (mg/l).

S_m: Dilución en el eje del chorro.

t: Tiempo que emplea una partícula de agua en recorrer la distancia *X* a lo largo del eje de la pluma (horas).

T_a: Temperatura del agua del mar (°C).

T_{90}: Tiempo necesario para que desaparezca el 90 por 100 de una cierta cantidad de contaminante por efecto de la autodepuración (horas).

u_o: Velocidad del efluente en la boca de descarga ($m . s^{-1}$).

U_a: Velocidad horizontal del agua del mar ($m . s^{-1}$).

W: Velocidad ascencional del chorro ($m . s^{-1}$).

x: Variable de integración (m).

X: Coordenada medida desde el punto de surgencia a lo largo del eje de la pluma (m).

y: Elevación de un punto del chorro sobre la boca de descarga (m).

y_{max}: Elevación máxima de la capa de mezcla cuando se produce el atrapamiento (m).

y: Coordenada horizontal en dirección transversal a la pluma (m).

Z: Coordenada vertical que mide la distancia a la superficie libre (o a la picnoclina, en su caso) para su uso en F_3.

α: Angulo del Sol sobre el horizonte (grados sexag.).

Γ: Coeficiente de estratificación (s^{-2}).

$$\Gamma = -\frac{g\, d\rho_a}{\rho\, dy}$$

θ: Angulo que forma la dirección de U_a con el difusor (grados sexag.).

π: Número pí.

ρ_a: Densidad del agua del mar ($Kg . m^{-3}$).

ρ_o: Densidad del efluente ($Kg . m^{-3}$).

σ_y: "Desviación típica" de la distribución horizontal de concentraciones en dirección transversal a la pluma (m).

σ_z: Idem de la distribución vertical de concentraciones (m).

τ: Variable de integración.

B.2 Cálculo de la dilución inicial

Las aguas residuales que se vierten al mar a través de emisarios submarinos, debido a su menor densidad, experimentan una fuerza convectiva que hace que se formen chorros ascendentes. Durante la ascensión, los chorros se alimentan de agua limpia del medio receptor que va diluyendo el efluente. En la superficie se crea una capa de mezcla con concentraciones bastante homogéneas donde los chorros, aunque siguen alimentándose, lo hacen ya con agua contaminada y, por lo tanto, no aumenta su dilución.

Es muy frecuente que, por diferencia de temperaturas (en verano sobre todo) y/o salinidades (proximidad de una desembocadura), el medio receptor esté estratificado, pudiéndose distinguir casi siempre la presencia de dos capas relativamente homogéneas separadas por una superficie denominada picnoclina, donde el gradiente de densidad es muy acusado. En estos casos suele suceder que, al mezclarse el efluente con grandes proporciones del agua más densa del fondo, la mezcla tenga una densidad mayor que la de la capa superficial, quedando entonces atrapada sin llegar a la superficie.

Por otra parte, si el medio receptor está en movimiento (lo que ocurre casi siempre) influirá en el espesor de la capa de mezcla y en el ancho inicial de la pluma que se forma en planta. A velocidades bajas, la dilución inicial no se ve afectada, pero cuando ésta sobrepasa un cierto valor, la dilución aumenta, si bien a costa de que el punto donde el chorro alcanza la superficie (o, en su caso, la picnoclina) se desplace de forma importante en el sentido de la corriente, disminuyendo así la distancia disponible hasta las zonas a proteger, para que actúen los fenómenos de dispersión (horizontal y vertical) y de autodepuración.

En el resto del presente apartado se dan métodos para calcular la dilución inicial, el espesor y el ancho de la pluma para diferentes hipótesis de dispositivos de vertido y de características del medio receptor. Aunque dichos métodos son suficientemente aproximados, si se cumplen las hipótesis expuestas, pueden utilizarse otros métodos más exactos o que tengan en cuenta más aspectos de los fenómenos analizados. De hecho, para ciertas combinaciones de hipótesis, se exige expresamente el empleo de métodos de cálculo más sofisticados, que pueden incluir expresiones semiempíricas suficientemente contrastadas, procedimientos de integración numérica e incluso modelos físicos a escala reducida, dependiendo de la complejidad e importancia del problema.

En general, las condiciones pésimas respecto a la dilución inicial mínima se dan cuando la velocidad del medio receptor es muy pequeña. Sin embargo, para la comprobación de los objetivos de calidad (apartado B.3) las condiciones pésimas se dan con velocidades altas. Por ello, en lo que sigue se exponen métodos de cálculo que son válidos para un abanico razonablemente amplio de velocidades.

B.2.1 Comprobación de la estabilidad de la capa de mezcla.- si la profundida en el punto de vertido es escasa y el caudal vertido es importante, puede alcanzarse la inestabilidad de la capa de mezcla, produciéndose una recirculación desde ésta hacia los chorros en toda la profundidad. En este caso, no son utilizables los métodos que se exponen más adelante, debiéndose emplear, por tanto, otros métodos más sofisticados.

Esta situación es típica en los vertidos de agua de refrigeración de las centrales térmicas y nucleares, pero no suele darse en vertidos de aguas residuales urbanas.

El criterio para asegurar que no se produce dicha situación es:

$$\frac{u_o^2\ B+U_a^2 H}{(u_o Bg)^{2/3}\ H} < 0{,}54$$

B.2.2 Medio receptor no estratificado.

B.2.2.1 Difusor con bocas de descarga muy próximas. Se consideran incluidos en este grupo los difusores cuyas bocas distan entre sí menos de un 3 por 100 de la profundidad en el punto de vertido.

Es ente caso, los chorros se mezclan formando una «pared» ascendente que llamaremos chorro lineal. Para pequeñas velocidades del medio receptor la dilución mínima en cualquier sección horizontal por debajo de la capa de mezcla puede calcularse mediante:

$$S_m = 0{,}38\ g^{-1/3}\ yq^{2/3}$$

Para calcular los parámetros de interés se distinguen los siguientes casos:

Caso I:

$$\theta \geq 65^\circ \quad \text{o} \quad \theta < 65^\circ$$
$$F \leq 0{,}1 \qquad\quad F \leq 0{,}36$$

La dilución inicial, es espesor de la capa de mezcla y en ancho inicial de la pluma se calculan mediante las expresiones:

$$S = 0{,}27\ U_a H q^{-1} F^{-1/3} = 0{,}27\ g^{1/3} H q^{-2/3}$$
$$e = 0{,}29\ H$$
$$B = \frac{SQ}{eU_a} = 0{,}93\ L_T F^{-1/3} = 0{,}93\ (g'q)^{1/3}\ L_T U_a^{-1}$$

Caso II:

$$25^\circ \leq \theta < 65^\circ$$
$$F > 0{,}36$$
$$S = 0{,}38\ U_a H q^{-1}$$
$$B = \max\ [L_T sen\ \theta\ ;\ 0{,}93\ L_T F^{-1/3}]$$
$$e = \frac{SQ}{BU_a} = 0{,}38\ L_T H B^{-1}$$

Caso III:

$$\theta < 25^\circ$$
$$0{,}36 < F \leq 20$$
$$S = 0{,}294\ UHq^{-1}\ F^{-1/4} = 0{,}294\ )g_o U_a)^{1/4}\ q^{-3/4}\ H$$
$$B = \max\ [L_T sen\ \theta\ ;\ 0{,}93\ L_T F^{-1/3}]$$

$$e = \frac{SQ}{BU_a}$$

Caso IV:

$$\theta < 25°$$
$$F > 20$$
$$S = 0{,}139\ U_aHq^{-1}$$
$$B = \max\ [L_T sen\ \theta\ ;\ 0{,}93\ L_T F^{-1/3}]$$
$$e = \frac{SQ}{BU_a}$$

Caso V:

$$\theta > 65°$$
$$F > 0{,}1$$
$$S = 0{,}58\ U_aHq^{-1}$$
$$B = \max\ [L_T sen\ \theta\ ;\ 0{,}93\ L_T F^{-1/3}]$$
$$e = \frac{SQ}{BU_a} = 0{,}58\ L_T HB^{-1}$$

En los casos II a V si resulta $e > H$ se toma $e = H$ y $S = U_aBH/Q$.

B.2.2.2 Difusor con bocas de descarga muy separadas. Se consideran incluidos aquí los difusores cuyas bocas distan entre sí más de un 20 por 100 de la profundidad.

A esta distancia los chorros no interaccionan hasta llegar a la capa de mezcla, por lo que la dilución, puede calcularse para cada chorro aislado. No obstante, al llegar a la superficie se formará también una capa de mezcla, dentro de la cual no disminuyen las concentraciones.

Para pequeñas velocidades, la dilución mínima en cualquier sección horizontal de un chorro por debajo de la capa de mezcla puede calcularse mediante:

$$S_m = 0{,}089\ g^{-1/3}\ y^{5/3}\ Qb^{-2/3}$$

Los parámetros de interés para el caso I, que es el que corresponde a condiciones pésimas respecto a la dilución inicial mínima, se calculan por las expresiones.

$$B = \max\ [L_T sen\ \theta\ ;\ 0{,}93\ L_T F^{-1/3}]$$
$$S = 0{,}089\ g^{-1/3}\ (H\text{-e})^{5/3}\ Qb^{-2/3}$$
$$e = \frac{SQ}{BU_a}$$

donde las dos últimas hay que resolverlas por iteraciones.

Para los demás casos (velocidades altas) son necesarios métodos más avanzados. No obstante, dado que el aumento de dilución inicial se compensa con una menor distancia disponible para la dispersión y que las concentraciones en puntos alejados se hacen cada vez más independientes de la forma como se produce la descarga, se pueden utilizar los métodos del apartado B.3 para velocidades elevadas, partiendo de unas condiciones iniciales de la pluma (posición, ancho, espesor y concentración) correspondientes a velocidades bajas, sin que por ello se cometan errores importante.

B.2.2.3 Otros difusores. Para difusores con separación entre bocas entre el 3 y el 20 por 100 o con formas en planta distintas de la línea recta (por ejemplo, difusores en Y, en T, etc.) no son aplicables directamente los métodos anteriores y deberán, por tanto, ser calculados utilizando métodos más sofisticados.

B.2.2.4 Descarga por boca única. En general se tomará:

$$e = 0{,}15\ H$$
$$S = 0{,}089\ g^{-1/3}\ (H\text{-e})^{5/3}\ Q^{-2/3}$$
$$= 0{,}075\ g^{-1/3}\ H^{5/3}\ Q^{-2/3}$$

$$B = \frac{SQ}{eU_a}$$

Si la velocidad es tan alta que resulta $B \leq 0{,}3H$, no valen las expresiones anteriores y tienen que utilizarse modelos que tengan en cuenta la curvatura del chorro.

B.2.3 Medio receptor estratificado. Si el tipo de estratificación consiste en la existencia de dos capas homogéneas, bien diferenciadas y separadas por una picnoclina clara. Un procedimiento adecuado puede ser presuponer el atrapamiento de la mexcla y, por tanto, utilizar los métodos descritos en el apartado B.2.2, considerando la picnoclina como superficie libre ficticia. En este caso, debe comprobarse «a posteriori» que la densidad de la mezcla, calculable a partir de lasdensidades del efluente y del agua del mar y de la dilución alcanzada, es superior a la densidad de la capa superficial.

Naturalmente, la velocidad U_a a utilizar en los cálculos será la que corresponda a la capa profunda, y suele ser bastante inferior que la de la capa superficial.

Si el tipo de estraficación permite aproximar el perfil de ensidades en toda la profundidad (, al menos, en todo el espesor de la capa profunda) mediante una recta, se pueden utilizar las siguientes expresiones para calcular la máxima elevación (sobre la boca de descarga) que alcanza la capa de mezcla atrapada y los demás parámetros de interés, siempre que las velocidades no sean muy altas.

B.2.3.1 Difusor con bocas de descarga muy próximas.

$$Y\max = 2{,}84\,(g'\,.\,q)^{1/3}\,\Gamma^{-1/2}$$
$$S = 0{,}31\,g^{-1/3}\,Y\max\,q^{-2/3}$$
$$B = \max\,[L_T sen\,\theta\,;\,0{,}93\,L_T F^{-1/3}]$$
$$e = \frac{SQ}{BU_a} = 0{,}18\,Y_{\max}$$

B.2.3.2 Difusor con bocas de descarga muy separadas.

$$Y\max = 3{,}98\,(g'Q_b)^{1/4}\,\Gamma^{-3/5}$$
$$S = 0{,}071\,g^{-1/3}\,Y_{\max}^{5/3}\,Q_b^{-2/3}$$
$$B = \max\,[L_T sen\,\theta\,;\,0{,}93\,L_T F^{-1/3}]$$
$$e = \frac{SQ}{BU_a} = 0{,}13\,Y_{\max}$$

B.2.3.3 Descarga por boca única.

$$Y\max = 3{,}98\,(g'Q)^{1/4}\,\Gamma^{-3/5}$$
$$S = 0{,}071\,g^{-1/3}\,Y_{\max}^{5/3}\,Q^{-2/3}$$
$$e = 0{,}13\,Y_{\max}$$
$$B = \frac{SQ}{eU_a}$$

Si el tipo de estratificación se traduce en un perfil de velocidad distinto de los anteriores, se requiere el empleo de métodos de integración numérica para calcular todos estos parámetros.

B.2.4 Posición en el punto de surgencia. Para aplicar los modelos del apartado siguiente es necesario situar el origen de la pluma que, como es lógico, coincidirá con el punto donde el chorro alcanza la superficie o la picnoclina, según los casos.

Para calcular la posición de este punto, se compondrá vectorialmente la velocidad horizontal U_a del medio receptor con una velocidad vertical de ascensión del efluente, que se calculará por las siguientes expresiones:

B.2.4.1 Difusor con bocas de descarga muy próximas.

$$W = 1{,}66\,(g'\,q)^{1/3}$$

B.2.4.2. Difusor con bocas de descarga muy separadas.

$$W = 6{,}3\,(g'\,Q_b/H)^{1/3}$$

B.2.4.3 Descarga por boca única.

$$W = 6{,}3\,(g'\,Q/H)^{1/3}$$

En los dos últimos casos, se sustituirá H por Y_{max} cuando se trata de medio receptor estratificado.

La línea que, pasando por el centro del difusor o por la boca única se descarga, sea paralela a esta velocidad compuesta, determinará el punto de surgencia en la superficie o en la picnoclina.

En dicho punto, la sección transversal de la pluma está representada por un rectángulo de anchura B y espesor e, atravesado por una mezcla de concentración casi homogénea C_o/S y con velocidad U_a.

B.3 Comprobación de los objetivos de calidad

Los objetivos de calidad suelen venir expresados como concentraciones de contaminantes que no deben ser sobrepasadas en determinadas áreas, según sus usos, situadas generalmente a bastante distancia de la zona de vertido (entre uno y varios kilómetros).

Para comprobar si se cumplen dichos objetivos es necesario calcular las distribuciones de concentración de los contaminantes significativos que se producirán en las condiciones pésimas. Estas consistirán, casi siempre, en unas situaciones de corriente que acercan la mezcla desde la zona de vertido hasta las áreas a proteger, siguiendo unas trayectorias rectas o con curvatura poco pronunciada.

Alrededor de dichas trayectorias, el contaminante "dibuja" una pluma con concentraciones más elevadas en el eje y en superficie (o la picnoclina, si la mezcla quedó atrapada), y más reducidas en los bordes laterales e inferior, donde se está produciendo un intercambio turbulento con agua limpia del medio receptor. Además, a medida que nos alejamos de la zona de descarga, las concentraciones en el eje van disminuyendo a costa de un ensanchamiento de la pluma como consecuencia del transporte dispersivo. A ello hay que añadir una disminución del contenido total de cada sección transversal, a causa de los fenómenos de autodepuración del agua del mar.

El cálculo preciso de la distribución de concentraciones es bastante difícil, por las siguientes razones:

Los coeficientes de dispersión *(K)* y de autodepuración (T_{90}) son muy variables. Además, éste último influye mucho en los resultados.

El medio receptor presenta muchas veces una acusada estratificación, lo cual se traduce en un cierto impedimento para la transferencia vertical de contaminantes y de corrientes. Además, el perfil de densidades puede variar al acercarse a la costa.

La intensidad y dirección de las corrientes varían mucho en el tiempo y en el espacio. Resulta especialmente difícil estudiar el efecto de la variabilidad vertical de las corrientes horizontales, que suele ser muy acusada, sobre todo en la capa situada por encima de la picnoclina. Sin embargo, dicho efecto es muy importante porque aumenta considerablemente la dispersión horizontal.

Los límites del sistema (batimetría, línea de costa, etcétera) pueden ser muy complicados.

Como consecuencia, cuanto mayor sea la importancia del emisario, más sofisticados deberán ser los métodos de cálculo utilizados y, consecuentemente, más completos deberán ser los estudios complementarios para la determinación de los parámetros oceanográficos, que deben orientarse a la obtención de los datos que necesite el método de cálculo elegido.

Existen diversas formas de enfocar el cálculo de dichas concentraciones: Soluciones analíticas de la ecuación de difusión para vertido contínuo, superposición numérica de soluciones analíticas para vertidos instantáneos, celdas de mezcla, integración numérica de las ecuaciones, modelos físicos a escala reducida, etc.

Para elegir el método de cálculo debe tenerse presente que puede ser preferible uno poco preciso, que tenga en cuenta todos los fenómenos implicados, que uno de mayor precisión, que ignore ciertos aspectos importantes. Además, dada la variabilidad de los parámetros, puede ser necesario aplicarlo a un gran número de situaciones.

En cualquier caso, cuanto más escasos sean los datos de campo y más simples los procedimientos de cálculo, más del lado de la seguridad habrá que quedarse al seleccionar las situaciones pésimas.

A continuación se dan unas expresiones que pueden servir para comprobar los objetivos de calidad en el caso de emisarios poco importantes. No obstante, también pueden valer como elementos de otros procedimientos de cálculo más completos.

Este procedimiento se aplica cuando el vertido alcanza la superficie y se ve sometido a una corriente rectilínea de velocidad constante. No obstante, bajo ciertas limitaciones también puede aplicarse en los siguientes casos:

Cuando el vertido queda atrapado por la picnoclina, y si se supone que ésta actúa como superficie libre ficticia y que sólo se produce dispersión en la capa inferior.

Cuando la trayectoria no sea rectilínea, siempre que su radio de curvatura sea bastante mayor que el semiancho de la pluma. Entonce *X* representa la distancia al origen (punto de surgencia) medida a lo largo del eje e *Y* la mínima distancia de un punto cualquiera a la superficie proyectante vertical de dicho eje.

Cuando la velocidad varíe a lo largo de la trayectoria, siempre que lo haga lentamente. Basta sustituir la variable auxiliar *t* por la expresión:

$$t = \int_0^x \frac{dx}{U_a(x)}$$

que, en caso necesario, puede calcularse numéricamente.

En cambio, no es aplicable cuando existen variaciones importantes de profundidad, en sentido transversal a la pluma o en las proximidades de los contornos cerrados. Desgraciadamente, ambas circunstancias se dan cuando la pluma se acerca a la costa que suele ser, además, un elemento del conjunto de situaciones pésimas de cálculo. No obstante, para emisarios poco importantes se podrán calcular las concentraciones utilizando las expresiones siguientes, aplicadas sin tener en cuenta la presencia de la línea de costa. Esto se justifica por el hecho de que el aumento de concentraciones que se produce al estar impedida la dispersión hacia tierra, se compensa por la escasa probabilidad de que una trayectoria real termine impactando directamente sobre la costa, ya que tienden a hacerse paralela a ésta a una cierta distancia de ella.

La concentración en cualquier punto de la pluma determinado por sus coordenadas (X, Y, Z) viene dada por la expresión:

$$C(X, Y, Z) = (C_o/S)\, F_o(t)\, F_1(t)\, F_2(Y, t)\, F_3(Z,t)$$

siendo t una variable auxiliar que se calcula mediante:

$$t = X/U_a$$

La función $F_o(t)$ tiene en cuenta los fenómenos de autodepuración de los parámetros no conservativos, y tiene la siguiente expresión:

$$F_o(t) = 10^{-t/T_{90}}$$

Las otras funciones tienen forma diferente, según la zona a la que se apliquen:

a) Zona próxima al punto de surgencia.

En esta zona, el espesor de la capa de mezcla es inferior a la profundidad y, por tanto, existe dispersión vertical. Además, el perfil de concentraciones tiene forma de "meseta" por la homogeneización que se produce en el punto de surgencia.

$$F_1(t) = 1$$

$$F_2\,(\mathrm{Y, t}) = \frac{1}{2}\left[erf\left(\frac{B/2 + \mathrm{Y}}{\sigma_y\sqrt{2}}\right) + erf\left(\frac{B/2 - \mathrm{Y}}{\sigma_y\sqrt{2}}\right)\right]$$

$$F_3\,(\mathrm{Z, t}) = \frac{1}{2}\left[erf\left(\frac{e + \mathrm{Z}}{\sigma_z\sqrt{2}}\right) + erf\left(\frac{e - \mathrm{Z}}{\sigma_z\sqrt{2}}\right)\right]$$

siendo:

$$\sigma_y = (2\ \mathrm{Kv\ t})^{1/2}$$
$$\sigma_z = (2\ \mathrm{Kz\ t})^{1/2}$$

Si se supone mezcla en toda la profundidad desde la zona de vertido (o = H) se toma F_3 (Z, f) = 1.

b) Zona alejada del punto de surgencia.

Aquí se supone que la pluma se homogeneizó en vertical cuando la profundidad era H_h (que se puede estimar mediante las expresiones anteriores). Además, a esta distancia se pueden utilizar aproximaciones de la función de error, con lo cual:

$$F_1(t) = (2\pi)^{-1/2}\, B\, \sigma_y^{-1}$$
$$F_2(Y, t) = exp\,(-Y^2/2\ \sigma_y^2)$$
$$F_3(Z, t) = \mathrm{e}\ .\ H_h$$

siendo ahora:

$$\sigma_y = (B^2/16 + 2K_y\, t)^{1/2}$$

Nótese que en el eje de la pluma se tiene y = 0, y por tanto F2 = 1, con lo que la concentración en el eje viene dada por la expresión:

$$c\,(t) = \frac{C_o}{S}\ .\ \frac{e}{H_h}\ .\ \frac{B}{(2\pi)1/2\ .\ \sigma_y}\ .\ 10^{-t/T_{90}}$$

B.4 Cálculo hidráulico del emisario

Una vez definidas las condiciones de dilución se debe proceder al cálculo hidráulico de la tubería y del difusor.

El cálculo hidráulico del difusor se realiza comenzando por la bonca de descarga más alejada. En ésta se cumple que:

$$\mathrm{Q_b} = \mathrm{C_d}\ \pi/4\ \mathrm{d}^2\ (2\mathrm{gh})^{1/2}$$

donde:

$$C_d = 0{,}975\ [1 - u_o^2/(2gh)]^{0{,}375}$$

para orificios de bordes redondeados y

$$C_d = 0{,}63 - 0{,}58\ u_o^2/(2gh)$$

para orificios de bordes agudos. Si se utiliza otro tipo de bocas de descarga se deberá determinar mediante ensayos la expresión de C_d similar a las anteriores, que resulte más adecuada.

Conocido el caudal descargado por la boca, se calcula el caudal y la velocidad en el tramo de difusor anterior a ésta. Seguidamente se calcula la carga hidráulica en los siguientes tramos de tubería, añadiendo las pérdidas por fricción y las de salida por las bocas de descarga, llegando en último término a determinar la carga hidráulica al inicio del tramo difusor y el caudal vertido por cada una de ellas. Dado que el proceso de cálculo y, en consecuencia, el caudal total dependen del caudal asumido inicialmente de la descarga por la última boca, en un primer tanteo, éste se puede tomar igual a *Q/n* para, mediante sucesivas iteraciones determinar posteriormente la distribución definitiva.

Bibliografía

Ingeniería de las aguas residuales. Redes de alcantarillado y bombeo. Metcalf y Eddy. Ed. MacGraw-Hill.

Saneamiento y alcantarillado. Aurelio Hernández Muñoz. Editorial Paraninfo. Colección Seinor n.º 7.

Manual del alcalde. Redes de abastecimiento y saneamiento. Aurelio Hernández Muñoz y Aurelio Hernández Lehmann. Editorial Banco de Crédito Local.

Cálculo de caudales en las redes de saneamiento. Fernando Catalá Moreno. Editorial Paraninfo. Colección Seinor n.º 5.

Manual de drenaje. Aurelio Hernández Muñoz. Editado por Formica Española, S.A.

Emisarios submarinos. Metodología general de cálculo. Aplicación a las normas españolas. J. Verbestel y R.F. Léonard-Etienne.

Abastecimiento y dsitribución de agua. Aurelio Hernández Muñoz. Editorial Paraninfo. Colección Seinor n.º 6.

Gestión del agua urbana. Daniel V. Fernández Pérez. Editorial Paraninfo. Colección Seinor n.º 14.

Depuración de aguas residuales. Aurelio Hernández Muñoz. Editorial Paraninfo. Colección Seinor n.º 9.

Manual de depuración de Uralita. Sistemas de depuración de aguas residuales en núcleos de hasta 20.000 habitantes. Aurelio Hernández Muñoz, Aurelio Hernández Lehmann y Pedro Galán Martínez. Editorial Paraninfo.

Ingeniería de las aguas residuales. Tratamiento, vertido y reutilización. Metcalf y Eddy. Ed. MacGraw-Hill.

Rohrleitungen für das nächste Jahrhundert. Sanierung oder Erneuerung? Prof. Dipl.-Ing. Joachim Lenz. Vulkan-Verlag Essen.

Lehr- und Handbuch der Abwassertechnik. Verlag von Wilhelm Ernst&Sohn.

Pumping stations for water and sewage. Ronald E. Bartlett. Applied Science Publishers Ltd.

Handbook of valves. Philip A. Schweitzer, P.E. Industrial Press Inc.

Sarlin submersible pumps handbook.

Handbook of applied hydraulics. Calvin Victor Davis&Kenneth E. Sorensen. McGraw-Hill.

Gravity sanitary sewer design and construction. American Society of Civil Engineers. Water Pollution Control Federation.

Guide technique des bassins de retenue d'eaux pluviales. Agences de l'eau. Service Technique de l'urbanisme.

Depolluer les eaux pluviales. Contribution à l'élaboration d'une stratégie. Ouvrage collectiv. Collection OTV.

Indice de tablas y figuras

INDICE DE MAPAS

Mapa 3-1. Lluvias máximas en 24 horas. Media de las máximas anuales 212

INDICE DE PLANOS

Plano 4-1. Pozo de resalto para alcantarilla tubular 254

Plano 4-2. Pozo de acometida con resalto de alcantarilla tubular a visitable 255

Plano 5-1. Sección tipo de zanja para tubulares de hormigón en masa ((30 a 60 cm) en terrenos estables 398

INDICE DE TABLAS

Tabla 1-1. Cuadro indicativo comparativo de elementos contaminantes en aguas blancas y aguas negras, expresado en mg/l 36

Tabla 1-2(a). Bacterias en las aguas residuales y posibles enfermedades transmitidas 38

Tabla 1-2(b). Composición bacteriana de las aguas residuales urbanas atendiendo a sus indicadores fundamentales 39

Tabla 1-2(c). Organismos varios en las aguas 40

Tabla 1-2(d). Supervivencia de los microorganismos (en meses) 40

Tabla 1-3. Casos de tifus y fiebres paratíficas por 100.000 habitantes 40

Tabla 1-4. Distribución de los sólidos 49

Tabla 1-5. Contaminación de aguas de escorrentía 55

Tabla 1-6. Estudios realizados en la ciudad de Pau, publicados por A. Astruc, S. Beguin y otros (T.S.M.-L'eau de febrero de 1979) 56

Tabla 1-7. Contaminación de aguas de lluvia 57

Tabla 1-8. Contaminación de escorrentía superficial 57

Tabla 1-9. Vertidos vivienda unifamiliar 59

Tabla 1-10. Contaminación doméstica 60

Tabla 1-11. Análisis químico típico de las aguas residuales 60

Tabla 1-12. Contaminación en función del tamaño de población 61

Tabla 1-13. Industrias derivadas de la agricultura y ganadería 62-63

Tabla 1-14. Contaminación de industrias diversas 64

Tabla 1-15. Consumo de agua y contaminación de algunos tipos de industria 65-66

Tabla 1-16. Efectos causados por las aguas transportadas por colectores y alcantarillados 74

Tabla 2-1. Superficies precisas en la etapa de nitrificación 90

Tabla 2-2. Criterios de valoración de un suelo para infiltración 94

Tabla 2-3. Coeficiente de permeabilidad en zonas saturadas 95

Tabla 2-4. Pendientes recomendadas, en función del diámetro del conducto 114

Tabla 2-5. Caudal vertido por diversos elementos conectados al saneamiento 121
Tabla 2-6. Capacidad de caudal de entrada por m de longitud 134
Tabla 2-7. Caudales desaguados por válvulas tipo Fluid Con 162
Tabla 3-1. Dotaciones en función del tamaño de la población 183
Tabla 3-2. Necesidades de agua en instalaciones turísticas 185
Tabla 3-3. Consumos específicos en elementos domésticos 186
Tabla 3-4. Consumos específicos en viviendas 187
Tabla 3-5. Consumos específicos en establecimientos 187-188
Tabla 3-6. Consumo de agua en distritos comerciales 189
Tabla 3-7. Caudales para usos recreativos 189
Tabla 3-8. Tabla de cálculo de vertidos domésticos 190
Tabla 3-9. Dotación de agua en actividades industriales 191-192
Tabla 3-10. Dotación de agua en granjas 192-193
Tabla 3-11. Consumos en varias actividades industriales 193-195
Tabla 3-12. Consumos en la industria del papel 195-196
Tabla 3-13. Consumos en tenerías, textiles y otros 196-197
Tabla 3-14. Factores que afectan a la demanda 197
Tabla 3-15. Coeficientes C_1, C_2 y C_3 para determinar la intensidad 204
Tabla 3-16. Cuadro de cálculo de una red de alcantarillas 213
Tabla 3-17. Coeficiente de escorrentía y zonificación 216
Tabla 3-18. Coeficiente de escorrentía y superficie 217
Tabla 3-19. Coeficientes de escorrentía y edificación 218
Tabla 3-20. Valores y coeficientes de infiltración 218-219
Tabla 4-1. Velocidad de arrastre de partículas discretas 236
Tabla 4-2. Viscosidad cinemática del agua (259
Tabla 4-3. Valor de la rugosidad equivalente K_a (mm) 260

Tabla 4-4 de Thormann y Franke. Variaciones de caudales y velocidades en función de la altura de llenado 262-263
Tabla 4-5. Coeficiente de rugosidad de Bazin 265
Tabla 4-6. Coeficientes de Strickler, K_a y de Manning, n 266
Tabla 4-7. Coeficiente de fricción de Sonier 267
Tabla 4-8. Coeficiente de rugosidad de Kutter, m 269
Tabla 4-9. Variación de la presión atmosférica en m de columna de agua, con altura sobre el nivel del mar 292
Tabla 4-10. Coeficiente de pérdida 304
Tabla 4-11. Coeficiente de pérdida (st 305
Tabla 4-12. Coeficiente de pérdida ($_z$ 305
Tabla 4-13. Coeficiente de pérdida ($_R$-S_{ch} 306
Tabla 4-14. Coeficiente de pérdida ($_R$-S_{ch} 307
Tabla A-1. Notaciones en las fórmulas 453
Tabla A-2. Tipos de suelo 456
Tabla A-3. Cargas por vehículos 456
Tabla A-4. Características del material 457
Tabla A-5. Valor de (460-463
Tabla A-6. Valor de (464-468
Tabla A-7. Casos de relleno sobre la zona de influencia del tubo 468
Tabla A-8. Cargas y radios 472
Tabla A-9. Factor de choque 475
Tabla A-10. Valores de los módulos de deformación E_1 y E_2 478
Tabla A-11. Valores de K_2 480
Tabla A-12. Coeficiente de deformación 487
Tabla A-12 bis. Coeficientes de momentos y axiles 493
Tabla A-13. Factor de apoyo 497
Tabla A-14. Coeficientes de seguridad contra la rotura del material 500

Tabla A-15. Coeficientes de seguridad contra la inestabilidad del tubo 500

Tabla 6-1. Pérdida de presión, según temperatura 509

Tabla 6-2. Módulos de elasticidad y de Poisson 514

Tabla 6-3. Corrosión en bombas 518

Tabla 6-4. Tipos de bombas, según características de las aguas 519

Tabla 6-5. Duración y corrosión 519

Tabla 6-6. Ventajas e inconvenientes de la ubicación de implantación 521

Tabla 6-7. Características del tornillo 571

Tabla 6-8. Características de una marca de tornillos 574-575

Tabla 6-9. Diámetros en un Air Lift 582

Tabla 6-10. Valores de C, y submergencia 582

Tabla 7-1a. Cargas contaminantes en invierno, con 20 días de periodo seco 593

Tabla 7-1b. Cargas contaminantes en invierno, con 5 días de periodo seco 593

Tabla 7-2. Contaminación de la escorrentía superficial en función de factores 594

Tabla 7-3. Acumulación de sólidos totales 595

Tabla 7-4. Caudal y presión en lavado de calles 597

Tabla 7-5. Determinación del coeficiente C_{tf} 612

Tabla 8-1. Operaciones en la explotación de una red de saneamiento 641

Tabla 8-2. Distribución gastos de renovación de red 663

Tabla 10-1. Contenido de elementos químicos en la hidrosfera marina 722

Tabla 10-2. Factores, modelos y dependencias 740

Tabla 10-3. California water resources control boart's effluent quality requirement for ocean waters 788

INDICE DE FIGURAS

Figura 1 28

Figura 1-2. Evolución de la DBO_5 en función del tiempo y temperatura 48

Figura 1-3. Cono de Imhoff 50

Figura 2-1. Recogida, dilaceración de los vertidos e impulsión a una red de saneamiento colectiva o paso a un sistema individual 87

Figura 2-2. Bombeo posterior a fosa séptica 88

Figura 2-3. Conductos de gravedad para conexión a colectores principales 88

Figura 2-4. Elementos en sistema de vacío 89

Figura 2-5. Carga hidráulica admisible sobre el suelo para mantener condiciones aerobias 90

Figura 2-6. Sección de zanja filtrante 92

Figura 2-7. Zanjas filtrantes a galería 93

Figura 2-8. Sección de un pozo de infiltración 93

Figura 2-9. Sistema unitario 99

Figura 2-10. Sistema separativo 99

Figura 2-11. Sistemas de trazado 102

Figura 2-12. Emplazamiento final de una estación elevadora 104

Figura 2-13. Elevación intermedia 104

Figura 2-14. Elevación fraccionada en serie 105

Figura 2-15. Elevación por convergencia 105

Figura 2-16. Pequeña estación funcionando por vacío 106

Figura 2-17. Esquema separación aguas negras y grises 108

Figura 2-18. Sistema Liejendahl aplicado a un inmueble 109

Figura 2-19. Sistema aplicado a múltiples inmuebles 109

Figura 2-20. Corte de un aero-eyector 110

Figura 2-21. Fases del proceso de ataque al conducto 119
Figura 2-22. Esquema de una bajante 124
Figura 2-23. Pozos de limpieza 125
Figura 2-24. Acometida particular 125
Figura 2-25. Acometida de tubulares 126
Figura 2-26. Ubicación de sumideros 127
Figura 2-27. Perfil de instalación de un sumidero 127
Figura 2-28. Pozo para absorbedero con galería de acceso al colector 128
Figura 2-29. Ubicación de sumideros en cruces peatonales 129
Figura 2-30. Tanque colector 130
Figura 2-31. Cámara de gruesos 130
Figura 2-32. Rejilla para absorbedero 131
Figura 2-33. Rejilla de pie para sumidero 132
Figura 2-34. Detalle de sumidero 133
Figura 2-35 134
Figura 2-36 134
Figura 2-37. Confluencia de colectores visitables 134
Figura 2-38. Encuentro de alcantarilla con colector 134
Figura 2-39. Cámara de gruesos 136
Figura 2-40. Pozo con elementos prefabricados de hormigón armado 137
Figura 2-41. Pozo registro con retranques 138
Figura 2-42. Conexión en bola 138
Figura 2-43. Pozo resalto de caida libre 139
Figura 2-44. Registro en colector visitable 139
Figura 2-45. Registro en colector visitable 139
Figura 2-46. Traganieves o registro para evaluación de nevadas 140

Figura 2-47. Disposición de pates de acceso 140
Figura 2-48. Dipositivo terminal para descenso a pozos 141
Figura 2-49. Pates de acceso 141
Figura 2-50. Pates prefabricadas 142
Figura 2-51. Tapa ligera 143
Figura 2-52. Tapa reforzada 144
Figura 2-53. Tapa rectangular 145
Figura 2-54. Cámara de limpia 147
Figura 2-55. Sifón tipo Adams 148
Figura 2-56. Cámara de descarga en cabacera de ramales 148
Figura 2-57. Cámara de descarga tipo Van Roll 149
Figura 2-58. Solera en cascada 150
Figura 2-59. Rápidos con golas 150
Figura 2-60. Esquemas principales de sifones 151
Figura 2-60 bis. Detalle de un sifón 152
Figura 2-61. Aliviadero lateral 155
Figura 2-62. Véase un aliviadero con chapa deflectora para impedir paso de grasas y flotantes 155
Figura 2-63. Conexión de dos tubulares y aliviadero 156
Figura 2-64. Aliviadero en colector visitable 157
Figura 2-65. Sección transversal de aliviadero 157
Figura 2-66. Vertedero en cámara de bombeo 159
Figura 2-67. Aliviadero con válvula de cierre 160
Figura 2-68. Válvula vortex para laminar el caudal fluyente 160
Figura 2-69. Dispositivo sin y con formación del vortex 161
Figura 2-70. Caudales de salida 162
Figura 2-71. Dispositivo para un aliviadero constante 163
Figura 2-72. Depósitos de retención 165

Figura 2-73A. Esquema de un depósito de retención 166

Figura 2-73B. Esquema de un depósito de retención 166

Figura 2-74. Vista de un depósito de retención 167

Figura 2-75. Vista de un depósito de retención. Desagüe de fondo 167

Figura 2-76. Dispositivo vortex en depósito de retención para vaciado en contínuo 168

Figura 2-77. Sistema mixto de red a presión 170

Figura 2-78. Válvula de tajadora 171

Figura 2-79. Clapeta antirretorno 171

Figura 2-80. Cierres hinchables 172

Figura 2-81. Ventilación por chimenea 172

Figura 2-82. Pozo de ventilación 173

Figura 3-1. Evolución del consumo 184

Figura 3-2. Relación de intensidades y duración de lluvias 198

Figura 3-3. Gráfico de lluvias equivalentes para la zona de Madrid 199

Figura 3-4. Variación temporal de la intensidad de lluvia 201

Figura 3-5. Determinación de superficies vertientes 214

Figura 3-6. Cálculo del tiempo de escorrentía 221

Figura 3-6bis. Coeficiente de intensidad de lluvia en función de la superficie de las cuencas afectadas 223

Figura 3-7. Coeficiente de intensidad en función de la longitud del colector 224

Figura 3-8. Aportaciones en el tiempo 226

Figura 3-9. Paralelogramo de retraso 227

Figura 3-10. Esquema de una red 227

Figura 3-11. Curvas de desagüe de tramos parciales 228

Figura 3-12. Cuenca de isocronas 229

Figura 3-13. Curva de acumulación de áreas 230

Figura 3-14. Caudales punta de infiltración 233

Figura 4-1. Curvas de Heyd-Imhoff 237

Figura 4-2. Características hidráulicas de la sección circular 238

Figura 4-3. Características hidráulicas de secciones ovoides 239

Figura 4-4a. Colector tipo 0 241

Figura 4-4b. Colector tipo I 242

Figura 4-4c. Colector tipo II 243

Figura 4-4d. Colector tipo III 244

Figura 4-4e. Colector tipo IV 245

Figura 4-4f. Velocidad a sección llena en colectores visitables en función de la pendiente 246

Figura 4-5. Determinación de la superficie necesaria 247

Figura 4-6. Diseño de sección 248

Figura 4-7. Esquema de profundidad mínima 252

Figura 4-8. Perfiles de alcantarillado 256

Figura 4-9. Guitarra de definición de un perfil longitudinal 256

Figura 4-10. Definición geométrica del aliviadero 288

Figura 4-11. Perspectiva de un sifón Neyrpic 294

Figura 4-12. Funcionamiento de un sifón Neypric 295

Figura 4-13. Sumideros de ventana 300

Figura 4-14. Capacidad de los sumideros de ventana en puntos bajos 301

Figura 4-15. Sumideros de reja 303

Figura 4-16. Sumideros de reja 306

Figura 4-17. Sección cruce pozo o arqueta 307

Figura 4-18. Coeficientes de pérdida en pozos, dependiendo de la relación entre dimensión del pozo y del diámetro del conducto 308

Figura 5-10. Módulos de elasticidad y resistencia a la tracción 312
Figura 5-11. Alargamiento o rotura en tracción 313
Figura 5-12. Evolución en el tiempo de las características mecánicas del polipropileno 313
Figura 5-13. Esquema de una tubería de gres normal 317
Figura 5-14. Esquema general de piezas especiales 319
Figura 5-15. Juntas especiales 321
Figura 5-16. Junta de anillo de caucho a presión 324
Figura 5-17. Tubos de sección ovoide 325
Figura 5-18. Colocación de armadura tensada sobre el núcleo primario 328
Figura 5-19. Recubrimiento exterior por vibración de alta frecuencia 329
Figura 5-20. Tubular colocado en obra 330
Figura 5-21. Tubos tipo Socoman 333
Figura 5-22. Junta RK 345
Figura 5-23. Fabricación de tubos de PRV 347
Figura 5-24. Esquema de fabricación de tubos de PVC 351
Figura 5-25. Colocación de tubería de PVC 353
Figura 5-26. Manguito de unión con cinta elástica 358
Figura 5-26a. Otras tuberías lisas de PP 362
Figura 5-27. Tubería helicoidal 364
Figura 5-28. Tuberías corrugadas 365
Figura 5-29. Sección transversal de tubería con perfil calado 365
Figura 5-30. Sección transversal de tubería espumada 366
Figura 5-31. Tubo de PE perfilado exteriormente 366
Figura 5-32. Tubos PE perfilados 367
Figura 5-33. Esquema de fabricación de tuberías helicoidales 368

Figura 5-34. Esquema de fabricación de tuberías corrugadas 369
Figura 5-35. Esquema de fabricación de tuberías de perfil calado 369
Figura 5-36. Esquema de fabricación de tuberías espumadas 369
Figura 5-37. Junta push-on 372
Figura 5-38. Junta mecánica 373
Figura 5-38 bis. Otros tipos de juntas 373
Figura 5-39. Colectores prefabricados 377
Figura 5-40. Construcción de un colector prefabricado 378
Figura 5-41. Cosntrucción de una alcantarilla ovoide por sistema mixto de encofrado metálico y goma hinchable 380
Figura 5-42. Secciones tipo 381
Figura 5-43. Entibación en zanja 382
Figura 5-44. Entibación con blindaje KP 383
Figura 5-45. Construcción de un colector con encofrado deslizante 385
Figura 5-46. Vista del encofrado deslizante 385
Figura 5-47. Parte inferior construida 386
Figura 5-48. Parte superior construida 386
Figura 5-49. Encofrado deslizante zona superior 387
Figura 5-50. Vista general de la obra 387
Figura 5-51. Esquema general de hincado de tubería 390
Figura 5-52. Equipo hinca tubos - colector Butarque 391
Figura 5-53. Equipo de empuje recogido 392
Figura 5-54. Conjunto de empuje 393
Figura 5-55. Excavaciones en zanja para alcantarillas 399
Figura 5-56(a). Sección entibación 401
Figura 5-56(b). Entibaciones 402
Figura 5-56(c). 402

Figura 5-56(d). Entibación ligera con acodalamientos 403

Figura 5-57. Entibación cuajada 404

Figura 5-58. Zanjas y entibaciones en calles estrechas 404

Figura 5-59. Drenaje de construcción 405

Figura 5-60. Agotamiento por tuberías drenes 405

Figura 5-61. Colocación de tubería sobre cama de hormigón 407

Figura 5-62. Aliviadero en funcionamiento 409

Figura 5-63. Desagüe directo 409

Figura 5-64. Características de las zanjas 417

Figura 5-65. Instalación en zanja 425

Figura 5-66. Instalación en terraplén 427

Figura 5-67. Tuberías instaladas al mismo nivel 428

Figura 5-68. Tuberías instaladas a distinto nivel 429

Figura 5-69. Tubería apoyada sobre cama 429

Figura 5-70. Presión vertical P al nivel de la generatriz superior del tubo para vehículos-tipo 432

Figura 5-71. Dimensiones de la zanja y condiciones de relleno 437

Figura 5-72. Tubería en zanja 438

Figura 5-73. Módulo de plastodeformación en función de la tensión 439

Figura 5-74. Determinación de coeficiente de zanja Cg 440

Figura 5-110. Zona de influencia de la conducción 458

Figura 5-111. Zanjas con paredes paralelas 469

Figura 5-112. Zanjas con paredes en talud 470

Figura 5-113. $(_($ y $(_{0(}$ para las zanjas con paredes en talud 470

Figura 5-114. Zanjas en escalón 471

Figura 5-115. D_1a: carga P como consecuencia de las acciones de un tráfico de 60 t, para H = 0.5m a H = 2m 472

Figura 5-116. D_1b: carga P como consecuencia de las acciones de un tráfico de 30 t, para H = 0.5m a H = 2m 473

Figura 5-117. D_1c: carga P como consecuencia de las acciones de un tráfico de 12 t, para H = 0.5m a H = 2m 474

Figura 5-118. D_1d: carga P como consecuencia de las acciones del tráfico, para H = 2m a H = 10m 474

Figura 5-119. Distribución de las cargas 476

Figura 5-120. Módulos de deformación para las distintas zonas del suelo 477

Figura 5-121. Factores de reducción a_B para E_2 479

Figura 5-122. Descarga relativa 480

Figura 5-123. Factor de concentración $(_R$ para K_2 = 0.3 y a'=1 482

Figura 5-124. Factor de concentración max. (para B/D = (y E_4 = $10E_1$ 483

Figura 5-125. Capa de deformación 485

Figura 5-126. Factor de corrección (487

Figura 5-127. Factor de concentración $(_{RG}$ 488

Figura 5-128. Apoyo tipo I 490

Figura 5-129. Apoyo tipo II 490

Figura 5-130. Apoyo tipo III 491

Figura 5-131. Cargas horizontales 492

Figura 5-132. Coeficiente $(_D$ para obtener la presión crítica del agua externa 499

Figura 6-1. Esquema de elevación única o sencilla y a baja presión 516

Figura 6-2. Duración de la bomba, contenido de oxígeno en las aguas y pH 520

Figura 6-3. Instalación automática de bombeo con dos bombas instaladas en seco 522

Figura 6-4. Instalación automática de bombeo de hélice vertical con cámara seca 523

Figura 6-5. Instalación automática de bombeo con bombas automáticas 524
Figura 6-6. Dibujo esquemático del pozo de bombas 524
Figura 6-7. Instalación de bombeo en planta y alzado 525
Figura 6-8. Diagrama para determinar las dimensiones A-E 526
Figura 6-9. Secuencia operativa para cuatro bombas 528
Figura 6-10. Curvas de sistema esquemáticas 529
Figura 6-11. 530
Figura 6-12. Diagrama 2. Secuencia operativa II 530
Figura 6-13. Submergencia de la aspiración 531
Figura 6-14. 532
Figura 6-15. Curvas características de una bomba 533
Figura 6-16. Curvas características de una instalación 534
Figura 6-17. Acoplamiento de bombas en paralelo 535
Figura 6-18. Acoplamiento de bombas en serie 536
Figura 6-19. Perfil piezométrico de bombeo 537
Figura 6-20. Pérdida de carga en tuberías de transporte de lodos 538
Figura 6-21. Bomba de émbolo 540
Figura 6-22. Bomba centrífuga 541
Figura 6-23. Bomba de hélice 542
Figura 6-24. Bomba volumétrica 543
Figura 6-25. Impulsor monocanal 546
Figura 6-26. Instalación de bombas con impulsores monocanal tipo Fligt 548
Figura 6-27. Bomba con impulsor monocanal 547
Figura 6-28. Impulsor cerrado de dos canales 548
Figura 6-29. Impulsor de paso libre 549
Figura 6-30. Impulsor dilacerador 550

Figura 6-31. Impulsor de tornillo centrífugo	551
Figura 6-32. Sistema de pre-rotación	552
Figura 6-33. Bomba con impulsor axial	553
Figura 6-34. Impulsor axial	553
Figura 6-35. Usos y tipos de bombas KSB	554-555
Figura 6-35 bis. Esquema de estación depuradora con indicación de los tipos de bombeo	556-557
Figura 6-36. Bombas e instalaciones (KRP)	558
Figura 6-37. Bombas e instalaciones (KVR)	558
Figura 6-38. Bombas e instalaciones (KRK)	559
Figura 6-39. Bombas e instalaciones (KRM)	559
Figura 6-40. Bombas e instalaciones (KWP)	560
Figura 6-41. Bombas e instalaciones (KVP)	560
Figura 6-42. Bombas e instalaciones (KWK)	561
Figura 6-43. Bombas e instalaciones (KWV)	561
Figura 6-44. Bombas e instalaciones (KVM)	562
Figura 6-45. Bombas e instalaciones (EKWV)	562
Figura 6-46. Bombas e instalaciones (KSM)	563
Figura 6-47. Bombas e instalaciones (SPK,SPV)	563
Figura 6-48. Bombas e instalaciones (SPY, SPYv)	564
Figura 6-49. Bombas e instalaciones	564
Figura 6-50. Bombas e instalaciones (SNZ, SEZ)	565
Figura 6-51. Bombas e instalaciones (PNZ, PEZ)	565
Figura 6-52. Bombas e instalaciones (ROTEX)	566
Figura 6-53. Bombas e instalaciones (TURBO DRAINER)	566
Figura 6-54. Bombas e instalaciones (COMPACTA)	566
Figura 6-55. Artilugio de Arquímedes	567
Figura 6-56. Máquina elevadora de aguas tipo tornillo	567

Figura 6-57. Instalación completa con tornillos de Arquímedes 569

Figura 6-58. Definición de los elementos principales de un tornillo de Arquímedes 570

Figura 6-59. Gráfico para determinación de caudales 572

Figura 6-60. Velocidad óptima de los tornillos 573

Figura 6-61. Detalles constructivos 573

Figura 6-62. 574

Figura 6-63. Tipo Seepex 576

Figura 6-64. Tipo Wangen KG 576

Figura 6-65. Tipo Klesel 576

Figura 6-66. Tiempos de un eyector 579

Figura 6-67. Grupo hidroneumático sistema “Gulliver” 580

Figura 6-68. “Air Lift” 581

Figura 6-69. Air Lift tipo Passavant 581

Figura 6-70. Gráfico para el cálculo del air-lifts 583

Figura 6-71. Bombas “Mammut” 584

Figura 7-1. Acumulación de sólidos totales 595

Figura 7-2. Depósitos en función del tiempo de lavado 596

Figura 7-3. Diagrama de las vías de infiltración 604

Figura 7-4. Defínción del área efectiva de infiltración en un pozo de drenaje 608

Figura 7-5. Determinación del volumen específico de retención del agua 611

Figura 7-6. Determinación del volumen específico de referencia 611

Figura 8-1. Relación entre los parámetros hidráulicos de una acometida 637

Figura 8-2. Vehículo de alta presión para limpieza de alcantarillas 643

Figura 8-3. Distintos tipos de toberas para limpieza hidrodinámica 644

Figura 8-4. Dispositivo de cierre de tramos de alcantarilla 645

Figura 8-5. Saco-compuerta 645

Figura 8-6. Diversos útiles de limpieza 646

Figura 8-7. Platillos dragadores 647

Figura 8-8. Operación de extracción de materiales de una tubular 648

Figura 8-9a. Sondas 648

Figura 8-9b. Aparatos cortarraices 649

Figura 8-9c. Rascador para tubulares 649

Figura 8-10. Instrumentos de limpieza manual 650

Figura 8-11. Barco compuerta para grandes colectores 650

Figura 8-12. Cámara de televisión y visión en pantalla 652

Figura 8-13. Equipos de conservación tubulares 653

Figura 8-14. Recubrimiento con tubulares flexibles de polietileno 658

Figura 8-15. Limpieza mecánica con raspadores de acero 659

Figura 8-16. Revestimiento de tubería con equipo de proyección 660

Figura 10-1. Conductividad del agua de mar 720

Figura 10-2. 729

Figura 10-3. 729

Figura 10-4. Distribución de la concentración normal al eje del penacho 730

Figura 10-5. Representación esquemática de una corriente pura de viento de agua profunda que muestra el decremento de velocidad y el cambio de dirección e intervalos de profundidad 734

Figura 10-6. 746

Figura 10-7. Distancia a la costa 750

Figura 10-8. Anclaje por pilotes 759

Figura 10-9. Anclaje mediante muertos 760

Figura 10-10. Anclaje Crucibloc 761

Figura 10-11. "CRUCIBLOC", montado en dos tubos (de 350 mm en paralelo 762

Figura 10-12. "CRUCIBLOC" tipo "L" 762

Figura 10-13. Emisario "CRUCIBLOC", fotografía submarina 763

Figura 10-14. Emisario "CRUCIBLOC". Adaptabilidad y resistencia a los movimientos del mar 763

Figura 10-15. Boca tipo LER 766

Figura 10-16. Valores de la longitud de onda, en función del diámetro D y el periodo T 774

Figura 10-17. Valores del coeficiente de arrastre 774

Figura 10-18. Variación de la fuerza horizontal 776

Figura 10-19. Coeficiente de empuje 777

Figura 10-20. Coeficientes de empuje 778

Figura 10-21. Coeficientes de empuje 779

Figura 10-22. Coeficientes de empuje 780